D1665410

Ganzheitliches Life Cycle Management

Christoph Herrmann

Ganzheitliches Life Cycle Management

Nachhaltigkeit und Lebenszyklusorientierung in Unternehmen

PD Dr.-Ing. Christoph Herrmann
TU Braunschweig
Inst. Werkzeugmaschinen und
Fertigungstechnik
Langer Kamp 19 B
38106 Braunschweig
Deutschland
c.herrmann@tu-bs.de

ISBN 978-3-642-01420-8 e-ISBN 978-3-642-01421-5
DOI 10.1007/978-3-642-01421-5
Springer Heidelberg Dordrecht London New York

Die Deutsche Nationalbibliothek verzeichnet diese Publikation in der Deutschen Nationalbibliografie; detaillierte bibliografische Daten sind im Internet über http://dnb.d-nb.de abrufbar.

Einbandentwurf: WMXDesign GmbH, Heidelberg

Gedruckt auf säurefreiem Papier

Springer ist Teil der Fachverlagsgruppe Springer Science+Business Media (www.springer.com)

Vorwort

Das vorliegende Buch ist das Ergebnis meiner Habilitation an der Technischen Universität Braunschweig. Im Jahr 1996 begann für mich die Auseinandersetzung mit Fragestellungen aus dem Spannungsfeld Umwelt – Technik – Wirtschaft. Aufbauend auf einer Vielzahl von Demontageuntersuchungen unterschiedlichster Elektro- und Elektronikgeräte war es das Ziel, eine Systematik und ein Werkzeug zur Analyse und Bewertung von Produkten hinsichtlich ihrer Demontage- und Recyclingfähigkeit zu schaffen. In meinen Aufenthalten in Südkorea am LG Production Research Center in den Jahren von 1997 bis 2001 lernte ich, dass die Entwicklung eines Werkzeuges eine Sache ist, deren Verankerung in der Produktentwicklung bzw. im Unternehmen eine ganz andere. Die Inhalte und Ziele eines Design for Disassembly (oder Non-Disassembly) und Design for Recycling sowie ihre Beziehungen zu den Anforderungen aus den anderen Produktlebensphasen wurden intensiv diskutiert. Life Cycle Design und Design for Environment kamen dazu und mit Ihnen die Frage, wie ein Life Cycle Assessment im Unternehmen verankert werden kann. Zur gleichen Zeit wurden in Braunschweig verschiedene Ansätze zur Planung von Demontagesystemen bzw. der Retro-Produktion entwickelt. Damit einher ging die Frage zur Gestaltung der Schnittstelle zwischen der Produktentstehung und dem Produktrecycling; welche Information braucht beispielsweise ein Zerlegebetrieb für eine fachgerechte Behandlung von Elektro- und Elektronikaltgeräten? Ein stoffstrombasiertes Supply Chain Management zur Schließung von Material- und Produktkreisläufen stand (2000-2003) bzw. steht (2007-2009) im Mittelpunkt weiterer Forschungsprojekte. Ergebnisse hieraus sind ein Konzept für die Wiederverwendung gebrauchter Bauteile in der Ersatzteilversorgung und die Beschreibung von Referenzgeschäftsprozessen. Die lebenszyklusorientierte Produktplanung und die Informations- und Wissensbereitstellung für die lebenszyklusorientierte Produktentwicklung sind Inhalte weiterer Arbeiten die in Braunschweig entstanden sind. Produkt-Service-Systeme oder hybride Leistungsbündel bieten Chancen für eine Differenzierung im Wettbewerb und müssen in diese Planung integriert werden. Für produzierende Unternehmen sind Energie- und Ressourceneffizienz Themen die an Aktualität eher gewonnen als verloren haben; Nachhaltigkeit in der Produktion ist hier die große Überschrift. Diese Entwicklungen sind nur Beispiele für eine Vielzahl von Lösungsbausteinen wie sie an der TU Braunschweig und an verschiedenen Orten und Einrichtungen weltweit entwickelt wurden und werden.

Aufbauend auf dem Modell lebensfähiger Systeme von Beer und dem St. Galler Management-Konzept von Ulrich und Bleicher war es das Ziel meiner Arbeit, einen Bezugsrahmen zu schaffen, der hilft die oben skizzierten Entwicklungen einzuordnen und Beziehungen zwischen ihnen aufzuzeigen. Daraus entstanden ist ein Zusammenspiel unterschiedlicher Disziplinen welches ich als Ganzheitliches Life Cycle Management bezeichne. Das Buch zeigt die Entwicklung des Bezugsrahmens und stellt wichtige Grundlagen sowie Beispiele für die lebenszyklusorientierte Ausgestaltung der Disziplinen dar.

Zunächst gilt mein besonderer Dank Herrn Prof. Dr.-Ing. Dr. h.c. Jürgen Hesselbach für seine Unterstützung und Förderung und den Freiraum für meine Arbeit. Ihm und Herrn Prof. Dr.-Ing. Horst Meier sowie Herrn Prof. Dr. Ir. Joost Duflou danke ich für die Übernahme der Gutachten.

Mein herzlicher Dank gilt den wissenschaftlichen Mitarbeiterinnen und Mitarbeitern meiner Abteilung Produkt- und Life-Cycle Management am Institut für Werkzeugmaschinen und Fertigungstechnik. Ihre Diskussionsbereitschaft und Unterstützung haben diese Arbeit erst ermöglicht; stellvertretend für die „zweite Generation“ seien an dieser Stelle Herr Dr.-Ing. Lars Bergmann, Herr Dipl.-Wirtsch.-Ing. Tobias Luger, Herr Dipl.-Wirtsch.-Ing. Sebastian Thiede, Frau Dipl.-Wirtsch.-Ing. Meike Royer-Torney, Herr Dipl.-Wirtsch.-Ing. Julian Stehr, Herr Dipl.-Wirtsch.-Ing. André Zein, Frau Dipl.-Wirtsch.-Ing. Katrin Kuntzky und Herr Dipl.-Wirtsch.-Ing. Philipp Halubek genannt. Den Grundstein für die vorliegende Arbeit hat die „erste Generation“ wissenschaftlicher Mitarbeiterinnen und Mitar-beiter gelegt; stellvertretend seien an dieser Stelle namentlich Herr Dr.-Ing. Marc Mateika, Herr Dr.-Ing. René Graf, Herr Dr.-Ing. Martin Ohlendorf, Herr Dr.-Ing. Markus Mansour und Frau Dr.-Ing. Hee Jeong Yim genannt. Und natürlich danke ich – „generationsübergreifend“ Herrn Dr.-Ing. Ralf Bock, Frau Dr.-Ing. Dipl.-Geoökol. Tina Dettmer und Frau Dipl.-Chem. Gerlind Öhlschläger. Wesentlich zu der jetzt vorliegenden Form des Buches hat Herr Sebastian Rose beigetragen; vielen Dank für das Engagement.

Mein ganz persönlicher liebevoller Dank gilt meiner Frau Anke Unverzagt. Das Erreichte wäre nicht möglich gewesen ohne Ihre Unterstützung. Ihr ist auch diese Habilitation gewidmet.

Braunschweig, im Juli 2009 Christoph Herrmann

Inhalt

1 Einleitung 1
1.1 Problemstellung 1
1.2 Zielsetzung und Aufbau der Arbeit 5

2 Herausforderungen und neue Anforderungen an Unternehmen 7
2.1 Globale Herausforderungen 7
2.1.1 Anstieg der Weltbevölkerung 8
2.1.2 Angleichung der Lebensstandards 9
2.1.3 Verbrauch natürlicher (nicht-erneuerbarer) Ressourcen 11
2.1.4 Umweltwirkungen 13
2.1.5 Verständnis für komplexe Systeme 15
2.2 Ökonomische Herausforderungen und allgemeine Trends 17
2.2.1 Neue Wettbewerber 18
2.2.2 Verhandlungsmacht von Zulieferern und Abnehmern 21
2.2.3 Konkurrenzdruck unter den vorhandenen Wettbewerbern 21
2.2.4 Alternative Produkte und Dienstleistungen 22
2.2.5 Gestaltungselemente für die Unternehmensentwicklung 22
2.2.6 Allgemeine Trends 24
2.2.7 Beispiel „Individualisierung der Produkte“ 24
2.2.8 Beispiel „X-Tronic“ 24
2.2.9 Beispiel „Innovationstiming“ 28
2.2.10 Beispiel „hybride Angebote“ 28
2.2.11 Wirtschaftlichkeit der eingesetzten Betriebsmittel 29
2.2.12 Steigende Energie- und Rohstoffkosten 30
2.3 Ökologische Herausforderungen 31
2.3.1 Umweltprobleme und -ursachen 32
2.3.2 Aktuelle Ausmaße von Umweltproblemen und -ursachen 34
2.3.3 Zukünftige Entwicklungen 41
2.4 Nachhaltige Entwicklung 44
2.4.1 Gegenstände der Nachhaltigkeitsforderung und Dimensionen der nachhaltigen Entwicklung 46
2.4.2 Prinzipien und Strategien einer nachhaltigen Entwicklung 48

2.5 Ziele und Instrumente der Umweltpolitik 51
2.5.1 Ziele der Umweltentwicklung 51
2.5.2 Instrumente der Umweltpolitik 54
2.6 Industrielle Ökologie, Nachhaltiges Wirtschaften und Konsequenzen für Unternehmen 56
2.6.1 Industrielle Ökologie (Industrial Ecology) 56
2.6.2 Nachhaltiges Wirtschaften 57
2.6.3 Konsequenzen für Unternehmen 58

3 Lebenszykluskonzepte und Management 63
3.1 Lebensphasen- und Lebenszykluskonzepte 63
3.1.1 Lebensphasenkonzepte (flussorientiert) 64
3.1.2 Lebenszykluskonzepte (zustandsorientiert) 65
3.1.3 Integrierte Lebenszykluskonzepte (phasen- und zyklusorientiert) 71
3.1.4 Lebenszykluskonzepte für Technologien 74
3.1.5 Lebenszykluskonzepte sozio-technischer Systeme 74
3.1.6 Kopplung verschiedener Lebenszyklen 78
3.2 Lebenszyklusorientiertes Management 79
3.2.1 Einordnung des Managements 81
3.2.2 Lösungsbausteine für ein lebenszyklusorientiertes Management 83
3.3 Handlungsbedarf 92

4 Modell und Bezugsrahmen für ein Ganzheitliches Life Cycle Management 95
4.1 Anforderungen an ein Ganzheitliches Life Cycle Management 96
4.2 Managementmodelle und komplexe Systeme 98
4.2.1 Systemtheorie und Kybernetik 98
4.2.2 Die systemisch-kybernetische Managementperspektive 103
4.2.3 Das Modell lebensfähiger Systeme 107
4.2.4 Das St. Galler Management-Konzept 113
4.3 Bezugsrahmen für ein Ganzheitliches Life Cycle Management 115
4.3.1 Disziplinen im Ganzheitlichen Life Cycle Management 118
4.3.2 Kopplung von Lebenswegen und -zyklen 123
4.3.3 Integration und Zuordnung der Disziplinen 127

5 Lebensphasenübergreifende Disziplinen 131
5.1 Lebensweganalysen 131
5.1.1 Ökonomische Lebensweganalyse 131
5.1.2 Ökologische Lebensweganalyse 150
5.1.3 Soziale Lebensweganalyse 166
5.2 Informations- und Wissensmanagement 169
5.2.1 Grundlagen des Informationsmanagements 170
5.2.2 Grundlagen des Wissensmanagements 180

5.2.3 Lebenszyklusorientiertes Informations- und Wissensmanagement ... 188
5.2.4 Entwicklungsstufen und –perspektiven eines lebenszyklusorientierten Informations- und Wissensmanagements ... 196
5.3 Prozessmanagement ... 206
5.3.1 Grundlagen des Prozessmanagements ... 207
5.3.2 Lebenszyklusorientiertes Prozessmanagement ... 224

6 Lebensphasenbezogene Disziplinen ... 235
6.1 Produktmanagement ... 235
6.1.1 Grundlagen des Produktmanagements ... 235
6.1.2 Lebenszyklusorientierung in der Produktplanung ... 257
6.1.3 Lebenszyklusorientierung in der Produktentwicklung ... 278
6.2 Produktionsmanagement ... 294
6.2.1 Grundlagen des Produktionsmanagement ... 294
6.2.2 Lebenszyklusorientiertes Produktionsmanagement ... 306
6.3 After-Sales Management ... 348
6.3.1 Grundlagen des After Sales Management ... 349
6.3.2 Lebenszyklusorientiertes After-Sales Management ... 359
6.4 End-of-Life Management ... 375
6.4.1 Grundlagen und Rahmenbedingungen ... 376
6.4.2 Lebenszyklusorientiertes End-of-Life Management ... 397

7 Zusammenfassung und Ausblick ... 417
7.1 Zusammenfassung ... 417
7.2 Ausblick ... 419

Literatur ... 425

Sachverzeichnis ... 469

Formelzeichen

Formelzeichen	Übliche Einheit	Größe
K_I^{KrW}	Euro	Investitionsabhängige Kosten
$K_{Stofffluss}^{KrW}$	Euro	Stoffflusserlöse bzw. Stoffflusskosten
$K_{\mathrm{Prozess}}^{KrW}$	Euro	Prozesskosten
$K_{sonstige}^{KrW}$	Euro	Sonstige betriebsbedingte Kosten
K^{KrW}	Euro	Gesamtkosten für ein Kreislaufwirtschaftskonzept

Abkürzungsverzeichnis

ABC	Activity Based Costing
AP	Acidification Potential
ARIS	Architektur integrierter Informationssysteme
BDI	Bundesverband der Deutschen Industrie
BP	British Petroleum p.l.c.
BUWAL	Bundesamt für Umwelt, Wald und Landschaft
CAD	Computer Aided Design
CAE	Computer Aided Engineering
CAM	Computer Aided Manufacturing
CED	Cumulated Energy Demand
CLSC	Closed-Loop Supply Chain
CLSCM	Closed-Loop Supply Chain Management
CPDM	Collaborative Product Definition Management
CPU	Central Processing Unit
CRM	Customer Relationship Management
CRP	Cancer Risk Potential
DFA	Design for Assembly
DFD	Design for Disassembly
DFE	Design for Environment
DFL	Design for Life Cycle
DFM	Design for Manufacturing
DFMA	Design for Manufacturing and Assembly
DFR	Design for Recycling
DFS	Design for Service
DFX	Design for X
DP	Design Parameter (Gestaltungselement)
DUX	Deutscher Umweltindex
EAI	Enterprise Application Integration
ELV	End-of-Life Vehicle
EMAS	Eco-Management and Audit Scheme
EPI	Environmental Performance Index
EPK	Ereignisgesteuerte Prozesskette

EPR	Extended Producer Responsibility
ERP	Enterprise Resource Planning
FMEA	Fehler-Möglichkeits- und Einfluss-Analyse
FOD	Function Oriented Design
FR	Functional Requirement (funktionale Anforderung)
GoM	Grundsätze ordnungsmäßiger Modellierung
GPS	Ganzheitliches Produktionssystem
GWP	Global Warming Potential
HTML	Hypertext Markup Language
IPCC	Intergovernmental Panel on Climate Change
IPP	Integrierte Produktpolitik
IT	Informationstechnologie
IuK	Informations- und Kommunikationstechnologien
IUM	Integrierte Unternehmensmodellierung
KEA	Kumulierter Energieaufwand
KrW-/AbfG	Kreislaufwirtschafts- und Abfallgesetz
LAN	Local Area Network
LCA	Life Cycle Assessment
LCC	Life Cycle Costing
LCE	Life Cycle Evaluation (auch Life Cycle Engineering)
LCI	Life Cycle Information-Support
LCI	Life Cycle Inventory
LCM	Life Cycle Management
LTM	Life Time Management
MI	Materialinput
MIPS	Materialinput pro Serviceeinheit
MIT	Massachusetts Institute of Technology
MSDD	Manufacturing System Design Decomposition
MVA	Müllverbrennungsanlagen
NP	Nutrification Potential
ODP	Ozone Depletion Potential
OECD	Organisation für wirtschaftliche Zusammenarbeit und Entwicklung
OPD	Organisationsprozessdarstellung
PCM	Product Cycle Management
PDC	Product Definition and Commerce
PDM	Produktdatenmanagement (Product Data Management)
PIUS	Produktintegrierter Umweltschutz
PKR	Prozesskostenrechnung
PKW	Personenkraftwagen
PLM	Product Lifecycle Management
PM	Produktmanagement
POCP	Photochemical Ozone Creation Potential
POE	Point of Entry, Reentry or Exit
POR	Point of Return
POS	Point of Sale

PPS	Produktionsplanung und -steuerung
PV	Process Variable (Prozessvariable)
QFD	Quality Function Deployment
RD	Resource Depletion
REPA	Resource and Environmental Profile Analysis
RoHS	Restriction of the Use of Certain Hazardous Substances in Electrical and Electronic Equipment, deutsch: Beschränkung der Verwendung bestimmter gefährlicher Stoffe in Elektro- und Elektronikgeräten
SCC	Supply Chain Council
SCM	Supply Chain Management
SCOR	Supply Chain Operations Reference
SE	Simultaneous Engineering
SETAC	Society of Environmental Toxicology and Chemistry
SGML	Standard Generalized Markup Language
SOM	Semantisches Objektmodell
STEP	Standard for the Exchange of Product Data
TC	Target Costing
TCO	Total Cost of Ownership
TGA	Technische Gebäude Ausrüstung/Ausstattung
TQM	Total Quality Management
UBA	Umweltbundesamt
UBP	Umweltentlastungspunkte
UML	Unified Modeling Language
UNCED	United Nations Conference on Environment and Development
UNEP	United Nations Environment Program
VDMA	Verband der Maschinen- und Anlagenbauer
VR	Virtual Reality
VSM	Viable System Model (Modell lebensfähiger Systeme)
WAN	Wide Area Network
WEEE	Waste Electrical and Electronic Equipment, deutsch: Elektro- und Elektronikalt-/schrottgeräte
XML	Extensible Markup Language
ZVEI	Zentralverband Elektrotechnik und Elektronikindustrie e.V.

Abbildungsverzeichnis

Abb. 1.1 Veränderungen im Unternehmensumfeld 2
Abb. 1.2 Steigerung der Nutzenproduktivität von Ressourcen (Seliger, 2004, S. 30) 3
Abb. 1.3 Aufbau der Arbeit 6
Abb. 2.1 Historische Entwicklung (CENSUS, 2009) und Projektionen der Weltbevölkerung bis zum Jahr 2050 (UN, 2009) 8
Abb. 2.2 Anteil der Menschen, die von weniger als 1 $ am Tag leben (UN, 2006, S. 4) 9
Abb. 2.3 Equity-Faktoren und Lorenzkurve; in Anlehnung an (Seliger, 2004) 10
Abb. 2.4 Weltweites Mengenaufkommen an Elektro(nik)altgeräten (1999) im Vergleich zur Bevölkerungszahl (Ohlendorf, 2006, S. 2) 11
Abb. 2.5 Verfügbarkeit von konventionellem Erdöl weltweit (BGR, 2008, S. 19) 12
Abb. 2.6 System Industrie und Umwelt 13
Abb. 2.7 Die fünf Wettbewerbskräfte nach Porter 18
Abb. 2.8 Umsatz, Export und Weltmarktanteile ausgewählter chinesischer Unternehmen (Williamson und Zeng, 2004) 19
Abb. 2.9 Anteil chinesischer Hersteller von Mobiltelefonen am inländischen Markt (Xie und Li-Hua, 2008) 20
Abb. 2.10 Die Endgames-Kurve (Kröger, 2004, S. 172) 22
Abb. 2.11 Umfrageergebnisse zur Umsetzung und Bedeutung von Gestaltungselementen in produzierenden KMU (Herrmann et al., 2007, S. 20) 23
Abb. 2.12 Komplexitätsfalle bei individualisierten Produkten (Schuh, 2007; Eversheim und Schuh, 1999) 27
Abb. 2.13 Entwicklung der Steuergeräteanzahl in Kraftfahrzeugen am Beispiel Volkswagen (Braess und Seiffert, 2005, S. 596) 27
Abb. 2.14 Entwicklungs- und Servicezyklen in verschiedenen Branchen (Graf, 2005, S. 2) 28

Abb. 2.15 Verkürzung des Time-to-Market am Beispiel der Entwicklung von Diesel-Motoren (Jarratt et al., 2003, S. 48). . . . 29
Abb. 2.16 Kosten aus Betreiber-/Herstellersicht (TCO) von **a** industriellen Pumpen und **b** Elektroantrieben (Dimmers, 2000; Bockskopf, 2007) 30
Abb. 2.17 Entwicklung der Energiepreise in Deutschland (Statistisches Bundesamt, 2007; Hesselbach et al., 2008). 31
Abb. 2.18 Globaler ökologischer Fußabdruck der Menschheit (WWF, 2006b, S. 2). 32
Abb. 2.19 Ursachen von Umweltproblemen (Kramer et al., 2003, S. 58). . . 33
Abb. 2.20 Weltweite Stahlproduktion 1950 bis 2007 in Mio. t und die zehn Länder mit der derzeit höchsten Stahlproduktion (USGS, 2009) 35
Abb. 2.21 Weltenergieverbrauch 1980 bis 2030 (IEA, 2008) 36
Abb. 2.22 Energieflussbild für die Bundesrepublik Deutschland in PJ (AGEB, 2008; Rebhan, 2002, S. 788). 37
Abb. 2.23 Tendenzen in der Güterverkehrsnachfrage und beim BIP (EEA, 2009a). 38
Abb. 2.24 Prognose zur Entwicklung der Kohlendioxidemissionen nach Regionen (IEA, 2007). 39
Abb. 2.25 Aufkommen an kommunalem Abfall in Europa (EEA, 2009b). 40
Abb. 2.26 Entsorgung von Elektronikschrott in Asien: **a** Belüftung von Bildröhren, **b** Offene Verbrennung von Kabeln (Roman und Pukett, 2002, S. 82). 41
Abb. 2.27 Business-as-usual-Szenario und ökologische Schulden (WWF, 2006a, S. 22). 42
Abb. 2.28 Anthropogener Einfluss auf die Umwelt nach Ehrlich/ Holdren und Commoner (Antes und Kirschten, 2007, S. 13). . . . 42
Abb. 2.29 Ökologischer Fußabdruck nach durchschnittlichem nationalen Pro-Kopf-Einkommen, 1961–2003 (WWF, 2006a, S. 18). 43
Abb. 2.30 Zieldreieck der Nachhaltigen Entwicklung; in Anlehnung an (Ohlendorf, 2006, S. 1) 47
Abb. 2.31 Prinzipien einer nachhaltigen Entwicklung und Umsetzung in Vorschriften, Gesetze und Standards. 49
Abb. 2.32 Primärenergieverbrauch und Steigerung der Energieeffizienz in der EU bezogen auf Basisjahr 1971 (Europäische Kommission, 2006, S. 6). 53
Abb. 2.33 Entwicklung der Rohstoffproduktivität in Deutschland (UBA, 2007) 54
Abb. 2.34 Auswirkungen von Wettbewerb und Gesetzgebung auf Unternehmen (Mansour, 2006, S. 2) 59
Abb. 2.35 Verschiebung und Erweiterung der Kostenverantwortung von Unternehmen 60

Abb. 2.36 Herausforderungen und Spannungsfelder der Problemdimensionen (Meffert und Kirchgeorg, 1998, S. 12).... 61
Abb. 2.37 Zieldreieck einer Nachhaltigen Entwicklung – Spannungsfeld und Kräfte; verändert (Ohlendorf, 2006, S. 1)... 62
Abb. 3.1 **a** Lineares und **b** zyklisches Produktlebensphasenkonzept; in Anlehnung an (Kölscheid, 1999)........................ 65
Abb. 3.2 Einfaches Stoffkreislaufmodell (Dyckhoff, 2000, S. 11) 66
Abb. 3.3 Darstellung eines funktionalen Systems (black box) 66
Abb. 3.4 Lebenszyklusverläufe der Muskelkraft (Täubert und Reif, 1997, S. 12)........................... 67
Abb. 3.5 Dichtefunktion und Überlebenswahrscheinlichkeit beim Menschen (Bertsche und Lechner, 2004, S. 15, 21, 25).... 68
Abb. 3.6 Darstellung des Verlaufs der Rohölproduktion. **a** Weltproduktion mit einer Ausgangsreserve von 1250 Millionen Barrels; **b** US-Produktion mit einer Ausgangsreserve von 150 und 200 Millionen Barrel Kurve (Hubbert, 1956)...... 69
Abb. 3.7 Darstellung der Nutzungsdauer eines technischen Systems als Normalverteilung............................ 70
Abb. 3.8 Klassisches Produktlebenszykluskonzept – idealtypischer Verlauf (Hofstätter, 1977) 70
Abb. 3.9 Erweiterter und integrierter Produktlebenszyklus; in Anlehnung an (Pfeiffer und Bischof, 1981) 72
Abb. 3.10 Integrierter Produktlebenszyklus ergänzt um die Entsorgungsphase (Horneber, 1995, S. 119).............. 72
Abb. 3.11 Rückstandszyklus (Strebel und Hildebrandt, 1989, S. 104) 73
Abb. 3.12 Entstehungs-, Marktpräsenz- und Entsorgungsphase des Produktlebenszyklus (Fritz und von der Oelsnitz, 2001, S. 140) 73
Abb. 3.13. **a** Lebenszyklus von Technologien (Wilksch, 2006); **b** Lebenszyklus S-Kurven Konzept von McKinsey; in Anlehnung an (Krubasik, 1982; Höft, 1992)............... 75
Abb. 3.14 Erweitertes Technologie-Technik-Lebenszykluskonzept (Höft, 1992, S. 82)...................................... 76
Abb. 3.15 Entwicklungsstufen eines Unternehmens nach Greiner (Greiner, 1972, S. 41)................................. 77
Abb. 3.16 Unternehmensentwicklung mit Strukturtypen im St. Galler Management-Konzept (Gomez und Zimmermann, 1992, S. 30) 77
Abb. 3.17 **a** Nachfrage-, Technologie- und Produktformenlebenszyklus (Ansoff, 1984, S. 41); **b** Unterschiedliche Lebenszyklen konstituierender Elemente einer Fabrik (Schenk und Wirth, 2004, S. 106)......................... 78
Abb. 3.18 Interne und externe Komplexitätstreiber (Mansour, 2006, S. 60) 79
Abb. 3.19 Externe Anforderungen und innere Komplexität 80

Abb. 3.20 „Spielwiese“ Life Cycle Management (Christiansen, 2003, S. 109) 84
Abb. 3.21 Bedarf für einen Bezugsrahmen im Life Cycle Management 85
Abb. 3.22 Ökologiebezogener Wertschöpfungsring (Zahn und Schmid, 1992) 85
Abb. 3.23 Wertschöpfungskreis (Coenenberg, 1994, S. 41) 86
Abb. 3.24 Bezugsrahmen zum Life Cycle Management (Saur et al., 2003, S. 14) 87
Abb. 3.25 Konzepte, Systeme, Programme und Werkzeuge im LCM (Saur et al., 2003, S. 14) 87
Abb. 3.26 Arbeitsfelder des Life Cycle Managements (Westkämper, 2003; Niemann, 2003) 88
Abb. 3.27 Definition von Life Cycle Management (Sturz, 2000, S. 3) 89
Abb. 3.28 Einordnung von Life Cycle Management (Schäppi et al., 2005, S. 19) 90
Abb. 3.29 Bezugsrahmen für das 3M-Life Cycle Management (3M, 2008) 91
Abb. 3.30 Bezugsrahmen für Forschung und Bildung (Seliger, 2004, S. 30) 92
Abb. 4.1 Domänen im Kontext einer Nachhaltigen Entwicklung – Einordnung eines Ganzheitlichen Life Cycle Managements; verändert in Anlehnung an (Coulter et al., 1995) 98
Abb. 4.2 Zusammenhang zwischen Systemtheorie und Kybernetik; in Anlehnung an (Heylighen et al., 1999) 99
Abb. 4.3 Strukturales, funktionales und hierarchisches Systemkonzept; in Anlehnung an (Ropohl, 1979) 100
Abb. 4.4 Komplexität von Systemen als Funktion von Vielfalt und Dynamik; in Anlehnung an (Ulrich und Probst, 1991) 101
Abb. 4.5 Regelkreisgedanke des Managements; in Anlehnung an (Baetge, 1974, S. 30) 103
Abb. 4.6 Zusammenhang von Modell und Management Bezugsrahmen, in Anlehnung an (Beer, 1995, S. 95, 236) 104
Abb. 4.7 Varietät in Umwelt, Operationen und Management (Beer, 1995, S. 95) 105
Abb. 4.8 Möglichkeiten zur Dämpfung und Verstärkung von Varietät . . . 107
Abb. 4.9 Das Modell lebensfähiger Systeme (Beer, 1985, S. 136) 109
Abb. 4.10 Zusammenhang von normativem, strategischem und operativem Management im St. Galler Konzept integriertes Management (Bleicher, 2004, S. 88) 113
Abb. 4.11 Strukturen, Aktivitäten und Verhalten im Life Cycle Management (Herrmann, 2006, S. 7) 115
Abb. 4.12 Bezugsrahmen zum Ganzheitlichen Life Cycle Management (Herrmann et al., 2007) 116
Abb. 4.13 Phasenübergreifende und phasenbezogene Disziplinen im Ganzheitlichen Life Cycle Management 118

Abb. 4.14 Gekoppelte Produktlebensphasen (Herrmann et al., 2007) und Verknüpfung von Produkt- und Prozessinnovationen (Pleschak und Sabisch, 1996) 124
Abb. 4.15 Kopplung der lebensfähigen Systeme **a** aus der Perspektive einer gemeinsamen produktbezogenen Umwelt und **b** aus der Perspektive eines lebensfähigen Systems 126
Abb. 4.16 Zuordnung der Disziplinen eines Ganzheitlichen Life Cycle Managements zum Modell lebensfähiger Systeme 129
Abb. 5.1 Bezugsrahmen für ein Ganzheitliches Life Cycle Management – Ökonomische, ökologische und soziale Lebensweganalyse 132
Abb. 5.2 Festlegung, Beeinflussung und Anfall der Lebenszykluskosten (Schild, 2005, S. 44) 134
Abb. 5.3 Gesamt-Lebenszykluskosten und -erlöse (Spengler und Herrmann, 2006) 134
Abb. 5.4 Kosten-Trade-off am Beispiel eines drehzahlgeregelten Antriebs 135
Abb. 5.5 Teilgebiete des Rechnungswesens; in Anlehnung an (Kemminer, 1999) 135
Abb. 5.6 Teilbereiche der Kostenrechnung; in Anlehnung an (Hummel und Männel, 2000) 136
Abb. 5.7 Methoden der Investitionsrechnung (Mateika, 2005, S. 100) . . . 138
Abb. 5.8 Abzinsung nach der Kapitalwertmethode (Götze und Bloech, 2004) 139
Abb. 5.9 Projekt- und Periodenorientierung (Riezler, 1996, S. 128) 141
Abb. 5.10 Abgrenzung von Kosten und Auszahlungen; in Anlehnung an (Kemminer, 1999) 142
Abb. 5.11 Ausgewählte nachfrage- und anbieterorientierte Ansätze; in Anlehnung an (Kemminer, 1999) 144
Abb. 5.12 Vorgehensweise und Schritte für eine LCC-Analyse 146
Abb. 5.13 Lebenszyklusphasen in Abhängigkeit vom Bezugsobjekt (Zehbold, 1996, S. 75) 148
Abb. 5.14 Werkzeugunterstützte Erfassung, Berechnung und Darstellung von Lebenszykluskosten 150
Abb. 5.15 Umfeld und Schritte einer Ökobilanz (Finkbeiner, 1997) 153
Abb. 5.16 Primärenergieverbrauch nach Energieträgern nach Daten aus (BP, 2005) 157
Abb. 5.17 Schematische Ermittlung eines Eco-Indikators (Ministry of Housing, Spatial Planning and the Environment, 2000, S. 23) 160
Abb. 5.18 Die MIPS Berechnung in sieben Schritten (Ritthoff et al., 2002, S. 17) 162
Abb. 5.19 Definition von closed-loop und open-loop Prozessen beim Allokationsverfahren für Recycling; in Anlehnung an (DIN EN ISO 14040:2006-10, S. 19) 164

Abb. 5.20 Informations- und Wissensmanagement als lebenszyklusphasen- und akteursübergreifende Disziplinen des Life Cycle Management 170
Abb. 5.21 Begriffshierarchie zwischen Zeichen, Daten, Informationen und Wissen; in Anlehnung an (Voß und Gutenschwager, 2001, S. 14). 172
Abb. 5.22 Informationsinfrastruktur und Unternehmenserfolg (nach Dernbach, 1985; Heinrich, 2002, S. 20) 174
Abb. 5.23 Internes und externes Informationsmanagement (Voß und Gutenschwager, 2001, S. 71). 176
Abb. 5.24 Aufgaben des Informationsmanagements (Voß und Gutenschwager, 2001, S. 74; Wollnik, 1988, S. 34–43) 177
Abb. 5.25 Kernprozesse des Wissensmanagements (Probst et al., 1999, S. 58). 184
Abb. 5.26 Prozesse der Wissenslogistik (Hartlieb, 2002, S. 125, 128). 186
Abb. 5.27 Wissensgenerierung durch Transformation; in Anlehnung an (Nonaka und Takeuchi, 1995, S. 70) 187
Abb. 5.28 Lebenszyklusorientiertes Informationsmanagement durch Vernetzung von Informationssystemen 189
Abb. 5.29 Akteure und Informationen in der Wertschöpfungskette 191
Abb. 5.30 Soll-Lebenszyklus einer Technologie bzw. Applikation (Durst, 2008, S. 185) 193
Abb. 5.31 Generierung und Übertragung von Wissen im Produktlebenszyklus (Mansour, 2006, S. 100). 195
Abb. 5.32 Übertragung von Wissen für die lebenszyklusorientierte Produktentwicklung; (Mansour, 2006, S. 101) entwickelt aus (Nonaka und Takeuchi, 1995, S. 73). 196
Abb. 5.33 Einordnung ausgewählter Ansätze zum lebenszyklusorientierten Informations- und Wissensmanagement. 197
Abb. 5.34 Architektur eines PDM-Systems; verändert (Spur und Krause, 1997, S. 255) 199
Abb. 5.35 Bausteine einer unternehmensspezifischen PLM-Lösung (Abramovici und Schulte, 2005). 200
Abb. 5.36 Integrationsdimensionen des lebenszyklusorientierten Informationsmanagement 201
Abb. 5.37 Systemstandards: Ist- und Sollsituation (nach Gruener, 2003). 202
Abb. 5.38 Beispiel für die dezentrale Bereitstellung recyclingrelevanter Produktinformationen (Herrmann, 2003, S. 141) 205
Abb. 5.39 Bezugsrahmen für ein Ganzheitliches Life Cycle Management – Prozessmanagement 206
Abb. 5.40 Bezugsrahmen zur Prozessdefinition (Bea und Schnaitmann, 1995, S. 280). 208

Abb. 5.41 Vergleich funktionsorientierter und prozessorientierter Organisation 210
Abb. 5.42 Gegenüberstellung von Konzepten zum Prozessmanagement 212
Abb. 5.43 Darstellung unterschiedlicher Modellierungsmethoden 215
Abb. 5.44 Vergleich von Ansätzen zur Prozessgestaltung und -optimierung 217
Abb. 5.45 Vorgehen von Reengineering-Konzepten im Vergleich. 220
Abb. 5.46 Dimensionen mehrdimensionaler Bewertungsansätze für Geschäftsprozesse 222
Abb. 5.47 Prozessregelkreismodell (Binner, 2005, S. 684) 223
Abb. 5.48 Bewertung und Zuordnung von Merkmalen und Organisationsformen (Graf, 2005, S. 106) 225
Abb. 5.49 Grundtypen von Netzwerkbeziehungen (Meier und Hanenkamp, 2002, S. 124) 225
Abb. 5.50 Rahmen für ein prozessorientiertes Supply Chain Management (Cooper et al., 1997, S. 10) 226
Abb. 5.51 Order-to-Payment „S“ (Klaus, 2000, S. 450 f.) 227
Abb. 5.52 Supply Chain Operations Reference Modell (Supply-Chain Council, 2006, S. 10) 228
Abb. 5.53 Klassische und Closed-Loop Supply Chain; in Anlehnung an (Graf, 2005, S. 46) 229
Abb. 5.54 Einordnung ausgewählter Ansätze zum lebenszyklusorientierten Prozessmanagement 230
Abb. 5.55 Prozessmodell (Makro-Ebene) für eine Hersteller-Recycler-Kooperation zur Ersatzteilversorgung (Hesselbach et al., 2004, S. 29) 233
Abb. 6.1 Bezugsrahmen für ein Ganzheitliches Life Cycle Management 236
Abb. 6.2 Klassifizierung von Ansätzen in der Innovationsforschung (Herrmann et al., 2007a) 237
Abb. 6.3 Phaseneinteilung des Innovationsprozesses nach verschiedenen Autoren (Weiber et al., 2006, S. 108) 239
Abb. 6.4 Phasen des Produktentstehungsprozesses 240
Abb. 6.5 Einordung der Neuproduktentstehung in die (modifizierte) Wertkette (Sawalsky, 1995; Porter, 2000) 241
Abb. 6.6 Das (erweiterte) Promotorenmodell (Hauschildt, 2004; Pfriem et al., 2006) 242
Abb. 6.7 Innovationsmanagement im St. Galler Management-Konzept; in Anlehnung an (Eversheim, 2003, S. 7) 243
Abb. 6.8 Übersicht über die Phasen der Produktplanung (Mateika, 2005, S. 42) 245
Abb. 6.9 Produktplanung als Teilphase des Innovationsprozesses nach Gausemeier (Gausemeier et al., 2001) 246
Abb. 6.10 Generelles Vorgehen beim Konstruieren und Gestalten (VDI 2221, 1993-05, S. 9) 248

Abb. 6.11 V-Modell als Vorgehensmodell für die Entwicklung mechatronischer Produkte (VDI 2206, 2004-06) 249
Abb. 6.12 Hilfsmittel zur Unterstützung von Entscheidungsprozessen (Herrmann, 2003, S. 37) 251
Abb. 6.13 Matrixsystem des „House of Quality" in Anlehnung an (Ehrlenspiel, 2003, S. 214) 253
Abb. 6.14 Beispiel für eine konventionelle Means-End-Chain (Kuß, 1994, in: Schäppi et al., 2005, S. 164) 254
Abb. 6.15 Target Costing in den Phasen der Produktentwicklung (Mansour, 2006, S.40; in Anlehnung an (Horvàrth et al., 1993, S. 11)) 256
Abb. 6.16 Vorgehen beim DFMA von Boothroyd und Deshurst......... 257
Abb. 6.17 Kostenfestlegung und Kostenentstehung eines Produktes über den Lebenszyklus (Lindemann und Kiewert, 2005, S. 402).... 258
Abb. 6.18 Generisches Vorgehensmodell als Grundlage für die lebenszyklusorientierte Produktplanung 259
Abb. 6.19 Referenzmodell der lebenszyklusorientierten Produktplanung; Erweiterung in Anlehnung an (Mansour, 2006, S. 71) 260
Abb. 6.20 Einordnung verschiedener Ansätze zur lebenszyklusorientierten Produktplanung............... 261
Abb. 6.21 Kosten- und Erlösstrategien im Lebenszyklus (Mateika, 2005, S. 79) 262
Abb. 6.22 Verlauf des Kapitalwertes über den Lebenszyklus am Beispiel einer Spritzgussmaschine (Mateika, 2005, S. 145)................................ 264
Abb. 6.23 Lebenszykluskosten- und -erlösportfolio (Mateika, 2005, S. 109)................................ 265
Abb. 6.24 Einordnung der Kosten- und Erlösarten im Lebenszykluskosten- und -erlösportfolio (Mateika, 2005, S. 146)................................ 266
Abb. 6.25 Umfeldindikatoren im Lebenszyklus am Beispiel des Maschinen- und Anlagenbaus, überarbeitet (Mateika, 2005, S. 111 in Anlehnung an Gelbmann und Vorbach, 2003) 267
Abb. 6.26 Potenzialfaktoren im Lebenszyklus (Mateika, 2005, S. 133 in Anlehnung an Hofer und Schendel, 1978).......... 268
Abb. 6.27 Auswertung der Szenarien (Mateika, 2005, S. 123) 269
Abb. 6.28 Abschätzung zukünftiger Lebenszykluskosten und -erlöse (Mateika, 2005, S. 152) 270
Abb. 6.29 Suchfelddefinition (Mateika, 2005, S. 128) 271
Abb. 6.30 Definition von Suchfeldern am Beispiel einer Spritzgussmaschine (Mateika, 2005, S. 154) 272
Abb. 6.31 Potenziale der Lebenszyklusorientierung auf Innovationsprozesse im Unternehmen (Herrmann et al., 2007a) 273

Abb. 6.32 Projektkalender zur Unterstützung der lebenszyklusorientierten Umsetzungsplanung (Mateika, 2005, S. 157) 274
Abb. 6.33 Verringerung der ökologischen Unsicherheit im betrieblichen Innovationsprozess und Gewährleistung der Richtungssicherheit, in Anlehnung an (Lang-Koetz et al., 2006a) 275
Abb. 6.34 Nachhaltigkeits-Nutzwertanalyse (Finkbeiner, 2007, S. 131) 278
Abb. 6.35 Erweiterung des Betrachtungsbereiches der Produktentwicklung durch die lebenszyklusorientierte Produktentwicklung (Mansour, 2006, S. 69). 279
Abb. 6.36 Referenzmodell der lebenszyklusorientierten Produktplanung und -entwicklung; Erweiterung in Anlehnung an (Mansour, 2006, S. 71). 279
Abb. 6.37 Einordnung grundlegender Konzepte und Ansätze zur Unterstützung der lebenszyklusorientierten Produktentwicklung (Mansour, 2006, S. 73). 281
Abb. 6.38 Einordnung verschiedener Ansätze zur lebenszyklusorientierten Produktentwicklung. 282
Abb. 6.39 Kognitive Prozesse bei Kaufentscheidungen; (Yim, 2007, S. 74; in Anlehnung an Peter und Olson, 2002, S. 52). 284
Abb. 6.40 Datenmanagement zur Simulation der Recyclingfähigkeit (Schiffleitner et al., 2008) 287
Abb. 6.41 Wissensbedarf für ein Life Cycle Design (Mansour, 2006, S. 76) 289
Abb. 6.42 Unterstützung des iterativen Vorgehens durch die Verknüpfung verschiedener Funktionsmodule (Mansour, 2006, S. 117) 291
Abb. 6.43 Unterstützungsmodule für verschiedene Entwicklungsphasen (Mansour, 2006, S. 167) 292
Abb. 6.44 Bezugsrahmen für ein Ganzheitliches Life Cycle Management 294
Abb. 6.45 Darstellung einer soziotechnischen Leistungseinheit (Westkämper et al., 2000, S. 23) 295
Abb. 6.46 Systemebenen der Produktion (Westkämper und Decker, 2006, S. 56). 296
Abb. 6.47 Produktionsprozess als Transformationsprozess (Schenk und Wirth, 2004, S. 56) 296
Abb. 6.48 Elemente eines Produktionssystems (Westkämper und Decker, 2006, S. 195; Wunderlich, 2002) 297
Abb. 6.49 Prozesskette moderner Produkte (Westkämper und Decker, 2006, S. 196). 298
Abb. 6.50 Produktionsmanagement im St. Galler Management-Konzept nach (Eversheim und Schuh, 1999a, S. 5–34) 300

Abb. 6.51 Produktionsmanagement als Regelungssystem (vgl. auch Dyckhoff, 1994) 301
Abb. 6.52 Aufgabensicht des Aachener PPS-Modells (Schuh, 2006, S. 21) 301
Abb. 6.53 Produktionsprogrammgestaltung (Eversheim und Schuh, 1999a, S. 5–49) 302
Abb. 6.54 Organisatorischer Wandel der Produktion (Barth, 2005, S. 269) 303
Abb. 6.55 Aufbau des Toyota Produktionssystems (Ohno, 1993; Liker, 2007) 305
Abb. 6.56 Allgemeine Darstellung von Elementen eines GPS (Barth, 2005, S. 271) 306
Abb. 6.57 Zusammenhang zwischen Produktlebens-, Prozesslebens-, Gebäudelebens- und Flächenzyklus (Schenk und Wirth, 2004, S. 106) 307
Abb. 6.58 Zusammenhang unterschiedlicher, für die Produktion relevanter Lebenszyklen im Bezugsrahmen für ein Ganzheitliches Life Cycle Management 308
Abb. 6.59 Abgrenzung von Veränderungstypen (Wiendahl, 2002, S. 126) 310
Abb. 6.60 Modelle der Wechselwirkungen notwendiger Fähigkeiten der Produktion (Größler und Grübner, 2005) 311
Abb. 6.61 Kosten, Umwelt- und soziale Aspekte als Zielgrößen einer zukunftsfähigen Produktion 312
Abb. 6.62 Integration einer nachhaltigkeitsorientierten Produktion als Bestandteil eines Ganzheitlichen Life Cycle Managements 313
Abb. 6.63 Einordnung verschiedener Ansätze zum lebenszyklusorientierten Produktionsmanagement 315
Abb. 6.64 Betrieblich-technischer Umweltschutz, betriebliches Umweltmanagement und Umweltmanagementsystem (Kramer et al., 2003a, S. 123) 316
Abb. 6.65 Integriertes Prozessmodell zur nachhaltigkeitsorientierten Prozessbewertung 321
Abb. 6.66 Energieprofil einer Schleifmaschine (Eckebrecht, 2000, S. 102) 322
Abb. 6.67 Entwicklung der Energieaufnahme von Fräsmaschinen (Gutowski et al., 2006) 323
Abb. 6.68 Energiebedarfe von Fertigungsprozessen (Gutowski et al., 2006, S. 625) 324
Abb. 6.69 **a** Potenzieller Treibhauseffekt durch KSS auf Basis von Mineralöl, Rapsöl, Palmöl, Tierfett und Altspeisefett (Dettmer, 2006, S. 135); **b** Potenzielle Umweltwirkungen durch KSS auf Basis von Mineralöl, Rapsöl, Palmöl, Tierfett und Altspeisefett (normiert) (Dettmer, 2006, S. 142) 328

Abb. 6.70 Ganzheitliche Systemdefinition des Produktionsbetriebs (links) und Wechselwirkungen auf Gesamtsystemebene (Hesselbach et al., 2008, S. 625) 330
Abb. 6.71 Kumulierung und Beeinflussung von Verbrauchs-/ Emissionsprofilen auf Fabrikebene 332
Abb. 6.72 Aufbau einer Verbundsimulation zur Verbesserung der Energieeffizienz durch optimierte Abstimmung von Produktion und TGA; in Anlehnung an (Hesselbach et al., 2008; Martin et al., 2008) 336
Abb. 6.73 Vorgehensmodell zur Verbesserung der Energieeffizienz in Fabriksystemen (Herrmann und Thiede, 2009). 337
Abb. 6.74 Das Strukturmodell lebensfähiger Systeme als Bezugsrahmen zur nachhaltigkeitsorientierten Gestaltung Ganzheitlicher Produktionssysteme (Bergmann, 2009) 340
Abb. 6.75 Zusammenhang funktionaler Anforderungen und Gestaltungselemente (Suh, 1990). 340
Abb. 6.76 Problemzerlegung durch Zigzagging, nach (Suh, 1990). 341
Abb. 6.77 Das Modell lebensfähiger Systeme als Bezugsrahmen zur Entwicklung der Dekompositionsmatrix des Strukturmodells Ganzheitlicher Produktionssysteme (Bergmann, 2009) 343
Abb. 6.78 Erweiterung der Dekomposition um ein Datenmodell zur Abbildung von Wirkbeziehungen (Bergmann, 2009) 344
Abb. 6.79 Beipiel für ein Ergebnis der strategie- und nachhaltigkeitsorientierten Bewertung von Gestaltungselementen (Bergmann, 2009) 345
Abb. 6.80 Bezugsrahmen für ein Ganzheitliches Life Cycle Management 348
Abb. 6.81 Serviceleistungen und Kundennutzen (Hesselbach und Graf, 2003, S. 507; in Anlehnung an Hinterhuber und Matzler, 2002) 349
Abb. 6.82 Systematisierung von Dienstleistungen nach (Homburg und Grabe, 1996b) 350
Abb. 6.83 After-Sales Leistungen (Baumbach, 1998) 351
Abb. 6.84 Ursachen für Ausfälle technischer Systeme (Takata et al., 2004). 352
Abb. 6.85 Ausfallmuster verschiedener Bauteile (Bertsche und Lechner, 2004) 353
Abb. 6.86 Hierarchisches Rahmenmodell zur Instandhaltungs-Terminologie; basierend auf (Wang, 2002; Takata et al., 2004; DIN 31051, 2003-06). 354
Abb. 6.87 Effekte von Instandhaltungsaktivitäten und -strategien (Rötzel, 2005; Herrmann et al., 2007; Takata et al., 2004) 355
Abb. 6.88 Bedarfsverläufe in der Nachserienphase (Hesselbach et al., 2004a, S. 114) 356

Abb. 6.89 Postponement und Speculation-Strategien für die Ersatzteilversorgung (Boutellier et al., 1999, S. 19) 358
Abb. 6.90 Systematisierung von Dienstleistungen nach (Rainfurth, 2003) 359
Abb. 6.91 Einordnung des After-Sales Service in den Produktlebensweg (Graf, 2003, S. 19) 360
Abb. 6.92 Einordnung verschiedener Ansätze zum lebenszyklusorientierten After-Sales Management 361
Abb. 6.93 Optimierungsproblem der Instandhaltung 362
Abb. 6.94 Comet Circle (Tani, 1999, S. 294) 362
Abb. 6.95 Vor- und Nachteile von Instandhaltungsstrategien in Bezug zu Nachhaltigkeitsdimensionen (Herrmann et al., 2007) 363
Abb. 6.96 Vorgehensmodell zur dynamischen Bewertung der Lebenszykluskosten (Herrmann et al., 2007) 364
Abb. 6.97 Einflüsse auf kausalgestützte Prognoseverfahren (Meidlinger, 1994, S. 101) 366
Abb. 6.98 Ersatzteil-Versorgungsansätze 367
Abb. 6.99 Problemfelder der Ersatzteilversorgungsansätze (Spengler und Herrmann, 2004, S. 184) 368
Abb. 6.100 Gesamtbewertung und Reduktion der möglichen Kombinationen zu einer Versorgungsstrategie (Spengler und Herrmann, 2004, S. 190) 369
Abb. 6.101 Grobablauf der Umsetzung der Abläufe in der erweiterten Supply Chain (Graf, 2005, S. 116) 370
Abb. 6.102 Prozessablauf für Versorgungsübergangsprüfungen (Graf, 2005, S. 176) 371
Abb. 6.103 Strukturierung hybrider Leistungsbündel (Meier et al., 2006) 373
Abb. 6.104 Bezugsrahmen für ein Ganzheitliches Life Cycle Management 376
Abb. 6.105 Aktivitäts- und akteursorientierte Sichtweise auf Closed-Loop Supply Chains (Dyckhoff et al., 2004, S. 16) 377
Abb. 6.106 Kreislaufführungsoptionen (Ohlendorf, 2006, S. 22) 378
Abb. 6.107 Geteilte Produktverantwortung für Elektro- und Elektronikaltgeräte (Herrmann, 2003, S. 21) 382
Abb. 6.108 Akteure und ihre Aufgaben gemäß ElektroG (Ohlendorf, 2006, S. 33) 383
Abb. 6.109 Begriffsbestimmungen nach VDI 2243, VDI 2343 und DIN 8580 (Herrmann, 2003, S. 11) 384
Abb. 6.110 Voraussetzungen und Rahmenbedingungen für die Aufbereitung elektr(on)ischer Komponenten (Hesselbach et al., 2002, S. 197) 387
Abb. 6.111 Prozessablauf einer Kupferhütte (Herrmann et al., 2005, S. 3) 389

Abb. 6.112 Massenbalancen in einer Kupferhütte (Herrmann et al., 2005, S. 5) 390
Abb. 6.113 Verwertungsarten und ihre Kennzeichen (Beispiel Kunststoffe) (Ohlendorf, 2006, S. 23) 390
Abb. 6.114 Bandbreite an Mengen und Kategorien an Elektro(nik)altgeräten (Ohlendorf, 2006, S. 19) 392
Abb. 6.115 Kategoriespezifische Kostenverteilung für das Elektro(nik)altgeräterecycling (Ohlendorf, 2006, S. 38)....... 392
Abb. 6.116 Preisentwicklung für Primärrohstoffe (Ohlendorf, 2006, S. 40) 393
Abb. 6.117 Stoffliche Zusammensetzung verschiedener Elektro- und Elektronikaltgeräte (Ohlendorf, 2006, S. 12)............ 395
Abb. 6.118 Vergleich der Nutzung von Altgeräten als Sekundärrohstoffquelle gegenüber Primärrohstoffen (Electrocycling, 2001)................................. 396
Abb. 6.119 Greenpeace Guide to Greener Electronics (Greenpeace, 2007) 397
Abb. 6.120 Elektro- und Elektronikaltgeräteimporte nach Indien und Asien (UNEP/GRID-Arendal Maps and Graphics Library, 2004) 398
Abb. 6.121 Einordnung verschiedener Ansätze zum lebenszyklusorientierten End-of-Life Management 400
Abb. 6.122 Rückflüsse und Kreislaufführungsoptionen (de Brito und Dekker, 2002, S. 15 f.)..................... 401
Abb. 6.123 Vergleich von Materialerlösen und Materialentropien (Dahmus und Gutowski, 2006, S. 210)................... 402
Abb. 6.124 Gestaltungsdimensionen rückführlogistischer Sammelsysteme (Hieber, 2002, S. 42) 404
Abb. 6.125 Prozesskette des Elektro(nik)altgeräterecyclings (Walther, 2005, S. 47) 405
Abb. 6.126 Kosten- bzw. Erlössituation für Behandlungssysteme von Elektro(nik)-Altgeräten in Abhängigkeit der Anzahl an Demontagestandorten (Walther, 2005, S. 218)............ 405
Abb. 6.127 Entscheidungsbaum für die Unterstützung der Entscheidung über die Durchführung von Demontageaktivitäten (Brüning und Kernbaum, 2004, S. 13) 406
Abb. 6.128 Wertschöpfung bei manuellen Zerlegeoperationen (Meißner et al., 1999, S. 21) 407
Abb. 6.129 Hierarchische Abgrenzung verschiedener Systemgrenzen im Bereich der Demontage (Ohlendorf, 2006, S. 45) 409
Abb. 6.130 Elemente eines Aufarbeitungssystems (Stölting und Spengler, 2005, S. 498).................... 410
Abb. 6.131 A0 Diagramm eines generischen Aufarbeitungsprozesses (Ijomah, 2007, S. 682)................................ 411

Abb. 6.132 Integration der Recyclingplanung in MRP II-basierte PPS-Systeme (Spengler, 1998, S. 231) 412
Abb. 7.1 Verbreitung eines Lebenszyklusdenkens weltweit (UNEP, 2008) 420
Abb. 7.2 Untersuchungsergebnisse zum Stand der Forschung im Life Cycle Management (Herrmann et al., 2008, S. 452) 421
Abb. 7.3 Darstellung der Untersuchungsergebnisse zum Stand der Forschung im Bezugsrahmen für ein Ganzheitliches Life Cycle Management (Herrmann et al., 2008) 422

Tabellenverzeichnis

Tab. 1.1 Gemeinsame Themenfelder von Nachhaltigkeitskonzepten 2
Tab. 2.1 Wichtige Trends für die produzierende Industrie am Beispiel Automobilbau 25
Tab. 2.2 Syndromkonzept – Gruppen und Beispiele (Coenen, 2001, S. 58) 34
Tab. 2.3 Wichtige globale Umweltverträge (Oberthür, 2005) 52
Tab. 3.1 Beispiele für Systeme mit charakteristischem Verlauf von Zustandsgrößen 67
Tab. 3.2 Gegenüberstellung bestehender Lösungsbausteine 94
Tab. 4.1 Ebenen im ganzheitlichen Life Cycle Management (in Anlehnung an Kramer et al., 2003) 117
Tab. 4.2 Beispiele für die Gestaltung von Schnittstellen zwischen den Produktlebensphasen 128
Tab. 5.1 Kostenrechnungssysteme (Hummel und Männel, 2000) 137
Tab. 5.2 Kritikpunkte an der traditionellen Kostenrechnung und Neuorientierung im Kostenmanagement (Schild, 2005, S. 36) 137
Tab. 5.3 Abgrenzung der Lebenszyklusrechnung im internen Rechnungswesen (Schild, 2005) 140
Tab. 5.4 Wirkungskategorien aus (Umweltbundesamt, 1999) 157
Tab. 5.5 Beispiele von Sozialindikatoren (Grießhammer et al., 2007, S. 169) 168
Tab. 5.6 Klassifizierung unterschiedlicher Modellierungsmethoden 216
Tab. 5.7 Klassifizierung von Referenzmodellen 218
Tab. 5.8 Nutzen und Risiken der Anwendung von Referenzmodellen 219
Tab. 5.9 Kategorisierung von Supply Chains nach Umweltfokus 231
Tab. 5.10 Outsourcingpotenzial von CLSC Prozessen 231
Tab. 5.11 Lösungsansätze für operative Planungs- und Steuerungsaufgaben 234
Tab. 6.1 Einordnung der phasenbezogenen Disziplin Produktmanagement in das Modell lebensfähiger Systeme 293
Tab. 6.2 Organisationsformen (Ablaufarten) in Teilefertigung und Montage (Schuh, 2006) 299
Tab. 6.3 Umweltbezogene Unternehmensstrategien (Dyckhoff, 2000) 316

Tab. 6.4 Fettsäurespektren eines am Markt erhältlichen Ester-KSS (9104) und möglicher KSS-Ausgangsstoffe (Dettmer, 2006, S. 51) 327
Tab. 6.5 Einordnung der phasenbezogenen Disziplin Produktionsmanagement in das Modell lebensfähiger Systeme .. 346
Tab. 6.6 Vergleich von Ersatzteildefinition auf unterschiedlichen Erzeugnisebenen 357
Tab. 6.7 Potenzielle Beschädigungen und Gegenmaßnahmen während der Lagerung 357
Tab. 6.8 Einordnung der phasenbezogenen Disziplin After-Sales-Management in das Modell lebensfähiger Systeme 374
Tab. 6.9 Arten von Rückläufern (de Brito und Dekker, 2002, S. 7 ff.) 376
Tab. 6.10 Behandlungsanforderungen für Altfahrzeuge 380
Tab. 6.11 Recyclingquoten für die Altfahrzeugverwertung 381
Tab. 6.12 Verwertungsquotenvorgaben für Elektro- und Elektronikaltgeräte 382
Tab. 6.13 Begriffsdefinitionen 385
Tab. 6.14 Vergleich der Montage und der Demontage (Ohlendorf, 2006, S. 25) 385
Tab. 6.15 Einordnung der phasenbezogenen Disziplin End-of-Life Management in das Modell lebensfähiger Systeme 414

Kapitel 1
Einleitung

1.1 Problemstellung

Die zunehmende Globalisierung, rasante Entwicklungen in der Informationstechnologie, schnelle Prozess- und Produktinnovationen, sich dynamisch verändernde Marktanforderungen (z. B. umweltpolitische Vorgaben, steigende Energie- und Rohstoffkosten) aber auch globale Herausforderungen, wie der Anstieg der Weltbevölkerung und die intensive Nutzung endlicher Ressourcen, bestimmen das Unternehmensumfeld im 21. Jahrhundert (Abb. 1.1). Mit den zunehmenden Erkenntnissen aus Naturwissenschaften und Technik wächst das Verständnis für das resultierende komplexe Gefüge von sozialen, politischen, ökonomischen, technischen, ökologischen und organisatorischen Zusammenhängen. Auf einer normativen Ebene beschreibt „Nachhaltige Entwicklung" dabei den Weg, bei dem die Bedürfnisse heutiger Generationen befriedigt werden, ohne die Möglichkeiten zukünftiger Generationen zu beeinträchtigen. Dieser Weg erfordert heute und auch in der Zukunft ein Zusammenspiel zwischen Politik, Wirtschaft, Wissenschaft und Gesellschaft.

Spätestens mit der UN-Konferenz „Umwelt und Entwicklung" 1992 in Rio de Janeiro wurde deutlich, dass „Nachhaltigkeit langfristige und weit reichende Veränderungen von Technologien, Infrastrukturen, Lebensstilen und Organisationen bzw. Institutionen erfordert" (Rennings, 2007, S. 122). Damit kommt Innovationen eine besondere Rolle zu. Sie sollen dazu beitragen, dass natürliche Ressourcen effizient genutzt und schädliche Umwelteinflüsse minimiert werden (Deutschland, 2006, S. 50f.). Als Beispiel für zentrale Themen- bzw. Handlungsfelder auf die Umweltinnovationen bzw. Umwelttechnologien wirken sollen, führt Rennings die Ergebnisse des Sachverständigenrates für Umweltfragen an (Rennings, 2007, S. 122; Tab. 1.1). So sollen beispielsweise Umweltinnovationen die Emissionen in die Luft reduzieren und so u. a. zu einer Reduktion des Treibhauseffektes beitragen.

Innovationen – nicht nur in Bezug auf Umweltziele – sind zumeist mit Investitionen verbunden, bieten aber Chancen, Kostensenkungspotenziale zu erschließen und die Wettbewerbsfähigkeit von Unternehmen zu erhöhen. Auch die Entstehung neuer Märkte für Umwelttechnologien und -produkte sowie die Schaffung neuer Arbeitsplätze sind damit verbunden (Rennings, 2007, S. 122). „Wenn die Perspektive auf den gesamten Lebenszyklus eines Produktes bereits in dessen Planung und

C. Herrmann, *Ganzheitliches Life Cycle Management*,
DOI 10.1007/978-3-642-01421-5_1, © Springer-Verlag Berlin Heidelberg 2010

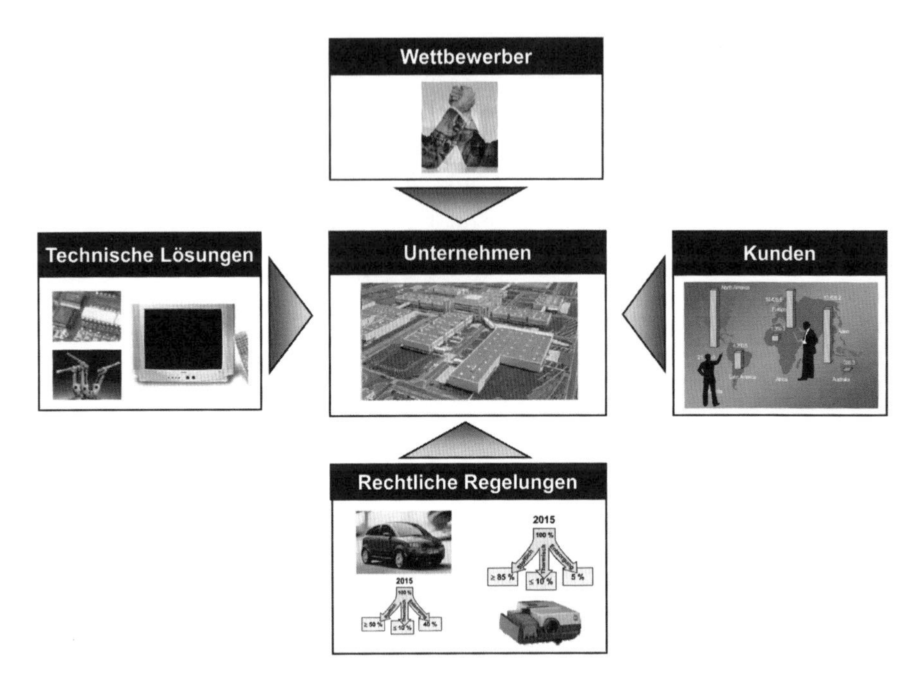

Abb. 1.1 Veränderungen im Unternehmensumfeld

Herstellungsprozess einfließt, lassen sich häufig ökonomische und ökologische Ziele gleichzeitig erreichen.“ (Deutschland, 2006, S. 51). Neben organisatorischen Änderungen können Innovationen auf Produkte oder Prozesse gerichtet sein. Eine Produktinnovation in einem Unternehmen kann dabei eine Prozessinnovation in einem anderen Unternehmen bedeuten (Mateika, 2005; Rennings, 2007). Dadurch entsteht eine enge Vernetzung unterschiedlicher Branchen und Akteure. So ist in fast allen Industrien, wie z. B. der Investitionsgüter- und Konsumgüterindustrie, auch als Reaktion auf die Ergebnisse des Umweltgipfels in Rio und den danach folgenden Aktivitäten aber auch aufgrund gestiegener Energie- und Rohstoffpreise, eine zunehmende Bedeutung eines

Tab. 1.1 Gemeinsame Themenfelder von Nachhaltigkeitskonzepten

Problemorientiert	Verursacherorientiert
Treibhauseffekt	Energie
Ozonabbau in der Stratosphäre	Mobilität
Versauerung (Medien u./o. Ökosysteme)	Abfall
Eutrophierung (Medien u./o. Ökosysteme)	
Toxische Belastung (Medien u./o. Ökosysteme)	
Verlust der biologischen Vielfalt	
Humantoxische Belastungen	
Flächenverbrauch	
Verbrauch von Ressourcen	

Rat von Sachverständigen für Umweltfragen (1998): Umweltgutachten 1998, Stuttgart; in Rennings, 2007, S. 123

nachhaltigen Wirtschaftens in Unternehmen zu erkennen. Dies zeigen beispielsweise Bemühungen um eine umweltgerechtere Gestaltung von Produkten, eine energie- und ressourceneffiziente Produktion oder die Dokumentation von Unternehmensleistungen in Umwelt- und Nachhaltigkeitsberichten (Rennings, 2007).

Die hohe Bedeutung von Innovationen für eine nachhaltige Entwicklung erfordert, dass das Verhältnis von Innovationen, Wachstum und Nachhaltigkeit analysiert und bewertet wird. Entsprechend der Nachhaltigkeitsdimensionen (Wirtschaft, Ökologie, Soziales) können drei Wachstumsarten unterschieden werden (Luks, 2005):

- Wachstum der Wirtschaft
- Wachstum des Umweltverbrauchs (z. B. vergrößerter Umfang des Material- und Energiedurchsatzes)
- Wachstum der Lebensqualität

Nimmt man den ökologischen Fußabdruck, als Maß für den weltweiten Konsum an natürlichen Ressourcen, so übersteigt der Ressourcenbrauch der Weltbevölkerung die Biokapazität der Erde bereits heute über 25%. Die Kopplung zwischen Wirtschaftswachstum und Zunahme des Ressourcenverbrauchs bei einem gleichzeitigen Anstieg der Weltbevölkerung stellt daher eine zentrale Herausforderung im Ringen um die Nachhaltigkeit von Entwicklung dar: Wenn Nachhaltigkeit das Ziel ist und wenn die Welt begrenzt ist, dann ist Wirtschaftswachstum dann und nur dann möglich, wenn es sich vom Wachstum des Material- und Energiedurchsatzes abkoppelt (Luks, 2005). Seliger formuliert als Ziel die Steigerung der Nutzenproduktivität von Ressourcen bei höherem Lebensstandard (Abb. 1.2) (Seliger, 2004).

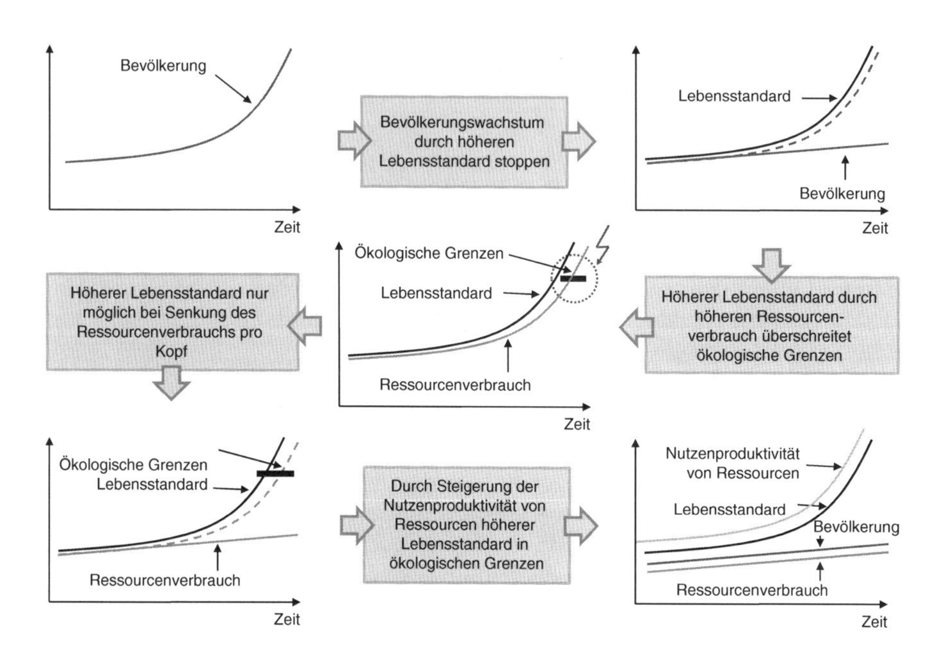

Abb. 1.2 Steigerung der Nutzenproduktivität von Ressourcen (Seliger, 2004, S. 30)

Die Entkopplung ist ohne Innovationen nicht denkbar. Eine Veränderung der gesamtwirtschaftlichen Ressourcenproduktivität kann es ebenso wie eine absolute Reduktion des Umweltverbrauchs bei Wirtschaftswachstum nur dann geben, wenn „ökologische" Veränderungsprozesse in der Wirtschaft stattfinden (Luks, 2005).

Nachhaltiges Wirtschaften erfordert von Unternehmen ein lebenszyklusorientiertes Handeln. Nur so können Problemverschiebungen vermieden und ganzheitliche Lösungen geschaffen werden. Während aufgrund der engen Verflechtung der Interessen und Aktivitäten der Akteure eine Zusammenarbeit entlang der Lieferkette (Supply Chain) im Hinblick auf technisch-wirtschaftliche Fragen üblich ist, waren und sind die Integration von Aktivitäten der Redistribution und der Kreislaufführung von Produkten und Materialien sowie die lebensphasenübergreifende Betrachtung von Umweltwirkungen häufig noch fehlende Elemente. Nachhaltiges Wirtschaften erfordert daher im Sinne sich ergebener Konsequenzen:

- die Bewahrung der Lebensfähigkeit eines Unternehmens (Liquidität und Gewinn),
- die Verankerung des Leitbilds einer Nachhaltigen Entwicklung in allen Ebenen eines Unternehmens (normativ, strategisch, operativ),
- die Betrachtung des gesamten Produktlebenswegs – von der Rohstoffgewinnung bis zur Entsorgung,
- das Hervorbringen von nachhaltigen Produkt-, Prozess- und Organisationsinnovationen und damit
- die Analyse und Bewertung von Innovationen insbesondere im Hinblick auf die technisch-wirtschaftlichen, ökologischen aber auch sozialen Wirkungen.

Für das Management und die Mitarbeiter eines Unternehmens bedeutet dies in zunehmendem Maße ein Denken in Systemen, d.h. in die natürliche Umwelt eingebettete Wertschöpfungsketten bzw. -netzwerke. Dieses endet nicht beim Kunden sondern geht bis zur Entsorgung von Produkten und der Führung von Materialien und Produkten bzw. Produktteilen in Kreisläufen. Entscheidungen zur Planung und Gestaltung von Produkten und Prozessen müssen ebenfalls ganzheitlich erfolgen. Dies bedeutet, dass neben der technisch-wirtschaftlichen Betrachtung insbesondere auch ökologische Aspekte integriert berücksichtigt werden müssen. Und dies lebensphasenübergreifend – also von der Rohstoffgewinnung bis hin zum Recycling – sowohl in Hinsicht auf das Primärprodukt oder die Primärprodukte als auch im Hinblick auf die zum System gehörenden Ketten der erforderlichen Sekundärprodukte (z.B. Betriebsmittel, Hilfsstoffe).

Erforderlich für ein solches Ganzheitliches Life Cycle Management ist das Zusammenspiel verschiedener Disziplinen (wie z.B. Informations- und Wissensmanagement, Prozessmanagement, Produkt- und Produktionsmanagement) in der Praxis und in der Wissenschaft (Robèrt, 2002, S. 20f.). Nur durch eine Zusammenarbeit können Lösungen für die komplexen globalen Herausforderungen entwickelt werden. Voraussetzung hierfür ist ein Ordnung schaffender Rahmen, der die Anforderungen aus einer Nachhaltigen Entwicklung sowie die Schnittstellen und die Integrationspotenziale bzw. das Zusammenspiel der Akteure verdeutlicht. Ein solcher Rahmen steht bisher nicht zur Verfügung und ist aufgrund der Inter- und

Intradisziplinarität der Fragestellungen und des Bedarfs zur Zusammenarbeit jedoch dringend erforderlich. In Anlehnung an (Senge, 1990) schreibt Robèrt in seinem Buch „The Natural Step Story“: „Herein, then, lay a great challenge: if a large group of individuals were to share a common vision of a framework and if they were to practice their communication skills within the terms of this framework, then as a group – or an organism – they could function more efficiently than the most skilled individual among them.“ (Robèrt, 2002, S. 20)

1.2 Zielsetzung und Aufbau der Arbeit

Das Ziel der vorliegenden Arbeit ist es zum einen, einen Bezugsrahmen für die verschiedenen, zur Umsetzung eines Ganzheitlichen Life Cycle Managements benötigten Disziplinen zu schaffen. Zum anderen werden die einzelnen Disziplinen dargestellt und für eine Anwendung und ein geschlossenes Konzept zugänglich gemacht. Der Bezugsrahmen integriert das Leitbild einer Nachhaltigen Entwicklung ebenso wie die Betrachtung des gesamten Produktlebenswegs. Die Kopplung von Lebenswegen eines Primärproduktes mit denen von eingesetzten Sekundärprodukten und die Funktionsweise von Unternehmen werden dabei berücksichtigt.

Der Bezugsrahmen soll Unternehmen bei der Strukturierung von Ist- und Entscheidungssituationen, der Entwicklung, Analyse und Bewertung nachhaltiger Innovationen unterstützen. Er soll Management und Mitarbeitern sowie Studierenden und Interessierten Orientierung ermöglichen und Schnittstellenkompetenz fördern. Hierfür ist ein umfassender und holistischer Ansatz erforderlich, der die Integration einer nachhaltigen Entwicklung in die Kernprozesse eines Unternehmens unterstützt. In der Wissenschaft soll der Bezugsrahmen bei gemeinsamer Forschung helfen, Lücken zu erkennen sowie Einzellösungen und -ansätze zusammenzufügen.

Die Arbeit gliedert sich in sieben Kapitel (Abb. 1.3). In Kap. 2 werden zum einen globale sowie ökonomische und ökologische Herausforderungen dargestellt. Ausgehend von diesen Herausforderungen werden die Notwendigkeit und die Inhalte einer Nachhaltigen Entwicklung beschrieben und daraus resultierende Anforderungen an Unternehmen abgeleitet. Kap. 3 widmet sich zunächst dem Management von Unternehmen. Es folgt eine Darstellung von Lebensphasen- und Lebenszykluskonzepten. Im dritten Abschnitt werden bestehende Konzepte für ein lebenszyklusorientiertes Management vorgestellt und der Handlungsbedarf beschrieben. In Kap. 4 steht die Entwicklung und Darstellung des Bezugsrahmens für ein Ganzheitliches Life Cycle Management im Mittelpunkt. Der Anspruch der Ganzheitlichkeit zielt dabei auf das integrierte Verständnis für die Funktionsweise von Unternehmen, deren Kopplung untereinander, deren Austauschbeziehung mit der Umwelt und die Anforderungen einer Nachhaltigen Entwicklung und deren Verankerung und Operationalisierung durch lebensphasenübergreifende und -bezogene Disziplinen.

Darauf aufbauend ist Kap. 5 den lebensphasenübergreifenden Disziplinen gewidmet (ökonomische, ökologische, soziale Lebenswegsanalyse; lebenszyklusorientiertes Informations- und Wissensmanagement, lebenszyklusorientiertes Prozessmanagement).

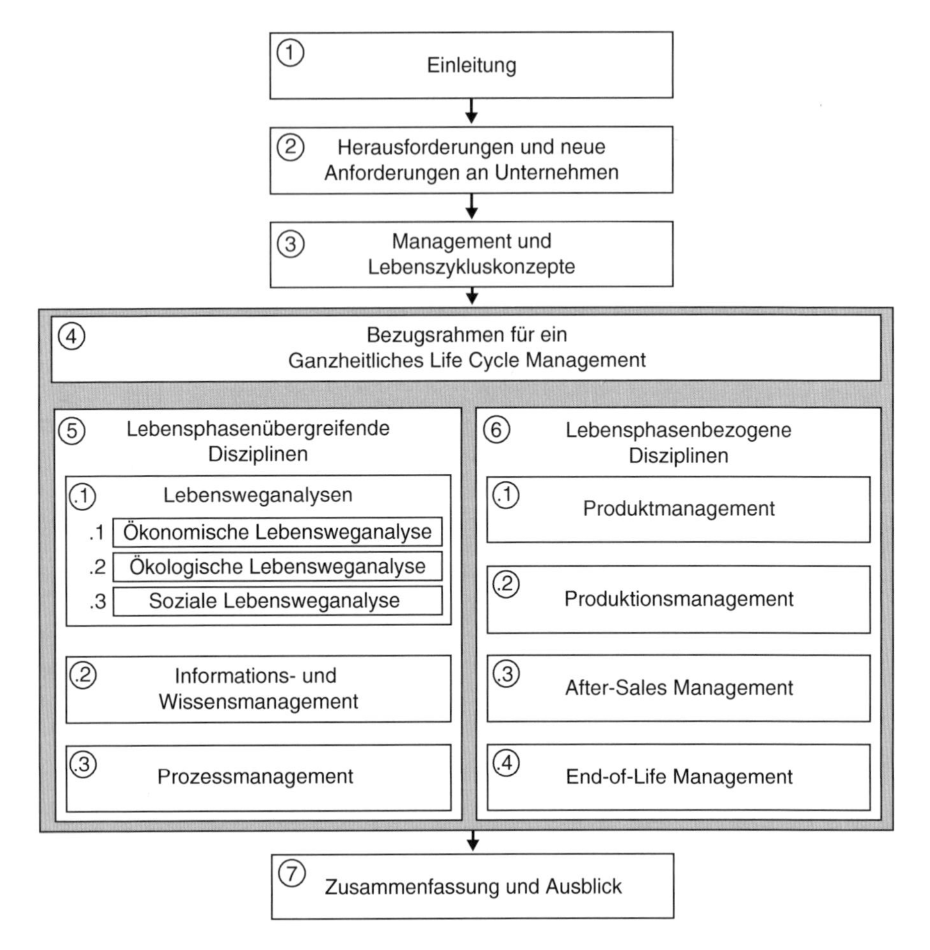

Abb. 1.3 Aufbau der Arbeit

Das Kap. 6 stellt die lebensphasenbezogenen Disziplinen eines Ganzheitlichen Life Cycle Managements dar: (lebenszyklusorientiertes) Produktmanagement, (lebenszyklusorientiertes) Produktionsmanagement, (lebenszyklusorientiertes) After-Sales Management und (lebenszyklusorientiertes) End-of-Life Management. Abschließend erfolgen in Kap. 7 eine Zusammenfassung und ein Ausblick auf zukünftigen Forschungs- und Handlungsbedarf.

Kapitel 2
Herausforderungen und neue Anforderungen an Unternehmen

2.1 Globale Herausforderungen

Anfang der 80er Jahre definierte John Naisbitt zehn so genannte Megatrends. Zu ihnen zählte er u. a. die fortschreitende Internationalisierung und Globalisierung, einen rasanten technologischen Fortschritt, die Veränderung von Wirtschaftsprozessen durch neue Informations- und Kommunikationssysteme, neue Werthaltungen im sozialen Umfeld und die Erhaltung der Umwelt als zentrales Anliegen (Naisbitt, 1984, S. 24 ff.). Insbesondere der beschleunigt fortschreitende Globalisierungsprozess, d. h. die Intensivierung des Wettbewerbs aufgrund geöffneter Märkte und neu in den Markt eintretender Wettbewerber, einhergehend mit einer globalen Verdichtung der wirtschaftlichen, technologischen, informationstechnischen und kommunikativen Beziehungen, stellt ein wesentliches Element der globalen Herausforderungen des 21. Jahrhunderts dar. So bieten die zunehmende Liberalisierung der Handels- und Finanzmärkte, die enorme Ausweitung der Direktinvestitionen sowie die rasanten Fortschritte im Bereich der Informationstechnologien neue Potenziale für Wachstum, Beschäftigung und Einkommen. Die weltweite Vernetzung von Forschung und Innovation erweitert die Wissens- und Problemlösungspotenziale in vielen Bereichen, wie z. B. der Entwicklung umweltverträglicher Technologien.

Neben einem fortschreitenden Globalisierungsprozess bestimmen insbesondere die folgenden Faktoren die zukünftigen globalen Herausforderungen:

- Anstieg der Weltbevölkerung
- Bestehende ungleiche Lebensstandards, insbesondere in Entwicklungs- und Schwellenländern, sowie ein fortschreitender Anstieg der Lebensstandards in diesen Ländern
- Verbrauch natürlicher Ressourcen
- Umweltwirkungen bzw. begrenzte Aufnahmefähigkeit der Umwelt für Stoffe mit Gefährdungspotenzial

Dabei sind diese Faktoren nicht einzeln sondern als wechselwirkende Systeme zu verstehen und fordern ein grundsätzliches Verständnis für Struktur und Verhalten komplexer Systeme. Im Folgenden wird auf die einzelnen Faktoren kurz eingegangen.

C. Herrmann, *Ganzheitliches Life Cycle Management*,
DOI 10.1007/978-3-642-01421-5_2,

2.1.1 Anstieg der Weltbevölkerung

Im Rhythmus von zwei Jahren veröffentlicht die Bevölkerungsabteilung der Vereinten Nationen die neuesten Berechnungen zur zukünftigen Entwicklung der Weltbevölkerung bis zum Jahr 2050 (Abb. 2.1). Es werden drei unterschiedliche Szenarien berechnet, die sich hauptsächlich durch die zugrunde gelegte Annahme über die zukünftige Entwicklung der Geburtenhäufigkeit unterscheiden. Im mittleren Szenario steigt die Weltbevölkerung bis zum Jahr 2050 auf 9,15 Mrd. Menschen. Unter der Annahme, dass die Geburtenhäufigkeit bis 2050 konstant auf heutigem Niveau bleibt, wird ein Anstieg der Weltbevölkerung auf 11,03 Mrd. Menschen prognostiziert. Dies wäre innerhalb der ersten Hälfte des 21. Jahrhunderts nochmals fast eine Verdopplung (DSW, 2007; UN, 2009).

Produktion und Verbrauch technischer Produkte folgen – trotz erheblicher Unterschiede zwischen den Industrie- und Entwicklungsländern – prinzipiell der Entwicklung der Weltbevölkerung. Unter Berücksichtigung der Globalisierungsentwicklung von Märkten für technische Produkte sowie des schnellen Austauschs von Wissen und ökonomischen Interessen, ist eine hohe Steigerung sowohl industriell gefertigter Güter und des Verbrauchs natürlicher Ressourcen als auch von Umweltwirkungen zu erwarten (Westkämper et al., 2000, S. 502). Insbesondere die mit dem (quantitativen) Bevölkerungs- und Wirtschaftswachstum verbundenen Umweltprobleme können nur gelöst werden, wenn der Mengeneffekt durch eine reduzierte Ressourceninanspruchnahme und -verschmutzung in der Produktion und im Konsum neutralisiert wird (Kramer et al., 2003, S. 58; Koch und Czogalla, 1999, S. 536).

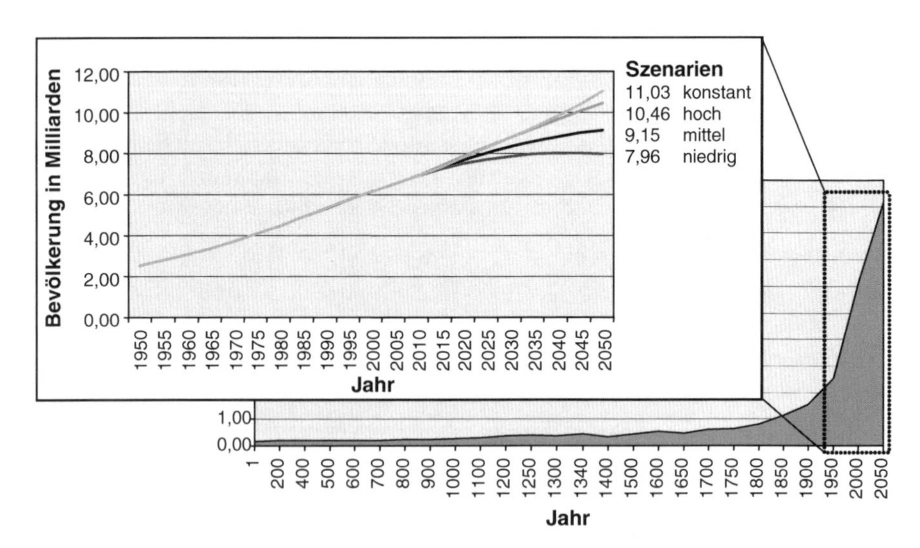

Abb. 2.1 Historische Entwicklung (CENSUS, 2009) und Projektionen der Weltbevölkerung bis zum Jahr 2050 (UN, 2009)

2.1.2 *Angleichung der Lebensstandards*

Global betrachtet verfügt ein Zehntel der Weltbevölkerung über mehr als die Hälfte des kumulierten Einkommens. Rund 1 Mrd. Menschen muss mit weniger als einem Dollar pro Tag auskommen. In den Entwicklungsländern ist es jeder Fünfte (Abb. 2.2) (UN, 2006).

Die ungleichen Lebensstandards bzw. die ungleiche Verteilung in den Gesellschaften lassen sich mittels der so genannten Lorenzkurve beschreiben (Abb. 2.3). Die Kurve stellt dar, über wie viel Prozent des kumulierten Einkommens ein bestimmter Anteil der Gesellschaft verfügt. Ein linearer Verlauf entspricht demnach einer Gleichverteilung (idealer Kommunismus, $\varepsilon = 1$). Eine globale Betrachtung auf Basis des mathematischen Ansatzes des Equity-Faktors zeigt die Unterschiede in den einzelnen Ländern.

Der Equity-Faktor ε wird im Wesentlichen durch das Verhältnis des niedrigsten Einkommens zum Durchschnittseinkommen bestimmt und greift die Definition der Europäischen Union von Armut auf. Diese definiert Menschen als arm, wenn sie über weniger als das halbe Durchschnittseinkommen verfügen ($\varepsilon = 1{:}2 = 0{,}5$ [50%]). Der mathematische Ansatz unterstellt, dass „im Sinne einer inhärenten Selbstähnlichkeit der sozialen Organisation einer Gesellschaft ein uniformer Faktor ε der beschriebenen Art nicht nur für die gesamte Gesellschaft, sondern auch für jedes Quantil der x%-Reichsten einer Gesellschaft gilt". Hieraus resultiert eine

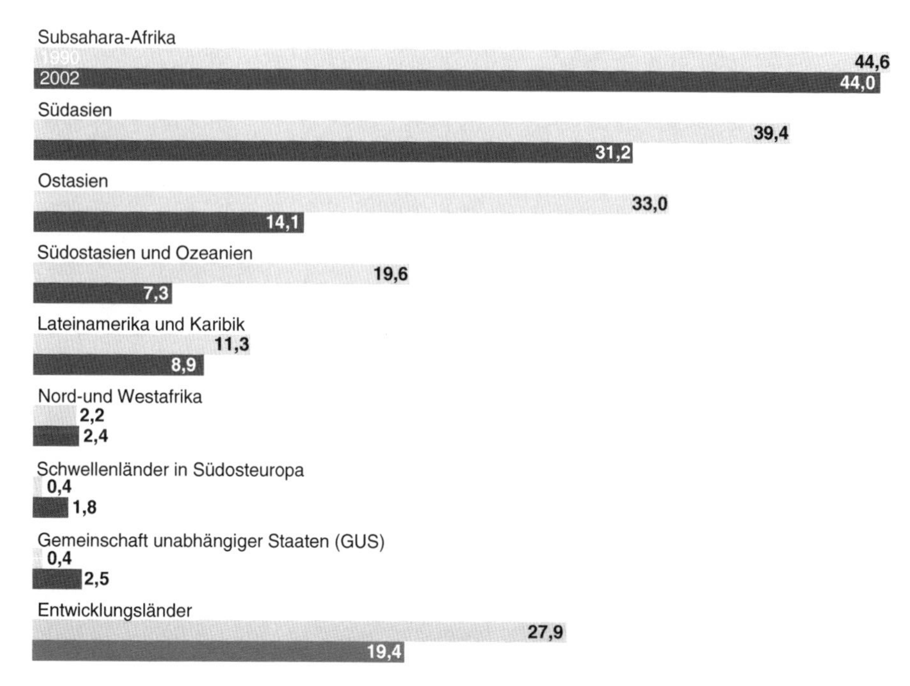

Abb. 2.2 Anteil der Menschen, die von weniger als 1 $ am Tag leben (UN, 2006, S. 4)

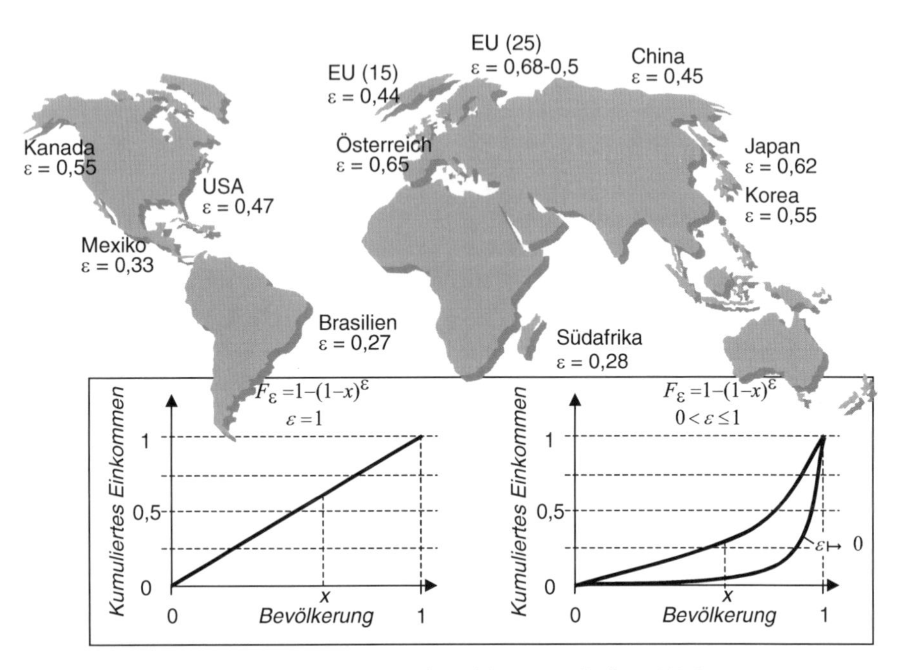

Abb. 2.3 Equity-Faktoren und Lorenzkurve; in Anlehnung an (Seliger, 2004)

lineare, inhomogene, von ε abhängige Differentialgleichung, deren Auflösung eine Lorenzkurve darstellt (Radermacher, 2002).

Betrachtet man Europa, bilden Österreich, Skandinavien, Italien und Deutschland die Gruppe mit den höchsten Equity-Faktoren (0,65 bis 0,59) vergleichbar mit Japan in Asien (0,62). Einen Equity-Faktor von 0,54 und damit etwas größere Unterschiede innerhalb der Gesellschaft weisen die Niederlande, Frankreich und die Schweiz auf. Großbritannien liegt mit einem Faktor von 0,5 bereits in einer ähnlichen Größenordnung wie die USA (0,47) (Radermacher, 2002). Noch schärfere Ungleichheit findet sich in Russland (0,37) und Ländern wie Mexiko, Südafrika und Brasilien (0,33, 0,28 und 0,27) (Radermacher, 2002). Der Weltequityfaktor liegt Schätzungen zufolge sogar unterhalb von 0,125. Er zeigt die extreme Spaltung auf globaler Ebene: „Die Welt als Ganzes ist sozial weit mehr gespalten als jedes einzelne Land“ (Radermacher, 2002).

Gelingt es aufstrebenden Schwellenländern, Wirtschaftswachstum und steigende Einkommen für die Breite der Gesellschaft zu verwirklichen, verändern sich auch die Konsummuster. Es werden nicht mehr nur die Grundbedürfnisse gedeckt, sondern infolge der Globalisierung der westlichen Konsumkultur steigt die Nachfrage nach Produkten wie Autos, Computern und Klimaanlagen. Abbildung 2.4 zeigt das weltweite Gesamtaufkommen an Elektro(nik)altgeräten im Verhältnis zur Anzahl der Einwohner. Betrug das Aufkommen 1999 noch ca. 55 Mio. Tonnen (Siemers und Vest, 2000) und zeigte deutlich höhere Verhältnisse in den Industrienationen, so wird für das Jahr 2010 bereits eine Menge von 95 Mio. Tonnen erwartet (World Bank, 2004).

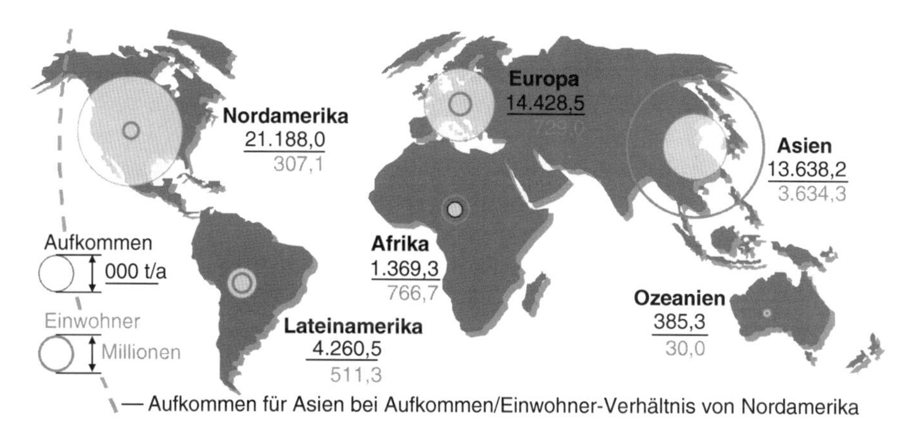

Abb. 2.4 Weltweites Mengenaufkommen an Elektro(nik)altgeräten (1999) im Vergleich zur Bevölkerungszahl (Ohlendorf, 2006, S. 2)

Als Folge des wachsenden Konsums werden mehr natürliche Ressourcen verbraucht und größere Mengen an Abfällen, Abwässern und Emissionen verursacht. Bislang ist es beispielsweise noch in keinem Fall gelungen, substanzielles ökonomisches Wachstum ohne einen parallelen Anstieg des Energieverbrauchs zu realisieren. Durch derartige Effekte werden die negativen Auswirkungen des Bevölkerungswachstums auf die Umwelt nochmals vervielfacht (UNFPA, 2001).

2.1.3 Verbrauch natürlicher (nicht-erneuerbarer) Ressourcen

Die begrenzte Verfügbarkeit natürlicher Ressourcen lässt sich nicht einfach quantitativ ausdrücken. Bereits 1972 setzte sich die Studie „Grenzen des Wachstums" mit der Verfügbarkeit wichtiger Rohstoffe auseinander. So wurde ermittelt, dass eine Verfügbarkeit wichtiger technischer Metalle, wie z. B. Blei, Zink, Kobalt und Zinn, ab dem Jahr 2000 nicht mehr gegeben sein würde (Meadows und Meadows, 1972). Das vorhergesagte Szenario hat sich jedoch nicht erfüllt, die Gründe hierfür liegen u. a. in einer fehlenden Berücksichtigung der Rohstoffressourcen, einer zu statischen Berücksichtigung der Metallreserven in den Rechenmodellen und der Problematik, dass Angebot und Nachfrage von einer großen Zahl verschiedener Parameter beeinflusst werden. Unabhängig davon ist aber festzuhalten, dass aufgrund unseres Wirtschaftens natürliche Ressourcen verbraucht werden. Dies soll im Folgenden am Beispiel der fossilen Ressource Erdöl aufgezeigt werden.

Die Verfügbarkeit von Erdöl bzw. ihre Begrenztheit wird häufig anhand der statischen und dynamischen Reichweite ausdrückt. Die statische Reichweite errechnet sich aus jenem Teil der Ressourcen, der durch Bohrungen bestätigt und mit heutiger Technik wirtschaftlich förderbar ist (Reserven) (BMWI, 2006), und der derzeitigen Jahresförderung. Sie geht damit von einem gleich bleibenden Verbrauch aus. Die dynamische bzw. semi-dynamische Reichweite berücksichtigt dagegen den erwarteten Anstieg des Verbrauchs bzw. der Jahresförderung (Graßl et al., 2003, S. 15 ff.). In beiden Fällen werden jedoch in der Regel die Vorräte als konstant angenommen und etwaige Explorationserfolge oder effizientere Ausbringungsverfahren werden nicht berücksichtigt. Fehlinterpretation sind bei einem entsprechenden unkritischen Gebrauch die Folge, insbesondere was das Eintreten des Endes einer Ressourcenverfügbarkeit betrifft. Die Bundesanstalt für Geowissenschaften und Rohstoffe (BGR) gibt das Gesamtpotenzial an konventionellem Erdöl mit 396 Gt an. Es berechnet sich aus der kumulierten Förderung, Reserven und Ressourcen. Die Verteilung ist dabei je nach Region sehr unterschiedlich (Abb. 2.5). Die Welt-Erdölreserven werden mit 163,5 Gt (= 234 Gt Steinkohleeinheiten [SKE]) angegeben. Seit Beginn der industriellen Erdölförderung wurden bis Ende 2007 weltweit 151 Gt Erdöl gewonnen. Unter Berücksichtigung der Ressourcen für konventionelles Erdöl von etwa 82 Gt (also u. a. ohne Ölschiefer, die ca. 80% des nicht-konventionellen Erdöls ausmachen) sind mittlerweile über 38% des bekannten Gesamtpotenzials verbraucht (BGR, 2008).

Eine andere Möglichkeit der Darstellung der Verfügbarkeit und Reichweite von Rohstoffen stellen Verbrauchsverläufe dar. 1956 verwendete Hubbert die Darstellung einer Verbrauchskurve, um das Maximum der US-Ölförderung vorauszusagen (Hubbert-Zyklen). Es handelt sich um eine Glockenkurve mit zunächst exponentiellem Anstieg. In der so genannten Plateauphase erfolgt die Annährung an einen

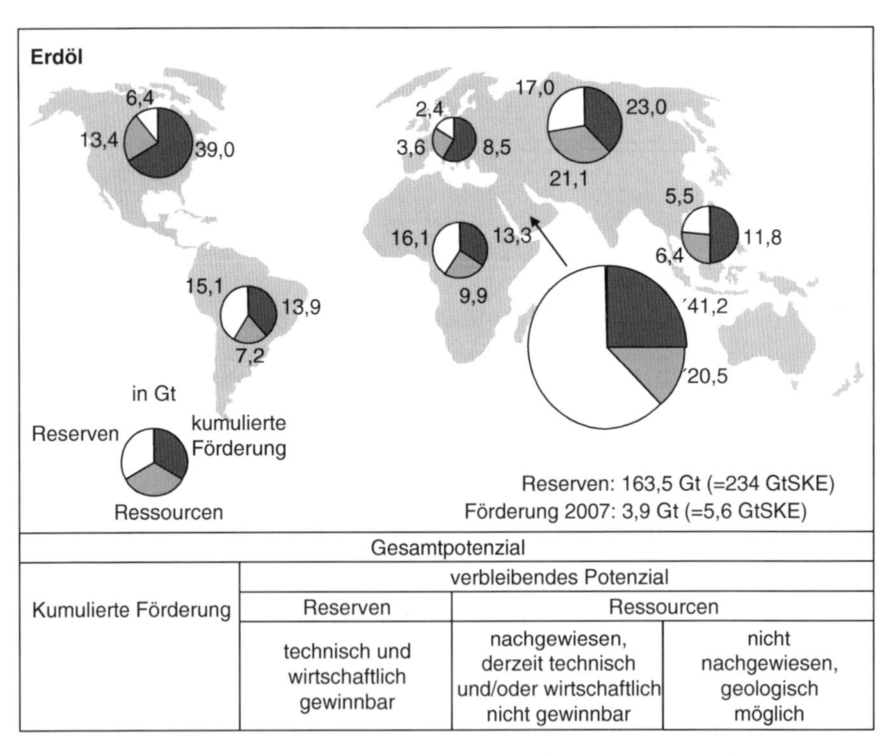

Gesamtpotenzial			
Kumulierte Förderung	verbleibendes Potenzial		
	Reserven	Ressourcen	
	technisch und wirtschaftlich gewinnbar	nachgewiesen, derzeit technisch und/oder wirtschaftlich nicht gewinnbar	nicht nachgewiesen, geologisch möglich

Abb. 2.5 Verfügbarkeit von konventionellem Erdöl weltweit (BGR, 2008, S. 19)

Grenzwert. Dem Scheitelpunkt (*engl.* depletion mid-point) kommt bei der Interpretation eine besondere Bedeutung zu. Er gibt den Zeitpunkt an, zu dem 50% des Gesamtpotenzials verbraucht sind. Ab diesem Zeitpunkt nehmen die Produktionsmengen langfristig ab; ein Produktionsende tritt also nicht abrupt ein (Hubbert, 1956). Hirsch et al. verglichen verschiedene neuere Projektionen, die für das Ölfördermaximum (Peakoil) ein Zeitfenster zwischen 2006/2007 (Bakhitari, 2004) und 2025 oder später (Shell, 2003) aufmachen (Hirsch et al., 2007). Die Schätzungen liegen in der Mehrzahl um das Jahr 2010 (Diaz-Bone, 2007).

Die Endlichkeit von Rohstoffen wie Metallerzen, Uran und fossilen Energieträgern (Erdöl, Erdgas, Kohle) ist durch die aktuelle Diskussion über immer weiter steigende Rohölpreise ins öffentliche Bewusstsein gerückt. Darüber hinaus werden jedoch auch natürliche Ressourcen wie Wasser, Wälder, Fischbestände und Anbauflächen für Lebensmittel und nachwachsende Rohstoffe genutzt. Durch Übernutzung können sie in Qualität und Quantität Schaden nehmen und der Menschheit als Ressourcen verloren gehen.

2.1.4 Umweltwirkungen

Die Aktivitäten von Wirtschaftsunternehmen stehen durch vielfältige Stoff- und Energieströme in Wechselwirkung mit der Umwelt (Abb. 2.6). Dabei werden sowohl die Versorgungs- als auch die Entsorgungsleistungen der Umwelt in Anspruch genommen (Umwelt als Quelle und Senke).

Einerseits werden fossile, mineralische sowie nachwachsende Rohstoffe und Energieträger verbraucht (Quelle), andererseits dient die Umwelt als Senke für

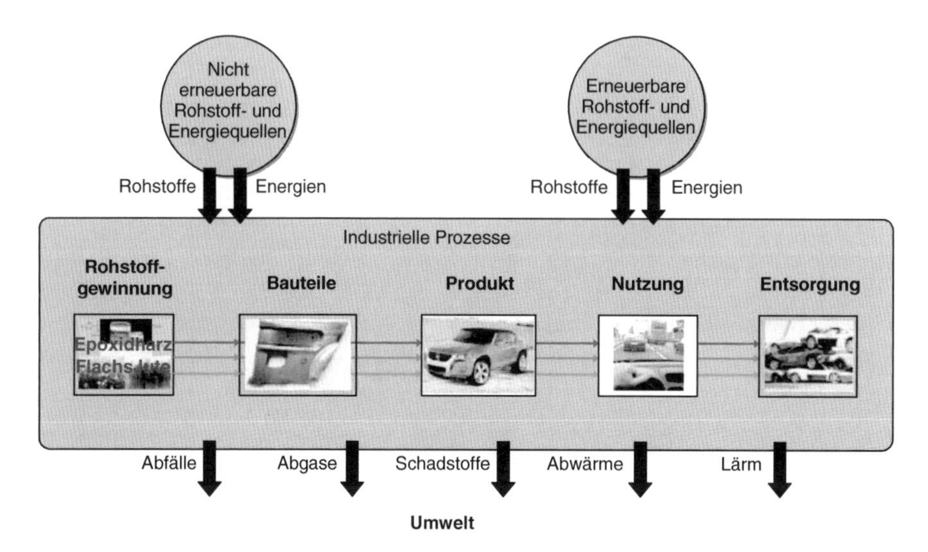

Abb. 2.6 System Industrie und Umwelt

Emissionen, Abwässer und Abfälle. Einige dieser Leistungen stehen nicht nur einmalig zur Verfügung, sondern werden in gewissem Umfang kontinuierlich von den Ökosystemen reproduziert (Reproduktionsleistung). Übersteigen die anthropogenen Stoffströme die Aufnahmefähigkeit der Umwelt, oder werden deren Reproduktionsleistungen überfordert, kommt es zu negativen Umweltwirkungen. Zu den bekannten Umweltwirkungen gehören (Bahadir et al., 2000):

- *Globale Erwärmung:* Die durchschnittliche Lufttemperatur an der Erdoberfläche steigt aufgrund des „natürlichen Treibhauseffekts“ von etwa –15°C auf etwa +18°C. Die so genannten Treibhausgase lassen die kurzwellige Sonnenstrahlung zu rund 70% einfallen, die von der Erdoberfläche abgestrahlte Wärmestrahlung jedoch nur zu einem Teil passieren. An der Erdoberfläche kommt es zu einem „Wärmestau“. Die anthropogene Emission von Kohlendioxid (CO_2) und Methan (CH_4), Lachgas (N_2O), Ozon (O_3) und Fluorchlorkohlenwasserstoffe (FCKW) in die Atmosphäre führt zu einer Veränderung der Konzentration dieser Gase in der Atmosphäre und dadurch zu einer Verstärkung des „natürlichen Treibhauseffekts“. Die Konsequenzen sind eine allmähliche Erwärmung der Atmosphäre und als Folge daraus eine Änderung des Klimas.
- *Ozonabbau:* Der obere Rand der Atmosphäre (sog. Stratosphäre, in mittleren Breiten in einer Höhe von ca. 11 bis 50 km Höhe) enthält ca. 90% der Ozonmenge der gesamten Erdatmosphäre. Diese stratosphärische Ozonschicht filtert Strahlung mit Wellenlängen unter 290 nm (UV-C- und kurzwellige UV-B-Strahlung) aus dem Spektrum der Sonnenstrahlung heraus. Durch ihre lange Lebensdauer in der Troposphäre, dem unteren Stockwerk der Atmosphäre, können natürliche und anthropogene Spurengase bis in die Stratosphäre aufsteigen, wo sie in Radikale umgewandelt werden und als Katalysatoren an der Ozonzerstörung mitwirken. Schon Anfang der 70er Jahre stand der Beitrag der FCKW an diesem Prozess im Fokus der Diskussion. Über der Antarktis werden seit Ende der 70er Jahre in den Monaten September bis November bis um 40% reduzierte Ozonwerte gemessen. Dieses sog. Ozonloch überdeckt beinahe den gesamten antarktischen Kontinent
- *Photooxidantienbildung:* Auch in der Troposphäre findet sich Ozon. Die Jahresmittelwerte der Konzentration dieses bodennahen Ozons sind in den letzten Jahrzehnten parallel zu den Stickoxidkonzentrationen (NO_x) angestiegen. Erhöhte Ozonkonzentrationen wirken sich nicht nur auf Pflanzen negativ aus (Blatt- und Nadeloberflächen werden geschädigt), sondern können auch bei Mensch und Tier Beschwerden (im Atemtrakt) auslösen. NO_x-Emissionen entstehen bei Verbrennungsprozessen (z. B. Verkehr).
- *Versauerung:* Als Versauerung wird die Absenkung des pH-Wertes eines Bodens durch den Eintrag von Säuren bezeichnet. Durch anthropogene Tätigkeiten werden in großen Mengen Säuren oder Säurebildende Gase in die Atmosphäre emittiert: Schwefeldioxid (SO_2), Schwefelsäure (H_2SO_4), Salpetersäure (HNO_3). Diese gelangen mit den (sauren) Niederschlägen wieder auf den Boden und wirken dort zusätzlich zu den natürlichen Säurequellen. Die Versauerung des Oberbodens wird dadurch beschleunigt und seine Auswaschung erhöht, so dass

z. B. Schwermetalle ins Grundwasser gelangen können und Pflanzen geschädigt werden (neuartige Waldschäden, „Waldsterben“).

- *Nährstoffanreicherung:* Nährstoffanreicherung (Eutrophierung) beschreibt die langfristige stetige Zunahme von Nahrungs- und Nährstoffen durch Schadstoffeintrag in Gewässer (aquatische Eutrophierung) oder durch luftgetragene Immissionen in Böden (terrestrische Eutrophierung). In einem Gewässer beispielsweise wächst dadurch die Primärproduktion immer weiter an, bis sie zu Sauerstoffmangel und schließlich zum „Umkippen“ des Gewässers führt. Der Mensch verursacht diesen Effekt durch den verstärkten Eintrag von Phosphor und Stickstoffverbindungen als Restbelastung aus Kläranlagen, der Landwirtschaft und mit Niederschlägen.

2.1.5 Verständnis für komplexe Systeme

Sowohl Ökosysteme als auch sozio-technische Systeme sind komplexe dynamische Systeme. Eigenschaften eines komplexen Systems lassen sich nicht zur Gänze aus den Eigenschaften der einzelnen Systemkomponenten erklären. Sie sind in der Regel nichtlineare Systeme, antworten also nicht in jedem Fall proportional auf ein gegebenes Eingangssignal (Systemreiz). Dynamische Systeme besitzen Speicherelemente, durch die die Systemantwort zusätzlich von der Vorgeschichte bzw. der Vorbelastung des Systems abhängt. Die Systemreaktionen auf einen anthropogenen Input, z. B. Umweltchemikalien, lassen sich daher oft nur schwierig vorhersagen. Die Interaktion aller Teile des Gesamtsystems, Wirkungsmechanismen und Dynamik müssen dafür verstanden werden. Im Falle der Umweltchemikalien spielen beispielsweise insbesondere deren Persistenz, ihre Akkumulation in Umweltmedien oder Organismen, mögliche Stoffumwandlungen und Kombinationswirkungen (Synergismen) eine Rolle (Korte et al., 1992). Meadows et al. benennen im Zusammenhang mit komplexen dynamischen Systemen vier „Denkfallen“ (Meadows et al., 2004):

Exponentielles Wachstum: Ändert sich ein Bestand pro Zeiteinheit nicht um einen festen Betrag, sondern um einen festen Prozentsatz (konstante Wachstumsrate), wird von exponentiellem Wachstum gesprochen. Exponentielles Wachstum wird tendenziell unterschätzt, da es sich dem linearen Denken des Alltagsbewusstseins nicht sofort erschließt. Oft bemühtes Beispiel ist ein gefalteter Papierbogen. Nach einer Faltung ist ein 1 mm dickes Papier 2 mm dick, nach 20 Faltvorgängen wäre es bereits über einen Kilometer und nach 30-mal Falten über 1.000 km dick. Auch die Weltbevölkerung wächst exponentiell, sie verdoppelte sich zwischen 1965 und 2000 von 3 auf 6 Mrd. Menschen. Trotz gesunkener Wachstumsrate erhöhte sie sich dabei in den letzten Jahren immer noch um mehr Personen jährlich als bei den höheren Wachstumsraten in den 1960er Jahren (Meadows et al., 2004). Emissionen, die sich in erster Linie proportional zur Weltbevölkerung entwickeln, wie beispielsweise der Kohlendioxidausstoß, unterliegen damit ebenfalls einer exponentiellen Dynamik.

Verzögerte Rückkopplung: Unter Rückkopplung wird allgemein verstanden, dass die Folgen eines Geschehens auf dessen weiteren Verlauf rückwirken. Bei einer negativen Rückkopplung führt die steigende Ausgangsgröße zu einer Abschwächung der Eingangsgröße, sie wirkt sich also regulierend aus. Bei einer positiven Rückkopplung wird hingegen von einer Selbstverstärkung gesprochen, da die steigende Ausgangsgröße die Eingangsgröße noch erhöht. Das Zusammenspiel von positiver und negativer Rückkopplung kann beispielsweise in Ökosystemen einen Gleichgewichtszustand regeln. Außer in der Ökologie sind Rückkopplungen besonders in der Klimatologie von Bedeutung. Im Zusammenhang mit der globalen Erwärmung und den Treibhausgasen lassen sich verschiedene Beispiele beobachten wie die temperaturabhängige Kohlendioxid-Aufnahmefähigkeit von Meeren oder die Methanfreisetzung aus auftauenden Permafrostböden. Ökologische Rückkopplungen können zeitverzögert auftreten, zum Beispiel weil ein Schadstoff nur langsam durch den Boden bis ins Grundwasser transportiert wird oder weil ein FCKW-Molekül bis zur Ozonschicht einen Weg von rund 10 km durch die Troposphäre zurücklegen muss. Die negativen Folgen menschlichen Handels werden in solchen Fällen verzögerter Rückkopplung unter Umständen erst sichtbar, wenn es für eine Problemlösung bereits fast zu spät ist (N.N., 2007). Auch die Regeneration des Systems kann langsam vonstattengehen, so dass sich der Erfolg von Entlastungsmaßnahmen erst langfristig zeigt (Antes und Kirschten, 2007). Die Ozonschicht etwa wird trotz Gegensteuerung in der 1990er Jahren erst um das Jahr 2050 wieder den Zustand von 1980 erreicht haben.

Overshoot: Als Overshoot wird die gefährliche Grenzüberziehung eines Systems bezeichnet. Mit der Grenze des Systems ist hierbei dessen limitierte Tragfähigkeit oder Belastbarkeit gemeint, die unwissentlich oder unabsichtlich überfordert wird (N.N., 2007). Auch hier spielt eine verzögerte Wahrnehmung der Situation eine Rolle. Die Signale des an seine Grenzen und damit unter Stress geratenen Systems können ebenfalls verzögert auftreten und so den Handlungsspielraum zeitlich beschränken. Mit zunehmender Dauer der Überschreitung steigt dabei das Risiko von Irreversibilitäten. Bleibt eine rechtzeitige und angemessene Reaktion aus, kollabiert das System (Meadows et al., 2004). Als klassisches Beispiel wird hier ebenfalls die beinahe Zerstörung der Ozonschicht angeführt. Auch die Erhöhung der globalen Jahresmitteltemperatur kann als Beispiel für ein Warnsignal vor einem Overshoot gesehen werden. Ein anderes Beispiel ist die Überfischung der Meere. Riesige Fischereiflotten fischen immer häufiger mehr Fische, als nachwachsen können, und selbst diejenigen Fische, die noch nicht fortpflanzungsfähig sind. Als Folge können sich die Fischbestände nicht mehr regenerieren, sie schwinden und mit ihnen die Wirtschaftsgrundlage der Fischereiflotten. Die Fischwirtschaft der betroffenen Region kollabiert.

Selektive Wahrnehmung: Ein tief greifendes Verständnis unserer Umwelt erfordert Systemdenken anstatt selektiver Wahrnehmung. Die Aufmerksamkeit beschränkt sich in der Realität jedoch meist auf Ausschnitte der Wirklichkeit, und sieht nicht die Systeme in ihrer ganzen Komplexität (Meadows et al., 2004). Dies birgt als eine Konsequenz die Gefahr, das Probleme nicht gelöst, sondern nur verlagert werden (problem shifting). Umweltwirkungen können dabei räumlich, zeitlich, von einem Umweltmedium in ein anderes oder von einem Produktlebenswegabschnitt in einen anderen verschoben werden, wie am folgenden Beispiel verdeutlicht werden soll. Durch Autoabgaskatalysatoren werden die Kohlenwasserstoff-, Kohlenmonoxid- und Stickoxidemissionen von Pkw stark reduziert und so deren Beitrag zu Sommersmog und Versauerung fast vollkommen verhindert. Für die Herstellung der Katalysatoren werden die Platingruppenmetalle Platin, Palladium und Rhodium benötigt, die v.a. in Russland, Südafrika, den USA und Kanada gewonnen werden. Ein Drittel der weltweiten Platinproduktion wird für Autoabgaskatalysatoren verwendet (Hagelüken, 2005). Um eine Tonne Platin zu gewinnen, müssen 300.000 t Material bewegt werden und bei der Erzaufbereitung werden große Mengen Schwefeldioxid emittiert. Eine Verbesserung der Luftqualität hier wird also durch Umweltbelastungen in den Rohstofflieferländern „erkauft". Um zu beurteilen, welche Wirkungen schwerer wiegen bzw. wie die Bilanz für das Gesamtsystem ausfällt, muss der Lebensweg des Katalysators von der Rohstoffgewinnung über Herstellung und Nutzung bis zur Entsorgung, also das gesamte Produktsystem, betrachtet werden.

Rebound-Effekt: Neue Technologien ermöglichen häufig effizientere Produkte oder Verfahren, z.B. im Hinblick auf die Energieeffizienz. Eine neue Technologie ermöglicht aber zumeist auch neue Anwendungs- bzw. Einsatzbereiche. Zudem können in vielen Fällen Produkte und Dienstleistungen im Vergleich zur Vorgängertechnologie zu günstigeren Preisen angeboten werden. Dies führt zu einem vermehrten Konsum und einer vermehrten Nutzung der Technologie wodurch der eigentliche Einspareffekt im Hinblick auf Ressourcen- und/oder Energieeffizienz überkompensiert wird. In Summe ergibt sich bei einem Rebound-Effekt also ein erhöhter Energie- und/oder Ressourcenverbrauch (Polimeni et al., 2008; Luks, 2005 S. 51f.). So ermöglicht beispielsweise die LCD-Technologie einen geringeren Verbrauch pro cm^2 Bildschirmfläche, aber gleichzeitig können immer größere Bildschirmflächen zu immer günstigeren Preisen angeboten werden. Darüber hinaus findet die LCD-Technologie ganz neue Anwendungsbereiche – vom elektronsichen Bilderrahmen bis hin zum elektronischen Schlüsselanhänger mit wechselnden Darstellungen; der Energiebedarf steigt.

2.2 Ökonomische Herausforderungen und allgemeine Trends

Die Sicherung der Marktposition im globalen Wettbewerb erfordert den Umgang mit den existierenden Wettbewerbskräften und den wirtschaftlichen Faktoren. Porter identifiziert fünf Kräfte, die die Grundlage für die Analyse der Wettbewerbssituation in einer Branche bilden: Die Bedrohung durch neue Marktteilnehmer, die Verhandlungsmacht von Zulieferern, die Verhandlungsmacht von Abnehmern, der

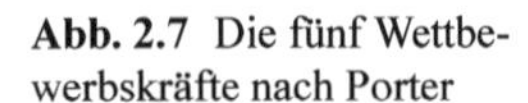

Abb. 2.7 Die fünf Wettbewerbskräfte nach Porter

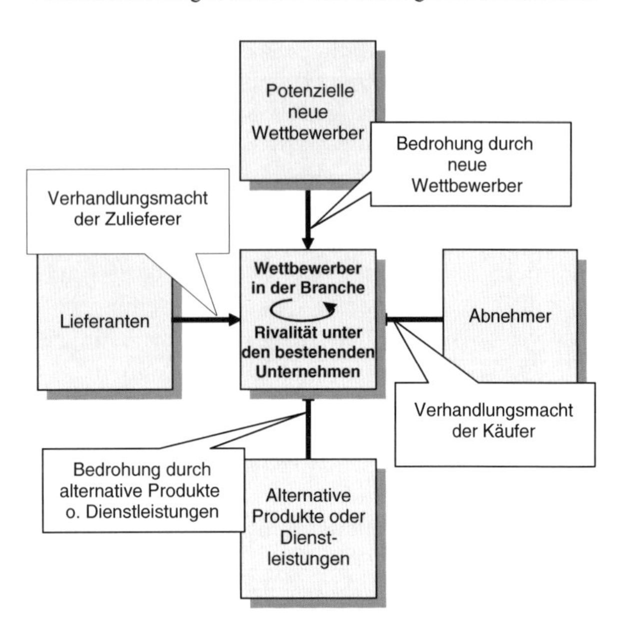

Einfluss von alternativen Produkten und der Konkurrenzdruck unter den vorhandenen Wettbewerbern im Markt (Porter, 1999, S. 33 ff.) (Abb. 2.7).

2.2.1 Neue Wettbewerber

Die Bedrohung durch neue Marktteilnehmer hängt im Wesentlichen von den vorhandenen Hindernissen beim Markteintritt und den Reaktionen der Konkurrenten ab. Zu den Hindernissen zählen vor allem (Porter, 1999):

- *Skaleneffekte:* Größenvorteile gehören zu den wichtigsten Hindernissen für neue Wettbewerber beim Markteinstieg. Skaleneffekte können sowohl in den Bereichen Produktion, Forschung, Marketing als auch in Service, Vertrieb und anderen Unternehmensbereichen zur Sicherung der Marktposition genutzt werden.
- *Produktdifferenzierung:* Die Stärke bestehender Marken ist zumeist hinderlich für den Markteintritt. Werbung, Kundendienst, Produktunterschiede und die Tatsache, dass man der Pionier in einer Branche ist, sind bestimmende Faktoren für die Stärke einer Marke.
- *Kapitalbedarf:* Ist für den Markteintritt ein hoher Kapitalbedarf erforderlich, so entsteht auch hierdurch eine Markteintrittsbarriere. Dies gilt insbesondere dann, wenn das Kapital für unwiederbringliche Ausgaben wie Forschung und Entwicklung oder erste Werbemaßnahmen ausgegeben werden muss.
- *Größenunabhängige Kostennachteile:* Etablierte Unternehmen haben zumeist Kostenvorteile aufgrund langjähriger Erfahrungen und den hieraus resultie-

renden Effekten (Lernkurve, Erfahrungskurve). Weitere Vorteile können sich beispielsweise aus proprietären Technologien, dem Zugang zu den besten Rohstoffen oder staatlichen Subventionen ergeben.

- *Zugang zu Vertriebskanälen:* Besetzen etablierte Wettbewerber wichtige Vertriebskanäle über den Groß- und Einzelhandel, so erschwert dies natürlich den Einstieg für neue Marktteilnehmer. Unter Umständen sind neue Wettbewerber gezwungen, eigene Vertriebskanäle aufzubauen.
- *Gesetzliche Bestimmungen:* Auch gesetzliche Regelungen können den Markteintritt für neue Wettbewerber beschränken. Dies kann beispielsweise direkt über die Vergabe von Lizenzen oder eher indirekt über rechtliche Vorgaben oder Grenzwerte, wie z. B. durch Standards für die Luft- und Wasserverschmutzung oder Sicherheitsbestimmungen, erfolgen.

Aktuelle Beispiele für das Auftreten neuer Wettbewerber kommen aus China (Abb. 2.8). Viele multinationale Konzerne sahen in der Vergangenheit China im Wesentlichen als riesigen Markt und die niedrigen Löhne als zusätzlichen Anreiz für die Verlagerung und den Aufbau von Produktionsstandorten. Doch seit einigen Jahren ist auch eine andere Entwicklung zu verzeichnen: Der Aufstieg chinesischer Unternehmen zu neuen Wettbewerbern. So hatte beispielsweise die Haier Group

	Umsatz in Mill. $	Exportanteil am Umsatz [%]	Weltmarktanteil [%]	
BYD (gegründet 1995)	275	80	Akkus für -Elektrowerkzeuge -Mobiltelefone -Spielzeug	 39 72 38
China International Marine Containers (gegründet 1980)	1000	95	Frachtcontainer Kühlcontainer	46 50
Galanz (gegründet 1978)	1000	30	Mikrowellengeräte (nur Europa)	40
Pearl River Piano (gegründet 1956)	88	22	Klaviermarkt (USA)	10
Shanghai Zhenhua Port Machinery (gegründet 1992)	370	90	Hafenkräne	35

Abb. 2.8 Umsatz, Export und Weltmarktanteile ausgewählter chinesischer Unternehmen (Williamson und Zeng, 2004)

aus Qingdao, einer der weltweit bedeutendsten Haushaltsgerätehersteller, bereits im Jahr 2002 fast die Hälfte des amerikanischen Marktes für Kleinkühlgeräte unter ihrem Markennamen erobert. Das Unternehmen wies dabei einen Umsatz von rund 8 Mrd. € aus und hatte Produktionsstandorte in 13 Ländern. Das chinesische Unternehmen Galanz aus Guangdong ist ein führender Hersteller von Mikrowellenherden und hatte bereits im Jahr 2003 mit seiner Marke einen Anteil von 40% am europäischen Markt (Williamson und Zeng, 2004).

Aber auch im chinesisch-inländischen Markt verschieben sich die Marktpositionen (Abb. 2.9). Ein Beispiel hierfür ist der Markt für Mobiltelefone: Während vor einigen Jahren fast nur ausländische Marken wie Motorola, Nokia und Ericsson erhältlich waren, konnten seit 1999 die chinesischen Marken Marktanteile gewinnen. Als Musterbeispiel für diese Entwicklung gilt das Unternehmen Ningbo Bird. Seit 2004 haben allerdings ausländische Marken Marktanteile zurückgewonnen (Williamson und Zeng, 2004; Xie und Li-Hua, 2008).

Ein Beispiel, wie gesetzliche Bestimmungen Einfluss auf den Wettbewerb nehmen können, zeigt die EU-Richtlinie über Elektro- und Elektronik-Altgeräte. Seit August 2005 müssen Hersteller, die elektrische und elektronische Produkte in der EU in Verkehr bringen, Teile der Sammlung und die Entsorgung resp. das Recycling der Geräte organisieren und finanzieren. Darüber hinaus ist der Einsatz bestimmter gefährlicher Stoffe, u. a. Blei in Loten, beschränkt. Chinesische und koreanische Hersteller befürchteten früh, aufgrund der Regelungen deutliche Einschnitte bei Exporten nach Europa. So titelten die VDI nachrichten in Ihrer Ausgabe vom 3. Dezember 2004: „Verordnung zu EU-Elektronikschrott könnte Chinas Exporte nach Europa beeinträchtigen", da die Altgeräteverordnung zu Mehrkosten von bis zu 20 €/Gerät führen könnte.

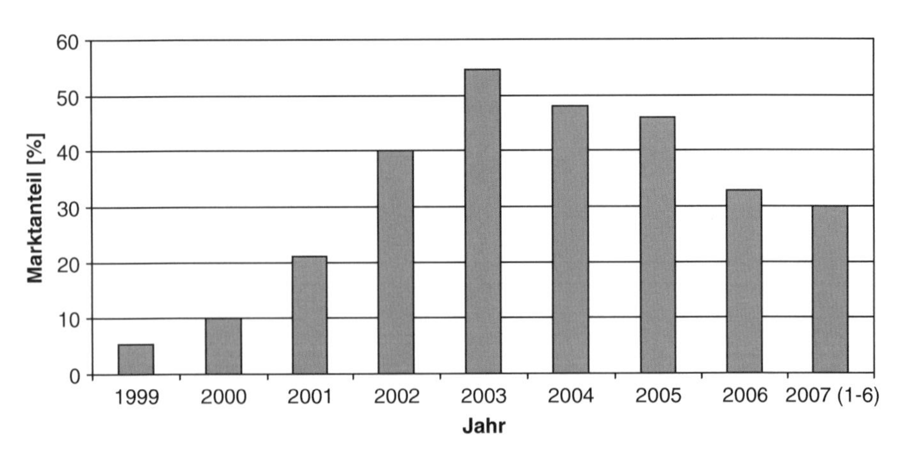

Abb. 2.9 Anteil chinesischer Hersteller von Mobiltelefonen am inländischen Markt (Xie und Li-Hua, 2008)

2.2.2 Verhandlungsmacht von Zulieferern und Abnehmern

Auch die Verhandlungsmacht von Zulieferern und Abnehmern hat Einfluss auf die Wettbewerbssituation von Unternehmen. So können Zulieferer einer Branche die Preise anheben oder die Qualität der gekauften Waren und Dienstleistungen verschlechtern. Abnehmer dagegen können Preissenkungen einfordern, eine höhere Qualität oder einen besseren Service verlangen. Die jeweilige Verhandlungsmacht ist abhängig von der jeweiligen Situation der Branche. Die Verhandlungsmacht von Zulieferern einer Branche ist beispielsweise umso größer, je geringer die Zahl der beherrschenden Unternehmen im Vergleich zur Zahl der kaufenden Unternehmen ist. Auch einzigartige Produkte oder hohe Kosten für einen Lieferantenwechsel, z. B. durch getätigte Investitionen in spezielles Zubehör, Schulungen usw., erhöhen die Verhandlungsmacht. Der Einfluss der Abnehmer dagegen ist groß, wenn es sich beispielsweise um Großabnehmer handelt oder Standardprodukte eingekauft werden. Die Verhandlungsmacht bzw. der Verhandlungsdruck steigt auch dann, wenn das Produkt für den Käufer nicht zu einer Kostenersparnis führt oder der Käufer glaubhaft mit einer Rückwärtsintegration drohen kann, um das Produkt in der Branche selbst herzustellen.

Die Marktmacht auf der Käuferseite gilt sowohl für private Endverbraucher als auch für industrielle und gewerbliche Käufer. Private Endverbraucher sind in der Regel preisbewusster, wenn sie Standardprodukte kaufen, die im Verhältnis zu Ihrem Einkommen viel kosten und bei denen die Qualität eine untergeordnete Rolle spielt. Ähnlich verhält es sich mit dem Einzelhandel. Allerdings kann dessen Verhandlungsmacht größer werden, wenn die Kaufentscheidungen aktiv beeinflusst werden können (z. B. bei Elektrogeräten oder Sportartikeln).

2.2.3 Konkurrenzdruck unter den vorhandenen Wettbewerbern

Die Intensität des Konkurrenzdrucks unter den vorhandenen Wettbewerbern wird von unterschiedlichen Faktoren bestimmt. Hierzu gehören die Anzahl der Unternehmen sowie die Größen- und Machtverhältnisse. Der Konkurrenzdruck hängt auch davon ab, in welcher Phase sich eine Branche gerade befindet. Wächst eine Branche nur langsam, so kämpfen die auf Expansion bedachten Unternehmen umso härter um weitere Marktanteile. Der Konkurrenzdruck ist auch dann hoch, wenn das Produkt oder die Dienstleistung kaum Differenzierungsmerkmale gegenüber dem Angebot des Wettbewerbs aufweist und mit einem Wechsel keine Kosten verbunden sind. Die Beratungsgesellschaft A.T. Kearney hat in einer Studie die Gesetzmäßigkeiten von Industriekonsolidierungen untersucht, charakteristische Phasen identifiziert und für diese Handlungsempfehlungen abgeleitet (Abb. 2.10). Die erste Phase in der Konsolidierungskurve (Endgames-Kurve) ist die Öffnungsphase. Sie ist u. a. gekennzeichnet durch eine relativ hohe Profitabilität aufgrund eines schnellen Wachstums der Industrie. Durch einen stärkeren Wettbewerb kommt es in der

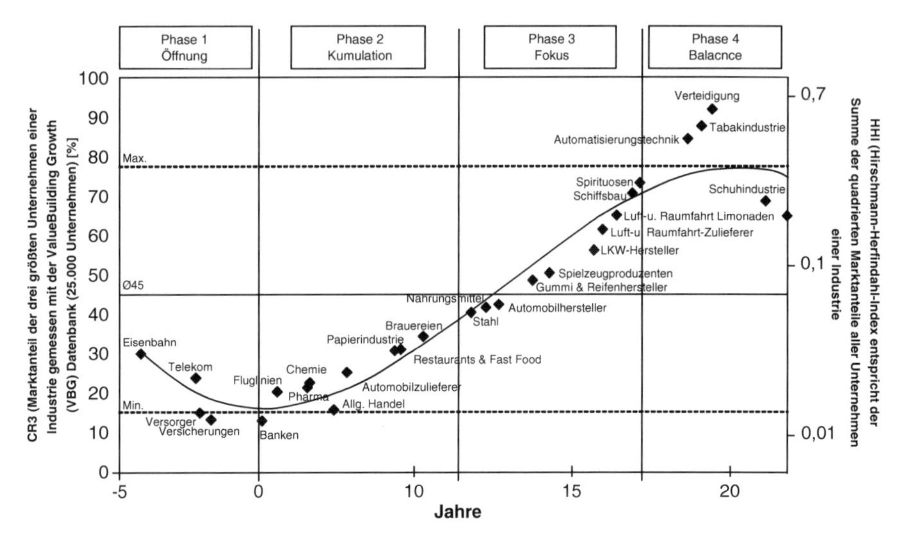

Abb. 2.10 Die Endgames-Kurve (Kröger, 2004, S. 172)

Kumulationsphase zu einem starken Rückgang der Profitabilität und beschleunigter Konsolidierung. Eine überwiegende Konzentration auf Kostensenkungsmaßnahmen kann in eine Profitabilitätsfalle führen, so dass die Chancen für ein zukünftiges Unternehmenswachstum genommen werden. In der Fokusphase bestehen weniger Möglichkeiten für Konsolidierungen, gleichzeitig steigt die Größe und Bedeutung von Übernahmen. In der Balancephase schließlich finden – insbesondere aufgrund kartellrechtlicher Regeln – keine weiteren Übernahmen statt. Wettbewerber haben ähnliche Marktanteile und Allianzen und Netzwerke gewinnen gegenüber Übernahmen an Bedeutung (Kröger, 2004, S. 169 ff.).

2.2.4 *Alternative Produkte und Dienstleistungen*

Eine Branche verzeichnet in der Regel Ertragseinbußen und ein stagnierendes Wachstum, wenn es den Unternehmen nicht gelingt, die Qualität der Produkte zu verbessern oder eine andere Differenzierung gegenüber dem Wettbewerb zu erzielen. Das Gewinnpotenzial von „Originalprodukten" sinkt auch dann, wenn das Preis-Leistungsverhältnis von Ersatzprodukten attraktiv ist. Ein Beispiel für alternative Produkte stellen die beiden Displaytechnologien LCD und Plasma dar, die die Elektronenstrahl-Bildröhren als Vorgängertechnologie ablösen.

2.2.5 *Gestaltungselemente für die Unternehmensentwicklung*

Der steigende Konkurrenz- und Kostendruck erfordert von Unternehmen – neben Produkt- und Prozessinnovationen – eine kontinuierliche Verbesserung der betrieblichen Effizienz. Der erfolgreichen Anwendung von Modellen, Konzepten, Methoden und Werkzeugen als betriebliche Gestaltungselemente kommt dabei eine zentrale Bedeutung zu. In einer Umfrage unter produzierenden kleinen und mittleren Unternehmen (KMU) in Deutschland wurden die Bedeutung sowie der Grad der Umsetzung verschiedener Gestaltungselemente erhoben (s. Abb. 2.11) (Herrmann et al., 2007).

Zu den Gestaltungselementen mit hoher Bedeutung gehören beispielsweise die Integration und Information der Mitarbeiter, Erweiterung des Produkt- bzw. Leistungsprogramms sowie strategische Planung und Kontrolle. Die Umfrage zeigt, dass der Grad der Umsetzung von Gestaltungselementen deutlich geringer ist als die eingeschätzte Bedeutung für den unternehmerischen Erfolg. Die Verankerung der Gestaltungselemente im Unternehmen und deren Weiterentwicklung sind daher wichtige Aspekte zur Steigerung der Wettbewerbsfähigkeit.

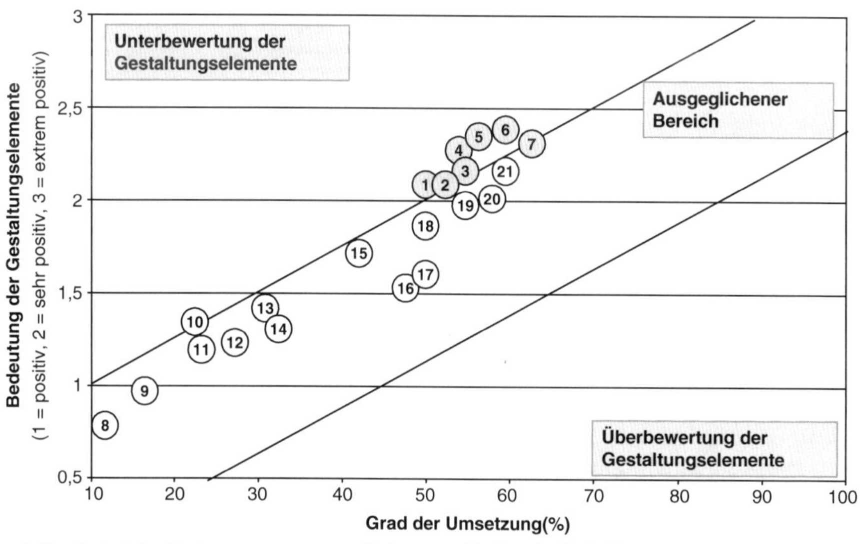

1 Kontinuierlicher Verbesserungsprozess, Kaizen
2 Entwickung der Unternehmensstrategie
3 Strategische Planung und Kontrolle
4 Marketing, Werbung, Verkaufsförderung
5 Erweitung des Produkt-/Leistungsprogramms
6 Weiterbildung der Mitarbeiter
7 Integration und Information der Mitarbeiter
8 Geschäftsprozessintegration
9 Six Sigma Qualitätsprogramme
10 Einsatz von PDM-Systemen
11 Supply Chain Management Software
12 Materialflussverkettung mittels Kanban
13 Einsatz von Total Productive Maintenance
14 Zusammenarbeit mit Hochschulen
15 Einsatz von ERP-Systemen
16 Just-in-Time Produktion
17 Einsatz von Gruppenarbeit
18 Aufbau von Unternehmensnetzwerken
19 Selbstorganisation der Mitarbeiter
20 Einsatz von PPS-Systemen
21 Total Quality Management (TQM)

Abb. 2.11 Umfrageergebnisse zur Umsetzung und Bedeutung von Gestaltungselementen in produzierenden KMU (Herrmann et al., 2007, S. 20)

2.2.6 Allgemeine Trends

Neben den beschriebenen ökonomischen Herausforderungen können eine Reihe allgemeiner Trends identifiziert werden, die den Wettbewerb der Unternehmen beeinflussen. Tabelle 2.1 zeigt basierend auf einer Auswertung von neun verschiedenen Großstudien am Beispiel der Automobilindustrie in Deutschland wichtige Trends auf. Diese wirken zum einen unmittelbar auf den Innovationsprozess und die Entwicklung neuer Produkte. Zum anderen nehmen diese Trends direkt oder indirekt über die zukünftigen Produkt(-programm)e wesentlichen Einfluss auf die Produktion. Die Mehrzahl der identifizierten Trends lässt sich auch in anderen Branchen feststellen.

2.2.7 Beispiel „Individualisierung der Produkte"

Die steigende Variantenvielfalt bzw. die steigende Individualisierung der Produkte wird zum einen bestimmt durch Marktsättigung und Verdrängungswettbewerb bzw. durch die Möglichkeit zur Differenzierung im Wettbewerb und zum anderen durch die zunehmend verbesserten technologischen Möglichkeiten, Varianten oder kundenindividuelle Produkte (z. B. MyCar, Handy) wirtschaftlich zu produzieren. Für die Produktion kann dies bedeuten, dass das Produkt als Serienprodukt hergestellt und später vom Kunden selbständig verändert werden kann (z. B. Wechseln des Handygehäuses). Es kann im Extremfall aber auch bedeuten, dass jedes Produkt mit Losgröße 1 produziert wird. Letzteres kann aber auch zu deutlichen Wettbewerbsnachteilen führen, wenn die Produktion sich nicht an die veränderten Anforderungen anpasst bzw. im Hinblick auf diese weiterentwickelt wird. Abbildung 2.12 stellt diese Situation als so genannte Komplexitätsfalle dar (Schuh, 2007). Der Trend zur Individualisierung der Produkte bzw. die höhere Variantenvielfalt führt zu einer veränderten Häufigkeitsverteilung – mehr Exoten und weniger „Standardprodukte". Dabei werden die Exoten häufig unterhalb der tatsächlichen Kosten verkauft. Für die Standardprodukte entstehen so Wettbewerbsnachteile, da Wettbewerber mit einer geringeren Variantenvielfalt ihr Standardprodukt zu niedrigeren Kosten anbieten können (Eversheim und Schuh, 1999, S. 5–38). Für die Produktion bzw. das Produktionsmanagement resultiert die Herausforderung, das Produktions- bzw. Fabriksystem an die neuen Anforderungen anzupassen bzw. vorausschauend weiterzuentwickeln.

2.2.8 Beispiel „X-Tronic"

Zunehmend erfolgt eine Differenzierung gegenüber dem Wettbewerb durch so genannte produktbezogene Added-Values. Dies bedeutet beispielsweise in der Automobilindustrie eine massive Aufwertung von Fahrzeugen durch Elektronik und

Tab. 2.1 Wichtige Trends für die produzierende Industrie am Beispiel Automobilbau

Trend zu Globalisierung Wachsende internationale Verflechtungen (Märkte, Wirtschaft, Politik, ...); steigende Internationalisierung, globale Märkte, globale Mobilität und Verfügbarkeit von Informationen, Personen, Kapital, Gütern und Dienstleistungen, etc.	**Alternde Gesellschaft** Das durchschnittliche Alter der betrachteten Gesellschaft (sowohl das der Belegschaft als auch das der Kunden) steigt.
Steigender Mobilitätswunsch des Kunden Bedürfnis „mehr Strecke pro Mensch" zurückzulegen; mehr „Autos pro Mensch"; Bedürfnis häufiger und kurzfristiger mittlere und lange Strecken zurückzulegen	**Steigende Individualisierung der Produkte** Es entsteht die Nachfrage nach individualisierten und personalisierten Produkten. Kundenwünsche können durch die reine Massenproduktion nicht mehr befriedigt werden, Individualisierungsmerkmale werden in den Produktionsprozess integriert oder nachträglich angebracht.
Steigende Digitalisierung Steigende Digitalisierung in der Gesellschaft (digitale Kommunikation, digitale Präsenz von Informationen, ...) und im Unternehmen (RFID, CAX, ...)	**Steigende Verwerfung Bildungsdemographie** Es ist zu beobachten, dass die „Schere" bezüglich des Bildungsniveaus weiter auseinander geht – es gibt immer mehr gering qualifizierte bzw. unqualifizierte Menschen, die Zahl der mittel- und gut qualifizierter Mitarbeiter sinkt
Steigerung Produktionsflexibilität Kürzerer Planungshorizont für Produktionsplan, steigende Flexibilität innerhalb der Produktionslinie (Erweiterungs-, Integrations- & Mengenflexibilität).	**Trend zu Ökologie/Nachhaltigkeit** Gesetzliche Rahmenbedingungen, Kundenanforderungen und intrinsische Gründe fokussieren auf ökologische Aspekte – Unternehmen müssen/wollen nachhaltig und ökologisch verantwortungsbewusst produzieren.
Steigerung Produktflexibilität Unternehmen nehmen Kundenwünsche schneller auf und integrieren sie in neue Produkte – time-to-market sinkt; mehr Produkte pro Produktionslinie müssen sich wirtschaftlich fertigen lassen	**Steigende Bedeutung richtigen Innovationstimings** Für Unternehmen wird es bedeutsamer, Innovationen nicht nur zu entwickeln, sondern auch zum richtigen Zeitpunkt der richtigen Kundengruppe zu präsentieren.
Trend zur Informationsgesellschaft Wettbewerbsvorteil wird künftig vielmehr das Know-how und das zur Verfügung stehende Wissen eines Unternehmen, einer Region oder einer Gesellschaft sein; Know-how gewinnt gegenüber infrastrukturellen Werten an Bedeutung	**Steigende Bedeutung von Kooperationen/Vernetzung** Der Vernetzungsgrad von Unternehmen wird bedeutender, die Vernetzung kann dabei sowohl horizontal (Kooperationen, Partnerschaften, Allianzen, ...) als auch vertikal (Zulieferer – Kunde; erweiterte Supply Chain, ...) stattfinden.

Tab. 2.1 (Fortsetzung)

Steigendes Sicherheitsbedürfnis (Produkt) Kundensicherheit während der Nutzungsphase; aktive & passive Sicherheit; Bedeutung der Sicherheitsrelevanz im End-of-Life	**Stärkere Vernetzung von Mensch-Maschine (Produktion)** In der Produktion gibt es immer weniger rein-manuelle Arbeitsplätze. Manuelle Arbeitsplätze sind in automatisierte Abläufe integriert, der Mensch agiert häufig als Maschinenbediener bzw. -programmierer.
Steigendes Sicherheitsbedürfnis (Produktion) Die Sicherheit während des Produktionsprozesses wird künftig an Bedeutung gewinnen, sowohl direkte als auch „langfristige" Sicherheit (ergonomische Arbeitsplätze zur Vorbeugung von Langzeitschäden)	**Steigende Bedeutung Komfortbedürfnis (Produkt)** Der Kunde legt künftig noch mehr Wert auf Komfort. Unternehmen müssen demnach Produkte produzieren, die diesem Komfortbedürfnis entsprechen.
Steigende Bedeutung der „X-Tronic" Elektronik und Systemintegration gewinnt bei künftigen Produkten noch mehr an Bedeutung; sowohl als Merkmal in der Wertschöpfung beim OEM als auch als nachträgliches Ausstattungsmerkmal („pimp my car")	**Steigende Bedeutung hybrider Angebote** Produkte werden künftig häufiger in Kombination mit Dienstleistungen verkauft (von Finanzdienstleistungen (Leasing, Versicherungen, ...) bis zu Serviceeinrichtungen (Wartung incl., ...)
Steigender Einsatz innovativer Materialien (Leichtbau) Im Auto werden künftig verstärkt neuartige Materialien eingesetzt, diese Materialien unterscheiden sich hinsichtlich ihrer Eigenschaften von den heutigen Materialien (produktionsrelevant, designrelevant, ...). Eine herausragende Eigenschaft ist das Gewicht, das heutige reduziert wird.	

Software (produktbezogen: Motor- und Fahrcharakteristik, Klima- und Radiosteuerung; produktunabhängig: GPS, Internet, Kommunikation) (s. Abb. 2.13). So nimmt Elektronik mit etwa 35–40% mittlerweile einen wichtigen Anteil an den Herstellkosten eines gesamten Fahrzeuges ein (Braess und Seiffert, 2005, S. 597).

Durch die kurzen Innovationszyklen ergeben sich kürzere Produktionsphasen, die in Kombination mit einer hohen Teile- und Variantenvielfalt die Ersatzteilbereitstellung vor große Probleme stellt. Nach dem Ende der Produktion, in der so genannten Nachserienphase, werden diese noch verstärkt. Der steigende Einsatz von elektronischen Bauelementen stellt jedoch im After-Sales Service eine besondere Herausforderung dar. Den langen Lebensdauern von vielen Produkten, insbesondere im Investitionsgüterbereich, stehen kurze Produkt- bzw. Marktzyklen der eingesetzten elektronischen Bauteile gegenüber. Abbildung 2.14 verdeutlicht, dass die kurzen Innovationszyklen bei allen langlebigen Gütern mit elektronischen Komponenten ein Ersatzteilversorgungsproblem in sich bergen. Die durch Abkündigungen stark eingeschränkte Verfügbarkeit von Bauelementen, die ungewisse Lagerfähigkeit von Bauelementen und die hohen Unsicherheiten bei den Langzeitbedarfsprog-

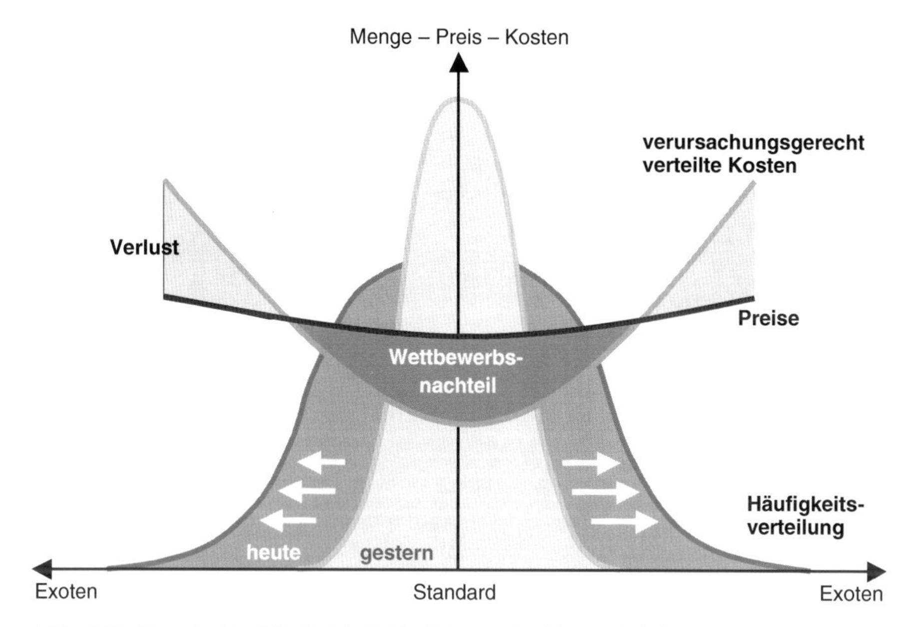

Abb. 2.12 Komplexitätsfalle bei individualisierten Produkten (Schuh, 2007; Eversheim und Schuh, 1999)

nosen verschärfen genau wie kostspielige Endbevorratungen (Lagerhaltungskosten) oder Redesigns (Entwicklungskosten) gegen Ende des Lebensweges und die Ersatzteilverfügbarkeitsgarantien gegenüber Kunden die Problematik zunehmend (Hesselbach et al., 2002; Dombrowski et al., 2001).

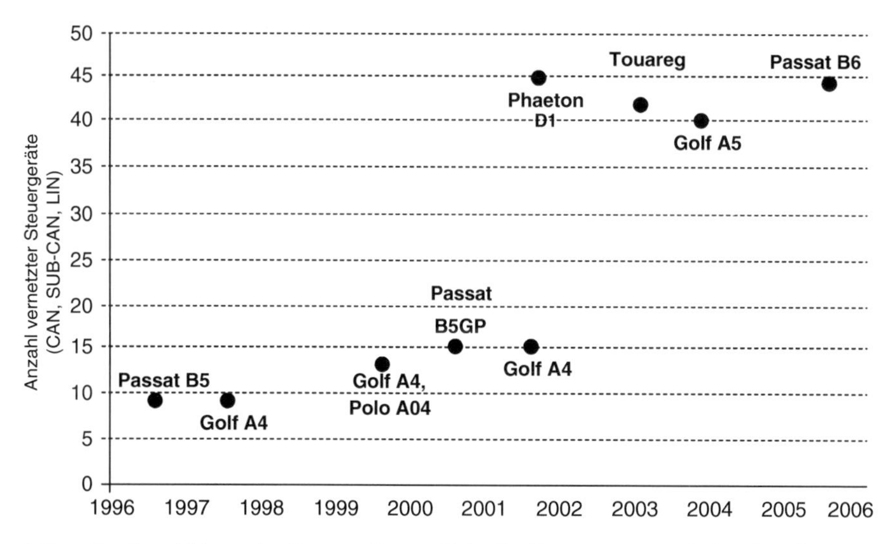

Abb. 2.13 Entwicklung der Steuergeräteanzahl in Kraftfahrzeugen am Beispiel Volkswagen (Braess und Seiffert, 2005, S. 596)

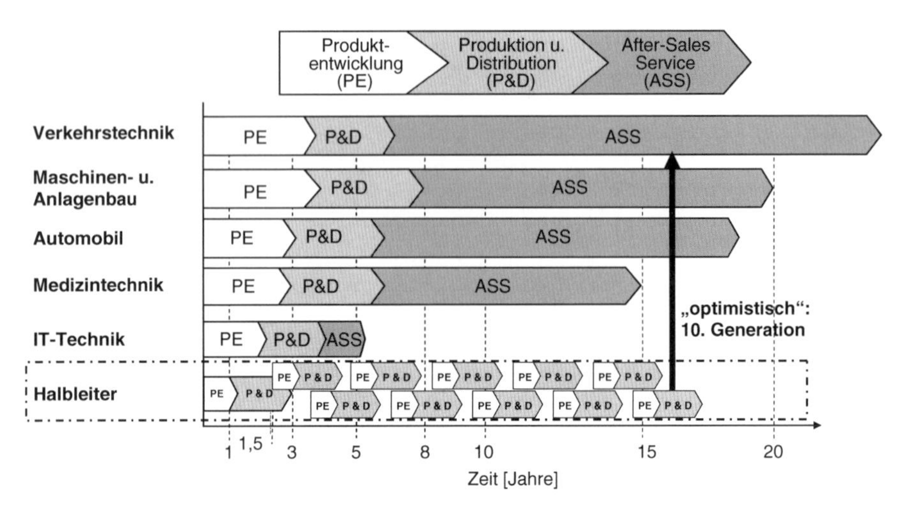

Abb. 2.14 Entwicklungs- und Servicezyklen in verschiedenen Branchen (Graf, 2005, S. 2)

2.2.9 Beispiel „Innovationstiming"

Die vielfältigen Markt- und Kundenanforderungen führen zu einer steigenden Bedeutung des richtigen Innovationstimings und häufig zu einem immer kürzeren Time-to-Market: In vielen Branchen sind die Grundbedarfe der Käufer gedeckt. Neue Marktanteile können oft nur noch mit Produkten in Marktnischen gewonnen werden. Doch gerade diese Marktnischen unterliegen häufig modischen Trends, z. B. Fun-Cars oder Mobiltelefone. Attraktive Nachfolgeprodukte müssen daher in kürzerer Zeit entworfen und zum richtigen Zeitpunkt in den Markt gebracht werden. Auch schärfere gesetzliche Vorgaben mit einer immer engeren zeitlichen Staffelung von Grenzwerten führen dazu, dass sich der Druck auf ein Time-to-Market weiter erhöht. In der Folge entstehen in immer kürzeren zeitlichen Abständen neue Entwicklungsprojekte mit steigenden Aufwendungen (Abb. 2.15). Durch die zunehmende Vernetzung der Entwicklungs- und Produktionsprozesse von Produzenten und Zulieferern steigen die Anforderungen an ein kurzes Time-to-Market entlang des Zuliefernetzwerks.

2.2.10 Beispiel „hybride Angebote"

Ein weiterer Trend ist die steigende Bedeutung hybrider Angebote. Der Verkauf eines Produktes allein reicht häufig für den Geschäftserfolg nicht mehr aus. Produktbezogene Dienstleistungen verlängern die Wertschöpfungskette und leisten einen wichtigen Beitrag zur Kundenbindung. Aber auch freiwillige Nebenleistungen wie z. B. Beratungsdienstleistungen oder längere Garantiezeiten gewinnen an

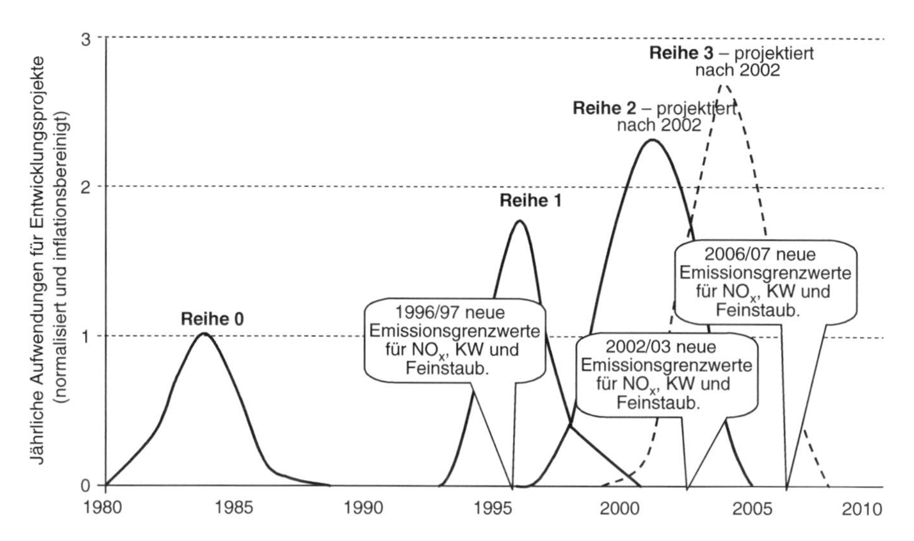

Abb. 2.15 Verkürzung des Time-to-Market am Beispiel der Entwicklung von Diesel-Motoren (Jarratt et al., 2003, S. 48)

Bedeutung (Homburg und Garbe, 1996; Mateika, 2005). Eine besondere Rolle nehmen produktbezogene Dienstleistungen in der Investitionsgüterindustrie ein. Beispiele hierfür sind: Wartung, Upgrades einzelner Module, Funktionserweiterungen, Rücknahme. Nach einer Umfrage des Zentralverbands Elektrotechnik- und Elektronikindustrie e. V. (ZVEI) und dem Verband der Maschinen- und Anlagenbauer (VDMA) wird im Investitionsgüterbereich davon ausgegangen, dass rund 30% Umsatzanteile in den nächsten fünf Jahren mit produktbegleitenden Dienstleistungen erwirtschaftet werden (ZVEI, 2002, S. 49). So erzielen beispielsweise Unternehmen des Maschinen- und Anlagenbaus in Deutschland über die Instandhaltung und den Gebrauchtmaschinenhandel acht Prozent Umsatzrendite, für Beratungsdienstleistungen sind es 16% und für das Geschäft mit Ersatzteilen sogar 18% (Mercer Management Consulting, 2004a, b). Gleichzeitig bestehen eine Reihe von Gefahren, die das Erlöspotenzial senken können, z. B. durch Eintritt neuer Wettbewerber, die Fälschung von Produkten und Ersatzteilen oder hohe Kosten für Rückbau und Entsorgung (Mateika, 2005). Die enge Verzahnung von Produkt- und Dienstleistung macht es erforderlich, dass deren Planung und Entwicklung integriert erfolgen.

2.2.11 Wirtschaftlichkeit der eingesetzten Betriebsmittel

Nicht nur im Hinblick auf das Primärprodukt, sondern auch für die eingesetzten Betriebsmittel ist eine wirtschaftliche Betrachtung über alle Lebensphasen (Beschaffung, Inbetriebnahme, Betrieb, Außerbetriebnahme und Entsorgung) von

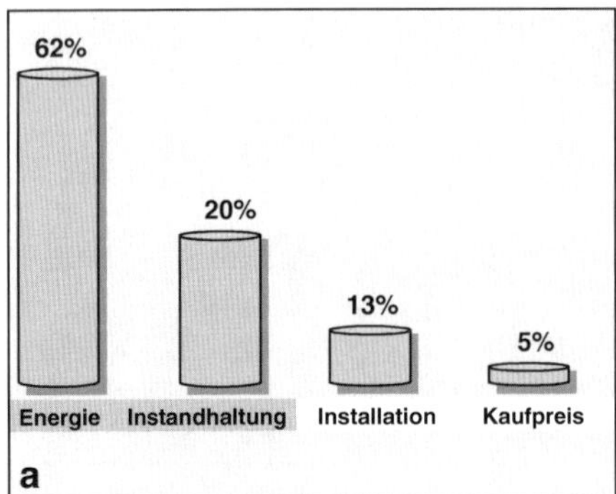

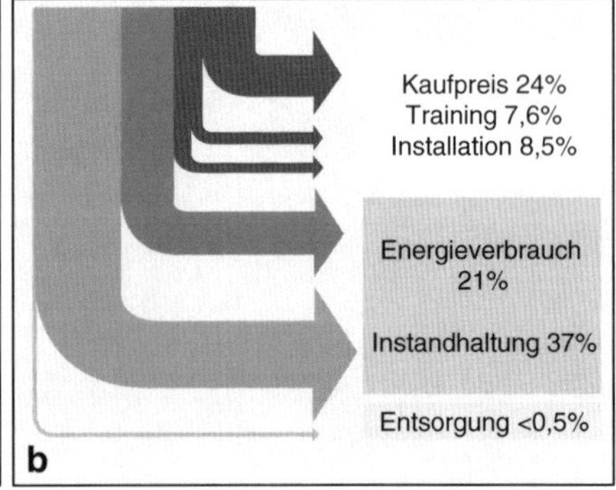

Abb. 2.16 Kosten aus Betreiber-/Herstellersicht (TCO) von **a** industriellen Pumpen und **b** Elektroantrieben (Dimmers, 2000; Bockskopf, 2007)

Bedeutung. Die Betrachtung von Kosten entlang des Lebensweges von industrieller Ausrüstung wie Pumpen oder Elektromotoren zeigt, dass die investitionsbedingten Kosten häufig nur einen relativ geringen Anteil an den Kosten für den Betreiber (Hersteller) ausmachen (Abb. 2.16).

Von größerer Relevanz sind neben Installations- und Entsorgungskosten die laufenden Kostenanteile, die sich beispielsweise aus Energie- oder Instandhaltungsaufwenden ergeben. Entsprechend ist auch bei der Planung der Produktion bzw. bei der Beschaffung von Betriebs- und Hilfsmitteln, wie beispielsweise benötigte Werkzeugmaschinen, eingesetzte Reinigungsmedien oder Kühlschmierstoffe, eine Betrachtung der Kosten über den gesamten Lebensweg erforderlich.

2.2.12 Steigende Energie- und Rohstoffkosten

Die hohe Bedeutung endlicher Ressourcen (z. B. Gas, Öl) für die Energieerzeugung, eine steigende Weltbevölkerung sowie steigende bzw. sich angleichende Lebensstandards führen zu steigenden Energie- und Rohstoffpreisen weltweit. Abbildung 2.17 zeigt die Preisentwicklung für Strom und der wichtigen Energieträger Gas und Öl im Vergleich zur Entwicklung des Bruttoinlandsprodukts in Deutschland. Aufgrund der hohen Energiepreise machen die damit verbundenen Kosten im Maschinenbau bereits 0,5–3% am Gesamtumsatz der Unternehmen aus (Energieagentur NRW, 2007; Statistisches Bundesamt, 2007; BMWi, 2007).

Die Energieerzeugung und -bereitstellung, insbesondere auf Basis fossiler Energieträger, ist unmittelbar verbunden mit umweltrelevanten Emissionen. So ist die deutsche Industrie beispielsweise allein über ihren Stromverbrauch für 18% der CO_2 Emissionen Deutschlands verantwortlich (mit direkten CO_2-Emissionen 38%) (Rebhan, 2002; Statistisches Bundesamt, 2007).

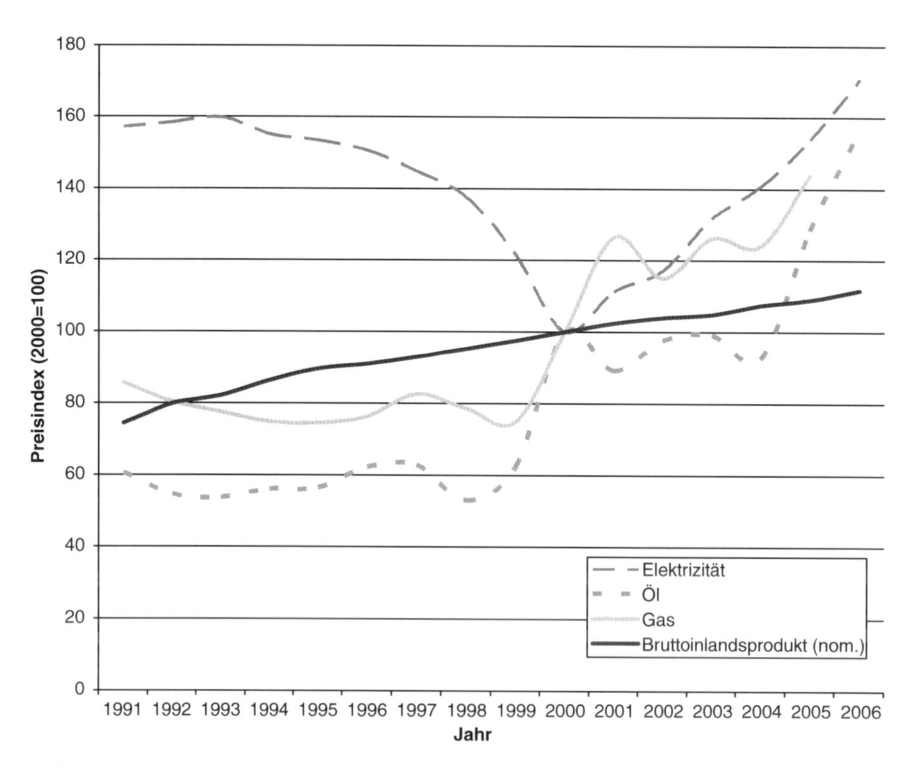

Abb. 2.17 Entwicklung der Energiepreise in Deutschland (Statistisches Bundesamt, 2007; Hesselbach et al., 2008)

2.3 Ökologische Herausforderungen

Die im vorangegangenen Kapitel behandelte Dynamik von Wirtschaftsprozessen bedingt neben den ökonomischen auch ökologische Herausforderungen. Heute nutzen mehr Menschen mehr Ressourcen mit höherer Intensität als jemals zuvor auf unserer Erde (UNFPA, 2001). Die Menschheit verbraucht dabei mehr endliche und erneuerbare Ressourcen, als auf Dauer zur Verfügung gestellt werden können. Natürliche Lebensräume werden in nie da gewesenem Tempo zerstört, die Biodiversität nimmt rapide ab (WWF, 2006a). Um die Gesamtsituation der anthropogenen Einwirkungen zu beschreiben, sind komplexe Indikatoren notwendig. Ein solcher Indikator ist beispielsweise der ökologische Fußabdruck (englisch: ecological footprint) als Maß für den jährlichen Konsum an natürlichen Ressourcen (Wackernagel und Rees, 1996). Er kann sich auf den Verbrauch einzelner Personen oder Bevölkerungsgruppen, der gesamten Bevölkerung eines Landes oder der Welt beziehen. Der ökologische Fußabdruck umfasst die gesamte biologisch produktive Fläche an Land oder im Meer, die für die Herstellung aller Lebensmittel inklusive Fleisch, Meeresfrüchte, Holz oder Textilien, für die Infrastruktur und für die Aufnahme von Kohlendioxid aus der Verbrennung fossiler Rohstoffe zur Energiegewinnung

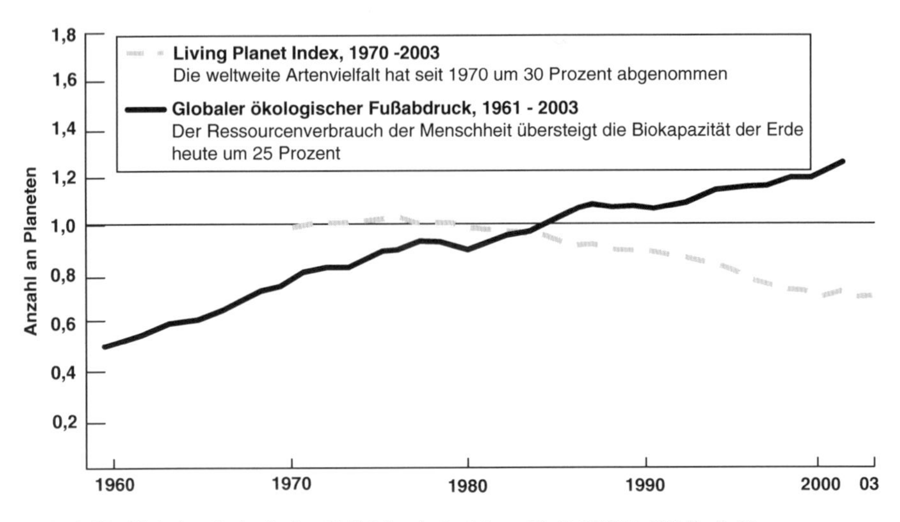

Abb. 2.18 Globaler ökologischer Fußabdruck der Menschheit (WWF, 2006b, S. 2)

notwendig ist. Die produktive Land- und Meeresfläche macht 25% der Erdoberfläche aus (11,2 Mrd. ha), bei einer Bevölkerung von 6,4 Mrd. Menschen sind das 1,8 ha pro Person. 2003 betrug der ökologische Fußabdruck im weltweiten Durchschnitt jedoch 2,23 ha pro Person. Damit ist die Regenerationsrate der natürlich erneuerbaren Ressourcen bereits um ein Viertel überschritten (WWF, 2006a). Abbildung 2.18 zeigt neben der Entwicklung des globalen ökologischen Fußabdrucks seit 1960 die Abnahme der globalen Artenvielfalt.

2.3.1 Umweltprobleme und -ursachen

Umweltprobleme, wie Treibhauseffekt, saurer Regen, Ozonabbau oder Eintrag von Stoffen mit Gefährdungspotenzial in die Umwelt, stellen heute eine globale ökologische Herausforderung dar. Grundsätzlich lassen sich drei Ursachenkategorien für die Beeinträchtigung der Umwelt unterscheiden (Kramer et al., 2003).

Dem Bevölkerungswachstum kommt unter den *entwicklungsbedingten Ursachen* eine entscheidende Bedeutung zu (Abb. 2.19). So sind beispielsweise eine intensive Bodennutzung für die Nahrungsproduktion, eine erhöhte Ausdehnung der Anbaufläche, ein wachsender Einsatz von Dünge- und Schädlingsbekämpfungsmitteln sowie eine steigende Produktion und damit verbunden ein steigender Energieverbrauch und schließlich vermehrte Konsumabfälle Folgen eines weltweiten Wachstums der Bevölkerung (Kramer et al., 2003). Als Folgen der Produktions- und Konsumtionsprozesse sind die *sozio-ökonomischen Ursachen* von Umweltproblemen zu sehen (Meffert und Kirchgeorg, 1998). Wichtige Faktoren sind hier die Behandlung von Umwelt als öffentliches Gut, das Auftreten externer Effekte als negative

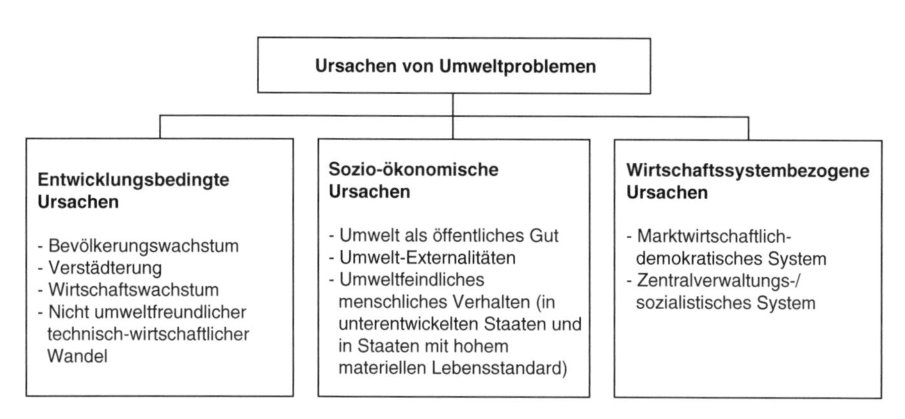

Abb. 2.19 Ursachen von Umweltproblemen (Kramer et al., 2003, S. 58)

Nebenwirkungen von Produktion und Konsumtion und das Umweltverhalten der Wirtschaftssubjekte, das den Zustand der natürlichen Umwelt und die Qualität der Umweltgüter entscheidend beeinflusst (Kramer et al., 2003). Die *wirtschaftsbezogenen Ursachen* stellen die dritte Kategorie von Ursachen für Umweltprobleme dar. „Diese treten in marktwirtschaftlichen-demokratischen Systemen auf, wo durch das Streben nach möglichst hohem Unternehmergewinn und Konsumentennutzen die umweltbezogenen negativen Folgen dieser Zielverfolgung vernachlässigt werden (Meffert und Kirchgeorg, 1998, S. 10). In sozialistischen Systemen war bzw. ist zusätzlich als Hauptproblem das Fehlen eines Preis- und/oder Lenkungssystems zu nennen.“ (Kramer et al., 2003)

Einen systemischen Ansatz zur Ursachenanalyse von globalen Umweltproblemen stellt das Syndromkonzept dar. Das interdisziplinäre Konzept zur Beschreibung von Folgen der Wechselwirkung zwischen Zivilisation und Umwelt wurde vom Beirat „Globale Umweltveränderungen“ der Deutschen Bundesregierung entwickelt (WBGU, 1996). Ziel ist es, typische Muster der Interaktion zwischen Zivilisation und Umwelt in bestimmten Regionen (sog. Syndrome) zu erkennen und zu beschreiben, um verschiedene Handlungsoptionen besser beurteilen zu können. Der Ansatz unterscheidet drei Gruppen von Syndromen (Tab. 2.2).

Der Ansatz beruht auf der These, dass sich komplexe global auftretende Umweltschadensbilder auf eine überschaubare Anzahl von Umweltdegradationsmustern (Ursachenmuster) zurückführen lassen. Die Syndrome weisen einen transsektoralen Charakter auf, d. h. die Problemlagen greifen über einzelne Sektoren (etwa Wirtschaft, Biosphäre, Bevölkerung) hinaus, haben aber immer einen direkten oder indirekten Bezug zu Naturressourcen. Als global relevant werden Syndrome dann eingestuft, wenn sie den Charakter des Systems Erde modifizieren und damit direkt oder indirekt die Lebensgrundlagen für einen Großteil der Menschheit spürbar beeinflussen oder wenn für die Bewältigung der Probleme ein globaler Lösungsansatz erforderlich ist. Dies trifft in besonderem Maße bei der globalen Erderwärmung zu, einem Beispiel für das Hoher-Schornstein-Syndrom in der Syndromgruppe „Senken“.

Tab. 2.2 Syndromkonzept – Gruppen und Beispiele (Coenen, 2001, S. 58)

Syndrom-gruppe	Bedeutung	Beispiele
„Nutzung"	Syndrome als Folge einer unangepassten Nutzung von Naturressourcen als Produktionsfaktoren	Landwirtschaftliche Übernutzung marginaler Standorte: Sahel-Syndrom Raubbau an natürlichen Ökosystemen: Raubbau-Syndrom Umweltdegradation durch Preisgabe traditioneller Landnutzungsformen: Landflucht-Syndrom Nicht-nachhaltige industrielle Bewirtschaftung von Böden und Gewässern: Dust-Bowl-Syndrom Umweltdegradation durch Abbau nicht-erneuerbarer Ressourcen: Katanga-Syndrom Erschließung und Schädigung von Naturräumen für Erholungszwecke: Massentourismus-Syndrom Umweltzerstörung durch militärische Nutzung: Verbrannte-Erde-Syndrom
„Entwicklung"	Mensch-Umwelt-Probleme, die sich aus nicht nachhaltigen Entwicklungsprozessen ergeben	Umweltschädigung durch zielgerichtete Naturraumgestaltung im Rahmen von Großprojekten: Aralsee-Syndrom Umweltdegradation durch Verbreitung standortfremder landwirtschaftlicher Produktionsverfahren: Grüne-Revolution-Syndrom Vernachlässigung ökologischer Standards im Zuge hochdynamischen Wirtschaftswachstums: Kleine-Tiger-Syndrom Umweltdegradation durch ungeregelte Urbanisierung: Favela-Syndrom Landschaftsschädigung durch geplante Expansion von Stadt- und Infrastrukturen: Suburbia-Syndrom Singuläre anthropogene Umweltkatastrophen mit längerfristigen Auswirkungen: Havarie-Syndrom
„Senken"	Umweltdegradation durch unangepasste zivilisatorische Entsorgung	Umweltdegradation durch weiträumige diffuse Verteilung von meist langlebigen Wirkstoffen: Hoher-Schornstein-Syndrom Umweltverbrauch durch geregelte und ungeregelte Deponierung zivilisatorischer Abfälle: Müllkippen-Syndrom Lokale Kontamination von Umweltschutzgütern an vorwiegend industriellen Produktionsstandorten: Altlasten-Syndrom

2.3.2 *Aktuelle Ausmaße von Umweltproblemen und -ursachen*

Im Folgenden soll die derzeitige Situation der Umweltbeanspruchung durch den Menschen beispielhaft umrissen werden. Die Abfolge ist am Lebensweg von Produkten von der Rohstoffgewinnung über Herstellung und Nutzung bis zur Entsorgung orientiert und beginnt daher mit einem Beispiel für den steigenden Ressourcenverbrauch.

Abbildung 2.20 zeigt die Entwicklung der weltweiten Stahlproduktion seit der Mitte des vorigen Jahrhunderts. Auf den zunächst kontinuierlichen Anstieg folgte ab Anfang der 1980er Jahre eine Phase der Stagnation. Entgegen der in den 1970er

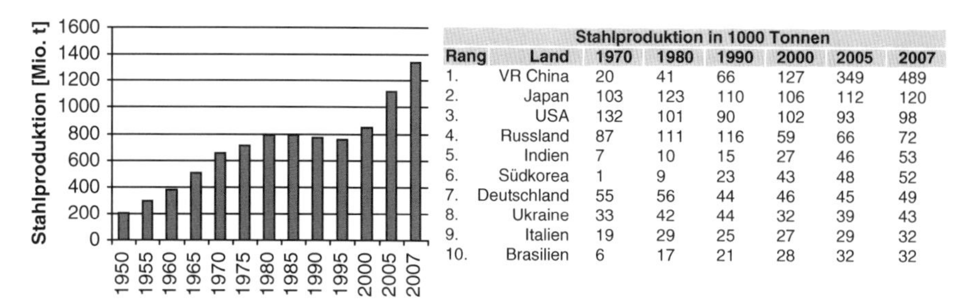

Stahlproduktion in 1000 Tonnen							
Rang	Land	1970	1980	1990	2000	2005	2007
1.	VR China	20	41	66	127	349	489
2.	Japan	103	123	110	106	112	120
3.	USA	132	101	90	102	93	98
4.	Russland	87	111	116	59	66	72
5.	Indien	7	10	15	27	46	53
6.	Südkorea	1	9	23	43	48	52
7.	Deutschland	55	56	44	46	45	49
8.	Ukraine	33	42	44	32	39	43
9.	Italien	19	29	25	27	29	32
10.	Brasilien	6	17	21	28	32	32

Abb. 2.20 Weltweite Stahlproduktion 1950 bis 2007 in Mio. t und die zehn Länder mit der derzeit höchsten Stahlproduktion (USGS, 2009)

Jahren vorausgesagten Erschöpfung zahlreicher Rohstofflagerstätten war bei den bergbaulichen Rohstoffen in diesem Zeitraum ein ausreichendes und zum Teil sogar ein Überangebot zu beobachten. Als Folge „sanken die meisten Rohstoffpreise in den 1990er Jahren auf historische Tiefstände" (Berié et al., 2007). Nach der Jahrtausendwende setzte dann eine besondere Dynamik ein (Abb. 2.20). Der weltweite Konjunkturaufschwung ab 2003 und insbesondere der stark steigende Stahlbedarf der Schwellenländer China, Indien und Brasilien führte zu einer deutlich verschärften Rohstoffsituation (Abb. 2.20). Die Weltstahlproduktion im Jahr 2007 betrug 1,34 Mrd. t, wovon rund ein Drittel (489 Mio. t) auf China als dem weltgrößten Stahlproduzent entfiel (vgl. Entwicklung von 1970 bis 2007 in der Tabelle). Trotz dieser Produktionssteigerung konnte der Bedarf in den letzten Jahren nicht gedeckt werden. Die Weltmarktpreise für Eisenerz, Koks und Stahlschrott liegen dementsprechend hoch. Für Eisenerz erhöhten sie sich im Zeitraum von 2000 bis 2006 um 130%. Prognosen gehen aufgrund der starken Steigerung der Industrieproduktion Chinas und Indiens davon aus, dass deren Stahlbedarf weiter um etwa 10 bis 15% jährlich wachsen wird. Neben der Stahlindustrie sind auch andere Branchen von dieser Entwicklung betroffen. Durch die immensen Bautätigkeiten benötigte China 2004/05 nicht nur 30% der weltweiten Kohle- und Eisenerzförderung, sondern auch rund die Hälfte der Welt-Zementproduktion sowie 18% des produzierten Aluminiums und beeinflusste damit maßgeblich die globale Versorgungssituation (Berié et al., 2007).

Der Einfluss der rasanten Nachfragesteigerung nach bergbaulichen Rohstoffen auf die Umwelt, etwa durch die Erschließung neuer Vorkommen, lässt sich erahnen, wenn man berücksichtigt, dass für die Gewinnung einer Tonne Eisen die doppelte Menge Eisenerz und die 20-fache Menge an Steinen und Erden bewegt werden muss. Neben der Naturraumbeanspruchung wirkt sich selbstverständlich auch die Energiebereitstellung für den Transport und die energieintensive Verhüttung der Erze bzw. die Stahlproduktion negativ auf die Umwelt aus.

Der weltweite Energieverbrauch ist in den letzten Jahren – in Abhängigkeit von Bevölkerungswachstum, Wirtschaftsentwicklung und Anstieg des Lebensstandards in den großen Industriestaaten und den expandierenden, bevölkerungsstarken Schwellenländern – ebenfalls kontinuierlich gewachsen. Im Zeitraum von 1961 bis 2003 hat sich der durch fossile Energieträger gedeckte Energiebedarf bereits verneunfacht (WWF, 2006a). Der International Energy Outlook 2008 des US-Energiedepartments prognostiziert in seinem Referenzszenario, das von einer gleich bleibenden Politik- und Gesetzeslage ausgeht, einen weiterhin starken Zuwachs des gesamten gehandelten Weltenergiebedarfs bis 2030 (EIA, 2009). Der World Energy Outlook 2008 beziffert die weitere Steigerung des Primärenergiebedarfs bis 2030 auf 45% (IEA, 2008) (Abb. 2.21). Fatih Birol, der Chefökonom der Internationalen Energieagentur (IEA), erwartet einen Rückgang der weltweiten Ölförderung schon in naher Zukunft.

Der weltweite durchschnittliche Energieverbrauch pro Einwohner veränderte sich in den letzten Jahrzehnten im Gegensatz zum Weltenergiebedarf nur geringfügig. Zwischen dem Pro-Kopf-Verbrauch von Industrie- und Entwicklungsländern herrschen jedoch extreme Unterschiede genauso wie innerhalb dieser Ländergruppen. Neben dem wirtschaftlichen Entwicklungsstand eines Landes beeinflussen vor allem der Anteil an energieintensiven Industriesparten, der individuelle Motorisierungsgrad der Bevölkerung, die Länge der Heiz-/Kühlperiode sowie die Art der genutzten Energieträger und die Effektivität oder Verschwendung beim Energieeinsatz den Bedarf pro Einwohner (Berié et al., 2007). So beruht der stagnierende oder sogar leicht sinkende Energieverbrauch einzelner westeuropäischer Staaten nicht nur auf Einsparungen und effizienter Technik sondern zu einem Teil auch auf der Verlagerung von Produktionsstandorten (Berié et al., 2007). In der EU-25 wird inzwischen nicht mehr wie noch 1990 von der Industrie (ca. 28% in 2002) sondern vom Sektor Verkehrswesen (ca. 31% in 2002) anteilmäßig die meiste Endenergie verbraucht (EU, 2005). Ähnliche Anteile ergeben sich auch für Deutschland (Abb. 2.22). Für das Jahr 2007 betrug der Primärenergieverbrauch 13.993 Petajoule (PJ) bzw. 477,5 Mio. t Steinkohleeinheiten (SKE) und der Endenergieverbrauch

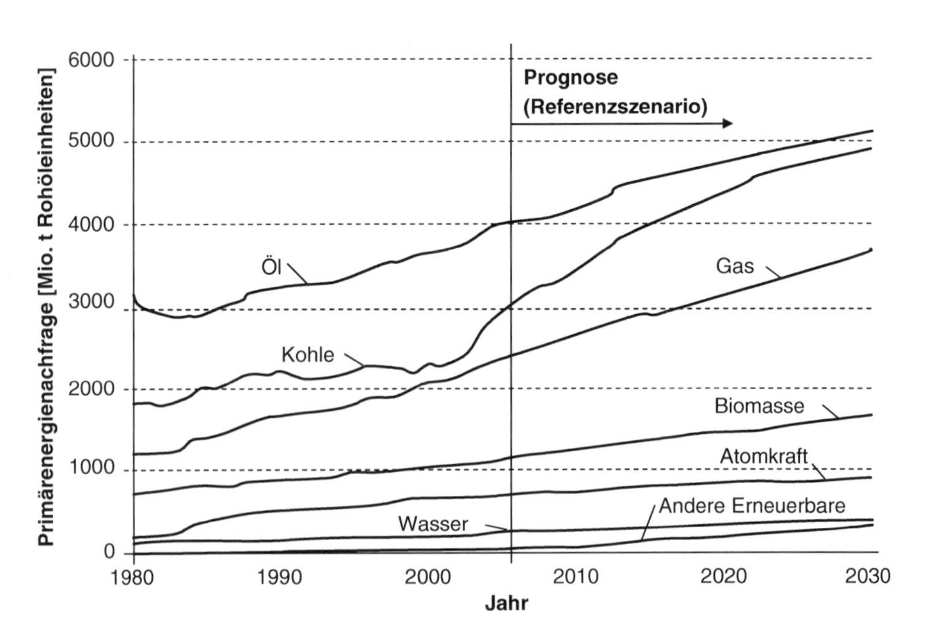

Abb. 2.21 Weltenergieverbrauch 1980 bis 2030 (IEA, 2008)

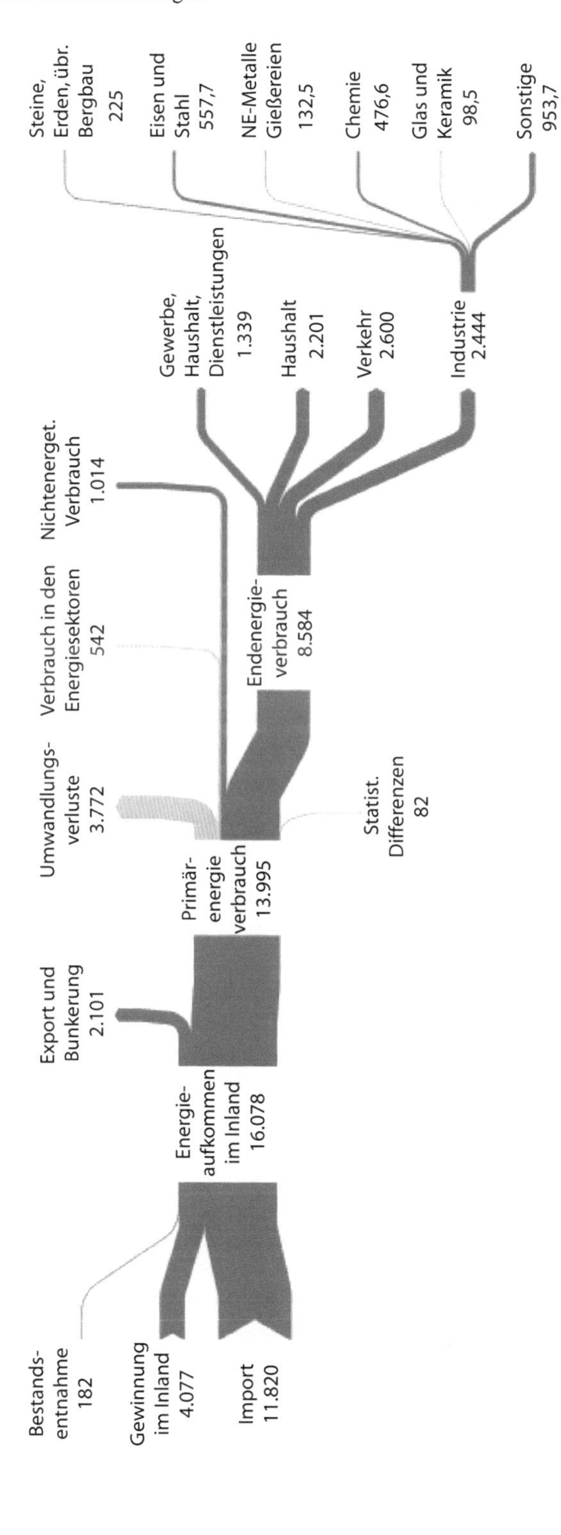

Abb. 2.22 Energieflussbild für die Bundesrepublik Deutschland in PJ (AGEB, 2008; Rebhan, 2002, S. 788)

8.585 PJ bzw. 292,9 Mio. t SKE. Hervorzuheben sind die hohen Umwandlungsverluste von ca. 27% im Energiesektor, die vor allem aus der Erzeugung und Bereitstellung von Sekundärenergieträgern (Strom, Nutzenergie) stammen. In der Industrie haben die Eisen- und Stahlproduktion und die Chemieindustrie gefolgt von Steine, Erden und Bergbau sowie die Nichteisenmetallindustrie die höchsten Anteile an Endenergieverbrauch in Deutschland (Rebhan, 2002, S. 788).

Die Beförderungsleistung im Güterverkehr, angegeben als Produkt aus dem Gewicht der beförderten Gütermenge und der zurückgelegten Transportweite, betrug in Deutschland im Jahr 2007 insgesamt 661 Mrd. tkm. Auf den Straßengüterverkehr entfielen davon allein 466 Mrd. tkm bzw. rund 70% (Statistisches Bundesamt, 2009). Wie Abb. 2.23 zeigt, ist die Güterverkehrsnachfrage bzw. die jährliche Beförderungsleistung noch immer an das Bruttoinlandsprodukt gekoppelt. Die zunehmende Handelsintegration bedingt eine intensive internationale Arbeitsteilung und eine reduzierte Fertigungstiefe. Outsourcing Prozesse werden gefördert und verursachen steigende Transportentfernungen. JIT-Konzepte, produktions-synchrone Liefersysteme, Sendungsgrößenreduzierung und der Verzicht auf Zwischenlager erhöhen das Transportaufkommen noch zusätzlich (Deutscher Bundestag, 2002; EU, 2005). Werden Transportleistungen tendenziell zu „billig“ angeboten, besteht die Gefahr, dass sich die Transportnachfrage über das gesamtwirtschaftlich sinnvolle hinaus steigert, Fertigungstiefen noch stärker reduziert werden und ein Global Sourcing über extrem große Entfernungen zunimmt (Aberle, 2001). Personen- und Güterverkehr haben vielfältige Wirkungen auf Umwelt und Gesundheit. In Europa zählen Versauerung und Eutrophierung von Ökosystemen sowie die Gesundheitsbelastung durch bodennahes Ozon zu den bedeutenden Umweltproblemen. Insbesondere der Straßenverkehr hat daran in Deutschland einen maßgeblichen Anteil.

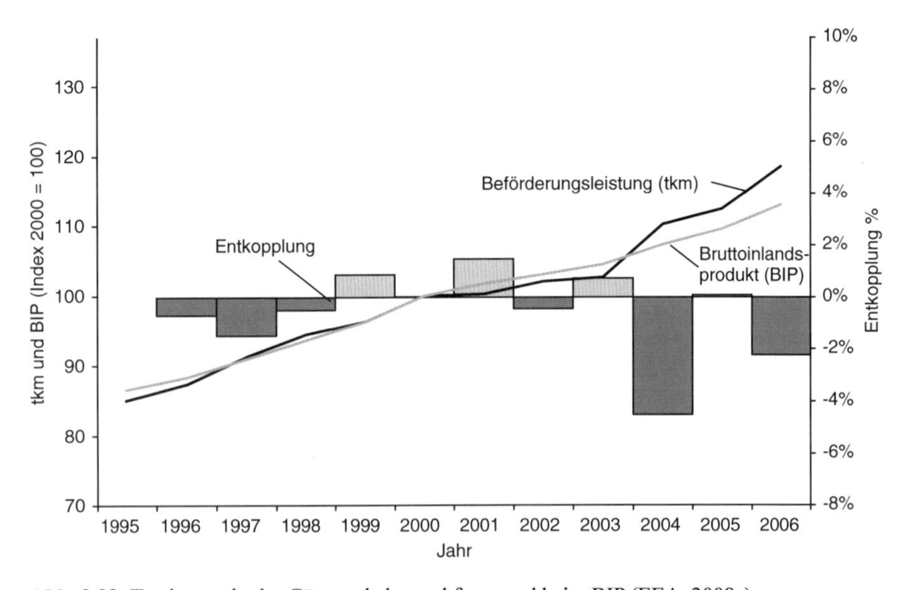

Abb. 2.23 Tendenzen in der Güterverkehrsnachfrage und beim BIP (EEA, 2009a)

Der Verkehr insgesamt ist mit inzwischen 20% an den klimarelevanten CO_2-Emissionen Deutschlands beteiligt (UBA, 2007).

Egal ob für Verkehr, Industrie, Landwirtschaft, Dienstleistungen oder private Haushalte benötigt, verursachen alle Formen der Energiebereitstellung und -nutzung Emissionen (wenn auch in unterschiedlichem Ausmaß), die zu lokalen, regionalen und globalen Umweltproblemen beitragen. In jedem Lebenswegabschnitt eines Produktes können darüber hinaus auch Energie unabhängige Emissionen, Abfälle und Abwässer verursacht werden. Im öffentlichen Fokus stehen dabei insbesondere die Treibhausgasemissionen und hier vor allem die Konzentration des wichtigsten Treibhausgases Kohlendioxid (CO_2). Im Laufe der Industrialisierung ist die Konzentration von 280 ppm (parts per million, millionstel Volumenanteil) auf nunmehr 382 ppm angestiegen. Ein so hoher Wert liegt in der Erdgeschichte wahrscheinlich 1 Mio., möglicherweise sogar 30 Mio. Jahre zurück (Berié et al., 2007). Am stärksten trägt die Verbrennung fossiler Energieträger (Kohle, Erdöl, Erdgas) zum CO_2-Anstieg bei. Der World Energy Outlook 2006 zeigt, dass die Industiestaaten auch in Zukunft wesentlich zu den CO_2-Emissionen beitragen, aber sich die Anteile aufgrund des Wirtschaftswachstums in China und Indien verschieben (Abb. 2.24).

Seit 2003 ist Kohle statt wie bisher Erdöl die weltweit bedeutendste Quelle energiebezogener CO_2-Emissionen und wird diese Position bis 2030 noch ausbauen (IEA, 2006). Im gleichen Zeitraum werden die Entwicklungsländer laut WEO 2006 ihren Anteil an den CO_2-Emissionen von 39% auf etwas mehr als die Hälfte erhöhen. Damit übernehmen sie ab 2010 von den OECD-Ländern die Rolle als größte CO_2-Emittenten. Pro Person gerechnet werden die Emissionen der Nicht-OECD-Länder aber weiterhin deutlich geringer ausfallen als die Pro-Kopf-Emissionen des OECD-Raums (IEA, 2006).

Die Entsorgung der teils unter großem Ressourcenaufwand produzierten Güter stellt den letzten Abschnitt in deren Lebensweg dar. Unter Berücksichtigung des Umweltgefährdungspotenzials sind vor einer Verbrennung oder Deponierung zunächst alle Aufarbeitungs-, Aufbereitungs- und Verwertungsmöglichkeiten auszunutzen (Bahadir et al., 2000). Abbildung 2.25 zeigt das kommunale Abfallauf-

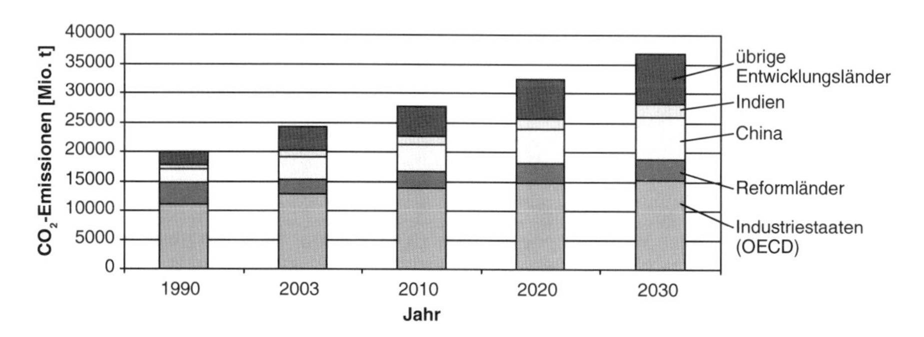

Abb. 2.24 Prognose zur Entwicklung der Kohlendioxidemissionen nach Regionen (IEA, 2007)

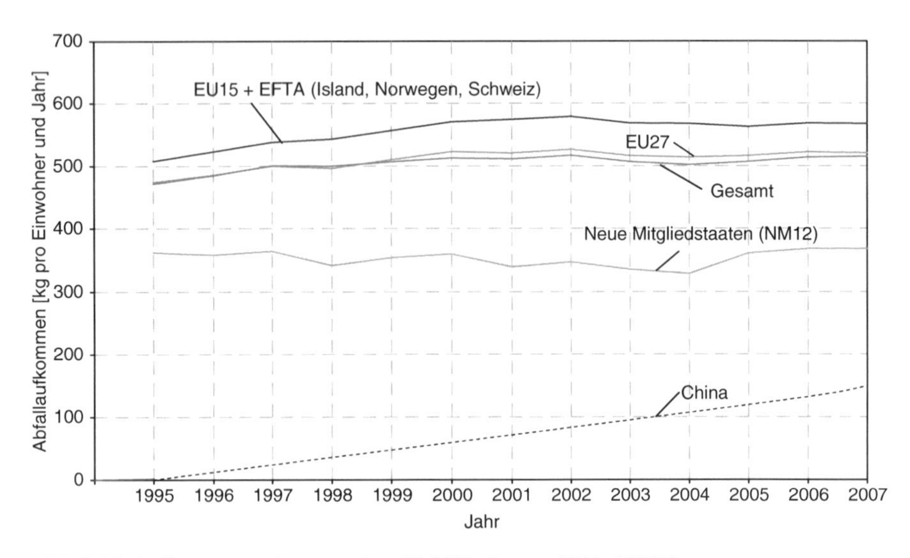

Abb. 2.25 Aufkommen an kommunalem Abfall in Europa (EEA, 2009b)

kommen pro Einwohner und Jahr. In den EU15 und den EFTA-Ländern Schweiz, Island und Norwegen ist das durchschnittliche Aufkommen am höchsten und betrug im Jahr 2007 etwa 568 kg pro Einwohner. Im Vergleich dazu lag nach Schätzungen der OECD das Pro-Kopf-Aufkommen in China im Jahr 2005 etwa bei 120 kg; wobei das Aufkommen in städtischen Gebieten deutlich höher liegt als in ländlichen Gebieten. Im Zuge der wirtschaftlichen Entwicklung des Landes ist ein weiterer starker Anstieg zu erwarten.

Aufgrund ihrer Materialzusammensetzung kommt Elektroaltgeräten eine besondere Bedeutung im Abfallstrom zu. Trotz des Wissens über die in technischen Produkten enthaltenen Wert- und Schadstoffe gelangen größere Mengen immer noch ohne Vorbehandlung über den Haus- und Sperrmüll auf Deponien oder in Verbrennungsanlagen oder gehen über Exportwege in Länder mit geringeren Umweltschutzstandards. Die Studie „Exporting Harm" beschreibt Beispiele für die Entsorgungspraxis von elektrischen und elektronischen Altgeräten in einigen asiatischen Ländern (Roman und Pukett, 2002). Abbildung 2.26a zeigt das Belüften der Bildröhre eines Monitors zur Gewinnung der kupferhaltigen Ablenkeinheit ohne jegliche Schutzmaßnahmen; das Bildröhrenglas wird ohne Umweltschutzmaßnahmen beseitigt.

Abbildung 2.26b zeigt eine offene Verbrennung von Kabeln bzw. Isoliermaterial und anderen Bauteilen zur Rückgewinnung von Metallen wie Eisen und Kupfer. Die Entstehung von gesundheitsgefährdenden Furanen und Dioxinen kann dabei aufgrund des Einsatzes von PVC und bromierter Flammschutzmittel erwartet werden (Roman und Pukett 2002; Fluthwedel und Pohle, 1996).

Abb. 2.26 Entsorgung von Elektronikschrott in Asien: **a** Belüftung von Bildröhren, **b** Offene Verbrennung von Kabeln (Roman und Pukett, 2002, S. 82)

2.3.3 Zukünftige Entwicklungen

Der nachsorgende, konventionelle Umweltschutz der vergangenen drei Jahrzehnte hat die Qualität unserer Umwelt bedeutend verbessert. Maßnahmen in Bezug auf Anlagen und Produktion haben dazu genauso entscheidend beigetragen wie jene mit Bezug auf einzelne Umweltmedien (Luft, Wasser, Boden). Heute stellt uns jedoch eine neue Dimension der Dynamik und Komplexität von Wirtschaftsprozessen vor Herausforderungen, die mit den bisher wirksamen Methoden kaum mehr zu bewältigen sind. Hinzu kommen Verbraucherverhalten und Entwicklungen, die diese Situation noch verschärfen:

- Der Anteil diffuser Emissionsquellen (das heißt in der Regel durch Produkte hervorgerufene Umweltwirkungen) an den gesamten Umweltauswirkungen steigt überproportional.
- Innovations- und Technologiezyklen verkürzen sich kontinuierlich und die Komplexität der Produkte und Dienstleistungen steigt zugleich stark an.
- Fortschritte bei der Effizienz werden durch intensivere Nutzung bzw. schnelle Technologie- und Modellwechsel überkompensiert; Folge: Umweltentlastende Effekte bleiben aus bzw. werden nicht im erforderlichen Ausmaß erreicht.
- Die gesellschaftliche Entwicklung mit einem wachsenden Anteil an Singlehaushalten (37,5% aller privaten Haushalte in Deutschland (Statistisches Bundesamt, 2006)) führt gegenüber dem traditionellen Familienmodell zu einem quantitativ wie qualitativ erweiterten Bedarf an Produkten für Standardanwendungen bzw. -funktionen.

Eine Reaktion auf diese Herausforderungen ist dringend notwendig. Würde so weitergemacht werden wie bisher, wären nach der Prognose des Living Planet Reports im Jahre 2050 theoretisch zwei Planeten zur Befriedigung unser Bedürfnisse notwendig (Abb. 2.27). Als Folge einer derartigen Übernutzung wären dann der

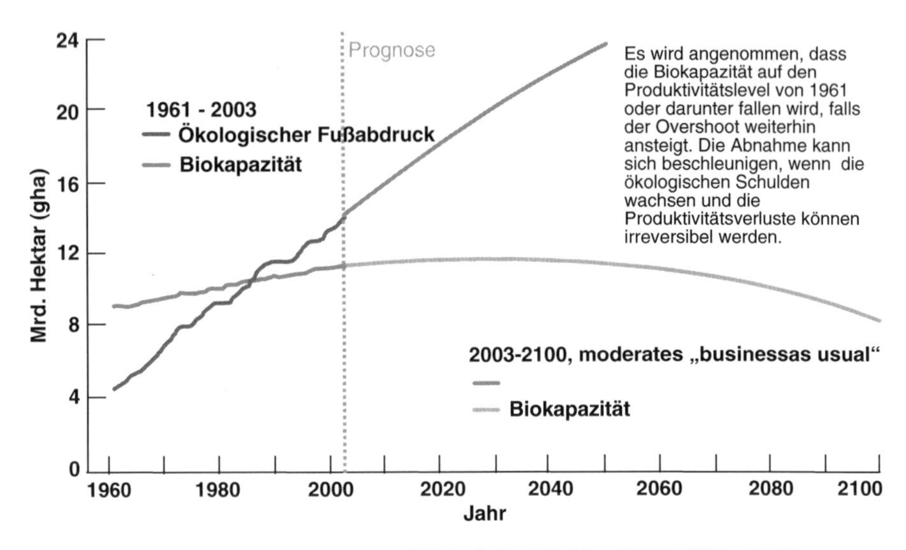

Abb. 2.27 Business-as-usual-Szenario und ökologische Schulden (WWF, 2006a, S. 22)

Kollaps großer Lebensräume und der möglicherweise irreversible Rückgang der Biokapazität der Erde zu erwarten (WWF, 2006a).

Die Ursachen für diese Entwicklung sind in dem komplexen Zusammenspiel von globalem Bevölkerungswachstum, steigendem Ressourcenverbrauch, Unterschieden, Angleichungen und weiterem Anstieg von Lebensstandards zu sehen. Die „I=PAT-Gleichung“ von Ehrlich und Holdren (Abb. 2.28, Gl. 1) und der „Index of environmental Impact“ von Commoner (Abb. 2.28, Gl. 2) wurden zwar wegen der komplexen Abhängigkeit der Faktoren untereinander kritisiert, veranschaulichen aber sehr gut die Bedeutung von Populationsentwicklung, Konsummustern und Ressourceneffizienz für den anthropogenen Einfluss auf die Umwelt (UNFPA, 2001).

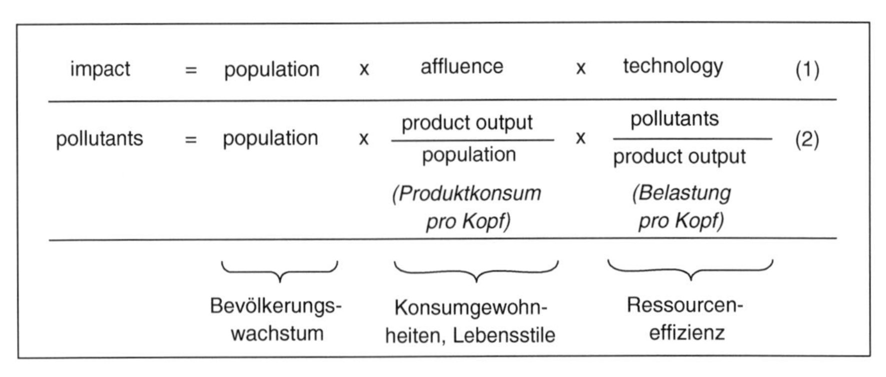

Abb. 2.28 Anthropogener Einfluss auf die Umwelt nach Ehrlich/Holdren und Commoner (Antes und Kirschten, 2007, S. 13)

An der Bevölkerungsentwicklung und der Entwicklung des globalen ökologischen Fußabdrucks über den Zeitraum von 1961 bis 2003 lässt sich die kombinierte Wirkung von Bevölkerungsanstieg und steigenden Lebensstandards erkennen: Während 1961 3,08 Mrd. Menschen einen globalen ökologischen Fußabdruck von 4,5 Mrd. ha verursachten, war der Ressourcenverbrauch 2003 mit 14,1 Mrd. ha bei 6,30 Mrd. Menschen überproportional größer. Um die Steigerungen ohne den Effekt des Bevölkerungswachstums zu betrachten, können die Pro-Kopf-Indikatorwerte herangezogen werden. Wie in Abb. 2.29 zu sehen, verdoppelte sich der ökologische Fußabdruck pro Person im Falle der Staaten mit hohem Einkommen über den Betrachtungszeitrum, während der Fußabdruck der Länder mit mittlerem Einkommen nur moderat stieg und sich bei den Ländern mit niedrigem ProKopf-Einkommen sogar kaum veränderte.

Zwar schadet auch Armut der Umwelt, da sie die Menschen oftmals zwingt, noch größeren Druck auf ohnehin fragile Ökosysteme auszuüben (z. B. durch Brennholzbedarf, Brandrodung, ...) (UNFPA, 2001), doch der Einfluss der Schwellenländer und Industrienationen überwiegt bei weitem: Die USA sind mit 4,6% der Weltbevölkerung für 25% der globalen CO_2-Emissionen verantwortlich. Ein Kind, das um das Jahr 2000 in einem Industriestaat geboren wurde, wird im Laufe seines Lebens mehr Ressourcen verbrauchen und Emissionen verursachen als 30 bis 50 Kinder, die zur gleichen Zeit in einem Entwicklungsland geboren wurden (UNFPA, 2001). Da bereits heute die Folgen der anthropogen verursachten Umweltwirkungen spürbar sind, lässt sich nur erahnen, welche gravierenden Auswirkungen die weltweite Angleichung der Pro-Kopf-Verbräuche auf dem heutigen Niveau der einkommensstärksten Länder in Kombination mit fortgesetztem Bevölkerungswachstum hätte. Davon ausgehend, dass jedem Menschen das gleiche Recht auf Naturinanspruch-

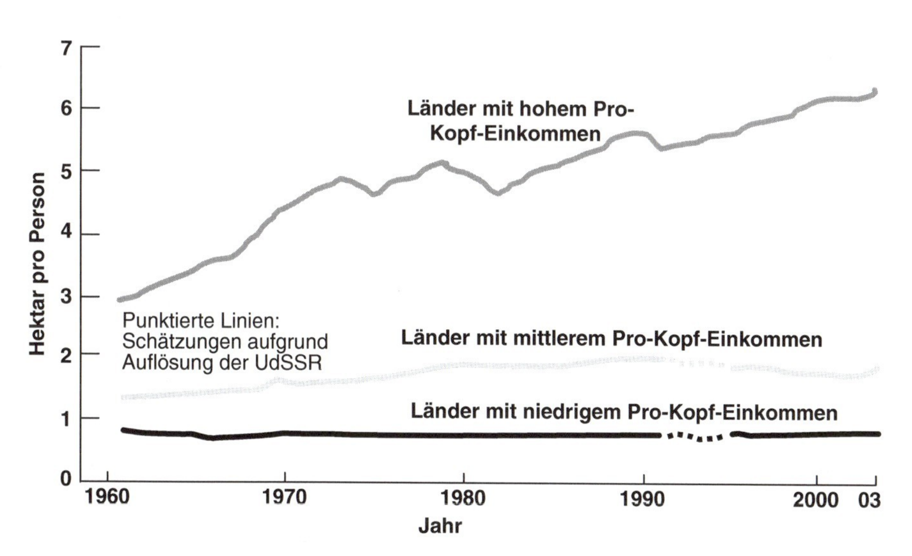

Abb. 2.29 Ökologischer Fußabdruck nach durchschnittlichem nationalen Pro-Kopf-Einkommen, 1961–2003 (WWF, 2006a, S. 18)

nahme zusteht, sind in erster Linie die einkommensreichsten Länder gefordert, ihre Umweltwirkungen zu reduzieren.

2.4 Nachhaltige Entwicklung

Bereits Ende der 60er Jahre wurde in der Wissenschaft von natürlichen und sozialen Grenzen des Wirtschaftswachstums gesprochen. Eine wichtige Arbeit in diesem Zusammenhang stellt die im Auftrag des Club of Rome von Meadows erstellte Studie „Grenzen des Wachstums“ dar (Meadows und Meadows, 1972). Die Studie zeigte, dass bei einem weiteren exponentiellen Wirtschaftswachstum Rückkopplungseffekte wie die Umweltverschmutzung und die Erschöpfung endlicher natürlicher Ressourcen sowie Hungersnöte zu einem ziemlich raschen Absinken der Bevölkerungszahl und der industriellen Kapazität führen und das Wachstum beenden würden (Kramer et al., 2003). Hauptergebnisse des Berichts waren, dass die absoluten Wachstumsgrenzen auf der Erde im Laufe der nächsten hundert Jahre erreicht würden, wenn die gegenwärtige Zunahme der Weltbevölkerung, der Industrialisierung, der Umweltverschmutzung, der Nahrungsmittelproduktion und der Ausbeutung von natürlichen Rohstoffen unverändert anhält, und dass es möglich scheint, die Wachstumstendenzen zu ändern und einen ökologischen und wirtschaftlichen Gleichgewichtszustand herbeizuführen, der auch in weiterer Zukunft aufrechterhalten werden kann. Eine Schlussfolgerung aus der Meadows-Studie ist unter dem Begriff „Faktor 4“ bekannt geworden: Demnach können ohne eine Halbierung des Verbrauchs natürlicher Ressourcen die ökologischen Gleichgewichte nicht wiederhergestellt und die Lebensgrundlagen nicht langfristig gesichert werden. Anders ausgedrückt heißt das: doppelter Wohlstand, halbierter Naturverbrauch (Weizsäcker et al., 1997, S. 9).

Im selben Jahr, in dem „Die Grenzen des Wachstums“ veröffentlicht wurde, fanden auch die erste UNO-Umweltkonferenz und die Gründung des UNO-Umweltprogramms (UNEP) unter hauptsächlicher Beteiligung der industrialisierten Länder statt. Das Bewusstsein, dass globale Umweltprobleme internationale Kooperation und gemeinsames Handeln erfordern, hat sich fortan weiterentwickelt. Einen wesentlichen Beitrag für dieses globale Umweltverständnis leistete die World Commission on Environment and Development (Brundtland-Kommission) 1987 mit der Veröffentlichung ihres Abschlussberichtes „Unsere Gemeinsame Zukunft“. Unter der Leitung der früheren norwegischen Ministerpräsidentin Gro Harlem Brundtland prägte die UN-Kommission den Begriff der nachhaltigen Entwicklung (englisch: sustainable development). Der *Brundtland Bericht* verbindet erstmals Umwelt- und Entwicklungspolitik, indem ökologische, soziale und ökonomische Probleme zusammenhängend betrachtet werden. Das daraus abzuleitende Konzept einer nachhaltigen Entwicklung wird wie folgt beschrieben:

„[Nachhaltige Entwicklung ist eine] dauerhafte Entwicklung, die den Bedürfnissen der heutigen Generation entspricht, ohne die Möglichkeit künftiger Generationen zu gefährden, ihre eigenen Bedürfnisse zu befriedigen und ihren Lebensstil zu wählen."

Der Bericht der Kommission war ein wichtiges Vorbereitungsdokument für die UN-Konferenz „Umwelt und Entwicklung" (UNCED, „Erdgipfel"), die fünf Jahre später in Rio de Janeiro stattfand. Dort unterzeichneten 178 Länder die Rio-Deklaration und die Agenda 21, ein Aktionsprogramm für die Umsetzung einer nachhaltigen Entwicklung mit konkreten Handlungsempfehlungen für die lokale, nationale und internationale Ebene (Bauer, 2005). Während der Brundtland-Bericht im Wesentlichen die zeitliche Dimension der Auswirkungen menschlicher Aktivitäten als ein Nachhaltigkeitskriterium definiert, erweitert die *Agenda 21* diese um die räumliche Dimension: Auch in der heutigen Generation sollen – ohne die Umwelt zu überlasten und die vorhandenen Ressourcen zu erschöpfen – Lebensstile innerhalb der gesamten Menschheit übertragbar sein, d. h. allen Ländern und Völkern sollen gleiche Entwicklungsmöglichkeiten gegeben werden. Konkrete Ziele und Maßnahmen für die Umsetzung der Nachhaltigkeit in die unternehmerische Praxis gibt die Agenda 21 aber nicht vor (future e. V., 2000, S. 4), obwohl sie der Wirtschaft (siehe BMU, 1997, S. 9) eine wichtige Rolle innerhalb der nachhaltigen Entwicklung zuspricht. Diese wurden in den letzten Jahren von verschiedenen Gremien aus Forschung, Politik und Wirtschaft erarbeitet (vgl. Abschn. 2.6.1).

1997, fünf Jahre nach dem so genannten Erdgipfel, wurde auf der UN-Vollversammlung in New York das Thema Nachhaltige Entwicklung wieder aufgegriffen (Rio+5). Bei diesem Treffen wurde das Jahr 2002 als Zieldatum für die Entwicklung von nationalen Strategien für Nachhaltige Entwicklung vereinbart. 2002 kam dann die Staatengemeinschaft zum Weltgipfel für nachhaltige Entwicklung in Johannesburg zusammen (World Summit on Sustainable Development, WSSD, Rio+10). Auch zehn Jahre nach Rio hatten die globalen Herausforderungen nicht an Aktualität verloren.

Das Leitbild einer Nachhaltigen Entwicklung ist verbunden mit der Herausforderung, drängende ökologische, ökonomische und soziale Probleme durch eine grundsätzliche Umorientierung politischer, ökonomischer und technologischer Zielsetzungen zu lösen. „Nachhaltige Entwicklung ist bewusst als zu gestaltender dynamischer Prozess zu begreifen, der tiefgehende Veränderungen in den institutionellen Strukturen und in der Art der Definition des technischen Fortschritts sowie der menschlichen Verbrauchs- und Verhaltensmuster erfordert." (Kramer et al., 2003, S. 75)

1994 wurde die Maxime der Nachhaltigkeit im Art. 20a des deutschen Grundgesetztes verankert und damit zum Staatsziel und zur Grundlage politischen Handelns erklärt. Im April 2002 hat die Bundesregierung die nationale Strategie für eine nachhaltige Entwicklung beschlossen, die im gesellschaftlichen Dialog kontinuierlich weiterentwickelt werden soll. Die Europäische Union hat im Jahre 2001 eine eigene Nachhaltigkeitsstrategie verabschiedet, die die Ziele des 6. Umweltprogramms integriert und die *Lissabonstrategie* für nachhaltiges Wachstum, Beschäftigung und sozialen Zusammenhalt um die ökologische Komponente ergänzt (BMBF, 2005, S. 5).

2.4.1 Gegenstände der Nachhaltigkeitsforderung und Dimensionen der nachhaltigen Entwicklung

„Die nachhaltige Entwicklung baut auf den Grundsätzen der Demokratie, der Rechtstaatlichkeit und der Achtung der Grundrechte, wozu Freiheit und Chancengleichheit gehören, auf. Sie gewährleistet Solidarität innerhalb und zwischen den Generationen. Sie strebt die Förderung der dynamischen Wirtschaft, Vollbeschäftigung, ein hohes Maß an Bildung, Schutz der Gesundheit, sozialem und territorialem Zusammenhalt und Umweltschutz in einer friedlichen und sicheren Welt an, in der die kulturelle Vielfalt geachtet wird.“ (Rat der Europäischen Union, 2005, Anlage 1). Dabei müssen verschiedene Akteure (z. B. Staat, Verbraucher, Verbände, Ingenieure) und Dimensionen (Raum und Zeit, Ziele, Handlungen und Folgen etc.) unterschieden werden (Detzer et al., 1999, S. 59). Je nach Zielsetzung und Interessensgebiet setzen beispielsweise Ingenieure, Naturschützer oder Soziologen für eine nachhaltige Entwicklung unterschiedliche Schwerpunkte.

Seit dem Weltgipfel von Rio 1992 bezieht sich nachhaltige Entwicklung nicht mehr nur vorrangig auf den langfristigen Schutz von Umwelt und Ressourcen, sondern gleichermaßen auf die Verwirklichung sozialer und ökonomischer Ziele. Es wird davon ausgegangen, dass ein ökologisches Gleichgewicht nur erreicht werden kann, wenn parallel ökonomische Sicherheit und soziale Gerechtigkeit gleichrangig angestrebt werden (Drei-Säulen-Konzept, Zieldreieck der Nachhaltigkeit) (Abb. 2.30).

Die Enquete-Kommission des Deutschen Bundestages setzt dabei folgende Schwerpunkte (Enquete-Kommission, 1994, 1998; Friege, 1999).

2.4.1.1 Ökologische Dimension

- Aufrechterhaltung der ökologischen Leistungsfähigkeit, d. h. die Abbaurate erneuerbarer Ressourcen (z. B. Holz) soll deren Regenerationsrate nicht überschreiten.
- Verbot der Überlastung der belebten und unbelebten Umwelt, d. h. Stoffeinträge in die Umwelt müssen sich an der Belastbarkeit der als Senke dienenden Umweltmedien, also Böden, Sedimente, Ozeane oder Atmosphäre in allen ihren Funktionen orientieren.
- Druck auf ökologisch orientierte Innovationen, d. h. nicht erneuerbare Ressourcen (z. B. fossile Energieträger oder Erze) sollen nur in dem Umfang genutzt werden, in dem ein physisch und funktionell gleichwertiger Ersatz geschaffen werden kann.
- Beachtung der Ökologie der Zeit, d. h. das Zeitmaß anthropogener Einträge bzw. von Eingriffen in die Umwelt muss in einem ausgewogenen Verhältnis zu der Zeit stehen, die die Umwelt zur Reaktion bzw. Regeneration benötigt.
- Gefahren und unvertretbare Risiken für die menschliche Gesundheit durch anthropogene Einwirkungen sind zu vermeiden.

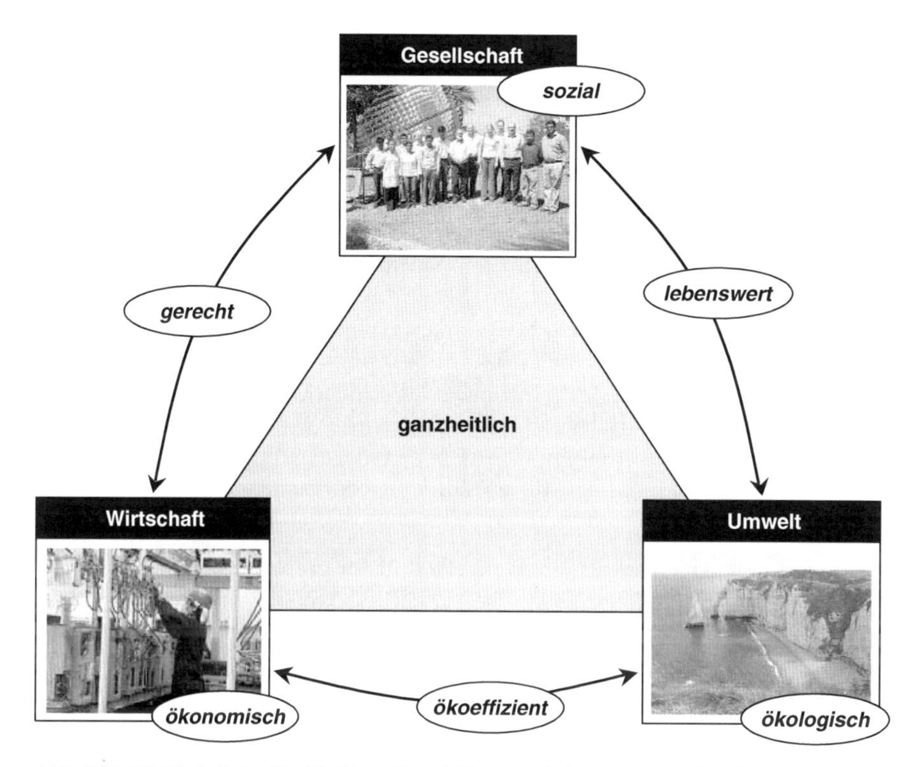

Abb. 2.30 Zieldreieck der Nachhaltigen Entwicklung; in Anlehnung an (Ohlendorf, 2006, S. 1)

2.4.1.2 Ökonomische Dimension

- Das ökonomische System soll individuelle und gesellschaftliche Bedürfnisse effizient befriedigen. Dafür ist die Wirtschaftsordnung so zu gestalten, dass sie die persönliche Initiative fördert (Eigenverantwortung) und das Eigeninteresse in den Dienst des Gemeinwohls stellt (Regelverantwortung), um das Wohlergehen der derzeitigen und künftigen Bevölkerung zu sichern. Es soll so organisiert werden, dass es auch gleichzeitig die übergeordneten Interessen wahrt.
- Preise müssen dauerhaft die wesentliche Leitfunktion auf Märkten wahrnehmen. Sie sollen dazu weitestgehend die Knappheit der Ressourcen, Senken, Produktionsfaktoren, Güter und Dienstleistungen wiedergeben.
- Die Rahmenbedingungen des Wettbewerbs sind so zu gestalten, dass funktionsfähige Märkte entstehen und aufrechterhalten bleiben, Innovationen angeregt werden, dass langfristige Orientierung sich lohnt und der gesellschaftliche Wandel, der zur Anpassung an zukünftige Erfordernisse nötig ist, gefördert wird.
- Die ökonomische Leistungsfähigkeit einer Gesellschaft und ihr Produktiv-, Sozial- und Humankapital müssen im Zeitablauf erhalten werden. Sie sollten nicht bloß quantitativ vermehrt, sondern vor allem auch qualitativ ständig verbessert werden.

2.4.1.3 Soziale Dimension

- Der soziale Rechtsstaat soll die Menschenwürde und die freie Entfaltung der Persönlichkeit sowie Entfaltungschancen für heutige und zukünftige Generationen gewährleisten, um auf diese Weise den sozialen Frieden zu bewahren.
- Jedes Mitglied der Gesellschaft erhält Leistungen von der solidarischen Gesellschaft entsprechend geleisteter Beiträge für die sozialen Sicherungssysteme, bzw. entsprechend seiner Bedürftigkeit, wenn keine Ansprüche an die sozialen Sicherungssysteme bestehen.
- Jedes Mitglied der Gesellschaft muss entsprechend seiner Leistungsfähigkeit einen solidarischen Beitrag für die Gesellschaft leisten.
- Die sozialen Sicherungssysteme können nur in dem Umfang wachsen, wie sie auf ein gestiegenes wirtschaftliches Leistungspotenzial zurückgehen.
- Das in der Gesellschaft insgesamt und in den einzelnen Gliederungen vorhandene Leistungspotenzial soll für zukünftige Generationen zumindest erhalten werden.

Der Begriff Nachhaltigkeit ist ein Sammelbegriff für größtenteils schon bekannte Themenkomplexe wie Naturschutz, Integrierte Produktpolitik und Technikfolgenabschätzungen. Aber er berücksichtigt die zeitliche Komponente der Entwicklung stärker als bisherige Betrachtungsweisen. Gerade die Unschärfe des Begriffes Nachhaltigkeit ermöglicht seine breite Verwendung. Daraus ergibt sich zum einen die Notwendigkeit, Inhalte von „Nachhaltigkeitsprojekten“ näher zu hinterfragen. Andererseits ist Nachhaltigkeit als Schlagwort und Oberbegriff für viele Ideen, Konzepte und Prozesse verwendbar (Detzer et al., 1999, S. 60).

In den letzten Jahren hat sich der Begriff „Nachhaltige Entwicklung“ auch zum umweltpolitischen Schlagwort entwickelt. Nicht zuletzt aufgrund der komplexen Herausforderungen geht häufig die ursprüngliche begriffliche Klarheit verloren. Dazu sagt Klaus Töpfer (Direktor des UN-Umweltprogramms, früher deutscher Umweltminister): „Wenn einem nichts anderes mehr einfällt, spricht man von einer ‚nachhaltigen Entwicklung‘ …“ Immer häufiger wird „Nachhaltigkeit“ sogar missbräuchlich und gegensätzlich zu seinem ursprünglichen Kerninhalt verwendet, z. B. „um beliebige ökonomische Belange gegen die Erfordernisse des Umweltschutzes in Stellung zu bringen“ (Rat der „Ökoweisen“) und damit eine Dimension einseitig zu betonen.

2.4.2 Prinzipien und Strategien einer nachhaltigen Entwicklung

Das Leitbild einer nachhaltigen Entwicklung ist ein auf die Zukunft ausgerichtetes Konzept, welches Handeln in der Gegenwart erfordert. Ein grundsätzliches Problem bei dessen Umsetzung ist die Schwierigkeit der Operationalisierung. Zunächst müssen Ansätze und Messgrößen für nachhaltiges Wirtschaften entwickelt und deren langfristige Auswirkungen erprobt werden. Eine Operationalisierung im Rahmen eines standardisierten Vorgehens ist, nicht zuletzt aufgrund der unscharfen Fassung des Nachhaltigkeitsbegriffes, unmöglich. Stattdessen werden etablierte Werkzeuge zur Erfassung, Bewertung und Optimierung von Umweltauswirkungen, Wirtschaftlichkeit und sozialen Kriterien kombiniert und weiterentwickelt (Abb. 2.31). Mit ihnen können individuelle Lösungen erarbeitet werden. Darüber hinaus sind sowohl private wie auch staatliche und gesellschaftliche Initiativen aufgefordert, gemeinsam an deren Umsetzung mitzuarbeiten (Kramer et al., 2003, S. 81).

Um eine Umsetzung der nachhaltigen Entwicklung in Unternehmen zu unterstützen, lassen sich Kernelemente des Leitbildes in Form von Prinzipien formulieren, welche unter anderem aus dem Umweltmanagement abgleitet sind (Wagner, 1997; Fichter und Clausen, 1998, S. 17):

- *Leistungsprinzip:* Produkte und Dienstleistungen sind der gesellschaftliche Beitrag eines Unternehmens. Ist die gesamte Wertschöpfungskette eines Unternehmens optimal wirtschaftlich, sicherheits- und umweltverträglich ausgerichtet, so stellt das einen wesentlichen Beitrag zur nachhaltigen Unternehmensführung dar.
- *Verantwortungsprinzip:* In seiner Funktion als normative gesellschaftliche Instanz setzt sich das nachhaltige Unternehmen kritisch mit Leitbildern von Kunden

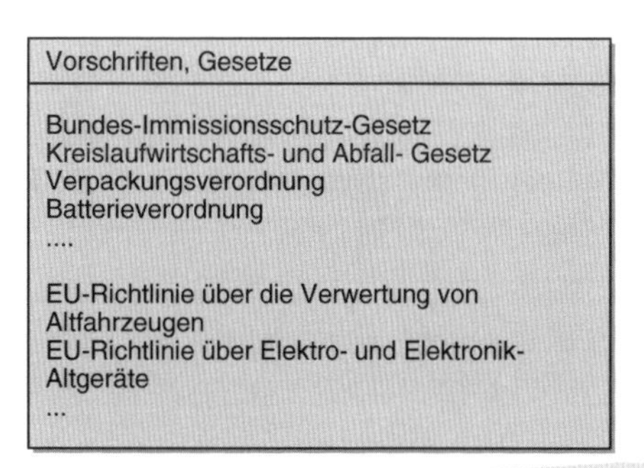

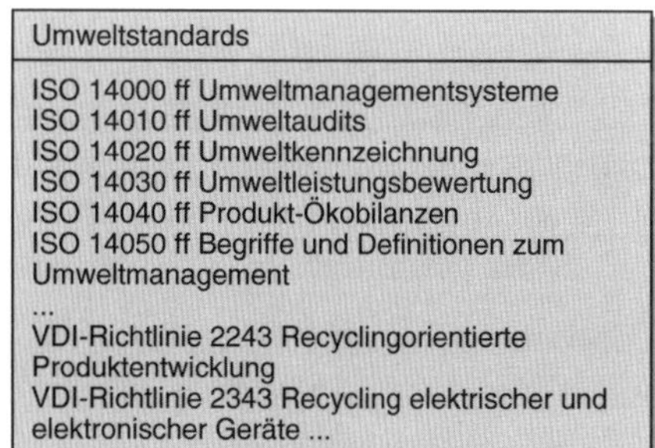

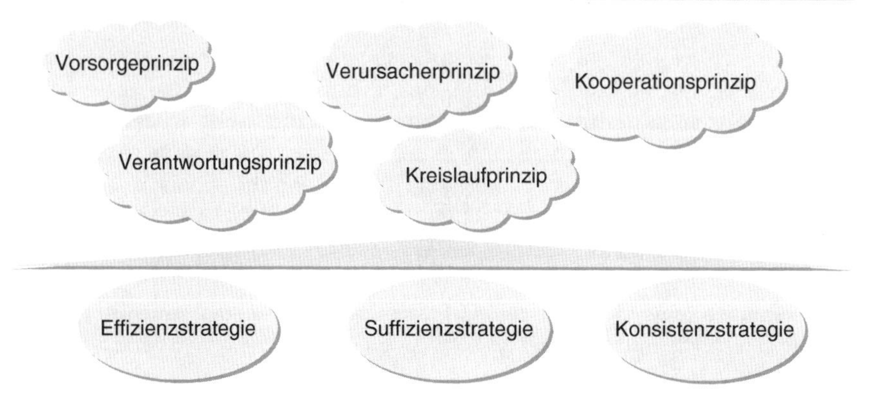

Abb. 2.31 Prinzipien einer nachhaltigen Entwicklung und Umsetzung in Vorschriften, Gesetze und Standards

und Lebensstilen der Verbraucher auseinander und trägt so zur Beschränkung und Genügsamkeit bei (vgl. Suffizienzstrategie).

- *Vorsichtsprinzip:* Die Umweltauswirkungen zahlreicher Stoffe und Technologien sind nicht bekannt und führen zu unabsehbaren Handlungsfolgen. Gesetzliche Bestimmungen zur Risikovermeidung werden von nachhaltigen Unternehmen in allen Bereichen (Forschung, Entwicklung, Konstruktion und Anwendung von Stoffen und Technologien) eingehalten und weiterentwickelt.
- *Vermeidungsprinzip:* Stoffeinträge nachhaltig wirtschaftender Unternehmen in die Umwelt orientieren sich an deren Belastbarkeit, die Nutzung nicht-erneuerbarer Ressourcen wird vermieden bzw. so weit wie möglich eingeschränkt.
- *Konformitätsprinzip:* Die Einhaltung gesetzlicher Vorschriften sowie die Orientierung an (internationalen) umweltpolitischen Prioritäten und Zielvorgaben, z. B. Umweltqualitätsziele, sind in einem nachhaltigen Unternehmen Voraussetzung.
- *Dialogprinzip:* In einem nachhaltigen Unternehmen erfolgt eine kritische Auseinandersetzung mit den unterschiedlichen gesellschaftlichen Interessen, um sich mit den verschiedenen Anspruchsgruppen argumentativ und überzeugend zu verständigen.
- *Optimierungsprinzip:* Nachhaltigkeit ist ein kontinuierlicher Verbesserungsprozess. Das betrifft nicht nur Produkte und Dienstleistungen sowie Technik und Produktionsverfahren selbst, sondern auch politisch-rechtliche und gesellschaftliche Aspekte. Ein nachhaltiges Unternehmen muss offen sein für sich ändernde ökonomische, ökologische und soziale Anforderungen.
- *Kreislaufprinzip:* Modell der „Circular Economy", das die vielfältigen Interdependenzen zwischen ökologischen und ökonomischen Systemen aufzeigt und daraus Bedingungen ableitet, die eine dauerhafte Erhaltung der natürlichen Umwelt gewährleisten.

Neben den genannten Prinzipien sind es vor allem drei Strategien, die eine nachhaltige Entwicklung erreichen sollen (Kurz, 1998; Fischer, 2008):

- *Effizienzstrategie:* Mit der Effizienzstrategie wird das in Technik und Wirtschaft gängige Prinzip des Kosten-Nutzen-Verhältnisses auf ökologische Zusammenhänge angewandt. Mit einem möglichst geringen Einsatz an Ressourcen und Ausstoß an Schadstoffen soll möglichst effizient produziert und entwickelt werden. Ein möglicher Ansatz zur Realisierung einer Effizienzstrategie ist, Langlebigkeit von Produkten zu fördern. Langlebigkeit wird beispielsweise unterstützt durch leicht reparier- und demontierbare Komponenten oder durch Produkte in Modulbauweise, welche leicht austauschbar sind. Damit kann der technische Fortschritt laufend und unverzüglich durch Komponentenaustausch in bestehende Systeme integriert werden (Stahel, 1997, S. 123).
- *Suffizienzstrategie:* Die Suffizienzstrategie setzt auf die Übernahme individueller Verantwortung. Gemeint ist damit, dass jeder Konsument seinen Lebensstil kritisch hinterfragt und ggf. durch Verzicht und Genügsamkeit so verändert, dass er umweltverträglicher wird. Effizienz- und Suffizienzstrategie streben letztlich das Ziel an, die Stoffströme einer Wirtschaft zu reduzieren, und werden deswegen oft miteinander verknüpft.

- *Konsistenzstrategie:* Die Konsistenzstrategie zielt auf eine Vereinbarkeit von Ökologie und Ökonomie ab und damit auf eine Übereinstimmung der anthropogenen Stoff- und Energieströme mit den Stoffwechselprodukten der umgebenden Natur.

Die drei Strategien werden im Rahmen der Nachhaltigkeits-Debatte intensiv diskutiert, weil sie als Bindeglieder zwischen den aus dem Leitbild abgeleiteten Managementregeln und den Ansätzen zu verstehen sind, die den Umweltverbrauch zu erfassen versuchen.

2.5 Ziele und Instrumente der Umweltpolitik

Zur Durchsetzung des Leitbildes einer Nachhaltigen Entwicklung auf nationaler und internationaler Ebene ist staatliches Handeln notwendig. Wird unter Umweltschutz die Gesamtheit aller organisierten Handlungen zur Ermittlung und Lösung von Umweltproblemen verstanden, so bezeichnet Umweltpolitik denjenigen Teil dieser Handlungen, an dem staatliche Akteure beteiligt sind. In den folgenden beiden Abschnitten werden zunächst Beispiele für umweltpolitische Ziele auf nationaler, europäischer und globaler Ebene gegeben und anschließend entsprechende Umweltpolitikinstrumente behandelt.

2.5.1 Ziele der Umweltentwicklung

Auf internationaler Ebene wird die Umweltpolitik v. a. durch über 100 multilaterale Umweltabkommen bestimmt. Zu den zentralen globalen Vereinbarungen zählt das 1997 verabschiedete und 2005 in Kraft getretene *Kyoto-Protokoll zur Klimarahmenkonvention* (vgl. Tab. 2.3). In diesem Vertragswerk setzen sich die mehr als 140 ratifizierenden Staaten erstmals völkerrechtlich verbindliche und nachprüfbare Klimaschutzziele. Am Beispiel des Kyoto-Protokolls werden jedoch auch die Hindernisse für schnellere und größere Fortschritte deutlich. Häufig vergeht viel Zeit, bis sich alle Akteure auf eine Konsensentscheidung einigen können, die zudem oftmals nur einen „kleinsten gemeinsamen Nenner“ darstellt. Die anschließenden nationalen Ratifikationsverfahren benötigten im Fall des Kyoto-Protokolls nochmals über sieben Jahre (Oberthür, 2005).

Auf der 55. Generalversammlung der Vereinten Nationen, dem so genannten Millenniumsgipfel, der im September 2000 in New York stattfand, einigten sich die Mitgliedstaaten auf acht übergreifende Ziele für Entwicklung und Armutsbekämpfung. So soll u. a. bis 2015 die Zahl der Menschen, die weniger als 1 US $ am Tag verdienen im Vergleich zu 1990 halbiert werden. Neben dem vordringlichen Ziel der Beseitigung extremer Armut und Hunger zählt auch die Gewährleistung einer nachhaltigen Entwicklung zu den *Millenium-Entwicklungszielen.* Die Grundsätze der nachhaltigen Entwicklung sollen in der nationalen Politik übernommen,

Tab. 2.3 Wichtige globale Umweltverträge (Oberthür, 2005)

Wichtige globale Umweltverträge	
1973	Übereinkommen über den Handel mit wildlebenden Tier- und Pflanzenarten (Washingtoner Artenschutzübereinkommen. CITES)
1985/1987	Wiener Übereinkommen und Montrealer Protokoll zum Schutz der Ozonschicht
1989	Baseler Übereinkommen gegen die grenzüberschreitende Verbringung und Entsorgung von gefährlichen Abfällen (Bekämpfung von Abfallexporten)
1992	Rahmenübereinkommen der Vereinten Nationen über Klimaänderungen (Klimarahmenkonvention), Übereinkommen über die biologische Vielfalt (Biodiversitätskonvention)
1994	Kyoto-Protokoll zur Klimarahmenkonvention von 1992 (Minderung des Ausstoßes von Treibhausgasen in Industrieländern)
1997	Rotterdamer Übereinkommen über das Verfahren der vorherigen Zustimmung nach Inkenntnissetzung für bestimmte gefährliche Chemikalien sowie Pflanzenschutz- und Schädlingsbekämpfungsmittel im internationalen Handel
1999	Cartagena-Protokoll über die biologische Sicherheit zur Biodiversitätskonvention von 1992 (Regelung des internationalen Handels mit genetisch veränderten Organismen)
2001	Stockholmer Übereinkommen über persistente organische Schadstoffe (Verbot schädlicher langlebiger Chemikalien)

der Verlust von Umweltressourcen verhindert und die Zahl der Menschen ohne gesicherten Zugang zu gesundem Trinkwasser um die Hälfte gesenkt werden (UN, 2000).

Als Beispiel für Ziele der europäischen Umweltpolitik soll die gemeinsame Energieaußenpolitik der EU herangezogen werden. Im März 2006 legte die Europäische Kommission das „Grünbuch Energie“ vor. Auf dessen Grundlage wurde ein strategischer Energiebericht mit Umsetzungsvorschlägen für den Europäischen Rat erstellt, der diese im März 2007 auch weitgehend annahm. Für die beschlossenen Ziele wurde die Formel „20-20-20“ geprägt. Sie steht für die Verpflichtung der EU-Staaten, bis zum Jahr 2020 sowohl den Energiebedarf als auch die Emission von Treibhausgasen um 20% zu senken und zugleich den Anteil der erneuerbaren Energien am Primärenergieverbrauch auf 20% zu erhöhen. Anhand Abb. 2.32 wird deutlich, dass eine gesteigerte Energieeffizienz die Energieintensität in der EU in den letzten 35 Jahren bereits sichtbar verringert hat und inzwischen der durch Einsparungen vermiedene Energieverbrauch („Negajoules“) in der gleichen Größenordnung liegt wie der gesamte Primärenergieverbrauch aus Öl (Europäische Kommission, 2006).

Um umweltpolitische Ziele in Deutschland überprüfbar zu machen, wurde vom Umweltbundesamt der Deutsche Umweltindex (DUX) entwickelt (BMU, 1998). Der DUX stellt eine Kenngröße dar, die die Entwicklungstrends des Umwelt-

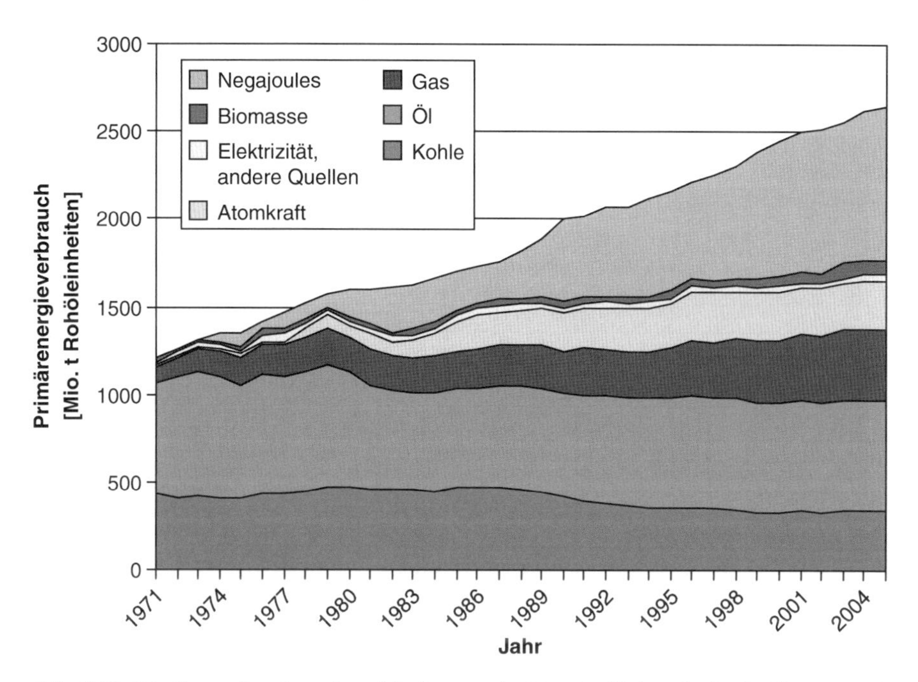

Abb. 2.32 Primärenergieverbrauch und Steigerung der Energieeffizienz in der EU bezogen auf Basisjahr 1971 (Europäische Kommission, 2006, S. 6)

schutzes in Deutschland widerspiegelt (vergleichbar zum Bruttosozialprodukt als Kenngröße für die wirtschaftliche und soziale Entwicklung). Die Grundlage für die Berechnung des DUX sind die Daten der Einzelindikatoren des Umwelt-Barometers Deutschland für Klima, Luft, Boden, Wasser, Energie und Rohstoffe. Um diese sehr unterschiedlichen Werte vergleichbar zu machen, werden nicht die absoluten Indikatorenwerte betrachtet, sondern die relativen Zielerreichungen jedes Einzelindikators berechnet. Das bedeutet, es wird berechnet, an welchem Punkt der Entwicklung ein Indikator vom Ist-Zustand im Basisjahr (Werte des Basisjahres) zum Soll-Zustand (Zielwerte im Zieljahr) steht. Eine volle Zielerreichung wird mit maximal 1.000 Punkten bewertet, die Basisjahrwerte mit 0 Punkten; verschlechtert sich die Entwicklung im Vergleich zum Basisjahr, entstehen Minuswerte. Die Einzelwerte der Zielerreichung für die sechs Indikatoren werden abschließend zum DUX addiert, also gleich gewichtet. Sind in allen Bereichen die festgesetzten umweltpolitischen Ziele erreicht, hätte der DUX einen Stand von 6.000 Punkten. Für den Bereich Rohstoffe wird im Umwelt-Barometer die „Rohstoffproduktivität" als Schlüsselindikator herangezogen. Die Rohstoffproduktivität gibt an, wie effizient eine Volkswirtschaft mit nicht-erneuerbaren Rohstoffen umgeht. Sie berechnet sich aus dem Verhältnis des Bruttoinlandsproduktes zum Verbrauch an nicht-erneuerbaren Rohstoffen.

Hinter dem Indikator stand zunächst das umweltpolitische Ziel, die Rohstoffproduktivität auf das 2,5-fache bis 2020 bezogen auf das Basisjahr 1993 zu erhöhen und so wirtschaftliches Wachstum mit einer möglichst geringen Umweltinanspruchnahme zu verbinden. Das Umweltbundesamt gibt für 2006 bezogen auf das Basisjahr 1994 eine Produktivitätssteigerung von 29% an. Als neues Ziel wird mittlerweile (nur noch) eine Verdoppelung der Rohstoffproduktivität bis zum Jahr 2020 angestrebt. Dabei ist festzuhalten, dass die bisherige Produktivitätssteigerung zu gering ist, um dieses Ziel rechtzeitig zu erreichen (Abb. 2.33) (UBA, 2007).

2.5.2 Instrumente der Umweltpolitik

Um umweltpolitische Ziele zu erreichen, steht dem Staat eine Bandbreite verschiedener Maßnahmen und Instrumente zur Verfügung, die sich unter anderem nach dem Grad des politischen Zwanges bzw. der Freiwilligkeit wertneutral unterscheiden lassen. *Direkt steuernde Instrumente* in Form von Ge- und Verboten waren bis Ende der 80er Jahre vorherrschend („command and control"). Dabei handelt es sich zum Beispiel um Emissionsgrenzwerte oder Genehmigungsbedingungen für industrielle Anlagen (Jänicke, 2007). Diese Art der ordnungsrechtlichen Staatsinterventionen zeichnet sich durch eine hohe Verbindlichkeit und Durchsetzbarkeit aus, aber auch durch einen hohen Überwachungsaufwand und zum Teil durch mangelhafte Effizienz. Die kurativen, auf Symptome und einzelne Umweltmedien bezogenen Maßnahmen führten vor allem zum Einsatz von end of pipe-Technologien wie Filter- und Kläranlagen (Jacob, 2003). Der Zwang rief teilweise Abwehrreaktionen hervor und erwies sich sogar als innovationshemmend (Jänicke, 2007). Mit dem

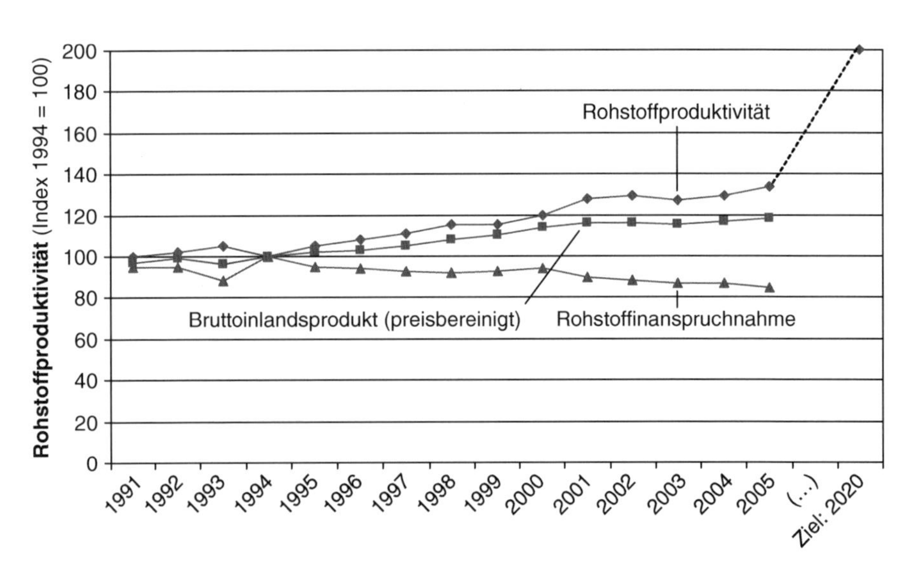

Abb. 2.33 Entwicklung der Rohstoffproduktivität in Deutschland (UBA, 2007)

Begriff „Schweigekartell der Ingenieure“ wurde damals der Umstand bezeichnet, dass Innovationen allein deshalb zurückgehalten wurden, weil sonst eine Verschärfung der Auflagen befürchtet wurde (Jacob, 2003).

Bei nachsorgenden Umweltschutzmaßnahmen wird die Schadstoffproblematik oftmals nicht wirklich gelöst, sondern nur verschoben. Stoffe mit Umweltgefährdungspotenzial fallen lediglich in konzentrierter Form (z.B. in Filterstäuben oder Klärschlämmen) an, müssen dann aber noch deponiert oder weiter behandelt werden (Jacob, 2003). Um bereits die Entstehung der problematischen Stoffe zu verhindern ist ein direkter Eingriff in den Produktionsprozess, etwa der Einsatz integrierter Technologien, notwendig. Bei einer präventiven Herangehensweise muss daher ein innovationsförderndes Klima geschaffen werden, um den Suchprozess nach umweltverträglicheren Technologien zu unterstützen und zu beschleunigen. Die innovationsorientierten Instrumente der Umweltpolitik zeichnen sich entweder durch einen kooperativen Charakter aus (*indirekt wirkende Instrumente*) oder dadurch, dass sie durch eine Internalisierung von Umweltkosten Anreize für ein umweltverträglicheres Verhalten schaffen (*neue ökonomische Instrumente*). Sie werden auch unter dem Begriff der „ökologischen Modernisierung“ zusammengefasst (Jacob, 2003). Zur ersten Gruppe zählen zum Beispiel die Einführung von Umweltzeichen und Umweltmanagementsystemen, durch die das Umweltengagement von Unternehmen sichtbar gemacht werden und so zu Marktvorteilen führen soll. Des Weiteren gehören freiwillige Selbstverpflichtungen der Industrie dazu, mit deren Hilfe das Verhalten ganzer Branchen beeinflusst werden kann. Verbindlichkeit und Wirksamkeit der freiwilligen Selbstverpflichtungen in der Praxis sind jedoch umstritten (Jänicke, 2007). Die neuen ökonomischen Instrumente nutzen die Marktkräfte, um v.a. industriell bedingte Umweltbelastungen zu minimieren und die Entwicklung und Vermarktung umweltverträglicher Produkte zu fördern. Als Beispiele können das Erneuerbare-Energien-Gesetz (EEG) und die ökologische Steuerreform herangezogen werden. Das 2005 eingeführte Emissionshandelssystem stellt ebenfalls ein ökonomisches Instrument dar. Es ist eine Kombination aus politisch gesetzter Grenze für die Menge der Emissionszertifikate und am Markt ausgehandelter Preise für die Verschmutzungsrechte („cap and trade“). Es steht damit exemplarisch für die moderne Umweltpolitik, die sich eines flexiblen Instrumentenmixes bedient statt eines einzelnen „idealen“ Umweltpolitikinstrumentes. „Das ‚harte‘ Instrumentarium (wie Gesetze, Verordnungen) behält dabei seine Bedeutung – nicht zuletzt als Garant dafür, dass ‚weichere‘ Instrumente tatsächlich Wirkungen erzielen“ (Jänicke, 2005).

Ein solcher Einsatz unterschiedlicher politischer Instrumente gehört zu den Kernelementen der *Integrierten Produktpolitik* der EU (IPP). Der IPP-Ansatz zielt auf eine Überwindung des reinen Medienbezugs hin zu einer produktbezogenen, lebenszyklusübergreifenden Umweltpolitik. Er soll die existierenden Instrumente ergänzen, koordinieren und gegenseitig abstimmen (Europäische Kommission, 2003) und besonders die Entwicklung eines Marktes für umweltgerechte Produkte (green products) fördern. Die entsprechende Strategie wurde von der Europäischen Kommission im „Grünbuch zur Integrierten Produktpolitik“ (Green Paper on Integrated Product Policy, IPP) präsentiert (Europäische Kommission, 2001). Die fünf

Kernelemente des IPP-Ansatzes können wie folgt zusammengefasst werden (Europäische Kommission, 2003):

- Denken in Lebenszyklen
- Zusammenarbeit mit dem Markt
- Einbeziehung aller Beteiligten
- Laufende Verbesserung
- Unterschiedliche politische Instrumente

Gegenstand der Betrachtung sind folglich alle Phasen eines Produktlebens hinsichtlich ihrer ökologischen und ökonomischen Relevanz sowie möglicher Verbesserungspotenziale in der Summenbetrachtung. Die Umweltauswirkungen werden dabei übergreifend über alle Umweltmedien (Luft, Wasser, Boden) betrachtet und zwar unabhängig vom örtlichen und zeitlichen Anfall. Akteure in IPP-Prozessen sind alle diejenigen, die hinsichtlich des Produktlebensweges Gestaltungsmöglichkeiten bzw. unmittelbaren oder mittelbaren Einfluss auf das betrachtete gesamte Produktsystem haben. Ihre Kommunikation und Kooperation spielen bei der Umsetzung des IPP-Ansatzes, d. h. bei der kontinuierlichen Verbesserung von Produkten und Dienstleistungen hinsichtlich wichtiger Umweltaspekte, eine zentrale Rolle. Der Staat bzw. die Umweltverwaltung nimmt im IPP-Konzept, einem Beispiel für den „neuen Ansatz" (new-approach) für staatliches Handeln („from government to governance"), lediglich eine den Prozess anstoßende und begleitende, zumindest aber moderierende Rolle ein. Werden erwünschte und vereinbarte umweltpolitische Zielsetzungen jedoch nicht erreicht, so verfügt der Staat auch nach dem Modell des „new approach" grundsätzlich weiterhin über die Möglichkeit, dieses Themenfeld ganz oder Teile davon per Ordnungsrecht zu regeln (Europäische Kommission, 2001).

2.6 Industrielle Ökologie, Nachhaltiges Wirtschaften und Konsequenzen für Unternehmen

2.6.1 Industrielle Ökologie (Industrial Ecology)

Aufbauend auf den Diskussionen zu einer Nachhaltigen Entwicklung und zur Bedeutung globaler Umweltaspekte der industriellen Produktion etablierte sich mit Beginn der 90er Jahre der Begriff einer „industriellen Ökologie (Industrial Ecology)". Das mit dem Begriff verbundene Verständnis über die menschliche Nutzung bzw. Beeinflussung von Ökosystemen zielt auf die Einbindung der industriellen Produktion in die natürlichen Stoffkreisläufe, aus deren Analyse es theoretische Modelle und Kriterien für nachhaltig funktionierende industrielle Systeme entwickelt (Richter und Smoktun, 2003). In ihrem gleichnamigen Lehrbuch definieren Graedel und Allenby (1995, S. 11) Industrial Ecology als

> the means by which humanity can deliberately and rationally approach and maintain a desirable carrying capacity, given continued economic, cultural, and technological evolution. The concept requires that an industrial system be viewed not in isolation from its

> surrounding systems, but in concert with them. It is a systems view in which one seeks to optimize the total materials cycle from virgin material, to finished material, to product, to waste product, and to ultimate disposal. Factors to be optimized include resources, energy and capital.

Der Betrachtungsraum geht von regional bis global. Die ebenfalls gleichnamige internationale Zeitschrift (International Journal) definiert Industrial Ecology als (Lifset, 2006)

> [...] the field as one which systematically examines local regional, and global uses and flows of materials and energy in products processes, industrial sectors, and economies. It focuses on the potential role of industry in reducing environmental burdens throughout the product lifecycle.

Aus den Definitionem werden zwei wesentliche Sichtweisen deutlich – die Sicht auf technische und ökonomische Systeme als Bestandteil der Umwelt und die Sicht auf den gesamten Produktlebensweg (vom Rohstoff bis zur Entsorgung). Das Ziel ist der Erhalt der Lebensfähigkeit bzw. Tragfähigkeit (carrying capacity). Aufgrund ihrer nahezu geschlossenen Stoffkreisläufe werden natürliche Ökosysteme dabei als Vorbild für ressourcenschonende Produktionssysteme gesehen. Aus der Analyse ihrer Funktionsweisen, Regulationsmechanismen und Wechselwirkungen sollen analoge Strategien für die Optimierung industrieller Produktionssysteme und insbesondere zur Reduzierung der aus industriellen Produktionssystemen resultierenden Umweltbelastungen entwickelt werden.

2.6.2 Nachhaltiges Wirtschaften

Das Konzept der Nachhaltigen Entwicklung wird in der Wirtschaft immer stärker zu einem wichtigen Wettbewerbsfaktor – überall stehen wirtschaftlicher Erfolg und soziale Akzeptanz neuer Produkte und Verfahren unter dem Gebot verbesserter Ressourceneffizienz und der Vermeidung von Umweltbelastungen (Meyer-Krahmer, Vorwort, BMBF, 2005). Ein Beispiel für die Verankerung des Leitbildes einer Nachhaltigen Entwicklung in der industriellen Praxis stellt das Forum Nachhaltige Entwicklung der Deutschen Wirtschaft dar (www.econsense.de). Die Initiative ist ein Zusammenschluss führender national und global agierender Unternehmen und Organisationen der Deutschen Wirtschaft, die das Leitbild der nachhaltigen Entwicklung in ihre Unternehmensstrategie integriert haben. econsense wurde im Juli 2000 auf Initiative des Bundesverbandes der Deutschen Industrie (BDI) gegründet. Die Unternehmen haben folgendes Nachhaltigkeitsverständnis entwickelt:

2.6.2.1 Nachhaltigkeit ist zukünftig ein zentraler strategischer Wettbewerbsfaktor für die Wirtschaft

„Die Ziele der Nachhaltigkeit sind ein wichtiger Teil unternehmerischen Denkens. Sie unterstützen die Suche nach konkreten Lösungen für zukunftsfähiges, unternehmerisches Handeln. Eine Umsetzung nachhaltiger Entwicklung im unternehmerischen Handeln, die in angemessener Weise zwischen den Zielen der Nachhaltigkeit abwägt, kann Wettbewerbsvorteile gegenüber Konkurrenten auf nationalen und internationalen Märkten realisieren. Nachhaltige Entwicklung ist damit eine Strategie, um Wettbewerbsfähigkeit zu steigern. Dabei gilt: Unternehmen, die am Markt im Sinne der Nachhaltigkeit erfolgreich agieren, sind eine Voraussetzung für eine lebenswerte Zukunft.

Eine der zentralen Innovationschancen liegt darin, vernetzt zu denken und zu handeln. Unternehmerisches Denken, welches sektorale Grenzen überwindet, ist eine Voraussetzung für nachhaltige Lösungen: Unterschiedliche Branchen und Tätigkeitsfelder, verschiedene Ressorts in Management und Administration sowie unterschiedliche Fachdisziplinen und Handlungsebenen zusammenzuführen, bietet eine Fülle an Chancen für erfolgreiches Unternehmertum. Nachhaltigkeit bedeutet daher den Versuch, Lösungen zu finden, die die vielfältigen Ansprüche der Nachhaltigkeit in die Unternehmensstrategien aufnehmen. Innerhalb der Unternehmen kann eine ‚Kultur der Nachhaltigkeit' dabei helfen, sowohl in alltäglichen Arbeiten als auch in der Gestaltung von ganzen Produktionsprozessen und Produkten Nachhaltigkeit konkret zu realisieren. Es genügt aber nicht, den Gedanken des nachhaltigen Wirtschaftens allein in der Wirtschaft zu verankern. Entscheidend ist es zudem, die Konsumenten dafür zu gewinnen, ökologisch und sozial verträgliche Produkte zu kaufen. Die Wirtschaft kann dabei unterstützend wirken, indem sie umwelt- und sozialverträgliche Produkte entwickelt und anbietet sowie deren Mehrwert in Kommunikation und Marketing herausstellt." (econsense, 2008)

Um dieses Verständnis von einer nachhaltigen Entwicklung zu fördern, hat sich econsense folgende Ziele gesetzt (econsense, 2008):

- „Unternehmensaktivitäten zu zukunftsrelevanten Themen wie Klimaschutz zu bündeln und initiativ nach vorne zu tragen,
- den politischen und gesellschaftlichen Entscheidungsprozess aktiv mitzugestalten,
- Kompetenzen auszubauen und gemeinsame Standpunkte zu entwickeln,
- die Lösungskompetenz der Wirtschaft überzeugend zu kommunizieren,
- in Veranstaltungen und in kleinen Runden den offenen Dialog mit Politik und den gesellschaftlichen Gruppen zu stärken,
- Möglichkeiten und Grenzen unternehmerischer Verantwortung aufzuzeigen,
- in der Wirtschaft für das Nachhaltigkeitskonzept und CSR zu werben
- und die Politik für Rahmenbedingungen zu sensibilisieren, die Innovation und Wettbewerbsfähigkeit fördern"

2.6.3 Konsequenzen für Unternehmen

Die dargestellten Herausforderungen und Trends prägen das Umfeld für Unternehmen und das Management. Einen besonders starken Einfluss auf Unternehmen haben Veränderungen im Wettbewerb und in der Gesetzgebung. In vielen Branchen wie der Elektro- und Elektronikindustrie, der Automobilindustrie und den zugehörigen Zulieferbereichen treten immer neue Wettbewerber auf, die häufig aus Ländern mit erheblichen Lohnkostenvorteilen (wie z.B. China) heraus agieren. Unternehmen reagieren auf diesen Druck, in dem sie versuchen, immer schneller neue Technologien in ihren Produkten umzusetzen, um durch Differenzierung mit innovativeren Produkten dem direkten Kostenwettbewerb zu entgehen. Für Unternehmen bedeutet dies insgesamt einen hohen Innovations- und Kostendruck und den Zwang, die innovativen Produkte in möglichst kurzer Zeit auf den Markt zu bringen (Abb. 2.34).

Ein weiterer Ansatz zur Differenzierung besteht in der Entwicklung und im Angebot produktbegleitender Dienstleistungsmodelle. Dienstleistungen wie zum Beispiel Betreibermodelle führen dazu, dass Hersteller in zunehmendem Maße für ihre Produkte Verantwortung tragen, obwohl diese bereits beim Kunden sind.

Von Kundenseite und im Besonderen von Seiten des Gesetzgebers werden zusätzliche Anforderungen an Unternehmen gerichtet. Neben der Produkthaftung und damit den Auswirkungen von Produkten auf Kunden und Dritte wird von rechtlicher Seite in zunehmendem Maße auch die Auswirkung der Produkte auf die Umwelt geregelt. Beispiele für diese Entwicklung sind die Richtlinien der Europäischen Union bezüglich der Entsorgung von Elektronikaltgeräten (WEEE) (WEEE, 2003) und des Einsatzverbotes bestimmter umweltgefährdender Substanzen in Produkten (RoHS) (ROHS, 2003).

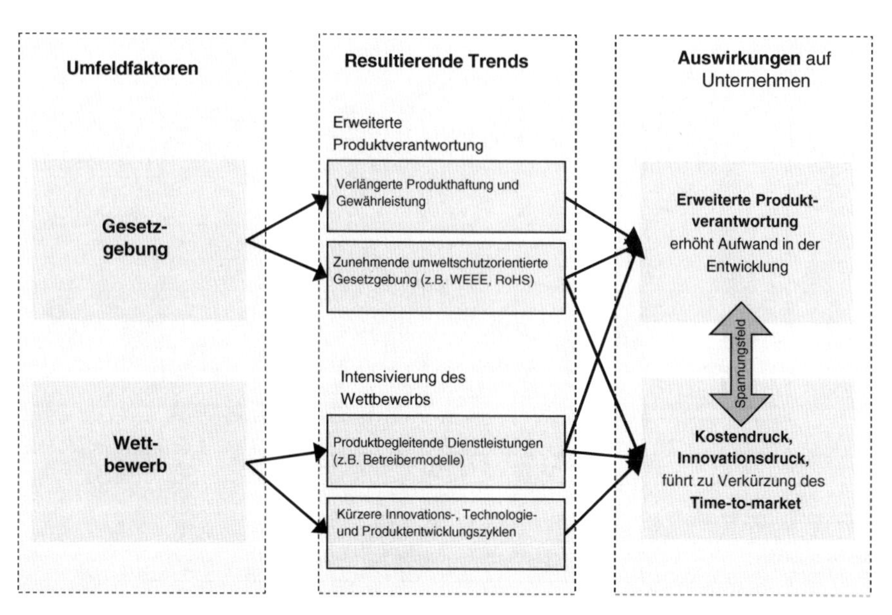

Abb. 2.34 Auswirkungen von Wettbewerb und Gesetzgebung auf Unternehmen (Mansour, 2006, S. 2)

Durch die Veränderungen im Bereich der Gesetzgebung erfolgt eine Ausweitung der Produktverantwortung für die Hersteller. Während verstärkter Verbraucherschutz wie z.B. verlängerte gesetzliche Garantiezeiten die Verantwortung der Unternehmen für die Nutzungsphase ihrer Produkte verstärkt, weist z.B. die WEEE-Richtlinie den Herstellern die Verantwortung für das Produktrecycling zu (vgl. Abb. 2.35). Die Ausweitung der Produktverantwortung ist dabei nicht nur eine Erweiterung der Kostenverantwortung, sondern verpflichtet Unternehmen zur Einhaltung technischer und ökologischer Kennwerte wie z.B. Recyclingquoten.

Große Teile der in Nutzungs- und Entsorgungsphase vom Hersteller zu tragenden Kosten werden bereits in der Produktentwicklung mit der Funktions- und Produktstruktur sowie der Auswahl von Materialien und Bauteilen festgelegt. Gleiches gilt für ökologische und technische Produkteigenschaften. Vor dem Hintergrund des skizzierten Kosten- und Innovationsdrucks der Unternehmen stellt die Wahrnehmung dieser erweiterten Produktverantwortung für Unternehmen eine große Herausforderung dar.

In Abb. 2.36 sind die strategischen Herausforderungen für Unternehmen dargestellt, die sich aus den drei Dimensionen ökologischer Problemstellungen ergeben. Vor dem Hintergrund der skizzierten Umweltprobleme und deren Ursachen werden Unternehmen auf Grund ihrer vielfältigen Austauschbeziehungen mit der natürlichen Umwelt als Hauptverursacher angesehen. Unternehmen sind aus diesem Grund in besonderer Weise von umweltschutzbezogenen Forderungen betroffen. Die Problemdimensionen unterstreichen die Notwendigkeit einer nachhaltigen Entwicklung und die Einbeziehung von Umweltschutzanforderungen in unternehmerische Entscheidungen (Kramer et al., 2003, S. 61).

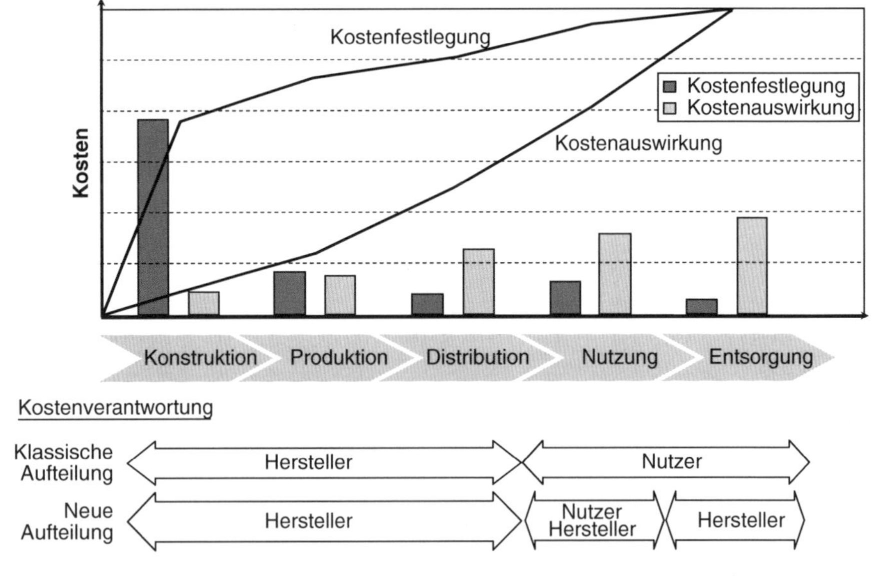

Abb. 2.35 Verschiebung und Erweiterung der Kostenverantwortung von Unternehmen

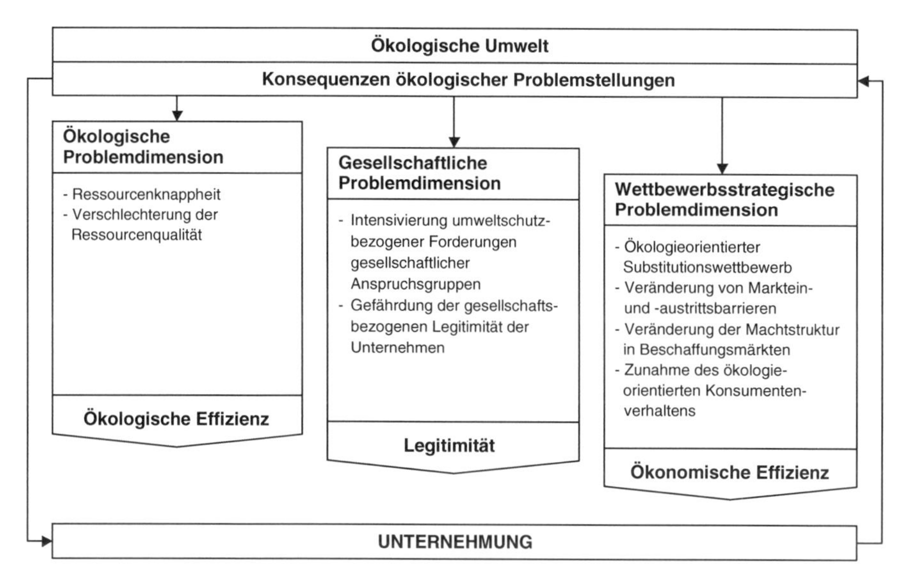

Abb. 2.36 Herausforderungen und Spannungsfelder der Problemdimensionen (Meffert und Kirchgeorg, 1998, S. 12)

Die Umsetzung von Nachhaltigkeitszielen in Unternehmen erfolgt nach Angaben des BMBF (2005, S. 15) jedoch nur langsam. Insbesondere in KMU „kann den im Zuge der Globalisierung wachsenden Qualifikationsanforderungen an Management und Mitarbeiter nur bedingt Rechnung getragen werden. Die für eine nachhaltige Unternehmensentwicklung notwendigen Maßnahmen werden vielfach aufgrund überlebenswichtiger, aber kurzfristiger anderer Prioritäten zurückgestellt.“ Dabei übersehen die Unternehmen, dass Umwelt- und Sozialaspekte aber sehr wohl ökonomisch relevant sind. Schaltegger/Hasenmüller gehen davon aus, dass sie es in Zukunft noch vermehrt sein werden und eine mangelnde Beachtung den wirtschaftlichen Erfolg beeinträchtigen wird (Schaltegger und Hasenmüller, 2005, S. 4). Ein positives Beispiel hierfür sind eingesparte Kosten durch Reduktion des Materialverbrauches in der Produktion. Andererseits können beispielsweise die Verwendung gentechnologisch erzeugter Produkte oder das Bekanntwerden von Kinderarbeit in der Lieferantenkette sich negativ auf die Nachfrage auswirken. Die Realisierung ökonomischer Vorteile ist bei der Umsetzung ökologischer und sozialer Maßnahmen für die meisten Unternehmen prioritär. Eine Beurteilung von Nachhaltigkeitsmaßnahmen innerhalb eines Unternehmens ergibt sich deshalb durch die Bewertung nachfolgender ökonomischer Erfolgstreiber, wobei auch kombinierte Wirkungen und Folgewirkungen möglich sind: Kosten, Umsatz, Preis und Gewinnmarge, Risiko, Reputation, intangible Werte und Markenwert sowie weitere Faktoren wie Innovation und Arbeitszufriedenheit mit Einfluss auf die vorgenannten Aspekte (Schaltegger und Hasenmüller, 2005, S. 5 und 7).

Bei der Umsetzung von Nachhaltigkeit in einem Unternehmen gilt es zunächst die spezifischen Zielvorstellungen und Möglichkeiten klar zu erfassen und sich da-

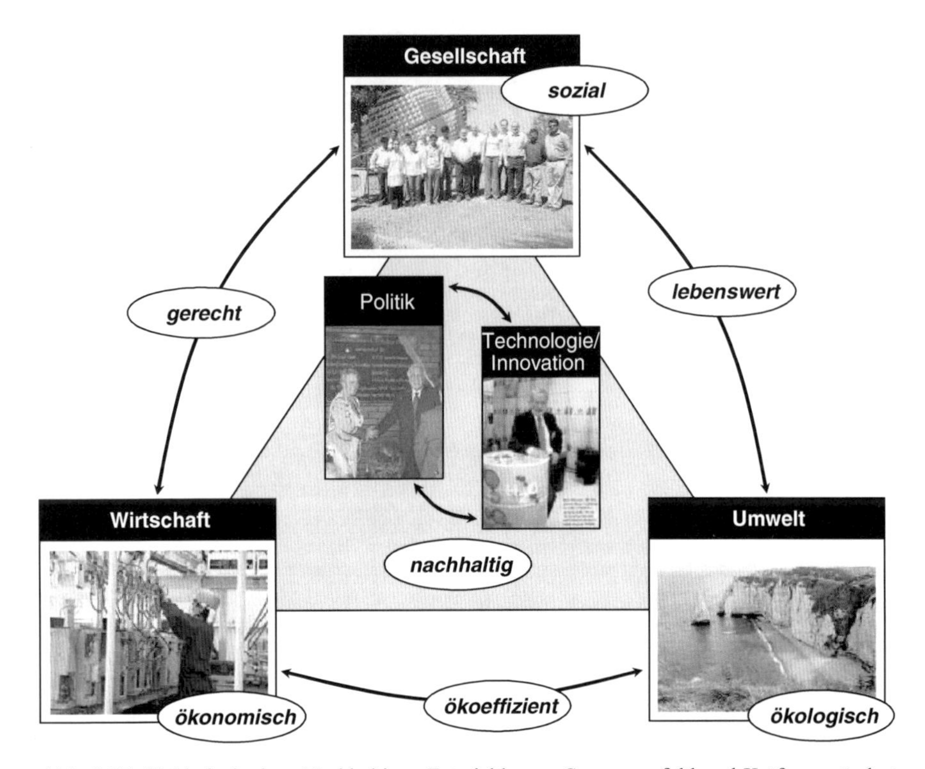

Abb. 2.37 Zieldreieck einer Nachhaltigen Entwicklung – Spannungsfeld und Kräfte; verändert (Ohlendorf, 2006, S. 1)

raufhin mit den passenden Instrumenten zur Erfüllung der Managementaufgaben auseinander zu setzen. Dabei müssen nicht nur die „Drei Säulen der Nachhaltigkeit" gleichzeitig erfüllt werden, sondern vielmehr das Umwelt- und Sozialmanagement in das konventionelle ökonomisch ausgerichtete Management methodisch eingebettet werden (BMU und BDI, 2002, S. IV). So ergibt sich für Unternehmen neben den drei klassischen Nachhaltigkeitsforderungen Ökologie, Ökonomie und Soziales zusätzlich die Aufgabe der Integration in den bestehenden Betriebsablauf (Abb. 2.37). Diese Aufgabe erfordert im hohen Maße den Umgang mit Veränderungsprozessen, Unsicherheit und Komplexität.

Kapitel 3
Lebenszykluskonzepte und Management

Lebensphasen- und Lebenszykluskonzepte bilden eine wesentliche Grundlage für eine Lebenszyklus- und/oder Lebensphasenorientierung im Management. Im Folgenden werden zunächst Lebensphasen- und Lebenszykluskonzepte klassifiziert und anhand von Beispielen dargestellt. Im zweiten Abschnitt werden, ausgehend von einem allgemeinen Managementbegriff, bestehende Lösungsbausteine (Modelle, Bezugsrahmen, Konzepte, Methoden und Werkzeuge) für lebensphasen- bzw. lebenszyklusorientiertes Management (Life Cycle Management) vorgestellt. Am Ende des Kapitels werden die wesentlichen Inhalte zusammengefasst und der Handlungsbedarf abgeleitet.

3.1 Lebensphasen- und Lebenszykluskonzepte

Die Vorstellung von Lebensphasen und Lebenszyklen technischer sowie soziotechnischer Systeme kann in Analogie zu biologischen oder natürlichen Systemen mit begrenzter Lebensdauer gesehen werden (Stramann, 2001). Zum einen „erlebt“ das System über die Zeit Phasen des Werdens, des Bestehens und des Vergehens (Faßbender-Wynands, 2001). Zum anderen verändern sich „lebenswichtige“ Zustandsgrößen des Systems über die Zeit. Lebensphasen- und Lebenszykluskonzepte zielen darauf ab, den Zeitbezug von Vorgängen darzustellen und anhand des Verlaufs relevanter Zustandsgrößen charakteristische Bereiche (Phasen, Hauptphasen, Subphasen) zu identifizieren. Den so identifizierten Phasen können in einem zweiten Schritt unterstützende Hilfsmittel in Form von Methoden, Werkzeugen oder organisatorischen Maßnahmen zugeordnet werden. Grundsätzlich kann zwischen drei Arten von Konzepten unterschieden werden.

- **Lebensphasenkonzepte (flussorientiert).** Diese beschreiben Flüsse von Produkten, Material, Energie und Emissionen und haben einen sequentiellen Charakter. Die einzelnen Sequenzen orientieren sich in der Regel an dem zeitlich-logischen Lebensweg von Produkten (z.B. Rohstoffgewinnung, Produktentwicklung, Herstellung). Diese unterscheidbaren Sequenzen werden zumeist als

C. Herrmann, *Ganzheitliches Life Cycle Management*,
DOI 10.1007/978-3-642-01421-5_3,

Produktlebensphasen bezeichnet. Die Konzepte können zudem in lineare (von der Quelle zur Senke) und kreislauforientierte Konzepte unterschieden werden.

- **Lebenszykluskonzepte (zustandsorientiert).** Diese veranschaulichen die Dynamik von Systemen, indem der Verlauf wichtiger Zustandsgrößen über die Zeit aufgetragen wird. Zustandsgrößen weisen häufig einen zyklischen Verlauf auf, so dass zumeist charakteristische Phasen unterschieden werden können (z.B. Wachstum, Reife, Sättigung). Die Konzepte wurden aufgrund theoretischer Überlegungen (z.B. Diffusionstheorie) und empirischer Untersuchungen entwickelt.
- **Integrierte Lebenszykluskonzepte (phasen- und zyklusorientiert).** Diese stellen auf der einen Seite die unterschiedlichen Lebensphasen dar (z.B. Entwicklungsphase, Marktphase, Entsorgungsphase) und auf der anderen Seite den zeitlichen Verlauf wichtiger Zustandsgrößen (z.B. Umsatz, Kosten, Emissionen) in diesen Phasen.

3.1.1 Lebensphasenkonzepte (flussorientiert)

Die flussorientierten Lebensphasenkonzepte stellen die stofflichen und energetischen Zusammenhänge zwischen existierenden Lebensphasen eines Systems dar. Die Abb. 3.1 zeigt im oberen Teil ein lineares Lebensphasenkonzept mit den Phasen Werkstoff-, Vorprodukt- und Produktherstellung, Nutzung, Recycling und Entsorgung. Der untere Teil zeigt ein zyklisches bzw. kreislauforientiertes Lebensphasenkonzept. Insbesondere sind die verschiedenen Recyclingoptionen dargestellt. Ein Objekt kann nach der Gebrauchsphase einer Verwendung (erneute Nutzung von gebrauchten Produkten oder Produktteilen), einer Verwertung (erneute Nutzung der Werkstoffe des gebrauchten Produktes) oder als Abfall einem „natürlichen Recycling" zugeführt werden (vgl. Mateika, 2005). Dargestellt sind ferner häufig verwendete Bezeichnungen unterschiedlicher Untersuchungsumfänge (vgl. Abschn. 5.1.2).

In Analogie zu ökologischen Systemen mit weitgehend geschlossenen Stoffkreisläufen ist das Stoffkreislaufmodell in Abb. 3.2 zu sehen (Dyckhoff, 2000). Die Schließung der Stoffkreisläufe wird durch drei Gruppen von „Lebewesen" realisiert: die Produzenten (z.B. grüne Pflanzen), die Konsumenten (z.B. Menschen, Tiere) und die Reduzenten (z.B. Mikroorganismen) (vgl. Dyckhoff, 2000). Die Darstellung zeigt die Entnahme von Ressourcen aus der Natur und die gegebenenfalls mehrfache Erzeugung, Nutzung und Verwertung von Produkten und Abfällen mittels Primär- bzw. Sekundärrohstoffen. Nicht weiter verwertbare Reste werden als Abfälle zur Beseitigung wieder an die natürliche Umwelt abgegeben. Produktion, Konsumtion und Reduktion werden als Transformationsprozesse klassifiziert und sind durch Transaktionen zwischen den Wirtschaftsakteuren zu einem oder mehreren Kreislaufzyklen verbunden (Dyckhoff, 2000).

Es existieren eine Reihe weiterer Konzepte, die sich zum einen hinsichtlich der Anzahl sowie Benennung der Phasen unterscheiden und zum anderen unterschied-

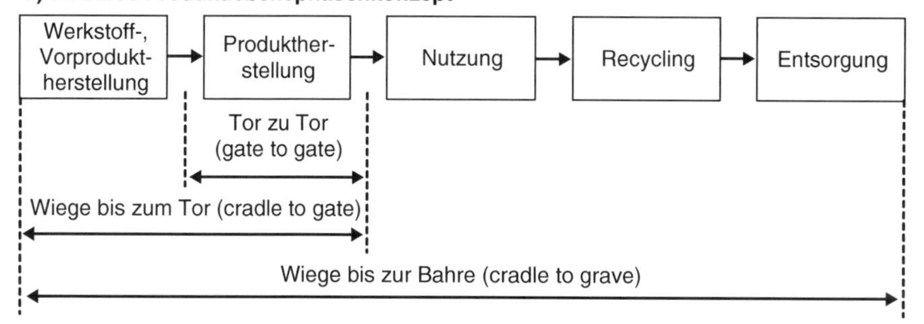

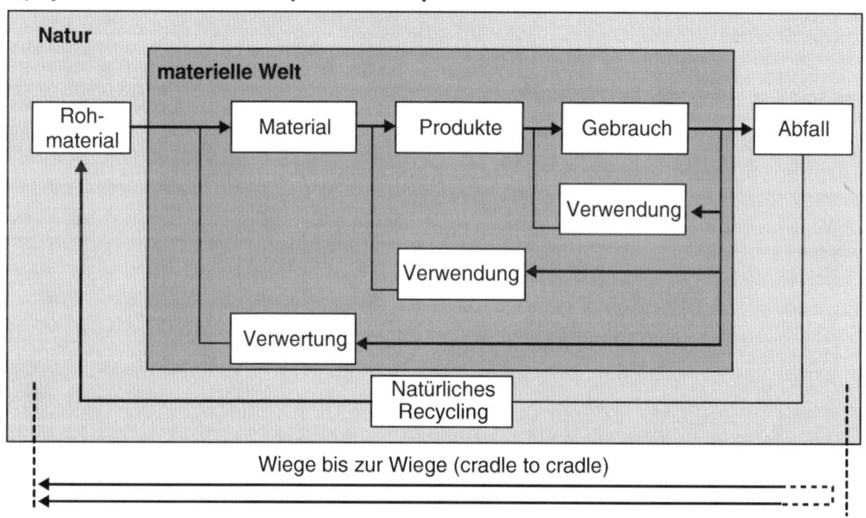

Abb. 3.1 **a** Lineares und **b** zyklisches Produktlebensphasenkonzept; in Anlehnung an (Kölscheid, 1999)

liche Optionen der Kreislaufführung darstellen. Beispiele für lineare Produktlebensphasenkonzepte können (Senti, 1994; Deng, 1995; Stramann, 2001) entnommen werden. Beispiele für kreislauforientierte Konzepte werden von (Leber, 1995; Anderl, 1993; Merkamm und Weber, 1996) vorgestellt.

3.1.2 Lebenszykluskonzepte (zustandsorientiert)

Betrachtet man ein System über die Zeit, so können häufig charakteristische, zyklische Ablaufmuster beobachtet werden. Zur Veranschaulichung kann das Verhalten eines Systems als einfaches funktionales System (black box) dargestellt werden, d. h. es werden die Beziehungen zur Umgebung dargestellt (Abb. 3.3). Diese Beziehungen stellen die Eingangsgröße (Inputs) und die Ausgangsgrößen (Outputs) dar.

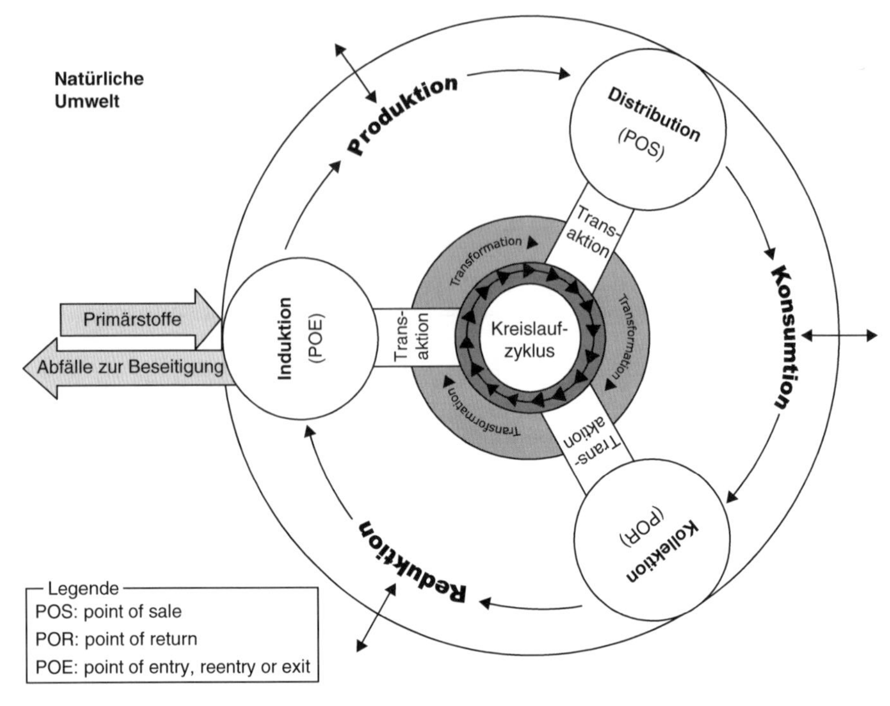

Abb. 3.2 Einfaches Stoffkreislaufmodell (Dyckhoff, 2000, S. 11)

Das System selbst kann durch Zustandsgrößen beschrieben werden. Es können beliebige Systeme durch das Modell dargestellt werden, wie z.B. physikalische, biologische, ökologische, technische oder sozio-technische Systeme. Tabelle 3.1 zeigt Beispiele für Systeme, deren Zustandsgrößen einen zyklischen Charakter aufweisen können.

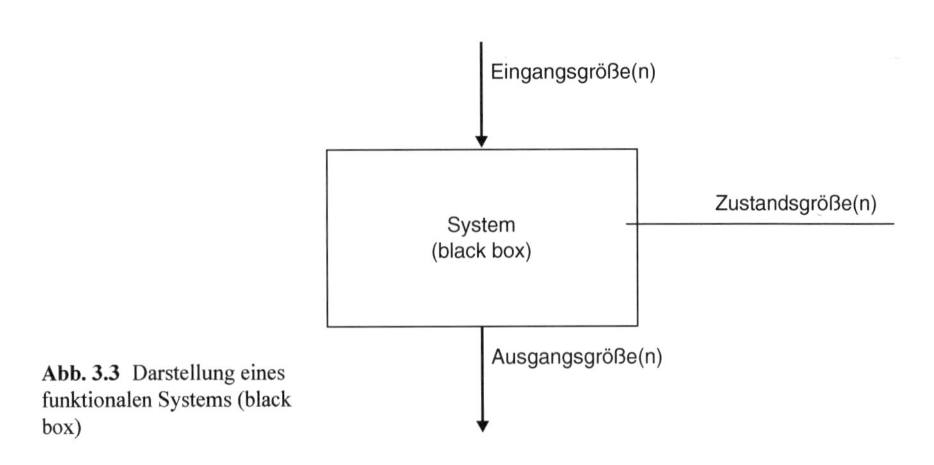

Abb. 3.3 Darstellung eines funktionalen Systems (black box)

Tab. 3.1 Beispiele für Systeme mit charakteristischem Verlauf von Zustandsgrößen

System	Eingangsgrößen	Ausgangsgrößen	Zustandsgrößen
Mensch	Umwelteinflüsse, Lebenswandel, …	Lebensleistung, …	Gewicht, Muskelkraft, Sehkraft, …
Natürliche Ressource	Explorationsrate, …	Ressource, Koppelprodukte, …	Restmenge, …
Produkt (einzelnes Produktobjekt)	Umwelteinflüsse, Nutzungsintensität, …	Sachleistung, …	Abnutzungsgrad, Abnutzungsvorrat, Verschleiß, …
Markt mit Produktobjekt, Unternehmen, Kundensystem	Umwelteinflüsse, Nutzungsintensität, Wettbewerb, Kaufverhalten, Gesetzgebung, …	Sachleistung, …	Umsatz, Absatz, Deckungsbeitrag, …
Unternehmen	Wettbewerb, Kaufverhalten, Gesetzgebung, …	Sachleistung, Dienstleistung, …	Kosten, Erlöse, Umsatz, Rendite, Unternehmenswert, Alter, …

3.1.2.1 Lebenszyklus biologischer und natürlicher Systeme

Ein Beispiel für das Durchlaufen unterschiedlicher Phasen und die Veränderung einer Größe in einem biologischen System zeigt Abb. 3.4.

Dargestellt ist der prozentuale Verlauf der Muskelkraft beim Menschen über die Zeit. Der Phase der Zunahme der Muskelkraft folgt eine Phase weitgehend konstanter Kraft und es folgt eine Phase abnehmender Muskelkraft bis zum Tod

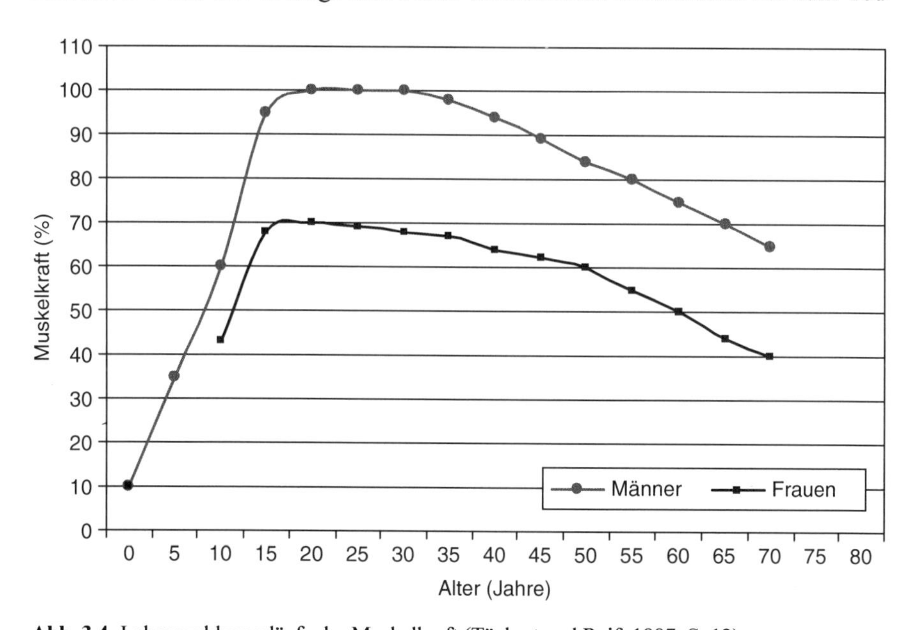

Abb. 3.4 Lebenszyklusverläufe der Muskelkraft (Täubert und Reif, 1997, S. 12)

des Systems (im konkreten Fall des Menschen). Bei allen biologischen Systemen bestimmt die Veränderung kritischer Zustandsgrößen über die Zeit das Ende des Systems. Betrachtet man das Verhalten einer größeren Zahl gleicher oder ähnlicher (biologischer) Systeme, so kann die mittlere Lebensdauer des Systems als Erwartungswert bestimmt werden. Bei der Betrachtung des Ausfallverhaltens (Todesfall) bzw. der Ausfallrate beim Menschen ergeben sich beispielsweise drei charakteristische Bereiche (Abb. 3.5): Kindersterblichkeit (mit dem Alter abnehmend), Zufallsausfälle (vor allem durch Unfälle), altersbedingte Sterbefälle (mit zunehmendem Alter steigend). Die Dichtefunktion stellt die Anzahl (Häufigkeit) der Ausfälle (Todesfälle) über dem Alter (Sterbealter) dar. Eine kumulierte Darstellung der Ausfälle (Todesfälle) über die Zeit (Sterbealter) ergibt die Ausfallwahrscheinlichkeit, deren Kehrwert die Überlebenswahrscheinlichkeit ist. Die Ausfallrate in Abhängigkeit vom Sterbealter ergibt sich aus dem Quotienten der Dichtefunktion und der Überlebenswahrscheinlichkeit (Bertsche und Lechner, 2004).

Ein Beispiel für eine Lebenszyklusdarstellung eines antrophogenen natürlichen Systems ist die Abbildung der Ölexplorationsmenge über die Zeit; unter der Annahme, dass das Ölvorkommen endlich ist, da es in einem angemessenen Zeitraum nicht erneuert werden kann (Abb. 3.6).

Wie bereits im Kap. 2.1.3 beschrieben verwendete der amerikanische Geologe M. King Hubbert Anfang der 1950er erstmalig die Darstellung einer glockenförmigen Verbrauchskurve, um das Maximum der US-Ölförderung vorauszusagen (Hubbert-Zyklen). Die Produktions- bzw. Fördermenge steigt über die Jahre an und nimmt ab, wenn der Scheitelpunkt (*engl.* depletion mid-point) – entspricht der Hälfte des

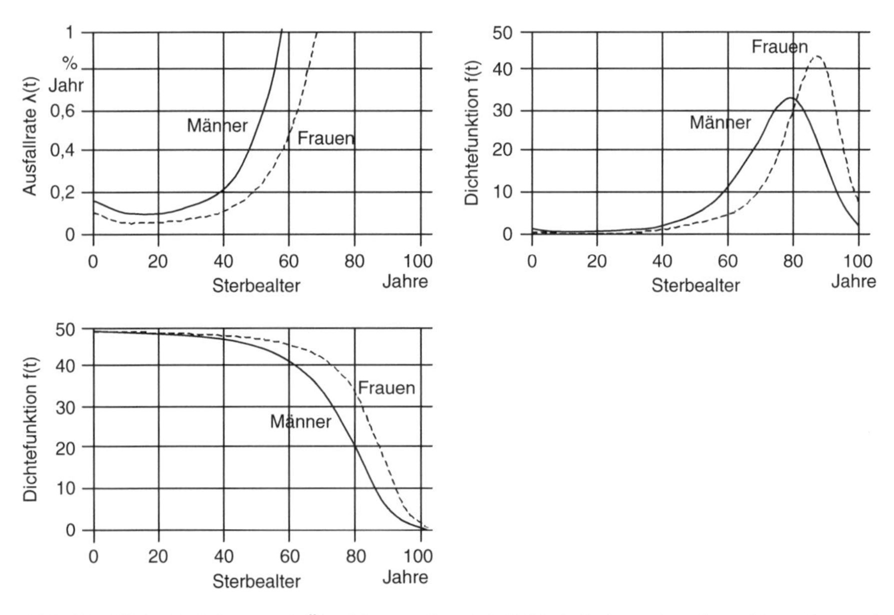

Abb. 3.5 Dichtefunktion und Überlebenswahrscheinlichkeit beim Menschen (Bertsche und Lechner, 2004, S. 15, 21, 25)

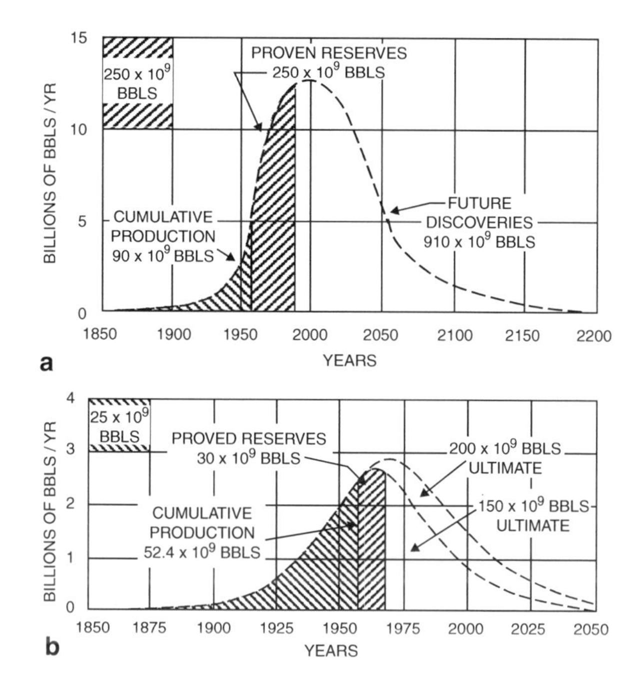

Abb. 3.6 Darstellung des Verlaufs der Rohölproduktion. **a** Weltproduktion mit einer Ausgangsreserve von 1250 Millionen Barrels; **b** US-Produktion mit einer Ausgangsreserve von 150 und 200 Millionen Barrel Kurve (Hubbert, 1956)

verfügbaren Öls – erreicht ist (Hubbert, 1956). Die lange Phase des Werdens, also der Entstehung des Öls ist hier nicht dargestellt. Die Darstellung verdeutlicht, dass das Produktionsende nicht schlagartig eintritt, sondern die Produktionsmenge langfristig abnimmt.

3.1.2.2 Lebenszykluskonzepte technischer Systeme

In Analogie zu der Darstellung des Lebenszyklus biologischer und ökologischer Systeme, kann der Lebenszyklus technischer Systeme abgebildet werden. Ein technisches System kann dabei beispielsweise ein Bauteil, eine Baugruppe, ein einzelnes Produkt, ein Produktprojekt oder eine Technologie sein. Das System durchläuft auf der einen Seite ebenfalls verschiedene Phasen des Werdens, Bestehens und Vergehens. Auf der anderen Seite ändern sich wichtige Zustandsgrößen des Systems über die Zeit und führen beim Unterschreiten kritischer Werte zu einem Ende des Systems. Dabei können die Zustandsgrößen zumeist durch geeignete Maßnahmen hinsichtlich ihres Verlaufs beeinflusst werden. Auch bei technischen Systemen stellt die mittlere technische Nutzungsdauer (Lebensdauer) einen Erwartungswert dar und ist über die Ausfallrate bestimmt (Abb. 3.7). Sie kann zumeist nur statistisch bestimmt werden und hängt u. a. von der Nutzungsintensität und den Umweltbedingungen ab. Durch geeignete Maßnahmen (z.B. Instandhaltung) lässt sich die technische Nutzungsdauer eines Systems beeinflussen. Die aus diesen Maßnahmen resultierende Dauer bis zum Nutzungsende des Systems kann als wirtschaftliche Nutzungsdauer bezeichnet werden (Bellmann, 1990).

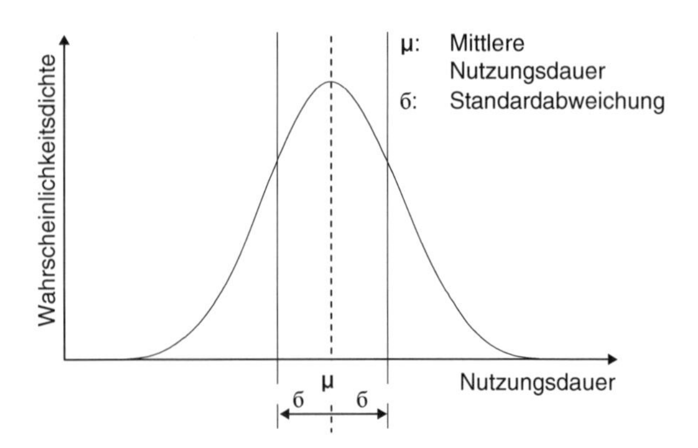

Abb. 3.7 Darstellung der Nutzungsdauer eines technischen Systems als Normalverteilung

Die bisherigen Betrachtungen galten der „Präsenzphase" eines einzelnen Objektes und dessen Verhaltens über die Zeit. Die Betrachtung eines gesamten Produktprojektes (Menge gleicher oder gleichartiger Produkte) über die Zeit (Präsenzphase = Marktphase) führt zu der Darstellung des klassischen Produktlebenszyklus.

3.1.2.3 Klassischer Produktlebenszyklus

Die klassische Abbildung eines Produktlebenszyklus stellt die Absatz- bzw. Umsatzentwicklungen eines Produktobjektes über die Zeit – beginnend mit der Markteinführung – dar (Abb. 3.8). Dabei steht in der Regel die Lieferung einer Sachleistung im Vordergrund. Das klassische Produktlebenszykluskonzept kann zum einen auf unternehmensindividueller Ebene für eine spezifische Produktart (z.B. Universal-Rundschleifmaschinen), für eine Produktgruppe (z.B. Schleifmaschinen, Drehmaschinen) oder ein Produktprogramm (z.B. Universal-Schleifmaschinen) und zum anderen auf den Absatzprozess einer Industrie oder Branche angewandt werden. Der letzte Fall stellt die zusammenfassende Betrachtung der Absätze auf

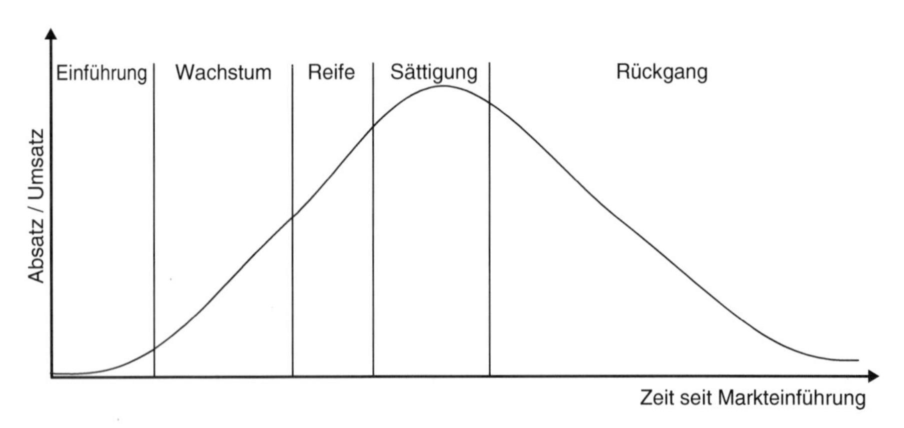

Abb. 3.8 Klassisches Produktlebenszykluskonzept – idealtypischer Verlauf (Hofstätter, 1977)

unternehmensindividueller Ebene dar (vgl. Uhl, 2002). In der Darstellung können die Produktlebenszyklusphasen Einführung, Wachstum, Reife, Sättigung und Rückgang unterschieden werden (vgl. z.B. Hofstätter, 1977).

Die Einführungsphase beginnt mit der erstmaligen Distribution des Produktes am Markt. Häufig kommt es in dieser Phase zu Verzögerungen der Diffusion und zu technischen Anlaufschwierigkeiten. So dauert es beispielsweise bis alle Vertriebskanäle versorgt sind bzw. die Absatzorganisation aufgebaut ist. In der Wachstumsphase steigt die Absatzmenge schnell an. Die so genannten Frühadaptoren interessieren sich für das Produkt und beschleunigen den Diffusionsverlauf. Der wachsende Markt und das Potenzial auf große Produktionsmengen ermutigen weitere Anbieter, mit Produktvarianten oder Nachahmerprodukten am Markt aufzutreten. In der Reife- und Sättigungsphase beginnt sich die späte Mehrheit für das Produkt zu interessieren. Das Absatzvolumen wächst noch, allerdings hat sich das Wachstum der Absatzkurve bereits verlangsamt. Die letzte Phase im Produktlebenszyklus ist die Rückgangsphase. Die Absatzkurve stabilisiert sich bei sehr geringen Absatzzahlen oder fällt auf Null.

3.1.3 Integrierte Lebenszykluskonzepte (phasen- und zyklusorientiert)

3.1.3.1 Ergänzung der Entstehungsphase

Das klassische Produktlebenszykluskonzept betrachtet ausschließlich den Marktzyklus von Produktobjekten. Pfeiffer und Bischof erweitern die klassische Darstellung des Produktlebenszyklus um einen Entstehungszyklus (Erweiterter Produktlebenszyklus; Abb. 3.9). Dieser ist dem Marktzyklus vorgelagert und umfasst die Suche, Bewertung und Auswahl von Produktideen (Pfeiffer und Bischof, 1974). Eine Weiterentwicklung ergänzt den erweiterten Produktlebenszyklus um einen Beobachtungszyklus (Integrierter Produktlebenszyklus). Dieser steht am Beginn des Produktlebenszyklus beinhaltet die Sammlung von Informationen als Grundlage für die Initiierung neuer Produkte (Pfeiffer und Bischof, 1981).

3.1.3.2 Ergänzung der Entsorgungsphase

Der integrierte Produktlebenszyklus wurde im Weiteren durch die Ergänzung des Nachsorgezyklus bzw. des Entsorgungszyklus komplettiert. So differenziert das von Back-Hock entwickelte Konzept zwischen Entstehungs-, Markt- und Nachsorgezyklus. Der Nachsorgezyklus umfasst Leistungen bzgl. Garantie, Wartung und Reparatur sowie Entsorgung (Back-Hock, 1988). Ebenfalls eine Erweiterung des integrierten Produktlebenszyklus um einen Entsorgungszyklus wird von Horneber vorgestellt (Horneber, 1995). Es werden die kumulierten Kosten, die während Entstehungs-, Markt- und Entsorgungszyklus anfallen, idealisiert dargestellt (Abb. 3.10).

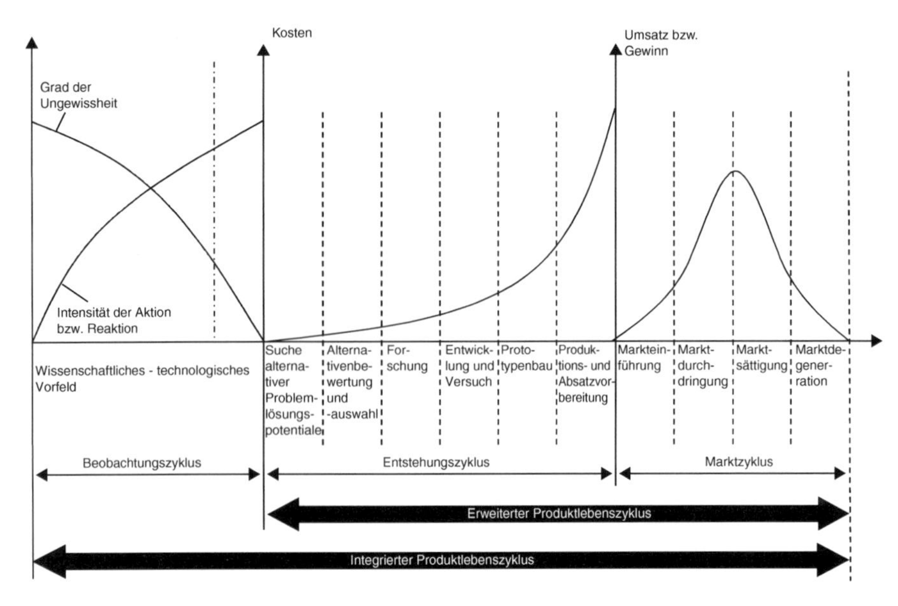

Abb. 3.9 Erweiterter und integrierter Produktlebenszyklus; in Anlehnung an (Pfeiffer und Bischof, 1981)

Die Einbeziehung der Entsorgung in das Lebenszykluskonzept spiegelt die wachsende Bedeutung der Kosten für diese Phase wider. Dabei umfasst die Entsorgung das Vermeiden bzw. Vermindern anfallender Rückstände und das Überführen nicht zu vermeidender bzw. nicht nutzbarer Rückstände in einen qualitativ, räumlich und zeitlich möglichst umweltverträglichen Zustand in den Wirkungsbereich der Natur (Uhl, 2002). So betrachten Strebel und Hildebrandt anstelle wert- respektive

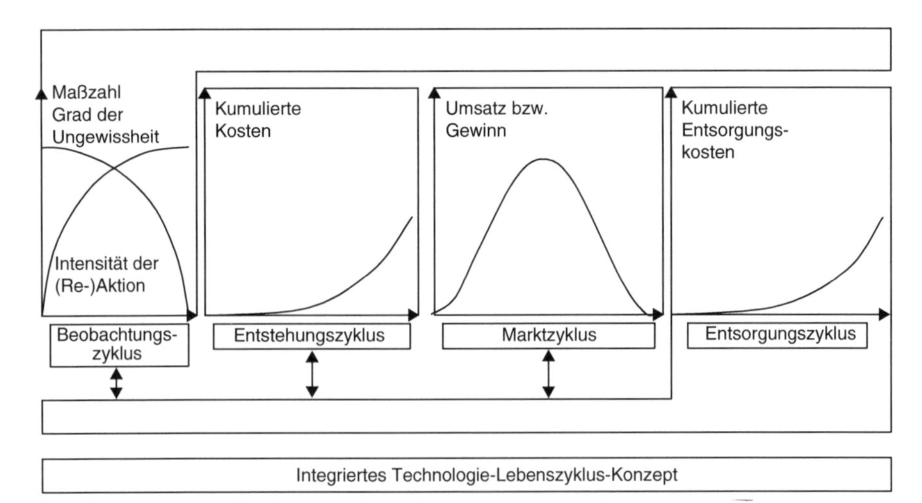

Abb. 3.10 Integrierter Produktlebenszyklus ergänzt um die Entsorgungsphase (Horneber, 1995, S. 119)

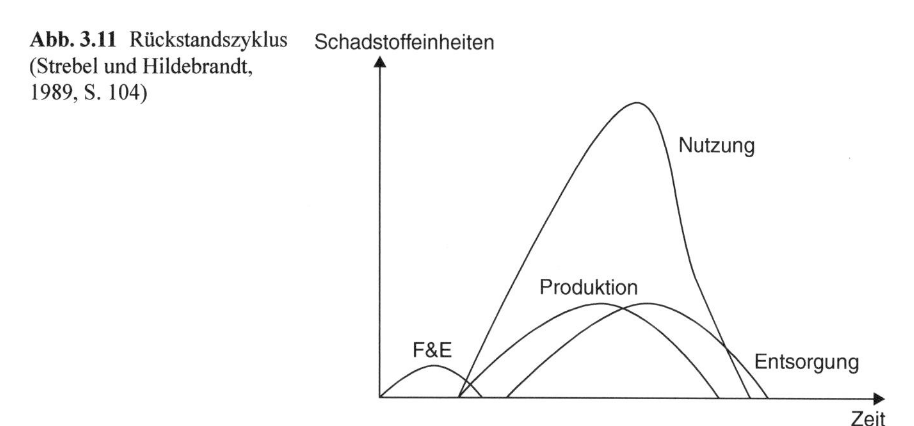

Abb. 3.11 Rückstandszyklus (Strebel und Hildebrandt, 1989, S. 104)

mengenmäßiger Zustandsgrößen, so genannte Schadstoffeinheiten, über die Zeit (Strebel und Hildebrandt, 1989). Der resultierende Rückstandszyklus stellt die von einem Produkt während der Phasen Forschung und Entwicklung, der Produktion, der Nutzung und der Entsorgung ausgehenden Emissionen dar (Abb. 3.11).

„Die Integration des Entsorgungszyklus in das Produktlebenszykluskonzept bedeutete eine Ausweitung des Modells auf zumeist nicht erwünschte und nicht beachtete Nebenwirkungen der Entstehung, Herstellung und Vermarktung sowie Nutzung und Beseitigung eines Produktes. Bei diesen Nebenwirkungen handelt es sich um Rückstände, die sowohl bei der Produktion selbst, als auch beim Gebrauch und Verbrauch der Produkte und der Beseitigung von Altprodukten anfallen können.“ (Uhl, 2002) Eine weitere Darstellung, an der sich an den Marktzyklus mit den fünf typischen Phasen zunächst ein weiterer Marktzyklus (Neuzyklus) und dann ein Entsorgungszyklus anschließen, zeigt Abb. 3.12.

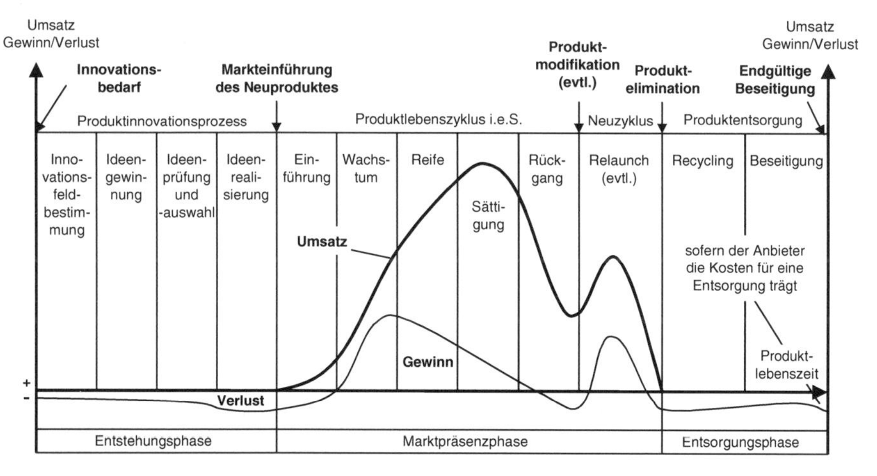

Abb. 3.12 Entstehungs-, Marktpräsenz- und Entsorgungsphase des Produktlebenszyklus (Fritz und von der Oelsnitz, 2001, S. 140)

3.1.4 Lebenszykluskonzepte für Technologien

Auch Potenzialfaktoren wie Technologien können mittels Lebenszykluskonzepten dargestellt werden. Ford und Ryan unterscheiden sechs Phasen, die sequentiell durchlaufen werden: Technologieentstehung, Entwicklung zur Anwendungsreife, Erstanwendung der Technologie, wachsende Technologieanwendung, Technologiereife und Technologierückgang (Ford und Ryan, 1981). Die Zustandsgröße ist der Ausbreitungsgrad der betrachteten Technologie. Den einzelnen Phasen sind spezifische entscheidungsrelevante Fragestellungen in Hinblick auf Technologieeinsatz, Technologietransfer oder Zeitpunkt eines Know-how-Verkaufs zugeordnet. Eine Weiterentwicklung stellt das Technologielebenszykluskonzept nach Arthur D. Little dar (Höft, 1992). Über die Zeit verändert sich der Ausschöpfungsgrad der Wettbewerbsfähigkeit einer Technologie. Es werden die Phasen Entstehung, Wachstum, Reife und Alter unterschieden (Abb. 3.13a).

Der idealtypische Verlauf weist den Charakter einer S-Kurve auf und kommt damit einer kumulierten Darstellung einer Zustandsgröße nahe (vgl. Höft, 1992). Das S-Kurven-Konzept kann insbesondere zur Betrachtung von Leistungsgrenzen bzw. Sättigungsgrenzen (von Technologien) verwendet werden. Als Zustandsgröße wird die Leistungsfähigkeit bzw. das Nutzen/Kosten-Verhältnis einer Technologie über die Zeit bzw. den kumulierten F&E-Aufwand aufgetragen. Abbildung 3.13b zeigt die S-Kurven zweier sich ablösender bzw. folgender Technologien. Die Differenz zwischen den Leistungsgrenzen ist das ausschöpfbare technische Potenzial (Höft, 1992).

Ausgehend von einer Unterscheidung zwischen Technologie und Technik führt Höft ein erweitertes Technologie-Technik-Lebenszykluskonzept ein (Abb. 3.14). Dabei ist Technologie die Wissenschaft von der Technik und umfasst das Wissen um naturwissenschaftlich-technische Zusammenhänge, welches der Lösung technischer Probleme dient. Der Begriff Technik dagegen umfasst „vom Menschen erzeugte Gegenstände (Artefakte), für deren Herstellung durch den Menschen und auch für deren Benutzung im Rahmen zweckorientierten Handelns“ (Bullinger, 1994).

Das Technologie-Technik-Lebenszykluskonzept unterscheidet die vier Hauptphasen: Beobachtung, Entstehung, Nutzbarmachung und Anwendung. Die Anwendungsphase entspricht im Konzept dem Anwendungszyklus bzw. Technik-Zyklus. Dieser ist wiederum in die vier Subphasen Einführung, Wachstum, Reife und Rückgang/Verfall unterteilt.

3.1.5 Lebenszykluskonzepte sozio-technischer Systeme

Lebensphasen- und Lebenszykluskonzepte bilden auch die Grundlage für die Beschreibung der Dynamik von Unternehmen bzw. Organisationen (vgl. Gomez und Zimmermann, 1992). Gomez und Zimmermann beschreiben wichtige Konzepte

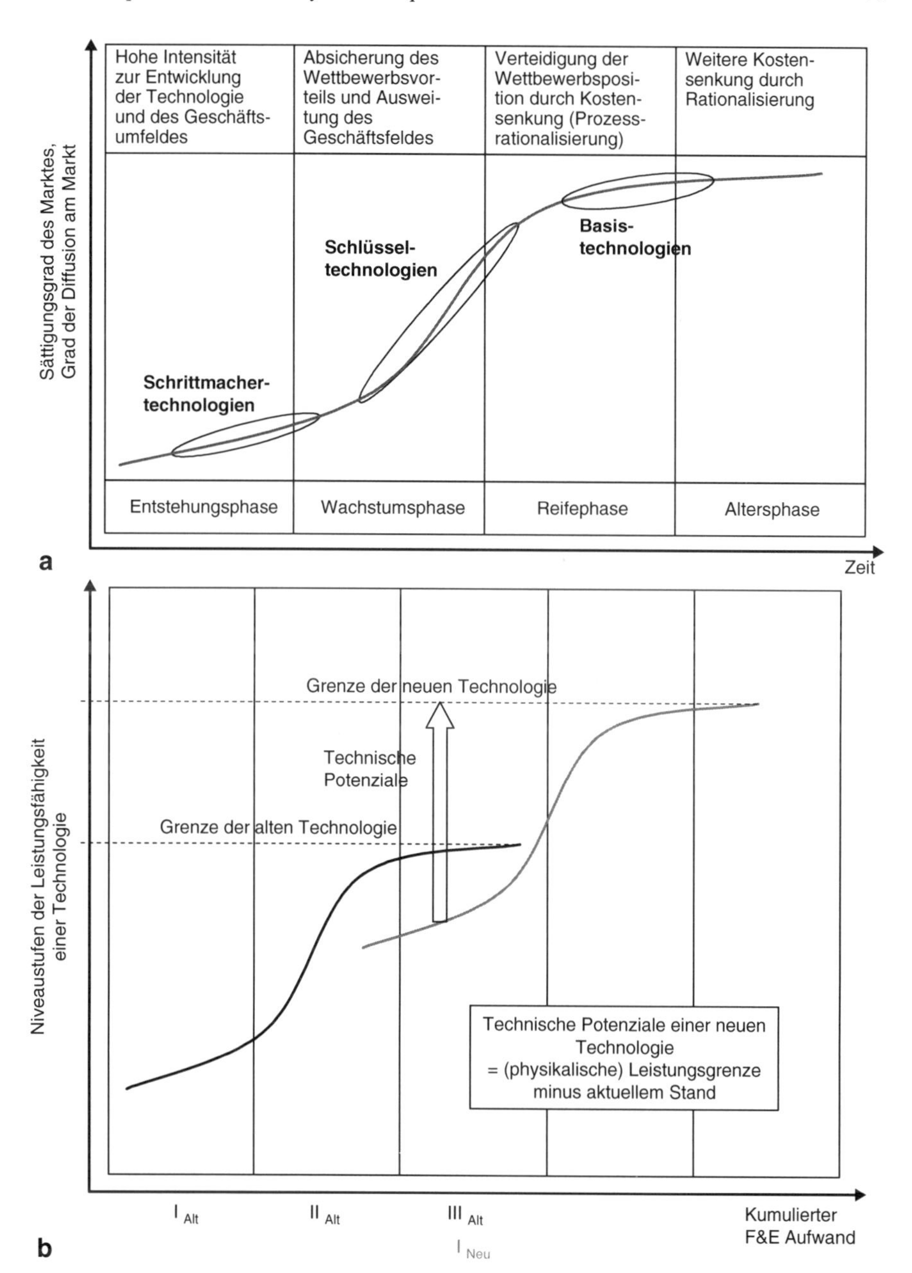

Abb. 3.13 a Lebenszyklus von Technologien (Wilksch, 2006); **b** Lebenszyklus S-Kurven Konzept von McKinsey; in Anlehnung an (Krubasik, 1982; Höft, 1992)

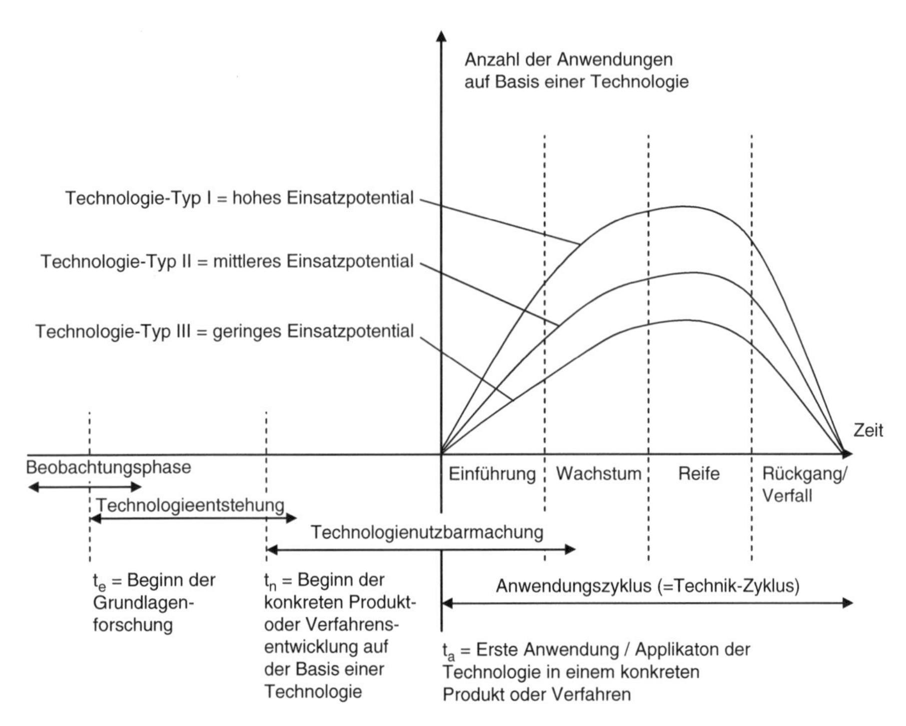

Abb. 3.14 Erweitertes Technologie-Technik-Lebenszykluskonzept (Höft, 1992, S. 82)

und stellen die Besonderheiten heraus. Stellvertretend soll hier kurz das Modell der Unternehmensentwicklung von Greiner vorgestellt werden. Das Modell unterteilt den Wachstumsprozess eines Unternehmens in fünf Phasen (Evolution), die sich nach Größe und Alter (Zustandsgrößen) des Unternehmens unterscheiden (Abb. 3.15). Die Phasenübergänge werden durch Krisen bzw. Managementprobleme ausgelöst (Revolution). Den einzelnen Phasen wiederum sind spezifische Managementkonzepte zugeordnet.

Das Modell unterstellt, dass die Phasen in sequentieller Reihenfolge durchlaufen werden und beruht auf der Annahme, dass die Entwicklung des Unternehmens vorwiegend auf inneren Druck hin entsteht. D. h. Einflüsse aus der Umgebung des Unternehmens werden im Modell vernachlässigt (Gomez und Zimmermann, 1992). Als Zusammenfassung der verschiedenen Konzepte zur Beschreibung der Entwicklung von Organisationen stellen Gomez und Zimmermann die Strukturentwicklung im St. Galler Management-Konzept in den Mittelpunkt der Betrachtung (Abb. 3.16).

Das St. Galler Management-Konzept unterscheidet vier idealtypische Unternehmenstypen: das Pionier-Unternehmen, das Wachstums-Unternehmen, das Reife-Unternehmen und das Wende-Unternehmen. Die einzelnen Typen unterscheiden sich hinsichtlich der Fähigkeit des Unternehmens, die Möglichkeiten des Unternehmens, des Markts oder der Umwelt durch Aktivitäten „zum Vorteil aller Bezugsgruppen" zu erschließen (Gomez und Zimmermann, 1992).

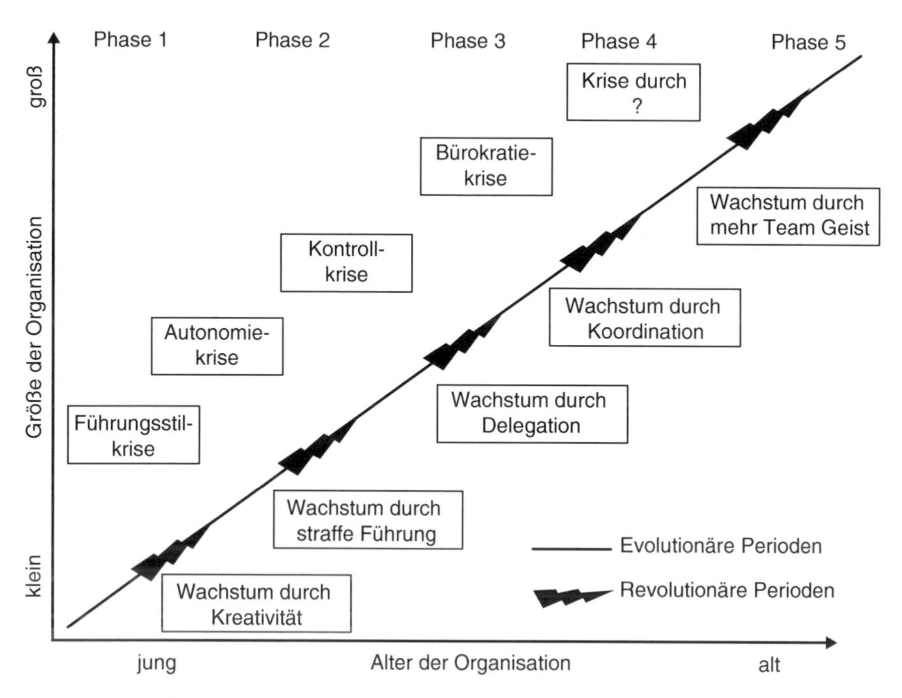

Abb. 3.15 Entwicklungsstufen eines Unternehmens nach Greiner (Greiner, 1972, S. 41)

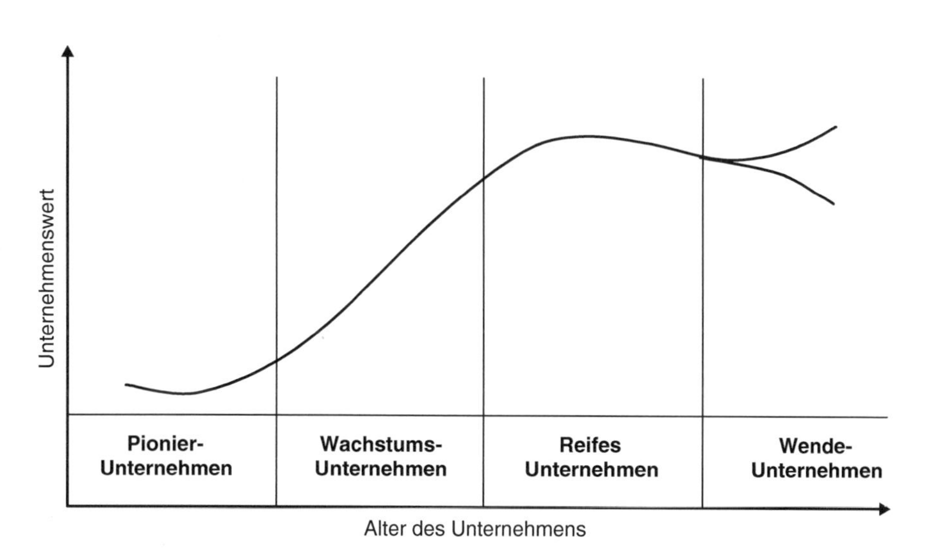

Abb. 3.16 Unternehmensentwicklung mit Strukturtypen im St. Galler Management-Konzept (Gomez und Zimmermann, 1992, S. 30)

3.1.6 *Kopplung verschiedener Lebenszyklen*

Die Lebenszyklen einzelner Systeme können direkt oder indirekt miteinander gekoppelt sein. So sind die Lebenszyklen auf der Ebene einzelwirtschaftlich identifizierbarer Produkte in höher aggregierte Systemebenen eingebettet (Uhl, 2002). Beispielsweise sind die Lebenszyklen von Produktobjekten und Technologien in übergeordnete Nachfragelebenszyklen eingebettet (Abb. 3.17a). Der Nachfragelebenszyklus beschreibt dabei den Verlauf eines Bedürfnisniveaus nach einem Produkt im Zeitverlauf (Ansoff, 1984). Das Bedürfnisniveau kann – wie auch schon beim klassischen Produktlebenszykluskonzept – in unterschiedliche charakteristische Phasen unterteilt werden. So beginnt in der Entstehungsphase [E] das Bedürfnis nach einer bestimmten Produktleistung. Es folgt eine Phase beschleunigten Wachstums [Wb] an der sich eine Phase verlangsamten Wachstums [Wv] anschließt. In der Reifephase [Re] bleibt das Bedürfnisniveau weitgehend konstant und fällt dann in der Phase des Rückgangs [Rü] ab.

Ein bestimmtes Bedürfnis nach einer Produktleistung kann durch eine bestimmte Technologie erfüllt werden. Diese Technologie bildet die Grundlage für technische Lösungen und wird durch Produkte auf dem Markt angeboten. Dabei können mehrere Produktformen [P1 bis P4] innerhalb eines Technologielebenszyklus bestehen und sich nacheinander ablösen. Abbildung 3.17b zeigt die Zusammenhänge unterschiedlicher Lebenszyklen als konstituierende Elemente einer Fabrik. Die Lebenszyklen von Produkten und benötigen Produktionsprozessen können in den Lebenszyklus des Fabrikgebäudes und dieses wiederum in den Lebenszyklus des Fabrikgeländes eingebettet werden.

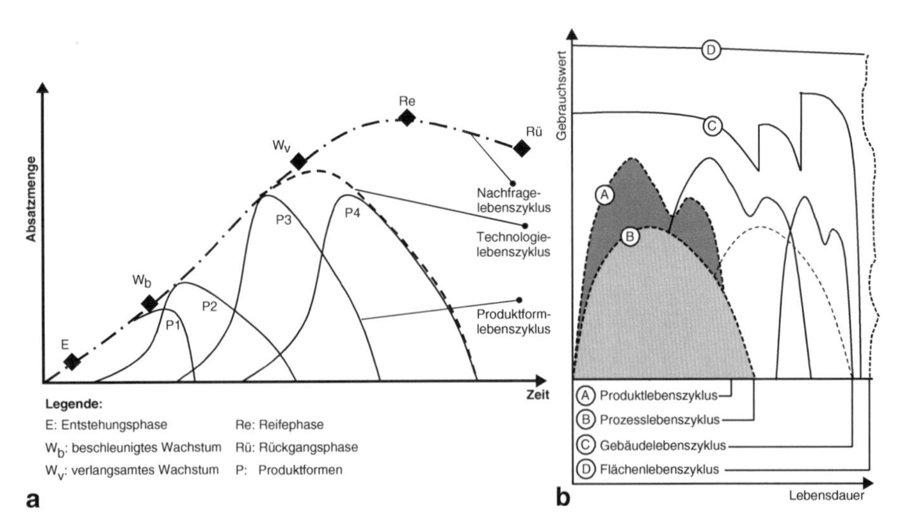

Abb. 3.17 a Nachfrage-, Technologie- und Produktformenlebenszyklus (Ansoff, 1984, S. 41); **b** Unterschiedliche Lebenszyklen konstituierender Elemente einer Fabrik (Schenk und Wirth, 2004, S. 106)

3.2 Lebenszyklusorientiertes Management

Die in Kap. 2 dargestellten Trends sowie ökonomischen und ökologischen Herausforderungen verdeutlichen, dass sich Unternehmen in einem zunehmenden Maß mit den hochkomplexen Zusammenhängen von sozialen, politischen, ökonomischen, technischen und ökologischen Aspekten auseinandersetzen müssen, und dass Nachhaltigkeit (wieder) als wichtiger Bestandteil unternehmerischen Denkens zu verankern ist. Führungskräfte in Unternehmen stehen vor der Aufgabe, den umrissenen gesellschaftlichen, ökonomischen und technologischen Wandel zu erfassen und in zukunftsweisende Aktivitäten umzusetzen (vgl. Bleicher, 2004, S. 32). Insbesondere für Ingenieure als Manager und Gestalter technischer Systeme gilt es, das zunehmende Verständnis für ökologische Aspekte und lebensphasenübergreifende Zusammenhänge, die Internationalisierung der Markt- und Wettbewerbsbedingungen, die Entwicklung zur Informationsgesellschaft sowie einen Wandel der Werte bei Mitarbeitern, Kunden und anderen Anspruchsgruppen zu verarbeiten (vgl. Bleicher, 2004, S. 32/33, 36). Die verschiedenen Entwicklungen führen zu einer stark steigenden Komplexität des externen Umfelds und einer beschleunigten Dynamik der Veränderung (Abb. 3.18). Daraus ergeben sich vielfältige, wenig voraussagbare Verhaltensmöglichkeiten, was deren Erfassung und Beherrschung durch den Menschen erschwert (Bleicher, 2004, S. 37).

Mit dem Ziel eine Komplexitätsreduktion zu erreichen, reagieren Unternehmen zumeist mit der Entwicklung innerer Strukturen, die gekennzeichnet sind

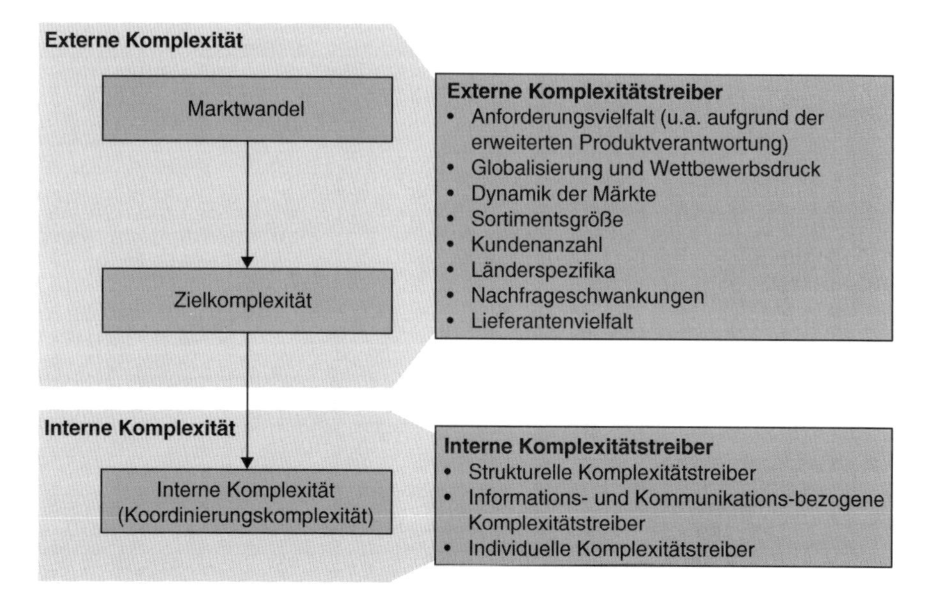

Abb. 3.18 Interne und externe Komplexitätstreiber (Mansour, 2006, S. 60)

durch Arbeitsteilung und Spezialisierung. Dies geht einher mit einer Reduktion des Verständnisses der Mitarbeiter sowohl für die eigene Aufgabe und Leistung sowie die Gesamtbelange der Unternehmung als auch für die technischen, ökonomischen und ökologischen Zusammenhänge eigener Entscheidungen und des unternehmerischen Handelns. Mit der Bemühung des Managements, die geschaffene Arbeitsteilung und Spezialisierung zu integrieren und zu koordinieren, entsteht eine innere Komplexität, z.B. in Form standardisierter Managementsysteme mit Funktionsbereichen und hierarchischen Aufbauorganisationen (vgl. Bleicher, 2004, S. 38 ff.) (Abb. 3.19).

Voraussetzungen für die Bewältigung der gestiegenen Komplexität sind zum einen ein Bezugsrahmen, der Orientierung ermöglicht, und zum anderen Transparenz für die Integrationsnotwendigkeiten arbeitsteilig differenzierter Systeme. Geeignete Bezugsrahmen erleichtern die Einordnung von Managementkonzepten und -methoden. „Auf der Grundlage allgemeiner Modelle lassen sich für spezifische Gegebenheiten des Unternehmens Konzepte entwickeln, die dem Management bei der Führung zur Orientierung dienen." (Bleicher, 1996, S. 1-2).

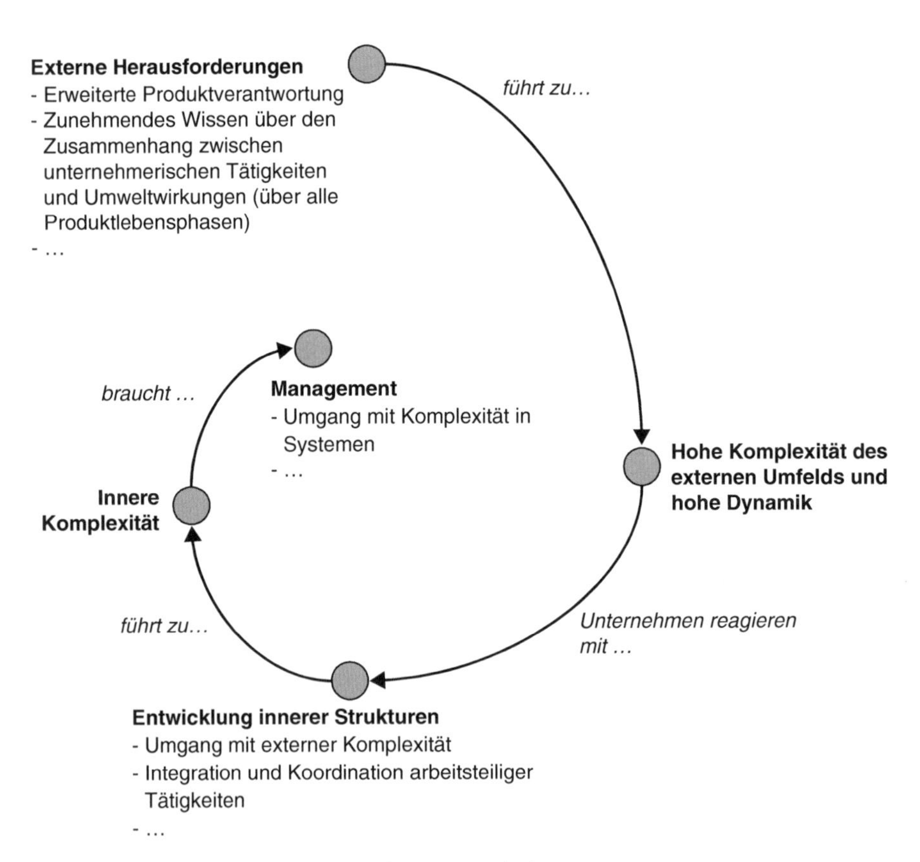

Abb. 3.19 Externe Anforderungen und innere Komplexität

3.2.1 Einordnung des Managements

Der Begriff „Management“ hat mehr und mehr den Begriff „*Unternehmensführung*“ verdrängt. Unter Führung wird heute eher interpersonale Menschenführung verstanden. „‚Managing ist mehr als Führen. Dieses ist im Wesen lediglich persönliche Einzelinitiative. Managing aber ist systematisches, nach unternehmenspolitischen Grundsätzen durchgeführtes, zweckbestimmtes und planendes, koordinierendes und kontrollierendes Handeln‘ (Mellerowicz, 1963) in zweckgerichteten sozialen Systemen“ (Bleicher, 1996, S. 1-1). Eng verbunden mit Management sind somit die Begriffe Planen und Steuern (Koordinieren und Kontrollieren). Während Planen verstanden werden kann als systematisches, zukunftsbezogenes Durchdenken und Festlegen von Zielen, Maßnahmen, Mitteln sowie Wegen zur zukünftigen Zielerreichung (Wild, 1982) und in einen Planentscheid mündet, ist Steuern auf die Umsetzung der durch die Planung ermittelten Vorgaben ausgerichtet (vgl. Dyckhoff und Spengler, 2007, S. 29). Anhand des Planungshorizonts wird unterschieden in operatives, taktisches und strategisches Management (vgl. Dyckhoff und Spengler, 2007, S. 30 f.):

- **Operatives Management:** Das operative Management umfasst kurzfristige (Planungshorizont ~ 1 Jahr) Entscheidungen über die zu erbringenden Leistungen und ist für den optimalen Einsatz eines gegebenen Leistungssystems verantwortlich.
- **Taktisches Management:** Das taktische Management beinhaltet mittelfristige (Planungshorizont ~ 1 bis zu 3 Jahren) Entscheidungen zur weiteren Konkretisierung strategischer Vorgaben. Hierzu gehören Entscheidungen über Leistungsfelder, einzusetzende Technologien und Organisation des Leistungssystems.
- **Strategisches Management:** Zum strategischen Management gehören Entscheidungen zur Sicherung des langfristigen (Planungshorizont ~ bis zu 5 Jahren) Erfolgs bzw. zur Aufrechterhaltung des Wettbewerbsfähigkeit.

Übergeordnet ist das normative Management. Dieses „beschäftigt sich mit den generellen Zielen der Unternehmung, mit Prinzipien, Normen und Spielregeln, die darauf ausgerichtet sind, die Lebens- und Entwicklungsfähigkeit der Unternehmung zu ermöglichen“ (Bleicher, 2004, S. 80). Ausgehend von einem systemorientierten Managementverständnis kann Management bzw. „Management von Systemen“ auch verstanden werden als Gestaltung, Lenkung und Entwicklung von Systemen (Ulrich, 1984). *Gestaltung* meint die Schaffung der Institution als Objekt, das gedankliche Entwerfen als Modell und die Konzipierung als handlungsfähige Einheit. In dem durch die Gestaltung festgelegten Verhaltensfeld bewirkt *Lenkung* die Auswahl und Verwirklichung bestimmter Verhaltensweisen. Unter Einbeziehung des Planungshorizonts, sind die mittel- und langfristigen Aufgaben des taktischen und strategischen Managements der Gestaltung zuzuordnen. Die kurzfristigen Entscheidungen des operativen Managements sind dagegen der Lenkung zuzuordnen (vgl. Dyckhoff und Spengler, 2007, S. 31). *Entwicklung* umfasst die Weiterentwicklung des komplexen sozialen Systems über die Zeit, die durch das normative, strategische und operative Management beeinflusst wird. Management ist daher zunächst eine konzeptionellegestalterische Aufgabe von Führungskräften. Die Aufgaben umfassen das Entwerfen und Festlegen von Ordnungsmustern. Die leistungsmässige Umsetzung der Konzeption, das ausführende Handeln, erfolgt als Konsequenz auf der operativen Ebene (Bleicher, 1996). „Veränderte Denkweisen im Umgang mit komplexen, dynamischen Systemen ergeben für die Unternehmensführung eine beträchtliche Verlagerung von der Lenkung und Gestaltung auf die Entwicklung von Systemen.“ (Bleicher, 1996, S. 1-1) Wichtige Lösungsbausteine für das Management sind:

Modelle und Bezugsrahmen: Für das Verständnis von Management von und in Unternehmen bzw. von Systemen kommen Managementmodellen und Bezugsrahmen eine besondere Bedeutung zu. Managementmodelle sollen im Wesentlichen ein Bild von der Funktionsweise eines Unternehmens bzw. eines Systems darstellen. Beschreibungsmodelle zeigen wesentliche Elemente und deren Beziehungen im realen System. Erklärungsmodelle dagegen berücksichtigen Ursache-Wirkungs-Zusammenhänge zwischen Parametern und der davon abhängigen Variablen und ermöglichen so Einschätzungen zum Systemverhalten. Entscheidungsmodelle enthalten darüber hinaus Zielrelationen zur Bewertung und Auswahl von Handlungsalternativen. Die verschiedenen Modelle ermöglichen die strukturierte Durchdringung von wichtigen Managementfragen und das Aufzeigen von Zusammenhängen. Managementmodelle dienen ferner als Bezugsrahmen, der die Einordnung von Managementkonzepten und -methoden erleichtert. Managementmodelle sollen es den handelnden Personen erleichtern, Führungsaufgaben im jeweiligen Bezugsrahmen zu begreifen und zu erfüllen. „Auf der Grundlage allgemeiner Modelle lassen sich für spezifische Gegebenheiten des Unternehmens Konzepte entwickeln, die dem Management bei der Führung zur Orientierung dienen.“ (Bleicher, 1996, S. 1-2)

Managementkonzepte: Unter Managementkonzepten können allgemeine, theoretisch oder empirisch fundierte Erkenntnisse über Ziel/Mittel-Beziehungen verstanden werden. Die Anwendung dieser Konzepte spiegelt sich in der Führung eines Unternehmens in einer bestimmten grundlegenden Denkhaltung wider. Managementkonzepte dienen der Sinnstiftung im Rahmen meinungsbildender Diskurse und ermöglichen es, die Komplexität von Managemententscheidungen zu reduzieren. Beispiele für Managementkonzepte sind das Shareholder-Value-Konzept, Business Process Reengineering, Lean Management oder Total Quality Management (Fink, 2004, S. 14; Bleicher, 2004, S. 464).

Managementmethoden: Im Allgemeinen wird als Methode eine Menge von Handlungsvorschriften verstanden, wie nach einem festgelegten zu durchlaufenen Prozess ein angestrebtes Ziel erreicht werden kann. Unter Managementmethoden wird die konkretisierte und auf die Lösung spezifischer Probleme ausgerichtete Operationalisierung von Managementkonzepten verstanden. Grundsätzlich kann zwischen individualisierten und standardisierten Vorgehensweisen in der Problemlösung unterschieden werden. Bei der individuellen Problemlösung wird auf bestehende Wissens- und Erfahrungspotenziale zurückgegriffen und eine auf die jeweilige Problemsituation angepasste Methode eingesetzt. Bei der standardisierten Problemlösung wird die prinzipielle Gleichartigkeit und Übertragbarkeit bestimmter Arbeitsschritte angenommen. Zur Problemlösung kann somit auf ein vorstrukturiertes methodisches

Instrumentarium (Kombination von bestimmten Hilfsmitteln) zurückgegriffen werden, wie z.B. Analyse-, Diagnose- und Entscheidungsinstrumente sowie Prognosetechniken. Die Vorteile standardisierter Methoden ergeben sich u. a. aus einer Routinisierung von Arbeitsschritten, über Lernkurveneffekte, der Reduktion der Fehlerquote und damit auch einer Reduzierung des Aufwands. Die Fehler-Möglichkeits- und Einfluss-Analyse (FMEA), der Morphologische Kasten oder die ABC-Analyse sind Beispiele für Methoden. Der effiziente Einsatz von Methoden für einen bestimmten Anwendungszweck erfordert in der Regel eine entsprechende Anpassung und häufig eine softwareunterstützte Umsetzung in speziellen Werkzeugen.

Managementansätze: Häufig werden standardisierte Managementmethoden selbst wieder schematisiert und das darin enthaltene Wissen in allgemeiner Form als Managementansatz formuliert. Managementansätze stellen daher eine Mittelposition zwischen Managementkonzepten und Methoden dar. Beispiele für Managementansätze sind die von der Boston Consulting Group entwickelte Portfolioanalyse mit dem sog. Marktwachstums-Marktanteil-Portfolio oder der Ansatz zur Steigerung des Unternehmenswertes durch „werttreibendes Wachstum" (Value Building Growth) von A.T. Kearney (Kröger, 2004) (vgl. Abb. 2.10).

3.2.2 Lösungsbausteine für ein lebenszyklusorientiertes Management

Ziel eines Lebenszyklusdenkens ist die Erweiterung der begrenzten Sicht Produkt-Produktion-Nutzung auf eine Betrachtung, die sich auf das gesamte Produktleben – von der Rohstoffgewinnung bis zur Entsorgung – ausdehnt (Jensen et al., 1997). Die Notwendigkeit für ein verstärktes Lebenszyklusdenken (Life Cycle Thinking) sowie das Verständnis für die ökonomischen und ökologischen Zusammenhänge über alle Lebensphasen von Produkten (System Thinking) erfordert ein entsprechendes (Life Cycle) Management (vgl. Jensen und Remmen, 2005, S. 8 ff.). Unter einem eher ökologisch ausgerichteten Lebenszyklusdenken wird eine systemische Sichtweise für ein besseres Verständnis von Umweltproblemen verstanden. Ziel einer solchen Sichtweise ist die Entwicklung von Produkten und Dienstleistungen mit reduzierten Umweltwirkungen über den gesamten Produktlebensweg. Life Cycle Management wird in diesem Zusammenhang häufig als Überschrift für die Einführung, Umsetzung und Verankerung der verschiedenen (Umwelt-)Managementprogramme und Instrumente gewählt (vgl. Christiansen, 2003, S. 108) (Abb. 3.20).

Im Mittelpunkt des „Bezugsrahmens" stehen Umweltmanagementsysteme und -werkzeuge. Auf der linken Seite finden sich Standort-orientierte Normen und auf der rechten Seite sind Produkt-orientierte Normen aufgeführt, mit dem Ziel, Synergien durch eine Kombination beider Seiten zu erreichen. Einen weiteren Teilaspekt des Bezugsrahmens stellt die interne und externe Kommunikation dar. Umgeben wird das Zentrum von anderen Managementsystemen und -programmen, wie z.B. dem Qualitätsmanagement (QMS). Nicht dargestellt sind das Verhalten der Akteure und

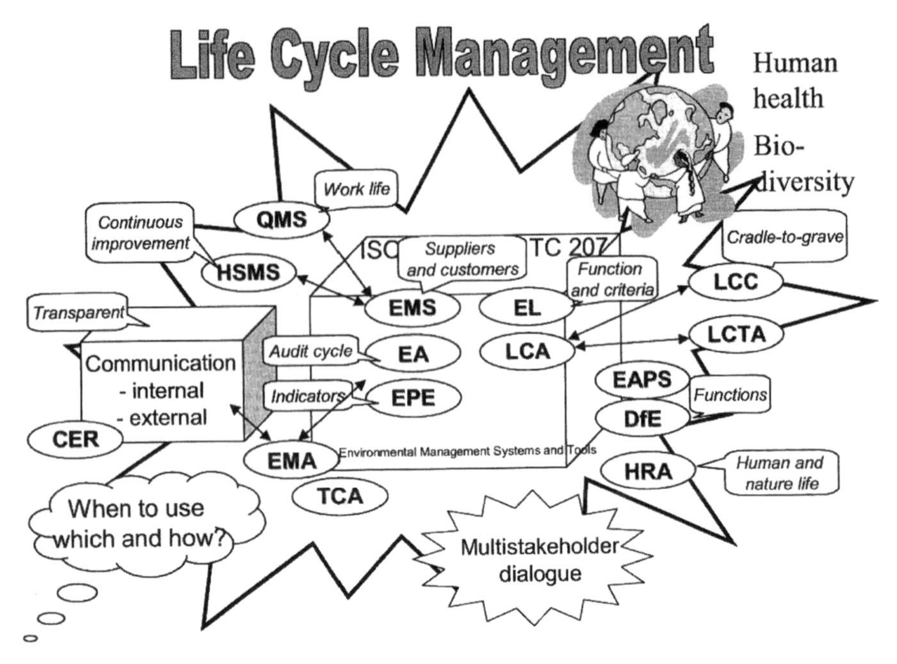

Abb. 3.20 „Spielwiese" Life Cycle Management (Christiansen, 2003, S. 109)

das Lernen im Unternehmen (Christiansen, 2003, S. 108 ff.). Das Ergebnis einer solchen Herangehensweise ist zumeist die Sammlung von Instrumenten, Werkzeugen und Programmen als Spiegel der inneren Komplexität. Ein Bezugsrahmen, der Orientierung ermöglicht, wird so nicht geschaffen. Der Umgang mit den externen Herausforderungen bedarf vielmehr eines Bezugsrahmens, der zum einen der Einordnung von Konzepten, Methoden, Werkzeugen und Instrumenten dient und zum anderen den handelnden Personen hilft, Managementaufgaben auszuführen sowie die lebensphasenübergreifenden Zusammenhänge eigener Entscheidungen und Handelns zu verstehen (Abb. 3.21).

Innerhalb der letzten Jahre wurden sehr unterschiedliche Lösungsbausteine (Modelle, Bezugsrahmen, Konzepte, Methoden, Werkzeuge) für ein Life Cycle Management (LCM) entwickelt. Dabei wird der Begriff „Life Cycle Management" und damit auch der jeweilige Lösungsbaustein – je nach Sichtweise – unterschiedlich verstanden und ausgestaltet. Im Folgenden werden bestehende Lösungsbausteine vorgestellt und anschließend der Handlungsbedarf für die Entwicklung eines modellbasierten Bezugsrahmens für ein Ganzheitliches Life Cycle Management abgeleitet.

3.2.2.1 Wertketten- und kreislauforientierte Managementkonzepte

Das Wertkettenmodel von Porter bildet die Grundlage einiger Managementkonzepte, die ein Lebenszyklusdenken bzw. ein Denken in Produkt- und Stoffkreisläufen aufgreifen. Die Wertkette nach Porter – als analytisches Instrument zur Ermittlung der Quellen von Wettbewerbsvorteilen entwickelt – besteht aus primären und unter-

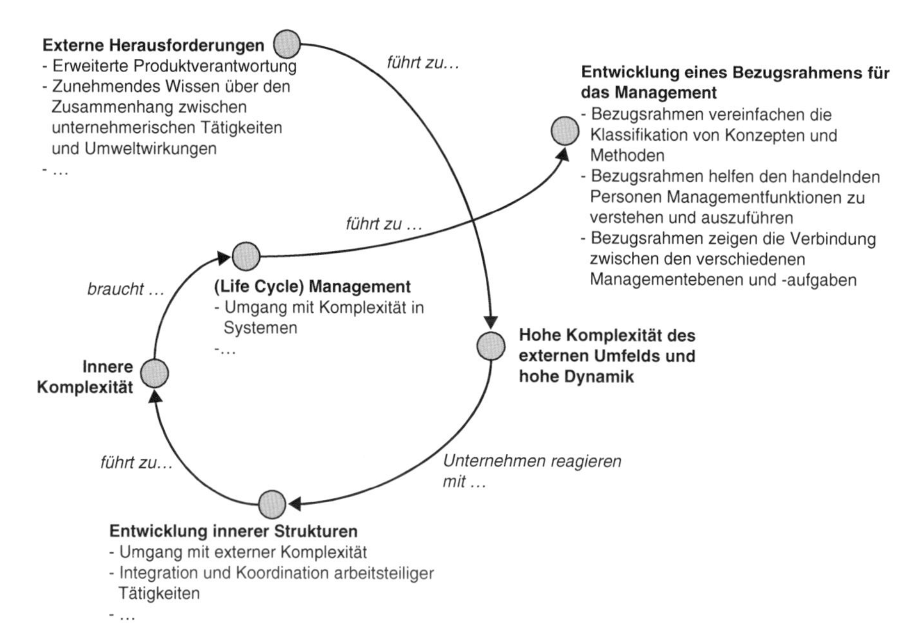

Abb. 3.21 Bedarf für einen Bezugsrahmen im Life Cycle Management

stützenden Wertaktivitäten (Porter, 1992). Auch die kreislauforientierten bzw. ökologieorientierten Erweiterungen des Wertkettenansatzes zielen auf das Identifizieren und Analysieren von Stärken und Schwächen.

Ausgehend vom Wertkettenansatz von Porter entwickeln Zahn und Schmid das Konzept des ökologiebezogenen Wertschöpfungsrings in dem Stoff- und Energieflüsse dargestellt werden (Abb. 3.22). Aspekte der Kreislaufwirtschaft und des

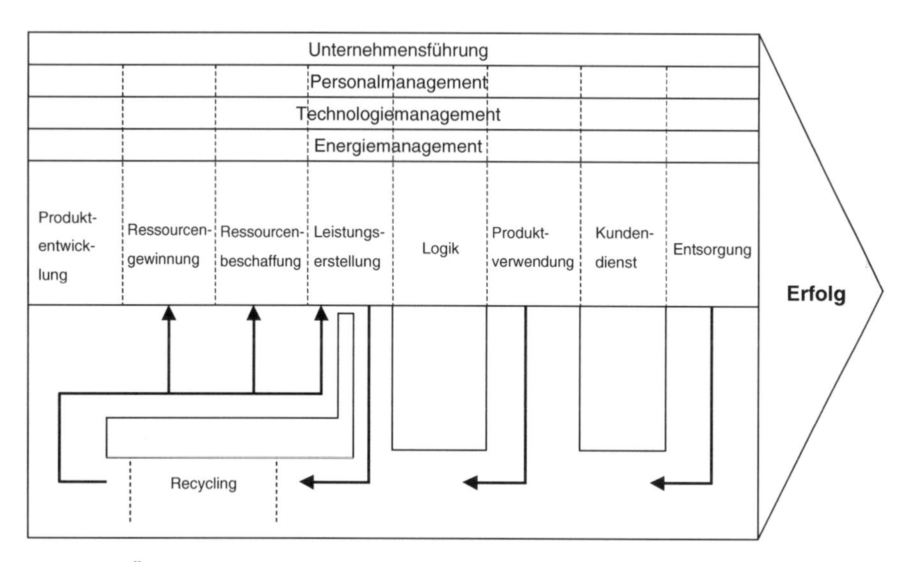

Abb. 3.22 Ökologiebezogener Wertschöpfungsring (Zahn und Schmid, 1992)

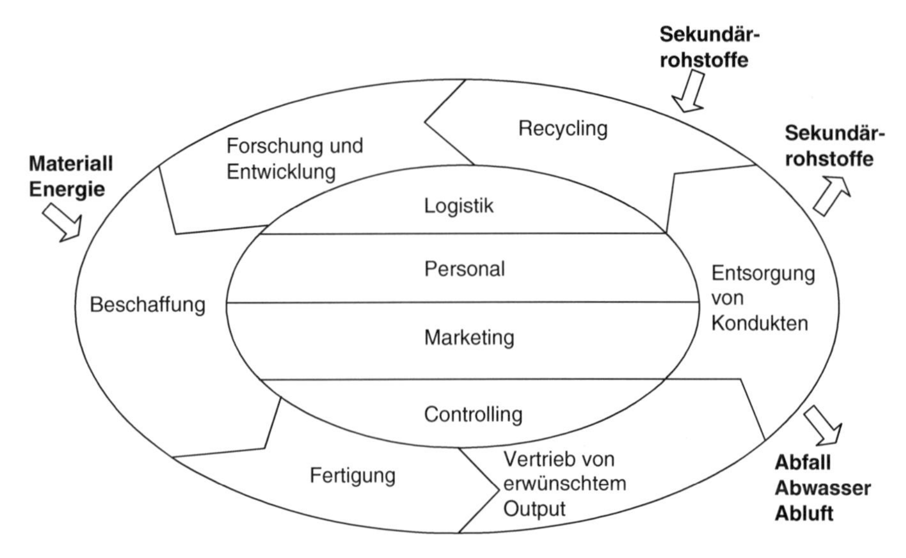

Abb. 3.23 Wertschöpfungskreis (Coenenberg, 1994, S. 41)

Recyclings werden durch entsprechende Aktivitäten und Rückkopplungen zu vorgelagerten Aktivitäten berücksichtigt (Zahn und Schmid, 1992).

Ein weiteres Konzept, das ebenfalls auf der Wertkette von Porter aufbaut, zeigt Abb. 3.23. Der Wertschöpfungskreis umfasst zusätzlich die Wertschöpfungsstufen Entsorgung und Recycling (Coenenberg, 1994).

3.2.2.2 Life Cycle Management – UNEP/SETAC Life Cycle Initiative

Führt man eine Klassifizierung bestehender Ansätze ein, so kann die LCM Definition der UNEP/SETAC Life Cycle Initiative zu den nachhaltigkeitsorientierten Life Cycle Management-Ansätzen gezählt werden; wobei ökologische Aspekte besonders betont werden. Der Ansatz verfolgt die Integration der Lebenszyklusperspektive in die Gesamtstrategie, die Planung und die Entscheidungsprozesse von Organisationen mit Bezug zu ihrem Produktportfolio.

> „Life Cycle Management is a flexible, integrated, framework of concepts, techniques and procedures to address environmental, economic, technological and social aspects of products and organizations to achieve continuous improvement for a life cycle perspective.“ (Saur et al., 2003)

Der vorgeschlagene Rahmen für ein Life Cycle Management umspannt verschiedene Bereiche wie die lebenszyklusbasierte Produktentwicklung, die Kommunikation von Lebenszyklusinformationen, das Management von Produkten entlang ihres Lebensweges, die Einbindung von Managementsystemen entlang der Wertschöpfungskette von Unternehmen sowie die Einbeziehung der Stakeholder (Saur et al., 2003). Der Ansatz positioniert Life Cycle Management als einen Rahmen, der auf bestehenden Strukturen, Systemen, Werkzeugen und Informationen aufbaut. Be-

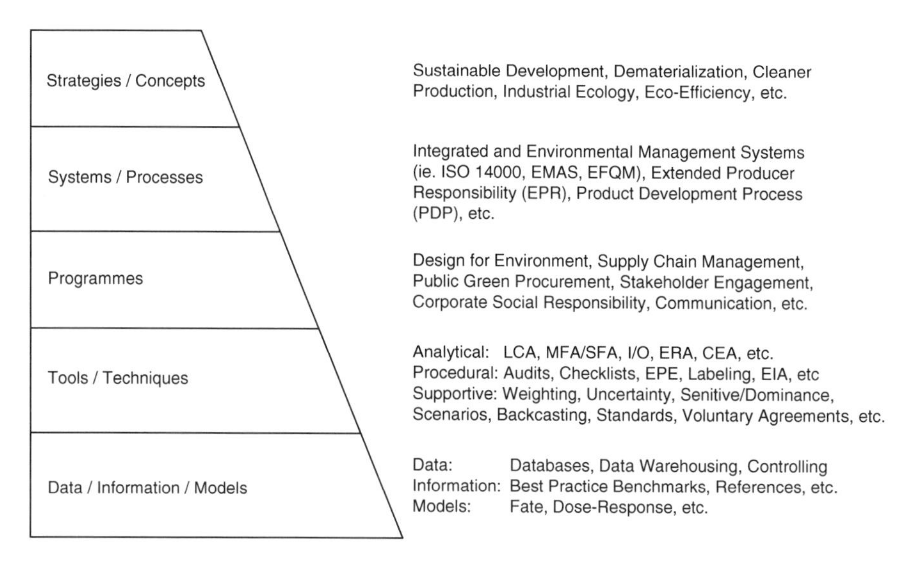

Abb. 3.24 Bezugsrahmen zum Life Cycle Management (Saur et al., 2003, S. 14)

stehende Konzepte, Werkzeuge und Programme sollen nicht ersetzt, sondern ihre Anwendung soll durch einen LCM-Rahmen verbessert werden (Abb. 3.24).

Für die Integration von Umweltaspekten in den unternehmerischen Entscheidungsprozess werden unterschiedliche umweltorientierte Ansätze und Techniken vorgeschlagen. Diese können auf der Ebene von Managementsystemen, von Programmen oder auf der technischen Ebene eingesetzt werden. Die Werkzeugsammlung wird unterteilt in analytische und prozedurale Werkzeuge (Abb. 3.25).

Das Zusammenspiel verschiedener Managementebenen und -funktionen sowie der Bezug zu einem lebensphasenübergreifenden Denken sind aus dem geschaffenen Rahmen jedoch nicht direkt erkennbar.

3.2.2.3 Life Cycle Management – IFF Stuttgart

Das Konzept zum Life Cycle Management am IFF Stuttgart greift ebenfalls das Prinzip des nachhaltigen Wirtschaftens und der Betrachtung des gesamten Produkt-

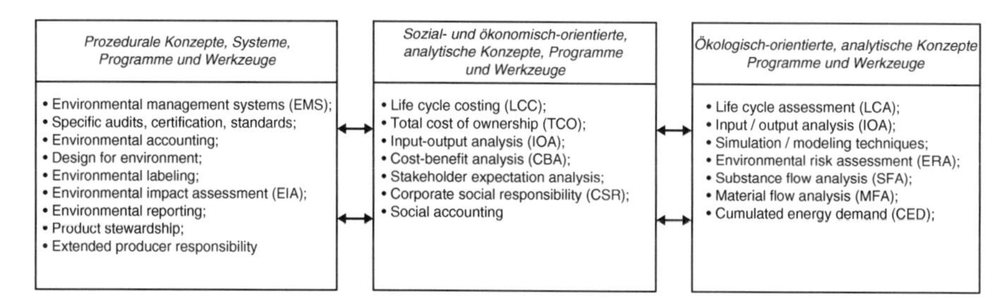

Abb. 3.25 Konzepte, Systeme, Programme und Werkzeuge im LCM (Saur et al., 2003, S. 14)

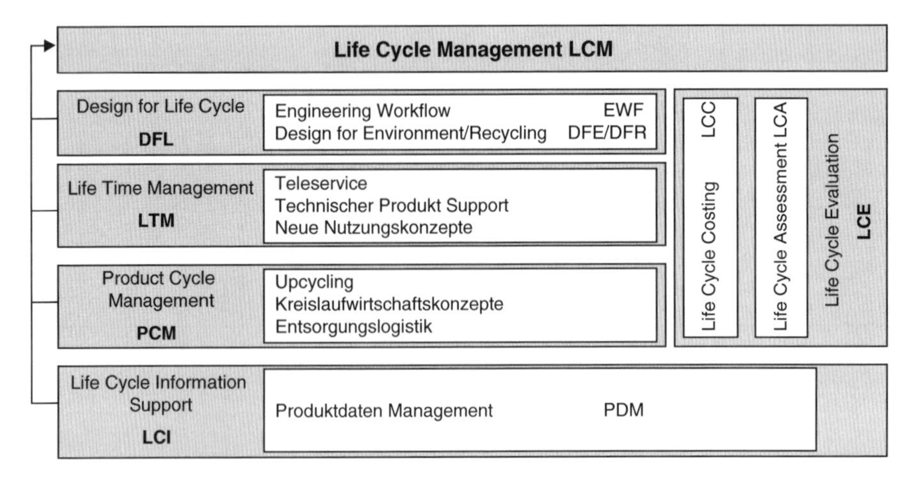

Abb. 3.26 Arbeitsfelder des Life Cycle Managements (Westkämper, 2003; Niemann, 2003)

lebenslaufes auf. Die Vision ist, technische Produkte oder Maschinen über ihren gesamten Lebenslauf zu verfolgen (Abb. 3.26). Hierbei hat die Bereitstellung konsistenter Daten und Informationen über den gesamten Lebenslauf eine besondere Bedeutung (Westkämper et al., 2000; Niemann, 2003). Ziel des so ausgerichteten Life Cycle Managements ist die ökologische und ökonomische Optimierung über den ganzen Produktlebenslauf hinweg – „von der Wiege bis zur Bahre“ und in einer Weiterentwicklung „von der Wiege bis zur Wiege“. Es sind alle beteiligten Akteure in den Lebenslaufphasen Entwicklung, Herstellung, Gebrauch und Service sowie Recycling und Wiederverwendung einzubinden. Abbildung 3.26 zeigt die definierten Handlungs- bzw. Arbeitsfelder.

Design for Life Cycle (DFL): Das DFL umfasst Aktivitäten zur nachhaltigen, lebenslauforientierten Produktentwicklung. Angewendet werden z.B. Werkzeuge des „Eco-Design“ und des „Design for Recycling“.

Life Cycle Evaluation (LCE): Mit Hilfe von Methoden und Werkzeugen der ökonomischen wie ökologischen Bewertung lässt sich darstellen, wie effizient Ressourcen genutzt werden.

Life Time Management (LTM): Mit dem Ziel, die Anlageneffektivität zu maximieren, kommen Werkzeuge wie Teleservice, Technischer Support und Simulationen zum Einsatz. Hier werden in besonderem Maße auch nachhaltige Produktnutzungsstrategien zu entwickeln sein.

Product Cycle Management (PCM): Den Lebenslauf eines technischen Produktes gilt es durch Konzepte der Kreislaufwirtschaft, der Entsorgungslogistik sowie des Recyclings zu begleiten. Neben der Planung und Organisation von Recyclingnetzwerken muss auch die Rückführlogistik gestaltet werden.

Daneben stellt im übergreifenden Arbeitsfeld *Life Cycle Information-Support (LCI)* ein konsistentes Produktdatenmanagement sämtliche Daten für alle Lebenslaufpartner im Produktlebenszyklus zur Verfügung und ist somit eine wichtige Voraussetzung für ein erfolgreiches Life Cycle Management. Der dargestellte Rahmen greift die verschiedenen Managementelemente nicht auf. Das Leitbild einer nachhaltigen Entwicklung wird zwar genannt, ist aber in der Darstellung nicht direkt verankert. Die Anordnung der Arbeitsfelder lässt eine Zuordnung zu Lebensphasen bzw. lebensphasenübergreifenden Aktivitäten in einem Life Management nicht zu.

3.2.2.4 Life Cycle Management – CSC Ploenzke

Life Cycle Management adressiert Methoden und Strategien zur ganzheitlichen Neuausrichtung von Unternehmen auf Basis der veränderten Anforderungen des Produktlebenszyklus. Das Beratungsunternehmen CSC Ploenzke bietet einen stark Produktentwicklungsprozess- und IT-bezogenen Ansatz zum Life Cycle Management (Abb. 3.27). „Um neue Produkte in immer kürzerer Zeit und hoher Qualität zur Serienreife entwickeln zu können, gilt es, die Effizienz der eingesetzten Ressourcen an Personal, Technik und IT-Systemen zu steigern sowie Entwicklungspartner stärker zu integrieren." Hierdurch sollen Prozesse in der Produktentwicklung beschleunigt und gleichzeitig deren Qualität verbessert werden.

Der Schwerpunkt der Aktivitäten liegt auf der Gestaltung der Entwicklungsprozesse, der Organisation und der unterstützenden IT-Systeme. Dazu zählen beispielsweise die Optimierung von Computer-Aided-Design(CAD)-, Produktdatenmanagement(PDM)- und Projektmanagement(PM)-Systemen.

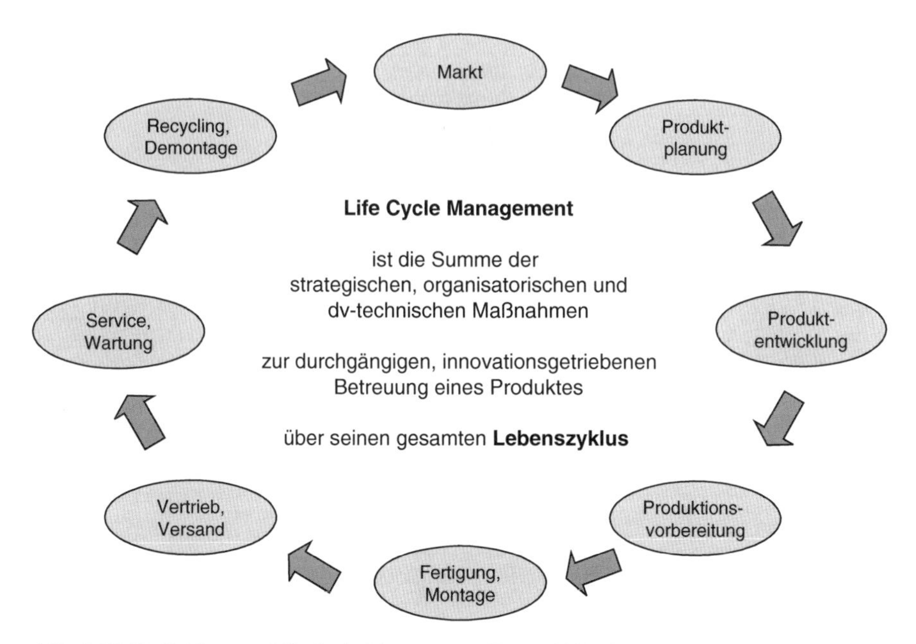

Abb. 3.27 Definition von Life Cycle Management (Sturz, 2000, S. 3)

3.2.2.5 Life Cycle Management in der Produktentwicklung – Schäppi

Ausgehend von fachübergreifend einsetzbaren Methoden wie das Quality Function Deployment (QFD) und das Target Costing für die integrierte Entwicklung von Produkt, Dienstleistung, Produktion, Marketing, Logistik etc. postuliert Schäppi den Einsatz dieser Methoden für die Realisierung von Qualitäts- und Kostenzielen. Die in Abb. 3.28 dargestellten „[...] Methoden zielen dabei auf eine konsequente Umsetzung von Nutzen-, Qualitäts- und Kostenzielen im gesamten Produkterstellungsprozess [...] ab und helfen so, die in der Planungsphase festgelegten Erfolgskriterien systematisch umzusetzen. Für die integrierte Entwicklung von Produktkomponenten auf der technischen Ebene (mechatronische Produkte) werden derzeit ganzheitliche Konzeptionsmethoden entwickelt." (Schäppi et al., 2005, S. 19)

Life Cycle Management wird hier verschiedenen anderen Managementkategorien zu- bzw. untergeordnet. Dabei wird der Begriff zum einen auf eine Ebene mit traditionellen Konstruktionsmethoden wie Poka-Yoke oder QFD und zum anderen auf eine Ebene mit ebenfalls traditionellen Organisationskonzepten wie Simultaneous Engineering gesetzt (vgl. Kap. 6.1).

3.2.2.6 Life Cycle Management – 3M

Als ein Unternehmen, welches sich früh mit einem nachhaltigkeits- und lebenszyklusorientierten Management beschäftigt hat, gilt die Firma 3M. Life Cycle Management wird als Methodik verstanden und ist in den Arbeits- und Umweltschutz in-

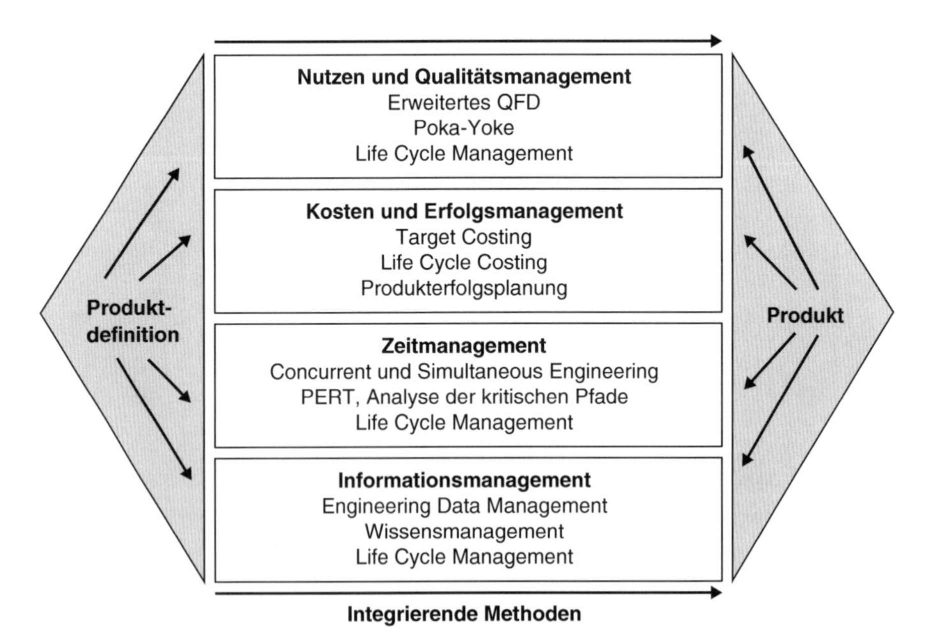

Abb. 3.28 Einordnung von Life Cycle Management (Schäppi et al., 2005, S. 19)

Lebensweg-phasen / Auswirkung	Material-beschaffung	F&E Aktivitäten	Herstellungs-aktivitäten	Kundenanforderungen	
				Nutzung	Entsorgung
Umwelt					
Energie / Ressourcen					
Gesundheit					
Sicherheit					

Abb. 3.29 Bezugsrahmen für das 3M-Life Cycle Management (3M, 2008)

tegriert. Im Rahmen des Life Cycle Managements werden alle neue Produkte bzw. Produktideen des Unternehmens auf ihre potentiellen Auswirkungen auf Umwelt, Energie- und Ressourcenverbrauch, Gesundheit und Sicherheit in allen Produktlebensphasen überprüft (Abb. 3.29).

Die Vorgehensweise ist fester Bestandteil des formalen Produktentstehungsprozesses und wird durch abteilungs- und funktionsübergreifende Teams durchgeführt. Bereits auf dem Markt befindliche Produkte werden nach einem Prioritätenplan bis zum Jahr 2010 bewertet (3M, 2008; Fichter und Arnold, 2004, S. 68).

3.2.2.7 Bezugrahmen für Nachhaltigkeitsorientierung in Forschung und Bildung – IWF Berlin

Die Anforderungen einer nachhaltigen Entwicklung werden im Rahmen der Forschungsarbeiten des IWF Berlin aufgegriffen (Seliger, 2004, S. 30 ff.). Wichtiger Bestandteil des Bezugsrahmens ist das Verständnis für die menschlichen Bedürfnisse nach Maslow. Maslow stellte die These auf, dass die menschlichen Bedürfnisse hierarchisch angeordnet sind. Sein Modell klassifiziert die menschlichen Bedürfnisse in acht verschiedene Ebenen, ausgehend vom Primitiven bis hin zum Humanen (Maslow, 1962, 1970):

1. Biologisch (Sauerstoff, Nahrung, Sexualität)
2. Sicherheit (Schutz, Ruhe, Freiheit von Angst)
3. Zugehörigkeit (Zuneigung, Liebe, Bindung)
4. Wertschätzung (Selbstwertgefühl, Anerkennung, Prestige)
5. Kognitiv (Neues, Wissen, Erkenntnis)
6. Ästhetik (Ordnung, Schönheit)
7. Selbstverwirklichung (Ziele, Potenzialausschöpfung)
8. Transzendenz (Spiritualität, Höheres Bewusstsein)

Die Grundüberlegung im Modell ist, dass die verschiedenen Hierarchieebenen aufeinander aufbauen, die einzelnen Bedürfnisse jedoch jedem Individuum angeboren

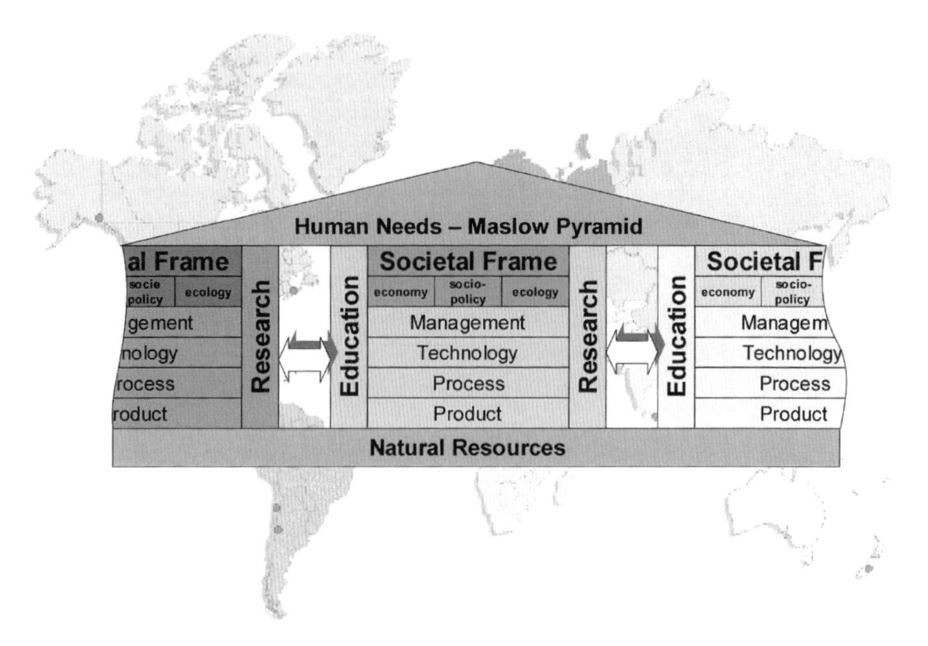

Abb. 3.30 Bezugsrahmen für Forschung und Bildung (Seliger, 2004, S. 30)

sind. Erst nach der Erfüllung einer Bedürfnisebene entstehen die Bedürfnisse auf nächst höherer Ebene im vollen Umfang.

Als Herausforderungen für Ingenieure wird die Gestaltung von Produkten und Prozessen mit einem erhöhten Nutzen und geringeren Umweltwirkungen herausgestellt. Die systematische und zielgerichtete Entwicklung von Technologien bildet hierfür eine wichtige Grundlage. Die Interaktionen zwischen Forschung und Bildung und die veränderte Verfügbarkeit von Wissen ermöglichen eine dynamische Entwicklung erforderlicher Innovationen (Abb. 3.30).

Die Aufgabe des Managements ist der Umgang mit der resultierenden Dynamik unter Einbeziehung von Kooperationen und Abwägung von Risiken des Wettbewerbs. Der geschaffene Bezugsrahmen zeichnet sich insbesondere durch die Berücksichtigung regional unterschiedlicher gesellschaftlicher Rahmenbedingungen mit verschiedenen Wertesystemen (ökonomisch, ökologisch und sozial) aus.

3.3 Handlungsbedarf

Modelle oder Konzepte als Bezugsrahmen für ein lebensphasenübergreifendes Management in Unternehmen, welche das Leitbild einer nachhaltigen Entwicklung mit einer gleichberechtigten Stellung der drei Dimensionen (Ökonomie, Ökologie, Soziales) unterstützen, sind in der Forschung und industriellen Praxis bisher nur vereinzelt zu finden. Ein integrativer Ansatz, der auf der einen Seite die verschiedenen Managementebenen und -funktionen von Unternehmen darstellt und auf der anderen Seite das lebensphasenübergreifende Denken verdeutlicht sowie Methoden und Ansätze zusammenführt, existiert nicht.

Der LCM-Rahmen der UNEP/SETAC Life Cycle Initiative ordnet verschiedene Instrumente, Werkzeuge, Methoden möglichen Hierarchieebenen eines Managements zu. Das Zusammenspiel verschiedener Managementebenen und -funktionen sowie der Bezug zu einem lebensphasenübergreifenden Denken sind jedoch nicht erkennbar. Auch das Konzept für ein Life Cycle Management am IFF/Stuttgart stellt die verschiedenen Managementelemente nicht dar. Das Leitbild einer nachhaltigen Entwicklung wird zwar genannt, ist aber im Modell nicht direkt verankert. Die Anordnung der Arbeitsfelder lässt eine Zuordnung zu Lebensphasen bzw. lebensphasenübergreifenden Aktivitäten in einem Life Cycle Management nicht zu. Der von CSC Ploenske aufgestellte Bezugsrahmen für ein Life Cycle Management zeigt die verschiedenen Lebensphasen eines Produktes und nennt strategische, organisatorische und informationstechnische Maßnahmen zur Betreuung eines Produktes entlang des gesamten Lebensweges. Die Bedeutung eines strategischen und operativen Managements und eines lebensphasenübergreifendes Denkens finden sich wieder. Die Integration von strategischem und operativem Management ist jedoch nicht erkennbar. Ebenfalls nicht integriert ist die Gestaltung von Produkten und Prozessen, als eine wichtige Aktivität im Life Cycle Management. Die Firma 3M versteht unter Life Cycle Management eine ganzheitliche Vorgehensweise bzw. Methodik, um insbesondere die Auswirkungen eines Produktes auf die Umwelt zu analysieren. Die Darstellung des Produktlebensweges und wichtiger Bewertungsdimensionen kann ansatzweise als Orientierungshilfe dienen. Einen Bezugsrahmen für das Management und die Schaffung von Transparenz für die Integrationsnotwendigkeiten arbeitsteilig differenzierter Systeme und Disziplinen wird nicht geschaffen.

Die vorgestellten Lösungsbausteine können zusammenfassend anhand der folgenden Aspekte gegenübergestellt werden (Tab. 3.2):

- *Bezugsrahmen:* Es wird ein Bezugsrahmen bereitgestellt, der eine Orientierung im Hinblick auf die Funktionsweise eines Unternehmens, die Verankerung einer Nachhaltigen Entwicklung und Lebenszyklusdenken ermöglicht (●). Es wird ein Bezugsrahmen aufgespannt. Dieser beinhaltet aber nur Teilelemente, die für ein ganzheitliches und lebenszyklusorientiertes Verständnis erforderlich sind (◑). Ein Bezugsrahmen wird nicht angeboten (○).
- *Modellbasiert:* Der Lösungsbaustein und vor allem der Bezugsrahmen basieren auf einem Beschreibungsmodell, welches die Funktionsweise eines Unternehmens bzw. Teilsystems eines Unternehmens darstellt und Zusammenhänge eines lebenszyklusorientierten Managements aufzeigt (●). Ein zugrunde liegendes Modell wird nicht dargestellt bzw. ist nicht vorhanden (○).
- *Transparenz für Integration:* Der Lösungsbaustein schafft Transparenz für die Integrationsnotwendigkeiten arbeitsteilig differenzierter Systeme und Disziplinen im Kontext einer Nachhaltigen Entwicklung und Lebenszyklusorientierung (●). Integrationsnotwendigkeiten werden aufgezeigt, berücksichtigen jedoch nicht oder nur die Anforderungen aus einer Nachhaltigen Entwicklung und Lebenszyklusorientierung (◑). Eine Transparenz für Integration wird nicht geschaffen (○).

Tab. 3.2 Gegenüberstellung bestehender Lösungsbausteine

	Bezugsrahmen	Modellbasiert	Transparenz für Integration	Zu integrierende Systeme und Disziplinen	Dimensionen einer Nachhaltigen Entwicklung
Wertschöpfungskreis (Coenenberg)	◑	○	◑	◑	◑
Wertschöpfungsring (Zahn und Schmid)	◑	○	◑	◑	◑
Life Cycle Management (UNEP/SETAC Life Cycle Initiative)	◑	○	◑	◑	◑
Life Cycle Management (IFF-Stuttgart)	◑	○	◑	◑	◑
Life Cycle Management (Schäppi)	○	○	◑	◑	○
3M-Life Cycle Management	◑	○	◑	◑	◑
Forschung und Bildung (Seliger)	◑	○	◑	◑	●

- *Zu integrierende Systeme und Disziplinen:* Die für eine ganzheitliche, systemische Lösung zu integrierenden Teilsysteme und Disziplinen (z.B. Produkt-, Produktions- und After-Sales-Management) werden dargestellt und eingeordnet (●), werden zum Teil genannt (◑) oder werden nicht benannt (○).
- *Dimensionen der Nachhaltigen Entwicklung:* Der Lösungsbaustein berücksichtigt alle drei Dimensionen einer Nachhaltigen Entwicklung (Umwelt, Wirtschaft, Soziales) und nimmt direkt auf diese Bezug (●). Der Lösungsbaustein berücksichtigt nur die Auswirkungen auf die Umwelt (◑) oder nimmt keinen Bezug zu den Dimensionen einer nachhaltigen Entwicklung (○).

Die Gegenüberstellung verdeutlicht, dass die Lösungsbausteine zumeist einen Bezugsrahmen anbieten, diese jedoch im Hinblick auf die Verankerung einer Nachhaltigen Entwicklung und Lebenszyklusorientierung Lücken aufweisen. Bei allen Lösungsbausteinen ist eine Modellbasierung nicht zu erkennen. Die Notwendigkeit verschiedene Disziplinen (wie z.B. Kosten- und Informationsmanagement) oder Teilsysteme (Entwicklung, Logistik, Produktion) zu integrieren bzw. deren Zusammenspiel aufzuzeigen, ist in den verschiedenen Lösungsbausteinen erkennbar, jedoch nicht vollständig. Eine Darstellung der Disziplinen hinsichtlich ihres Beitrags für ein Life Cycle Management wird nicht geboten. Die Mehrheit der Lösungsbausteine betont die ökologische Dimension einer nachhaltigen Entwicklung. Bei allen bestehenden Ansätzen fehlt eine Differenzierung zwischen normativen, strategischen und operativen Managementebenen. Eine lebensphasenübergreifende Darstellung der verschiedenen Managementebenen und -funktionen ist nicht vorhanden.

Kapitel 4
Modell und Bezugsrahmen für ein Ganzheitliches Life Cycle Management

Bezugsrahmen für das Management von Unternehmen versuchen die Funktionsweise und damit den grundsätzlichen Aufbau von Unternehmen in allgemeiner Form abzubilden. Unter ihrer Zuhilfenahme können wichtige Managementfragen durchdrungen und der Zusammenhang verschiedener Fragestellungen und möglicher Maßnahmen aufgezeigt werden. Auf diese Weise ermöglichen sie die Strukturierung verschiedener Disziplinen, Aktivitäten und Methoden und deren Einordnung im Unternehmenskontext (Malik, 2008, S. 21).

Bezugsrahmen unterstützten die handelnden Personen dabei, Führungsaufgaben besser zu begreifen und zu erfüllen. Bezugsrahmen enthalten somit keine konkreten Handlungsanweisungen, sondern stellen einen Rahmen für die Aktivitäten des Managements, die Schaffung geeigneter Strukturen und die Beeinflussung von Verhaltensweisen dar. Ausgehend vom beschriebenen Handlungsbedarf ist das Ziel, basierend auf einem Beschreibungsmodell einen Bezugsrahmen für ein Ganzheitliches Life Cycle Management bereitzustellen, der auf der einen Seite Nachhaltigkeits- und Lebenszyklusorientierung vereint und auf der anderen Seite Transparenz für die Integration und das Zusammenspiel verschiedener Disziplinen (z. B. Informationsmanagement, Produktionsmanagement und End-of-Life Management) schafft.

Im Folgenden wird zunächst die inhaltliche Ausrichtung eines ganzheitlichen Life Cycle Managements dargestellt und die Anforderungen an einen Bezugsrahmen zusammengefasst. Das anschließende Kapitel ist dem Umgang mit komplexen Systemen und dem Aufbau eines Beschreibungsmodells als Grundlage für ein Ganzheitliches Life Cycle Management gewidmet. Schlussendlich werden der Bezugsrahmen für ein Ganzheitliches Life Cycle Management vorgestellt und die zu integrierenden lebensphasenbezogenen und -übergreifenden Disziplinen kurz beschrieben.

C. Herrmann, *Ganzheitliches Life Cycle Management*,
DOI 10.1007/978-3-642-01421-5_4, © Springer-Verlag Berlin Heidelberg 2010

4.1 Anforderungen an ein Ganzheitliches Life Cycle Management

Für ein Ganzheitliches Life Cycle Management müssen die einzelnen Phasen im Produktlebensweg stärker aufeinander abgestimmt, die an der Produktentstehung, Nutzung und Entsorgung beteiligten Akteure zusammengeführt und durchgängige Prozess- und Informationsströme gestaltet werden. Als eine Herausforderung erweist sich dabei die räumliche, organisatorische und zeitliche Trennung der beteiligten Akteure. Probleme, die im Rahmen eines Ganzheitlichen Life Cycle Managements gelöst werden müssen, weisen meist die folgenden Eigenschaften auf (Herrmann, 2006):

- Ursache und Auftreten von Problemen liegen in verschiedenen Produktlebensphasen (z. B. Konstruktion und Recycling).
- Hintergrund ist häufig ein Zielkonflikt zwischen den kurzfristigen Zielen der Akteure in den verschiedenen Lebensphasen (z. B. eine konstruktiv einfache Lösung wie Kleben in der Produktentwicklungsphase vs. Demontierbarkeit in der Entsorgungsphase).
- Eine komplexe Entscheidungssituation besteht, da wirtschaftliche, technische und ökologische Aspekte über lange Zeiträume mit entsprechenden Unsicherheiten (Risiko) bewertet werden müssen (z. B. Festigkeit der Verbindung, Kosten von Alternativen, verfügbare Werkzeuge zur Demontage und Recyclingprozesse, Arbeitskosten, zu entfrachtende Schadstoffe, Wert der gewonnenen Recyclingfraktionen).

Ausgehend von dem Leitbild einer nachhaltigen Entwicklung sind die **Ziele** eines Ganzheitlichen Life Cycle Managements

- die Minimierung von Kosten und Optimierung der Erlöse sowie
- die Minimierung von Risiken und
- die Minimierung von Umweltwirkungen

über alle Phasen des Produktlebensweges und über Unternehmensgrenzen hinweg.

Neben der flussorientierten Abstimmung zwischen den einzelnen Lebensphasen (Produktenstehung, Nutzung, Entsorgung/Recycling) muss auch die Dynamik, d. h. die Veränderung wichtiger Zustandsgrößen in den beteiligten Systemen (z. B. Beschaffungsmarkt, Fabriksystem, Absatzmarkt, EDV/IT-Infrastruktur) in einem Ganzheitlichen Life Cycle Management berücksichtigt werden. Ferner ist die Kopplung von Lebenswegen bzw. Systemen zu berücksichtigen.

Die resultierenden **Aufgaben** eines Ganzheitlichen Life Cycle Managements sind:

- die Berücksichtigung aktueller und zukünftiger Veränderungen systemrelevanter Zustandsgrößen sowie die Beachtung der Kopplung unterschiedlicher Systeme und der resultierenden Zusammenhänge.
- die Entwicklung geeigneter Maßnahmen, um den Verlauf der Zustandsgrößen im Sinne der Ziele eines Ganzheitlichen Life Cycle Managements zu beeinflussen.
- die verschiedenen Lebenszyklen sowohl der Primär- als auch der Sekundärprodukte aktiv zu gestalten, zu lenken und zu entwickeln.
- die Gestaltung der Schnittstellen zwischen den einzelnen Produktlebensphasen und damit teilweise auch zwischen den einzelnen Akteuren entlang der erweiterten Supply Chain.
- die Erschließung der Potenziale durch einen integrativen Ansatz auf allen Managementebenen.

die Auswahl und der Einsatz geeigneter Methoden und Werkzeuge zur abgestimmten Entwicklung von Maßnahmen in verschiedenen Produktlebensphasen.

Der hierfür erforderliche Bezugsrahmen muss das Leitbild einer Nachhaltigen Entwicklung aufgreifen und die Lebenszyklusorientierung widerspiegeln. Das zugrunde liegende Modellverständnis soll zum einen die Funktionsweise von Unternehmen und die Schnittstellen zwischen Unternehmensfunktionen berücksichtigen und zum anderen sowohl die Beziehungen zu anderen Unternehmen als auch zum wirtschaftlich-gesellschaftlichen Umfeld und zur natürlichen Umwelt einbeziehen (Abb. 4.1). Ein Ganzheitliches Life Cycle Management zielt damit auf die Verankerung der Anforderungen aus dem Leitbild einer Nachhaltigen Entwicklung und dem Verständnis einer Industriellen Ökologie (Industrial Ecology) im Unternehmen (vgl. Socolow et al., 1994, S. 331 ff.).

Der Bezugsrahmen muss somit das Zusammenspiel verschiedener zur konkreten Ausgestaltung von Lösungen erforderlicher Disziplinen (wie z. B. Produktionsmanagement oder Informations- und Wissensmanagement) verdeutlichen. Die Kopplung zwischen Lebenswegen eines Primärproduktes und denen der eingesetzten Sekundärprodukte (z. B. Betriebs- und Hilfsmittel) ist ebenfalls zu beachten. Auf diese Weise soll der Bezugsrahmen Unternehmen bzw. handelnden Personen bei der Strukturierung von Ist- und Entscheidungssituationen sowie der Entwicklung, Analyse und Bewertung nachhaltiger Innovationen unterstützen. Er soll Management und Mitarbeitern Orientierung ermöglichen und Schnittstellenkompetenz fördern. In der Praxis und insbesondere in der Wissenschaft soll der Bezugsrahmen helfen, Lücken zu erkennen, neue Lösungen zu entwickeln sowie bestehende Einzellösungen und -ansätze zusammenzufügen.

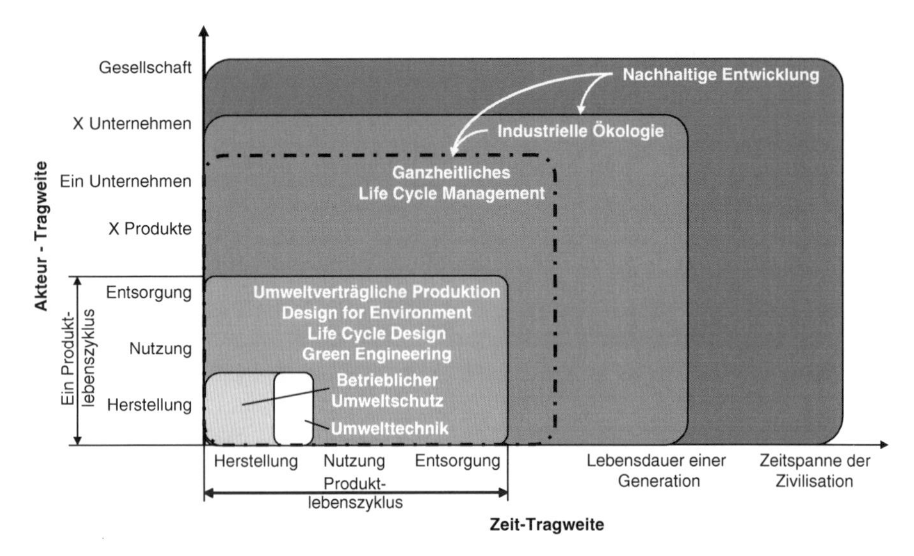

Abb. 4.1 Domänen im Kontext einer Nachhaltigen Entwicklung – Einordnung eines Ganzheitlichen Life Cycle Managements; verändert in Anlehnung an (Coulter et al., 1995)

4.2 Managementmodelle und komplexe Systeme

Die Entwicklung von Bezugsrahmen für das Management von Unternehmen erfordert ein grundlegendes, systemorientiertes Verständnis von deren Funktionsweise und der Einbettung in das wirtschaftliche Umfeld (Beer, 1995, S. 236; Malik, 2008, S. 44 ff.). Ein Verständnis für dynamische Systeme und damit verbunden die Begriffe Systemtheorie und Kybernetik bilden somit den Ausgangspunkt.

4.2.1 Systemtheorie und Kybernetik

Eine wesentliche Erkenntnis der Systemtheorie ist, dass Unternehmen in ihrer Umwelt als interagierende komplex-dynamische Systeme verstanden und in ihren Verhaltensweisen und Eigenschaften nur begrenzt gelenkt werden können (Baetge, 1974). Während sich die Systemtheorie allgemein mit Elementen, Strukturen und Architekturen von Systemen auseinander setzt, beschäftigt sich die Kybernetik mit den Funktionen und der Gestalt- und Lenkbarkeit dynamischer Systeme. Die Kybernetik interpretiert dabei die Aufgabe des Managements als die der Lenkung des Unternehmens. Unter dem Begriff Kybernetik wird die „[...] allgemeine, formale Wissenschaft von der Struktur, den Relationen und dem Verhalten dynamischer Systeme." (Flechtner, 1968, S. 10) verstanden. Gegenstand der Kybernetik (griech. Kybernetes, deut. Steuermann) sind daher vor allem Regelungs- und Lenkungsvorgängen von und in Systemen sowie der Informationsaustausch zwischen den

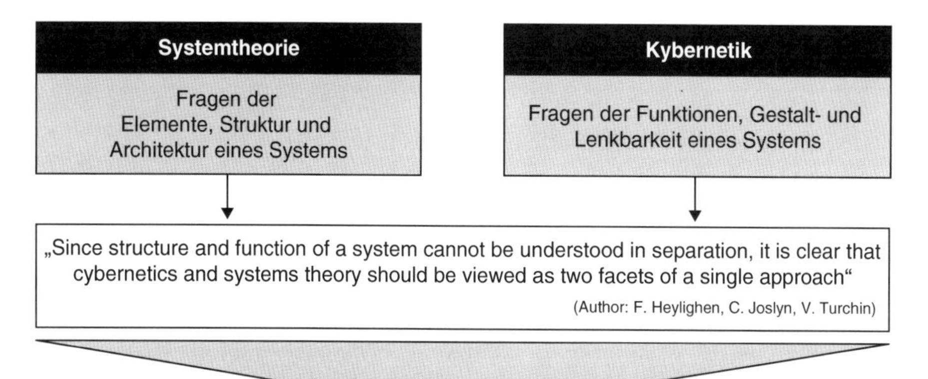

Abb. 4.2 Zusammenhang zwischen Systemtheorie und Kybernetik; in Anlehnung an (Heylighen et al., 1999)

Teilsystemen und ihrer dynamischen Umwelt. Da Strukturen und Funktionen nicht unabhängig voneinander betrachtet werden können, führt die systemorientierte Managementtheorie die Systemtheorie mit der Kybernetik zusammen (vgl. Abb. 4.2) (Heylighen et al., 1999).

4.2.1.1 Systemtheorie

Als Systemtheorie wird die formale Wissenschaft von der Struktur, den Verknüpfungen und dem Verhalten komplexer Systeme bezeichnet (Schwaninger, 2004). Sie geht wesentlich auf die Arbeiten von Bertalanffy zurück (Bertalanffy, 1948). Die Systemtheorie beschäftigt sich mit der Strukturierung von Systemen und betrachtet eine Organisation als offenes, dynamisches, zweckorientiertes, produktives und soziotechnisches System. Ulrich bezeichnet die allgemeine Systemtheorie als vergleichende Lehre bzw. formale Wissenschaft vom Aufbau und der Klassifikation von Systemen (Ulrich, 1984). Gegenüber dem analytischen Ansatz unterscheidet sich der systemische Ansatz bzw. die Systemtheorie in der Verknüpfung und Interaktion zwischen den einzelnen Komponenten und Elementen eines Systems.

Systeme stellen Modelle dar, die von menschlichem Denken konstruiert werden und an bestimmte Gegenstände herangetragen werden können. Das Denken in Systemen ermöglicht durch die Systembeschreibung die Erfassung von Situationen und Problemen in ihrer Vielschichtigkeit und deren Betrachtung in einem umfassenden Zusammenhang. Die Formulierung von Systemen unterstützt somit die Wahrnehmung, Beschreibung und Reduzierung der Komplexität von Problemsituationen. Abhängig von der jeweiligen Zielsetzung kann eine Systemgrenze gewählt werden und dabei zwischen Untersuchungsbereich und dem tatsächlichen Gestaltungsbereich differenziert werden (Patzak, 1982; Ulrich, 1984; Haberfellner 1975;

Haberfellner et al. 2002). Nach Ropohl ist ein System durch folgende Merkmale gekennzeichnet:

- ein System ist eine Ganzheit bestehend aus einer Menge von Elementen,
- die Beziehungen zwischen bestimmten Attributen aufweist,
- die aus miteinander verknüpften Teilen bzw. Subsystemen besteht und
- die auf einem bestimmten Rang von ihrer Umgebung abgegrenzt bzw. aus einem Supersystem ausgegrenzt wird.

Diese umfassende Systemdefinition basiert damit auf den Beschreibungselementen Attribute, Funktionen, Strukturen und Hierarchien (Ropohl, 1979). Damit vereinigt diese Definition das funktionale, strukturale und hierarchische Systemkonzept (siehe Abb. 4.3) (Ropohl, 1979).

Das strukturale Konzept der Systemtheorie beschreibt ein System als eine Ganzheit miteinander verknüpfter Elemente. Bildet ein System sich aus einzelnen Subsystemen, die untereinander in Relation stehen und durch Systemgrenzen von der Umgebung abgegrenzt sind, so bezeichnet man dies als Struktur des Systems. Dabei stehen die Beziehungsgeflechte im Mittelpunkt, die innerhalb einer gegebenen Menge von Elementen bestehen können. Das funktionale Konzept fokussiert die inneren Zusammenhänge zwischen äußeren Systemeigenschaften. Dabei stehen das Verhalten und spezifische Zustände des Systems bei sich ändernden Umgebungsbedingungen, nicht aber dessen innerer Aufbau im Vordergrund. Der Zweck eines Systems ergibt sich somit aus seiner Funktion, die es in der Austauschbeziehung zur

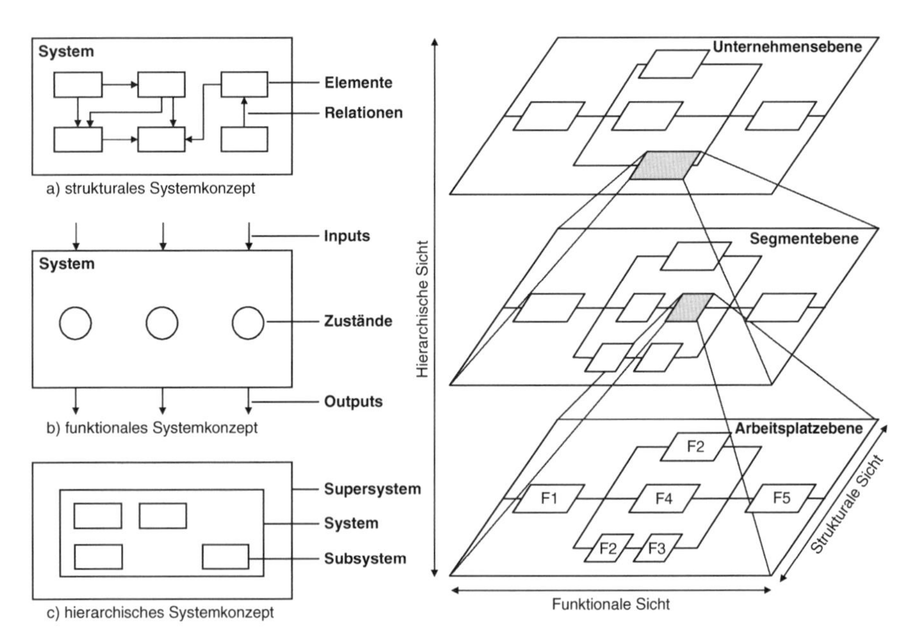

Abb. 4.3 Strukturales, funktionales und hierarchisches Systemkonzept; in Anlehnung an (Ropohl, 1979)

Umwelt (Umsystem) ausüben soll. Der Aufbau eines Systems kann aufgrund der Subsysteme auf unterschiedlichen Betrachtungsebenen in Form einer Systemhierarchie dargestellt werden. Das hierarchische Konzept der Systemtheorie trägt dem Umstand Rechnung, dass die Elemente eines Systems wiederum als System, das System selbst aber seinerseits als Element eines umfassenden Systems angesehen werden können. Systeme können nach dem Hierarchisierungsprinzip in ungeordnete Teilsysteme gegliedert werden. Aufbauend auf einem solchem Systemverständnis können auch Unternehmen als Systeme verstanden werden, die mit dem wirtschaftlichen Umfeld in Austauschbeziehungen stehen. Abhängig von der jeweiligen Zielsetzung kann eine Systemgrenze gewählt werden und dabei zwischen Untersuchungsbereich und dem tatsächlichen Gestaltungsbereich differenziert werden (Ulrich, 1975; Patzak, 1982; Haberfellner, 1975; Steinmann und Schreyögg, 1990; Deanzer und Huber, 1999).

Die Komplexität eines Systems kann nicht unmittelbar wahrgenommen werden (Höge, 1995). „Complexity is a very slippery word" (Lewin, 1992), und daher existiert keine einheitliche Definition von Komplexität. In Anlehnung an Willke (Willke, 1991) wird Komplexität eines Systems definiert als Grad der *Vielschichtigkeit*, *Vernetzung* und *Folgelastigkeit* eines Entscheidungsfeldes. Nach Ulrich und Probst bestimmen die Größen Veränderlichkeit/Dynamik und Vielzahl/Vielfalt die Komplexität eines Systems (Ulrich und Probst, 1991). Der Unterschied zwischen komplizierten und komplexen Systemen liegt demzufolge in einer dynamischen Veränderlichkeit eines bereits komplizierten Systems (vgl. Abb. 4.4).

Eine etablierte Messgröße für die Komplexität ist die Varietät im Sinne von Vielfalt oder Variationsbreite eines Systems. Hierbei handelt es sich um ein Messkonzept, welches die Variationsbreite eines Systems im Sinne seiner Vielschichtigkeit und Vernetzung betrachtet. Malik definiert die Varietät als „[...] die Anzahl der unterscheidbaren Zustände eines Systems, bzw. die Anzahl der unterscheidbareren

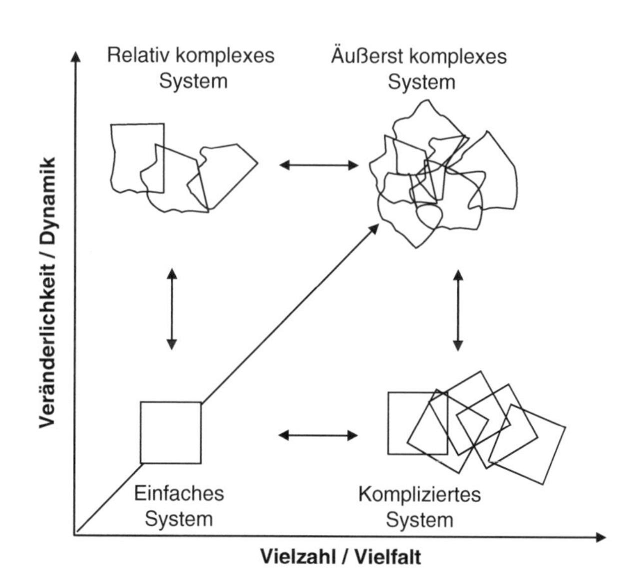

Abb. 4.4 Komplexität von Systemen als Funktion von Vielfalt und Dynamik; in Anlehnung an (Ulrich und Probst, 1991)

Elemente einer Menge“ (Malik, 2008, S. 168). Im übertragenen Sinn steht Varietät auch für die Begriffe Verhaltensrepertoire, Verhaltensspielraum oder Verhaltensmöglichkeiten. Mathematisch wird die Varietät (V) wie folgt definiert (Schwaninger, 2004):

- in Abhängigkeit von der Anzahl Elemente (n) und der Anzahl Relationen (m) zwischen jeweils zwei Elementen: $V = m \cdot \frac{n(n-1)}{2}$
- in Abhängigkeit von der Anzahl möglicher Zustände (z) je Element: $V = z^n$

4.2.1.2 Kybernetik

Während sich die Systemtheorie allgemein mit Systemen auseinander setzt, beschäftigt sich die Kybernetik mit dynamischen Systemen. Ausgeprägte dynamische Veränderungen im Umfeld erfordern von einem System ein hohes Maß an Anpassungs- und Entwicklungsfähigkeit, um eine hohe Wirksamkeit auf Dauer erzielen zu können. Rückkopplungen und Regelkreise spielen in der Kybernetik ebenso eine wichtige Rolle wie Aspekte von Selbstorganisation und Evolution (Wiener, 1948; Staehle, 1989). Ferner bedarf es einer gewissen Robustheit, um die auftretenden Störgrößen aus der Umwelt bewältigen zu können (Haberfellner, 1975; Patzak, 1982; Nordsieck, 1961; Schake, 2000). Die Kybernetik beschäftigt sich daher vor allem mit Regelungs- und Lenkungsvorgängen von und in Systemen sowie dem Informationsaustausch zwischen den Teilsystemen und ihrer dynamischen Umwelt. Der Vorteil gegenüber einer reinen Steuerung von Systemen ist darin zu sehen, dass nicht alle auf ein System wirkenden Störungen im Vorfeld bekannt und in ihrer Wirkung exakt zurechenbar sein müssen (Baetge, 1974, S. 30).

Die kybernetische Sichtweise auf das Management von Unternehmen bzw. Teilsystemen eines Unternehmens zeigt Abb. 4.5. Damit komplexe, in eine dynamische Umwelt eingebettete Systeme wie Unternehmen gelenkt werden können, ist es notwendig, die gewünschten Zustände durch geeignete Lenkungseingriffe des Managements zu beeinflussen (Beer, 1995). Die Lenkung von Unternehmen erfolgt dabei durch Regelkreise die das Management mit den Operationen und der Umwelt verbinden.

Die Führungsgröße (z. B. die Soll-Profitabilität) ist ein Ergebnis des Planungsprozesses der Unternehmensleitung. Das Management trifft auf der Basis dieser Vorgaben und den Ist-Größen Entscheidungen und gibt diese in Form veränderter Pläne an das betriebliche Leistungssystem weiter. Im Leistungssystem werden Maßnahmen und Entscheidungen als Kombinationsprozess der Elementarfaktoren umgesetzt. Die Regelgröße ist das Ergebnis dieses Prozesses (z. B. Kundenzufriedenheit). Das Messglied (z. B. Controlling, Rechnungswesen sowie ein geeignetes Kennzahlensystem) dient der Überwachung der Regelgrößen. Die so ermittelten Ist-Werte werden mit den Soll-Werten verglichen und führen zur Regelabweichung bzw. -differenz als erneute Eingangsgröße für das Management, welches neue Maßnahmen ergreift bzw. neue Weisungen an das Leistungssystem weitergibt. Als Störgrößen wirken u. a. Anforderungen anderer Unternehmensbereiche sowie Ände-

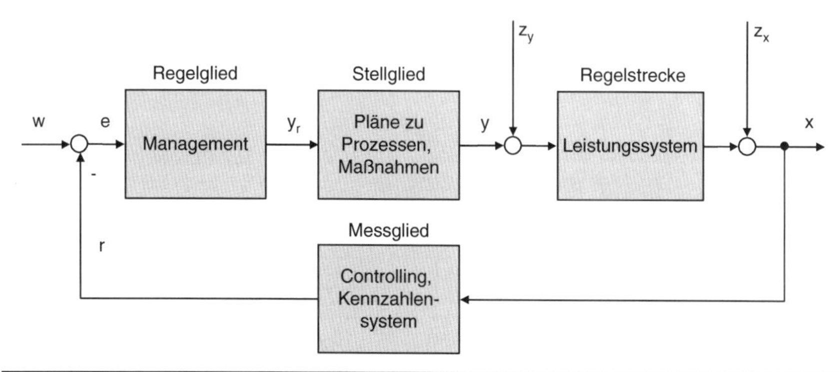

Legende	Beispiele
w: Führungsgröße	Soll-Profitabilität, Soll-Kosten, Deckungsbeiträge, Termine
e: Regeldifferenz	Profitabilitäts-Lücke
y_r: Reglerausgangsgröße	Entscheidungen
y: Stellgröße	veränderte Pläne zu Prozessen, Kostenreduktion, Maßnahmen, Weisungen
z_y: Laststörgröße	Anforderungen anderer Unternehmensbereiche, Änderungen im Umfeld
z_x: Versorgungsstörgröße	Zunahme des Wettbewerbs, neue Gesetze
x: Regelgröße	Profitabilität, Kundenzufriedenheit
r: Rückführgröße	Ist-Profitabilität, Ist-Kundenzufriedenheit

Abb. 4.5 Regelkreisgedanke des Managements; in Anlehnung an (Baetge, 1974, S. 30)

rungen im Unternehmensumfeld (z. B. das Auftreten neuer Wettbewerber oder das Inkrafttreten neuer gesetzlicher Anforderungen).

4.2.2 Die systemisch-kybernetische Managementperspektive

Aus der systemtheoretischen Sichtweise und einem kybernetischen Managementverständnis sind Modelle entwickelt worden, die sich in besonderem Maße für die Anforderungen eines Ganzheitlichen Life Cycle Managements eignen. So umfasst ein kybernetisches Managementverständnis alle in einem Unternehmen interagierenden Personen und ist offen für alle Disziplinen und daher geeignet, ein erforderliches interdisziplinäres Verständnis zu unterstützen. Eine systemtheoretische Sichtweise eröffnet zum einen den Blick auf den gesamten Lebensweg und alle mit diesem im Zusammenhang stehenden übrigen Lebenswege sowie die Austauschbeziehungen zur Umwelt (Wertschöpfungsnetzwerk). Zum anderen erlaubt die Systemtheorie die Definition und Betrachtung von Teilsystemen und eine Unterscheidung zwischen Untersuchungsbereich und Gestaltungsbereich.

Werden also die Operationen in einem Unternehmen bzw. in einem Leistungssystem als Regelstrecke verstanden, so benötigt das Management als Regler ein geeignetes Modell der Regelstrecke als Grundlage für die Entscheidung über Lenkungseingriffe, das eine Bewertung der Auswirkungen von Lenkungseingriffen im Vorfeld ermöglicht (Abb. 4.6).

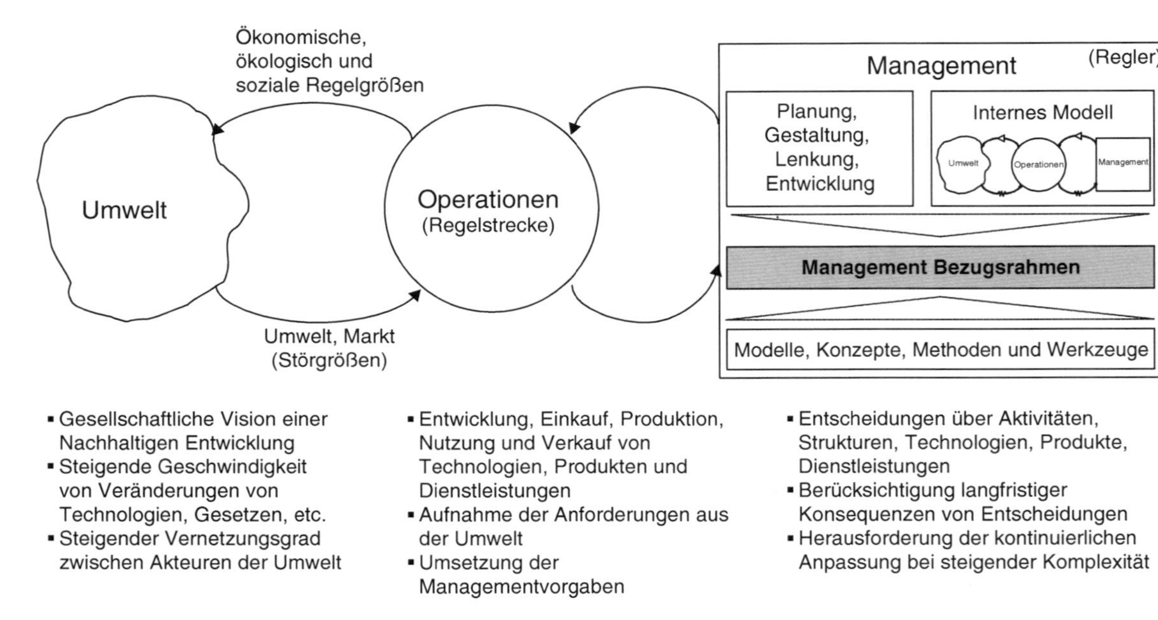

Abb. 4.6 Zusammenhang von Modell und Management Bezugsrahmen, in Anlehnung an (Beer, 1995, S. 95, 236)

Dem gedanklichen oder formellen (internen) Modell als Grundlage für Planung, Gestaltung, Lenkung und Entwicklung von Unternehmen bzw. Leistungssystemen kommt somit eine zentrale Bedeutung zu.

4.2.2.1 Varietätsausgleich zwischen Umwelt, Operationen und Management

Unternehmen sind eingebettet in ein dynamisches Umfeld, d. h. in ein Umfeld, dessen wichtige Zustandsgrößen, z. B. im Hinblick auf Beschaffungs- und Absatzmärkte, Umweltschutzforderungen und Entwicklungsgeschwindigkeit eingesetzter Technologien, einer fortlaufenden Veränderung unterliegen. Aber auch Unternehmen selbst können aufgrund ihrer inneren Eigenschaften, den verschiedenen Beziehungen bzw. Interaktionen zwischen den Systemelementen (z. B. Abteilungen, Prozesse, Kunden, etc.) und den Entscheidungs- bzw. Reaktionsmöglichkeiten, viele verschiedene Zustände einnehmen. Aufgrund der Vielzahl unterschiedlicher möglicher Zustände können sowohl das Umfeld (Umsystem) als auch Unternehmen als komplexe Systeme bezeichnet werden. Damit komplexe, in eine dynamische Umwelt eingebettete Systeme wie Unternehmen kontrolliert werden können, ist es notwendig, die gewünschten Zustände durch geeignete varietätsverstärkende und varietätsdämpfende Lenkungseingriffe des Managements zu beeinflussen (Abb. 4.7).

4.2.2.2 Lebensfähigkeit und Organisationsmethodik

Die systemisch-kybernetische Managementperspektive geht von dem Gedanken der Lebensfähigkeit der Unternehmung aus (Malik, 2008, S. 44). Lebensfähigkeit als die zentrale Struktureigenschaft von Systemen hängt zusammen mit ihrer

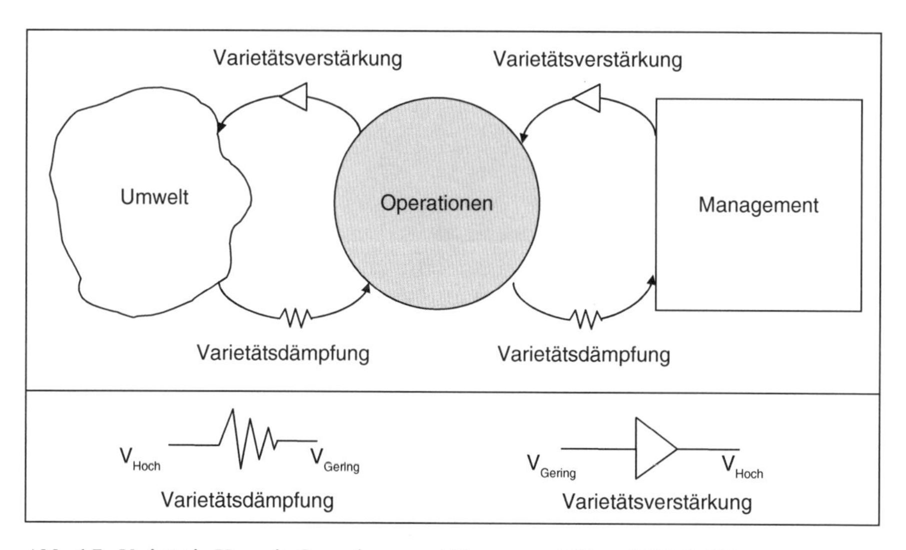

Abb. 4.7 Varietät in Umwelt, Operationen und Management (Beer, 1995, S. 95)

Fähigkeit, die eigene Existenz zeitlich undefiniert aufrecht zu erhalten. Damit hängt das Problem der Lebensfähigkeit sehr eng zusammen mit dem Problem der Identität und ihrer Bewahrung (Beer, 1995, S. 260). Entsprechend dieses Ansatzes gilt es, Liquidität, Gewinn sowie gegenwärtige und zukünftige Erfolgspotenziale simultan ins Gleichgewicht zu bringen. Damit ist notwendigerweise die Fähigkeit verknüpft, die operative Geschäftstätigkeit im Sinne einer Anpassung zu verändern, wenn dies aufgrund sich verändernder (interner und externer) Umstände erforderlich ist. Ein dynamischer Wandel der Umwelt erfordert somit eine kontinuierliche Anpassung des Unternehmens. Im Sinne der Idee der Lebensfähigkeit von Unternehmen geht es darum, strukturelle Eigenschaften von Systemen innerhalb des Unternehmens zu gestalten, z.B. durch die Einführung von teilautonomen Arbeitsgruppen oder der Definition von Geschäftsprozessen. Es sind nicht nur gute Strategien für Produkte und Prozesse für morgen zu planen, sondern die Fähigkeit zu entwickeln, jede bestehende Strategie, jedes bestehende Produkt oder jeden bestehenden Prozess zu ändern, sobald sie/er sich als überholt erweist (Malik, 2008, S. 60–63).

Die Beeinflussbarkeit und Steuerbarkeit der Erfolgspotenziale im Sinne eines strategischen Managements bewegen sich jedoch in unterschiedlichen Zeithorizonten und Zeitrhythmen sowie auf verschiedenen betrieblichen Ebenen – den so genannten Rekursionsebenen – des Unternehmens. Die Umsetzung von Lösungen und Strategien setzen wiederum bestimmte Strukturen im Unternehmen voraus, und bestimmte Unternehmensstrukturen fördern oder verhindern bestimmte Lösungen und Strategien. Vor diesem Hintergrund verfolgt die Organisationsmethodik als wesentliches Ziel, das zu lösende Problem aus Sicht der dem Problemlöser zur Verfügung stehenden Beeinflussungsmöglichkeiten zu modellieren. Dies bedeutet, dass die in der Problemsituation wirkenden bzw. diese erzeugenden Strukturen und Mechanismen zu identifizieren sind. D.h. der Umgang mit Komplexität und Varietät erfordert, dass das Management die komplexen Mechanismen im Unternehmen versteht und basierend auf diesem Verständnis die Lenkung, Gestaltung, und Entwicklung vornehmen kann (Beer, 1995, S. 96). Lenkung bedeutet dabei die Feinanpassung der bestehenden Organisation. Gestaltung dagegen ist auf die Veränderung der Organisationsform gerichtet. Entwicklung umfasst die Veränderung der Organisation über die einzelnen Lebensphasen eines Unternehmens (Gomez und Zimmermann, 1992) (vgl. Abb. 3.15).

Die Lenkung des Unternehmens durch Entscheidungen und die zielorientierte Auswahl problemadäquater Methoden und Werkzeuge stellen zentrale Herausforderungen für das Management dar. Einen Lösungsansatz kann aus dem Gesetz der erforderlichen Varietät von dem britischen Kybernetiker Ashby abgeleitet werden: „Nur Varietät kann Varietät absorbieren" (Ashby, 1956, S. 191). Die wesentliche Aussage des Gesetzes ist, dass ein System, welches ein anderes System steuert, umso besser Störungen ausgleichen kann, je größer dessen Reaktionsvielfalt (Handlungsvarietät) ist. Für ein System, das mit seiner Umwelt in Austauschbeziehung steht, bedeutet dies, dass je größer die Varietät des Systems ist, es umso besser die Varietät der Umwelt durch Steuerung ausgleichen kann. Ziel des Managements von Unternehmen bzw. Leistungssystemen ist es folglich, durch geeignete Maßnahmen dafür zu sorgen, dass das Unternehmen bzw. das Leistungssystem entsprechend auf Störun-

Dämpfung der Varietät	Verstärkung der Varietät
▪ Standardisierung von Kommunikation ▪ Standardisierung von Prozessen ▪ Standardisierung von Produkten ▪ Kooperation auf Basis vertraglicher Vereinbarungen ▪ Filtern unwichtiger Informationen ▪ Filtern unrelevanter Details ▪ Bearbeitung nur von Ausnahmen ▪ Zusammenfassen ähnlicher Vorgänge ▪ Anwendung von Normen und Richtlinien	▪ Übertragung von Verantwortung ▪ Schulung von Mitarbeitern ▪ Einstellung von Experten ▪ Kooperation mit externen Partnern ▪ Individualisierung von Produkten ▪ Individualisierung von Dienstleistungen ▪ Kombination von Produkten und Dienstleistungen ▪ Bereitstellung von Informationen in Echtzeit

Abb. 4.8 Möglichkeiten zur Dämpfung und Verstärkung von Varietät

gen bzw. Veränderungen reagieren kann. Aus kybernetischer Sicht präsentiert sich Management deshalb als „variety engineering" – als ein permanenter Prozess des Ausbalancierens der Varietäten interagierender Systeme nach Maßgabe des Gesetzes der erforderlichen Varietät. Da das durch Management geführte Unternehmen in seiner turbulenten Umwelt existiert und überlebt, müssen nach dem Gesetz von Ashby die Varietäten der drei Elemente (Umwelt, Operationen, Management) ungefähr im Gleichgewicht stehen (Espejo, 1989). Dieses Gleichgewicht der Varietäten wird über varietätsreduzierende und varietätsverstärkende Mechanismen erreicht (Abb. 4.8).

4.2.3 Das Modell lebensfähiger Systeme

Als höchstentwickeltes, mit dem größten Strukturreichtum versehenes, systemisch-kybernetisches Modell kann das Modell lebensfähiger Systeme (Viable System Model – VSM) von Stafford Beer zur Entwicklung systemischer Lösungen herangezogen werden (Gomez et al., 1975; Beer, 1965, 1995). Als Grundlage der Entwicklung des VSM diente Beers Idee von der Analogie zwischen der Funktionsweise eines Unternehmens und der Funktionsweise des zentralen Nervensystems. Die Entwicklung des Modells lebensfähiger Systeme basiert daher auf der Übertragung des strukturellen Aufbaus des menschlichen Zentralnervensystems auf den sozialen Bereich. Dabei handelt es sich um eine Äquivalenzrelation, so dass nur äquivalente, invariante Strukturkomponenten im Sinne der Homomorphie übertragen wurden. Dabei liegt kein direkter Analogieschluss vom menschlichen auf das soziale System vor. Vielmehr war es Beers primäres Interesse, der Frage nachzugehen, welche Lenkungsstrukturen ein soziales System aufweisen muss, wenn es sich wie ein lebendes Systems verhalten, anpassen, verändern und entwickeln soll (Willemsen, 1992). Die entwickelten isomorphen Beziehungen formulierte Beer in einem wissenschaftlichen Modell, dem Modell lebensfähiger Systeme.

Die grundlegende Stärke des Modells lebensfähiger Systeme besteht in der Erkenntnis, dass jedes Unternehmen, unabhängig von seiner Größe und Branche, aus systemorientierter Sicht eine identische Struktur aus fünf Teilsystemen besitzt

(Abb. 4.9). Dieses Modell bietet daher für eine Diagnose und Gestaltung sozialer und sozio-technischer Systeme ein hohes Problemlösungspotenzial. Folgt man den Strukturierungsvorschlägen des Viable System Model (VSM), so kann die Struktur lebensfähiger Systeme auch als Grundlage für die Strukturierung von Information und Kommunikation und die Schaffung eines Bezugsrahmens für ein Ganzheitliches Life Cycle Management dienen. Im Folgenden wird zu diesem Zweck das Modell lebensfähiger Systeme erläutert, das für die Beschreibung der Strukturen und Mechanismen in Unternehmungen herangezogen werden kann.

4.2.3.1 System 1 – Das Leistungssystem (ONE)

Die Systeme 1 umfassen die operativen Basiseinheiten und verfolgen als oberstes Ziel die Durchführung der eigentlichen Wertschöpfung des Unternehmens. Mehrere Systeme 1 bilden zusammen das Leistungssystem eines jeden lebensfähigen Systems. Jedes System 1 besteht zu diesem Zweck aus einer Management- und einer Geschäftseinheit und betreibt das tägliche operative Geschäft (Beer, 1995, S. 145 ff.). Damit dienen die Tätigkeiten der Systeme 1 der Zweckerfüllung eines Unternehmen, z. B. durch der Herstellung von Produkten oder Dienstleistungen, die das Unternehmen im Kern ausmachen (Abb. 4.9). Beer nimmt bei der Beschreibung der Systeme 1 eine Dreiteilung in Umwelt, Operationen und Management (bzw. Lenkungseinheit) vor. Die operativen Einheiten treten in Interaktion mit der Umwelt und beschaffen Ressourcen, erstellen vermarktbare Leistungen und vermarkten diese anschließend in der Umwelt (Umsystem).

Systeme 1 wie z. B. ein Produktions- oder Vertriebssystem stehen fortlaufendend in Austauschbeziehungen untereinander sowie zur gegenwärtigen Umwelt und tauschen z. B. Informationen, Materialien oder Produkte miteinander und mit der Umwelt aus. In Abhängigkeit der Größe des Unternehmens und der Art der Wertschöpfung kann ein Unternehmen aus verschiedenen Systemen 1 bestehen. Die Systeme 1 arbeiten im Rahmen vorgegebener Ziele und Ressourcen und sind je nach Größe des Unternehmens teilautonom gesteuert. Aufgrund des rekursiven Modellaufbaus ist jedes System 1 gleichzeitig sowohl Teil eines übergeordneten Systems und besteht selber aus selbstständigen lebensfähigen Systemen. Innerhalb einer Rekursionsebene bestehen in der Regel Abhängigkeiten zwischen mehreren Systemen 1 hinsichtlich ihrer Umwelten, Aktivitäten und Prozesse. Aus diesem Grund übernimmt das System 2 die Koordination der Aktivitäten der Systeme 1.

4.2.3.2 System 2 – Das Koordinationssystem (TWO)

Während die Systeme 1 zusammen das Leistungssystem bilden, stellen die Systeme 2 bis 5 eine Art übergeordnetes Metasystem dar. Innerhalb dieses Metasystems übernimmt das System 2 die Aufgabe der Koordination der Systeme 1 (Abb. 4.9). Durch die Verwendung gemeinsamer Ressourcen und Informationen durch die Systeme 1 müssen Abhängigkeiten und Interaktionen zugunsten des Gesamtsystems koordiniert werden. Zu diesem Zweck übernimmt das System 2 im Sinne einer Servicefunktion

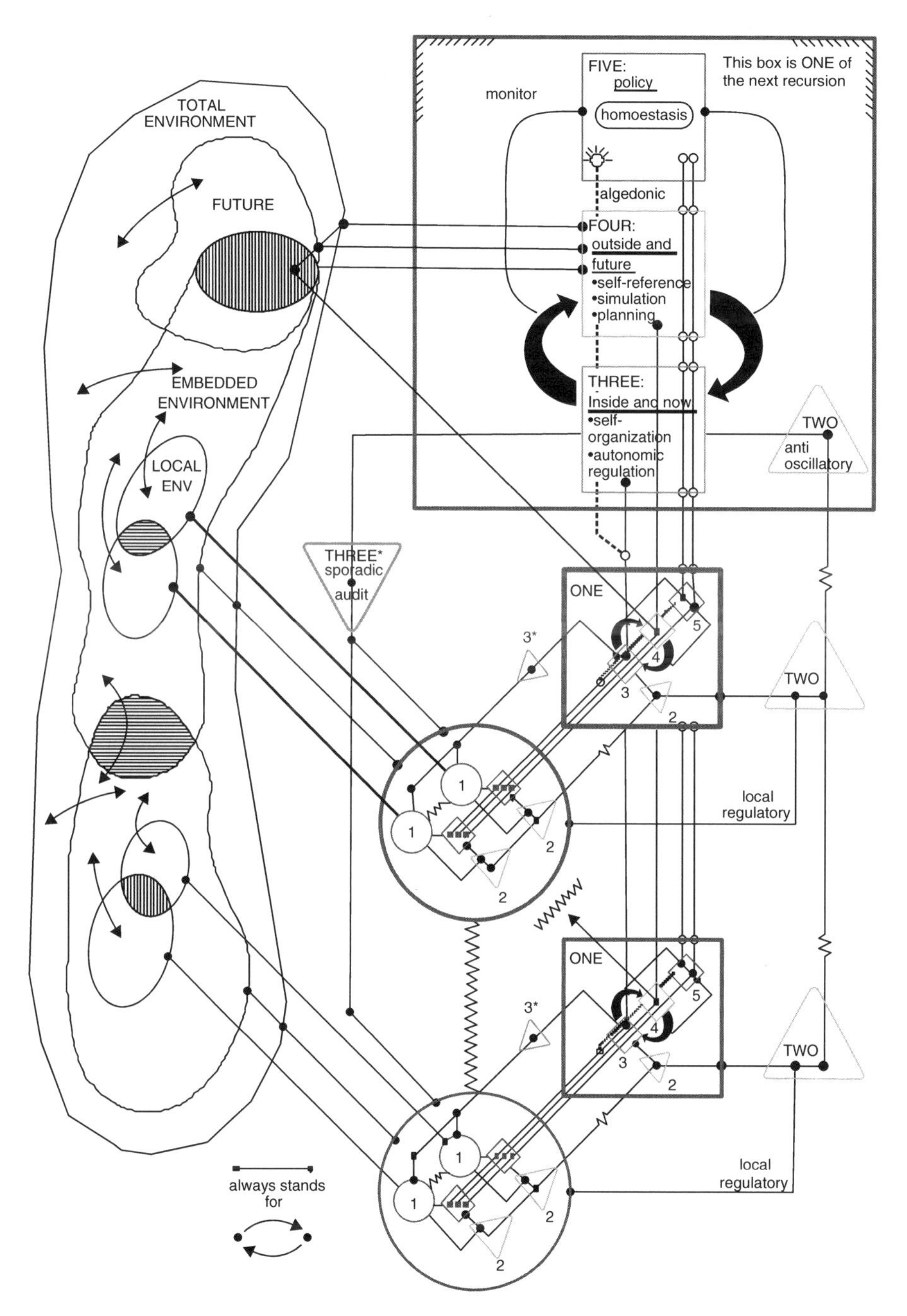

Abb. 4.9 Das Modell lebensfähiger Systeme (Beer, 1985, S. 136)

die Koordination der Systeme 1 mit dem Ziel, eine innerbetriebliche Abstimmung und Harmonisierung der Arbeitsinhalte und Entscheidungen der Systeme 1 zu erreichen, um den innerbetrieblichen Austausch zu koordinieren (Beer, 1995, S. 173 ff.).

Damit unterstützt das System 2 die Verminderung von ungewünschten Zuständen und Anpassungsverhalten der Systeme 1. Beispiele für Funktionen des Systems 2 sind ERP- und PPS-Systeme oder ein Fertigungsleitstand. Auch die regelmäßige bilaterale Kommunikation zwischen verantwortlichen Leitern der verschiedenen Bereiche, z. B. zwischen dem Vertriebs- und Produktionsleiter, kommt einer System 2 Funktion gleich. Durch den Austausch von Informationen über den Arbeitsfortschritt und geplante Arbeitsschritte wird so z. B. eine ungewollte Überproduktion verhindert. Eine weitere wichtige Aufgabe des Systems 2 liegt in der Verdichtung, Filterung und Weitergabe dieser Informationen an das System 3, um dessen Arbeit zu optimieren und seine Überlastung zu vermeiden.

4.2.3.3 System 3 und System 3* – Das operative Systemmanagement und sporadische Monitoring (THREE)

Das System 3 übernimmt die Aufgabe der operativen Steuerung des lebensfähigen Systems. Diese Aufgabe kommt der taktischen Ebene im Unternehmen gleich. Das System 3 übernimmt damit die Verantwortung für das Ergebnis des Unternehmens heute, das durch die Systeme 1 hergestellt wird (Beer, 1995, S. 199 ff.). Das System 3 ist verantwortlich für die Planung und die Optimierung der Zusammenarbeit der Systeme 1 mit dem System 2, z. B. durch die integrierte Planung neuer Produkte und Prozesse (Abb. 4.9). Zu diesem Zweck muss es als Integrationsfaktor für alle operativen Linienfunktionen fungieren, um die reibungslose Umsetzung der bestehenden Erfolgspotenziale (z. B. aus Technologien, Produkten, Qualifikation, etc.) zu realisieren. Gleichzeitig besteht die Aufgabe des Systems 3 darin, die Autonomie der Systeme 1 und die Einschränkungen und Rahmenbedingungen des gesamten Systems auszubalancieren. Diese integrative und optimierende Funktion dient der Sicherung der Stabilität des Gesamtsystems.

Das System 3 wird durch das so genannte System 3* unterstützt, indem das System 3* detaillierte Informationen über den Status des Leistungssystems generiert, die es dem System 3 ermöglichen, den tatsächlichen Status des Leitungssystems zu beurteilen. Das System 3* übernimmt damit die Funktion des Audits der Systeme 1 mit dem Ziel, aktuelle Informationen über den Status der Leistungserstellung zu erhalten. Damit verfügt das System 3* über einen Kanal niedriger Varietät zu System 3, auf dem selektierte und verdichtete Informationen mit hoher Varietät von den Systemen 1 zur operativen Systemsteuerung transportiert werden. Diese Informationen sind sowohl für die Planung und Steuerung, aber auch für die kontinuierliche Verbesserung der operativen Systeme 1 von zentraler Bedeutung.

4.2.3.4 System 4 – Das strategische Systemmanagement (FOUR)

Die Systeme 1 bis 3* übernehmen gegenwartsbezogene Aufgaben und Tätigkeiten, die für die operative Lenkung des lebensfähigen Systems notwendig sind. Im

Gegensatz dazu beschäftigt sich das System 4 mit der Umwelt und der Zukunft des lebensfähigen Systems. Eine zentrale Aufgabe des Systems 4 ist die Entwicklung neuer Strategien (Beer, 1995, S. 225 ff.). Das System 4 repräsentiert damit die strategische Ebene im Unternehmen.

Für die Entwicklung neuer Strategien muss das System 4 regelmäßig die In- und Umwelt analysieren und bewerten (Abb. 4.9). Die zentrale Aufgabe des Systems 4 ist somit die Umwelt- und Zukunftsanalyse sowie die Beobachtung vor- und nachgelagerter Prozesse sowie die Ableitung von Anpassungsnotwendigkeiten. Auf Basis dieser Beobachtung erfolgt eine Modellierung der Gesamtorganisation, die es dem System 4 ermöglicht, alternative Handlungsmöglichkeiten vor dem Hintergrund möglicher Entwicklungsszenarien zu simulieren. Auf der Basis erkannter Entwicklungschancen ist das System 4 für die Planung der zukünftigen Entwicklungen verantwortlich. Die Erkenntnisse über neue Chancen, Risiken, Stärken und Schwächen überführt das System 4 in die Planung von Veränderungen. Dabei werden Ziele, Messgrößen und Maßnahmen entwickelt. In diesem Sinne kommt dem System 4 durch die strategische Planung der Anpassung des Unternehmens an die dynamische Umwelt die Verantwortung für die Zukunft des Unternehmens zu. Das System 4 generiert damit die zentralen Voraussetzungen für eine kontinuierliche Anpassung der Organisation an die sich verändernde Umwelt. Um diese Funktionen zielorientiert im Sinne der Gesamtorganisation ausüben zu können, ist das System 4 jedoch auf Vorgaben und Bewertungskriterien für die Gesamtsystemstabilität einer höheren Instanz angewiesen, das sog. System 5.

4.2.3.5 System 5 – Das normative Systemmanagement (FIVE)

Das System 5 entspricht der normativen Elemente des lebensfähigen Systems bzw. der normativen Ebene im Unternehmen (Abb. 4.9). Es verfolgt als wesentliche Ziele die Schaffung und Erhaltung der Balance zwischen der Gegenwart und der Zukunft sowie der internen und externen Perspektive. Damit kommt dem System 5 eine moderierende Funktion zwischen den Lenkungssystemen 3 und 4 zu. Die von System 5 definierten Vorgaben und Bewertungskriterien reduzieren die vom Gesamtsystem zu verarbeitende Komplexität. Weiterhin besteht die Aufgabe des Systems 5 in der Schaffung einer gemeinsamen Kultur im Unternehmen und der Bildung der Identität des Unternehmens sowie der Förderung der Identifizierung der Mitarbeiter mit dem Unternehmen durch die Verkörperung der obersten Werte, Normen und Regeln (Beer, 1995, S. 250 ff.). Durch die Formulierung von Vision, Mission und Leitbild und das Vorleben von Werten kann z. B. eine Kultur der Veränderung geschaffen werden. Durch die vom System 5 vorgegebenen Werte und Leitbilder gibt das System 5 damit die Richtung für neue Strategien des Unternehmens vor. Gleichzeitig begrenzen die durch das System 5 vorgegebenen und vorgelebten Werte und Kultur den Handlungsrahmen des Unternehmens. Damit stellt das System 5 gleichzeitig auch die oberste Entscheidungsinstanz in einem Unternehmen dar.

Nachdem die grundlegenden Merkmale und Funktionen der Systeme des Modells lebensfähiger Systeme erläutert wurden, sind weiterhin die Prinzipien des Modellaufbaus für das Verständnis des Modells lebensfähiger Systeme von großer Bedeutung.

4.2.3.6 Invarianz der Systemkomponenten

Auf Basis der von Beer verwendeten Forschungsmethodik konnte er durch Testreihen mit verschiedenen Unternehmen ein Modell aufstellen, dass die oben dargestellte invariante Struktur des Modells ergab (Beer, 1995, S. 95 ff.). Auf Basis der Annahme der Invarianz sollte jedes lebensfähige Unternehmen die definierten fünf Subsysteme aufweisen. Diese invariante Struktur ist entsprechend Beer eine Notwendigkeit für die Lebensfähigkeit von Unternehmen, jedoch keine Garantie für das Überleben einer Unternehmung.

4.2.3.7 Rekursion der Systemkomponenten

Die Rekursion der Subsysteme stellt das zweite Prinzip des Modellaufbaus dar. Eine betrachtete Systemebene besteht entsprechend der zuvor definierten Invarianz immer aus den fünf Subsystemen, die sich nach dem Prinzip ineinander geschachtelter Matrojoschka (aus Holz gefertigte, ineinander schachtelbare Puppen) wiederholen (Beer, 1995, S. 118 ff., 313 ff.). Dieses Prinzip der Verschachtelung wird mit dem Begriff der Rekursivität und die verschiedenen Ebenen entsprechend Rekursionsebenen bezeichnet. In Abhängigkeit von der Dynamik und Komplexität der Umwelt und der Größe von Unternehmen können in Unternehmen verschiedene Rekursionsebenen unterschieden werden. Die in einem Unternehmen zu erkennende Anzahl der Rekursionsebenen ist jedoch keine objektiv ermittelbare Kennzahl, sondern abhängig von der Perspektive und Erfahrung des Beobachters. Treten auf einer bestimmten Rekursionsebene für diese Ebene nicht lösbare Probleme auf, so können diese Probleme an die nächst höhere Rekursionsebene weitergegeben werden. Auf der höheren Rekursionsebene können diese Probleme aufgrund anderer Voraussetzungen und einer „übergeordneten Sichtweise“ erklärt und bewältigt werden. Dieses Vorgehen entspricht der Praxis des Managements von Unternehmen. Können Probleme z. B. aufgrund fehlender Zuständigkeiten und Kompetenzen auf einer Hierarchieebene nicht gelöst werden, so werden diese in der Praxis an die nächst höhere Managementebene weitergegeben.

4.2.3.8 Autonomie der Subsysteme

Das dritte Prinzip zum Aufbau des Modells lebensfähiger Systeme betrifft die Autonomie der Subsysteme (Beer, 1995, S. 101 ff.). Erst dort, wo durch Entscheidungen eine Gefährdung für den Zusammenhalt des Gesamtsystems bzw. der Unternehmung entstehen, besteht die Grenze der Verhaltensfreiheit der Subsysteme. Einzelne Geschäftsbereiche eines Unternehmens verfügen somit über völlige Verhaltensfreiheit, solange das Metasystem, in diesem Fall das Gesamtunternehmen, durch die Aktivitäten des Geschäftsbereichs nicht gefährdet wird.

Die dargestellten Systeme, Funktionen und Gestaltungsmerkmale des Viable System Model beziehen sich grundsätzlich auf jegliche Art lebensfähiger Systeme und damit auf jede Organisation.

4.2.4 Das St. Galler Management-Konzept

Die Anwendung der Erkenntnisse des Modells lebensfähiger Systeme von Beer stellt für Führungskräfte aufgrund seiner Komplexität und Voraussetzungen im Bereich der Kybernetik eine große Herausforderung dar. Für die Überführung der Grunderkenntnisse des Modells lebensfähiger Systeme in einen besser zu verstehenden Bezugsrahmen für das Management von Unternehmungen wurde das mittlerweile bekannte und weit verbreitete St. Galler Konzept des integrierten Managements entwickelt. Das Modell lebensfähiger Systeme liegt damit dem St. Galler Bezugsrahmen zugrunde.

Das St. Galler Management-Konzept wurde 1972 von Ulrich und Krieg veröffentlicht und trägt als „Leerstellengerüst für Sinnvolles" dazu bei, die komplexe Einbettung eines Unternehmens in die vielschichtige Umwelt zu verstehen (Ulrich und Krieg, 1974) (Abb. 4.10).

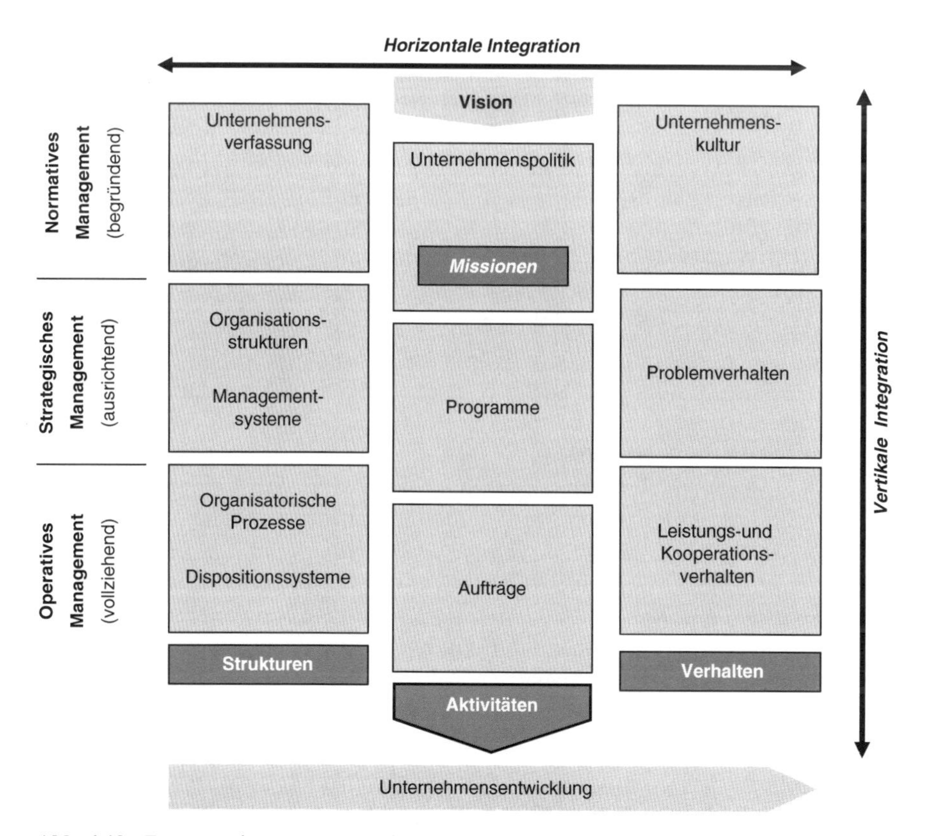

Abb. 4.10 Zusammenhang von normativem, strategischem und operativem Management im St. Galler Konzept integriertes Management (vgl. Bleicher, 2004, S. 88)

Ziel war es, mit der Schaffung eines derartigen Bezugsrahmens die vielfältigen Herausforderungen an erfolgreiches und verantwortungsvolles Management in einer angemessen komplexen und doch integrierten Art einzuordnen. Ulrich verfolgte bei der Entwicklung des Modells drei wesentliche Anliegen: Die Bedeutung eines ganzheitlichen Denkens und Handelns im Umgang mit der Herausforderung „Komplexität", die Bedeutung einer anwendungsorientierten Managementlehre sowie die integrative Ausgestaltung der normativen, strategischen und operativen Managementebene im Rahmen eines umfassenden Gesamtkonzeptes. Bleicher baute in den nachfolgenden Jahren das St. Galler Management Konzept zum „Konzept Integriertes Management" aus (Bleicher, 2004). Das Konzept Integriertes Management stellt einen allgemeinen Bezugsrahmen dar, welcher weder an eine spezifische Ausrichtung noch an ein konkretes Ziel gebunden ist. Damit eignet sich das Konzept Integriertes Management dazu, übergeordnete Managementkonzepte wie das Konzept Integriertes Management selbst, aber auch eher operative Methoden und Werkzeuge in einem Bezugsrahmen zu integrieren.

Das Konzept integriertes Management vereint betriebswirtschaftliche Führungs- und Durchführungsaufgaben mit einem kontext- und situationsbezogenen Problemverständnis sowie möglichen Lösungswegen. Das Management-Konzept (Bleicher, 2004, S. 87 ff.) gliedert sich vertikal in ein normatives, strategisches und operatives Management und horizontal in Strukturen, Aktivitäten und Verhalten (Abb. 4.10). Aktivitäten führen zu den Marktleistungen des Unternehmens und werden zum einen unterstützt durch die Strukturen und zum anderen geprägt durch das Verhalten von Führungskräften und Mitarbeitern. Eine zeitliche Dimension erhält das Modell durch die parallel stattfindende Unternehmensentwicklung. Diese umfasst die Veränderung der relativ zum Wettbewerb und zur Umwelt ermittelten Potenziale über der Zeit, wie z. B. Technologie-, Markt- oder Humanpotenzial. Die horizontalen und vertikalen Schnittstellen stellen zentrale betriebswirtschaftliche Elemente dar, welche miteinander in Wechselbeziehungen stehen. So kann z. B. die Unternehmenspolitik nicht unabhängig von der Unternehmenskultur betrachtet werden, ebenso wenig wie die strategischen Programme von den operativen Aufträgen abgekoppelt werden dürfen.

Die Managementphilosophie eines Unternehmens mit den Visionen der Unternehmensführung stellt den Input in die oberste Managementebene, dem normativem Management, dar. Zur Umsetzung der Unternehmenspolitik in das strategische Management dienen Missionen. Aufgrund der neutralen Darstellungsweise lassen sich unterschiedliche Konzepte und Managementsysteme in sehr universeller Art in den geschaffenen Bezugsrahmen einfügen. Die Allgemeingültigkeit des Ansatzes ermöglicht es auch, Teilgebiete aus der Managementlehre in Teilkonzepten abzubilden und dabei denselben Bezugsrahmen zu verwenden. Beispiele hierfür sind die Unterscheidung in ein normatives, strategisches und operatives Qualitätsmanagement (Seghezzi et al., 2007, S. 11) oder die Anwendung des Ansatzes in Bezug zum Innovationsmanagement (Eversheim, 2003, S. 7; vgl. Abb. 6.7) und zum Wissensmanagement (Probst et al., 1999, S. 71).

4.3 Bezugsrahmen für ein Ganzheitliches Life Cycle Management

Der Bezugsrahmen für ein Ganzheitliches Life Cycle Management greift das Modell lebensfähiger Systeme und das Konzept Integriertes Management von Bleicher auf (Bleicher, 2004) (Abb. 4.10) und bildet einen integrativen Rahmen für eine lebensphasenübergreifende Sichtweise auf Produkte und zugehörige Prozesse (Herrmann et al., 2005a) (Abb. 4.11). Ausgangspunkt für das unternehmerische Handeln ist das Leitbild einer Nachhaltigen Entwicklung als wichtiger Bestandteil einer übergeordneten Managementphilosophie (Abb. 4.11). Diese umfasst die grundlegenden Einstellungen, Überzeugungen und Werthaltungen, die das Denken und Handeln der Führungskräfte eines Unternehmens beeinflussen. Die Unternehmenspolitik wird durch die strategischen Programme konkretisiert und diese schließlich in Vorgaben für ein operatives Life Cycle Management umgesetzt. Die Strukturen eines Ganzheitlichen Life Cycle Management werden über die Verfassung, die Organisa-

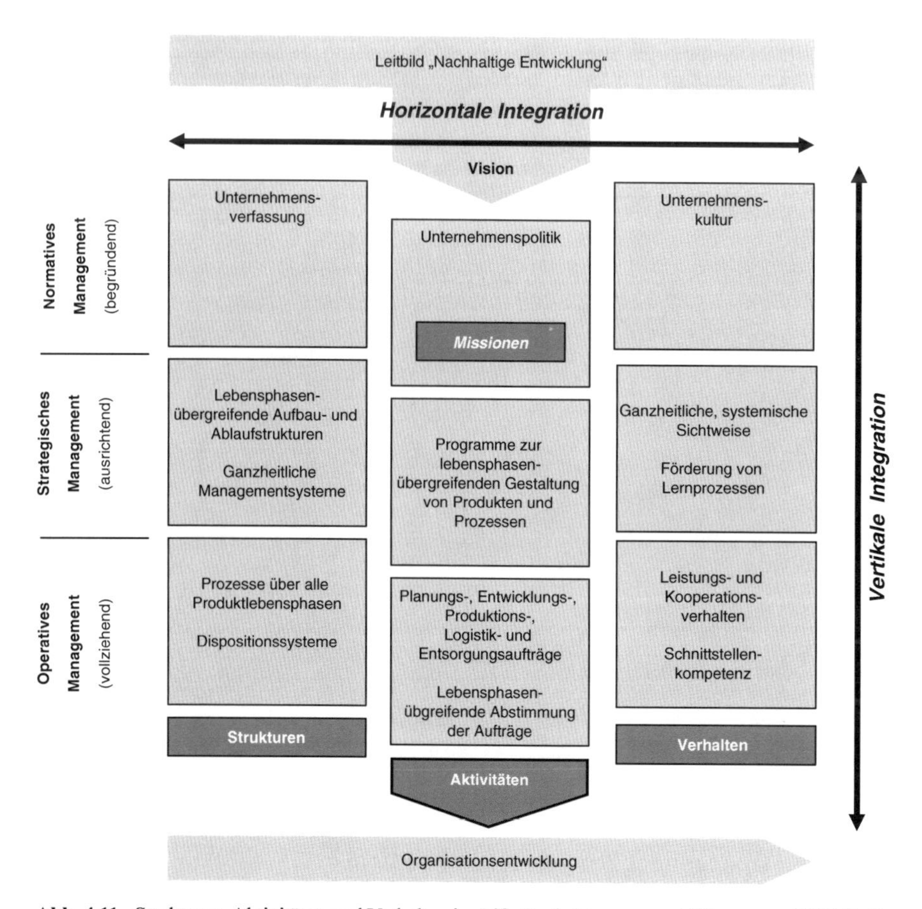

Abb. 4.11 Strukturen, Aktivitäten und Verhalten im Life Cycle Management (Herrmann, 2006, S. 7)

tionsstrukturen und Managementsysteme sowie die Dispositionssysteme konkretisiert. Die Unternehmenskultur, ein ganzheitliches, systemisches Problemverhalten, die Förderung von Lernprozessen, Leistungs- und Kooperationsverhalten sowie Schnittstellenkompetenz stehen mit den Strukturen und Aktivitäten im Wechselspiel (Bleicher, 2004, S. 87). Programme konkretisieren die von der Unternehmenskultur und Unternehmensverfassung getragene Unternehmenspolitik in den vier strategischen Gestaltungsfeldern: Produkte, Aktivitäts- bzw. Wertschöpfungsketten, Wettbewerbsverhalten und Ressourceneinsatz (Bleicher, 2004, S. 306).

Die Gestaltung der lebensphasenübergreifenden Aufbau- und Ablaufstrukturen ist eine Aufgabe des strategischen Life Cycle Managements (vgl. Bleicher, 2004, S. 424). Managementsysteme unterstützen die Entwicklung von Beziehungsnetzen zur Kooperation und Kommunikation zwischen den Akteuren entlang des Produktlebenswegs und den organisatorischen Einheiten, die aufgrund der Arbeitsteilung entstanden sind. Managementsysteme umfassen die Funktionen Diagnose, Planung und Kontrolle (Bleicher, 2004, S. 362).

Das operative Life Cycle Management zielt – in Anlehnung an die von Ulrich aufgestellten Funktionen des Managements – auf die Lenkung der operativen Umsetzung, die verändernde Gestaltung der Umsetzung durch strategiegeleitete Projekte und, im Sinne der Entwicklung, auf die laufende Verbesserung von konzipierenden und vollziehenden Prozessen (Bleicher, 2004, S. 451). Zu den Aktivitäten zählen insbesondere die Produktentwicklung, Produktion und Markteinführung, die

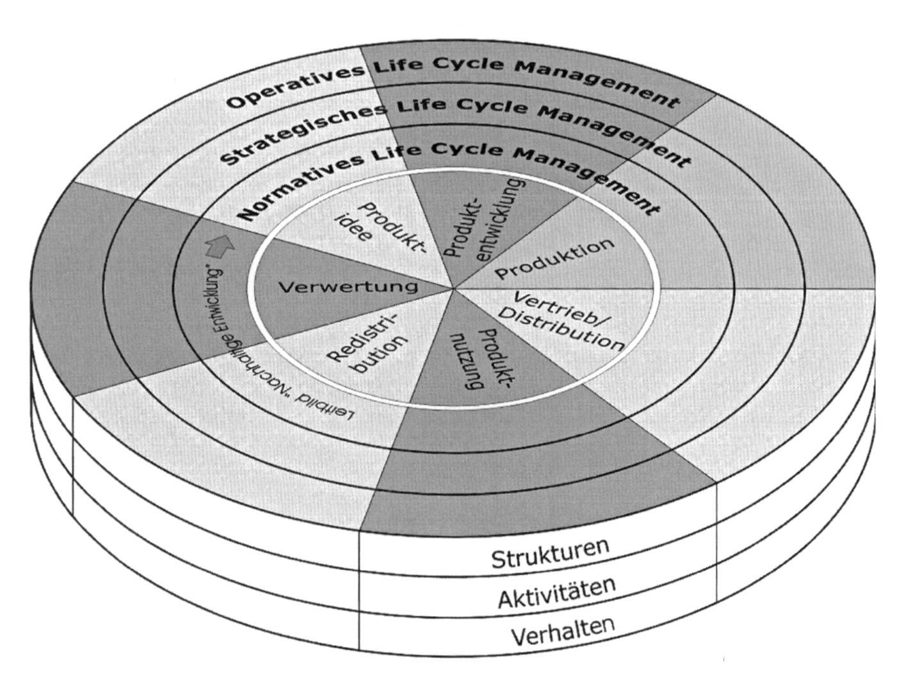

Abb. 4.12 Bezugsrahmen zum Ganzheitlichen Life Cycle Management (Herrmann et al., 2007)

Auftragsgenerierung und -abwicklung sowie die Logistik und Distribution bzw. Redistribution (vgl. Bleicher, 2004, S. 463).

Aufbauend auf Abb. 4.11 zeigt Abb. 4.12 den Bezugsrahmen zum Ganzheitlichen Life Cycle Management. Zentrische Ringe symbolisieren das normative, strategische und operative Management. Das Zentrum bilden die Phasen des Produktlebenswegs – von der Produktidee bis zur Entsorgung. Ausgehend vom Leitbild einer „Nachhaltigen Entwicklung" bilden das normative und strategische Management die Basis für das situative Führungsgeschehen des operativen Managements.

Zusätzlich zur Betrachtung dieser Managementebenen können diese, neben einer Unterteilung in die Produktlebensphasen, auch differenziert werden in: Strukturen, Verhalten und Aktivitäten. Diese drei Elemente durchziehen das normative, strategische und operative Management. Die Summe der Aktivitäten eines Unternehmens oder mehrerer Unternehmen (Wertschöpfungsketten, Wertschöpfungsnetzwerke) über alle Produktlebensphasen führt zur Markt- oder besser zur „Lebenswegleistung". Die einzelnen Aktivitäten werden zum einen unterstützt durch die Strukturen und zum anderen geprägt durch das Verhalten der Akteure (Führungskräfte, Mitarbeiter usw.). Die vielfältigen Schnittstellen zwischen normativem, strategischem und operativem Management sowie den Produktlebensphasen verdeutlichen die Notwendigkeit für ein phasenübergreifendes, vernetztes Denken und Handeln. Die Konkretisierung inhaltlicher Aspekte erfolgt innerhalb der Elemente (Strukturen, Aktivitäten und Verhalten) über die Managementebenen hinweg (Tab. 4.1).

Wie auch beim Konzept Integriertes Management kommen dem normativen und strategischen Management insbesondere eine Gestaltungsfunktion im Hinblick auf die Organisations- und Unternehmensentwicklung zu. Bei der Differenzierung zwischen normativen, strategischen und operativen Aufgaben ist zu beachten, dass es sich hierbei nicht um eine institutionelle Trennung oder hierarchische Zuweisung

Tab. 4.1 Ebenen im Ganzheitlichen Life Cycle Management (in Anlehnung an Kramer et al., 2003)

Ebenen	Rolle der Unternehmensführung im Life Cycle Management
Normative Ebene	• Feststellung genereller und grundlegender Ziele der Unternehmensführung, Prinzipien, Normen, Spielregeln zur Sicherstellung der Lebens- und Entwicklungsfähigkeit des Unternehmens • Integration des Leitbildes einer Nachhaltigen Entwicklung in das allgemeine Wertesystem einer Unternehmung • Implementierung nachhaltigkeitsorientierter Zielstellungen in die Unternehmensphilosophie, -grundsätze oder -leitbilder
Strategische Ebene	• Entwicklung strategischer Richtlinien zur Ausnutzung von Erfolgspotenzialen entlang des Produktlebensweges • Darstellung von Chancen, Risiken, Maßnahmen und Zielen für alle Produktlebensphasen • Aufbau, Pflege und effektive Nutzung von marktbezogenen Erfolgspotenzialen
Operative Ebene	• Umsetzung der normativen und strategischen Vorgaben im operativen Vollzug der aufgestellten Planvorgaben • Integration eines lebensphasenübergreifenden Denkens in alle Aufgabenbereiche des Unternehmens • Einbeziehung sämtlicher Führungstätigkeiten operativer Planung, Steuerung und Kontrolle

handelt. „Eine Führungskraft kann institutionell in der Organisation normative und strategische Funktionen wahrnehmen und zugleich um deren operative Durchsetzung bemüht sein" (Bleicher, 1996, S. 1-13 ff.).

4.3.1 Disziplinen im Ganzheitlichen Life Cycle Management

Der Integration durch Disziplinen kommt im Bezugsrahmen zum Ganzheitlichen Life Cycle Management eine besondere Bedeutung zu. Die Disziplinen zielen auf eine lebensphasenübergreifende Gestaltung von Produkten und den dazugehörenden Prozessen und stehen dabei in enger Wechselbeziehung zu den bewusst zu gestaltenden Strukturen und dem beeinflussbaren Verhalten der beteiligten Akteure (Abb. 4.13). Einzelne Maßnahmen können dabei eher strategischen Charakter haben (z. B. bei der Entwicklung einer lebenszyklusorientierten Produktstrategie), konstruktive Änderungen an Produkten und Prozessen herbeiführen (z. B. montage- oder demontagegerechte Produktgestaltung), planerische und organisatorische Maßnahmen enthalten (z. B. stoffstrombasiertes Supply Chain Management) oder durch informationstechnische Verknüpfung den Informations- und Wissensaustausch zwischen Produktlebensphasen ermöglichen (z. B. Produktdatenmanagement).

Die Disziplinen können unterschieden werden in lebensphasenübergreifende und lebensphasenbezogene Disziplinen.

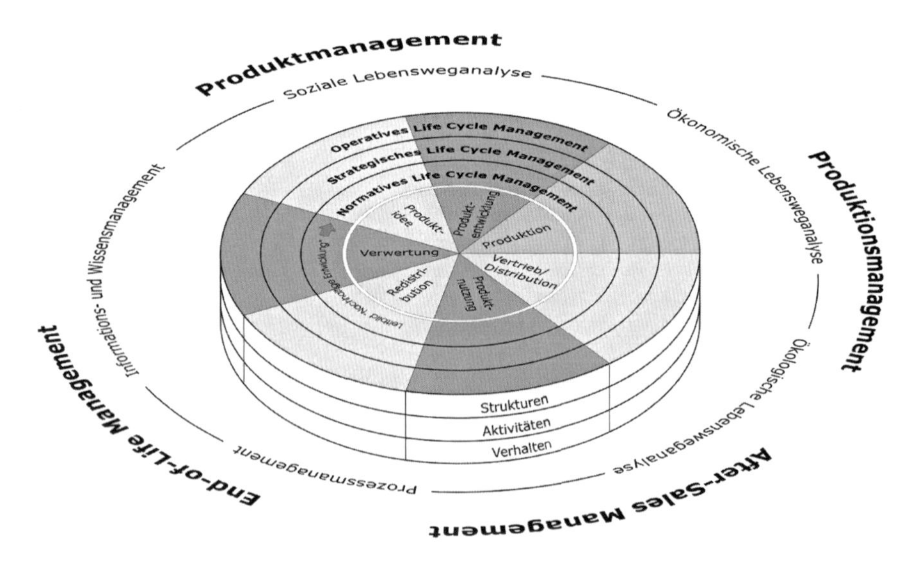

Abb. 4.13 Phasenübergreifende und phasenbezogene Disziplinen im Ganzheitlichen Life Cycle Management

4.3.1.1 Lebensphasenbezogene Disziplinen

Produktmanagement: Disziplinen des Produktmanagements sind auf strategischer Ebene insbesondere die Produktprogrammgestaltung und auf operativer Ebene die Produktplanung und -entwicklung (vgl. Hungenberg et al., 1996, S. 5–38 ff.). Das Produktmanagement umfasst damit sowohl das Management neuer Produkte (Produktinnovation) als auch das Management etablierter Produkte. Letzteres beruht auf einer produktspezifischen Bündelung der unternehmerischen Marketingaktivitäten und der Entwicklung eines produktspezifischen Marketing-Mix (Fritz und von der Oelsnitz, 2001, S. 216). Im Rahmen eines lebenszyklusorientierten Produktmanagements ist zu beachten, dass Einzelentscheidungen und -maßnahmen im Produktlebenszyklus zwar Verbesserungen einzelner Lebenszyklusphasen als Folge haben können, allerdings unter Umständen aufgrund der vielfältigen Wechselwirkungen eine ganzheitliche Optimierung im Lebenszyklus verfehlt werden kann. Es ist daher wichtig, durch strategische Entscheidungen am Anfang des Produktlebenszyklus die Entwicklung von Produkten zielgerichtet zu steuern. Diese Steuerungsfunktion wird mit der Formulierung von lebenszyklusorientierten Produktstrategien angestrebt. Eine lebenszyklusorientierte Produktstrategie (Life Cycle Strategy) umfasst strategische Zielvorgaben der Unternehmensführung und langfristig ausgerichtete Maßnahmen zur Umsetzung dieser Zielvorgaben. Die Festlegung wesentlicher Produkteigenschaften und damit eines Großteils der Kosten und Umweltwirkungen im Lebenszyklus erfolgt in der Produktentwicklung. Eine lebenszyklusorientierte Produktentwicklung (Life Cycle Design) muss die Anforderungen aller Lebensphasen beachten. Bekannte Ansätze zielen auf die phasengerechte Gestaltung, wie z. B. die montage-, fertigungs-, service- oder recyclinggerechte Produktgestaltung und sind auch unter dem Begriff „Design for X" bekannt. Da eine phasenspezifische Gestaltung nicht konfliktfrei durchführbar ist und unter Umständen einer ganzheitlichen Optimierung entgegenstehen kann, ist die Lösung von Zielkonflikten ein weiterer Schwerpunkt der Aktivitäten einer lebenszyklusorientierten Produktplanung und -entwicklung (Hesselbach et al., 2002; Herrmann et al., 2004; Mateika, 2005; Mansour, 2006).

Produktionsmanagement: Disziplinen des Produktionsmanagements sind auf strategischer Ebene insbesondere die Produktionsprogrammgestaltung und auf operativer Ebene die Produktionsplanung und –steuerung (vgl. Hungenberg et al., 1996, S. 5–38 ff.; Spengler, 1998; Warnecke, 1993). Im Rahmen des Produktionsmanagements gilt es, „Aufgaben, Menschen, Maschinen und Materialien so einzusetzen, zu steuern und zu koordinieren, dass Produkte und Dienste als Resultat dieses Wirkens in der erforderlichen Menge und Qualität, zum festgelegten Zeitpunkt unter geringsten Kosten- und Kapitalaufwand fertig gestellt werden" (Pfeifer, 1996). Die Produktion umfasst alle Prozesse der betrieblichen Leistungserstellung sowie alle Prozesse zwischen Kunden, vorgelagerten Lieferanten, die mittelbar oder unmittelbar der Herstellung, Bereitstellung und Wiederverwertung von Produkten und Dienstleistungen dienen. Im Sinne eines lebenszyklusorientierten Produktionsmanagements ist die Produktion die nachhaltige industrielle Herstellung von materiellen und immateriellen Gütern. Ein lebenszyklusorientiertes Produktionsmanagement umfasst die lebenszyklusorientierte Gestaltung, Planung und Steuerung des (ganzheitlichen) Produktionssystems (Spath, 2003; Reinhart et al., 2003; Niemann, 2003; Niemann und Westkämper, 2004) und schließt einen produktionsintegrierten (betrieblichen-technischen) Umweltschutz sowie das betriebliche Umweltmanagement ein (Nowak, 2003. S. 327; Dettmer, 2006).

After-Sales Management: Das After-Sales Management umfasst alle Disziplinen zur Planung, Kontrolle und Organisation der Aufgaben, die im Zusammenhang mit dem After-Sales Service entstehen. Das Angebot an After-Sales Leistungen kann je nach Branche und Verarbeitungsstufe variieren. Neben dem Primärprodukt als Kernleistung kann es verschiedene Leistungsumfänge umfassen: Ersatzteil- und Austauschmodulservice, Produktsupport oder Businesssupport (Baumbach, 1998; Graf, 2005). Ersteres bildet die Grundlage für alle weiteren Service- und Supportleistungen und umfasst die Versorgung des Kunden mit den notwendigen Ersatzteilen. Ein lebenszyklusorientiertes After-Sales Management kann hier zusätzliche Optionen zur Deckung des Ersatzteilbedarfs erschließen. Neben der Möglichkeit, erforderliche Ersatzteile zu fertigen, werden die Potenziale aus Rückläufern defekter Geräte und insbesondere aus der Erfassung gebrauchter Geräte in der Nachgebrauchsphase in die Versorgungsstrategie integriert (Hesselbach et al., 2003; Graf, 2005). Unter After-Sales Service sind somit (Teil-)Leistungen zu verstehen, die den Gebrauchsnutzen sicherstellen, wiederherstellen oder erhöhen. Die erbrachten Leistungen sind Teil der produktbegleitenden Dienstleistungen. Beispiele für produktbegleitende Dienstleistungen sind Wartungs-, Reinigungs- oder Instandsetzungsleistungen. Mit einer lebensphasenübergreifenden Sichtweise können auch die Leistungen der Rücknahme und der Entsorgung integriert werden. Als Übergang zum End-of-Life Management stellt das After-Sales Management auch Leistungen in der Nachgebrauchsphase sicher (Graf, 2005, S. 19).

End-of-Life Management: Das End-of-Life Management ist zentrales Element zur Umsetzung einer Kreislaufwirtschaft im Sinne eines Übergangs von einer eindirektionalen Quellen-Senken-Wirtschaft hin zu geschlossenen Stoffkreisläufen. Das End-of-Life Management umfasst die Planung, Steuerung und Kontrolle aller Aktivitäten am Ende der technischen oder wirtschaftlichen Nutzungsdauer eines Produktes. Die wichtigsten Elemente im End-of-Life sind die Sammlung und Rückführung (Redistribution), die Behandlung bzw. Demontage, sowie die Wiederverwendung von Komponenten und die Verwertung und fachgerechte Entsorgung von entstehenden Fraktionen (vgl. von Westernhagen, 2001, S. 10 f.). Beeinflusst von rechtlichen Rahmenbedingungen und den darin verankerten Anforderungen und Produktverantwortungen sowie von wirtschaftlichen Potenzialen, ökologischen Anforderungen, technologischen Rahmenbedingungen und von übergeordneten Unternehmensstrategien gilt es auf strategischer Ebene zunächst grundlegende Entscheidungen über die Ausgestaltung der einzelnen Elemente zu treffen. Auf taktischer Ebene müssen die einzelnen Systeme (z. B. ein Demontagesystem (Herrmann et al., 2005b, S. 289 ff.)) entsprechend der Rahmenbedingungen optimal ausgelegt werden. Aufgaben der operativen Ebene sind insbesondere die Abstimmung und Steuerung der einzelnen Teilelemente (z. B. Planung und Steuerung der Retroproduktion

(Spengler, 1998, S. 229 ff.)). Für ein effektives End-of-Life Management bedarf es der Abstimmung aller beteiligten Akteure im Sinne eines erweiterten Supply Chain Management. Hierfür gilt es, Informationen aus den vorgelagerten Produktlebensphasen (z. B. Daten aus der Produktgestaltung) mittels geeigneter Informationssysteme in der Entsorgungsphase zur Verfügung zu stellen und zu nutzen.

4.3.1.2 Lebensphasenübergreifende Disziplinen

Um den Zielen eines Ganzheitlichen Life Cycle Managements näher zu kommen, müssen gerade die Disziplinen auf der strategischen und operativen Ebene in den verschiedenen Produktlebensphasen abgestimmt und auf ihre gegenseitigen Auswirkungen auf andere Lebensphasen untersucht werden. Dabei kommt den phasenübergreifenden Disziplinen und den unterstützenden Instrumenten im Life-Cycle-Management eine besondere Bedeutung zu.

Wirtschaftliche Lebensweganalyse: Die Betrachtung von Produkten und Prozessen über den gesamten Lebensweg aus ökonomischer Sicht stellt eine wichtige Disziplin im Life Cycle Management dar. Die Lebenszyklusrechnung (Life Cycle Costing) umfasst den Prozess der Analyse und Planung von Lebenszykluskosten und -erlösen. Die nachfrageorientierten Ansätze fokussieren auf die Kosten durch den Besitz bzw. die Nutzung eines Produktes, den so genannten „total cost of ownership“ (TCO). Lebenszykluskosten bezeichnen den bewerteten Güterverbrauch zur Initiierung, Planung, Realisierung, zum Betrieb und zur Stilllegung eines Systems (Wübbenhorst, 1984). Der Kostenbegriff erstreckt sich damit nicht nur auf ein technisches Produkt, sondern auf alles, was zu seinem Verwendungszweck bzw. seiner Einsatzbereitschaft notwendig ist (Fürnrohr, 1992). Bei der Anwendung des Konzeptes erfolgt eine Phasenstrukturierung der Lebenszykluskosten, wobei zwischen Vorlauf, Herstell- und Folgekosten sowie Kosten für die Nachlaufphase eines Produktes unterschieden wird (Blanchard, 1978; VDI-2884, 2003). Bei den anbieterorientierten Ansätzen steht die Herstellersicht im Mittelpunkt. Es werden nicht nur die Lebenszykluskosten untersucht, sondern auch die Erlöse in den unterschiedlichen Produktlebensphasen integriert (Mateika, 2005, S. 35). Ein weiterer Ansatz für eine lebensphasenübergreifende Betrachtung stellt die Transaktionskostentheorie dar. Der Analysegegenstand ist die Übertragung eines Gutes oder einer Dienstleistung und die Vorstellung, dass jede Übertragung als Vertragsproblem formuliert und, unter Einsparung der dabei entstehenden Kosten, als Bewertungskriterium der Effizienz analysiert werden kann (vgl. Graf, 2005, S. 103).

Ökologische Lebensweganalyse: Für eine ökologische Analyse von Produkten und Prozessen stehen unterschiedliche Methoden und Werkzeuge zur Verfügung. Die bekannteste Methode stellt die Ökobilanz (engl. Life Cycle Assessment) dar. Die Ökobilanz bewertet Umweltaspekte und potenzielle Umweltwirkungen eines Produktes oder einer Dienstleistung über den gesamten Lebensweg „von der Wiege bis zur Bahre“, d. h. von der Rohstoffgewinnung über die Produktion und Nutzung bis hin zur Entsorgung (DIN 14040, 2006-10). Eine Ökobilanz setzt sich dabei aus der Festlegung von Ziel und Untersuchungsrahmen, der Sachbilanz, der Wirkungsabschätzung und der Interpretation der Ergebnisse zusammen. In der Anwendung ist insbesondere die Beschaffung der Sachbilanzdaten mit einem häufig hohen Aufwand verbunden. Eine vereinfachte Methode für eine ökologische Lebensweganalyse stellt die Methode des Kumulierten Energieaufwandes (KEA) dar. Diese gibt die Gesamtheit des primärenergetisch bewerteten Aufwandes an, der im Zusammenhang mit der Herstellung, der Nutzung und Beseitigung eines ökonomischen Gutes entsteht bzw. diesem ursächlich zugewiesen werden kann (VDI 4600, 1998-06). Einen weiteren vereinfachten Ansatz stellt das MIPS-Konzept (Materialinput pro Serviceeinheit) dar. Dieses betrachtet die Umweltwirkung von Produkten durch den spezifischen Ressourcenverbrauch für die Herstellung, Nutzung und Entsorgung. Im Sinne eines ganzheitlichen Life Cycle Management-Ansatzes gilt es, geeignete ökonomische und ökologische Lebensweganalysen in die Entscheidungsprozesse zu integrieren.

Soziale Lebensweganalyse: Die Bewertung der Auswirkungen von Produkten und Prozessen auf Menschen, Familien, Gemeinden und Städte ist Gegenstand der sozialen Lebensweganalyse. Die zu diesem Zweck entwickelten Ansätze versuchen durch die Beschreibung von Modellen das Ausmaß der Verantwortung für Umwelt und Gemeinschaft von Unternehmen zu bewerten (Wartick und Cochran, 1985, S. 767). Ein bekannter Ansatz dazu ist z. B. das „Corporate Social Responsibility", das in einzelnen Unternehmen bereits zur Anwendung kommt. Im Rahmen dieser Bewertung werden sowohl die sozialen Auswirkungen auf der Mikro-, aber auch auf der Makroebene betrachtet, um eine ganzheitliche Bewertung von Unternehmen auf sozialer Ebene zu ermöglichen. Einen weiteren Schwerpunkt bilden Ansätze zur Beschreibung und Bewertung von Entscheidungen des Managements aus sozialer, moralischer und ethischer Perspektive unter Einbeziehung von Strategien und Prozessen im Unternehmen (Carroll und Buchholtz, 2003). Diese Ansätze berücksichtigen insbesondere die Zunahme der Bedeutung der Verantwortung von Unternehmen innerhalb der Gesellschaft.

Informations- und Wissensmanagement: Voraussetzung für die lebensphasenübergreifende Optimierung von Produkten sowie den Einsatz ökonomischer und ökologischer Lebenswegbewertungen ist, dass Informationen und Wissen zwischen den einzelnen Akteuren in den verschiedenen Lebensphasen ausgetauscht werden. Diesen Informations- und Wissensaustausch zu ermöglichen und zu verbessern, stellt das Ziel des lebenszyklusorientierten Informations- und Wissensmanagements dar. Im Bereich des Informationsmanagements sind dafür insbesondere so genannte PLM/PDC-Systeme (Product Definition and Commerce) von Bedeutung, die aktuelle Produktinformationen über den gesamten Produktlebenszyklus bereitstellen (Eigner und Stelzer, 2001, S. 23). Diese Systeme sind Weiterentwicklungen der in Entwicklung und Konstruktion eingesetzten PDM-Systeme, die im Wesentlichen produktdefinierende Daten enthalten, die das Produkt und seine Struktur beschreiben (Vanja und Weber, 2000, S. 34; Eigner und Stelzer, 2001, S. 18). Im Bereich des Wissensmanagements existieren bisher keine kommerziellen Standardlösungen für einen lebensphasenübergreifenden Wissensaustausch. Ansätze bilden der Einsatz von Expertensystemen z. B. zur Bewertung von Produkten (Herrmann, 2003; Boothroyd und Dewhurst, 1992), featurebasierte CAx-Systeme zur Wissensvermittlung (Weber und Krause, 1999, S. 45 ff.) sowie klassische Instrumente des Wissensmanagements wie z. B. Expertenforen und Wissensbanken (Mansour, 2006). Für die Gestaltung dieser erweiterten Wertschöpfungskette sind entscheidungsrelevante Informationen bereitzustellen; beispielsweise recyclingrelevante Produktinformationen für ein Recyclingunternehmen oder planungsrelevante Informationen für die Demontage durch Verknüpfung der Informationssysteme der Wertschöpfungspartner (Ploog, 2004).

Prozessmanagement: Die Aufgabe des Prozessmanagements ist die inner- und überbetriebliche Gestaltung, Lenkung und Entwicklung der Geschäftsprozesse. Dabei wird unter Prozess ein Bündel von Aktivitäten verstanden, das ein oder mehrere Eingangsparameter erfordert und einen Wert für den Empfänger (interner oder externer Kunde) erzeugt. Prozessgestaltung erfordert die Loslösung von funktional organisierten Strukturen und bestehenden Aufbauorganisationen. Innerbetriebliche Prozesse ergeben in ihrer Gesamtheit die Struktur eines Unternehmens, wobei zwischen Strukturprozessen (z. B. Produktentwicklungsprozess) und Abwicklungsprozessen (z. B. Beschaffungs-, Auftragsabwicklungsprozess) unterschieden werden kann (Hungenberg et al., 1996, S. 5–44 ff.). Geschäftsprozesse können in ein allgemeines Prozessmanagement-System eingeordnet werden. Hierdurch entsteht eine enge Verknüpfung zwischen den Prozessen und den zugehörigen Informationsflüssen (Scheer, 1998, S. 54). Die Aufgaben des Makromanagement sind die Definition und Abgrenzung von Geschäftsprozessketten, die Analyse der Zusammenhänge zwischen Geschäftsprozessen, die Definition von Standards zur Prozessdokumentation, die Erarbeitung von Prozesskarten sowie die Festlegung des prozessübergreifenden Methoden- und Werkzeugeinsatzes. Schwerpunkte im Mikroprozessmanagement sind die detaillierte Planung, Beschreibung und Visualisierung der Prozessabläufe und der Prozessorganisation sowie die Festlegung wichtiger Prozesskennzahlen. Das überbetriebliche bzw. unternehmensübergreifende Prozessmanagement umfasst die lebenszyklusorientierte Gestaltung, Planung und Steuerung der Liefer- bzw. Nachfragekette und spiegelt sich im Konzept des Supply Chain Management wider (Pfohl, 2000; Corsten und Gössinger, 2001). Das Supply Chain Management ist ein Managementansatz, der die Optimierung der Informationsflüsse und die Realisierung einer übergreifenden interorganisationalen Planung entlang der Wertschöpfungskette (engl. „Supply Chain") anstrebt. Im Rahmen eines lebensphasenübergreifenden Prozessmanagement kann das Supply Chain Management auch um die Integration von Recyclingunternehmen erweitert werden (Spengler und Herrmann, 2004).

4.3.2 Kopplung von Lebenswegen und -zyklen

Die traditionelle Betrachtung in Produktlebensphasenkonzepten geht von einem Produkthersteller aus und stellt die Lebenszyklusphasen eines Produktes dar. Doch die Lebenswege und Lebenszyklen unterschiedlicher Produkte und damit zumeist auch unterschiedlicher Hersteller stehen vielfach in Abhängigkeit zueinander (Abb. 4.14).

Die Verknüpfung ist eng mit den Begriffen der Produkt- und Prozessinnovation verbunden. Während Produktinnovationen auf die Entwicklung neuer Produkte oder die Verbesserung von bestehenden Produkten (oder Dienstleistungen) gerichtet sind, zielen Prozessinnovationen z. B. auf Fertigungs-, Montage- oder Recyclingprozesse ab (Rennings, 2007). Mit abnehmender Häufigkeit von Produktinnovationen wächst der Rationalisierungsdruck bei den Prozessen. Mit der Abnahme der Verbesserungs- bzw. Neuerungspotenziale, nimmt auch die Häufigkeit von Prozessinnovationen wieder ab (Mateika, 2005). Eine schematische Darstellung dieser Abhängigkeit und Übertragung in den Bezugsrahmen für ein Ganzheitliches Life Cycle Management zeigt Abb. 4.14 (unten).

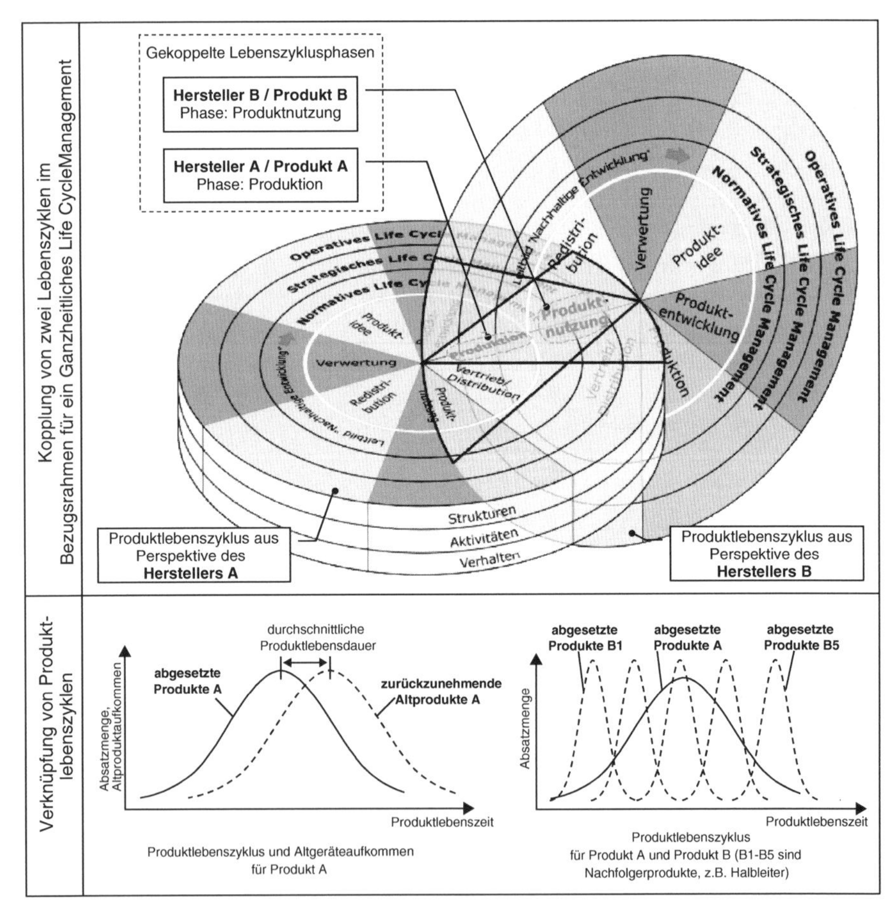

Abb. 4.14 Gekoppelte Produktlebensphasen (Herrmann et al., 2007) und Verknüpfung von Produkt- und Prozessinnovationen (Pleschak und Sabisch, 1996)

Die Darstellung verdeutlicht, dass Produktinnovationen in einem Unternehmen Prozessinnovationen in einem anderen Unternehmen sein können. „Für Hersteller von Autolacken war beispielsweise die Entwicklung von Wasserbasis-Lacken eine Produktinnovation [Hersteller B], für die Anwender in der Automobilindustrie ist die entsprechende Umrüstung ihrer Lackierstraßen dagegen eine Prozessinnovation [Hersteller A].“ (Rennings, 2007, S. 125). Auf diese Weise können Produktinnovationen Prozessinnovationen und Prozessinnovationen Produktinnovationen induzieren. „So haben beispielsweise erst die Leistungssteigerung der weltweiten Datennetze die Integration von Fernwartungsmodulen in Maschinen und somit die Entwicklung von Teleserviceangeboten ermöglicht.“ (Mateika, 2005). Die Kopplung von Lebenswegen bzw. Lebenszyklen ist natürlich nicht auf die Produktionsphase beschränkt; sie gilt für alle Phasen. Es ist aber zu beachten, dass die Abhängigkeit zwischen gekoppelten Lebenswegen auch mit vielfältigen Herausforderungen verbunden ist. Wie in Kap. 2 beschrieben führen beispielsweise die kurzen Innovationszyklen in der Halbleiterindustrie zu Problemen in der Ersatzteilverfügbarkeit in anderen Industrien, wie z. B. in der Automobilindustrie (vgl. Abb. 2.14). Entsprechend ist der Marktzyklus der in der Produktion von Produkt A eingesetzten Halbleiterbauteile B deutlich kürzer als der Marktzyklus von Produkt A. Sind die Nachfolgeprodukte zu B1 (B2 bis B5) nicht kompatibel zu B1 so stehen nicht nur im Afer-Sales Service, sondern bereits in der Produktion entsprechende Probleme aufgrund nicht mehr verfügbarer Bauteile (Abb. 4.14).

Die Kopplung verschiedener Produkte und ihrer Lebenszyklen verdeutlicht, dass neben der Integration der phasenbezogenen Disziplinen in einem Unternehmen eine akteurübergreifende Koordination bzw. Abstimmung erforderlich ist. Für die Durchdringung der akteurübergreifenden Managementfragen können sowohl der Bezugsrahmen als auch das Modell lebensfähiger Systeme gekoppelt betrachtet werden (Herrmann et al., 2007). Stehen mehrere Unternehmen über ein bestimmtes Produkt miteinander in Interaktion (z. B. eine Werkzeugmaschine [Hersteller B], die für die Herstellung eines PKW dient [Hersteller A]), muss die komplexe interorganisationale Kopplung berücksichtigt werden. Während sich z. B. der PKW zum Zeitpunkt t_0 in seiner Produktionsphase im Unternehmen „Fahrzeughersteller“ befindet, wird die Werkzeugmaschine im System 1 zum Zweck für die Produktionsprozesse des PWK eingesetzt. Wird nun dieselbe Werkzeugmaschine aus Perspektive des „Werkzeugmaschinenherstellers“ einer Lebensphasenbetrachtung unterzogen, so befindet sich die Werkzeugmaschine zum identischen Zeitpunkt t_0 in der Nutzungs- und Servicephase (vgl. Abb. 4.15). Mit Hilfe des Bezugsrahmens kann diese Kopplung der verschiedenen Lebenszyklusphasen und damit die entstehende Komplexität zwischen diesen Lebenszyklusphasen sichtbar gemacht werden (Herrmann et al., 2007). Die enge funktionale Verknüpfung zwischen der Werkzeugmaschine und dem PWK resultiert aus dem Maße der erforderlichen Funktionen, die die Werkzeugmaschine zur Herstellung des PWK benötigt. Erfolgt eine wesentliche Veränderung an dem PWK durch die Entwicklungsabteilung des Automobilherstellers, so muss die Werkzeugmaschine an diese neuen produktionstechnischen Anforderungen angepasst werden.

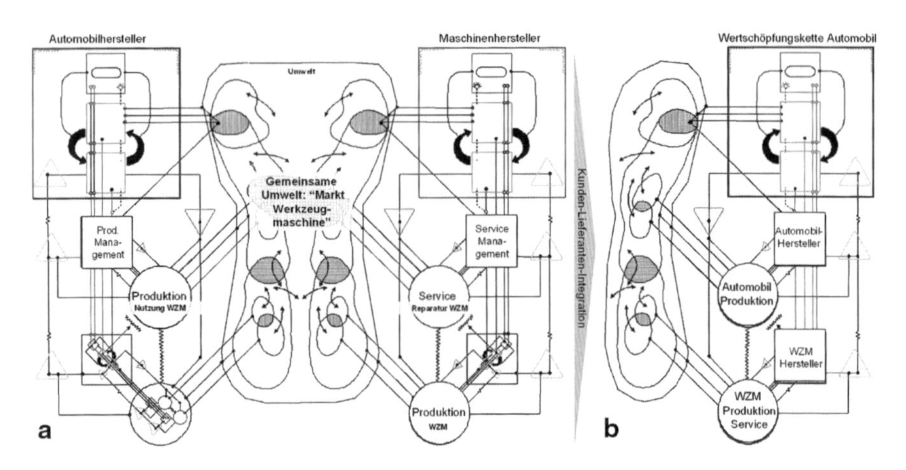

Abb. 4.15 Kopplung der lebensfähigen Systeme **a** aus der Perspektive einer gemeinsamen produktbezogenen Umwelt und **b** aus der Perspektive eines lebensfähigen Systems

Durch die funktionale Kopplung von Unternehmen durch Produktlebenszyklusphasen wird der Bedarf für eine fortlaufende wechselseitige Anpassung der betrachteten Produkte und der Unternehmen selber notwendig. Eine schnelle Abfolge von Veränderungen von Produktanforderungen des Produktnutzers induziert folglich in kürzeren Intervallen neue Anforderungen an die für Entwicklung, Produktion und Service verantwortlichen Systeme des Produktherstellers. Abbildung 4.15 zeigt die Kopplung zweier lebensfähiger Systeme durch eine gemeinsame Produktbezogene Umwelt am Beispiel der Interaktion von Automobil- und Maschinenhersteller.

Diese Zusammenhänge der Kopplung von Unternehmen durch Produktlebensphasen stellen eine wichtige Erkenntnis für die lebenszyklusorientierte Optimierung von Prozessen und Systemen dar. Durch den Austausch von Produkten entsteht eine Kopplung von Unternehmen durch eine gemeinsame produktbezogene Umwelt. Dabei werden z. B. bei einem einmaligen Produkttransfer lediglich Mechanismen zum Austausch der Marktleistung benötigt. Eine weiterführende Interaktion der Unternehmen erfolgt nicht, so dass Aktivitäten der Systeme 3 und 4 nicht zwischen den Akteuren abgestimmt werden können. Im Rahmen der Integration von Produkten und Dienstleistungen erfordert ein Produkt wie z. B. eine Werkzeugmaschine ein umfassendes Dienstleitungsangebot einschließlich Wartung, Reparatur und Anpassungen (Bransch, 2005, S. 47–53). Diese steigenden Anforderungen erzeugen eine neue Dynamik (Bullinger, 2002, S. 12) und erfordern daher weiterführende Aktivitäten der beteiligten Systeme 2 zur Koordination des intensivierten Leistungsaustausches, z. B. den wechselseitigen Austausch von Information zum Zustand und zu Instandhaltungsdienstleistungen von Maschinen. Die kontinuierliche Weiterentwicklung der Automobile erfordert darüber hinaus die kontinuierliche Anpassung der Werkzeugmaschine durch den Maschinenhersteller. Eine enge Kooperation von Automobil- und Werkzeugmaschinenhersteller, z. B. durch Concurrent Engineering oder ein übergreifendes Prozessmanagement der Systeme 3 und 4, kann dabei vereinfacht als Gestaltung elementarer Funktionen eines lebensfähigen

Systems „Wertschöpfungskette" betrachtet werden. Je umfassender die Informations- und Kommunikationsstrukturen dieser Rekursionsebene durch geeignete lebensphasenbezogene und -übergreifende Disziplinen entwickelt sind, desto mehr Synergien können zwischen den Herstellern genutzt werden. Ob durch die enge Zusammenarbeit der Akteure tatsächlich ein lebensfähiges System entsteht, ist abhängig von der Entwicklung notwendiger Systemfunktionen, die über eine reine Koordination des Leistungsaustausches hinausgehen.

4.3.3 Integration und Zuordnung der Disziplinen

Ein Ganzheitliches Life Cycle Management integriert die lebensphasenbezogenen Disziplinen und bezieht hierzu die lebensphasenübergreifenden Disziplinen ein. Eine zentrale Aufgabe ist die Gestaltung der Schnittstellen zwischen den Produktlebensphasen, um so die bestehenden Potenziale eines Ganzheitlichen Life Cycle Managements zu erschließen. In Anlehnung an Malik können bei der Betrachtung u. a. folgende Fragen herangezogen werden (vgl. Malik, 2008, S. 429 ff.):

- **System 1:** Was sind die Beziehungen zu den anderen Systemen 1 (Inputs, Outputs usw.)? Wie sind die Beziehungen zu den Schwestersystemen (z. B. kooperativ oder kompetitiv)? Was sind die Teilumwelten der Systeme 1 und was sind ihre Charakteristika?
- **System 2:** Was sind Möglichkeiten zur Verbesserung der Gesamtkoordination? Welche Aktivitäten koordinieren die Systeme 1 (gemeinsame Spielregeln, gemeinsame Methoden, gemeinsame Elemente in Plänen und Programmen)? Welche formalen Koordinationsinstrumente werden eingesetzt? Besteht eine gegenseitige Beteiligung an wichtigen Gremien der Systeme 1 (Planungsgespräche, Treffen)?
- **System 3:** Aufgrund welcher Informationen werden im System 3 Aktivitäten ausgeführt? Welche Prozessmerkmale lassen sich im Rahmen der Durchführung der Aktivitäten erkennen? Werden die Aktivitäten koordiniert? Werden formale Instrumente eingesetzt? Wie werden Abweichungen von der inneren Stabilität wahrgenommen? Welche Verzögerungen („time lags") können zwischen Lenkungseingriffen in die Systeme 1 und ihrer Wirkungskontrolle festgestellt werden?
- **System 4:** Aufgrund welcher Informationen werden im System 4 Aktivitäten ausgeführt? Welche Prozessmerkmale lassen sich erkennen? Auf welchem Wege können Informationen zu Umweltfaktoren gewonnen werden? Wie erfolgt die Interaktion mit System 3?
- **System 5:** Aufgrund welcher Überlegungen und mit Hilfe welcher Mittel und Methoden erfolgt die Zuordnung von Ressourcen für heutige und zukünftige Aktivitäten?

Tabelle 4.2 zeigt Beispiele für die Ausgestaltung der Schnittstellen zwischen den Disziplinen auf. Im Produktmanagement müssen die Anforderungen aus der Produktion, der Nutzung und der Entsorgung integriert werden. Dies erfolgt beispielsweise durch eine fertigungs-, montage-, service- sowie demontage- und recyclinggerechte

Tab. 4.2 Beispiele für die Gestaltung von Schnittstellen zwischen den Produktlebensphasen

	Produktmanagement	Produktionsmanagement	After-Sales Management	End-of-Life Management
Produktmanagement		Fertigungs- und montagegerechte Produktgestaltung; Bereitstellung der für die Herstellung relevanten Produktinformationen	Servicegerechte Produktgestaltung; Upgrade-gerechte Produktgestaltung; Bereitstellung von servicerelevanten Produktinformationen	Demontage- und recyclinggerechte Produktgestaltung; Bereitstellung von demontage- und recyclingrelevanten Produktinformationen
Produktionsmanagement	Abstimmung von Produkt- und Produktionsprogramm; Schaffung einer flexiblen Produktion; Schaffung einer wandlungsfähigen Fabrik		Ersatzteilproduktion; Abstimmung der Ersatzteilproduktion mit der Rücklaufmenge gebrauchter Geräte; Instandhaltung von Maschinen und Anlagen	Nutzung gebrauchter Bauteile für die Neugeräteproduktion; Abstimmung von Produktions- und Recyclingprogramm
After-Sales Management	Kommunikation von Anforderungen und Ideen für produktbegleitende Dienstleistungen; Integrierte Entwicklung von Sach- und Dienstleistung	Abstimmung der Ersatzteilbedarfe mit der Ersatzteilproduktion		Entwicklung von Anreizsystemen für die Rückgabe gebrauchter Produkte
End-of-Life Management	Nutzung von Produktinformationen für die Planung von Demontage und Recycling	Gewinnung gebrauchter Bauteile für die Produktion von Produkten; Abstimmung von Produktions- und Recyclingprogramm	Rücknahme von Geräten/Rückbau von Maschinen u. Anlagen als Dienstleistung; Gewinnung gebrauchter Bauteile als Ersatzteile	

Produktgestaltung. Im End-of-Life Management kann eine bessere Planung von Demontage und Recycling erfolgen, wenn relevante Produktinformationen zur Verfügung stehen. Dies erfordert eine entsprechende Bereitstellung der Informationen als Teil des Produktmanagements.

In der Entsorgungsphase gewonnene Bauteile aus gebrauchten Produkten können beispielsweise in der Produktion oder als Ersatzteil eingesetzt werden. Dies erfordert eine Abstimmung zwischen Produktions- und Recyclingprogramm bzw. zwischen Recycling und der Ersatzteilproduktion. Nicht mehr funktionsfähige Produkte und Bauteile können werkstofflich verwertet werden und als Materialien für die Produktion neuer Produkte eingesetzt werden.

Ausgehend von dem Modell lebensfähiger Systeme und dem Prinzip der Rekursion können die vorgestellten Disziplinen eines Ganzheitlichen Life Cycle Managements eingeordnet werden. Mit dem Unternehmen auf der obersten Rekursionsebene umfassen die Systeme 1 die Produktplanung und -entwicklung, die Produktion, den Service und das Recycling (Abb. 4.16). Die phasenübergreifenden Disziplinen dienen der Unterstützung der Aktivitäten der phasenbezogenen Disziplinen und der Ausgestaltung der erforderlichen kybernetischen Funktionen im Sinne der Ziele eines Ganzheitlichen Life Cycle Managements. Sie sind daher nicht einem bestimmten System zugeordnet. Sehr wohl können sie aber auf verschiedenen Ebenen (normativ, strategisch, operativ) eingesetzt werden bzw. wirken.

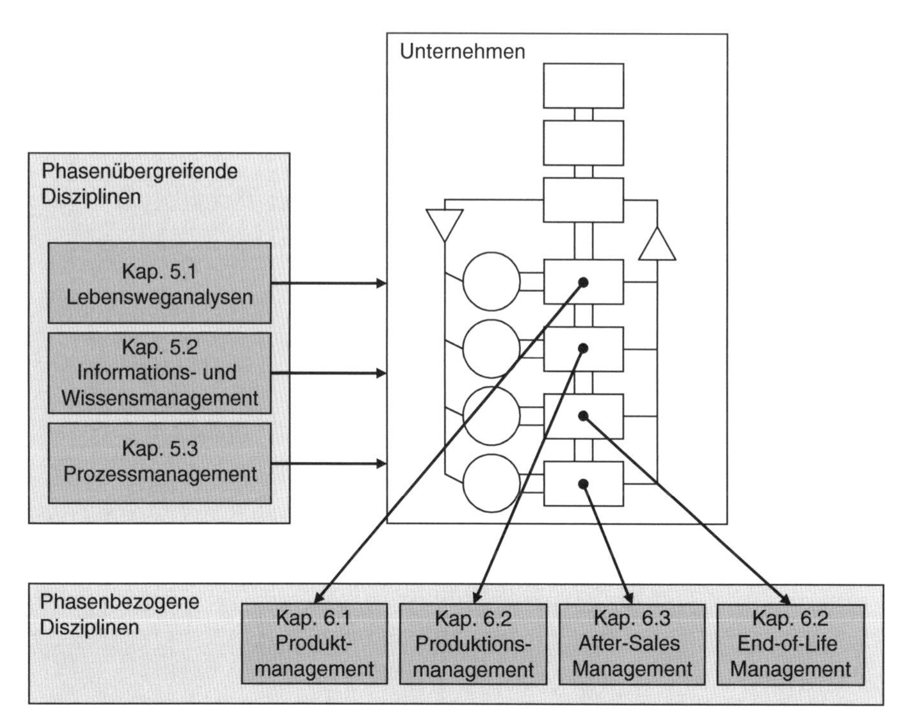

Abb. 4.16 Zuordnung der Disziplinen eines Ganzheitlichen Life Cycle Managements zum Modell lebensfähiger Systeme

Das Kap. 5.1 ist der Durchführung von Lebensweganalysen hinsichtlich wirtschaftlicher, ökologischer und sozialer Aspekte gewidmet. Kapitel 5.2 stellt Möglichkeiten zur Ausgestaltung eines Informations- und Wissensmanagement dar. Das Prozessmanagement wird im Kap. 5.3 beschrieben. Neben den relevanten Grundlagen werden vor allem ausgewählte Ansätze für die Umsetzung eines Ganzheitlichen Life Cycle Managements vorgestellt.

Aufbauend auf der Darstellung der phasenübergreifenden Disziplinen folgt im Kap. 6 die Darstellung der lebensphasenbezogenen Disziplinen. Mit Blick auf die zweite Rekursionsebene werden – ausgehend von den jeweiligen Grundlagen – Ansätze vorgestellt, die entweder stärker strategische oder operative Aufgaben im Management unterstützen.

Kapitel 5
Lebensphasenübergreifende Disziplinen

5.1 Lebensweganalysen

Die Verankerung einer Nachhaltigen Entwicklung durch ein Ganzheitliches Life Cycle Management erfordert die Quantifizierung der Auswirkung von Entscheidungen über den gesamten Produktlebensweg in den drei Dimensionen einer Nachhaltigen Entwicklung. Dementsprechend stellen die ökonomische, die ökologische und die soziale Lebensweganalyse wichtige lebensphasenübergreifende Disziplin dar (Abb. 5.1).

5.1.1 Ökonomische Lebensweganalyse

Die Betrachtung von Kosten entlang der Lebensphasen technischer Produkte ist besonders dann relevant, wenn der Anteil der Kosten in der Nutzungs- und Entsorgungsphase, die so genannten Folgekosten, im Verhältnis zu den Anschaffungskosten hoch sind. Trotz der zunehmenden Bedeutung dieser Kosten in den späteren Lebenszyklusphasen spielt der Anschaffungspreis weiterhin bei der Investitionsentscheidung in vielen Unternehmen eine größere Rolle als die produktbezogenen Kosten in der Nutzungs- und Nachnutzungsphase (Herrmann und Spengler, 2006). Das Ziel der ökonomischen Lebensweganalyse ist eine ganzheitliche und systematische Betrachtung der Kosten über den ganzen Lebenszyklus. Dies soll den Nutzer eines Produktes oder einer Anlage unterstützen seine Investitionsentscheidung nicht ausschließlich an den Anschaffungskosten auszurichten, sondern die Gesamtkosten zu berücksichtigen und folglich die günstigste Alternative auszuwählen. Dem Hersteller dient die ökonomische Lebensweganalyse in den frühen Produktphasen zur rechtzeitigen Information über die phasenbezogenen Kosten und deren Interdependenzen, um mit Hilfe dieser das Produkt zu optimieren.

C. Herrmann, *Ganzheitliches Life Cycle Management*,
DOI 10.1007/978-3-642-01421-5_5, © Springer-Verlag Berlin Heidelberg 2010

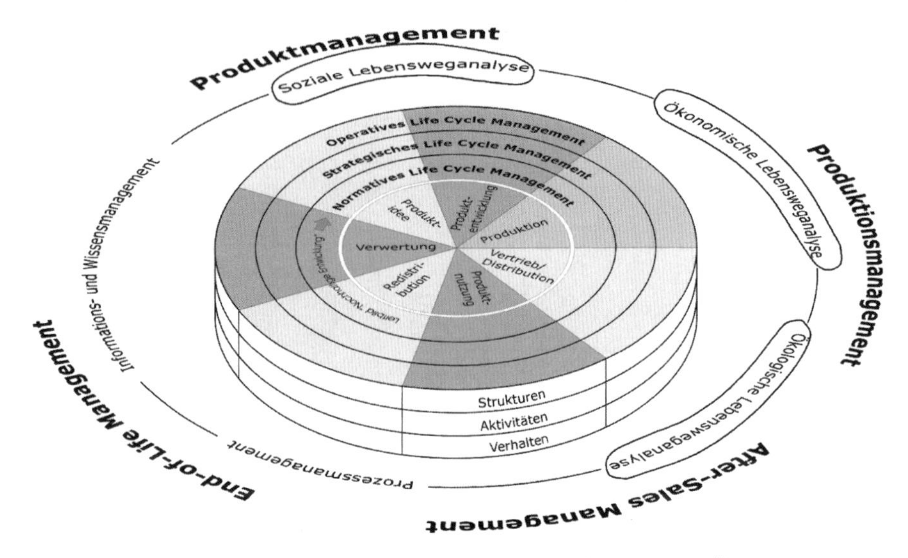

Abb. 5.1 Bezugsrahmen für ein Ganzheitliches Life Cycle Management – Ökonomische, ökologische und soziale Lebensweganalyse

5.1.1.1 Grundlagen

Die ökonomische Lebensweganalyse ist eng mit dem Ansatz der Lebenszyklusrechnung verbunden. In der Literatur finden sich hierfür eine Vielzahl von Synonymen wie beispielsweise Lebenszykluskostenrechnung (Zehbold, 1996), Life Cycle Cost Analysis (Blanchard, 1978), Product Life Cycle Costing (Shields und Young, 1991) oder Lebenszyklusrechnung (Pfohl, 2002; Riezler, 1996). Vielfach wird auch der ursprüngliche Begriff des Life Cycle Costing gebraucht, der seinen Ursprung in den USA hat. Life Cycle Costing wurde erstmals in den 60er Jahren im Militär- und Baubereich angewendet. Der Begriff des Life Cycle Costing (LCC) wird definiert als Prozess der Analyse und Planung von Lebenszykluskosten (Wübbenhorst, 1984). Laut VDI-Richtlinie 2884 zielt das Life Cycle Costing darauf ab „[…] die gesamten Kosten und Erlöse eines Systems und der damit verbundenen Aktivitäten und Prozesse, die über dessen Lebenszyklus entstehen, zu optimieren.“ (VDI 2448:2005-12). Im Rahmen der Arbeit stellen diese Begriffe ebenfalls Synonyme dar.

Beschränkt sich die Lebenszyklusrechnung nur auf die Kosten des Produktes, so liegt eine *Lebenszyklusrechnung im engeren Sinne* vor. Werden Erlöse mit in die Berechnungen einbezogen, so wird von einer *Lebenszyklusrechnung im weiteren Sinne* gesprochen (Zehbold, 1996). Während die ersten LCC-Konzepte sich ausschließlich auf Lebenszyklusrechnungen im engeren Sinne beschränkten, beziehen die neueren Überlegungen ebenfalls Erlöse aller Lebensphasen mit ein. Dies geht jedoch nicht immer klar aus der Namensgebung hervor. Eine alleinige Betrachtung der Kosten erwies sich als unzweckmäßig, da diesen in der Regel Erlöse gegenüberstehen, die kostenabhängig variieren können. Im Folgenden wird für eine bessere

Lesbarkeit des Textes größtenteils nur von Kosten anstelle von „Kosten und Erlösen“ gesprochen. Die Ausführungen beziehen sich analog auch auf die Erlöse.

Dem Life Cycle Costing liegt das Modell vom objektspezifischen und periodenübergreifenden Lebenszyklus zu Grunde, welches eine ökonomische Betrachtung des Objektes „von der Wiege bis zur Bahre“ ermöglicht. Im Sinne eines Ganzheitlichen Life Cycle Managements zählt die ökonomische Lebensweganalyse neben dem Life Cycle Assessment (ökologische Lebensweganalyse), Informations- und Wissensmanagement und Prozessmanagement zu den phasenübergreifenden Disziplinen (Abb. 5.1).

Der vorherrschende, auf Schmalenbach zurückzuführende, wertmäßige Kostenbegriff wird als „der wertmäßige Verzehr von Produktionsfaktoren zur Leistungserstellung und Leistungsverwertung sowie zur Sicherung der dafür notwendigen betrieblichen Kapazitäten“ definiert (Schmalenbach, 1963). Daneben existiert in der Betriebswirtschaftslehre der pagatorische Kostenbegriff, der die tatsächlichen Auszahlungen als Kosten zugrunde legt (Kilger, 1992). Kostenarten, denen zu dem betrachteten Zeitpunkt keine Auszahlungen gegenüberstehen, bleiben somit unberücksichtigt. Zahlungen stellen damit originäre und unmittelbare Rechengrößen dar (Kemminer, 1999). Die Lebenszykluskosten (LZK) im Speziellen sind definiert als sämtliche Kosten, die für eine Anlage, ein Produkt oder ein System zur Initiierung, Planung, Realisierung, zum Betrieb und für die Stilllegung, also während des gesamten Lebenszyklus, auftreten. (Wübbenhorst, 1984). Erlöse definieren sich analog zu den Kosten, d. h. Erlöse beschreiben im Fall der wertmäßigen Betrachtung den Wertzuwachs im Rahmen des Leistungsprozesses.

Wübbenhorst klassifiziert Lebenszykluskosten und -erlöse nach den Kriterien Phasenorientierung, Relevanz, Personenbezug, Häufigkeit und Kausalität (Wübbenhorst, 1984). Die Phasenorientierung der Kosten zielt auf den Detaillierungsgrad der Kostenaufschlüsselung. Wübbenhorst unterscheidet hier zwischen Kosten einzelner Phasen (z. B. Planungskosten), mehrer Teilphasen (z. B. Fertigungskosten) und einer Betriebsphase (z. B. Nutzungskosten). Relevante Kosten und Erlöse werden von einer bestimmten Entscheidung beeinflusst und müssen aus diesem Grund in das Entscheidungskalkül einbezogen werden. Relevante Kosten und Erlöse sind entscheidungsabhängig. Irrelevante Kosten und Erlöse sind dagegen auf keine Entscheidungssituation zurückzuführen.

Kosten werden nach dem Merkmal der Kausalität in Anfangs- und Folgekosten untergliedert, deren Substitutionsbeziehungen eine besondere Bedeutung hinsichtlich der Kostenbeeinflussung in der frühen Entstehungsphase haben, die hier noch besonders hoch ist (Schild, 2005; Bubeck, 2002) (Abb. 5.2).

Daneben ist auch die Unterteilung in Vorlaufkosten, laufende Kosten und Nachsorgekosten gebräuchlich. Unter Vorlaufkosten sind Kosten zu verstehen, die zu Beginn des Lebenszyklus in der Entstehungsphase anfallen. Unter den Nachsorge- bzw. Folgekosten hingegen werden Kosten resümiert, die als Folge der Vorlaufkosten entstehen. Hinsichtlich der Häufigkeit von Kosten wird zwischen einmaligen Kosten mit nicht wiederkehrendem Charakter und wiederkehrenden Kosten, die in regelmäßigen oder unregelmäßigen Intervallen über den Lebenszyklus anfallen, differenziert. Unter einmaligen Kosten sind Tätigkeiten des Entstehungsprozesses

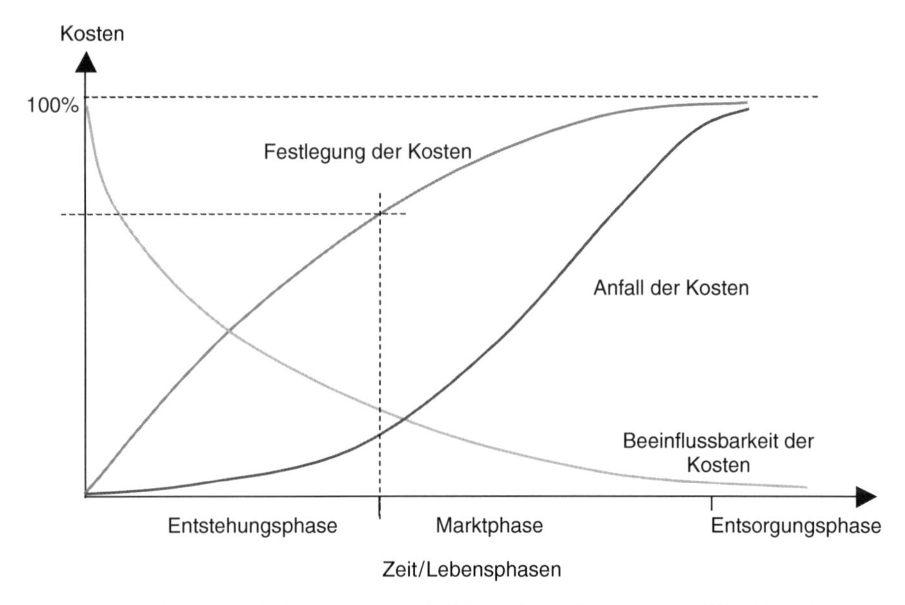

Abb. 5.2 Festlegung, Beeinflussung und Anfall der Lebenszykluskosten (Schild, 2005, S. 44)

einzuordnen, wie beispielsweise das Prototyping, die Produktions- und Absatzvorbereitung, der Bau und die Modernisierung eines Bauwerkes. Beispiele für wiederkehrende Kosten sind einerseits Betriebskosten und andererseits Instandhaltungskosten während der Nutzungsphase. Eine Differenzierung in einmalige und wiederkehrende Kosten und Erlöse erweist sich dann als sinnvoll, wenn Veränderungen am Produkt- oder Produktionsprogramm, den Produktionsprozessen sowie den Produktionszahlen bewertet werden sollen. Abbildung 5.3 zeigt eine Klassifizierung von Kosten nach dem Personenbezug in Hersteller und Betreiber.

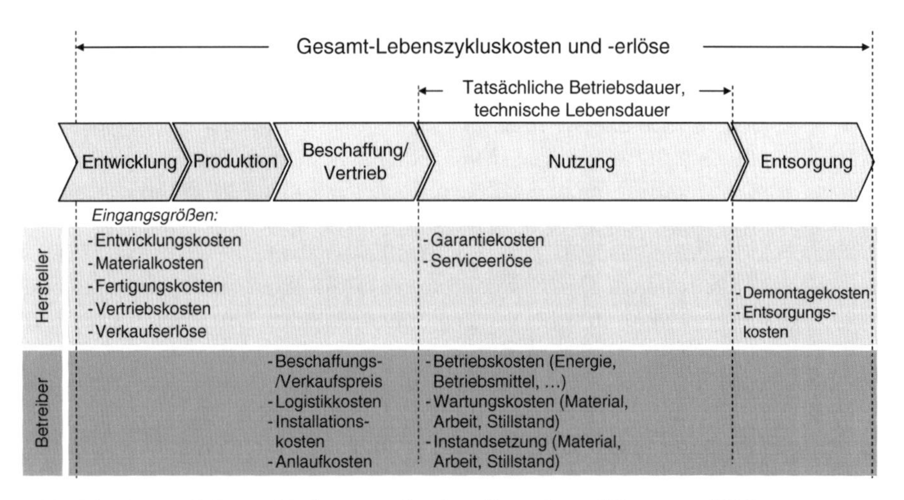

Abb. 5.3 Gesamt-Lebenszykluskosten und -erlöse (Spengler und Herrmann, 2006)

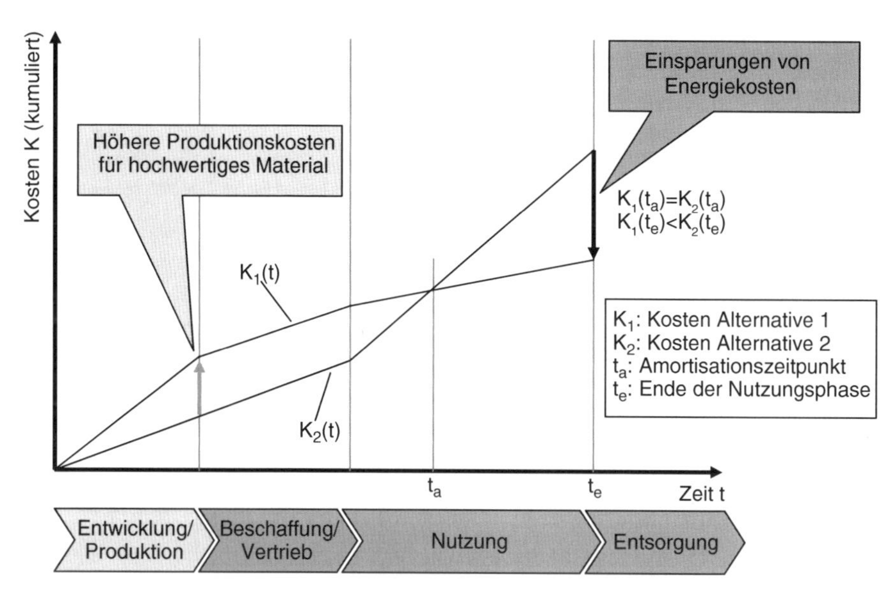

Abb. 5.4 Kosten-Trade-off am Beispiel eines drehzahlgeregelten Antriebs

Unter Zuhilfenahme verschiedener Methoden und Instrumente des Rechnungswesens bildet die Lebenszyklusrechnung die Kostenverläufe über den gesamten Lebenszyklus des betrachteten Objektes ab. Wesentliche Kostentreiber werden identifiziert und Interdependenzen zwischen den Kosten oder den Kosten und Erlösen einzelner Lebensphasen, die so genannten Trade-offs, aufgedeckt. So können höhere Kosten in der Entwicklung und Produktion, beispielsweise durch den Einsatz hochwertiger Werkstoffe, zu geringeren Kosten in der Nutzung – aufgrund geringerer Energiekosten – führen (Abb. 5.4). Auf diese Weise können die mit den einzelnen Aktivitäten und Prozessen verbundenen Erfolgsgrößen eines Systems erfasst und optimiert werden (Wübbenhorst, 1984).

Seit Beginn der Entwicklung des Konzeptes der Lebenszykluskosten wird in der Literatur der Zusammenhang mit den Bereichen Kosten- und Investitionsrechnung des internen Rechnungswesens thematisiert, so dass im Folgenden eine Abgrenzung und Einordnung der Lebenszyklusrechnung erfolgt.

Das Rechnungswesen eines Unternehmens (Abb. 5.5) dient zur Planung und Kontrolle der Unternehmensprozesse. Das externe Rechnungswesen bildet entsprechend der gesetzlichen Vorgaben über die Bilanz und die Gewinn- und Verlustrechnung die finanzielle Situation des Unternehmens nach außen ab. Dahingegen kann das interne Rechnungswesen frei gestaltet werden. Es hat die Zielsetzung

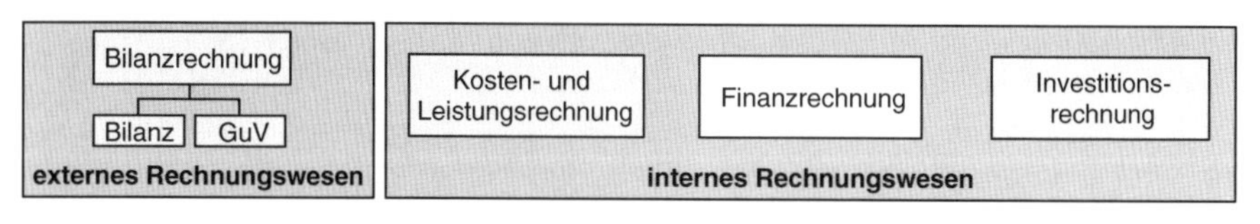

Abb. 5.5 Teilgebiete des Rechnungswesens (modifiziert nach Kemminer, 1999)

Informationen zur Fundierung von innerbetrieblichen Entscheidungen zu liefern. Dabei dient die Kostenrechnung zur Wirtschaftlichkeitsberechnung, die Investitionsrechnung zur Identifikation vorteilhafter Investitionsprojekte und die Finanzrechnung zur Sicherung der Liquidität.

5.1.1.2 Kostenrechnung

Das Ziel der Kostenrechnung ist die Abbildung und Dokumentation des Güterverbrauchs und der Leistungserstellung, um den Entscheidungsträgern Informationen für die kurzfristige Planung, Umsetzung und Kontrolle des Betriebsprozesses bereitzustellen.

Die Kostenrechnung gliedert sich in die Teilbereiche Kostenarten-, Kostenstellen- und Kostenträgerrechnung (Abb. 5.6). Eine Klassifizierung der Kostenrechnungssysteme kann anhand des Zeitbezuges und des Ausmaßes der auf die Kostenträger verrechneten Kosten vorgenommen werden (Tab. 5.1) (Olfert, 2001).

Die erste Kritik an der traditionellen Kostenrechnung gegen Ende der 1980er Jahre beispielsweise durch (Johnson und Kaplan, 1987) und (Horvath, 1990), und die folgende Schwerpunktverlagerung hin zum Kostenmanagement ist vor dem Hintergrund komplexerer, differenzierterer und dynamischer Rahmenbedingungen für Unternehmen zu sehen. Veränderte Rahmenbedingungen in den Bereichen Markt (zunehmende Globalisierung), Technologie (zunehmende Technologisierung, kürzere Innovationszyklen) (Stratmann, 2001) und Kunde (zunehmendes Kundenbewusstsein) führen – einhergehend mit einer Verschärfung des Wettbewerbs – zu einem erhöhten Preis- und Kostenbewusstsein bzw. -druck. Gleichzeitig steigen die Anforderungen an Qualität, Schnelligkeit und eine flexible Produktion. Damit verbunden sind steigende Kosten, erhöhte Gemeinkosten, und eine veränderte Kostenstruktur. Es wird daher vorgeschlagen, die traditionelle Kostenrechnung zu einem Kostenmanagement weiter zu entwickeln. Wesentliche Kritikpunkte an der traditionellen Kostenrechnung und Aspekte für eine Neuorientierung sind in Tab. 5.2 dargestellt (Schild, 2005).

Der Begriff des Kostenmanagements wird in der Literatur unterschiedlich definiert, z. B. von (Reiß und Corsten, 1992; Männel, 1997; Dellmann und Franz, 1994).

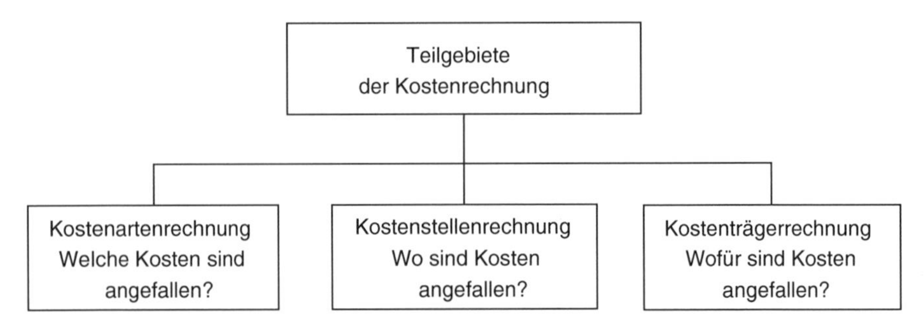

Abb. 5.6 Teilbereiche der Kostenrechnung (modifiziert nach Hummel und Männel, 2000)

Tab. 5.1 Kostenrechnungssysteme (nach Hummel und Männel, 2000)

Ausmaß der Kostenverrechnung	Zeitbezug der Kostengröße		
	Vergangenheitsorientierung		Zukunftsorientierung
	Istkosten	Normalkosten	Plankosten
Verrechnung der vollen Kosten auf die Kalkulationsobjekte, insbesondere Kostenträger	Vollkostenrechnung auf Istkostenbasis	Vollkostenrechnung auf Normalkostenbasis	Vollkostenrechnung auf Plankostenbasis
Verrechnung nur bestimmter Kategorien von Kosten auf die Kalkulationsobjekte, insbesondere Kostenträger	Teilkostenrechnung auf Istkostenbasis	Teilkostenrechnung auf Normalkostenbasis	Teilkostenrechnung auf Plankostenbasis

Der im Kostenmanagement enthaltende Terminus *Management* betont den Gestaltungscharakter eines zukunftsorientierten Kostenmanagements gegenüber der traditionellen und primär entscheidungs- und vergangenheitsorientiert ausgerichteten Kostenrechnung. Die Instrumente und Methoden des Kostenmanagements, auch häufig als neue Kostenrechnungssysteme bezeichnet, haben somit im Vergleich zur klassischen Kostenrechnung veränderte Schwerpunkte entsprechend der benannten Neuorientierung. Zu den wichtigsten neueren Kostenrechnungssystemen zählen die Prozesskostenrechnung, Zielkostenrechnung, entwicklungsbegleitende Kalkulation (Kemminer, 1999; Stratmann, 2001) und die Lebenszyklusrechnung (Riezler, 1996).

Das Ziel der *Prozesskostenrechnung* liegt in der verursachungsgerechten Verrechnung der Gemeinkosten auf die einzelnen Kostenträger. Sie wird daher vorwiegend für die indirekten Leistungsbereiche eines Unternehmens mit einem hohen Gemeinkostenanteil (z.B. Entwicklung oder Vertrieb) angewandt. Dafür werden die im Unternehmen erbrachten Leistungen als Prozesse definiert und zu leistungsmengeninduzierten und leistungsmengenneutralen Teil- und Hauptprozessen zusammengefasst, um anschließend monetär bewertet zu werden. Mit Hilfe der *Zielkostenrechnung* werden die Zielvorgaben für die Kosten eines Produktes am

Tab. 5.2 Kritikpunkte an der traditionellen Kostenrechnung und Neuorientierung im Kostenmanagement (Schild, 2005, S. 36)

Kritikpunkt an der Kostenrechnung		Neuorientierung im Kostenmanagement
Produktorientierung	→	Verstärkte Betrachtung indirekter Bereiche
Datenorientierung	→	Informationsorientierung
Innenorientierung	→	Marktorientierung
Strukturorientierung	→	Prozess- und Wertschöpfungskettenorientierung
Vergangenheitsorientierung	→	Frühzeitigkeit und Zukunftsorientierung
Kurzfristigkeit und Periodenorientierung	→	Langfristigkeit und Lebenszyklusorientierung
Strategieunabhängigkeit	→	Strategieorientierung

Anfang des Lebenszyklus bestimmt, so dass der zu erwartende Marktpreis für das Produkt im Vordergrund steht. Das Zielkostenmanagement dient speziell der Produktplanung- und -entwicklung. Das Ziel der *entwicklungsbegleitenden Kalkulation* ist es, die zu erwartende Kostenwirkung alternativer Produktkonfigurationen (z.B. bgzl. des verwendeten Materials, der Bauteile etc.) parallel zum Entwicklungsprozess aufzudecken. Sie dient damit in erster Linie den im Entwicklungsprozess involvierten Mitarbeitern als konkrete Entscheidungshilfe und sensibilisiert gleichzeitig das Kostenbewusstsein der Entscheidungsträger.

5.1.1.3 Investitionsrechnung

Im Gegensatz zur kurzfristig ausgerichteten Kostenrechnung dient die Investitionsrechnung der Bereitstellung von Informationen für die Beurteilung von Investitionsalternativen zur strategischen Planung der Betriebsprozesse (Blohm und Lüder, 1995). Die Investitionsrechnung umfasst dabei eine Vielzahl von Methoden zur Beurteilung der absoluten und relativen Vorteilhaftigkeit von Investitionsobjekten. Sie werden entsprechend dem Abb. 5.7 klassifiziert, wobei der Schwerpunkt auf den dynamischen Verfahren liegt. Im Weiteren wird die häufig verwendete

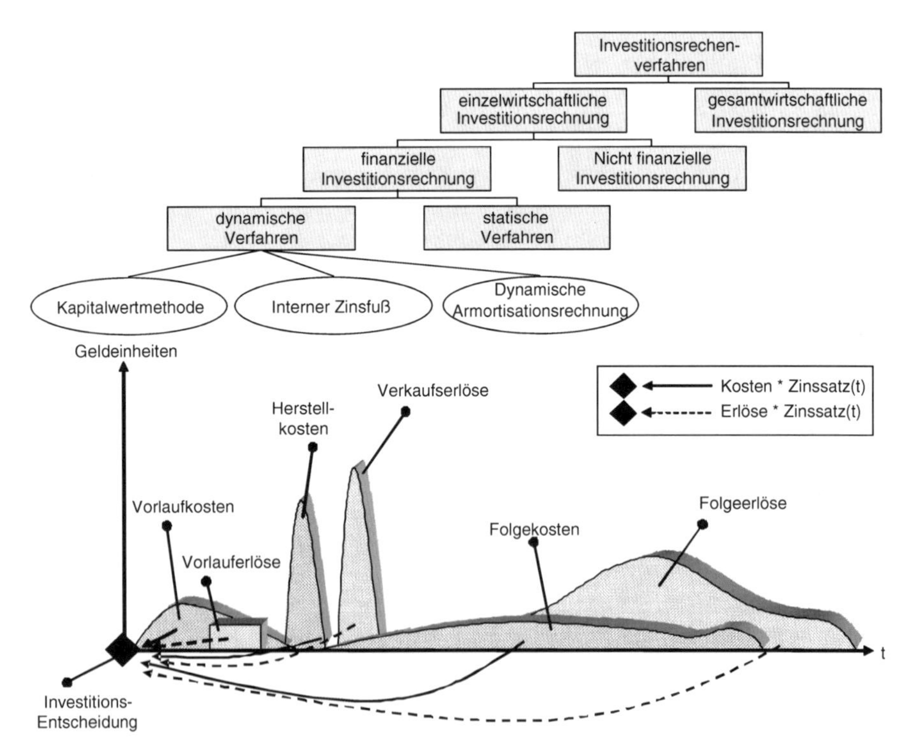

Abb. 5.7 Methoden der Investitionsrechnung (Mateika, 2005, S. 100)

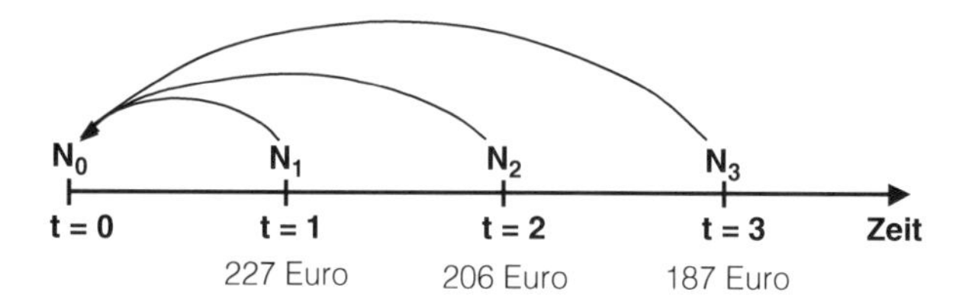

Abb. 5.8 Abzinsung nach der Kapitalwertmethode (Götze und Bloech, 2004)

Kapitalwertmethode näher erläutert, da sie in besonderem Maße bei der Berechnung von Lebenszykluskosten Anwendung findet (Kemminer, 1999).

Die Kapitalwertmethode beurteilt Investitionsalternativen auf Basis des Kapitalwerts, der dem Netto-Geldvermögen der Investition bezogen auf den Beginn der Investitionsdauer bei $t = 0$ entspricht. Dabei wird zugrunde gelegt, dass die für die geplante Investition benötigten finanziellen Mittel auch alternativ investiert werden könnten, beispielsweise am Kapitalmarkt zu einem bestimmten Marktzins. Der Kalkulationszinssatz i setzt sich aus dem Marktzins und einem Risikozuschlag zusammen und spiegelt die geforderte Mindestverzinsung des gebundenen Kapitals wider. Abbildung 5.8 verdeutlicht das Prinzip der Abzinsung auf die Nettozahlungen N_t.

Der Kapitalwert berechnet sich entsprechend der Gl. 5.1. Die geplante Investition ist vorteilhaft sofern der Kapitalwert positiv ist, bzw. eine Investition ist vorteilhafter gegenüber einer Alternativinvestition, sofern der Kapitalwert höher ist (Huch et al., 1997).

$$KW = -A_0 + \sum_{t=0}^{T} \frac{(e_t - a_t)}{(1 + i)^t} \tag{5.1}$$

KW Kapitalwert
A_0 Anfangsauszahlung
e_t Einzahlungen zum Zeitpunkt t
a_t Auszahlungen zum Zeitpunkt t
i Kalkulationszinssatz

Neben der Kapitalwertbetrachtung hält die Investitionsrechnung zahlreiche weitere Verfahren zur Beurteilung der Vorteilhaftigkeit von Investitionsentscheidungen bereit. Kemminer bescheinigt der Kapitalwertmethode jedoch eine hohe Relevanz für lebenszyklusorientierte Betrachtungen (Kemminer, 1999).

5.1.1.4 Abgrenzung der Lebenszyklusrechnung im internen Rechnungswesen

Zur Rechtfertigung der Lebenszyklusrechnung als eigenständiges Instrument innerhalb des internen Rechnungswesens und zur Darstellung ihres Neuigkeitswertes ist diese im Folgenden von der Kosten- und Investitionsrechnung abzugrenzen. Tabelle 5.3 listet mögliche Abgrenzungskriterien zwischen der Kosten-, Lebenszyklus- und Investitionsrechnung auf. Prinzipiell bilden alle Rechnungen des

Tab. 5.3 Abgrenzung der Lebenszyklusrechnung im internen Rechnungswesen (modifiziert nach Schild, 2005)

Kriterium	Kosten- und Leistungsrechnung	Lebens-zyklusrechnung	Investitionsrechnung
Rechnungs-gegenstand	Querschnitt aller Projekte	Umfassendes Produkt-projekt; Konglomerat aus materiellen und immateriellen Investitionsobjekten	einzelnes Investitionsobjekt
Abbildung von Veränderungen	Statisch-simultan	Dynamisch	Dynamisch
Fristigkeit	Kurzfristig orientiert, unter Annahme gegebener Strukturen	Langfristig mit Schnittstelle zur kurzfristigen Rechnung, verbunden mit Gestaltung von Strukturen	Langfristig orientiert, verbunden mit der Bindung von Potenzialen
Primärer Rechnungszweck	Fundierung kurzfristiger Entscheidungen	Gestaltung des Produktprojekts über seinen Lebenszyklus	Fundierung strategischer Investitionsentscheidungen
Einsatz-Intervall	Periodenorientiert	Periodisch und nach Bedarf im Projektverlauf	Einmalig mit Sonderrechnungsstatus

internen Rechnungswesens die gleichen wirtschaftlichen Unternehmensaktivitäten ab, jedoch stellen sie jeweils unterschiedliche Ausschnitte dar (Tab. 5.3), so dass ihr *Rechnungsgegenstand* differiert.

Die Kosten- und Leistungsrechnung bildet als periodenbasierte Erfolgsrechnung den Querschnitt der Geschäftstätigkeit des Unternehmens über alle Projekte hinweg. Folglich werden Vor- und Nachlaufkosten zum Zeitpunkt bzw. in der Periode ihres Anfalls verrechnet und somit den aktuellen Produkten dieser Perioden angelastet, obwohl sie verursachungsgerecht auf Produkte in früheren oder späteren Perioden verrechnet werden müssten. Dies widerspricht einer verursachungsgerechten Kostenzuordnung. Die zeitliche Dimension und damit Veränderung einzelner Projekte (z. B. Lern- und Erfahrungseffekte) wird nicht berücksichtig und erkannt. Man spricht in diesem Fall von einer statisch-simultanen *Abbildung der Veränderung.*

Bei der projektorientierten Investitionsrechnung erfolgt eine isolierte Betrachtung eines einzelnen Investitionsobjektes (Abb. 5.9). Besonders vor dem Hintergrund erhöhter (technischer) Produktkomplexität ist die Reduzierung auf ein Investitionsobjekt zunehmend schwieriger, so dass eine isolierte Betrachtung an Bedeutung verliert (Schild, 2005). Die ebenfalls projektausgerichtete Lebenszyklusrechnung betrachtet dagegen eine sachlogisch zusammengehörige Einheit bzw. ein Konglomerat aus materiellen und immateriellen Investitionsobjekten, die für die Realisierung eines Produktprojektes notwendig sind. Beide Rechnungen zählen zu den langfristig ausgerichteten, periodenübergreifenden Projekterfolgsrechnungen, die aufgrund der Berücksichtigung des Zeitaspektes eine dynamische Abbildung der Veränderungen vornehmen.

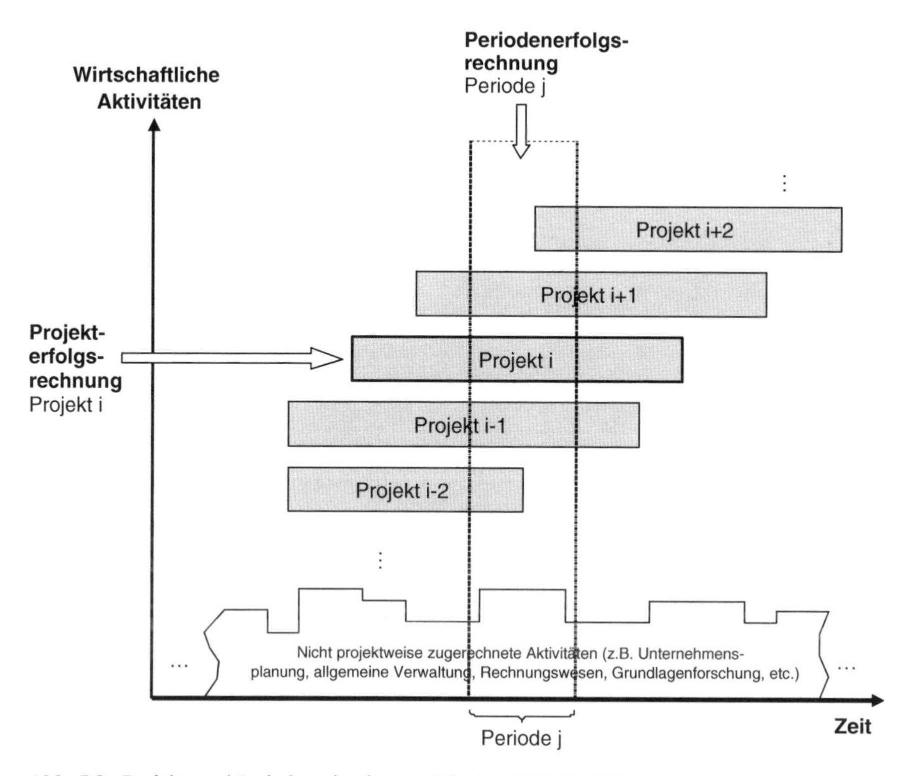

Abb. 5.9 Projekt- und Periodenorientierung (Riezler, 1996, S. 128)

Der *primäre Rechnungszweck* der Kostenrechnung ist die wertmäßige Abbildung des Betriebsprozesses für die Fundierungen kurzfristiger, operativer Entscheidungen unter Annahme von gegebenen Strukturen. Das bedeutet, dass keine Berücksichtigung von Auf- oder Abbau von Potenzialen (z. B. Produktionskapazitäten) erfolgt und die Strukturen (z. B. Prozesse, Produktspezifikationen, Produktprogramme) aufgrund der kurzen *Fristigkeit* als unveränderlich anzusehen sind.

Der Rechenzweck der langfristig ausgerichteten und ressourcenorientierten Investitionsrechnung ist dagegen auf die Unterstützung strategischer Investitionsentscheidungen über den Auf- und Abbau von Potenzialen und Strukturen gerichtet. Dagegen steht bei der ebenfalls langfristig ausgerichteten Lebenszyklusrechnung weniger die Entscheidungs- als die Gestaltungsorientierung im Vordergrund. (Kemminer, 1999) (Tab. 5.3). Während die Gestaltungsorientierung die aktive Beeinflussung der Potenziale und Strukturen zum Ziel hat, fokussieren entscheidungsorientierte Instrumente auf Entscheidungsvorbereitung mit Hilfe von Kennzahlen. Der Einsatz der Kostenrechnung erfolgt fortlaufend und periodenbasiert. Während die Investitionsrechnung zu Entscheidungszwecken i. d. R. nur einmalig durchgeführt wird, erfolgt die Lebenszyklusrechnung aufgrund ihres Gestaltungsziels mehrmals im Verlauf des Projektes bzw. periodisch.

Letztendlich lassen sich die drei Rechnungsansätze hinsichtlich ihrer *Rechengröße* differenzieren. Die Kosten- und Leistungsrechnung basiert auf Kosten und Erlösen, während für die Investitionsrechnung Aus- und Einzahlungen die grundlegenden Rechengrößen darstellen. Die Lebenszyklusrechnung kann sowohl auf Basis von Kosten und Erlösen als auch auf Basis von Zahlungen durchgeführt werden (Pfohl, 2002; Riezler, 1996; Kemminer, 1996). Die Verwendung von Zahlungen birgt bei der langfristig ausgerichteten Produktlebenszyklusrechnung den Vorteil, dass der zeitliche Einfluss langfristiger Betrachtungen über die Zinswirkungen Berücksichtigung findet. Dagegen können Kosten und Erlöse üblicherweise ohne viel Aufwand direkt dem laufenden Kostenrechnungssystem entnommen werden. Unter Berücksichtigung des Preinreich-Lücke-Theorems kann hierbei die Integration des zweigeteilten Rechnungswesens aus Kosten- und Investitionsrechnung erfolgen, indem die Investitionsrechnung auf der Grundlage von Kosten und Erlösen durchgeführt wird.

5.1.1.5 Preinreich-Lücke-Theorems

Nach dem von Lücke nachgewiesenen Theorem führt eine Kapitalwertberechnung auf Basis von Zahlungsströmen (Aus- und Einzahlungen) zum gleichen Ergebnis wie eine Berechnung auf Basis von Periodenerfolgsgrößen (Kosten und Erlöse), wenn die zwei nachfolgenden Voraussetzungen erfüllt sind (Lücke, 1955):

1. Betrachtet über alle Perioden T muss die Differenz aus Einzahlungen Ez_t und Auszahlungen A_t gleich der Differenz aus Erlösen E_t und Kosten K_t sein. Unterschiede dürfen nur im zeitlichen Anfall vorliegen.

$$\sum_{t=0}^{T}(Ez_t - A_t) = \sum_{t=0}^{T}(E_t - K_t) \tag{5.2}$$

Die Schnittmenge von Auszahlungen und Kosten liegt in den Grundkosten (Abb. 5.10). Diese stellen den Teil der Kosten dar, die auf den Betriebszweck des Unternehmens ausgerichtet sind und in der betrachteten Periode anfallen. Kalkulatorischen Kosten hingegen stehen keine Auszahlungen gegenüber (z.B. kalkulatorische Zinsen, kalkulatorischer Unternehmerlohn, kalkulatorische Miete) und dürfen somit zur Erfüllung der ersten Bedingung des Lücke-Theorems nicht mit in die Berechnung einfließen.

2. Der jeweilige Periodengewinn einer Periode t wird um die kalkulatorischen Zinsen der Kapitalbindung der Vorperiode t-1 verringert. Die Kapitalbindung der Vorperiode KB_{t-1} berechnet sich wie folgt:

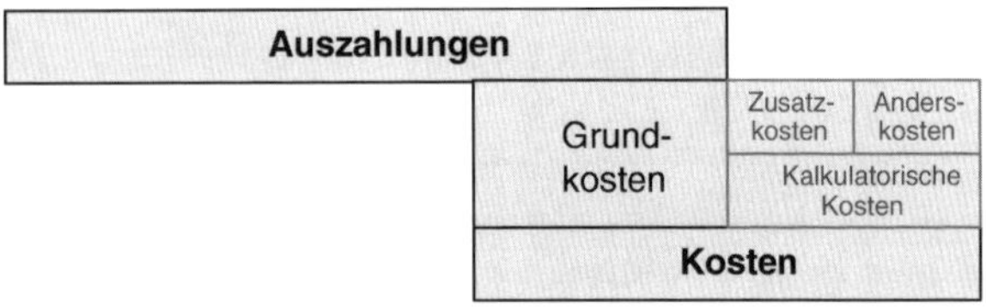

Abb. 5.10 Abgrenzung von Kosten und Auszahlungen (in Anlehnung an Kemminer, 1999)

$$KB_{t-1} = \sum_{s=0}^{t-1}(E_s - K_s) - \sum_{s=0}^{t-1}(Ez_s - A_s) \tag{5.3}$$

Der Kapitalwert KW_0 zum Zeitpunkt $t = 0$ wird damit unter Berücksichtigung des Kalkulationszinssatzes i wie folgt berechnet:

$$KW_0 = \sum_{t=0}^{T}(Ez_t - A_t) \cdot (1+i)^{-t} = \sum_{t=0}^{T}(E_t - K_t - i \cdot KB_{t-1}) \cdot (1+i)^{-t} \tag{5.4}$$

Die zweite Bedingung des Lücke-Theorem berücksichtigt die unterschiedliche Periodisierung bzw. den zeitlichen Anfall von Zahlungen und Erfolgsgrößen. Dies wird durch die Berücksichtigung der kalkulatorischen Zinsen auf das im Investitionsobjekt gebundene Kapital ausgeglichen (Lücke, 1955). Dies ist insofern notwendig, da Auszahlungsdefizite in der Regel erst durch spätere Periodengewinne gedeckt werden, während im Investitionsobjekt jedoch Kapital gebunden ist. Der Periodengewinn wird um die kalkulatorischen Zinsen gemindert.

5.1.1.6 Ansätze zur Lebenszyklusrechnung

Die Lebenszyklusrechnung hat ihre Ursprünge in den USA, wo sie seit den 60er Jahren zur Wirtschaftlichkeitsbeurteilung und Gestaltung von Großprojekten in den Bereichen industrieller Anlagenbau, Militär sowie Luft- und Raumfahrt herangezogen wird. Seit Mitte der 80er Jahre stößt das Konzept der Lebenszykluskosten (Wübbenhorst, 1984) auch im deutschsprachigen Raum vermehrt auf Interesse.

Die große Vielzahl der verschiedenen Lebenszykluskosten-Konzepte in Wissenschaft und Praxis verdeutlichen, dass die Entwicklung eines allgemeingültigen Konzeptes sich schwierig gestaltet. Das Konzept ist an die jeweilige Betrachtungsperspektive und an den jeweiligen Eigenschaften des Betrachtungsobjektes auszurichten. Ausgewählte Ansätze sind in Abb. 5.11 klassifiziert und dargestellt.

Weiterhin können die Ansätze hinsichtlich eines allgemeinen und spezifischen Anwendungsbezugs (Zehbold, 1996) und einer theorie- oder umsetzungsorientierten Ausrichtung klassifiziert werden (Pfohl, 2002). Eine umfassende Darstellung von bisherigen Ansätzen zur Lebenszyklusrechnung, welche auch die Entwicklung einer weitergehenden Bewertungsmethodik und die Kosten bzw. Erlöse über den gesamten Lebenszyklus berücksichtigt, ist bei (Stölting, 2006) zu finden.

5.1.1.7 Betrachtungsperspektive der Ansätze

Die Vielzahl der LCC-Konzepte lässt sich hinsichtlich der Betrachtungsperspektive in nachfrageorientierte und anbieterorientierte Ansätze differenzieren. Bei den überwiegend aus dem Militärwesen und dem öffentlichen Bereich stammenden nachfrager-

		Betrachtungsperspektive					
		Anbieterorientierte Ansätze			Nachfrageorientierte Ansätze		
Rechengröße	Kostenbasierter Ansatz	1988	Back-Hock	Lebenszyklusorientiertes Produktcontrolling	1978	Blanchard	Design and Manage to Life Cycle Cost
		1991	Shields/ Young	Product Life Cycle Cost Management	1984	Wübbenhorst	Konzept der Lebenszyklus-kosten
		1994	Reichmann/ Fröhlich	Produktlebenszyklusorientierte Planungs- und Kontrollrechnung			
		1995	Siegwart/ Senti	Product Life Cycle Management			
		1996	Zehbold	Lebenszykluskostenrechnung			
		1999	Kemminer	Lebenszyklusorientiertes Kosten- und Erlösmanagement			
		1999	Osten-Sacken	Lebenslauforientierte, ganzheitliche Erfolgsrechnung für Werkzeugmaschinen			
	Zahlungs-basierter Ansatz	1994	Rückle/ Klein	Product-Life-Cycle-Cost-Management			
		1996	Riezler	Lebenszyklusrechnung			

Abb. 5.11 Ausgewählte nachfrage- und anbieterorientierte Ansätze (in Anlehnung an Kemminer, 1999)

orientierten Ansätzen stehen die mit dem Besitz des Betrachtungsobjekts verbundenen Kosten, die so genannten Total-Cost-of-Ownership (TCO), im Vordergrund. Das erste umfassende Standardwerk zum Life Cycle Costing von (Blanchard, 1978) und die erste umfassende Darstellung des Konzeptes der Lebenszykluskosten im deutschsprachigen Raum von (Wübbenhorst, 1984) werden zu den nachfrageorientierten Ansätzen gezählt, auch wenn von den Autoren keine klare Trennung der Lebenszyklusphasen vorgenommen wird (Kemminer, 1999). Die Vertreter neuerer, anbieterorientierter Ansätze wie z. B. (Back-Hock, 1988), (Zehbold, 1996) oder (Riezler, 1996) basieren ihre Betrachtungen auf den um die Vor- und Nachlaufphasen erweiterten integrierten Produktlebenszyklus von (Back-Hock, 1988). Sie stellen damit die Sichtweise des Herstellers in den Vordergrund und integrieren Erlöse in ihre Betrachtung. Das Konzept des Product Life Cycle Cost Managements von Rückle/Klein berücksichtigt zusätzlich die betreiberrelvanten Kosten. Dies wird mit der kaufentscheidenden Relevanz dieser Kosten begründet (Rückle und Klein, 1994).

5.1.1.8 Rechengröße der Ansätze

Die anbieterorientierten Lebenszyklusrechnungskonzepte können hinsichtlich der verwendeten Rechengröße in kosten- oder zahlungsbasierte Ansätze unterschieden werden. Diese beiden Herangehensweisen werden in der Literatur kontrovers diskutiert, wobei die kostenrechnerischen Verfahren am weitesten verbreitet sind (Riezler, 1996) (vgl. auch Abb. 5.11). Für die instrumentelle Ausgestaltung der Konzepte wird dabei u. a. auf kosten- oder investitionsrechnerische Instrumente und Methoden des Rechnungswesens zurückgegriffen.

Kostenbasierte Ansätze

Als eine wichtige Vertreterin der kostenbasierten Lebenszyklusrechnung begründet Zehbold die Verwendung der Kostenrechnung mit der Möglichkeit, die benötigten Daten dem Kostenrechnungssystem direkt entnehmen zu können, wohingegen die Erhebung der benötigten Zahlungsströme in der Regel nicht gesichert ist. Die häufig angebrachte Kritik dieses Ansatzes hinsichtlich der nicht ausreichenden Berücksichtigung des zeitlichen Anfalls der Kosten sieht Zehbold durch die von ihr entwickelte, mehrstufige Deckungsbeitragsrechnung entkräftet (Zehbold, 1996).

Kemminer fordert im Rahmen seiner Arbeit zum lebenszyklusorientierten Kosten- und Erlösmanagement eine Integration der Kosten- und Investitionsrechnung mit Hilfe des Lücke-Theorems. Dies begründet er damit, dass „weder Investitionsrechnung noch Kostenrechnung für sich genommen in der Lage sind, entscheidungsrelevante Informationen über den Lebenszyklus eines Produktes hinweg zu generieren.“ (Kemminer, 1999). Weitere Vertreter der Verknüpfung von Perioden- und Projekterfolgsrechnung sind (Schild, 2005; Stratmann, 2001).

Investitionsrechnerische Ansätze

Als wichtiger Vertreter des investitionsrechnerischen Ansatzes begründet Riezler seine Entscheidung für eine zahlungsbasierte Betrachtung mit dem Investitionscharakter seines strategisch ausgerichteten Untersuchungsobjekts, eine hochautomatisierte Großserienproduktion. Die Projektbetrachtung erfolgt dabei über den gesamten Projektlebenszyklus, der als eine Erfolgsperiode betrachtet wird. Damit wird der Projekterfolg zum entscheidenden Erfolgskriterium für die Lebenszyklusrechnung. Die Kostenrechnung orientiert sich dagegen am gesamten Unternehmen und konzentriert sich auf eine Periodenerfolgsrechnung über alle Projekte (Riezler, 1996).

5.1.1.9 Umsetzung in Normen und Richtlinien

Die zunehmende Bedeutung der Lebenszyklusrechnung ist auch aus den zunehmenden Normierungsbemühungen und der Erarbeitung von Richtlinien abzuleiten.

VDI 2884:2005-12: Beschaffung; Betrieb und Instandhaltung von Produktionsmitteln unter Anwendung von Life Cycle Costing

Die VDI-Richtlinie 2884 berücksichtigt sowohl Kosten als auch Erlöse. In der Richtlinie wird eine ganzheitliche Betrachtung verfolgt, indem neben den Instandhaltungskosten unter anderem auch Raumkosten, Kosten der Ersatzteilbevorratung, Kosten für Betriebs- und Hilfsstoffe sowie Kosten und Erlöse der Nachnutzungsphase (d. h. Außerbetriebnahme- und Verwertungskosten) berücksichtigt werden. Als Verfahren für die Berechnung wird die Kapitalwertmethode vorgeschlagen.

DIN EN 60300-3-3:2005-03: Anwendungsleitfaden – Lebenszykluskosten

Die DIN EN 60300-3-3 hebt die Analyse der Lebenszykluskosten als ein nützliches Instrument speziell in der Entwurfsphase eines Produktes hervor, da hier ein großer Teil der Kosten festgelegt wird. Dabei liegt der Fokus auf der Zuverlässigkeit des betrachteten Produktes. Der Leitfaden beschreibt das Vorgehen bei einer LCC Analyse, wobei alternative Vorgehensweisen aufgezeigt werden.

VDMA-Einheitsblatt

Das Ziel des VDMA-Einheitsblattes liegt in der Standardisierung von Lebenszykluskosten-Bewertungen für Maschinen und Anlagen, um die Vergleichbarkeit von Angaben zu den Lebenszykluskosten sicherzustellen. Hierfür werden die über den Lebenszyklus von Maschinen und Anlagen anfallenden Kosten in die Phasen Entstehung, Betrieb und Verwertung eingeteilt und tabellarisch aufgezählt. Die LCC ermittelt sich durch ein reines Aufsummieren der Kostenelemente. Unberücksichtigt bleiben dabei der zeitliche Anfall der Kosten sowie die Betrachtung der aus der Nutzung einer Maschine oder Anlage resultierenden Erlöse.

5.1.1.10 Vorgehensweise zur Lebenszyklusrechnung

(Wübbenhorst, 1984) und (Fassbender-Wynands, 2001) formulieren vier wesentliche Ziele der Lebenszyklusrechnung, die aufeinander aufbauen (Abb. 5.12): (1) Abbildungsziel, (2) Erklärungsziel, (3) Prognoseziel und (4) Gestaltungsziel.

Ohne eine Abbildung der Kosten auf Grundlage des Lebenszyklusmodells können keine Erklärungen bezüglich der Zusammenhänge zwischen den Kosten gegeben werden. Das Prognoseziel ist eine Vorhersage der zu erwartenden Kosten im Lebenszyklus als Planungsgrundlage. Letztendlich ist das Ziel eine umfassende Gestaltung der Kosten, indem durch Kostenanalysen die Auswirkungen von Kosten-

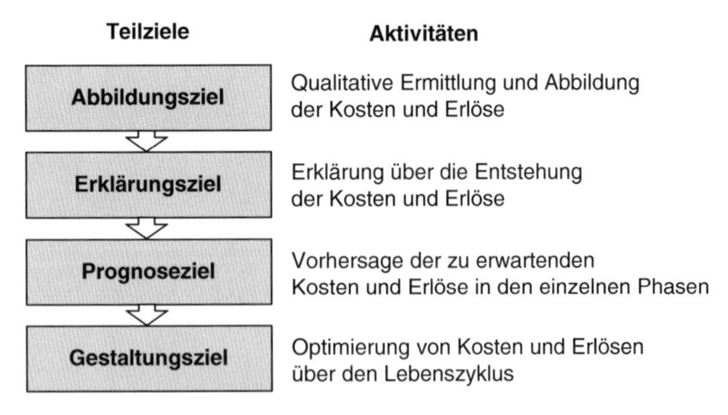

Abb. 5.12 Vorgehensweise und Schritte für eine LCC-Analyse

änderungen auf das System ermittelt werden. Das Ziel der Gestaltung ist dabei die Schaffung eines besseren Verhältnisses zwischen Systemleistung, -zeit und -kosten. In Anlehnung an die vorgestellte Zielstrukturierung werden abschließend die exemplarischen Schritte einer Lebenszyklusrechnung vorgestellt und ihnen häufig verwendete Instrumente und Methoden zugeordnet.

5.1.1.11 Abbildungsziel

Als Grundlage der Lebenszykluskostenanalyse ist zunächst ein problemadäquates, produktspezifisches Lebenszyklusmodell zu entwickeln, mit Hilfe dessen eine zeitliche und sachliche Strukturierung und Darstellung der relevanten Lebensphasen vorgenommen wird. Die Kosten werden den Phasen zugeordnet, in denen sie sachlich und zeitlich für das Betrachtungsobjekt anfallen. Die Lebenszykluskosten geben sich damit aus der Summe aller Phasenkosten. Das Ziel ist die qualitative Ermittlung und Abbildung sämtlicher Kosten und Erlöse des betrachteten Objektes über die einzelnen Phasen des Lebenszyklus. Abhängig davon, welcher Teil des Lebenszyklus betrachtet werden soll, kann die Ermittlung über alle seine Phasen oder nur über die relevanten Phasen erfolgen.

Die Anwendung des Lebenszykluskonzepts ist nicht nur im Hinblick auf Produkte, sondern auch für andere betriebswirtschaftliche Bezugs- bzw. Betrachtungsobjekte interessant. Zehbold unterscheidet hier die Bezugsobjekte Produkt, Potenzialfaktoren (z. B. Technologie, Personal, Software) und Unternehmen (Zehbold, 1996). Da das Betrachtungsobjekt und der Gestaltungszweck sehr unterschiedlich sein können, gibt es keinen allgemeingültigen Zyklus (Abb. 5.13). Dieser muss von daher fallabhängig an das jeweilige Bezugsobjekt angepasst werden.

Bei Produktlebenszyklusmodellen ist weiterhin zwischen den zwei Betrachtungsebenen Produktindividuum und Produktprojekt zu unterscheiden (Siestrup, 1999). Während das Produktindividuum auf die isolierte Betrachtung einer einzelnen Produkteinheit verweist (z. B. ein bestimmtes Automobil), umfasst das Produktprojekt die Summe aller Produkte z. B. einer Serie. In manchen Fällen ist auch eine integrierte Betrachtung beider Perspektiven sinnvoll.

5.1.1.12 Erklärungsziel

Das Ziel ist es, die Entstehung und Zusammenhänge der Kosten und Erlöse im Lebenszyklus zu erkennen. Zur Systematisierung und analytischen Lebenszykluskostenanalyse bedient man sich der Cost-Breakdown-Structure (CBS)-Methode, welche die Kosten und Erlöse phasenorientiert gliedert. Hierfür wird das Betrachtungsobjekt anhand verschiedener Kriterien baumähnlich in Teilaktivitäten untergliedert und Kosten zugeordnet. Dabei erfolgt eine sachlogische Untergliederung nach funktionalen Aktivitätsfeldern, Hauptelementen und Klassen gleichartiger Systembestandteile (Blanchard, 1978). Alternativ kann die Untergliederung der Kosten auch anhand der Kriterien Häufigkeit, Kausalität etc. erfolgen. Das Ziel ist

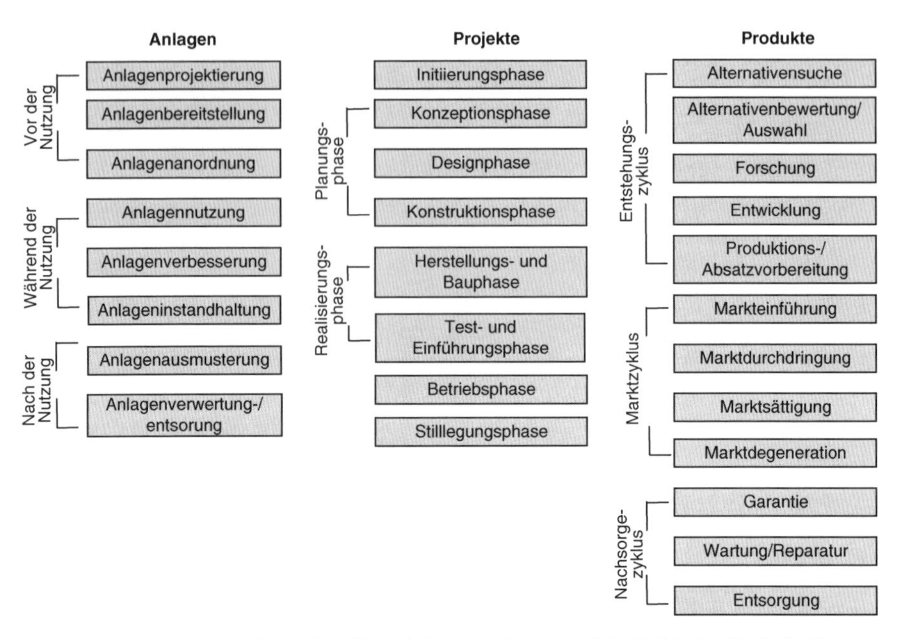

Abb. 5.13 Lebenszyklusphasen in Abhängigkeit vom Bezugsobjekt (Zehbold, 1996, S. 75)

die Identifizierung der Faktoren, die den Großteil der Kosten (Kostentreiber) bzw. der Erlöse verursachen.

5.1.1.13 Prognoseziel

Das Prognoseziel ist die Vorhersage der Höhe der zu erwartenden Kosten und Erlöse eines Systems während des gesamten Lebenszyklus oder für einzelne Phasen und die Berechnung des Gesamtergebnisses mit Hilfe der Methoden und Instrumente des internen Rechnungswesens. Dabei ist allerdings die Problematik der Prognosegenauigkeit zu beachten. Diese hängt besonders vom jeweiligen Informationsstand und dem gewählten Prognoseverfahren ab, so dass im Zeitablauf stets auf Veränderungen des Informationsstandes eingegangen werden muss. Zudem sind Prognosen immer mit Wahrscheinlichkeiten über den Eintritt von Situationen behaftet, so dass der Entscheidungsträger eine Risikoberücksichtigung durchzuführen hat (Fassbender-Wynands, 2001).

Die Sensitivitätsanalyse, auch als Verfahren der kritischen Werte bekannt, dient zur Untersuchung der Stabilität von Konfigurationen bei der Veränderung von Eingangs- und Ausgangsgrößen. Hierfür werden unsichere Eingangsgrößen in ihrer Höhe variiert, während die sicheren Größen konstant bleiben. Damit lässt sich der Einfluss einer unsicheren Eingangsgröße auf den Ausgangswert abschätzen. Hinsichtlich der Lebenszyklusrechnung können mit einer Sensitivitätsanalyse die

Auswirkungen einer Veränderung einer oder mehrerer unsicherer Kostengrößen auf den Kapitalwert ermittelt werden.

5.1.1.14 Gestaltungsziel

Der Schwerpunkt des LCC-Konzeptes wird auf das *Gestaltungsziel* gelegt. Ziel ist die Schaffung kostengünstiger Anlagen, Projekte und Produkte, indem eine Optimierung der Erfolgsfaktoren Kosten und Erlöse, Qualität und Zeit vorgenommen wird. Eine aktive Gestaltung der Kosten und Erlöse sollte bereits in den frühen Phasen des Lebenszyklus ansetzen, da dort grundlegende Entscheidungen getroffen werden, welche die Kostenfestlegung und die Kostenentstehung determinieren.

5.1.1.15 Werkzeuge für die Lebenszyklusrechnung

Es existieren bereits verschiedene Softwarewerkzeuge, die die Ermittlung von Lebenszykluskosten und -erlösen unterstützen. Zumeist sind die Werkzeuge für spezifische Produkte oder Branchen entwickelt und lassen sich nicht oder nur schwer auf andere Produkte übertragen. Beispiele hiefür sind u. a. eine Software zur lebenslauforientierten Erfolgsrechnung für Werkzeugmaschinen (Osten-Sacken, 1999) sowie aus dem Bereich der Verkehrstechnik das DOC Rough Cost Model (Heyner und Schüler-Hainsch, 1997) und das BESS-Software-Tool (Jung und Junghänel, 2001) zur Bewertung der Total-Cost-of-Ownership. Abbildung 5.14 zeigt beispielhaft ein einfaches, Excell-basiertes Werkzeug zur Erfassung, Berechnung und Darstellung der Lebenszykluskosten von Industriearmaturen (Spengler und Herrmann, 2006). Industriearmaturen haben aufgrund ihrer vielfältigen Anwendungsbereiche in allen Branchen des Maschinen- und Anlagenbaus eine besondere Relevanz hinsichtlich der Kenntnis ihrer Lebenszykluskosten. Es bestehen hohe Anforderungen bzgl. ihrer Verfügbarkeit. Typischerweise sind Industriearmaturen durch eine komplexe Erzeugnisstruktur sowie eine aufwendige Herstellung charakterisiert und weisen somit häufig einen hohen Preis auf. Aufgrund der langen Lebensdauer einer Armatur interessieren zunehmend auch die Kosten, die in den Lebenszyklusphasen nach der Herstellung entstehen. So fallen beispielsweise große Kostenanteile für Wartung und Reparatur während der Nutzungsphase an. Zudem ist zu berücksichtigen, dass eine Armatur in der Regel in verfahrenstechnische Großanlagen verbaut wird (z. B. Kraftwerke oder Chemieanlagen), so dass ein Ausfall einer Armatur weiterhin sehr hohe Opportunitätskosten der Großanlage verursachen kann.

Neben den produkt- oder branchenspezifischen Werkzeugen existieren einige produktunabhängige Software-Werkzeuge, wie z. B. das D-LCC Tool der Firma Advanced Logistics Developments (ALD) (www.ald.co.il) oder LCC-Ware 3.0 der Firma Isograph Ltd. (www.isograph.com). Diese Softwareprodukte sind flexibel einsetzbar. Die Modellierung der Prozesse und Abhängigkeiten muss jedoch vollständig vom Nutzer erfolgen.

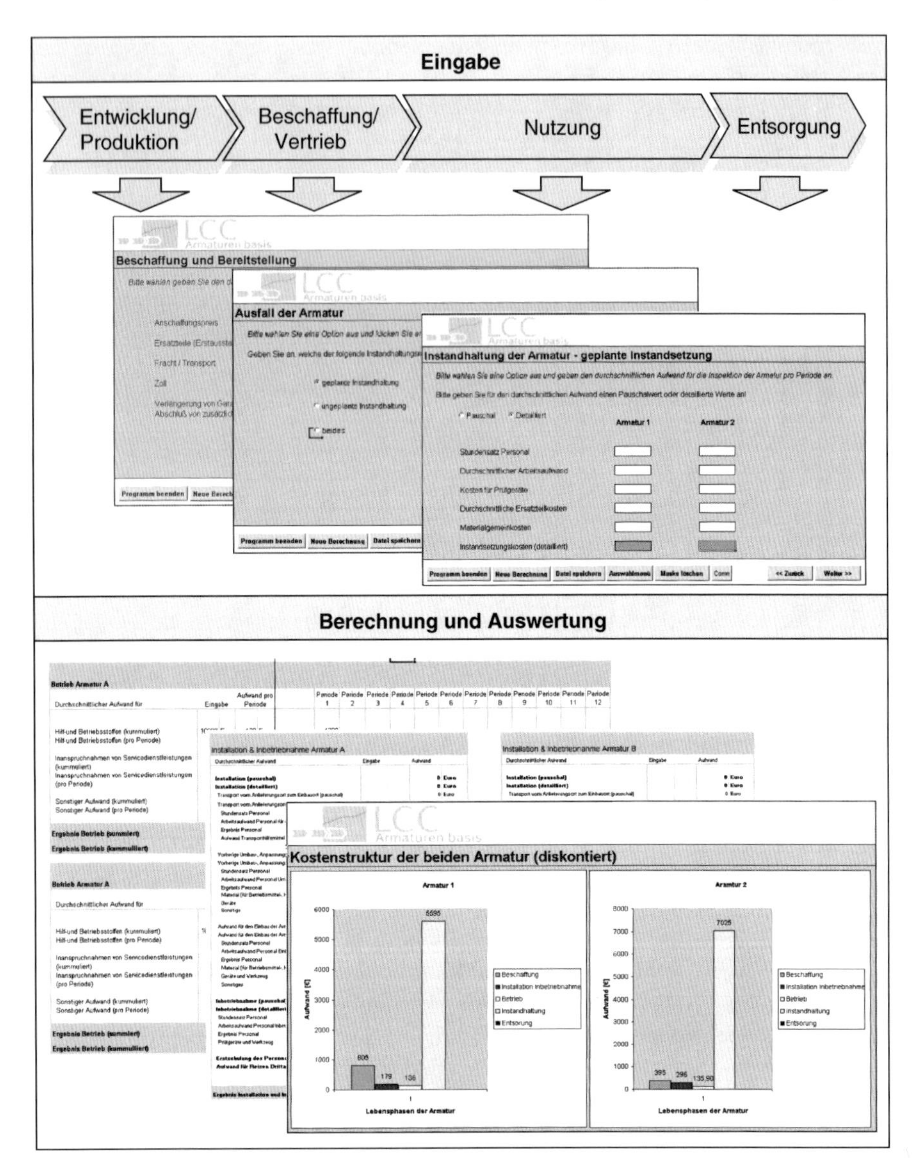

Abb. 5.14 Werkzeugunterstützte Erfassung, Berechnung und Darstellung von Lebenszykluskosten

5.1.2 Ökologische Lebensweganalyse

Der Lebensweg technischer Produkte von Rohstoffgewinnung, Produktion, Distribution, Nutzung bis hin zu Rückführung, Recycling und Entsorgung ist mit vielfältigen Einwirkungen auf die Umwelt verbunden. Das Leitbild einer Nachhaltigen

Entwicklung erfordert einen zukunftsorientierten Umweltschutz; die Nachsorge ist durch die Vorsorge abzulösen. Das menschliche Handeln darf die globalen Stoffkreisläufe nicht irreversibel beeinflussen und die lokalen Tragfähigkeitsgrenzen nicht überschreiten. Ein Ganzheitliches Life Cycle Management schließt die kontinuierliche Anwendung einer integrierten Umweltstrategie zur Risikoverminderung für Mensch und Umwelt und damit das Konzept der „Cleaner Production“ mit ein. Hiermit einhergehend setzt sich in der Industrie mehr und mehr die Erkenntnis durch, dass eine integrierte Umweltstrategie sowohl ökologische als auch ökonomische Chancen birgt (Duvo, 2000). Vor dem Hintergrund eines gestiegenen Umweltbewusstseins in der Gesellschaft wollen Verbraucher und andere Anspruchsgruppen zunehmend wissen, welche negativen Folgen für die Umwelt mit den von ihnen erworbenen Produkten verbunden sind.

Als Folge wurden verschiedene Methoden entwickelt, mit deren Hilfe die Umweltwirkungen von Prozessen, Produkten, Dienstleistungen und Planungen bilanziert und Möglichkeiten zu ihrer Minimierung aufgezeigt werden können (z.B. Risikoabschätzung, Öko-Audit, Umweltverträglichkeitsprüfung). Eine zentrale Methode zur ökologischen Lebensweganalyse stellt die Ökobilanz (engl.: Life Cycle Assessment, LCA) dar. Diese stellt Input und Output an Stoffen und Energien bezogen auf einen bestimmten Untersuchungsgegenstand gegenüber und kann wie folgt unterteilt werden (Rautenstrauch, 1999, S. 21):

- **Betriebsökobilanz:** Der Untersuchungsgegenstand im Rahmen der Ökobilanz ist ein Betrieb oder ein Unternehmen (engl. gate to gate, vgl. Abb. 3.1). Das Unternehmen wird als Black Box betrachtet und die Input- und Outputströme erfasst und dokumentiert. Auf diese Weise können die ökologischen Belastungen eines Unternehmens nach außen dargestellt werden. Betriebsökobilanzen bilden daher in der Regel die Grundlage für die Erstellung von Umweltberichten. Das Konzept der Betriebsökobilanz geht insbesondere auf die Arbeiten und Weiterentwicklungen zur ökologischen Buchhaltung zurück (Braunschweig und Müller-Weck, 1993).
- **Prozessbilanz:** Im Rahmen einer Betriebsökobilanz werden innerbetriebliche Prozesse nicht weiter analysiert. Eine detaillierte Betrachtung von Prozessen (Produktionsverfahren) und die Ermittlung von Schwachstellen werden in einzelnen Prozessbilanzen verfolgt.
- **Produktökobilanz:** Der Ökobilanz von Produkten bzw. der Produktlebenswegbilanz kommt im Rahmen eines Life Cycle Managements eine besondere Bedeutung zu. Sie betrachtet Umweltaspekte und potenzielle Umweltwirkungen eines Produktes oder einer Dienstleistung über den gesamten Lebensweg – also „von der Wiege bis zur Bahre“ (engl. cradle to grave, vgl. Abb. 3.1) (Umweltbundesamt, 1992; DIN EN ISO 14040:2006-10). Damit stellen Lebenswegbilanzen für Produkte im Prinzip unternehmensübergreifende Prozessbilanzen dar (Rautenstrauch, 1999, S. 35).

Aufgrund ihres besonderen Stellenwertes im Rahmen des Life Cycle Managements wird im Folgenden insbesondere auf die Methode der Produktökobilanz näher eingegangen.

5.1.2.1 Grundlagen

Der methodische Grundstein für Produktlebenswegbilanzen wurde Ende der 60er Jahre in den USA mit einer so genannten „Resource and Environmental Profile Analysis (REPA)" für verschiedene Getränkeverpackungen gelegt (Schmidt und Schorb, 1995). Anfang der 90er Jahre gab es dann weltweit verschiedene Ansätze und Verfahren zur Ökobilanzierung, was sich in zum Teil in sehr unterschiedlichen Ergebnissen von Untersuchungen ähnlicher Produkte widerspiegelte (Curran, 1993). Mit den „Guidelines for Life Cycle Assessment – A Code of Practice" unternahm die Society of Environmental Toxicology and Chemistry (SETAC) 1993 auf internationaler Ebene erste Schritte zur Vereinheitlichung der LCA-Methodik. Die Fortsetzung dieser Bemühungen, auch von Seiten nationaler und internationaler Normungsgremien, führte schließlich zur Ausarbeitung der internationalen Normen-Reihe ISO 14040, welche die einzelnen Schritte einer Ökobilanz detailliert festlegt. Die „Life Cycle Initiative" von (UNEP und SETAC, 2000) fasst die „Stärken" von Ökobilanzen in drei Punkten zusammen:

- Life Cycle Assessment ist – genauso wie wirtschaftliches Handeln – **produkt- und dienstleistungsorientiert** und deshalb ein besonders geeignetes Werkzeug, um Ökonomie und Ökologie zu verknüpfen.
- Life Cycle Assessment stellt einen **integrierenden** Ansatz dar, Umweltwirkungen zu bilanzieren. Die Verlagerung von Umweltproblemen (z.B. von Emissionen) in andere Medien (Luft, Wasser, Boden), in andere Lebenswegabschnitte, an andere Orte, aber auch ihre zeitliche Verlagerung wird durch die Betrachtung des gesamten Lebensweges aufgedeckt (vgl. Schmidt und Schorb, 1995).
- Life Cycle Assessment wurde entwickelt, um für Entscheidungsprozesse (Produktentwicklung und -verbesserung, politische Entscheidungen, strategische Planung, Marketing etc.) **wissenschaftlich fundierte quantitative** Daten zur Verfügung stellen zu können, damit Entscheidungen besser begründbar und nachvollziehbar werden.

Diese relativ junge Teildisziplin der Umweltwissenschaften erfüllt außerdem noch eine weitere wichtige Aufgabe. Im Beiblatt der Euronorm ISO 14040 wird die „Kommunikationsfunktion von Ökobilanzen" angeführt (DIN EN ISO 14040:2006-10). Damit ist gemeint, dass Ökobilanzen in dem Überschneidungsbereich klassischer Disziplinen als Verständigungsbasis wirken können, so dass Natur- und Ingenieurwissenschaftler, Vertreter der Industrie und ökologischer Interessenverbände zu einer „gemeinsamen Sprache" finden (Schnittstellenkompetenz).

5.1.2.2 Vorgehensweise

In diesem Abschnitt wird die methodische Vorgehensweise für die Durchführung einer Lebenszyklusanalyse (LCA) behandelt. Bezugsquelle ist die Serie der ISO 14040 Standards als weltweit anerkannte Grundlage.

Eine Ökobilanz beinhaltet die „Zusammenstellung und Beurteilung der Input- und Outputflüsse und der potenziellen Umweltwirkungen eines Produktsystems im Verlauf seines Lebensweges“ (DIN EN ISO 14040:2006-10). Dazu wird der gesamte Produktlebensweg von der Bereitstellung der Rohstoffe über die Produktion und die Verwendung bis hin zur Entsorgung bzw. Verwertung auf seine Umweltwirkungen durch Energie- und Stoffeinsatz untersucht.

Bei der Durchführung einer Ökobilanz wird in den folgenden vier Schritten vorgegangen (DIN EN ISO 14040:2006-10; Umweltbundesamt, 1995; Lindfors et al., 1995, S. 21 ff):

1. Zieldefinition (goal and scope definition)
2. Sachbilanz (inventory analysis)
3. Wirkungsabschätzung (impact assessment)
4. Interpretation (interpretation)

Die einzelnen Schritte müssen aber nicht stringent aufeinander folgen (Abb. 5.15). Das Vorgehen ist vielmehr als ein iterativer Prozess zu verstehen. Zwischenergebnisse aus Sachbilanz, Wirkungsabschätzung und Interpretation können eine Modifizierung der Zieldefinition erforderlich machen.

Im Anschluss erfolgt die Erstellung eines vollständigen und an die Zielgruppe angepassten Berichtes. Gegebenenfalls kann sich außerdem eine Optimierungsanalyse (improvement assessment) anschließen. Dabei werden ökologische Verbesserungen (des Produktes) im Sinne der Zieldefinition ermittelt. Sind die Ergebnisse

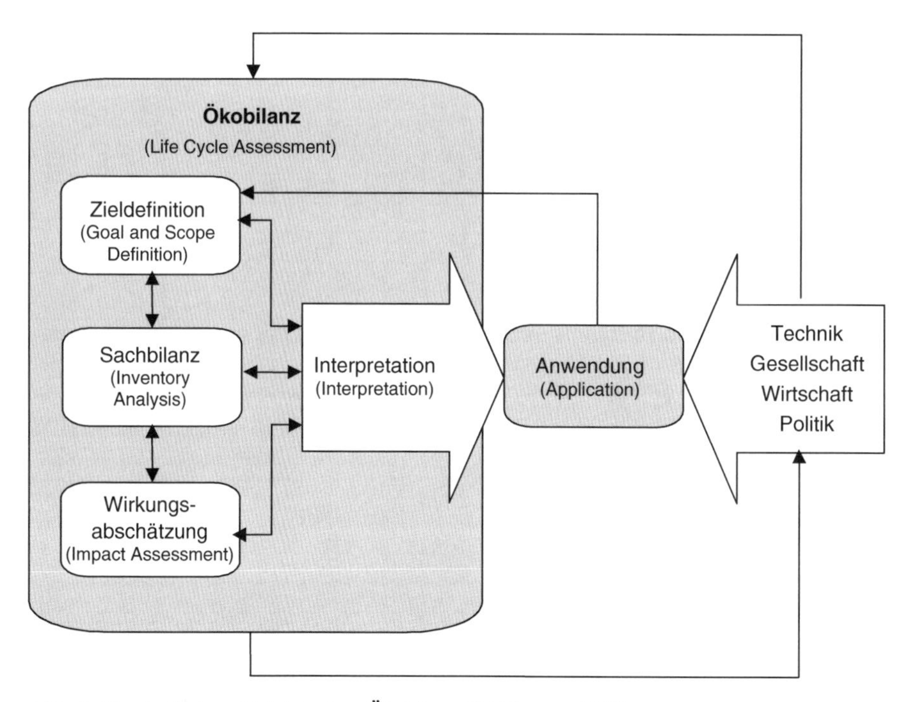

Abb. 5.15 Umfeld und Schritte einer Ökobilanz (Finkbeiner, 1997)

der Ökobilanz zur Veröffentlichung bestimmt, so muss nach den Bestimmungen der DIN EN ISO 14040:2006-10 eine Prüfung auf Konformität (critical review) durch ein unabhängiges Expertengremium erfolgen.

5.1.2.3 Zieldefinition

Im ersten Schritt der Zieldefinition werden die wesentlichen Inhalte der Bilanzierung festgelegt und erläutert. Der Untersuchungsgegenstand, die Gründe und das Ziel für die Durchführung der Studie werden benannt, sowie der Untersuchungsrahmen mit den räumlichen und zeitlichen Systemgrenzen festgelegt. Ferner wird die funktionelle Einheit, auf die sich alle Berechnungen der Studie beziehen (functional unit), definiert. Nach (Berg et al., 1999, S. 13) müssen bei der Zieldefinition die folgenden vier Kriterien beachtet werden:

1. Ziel: Bestimmung des übergeordneten Ziels und der Gründe für die Durchführung der Studie
2. Ziel bezogen: Bestimmung der funktionellen Einheit. Diese Annahmen bilden die Basis für den Untersuchungsrahmen und haben keinen Einfluss auf die Qualität der Ergebnisse innerhalb dieses Untersuchungsrahmens.
3. Ziel unterstützend: Bestimmung der Referenzflüsse in Abhängigkeit der funktionellen Einheit
4. Methodik: Bestimmungen, die die Qualität der Ergebnisse beeinflussen, z. B. Allokationsmethode, Methode der Wirkungsabschätzung oder Auswahl der Daten.

5.1.2.4 Sachbilanz

Die Sachbilanz ist das Ergebnis der Stoffstrom- oder auch Stoffflussanalyse. Sie beinhaltet die Datensammlung und die Berechnungsverfahren zur Quantifizierung relevanter Input- und Outputflüsse eines Produktsystems innerhalb des festgelegten Untersuchungsrahmens.

Die Bilanzierung findet auf rein naturwissenschaftlich-technischer Ebene statt und dient als Grundlage für die Wirkungsabschätzung. Objektivität und Transparenz sowie ein einheitlicher Detaillierungsgrad der Daten über den gesamten Bilanzraum sind daher erstrebenswert. Die Durchführung der Sachbilanz soll in allen Schritten gut dokumentiert sein, um Nachvollziehbarkeit zu gewährleisten (DIN EN ISO 14040:2006-10).

5.1.2.5 Wirkungsabschätzung

Im Rahmen der Wirkungsabschätzung werden die in der Sachbilanz wertfrei erhobenen Daten hinsichtlich ihrer Folgen für die Umwelt analysiert und entsprechend ihrer Umweltwirkungen in Kategorien aggregiert. Die Durchführung gliedert sich nach (DIN EN ISO 14040:2006-10) in mehrere Teilschritte.

Bei der Klassifizierung (classification) erfolgt die Zuordnung der Daten zu Wirkungskategorien. Für einzelne Ergebnisparameter kann sich eine Zuordnung zu mehreren Wirkungskategorien ergeben, in denen sie jeweils Berücksichtigung finden. Methanemissionen (CH_4) tragen beispielsweise sowohl zum Treibhauspotenzial als auch zum Sommersmogpotenzial bei. Neben den direkten Effekten, die über die Wirkungskategorie ermittelt werden, können sich auch indirekte Wirkungen ergeben, wie eine Gesundheitsgefährdung durch Umweltschäden.

Die Quantifizierung der Ergebnisse findet in der Charakterisierung (characterisation) statt. Mittels Gewichtungsfaktoren werden die jeweiligen Beiträge in den einzelnen Kategorien ermittelt.

An die obligatorischen Bestandteile einer Wirkungsabschätzung können sich folgende optionale Schritte anschließen:

1. Berechnung der Höhe der Wirkungsindikatorergebnisse im Verhältnis zu einem oder mehreren Referenzwerten (Normierung)
2. Ordnung
3. Gewichtung (bei einem Produktvergleich nicht zulässig)
4. Analyse der Datenqualität (bei einem Produktvergleich vorgeschrieben)

5.1.2.6 Interpretation

In der Bilanzbewertung werden die Ergebnisse von Sachbilanz und Wirkungsbilanz vor dem Hintergrund des Untersuchungsziels analysiert, verglichen, bewertet und zusammengefasst. Sie sollen „leicht verständlich, vollständig und in sich schlüssig dargestellt werden" (DIN EN ISO 14040:2006-10, S. 4) und zur Unterstützung bei der Entscheidungsfindung in Technik, Gesellschaft, Wirtschaft und Politik dienen (vgl. Abb. 5.15).

Die Ergebnisse können verbal-argumentativ oder anhand ein- oder mehrdimensionaler Bewertungsverfahren interpretiert werden. Im Rahmen der internationalen Methodendiskussion für Ökobilanzen herrscht weitgehend Einigkeit darüber, wie bei der Erstellung der Sachbilanzen und der Zusammenfassung zu Wirkungsbilanzen zu verfahren ist. Konsens besteht auch darin, dass sich allein aus den Sachbilanzergebnissen und ihrer Kategorisierung keine direkten Schlussfolgerungen auf die Auswirkungen für Mensch und Umwelt ziehen lassen. Zur Auswertung der ermittelten Ergebnisse wurden verschiedene Ansätze und Methoden entwickelt, da dieser Abwägungsprozess nicht objektiv durchgeführt werden kann und sehr stark von Wertmaßstäben abhängt (Umweltbundesamt, 1999, S. 1). Die im deutschsprachigen Raum gebräuchlichsten werden nachfolgend näher erläutert.

5.1.2.7 Auswertungsmethoden

Grundsätzlich kann zwischen Midpoint- und Endpoint-Methoden unterschieden werden. Während die Midpoint-Methode die Umweltbelastungen nur bis zu den resultierenden Effekten darstellt, werden bei der Endpoint-Methode die gesamten

Umweltauswirkungen ermittelt. Eine detaillierte Vorgehensweise der jeweiligen Bewertung lässt sich in der aufgeführten Literatur nachlesen.

5.1.2.8 Kumulierter Energieaufwand (KEA)

Der kumulierte Energieaufwand (KEA) (cumulated energy demand, CED) ist ein Sammelindikator, der sich nur auf einen Ausschnitt der Sachbilanz bezieht, nämlich den Energiebedarf eines Produkt- oder Dienstleistungssystems. Energieumwandlungsprozesse gehören zu den bedeutendsten Verursachern umweltschädlicher Emissionen. Aus diesem Grund kann der KEA als Leitindikator repräsentativ für das Ergebnis einer vollständigen Ökobilanz sein.

Der KEA ist definiert als die Gesamtheit des primärenergetisch bewerteten Aufwands, der im Zusammenhang mit der Herstellung, Nutzung und Entsorgung eines ökonomischen Gutes (Produkt oder Dienstleistung) entsteht, bzw. diesem ursächlich zugewiesen werden kann (VDI 4600 Blatt 1:1998-06). Als Bilanzraum einer vollständigen Bilanzierung gilt beim KEA die gesamte Ökosphäre. Dabei setzt sich der KEA eines Produktes oder einer Dienstleistung aus dem Kumulierten Energieaufwand für die Herstellung KEA_H, für die Nutzung KEA_N und für die Entsorgung KEA_E zusammen.

$$\mathrm{KEA} = \mathrm{KEA_H} + \mathrm{KEA_N} + \mathrm{KEA_E} \tag{5.5}$$

Auch wenn der KEA als Leitindikator Verwendung findet, lässt er für sich alleine stehend keine Aussage über die verursachten Umweltwirkungen, sondern lediglich über die Energieintensität eines Produkt- oder Dienstleistungssystems zu. Von der Höhe des KEA allein kann nicht direkt auf das Umweltwirkungspotenzial geschlossen werden, da dies – wie auch bei der Ökobilanz – außerdem vom verwendeten Mix an Energieträgern abhängt. Der in einem Braunkohlekraftwerk gewonnene elektrische Strom etwa verursacht mit mehr als 1 kg CO_2/kWh im Vergleich zu Strom aus einem Wasserkraftwerk rund 100 mal höhere Treibhausgasemissionen (Hennings et al., 2006). Abbildung 5.16 zeigt am Beispiel einiger europäischer Länder, wie stark sich die Energiemixe – und damit die pro kWh verursachten Umweltwirkungen – unterscheiden können.

5.1.2.9 Methode des Umweltbundesamtes

Das (Umweltbundesamt, 1995) hat sich bei der Herausgabe der „Methodik der produktbezogenen Ökobilanzen“ an dem „Code of Practice“ der SETAC orientiert, indem zunächst eine Klassifikation und Charakterisierung der Sachbilanzergebnisse vorgenommen wird. Die in Ökobilanzen des Umweltbundesamts (UBA) zu berücksichtigenden Wirkungskategorien enthält Tab. 5.4.

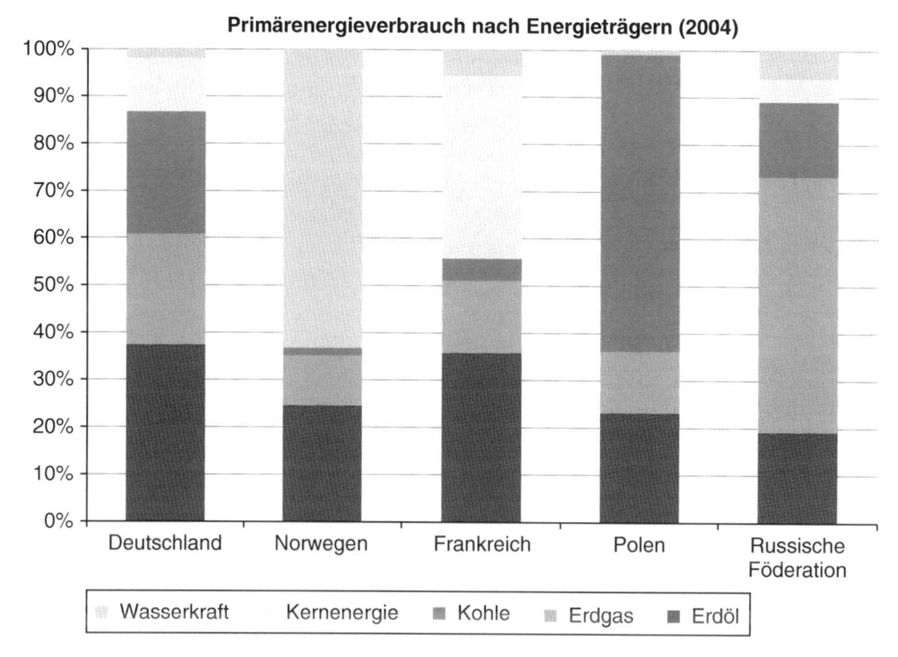

Abb. 5.16 Primärenergieverbrauch nach Energieträgern nach Daten aus (BP, 2005)

Die Massen aller Stoffflüsse, die zu einer Wirkungskategorie beitragen, multipliziert mit dem zugehörigen Wirkungspotenzial, ergeben aufsummiert den gesamten Effekt dieser Wirkungskategorie:

$$E_X = \sum_i P_{X\,i} \cdot m_i \tag{5.6}$$

mit: E_X = Effekt der Wirkungskategorie x
P_{Xi} = Wirkungspotenzial des Stoffes i in der Kategorie x
m_i = Masse des Stoffflusses.

Tab. 5.4 Wirkungskategorien aus (Umweltbundesamt, 1999)

Wirkungskategorie nach UBA	Internationale Bezeichnung
Treibhauseffekt	GWP100 – global warming potential
Stratosphärischer Ozonabbau	ODP – ozone depletion potential
Photochemische Oxidantienbildung	POCP – photochemical ozone creation potential
Versauerung	AP – acidification potential
Aquatische Eutrophierung	NP – nutrification potential
Terrestrische Eutrophierung	
Ressourcenbeanspruchung	
Direkte Gesundheitsschädigung	
Direkte Schädigung von Ökosystemen	
Naturraumbeanspruchung	

Treibhauseffekt

Der Treibhauseffekt führt zu einer allmählichen Erwärmung der Atmosphäre und als Konsequenz daraus zu einer Änderung des Klimas. Ursache dafür ist der gesteigerte Ausstoß von Kohlendioxid (CO_2) und Methan (CH_4), Lachgas (N_2O), Ozon (O_3) und FCKW in die Atmosphäre. Das Global Warming Potential (GWP) ist ein anerkanntes Aggregationsverfahren für die klimatische Wirkung atmosphärischer Gase. Die Menge CO_2, die die gleiche Treibhauswirkung verursacht wie 1 kg eines bestimmten Gases wird als sein GWP bezeichnet. Diese so genannten CO_2-Äquivalente basieren auf Modellrechnungen und werden durch das Intergovernmental Panel on Climate Change (IPCC) festgelegt und aktualisiert. Die Modelle berücksichtigen das Strahlungsabsorptionsverhalten und die Verweildauer der Gase in der Atmosphäre. Das Umweltbundesamt empfiehlt die Modellierung auf einer 100-Jahrebasis, da diese am ehesten die langfristigen Auswirkungen des Treibhauseffektes widerspiegelt.

Ozonabbau

Analog zum GWP wird auch das Ozone Depletion Potential (ODP) berechnet. Als Referenzsubstanz fungiert bei der Zerstörung der Ozonschicht das Triflourmethan – ein FCKW. Das ODP wird auch vom IPCC festgelegt und aktualisiert.

Photooxidantienbildung

Stickoxide und einige weitere Stoffe tragen zur Bildung von Photooxidantien bei. Sie sind die Ursache für den so genannten Sommersmog, der durch das Photochemical Ozone Creation Potential (POCP) beschrieben wird. Es legt Emissionsszenarien flüchtiger Kohlenwasserstoffe zugrunde und verwendet Ethen (C_2H_4) als Referenzsubstanz. Allerdings wird bei diesem Berechnungsmodell der Beitrag der Stickoxide an der Reaktion vernachlässigt. Im Rahmen eines Forschungsvorhabens des Umweltbundesamtes wurde versucht, diese in ein Modell mit einzubeziehen. Der neue Indikator, das Nitrogen Corrected Photochemical Ozone Creation Potential (NCPOCP) ermöglicht eine lineare Berücksichtigung der auftretenden Stickoxide. Nach (Plinke et al., 2000) muss noch diskutiert werden, wie wissenschaftlich belastbar dieser Ansatz ist.

Versauerung

Die Versauerung, also die Absenkung des pH-Wertes eines Bodens oder Gewässers durch den Eintrag von Säuren wird durch das Acidification Potential (AP) beschrieben. Als Referenzsubstanz in dieser Kategorie fungiert das Schwefeldioxid (SO_2).

Eutrophierung

Die Eutrophierung wird durch das Nutrification Potential (NP) charakterisiert, mit Phosphat (PO_4^{3-}) als Referenzsubstanz. Da Gewässer und Böden auf sehr unterschiedliche Weise von der Eutrophierung betroffen sind, unterscheidet das UBA zwischen aquatischer und terrestrischer Eutrophierung. Nährstoffeinträge über die Luft reichern sich per Definition im Boden an, wasserseitig emittierte Nährstoffe werden in Gewässer eingetragen.

Ressourcenbeanspruchung

Der Verbrauch von Rohstoffen verändert die Lebensgrundlage der Menschen nachhaltig. Als Bewertungsgrundlage für die Ressourcenbeanspruchung gilt ihre Verknappung bezogen auf einen bestimmten Raum. Unter Ressourcen können sowohl Materialien, als auch Energien oder Naturräume verstanden werden.

Toxische Schädigung des Menschen und von Organismen

Die toxischen Wirkungen von Substanzen sind so vielfältig, dass sie sich quantitativ schlecht zusammenfassen lassen. Daher werden diese nicht charakterisiert und die schädlichen Emissionen (wie Staub, Schwefeldioxid, Cadmium und Blei) einzeln aufgeführt.

Toxische Schädigung von Organismen und Ökosystemen

Wie auch die humantoxischen Substanzen werden die ökotoxischen Substanzen nicht aggregiert sondern einzelne Parameter wie Ammoniak, Chlorid, Kohlenwasserstoffe, Schwefeloxide und Stickoxide direkt aus der Sachbilanz übernommen.

Flächennutzung

Eine Fläche kann im Zusammenhang mit einer Bewertung als Ressource angesehen werden. Andererseits gilt es auch, den ökologischen Wert dieser Fläche einzuschätzen. Im Umweltbundesamt wurde eine Methode zur Wirkungsabschätzung von Naturräumen entwickelt. Sie baut auf drei Kriterien auf: Naturnähe des Bodens, Naturnähe der Waldgesellschaft und Naturnähe der Entwicklungsbedingungen. Eine detaillierte Beschreibung dieses Bewertungsverfahrens anhand eines Beispiels findet sich in (Plinke et al., 2000).

Der Schritt der Bewertung wurde vom (Umweltbundesamt, 1999) mit „Bewertung in Ökobilanzen" noch einmal aufgegriffen und überarbeitet. Dabei wurde das Konzept der Norm (DIN EN ISO 14040:2006-10) als Grundlage verwendet.

Wesentliche Grundlage der Methode bildet die Hierarchisierung (das sogenannte *ranking*) der verschiedenen Wirkungskategorien. Ein unabhängiges Gremium führt die Bewertung der Sachbilanzergebnisse unter der Beachtung festgelegter Kriterien durch. Weiterführende Literatur und Anwendungsbeispiele finden sich bei: (Umweltbundesamt, 1999, 2000, 2001; Plinke et al., 2000).

5.1.2.10 Eco-Indikator

Auch die Methode des Eco-Indikator orientiert sich am „Code of Practice" der SETAC. Der Eco-Indikator wurde im Auftrag von Firmen speziell zur Ermittlung der Umweltauswirkung von Produkten und Produktionsprozessen entwickelt. Ein direkter Vergleich von Produktvarianten ist leicht möglich. Im Gegensatz zur Methode des UBA ist die Benutzung der Eco-Indikator Methode für den (firmen-) internen Gebrauch gedacht und nicht zur Veröffentlichung.

Standard Eco-Indikatoren sind Werte, mit welchen die ökologische Belastung (der „ökologische Rucksack") eines Produktes oder Prozesses beschrieben wird. Ein „Eco-Indikator-Punkt" repräsentiert ein Tausendstel der jährlichen Umweltbelastung eines durchschnittlichen Europäers.

Eco-Indikatoren werden in drei Schritten ermittelt (vgl. Abb. 5.17):

1. Erstellung einer Sachbilanz aller Material- und Energieflüsse
2. Berechnung der Schäden an den Rohstoffquellen, der Umwelt sowie der menschlichen Gesundheit durch diese Stoffströme anhand von komplexen Schadensmodellen (Abb. 5.17). Die zugrunde liegenden Schadensfunktionen beschreiben das Verhältnis zwischen Einfluss und Schaden.

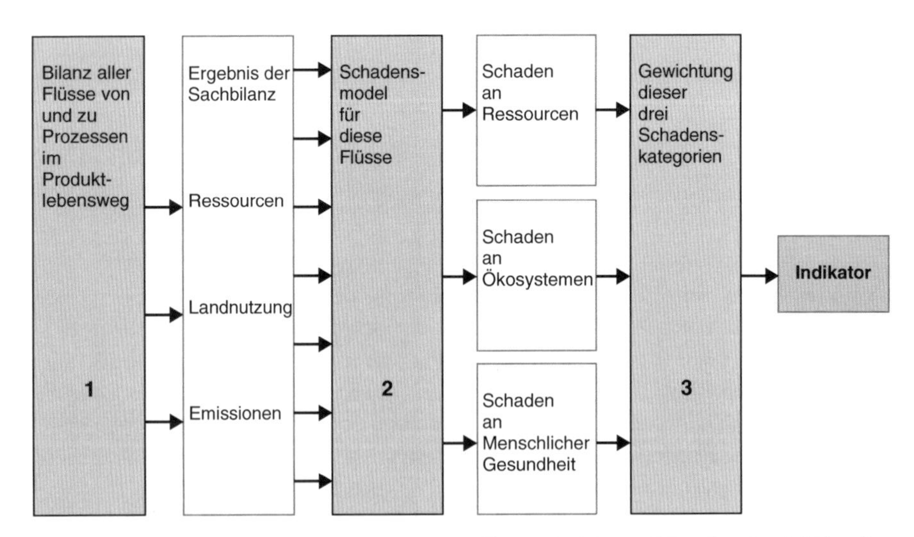

Abb. 5.17 Schematische Ermittlung eines Eco-Indikators (Ministry of Housing, Spatial Planning and the Environment, 2000, S. 23)

3. Gewichtung der drei Schadensklassen nach folgenden Kriterien:
   - Menschliche Gesundheit: Verlust von Lebenszeit (in Jahren) durch Tod oder Behinderung
   - Umwelt: Verlust von Arten innerhalb eines bestimmten Gebiets und über einen bestimmten Zeitraum
   - Rohstoffquellen: zusätzlicher Energieaufwand bei zukünftigem Abbau von Rohstoffen und Energierohstoffen.

Einige Effekte werden mit den berücksichtigten Kriterien nicht oder nur indirekt erfasst:

- Menschliche Gesundheit: Lärm und negative gesundheitliche Auswirkungen von einigen Stoffen (z.B. Schwermetallen) außer ihrer karzinogenen Wirkung und ihrem Einfluss auf den Atemwegstrakt
- Umwelt: Treibhauseffekt und stratosphärischer Ozonabbau (werden im Kriterium Menschliche Gesundheit berücksichtigt) und Effekt von Phosphaten.

Ein Eco-Indikator Ergebnis ist im Vergleich zu anderen Ökobilanzmethoden leicht zu berechnen, insbesondere dann, wenn es sich um Standardprozesse handelt, für die bereits Eco-Indikatoren in der Literatur vorliegen. Allerdings haben sie auch nur begrenzte Anwendungsmöglichkeit (firmenintern) und Aussagekraft (z. B. eim Produktvergleich). Weitere Darstellungen und Anwendungsbeispiele geben (Goedkoop und Spriensma, 1999; Goedkoop et al., 2000).

5.1.2.11 Material Intensität pro Serviceeinheit (MIPS)

Das vom Wuppertal Institut erarbeitete Konzept „Material Intensität pro Serviceeinheit“ (MIPS) kann als „Indikator des vorsorgenden Umweltschutzes“ (Ritthoff et al., 2002, S. 9) zur ökologischen Bewertung von Produkten, Dienstleistungen, Unternehmen und Regionen herangezogen werden. Das Verfahren entspricht dem Ablauf einer Ökobilanz bis zum Schritt der Sachbilanz und verzichtet auf die Wirkungsbilanz und Bilanzbewertung. Im Gegensatz zu anderen Bewertungsansätzen wird hierbei nur aus den Inputflüssen auf die Umweltbelastung geschlossen. Dem Ansatz liegt der Umstand zu Grunde, dass jeder Materialinput irgendwann zu Abfall oder Emissionen wird, so dass das Messen des Inputs als Grundlage für die Abschätzung des Umweltbelastungspotenzials genutzt werden kann. Dazu gibt MIPS an, wie viel Ressourcen insgesamt eingesetzt werden. Der Kehrwert daraus ermöglicht eine Aussage über die Ressourcenproduktivität, also den Nutzen, den eine bestimmt Menge „Natur“ spenden kann (Ritthoff et al., 2002, S. 10 f.).

Die Stoffströme werden fünf spezifischen Inputkategorien zugeordnet, die keine Wirkungen sondern Ursachen repräsentieren. Die Massen innerhalb einer Inputkategorie werden addiert; die Kategorien sind nicht miteinander verrechenbar. Alle Angaben entsprechen den in der Natur bewegten Tonnen. Um ein aussagekräftiger Indikator zu sein, erfolgt auch die ökologische Bewertung mit MIPS lebenszyklusweit: Materialverbräuche, die während Herstellung, Nutzung und Entsorgung/

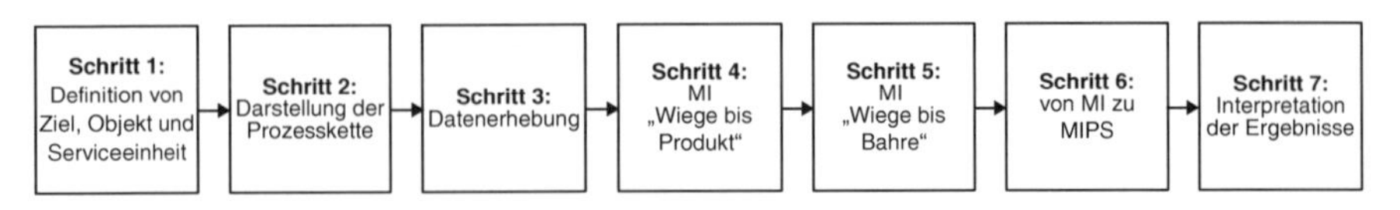

Abb. 5.18 Die MIPS Berechnung in sieben Schritten (Ritthoff et al., 2002, S. 17)

Recycling anfallen werden auf Ressourcenverbräuche zurückgerechnet. Das Ergebnis ist der Materialinput (MI), die Kumulation der inputseitigen Massenbewegungen, die ein Produkt während seines Lebensweges verursacht. Abzüglich des Eigengewichtes wird dieser auch als „ökologischer Rucksack“ eines Produktes bezeichnet. Der MI wird im letzten Schritt auf eine Dienstleistungs- oder Funktionseinheit bezogen, die sogenannte Serviceeinheit. Sie ist gleichbedeutend mit der funktionellen Einheit einer LCA (Abb. 5.18).

Für verschiedene grundlegende Stoffe werden MI-Werte vom Wuppertal Institut zur Verfügung gestellt (www.mips-online.info). Diese gehen als MI-Faktoren in die weitere Berechnung mit ein. Das Produkt aus der Einsatzmasse eines Stoffes und seinem spezifischen MI-Faktor ergibt dann den MI-Wert für Rohstoffe, Vorprodukte, Transporte und Energieaufwendungen.

$$MI_{Inputkategorie} = MI - Faktor_i \cdot m_i \tag{5.7}$$

m = Einsatzmasse eines Stoffes
i = Inputgröße (z. B. Strom aus einem Wasserkraftwerk)

Die Summe der Materialinputs der Einsatzstoffe repräsentiert den Gesamtmaterialinput für einen Prozess oder ein Produkt bzw. eine Dienstleistung. Auch dieser wird einzeln für die jeweilige Inputkategorie ausgewiesen.

$$MI_{Inputkategorie} = \sum MI - Faktor_i \cdot m_i \tag{5.8}$$

Sind für die einzelnen Rohstoffe keine belastbaren Daten vorhanden, werden sie mit der Masse ihres Eigengewichtes in die Berechnung einbezogen.

5.1.2.12 Weitere Methoden

CMLCA: Das Bewertungssystem des „Centrum voor Millieukunde“ der Universität Leiden (CML) stellt eine problemorientierte Bewertungsmethode für Ökobilanzen dar und gehört zu den midpoint-Methoden. Es wurde in Kooperation mit der SETAC entwickelt und erfüllt die Anforderungen der DIN EN ISO 14040. Die von den Stoffströmen ausgehenden Umweltbelastungen werden mittels Zuordnung zu Wirkungskategorien erfasst, klassifiziert und charakterisiert (Eberle, 2000).

Methode der ökologischen Knappheit: Diese Bewertungsmethode wurde in den 80er Jahren in der Schweiz entwickelt. Der Ansatz geht davon aus, dass die „Umwelt“ in einer Region nicht unbegrenzt ist und stellt letztlich dem regional vorhandenen „Verdünnungspotenzial“ die realen Stoffflüsse gegenüber. Als Maß gilt das Verhältnis zwischen den gegenwärtigen Umweltbelastungen (aktuellen Flüssen) und den als kritisch erachteten Belastungen (kritischen Flüssen). Die Emissionen verschiedener Substanzen in Luft, Wasser und Boden sowie für den Verbrauch von Energie-Ressourcen werden dabei zu Umweltbelastungspunkten (UBP) zusammengefasst. Sind die kritischen Flüsse der bedeutendsten Schadstoffe bekannt, ist diese Methode recht einfach durchzuführen. Daher hat sie breite Anwendung in Unternehmen erfahren, vor allem auch als Auswertemethode für Ergebnisse von Sachbilanzen und Input/Output-Analysen von Betrieben (Braunschweig und Müller-Weck, 1993; BUWAL, 1998).

5.1.2.13 Allokation

Produkte bestehen in der Regel aus mehr als einem Material und durchlaufen verschiedene Herstellungsprozesse. Respektive können bei Produktionsprozessen mehrere Endprodukte (Haupt-, Koppel- und Nebenprodukte) entstehen. Bei diesen Multiinput- und Multioutputprozessen müssen die Aufwendungen an Energie und Stoffen sowie die resultierenden Umweltwirkungen den einzelnen Produkten bzw. Prozessen anteilig zugerechnet werden. Eine Allokation (vom lateinischen „allocare“, zu deutsch „platzieren“) ist eine Zuordnung von Elementen einer Menge zu Elementen einer anderen Menge. In der Regel ist die allozierte Menge eine Menge von Ressourcen und von Subjekten oder Objekten, welche die Ressource(n) verwenden. Kennzeichnend ist, dass eine bereits allozierte Ressource nicht gleichzeitig einem anderen Subjekt oder Objekt zur Verfügung steht (Maillefer, 1996, S. 28). Die Verteilung der Inputs und Outputs auf die Module kann in Abhängigkeit des Systems nach monetären, masse- oder energiebezogenen Ansätzen durchgeführt werden. Alternativ können z. B. auch thermodynamische oder ökonomische Bedingungen eine sinnvolle Einteilung ermöglichen. Bei der Allokation soll das „physikalische Verhalten des Systems so realistisch wie möglich wiedergegeben werden“ (SETAC, 1993). Grundsätzlich gilt: „die Summe der durch Allokation zugeordneten Inputs und Outputs eines Moduls muss gleich den Inputs und Outputs des Moduls vor der Allokation sein“ (DIN EN ISO 14040:2006-10, S. 17). Wenn möglich, soll nach (DIN EN ISO 14040:2006-10, S. 18) eine Allokation jedoch vermieden werden durch:

1. Teilung der betroffenen Module in Teilprozesse und Sammlung der Input- und Outputdaten bezogen auf diese Teilprozesse oder
2. Systemraumerweiterung mit zusätzlichen Funktionen, die sich auf Koppelprodukte beziehen.

Kann eine Allokation nicht umgangen werden, ist für Koppelprodukte, interne Energieallokation, Dienstleistungen und Recycling im offenen und geschlossenen Kreislauf das folgende von der (DIN EN ISO 14040:2006-10, S. 17 f.) vorgegebene schrittweise Verfahren anzuwenden:

1. Die Zuordnung soll die zugrunde liegenden physikalischen Beziehungen zwischen den unterschiedlichen Produkten oder Funktionen widerspiegeln.

2. Können physikalische Beziehungen nicht als Grundlagen verwendet werden, soll die Zuordnung andere Beziehungen widerspiegeln, z.B. den ökonomischen Wert der Produkte.

Dabei ist zu beachten, dass „im betrachteten System für ähnliche Inputs und Outputs eine einheitliche Allokation angewendet wird" (DIN EN ISO 14040:2006-10, S. 18). Beispiele zur Vermeidung von Allokationen sowie für die oben angegebenen Allokationsfälle finden sich im (DIN-Fachbericht 107, 2001, S. 21–37) sowie in (Boustead, 1994; Huppes und Schneider, 1994, S. 91 ff., 133 ff., 143 ff., 149 ff., 153 ff., 158 ff.; Werner, 2005, S. 135 ff.). Das Ergebnis der Ökobilanz kann wesentlich von der Wahl des Allokationsverfahrens beeinflusst werden. Im Fall mehrerer gültiger Verteilungsschlüssel ist eine Sensitivitätsanalyse durchzuführen (Wötzel, 2007, S. 25).

5.1.2.14 Allokationsverfahren für offene und geschlossene Kreisläufe

Gemäß DIN EN ISO 14040:2006-10 gelten die Allokationsgrundsätze und -verfahren auch für die Wiederverwertung und das Recycling. Der Recyclingprozess selbst wird in (SETAC, 1993, S. 21) als „Subsystem" des eigentlichen Hauptsystems verstanden. Dabei wird zwischen geschlossenen Kreisläufen, in denen das Material in den ursächlichen Produktionsprozess zurück fließt, und offenen Kreisläufen unterschieden (Abb. 5.19).

Entsprechend werden Allokationsverfahren für Recycling (DIN EN ISO 14040: 2006-10, 1998, S. 19) in

- Allokationsverfahren im closed-loop und
- Allokationsverfahren im open-loop unterschieden.

Im Gegensatz zur technischen Beschreibung eines Produktsystems wird ein Allokationsverfahren auch dann als closed-loop definiert, wenn das Material zwar das Produktsystem wechselt, aber seine inhärenten Eigenschaften nicht verändert werden. Entsprechend wird beim Allokationsverfahren von open-loop Recycling gesprochen, sobald wiederverwertetes Material eine Veränderung seiner inhärenten Eigenschaften erfährt, ohne das Produktsystem zu wechseln (siehe Abb. 5.19). Entscheidend für die Wahl des Allokationsverfahrens ist also die Definition der inhärenten Eigenschaften eines Materials. Echte closed-loop Prozesse existieren in der Realität selten, z.B. in katalytischen Reaktionen (Werner, 2005, S. 123).

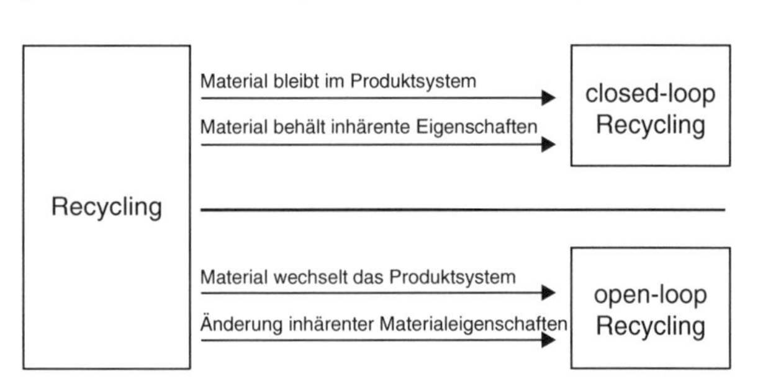

Abb. 5.19 Definition von closed-loop und open-loop Prozessen beim Allokationsverfahren für Recycling (verändert nach DIN EN ISO 14040:2006-10, S. 19)

5.1.2.15 Umgang mit Ungenauigkeiten und Unsicherheiten in Ökobilanzen

In Ökobilanzen werden die negativen Folgen für die Umwelt von Produkten und Prozessen bestimmt. Die Berücksichtigung von fundierten Ergebnissen aus ökologischen Lebensweganalysen in Entscheidungsprozessen von Industrie und Politik erfordert eine Analyse der Datenqualität und kritische Hinterfragung der Glaubhaftigkeit von Bilanzergebnissen, um Fehlinterpretationen auf Basis von unsicheren oder ungenauen Ökobilanzdaten zu verhindern (Heijungs und Huijbregts, 2004).

Unsicherheiten und Ungenauigkeiten in Daten und Modellen existieren in allen vier Schritten der Ökobilanzierung. Bei der Sachbilanzierung variieren beispielsweise Emissionsintensitäten von Schwermetallen und flüchtigen organischen Verbindungen in Abhängigkeit von einer Vielzahl an Parametern, weshalb geschätzte oder allgemeine Emissionswerte zu erheblichen Ungenauigkeiten in Ökobilanzen führen können. Weiterhin kann die Nutzung von Daten aus kommerziellen Sachbilanzdatenbanken (z. B. ecoinvent) zu weiteren Fehlern in der Sachbilanz führen, wenn das Datenmaterial Schätzparameter oder abweichende Allokationsregeln und Prozesstechnologien aufweist (Pohl et al., 1996, S. 56 f.). In der Wirkungsabschätzung ist insbesondere die Ermittlung des Wirkungspotenzials für die Humantoxizität und das Versauerungspotenzial durch die Übertragung vom modellbasierten Labormaßstab auf das tatsächliche Ökosystem mit hohen Unsicherheiten verbunden (Pohl et al., 1996, S. 58 f.).

In der Literatur werden verschiedene Ansätze zum Umgang mit unsicheren Daten und Modellen in Ökobilanzen diskutiert (vgl. Heijungs und Huijbregts, 2004). Angefangen bei vertiefenden wissenschaftlichen Untersuchungen von Prozessgrößen zur Minimierung der Unsicherheiten über normative Festlegungen von Parametern bis hin zu statistischen Ansätzen wie Monte-Carlo-Simulationen und Fuzzy-Methoden (Heijungs und Huijbregts, 2004). Fuzzy-Methoden werden in Ökobilanzen eingesetzt, um Beziehungen zwischen Eingangs- und Ausgangsgrößen nicht durch mathematische Zusammenhänge oder statistische Messungen zeit- und kostenaufwendig abzubilden, sondern über die Definition von logischen Regeln auf Basis von Expertenwissen (González et al., 2002, S. 62). In Fallbeispielen werden Fuzzy-Methoden zur Bestimmung von unsicheren Daten- oder Wirkungsgrößen als auch zur Einbindung von qualitativen Wirkungsfaktoren (z. B. Geruchsbelastung) sowie zur multikriteriellen Entscheidungsunterstützung erfolgreich eingesetzt (Bécaert et al., 2006, S. 155). Es ist abzusehen, dass Ökobilanzen zukünftig um Angaben über inhärente Ungenauigkeiten und Unsicherheiten zu erweitern sind, um bei der Entscheidungsunterstützung das Ausmaß der potenziellen Unschärfe von Bilanzergebnissen berücksichtigen zu können (Pohl et al., 1996, S. 66).

5.1.2.16 Werkzeuge und Datenbanken zur Durchführung von Ökobilanzen

Es existiert eine Reihe an Softwarewerkzeugen und Datenbanken für die Ökobilanzierung in der lebenszyklusorientierten Produktplanung und -entwicklung. Weit verbreitet für die Durchführung von *Produktökobilanzen* nach ISO 14040 sind die Softwarewerkzeuge Simapro, Gabi und Umberto. Exemplarisch sei hier die Software Umberto kurz beschrieben: Die Software basiert auf dem Konzept von Stoffstromnetzen, die nach dem Prinzip des Petri-Netzes aufgebaut sind, und differenziert zwischen Umwandlungsprozessen (als Transitionen bezeichnet) sowie Stoff- und Energielagern (so genannte Stellen) (IFU und IFEU, 2005). Die Software ermöglicht sowohl die Erstellung von Betriebs- und Prozess- als auch von Produkt-Ökobilanzen. Damit ist die Software auch für den Einsatz in der lebenszyklusorientierten Produktentwicklung geeignet. Die Sachbilanz stellt die Modellierungsebene dar. Ausgehend von einem Projekt als oberste Gliederungsebene können verschiedene Szenarien (Stoffstromnetze, Sachbilanzen und Wirkungsbilanzen) festgelegt werden. Verschiedene Darstellungs- und Auswertungsmodule stehen nach der Berechnung des Stoffstrommodells zur Verfügung. Insbesondere die Bewertung komplexer technischer Produkte erfordert i. d. R. umfangreiche Daten. Aus diesem Grund wurden verschiedene Datenbanken und Standards (SPINE / ISO/TS 14048, EcoSpold-Format) zur Kopplung an ein Bilanzierungswerkzeug entwickelt. Eine umfangreiche Datensammlung zur Durchführung von Produkt-Ökobilanzen bietet die ecoinvent-Datenbank. Weitere Datenquellen sind: PROBAS (Prozessorientierte Basisdaten für Umweltmanagement-Instrumente), GEMIS, MIPS Online, IdeMat Online, die European Platform on Life Cycle Assessment (http://lca.jrc.it), oder das Netzwerk Lebenszyklusdaten (http://www.lci-network.de/cms/content/pid/5).

5.1.3 Soziale Lebensweganalyse

Mit dem Ziel, auch die soziale Dimension der Nachhaltigkeit produktbezogen bewerten zu können, wurden seit Ende der 1990er Jahre verschiedene Ansätze entwickelt, die sich unter dem Begriff *„Social Life Cycle Assessment (Social LCA)"* zusammenfassen lassen. Analog und in Übereinstimmung mit dem klassischen (ökologischen) Life Cycle Assessment (LCA) und dem (ökonomischen) Life Cycle Costing (LCC) werden bei diesen „produktbezogenen Sozialbilanzen" die sozialen Aspekte entlang des Produktlebensweges – also „von der Wiege bis zur Bahre" – betrachtet. Bislang fehlen allgemeine Standards, wie sie für das LCA mit den international anerkannten ISO 14040 und ISO 14044 bestehen. Doch es existieren neben der vom Öko-Institut entwickelten Methode PROSA – Product Sustainability Assessment (Grießhammer et al., 2007) bereits mehrere unternehmensspezifische Entwicklungen, z. B. Socio-Eco-Efficiency-Analysis SEEBalance/BASF (Kicherer, 2005), Sustainability Compass/Deutsche Telekom (Otto, 2005), Product Sustainability Assessment Tool PSAT/Procter&Gamble (Franke, 2005). Bei der UNEP-SETAC Life Cycle Initiative befasst sich außerdem eine eigene Task Force mit methodischen Fragen zum Thema Social LCA (Grießhammer et al., 2006). In Belgien wurde 2003 vom Staat das erste Label zur Kennzeichnung unter Einhaltung sozialer Mindeststandards hergestellter Produkte eingeführt, dessen Vergabe von der lückenlosen Social LCA des Produktes abhängt (Spillemaeckers, 2007). Ein kurzer Überblick über aktuelle Arbeiten findet sich bei (Klöpffer und Renner, 2007).

Im Vergleich zu ökologischen und ökonomischen Aspekten stellen soziale Aspekte bei der Produktbewertung eine besondere Herausforderung dar. Sie sind sehr vielfältig und werden von den verschiedenen Interessentengruppen und in Abhängigkeit von Land oder Region stark unterschiedlich gewichtet (vgl. Grießhammer et al., 2006). Ihre Wahrnehmung und Bewertung kann sich verglichen mit ökologischen Kriterien zudem deutlich schneller ändern. Als Folge ist unter anderem die Regionalisierung von größerer Bedeutung als bei der klassischen Ökobilanz im Allgemeinen (Dreyer et al., 2006). Jeder Schritt entlang des Produktlebensweges ist mit einem geographischen Ort verbunden, an dem einer oder mehrere Prozessschritte von statten gehen. Je nachdem, ob es sich um eine demokratisch regierte westliche Industrienation oder ggf. um ein Land mit davon abweichenden sozialen, ökonomischen und politischen Rahmenbedingungen handelt, werden sich die Sozialstandards deutlich unterscheiden. Für jeden der Orte müssen die sozialen Auswirkungen außerdem mit Hinblick auf die verschiedenen Anspruchsgruppen untersucht werden (Grießhammer et al., 2006; Dreyer et al., 2006). Die wichtigsten Stakeholder sind:

- die Arbeitnehmer,
- die benachbarte und regionale Bevölkerung,
- die Gesellschaft und
- die Konsumenten des Produktes (nur Nutzungsphase).

Zur Veranschaulichung der sich daraus erwachsenden Vielzahl möglicher Indikatoren ist in Tab. 5.5 beispielhaft die PROSA-Liste sozialer Indikatoren wiedergegeben. Sie reicht allein für die Stakeholder „Arbeitnehmer" von den Mindestanforderungen der International Labour Organisation (ILO) hinsichtlich Vereinigungs- und Gewerkschaftsfreiheit sowie der Abschaffung von Kinderarbeit, Diskriminierung und Zwangsarbeit bis zu Aspekten der Erhöhung der subjektiven Arbeitszufriedenheit (Grießhammer et al., 2007). Als zentrale Herausforderung ergibt sich die Zusammenstellung eines integralen Sets von Indikatoren, das den unterschiedlichen Anforderungen insgesamt gerecht wird. Oftmals wird dabei die Trennung in obligatorische und optionale Wirkungskategorien vorgeschlagen. Allem übergeordnet dient die Universelle Erklärung der Menschenrechte als normative Basis für das Social Life Cycle Assessment. In Analogie zum ökologischen Life Cycle Assessment sind „Menschenwürde und Wohlergehen" als Schutzgut zu betrachten (Dreyer et al., 2006).

Im Gegensatz zu den Umweltwirkungen hängen die sozialen Wirkungen eines Produktes in erster Linie vom Verhalten der beteiligten Unternehmen ab und nicht von den Stoff- und Energieumsätzen während der einzelnen technischen Prozessschritte. Für die Sachbilanzierung ergibt sich daraus die Notwendigkeit, einen Schlüssel für die Zuordnung der Sozialprofile der Unternehmen zum Produkt zu finden bzw. einen Bezug der sozialen Wirkungen auf die funktionelle Einheit herzustellen (Dreyer et al., 2006). Als eine Möglichkeit kann z. B. die anteilige Arbeits-

Tab. 5.5 Beispiele von Sozialindikatoren (Grießhammer et al., 2007, S. 169)

Arbeitnehmer (Auswahl)	
Sichere & gesunde Arbeitsbedingungen	Nationale Rahmenbedingungen; Anzahl tödlicher Arbeitsunfälle; Anzahl von Arbeitsunfällen; Anzahl anerkannter Berufskrankheiten und Berichte über erhöhte gesundheitliche Risiken; Arbeitsplatz verbunden mit Lärm, Geruch, Dämpfen, Staub, Hitze, unzureichender Beleuchtung; grundlegende Maßnahmen und Einrichtungen zum Erhalt und zur Erhöhung der Arbeitssicherheit; Maßnahmen und Einrichtungen zum Erhalt und zur Förderung der Gesundheit am Arbeitsplatz; Zugang zu sauberem Trinkwasser und sanitären Anlagen am Arbeitsplatz; Politiken und Programme zur Bekämpfung von HIV/AIDS und/oder anderen lokal bedeutenden Gesundheitsproblemen (Dengue, Malaria, Alkoholismus etc.)
Abschaffung der Kinderarbeit	Nationale Rahmenbedingungen; Selbstverpflichtungen des Unternehmens im Bereich Abschaffung der Kinderarbeit; Hinweise auf Fälle von Kinderarbeit nach den ILO-Kernarbeitsnormen Nr. 138 und 182.
Benachbarte und regionale Bevölkerung (Auswahl)	
Sichere & gesunde Lebensverhältnisse	Nationale Rahmenbedingungen; Tödliche Unfälle im Umfeld des Unternehmens im Zusammenhang mit dessen Aktivitäten; Anzahl aller Unfälle im Umfeld des Unternehmens im Zusammenhang mit dessen Aktivitäten; gesundheitliche Chancen und Risiken für Bevölkerung im Umfeld des Unternehmens; Belastung/Entlastungen des Umfeldes durch Lärm, Geruch, Dämpfen, Staub, Hitze und/oder Abwässer; Maßnahmen und Einrichtungen zum Erhalt und zur Förderung sicherer und gesunder Lebensverhältnisse
Gesellschaft (Auswahl)	
Ausbildung	Nationale Rahmenbedingungen; Anzahl und Anteil der Auszubildenden gemessen an der Belegschaftsstärke; Ausbau und Erwerb beruflicher Qualifikationen bei regulärer Tätigkeit (on the job)
Durchsetzung sozialer und ökologischer Mindeststandards bei Zulieferbetrieben und Kooperationspartnern	Nationale Rahmenbedingungen; nachweisliche Bemühungen zur Einhaltung/Durchsetzung von sozialen und ökologischen Mindeststandards bei Zulieferbetrieben, Sub-Zulieferbetrieben, Zwischenhändlern und Kooperationspartnern; Hinweise auf Verletzung grundlegender sozialer und ökologischer Standards in Zulieferbetrieben, Sub-Zulieferbetrieben und/oder Kooperationspartnern
Private, gewerbliche und staatliche Nutzer (Auswahl)	
Schutz und Erhalt von Sicherheit und Gesundheit	Nationale Rahmenbedingungen; gesundheitliche Chancen/Risiken im Zusammenhang mit der Nutzung des Produktes; Unfälle im Zusammenhang mit der Nutzung des Produktes; Todesfälle im Zusammenhang mit der Nutzung des Produktes; Ergebnisse von Produktsicherheitstests (evtl. Auszeichnungen, Labels)
Qualität des Produktes / der Dienstleistung	Nationale Rahmenbedingungen; Qualität im Verhältnis zu vergleichbaren Produkten; guter Service, Reparierbarkeit, Vorhalten von Ersatzteilen; funktionierendes Verfahren zur Beilegung von Konsumentenbeschwerden und Reklamationen; Ergebnisse von Produkttests (evtl. Auszeichnungen, Lables)

zeit zur Herstellung des Produktes zur Quantifizierung herangezogen werden (Hunkeler, 2006). In der Praxis ist die Anwendung von produktbezogenen Sozialbilanzen noch mit der Bewältigung verschiedener Herausforderungen verbunden. Die Machbarkeitsstudie der UNEP-SETAC LCI Task Force befindet, dass bislang vor allem der Mangel an einem einheitlichen Indikatorensystem sowie an kohärentem Datenmaterial einer weiteren Standardisierung der Social LCA-Methodik und ihrer Umsetzung in der Praxis im Wege steht (Grießhammer et al., 2006). Klöpffer/ Renner sehen darüber hinaus in der Verknüpfung bestehender Sozialindikatoren mit der funktionellen Einheit des untersuchten Systems, in der Entscheidung zwischen qualitativen und quantitativen Indikatoren und in der korrekten Quantifizierung der sozialen Wirkungen Hauptschwierigkeiten (Klöpffer und Renner, 2007). Sie geben jedoch ebenfalls zu bedenken, dass es auch in der Ökobilanzierung beispielsweise „aus gutem Grund … keine absolut gültige Liste [der Wirkungsabschätzungen]" gibt und ebenfalls nicht die Quantifizierung aller Wirkungen möglich ist (z. B. Biodiversität) (Klöpffer und Renner, 2007). Jørgensen et al. weisen in einem Vergleich aktueller Studien neben den großen Unterschieden hinsichtlich der angewandten Indikatoren insbesondere auf die konträr diskutierte Verwendung generischer Daten hin (Jørgensen et al., 2008). Die Task Force empfiehlt zur Überwindung der grundlegenden Probleme das Sammeln praktischer Erfahrungen durch die verstärkte Bearbeitung entsprechender Fallstudien (Manhart und Grießhammer, 2006). Sie rechnet aufgrund der Erfahrungen bei der LCA-Standardisierung in fünf bis zehn Jahren mit einer koordiniert entwickelten Methode für das Social Life Cycle Assessment (Grießhammer et al., 2006).

5.2 Informations- und Wissensmanagement

Viele Autoren beschreiben einen tief greifenden Wandel in unserer Gesellschaft hin zu einer Informations- und Wissensgesellschaft. Dieser Wandel geht mit einer enormen Bedeutungszunahme von Informationen und Wissen einher. Man geht davon aus, dass der Wert des Wissens in einem Unternehmen häufig bereits den Wert der materiellen Faktoren (z. B. Produktionsanlagen) übersteigt. Einer der bekanntesten und ersten Autoren, der diesen Wandel beschrieben hat, ist Peter F. Drucker. In seinem Buch „Post-Capitalist-Society" beschreibt er eine „Wissensgesellschaft", in der die klassischen Produktionsfaktoren (Arbeit, Kapital und Ressourcen) an Bedeutung verlieren (Drucker, 1993, S. 3). Als Gründe dafür werden u. a. die einfache und globale Verfügbarkeit der klassischen Faktoren genannt, aus der starke globale Konkurrenz erwächst.

Entscheidend hingegen wird die Fähigkeit, die Produktionsfaktoren Information und Wissen *effizient* und auf *einzigartige Weise* zu kombinieren und eine Kernkompetenz zu entwickeln, die einen Wettbewerbsvorteil darstellt. Grundlage dieser Fähigkeit ist die Verfügbarkeit von Wissen und Informationen. Für ein Ganzheitliches Life Cycle Management ist auf der einen Seite die Verfügbarkeit von lebens-

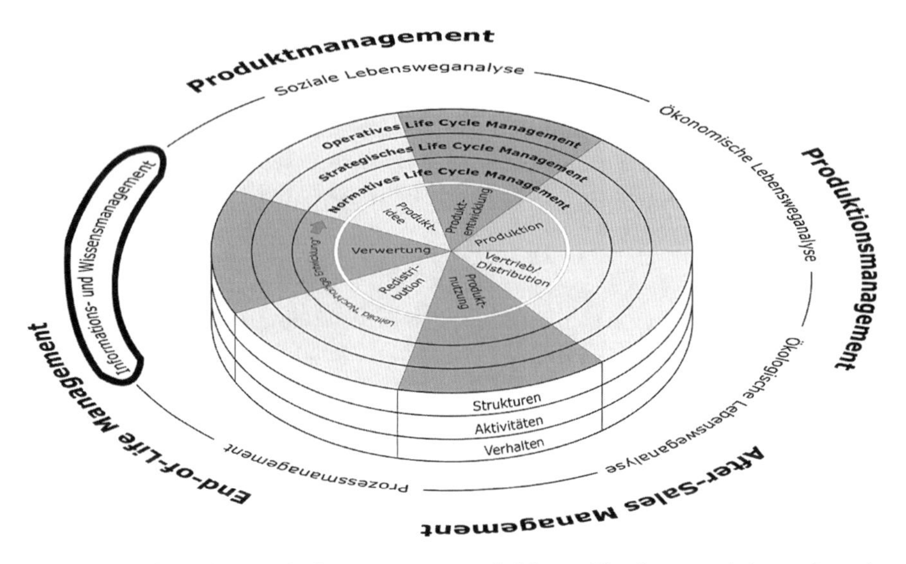

Abb. 5.20 Informations- und Wissensmanagement als lebenszyklusphasen- und akteursübergreifende Disziplinen des Life Cycle Management

zyklusphasenbezogenen Informationen in allen Produktlebensphasen von zentraler Bedeutung (Abb. 5.20).

Die Tatsache, dass die Nutzungsdauer von Informationen weit über die eigentliche Produktnutzungsdauer hinausgeht, stellt dabei eine Herausforderung für das Informationsmanagement dar. Auf der anderen Seite ist die Rückkopplung von Informationen in die Produktplanung und -entwicklung eine wichtige Quelle für lebenszyklusorientierte Produktinnovationen. Die zentrale Anforderung des Informations- und Wissensmanagements ist es daher, Informationen und Wissen zwischen den einzelnen Akteuren der verschiedenen Lebensphasen effizient auszutauschen, so dass diese für lebenszyklusorientierte Entscheidungen genutzt werden können. Vor diesem Hintergrund kommen dem Informations- und Wissensmanagement als lebenszyklusphasen- und akteursübergreifende Disziplinen des Ganzheitlichen Life Cycle Management zentrale Bedeutung zu (Abb. 5.20).

5.2.1 *Grundlagen des Informationsmanagements*

Ein wesentliches Problem des Entscheidens in Unternehmen kann auf das Problem der Informationsbeschaffung zurückgeführt werden (Hayek, 1945, S. 519–530).

Erst wenn alle für eine Entscheidung notwendigen Informationen beschafft wurden und bekannt sind, reduziert sich das Problem des Entscheidens auf ein logisches Problem eines Entscheidungsträgers (Voß und Gutenschwager, 2001, S. 1). Durch die Dynamik im Umfeld steigt auch die Frequenz, mit der Entscheidungen getroffen werden müssen. Damit verbunden sind steigende Anforderungen an eine schnelle und umfangreiche Informationsbeschaffung.

Die Basis für den Zugewinn an Informationen im Kontext betrieblicher Entscheidungen basiert heute zu einem erheblichen Anteil auf den Entwicklungsfortschritten der Informationstechnologien wie z. B. Internet, E-mail, Datenbanksysteme, Enterprise Resource Planning- (ERP-) Systeme. Erst durch Informationstechnologien können umfassende Informationen für individuelle Entscheidungsprozesse in kurzer Zeit und hoher Qualität bereitgestellt und aufbereitet werden. Eine zielorientierte Aufbereitung und Verdichtung von internen und externen Informationen kann die einem Entscheidungsträger zur Verfügung stehende Qualität der Informationen steigern, wodurch sich in Folge auch die Güte von Entscheidungen steigert. Durch Informationssysteme für die Fertigungssteuerung können z. B. Qualität und Geschwindigkeit der Planung verbessert und damit z. B. Lagerbestände gesenkt werden (Dangelmaier, 2003, S. 633–639).

5.2.1.1 Abgrenzung und Definition der Begriffe Information und Wissen

Die Begriffe Wissen und Information werden in der Literatur vielfältig interpretiert und oftmals unzureichend voneinander abgegrenzt. Die Gründe dafür sind in der Anpassung der Begriffe an die unterschiedlichen Fragestellungen und in der Tatsache zu suchen, dass sich mehrere unterschiedliche wissenschaftliche Disziplinen um eine Definition bemühen (vgl. Amelingmeyer, 2000, S. 38 f.).

Im Rahmen dieser Arbeit wird für die Definition des Begriffs Information die semiotische Begriffsdefinition zugrunde gelegt:

> „Die Semiotik versteht unter **Informationen** zweckorientierte Daten, die das Wissen erweitern. In älterer Literatur sind sie oft noch als zweckorientiertes Wissen definiert“ (Umberto, 1994).

Aus der Definition geht hervor, dass Informationen in Form von zweckorientierten Daten zur Vorbereitung und Durchführung von Handlungen und Entscheidungen dienen. Als Informationen im engeren Sinne sind sämtliche Produkt und Prozess beschreibenden Informationen gemeint, die in den einzelnen Phasen des Produktlebenszyklus entstehen, genutzt oder verarbeitet werden.

Die folgende Definition des Begriffs Wissen basiert auf Probst et al.:

> „**Wissen** bezeichnet die Gesamtheit der Kenntnisse und Fähigkeiten, die Individuen zur Lösung von Problemen einsetzen. Dies umfasst sowohl theoretische Erkenntnisse als auch praktische Alltagsregeln und Handlungsanweisungen. Wissen stützt sich auf Daten und Informationen, ist im Gegensatz zu diesen jedoch immer an Personen gebunden. Es wird von Individuen konstruiert und repräsentiert deren Erwartungen über Ursache-Wirkungs-Zusammenhänge." (Probst et al., 1999, S. 46)

Bei der genannten Definition des Begriffs Wissen ist vor allem die Fokussierung auf den eigentlichen Zweck von Wissen, nämlich die Lösung von Problemen, hervorzuheben. Kritisch zu hinterfragen ist jedoch die erwähnte Personengebundenheit von Wissen. Wie im Folgenden noch dargestellt wird, lassen sich spezielle Formen von Wissen auch mit künstlichen Mitteln speichern und verarbeiten. Die Wissensdefinition von Probst et al. stützt sich auf eine hierarchische Abgrenzung der Begriffe Zeichen, Daten, Information und Wissen (Abb. 5.21).

Entsprechend der dargestellten Begriffshierarchie wird die Grundgesamtheit von Buchstaben, Ziffern, Symbolen und Sonderzeichen als *Zeichen* zusammengefasst.

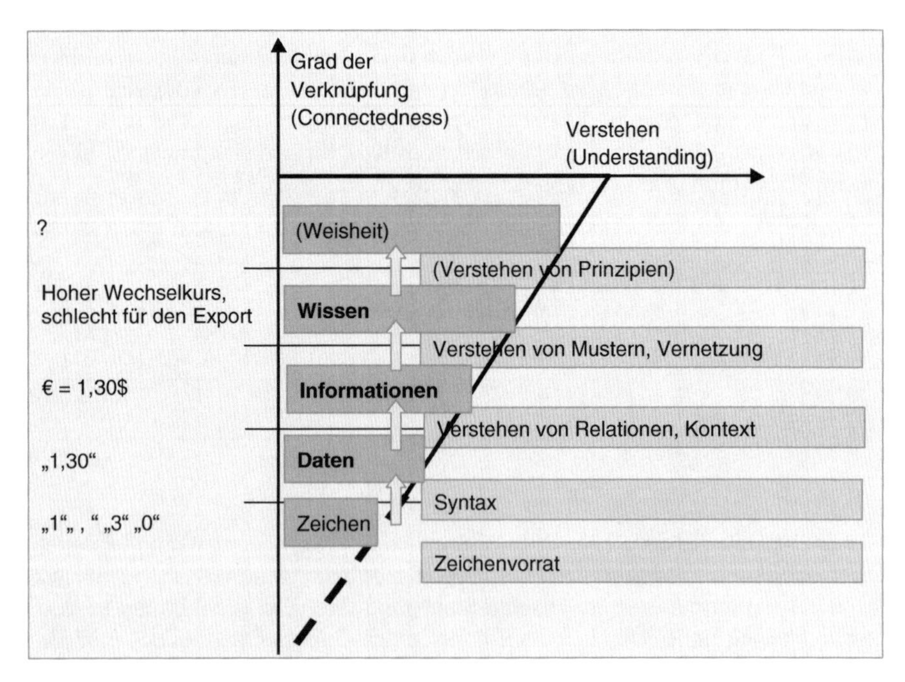

Abb. 5.21 Begriffshierarchie zwischen Zeichen, Daten, Informationen und Wissen (in Anlehnung an Voß und Gutenschwager, 2001, S. 14)

Daten werden durch Zeichen repräsentiert und bilden nach DIN 44300 „das Gegebene zur Verarbeitung ohne Verwendungshinweis“. Durch ein Zusammenfügen (unter Berücksichtigung eines Codes bzw. von Syntaxregeln) entstehen aus dem Zeichenvorrat *Daten*. Daraus ergeben sich für den Empfänger *Informationen*, wenn die Daten in einen für ihn relevanten Kontext gesetzt werden. Der Unterschied ergibt sich also durch die unterschiedliche Funktion der Bedeutung und weniger durch die Struktur der Darstellung. Informationen sind in Beschreibungen enthalten, oder anders formuliert, in Antworten auf Fragen, die mit „Wer“, „Was“, „Wo“, „Wann“ bzw. „Wie viel“ beginnen. Demgegenüber entsteht *Wissen* immer dann, wenn Informationen so miteinander vernetzt werden können, dass Antworten auf Fragen möglich sind, die mit „Wie“ anfangen (Rehäuser und Krcmar, 1996, S. 6). Voß umschreibt dies, indem er Wissen eine höhere Ausprägung als Informationen in den Dimensionen Verknüpfung und Verstehen zuweist (Voß und Gutenschwager, 2001, S. 14).

5.2.1.2 Begriffsbestimmung Informationsmanagement

In Analogie zur Begriffsdefinition des Begriffs „Information“ existiert auch für den Begriff Informationsmanagement eine Vielzahl an Definitionen. Im Bereich der Informationswissenschaften werden unter Informationsmanagement Methoden und Techniken verstanden, um große Informationsbestände zu verwalten, während andere Autoren die Entwicklung und den Einsatz von EDV und IT-Systemen in den Mittelpunkt stellen (Teubner und Klein, 2002, S. 285–299). Dagegen liegt dieser Arbeit ein management- und führungsorientiertes Verständnis des Informationsmanagements zugrunde. Dementsprechend werden an dieser Stelle zwei Begriffsdefinitionen vorgestellt:

„Das **Informationsmanagement** ist der Teil der Unternehmensführung, der für das Erkennen und Umsetzen der Potenziale der Informationstechnik in Lösungen verantwortlich ist.“ (vgl. Brenner, 1994a, b; Österle, 1987, S. 24 ff.)

„**Informationsmanagement** ist die wirtschaftliche (effiziente) Planung, Beschaffung, Verarbeitung, Distribution und Allokation von Informationen als Ressource zur Vorbereitung und Unterstützung von Entscheidungen (Entscheidungsprozessen), sowie die Gestaltung der dazu erforderlichen Rahmenbedingungen.“ (Voß und Gutenschwager, 2001, S. 70).

Die Definitionen von Brenner, Österle und Voß betonen, dass das Informationsmanagement auf der obersten Stufe des Managements angesiedelt ist und sich als Teil der Unternehmensführung mit der Identifikation und Umsetzung der Potenziale der Informations- und Kommunikationstechnologien (IuK) beschäftigt. Krcmar unterstreicht diese Auffassung indem er postuliert, dass Informationsmanagement „sowohl Management- als auch Technologiedisziplin“ ist und „zu den elementaren

Bestandteilen heutiger Unternehmensführung" gehört (Krcmar, 2002). Durch diese Positionierung im Unternehmen ist es möglich, weit reichende Planungen und Entscheidungen im Bereich der Informations- und Kommunikations-Technologien umzusetzen. Die wesentliche Funktion des Informationsmanagements wird dabei im Erkennen und der Umsetzung von informationstechnischen und organisatorischen Lösungen als Grundlage zur Unterstützung von Entscheidungen gesehen.

5.2.1.3 Gegenstandsbereich und Ziele des Informationsmanagements

Für die Darstellung der Gegenstandsbereiche und Ziele des Informationsmanagements ist zunächst eine Betrachtung der Bedeutung des potenziellen Nutzens durch die Bereitstellung und Verwendung von Informationen notwendig. Das Leistungspotenzial der Informationsfunktion beschreibt die Potenziale zur Erreichung strategischer Unternehmensziele durch den Einsatz einer Informationsinfrastruktur (Heinrich, 2002, S. 20). Zur Umsetzung des Leistungspotenzials der Informationsfunktion muss daher mit einer geeigneten Informationsinfrastruktur ein entsprechendes Erfolgspotenzial geschaffen werden (Abb. 5.22).

Durch den Einsatz einer Informationsinfrastruktur kann in der Folge ein Beitrag zum Unternehmenserfolg geschaffen werden. Dabei ist zu berücksichtigen, dass der Erfolgsbeitrag der Informationsfunktion von der spezifischen Situation eines Unternehmens abhängig ist. Im Rahmen des Informationsmanagements gilt es daher zu bestimmen, welchen Beitrag die Informationsfunktion durch die Informationsinfrastruktur zum Unternehmenserfolg leisten kann.

Ist z. B. das Leistungspotenzial der Informationsfunktion in einem Unternehmen gegenwärtig nur gering und wird es auch für die Zukunft als gering prognostiziert, kann das durch die Informationsinfrastruktur aufgebaute Erfolgspotenzial ebenfalls nur gering sein (Heinrich, 2002, S. 20). In der Folge resultiert daraus ein geringer Stellenwert des Informationsmanagements und eine leistungsfähige Informations-

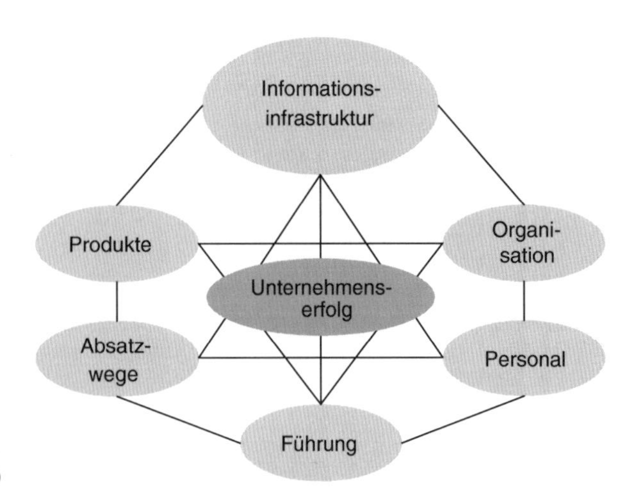

Abb. 5.22 Informationsinfrastruktur und Unternehmenserfolg (nach Dernbach, 1985; Heinrich, 2002, S. 20)

infrastruktur ist zur Umsetzung strategischer Ziele nicht erforderlich. Wird dagegen das Leistungspotenzial der Informationsfunktion in einem Unternehmen als groß bewertet, ergibt sich daraus ein erheblicher Stellenwert des Informationsmanagements. Das Leistungspotenzial der Informationsfunktion beschreibt damit die Bedeutung für die Erreichung der strategischen Unternehmensziele.

Auf Basis des Zusammenhangs zwischen Leistungspotenzialen und Informationsfunktion können die Ziele des Informationsmanagements abgeleitet werden. Dabei kann grundsätzlich zwischen Sach- und Formalzielen unterschieden werden (Heinrich, 2002, S. 20). Sachziele sind:

- Umsetzung des Leistungspotenzials der Informationsfunktion für die Erreichung strategischer Unternehmensziele
- Schaffung und Aufrechterhaltung einer geeigneten Informationsinfrastruktur
- Nutzbarmachung des innerbetrieblichen und außerbetrieblichen Leistungspotenzials der Informationsfunktion

Das generelle Formalziel des Informationsmanagements ist die Wirtschaftlichkeit; bei gegebenen Kosten der Informationsinfrastruktur soll der realisierte Nutzen maximiert werden. Aus den Sachzielen des Informationsmanagements können weiterhin die Gegenstandsbereiche des Informationsmanagements abgeleitet werden. Dabei werden entsprechend der unterschiedlichen Betrachtungsschwerpunkte in der Literatur unterschiedliche Perspektiven eingenommen. Österle unterscheidet die Bereiche „Informationsbewusste Unternehmensführung", „Management des Informationssystems" und „Management der Informatik" als wesentliche Gegenstandsbereiche des Informationsmanagements (Österle, 1978). Die informationsbewusste Unternehmensführung beschreibt die unternehmerische Sicht auf die Informationstechnik, in deren Mittelpunkt der bedarfsgerechte Einsatz von IT-Ressourcen steht (Zarnekow und Brenner, 2004, S. 5). Dagegen fokussiert das Management des Informationssystems auf die Betrachtung der Informationsverarbeitung aus einer logisch-konzeptionellen Sicht und beschäftigt sich mit dem Betrieb des Informationssystems, d. h. der Summe aller einzelnen Informationssysteme im Unternehmen (Zarnekow und Brenner, 2004, S. 5). Das Management der Informatik schließlich beschäftigt sich mit der Infrastruktur zur Entwicklung und zum Betrieb des Informationssystems und ist für die Hardware, Systemsoftware und Netzwerk-Infrastruktur verantwortlich (Zarnekow und Brenner, 2004, S. 5).

5.2.1.4 Aufgaben des Informationsmanagements

Für die Beschreibung der Aufgaben des Informationsmanagements ist auf Basis der oben dargestellten Definition und Gegenstandsbereiche des Informationsmanagements zunächst eine Unterscheidung in die folgenden vier aufgabenbezogenen Betrachtungsperspektiven notwendig (Voß und Gutenschwager, 2001, S. 70):

1. Funktional-institutionales Informationsmanagement
2. Internes – externes Informationsmanagement

3. Lang- (strategisches), mittel- (taktisches), und kurzfristiges (operatives) Informationsmanagement
4. Nähe zur Informationstechnik

Das funktionale Informationsmanagement beschreibt den Leistungserstellungsprozess zur Vorbereitung und Unterstützung von Entscheidungen. Dabei stellen die Reduktion der Unbequemlichkeit der Informationsbeschaffung und der Informationsverarbeitung durch eine effiziente Gestaltung des Zugriffs auf Daten und Lösungsverfahren mittels geeigneter Systeme zentrale Ziele dar. Für die Entscheidungsunterstützung muss eine Versorgung von Entscheidungsträgern mit entscheidungsrelevanten Informationen sichergestellt werden. Dabei müssen sowohl interne als auch externe Informationen zur richtigen Zeit, in der richtigen Qualität und in der richtigen Beschaffenheit vorliegen. Im Gegensatz zum funktionalen Informationsmanagement beschreibt das institutionale Informationsmanagement die wirtschaftlich effiziente Planung, Steuerung und Kontrolle der Informations- und Kommunikationsinfrastruktur.

Die Unterscheidung in internes und externes Informationsmanagement resultiert aus der Betrachtung des Verwenders der angebotenen Informationen (Abb. 5.23). Aufgabe des internen Informationsmanagements ist z. B. die Sicherstellung der Abwicklung interner Produktions- und Geschäftsprozesse sowie die Unterstützung der internen Planungsprozesse. Diese Koordinationsleistung bezieht sich auf die Verteilung von Aufgaben sowie auf die Unterstützung der Kommunikation bei arbeitsteiliger Aufgabenerfüllung. Dabei sollen durch das Informationsmanagement auf der einen Seite die Transaktionskosten und auf der anderen Seite Informationsasymmetrien minimiert werden. Durch die Nutzung von z. B. ERP-Systemen werden heute unterstützende Informations- und Kommunikationsfunktionen realisiert, die eine schnelle Geschäftsprozessabwicklung unterstützen. Das externe Informationsmanagement bezieht sich dagegen vornehmlich auf das Management des Informationsaustausches mit Kunden und Lieferanten sowie externen Anspruchsgruppen (z. B. Stakeholder). Weiterhin muss das Informationsmanagement die internen und externen Informationsflüsse für unternehmensübergreifende Informationsverarbeitungsprozesse effizient integrieren, da Unternehmen heute mit einer Reihe von Kunden und Lieferanten sowie staatlichen Einrichtungen auf Netzwerkebene zusammenarbeiten. Es ist die Aufgabe des Informationsmanagements, eine unternehmensübergreifende Integration und Vernetzung der Informationssysteme zu realisieren.

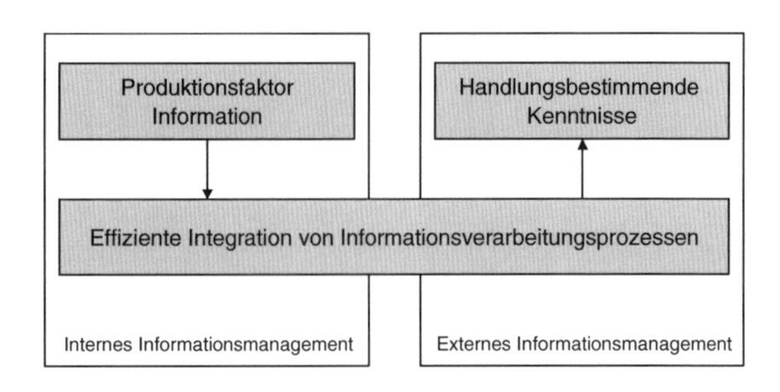

Abb. 5.23 Internes und externes Informationsmanagement (Voß und Gutenschwager, 2001, S. 71)

In Anlehnung an die Definition der Gegenstandsbereiche des Informationsmanagements nach (Heinrich, 2002) können die Aufgaben des Informationsmanagements in lang- (strategische), mittel- (taktische), und kurzfristige (operative) Aufgaben unterschieden werden. Diese Aufteilung hat jedoch aufgrund des großen Aufgabenspektrums eine z. T. unverständliche Gruppierung der Aufgaben zur Folge und wird daher an dieser Stelle nicht weiter erläutert (vgl. Voß und Gutenschwager, 2001, S. 72).

Für die Klassifizierung der Aufgaben des Informationsmanagements wird im Folgenden die an die Informationstechnik angelehnte Definition der Gegenstandsbereiche des Informationsmanagements nach Wollnik aufgegriffen (Wollnik, 1988, S. 34–43). Das Modell nach Wollnik beschreibt drei Ebenen des Informationsmanagements und deren Zusammenhänge. Die definierten Ebenen unterscheiden sich hinsichtlich ihrer Nähe zur Informationstechnik und beschreiben die drei zentralen funktionalen Aufgaben des Informationsmanagements: die Informationsbedarfsanalyse, die Informationsbeschaffung und die Informationsbereitstellung. In Abb. 5.24 sind die Aufgaben des Informationsmanagements entsprechend den von Wollnik definierten Ebenen zugeordnet.

Nach der Klassifizierung der Aufgaben des Informationsmanagements in Abb. 5.24 werden in den folgenden Abschnitten die Aufgaben des Informationsmanagements kurz erläutert.

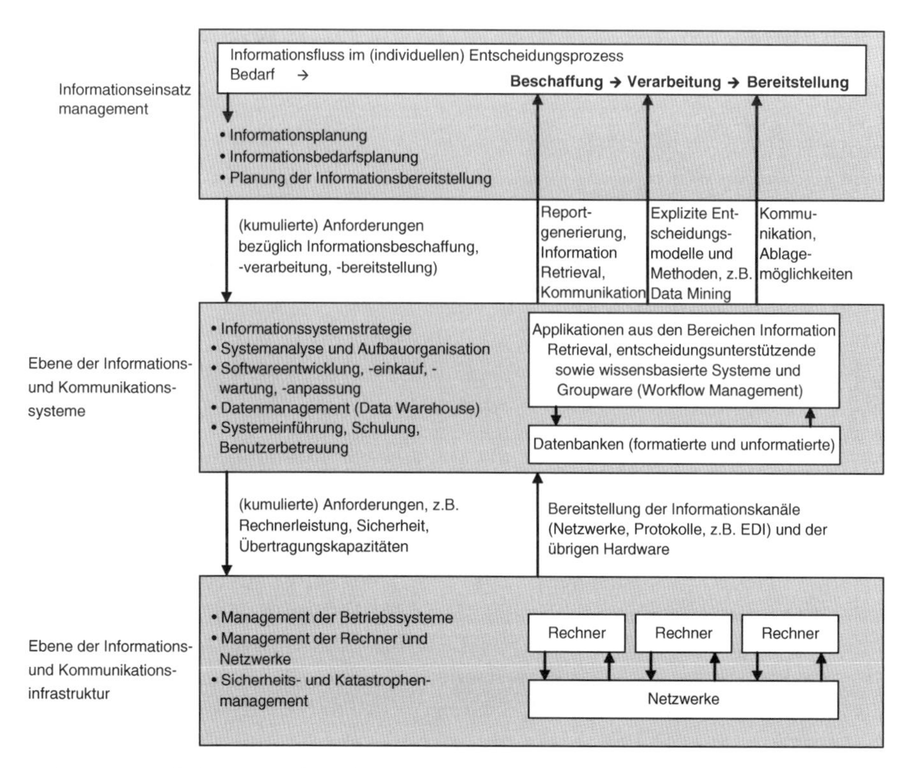

Abb. 5.24 Aufgaben des Informationsmanagements (Voß und Gutenschwager, 2001, S. 74; Wollnik, 1988, S. 34–43)

5.2.1.5 Informationsbedarfsanalyse

Eine zentrale Aufgabe des Informationsmanagements besteht in der Ermittlung und Deckung des Informationsbedarfs.

„Der **Informationsbedarf** wird als die Art, Menge und Beschaffenheit von Informationen verstanden, die ein Individuum oder eine Gruppe zur Erfüllung einer Aufgabe benötigt" (Picot, 1988, S. 236).

Die Bestimmung des Informationsbedarfs erfolgt durch die Informationsbedarfsanalyse. Die Informationsbedarfsanalyse dient der Ermittlung des aktuellen und zukünftigen Informationsbedarfs, der für die Erfüllung von aktuellen und zukünftigen Aufgaben in einem oder mehreren Unternehmen benötigt wird. Im Rahmen der Analyse des Informationsbedarfs müssen Art, Menge und Beschaffenheit der Informationen definiert werden. Die wichtigsten Fragestellungen der Informationsbedarfsanalyse dienen der Identifikation von Informationsgehalt, Darstellungsform, Zeitaspekt und Kontext vor dem Hintergrund einer lebenszyklusorientierten Nutzung. Im Rahmen der Informationsbedarfsanalyse müssen daher folgende Fragen beantwortet werden (Voß und Gutenschwager, 2001, S. 130–148):

- A1: Informationsgehalt: Was wird benötigt?
- A2: Darstellungsform: In welcher Form wird die Information benötigt?
- A3: Zeitaspekt: Wann wird die Information benötigt?
- A4: Kontext: Wofür wird die Information benötigt?

Die Erhebung des Informationsbedarfs kann mittels verschiedener Verfahren erfolgen. Diese lassen sich in informationsversorgungsorientierte sowie aufgaben- und prozessorientierte Verfahren unterscheiden (Klimek, 1998).

5.2.1.6 Informationsbeschaffung

Die Informationsbeschaffung dient der Bereitstellung der für ein Entscheidungsproblem relevanten Informationen bzw. des zuvor definierten Informationsbedarfs und umfasst sämtliche Aktivitäten der Erkennung und Sammlung von Informationen (Dippold et al., 2001). Die Beschaffung der Informationen hat grundsätzlich unter dem Gesichtspunkt der Wirtschaftlichkeit und in Abstimmung mit dem Informationsbedarf zu erfolgen. Die Beschaffung oder Aufbewahrung aller verfügbaren Informationen, unabhängig von einem konkreten Bedarf, führt zur Gefahr eines „Information Overloads". Eine wesentliche Aufgabe der Informationsbeschaffung ist daher die Auswahl der Informationsquellen, die sowohl innerhalb als auch außerhalb des Unternehmens angesiedelt sein können. Ein grundsätzliches Problem der Informationsbeschaffung besteht darin, dass im Vorfeld der Beschaffung die *Grenzkosten* für die Beschaffung nicht exakt bestimmt werden können. Die Beurteilung der Wirtschaftlichkeit von Informationen stößt somit durch mangelnde

Quantifizierbarkeit und das Informationsparadoxon auf Schwierigkeiten. Das theoretische Optimum der Grenzkosten der Informationsbeschaffung liegt vor, wenn die Grenzkosten der Informationsbeschaffung dem Grenznutzen der Informationen entsprechen. Die Ermittlung dieses Optimalpunktes scheitert jedoch an der unzureichenden Quantifizierbarkeit des Kosten/Nutzen-Verhältnisses. Darüber hinaus wirft das *Informationsparadoxon* weitere Schwierigkeiten auf. Eine Bewertung der Informationen setzt voraus, dass diese bekannt sind. Wenn sie bekannt sind, müssen sie aber nicht mehr erworben werden. Eine Wertbestimmung kann somit nur ex post erfolgen. Das Vertrauen in die Informationsquellen dient bei der Bewertung als Bewertungssubstitut und birgt dabei ein nicht unerhebliches Risiko.

5.2.1.7 Informationsverarbeitung

Unter dem Begriff der Informationsverarbeitung werden im Bereich der Informatik alle Arten der Datenverarbeitung verstanden. Das Oberziel der Informationsverarbeitung ist die Erarbeitung von Wissen durch Beschreibung und Analyse betrieblicher Gegebenheiten und Abläufe. Darüber hinaus werden durch die Informationsverarbeitung weitere Ziel verfolgt (Dippold et al., 2001):

- Rationalisierung
- Bewältigung großer Datenmengen
- Beschleunigung von Geschäftsprozessen
- Verbesserung von Qualität und Service
- Unterstützung von Planung, Steuerung und Kontrolle
- Ermöglichung umfangreicher und komplizierter Berechnungen
- Ermöglichung neuer Organisationsformen: Work Flow Management, Groupware

Die Voraussetzungen für die Verarbeitung von Informationen ist das Vorhandensein von Nutzinformationen und Steuerinformationen. Während die Nutzinformationen Angaben über die reale Welt bzw. „konkrete Informationen" repräsentieren, dienen Steuerinformationen als notwendige Angaben, die den Informationsverarbeitungsprozess entsprechend den verfolgten Zielen steuern. Wesentliche Aufgaben der Informationsverarbeitung sind die Verwaltung und Verarbeitung von Stamm-, Änderungs-, Bestands- und Bewegungsdaten. Stammdaten stellen zustandsorientierte Daten dar, die zur Identifizierung, Klassifizierung und Charakterisierung von Sachverhalten dienen und unverändert über einen längeren Zeitraum hinweg zur Verfügung stehen müssen. Durch die Verarbeitung von abwicklungsorientierten Änderungsdaten können Stammdaten fallweise verändert (berichtigt, ergänzt, gelöscht) werden. Eine weitere Aufgabe der Informationsverarbeitung besteht in der Verwaltung von Bestandsdaten. Bestandsdaten sind zustandsorientierte Daten, die betriebliche Mengen- und Wertestrukturen repräsentieren und durch das Betriebsgeschehen einer systematischen Änderung unterliegen. Durch die Verarbeitung von abwicklungsorientierten Bewegungsdaten können Bestandsdaten verändert werden. Bewegungsdaten entstehen durch den betrieblichen Leistungsprozess immer wieder neu. Zusammenfassend können die Aufgaben der Informationsverarbeitung als Vorgänge beschrieben werden, die sich auf die Erfassung, Speicherung, Übertragung oder Transformation von Daten beziehen. Im Rahmen der Informationsverarbeitung werden die Informationsstrukturen z. B. verdichtet oder visualisiert, so dass die Nutzung der Informationen entsprechend dem verfolgten Nutzungszweck vereinfacht wird.

5.2.1.8 Informationsbereitstellung

Die Informationsbereitstellung wird auch als Allokation und Distribution von Informationen bezeichnet (Heinrich, 2002). Im Allgemeinen versteht man unter Allokation eine Zuordnung von Elementen einer Menge zu Elementen einer anderen Menge. Im Fall der Informationsbereitstellung wird unter Allokation die Informationsverteilung (wer bekommt die Informationen) verstanden. Die Distribution dagegen beschreibt die Art der Informationsverteilung. Die für die Informationsbereitstellung notwendige Distribution von Informationen steht vor dem Problem der Auswahl geeigneter Informationskanäle und Informationsmittel, um die richtigen Informationen in der richtigen Qualität zum richtigen Zeitpunkt am richtigen Entscheidungsort zu den richtigen Kosten bereitzustellen (Heinrich, 2002). Durch die Definition der Informationskanäle wird festgelegt, über welche Wege die Informationen von A nach B gelangen; die Definition der Informationsmittel legt fest, mit welchen Mitteln und technischen Ressourcen die Informationen von A nach B gelangen.

5.2.2 Grundlagen des Wissensmanagements

Eine Kernkompetenz von Unternehmen ist es, Wissen so einzusetzen, dass daraus Wettbewerbsvorteile entstehen (Leonard-Barton, 1995, S. 113). Als ein Beispiel für ein Unternehmen, das sich weniger auf Basis von Produkten und Märkten als vielmehr aus technologischen Kernkompetenzen heraus definiert, wird häufig die Firma 3M (Minnesota Mining and Manufacturing) genannt (Probst et al., 1999, S. 68). Das Unternehmen verfügt über etwa 50.000 Produkte in unterschiedlichsten Märkten (Health Care; Industrial; Consumer & Office; Display & Graphics; Electro & Communications; Safety, Security & Protection Services; Transportation). Die Vielzahl von Produkten beruht auf rund 100 Basistechnologien (z. B. im Bereich Papier und Beschichtung), die im Konzern kontinuierlich weiterentwickelt und in die unterschiedlichsten Märkte gebracht werden (z. B. Pflaster und Wundtücher aber auch Schleifpapiere, Etiketten und Post-it).

5.2.2.1 Begriffsbestimmung Wissensmanagement

In der Literatur findet sich eine Vielzahl von Definitionen und Modellen zum Thema Wissensmanagement. Viele Definitionen orientieren sich an einer wörtlichen

Erklärung des Begriffes (Management des Produktionsfaktors Wissen), wobei als Teilaktivitäten die Generierung, Distribution und Allokation genannt werden:

„**Wissensmanagement** beschäftigt sich mit der wirtschaftlichen Unterstützung der Generierung, Distribution und Allokation des Wissens." (Voß und Gutenschwager, 2001, S. 317)

Als Zielsetzung des Wissensmanagements wird häufig die Rolle von Wissen als Grundlage für Innovationen von Produkten und Prozessen genannt sowie die Interaktion mit dem Unternehmensumfeld zur Erlangung von Wissen.

„**Wissensmanagement** hat zum Ziel vorhandenes Wissen optimal zu nutzen, weiterzuentwickeln und in neue Produkte, Prozesse und Geschäftsfelder umzusetzen. [...] Wissensmanagement [..] bezieht Kunden, Lieferanten, Allianzpartner und weitere Know-how-Träger mit ein." (North, 2002, S. 3)

Das Verständnis von Wissen als Produktionsfaktor erlaubt auch eine logistische Sichtweise. Dabei wird die Generierung von Wissen in den Hintergrund gestellt und die Verteilung und Bereitstellung betont.

Ziel der **Wissenslogistik** ist es, dass das „für die jeweilige betriebliche Handlung erforderliche Wissen in der entsprechenden Form zeitlich und örtlich verfügbar und zugänglich ist." (Hartlieb, 2002, S. 112)

Aus den genannten Definitionen und Zielsetzungen lässt sich ableiten, dass die bedarfsgerechte Bereitstellung von Wissen (Wissenslogistik) sowie die Wissensgenerierung Hauptbestandteile des Wissensmanagements sind. Als Ziel des Wissensmanagements steht die Umsetzung von Wissen in neue, verbesserte Produkte und Prozesse im Vordergrund.

5.2.2.2 Gegenstandsbereich und Ziele des Wissensmanagements

Die bei der Einführung eines Wissensmanagements bedeutenden Gestaltungsfelder wurden vom Fraunhofer-Institut für Arbeitswissenschaft und Organisation (IAO) auf der Grundlage des Ergebnisses einer innerdeutschen Unternehmensbefragung zum Thema Wissensmanagement herausgearbeitet (Bullinger et al., 1997). Das Modell geht davon aus, dass drei gleich gewichtete Säulen die wesentlichen Standbeine des Wissensmanagements darstellen: Informations- und Kommunikationstechnologie (IKT), Unternehmensorganisation und Human Resource Management. Dieses Modell dient auch dazu, die gängige Meinung zu relativieren, dass ein Management der Ressource Wissen (fast) ausschließlich über die Bereitstellung und Einführung von Werkzeugen aus dem Bereich der IKT zu bewerkstelligen sei. Das Resultat der Studie ergab vielmehr, dass in den untersuchten Best-Practice-Unternehmen vor allem die Unternehmens- und Wissenskultur in entscheidender Weise den Erfolg von Aktivitäten rund um das Wissensmanagement bestimmten. Die Gestaltung einer wissensorientierten Unternehmenskultur wird maßgeblich durch die Aktivitäten des Personalwesens beeinflusst. Anreizsysteme und Arbeitsbedingungen für Wissensarbeiter müssen folglich grundlegend neuartigen Überlegungen folgen und besonders darauf ausgerichtet sein, Mitarbeiter für das Teilen und Nutzen von Wissen zu motivieren (vgl. Probst et al., 2002).

Daneben sind eine Fülle von organisatorischen Voraussetzungen zur Bildung und Nutzung von intellektuellem Kapital zu erfüllen. Dies reicht von der Prozessdefinition über die Zuordnung von Aufgaben und Kompetenzen bis zur Einführung von systematischen Methoden. Ähnlich wie bei Probst setzen die Gestaltungsdimensionen IKT, Organisation und Human Resource Management auf einem strategischen Zielfundament auf. Exemplarische Beispiele für solche allgemein formulierten Ziele können die Erhöhung der Innovationsumsetzung, die Reduzierung von Kosten und Zeiten für bestimmte Prozesse, Verbesserung der Reaktionsfähigkeit oder die Erhöhung des Nutzungsgrades sein.

5.2.2.3 Wissen in der Wissensbasis eines Unternehmens

Die Gesamtheit des für eine Unternehmung zur Verfügung stehenden Wissens zur Lösung von Aufgaben wird unter dem Begriff der „organisationalen Wissensbasis" zusammengefasst (Amelingmeyer, 2000, S. 66). Da Wissen selbst immateriell ist, ist es an personelle, materielle und kollektive Wissensträger gebunden (Amelingmeyer, 2000, S. 51 ff.). Personelle Wissensträger sind alle Mitarbeiter des Unternehmens (d. h. vom Bandarbeiter bis zum Mitglied der Unternehmensleitung). Das personengebundene Wissen kann teilweise auf andere Wissensträger übertragen werden. Neben der Übertragung auf andere personelle Wissensträger (z. B. durch Vorträge, Gespräche, Vorführungen) ist auch eine Übertragung auf materielle Wissensträger möglich. Hierunter werden druckbasierte (Bücher, Ausdrucke, etc.), audiovisuelle (Ton- und Videobänder, Fotos, etc.), computerbasierte (Festplatten, Internet etc.) und produktbasierte Wissensträger (Fertigungsanlagen, Erzeugnisse, etc.) subsumiert. Mit den materiellen Wissensträgern ist auch die Loslösung von der Personengebundenheit des Wissens analog der oben genannten Definition verbunden. Im Gegensatz zu Personen sind sie jedoch nicht in der Lage, aus der Vernetzung und Interpretation bestehender Informationen neues Wissen selbstständig zu generieren. Sie erfüllen vielmehr den Zweck eines Speichers für bereits bekanntes Wissen, was mit folgenden Zielsetzungen verbunden sein kann (Amelingmeyer, 2000, S. 55 f.):

- Dokumentation (z. B. Protokolle)
- Festhalten von Wissen für spätere Prozessschritte (z. B. Speicherung von Prozessdaten)
- Vervielfältigung von Wissen (z. B. Veröffentlichungen)
- Vermittlung von Wissen an andere personelle Wissensträger (z. B. Lehrmaterial, Gebrauchsanweisungen)
- Sicherung von Rechten (z. B. Patentschriften)
- Gewährleistung der Funktionserfüllung (z. B. Wissen in Produkten)

Unter einem kollektiven Wissensträger wird eine Einheit von personellen und materiellen Wissensträgern verstanden, deren Gesamtwissen über die Summe des Wissens der einzelnen Wissensträger hinausgeht (Amelingmeyer, 2000, S. 64 f.).

5.2.2.4 Unterscheidung von Wissensarten

Wissen kann entlang verschiedener Dimensionen differenziert werden:

Wissensträger (Individuell – Kollektiv): Das individuelle Wissen ist an eine einzelne Person gebunden. Sie ist die alleinige Inhaberin dieses Wissens, welches sowohl implizit als auch explizit vorliegen kann. Kollektives Wissen (= organisationales Wissen) ist in einer Gruppe (z. B. Unternehmen) vorhanden. Dies können Teile eines Unternehmens (Teams, Projektgruppen etc.) oder auch das Unternehmen als Ganzes bzw. im Verbund von Netzwerken und Allianzen sein. Kollektives Wissen bezieht sich überwiegend auf Aspekte des Zusammenspiels der einzelnen Elemente. Kollektives Wissen stellt also einen Konsens über den Umgang mit Regeln, Sachverhalten und Problemen in der Gruppe dar. Von Außenstehenden kann kollektives Wissen nur schwer analysiert werden, da sich dieses Wissen überwiegend evolutionär entwickelt hat und gleichzeitig eher impliziter Natur ist.

Wissensform (Implizit – Explizit): Unter implizitem Wissen versteht man Wissen, das nicht ohne weiteres abstrahier- und artikulierbar ist und dadurch auf personelle und kollektive Wissensträger beschränkt bleibt. Dabei handelt es sich um Wissen in intuitiver bzw. unbewusster Form, das sich oftmals in individuellen Erfahrungen niederschlägt. Diese werden derart verinnerlicht, dass es dem Wissensträger schwer fällt, das gewonnene Repertoire an Fähigkeiten und Kenntnissen eindeutig zu formulieren und somit einem breiteren Publikum zugänglich zu machen. Demgegenüber bedeutet explizites Wissen, dass dieses Wissen einfach zu verbalisieren bzw. zu visualisieren und somit leicht übertragbar ist. Es stellt demnach bewusst beschreibbares und formalisierbares Wissen dar, welches standardisiert und strukturiert in den künstlichen Wissensquellen abgelegt werden kann.

Wissenszugänglichkeit (Bewusst – Latent): Der Zugang zu bewusstem Wissen ist bekannt und möglich. Es lässt sich in Wissen über einen diskreten Sachverhalt (Objektwissen) und in Wissen über den Wisseneinsatz (Metawissen) aufteilen (Rehäuser und Krcmar, 1996, S. 6 ff.). Latentes Wissen bezeichnet Wissen, dessen Vorhandensein bekannt ist. Eine unmittelbare Nutzung scheitert dagegen an den fehlenden Zugriffsmöglichkeiten.

Wissensspezialisierungsgrad (Allgemein – Spezial): Allgemeinwissen ist meist vollständig gegenwärtig und hat in der Regel keinen direkten fachlichen Aufgabenbezug. Es kann grundlegende Kenntnisse aus verschiedensten Bereichen enthalten (z.B. Politik, Wissenschaft, Kunst, Literatur, Sport). Außerdem umfasst es Wissen, das im alltäglichen Leben gebraucht wird. Spezial- bzw. Fachwissen beinhaltet Kenntnisse über Prozeduren und Vorgänge sowie über Deklarationen und Beschreibungen innerhalb eines Fachgebietes (Voß und Gutenschwager, 2001, S. 317.). Die verschiedenen Wissensdimensionen können sich einfach oder mehrfach überschneiden.

5.2.2.5 Aufgaben des Wissensmanagements

Kernprozesse des Wissensmanagements Ein allgemeingültiges und umfassendes Wissensmanagementmodell findet sich in (Probst et al., 1999). Einerseits beruht dieser Ansatz auf sechs operativen Bausteinen (Wissensidentifikation, Wissenserwerb, Wissensentwicklung, Wissens(ver-)teilung, Wissensnutzung und Wissensbewahrung), die untereinander durch gegenseitige Verknüpfungen und Abhängigkeiten gekennzeichnet sind. Andererseits wird durch die Verankerung der beiden strategisch fokussierten Elemente (Wissensziele und Wissensbewertung) ein zielführender und koordinierender Rahmen geschaffen, der im Zusammenspiel mit den operativen Bausteinen einen Managementregelkreis definiert (Abb. 5.25).

Die genannten Kernprozesse stellen zudem Oberbegriffe für die Zusammenstellung von Problemkategorien innerhalb des Wissensmanagements dar. Sie sollen somit logisch strukturierte Ansatzpunkte für Interventionen bieten und ein Ordnungs-

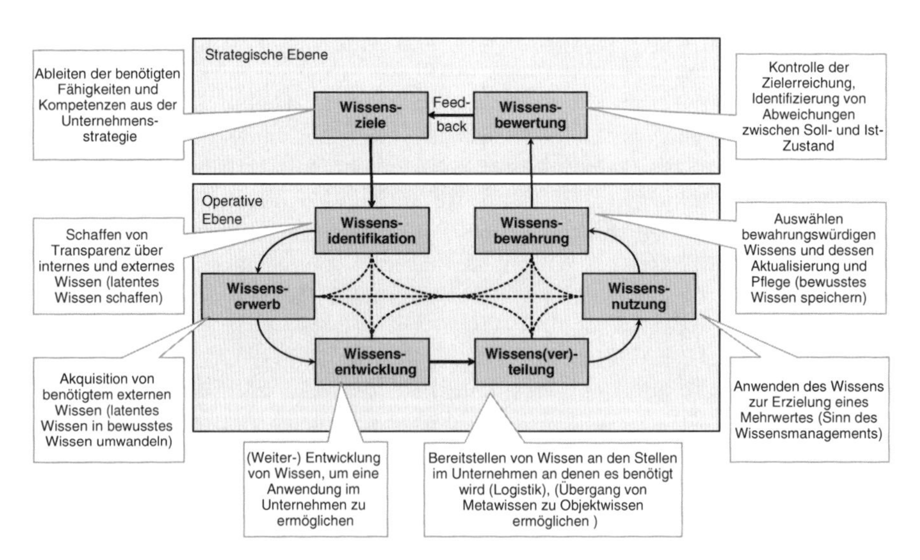

Abb. 5.25 Kernprozesse des Wissensmanagements (Probst et al., 1999, S. 58)

muster bei der Suche nach Lösungen von Wissensproblemen liefern. Im Folgenden werden die Bausteine kurz erläutert.

Im Zuge der *Wissensidentifikation* wird versucht, das vorhandene interne und externe Wissen zu lokalisieren und transparent zu gestalten. Eine mangelnde oder gar fehlende Analyse und Beschreibung des unternehmerischen Wissensumfeldes führt häufig zu Ineffizienzen, uninformierten Entscheidungen und Doppelspurigkeiten. Ein effektives Wissensmanagement unterstützt hier den Mitarbeiter bei der Suche nach dem zur Problemlösung notwendigen Wissen.

Der *Wissenserwerb* spricht insbesondere auf die Frage an, welches Wissen eventuell aus externen Quellen geschöpft werden muss, falls das Unternehmen nicht in dem notwendigen Ausmaß Wissen aus eigener Kraft entwickeln kann. Dies schließt somit die Berücksichtigung von Optionen wie der Rekrutierung von Experten oder die Akquisition von Unternehmen, die über das gewünschte Know-how verfügen, mit ein.

Im Mittelpunkt der *Wissensentwicklung* steht die Generierung neuer Fähigkeiten, neuer Produkte, besserer Ideen und leistungsfähigerer Prozesse. Diese können sowohl unternehmensintern als auch extern noch völlig unbekannt sein. Dazu sind neben den klassischen Wegen des Wissenserwerbs (Forschung und Entwicklung, Marktforschung etc.) auch der allgemeine Umgang des Unternehmens mit neuen Ideen und die Nutzung der Kreativität der Mitarbeiter zu beleuchten. An dieser Stelle ist auch der im Folgenden beschriebene Ansatz der Wissensspirale von Nonaka zur Generierung neuen Wissens anzusiedeln.

Die *Wissens(ver-)teilung* ist laut Probst eine zwingende Voraussetzung, um isoliert vorhandene Informationen und Wissen einem breiteren Publikum innerhalb einer Organisation nutzbar zu machen. Im Zuge des Übergangs von der individuellen auf die Gruppen- und Organisationsebene sollten dabei auch die Fragen geklärt werden, wer was in welchem Umfang wissen darf bzw. wie die Prozesse der Wissens(ver-)teilung optimiert werden können.

Die *Wissensnutzung* kennzeichnet Ziel und Zweck des Wissensmanagements. Dieser Zweck besteht in dem produktiven Einsatz der organisationalen Wissensbasis zur Lösung konkreter Aufgabenstellungen bzw. zur Unterstützung bei der Entscheidungsfindung. Dieser Einsatz unter Nutzung sämtlicher zur Verfügung stehender Quellen ist z. B. aufgrund von Vorbehalten gegen fremdes Wissen teilweise beschränkt.

Aufgrund von Personalfluktuationen etc. steht einmal erworbenes Wissen nicht automatisch dauerhaft für die Zukunft zur Verfügung. Die Aufgabe der *Wissensbewahrung* liegt folglich darin, bewahrungswürdiges Wissen zu identifizieren, es in den verschiedensten organisationalen Speichermedien angemessen zu hinterlegen und regelmäßige Aktualisierungen durchzuführen.

Wissensziele definieren eindeutige Zielvorgaben, die mit einem Wissensmanagement erreicht werden sollen. Probst unterscheidet zwischen normativen, strategischen und operativen Wissenszielen. Normative Wissensziele richten sich an die Schaffung einer wissensbewussten und Wissensmanagement-freundlichen Unternehmenskultur als Voraussetzung für die Akzeptanz und Etablierung von Wissensmanagementaktivitäten. Strategische Wissensziele definieren organisationales Kernwissen und beschreiben somit den zukünftigen Kompetenzbedarf eines Unternehmens. Operative Wissensziele sichern letztlich die Umsetzung der normativen und strategischen Zielvorgaben. Hieraus lassen sich auch die konkretisierten Handlungsanweisungen für die operativen Bausteine ableiten.

Der Erreichungsgrad der formulierten Wissensziele soll im Rahmen einer *Wissensbewertung* formuliert werden. Hier werden die durchgeführten Aktivitäten einer Erfolgsbewertung unterzogen, welche als Eingangsgröße zur Steuerung weiterer Aktivitäten und Kurskorrekturen im Bereich des Wissensmanagements dienen. Problematisch erscheint hierbei jedoch, dass bislang nicht auf ein etabliertes Instrumentarium (im Gegensatz zum Finanzcontrolling) von Indikatoren und Messverfahren zurückgegriffen werden kann.

Wissenslogistik Die Aufgabe, benötigtes Wissen in der gewünschten Form zeitlich und örtlich bereitzustellen, kann als Wissenslogistik im engeren Sinne oder auch als das Management von Wissensbedarf, -angebot und -transfer bezeichnet werden (Hartlieb, 2002, S. 112). Für diese Aufgabe ist ein Managementprozess notwendig, der dem zuvor beschriebenen Ablauf der Kernprozesse des Wissensmanagements ähnelt (Abb. 5.26). Er unterteilt sich in eine strategische Ebene mit den Hauptkomponenten Zielsetzung und Bewertung des Ist-Standes mit entsprechender Interventionsmöglichkeit, die in die operative Ebene hineinreicht. Auf der operativen Ebene werden Bedarf und verfügbares Angebot verglichen und der Transfer zum Anwender hergestellt. Dabei kann das Angebot sowohl aus externen wie auch internen Quellen bestehen. Dem Verständnis der Wissenslogistik entsprechend findet keine (Weiter-)Entwicklung von Wissen statt. Vereinfachend könnte also festgestellt werden, dass die Wissenslogistik alle Kernprozesse des Wissensmanagements nach Probst et al. außer der Wissensentwicklung umfasst.

Wissensgenerierung in Unternehmen Die Wissensgenerierung in Unternehmen wurde von den japanischen Managementforschern Nonaka und Takeuchi

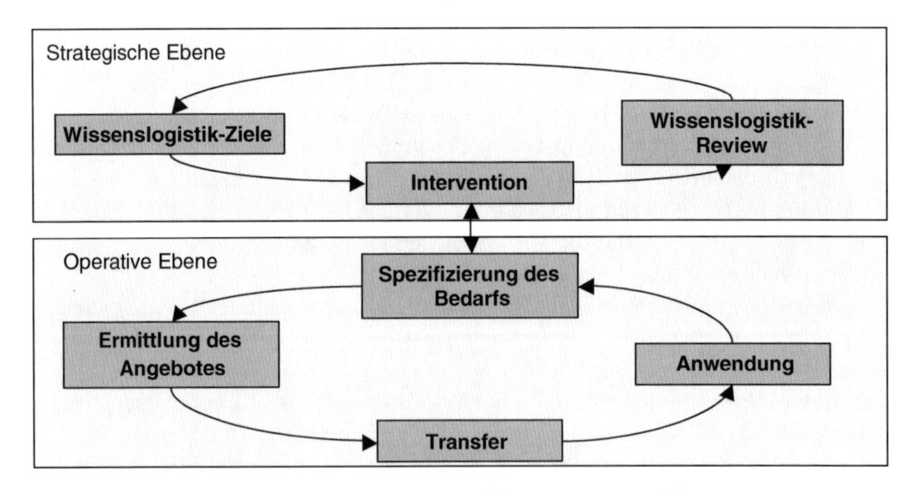

Abb. 5.26 Prozesse der Wissenslogistik (vgl. Hartlieb, 2002, S. 125, 128)

untersucht. Sie identifizieren die Wechselwirkungen zwischen implizitem und explizitem Wissen als Hauptquelle neuen Wissens. Anhand von Fallstudien bei Firmen wie Honda, Canon, Sharp und NEC legen Sie dar, wie erfolgreich japanische Unternehmen diesen internen Entwicklungsprozess einsetzen und kritisieren, dass sich europäische und US-amerikanische Firmen zu sehr auf das Management bestehenden Wissens (also Wissenslogistik) beschränken (Nonaka, 1991; Nonaka und Takeuchi, 1995).

Die von Nonaka entwickelte „Wissensspirale" (Abb. 5.27) unterscheidet dabei zwischen vier grundsätzlichen Transformationsprozessen:

1. *Von implizit zu implizit:* Unbewusstes (implizites) Wissen kann durch Beobachtung, Nachahmung und Training auf weitere Wissensträger übertragen werden. Auch der Transfer vollzieht sich dabei meist unbewusst und kann auch als Sozialisierung bezeichnet werden.
2. *Von implizit zu explizit:* Gelingt es, dieses verborgene Wissen zu artikulieren und in Worte zu fassen (z. B. durch Beschreibung oder Definition), so ist dieses Wissen für weitere Individuen wesentlich leichter zugänglich. Diese Externalisierung ist insbesondere für die Verbreitung von neuem Wissen von besonderer Bedeutung.
3. *Von explizit zu explizit:* Die „Kombination" von abstrahiertem Wissen untereinander (z. B. durch Zusammenfassen von verschiedenen Ideen zur Verbesserung eines bestehenden Produktes) kann in die Generierung zusätzlichen Wissens münden, welches sich im Idealfall in der Entwicklung neuer Produkte, Verfahren oder Dienstleistungen niederschlägt.

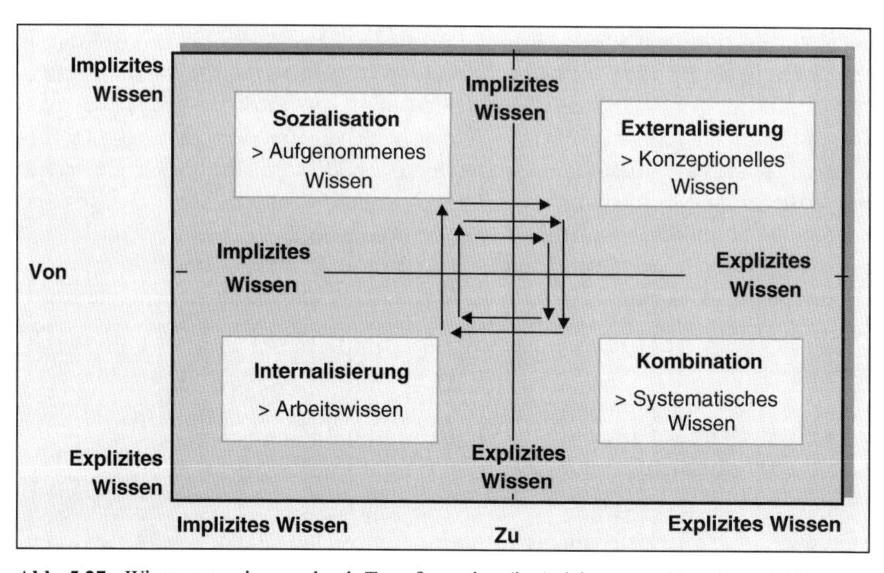

Abb. 5.27 Wissensgenerierung durch Transformation (in Anlehnung an Nonaka und Takeuchi, 1995, S. 70)

4. *Von explizit zu implizit:* Sobald das abgeleitete explizite Wissen in einer Organisation intensiv ausgetauscht wird, werden zumindest Teile davon als prozedurales Wissen verinnerlicht. Diese „Internalisierung" führt zu einer Ausweitung der intuitiven impliziten Wissensbasis.

Ein Produktentwickler nimmt beispielsweise aus seiner Umgebung durch Sozialisation implizites Wissen über Kundenwünsche und -vorstellungen auf. Daraus entsteht eine neue Lösungsidee für eine Produktkomponente, die zunächst nur vage und in seinem Kopf existiert, also als implizites Wissen. Die Ideen skizziert er in einem Konzept (z. B. als Zeichnung oder Beschreibung) und externalisiert damit das Wissen, schafft also explizites Wissen. Durch Kombination mit anderem expliziten Wissen (z. B. anderen Konzepten) entsteht ein System. An diesem System arbeitet ein Team, dass dieses Wissen internalisiert (verinnerlicht) und mit eigenen Erfahrungen und Vorstellungen vermengt (implizites Wissen). Findet zwischen den Team-Mitgliedern ein Austausch ihrer neuen Erfahrungen und Vorstellungen (implizites Wissen) statt, so startet dabei ein erneuter Sozialisationsprozess.

Zum Durchlaufen dieser Spirale ist eine ständige Interaktion innerhalb eines Teams notwendig, in der explizites Wissen aber auch Erfahrungen und Denkansätze geteilt werden. Durch das Durchlaufen der Spirale wird das Wissen auf einen immer größeren Personenkreis ausgedehnt. Die kollektive Internalisierung von Wissen und der anschließende Austausch impliziten Wissens dient dabei als Ausgangspunkt für die Weitergabe dieses Wissen an weitere Individuen bzw. Kollegen (vgl. Punkt 1). Dies lässt die Wissensspirale noch einmal von vorne beginnen, diesmal allerdings auf einem höheren Niveau, das heißt, die Übertragung findet nicht mehr von einer Person auf ein Team, sondern von einem Team auf eine Abteilung und schließlich auf ein Unternehmen statt.

Die Beherrschung dieser vier Wissensprozesse entlang der Wissensspirale bildet nach Nonaka die Basis für den Erfolg von japanischen Unternehmen. Insbesondere die Explizierung von implizitem Wissen (Schritt 2) sowie die Internalisierung von explizitem Wissen (Schritt 4) werden dabei als die kritischen und schwierigen Schritte betrachtet. Japanische Unternehmen schätzen aber den Umgang mit unbewusstem Wissen als Quelle zur Generierung neuen Wissens sehr hoch ein, während in westlichen Managementtraditionen die Orientierung an explizitem Wissen und harten Fakten im Vordergrund steht. Die Vernachlässigung von implizitem Wissen in der westlichen Managementpraxis und die Konzentration auf eindeutig messbare Größen sieht Nonaka als die Achillesferse westlicher Organisationen im internationalen Innovationswettlauf.

5.2.3 Lebenszyklusorientiertes Informations- und Wissensmanagement

Mit dem Ziel der Reduzierung der Kosten und Entwicklungszeiten steigt die Bedeutung von Simulationen in der Entwicklung technischer Produkte und Prozesse kontinuierlich an. Zunehmend werden Untersuchungen physikalischer Prototypen durch

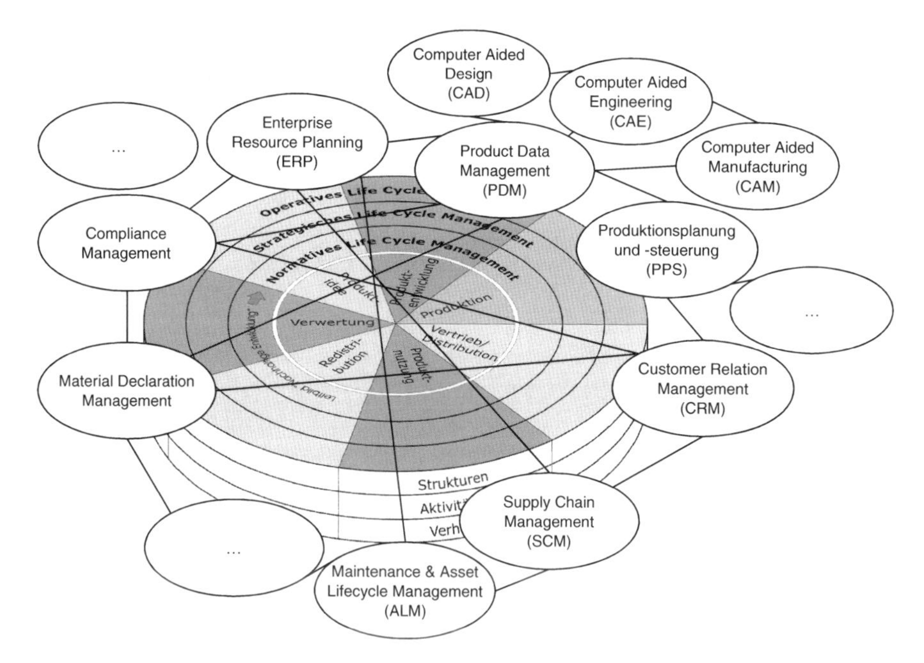

Abb. 5.28 Lebenszyklusorientiertes Informationsmanagement durch Vernetzung von Informationssystemen

Simulationsexperimente auf Basis virtueller Produktmodelle ersetzt. Das „Virtuelle Engineering" zielt auf die Optimierung von Produkt- und Prozesseigenschaften und beginnt in der Konzeptphase und endet in der Optimierung von Demontage- und Recyclingprozessen. Entsprechend der lebensphasenübergreifenden Optimierung müssen die Anforderungen verschiedener Akteure über lange Zeiträume im Rahmen der Informationsbedarfsanalyse berücksichtigt werden. Die Aufgabe eines lebenszyklusorientierten Informations- und Wissensmanagements besteht daher in der Vernetzung der unterschiedlichen Informationssysteme und verfügbaren Engineeringdaten und Wissensdomänen als Grundlage für die umfassende Beschaffung, Verarbeitung und bedarfsgerechten Bereitstellung von Informationen und Wissen (Abb. 5.28).

5.2.3.1 Anforderungen an ein lebenszyklusorientiertes Informationsmanagement

Über die allgemeinen Ziele des Informationsmanagements hinaus erfordert ein lebenszyklusorientiertes Informationsmanagement die Berücksichtigung der Anforderungen lebensphasenbezogener auch lebensphasenübergreifender Aspekte. Die folgende Aufzählung beschreibt diese Anforderungen an ein lebenszyklusorientiertes Informationsmanagement:

- Unterstützung der Vorbereitung und Durchführung aller operativen, taktischen und strategischen lebenszyklusbezogenen Handlungen und Entscheidungen durch

die Beschaffung, Verarbeitung und Bereitstellung sämtlicher produkt- und prozessbeschreibender Informationen im Lebenszyklus (Herrmann et al., 2007a, b)
- Unterstützung eines lebensphasenübergreifenden Austauschs und Nutzung von lebenszyklusrelevanten Informationen entlang aller Produktlebensphasen unter Einbeziehung aller beteiligten Akteure mit Hilfe von Daten verwaltenden und Daten erzeugenden Werkzeugen (Herrmann et al., 2007a–d)
- Sicherstellung der unternehmensübergreifenden Verfüg- und Nutzbarkeit lebenszyklusrelevanter Informationen bei allen Akteuren und zu jedem Zeitpunkt in der richtigen Qualität durch eine unternehmens- und anwendungsübergreifende Integration von Werkzeugen
- Berücksichtigung der Anforderungen an die Verfügbarkeit von lebenszyklusorientierten Produktinformationen, die sich neben der Verfolgung lebenszyklusorientierter Strategien z. B. auch aus gesetzlichen Informationsvorschriften ergeben, die eine eindeutige Zuordnung von produkt- und prozessrelevanten Informationen über lange Zeiträume hinweg erforderlich machen.

Für die Umsetzung eines lebenszyklusorientierten Informationsmanagements müssen die Aufgaben des allgemeinen Informationsmanagements im Kontext der Anforderungen eines Ganzheitlichen Life Cycle Managements betrachtet werden.

5.2.3.2 Lebenszyklusorientierte Informationsbedarfsanalyse

Im Rahmen einer lebenszyklusorientierten Informationsbedarfsanalyse gilt es den Informationsbedarf (Informationsgehalt, Darstellungsform, Zeitaspekt, Kontext) aller Akteure entlang des Produktlebensweges zu ermitteln. Die Beantwortung der Fragen zum Informationsbedarf stellt eine wesentliche Herausforderung dar, da die spätere Nutzung von Informationen entlang des Produktlebenszyklus zu unterschiedlichen Zeitpunkten durch verschiedene Akteure sowie in Abhängigkeit von den verfolgten Einsatzzwecken in den unterschiedlichsten Kontexten erfolgt. Abbildung 5.29 zeigt die Akteure einer Supply Chain sowie den vereinfachten Informationsfluss zur Deckung des Informationsbedarfs des Produzenten. Entsprechend der großen Anzahl von Akteuren muss eine lebenszyklusorientierte Informationsbedarfsanalyse aus Sicht eines Herstellers sowohl die Zulieferkette als auch die Handelsebenen sowie Kunden und Entsorgungsunternehmen, aber auch Informationen der gesellschaftlichen und rechtlichen Umwelt berücksichtigen (Herrmann und Yim, 2006b).

Hinsichtlich der Informationsbedarfsanalyse besteht somit eine große potenzielle Varianz hinsichtlich der Nutzer, der Nutzungszwecke und der Nutzungszeiträume, was die Bestimmung des notwendigen Informationsgehalts und der Darstellungsform erschwert. Während z. B. Produzenten vornehmlich die Produktinformationen ihrer eigenen Produkte im Rahmen von Entwicklung, Produktion und Service nutzen, benötigen Kunden einen Teil dieser Informationen als Anwenderinformationen und Entsorgungsunternehmen einen anderen Teil dieser Informationen später zur effizienten Realisierung von Recyclingprozessen. Durch die große Anzahl verschie-

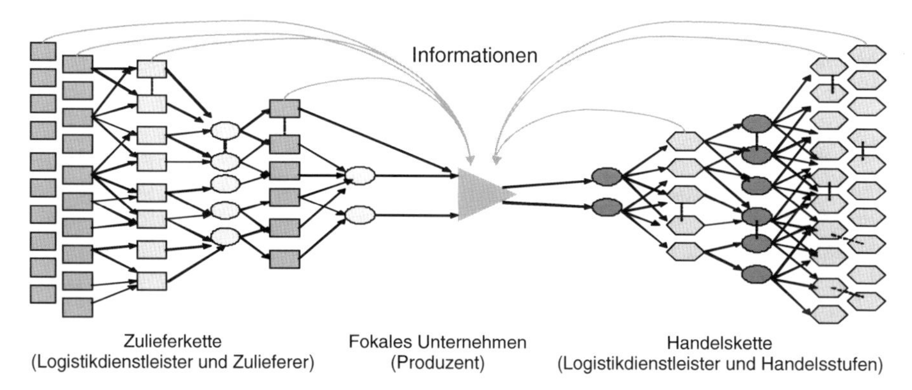

Abb. 5.29 Akteure und Informationen in der Wertschöpfungskette

dener Informationsnutzer und zum Zeitpunkt der Informationsbedarfsanalyse unbekannte spätere Nutzungszwecke im Produktlebenszyklus besteht grundsätzlich die Gefahr, dass ein bestimmter Informationsbedarf übersehen wird. Eine lebenszyklusorientierte, proaktive Informationsbedarfsanalyse erfordert daher die gedankliche Vorwegnahme einer potenziellen späteren Informationsverwendung durch alle potenziell beteiligten Akteure im Lebenszyklus.

5.2.3.3 Lebenszyklusorientierte Informationsbeschaffung

Eine lebenszyklusorientierte Informationsbeschaffung dient der Bereitstellung von Informationen für lebenszyklusrelevante Entscheidungsprobleme entsprechend des zuvor definierten Informationsbedarfs. Die lebenszyklusorientierte Informationsbeschaffung umfasst sämtliche Aktivitäten der Erkennung und Sammlung von Informationen. Dabei gilt es, die Erkennung und Sammlung auf alle Akteure des Lebenszyklus zu beziehen und gleichzeitig die Gesichtspunkte der Wirtschaftlichkeit sowie die Nutzwerte in unterschiedlichen Lebensphasen zu berücksichtigen (Hesselbach et al., 2005). Die Beurteilung der Wirtschaftlichkeit im Rahmen einer lebenszyklusorientierten Informationsbeschaffung bereitet wegen des Informationsparadoxons erhebliche Schwierigkeiten. Insbesondere die Abhängigkeit des Nutzwertes von Informationen von verschiedenen Lebensphasen und Akteuren erschwert die Grenzkostenbewertung in der Informationsbeschaffung. Die Art und Weise, wie Informationen in Unternehmen benötigt und genutzt werden, bestimmt den Wert der gespeicherten Informationen für das Unternehmen. An erster Stelle der Werteskala stehen unternehmens- bzw. lebenszykluskritische Daten. Sie müssen permanent bzw. in Abhängigkeit von der Lebenszyklusphase verfügbar sein, damit die Geschäftsprozesse nicht zum Stillstand kommen. An mittlerer Stelle stehen Informationen, die aus rechtlichen Gründen bewahrt werden müssen, die aber im eigentlichen Geschäft der Organisation keine Rolle mehr spielen. Am Ende der Wertskala stehen Informationen, die weder für die Geschäftsprozesse, noch aus rechtlichen Gründen bewahrt werden müssen und die jederzeit aus anderen Quellen gewonnen werden können. Dazwischen ist in vielen Abstufungen der restliche Informationsbestand angesiedelt.

Der Wert eines „digitalen Produktmodells“ ist z. B. in der Planungs- und Entwicklungsphase durch die intensive Nutzung von CAX und PDM-Systemen hoch. In der Fertigung und Montage dienen diese Informationen weiterhin im Rahmen von PPS-Systemen der Produktionsplanung und -steuerung und haben damit auch in der Produktionsphase einen entsprechend hohen Wert. Für die Distributionsphase sowie die anschließende Nutzungs- und Servicephase sind Informationen des Produktmodells weniger wichtig, wobei sie für Servicezwecke langlebiger Investitionsgüter einen hohen Wert darstellen können. In der Redistributionsphase sowie in der Recyclingphase steigt der Wert der Informationen des Produktmodells wieder deutlich an, da ohne diese Informationen ein effizientes Recycling nicht möglich ist.

Die Beschaffung aller verfügbaren und potenziell für ein Ganzheitliches Life Cycle Management erforderlichen Informationen, unabhängig von einem konkreten Bedarf, führt zur Gefahr eines „Information Overload“. Die Auswahl geeigneter kosteneffizienter interner und externer Informationsquellen ist daher von zentraler Bedeutung für die Informationsbeschaffung. Vor diesem Hintergrund kommt datenbankunterstützten Informationsbeschaffungssystemen sowie der unternehmensübergreifenden Beschaffung und Verwendung von Informationen eine zunehmend große Bedeutung zu.

5.2.3.4 Lebenszyklusorientierte Informationsverarbeitung

Eine lebenszyklusorientierte Informationsverarbeitung verfolgt das Ziel der Erarbeitung von lebenszyklusrelevantem Wissen durch die Beschreibung und Analyse von Produkten, Prozessen, betrieblichen und überbetrieblichen Gegebenheiten. Eine lebenszyklusorientierte Verarbeitung von Informationen erfordert die Verkettung von Nutzinformationen (z. B. Produktdaten) mit Steuerinformationen (z. B. Recyclingprozessen), damit z. B. neues Wissen zur Prognose von End-of-Life Szenarien von Produkten generiert werden kann.

Eine große Herausforderung an die Informationsverarbeitung im Life Cycle Management sind die Verwaltung und Verarbeitung von Stamm-, Änderungs-, Bestands- und Bewegungsdaten. Aufgrund der großen und steigenden Anzahl an Produkten und Akteuren entlang der Produktlebensphasen steigen die zu verarbeitenden Informationsmengen rasant an (Hesser et al., 2004). Dieser Trend wird durch zunehmende rechtliche Anforderungen hinsichtlich der Informationsbereitstellung und -bewahrung und durch die steigende Komplexität der verwendeten Applikationen verursacht. Über die klassische Verarbeitung von Stammdaten hinaus ermöglicht eine lebenszyklusorientierte Informationsverarbeitung z. B. die Ausweitung produktbegleitender Dienstleistungen und neuer kollaborativer Organisationsformen, wie z. B. die digitale Fabrik. Auch immer umfangreichere ökonomische und ökologische Bewertungen werden durch neue Lösungen der lebenszyklusorientierten Informationsverarbeitung ermöglicht.

Die lebenszyklusorientierte Informationsverarbeitung erfordert weiterhin ein lebenszyklusorientiertes Management der Informationssysteme. Immer kürzere Innovationszyklen der IuK-Technologien verursachen zunehmend *Inkompatibilitäten* zwischen informationsverarbeitenden Systemen. In immer kürzeren zeitlichen Abständen werden nahezu alle wichtigen Systemkomponenten durch neue Systeme ersetzt. Neben den Hardwarekomponenten sind insbesondere Softwaresysteme mit hohen Innovationsgeschwindigkeiten verbunden. Abbildung 5.30 zeigt einen Soll-Lebenszkylus einer Applikation oder Technologie mit den Phasen „Planung", „Entwicklung", „Einsatz" und „In Ablösung" am Beispiel der Applikationen „Internet Explorer 6" und „Internet Explorer 7".

Mit der Ablösung einer Technologie bzw. Applikation sind in der Regel Inkompatibilitäten der verwendeten Dateiformate verbunden. Während auf der Hardwareseite eine Abwärtskompatibilität zum Teil durch Adapter realisiert werden kann, muss auf der Softwareebene eine Konvertierung der Datensätze durch geeignete Systeme vorgenommen werden. Eine direkte Informationsverarbeitung alter Dateien mit neuen Softwaresystemen ist in vielen Fällen nicht möglich.

5.2.3.5 Lebenszyklusorientierte Informationsbereitstellung

Die lebenszyklusorientierte Informationsbereitstellung erfordert die Auswahl geeigneter Informationskanäle und Informationsmittel, um lebenszyklusorientierte Informationen in der richtigen Qualität, zum richtigen Zeitpunkt, am richtigen Entscheidungsort bereitzustellen. Da z. B. bei Produktentwicklung und Recycling unterschiedliche Informationen eines Datenmodells benötigt werden, müssen IT-Systeme und digitale Produktmodelle eingesetzt werden, die allen Beteiligten die Möglichkeit geben, ihre jeweiligen vorhandenen Informationen in das System einzupflegen bzw. relevante Informationen abzurufen. Zur Vereinfachung der Informationsnutzung werden Informationen in der Regel vor der Nutzung durch geeignete IT-Systeme strukturiert und verdichtet. Zu diesem Zweck kann eine große Vielfalt unterschiedlicher Informationssysteme zum Einsatz kommen.

Das Spektrum an eingesetzter Software reicht von Office-Applikationen, über CAD- und PDM- bis hin zu PPS- und ERP-Systemen. Eine Studie von Forrester Research aus dem Jahr 2001 kam zu dem Ergebnis, dass ca. 72 % aller Unternehmen bereits damals mehr als sechs verschiedene Applikationen einsetzen, die es

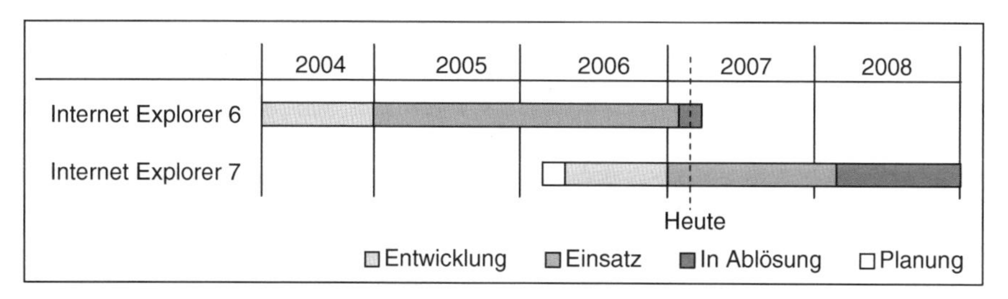

Abb. 5.30 Soll-Lebenszyklus einer Technologie bzw. Applikation (Durst, 2008, S. 185)

zu integrieren galt, da die applikationsübergreifende Nutzung von Informationen mangels geeigneter Schnittstellen nicht möglich war. Damit verbunden ist, dass die Kosten für die Integration von IT-Systemen etwa 40% des IT-Budgets von Unternehmen ausmachten.

Durch die große Anzahl verschiedener Informationsnutzer im Produktlebenszyklus besteht darüber hinaus bei der Informationsbereitstellung grundsätzlich die Gefahr des Abflusses von Know-how. Aus diesem Grund werden Informationen vor der Weitergabe an andere Akteure im Lebenszyklus entsprechend der tatsächlichen Nutzung gefiltert.

5.2.3.6 Anforderungen an ein lebenszyklusorientiertes Wissensmanagement

Für die Umsetzung eines lebenszyklusorientierten Wissensmanagements ist die lebenszyklusphasenübergreifende Bereitstellung von Wissen von zentraler Bedeutung. Zur Deckung des Informations- und Wissensbedarfes der Akteure für verschiedene Aufgaben im Lebenszyklus muss ein lebensphasenübergreifender Wissensaustausch realisiert werden (Herrmann, 2003, 2006b). Die Generierung und Übertragung von Wissen lässt sich anhand des Modells der Wissensspirale von Nonaka und Takeuchi erklären. Bezogen auf ein lebenszyklusorientiertes Wissensmanagement ergeben sich jedoch zwei wesentliche Herausforderungen für die Übertragung von Wissen zwischen den Akteuren im Lebenszyklus eines Produktes:

1. Die räumliche, zeitliche und organisatorische Distanz zwischen den Akteuren und ihrer Beschäftigung mit dem Produkt verhindert einen direkten persönlichen Kontakt zwischen ihnen.
2. Der hohe Spezialisierungsgrad des benötigten Wissens verhindert eine Übertragung des Wissens über Organisationsgrenzen.

Diese Herausforderungen sollen im Folgenden genauer untersucht und erläutert werden.

Im Produktlebenszyklus findet die Generierung von produktbezogenem Wissen in jeder Lebensphase weitgehend getrennt statt. So werden im Rahmen des Produktentwicklungsprozesses Erfahrungen gesammelt, die optimalerweise in die Entwicklung der Nachfolgegeneration einfließen. Genauso werden in den nachfolgenden Lebensphasen beispielsweise von Produktionsmitarbeitern oder Mitarbeitern in Kundendienst und Service, Erfahrungen zu einem Produkt und seinen Komponenten gewonnen, die in einem gut organisierten Unternehmen mit Mitarbeitern im gleichen Bereich geteilt werden und sich gegenseitig ergänzen. Diese Art der Wissensgenerierung und Weitergabe beruht jedoch auf regelmäßigem persönlichem Kontakt. Zwischen einem Entwickler und einem Produktionsmitarbeiter eines Unternehmens ist ein solcher Kontakt umsetzbar und wird z. B. im Rahmen von *Simultaneous-Engineering* Aktivitäten institutionalisiert. Über Unternehmensgrenzen hinaus und bei den zeitlichen und räumlichen Abständen zwischen den Lebensphasen ist ein solcher Austausch jedoch nur selten möglich (Abb. 5.31).

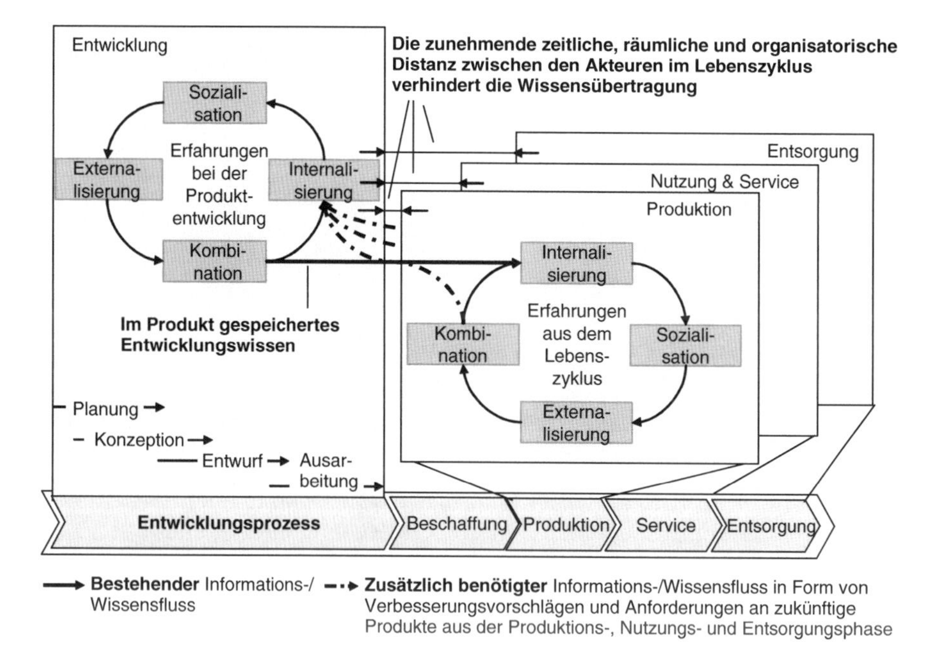

Abb. 5.31 Generierung und Übertragung von Wissen im Produktlebenszyklus (Mansour, 2006, S. 100)

Der direkte Informationsrückfluss von den verschiedenen Akteursgruppen im Lebenszyklus in die Produktentwicklung ist also nicht möglich. Nonaka und Takeuchi beschreiben in ihrem Modell auch Möglichkeiten zum organisationsübergreifenden Wissensaustausch (Abb. 5.32).

Dabei wird das Wissen bei jedem Durchlaufen der Spirale auf eine immer größere Zahl von Personen übertragen und kann so Abteilungs- und Organisationsgrenzen überwinden. Mit der Übertragung auf größere Gruppen geht jedoch auch eine Verallgemeinerung einher (Abb. 5.32). Bei dem für das Life Cycle Design relevante Wissen handelt es sich um spezielle Kenntnisse und Erfahrungen, z. B. über die Recycling-Kompatibilität von Kunststoffen oder Erfahrungen über Verarbeitungsparameter für bestimmte Materialien, die bei Recyclingunternehmen oder in Produktionsbereichen vorliegen. Der im vorgestellten Modell beschriebene Übertragungsmechanismus kann diesen Wissenstransfer von Expertenwissen nicht leisten. Die Verallgemeinerung des Wissens, die mit der Übertragung auf immer größere Gruppen einhergeht, verringert den Wert des Wissens für den Bedarfsträger. Daher ist es erforderlich, ein Konzept für das lebenszyklusorientierte Wissensmanagement zu entwickeln, das den zusätzlich benötigten Wissensaustausch ermöglicht. Dazu ist es notwendig:

- die Explizierung von Erfahrungswissen zu bestimmten Materialien, Bauteilen oder Lösungskonzepten in bestehenden Produkten zu ermöglichen (Herrmann, 2003),
- die Rückführung der Erfahrungen in Form von explizitem Wissen über organisatorische, räumliche Distanz hinweg in die Produktentwicklung zu unterstützen (Herrmann, 2003; Herrmann und Mansour, 2004b),

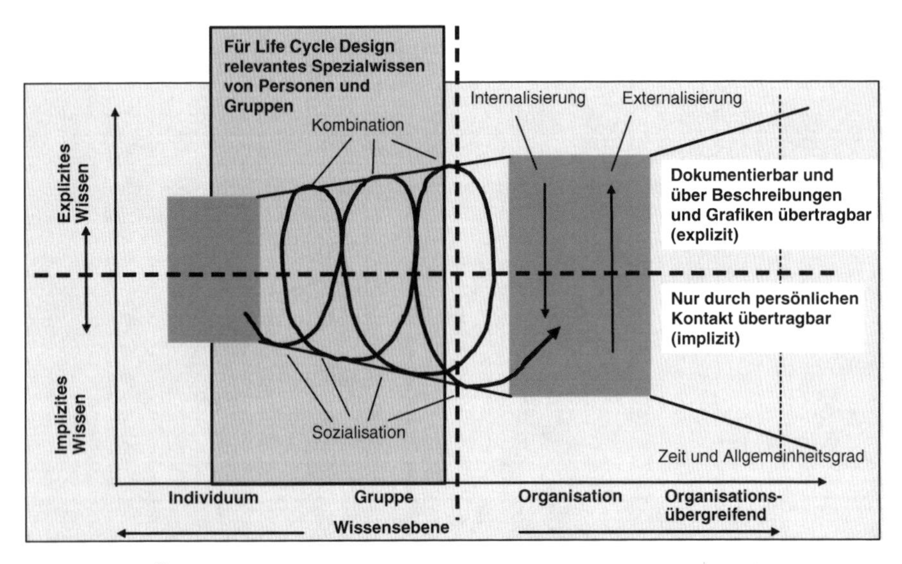

Abb. 5.32 Übertragung von Wissen für die lebenszyklusorienterte Produktentwicklung; (Mansour, 2006, S. 101) entwickelt aus (Nonaka und Takeuchi, 1995, S. 73)

- die Vernetzung des bestehenden Wissens verschiedener Wissensdomänen entlang der Produktlebenszyklusphasen zu fördern (Herrmann et al., 2005),
- den Transfer von Gestaltungsvorschlägen und Anforderungen zur Optimierung des Verhaltens von Produkten in den nachfolgenden Lebensphasen zu realisieren (Herrmann et al., 2004a),
- bislang unzugängliches Spezialwissen externer Wissensträger (z. B. Recyclingunternehmen), das in fragmentierter und unstrukturierter Form vorliegt, für die Entwicklung neuer Produkte nutzbar zu machen (Herrmann et al., 2006c; Herrmann und Yim, 2006b),
- die organisations- und lebensphasenübergreifende Zusammenarbeit zur Entstehung neuen Wissens zu fördern (Herrmann et al., 2004a, 2006a)
- Prozesse, Methoden und Werkzeuge für eine lebensphasenübergreifende Verwendung von Wissen zu entwickeln,
- die Umsetzung der Gestaltungsvorschläge und Anforderungen zu unterstützen.

Bei der konzeptionellen Ausgestaltung ist zu beachten, dass es sich bei diesen Inhalten tatsächlich um Wissen handelt und nicht nur um klar strukturierbare und quantitativ beschreibbare Informationen.

5.2.4 Entwicklungsstufen und –perspektiven eines lebenszyklusorientierten Informations- und Wissensmanagements

Der Funktionsumfang der informationstechnischen Systeme hat sich in den vergangenen 30 Jahren aufgrund neuer Zielsetzungen und steigender technologischer

Möglichkeiten sehr deutlich vergrößert. Sowohl der Leistungsumfang der IT-Systeme als auch deren Reichweite haben sich in der jüngsten Vergangenheit stark ausgeweitet. Ausgehend von CAD- und PDM-Systemen, die vorwiegend in der Produktentwicklung eingesetzt wurden, weitete sich der Anwendungsbereich mit so genannten Product Lifecycle Management- (PLM-) Systemen auf die informationstechnische Unterstützung des gesamten Produktlebenszyklus aus. Der aktuelle Entwicklungstrend verfolgt mit „Collaborative Product Definition Management"-Systemen unternehmensübergreifende Lösungen (Eigner und Stelzer, 2001). Abbildung 5.33 zeigt ausgewählte Ansätze im Informations- und Wissensmanagement im Überblick.

5.2.4.1 Product Data Management (PDM)

Unter Produktdatenmanagement-Systemen (PDM) versteht man das Konzept eines technischen Informationssystems zur Speicherung, Verwaltung und Bereitstellung aller produkt- oder anlagenbeschreibenden Daten und Dokumente im gesamten Produktlebenszyklus. Grundlage von PDM-Systemen ist ein integriertes Produktmodell im Sinne eines digitalen Produktes. Darüber hinaus verfolgen PDM-Systeme die Unterstützung der Produktentwicklung durch geeignete Werkzeuge und Methoden. Für die Entwicklung von PLM-Systemen bilden PDM-Systeme in der Regel eine wichtige Grundlage.

Forschungs- bzw. Arbeitsgebiet	Auswahl von Autoren	Lebensphasen-übergreifende Disziplinen			Lebensphasenbezogene Disziplinen				Planungshorizont strategisch operativ
		Lebensweg-analysen	Inf.- u. Wissens-management	Prozess-management	Produkt-management	Produktions-management	After-Sales-Management	End-of-Life-Management	
Product Data Management					X				
Product Life Cycle Management (PLM)				X	X	X	X	X	
Collaborative Product Definition Management (CPDM)	Ruh, Möller			X	X	X	X	X	
Information Life Cycle Management	Zarnekow, Brenner			X	X	X	X	X	
Internationales Materialdatensystem (IMDS)	mdsystem.com				X	(X)		(X)	
International Dismantling Information System (IDIS)	idis2.com				X			X	
Recyclingpass	PAS 1049				X			X	

Abb. 5.33 Einordnung ausgewählter Ansätze zum lebenszyklusorientierten Informations- und Wissensmanagement

Als Daten sind hier organisatorische, produktbeschreibende Daten (so genannte Metadaten) zu verstehen. Beispiele dafür sind:

- Teilestammdaten (z. B. Sachnummer, Version, Benennung, Lieferant)
- Stücklisten (Mengen- oder Strukturstücklisten)
- Klassifizierungsdaten (Klassifizierung von Teilen zwecks Wiederverwendung z. B. nach dem Prinzip der Sachmerkmallisten nach DIN 4000/4001)
- Historien von Teilen (Wann wurde welches Teil von welchem Anwender verändert, versioniert?)
- Konfigurationsdaten mit Verwendungsnachweis (Welches Teil, mit welcher Version wurde in welchem Enderzeugnis bzw. welcher Baugruppe verbaut?)

Dokumente in PDM-Systemen setzen sich aus dem beschreibenden Dokumentstammsatz (Metadaten) sowie angehängten Dateien (Nutzdaten) zusammen, z. B. CAD-2D- oder CAD-3D-Modelle, Pflichten- bzw. Lastenhefte, Prüf- und Versuchsberichte, Lieferantenbeurteilungen, Projekt-Terminpläne, Spezifikationen zu Einzelteilen oder Funktionsgruppen, Prüfpläne sowie Normen und Richtlinien. Üblicherweise werden zwischen Teiledaten und Teiledaten sowie Teiledaten und Dokumentdaten Verknüpfungen aufgebaut, um Informationen darüber bereitzuhalten, welche Teile in einer Baugruppe enthalten sind oder welche beschreibenden Dokumente es dazu gibt.

Den funktionalen Aufbau von PDM-Systemen (Engineering Data Management System – EDM) zeigt Abb. 5.34. PDM-Systeme bieten neben anwendungsbezogenen Funktionen auch anwendungsübergreifende Funktionen und tragen somit zur Vernetzung von verschiedenen Unternehmensbereichen bei. Entsprechend der Darstellung in Abb. 5.34 sind PDM Systeme Bestandteil des betrieblichen Informations- und Koordinationssystems. PSM implementieren die Methoden und Regeln des Produktdatenmanagements und beinhalten Programmschnittstellen z. B. zu CAX-Software, ERP-Software und FEM-Software. Dementsprechend sind PDM Systeme somit nicht als monolithische Anwendungssysteme zu begreifen, sondern eher als Kern einer PDM-Lösung. Nicht alle Methoden und/oder Regeln des PDM werden automatisch einem Anwender durch eine PDM-Benutzeroberflächte zur Verfügung gestellt. Vielmehr können Systeme der CAX-Klasse oder Systeme des Dokumentenmanagements oder Workflow-Managements solche Funktionen zur Verfügung stellen. Für den Datenaustausch zwischen verschiedenen Systemen sowie die Beschreibung von Produktmodellen hat sich die Normenreihe ISO 10303 (STEP) als Standard etabliert.

5.2.4.2 Product Lifecycle Management (PLM)

Product Lifecycle Management-Systeme (PLM) sind für sich genommen keine eigenständigen Systeme oder in sich abgeschlossene Lösungen, sondern sind als Rahmensysteme zu verstehen, die eine Reihe von Lösungskomponenten miteinander verknüpfen (Saaksvuori und Immonen, 2005, S. 13–18). Im Rahmen eines

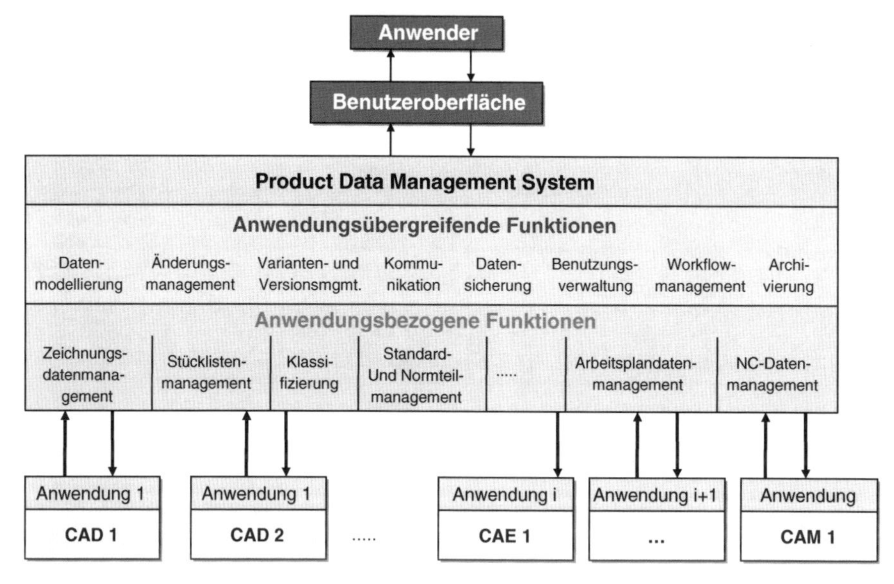

Abb. 5.34 Architektur eines PDM-Systems; verändert (Spur und Krause, 1997, S. 255)

Treffens des sendler\circle it-forum im Jahr 2004 haben die Teilnehmer Thesen verabschiedet, die einen Beitrag zur Klärung der Begriffe PLM und PLM-Systeme liefern sollen:

- Produkt Lifecycle Management (PLM) ist ein Konzept, kein System, keine (in sich abgeschlossene) Lösung.
- Zur Umsetzung/Realisierung eines PLM-Konzeptes werden Lösungskomponenten benötigt. Dazu zählen CAD, CAE, CAM, VR, PDM und andere Applikationen für den Produktentstehungsprozess.
- Auch Schnittstellen zu anderen Anwendungsbereichen wie ERP, SCM oder CRM sind Komponenten eines PLM-Konzeptes.
- PLM-System-Anbieter offerieren Komponenten und/oder Dienstleistungen zur Umsetzung von PLM-Konzepten.
- PLM versetzt Unternehmen in die Lage, in jeder Phase des Produktlebenszyklus nachvollziehbare, informationsgetriebene Entscheidungen zu treffen.
- PLM-Systeme etablieren eine Plattform, um die unternehmensübergreifende Zusammenarbeit entlang des Lebenszyklus über Unternehmensgrenzen hinweg zu optimieren.
- PLM versucht ein einziges System für die Dokumentation aufzubauen, das unterschiedliche Systeme und Menschen verbindet, um dadurch lebenszyklusorientierte Entscheidungsprozesse zu unterstützen und zu vereinheitlichen.

Die Basis für ein PLM-System bilden vorhandene oder zu implemetierende PDM- und ERP-Systeme, die den Großteil der anfallenden und zu verwaltenden Daten und Prozesse aufnehmen. Weitere wichtige Komponenten sind das Supply Chain

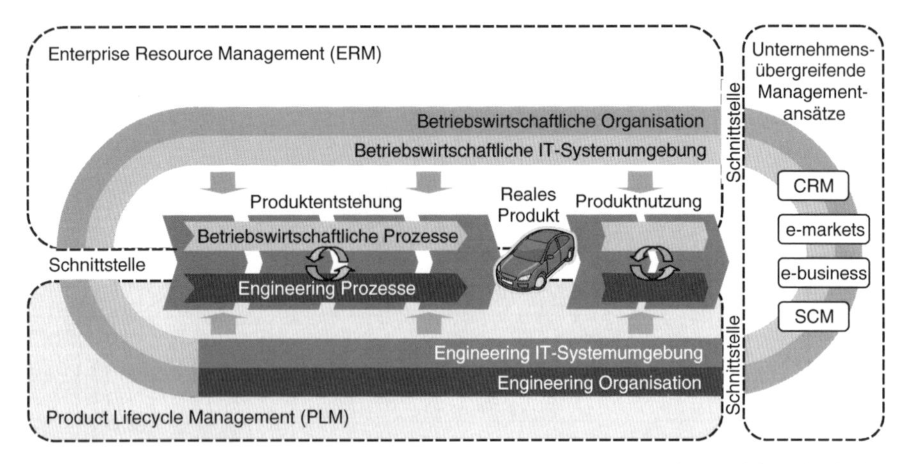

Abb. 5.35 Bausteine einer unternehmensspezifischen PLM-Lösung (Abramovici und Schulte, 2005)

Management (SCM) und das Kundenbeziehungsmanagement (CRM) (Abb. 5.35). Das PLM wird dann durch organisatorische Festlegungen (z. B. welches System hat zu welchem Zeitpunkt die Datenhoheit, wer hat unter welchen Voraussetzungen Zugriff auf die Daten) und geeignete technische Maßnahmen realisiert. Im Idealfall greifen alle Bereiche bzw. Systeme, die mit einem Produkt in Berührung kommen, auf eine gemeinsame Datenbasis zu: Von der Planung (PPS/ERP), Konstruktion (CAD), Berechnung (CAE) und Fertigung (CAM) bis zum Controlling, Vertrieb und Service.

Ein PLM-System ist aufgrund der Komplexität nicht als käufliches Produkt, sondern als eine Strategie zu verstehen. Diese muss durch geeignete technische und organisatorische Maßnahmen betriebsspezifisch umgesetzt werden. Das Konzept des PLM hat seinen Ursprung in der Produktentwicklung und kann insofern als ein Nachfolger von PDM-Systemen verstanden werden. Im Gegensatz zu PDM-Systemen, die vornehmlich die Produktentwicklung unterstützen, fokussieren PLM-Systeme alle Prozesse im Unternehmen sowie alle Schnittstellenprozesse zu Kunden, Lieferanten und Entwicklungspartnern. Unternehmen verfolgen mit PLM-Systemen das Ziel die Kernprozesse besser miteinander zu vernetzen, zu optimieren und die Möglichkeiten der modernen Informationstechnologie noch effektiver zu nutzen. PLM-Systeme bieten Lösungen, um Produkte über ihren gesamten Lebenszyklus hinweg in allen Geschäftsprozessen möglichst effektiv managen zu können. Die höchste Priorität hat in diesem Zusammenhang die Gewährleistung der Konsistenz von Daten und Informationen aus dem Produktentstehungsprozess für Produktion und Logistik, sowie für die Kundenprozesse in Vertrieb, Marketing und Kundendienst. Nimmt man den Begriff der PLM-Systeme beim Wort, müssten PLM-Systeme auch Lösungen für die Nutzungs- und Entsorgungsphase bereitstellen, was heute jedoch noch nicht der Fall ist.

5.2.4.3 Collaborative Product Definition Management (CPDM)

Der jüngste Trend im Bereich des „Virtuellen Engineering“ zielt auf die durchgängige digitale Unterstützung einer lebensphasen- und akteursübergreifenden Kooperation von der Produktidee bis zur Entsorgung. Die Integration der Anforderungen und Werkzeuge aller Akteure mit dem Ziel einer durchgängigen Kooperation im Lebenszyklus stellt das Konzept des sogenannten „Collaborative Product Definition Management“ (CPDM) dar. Zur Umsetzung von CPDM wird eine enge Integration auf Ebene von Daten, Prozessen und Informationssystemen verfolgt (Abb. 5.36).

Durch die Integration von Daten, Prozessen und verschiedenen Informationssystemen kann eine Vereinfachung und Optimierung der Informationsbereitstellung und Informationsbewahrung erzielt werden. Die überbetriebliche Integration von Unternehmensapplikationen wird auch als Enterprise Application Integration (EAI) bezeichnet. Unter Enterprise Application Integration versteht man die Schaffung von betrieblichen Anwendungssystemen durch die Kombination einzelner Anwendungen unter Verwendung einer gemeinsamen Middleware. Middleware bezeichnet dabei anwendungsunabhängige Technologien die Dienstleistungen zur Vermittlung zwischen Anwendungen anbieten. Dabei verbirgt Middleware die Komplexität der zugrunde liegenden Betriebssysteme und Netzwerke, um die einfache Integration verschiedener Anwendungen zu erleichtern (Ruh et al., 2000). EAI also keine eigenständige Anwendung, sondern ein Ansatz zur Entwicklung integrierter Anwendungssysteme.

Im Rahmen der Anwendungsintegration bestehen grundsätzlich zwei verschiedene Möglichkeiten: Erstens die „Ex-ante Integration“ und zweitens die „Ex-post Integration“. Die „Ex-ante Integration“ ist ein ganzheitliches Konzept eines neu einzuführenden integrierten Informationssystems. Die „Ex-Post Integration“ zielt auf die Schaffung betrieblicher Anwendungssysteme durch die Kombination existierender Anwendungen oder Systemkomponenten und ggf. die Ergänzung durch neue Komponenten. Der Fokus des EAI liegt auf der „Ex-Post Integration“, da eine

Integrationsdimension Datenmanagement:
Verwaltung und Bereitstellung aller produktbeschreibenden Daten und Dokumente in strukturierter Form.

Integrationsdimension Prozessmanagement:
Definition, Verwaltung, Steuerung und Visualisierung aller prozessrelevanten Daten und Informationen in strukturierter Form.

Integrationsdimension Applikations-Integrationsmanagement:
Integration aller am Produktdatenentstehungsprozess beteiligten Applikationen und Verwaltungssysteme

Produktlebenszyklus-übergreifend	Unternehmens-übergreifend	Bedarfsgerecht (Zeit, Qualität, Ort)	Langfristig kostenoptimal

Abb. 5.36 Integrationsdimensionen des lebenszyklusorientierten Informationsmanagements

vollständige Neueinführung von Anwendungssystemen im Rahmen einer „Ex-ante Integration“ für Unternehmen aus Kosten- und Verfügbarkeitsgründen i. d. R. nicht in Frage kommt.

Zur Realisierung von EAI ist ein strukturierter Informationsaustausch erforderlich. Heute existiert eine große Vielfalt verschiedener Standards, die einen reibungslosen Informationsaustausch erschweren. Abbildung 5.37 zeigt die Ist- und Sollsituation im Bereich der Systemstandards.

Nur durch eindeutig definierte Informationsstrukturen können Informationen über Prozesse und Produkte reibungslos zwischen Applikationen und Unternehmen im Rahmen des EAI ausgetauscht werden. Ohne eindeutige Strukturen ist eine schnelle und exakte Nutzung der Informationen zwischen verschiedenen Unternehmen nur sehr eingeschränkt möglich. Je höher der Grad der Strukturierung realisiert werden kann, desto einfacher und fehlerfreier können Informationen über mehrere Unternehmen und Lebenszyklen hinweg genutzt werden Auf Basis eines hohen Strukturierungsgrades von Daten kann ein strukturierter Informationsaustausch über viele Akteure im Lebenszyklus erfolgen, ohne dass Informationen dabei verloren gehen.

Eine wichtige Aufgabe des Informationsmanagements besteht daher in der Definition von unternehmensinternen und -übergreifenden Standards für Formate und Protokolle. Nur ein strukturierter Informationsaustausch ermöglicht eine langfristige Nutzung von Informationen ohne weiteren Aufwand. Der effizienteste Weg für die langfristige und unternehmensübergreifende Nutzung von Informationen besteht somit in der gemeinsamen Nutzung identischer Formate und Protokolle „von Anfang an“. Dies setzt eine gemeinsame Einigung auf zuvor definierte und standardisierte Formate voraus. Durch dieses Vorgehen kann der Aufwand für eine „nachträgliche“ Integration minimiert werden. Im Rahmen der Definition müssen für Informationsmittel und -kanäle Standards definiert werden. Durch eine aktive Mitarbeit und Mitwirkung des Informationsmanagements in weltweiten Gremien

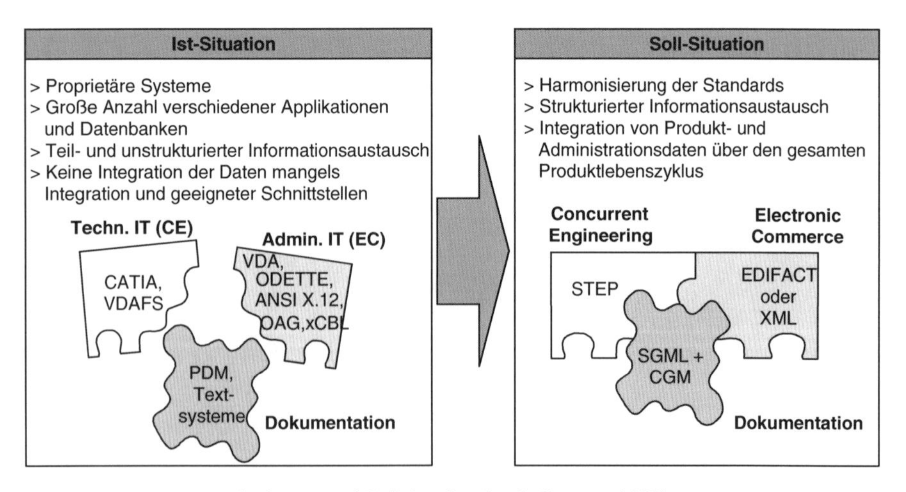

Abb. 5.37 Systemstandards: Ist- und Sollsituation (nach Gruener, 2003)

zur Standardisierung von Protokollen, Schnittstellen, Dateiformaten, etc. können Unternehmen die Entwicklungsrichtungen entsprechend ihren Vorstellungen mittelbar beeinflussen.

5.2.4.4 Information Lifecycle Management

Über die dargestellten Trends der technischen Informationssysteme (PLM, PDM, CPDM) hinaus gilt es im Rahmen eines lebenszyklusorientierten Informationsmanagements auch den Lebenszyklus der Informationen als Potenzialfaktoren zu betrachten und die Informationen entlang ihres Lebenszyklus aktiv zu handhaben. Eine große Herausforderung des Informationsmanagement besteht heute in dem Managen des Datenwachstums bei hohem Kostendruck, hohen Anforderungen an IT- und Datensicherheit und hohen Anforderungen durch sich kontinuierlich verändernde unternehmensweite Geschäftsprozesse. Das Datenwachstum führt zu immer größeren Anforderungen an Speichersysteme, deren Nutzung mit erheblichen Kosten verbunden ist. Um die bestehenden Anforderungen zu erfüllen, müssen Konzepte und Techniken im Speicherumfeld genutzt werden, mit denen Informationen gemäß den rechtlichen und regulatorischen Anforderungen verfügbar gehalten, gespeichert, archiviert und analysiert werden können.

Ein Ansatz besteht in der Umsetzung eines Information Lifecycle Management (ILM). Darunter wird ein Konzept aus Prozessen und Technologien verstanden, mit dem Informationen eines Unternehmens über ihren gesamten Lebenszyklus hinweg entsprechend ihres Wertes aktiv verwaltet werden können (Zarnekow und Brenner, 2004). Anhand von Regeln, die Geschäftsprozesse priorisieren sowie Kostenbetrachtungen und gesetzliche Bestimmungen berücksichtigen, werden Informationen automatisch am jeweils optimalen Ort gespeichert und vorgehalten (Compliance Management). Die steigenden Anforderungen an Speicherplatz werden durch E-Mails, Text- und Tabellendokumente sowie Datenbanken und Produkt- und Prozessdaten verursacht. Eine Begrenzung des Speicherplatzes auf eine fixe Größe führt nicht zu einer kostenoptimalen Lösung und kann sich negativ auf Geschäftsprozesse auswirken. Das gezielte Managen von Informationen und Informations-Infrastrukturen unter Berücksichtigung von Verfügbarkeits- und Kostenaspekten im Rahmen eines Information Lifecycle Management stellt eine Strategie der Datenspeicherung dar, die sich am Wert der Information entsprechend der Lebenszyklusphase orientiert.

Zur kostenoptimalen Speicherung von Daten werden Regeln definiert, die eine Zuordnung von Daten zu Speichermedien vornehmen. Da in der Regel nur ein sehr kleiner Anteil an Daten auf teuren Hochverfügbarkeits-Server abgelegt werden muss, besteht ein großes Potenzial zur Kostenoptimierung in der regelbasierten automatisierten Verlagerung von Daten auf deutlich kostengünstigere Nicht-Hochverfügbarkeitssysteme, sobald eine Hochverfügbarkeit im Rahmen von Geschäftsprozessen nicht mehr gewährleistet werden muss. Die Anwendung von Regeln und automatisierten Verlagerungsstrategien setzt strukturiert vernetzte Speichersysteme mit mehreren Speicherebenen voraus, die sich sowohl in Funktionalität als auch bezüglich ihrer Kosten pro Speichereinheit unterscheiden.

5.2.4.5 Umsetzungsbeispiele

Ein Lösungsansatz lebenszyklusrelevantes Wissen und Informationen bereitzustellen und über lange Zeiträume zu bewahren, besteht in der Nutzung von Datenbanken mit Produkt- und Prozessinformationen sowie Informationen über Materialen, Demontageanleitungen, Produktzeichnungen und Warnhinweisen.

Der Einsatz von Datenbanken ermöglicht mehreren Benutzern oder Benutzergruppen den Zugriff auf einen zentralen Datenbestand. Die Vorteile von Datenbanksystemen liegen in der Aktualität und Konsistenz der verfügbaren Daten, da Replikationstransaktionen zur Synchronisation mehrerer Datenbanken oder Datensysteme eingesetzt werden können. Der Zugriff von Benutzern auf Datenbestände erfolgt in der Regel benutzerbezogen selektiv. Dies bedeutet, dass in der Datenbank die Zugriffsrechte für Datenbereiche für jeden einzelnen Benutzer bzw. jede einzelne Benutzergruppe in einer Zugriffsliste hinterlegt sind. Somit können Benutzer auf einen spezifischen Datenbestand zugreifen. Beispiele für Datenbank-Systeme im Rahmen des Recycling sind die Systeme **IMDS** (internationales Materialdatensystem), **IDIS** (International Dismantling Information System) sowie der **Recyclingpass**. Ein Beispiel für Informationsvernetzende Systeme ist **FOD** (Functional Oriented Design), welches einen funktionsorientierten Produktentwurf unterstützt.

5.2.4.6 Internationales Materialdatensystem (IMDS)

Aufgrund der internationalen und der nationalen Umweltgesetzgebung sind alle Hersteller und Inverkehrbringer von Produkten für den gesamten Lebenszyklus ihrer Produkte verantwortlich. Für die recycling- und verwertungsgerechte Konstruktion ist es erforderlich, detaillierte Kenntnisse über die Zusammensetzung der verwendeten Materialien zu haben. Mit IMDS hat sich die Automobilindustrie ein gemeinsames Online-Materialdatensystem geschaffen. Zu den Mitgliedern von IMDS gehören u. a. Audi, BMW, Daimler, Ford, Opel, Porsche, VW, Volvo, Fiat, Mitsubishi und Toyota. IMDS verwaltet und archiviert alle im Fahrzeugbau verwendeten Werkstoffe. In IMDS können Zulieferer Teile und Inhaltsstoffe eingeben und so mit einer Eingabe allen verbundenen Automobilherstellern die benötigten Materialdaten zu ihren Bauteilen zur Verfügung stellen. IMDS orientiert sich an der vorher genutzten Papierform des Materialdatenblattes (VDA Band 2, Anlage 16: Inhaltsstoffe in Zukaufteilen) und ersetzt diese. Der Zugriff auf das System erfolgt über das Internet und einen Webbrowser. Im Materialdatenblatt (MDB) des IMDS sind nicht nur die deklarationspflichtigen Stoffe sondern für alle Werkstoffe alle Inhaltsstoffe anzugeben.

5.2.4.7 International Dismantling Information System (IDIS)

Das IDIS Konsortium setzt sich gegenwärtig aus 61 Automobilherstellern bzw. -marken zusammen. IDIS verfolgt das Ziel, den Verwertungsbetrieben Informatio-

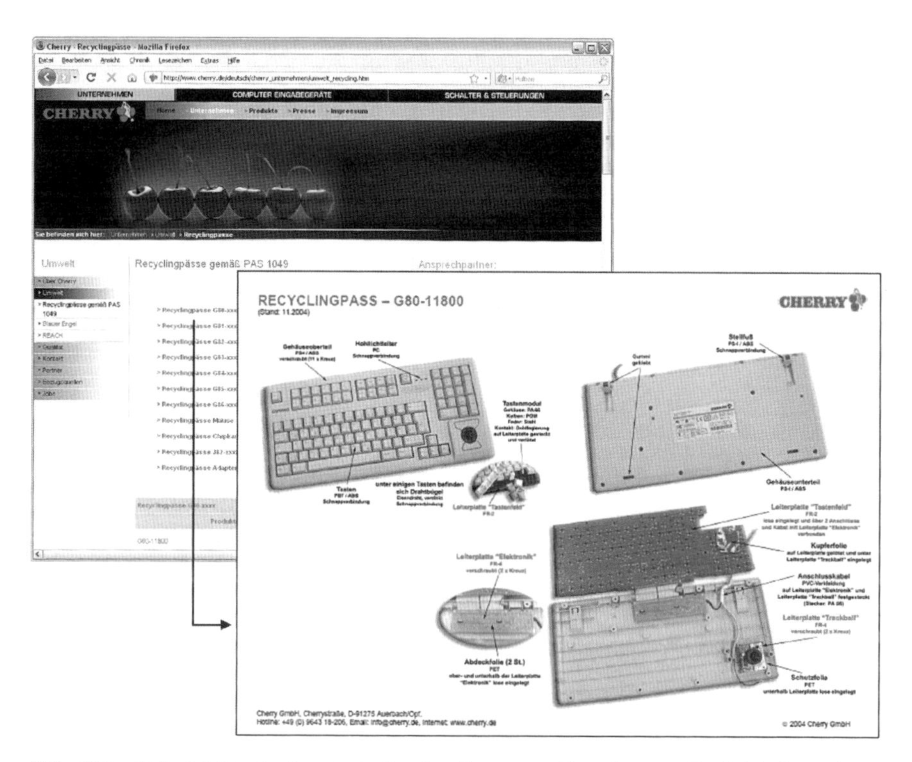

Abb. 5.38 Beispiel für die dezentrale Bereitstellung recyclingrelevanter Produktinformationen (Herrmann, 2003, S. 141)

nen zur umweltgerechten Entsorgung zu liefern. Der Zugriff auf das System erfolgt über eine CD-ROM oder webbasiert. Die Informationen werden Entsorgungsunternehmen zur Verfügung gestellt. Die einheitliche Aufbereitung der Informationen ermöglicht ein fachgerechtes Recycling von Fahrzeugen am Ende der Lebensdauer. Das Informationssystem stellt u. a. Angaben zu Werkstoffen, Gewichten und Demontagezeiten zur Verfügung. In der Version IDIS 4.26 sind bereits Daten von 679 Fahrzeugmodellen erfasst.

5.2.4.8 Recyclingpass

Hersteller, Importeure oder Händler von elektrischen und elektronischen Geräten sind aufgrund der gesetzlich verankerten EU-Richtlinine WEEE gefordert, detaillierte Auskunft über ihre in Verkehr gebrachten Produkte zu geben. Diese Forderung betrifft sämtliche Daten, die für Demontage und Recycling relevant sind. In Artikel 11 der EU-Richtlinie WEEE, in Paragraph 13 Elektrogesetz und in der PAS 1049 sind diese Informationsverpflichtungen festgeschrieben (PAS 1049:2004). Darüber hinaus betonen die europäischen Interessensverbände von Herstellern und Recyclern EICTA (DIGITALEUROPE), CECED (European Committee of Domestic

Equipment Manufacturers) und EERA (European Electronics Recyclers Association) die Notwendigkeit der Kommunikation zwischen Produzenten und Entsorgern.

Der Reyclingpass enthält ausschließlich Informationen, die für die Demontage, Recycling und Entsorgung von Elektro- und Elektronikaltgeräten in der End-of-Life Phase notwendig sind. Informationen wie zu entfernende Bauteile und Komponenten, Bestandteile, die den Recyclingprozess stören könnten, Erlöse erzielende Elemente und Stoffe, Demontagezeiten, erreichbare Verwertungsquoten, Hinweise auf gefährliche Stoffe sowie zu erfüllende rechtliche Vorschriften sind im Recyclingpass hinterlegt. Die Informationen können zentral über eine Informationsplattform oder dezentral, beispielsweise über die Internetseiten der Gerätehersteller, den Entsorgungsunternehmen zur Verfügung gestellt werden (Hallmann et al., 2003). Abbildung 5.38 zeigt exemplarisch die Bereitstellung eines Recyclingpasses für eine Computertastatur.

5.3 Prozessmanagement

Die Strukturen eines Unternehmens bilden das Grundgerüst, innerhalb dessen die Aktivitäten zu Marktleistungen eines Unternehmens führen. Die Aufgabe eines lebenszyklusorientierten Prozessmanagements im Gesamtkonzept eines Ganzheitlichen Life Cycle Managements ist die Gestaltung dieser Strukturen und damit die Schaffung einer wichtigen Grundlage, auf Basis derer ein Unternehmen seine Marktleistungen durch Aktivitäten erzeugen kann (Abb. 5.39).

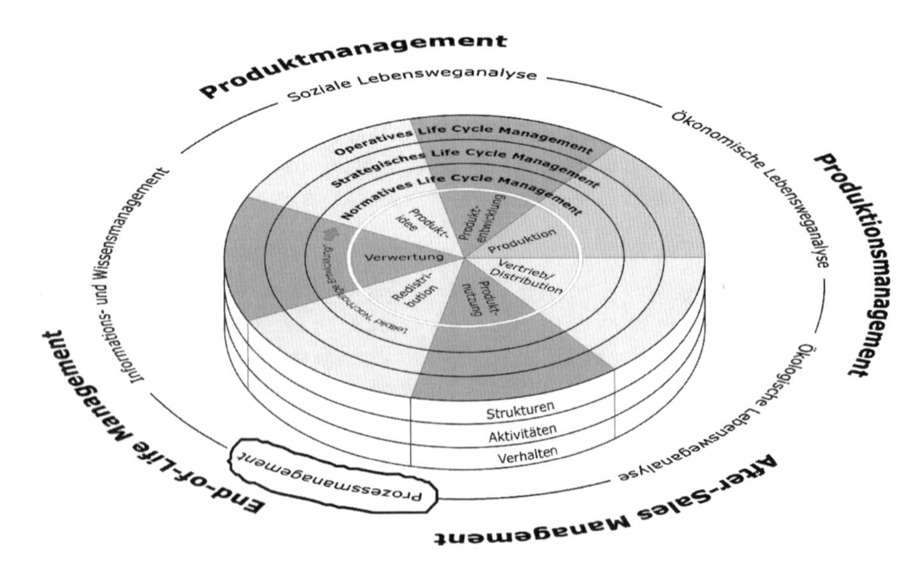

Abb. 5.39 Bezugsrahmen für ein Ganzheitliches Life Cycle Management – Prozessmanagement

Im Sinne eines Ganzheitlichen Life Cycle Managements stellt das Prozessmanagement eine lebensphasenübergreifende Disziplin dar. Ein als ganzheitlich verstandenes Prozessmanagement umfasst hierbei sowohl die Gestaltung, Lenkung und Entwicklung der innerbetrieblichen Strukturen als auch der interorganisationalen Strukturen über eine sogenannte Closed-Loop Supply Chain unter Berücksichtigung des gesamten Lebenszyklus und dem Leitbild einer Nachhaltigen Entwicklung.

5.3.1 Grundlagen des Prozessmanagements

In der Organisationslehre wird die Struktur von Unternehmen zur besseren Beherrschung der Komplexität der Interdependenzen in arbeitsteiligen Organisationen in Aufbau- und Ablauforganisation unterteilt. Die Aufbauorganisation legt die Unterteilung der Organisation in aufgabenteilige Einheiten, insbesondere Stellen und Abteilungen, fest, d. h. die statische Struktur des Unternehmens. Die Ablauforganisation hingegen stellt den dynamischen Teil des Unternehmens dar. Hier werden die Abläufe der Organisation innerhalb der Stellenaufgabe in einzelne Ablaufschritte unterteilt (Kosiol, 1976, S. 32 f.; Nordsieck, 1964, S. 7 f.). Obwohl die klassische Organisationslehre in dieser Unterteilung lediglich zwei Blickwinkel auf den gleichen Gegenstand versteht (Kosiol, 1976, S. 32, 187 f.), kann in der Praxis häufig eine Unterordnung der Ablauforganisation unter die Aufbauorganisation beobachtet werden. Die Ablauforganisation kann lediglich in den Grenzen der Aufbauorganisation gestaltet werden (Kosiol, 1976, S. 32; Gaitanides und Ackermann, 2004, S. 5).

Als Folge hieraus entsteht eine funktionsorientierte Sichtweise auf das Unternehmen, die auf die Optimierung einzelner Funktionsbereiche und deren Abläufe zielt. Hierbei werden insbesondere die Potenziale einer Spezialisierung auf einzelne Funktionen und Aufgaben genutzt, die als zentraler Orientierungspunkt zur Effizienzsteigerung fungiert (Allweyer, 2005, S. 13; Schmelzer und Sesselmann, 2006, S. 68 f.). Durch diese lokale Optimierung tritt jedoch der Gesamtzusammenhang der Abläufe in einer Organisation und das darin immanente Ziel der Erzeugung eines Kundennutzens in den Hintergrund (Becker und Kahn, 2005, S. 4; Allweyer, 2005, S. 71). Dieses ist vor allem darauf zurückzuführen, dass zwischen den Bereichen Schnittstellen entstehen, die einen Koordinationsbedarf nach sich ziehen (Gaitanides und Ackermann, 2004, S. 10; Schmelzer und Sesselmann, 2006, S. 70). Bereits in den grundlegenden Beiträgen der Organisationslehre wird jedoch ausgeführt, dass „der Betrieb in Wirklichkeit ein fortwährender Prozess, eine ununterbrochene Leistungskette ist." (Nordsieck, 1964, S. 9). Eine prozessorientierte Unternehmensgestaltung stellt diese Prozesse in den Vordergrund, orientiert die Organisationsgestaltung daran und folgt im Gegensatz zu einer funktionsorientierten Organisation der Logik „Aufbauorganisation folgt Ablauforganisation" (Gaitanides, 2007, S. 32).

Der Begriff *Prozess* wird in unterschiedlicher Bedeutung in einer Vielzahl wissenschaftlicher Bereiche verwendet. So gibt es z. B. juristische, chemische, biologische, physikalische, soziologische und betriebliche Prozesse. Jedoch werden der Prozessbegriff (bzw. Geschäftsprozess) und die damit zusammenhängenden Begrifflichkeiten auch im Bereich der betrieblichen Abläufe in verschiedenen Disziplinen, wie z. B. der Organisationslehre, der Wirtschaftsinformatik, dem Controlling sowie dem Qualitäts- und Ingenieurswesen, verwendet und i. d. R. unterschiedlich definiert. Eine detaillierte Diskussion der unterschiedlichen Definitionen findet sich beispielsweise in (Stapf, 2000, S. 28 ff.). Es ergeben sich jedoch eine Reihe gemeinsamer Elemente, die sich in fast allen Sichtweisen wiederfinden. Bea/Schnaitmann identifizieren hierzu den in Abb. 5.40 dargestellten Bezugsrahmen für Prozesse bestehend aus dem Transformationsaspekt, dem Verkettungsaspekt, dem Zielaspekt und dem Organisationsaspekt (Bea und Schnaitmann, 1995, S. 278 ff.).

Inhalt eines jeden Prozesses ist die *Transformation* von Einsatzgütern in Ausbringungsgüter, welche sowohl materieller (z. B. Produkte) als auch immaterieller Natur (z. B. Informationen) sein können (Scheermesser, 2003, S. 10; Allweyer, 2005, S. 46). Ein jeder Prozess hat hierbei einen spezifischen Start- und Endpunkt beschrieben durch ein Ereignis (Gaitanides und Ackermann, 2004, S. 10), zwischen denen ein Prozess die zeitliche und logische *Verkettung* einzelner Aktivitäten darstellt (Allweyer, 2005, S. 45). Geschäftsprozesse lassen sich in mehrere Sub- bzw. Teilprozesse oder auch Prozessschritte aufteilen bzw. mehrere Teilprozesse lassen sich zu einem übergeordneten Geschäftsprozess zusammenfassen (Schmelzer und Sesselmann, 2006, S. 109 ff.; Becker und Kahn, 2005, S. 6). Anzahl der Ebenen und

BEZUGSRAHMEN ZUR PROZESSDEFINITION

Geschäftsprozess in der Wissenschaft unterschiedlich definiert – die gemeinsame Basis der meisten Definitionen:

1. Verkettung von Schritten/Aktivitäten
2. Häufig über organisatorische Grenzen hinweg
3. Ziel-bzw. Ergebnisorientiert
4. Transformation von Input-in Outputgrößen

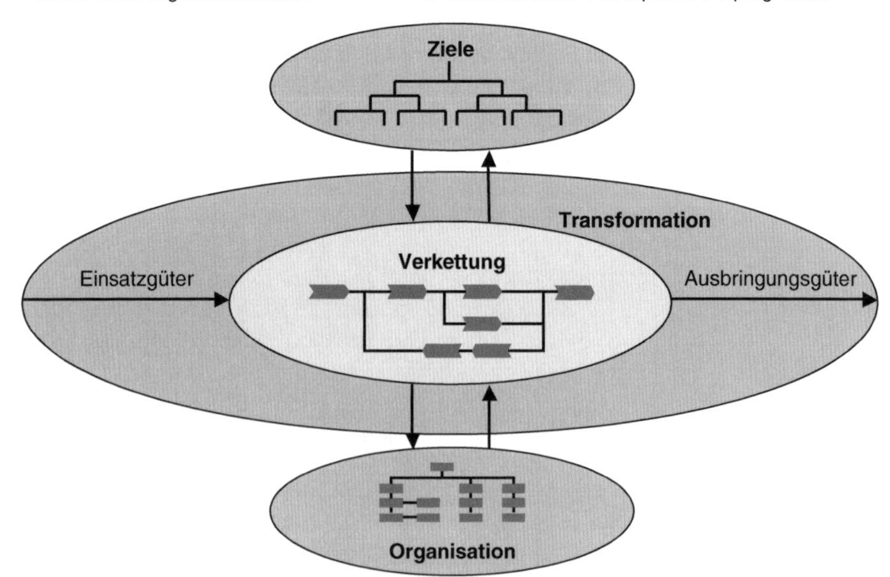

Abb. 5.40 Bezugsrahmen zur Prozessdefinition (Bea und Schnaitmann, 1995, S. 280)

Umfang des betrachteten Ausschnitts hängen von dem gewünschten Detaillierungsgrad der Betrachtung ab. Das kleinste Element eines Prozesses ist in der Literatur nicht eindeutig definiert; hier werden Aktivität, Tätigkeit, Aufgabe oder Funktion (z. B. Becker und Kahn, 2005, S. 5 f.; Scheermesser, 2003, S. 10) weitestgehend synonym verwendet. Damit wird ein Arbeitsschritt beschrieben, der nicht mehr sinnvoll dekomponierbar ist (Kruse, 1996, S. 24). Ein Prozess als abgeschlossene Folge von Aktivitäten hat das *Ziel*, eine Leistung für einen Kunden, intern oder extern, zu erbringen (Scheermesser, 2003, S. 10; Becker und Kahn, 2005, S. 5 f.). Dieser Kundennutzen als zentraler Zielaspekt wird aus der Unternehmensstrategie abgeleitet (Schmelzer und Sesselmann, 2006, S. 60). Der *Organisationsaspekt* wird zum einen durch die den Prozess ausführenden Organisationseinheiten (Allweyer, 2005, S. 57) sowie zum anderen durch den Prozessverantwortlichen, der die Managementfunktion übernimmt (Scheermesser, 2003, S. 10), gebildet.

Die Differenzierung in verschiedene Arten von Prozessen erfolgt in der einschlägigen Literatur nicht einheitlich. Am weitesten verbreitet ist jedoch die Unterscheidung von Kern- und Supportprozessen in Anlehnung an das Wertkettenmodell von Porter (Porter, 2000, S. 79), wobei erstere Prozesse die Marktleistungen des Unternehmens umfassen (z. B. Gaitanides und Ackermann, 2004, S. 16; Becker und Kahn, 2005, S. 7; Osterloh und Frost, 2000, S. 34 ff.). Häufig wird diese Zweiteilung noch um die Führungs- oder Managementprozesse ergänzt (z. B. Scheermesser, 2003, S. 10; Krcmar, 2003, S. 261).

Ebenso lässt sich auf Basis der Literatur keine eindeutige Einordnung des Begriffs *Workflow* vornehmen. Während ein Workflow z. T. als Synonym für einen Prozess verwendet wird (Stapf, 2000, S. 28), wird der Begriff an anderer Stelle zumindest partiell vom Prozessbegriff unterschieden. Ein Workflow wird hier als operative Umsetzung von Geschäftsprozessen in formal beschriebenen Arbeitsanweisungen definiert (Gadatsch, 2002, S. 25; Schmelzer und Sesselmann, 2006, S. 27). Häufig ist hiermit auch die teilweise oder vollständige Automatisierung in DV-Systemen verbunden (Gaitanides, 2007, S. 96), in so genannten Workflow-Management-Systemen (Schmelzer und Sesselmann, 2006, S. 27). In (Gadatsch, 2002, S. 27) werden Workflows hierzu in modellierbare allgemeine Workflows und fallbezogene Workflows sowie in nicht modellierbare ad hoc Workflows differenziert.

Das Ziel der Prozessorientierung in einem Unternehmen ist es, eine möglichst durchgängige, schnittstellenfreie Verbindung zwischen Beschaffungs- und Absatzmarkt zu schaffen, in der eine ganzheitliche, selbstbestimmte Arbeit ermöglicht wird (Gaitanides und Ackermann, 2004, S. 8 ff.) und so eine effektive und effiziente Erzeugung des Kundennutzens zu ermöglichen. Kennzeichen einer solchen Prozessorientierung sind (Scheermesser, 2003, S. 18):

- Förderung der Kundenorientierung
- Abbau des Bereichsdenkens
- Ständige Verbesserung der Prozesse
- Transparenz der Abläufe
- Festlegung von Schnittstellen und Informationsbeziehungen
- Problembewusstsein über Bereichsgrenzen
- Förderung der Mitarbeiterorientierung

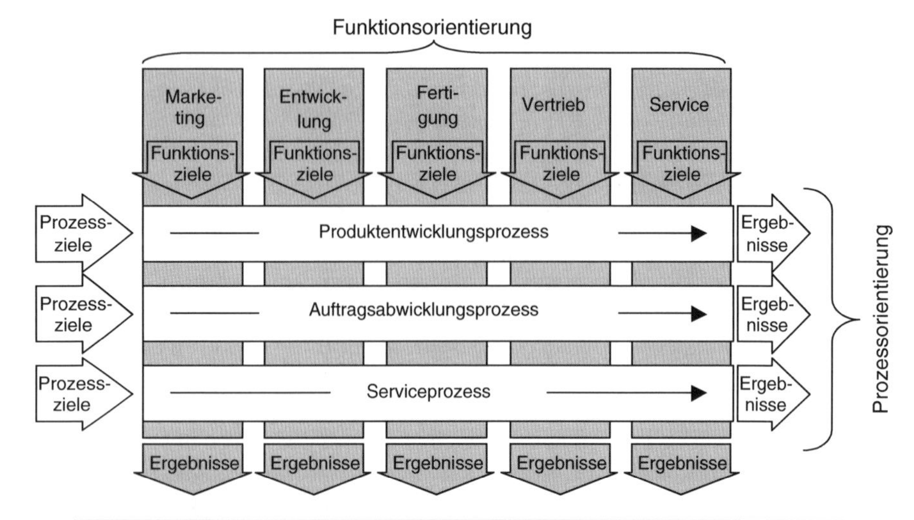

Funktionale Organisation	Prozessorganisation
Vertikale Ausrichtung	Horizontale Ausrichtung
Starke Arbeitsteilung	Arbeitsintegration
Verrichtungsorientierung	Objektbearbeitung
Tiefe Hierarchie	Flache Strukturen
Bereichsorientierung	Kunden- und Teamorientierung
Erfüllung von Abteilungszielen	Erfüllung der Prozessziele
Redundanz	Konzentration auf Wertschöpfung
Viele Schnittstellen mit Koordinationsaufwand	Wenige Schnittstellen mit Selbstorganisation
Rationalisierung und Optimierung der Einzeltätigkeiten	Optimierung des Gesamtablaufs
Fokus: Funktion, Aufgabe	Fokus: Wertschöpfungskette
Kleine, arbeitsteilige Aufgabeninhalte	Ganzheitliche Arbeitsinhalte

Abb. 5.41 Vergleich funktionsorientierter und prozessorientierter Organisation

Die Unterschiede einer Funktions- und einer Prozessorientierung der Organisation sind in Abb. 5.41 zusammengefasst (Schmelzer und Sesselmann, 2006, S. 69; Binner, 2005, S. 22 ff.).

Der Begriff und die Inhalte des *Prozessmanagements* sind in der Literatur und Praxis nicht durchgehend einheitlich definiert. Während das Management von Prozessen z. T. verkürzt mit der (referenzgestützten) Gestaltung von Prozessen gleichgesetzt wird (z. B. Kruse, 1996, S. 1; Emrich, 2004, S. 1 f.), existieren eine Vielzahl unterschiedlicher Rahmenmodelle für das Prozessmanagement. Diese sind zumeist durch eine zyklische Struktur oder aber durch eine Unterteilung in mehrere Ebenen, zwischen denen Iterations- und Rekursionsschritte existieren, gekennzeichnet. Hierin wird deutlich, dass das Management von Prozessen kein einmaliger Ablauf sondern ein kontinuierlicher Vorgang ist (Scheer, 1998, S. 54). Das Prozessmanagement kann hierbei gleichsam als Prozess verstanden werden, dessen Gegenstand die Prozesse eines Unternehmens sind (Stapf, 2000, S. 85).

Trotz der unterschiedlichen Darstellung lassen sich die Funktionen des Managements in allen Konzepten wiederfinden. In Abb. 5.42 sind die Prozessmanagementrahmen von Allweyer (Allweyer, 2005, S. 91), Binner (Binner, 2005, S. 417), Gadatsch (Gadatsch, 2002, S. 1), Scheer (Scheer, 1998, S. 56 f.), Schmelzer/Sesselmann (Schmelzer und Sesselmann, 2006, S. 7) und Stöger (Stöger, 2005, S. 26) gegenübergestellt. Es wird deutlich, dass die zyklischen Konzepte vorrangig Elemente der Gestaltung und Lenkung enthalten. Der Aspekt der Entwicklung ist implizit durch die zyklische Struktur der Abläufe enthalten. Bei den in Ebenen strukturierten Konzepten ist die Entwicklung entweder als eigenes Element enthalten (Schmelzer/Sesselmann) oder aber implizit über die Verbindungen zwischen den Ebenen abgebildet (Gadatsch bzw. Scheer). Im Gegensatz zu den zyklischen Konzepten enthalten die in Ebenen strukturierten Konzepte zudem eine Einbettung des Prozessmanagements in die strategische Unternehmensführung (Gadatsch, 2002; Schmelzer und Sesselmann, 2006) bzw. die IT-Struktur (Gadatsch, 2002; Scheer, 1998).

Die unterschiedlichen dargestellten Ansätze zum Prozessmanagement lassen sich im Wesentlichen auf die nachfolgende Definition zusammenführen:

Das Prozessmanagement ist die zielgerichtete Gestaltung, Lenkung und Entwicklung der Prozesse. Hauptziel des Prozessmanagements ist die Steigerung der Effektivität und Effizienz der Befriedigung der Kundenbedürfnisse.

Die Entwicklung einer prozessorientierten Unternehmensorganisation ist kein einmaliger Gestaltungsschritt sondern verlangt ständiges Überdenken und laufende Verbesserung der Prozesse (Allweyer, 2005, S. 90 f.; Schmelzer und Sesselmann, 2006, S. 9). Gestaltungsaufgaben sind nicht nur im Rahmen der Einführung einer Prozessorganisation durchzuführen, sondern im Zuge einer kontinuierlichen Optimierung und Entwicklung der Prozesse zu lösen. Eine Lenkung und Kontrolle von Prozessen erfolgt über Kenngrößen. Diese werden zumeist in die Bereiche Zeit, Kosten und Qualität differenziert (Gaitanides, 2007, S. 205 f.; Becker, 2005, S. 12). Die gemeinsame Grundlage für eine Gestaltung und Entwicklung wie auch für eine Lenkung bildet ein Abbild der Prozesse des Unternehmens. Hierzu sind die Abläufe mit ihren Zusammenhängen und Elementen zu modellieren.

Im Folgenden sollen daher ausgewählte Aspekte der Bereiche Modellierung, Gestaltung und Optimierung sowie Kenngrößen von Prozessen dargestellt werden.

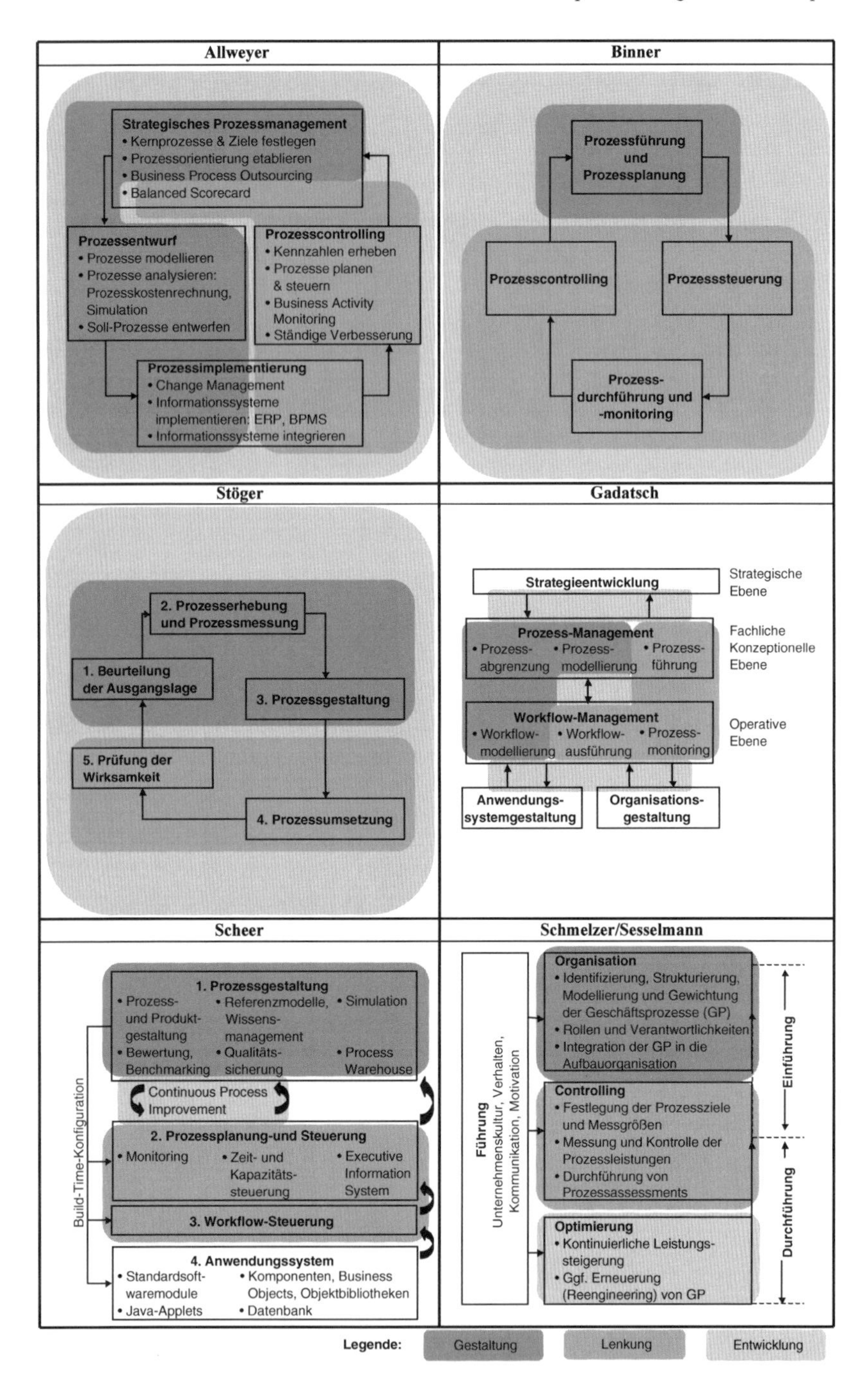

Abb. 5.42 Gegenüberstellung von Konzepten zum Prozessmanagement

5.3.1.1 Modellierung von Prozessen

Für die Umsetzung von Prozessorientierung in Organisationen ist das Modellieren von Geschäftsprozessen von großer Bedeutung, da Modelle eine Struktur und Gliederung für diese Prozesse bieten. Dadurch reduzieren sie die in der Realität vorhandene Komplexität innerhalb von Organisations- und Managementzusammenhängen deutlich (Becker und Vossen, 1996; Binner, 2005). Durch Prozessmodellierung wird eine einheitliche und eindeutige Beschreibung von Abläufen, Objekten und Abhängigkeiten geschaffen, was einen objektiven Vergleich und Benchmark von Prozessen ermöglicht. Ebenso wird die Kommunikation zwischen den agierenden Personen erleichtert und die transparente Darstellung von Zielen, Verantwortlichkeiten, Ressourcen und Schnittstellen unterstützt (Binner, 2005, S. 99).

Das Modell ist dabei stets ein Ausschnitt aus der realen Welt, das einerseits einfach und allgemein gültig sein muss und andererseits relevante Wirkzusammenhänge aufzeigt. Die Qualität solcher Prozessmodelle ist bereits seit längerem Gegenstand der wissenschaftlichen Diskussion. Bisher ist es noch nicht gelungen, einen allgemeinen Konsens über die wesentlichen Qualitätsmerkmale herauszubilden, da die Einsatzzwecke von Prozessmodellen vielfältig und die inhaltlichen und methodischen Anforderungen an solche Modelle somit unterschiedlich sind. Dennoch lassen sich die unterschiedlichen Prozessmodelle kategorisieren. Binner unterscheidet sie anhand des Zwecks der Modellierung in Beschreibungsmodelle, Erklärungsmodelle, Entscheidungsmodelle, Konstruktivistische Modelle, Vorgehensmodelle und Informationsmodelle (Binner, 2005, S. 98 f.). Rosenmann typologisiert Prozessmodelle gemäß der zu unterstützenden Perspektive und erweitert die reine Zweck-Sicht um die Dimensionen organisatorische Rolle und individuelle Präferenzen der Nutzer (Rosemann et al., 2005, S. 50 ff.). Grundlage hierfür ist die Adaption eines Qualitätsverständnisses, wie es im Rahmen eines Total Quality Managements (TQM) für Industrieprodukte entwickelt worden ist. Demnach bestimmen nicht objektiv messbare Produkteigenschaften die Qualität eines Produktes, sondern die „Fitness for use“ für den individuellen Produktkonsumenten. Dieses Verständnis wird hier für Prozesse adaptiert. Bezüglich der Einsatzzwecke unterscheiden Rosemann et al. in Organisationsdokumentation, Prozessorientierte Reorganisation, Kontinuierliches Prozessmanagement, Zertifizierung, Benchmarking, Wissensmanagement, Auswahl einer ERP-Software, Modellbasiertes Customizing, Softwareentwicklung, Workflowmanagement und Simulation (Rosemann et al., 2005, S. 51 ff.).

Als für alle Modellierungszwecke grundsätzlich gültige Prinzipien der Modellbildung haben sich in der wissenschaftlichen Diskussion die Merkmale der Einfachheit, der Ganzheitlichkeit, der Allgemeinheit und der Gültigkeit herausgebildet. Darüber hinaus sind die Grundsätze ordnungsgemäßer Modellierung (GoM) einzuhalten, deren Intention die Reduzierung bzw. die Beherrschung von Komplexität ist (Becker et al., 1995). Hierdurch soll ein Beitrag zur Sicherstellung und Erhöhung der Qualität von Modellen geleistet werden – die Grundsätze sind im Einzelnen:

- Grundsatz der Richtigkeit
- Grundsatz der Relevanz
- Grundsatz der Wirtschaftlichkeit
- Grundsatz der Klarheit
- Grundsatz der Vergleichbarkeit
- Grundsatz des systematischen Aufbaus

Auf Basis dieser Grundsätze sind bereits unterschiedliche Methoden zur Modellierung entwickelt worden (Binner, 2005, S. 326) – verschiedene Autoren nutzen synonym auch die Begriffe Modellierungskonvention (Allweyer, 2005, S. 134 ff.) oder Notation (Rosemann et al., 2005, S. 79). Zur Diskussion des Modellverständnisses in den verschiedenen Wissenschaftsbereichen sei auf die Ausführungen von Peters und Schütte verwiesen (Peters, 1998; Schütte, 1998).

Beispiele für die oben genannten Methoden sind Flussdiagramme, Folgestrukturplan, Ereignisgesteuerte Prozessketten (EKP), das Semantische Objektmodell (SOM) und Organisationsprozessdarstellung (OPD) (Binner, 2005, S. 324). Stark informatikgetriebene Methoden sind darüber hinaus das Entity-Relationship-Modell, Unified Modeling Language (UML), IDEF, SysML und Petri-Netze (Jaeschke, 1996, S. 11). Die Modellierungsmethoden benutzen dabei individuelle Nomenklaturen und bedienen sich unterschiedlich typologisierter Objekte. Eine Übersicht von verbreiteten Modellierungsmethoden gibt die Abb. 5.43, in der verschiedene Modellierungsmethoden zusammengefasst sind (Rosemann et al., 2005, S. 98; Binner, 2005, S. 114; Scheer, 1998, S. 92; Wienhold, 2004, S. 85).

Die einzelnen Methoden sind für verschiedene Modellierungszwecke unterschiedlich gut geeignet. Sie lassen sich dabei gemäß ihres Modellierungsschwerpunktes klassifizieren (Tab. 5.6), beispielsweise in prozessorientiert, ablauforientiert, aufbauorientiert, mitarbeiterorientiert, datenorientiert, informationsbedarfsorientiert, wertorientiert, kommunikationsorientiert, objektorientiert oder aufgabenorientiert (Nethe, 2002, S. 2; Binner, 2005, S. 107).

Für die Durchführung der Prozessmodellierung ist als Werkzeug eine geeignete *Modellierungsarchitektur* auszuwählen, die sich der oben genannten Methodiken bedient und den Grundsätzen ordnungsgemäßer Modellierung Folge leistet (Rosemann et al., 2005, S. 63). Da die Eignung der Methoden vom Modellierungszweck abhängig ist, bedienen sich einzelne Modellierungsarchitekturen gemäß ihres Modellierungsziels unterschiedlicher Methoden. Die Gestaltung solcher Architekturen erfolgt in der Regel im Rahmen einer Softwarelösung. Beispiele sind die Architektur integrierter Informationssysteme (ARIS), ObjectiF, Integrierte Unternehmensmodellierung (IUM) und Semtalk. Die meisten dieser Architekturen bedienen sich mehr als nur einer Methode. ARIS basiert zum Beispiel auf den Methoden der Petri-Netze und der Ereignisorientierten Prozesskette.

Die softwarebasierten Modellierungsarchitekturen unterstützen die prozessorientierte Organisation. Die betriebswirtschaftlich-fachliche Beschreibung mittels (semi)formalen Beschreibungstechniken bildet die dafür notwendige Basis und

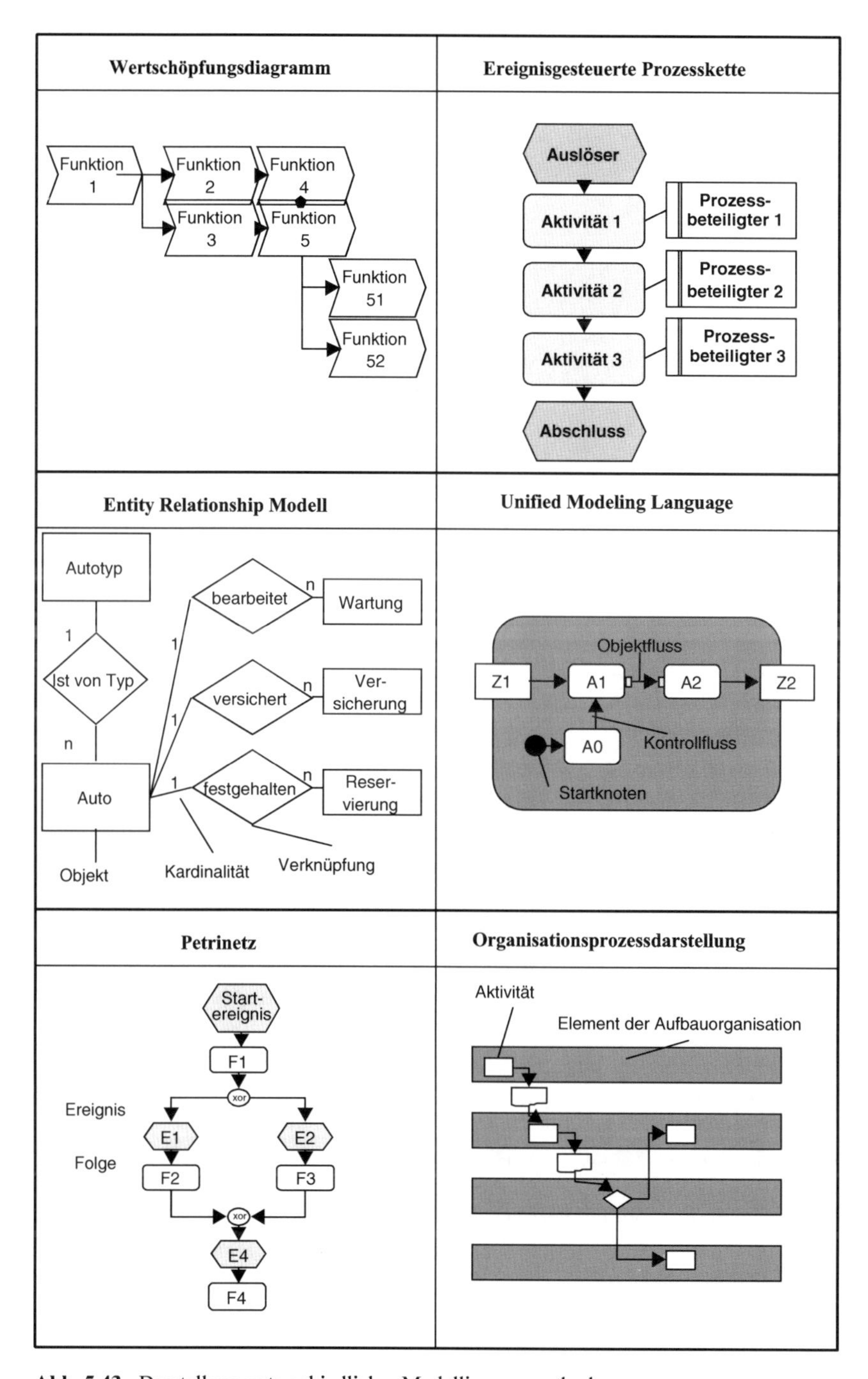

Abb. 5.43 Darstellung unterschiedlicher Modellierungsmethoden

Tab. 5.6 Klassifizierung unterschiedlicher Modellierungsmethoden

	prozessorientiert	ablauforientiert	aufbauorientiert	mitarbeiterorientiert	datenorientiert	informations-bedarfsorientiert	wertorientiert	kommunikations-orientiert	objektorientiert	aufgabenorientiert
EKP		X							X	
SOM			X	X	X					
OPD	X	X	X							X
ER-Modell					X	X			X	
UML					X	X			X	
Petri-Netze		X							X	

dient als Unterstützung für unternehmerische Aufgabenstellungen, wie der Auswahl von Standardsoftware, Zertifizierungen und insbesondere der Gestaltung und Optimierung von Prozessen.

5.3.1.2 Prozessgestaltung und -optimierung

Eine prozessorientierte Organisation entsteht durch die Anwendung von Gestaltungsmaßnahmen durch die eine effiziente, an Wertschöpfung und Kundennutzen orientierte Ablauforganisation erzeugt wird. Die Effizienz von Prozessen ist dabei immer relativ zu den aktuellen Rahmenbedingungen sowie der gegenwärtigen Situation und den Zielen des Unternehmens zu sehen, so dass eine fortlaufende Neubewertung und Optimierung der Prozesse notwendig ist (Hirschmann, 1998, S. 42). Die Ziele der Prozessverbesserung liegen in den Bereichen der Kundenorientierung (u. a. Steigerung von Qualität und Zuverlässigkeit), der Erfolgsorientierung (u. a. Dezentralisierung, Entscheidungsverlagerung und Leistungscontrolling), der Prozessorientierung (u. a. Prozessvereinfachung und Schnittstellenreduzierung) und der Mitarbeiterorientierung (u. a. Mitarbeitermotivation und Erweiterung von Handlungsspielräumen) (Binner, 2005, S. 351).

Methoden zur prozessorientierten Gestaltung und Optimierung von Organisationen können nach verschiedenen Kriterien unterschieden werden. In Anlehnung an (Lang, 1997, S. 3; Gaitanides und Ackermann, 2004, S. 18) soll hier eine Unterscheidung hinsichtlich des Grades der Neuerung sowie der Verwendung von Referenzmodellen vorgenommen werden, wie sie in Abb. 5.44 dargestellt ist.

Der *klassische Ansatz der Prozessoptimierung* hat das Ziel, eine kontinuierliche Verbesserung durch schrittweise, inkrementelle Optimierung und Anpassung der Prozesse an veränderte Rahmenbedingungen zu erreichen. In Anlehnung an einen generischen Problemlösungszyklus (Haberfellner und Daenzer, 2002, S. 38) können hierfür sechs Phasen der Projektdurchführung unterschieden werden (Hirschmann, 1998, S. 42 f.):

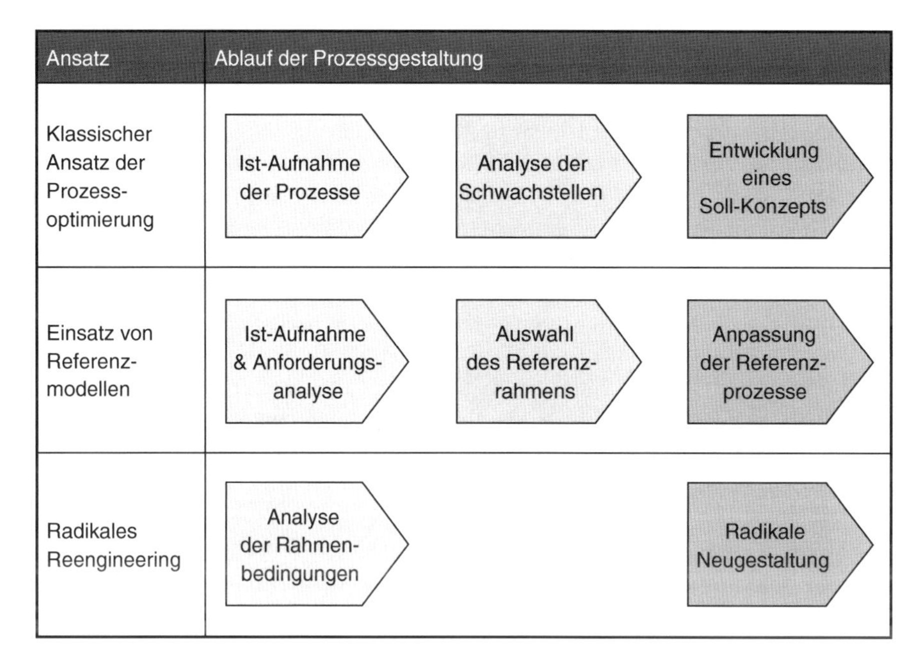

Abb. 5.44 Vergleich von Ansätzen zur Prozessgestaltung und -optimierung

1. Erfassung und Modellierung der Prozesse
2. Schwachstellenanalyse und Festlegung der Gestaltungsziele
3. Entwicklung von Gestaltungsalternativen
4. Bewertung und Auswahl von Gestaltungsalternativen
5. Umsetzung der gewählten Alternative
6. Überwachung und Kontrolle der Prozesse

Binner hebt die Notwendigkeit der Festlegung der Prozessverantwortlichkeit in diesem Vorgehen hervor (Binner, 2005, S. 338 f.). Der Prozessverantwortliche leitet die Umsetzung der Gestaltungsaktivitäten und kontrolliert den Erfolg der Maßnahmen. Gestaltungsfelder für eine inkrementelle Optimierung von Prozessen können beispielsweise sein (Binner, 2005, S. 352 ff.; Gaitanides und Ackermann, 2004, S. 18; Becker, 2005, S. 19 f.):

- Eliminieren nicht notwendiger Teilprozesse
- Änderung der Reihenfolge
- Hinzufügen fehlender Schritte
- Integration bzw. Zusammenfassung von Vorgängen
- Automatisierung von Vorgängen
- Parallelisieren von Prozessschritten
- Vereinheitlichen von Prozessschritten
- Vermeidung von Prozessschleifen und Rücksprüngen
- Verhindern von Doppelarbeit und Steigerung der Informationsverfügbarkeit

Die zweite Gruppe von Vorgehen umfasst den Einsatz von *Referenzmodellen* zur Unterstützung sowohl der Gestaltung als auch der Optimierung einer prozessorientierten Organisation. Referenzprozessmodelle bzw. Referenzinformationsmodelle sind von Unternehmensspezifika abstrahierte, allgemeingültige, generische Elemente enthaltende Modelle mit Empfehlungscharakter für eine Gruppe von Unternehmen (Schütte, 1998, S. 69 f.). Diese Gruppe kann z. B. eine Branche oder einen ganzen Wirtschaftszweig repräsentieren (Krcmar, 2003, S. 87).

Referenzmodelle lassen sich entsprechend der Merkmale in Tab. 5.7 klassifizieren. Hier wird zunächst nach dem Adressaten und dem damit verbundenen Zweck der Modellnutzung unterschieden. Aus der Wirtschaftsinformatik herrührend wird nach der fachkonzeptionellen Beschreibungsebene differenziert. Obwohl alle Beschreibungssichten im Rahmen der Referenzmodellierung relevant sind, kann eine der beiden Sichten dominieren. Hinsichtlich des Anwendungsbereiches lassen sich zudem die Ebenen der semantischen Abstraktion und des Konkretisierungsgrades weiter unterscheiden (Schütte, 1998, S. 71 ff.; Schwegmann, 1999, S. 54 f.).

Für die Bildung von Referenzmodellen werden zwei Prinzipien unterschieden, die entweder isoliert oder kombiniert angewendet werden können (Schütte, 1998, S. 73):

- Bei der *deduktiven Herleitung* fließen theoretische Überlegungen zu einem idealtypischen Verlauf des Prozesses sowie der aktuelle Stand der Technik ein.
- Die *induktive Herleitung* versucht aus mehreren konkreten, unternehmensspezifischen Prozessstrukturen den Best-Practice bzw. Common Practice (Schwegmann, 1999, S. 53) der Gruppe von Unternehmen abzuleiten.

Als Grundlage für die Referenzmodellierung verwendet Schütte die Grundsätze ordnungsmäßiger Modellierung (GoM) und ersetzt die Grundsätze der Richtigkeit und Relevanz durch die Grundsätze der Konstruktionsadäquanz und der Sprachadäquanz (Schütte, 1998, S. 111 ff.).

Referenzmodelle finden ihre Anwendung sowohl in der Analyse und Verbesserung bestehender Abläufe als auch als Konstruktionshilfe in der Prozessgestaltung (Schütte, 1998, S. 309 ff.). Bei der Analyse und Optimierung gilt es zunächst, die Ist-Situation zu erfassen und mit dem Referenzmodell abzugleichen. Zur Verbesserung der identifizierten Schwachstellen wird durch eine Anpassung des Referenzmodells an die Unternehmensbesonderheiten ein Soll-Konzept der Prozesse erstellt (Hirschmann, 1998, S. 45). Der Einsatz von Referenzmodellen als Konstruktionshilfe beginnt bei der Auswahl des Referenzmodells und der Auswahl der relevanten Teile. Anschlie-

Tab. 5.7 Klassifizierung von Referenzmodellen

Merkmal	Merkmalsausprägung		
Adressat	Organisationsmodell	Anwendungssystemmodell	
Beschreibungsebene	Fachkonzept	DV-Konzept	Implementierung
Beschreibungssicht	Strukturmodell		Verhaltensmodell
Semantische Abstraktion	Objektmodell		Metamodell
Konkretisierungsgrad	abstrakt		ausformuliert

ßend erfolgt die Konfiguration und Anpassung des Referenzmodells an Unternehmensspezifika und die Umsetzung im Unternehmen (Schütte, 1998, S. 313 ff.).

Referenzansätze können je nach Aufbau und Implementierungsvorgehen differenziert werden. Referenzbausteinansätze enthalten Prozessbausteine zur Auswahl, Kopplung und Modifikation im Rahmen der Implementierung, während Skelettansätze Prozessstrukturen auf hohem Abstraktionsniveau bereitstellen. „Klassische" Referenzmodelle enthalten häufig branchenspezifische Prozessstrukturen zur Anpassung und Implementierung (Lang, 1997, S. 3 ff.). Letztere sind in der Praxis häufig in Verbindung mit ERP-Software-Lösungen zu finden.

Tabelle 5.8 fasst den Nutzen, der mit dem Einsatz von Referenzmodellen verfolgt wird, sowie die Risiken, die hierbei entstehen können, zusammen (Schütte, 1998, S. 76 ff.; Schwegmann, 1999, S. 57 ff.).

Das schrittweise bzw. kontinuierliche Optimieren von Prozessen wird von Vertretern so genannter *Reengineering-Ansätze* als unzureichend angesehen, vielmehr wird hier ein „fundamentales Überdenken und radikales Redesign von Unternehmen oder wesentlichen Unternehmensprozessen" (Hammer und Champy, 1996, S. 48) gefordert. Eine solche radikale Umgestaltung kann notwendig werden bei Veränderungen im Umfeld des Unternehmens oder in den strategischen Zielen, die dazu führen, dass bestehende Prozesse nicht mehr wettbewerbsfähig sind, oder in Situationen, in denen die bestehende Prozessstruktur keine Leistungssteigerung mehr zulässt (Schmelzer und Sesselmann, 2006, S. 340). Kern des Vorgehens ist das Infragestellen des gesamten bestehenden Prozessablaufs (Becker, 2005, S. 70).

In der Literatur und der Praxis sind zahlreiche vergleichbare Vorgehen zu finden, von denen an dieser Stelle exemplarisch die Ansätze Business Reengineering (Hammer und Champy, 1996), Process Innovation (Davenport, 1993) und PROMET BPR (Projektmethode für das Business Process Redesign) (Österle, 1995) gegenübergestellt werden sollen (siehe Abb. 5.45). Eine weiterführende Auseinandersetzung mit Reengineering sowie ein detaillierter Vergleich dieser und weiterer Reorganisationskonzepte finden sich in (Hess, 1996).

Tab. 5.8 Nutzen und Risiken der Anwendung von Referenzmodellen

Nutzen	Risiken
Qualitätsverbesserung der Prozessergebnisse	Verlust spezifischer Wettbewerbsvorteile durch Vereinheitlichung
Beschleunigung der Prozesse	Verhinderung von Innovationen durch Vorgaben des Referenzmodells
Kostenreduktion und Erlössteigerung durch Optimierung der Unternehmensorganisation	Kosten und Aufwand für Beschaffung und Anpassung des Referenzmodells
Kommunikationsverbesserung durch einheitliche Begriffsverwendung	Mangelnde Akzeptanz der Vorgaben des Referenzmodells bei Mitarbeitern
Verringerung des Aufwands bei der Gestaltung und Organisation der Abläufe	
Grundlage für ein Prozesscontrolling und -benchmark	

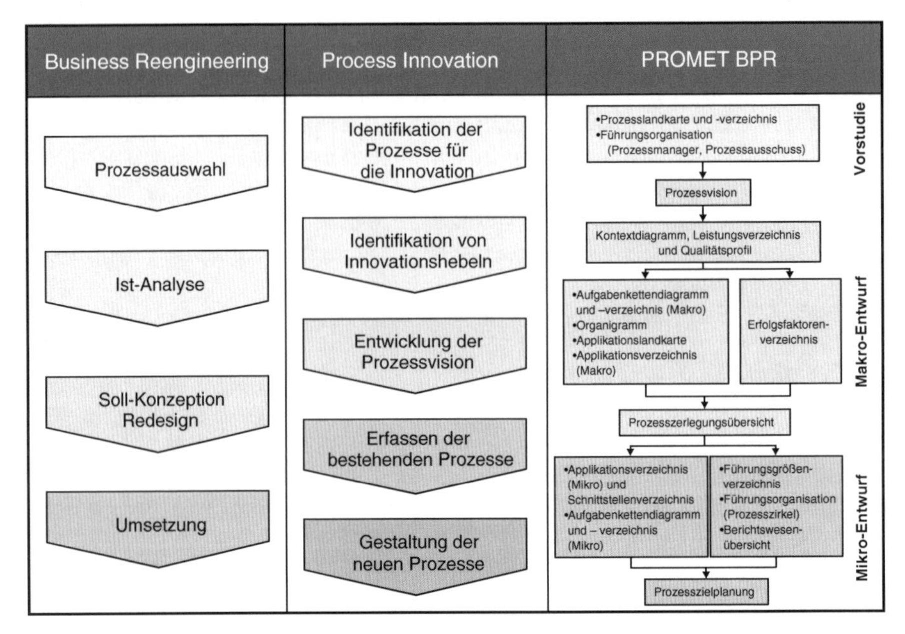

Abb. 5.45 Vorgehen von Reengineering-Konzepten im Vergleich

Gemein ist den Konzepten, dass im Gegensatz zu der schrittweisen Prozessverbesserung die Phase der Ist-Analyse verkürzt wird. Ziel ist hier nicht mehr das Verständnis der untersuchten Prozessabläufe zur Ableitung von Optimierungspotenzialen sondern lediglich das Erfassen des Leistungsgegenstandes und der Ziele des untersuchten Prozesses, die dann bestimmen, welche Anforderungen der zu gestaltende Prozess erfüllen muss (Hammer und Champy, 1996, S. 170). Dieser ist dann von bisherigen Abläufen und Strukturen gänzlich abstrahiert, idealtypisch zu gestalten (Hirschmann, 1998, S. 43 f.). Für eine radikale Neugestaltung ausgewählt werden insbesondere Prozesse, die zu den Kernprozessen des Unternehmens gehören und damit eine hohe strategische Relevanz und die zudem gravierende Leistungsdefizite aufweisen (Schmelzer und Sesselmann, 2006, S. 341).

Die Informationstechnologie spielt in den genannten Konzepten eine tragende Rolle (Davenport, 1993, S. 11; Hammer und Champy, 1996, S. 112). Insbesondere dadurch, dass bisherige Arbeitsweisen und Regeln durch die erweiterten, neuen Möglichkeiten der modernen Informationstechnologie überholt werden, entstehen Potenziale, die durch eine radikale Neugestaltung genutzt werden können. Das Informationssystem bestimmt hierbei gleichzeitig auch die Restriktionen innerhalb derer die Prozesse zu gestalten sind (Österle, 1995, S. 16).

Die radikale Neugestaltung von Prozessen erfordert bei den Betroffenen das Verlernen der bestehenden Verfahrensweisen und das Aneignen neuer Arbeitsweisen, so dass die neuen Abläufe nur durch entsprechend einflussreiche Promotoren durchzusetzen sind (Gaitanides und Ackermann, 2004, S. 19). Reengineering-Projekte werden daher immer in einem Top-Down-Vorgehen umgesetzt. Die Umgestaltung wird hierbei durch eine Prozessvision begleitet. Die Vision zeigt auf, wohin die Veränderungen führen sollen. Sie soll überzeugen und gleichzeitig als Maßstab für die Messung des Fortschritts dienen. Sie konzentriert sich auf operative Aspekte und enthält quantifizierbare Messvorgaben und Bewertungsgrößen (Hammer und Champy, 1996, S. 190).

Mit der Umsetzung radikaler Reengineering-Projekte ist jedoch eine Vielzahl von Problemen verbunden, so dass in der Praxis viele solcher Projekte als gescheitert gelten (Osterloh und Frost, 2000, S. 253). Gründe hierfür sind insbesondere Schwierigkeiten und Widerstände in der Umsetzung radikal überarbeiteter Prozesse (Allweyer, 2005, S. 83 f.).

5.3.1.3 Kenngrößen von Prozessen

Als Prozesscontrolling wird ein durchgängiges und vernetztes Führungsinstrumentarium verstanden, mit dem sämtliche Unternehmensaktivitäten, Prozessleistungen und -kosten geplant, gesteuert und kontrolliert werden können (Binner, 2005, S. 678). Zur theoretischen Fundierung des Controllings wird dabei auf die Konzepte der Systemtheorie und der Kybernetik zurückgegriffen (Schulte-Zurhausen, 2002; Flechtner, 1984). Im Mittelpunkt der Betrachtung stehen die Aufnahme, Verarbeitung und Übertragung von Informationen über komplexe Systeme unter Steuerungs- und Regelaspekten. Wie im Kap. 4 vorgestellt, ist die kontinuierliche Anpassung einer Organisation im Sinne einer integrierten Modernisierung von zentraler Bedeutung für die Lebensfähigkeit des Systems. Die Organisation „Unternehmung" als System lässt sich dabei in die Subsysteme 1 bis 5 gliedern, die spezifische Systemaufgaben übernehmen (vgl. Kap. 4). Insbesondere dem System 3 bzw. 3* obliegt in der Praxis die Festlegung und Überwachung von Prozesskennzahlen. Diese Kennzahlen bilden eine wichtige Grundlage für die (kybernetische) Lenkung der Systeme 1. Die zielorientierte Ausrichtung des strukturellen und prozessualen Aufbaus ist unter anderem Aufgabe des Controllings. Das Prozesscontrolling im Speziellen hat dabei das Ziel, den Beteiligten jeder hierarchischen Ebene (Führungs-)Informationen zur Unterstützung bei prozessbezogenen Entscheidungen zu liefern (Horváth, 2006, S. 139 ff.; Hahn und Grünewald, 1996, S. 184; Biethahn und Huch, 1994). Der Ursprung des Prozesscontrollings liegt dementsprechend auch in der Kostenrechnung. Aufgrund des steigenden Anteils der Gemeinkosten an den Gesamtkosten wurde in den Vereinigten Staaten das Activity Based Costing (ABC) entwickelt, auf dem die heutige Prozesskostenrechnung (PKR) basiert (Horváth, 2006, S. 529). Hierbei werden die entstehenden Kosten kostenstellenübergreifend und verursachungsgerecht den Kostenträgern zugerechnet. Dies bildet eine Beurteilungsgrundlage für die Bewertung von Prozessen auf Basis monetärer Kennzahlen.

Das Management benötigt zur Planung, Steuerung und Kontrolle von Prozessen Instrumente zur Ermittlung von prozessbezogenen Führungsgrößen und Informationssysteme, die Ist- (vergangenheitsbezogen) und Soll-Kennzahlen (zukunftsbezogen) liefern, um die Einhaltung von prozessbezogenen Zielvorgaben ermitteln zu können. Die hier zu verwendenden Kennzahlen müssen speziell ausgewählt werden und nur die tatsächlich wichtigen Schlüsselvariablen erfassen. Weitere Forderungen an Kennzahlen sind unter anderem (Tomys, 1995; Brown, 1997):

- Objektivität
- Eindeutigkeit
- Leistungsrelevanz
- Aktualität
- Stabilität
- Validität
- Vertretbarer Messaufwand
- Messbarkeit
- Verständlichkeit
- Geringe Reaktionszeit
- Kontrollmöglichkeit
- …

Im Gegensatz zu den klassischen betriebswirtschaftlich geprägten Kennzahlensystemen weisen aktuellere Veröffentlichungen mehrdimensionalen Charakter auf (Abb. 5.46).

Scheermesser klassifiziert verschiedene wissenschaftliche Ansätze für Kennzahlen (Scheermesser, 2003; Brown, 1997; Herrmann et al., 1998; Berkau und Hirschmann, 1996; Ossola-Haring, 1999; Feggeler et al., 2000) in die sechs Bewertungsdimensionen Kosten, Zeit, Konformität, Prozessperformance, Zufriedenheit und Wissen (Scheermesser, 2003, S. 64).

	Brown	Herrmann, Scheer, Weber	Berkau	Ossala Harring	Dorau Feggeler
Kosten	Finanzielle Performance	Effizienz	Finanz-wirtschaftliche Kennzahlen	Finanzen	Produktivität Kosten / Umsatz
Zeit		Schnelligkeit			Zeit / Termin
Konformität	Produkt-Service-Qualität	Qualität		Kunden	Qualität
Performance	Prozess- und operationale Performance	Flexibilität	Kennzahlen zum Betriebsablauf	Interne Geschäfts-prozesse	Verbesserungs-prozess
Zufriedenheit	Mitarbeiter- und Kunden-zufriedenheit	Mitarbeiter- und Kunden-orientierung	Kennzahlen zur Kunden-zufriedenheit		Mitarbeiter-motivation
Wissen			Kennzahlen bzgl. Innovation und Wissen	Entwicklungs- und Lern-perspektive	Weiter-entwicklung & Qualifikation

Abb. 5.46 Dimensionen mehrdimensionaler Bewertungsansätze für Geschäftsprozesse

Die Kennzahlen sind dabei Maßgrößen, die in konzentrierter Form eine Information über betriebliche Objekte oder Prozesse geben. Im Prozesscontrolling werden diese Kennzahlen in Form von Soll-Vorgaben durchgängig über alle Hierarchieebenen in den dort ablaufenden Prozessen verwendet. Nach Aufnahme der Ist-Daten und Rückführung der Daten in die Prozessführung wird gegebenenfalls interveniert. Demnach ergibt sich ein Regelkreis, also ein geschlossener Wirkungskreislauf, bei dem Kennzahlen bezüglich eines Objektes oder einer Tätigkeit permanent erfasst und mit der Vorgabegröße (Soll-Wert) abgeglichen werden. Bei nicht tolerierbaren Abweichungen werden Maßnahmen getroffen, um eine Angleichung der weiteren Prozess-Istwerte an die Prozess-Sollwerte zu erreichen.

Von besonderer Bedeutung beim Grundaufbau eines Regelkreises sind die Regelstrecke und der Regler (Abb. 5.47). Die Geschäftsprozesse stellen beim Prozesscontrolling die Regelstrecke dar, also den Teil des Systems, dessen Verhalten zielgerichtet beeinflusst werden soll. Als Regler fungiert der so genannte Process Owner, dessen Aufgabe es ist, durch definierte Vorgaben das Verhalten der Regelstrecke (hier: der Geschäftsprozesse) innerhalb einer vorgegebenen Bandbreite zu halten. Hierdurch wird es ermöglicht, Fehlentwicklungen schnell und gezielt zu beeinflussen, und die Effizienz von Prozessen zu gewährleisten.

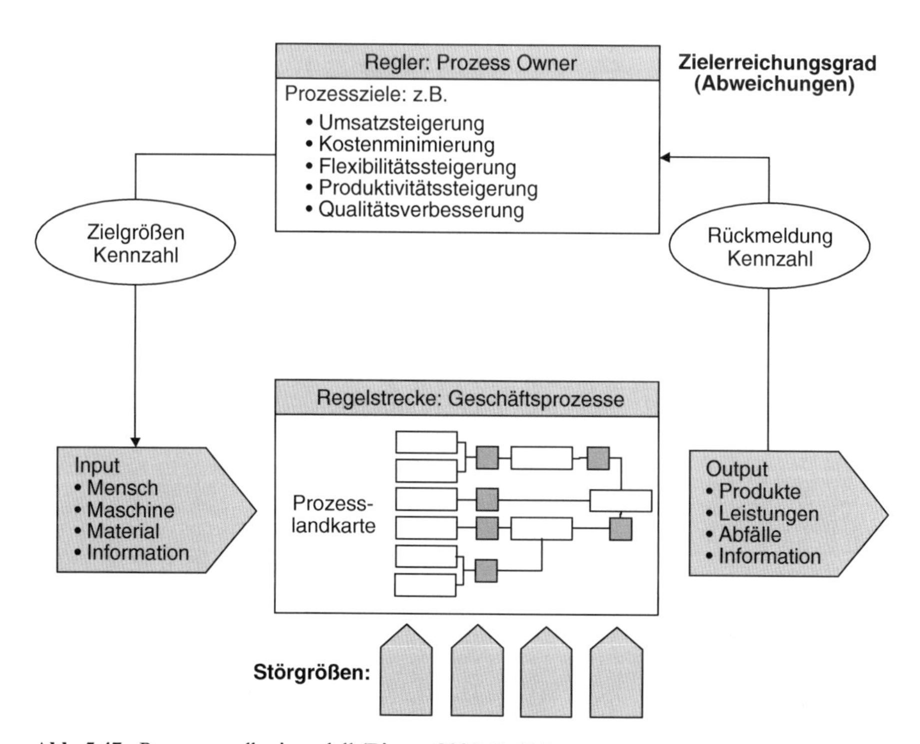

Abb. 5.47 Prozessregelkreismodell (Binner, 2005, S. 684)

5.3.2 Lebenszyklusorientiertes Prozessmanagement

Prozessorientierung und Prozessmanagement wie in Kap. 5.3.1 dargestellt können nicht nur auf innerbetriebliche Abläufe bezogen werden, sondern ebenso auf Prozesse über Unternehmensgrenzen hinweg angewandt werden. Insbesondere wenn Prozesse *lebensphasenübergreifend* gestaltet werden sollen, sind i. d. R. verschiedene Akteure involviert, da so spezifische Kernkompetenzen in Aktivitäten der einzelnen Lebenszyklusphasen gebündelt werden können. Die Grundlage hierfür bildet eine Make-or-Buy Entscheidung, welche Aktivitäten an ein oder mehrere weitere Unternehmen ausgelagert werden sollen (Gaitanides, 2007, S. 283). Für eine solche Zusammenarbeit können unterschiedliche Koordinationsmechanismen eingesetzt werden (Erlei und Jost, 2001, S. 57):

- Markt: Koordination auf Basis von Preisen,
- Hierarchie: Koordination auf Basis von Weisungen, im Sinne einer innerbetrieblichen Leistungserstellung,
- Hybride Koordinationsform: zwischenbetriebliche Kooperation, durch eine gemeinsame Prozessorganisation (Gaitanides, 2007, S. 283).

Eine Grundlage zur Entscheidung, welcher Koordinationsmechanismus Anwendung findet, kann der Transaktionskostenansatz bilden, dessen Gegenstand die mikroökonomische Transaktion ist, welche als die Übertragung eines Gutes oder einer Leistung über eine technisch trennbare Schnittstelle verstanden wird (Williamson, 1990, S. 1). Mit Transaktionen sind Kosten für Entwurf und Verhandlung (ex-ante) sowie für die Absicherung (ex-post) verbunden (Erlei und Jost, 2001, S. 38 f.; Picot et al., 2003, S. 49), deren Höhe von der Organisationsform und der Eigenschaft der zu erbringenden Leistung beeinflusst wird. Zu den Merkmalen, welche die Höhe der Transaktionskosten determinieren, zählen Faktorspezifität, Unsicherheit, Häufigkeit der Transaktion, strategische Bedeutung, Risikoteilung und Marktzutrittsbarrieren (Picot und Dietl, 1990, S. 179 ff.; Picot et al., 2003, S. 49 ff.; Graf, 2005, S. 105). Je nach Ausprägung der Merkmale stellen die Koordination durch Marktmechanismen, hierarchische Ordnungen oder hybride Kooperationsformen die vorteilhafteste Koordinationsform dar (Abb. 5.48).

5.3.2.1 Supply Chain Management

Eine interorganisationale Prozessorganisation findet insbesondere Anwendung in der Lieferkette bzw. Supply Chain eines Unternehmens. Anhand der Kommunikationsstufen (einstufig bzw. mehrstufig) und der Kommunikationskanäle (bilateral bzw. multilateral) können vier Grundtypen von Netzwerkbeziehungen identifiziert werden (siehe Abb. 5.49).

Auch wenn der Begriff des Supply Chain Managements z. T. als Erweiterung des zwischenbetrieblichen Logistikmanagements verstanden wird (beispielsweise Gadatsch, 2002, S. 223; von Steinaecker und Kühner, 2001, S. 39 ff.), so hat sich doch gemeinhin die Auffassung durchgesetzt, dass das Supply Chain Management

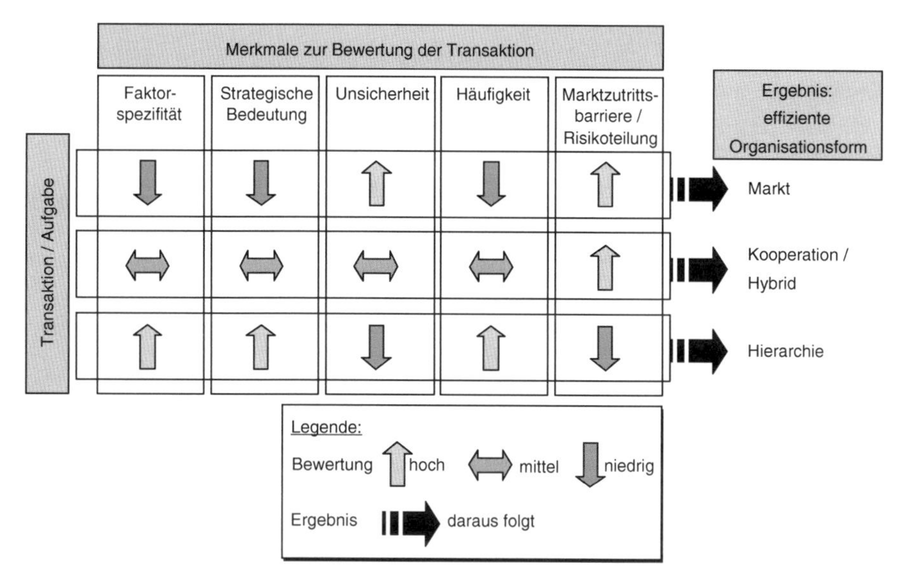

Abb. 5.48 Bewertung und Zuordnung von Merkmalen und Organisationsformen (Graf, 2005, S. 106)

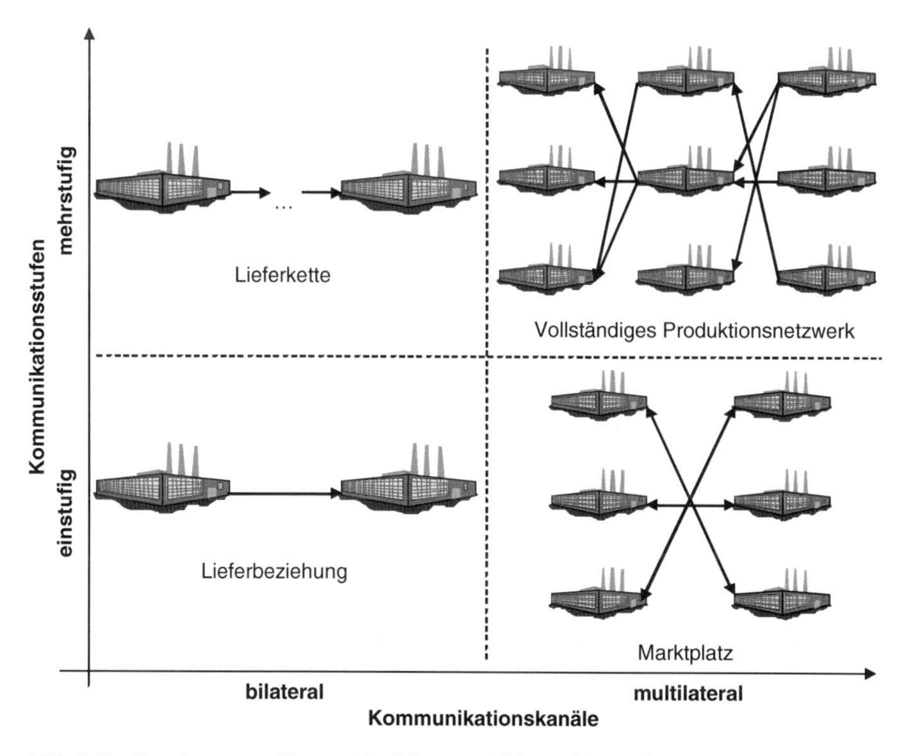

Abb. 5.49 Grundtypen von Netzwerkbeziehungen (Meier und Hanenkamp, 2002, S. 124)

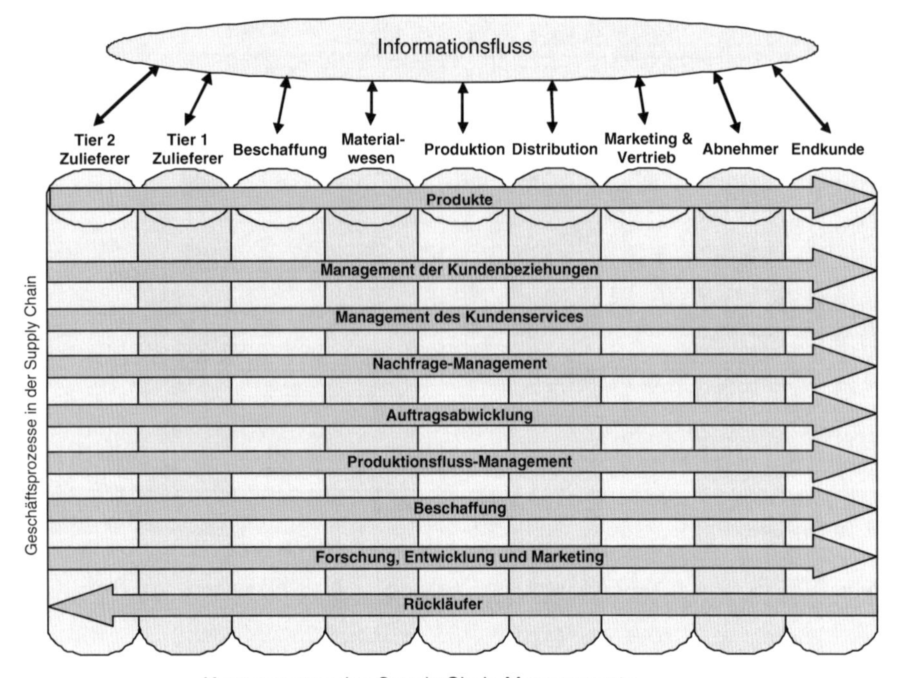

Abb. 5.50 Rahmen für ein prozessorientiertes Supply Chain Management (Cooper et al., 1997, S. 10)

die Anwendung des Prozessmanagements auf die überbetrieblichen Prozesse umfasst (Cooper et al., 1997, S. 2) (siehe Abb. 5.50). Ein ganzheitliches Supply Chain Management umfasst hierbei sowohl die unternehmensinternen Prozesse als auch die Vernetzung mit den Wertschöpfungspartnern (Gaitanides und Ackermann, 2004, S. 26).

Supply Chain Management kann definiert werden als die integrierte prozessorientierte Gestaltung, Lenkung und Entwicklung der Material-, Informations- und Geldflüsse entlang der gesamten Wertschöpfungskette (Kuhn und Hellingrath, 2002, S. 10) mit dem Ziel einer Kostensenkung, Qualitätssteigerung sowie Bearbeitung- und Lieferzeitverkürzung durch Prozessintegration (Gaitanides, 2007, S. 307 ff.). Hierdurch sollen über die gesamte Wertschöpfungskette

- eine Verbesserung der Kundenorientierung,
- eine Synchronisation der Versorgung mit dem Bedarf,
- eine Flexibilisierung und bedarfsgerechte Produktion, sowie
- ein Abbau der Bestände

erreicht werden (Kuhn und Hellingrath, 2002, S. 10). Die Informations- und Geldflüsse entlang der Supply Chain sind dem Materialfluss entgegengerichtet. Das Order-to-Payment „S“ Modell bildet diese Flüsse innerhalb des Unternehmens ab: Ein Materialfluss wird durch einen entgegengesetzten Informationsfluss ausgelöst und zieht einen gegenläufigen Geldfluss nach sich (Abb. 5.51). Eine Supply Chain wird durch die Verkettung der Order-to-Payment „S“ von der Urproduktion zum endgültigen Konsum gebildet (Klaus, 2000, S. 450 f.).

Ein vielfach diskutiertes Problem in diesem Zusammenhang ist der so genannte Bullwhip-Effect, d. h. die Verstärkung von Auftrags- und Mengenschwankungen über eine Supply Chain. Eine Integration der Prozesse der einzelnen Unternehmen, um Informationsungleichgewichte auszugleichen, ist eine klassische Aufgabe des Supply Chain Managements (siehe z. B. Lee et al., 1997).

Neben den vorgestellten Prozessmodellen von Cooper/Lambert/Pagh und Klaus, welche die Makroebene der Abläufe in Supply Chains abbilden, stellt das Supply Chain Operations Reference Model (SCOR Model) das am weitesten verbreitete Prozessmodell für Abläufe in Supply Chains dar. Das SCOR-Modell wurde als branchenübergreifendes Referenzprozessmodell durch den Supply Chain Council (SCC), einer unabhängigen non-profit Organisation, entwickelt. Ziel des Modells ist es, die Gestaltung, Analyse und Bewertung von Prozessen in Supply Chains zu unterstützen. Hierfür wird ein Modell von Referenzprozessen, Kenngrößen zur Bewertung und zum Benchmark von Supply Chains zur Verfügung gestellt. Dieses kann unternehmensindividuell angepasst werden.

Das Modell ist in vier Ebenen strukturiert, wobei die vierte Ebene die unternehmensspezifische Implementierung umfasst. Auf der obersten Ebene werden die fünf Basisprozesse des Modells definiert: Plan, Source, Make, Deliver und Return. Auf der zweiten Ebene, der Konfigurationsebene, werden unterschiedliche Varianten der Basisprozesse differenziert (siehe Abb. 5.52), während die dritte Ebene die Dekomposition in einzelne Prozesselemente enthält (Supply-Chain Council, 2006, S. 2 ff.).

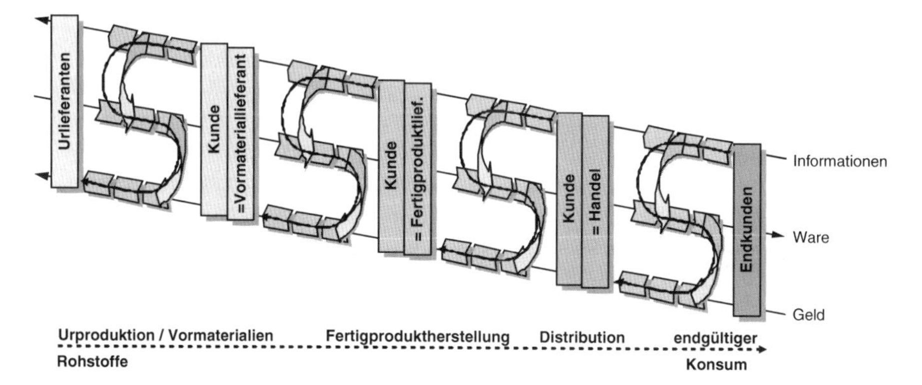

Abb. 5.51 Order-to-Payment „S“ (Klaus, 2000, S. 450 f.)

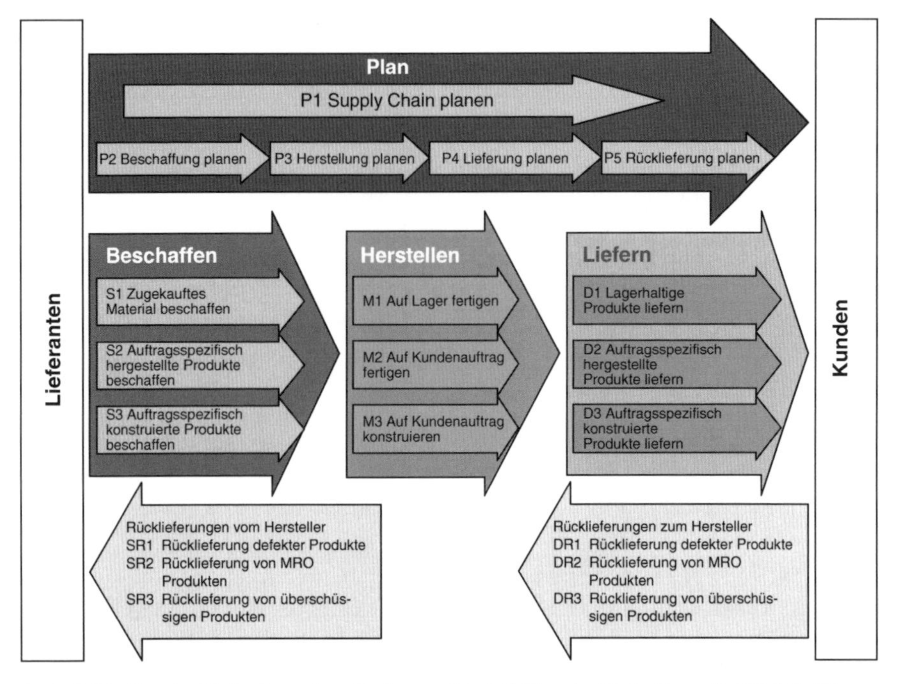

Abb. 5.52 Supply Chain Operations Reference Modell (Supply-Chain Council, 2006, S. 10)

5.3.2.2 Closed-Loop Supply Chain Management

Die bisher vorgestellte Supply Chain klassischer Definition endet mit der Auslieferung des Produktes an den Kunden (Graf, 2005, S. 45). Das SCOR-Modell exkludiert beispielsweise explizit After-Sales-Aktivitäten (Supply-Chain Council, 2006, S. 2). Proaktive Produkt- und Prozessplanung über den Lebenszyklus verlangt jedoch, Prozesse über den gesamten Lebensweg und alle involvierten Akteure zu gestalten, zu lenken und zu entwickeln. Ziel ist die Erschließung zusätzlicher Wertschöpfungspotenziale durch die Kreislaufführung von Produkten, Materialien und Energie (Guide et al., 2003a, S. 3). Eine *Lebenszyklusorientierung* des Prozessmanagements muss daher auch die Nachgebrauchsphase berücksichtigen und auf die Kreislaufführung von Produkten, Materialien und Energie zielen (Abb. 5.53).

Die Integration von Aktivitäten der Redistribution und der Kreislaufführung von Produkten, Materialien und Energie sowie der zugehörigen Akteure in die Supply Chain eines Unternehmens führt zu sogenannten Closed-Loop Supply Chains (Guide et al., 2003a, S. 3; Fleischmann et al., 2004, S. 8). Diese können bezogen auf den Ursprung der im Kreislauf geführten Produkte und Materialien in produktionsbezogene, distributionsbezogene, nutzungsbezogene und end-of-life-bezogene CLSC unterschieden werden (Flapper et al., 2005, S. 5 ff.).

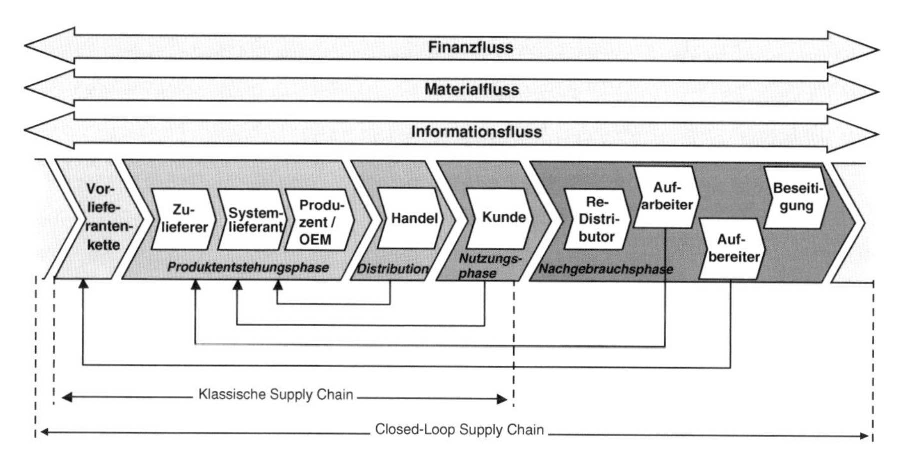

Abb. 5.53 Klassische und Closed-Loop Supply Chain (in Anlehnung an Graf, 2005, S. 46)

Closed-Loop Supply Chain Management kann demnach in Erweiterung der SCM-Definition als die integrierte prozessorientierte Gestaltung, Lenkung und Entwicklung der Material-, Informations- und Geldflüsse entlang der gesamten vorwärts und rückwärtsgerichteten Wertschöpfungskette definiert werden.

Als zusätzliche Zieldimensionen werden die Kreislaufführung von Produkten und Materialien sowie die Minimierung von Emissionen und Abfällen zur Beseitigung (Krikke et al., 2001, S. 2) ergänzt. Im Sinne eines Life Cycle Managements stellt das Prozessmanagement eine phasenübergreifende Disziplin dar (siehe Kap. 4.3). Ein als ganzheitlich verstandenes Prozessmanagement umfasst hierbei sowohl die Gestaltung, Lenkung und Entwicklung der innerbetrieblichen Strukturen als auch der interorganisationalen Strukturen über eine Closed-Loop Supply Chain unter Berücksichtigung des gesamten Lebenszyklus. Ein lebenszyklusorientiertes Prozessmanagement im Sinne eines prozessorientierten Closed-Loop Supply Chain Managements ist Gegenstand vielfältiger Forschungsarbeiten. Es kann jedoch festgestellt werden, dass ein umfassendes Konzept zur Gestaltung, Lenkung und Entwicklung von Prozessen in Closed-Loop Suply Chains derzeit nicht vorliegt. Die im Folgenden vorgestellten Ansätze und Konzepte greifen Einzelaspekte und Teilaufgaben heraus. Die vorgestellten Ansätze und Konzepte sind entsprechend der Darstellung in Abb. 5.54 nach der Einbindung weiterer lebensphasenübergreifender Disziplinen, der Integration lebensphasenbezogener Disziplinen und dem Planungshorizont eingeordnet.

Forschungs- bzw. Arbeitsgebiet	Auswahl von Autoren	Lebensphasen-übergreifende Disziplinen			Lebensphasenbezogene Disziplinen				Planungs-horizont strategisch operativ
		Lebenswegs-analysen	Inf.u.Wissens-management	Prozess-management	Produkt-management	Produktions-management	After-Sales-Management	End-of-Life-Management	
Umweltfokussierung in Supply Chains	Sommer, Schultmann, Letmathe	U			X	X	X	X	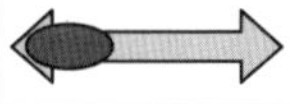
Outsourcingpotenziale von Prozessen in CLSC	Tuma, Lebreton, Atasu, von Wassenhove	W			X	X	X	X	
Eintreten in CLSC als Unternehmensoption	Blumberg, Lebreton, Bluemhof-Ruwaard, van Nunen	W, U, S			X	X	X	X	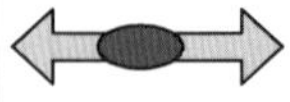
Erweiterung des SCOR-Modells im Sinne eines Closed Loop Supply Chain Managements	Baumgarten, Fritsch, Sonne-Dittrich	W			X	X	X	X	
	Cash, Wilkerson	U			X	X	X	X	
Prozessstrukturen bei der Unterstützung von CLSC in der Ersatzteilversorgung	Graf, Herrmann	W			(X)	(X)	X	X	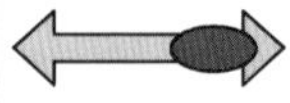

Lebensweganalyse berücksichtigt: U = Umweltaspekte, W = Wirtschaftliche Aspekte, S = Soziale, gesellschaftliche Aspekte

Abb. 5.54 Einordnung ausgewählter Ansätze zum lebenszyklusorientierten Prozessmanagement

5.3.2.3 Umweltfokussierung in Supply Chains durch Green CLSC

Wie oben erwähnt, beschäftigen sich verschiedene Forschungsarbeiten mit der ökologischen Optimierung von Supply Chains und betrachten dabei mehrere Produktlebensphasen (Tab. 5.9). Sommer stellt Managementansätze für die Supply Chain vor und betrachtet lebensphasenübergreifende Umweltschutzaktivitäten auf interorganisationaler Ebene. Anschließend werden die vorgestellten Konzepte klassifiziert in die passiv umweltfokussierte Supply Chain und die aktiv umweltfokussierte Supply Chain (Sommer, 2005). Basierend auf den genannten Zielen der Kreislaufführung und der Minimierung von Emissionen wird die so genannte *Green Supply Chain* angeführt. Hier werden zusätzliche, freiwillige Umweltleistungsanforderungen in die Ziele des Supply Chain Managements integriert. Das existierende Supply Chain Design wird dabei jedoch nicht angepasst oder verändert. (Letmathe, 2003, S. 15 ff.). Das heißt die Green Supply Chain ist weiterhin endproduktbezogen und die Betrachtung endet mit dem Übergang des Produktes zum Kunden. Gesetzliche Rahmenbedingungen und freiwillige Zielsetzungen erfordern jedoch die Erweiterung dieses Betrachtungshorizontes. Die Realisierung einer Kreislaufwirtschaft auf interorganisationaler Ebene wird daher erforderlich und es entwickeln sich *Reverse Supply Chains* (Schultmann, 2003, S. 46 f.). Bestmöglich erfüllt die genannten Ziele die *Closed-Loop Supply Chain* (Werner, 2001).

Tab. 5.9 Kategorisierung von Supply Chains nach Umweltfokus

Kategorie der Supply Chain	Supply Chain
Passiv umweltfokussierte Supply Chain	klassische Supply Chain erweiterte Supply Chain
Aktiv umweltfokussierte Supply Chain	Green Supply Chain Reverse Supply Chain Closed-Loop Supply Chain umweltorientierte Supply Chain

Aktiv umweltorientierte Supply Chains sind Supply Chains, die ihren Fokus auch ohne rechtliche Vorschriften auf ökologische Ziele gerichtet haben, während passiv umweltorientierte Supply Chains erst nach Inkrafttreten einer gesetzlichen Verordnung entsprechende Orientierungen angenommen haben.

Die Einbeziehung eines umfassenden Umweltschutzes in die Gestaltungsmaßnahmen von Supply Chains wird langfristig als bedeutend eingeschätzt, wobei die derzeit existierenden Lösungsansätze zur aktiven Umweltausrichtung als noch nicht ausgereift einzustufen sind.

5.3.2.4 Outsourcingpotenziale von Prozessen in CLSC

Im Sinne eines strategischen Closed-Loop Supply Chain Managements untersuchen Tuma/Lebreton das Outsourcingpotenzial von Geschäftsprozessen in CLSC (Tuma und Lebreton, 2005, S. 69 ff.). Hierzu werden die Bereiche „Ressourcenbereitstellung und Vorproduktion“, „Service und Erfassung“, „Redistributionsprozesse“, „Verwertungsprozesse“ und „Beseitigungsprozesse“ unterschieden. Dabei wird deren Einfluss auf die Umsetzung von Kreislaufstrategien und Recycling einerseits sowie Wiederverwendung andererseits untersucht und die Outsourcingpotenziale anhand der Transaktionskosten diskutiert. Die Ergebnisse der Überlegungen sind in Tab. 5.10 gegenübergestellt.

In (Atasu und van Wassenhove, 2005) wird die Diskussion über Outsourcing von Prozessen in CLSC für den speziellen Fall der Aufarbeitung für eine Wiederverwendung unter Berücksichtigung von Rückgabe- und Bedarfsverläufen weiter-

Tab. 5.10 Outsourcingpotenzial von CLSC Prozessen

Prozesse	Outsourcingpotenzial
Ressourcenbereitstellung und Vorproduktion	Outsourcingüberlegungen sollten unabhängig von der Kreislaufstrategie getroffen werden
Service und Erfassung	
Redistributionsprozesse	Bei spezifischen Transportanforderungen (z. B. Gefahrguttransport) bietet ein Outsourcing Vorteile
Verwertungsprozesse	Hohe Kosteneinsparpotenziale durch Outsourcing
Beseitigungsprozesse	

geführt. Anhand von Bestandsverläufen sowie Bedarfs- und Rückflussentwicklung werden die prinzipiellen Lösungen einer Eigenaufarbeitung, einer Outsourcinglösung sowie eines hybriden Modells einer geteilten Bearbeitung gegenübergestellt.

Beiden vorgestellten Ansätzen ist gemein, dass lediglich die grundsätzliche Allokation der Prozesse diskutiert wird, jedoch keine detaillierte Gestaltung der Prozesse vorgenommen wird. Ebenso sind die Bereiche der Lenkung und Entwicklung von Prozessen nicht berücksichtigt.

5.3.2.5 Eintreten in CLSC als taktische Unternehmensoption

Eine stark an den ökonomischen Zielgrößen einzelner Unternehmen ausgerichtete Auswahl und Gestaltung von Closed Loop Supply Chains stellen Lebreton und Blumberg vor. Blumberg untersucht CLSC hinsichtlich der potenziellen Serviceleistungen einzelner Akteure und schätzt deren Marktchancen ab (Blumberg, 2005). In einem Bezugsrahmen eines Frameworks werden Managementansätze zur Erreichung ökologischer und ökonomischer Zielvorgaben für einzelne Akteure dargestellt und kritische Prozesse oder Rahmenbedingungen benannt. Lebreton setzt mit seinen Untersuchungen ebenfalls an den ökonomischen Zielen der an der CLSC beteilig-ten Unternehmen an. Er entwickelt ein mathematisches Modell zur Beurteilung des Einflusses von Wiederverwendung, Wiederaufbereitung und Recycling auf die verfolgte Unternehmensstrategie (Lebreton, 2007). Auf Basis dieses mathematischen Grundmodells soll den Unternehmen eine Unterstützungsleistung bezüglich der frühzeitigen Auswahl und Teilnahme an einer CLSC geboten werden. Sowohl bei Blumberg als auch bei Lebreton wird die Teilnahme an CLSC unter unternehmerischen Gesichtspunkten diskutiert. Demgegenüber wurde von Bloemhof-Ruwaard und van Nunen ein Bezugsrahmen für das Nachhaltige Supply Chain Management entwickelt, das auf gesellschaftlichen und ökologischen Zielen basiert (Bloemhof-Ruwaard und van Nunen, 2005). Der Ansatz fokussiert dabei auf eine einzelne Branche (Agrarwirtschaft) und bietet eine Managementunterstützung bei der Entscheidung, der Überwachung und der Steuerung von Produkten und Prozessen, ohne dabei jedoch konkrete Handlungsanweisungen zur Gestaltung der überbetrieblichen Abläufe geben zu können.

5.3.2.6 Erweiterung des SCOR-Modells im Sinne eines CLSC Managements

Das in diesem Kapitel vorgestellte SCOR-Modell zielt explizit auf Supply Chains klassischer Natur und soll für eben diese Referenzprozesse und Performance Kenngrößen bereitstellen. Der enthaltene Return-Prozess bezieht sich ausschließlich auf mit einem Lieferprozess verbundene Rückflüsse von defekten Produkten, Produkten zur Instandhaltung und zu viel gelieferten Mengen (Supply-Chain Council, 2006, S. 10). Es existieren jedoch mehrere Ansätze, das SCOR-Modell im Sinne eines CLSC Managements weiterzuentwickeln. Im Projekt GreenSCOR (Cash und Wilkerson, 2003) wurde das Modell um ökologische Kenngrößen zur Bewertung von Supply

Chains erweitert. Hierzu zählen u. a. auch die Verwendung recyclingfähiger bzw. recycelter Materialien und die Rücknahme von Produkten zum Recycling sowie die mit der Supply Chain verbunden Emissionen. Eine Ausgestaltung spezifischer Referenzprozesse für die Nachgebrauchsphase erfolgt jedoch nicht.

Im Rahmen der Forschung im SFB 281 an der TU Berlin wurden verschiedene Konzepte zur Erweiterung des SCOR-Modells entwickelt. In (Baumgarten et al., 2003, S. 80 f.) werden die Prozesse zur Rückführung für eine Demontage und anschließende Wiedervermarktung von Produkten in das Modell integriert. In (Fritsch und Sommer-Dittrich, 2001, S. 1198 ff.) wird eine umfassendere Prozesskette der Rückführung, Behandlung und Wiedereinsteuerung zur Ergänzung des SCOR-Modells vorgestellt. In beiden Ansätzen wird jedoch auf eine Detaillierung im Sinne von Referenzprozessen mit Input- und Outputflüssen und Performance Kennzahlen verzichtet.

5.3.2.7 Prozessstrukturen bei der Unterstützung von CLSC in der Ersatzteilversorgung

Zur Lösung der Aufgabe einer Ersatzteilversorgung über lange Nachserienversorgungszeiträume wird in (Graf, 2005) die Ersatzteilgewinnung aus Marktrückläufern

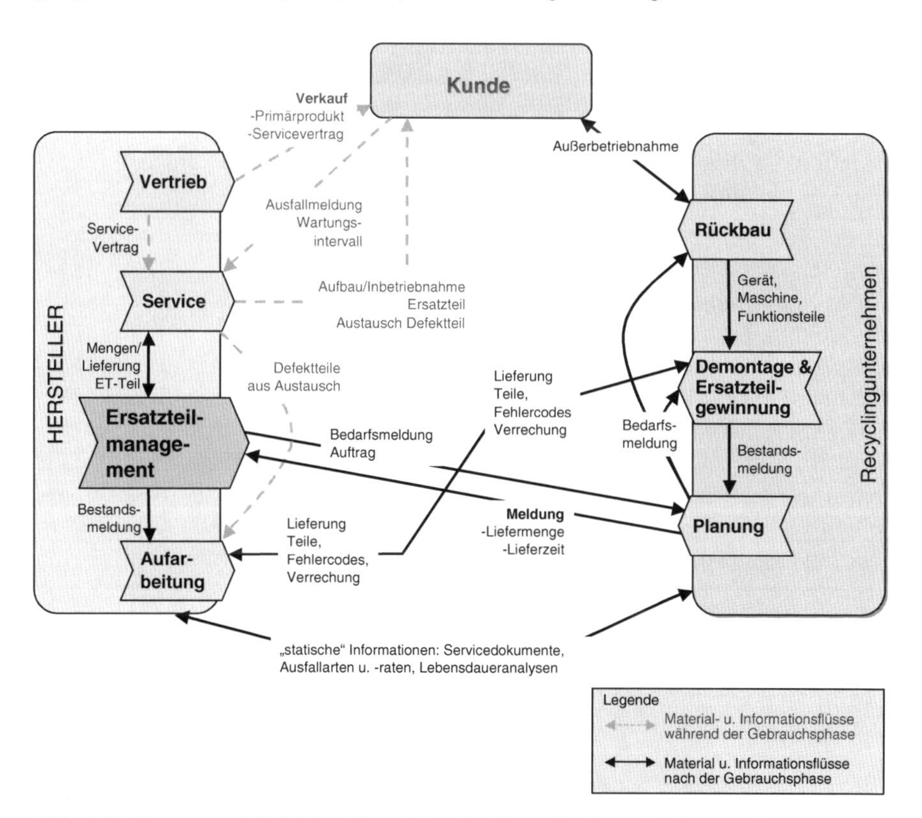

Abb. 5.55 Prozessmodell (Makro-Ebene) für eine Hersteller-Recycler-Kooperation zur Ersatzteilversorgung (Hesselbach et al., 2004, S. 29)

Tab. 5.11 Lösungsansätze für operative Planungs- und Steuerungsaufgaben

Planungs- und Steuerungsaufgabe	Lösungsansätze
Logistik	(Fleischmann et al., 1997; Reese und Urban, 2005)
Bestandsmanagement, Produktionsplanung und -steuerung	(de Brito und Dekker, 2003; Fleischmann und Minner, 2004; Inderfurth, 2005; van der Laan et al., 1999; Teunter et al., 2004; Toktay et al., 2000)
Foreasting, Beschaffung	(Guide et al., 2003b; Listes, 2002; Toktay et al., 2003)

ausgestaltet. Mittels des Transaktionskostenansatzes wird die Notwendigkeit einer Zusammenarbeit zwischen einem Primärprodukthersteller und einem Recycler im Sinne einer CLSC zur Lösung der Aufgabe abgeleitet. Die Ausgestaltung der Prozessdimension wird als wichtiges Gestaltungsfeld identifiziert und die Grobprozessstruktur entwickelt (Abb. 5.55).

Es erfolgt weiterhin eine detaillierte Ausgestaltung der intra- und interorganisationalen Prozesse, methodisch gestützt durch ein an das Systems Engineering angelehntes Vorgehen, sowie eine Modellierung der Prozesse als erweiterte ereignisgesteuerte Prozesskette.

Die Gestaltung erfolgt anwendungsfallunabhängig und besitzt somit Referenzcharakter (Herrmann et al., 2004, S. 141) für die spezifische Kooperation eines Primärproduktherstellers mit einem Recycler zur Ersatzteilgewinnung. Die Validierung erfolgt anhand eines Herstellers für Medizingeräte und einem Recyclingunternehmen zur Gewinnung von Ersatzteilen für Computed Radiography Systeme (Ploog et al., 2006, S. 188 ff.).

5.3.2.8 Zusammenfassung operativer Lösungsansätze

Während ein geschlossenes Konzept im Sinne eines Prozessmanagements für Closed-Loop Supply Chains derzeit nicht existiert, können in Anlehnung an (Guide et al., 2000, S. 131) eine Reihe operativer Planungs- und Steuerungsaufgaben identifiziert werden, für die ihrerseits Lösungen mit einem lebenszyklusbezogenen Blickwinkel entwickelt wurden: Logistik, Produktionsplanung und -steuerung, Forecasting, Beschaffung sowie Bestandsmanagement. Die in diesen Bereichen entwickelten Ansätze fokussieren jedoch zumeist auf die methodischen Komponenten einer Lösung und weniger auf die Aspekte der Prozessorientierung. Sie bilden jedoch die Grundlage für die Gestaltung, Lenkung und Entwicklung von Prozessen innerhalb von CLSC für die Bearbeitung dieser Planungsaufgaben. Tabelle 5.11 zeigt eine Übersicht über beispielhafte Lösungsansätze zu den identifizierten Aufgabenbereichen.

Kapitel 6
Lebensphasenbezogene Disziplinen

6.1 Produktmanagement

Das Produkt ist eine Leistung, die vom Unternehmen marktorientiert angeboten wird, um die Bedürfnisse des Kunden mit den spezifischen Eigenschaften und Funktionen zu befriedigen (Sabisch, 1991). Allgemeiner definiert ist „ein Produkt [...] eine Sach- oder Dienstleistung, die Träger von Nutzeninhalten ist und daher Gegenstand eines Wertaustausches am Markt sein kann." (Pepels, 2003, S. 1) Entsprechend stellt die Entwicklung und Herstellung von Produkten die primäre Funktion eines Unternehmens dar, wobei aus ingenieurswissenschaftlicher Sicht vor allem physische Produkte und Leistungsbündel aus physischem Produkt und Dienstleistung von Interesse sind.

Im Sinne eines Ganzheitlichen Life Cycle Managements stellt das Produktmanagement eine lebensphasenbezogene Disziplin dar (Abb. 6.1). Sie umfasst die Planung, Entwicklung und Betreuung von Produkten unter Berücksichtigung des gesamten Lebenszyklus.

6.1.1 Grundlagen des Produktmanagements

> Das Produktmanagement als betriebliche Strukturierungsform betrifft [...] die Planung, Organisation, Durchführung und Kontrolle aller Aktivitäten, welche die Einführung, die Pflege, die Ablösung oder die Einstellung von Produkten betreffen. Sowie [...] die Gestaltung des Programms aller Produkte in Breite und Tiefe sowie die Steuerung der, vornehmlich internen, Prozesse bis zu deren Marktreife und Markterfolg. (Pepels, 2003, S. 1)

Die Gestaltung des Produktes bzw. Produktionsprogramms und die Positionierung am Markt sind somit Hauptaufgaben des Produktmanagements. Wie aus der Definition ersichtlich, wird der Fokus dabei auf bereits existierenden Produkten oder Neuentwicklungen liegen:

C. Herrmann, *Ganzheitliches Life Cycle Management*,
DOI 10.1007/978-3-642-01421-5_6, © Springer-Verlag Berlin Heidelberg 2010

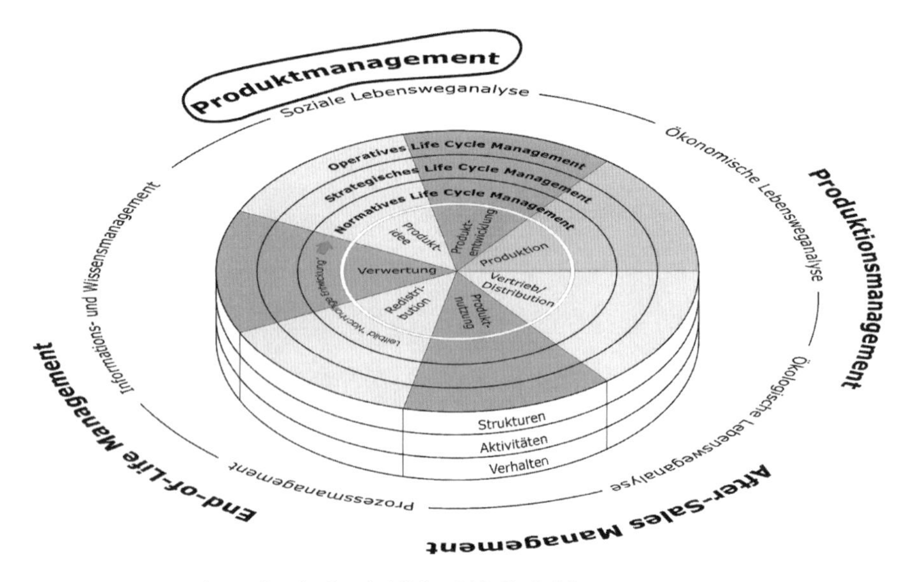

Abb. 6.1 Bezugsrahmen für ein Ganzheitliches Life Cycle Management

- Das Produktmanagement bereits *am Markt befindlicher Produkte* beinhaltet im Wesentlichen die Elemente des klassischen Marketing-Mix über die Definition von Maßnahmen in den Bereichen Produkt- (z. B. Qualität, Service, Verpackung, Markierung, Sortierung), Preis- (z.B. Rabatte, Lieferungs-/Zahlungsbedingungen), Kommunikations- (z.B. Werbung, Verkauf, Sponsoring, Öffentlichkeitsarbeit) und Distributionspolitik (z.B. Wahl der Absatzkanäle) (Fritz und von der Oelsnitz, 2001).
- *Neuentwicklungen* entstehen im Rahmen des Produktentstehungsprozesses und haben eine wesentliche strategische Bedeutung für den langfristigen Unternehmenserfolg (Eversheim und Schuh, 2005). Aufgrund der guten (technischen) Beeinflussbarkeit möglicher Auswirkungen im Lebenszyklus bei der Planung und Entwicklung von Produkten ist dieser Bereich des Produktmanagements aus ingenieurswissenschaftlicher und lebenszyklusorientierter Sicht besonders relevant (siehe Kap. 2) und wird daher in den folgenden Abschnitten detaillierter betrachtet.

6.1.1.1 Produktentstehung und Innovationsmanagement

Die Planung und Entwicklung neuer Produkte sind wesentliche Funktionen innerhalb des Produktmanagements. Die Kernaufgabe besteht darin, Marktanforderungen und Ideen basierend auf einem Zielsystem in wirtschaftlich erfolgreiche und technisch realisierbare Produkte umzusetzen (Schmelzer, 1992). Der Prozess der Planung und Entwicklung von Produkten bis hin zu deren Markteinführung wird i.A. als Produktentstehungsprozess bezeichnet. Synonym wird zum Teil auch der Begriff Produktengineering verwendet (Gausemeier, 2000). Handelt es sich explizit um neue Produkte, so kann der Produktentstehungsprozess mit dem Begriff des Innovationsprozesses gleichgesetzt und somit deren bewusste Gestaltung und Steuerung als Innovationsmanagement bezeichnet werden (Sawalsky, 1995). Der Begriff der Innovation kann in verschiedenster Art und Weise näher differenziert werden (z. B. Produkt-/Prozessinnovation, radikale/inkrementelle Innovation). Der Kern liegt in der Umsetzung einer Neuheit oder einer signifikanten Verbesserung gegenüber dem vorherigen Zustand. Als Produktinnovation wird demnach hier die Umsetzung eines neuen oder signifikant verbesserten Produktes bezeichnet (Organisation for Economic Co-operation and Development und Europäische Kommission, 2005; Schumpeter und Opie, 1934; Hauschildt, 2004).

Die Forschung im Bereich des Innovationsmanagements kann grundsätzlich nach verschiedenen Kriterien klassifiziert werden; eine beispielhafte Auswahl entsprechender Autoren ist in Abb. 6.2 aufgeführt (Herrmann et al., 2007a; Lundvall, 1992; Edquist, 1997; Dosi, 1988; Meißner, 2001; Cohen et al., 2002; Rennings, 2003; Gerybadze, 2004; Pfriem et al., 2006; Fischer, 1999; Franke, 2005; Konrad, 1998; Brockhoff, 1999a; Vahs und Burmester, 2002):

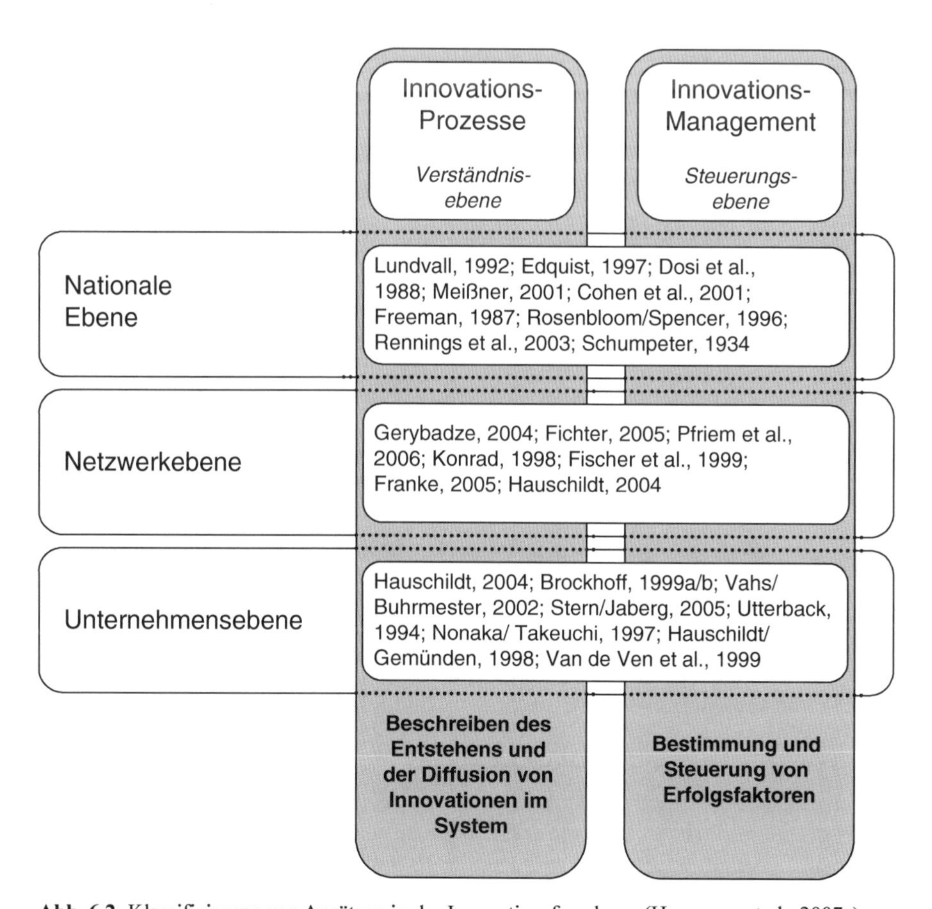

Abb. 6.2 Klassifizierung von Ansätzen in der Innovationsforschung (Herrmann et al., 2007a)

- Verständnisebene und Steuerungsebene: Forschungsansätze zielen einerseits auf die Untersuchung der ablaufenden Innovationsprozesse mit dem Ziel der Erhöhung des Verständnisses für die Entstehung und Diffusion von Innovationen in Systemen. Die Steuerungsebene wiederum zielt auf das bewusste Management von Innovationen in verschiedenen Systemen über die Bestimmung und Steuerung von Erfolgsfaktoren.
- Betrachtungsebenen: Innovationsprozesse finden auf verschiedenen Ebenen statt. Auf (supra-) nationaler Ebene sind vor allem volkswirtschaftlich getriebene Untersuchungen etabliert, z.B. die Untersuchung des Einflusses bestimmter politischer Maßnahmen auf das nationale Innovationssystem als „…ein Netzwerk von Institutionen in öffentlichen und privaten Sektoren, dessen Aktivitäten und Interaktionen für die Initiierung, den Import, die Modifikation sowie die Diffusion von neuen Technologien sorgen“ (Freeman, 1987). Wichtige Themen auf Netzwerkebene sind die bi- oder multilateralen Kooperationsbeziehungen einzelner Akteure bei der Produktentstehung, z.B. im Rahmen regionaler Innovationsnetzwerke. Die dritte und hier vor allem relevante Ebene ist die des einzelnen Unternehmens, auf die im Folgenden detaillierter eingegangen wird.

6.1.1.2 Verständnisebene

Jeder Produktentstehungsprozess hat seinen eigenen spezifischen, projektgebundenen Verlauf (Scholl, 1998) und involviert dabei verschiedene Abteilungen in Unternehmen. Die Tätigkeiten lassen sich aber grundsätzlich in immer wiederkehrende Phasen unterteilen. Die Anzahl dieser Phasen und die Abgrenzung der Begrifflichkeiten sind in der Literatur allerdings sehr unterschiedlich gestaltet. Abbildung 6.3 zeigt dazu beispielhaft verschiedene Autoren und ihre Interpretation der Phasen eines Produktentstehungs- bzw. Innovationsprozesses (Weiber et al., 2006; Hauschildt, 2004; Reeder et al., 1991; Gemünden et al., 1992; Brockhoff, 1999b; Trommsdorff, 1990; Thom, 1992; Arthur D. Little International Inc., 1987). Wie auch aus der Übersicht ersichtlich wird, werden Innovationsprozesse oftmals in sequentielle Phasen unterteilt. Wichtig ist hierbei, dass diese streng sukzessive Abfolge von Aktivitäten eher idealisiert und theoretisch zu beurteilen und in der Realität so selten vorfindbar ist. Realistische Umstände, wie die Wechselwirkungen verschiedener Phasen (Feedback-Loops), nicht notwendigerweise sukzessiv sondern eher parallel stattfindende Aktivitäten oder die Interaktion mit anderen Akteuren, können mit diesen traditionellen Phasenmodellen nicht abgebildet werden. Daher entwickelten sich in den letzten Jahren zunehmend eher interaktive Modelle, die diese Aspekte berücksichtigen (Rosenbloom und Spencer, 1996; de van Ven, 1999). Die Verschiedenheit der Phaseneinteilungen und -bezeichnungen unterstreicht, dass bisher kein detailliertes, allgemein akzeptiertes Ablaufmodell von Innovationsprozessen existiert.

Es kann allerdings unabhängig von Produkten und Art der Unternehmen ein sehr generischer Ablauf identifiziert werden, der sich am typischen Problemlösungszyklus orientiert. Grundsätzlich besteht der Innovationsprozess immer aus der Ge-

Phaseneinteilung							
Autoren	**1**	**2**	**3**	**4**	**5**	**6**	**7**
Hauschildt (2004)	Idee	Entdeckung/ Beobach-tung	Forschung	Entwicklung	Erfindung	Verwer-tungsanlauf	Laufende Verwertung
Reeder/Bierty/Reeder (1991)	Ideen-generierung	Screening	Ideen-bewertung	Vorläufiger Business-plan	Produktent-wicklung u. Test	Formaler Business-plan	Markt-einführung
Geschka/Laudel (1992)	Strategische Orientierung	Ideenfindung	Auswahl von Vorschlägen	Erarbeitung der Aufga-benstellung	Präzisierung der Aufga-benstellung	Realisierung	
Brockhoff (1999a)	Projektidee	Forschung & Entwicklung	Invention	Investition	Einführung		
Cooper/Kleinschmidt (1991)	Idee	Ideen-selektion	Entwicklung	Test und Validierung	Produktion und Markt-einführung		
Trommsdorff/ Schneider (1990)	Problem-erkenntnis	Ideengene-rierung	Screening und Analyse	Entwicklung	Test und Vermarktung		
Thom (1992)	Ideen-generierung	Ideen-akzeptierung	Ideen-realisierung				
Müller/Deschamps (1987)	Invention	Inkubation	Implemen-tierung				

Abb. 6.3 Phaseneinteilung des Innovationsprozesses nach verschiedenen Autoren (Weiber et al., 2006, S. 108)

nerierung von Ideen, deren Bewertung und letztendlich der Realisierung der als gut erachteten Konzepte (Abb. 6.4). Entsprechend wird durch die kontinuierliche Bewertung nur ein geringer Teil der ursprünglichen Ideen weiter verfolgt und final realisiert (Stern und Jaberg, 2005). Dieser Selektionsprozess kann durch das sogenannte Trichtermodell veranschaulicht werden (Corre und Mischke, 2005). Aus funktionaler Sichtweise können hieraus drei wesentliche Phasen für die Produktentstehung abgeleitet werden (Euringer, 1995; Gausemeier, 2000; Stern und Jaberg, 2005; Herrmann et al., 2007a; Andreasen, 2005a):

- Ziel der (strategischen) *Produktplanung* ist es, eine Produktidee aufbauend auf den zugrunde liegenden Unternehmenszielen zu konkretisieren und eine Aufgabenstellung zu formulieren. Dafür wird zunächst eine Situationsanalyse durchgeführt, um eine Grundlage für die Suche, Bewertung und Verdichtung zukunftsträchtiger Ideen zu schaffen. Hieraus ergibt sich die Antwort, ob und wann neue Produkte entwickelt werden. Kommt man zu dem Ergebnis, dass ein neues Produkt entwickelt werden soll, werden Projektspezifikationen definiert und üblicherweise zusammen mit der Projektplanung in einem Pflichtenheft bzw. Lastenheft festgehalten.
- Der zweite Schritt ist der Bereich der eigentlichen *Produktentwicklung*. Die Entwicklung befasst sich mit der technischen Realisierung der Produktvorgaben aus dem Pflichtenheft. Entsprechend wird der Begriff der Entwicklung in diesem Fall als spezifischer Aufgabenumfang und nicht als Bezeichnung für den gesamten Produktentstehungsprozess verstanden.
- Die dritte Phase des Produktentstehungsprozesses bildet die *Prozessentwicklung* (Gausemeier, 2000) bzw. Arbeitsvorbereitung als Bindeglied zwischen der Entwicklung und der Produktion (Binner, 1999). Grundsätzlich kann zwischen

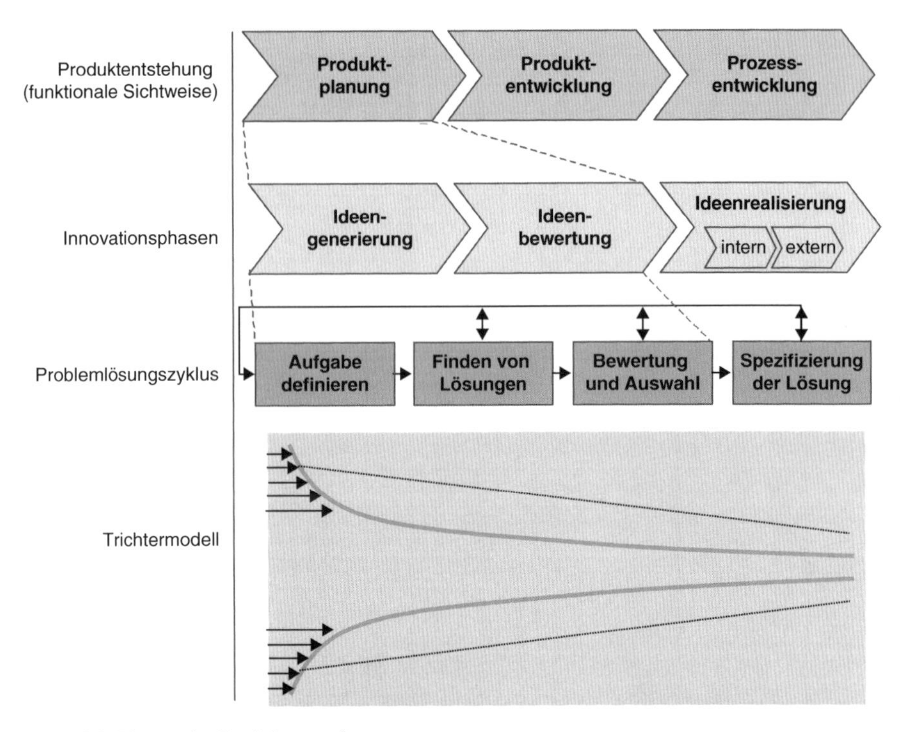

Abb. 6.4 Phasen des Produktentstehungsprozesses

Fertigungsplanung und Serienanlauf unterschieden werden. Weiterhin ist eine Unterteilung der Arbeitsvorbereitung in die Arbeitsplanung und die Arbeitssteuerung möglich. Bei der Arbeitsplanung werden alle auftragsunabhängigen und einmaligen Arbeitsschritte dargestellt, die ein in der vorherigen Phase durch eine Konstruktionszeichnung dargestelltes Produkt in ein physisches Erzeugnis verändern. Dieses wird in einem Arbeitsplan festgehalten. Die Arbeitssteuerung baut auf der Arbeitsplanung auf und umfasst alle Tätigkeiten, die zur auftrags- und zeitgerechten Abwicklung der in dem Arbeitsplan festgehaltenen Prozesse beitragen. In dieser Phase des Produktentstehungsprozesses geht es entsprechend nicht mehr um die Planung und Entwicklung des eigentlichen Produktes, sondern vielmehr um die Herstellung des Produktes. Im Sinne des Simultaneous bzw. Concurrent Engineering und einer integrierten Produkt- und Prozessgestaltung sollen Produkt- und Prozessentwicklung idealerweise nicht nacheinander sondern vielmehr bereits möglichst parallel stattfinden (Eversheim und Schuh, 2005; Andreasen, 2005b).

Aus Sicht der Gesamtunternehmung ist die Produktentstehung als primäre Aktivität zur Wertschöpfung zu verstehen, bei der verschiedene Bereiche des Unternehmens involviert sind, die die dargestellten Phasen des Produktentstehungsprozesses widerspiegeln (Abb. 6.5) (Sawalsky, 1995).

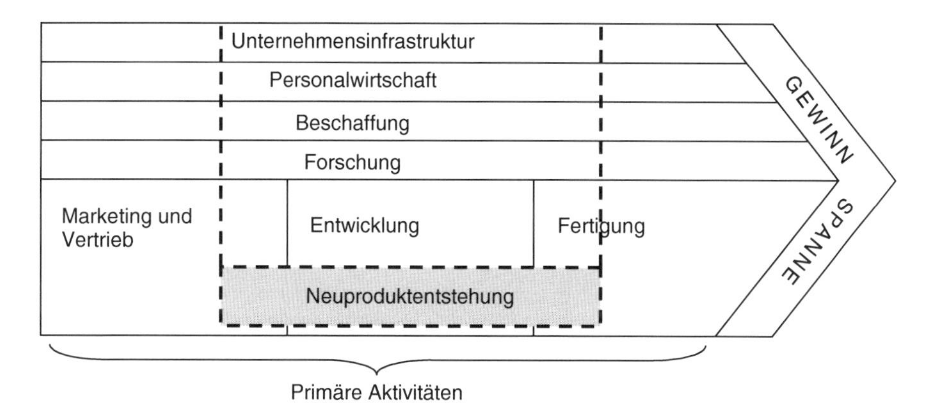

Abb. 6.5 Einordung der Neuproduktentstehung in die (modifizierte) Wertkette (Sawalsky, 1995; Porter, 2000)

Marketing bzw. Vertrieb stellen mit Marktinformationen und Kundenanforderungen wichtige Eingangsgrößen für die Produktplanung dar und sind außerdem über die Ausgestaltung der Strategien des Marketing-Mix naturgemäß wesentlich bei der Markteinführung des neuen Produktes beteiligt. Weitere beteiligte primäre Aktivitäten sind analog zu den obigen Ausführungen die Entwicklung und die Fertigung (Fertigungsplanung und Serienanlauf). Forschung, Beschaffung, Personalwirtschaft und Unternehmensinfrastruktur stellen hiernach sekundäre bzw. unterstützende Aktivitäten dar (siehe dazu z. B. auch Eversheim und Schuh, 1999a).

6.1.1.3 Steuerungsebene

Ein weiterer Schwerpunkt in der Innovationsforschung liegt bei der Identifikation der Einflussgrößen und Erfolgsfaktoren von Innovationen im Unternehmen und der Möglichkeiten eines bewussten Managements von Innovationsprozessen. Hierbei können einerseits die harten bzw. strukturellen Faktoren wie die gewählten Innovationsstrategien (z. B. Technologieinnovator oder -folger) oder die Gestaltung von Organisationsstrukturen und -prozessen unterschieden werden, die den Rahmen des betrieblichen Innovationsmanagements bilden (Utterback, 2006; Brockhoff, 1999a). Andererseits existieren auch so genannte ‚weiche‘ Faktoren wie die Qualifikation und Motivation des Personals im Allgemeinen oder z. B. das Verhalten der Führungskräfte im Speziellen, die existierende Unternehmenskultur, frühere Erfahrungen mit Innovationen oder die informelle Kommunikation innerhalb des Unternehmens (Hauschildt, 2004). Diese Faktoren sind wesentlich schwieriger direkt zu kontrollieren, haben aber trotzdem wesentlichen Einfluss auf den Informations- und Wissensaustausch und die Innovationsprozesse im Unternehmen (Nonaka und Takeuchi, 1995, vgl. Kapitel Informations- und Wissensmanagement). Eine wesentliche Funktion übernehmen dabei Individuen mit verschiedenen Rollen, die als so genannte Promotoren (Abb. 6.6) die Innovationen innerhalb des Unternehmens

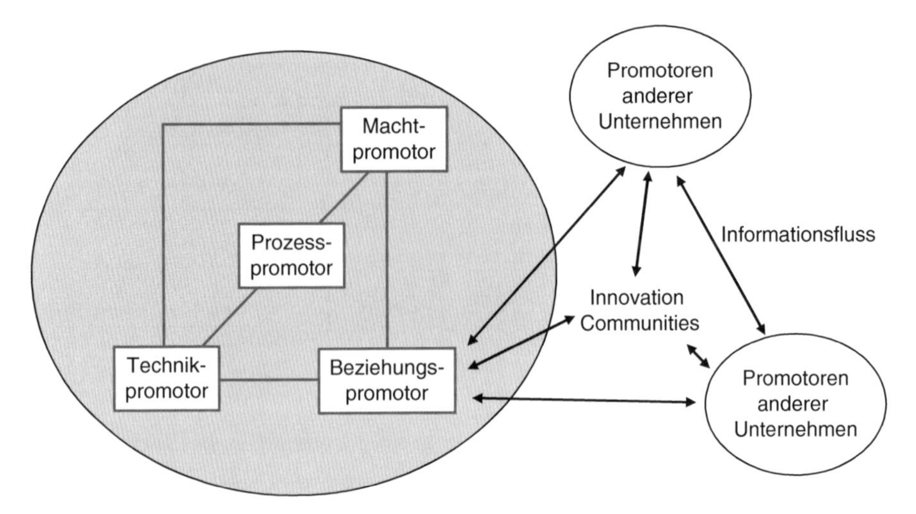

Abb. 6.6 Das (erweiterte) Promotorenmodell (Hauschildt, 2004; Pfriem et al., 2006)

unterstützen, voranbringen und durchsetzen und somit entscheidenden Einfluss auf deren Erfolg haben (Witte, 1973; Pfriem et al., 2006; Hauschildt und Gemünden, 1998).

6.1.1.4 Aufgaben des Innovationsmanagements

Das Prinzip der Rekursivität des Modells lebensfähiger Systeme und der systemtheoretische Ansatz des St. Galler Management-Konzeptes ermöglicht die Darstellung des Innovationsmanagements als ein Subsystem (Abb. 6.7). Auf diese Weise können logisch von einander abgrenzbare Aufgabenfelder differenziert werden (Eversheim, 2003, S. 5).

Den Rahmen bilden auf der einen Seite die Strukturen: aus der Innovationsorganisation resultieren Innovationsprozesse. Auf der anderen Seite stehen das angestrebte Verhalten im Hinblick auf Führungsaufgaben und die Innovationsbereitschaft der Mitarbeiter im Arbeitsprozess. Wesentliche Aufgabenfelder unter Aktivitäten sind die Innovationsplanung und deren Umsetzung in Innovationsprojekten (Eversheim, 2003, S. 8 f.). Mit dem Blick auf neue Produkte entspricht die Innovationsplanung der (strategischen) Produktplanung.

6.1.1.5 (Strategische) Produktplanung

Bea und Haas verstehen unter der strategischen Planung ein Vorgehen, um Zukunftsprobleme zu erkennen und zu lösen. Dazu ist „ein informationsverarbeitender Prozess zur Abstimmung der Umwelt mit den Potenzialen des Unternehmens in der Absicht zu durchlaufen, mit Hilfe von Strategien den langfristigen Erfolg eines Unternehmens zu sichern“ (Bea et al., 2001).

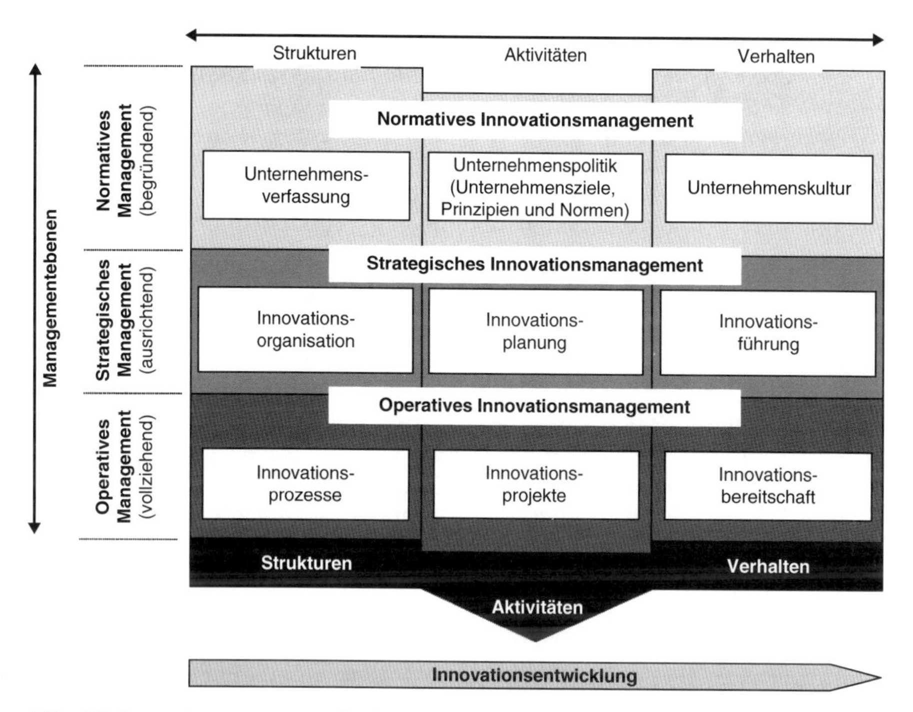

Abb. 6.7 Innovationsmanagement im St. Galler Management-Konzept; in Anlehung an (Eversheim, 2003, S. 7)

Basierend auf dem Prozesscharakter der strategischen Planung findet sich in der Literatur eine Vielzahl von Ausführungen über die Phasen des Planungsprozesses. Dabei können präskriptiv-synoptische und deskriptiv-inkrementale Ansätze unterschieden werden. Präskriptiv-synoptische Ansätze haben einen normativen Charakter und enthalten Gestaltungshinweise, wie ein strategischer Planungsprozess zu strukturieren ist. Eine empirische Überprüfung erfolgt nicht. Als Beispiele können an dieser Stelle die Ansätze von Ansoff (Ansoff, 1984) oder Vancil/Lorange (Vancil und Lorange, 1980) genannt werden. Im Gegensatz dazu stellen die deskriptiv-inkrementalen Ansätze eine empirische Fundierung in den Mittelpunkt. Anhand von empirischen Untersuchungen und Analysen strategischer Planungsprozesse in Unternehmen abstrahieren die deskriptiv-inkrementalen Ansätze allgemeingültige Phasenbeschreibungen. Die Phasen spiegeln wesentliche Glieder eines Regelkreises wider. Stellvertretend wird der Ansatz von Welge/Al-Laham vorgestellt, der den strategischen Planungsprozess in fünf Phasen unterteilt (Welge und Al-Laham, 2007).

- **Phase der Zielbildung:** Diese Phase startet mit der Definition der Unternehmenspolitik und des Unternehmensleitbildes. Die Leitbilder konkretisieren die Unternehmenspolitik, indem Verhaltensrichtlinien für die Mitarbeiter gegenüber den Partnern eines Unternehmens postuliert werden. Die Phase der Zielbildung umfasst weiterhin die Formulierung von langfristigen Zielen des Unternehmens.

Der Abstraktionsgrad der Zielbeschreibung ist in dieser Phase allerdings noch relativ hoch. Konkrete Maßnahmen für einzelne Funktionsbereiche lassen sich in der Regel noch nicht ableiten.

- **Phase der strategischen Analyse:** Die strategische Analyse betrachtet zwei Analyseobjekte. Einerseits werden im Rahmen der Analyse der Umwelt Informationen zum betrieblichen Umfeld gesammelt und hinsichtlich sich bietender Chancen (z.B. neue Märkte) oder möglicher Risiken (z.B. neue Konkurrenten) analysiert. Anderseits werden bei der Unternehmensanalyse die betrieblichen Strukturen, Prozesse und Kompetenzen mit dem Ziel untersucht, eigene Stärken und Schwächen zu identifizieren. Die Ergebnisse der Umfeld- und Unternehmensanalyse basieren auf vergangenheitsorientierten Daten. Wie oben dargestellt, ist es aber auch Aufgabe der strategischen Planung, Zukunftsprobleme zu erkennen und zu lösen. Eine zukunftsbezogene Betrachtung erfolgt im Rahmen der Prognose und Frühaufklärung. Prognosen sind Wahrscheinlichkeitsaussagen zukünftiger Ereignisse. Auf Basis von Vergangenheitsdaten wird versucht, eine zukünftige Entwicklung zu antizipieren. Systeme der Frühaufklärung sind Informationssysteme, die den Entscheidungsträgern Informationen über zukünftige Entwicklungen, so genannte schwache Signale, zur Verfügung stellen.
- **Phase der Strategieformulierung:** In dieser Phase werden strategische Ziele und daraus abgeleitet strategische Maßnahmen definiert. Abhängig vom Strategietyp können die strategischen Ziele und Maßnahmen einen unterschiedlichen Bezug und Charakter haben. So können strategische Ziele und Maßnahmen zum gesamten Unternehmen, zu Geschäftsbereichen oder zu einzelnen Funktionsbereichen, z.B. für die Produktion, formuliert werden. In der Regel wird versucht, verschiedene Strategiealternativen zu formulieren, die einen anschließenden Bewertungs- und Auswahlschritt durchlaufen.
- **Phase der Strategieimplementierung:** Die strategischen Ziele und Maßnahmen müssen im nächsten Schritt in operative Maßnahmenkataloge überführt werden. Dieses umfasst nicht nur die operative Maßnahmenplanung sondern auch die darauf aufbauende Termin- und Budgetplanung.
- **Phase der Strategiekontrolle:** Die Strategiekontrolle kann in zwei Teilbereiche differenziert werden. Einerseits müssen die in der Phase der strategischen Analyse und Strategieformulierung gemachten Annahmen und Prämissen auf ihre Gültigkeit überprüft werden. Im Rahmen der Durchführungskontrolle wird untersucht, inwieweit die formulierten Ziele und Maßnahmen sowohl sachlich als auch terminlich und wirtschaftlich erreicht werden. Dabei sind rechtzeitig Abweichungen zu identifizieren und entsprechende Gegenmaßnahmen zu treffen.

Eine Auswahl von Phasenmodellen verschiedener Autoren für die strategische Produktplanung zeigt Abb. 6.8, die einen zielgerichteten Ablaufplan für die Entwicklung neuer Produkte von der Zielbildung bis zur Kontrolle bereitstellen.

Die Phasen müssen dabei nicht zwangsläufig sequentiell ablaufen, sondern können auch Rücksprünge beinhalten. Beispielhaft seien hier zwei Ansätze detaillierter dargestellt.

	Strategische Produktplanung nach **Gausemeier**	Produktplanung nach **VDI-2220**	Produktplanung nach **Kramer**	IRM-Methodik nach **Eversheim**
Zielfindung				**Zielbildung** • Ableitung von Innovationszielen und Aufgaben
Analyse	**Potentialfindung** • Erfolgspotentiale und Handlungsoptionen der Zukunft finden	**Analyse** • Informationen aus Markt und Umwelt • Informationen aus dem Unternehmen	**Analyse** • Analyse des Umfeldes, des Wettbewerbs, der Abnehmer • Bewertung von Produkten, Märkten • Strateg. Ausgangslage	**Zukunftsprognose** • Ermittlung zukünftiger Anforderungen • Ermittlung von Chancen und Risiken, Stärken und Schwächen
Produkt-findung	**Produktfindung** • Produkt- und ggf. Dienstleistungsideen • Produktanforderungen	**Produktfindung** • Suchen und Sammeln von Produktideen • Ideenselektion • Produktdefinition	**Strategiefindung** • Strategien vorgeben, entwickeln, selektieren und durchsetzen **Ideenfindung** • Suchfelder erschließen • Ideensuche, -bewertung-, und -selektion	**Ideenfindung** Ideenbewertung Ideendetaillierung Konzeptbewertung
Umsetzungs-planung	**Geschäftsplanung** • Produkt- und ggf. Dienstleitungsideen • Produktanforderungen			Umsetzungsplanung • Einordnung von F&E-Projekten auf einen Zeitstrahl • Ableitung von Umsetzungsaktivitäten
Kontrolle	**Strategiekontrolle** • strategische Frühaufklärung • Umsetzungskontrolle	**Produktplanungs-verfolgung** **Produktkontrolle**	**Verfolgung/ Überwachung** • Frühwarnsysteme • Absatz-, Kosten- und Leistungskontrolle der einzelnen Produkte	

Abb. 6.8 Übersicht über die Phasen der Produktplanung (Mateika, 2005, S. 42)

6.1.1.6 Strategische Produktplanung nach Gausemeier

Die strategische Produktplanung nach Gausemeier ist eine Teilphase des Produktinnovationsprozesses (Gausemeier, 2000; Gausemeier et al., 2001). Die weiteren Teilphasen lassen sich in die Produktentwicklung und die Prozessentwicklung unterteilen. Die Produktplanung ist der Entwicklung sowie Konstruktion zeitlich vorgelagert und stellt Eingangsinformationen in Form von strategischen Produktanforderungen für den Konstruktionsprozess zur Verfügung. Während sich in der Literatur viele Modelle finden, die den Produktinnovationsprozess als sequentielles Phasenmodell abbilden, wird er durch Gausemeier als eine Menge von drei Zyklen angenommen. Abbildung 6.9 zeigt die drei Zyklen des Produktinnovationsprozesses.

Der erste Schritt der strategischen Produktplanung ist die **Potenzialfindung**, in der Erfolgspotenziale und Handlungsoptionen der Zukunft identifiziert werden sollen. Im Rahmen der **Produktfindung** ist es die Aufgabe, auf Basis der gefundenen Erfolgspotenziale Ideen für neue Produkte zu finden und zu bewerten. Die Produktfindung ist ein kreativer Prozess, der intensiv durch Kreativitätsmethoden und -techniken unterstützt werden kann. Wenn eine viel versprechende Idee gefunden wurde, beginnt im letzten Schritt die **Geschäftsplanung**. Zweck dieser Planung

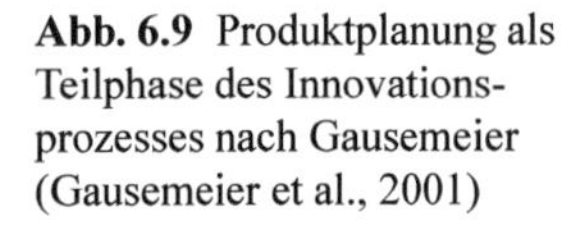

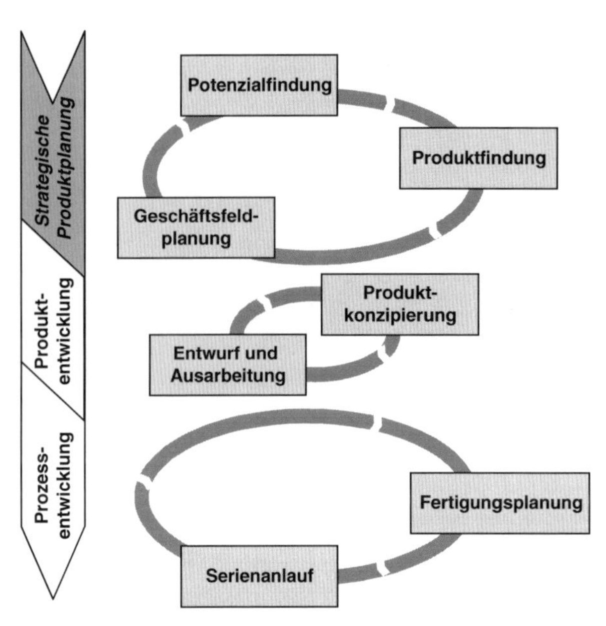

Abb. 6.9 Produktplanung als Teilphase des Innovationsprozesses nach Gausemeier (Gausemeier et al., 2001)

ist es, den Nachweis des wirtschaftlichen Erfolges, z. B. in Form von statistischen und dynamischen Verfahren der Investitionsrechnung, zu erbringen und bei einem erfolgreichen Nachweis die Marktleistung zu planen.

6.1.1.7 Produktplanung nach VDI

Die VDI-Richtlinie 2220 stellt die Produktplanung als ein Teilelement der strategischen Unternehmensplanung dar. Nach der Richtlinie „umfasst die Produktplanung auf Grundlage der Unternehmensziele die systematische Suche und Auswahl zukunftsträchtiger Produktideen und deren weitere Verfolgung“ (VDI 2220, 1980-05). Die Einzelfunktionen der Produktplanung sind Produktfindung, Produktplanungsverfolgung und Produktüberwachung. Der Produktfindung ist die Analyse von Markt-, Umwelt- und Unternehmensinformationen zeitlich vorgelagert. Die **Analysephase** dient der Identifizierung des Unternehmenspotenzials und der Ableitung von Suchfeldern. Für die Identifizierung des Unternehmenspotenzials schlägt die VDI-Richtlinie eine nach Unternehmensfunktionen (Entwicklung, Beschaffung, Produktion und Vertrieb) gegliederte Analyse vor. Dabei werden die Potenzialarten Informationspotenzial, Sachmittelpotenzial, Personalpotenzial und Finanzmittelpotenzial unterschieden. Die Potenzialarten sind für jeden Funktionsbereich zu bewerten und abschließend zum Unternehmenspotenzial zu aggregieren. Der zweite Analyseschritt umfasst die Analyse von Markt und Umwelt. Das Ziel dieser Analyse ist die Ableitung von Suchfeldern, innerhalb derer nach neuen Produktideen gesucht werden soll. Die **Produktfindung** gliedert sich in die Teilbereiche Ideenfindung, Selektion und Produktdefinition. Sie mündet in einem Entwicklungsvorschlag. Die

Produktplanungsverfolgung ist „die Weiterbeobachtung und Bewertung bei der Produktfindung und Entscheidung maßgeblicher Parameter“ (VDI 2220, 1980-05). Ziel ist es, bei Veränderungen der Umstände, die zu einer Produkt- und Entscheidungsfindung geführt haben, die Gültigkeit unter den neuen Bedingungen zu überprüfen, um gegebenenfalls notwendige Änderungen rechtzeitig durchzuführen. Die **Produktüberwachung** beginnt mit der Markteinführung und hat zum Ziel, Kosten- und Erfolgsverhalten der im Markt befindlichen Produkte zu überwachen und gegebenenfalls Maßnahmen zur Korrektur von Planabweichungen einzuleiten.

6.1.1.8 Produktentwicklung

Das übergeordnete Ziel der Produktentwicklung ist die Schaffung einer technischen Lösung, die die geforderte Funktion über die geplante Lebensdauer zuverlässig erfüllt (Koller, 1998, S. 87). In der Produktentwicklung erfolgen die Entscheidungen zur Produktstruktur, zu Verbindungs- bzw. Fügetechniken sowie die Auswahl der Werkstoffe. Wie die Produktplanung lässt sich auch die Produktentwicklung über ihren **Prozesscharakter** darstellen. Der allgemeine Problemlösungszyklus bildet die Grundlage für das Vorgehen sowohl auf der Makro- als auch auf der Mikroebene:

- Problem-/Situationsanalyse: Gewinnung von Informationen, um ein besseres Problemverständnis zu erreichen.
- Problem-/Zielformulierung: Formulierung und Präzisierung des zu lösenden Problems bzw. Festlegung der zu erreichenden Ziele.
- Systemsynthese: Erarbeitung von Lösungsideen oder bereits konkreter Lösungsalternativen.
- Systemanalyse: Ermittlung der Eigenschaften der Lösungen.
- Bewertung und Entscheidung: Beurteilung der Lösungseigenschaften hinsichtlich der festgelegten Ziele und Auswahl der besten Lösung.

Die Unterteilung des Produktentwicklungsprozess in Phasen erhöht – wie auch in der Produktplanung – die Übersichtlichkeit und bietet die Möglichkeit, den Entwicklungsprozess besser zu gestalten und zu steuern. Darüber hinaus können den einzelnen Phasen spezifische, die jeweiligen Aktivitäten unterstützende Hilfsmittel zugeordnet werden. In der Literatur häufig zitierte Vorgehensmodelle sind neben der VDI-Richtlinie 2221 die Vorgehensweisen nach Koller, Pahl/Beitz und Roth (Koller, 1998; Pahl et al., 2003; Roth, 2000). Die VDI-Richtlinie 2221 „Methodik zum Entwickeln und Konstruieren technischer Systeme und Produkte“ bildet eine gute Referenz für wesentliche Phasen und das Vorgehen in der Produktentwicklung auf der Makroebene. „Die Richtlinie [...] behandelt allgemeingültige, branchenunabhängige Grundlagen methodischen Entwickelns und Konstruierens und definiert diejenigen Arbeitsschritte und Arbeitsergebnisse, die wegen ihrer generellen Logik und Zweckmäßigkeit Leitlinie für ein Vorgehen in der Praxis sein können.“ (VDI 2221, 1993-05) Die grundlegende Vorgehensweise gliedert sich in sieben Arbeitsschritte, die je nach Aufgabenstellung mehrmals iterativ durchlaufen werden

(Abb. 6.10). Die einzelnen Arbeitsschritte sind überlappenden Phasen zugeordnet, deren Bezeichnung je nach Unternehmen und Branche variiert. In Anlehnung an Phal/Beitz können die vier allgemeingültigen Phasenbezeichnungen Planung (I), Konzeption (II), Entwurf (III) und Ausarbeitung (IV) gewählt werden (Pahl et al., 2003, S. 82 ff.; Mansour, 2006, S. 29 ff.).

Die zunehmende Bedeutung mechatronischer Produkte sowie die aus der Praxis und empirischen Konstruktionsforschung resultierende Erkenntnis, dass ein fester Phasenablauf nicht oder nur selten eingehalten werden kann, haben zur Entwicklung eines flexibleren Vorgehensmodells geführt (Schäppi et al., 2005, S. 563). Im Mittelpunkt steht das V-Modell welches die wesentlichen Inhalte der Entwicklung mechatronischer Produkte umfasst (Abb. 6.11).

Ausgangspunkt sind Anforderungen in Form eines Entwicklungsauftrages. Der Systementwurf beschreibt die wesentlichen physikalischen und logischen Wirkungsweisen des zu entwickelnden Produktes. Im domänenspezifischen Entwurf erfolgt für die jeweilige Domäne die weitere Konkretisierung des Produktes. Die Systemintegration integriert die Einzellösungen zu einem Gesamtsystem, wobei eine kontinuierliche Überprüfung der Systemeigenschaften stattfindet. Die Modellbildung und -analyse bildet für alle Phasen die Grundlage des Vorgehens.

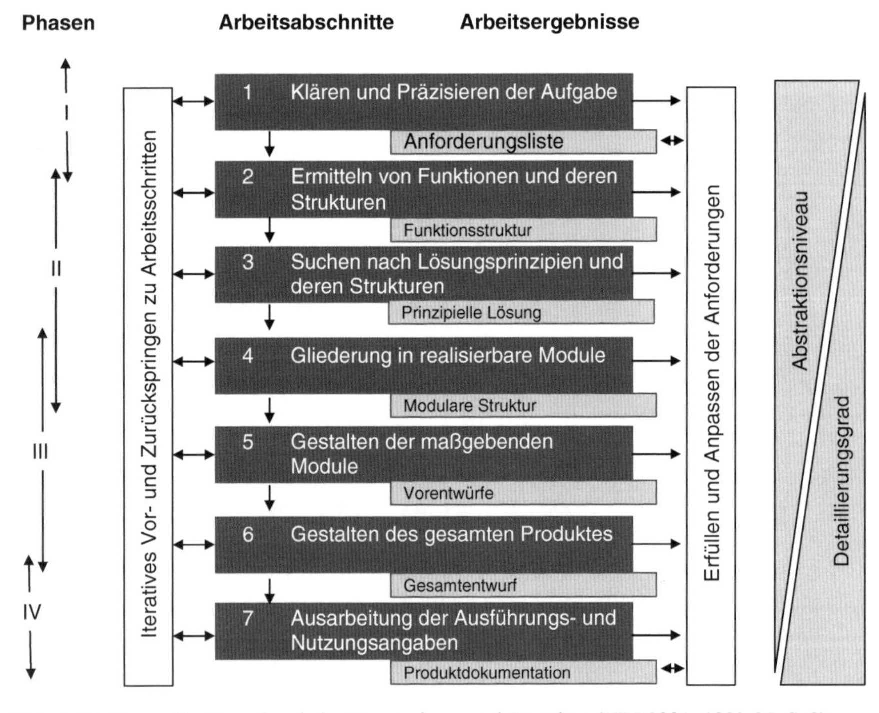

Abb. 6.10 Generelles Vorgehen beim Konstruieren und Gestalten (VDI 2221, 1993-05, S. 9)

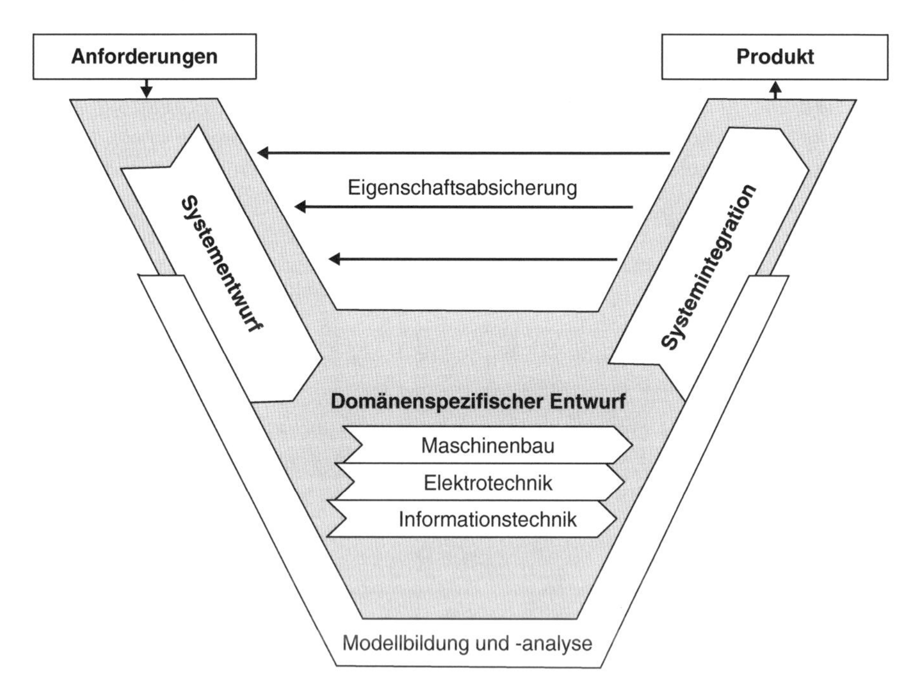

Abb. 6.11 V-Modell als Vorgehensmodell für die Entwicklung mechatronischer Produkte (VDI 2206, 2004-06)

Ein mehrfacher Durchlauf der Phasen zur Erreichung des gewünschten Ergebnisses ist dabei möglich. Das V-Modell (Makroebene) wird ergänzt durch einen immer wiederkehrenden Ablauf des allgemeinen Problemzyklus (Mikroebene) sowie vordefinierte Prozessbausteine für häufig auftretende Teilschritte (Schäppi et al., 2005, S. 563 ff.).

Die Produktentwicklung kann somit auch als ein Prozess gesehen werden, der Anforderungen in technische Lösungen bzw. Produkte transformiert. Wichtige Erfolgskriterien sind dabei der Kunden- und Herstellernutzen, Qualität, Kosten und Zeit (Schäppi et al., 2005, S. 6 ff.). Ausgehend von diesen Kriterien wurden verschiedene Ansätze entwickelt, um den Produktentwicklungsprozess effektiv und effizient zu gestalten bzw. zu unterstützen. Je nach Ausprägung umfassen die verschiedenen Ansätze:

- organisatorische Maßnahmen zur Schaffung geeigneter *Strukturen* bzw. *Prozesse* im Unternehmen,
- die Entwicklung und Bereitstellung von Informationen und/oder Methoden zur Unterstützung der *Entwicklungsaktivitäten* sowie
- Maßnahmen zur Beeinflussung des *Verhaltens* der Mitarbeiter bzw. den für die Entwicklung bedeutsamen Teil der Unternehmenskultur.

6.1.1.9 Schaffen geeigneter Strukturen und Prozesse

Das Konzept des *Simultaneous Engineering* (*SE*) verfolgt die Zielsetzung, durch die zeitliche Überlappung von Entwicklungsphasen eines strukturierten Entwicklungsprozesses Entwicklungs- und Fertigungszeiten zu verkürzen, die Produktqualität zu steigern und die Fertigungskosten der entwickelten Produkte gegenüber Vorgängern zu reduzieren. Wichtiger Bestandteil dieses Integrationskonzeptes sind vor allem regelmäßige in den Entwicklungsphasen stattfindende funktionsübergreifende Abstimmungsvorgänge. Dadurch sollen kosten- und zeitintensive Änderungsschleifen in den späten Phasen des Entwicklungsprozesses vermieden werden (Eversheim et al., 1995, S. 14; Denner, 1998, S. 21; Corsten, 1997, S. 16). Ehrlenspiel verwendet an dieser Stelle den Begriff der *Integrierten Produkterstellung* und stellt das Entwicklungsteam (SE-Team), welches die sonst sequentiell ablaufenden Arbeitsschritte parallel bearbeitet, und eine integrierte, aufeinander aufbauende Datenverarbeitung mit einem gemeinsamen Produktmodell in den Mittelpunkt (Ehrlenspiel, 2007). Das SE-Team kann neben Personen aus den relevanten Unternehmensbereichen auch Mitarbeiter aus Zulieferer- und Kundenunternehmen enthalten (Corsten, 1997, S. 14). Eversheim et al. fordern für die Realisierung des SE zusätzlich den Einsatz eines Projektmanagements und den zeitlichen Abgleich von Informationsflüssen (Eversheim et al., 1995). In der Literatur wird häufig das Konzept des *Concurrent Engineering* als synonymer Begriff für SE verwendet. Mansour stellt als Unterschied in seiner Arbeit heraus, dass Concurrent Engineering stärker auf eine durchgängige Rechnerunterstützung der Entwicklung abzielt, während im Simultaneous Engineering eher organisatorische Maßnahmen und der Methodeneinsatz betont werden (Mansour, 2006, S. 34 f.). Ausgehend von den Zielsetzungen des SE wurden verschiedene weitere Konzepte entwickelt. Im Sonderforschungsbereich 361 der RWTH Aachen entstand das Konzept der Integrierten Produkt- und Prozessentwicklung. Dieses betont den Austausch zwischen dem Bereich der Produkt- und Prozessgestaltung und dem Bereich der Produktdefinition und Technologieplanung (Eversheim und Schuh, 2005).

6.1.1.10 Einsatz von Hilfsmitteln zur Unterstützung von Entwicklungsaktivitäten

Durch den Einsatz von Hilfsmitteln in der Produktentwicklung soll der Anwender in die Lage versetzt werden, ausgehend von einer Problemstellung neue Problemlösungen zu erarbeiten. Der Hilfsmitteleinsatz muss den allgemeinen Erfolgskriterien (Funktion, Qualität, Kosten und Zeit) Rechnung tragen. Hilfsmittel können einzelne oder mehrere Arbeitsschritte bzw. Phasen im Produktentwicklungsprozess unterstützen und in Informationsspeicher, Methoden, Werkzeuge und Expertensysteme unterteilt werden (Abb. 6.12). *Informationsspeicher* fassen Daten und Informationen zu einem Themengebiet (z. B. Montage) zusammen und stellen diese für eine Anwendung zur Verfügung (z. B. montagegerechte Produktgestaltung). Beispiele hierfür sind Fachliteratur, Datenbanken, Auswahltabellen oder Gestaltungsrichtlinien. Als *Methode* wird eine Menge von Handlungsvorschriften verstanden, wie

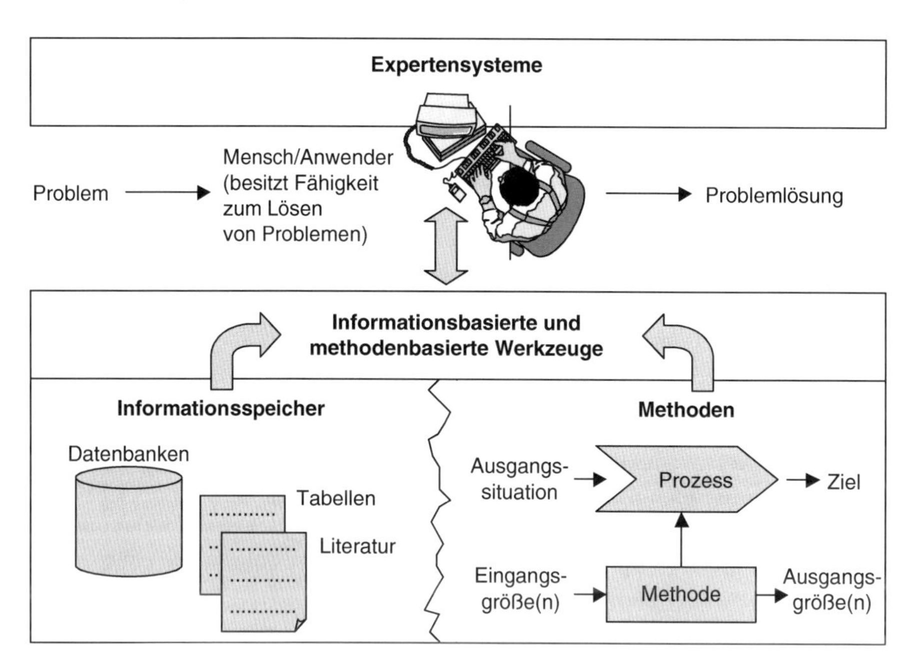

Abb. 6.12 Hilfsmittel zur Unterstützung von Entscheidungsprozessen (Herrmann, 2003, S. 37)

nach einem festgelegten zu durchlaufenden Prozess ein angestrebtes Ziel erreicht werden kann. Die Fehler-Möglichkeits- und Einfluss-Analyse (FMEA), der Morphologische Kasten oder die ABC-Analyse sind Beispiele für Methoden (Gausemeier, 2000). Eine Übersicht zu verschiedenen Methoden und ihrer Eignung für die Arbeitsschritte in der Produktentwicklung gibt die VDI Richtlinie 2221 (VDI 2221, 1993).

Der effiziente Einsatz von Informationsspeichern und Methoden für einen bestimmten Anwendungszweck erfordert in der Regel eine entsprechende Anpassung und häufig eine softwareunterstützte Umsetzung in spezielle **Werkzeuge**, so dass zwischen informationsbasierten und methodenbasierten Werkzeugen unterschieden werden kann (Lindemann et al., 2000; Gausemeier, 2000).

Eine besondere Stellung unter den Hilfsmitteln nehmen *wissensbasierte Systeme* (Expertensysteme) ein. Im Problemlösungsprozess bildet die Synthese den konstruktiven Schritt. Für die Entwicklung innovativer Lösungen ist es erforderlich, das eigene Erfahrungswissen mit der Problemstellung zu verknüpfen. Diese Aufgabe ist eng mit dem Begriff der menschlichen Kreativität verbunden. Als Erfahrungswissen werden hier Kenntnisse und Fähigkeiten verstanden, die ein Mensch zur Lösung von Problemen einsetzt. Als wissensbasierte Systeme (WBS) werden in diesem Zusammenhang Programme bezeichnet, die für einen abgegrenzten Anwendungsbereich die spezifische menschliche Problemlösungsfähigkeit annähernd abbilden. Hierfür ist es erforderlich, Erfahrungswissen explizit und getrennt von der Problemstellung in einem System abzubilden (Heckert, 2002; Voß und Gutenschwager, 2001; Gausemeier, 2000). Im Folgenden werden ausgewählte Hilfsmittel für den

Einsatz in der Produktentwicklung im Hinblick auf die verschiedenen Integrationsaspekte vorgestellt. Ein umfassender Überblick zu verschiedenen Hilfsmittel findet sich beispielsweise in (Schäppi et al., 2003).

Integration von Kundenwünschen und -anforderungen

Der Markterfolg von Produkten wird wesentlich durch die Befriedigung der Bedürfnisse der Nachfrager und durch den Nutzenvorteil gegenüber Produktalternativen bestimmt (Schäppi et al., 2005, S. 143). Hinsichtlich einer Differenzierung im Wettbewerb muss es das Ziel sein, möglichst einen komparativen Konkurrenzvorteil zu erreichen. Dieser ist dann gegeben, wenn die Leistungsmerkmale des angebotenen Produktes hinsichtlich der drei Erfolgsfaktoren Zeit, Kosten und Qualität wahrnehmbare, wichtige und dauerhafte Wettbewerbsvorteile gegenüber vergleichbaren Produkten des Wettbewerbs bieten (Fritz und von der Oelsnitz, 2001).

Die systematische Einbeziehung von Kunden- und Konkurrenzinformationen in den Produktentwicklungsprozess stellt einen wichtigen Erfolgsfaktor einer integrierten Produktentwicklung dar. Aus Sicht des Marketing ist die Gewinnung marktgerichteter Informationen für die Entwicklung und Einführung neuer Produkte Teil der Marketingforschung bzw. Absatzmarktforschung (Kirchgeorg, 2005, S. 143). Eine häufig verwendete Methode im Rahmen der Produktentwicklung stellt das *Quality Function Deployment* (*QFD*) dar. Diese Methode wurde in den 1960er Jahren in Japan eingeführt, jedoch erst spät im deutschsprachigen Raum veröffentlicht (Akao, 1992). Ziel des QFD ist die systematische Berücksichtigung von Kundenanforderungen in der Produktentwicklung. Über das so genannte „House of Quality“ werden gewichteten Kundenanforderungen technischen Produkteigenschaften zugeordnet (Abb. 6.13).

Auf diese Weise können Kundenwünsche und daraus resultierende Zielvorgaben in den Entwicklungsprozess integriert werden. In weiteren Schritten können die Kundenwünsche auf tiefere Ebenen eines Produktes (z. B. auf Funktionen, Baugruppen, Einzelteile) heruntergebrochen werden. Der Ansatz des QFD lässt sich sehr gut in SE-Teams realisieren. Das „House of Quality“ dient dabei als Kommunikationsmittel und Diskussionsgrundlage für die bereichsübergreifende und kooperative Zusammenarbeit (Ehrlenspiel, 2003, S. 214). Der Einsatz von QFD, beginnend mit der Produktplanung über die Produktentwicklung bis zur Prozess- und Produktionsplanung, bietet zusätzliche Möglichkeiten der Integration unterschiedlicher Funktionsbereiche eines Unternehmens (Pahl et al., 2003, S. 677). In der Literatur finden sich verschiedene Vorgehensweisen zum QFD. Ein Vergleich verschiedener Ansätze findet sich bei O'Shea (O'Shea, 2002, S. 27 ff.).

Eine weitere Methode zur Integration der Kundenperspektive in den Produktentwicklungsprozess stellt die *Means-End-Methode* dar. Die Methode dient sowohl der Identifikation von Verbesserungspotenzialen für bestehende Produkte als auch zur Gewinnung von Ideen für die Entwicklung neuer Produkte. Ausgangspunkt der Methode ist die Annahme, dass ein potenzieller Kunde sich für ein Produkt entscheidet, wenn hierdurch bestimmte Wünsche bzw. Ziele erreicht werden können

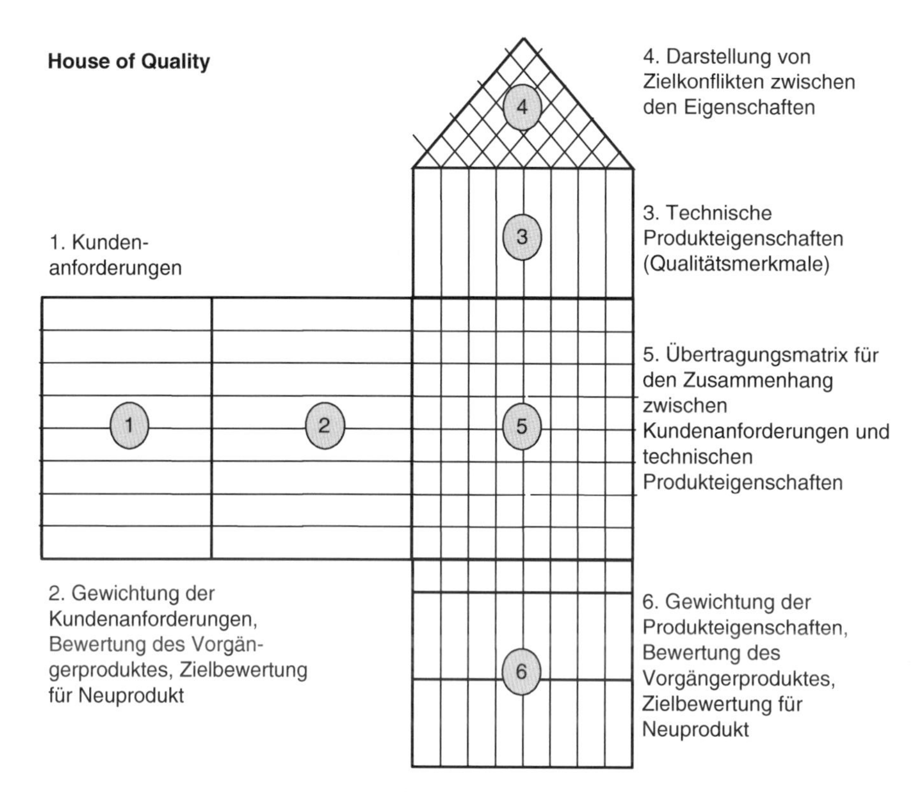

Abb. 6.13 Matrixsystem des „House of Quality" in Anlehnung an (Ehrlenspiel, 2003, S. 214)

(Abb. 6.14). „Dies setzt einen Lernprozess voraus, bei dem der Nachfrager eine Vorstellung über die Tauglichkeit eines Produktes als Mittel („means") zur Erfüllung wünschenswerter Ziele („ends") erlangt." (Schäppi et al., 2005, S. 162)

Für den Einsatz in der Produktentwicklung werden so die Merkmale eines Produktes (Attribute) mit den Lebenszielen, Werthaltungen oder Nutzenkomponenten verknüpft. Die Anwendung der Means-End-Methode erfolgt in vier Schritten (Schäppi et al., 2005, S. 162 ff.):

- *Attributsermittlung:* Im ersten Schritt werden die für die Kaufentscheidung relevanten Attribute ermittelt (Schlüsselattribute), z. B. die Ausstattung eines Fahrzeuges mit ABS (Anti-Blockier-System). Einfache Verfahren sind die Auswahlmöglichkeit aus einer vordefinierten Attributsliste („Prespecified List") oder die direkte Befragung von Kunden hinsichtlich der Wichtigkeit von Produktattributen („Direct Election"). Weitere Verfahren sind das „Reasoned Ranking" und das „Triadic Sorting" (vgl. Schäppi et al., 2005, S. 163).
- *Laddering:* Im zweiten Schritt werden ausgehend von einem Attribut über eine Fragen-Kette („Warum ist das wichtig für Sie?") zunächst die Nutzenkomponente(n), z. B. „geringe Unfallgefahr", und anschließend Werthaltung(en), z. B. „Sicherheit", ermittelt. Dies kann entweder im Rahmen von Einzelgesprächen oder automatisiert durch den Einsatz von Fragenkatalogen erfolgen.

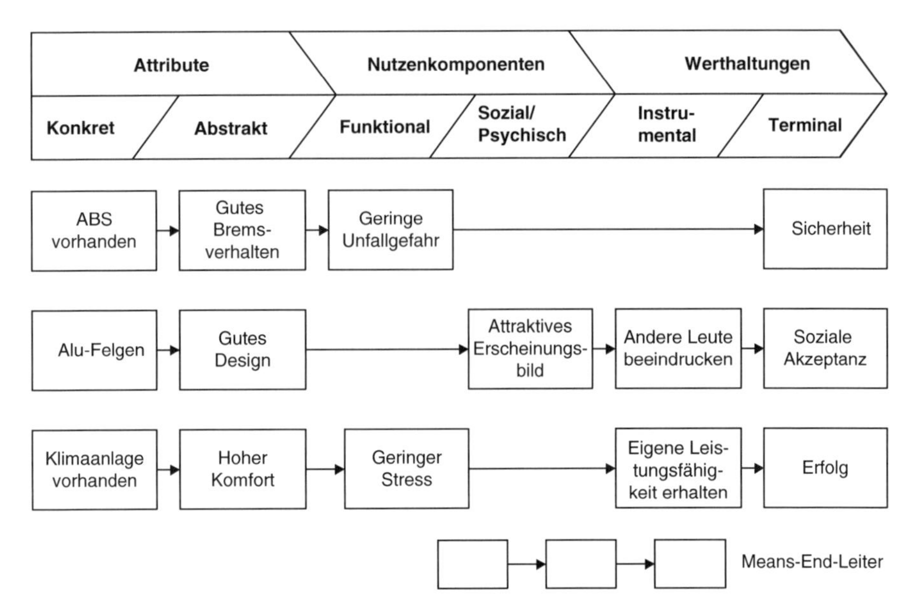

Abb. 6.14 Beispiel für eine konventionelle Means-End-Chain (Kuß, 1994, in: Schäppi et al., 2005, S. 164)

- *Analyse:* Die im Rahmen des Laddering gewonnenen Aussagen werden im dritten Schritt zu so genannten Means-End-Chains, d. h. kognitiven Strukturen von einer Gruppe von Befragten, zusammengefasst. Mit Hilfe einer Implikationsmatrix können die Zusammenhänge zwischen Attributen, Nutzenkomponenten und Werthaltungen dargestellt werden. Dabei kann zwischen direkten und indirekten Beziehungen unterschieden werden.

Integration von Qualitäts- und Kostenanforderungen

Eine Methode zur präventiven Vermeidung potenzieller Fehlerquellen und damit zur Fehlerkostenminimierung stellt die *Fehlermöglichkeits- und -einflussanalyse* (*FMEA*) dar. Die FMEA ist nach DIN EN 25448 genormt und stellt eine Standardmethode im präventiven Qualitätsmanagement dar. Grundsätzlich können drei FMEA-Arten, die aufeinander aufbauen, unterschieden werden (Ehrlenspiel, 2003, S. 468; Schäppi et al., 2005, S. 383 ff.):

- *System-FMEA:* Der Einsatz erfolgt in den frühen Phasen der Produktentwicklung mit dem Ziel, funktionale Fehler oder Schwachstellen in der Produktkonzeption und im Zusammenwirken der Systemkomponenten zu identifizieren.
- *Konstruktions- oder Produkt-FMEA:* Der Anwendungsschwerpunkt liegt in der Entwurfs- und Gestaltungsphase. Ziel ist die Identifikation von möglichen Fehlern auf Baugruppen- und Bauteilebene.

- *Prozess-FMEA:* Die Prozess-FMEA basiert auf den Ergebnissen der Konstruktions-FMEA. Ziel ist die Fehlervermeidung auf der Ebene der Produktionsprozesse und der innerbetrieblichen Abläufe.

Wesentliche Schritte in den jeweiligen FMEA-Arten sind die Risikoanalyse, d.h. die Beschreibung von Fehlerort, Fehler, Fehlerfolge und Fehlerursache. In der anschließenden Risikobewertung erfolgt die Ermittlung der Risikoprioritätszahl (RPZ). Diese „[...] wird aus der Wahrscheinlichkeit des Auftretens eines Fehlers, der Bedeutung der Folgen, die durch den Fehler entstehen und der Entdeckungswahrscheinlichkeit errechnet. Die Berechnung der RPZ erfolgt aus der Sichtweise des Kunden, d.h. die FMEA dokumentiert eine starke Kundenorientierung." (Schäppi et al., 2005, S. 386) Es folgt die Ableitung geeigneter Maßnahmen und die Bewertung des verbleibenden Restrisikos.

Ausgangspunkt für das Konzept des *Target Costing* (*TC*) (Horvàrth, 1996) bildet der am Markt für ein Produkt erzielbare Preis. Vom realisierbaren Marktpreis wird der geplante Gewinn abgezogen. Die so ermittelten Zielkosten dienen als Planungs- und Steuerungsinstrument für die Produktentwicklung mit dem Fokus auf Entwicklungs- und Herstellkosten.

Das grundsätzliche Vorgehen zeigt Abb. 6.15 und ist wie folgt gegliedert (Mansour, 2006, S. 40): Im ersten Schritt wird die Produktidee hinsichtlich der geplanten Funktionen und der Zahlungsbereitschaft der Kunden mittels Kundenbefragungen untersucht und der Produktnutzen auf den verschiedenen Produktebenen untersucht. Im zweiten Schritt (Konzeptphase) werden die Zielkosten für das Produkt festgelegt. In der Entwurfsphase werden die festgelegten Zielkosten auf die einzelnen Produktfunktionen und -komponenten heruntergebrochen. Die Verteilung erfolgt anhand der jeweiligen Nutzenanteile, die durch Conjoint-Analysen bestimmt werden. Ausgehend von dieser Kostenverteilung erfolgt das Kostenmanagement im Entwicklungsprozess mit dem Ziel, ein Produkt zu marktgerechten Kosten anbieten zu können (Huch et al., 1997, S. 432; Schäppi et al., 2005, S. 407 ff.).

Integration von Anforderungen aus Teilefertigung und Montage

Die Integration von Anforderungen aus Teilefertigung und Montage in die Produktentwicklung ist ein zentrales Anliegen des Simultaneous Engineering (SE). Dabei liegt der Schwerpunkt der mit SE verbundenen Maßnahmen insbesondere auf der Schaffung geeigneter Strukturen und Prozesse, um einen verbesserten Informationsfluss vor allem zwischen den Funktionsbereichen Entwicklung, Teilefertigung und Montage zu erreichen. Eine fertigungs- und montagegerechte Produktgestaltung kann darüber hinaus auch durch geeignete Informationen und Methoden bzw. auf ihnen basierenden Werkzeugen unterstützt werden. Ziel ist ebenfalls das Erreichen von Qualitäts- und Zeitvorteilen im Produktionsbereich und die Senkung der Fertigungs- und Montagekosten (Pahl et al., 2003, S. 419 f.; Eversheim et al., 1995, S. 84). Die fertigungs- und montagegerechte Produktgestaltung wird auch als *Design for Manufacturing* (*DFM*) und *Design for Assembly* (*DFA*) bezeichnet.

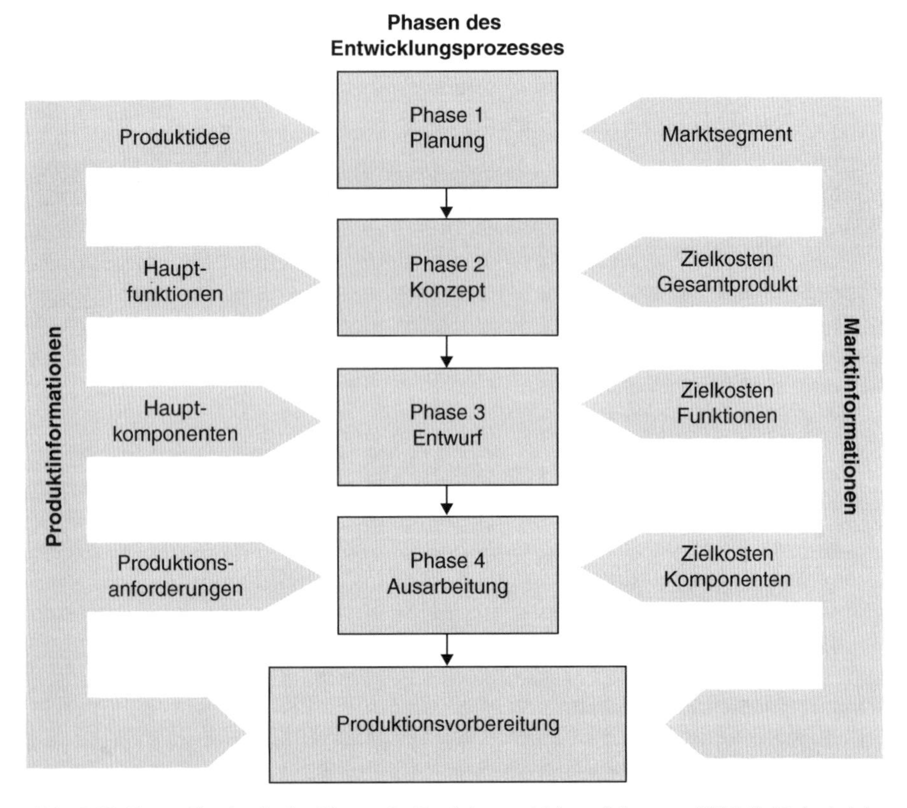

Abb. 6.15 Target Costing in den Phasen der Produktentwicklung (Mansour, 2006, S. 40; in Anlehnung an (Horvàrth et al., 1993, S. 11))

Wichtige Grundlagen für das DFM und DFA wurden von Boothroyd/Dewhurst geschaffen (Boothroyd und Dewhurst, 1983). Ausgehend von einer iterativen Vorgehensweise zur Minimierung der Montagekosten in der Entwurfs- und Konzeptphase entstand durch die Integration von fertigungsspezifischen Anforderungen das Konzept des Design for Manufacturing and Assembly (DFMA), welches heute auch als Softwarelösung angeboten wird (Boothroyd und Dewhurst, 1987). In der Konzeptphase steht im Rahmen des DFA die Vereinfachung der Produktstruktur durch Teilereduzierung im Vordergrund. Die Vereinfachung des Handhabens und Fügens durch eine optimierte Teileform ist Inhalt der Entwurfsphase. Im Rahmen des DFM erfolgt in der Konzeptphase die Auswahl geeigneter Materialien und Prozesse und in der anschließenden Entwurfsphase eine Optimierung der Teileform im Hinblick auf den Bearbeitungsprozess (Eversheim et al., 1995, S. 84). Die Anwendung des Konzeptes zum DFA erfolgt in vier Schritten (Boothroyd und Alting, 1992, S. 626) (Abb. 6.16): (1) Anhand von drei Kriterien (Ist eine Relativbewegung des Bauteils funktionsrelevant? Ist ein anderes Material oder eine Isolation erforderlich? Ist aufgrund der Montage-/Demontagereihenfolge eine Bauteiltrennung erforderlich?) wird überprüft, ob ein separates Bauteil erforderlich ist. Als quantitatives

1	2	3	4	5	6	7	8	9	Montageobjekt
Teilenummer	Anzahl aufeinanderfolgender Vorgänge	manueller Handhabungs-Code (2 stellig)	manuelle Handhabungs-Zeit pro Teil	manueller Füge-Code (2 stellig)	manuelle Füge-Zeit pro Teil	Ausführungszeit [s] (2) x [(4) + (6)]	Ausführungskosten [cents] 0,4 x (7)	Objekte zur Schätzung der theoretischen Mindestteilezahl	pneumatischer Kolben
6	1	30	1,95	00	1,5	3,45	1,38	1	Grundkörper
5	1	10	1,5	10	4,0	5,50	2,20	1	Kolben
4	1	10	1,5	00	1,5	3,00	1,20	1	Kolbenstopper
3	1	05	1,84	00	1,5	3,34	1,34	1	Feder
2	1	23	2,36	08	6,5	8,86	3,54	0	Abdeckung
1	2	11	1,8	39	8,0	16,60	6,64	0	Schraube
						40,75 TM	16,30 CM	4 NM	Designeffizienz $\frac{3 \cdot NM}{TM}$ = 0,29

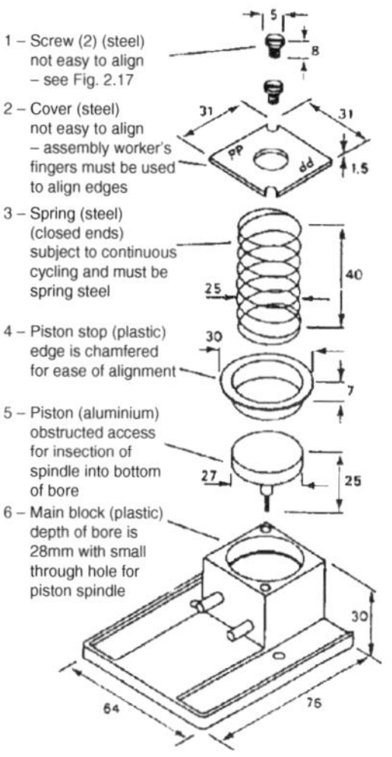

Abb. 6.16 Vorgehen beim DFMA von Boothroyd und Deshurst

Ergebnis folgt die theoretische minimale Teileanzahl. (2) Ausgehend von den Handhabungs- und Fügeeigenschaften der Bauteile wird – basierend auf einer spezifischen Datenbank zu Standardzeiten – die tatsächliche Montagezeit geschätzt. (3) Der DFA-Index (Designeffizienz) ergibt sich aus einem Vergleich der tatsächlichen Montagezeit mit der theoretisch minimalen Montagezeit (Montagezeit für die theoretisch minimale Teileanzahl unter der Annahme einer einfachen Montage). (4) Im letzten Schritt werden Schwierigkeiten in der Montage identifiziert, die zu Qualitätsproblemen führen können.

Neben formalisierten Methoden können auch Gestaltungsrichtlinien zur Unterstützung der fertigungs- und montagegerechten Produktentwicklung genutzt werden. Beispiele für solche Regeln finden sich bei Pahl/Beitz (Pahl et al., 2003, S. 419 ff.) und Eversheim et al. (Eversheim et al., 1995, S. 86 f.).

6.1.2 Lebenszyklusorientierung in der Produktplanung

Für die Lebenszyklusleistung eines Produktes kommt der lebenszyklusorientierten Produktplanung und -entwicklung eine entscheidende Rolle zu. Abb. 6.17 verdeutlicht dies am Beispiel der Festlegung und eigentlichen Entstehung von Kosten. In der Planung und Entwicklung können, mit relativ geringem Aufwand, die Lebenszykluskosten eines Produktes aktiv beeinflusst werden. D. h. in der Produktplanung und -entwicklung werden nicht nur wesentliche Produkteigenschaften festgelegt, sondern auch ein Hauptteil der späteren Lebenszykluskosten (und -erlöse) bestimmt. Gleiches gilt auch für die ökologische Dimension. So wird in der Produkt-

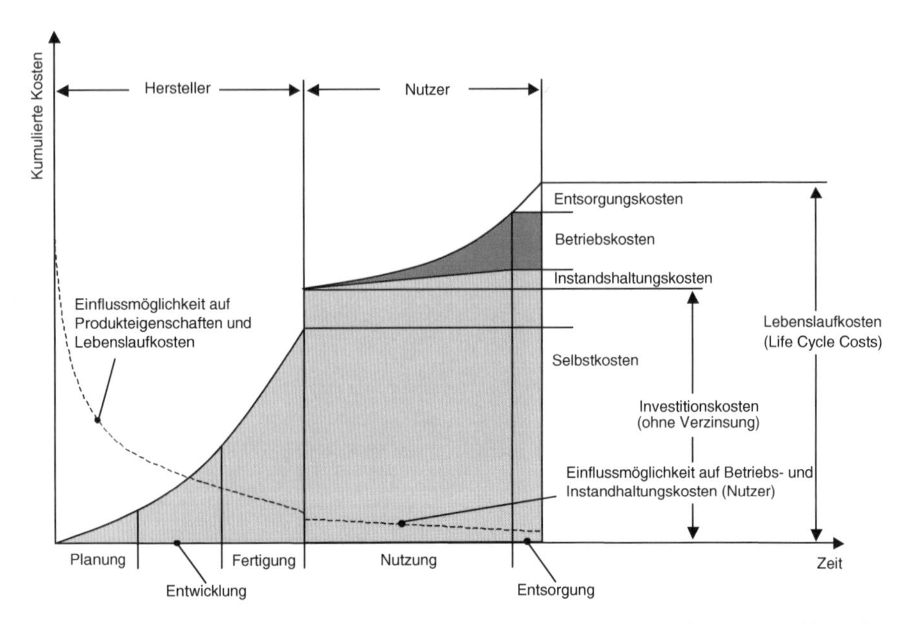

Abb. 6.17 Kostenfestlegung und Kostenentstehung eines Produktes über den Lebenszyklus (Lindemann und Kiewert, 2005, S. 402)

planung und -entwicklung auch gleichzeitig der größte Teil der umweltbezogenen Auswirkungen über den Produktlebensweg festgelegt.

Aufgrund dieser zentralen Rolle sind alle Ebenen und alle Teilsysteme eines Unternehmens in ein lebenszyklusorientiertes Produktmanagement involviert. Das normative Management wirkt über die Unternehmenskultur und eine implizite oder explizite Unternehmensvision bzw. -mission sowohl auf die Planung und Umsetzung von Produktstrategien als auch auf das Innovationsklima (z. B. ein unternehmenseigener Anspruch bezüglich der Qualität oder der Umweltgerechtheit der Produkte). Auf der strategischen Ebene sind die Strukturen zu gestalten und mit langfristiger Perspektive die für die Planung und Entwicklung erforderlichen Ressourcen zu berücksichtigen. Bezogen auf das Produkt werden hier unter Einbeziehung möglicher zukünftiger Entwicklungen und bisheriger Ergebnisse die grundsätzlichen strategischen Stoßrichtungen wie etwa die Bestimmung der Geschäftsbereiche und des Produktspektrums oder grundlegende Marktbearbeitungsstrategien (z. B. Differenzierung vs. Kostenführerschaft) festgelegt. Dies beinhaltet naturgemäß auch die klare Definition von strategischen Zielen. Auf dieser Basis erfolgt die Umsetzung der entwickelten Strategien in den operativen Systemen. Je nachdem, ob dies die Entwicklung von Neuprodukten oder das Management bereits am Markt befindlicher Produkte beinhaltet, kann der Fokus verstärkt auf der Abteilung Marketing oder der Produktentwicklung liegen.

Den Vorgehensweisen zur Produktplanung ist gemeinsam, dass sie mehr oder weniger die Schritte der Zielfindung, der Analyse, der Produktfindung, der Umsetzung und der Kontrolle umfassen (vgl. Abb. 6.8). Ein generisches Vorgehensmodell als Grundlage für eine lebenszyklusorientierte Produktplanung zeigt Abb. 6.18. Es charakterisiert den Planungsprozess als Phasenmodell, wobei die Phasen sowohl sequentiell als auch im Rahmen eines Regelkreises beschrieben werden. Ausgangspunkt ist die *Zielfindung*, in der auf Basis der Unternehmensstrategie die strategischen Produktziele abgeleitet werden. Das unternehmensinterne und -externe Umfeld unterliegt ständigen, dynamischen Änderungen, die im Rahmen einer Situationsanalyse erfasst und bewertet werden müssen. Dabei sollte die *Situationsanalyse* nicht nur eine vergangenheitsbezogene Sichtweise haben, sondern mittels einer *Zukunftsprognose* sollten auch zukünftige Änderungen mitberücksichtiget werden. Die Ergebnisse der Situationsanalyse zeigen einerseits die Lücken auf, die zum Erreichen der gesetzten Ziele bestehen. Andererseits stellen die Analyseergebnisse auch eine Prämissenkontrolle für die Zielplanung dar. Für eine erfolgreiche Erreichung der Produktziele ist eine Promotion unerlässlich, indem die gesteckten Ziele gegenüber den relevanten Gruppen, insbesondere den eigenen Mitarbeitern, kommuniziert werden. Die Situationsanalyse dient ferner als Grundlage für die Definition von Suchfeldern und somit der Steuerung der *Ideenfindung* auf relevante Bereiche. Natürlich entstehen Produktideen nicht in definierten Suchfeldern, sondern oftmals auch in anderen Bereichen. Die *Ideenbewertung* führt zu einer Auswahl von Ideen, die im Rahmen der *Umsetzungsplanung* zeitlich und sachlich aufeinander abgestimmt werden müssen (F+E-Programmplanung).

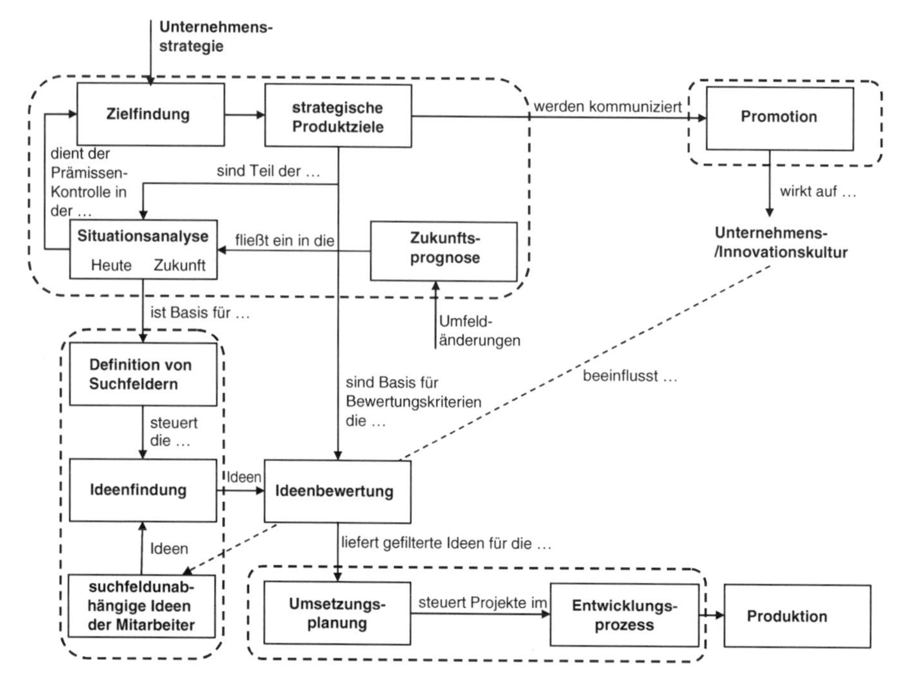

Abb. 6.18 Generisches Vorgehensmodell als Grundlage für die lebenszyklusorientierte Produktplanung

In einer ganzheitlichen, lebenszyklusorientierten Produktplanung (und -entwicklung) müssen die Auswirkungen eines Produktes über den Lebenszyklus bezüglich aller Nachhaltigkeitsdimensionen berücksichtigt werden. Dies erfordert Wissen über die Existenz und das Ausmaß möglicher ökonomischer, ökologischer und sozialer Folgen der Produkte in den einzelnen Lebenszyklusphasen. Idealerweise steht dieses Wissen bereits in der Planungsphase zur Verfügung (Mansour, 2006) (Abb. 6.19). Damit verbunden sind verschiedene Anforderungen und Herausforderungen:

- In der Produktplanung und -entwicklung bestehen die größten Einflussmöglichkeiten auf das Produkt und sämtliche Auswirkungen über den Lebenszyklus. Entsprechend muss hier die *Berücksichtigung aller Lebenszyklusphasen* sichergestellt werden.
- Durch den langen Zeitraum zwischen der Festlegung des Produktkonzeptes und dem Auftreten möglicher Auswirkungen unterliegen Entscheidungen der Produktplanung großen Unsicherheiten (z. B. Maschinenlebensdauern – oft größer als 30 Jahre). Dies gilt sowohl für den Einsatz neuer Technologien im Hinblick auf Machbarkeit und Kundenakzeptanz als auch für Unsicherheiten aufgrund möglicher ökologischer und sozialer Auswirkungen.
- Unternehmen müssen zukünftig verstärkt die positiven und negativen Wechselwirkungen ihrer Entscheidungen beachten. Durch eine lebenszyklusorientierte Produktplanung können viele negative Auswirkungen vermieden oder mögliche Potenziale genutzt werden. Andererseits besteht bei isolierter Betrachtung die Gefahr, dass durch Einzelmaßnahmen suboptimale Zustände angestrebt werden, aber ein Gesamtoptimum im Lebenszyklus verfehlt wird.
- Die gleichzeitige Berücksichtigung aller Dimensionen der Nachhaltigkeit führt zwangsläufig zu Zielkonflikten, da verschiedene Zieldimensionen nicht notwendigerweise gleichgerichtet sondern oftmals eher gegenläufig gerichtet sind.

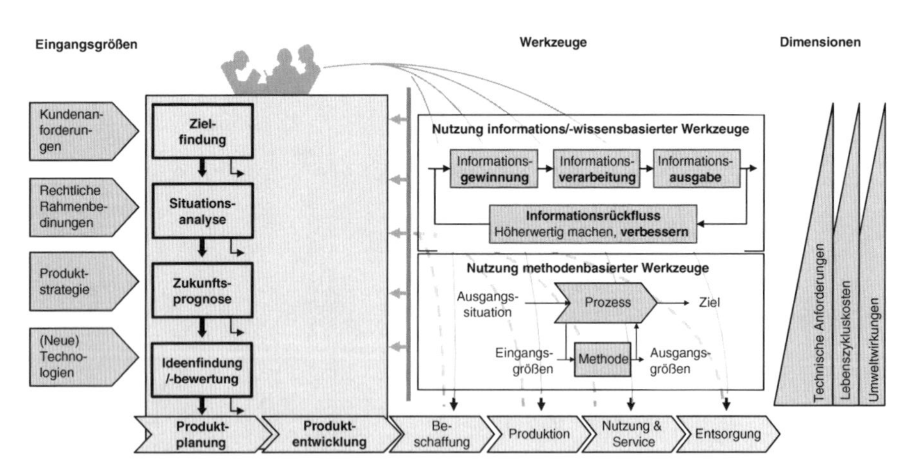

Abb. 6.19 Referenzmodell der lebenszyklusorientierten Produktplanung; Erweiterung in Anlehnung an (Mansour, 2006, S. 71)

- Die Lebenszyklusorientierung beinhaltet naturgemäß auch die Berücksichtigung verschiedenster interner und externer Akteure, die unmittelbar von den Auswirkungen des Produktes in verschiedenen Lebensphasen betroffen sind (intern z. B. Marketingabteilung, extern z. B. andere Unternehmen innerhalb von Closed-Loop Supply-Chains, u. a. Entsorgungsunternehmen, Recycler, Lieferanten). Idealerweise müssen damit über entsprechende kooperierende Aktivitäten auch deren Anforderungen bei der Planung und Entwicklung des Primärproduktes berücksichtigt werden, um ein unerwartetes Scheitern der Innovation in späteren Lebensphasen zu verhindern (Herrmann et al., 2007b; Fichter, 2005).

Basierend auf diesen Überlegungen und der Einbeziehung der lebensphasenübergreifenden Disziplinen werden im Folgenden Ansätze zur Berücksichtigung der Lebenszykluskosten (ökonomische Dimension) und der Umweltwirkungen (ökologische Dimension) dargestellt, die die aufgestellten Anforderungen aufgreifen. Eine Übersicht und Einordnung ausgewählter Ansätze zur Unterstützung der lebenszyklusorientierten Produktplanung zeigt Abb. 6.20.

6.1.2.1 Kostenbasierte, lebenszyklusorientierte Produktplanung

Der ökonomische Erfolg eines Produktes aus Sicht eines Herstellers wird durch die Kosten und Erlöse bestimmt, die über alle Lebenszyklusphasen hinweg anfallen. Sowohl die Faktoren, die die Höhe der Lebenszykluskosten und -erlöse beeinflussen, als auch der Lebenszyklus an sich unterliegen allerdings einem dynamischen

Forschungs- bzw. Arbeitsgebiet	Auswahl von Autoren	Lebensphasen-übergreifende Disziplinen			Lebensphasenbezogene Disziplinen				Planungs-horizont (strategisch – operativ)
		Lebenswegs-analysen	Inf. u. Wissens-management	Prozess-management	Produkt-management	Produktions-management	After-Sales-Management	End-of-Life-Management	
Kostenbasierte, lebenszyklusorientierte Produktplanung	Mateika	W			X	X	X	X	
Handlungsstrategien und Suchfelder zur Integration von Umweltanforderungen	Brezet, van Hemel, Lang-Koetz	U			X	X	X	X	
Informationssysteme für die lebenszyklusorientierte, umweltgerechte Produktgestaltung	Wimmer, Masoni et al.	U	X		X	X	X	X	
Ganzheitliche Analyse und Bewertung	Kndoh, Finkbeiner, Grießhammer	U, W, S			X	X	X	X	

Lebensweganalyse berücksichtigt: U = Umweltaspekte, W= Wirtschaftliche Aspekte, S = Soziale, gesellschaftliche Aspekte

Abb. 6.20 Einordnung verschiedener Ansätze zur lebenszyklusorientierten Produktplanung

Wandel. Diesen zu erkennen sowie zu antizipieren und somit die Entwicklung neuer Produkte und Dienstleistungen auf die Chancen und Potenziale im Lebenszyklus bei gleichzeitiger Beachtung der Risiken zu lenken, ist die Aufgabe einer lebenszyklusorientierten Produktplanung. Für die Berücksichtigung von Kosten und Erlösen über den gesamten Lebenszyklus eines Produktes stellt Mateika ein methodisches Vorgehen vor und wendet dieses exemplarisch auf die strategische Planung einer Kunststoffspritzgussmaschine an (Mateika, 2005). Das Vorgehen orientiert sich dabei an dem im Abb. 6.18 dargestellten generischen Modell für eine lebenszyklusorientierte Produktplanung und gliedert sich in die Phasen: lebenszyklusorientierte Zielfindung, lebenszyklusorientierte Situationsanalyse, lebenszyklusorientierte Zukunftsprognose, lebenszyklusorientierte Ideenfindung und -bewertung sowie lebenszyklusorientierte Umsetzungsplanung (vgl. Abb. 6.19).

6.1.2.2 Lebenszyklusorientierte Zielfindung

Neben Überlegungen zur Wettbewerbsstrategie interessiert für die lebenszyklusorientierte Zielfindung besonders, wie in den einzelnen Lebenszyklusphasen die phasenspezifischen Kosten und Erlöse zu gestalten sind. Zwar ist es wünschenswert, in jeder Lebenszyklusphase die Kosten zu minimieren und Erlöse zu maximieren, doch ist in der Realität aufgrund der unterschiedlichen monetären Wechselwirkungen die Realisierung dieses Idealziels nicht möglich. Für die Zielfindung sind daher neben der Kostenstrategie (Wübbenhorst, 1984) auch eine Erlösstrategie zu erarbeiten (Mateika, 2005). Dabei interessiert insbesondere der Zusammenhang zwischen Anfangskosten und Folgekosten bzw. Anfangserlösen und Folgeerlösen (Abb. 6.21).

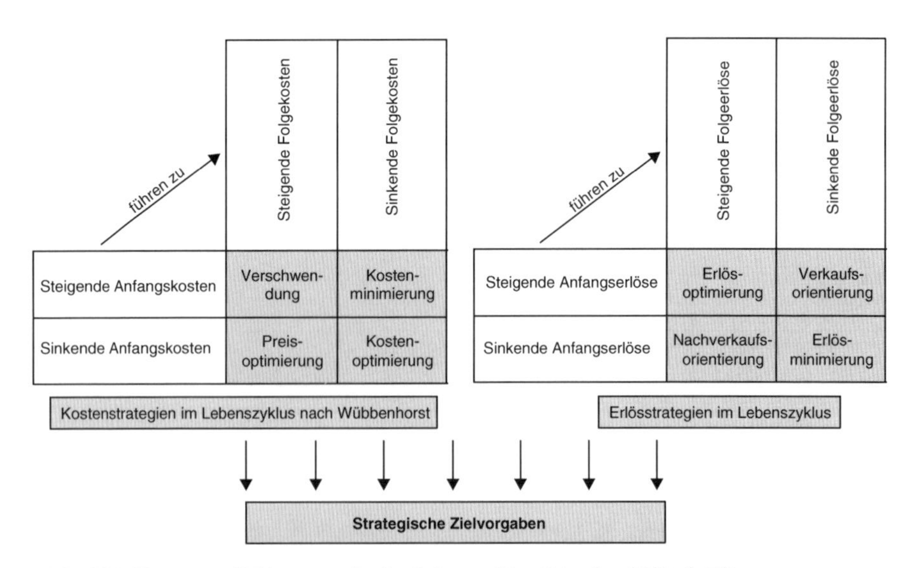

Abb. 6.21 Kosten- und Erlösstrategien im Lebenszyklus (Mateika, 2005, S. 79)

Als Kostenminimierung wird eine Strategie bezeichnet, in der höhere Anfangskosten niedrigeren Folgekosten gegenüberstehen. Werden auch die Anfangskosten gesenkt, z.B. durch geringere Kosten in der Planungs- und Realisierungsphase, so ergibt sich der Strategietyp Kostenoptimierung. Als Preisoptimierung wird die Strategie bezeichnet, bei der sinkende Anfangskosten und steigende Folgekosten verfolgt werden. Die eher hypothetische Strategie der Verschwendung ist eine Folge von Maßnahmen, die auf die fehlende Objektorientierung und mangelnde Ausrichtung auf den gesamten Lebensweg hinweist.

Bei der Strategie der Erlösoptimierung sind hohe Anfangserlöse mit hohen Folgeerlösen verbunden. So kann die Funktionserweiterung eines Produktes, wie die Integration von Diagnose- und Fernwartungssystemen in eine Maschine, neben höheren Verkaufserlösen auch Erlöse durch neue Service-Angebote bedeuten. Stehen steigende Anfangserlöse sinkenden Folgeerlösen gegenüber, kann von einer Verkaufsorientierung gesprochen werden. Als Beispiel führt Mateika den Abschluss von langfristigen Serviceverträgen bereits beim Verkauf an. Den Vorteilen aus den Erlösen müssen die wirtschaftlichen Risiken aufgrund von Kosten aus vertraglich zugesicherten Leistungen gegenübergestellt werden. Bei der Nachverkaufsorientierung werden mit einem günstigen Verkaufspreis und damit geringen Anfangserlösen höhere Folgeerlöse verfolgt. Drucker für PC-Systeme sind ein bekanntes Beispiel für diese Strategie. Die Erlöse werden nicht mit dem Produktverkauf sondern mit dem Verkauf der Druckerpatronen/-kartuschen erzielt. Die Erlösminimierung (bezogen auf das einzelne Produkt) kann auch als Low-Cost-Strategie bezeichnet werden. Einfache, robuste Maschinen erzielen geringere Verkaufserlöse und bieten auch weniger Möglichkeiten, Folgeerlöse zu erzielen.

Für den Fall der Spritzgussmaschine wurden die Strategien Kostenminimierung und Erlösoptimierung gewählt. Erste begründet sich aus einer angestrebten Qualitäts- und Innovationsführerschaft, die sich aber aufgrund der Wettbewerbssituation nicht allein im Verkaufpreis widerspiegeln kann (die Strategie „Preisoptimierung" ist daher nicht sinnvoll). Eine Kostenreduzierung soll beispielsweise durch eine servicegerechte Produktgestaltung erreicht werden (siehe Ideenfindung und -bewertung). Da für das betroffene Unternehmen bereits heute Erlöse nach der Nachverkaufsphase einen wichtigen Bestandteil des Gewinns darstellen, soll diese Position weiter ausgebaut werden. Neben einer Steigerung der Anfangserlöse sollen auch steigende Folgeerlöse erzielt werden.

6.1.2.3 Lebenszyklusorientierte Situationsanalyse

Die Situationsanalyse umfasst im ersten Schritt die Analyse und Bewertung der Lebenszykluskosten und -erlöse (Kap. 5.1.1). Hierfür werden die Kosten und Erlöse für Vorgänger oder Referenzprodukt ermittelt bzw. geschätzt. Die Herstellungskosten umfassen beispielsweise die Tätigkeiten der auftragsbezogenen Entwicklung sowie die Lohn-, Material- und Maschinenkosten in der Fertigung. Im Fall der Spritzgussmaschinen wurden die Aufwendungen für die kundenneutrale Entwicklung, den Vertrieb, das Qualitätswesen sowie für die Verwaltung nicht auftragsbezogen erfasst und daher über Gemeinkostenaufschläge verrechnet. Weitere Kosten im Lebenszyklus können sich auch z. B. auch aus Garantiekosten für Ersatzteile und Servicedienstleistungen ergeben. Den Kosten in der Entstehung stehen Erlöse aus dem Verkauf gegenüber. Beispiele für Tätigkeiten, mit denen Erlöse im Lebenszyklus erwirtschaftet werden können, sind: Wartung und allgemeine Servicedienstleistungen, Kundenschulungen, Programmupdates, Ersatzteilverkäufe oder Nachrüstungen. Sind die Kosten und Erlöse erfasst, so kann eine LCC-Analyse durchgeführt und der Kapitalwert ermittelt werden. In Abb. 6.22 ist für das Beispiel der Spritzgussmaschine der Verlauf des Kapitalwertes über den Lebenszyklus dargestellt.

Der Kapitalwert sinkt zunächst aufgrund von Garantiekosten. Mit Beginn des vierten Jahres steigt der Kapitalwert. Grund hierfür sind die Erlöse aus dem Verkauf von Ersatzteilen und Spritzgussformen. Der Lebenszykluserfolg der Maschine wird maßgeblich durch die Nachverkaufsphase bestimmt.

Für eine integrative Darstellung der Ergebnisse wird die unternehmensexterne Sichtweise in die Betrachtung aufgenommen. Hierfür wählt Mateika eine Portfoliodarstellung, die durch die zwei Dimensionen *Unternehmensstärke* und *Bedeutung eines Kosten- und Erlösfaktors* aufgespannt wird (Abb. 6.23). Die Bewertung der Unternehmensstärke hinsichtlich einzelner Kosten- und Erlösfaktoren wird mittels Benchmarking und einer Erfolgsfaktoranalyse bestimmt (vgl. Mateika, 2005, S. 106 ff.). Die Bedeutung eines Kosten- und Erlösfaktors ergibt sich aus der Lebenszyklusrechnung und den gewählten Lebenszyklusstrategien.

Kritische Kosten- und Erlösfaktoren haben eine hohe Bedeutung, sind jedoch im Vergleich zum Wettbewerb schwächer zu bewerten. Sie nehmen in der Maßnah-

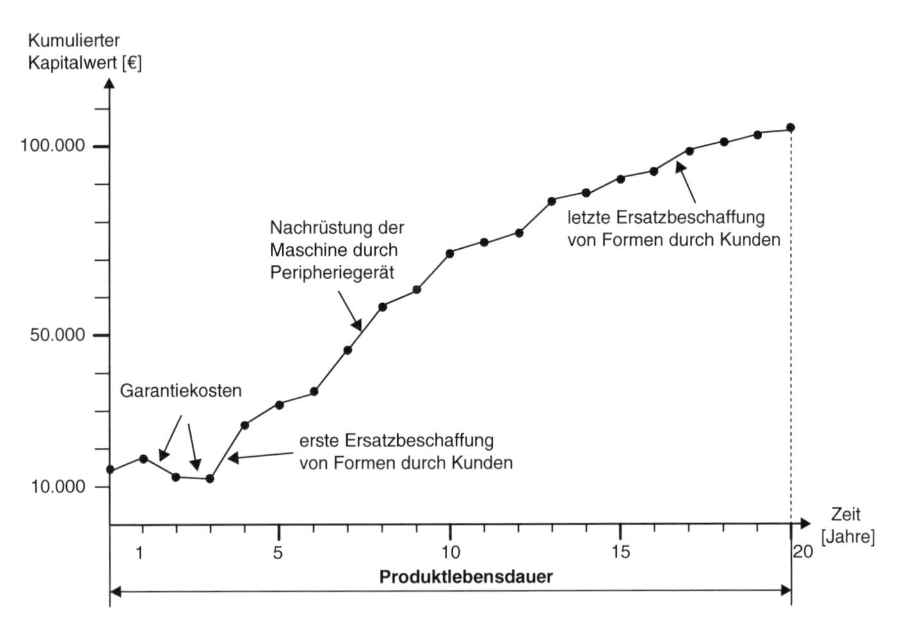

Abb. 6.22 Verlauf des Kapitalwertes über den Lebenszyklus am Beispiel einer Spritzgussmaschine (Mateika, 2005, S. 145)

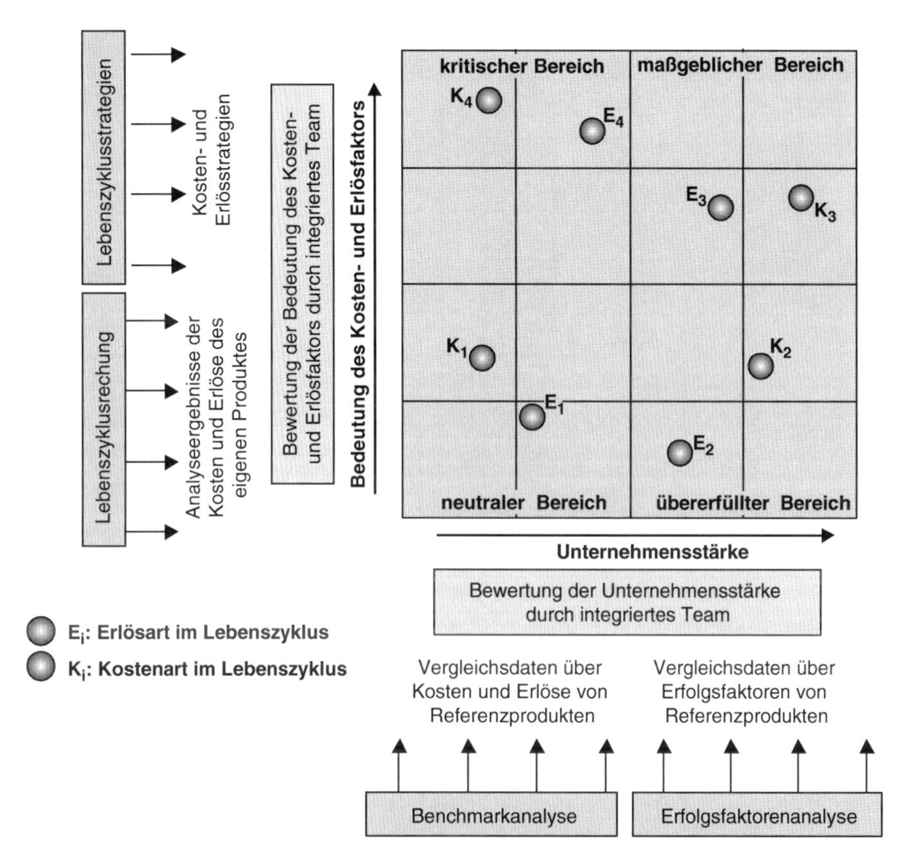

Abb. 6.23 Lebenszykluskosten- und -erlösportfolio (Mateika, 2005, S. 109)

menentwicklung eine Schlüsselposition ein. Faktoren mit einer hohen Bedeutung und einer ausgeprägten Unternehmensstärke werden als maßgebliche Faktoren bezeichnet. Eine weitere Verbesserung der Unternehmensstärke muss im Einzelfall entschieden werden. Kosten- und Erlösfaktoren mit einer geringen Bedeutung und einer geringen Unternehmensstärke sind neutrale Faktoren. Die Faktoren müssen insbesondere vor dem Hintergrund einer Veränderung des Umfelds beobachtet werden. So kann beispielsweise die Umsetzung einer erweiterten Produktverantwortung wie in der Elektro- und Elektronikindustrie (WEEE-Richtlinie) oder der Automobilindustrie (ELV-Richtlinie) den Kostenfaktor Entsorgung vom neutralen Bereich in den kritischen Bereich überführen. Kosten- und Erlösfaktoren im überfüllten Bereich haben nur eine geringe Bedeutung, obwohl das Unternehmen hier besonders stark ist. Hier ist zu prüfen, ob Unternehmensressourcen richtig eingesetzt sind.

Abbildung 6.24 zeigt exemplarisch die getrennte Einordnung der einzelnen Kosten- und Erlösfaktoren für das Beispiel der Spritzgussmaschine.

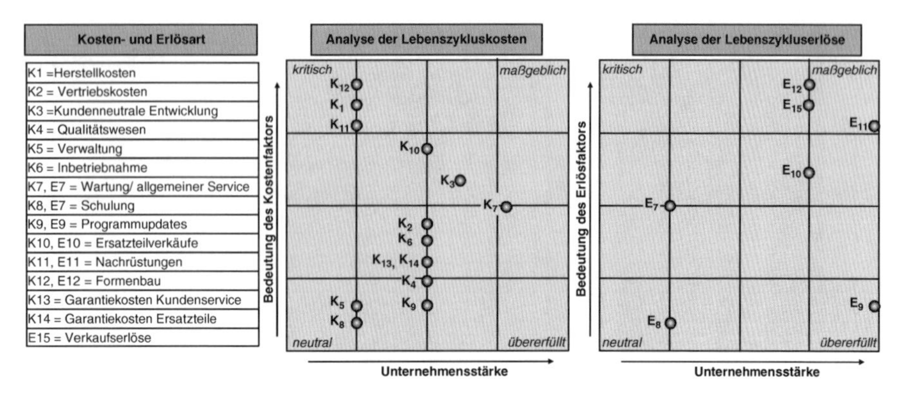

Abb. 6.24 Einordnung der Kosten- und Erlösarten im Lebenszykluskosten- und -erlösportfolio (Mateika, 2005, S. 146)

Im Beispiel wurden insbesondere konstruktions- und fertigungsbedingte Faktoren als kritische Kostenfaktoren identifiziert. Die Einordnung erfolgte zum einen aufgrund ihres hohen Anteils an den Lebenszykluskosten und zum anderen aufgrund der Position gegenüber europäischen und asiatischen Wettbewerbern. Als weiterer relevanter Faktor – auf der Grenze zum kritischen Bereich – wurden die Kosten für den Ersatzteilservice eingestuft. Auf der Erlösseite wurden der Verkauf der Maschine, der Ersatzteile, der Formen und der Nachrüstungen als maßgebliche Faktoren eingestuft. Erlöse aus Schulung und Wartung werden dagegen als neutral bewertet. Als wesentliche Gründe für die Einordnung wird Innovations- und Qualitätsführerschaft als gewählte Produktstrategie genannt (höhere Aufwendungen in der Entwicklung, Kostennachteile im Vergleich zum Wettbewerb).

Im dritten Schritt der Situationsanalyse erfolgen eine Umfeld- und Potenzialanalyse und die integrierte Betrachtung von Chancen und Risiken sowie Stärken und Schwächen. Die *Umfeldanalyse* zielt auf die Identifikation wichtiger, für das Unternehmen und dessen Produkte relevanter Einflüsse des externen Umfeldes (Umsystem). Gelbmann und Vorbach unterscheiden dazu fünf Gruppen von Indikatoren, die im Rahmen einer allgemeinen Umfeldanalyse untersucht werden sollten: ökologische, technologische, sozio-kulturelle, rechtlich-politische sowie ökonomische Indikatoren (Gelbmann und Vorbach, 2003). Die Abb. 6.25 zeigt beispielhaft mögliche Umfeldindikatoren über dem Lebenszyklus am Beispiel des Maschinen- und Anlagenbaus. *Ökologische Indikatoren* können sich beispielsweise aus hohen CO_2-Emissionen in der Produktion (z. B. Einsatz von Kohlekraftwerken) oder aus Vermeidungspotenzialen in der Nutzungsphase (Senkung des Energieverbrauchs einer Maschine) ergeben. Als Beispiele für *technologische Indikatoren* werden Technologielebenszyklen (z. B. von Maschinensteuerungen) oder der Reifegrad von Technologien (z. B. der Reifegrad von Recyclingverfahren) genannt. Als ein Beispiel für rechtlich-politische Indikatoren kann die verschärfte Umweltgesetzgebung (z. B. Stoffverbote) genannt werden. Die ökonomischen Indikatoren beschreiben die wirtschaftliche Entwicklung des Umfelds. Beispiele sind die Verteuerung wichtiger

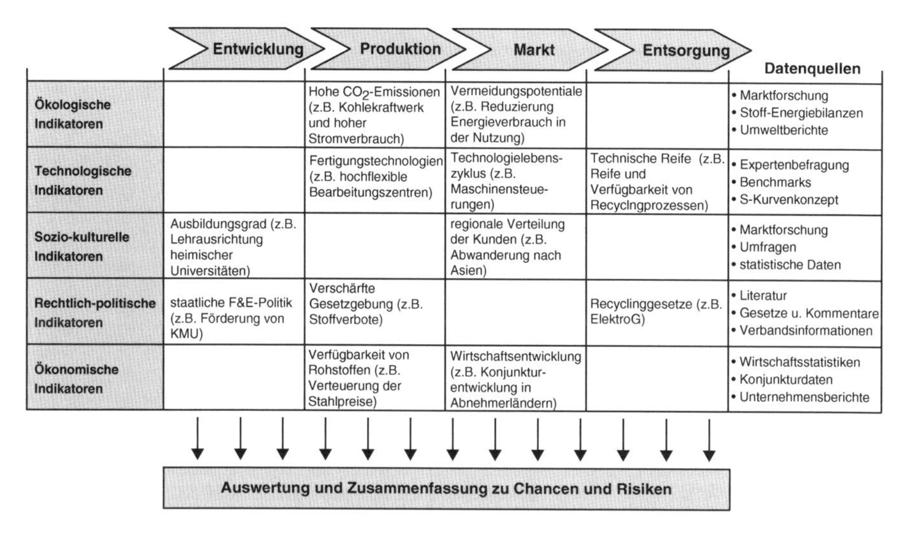

Abb. 6.25 Umfeldindikatoren im Lebenszyklus am Beispiel des Maschinen- und Anlagenbaus, überarbeitet (Mateika, 2005, S. 111 in Anlehnung an Gelbmann und Vorbach, 2003)

Rohstoffe (z. B. aufgrund abnehmender Verfügbarkeit und/oder gestiegener Nachfrage) und die wirtschaftliche Entwicklung der Absatzländer.

Die *Potenzialanalyse* ist auf das Unternehmen gerichtet und spiegelt die interne Sicht, das Unternehmenspotenzial, wider. Ziel ist die Identifikation von Fähigkeiten und Lücken in den Potenzialfaktoren (Ehrlenspiel, 2003; Pleschak und Sabisch, 1996). Für die Analyse schlägt Mateika eine Strukturierung in Anlehnung an Hofer und Schendel vor und unterscheidet Potenzialfaktoren in finanzmittel-, sachmittel-, personal-, organisations- und ressourcenbezogene Faktoren (Hofer und Schendel, 1978). Abbildung 6.26 stellt mögliche Potenzialfaktoren über den Lebenszyklus für ein Unternehmen dar.

Beispiele für finanzielle Potenzialfaktoren sind Kosten für Servicedienstleistungen oder Investitionen in Forschung und Entwicklung. Zu den sachmittelbezogenen Potenzialfaktoren gehören z. B. der Umfang und das Alter der Forschungsinfrastruktur (z. B. Labore, Messgräte). Zu den personellen Potenzialfaktoren zählen beispielsweise die Anzahl und Qualifikation der Mitarbeiter.

Sind die Chancen und Risiken sowie Stärken und Schwächen erfasst, können diese gegenübergestellt und systematisch ausgewertet werden (SWOT-Analyse – *S*trengths, *W*eakness, *O*pportunities, *T*hreats). Stimmen Chancen und Stärken überein, so kann diese Ausgangslage für eine positive Entwicklung genutzt werden. Steht jedoch ein Risiko einer Unternehmensschwäche gegenüber, so besteht Handlungsbedarf, eine mögliche Gefahr für das Unternehmen abzuwenden (vgl. Baum et al., 2004; Weber, 2002). Für das Beispiel der Spritzgussmaschine identifiziert Mateika die schnellen Antwortzeiten, die lange Liefergarantie für Ersatzteile sowie die guten Kenntnisse der Produktionsabläufe beim Kunden als Stärken des Servicebereichs. Als Schwächen werden beispielsweise die fehlende regionale Präsenz

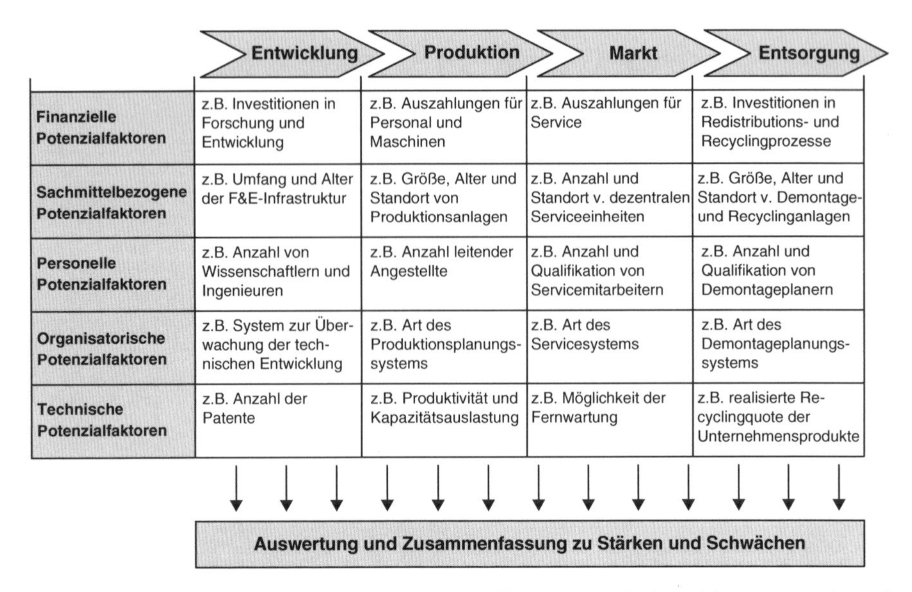

Abb. 6.26 Potenzialfaktoren im Lebenszyklus (Mateika, 2005, S. 133 in Anlehnung an Hofer und Schendel, 1978)

sowie die noch nicht ausreichenden mechatronischen Kenntnisse der Mitarbeiter genannt.

6.1.2.4 Lebenszyklusorientierte Zukunftsprognose

In der Situationsanalyse werden Verfahren und Methoden angewandt, die sich auf Vergangenheitsdaten beziehen. Eine geeignete Methode für die Berücksichtigung zukünftiger Entwicklungen ist die Szenarioanalyse (Gausemeier et al., 2001). Bei der szenariobasierten Zukunftsprognose interessiert insbesondere, wie sich die Lebenszykluskosten und -erlöse bzw. die Kosten- und Erlösfaktoren entwickeln. Dazu werden die Lebenszykluskosten und -erlöse im Kontext von Szenarien bewertet. Als ein geeignetes Instrumentarium dafür schlägt Mateika eine Einflussmatrix vor, in der die Ergebnisse der Lebenszyklusrechnung den Resultaten der Szenarioanalyse gegenübergestellt werden können. Die Abb. 6.27 zeigt eine entsprechende Einflussmatrix, in der die positiven Einflüsse eines Szenarios auf einen Kosten- bzw. Erlösfaktor mit den Werten von +1 bis +3 und die negativen Einflüsse mit den Werten −1 bis −3 dargestellt werden. In der Spaltensumme werden die Einflüsse aller Szenarien auf einen Kosten- bzw. Erlösfaktor aufaddiert; ein hoher positiver bzw. hoher negativer Wert charakterisiert Faktoren, die sich mit hoher Wahrscheinlichkeit zukünftig ändern werden.

Die Auswertung der Szenarien mit Hilfe der Einflussmatrix ist aber für die Identifizierung kritischer Kosten- bzw. Erlösfaktoren noch nicht hinreichend. Wie bereits dargestellt wurde, ist es als kritisch zu bewerten, wenn ein Kosten- und Erlösfaktor

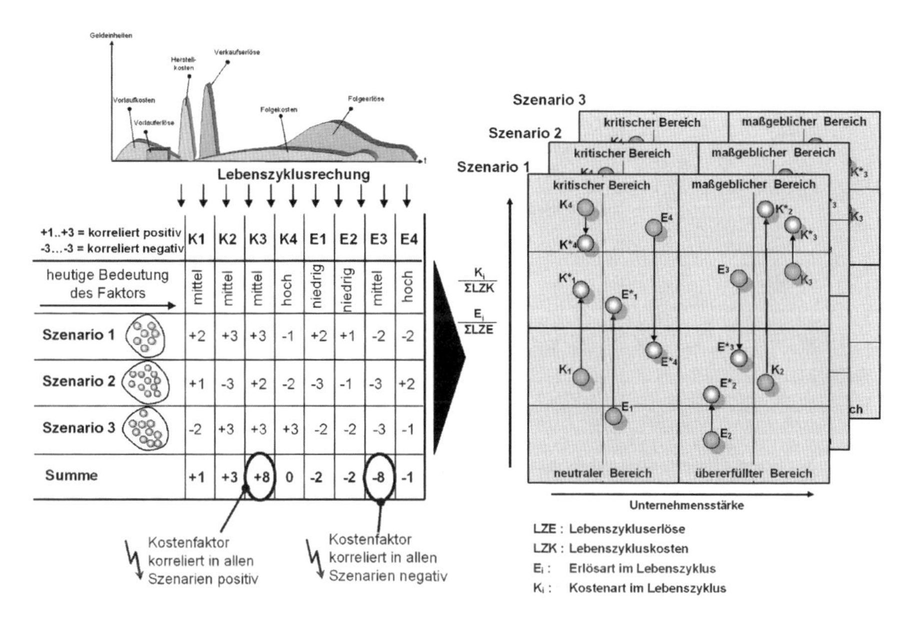

Abb. 6.27 Auswertung der Szenarien (Mateika, 2005, S. 123)

eine hohe Bedeutung für den Produkterfolg im Lebenszyklus und das Unternehmen gleichzeitig eine geringe Unternehmensstärke aufweist. Die Einflussmatrix ist daher zusätzlich noch mit dem vorgestellten Lebenszykluskosten- und -erlösportfolio zu koppeln. Im rechten Teil von Abb. 6.27 ist die Kopplung der beiden Instrumente dargestellt. Die Bewertung der Kosten- und Erlösfaktoren hinsichtlich der *heutigen* Bedeutung sowie der aktuellen Unternehmensstärke und somit die Zuordnung zu einem der vier Matrixfelder sind Ergebnisse der Situationsanalyse. Durch die Kopplung mit der Szenarioanalyse lässt sich die *zukünftige* Bedeutung eines Kosten- und Erlösfaktors bewerten, was durch die vertikale Verschiebung im Portfolio deutlich wird. Durch diese Verschiebung kann sich die Zuordnung zu den Portfoliofeldern ändern. Beispielsweise wurde der Erlösfaktor E_1 hinsichtlich der heutigen Bedeutung dem neutralen Bereich zugeordnet. Nach der Szenarioanalyse ist ein starker Anstieg seiner Bedeutung zu erwarten, so dass der Faktor E_1* bei gleich bleibender Unternehmensstärke im kritischen Bereich des Portfolios zu finden ist. Es gibt allerdings auch Faktoren, zum Beispiel den Kostenfaktor K_4, der seine Position im Portfolio behält.

Für das Fallbeispiel der Spritzgussmaschine wurden zwei Szenarien ermittelt. Zum einen eine starke Expansion in Asien (Massenproduktion) und zum anderen eine Rückverlagerung der Produktion nach Europa (kundenindividuelle Produktion). Wichtige Ergebnisse der aus der Einflussmatrix resultierenden Bewertung für die beiden Szenarien zeigt exemplarisch Abb. 6.28. So wird beispielsweise im Szenario 1 ein Anstieg der Inbetriebnahme- und Servicekosten (K_7) erwartet. Grund hierfür ist die größere Entfernung zum Maschinennutzer. Ferner wird erwartet, dass sich die heutigen Verkaufserlöse (E_{15}) auf dem asiatischen Markt nicht durchsetzen

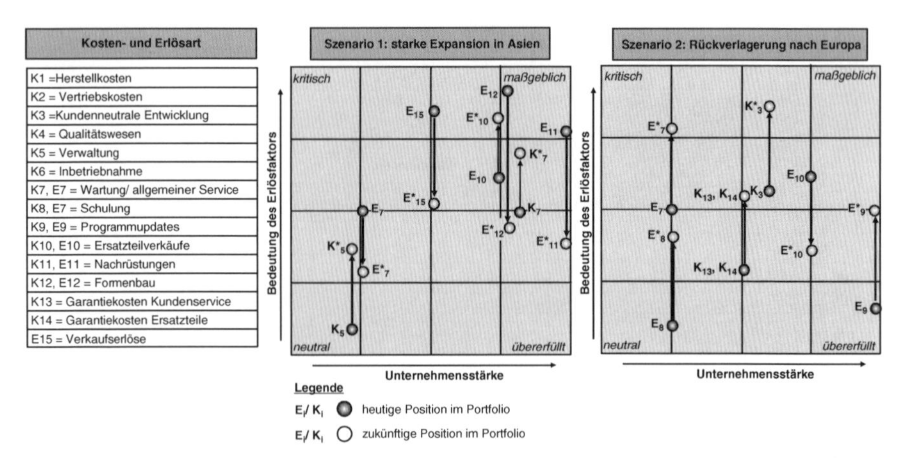

Abb. 6.28 Abschätzung zukünftiger Lebenszykluskosten und -erlöse (Mateika, 2005, S. 152)

lassen. Im Falle des Szenario 2 wird dagegen beispielsweise ein Anstieg der Garantieleistungen (E_{13}) erwartet. Gründe hierfür könnten eine strengere Gesetzgebung und Regelungen bzgl. der Produkthaftung in Europa sein. Um in der Lage zu sein, kundenindividuell produzieren zu können, sind weitere Investitionen in die Maschinenentwicklung erforderlich und machen einen Anstieg der kundenneutralen Entwicklungskosten wahrscheinlich (K_3).

6.1.2.5 Lebenszyklusorientierte Ideenfindung und -bewertung

Aufbauend auf der lebenszyklusorientierten Situationsanalyse und Zukunftsprognose folgen die Findung und Bewertung von Ideen bzw. Maßnahmen im Hinblick auf neue Produkte bzw. Produktverbesserungen und Dienstleistungen. Insbesondere gilt es Maßnahmen zu finden, die auf die als kritisch identifizierten Kosten- und Erlösfaktoren wirken und das Unternehmen stärken, so dass diese sich zu maßgeblichen Faktoren entwickeln können. Ferner sollen die Maßnahmen die identifizierten Risiken vermeiden und ermittelte Chancen nutzen (Mateika, 2005). Um eine systematische, zielgerichtete Ideenfindung zu fördern, wird die Definition von Suchfeldern vorgeschlagen (Kramer, 1987). Dabei sind Suchfelder „der Produktfindung vorzugebende Aktionsbereiche, innerhalb derer nach neuen Produktideen gesucht werden soll“ (VDI 2220, 1980-05). Diese müssen auf der einen Seite präzise definiert sein und auf der anderen Seite Raum für neuartige Lösungen lassen (Seibert, 1998). Hierfür sollten die Suchfelder zukunftsträchtig sein und das Unternehmenspotenzial (siehe Potenzialanalyse) und die Unternehmensziele berücksichtigen (Ehrlenspiel, 2003). Um geeignete Suchfelder aufzustellen, können Suchfeldmatrizen verwendet werden (Seibert, 1998; Kramer, 1987; Kramer und Appelt, 1974). Abbildung 6.29 zeigt die Definition lebenszyklusorientierter Suchfelder in Form einer Matrix (Mateika, 2005). Diese wird gebildet durch die Stärken/Schwä-

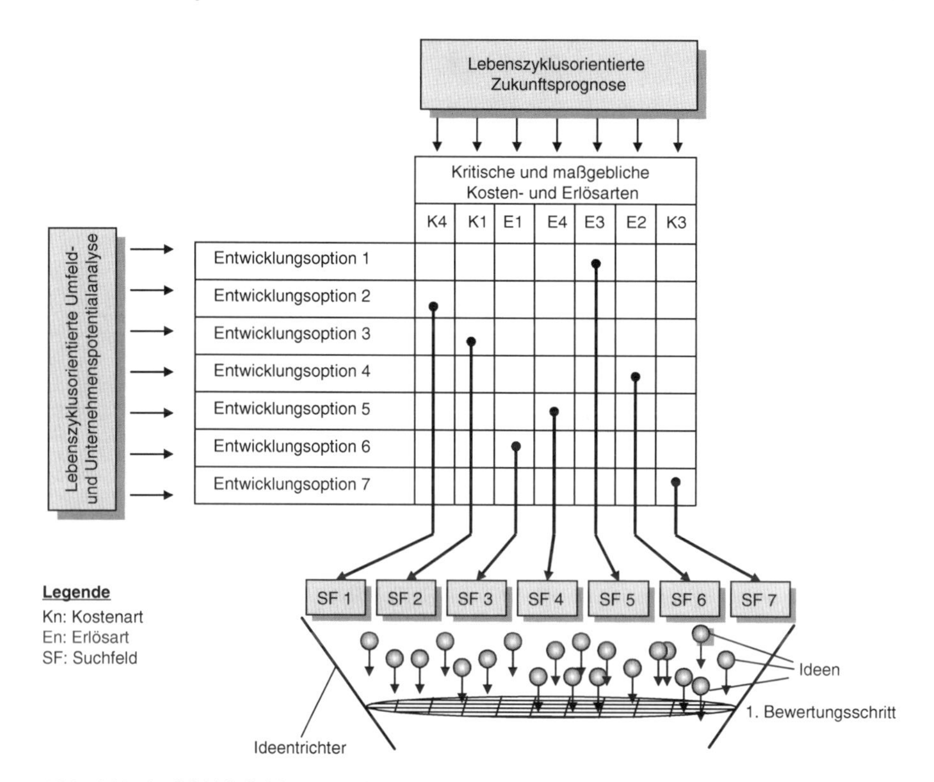

Abb. 6.29 Suchfelddefinition (Mateika, 2005, S. 128)

chen (Unternehmenspotenzialanalyse) und Chancen/Risiken (Umfeldanalyse) auf der einen Seite sowie die kritischen Kosten- und Erlösfaktoren der lebenszyklusorientierten Zukunftsprognose auf der anderen Seite. So kann beispielsweise geprüft werden, inwieweit die Erschließung eines Erfolgspotenzials sich positiv auf die Entwicklung zukünftiger Lebenszykluskosten und -erlöse auswirken kann. Erfolgsversprechende Kombinationen werden als Suchfeld definiert (Mateika, 2005).

Abbildung 6.30 zeigt exemplarisch für das Szenario 1 („starke Expansion in Asien") die Definition von Suchfeldern für das Fallbeispiel Spritzgussmaschine. Den in diesem Szenario als kritisch identifizierten Erlösfaktoren „Verkauf von Ersatzteilen" und „Einnahmen aus Servicedienstleistungen" können die guten Kenntnisse über die Produktionsprozesse der Kunden gegenübergestellt werden. Diese Kombination wird als ein geeignetes Suchfeld definiert (Suchfeld 1). Ein zweites Suchfeld bilden Ersatzteile für den Vermischungsprozess. Dieses Suchfeld ergibt sich aus der Kombination des Erlösfaktors „Verkauf von Ersatzteilen" und den fundierten Kenntnissen des Unternehmens über den Vermischungsprozess von Kunststoffen sowie der Einschätzung, dass es sich hier um schwer zu fälschende Baugruppen/-bauteile der Maschinen handelt.

Die so formulierten Suchfelder stellen die Grundlage für die Generierung und Sammlung von Ideen im Unternehmen dar. Dieser Prozess schließt die Einbezie-

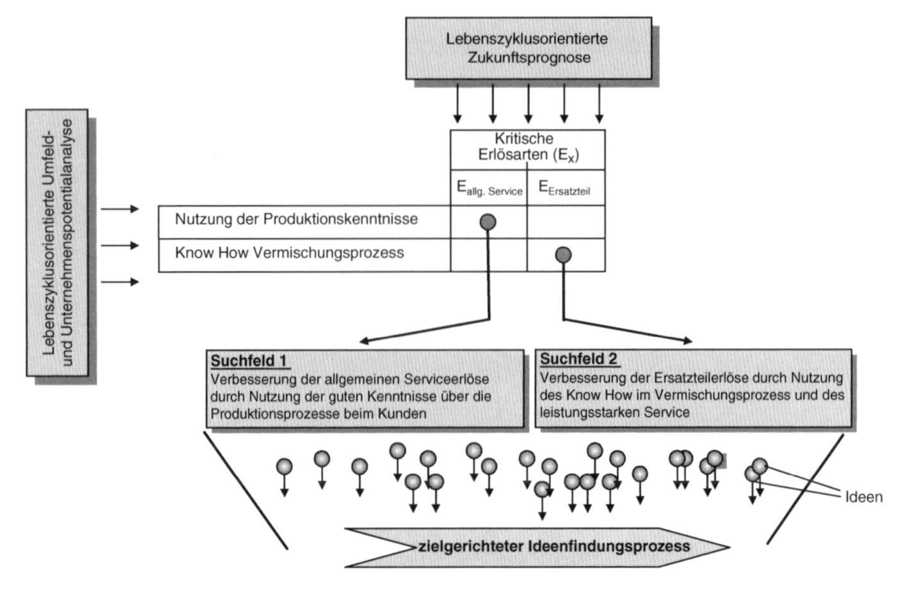

Abb. 6.30 Definition von Suchfeldern am Beispiel einer Spritzgussmaschine (Mateika, 2005, S. 154)

hung interner Unternehmensbereiche (z.B. Entwicklung, Vertrieb) und externer Quellen (z.B. Markt, Lieferanten, Konkurrenz, Forschung) ein und sollte durch geeignete Methoden (z.B. Brainstorming, Methode 635, Ideen-Delphi, Morphologie) unterstützt werden (Eversheim und Schuh, 1999a; Schäppi, 2005). Geeignete Methoden zur Ideensuche können im speziellen Fall nach entsprechenden Kriterien (z.B. zur Verfügung stehende Zeit und Mittel, Komplexität des Problems, Qualifikation der Mitarbeiter) ausgewählt werden. Im Sinne eines bewussten und erfolgreichen Innovationsmanagements muss das Unternehmen dafür Sorge tragen, dass mögliche Kreativitätsblockaden durch die entsprechende Gestaltung der betrieblichen Rahmenbedingungen (z.B. mangelnde Kommunikation, fehlende Motivation/Anreize, Bürokratie) vermieden werden (Schäppi, 2005). Die Bewertung der gefundenen Ideen gestaltet sich als mehrstufiger Filterprozess bis hin zur Auswahl eines Erfolg versprechenden Produktkonzeptes (siehe Kap. 6.1.1). Je nach Stufe des Bewertungsprozesses kommen dabei einfache, qualitative Bewertungen (auf Erfahrungsbasis der Mitarbeiter), komplexere Methoden wie die Nutzwertermittlung auf Basis von Kurzanalysen oder quantitative Kennzahlenberechnungen (z.B. Kapitalwert) zum Einsatz (Schäppi, 2005; Eversheim und Schuh, 1999a, b; Herrmann et al., 2004).

Die lebenszyklusorientierte Sichtweise mit der Berücksichtigung aller Lebensphasen bedingt die Einbindung verschiedenster Akteure (z.B. Lieferanten, Entsorgungsunternehmen). Eine frühzeitige Integration dieser Akteure (z.B. innerhalb von „innovation communities“) (Pfriem et al., 2006; Pepels, 2003) verhindert unerwartete Misserfolge von Innovationen in verschiedenen Phasen und kann zu einem wesentlich effizienteren Innovationsprozess führen (Herrmann et al., 2007b) (Abb. 6.31).

Ausgehend vom beschriebenen typischen Trichtermodell (1) führt eine frühzeitige kooperative Bewertung und Ausarbeitung bei gleicher Input-Ideenmenge zur schnelleren Identifikation und Realisierung aussichtsreicher Ideen (2). Durch Informations- und Wissensaustausch wird außerdem die Generierung neuer Ideen begünstigt (Aufweitung des Innovationstrichters (3)). Im Idealfall entstehen unter Einbeziehung der Lebenszyklusperspektive mehr und aussichtsreichere Innovationen, die in kürzerer Zeit umgesetzt werden können (4) (Herrmann et al., 2007a).

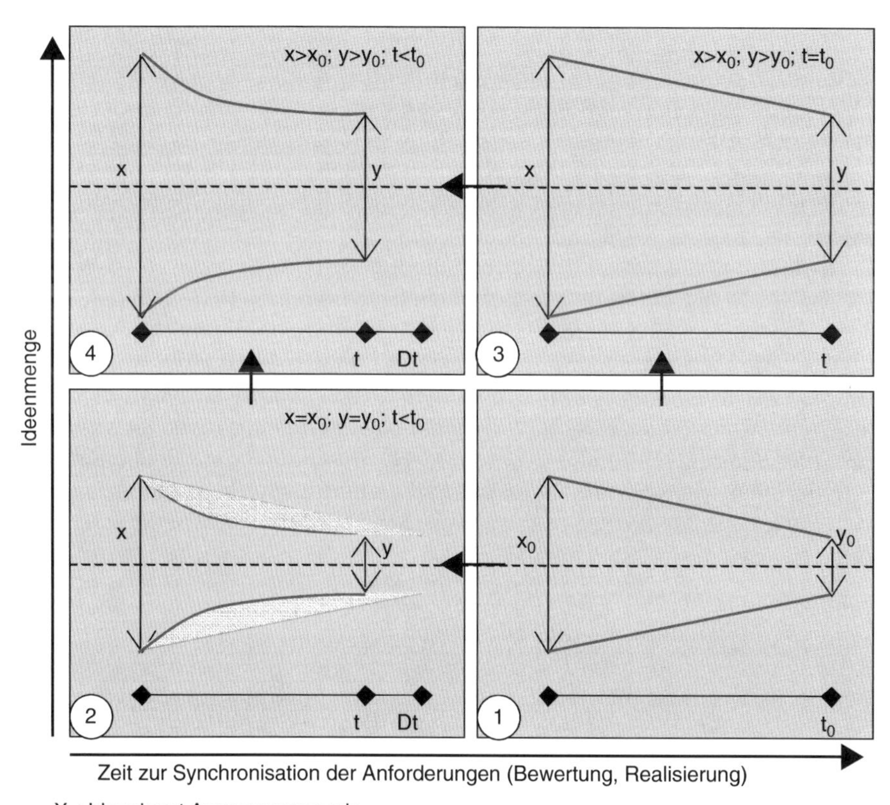

Abb. 6.31 Potenziale der Lebenszyklusorientierung auf Innovationsprozesse im Unternehmen (Herrmann et al., 2007a)

6.1.2.6 Lebenszyklusorientierte Umsetzungsplanung

Im nächsten Schritt sind die Ideen in konkrete Maßnahmen bzw. Projekte zu überführen. Aufgrund möglicher Abhängigkeiten der Ideen sowie begrenzter Ressourcen für deren Umsetzung müssen die Einzelmaßnahmen zeitlich und sachlich aufeinander abgestimmt werden. Hierfür kann das Instrument des Technologiekalenders eingesetzt werden (Mateika, 2005). Dieser ist ein „dynamisches Planungsinstrument, bei dem die Komponente Zeit als Ordnungskriterium zur Charakterisierung der Aufeinanderfolge von relevanten Ereignissen und Veränderungen im Zeitablauf dient“ (Emmert, 1994). Wesentlicher Zweck ist die zeitliche Synchronisation von Produkt- und Prozesstechnologien sowie das Sichtbarmachen und Bewerten von Wechselwirkungen zwischen Technologien. Angewandt auf die lebenszyklusorientierte Umsetzungsplanung verwendet Mateika den Begriff des Projektkalenders. Abbildung 6.32 zeigt für das Beispiel der Spritzgussmaschine den Projektkalender für die beiden Ideen bzw. Maßnahmen „Entwicklung einer beschichteten Mischschnecke“ und „Aufbau einer Unternehmensberatung“.

Der Projektkalender kann in die Sichtweisen Marktleistung, Technologie, Methoden und System strukturiert werden (Emmert, 1994). Jede dieser Sichtweise kann wiederum hinsichtlich der Phasen Entwicklung (EZ), Fertigung (FZ), Markt/Service (MZ) und Entsorgung (ESZ) untergliedert werden. Die Erstellung eines Projektkalenders erfolgt in zwei Schritten: (1) Einordnung der Maßnahmen auf Basis technischer und strategischer Überlegungen; (2) Untersuchung von Wechselwirkungen zwischen den Maßnahmen. Für die Idee einer „beschichteten Mischschnecke“ sind zunächst durch die Entwicklungsabteilung technologische Konzepte zu erarbeiten und in Laborversuchen zu testen (A1). Anschließend sind im Fertigungsbereich Kompetenzen und Kenntnisse in der Beschichtungstechnologie aufzubauen oder durch einen Lieferanten extern zu beziehen (A2). Abschließend ist durch den Servicebereich die Markteinführung (A3) zu planen. Der so aufgebaute Projektka-

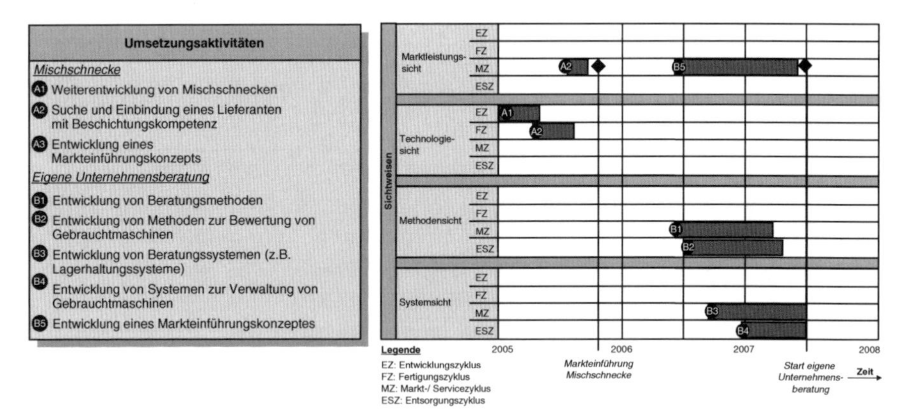

Abb. 6.32 Projektkalender zur Unterstützung der lebenszyklusorientierten Umsetzungsplanung (Mateika, 2005, S. 157)

lender unterstützt auch die Identifikation von Lücken im Entwicklungsprogramm, die ggf. durch weitere Maßnahmen geschlossen werden müssen (Mateika, 2005).

6.1.2.7 Handlungsstrategien und Suchfelder zur Integration von Umweltanforderungen

Neben den Lebenszykluskosten und -erlösen werden auch die potenziellen Umweltwirkungen, die von einem Produkt ausgehen, wesentlich durch die Entscheidungen in der Produktplanung und -entwicklung beeinflusst. Für die Abschätzung der Umweltwirkungen in der Produktplanung schlagen Lang-Koetz et al. ein Vorgehen vor, das auf dem so genannten Stage-Gate Modell von Cooper aufbaut. Der Entwicklungsprozess ist in einzelne Phasen unterteilt (vgl. Abb. 6.33). Jede Phase besteht aus definierten, funktionsübergreifenden und parallel stattfindenden Aktivitäten. Der Übergang von einer Phase zur anderen ist durch Kontrollpunkte (Tor, *eng. gate*) markiert, an denen der Status anhand zuvor definierter Kriterien bewertet wird und über einen Abbruch oder ein (bedingtes) Fortsetzen entschieden wird. Die Tore übernehmen damit die Funktion von Meilensteinen (Lang-Koetz et al., 2006a). Durch die Integration eines Lebenszyklusdenkens soll eine Sensibilisierung für mögliche Umweltwirkungen erreicht werden. Hierfür werden den einzelnen Phasen die acht Handlungsstrategien von Brezet/van Hemel (1997) zur Verringerung der Umweltwirkungen von Produkten zugeordnet (vgl. auch Lang-Koetz et al., 2006a; United Nations, 2007):

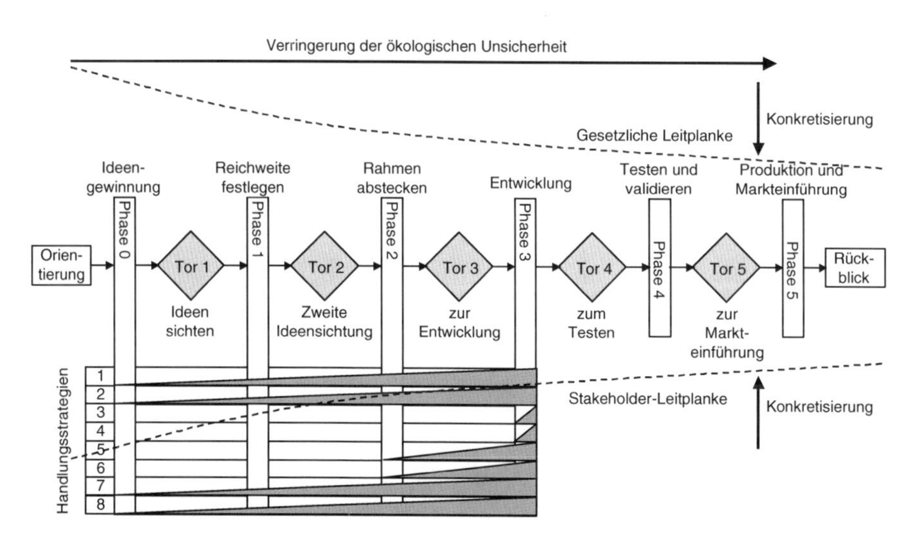

Abb. 6.33 Verringerung der ökologischen Unsicherheit im betrieblichen Innovationsprozess und Gewährleistung der Richtungssicherheit, in Anlehung an (Lang-Koetz et al., 2006a)

1. Auswahl von Materialien mit geringen Umweltwirkungen (weniger Materialien mit einem Umweltgefährdungspotenzial, erneuerbare Materialen, Materialien mit geringen Umweltwirkungen in der Vorkette der Rohstoffgewinnung, Einsatz recycelbarer und rezyklierter Materialien)
2. Reduktion des Werkstoffeinsatzes (Reduktion des Gewichts, Reduktion des Transportvolumens)
3. Optimierung der Produktion (Wahl von Produktionsprozessen mit geringem Energie- und Ressourcenverbrauch, Vermeidung von Prozessschritten, Kreislaufführung von Produktionsabfällen)
4. Optimierung der Distribution (weniger Verpackungsmaterial, Einsatz von umweltverträglichen Verpackungsmaterialien, energieeffiziente Transport- und Logistikformen)
5. Optimierung der Nutzungsphase (geringer Energieverbrauch, Einsatz erneuerbarer Energien, Reduktion des Bedarfs an erforderlichen Hilfs-/Betriebsstoffen)
6. Verlängerung der Produktlebensdauer (Erhöhung der Zuverlässigkeit und Dauerhaltbarkeit, einfache Instandhaltbarkeit, zeitloses Design, modulare Produktstruktur)
7. Optimierung des End-of-Life des Produktes (gute Eignung für Sammlung und Sortierung, gute Recycelbarkeit des Produktes)
8. Entwicklung eines neuen Produktkonzepts – @-Strategie (Dematerialisierung, Mehrfacheignung des Produktes, Funktionsintegration, vom Produkt zur Dienstleistung)

Die einzelnen Handlungsstrategien übernehmen damit die Funktion allgemeingültiger Suchfelder, die mittels Leitfragen überprüft und stufenweise und mit steigender Intensität in den Innovationsprozess eingebunden werden. So sind beispielsweise in der Phase „Ideengewinnung" die Materialwahl, die Optimierung des End-of-Lifes und Handlungsstrategien zum Produktkonzept zu berücksichtigen. Die Felder Optimierung der Nutzungsphase und Verlängerung der Lebensdauer sind zusätzlich in der Phase 2 mit steigender Intensität zu berücksichtigen (Abb. 6.33). Auf diese Weise sollen zum einen auch gesetzliche Anforderungen und zum anderen Anforderungen anderer Anspruchsgruppen (Stakeholder) in den Innovationsprozess integriert werden.

Dem Vorgehen liegt die Annahme zugrunde, dass die am Planungsprozess beteiligten Akteure nicht über das benötigte Wissen verfügen, um potenzielle Umweltwirkungen abzuschätzen bzw. dass die für die Durchführung einer LCA-Untersuchung erforderlichen Daten für die Sachbilanz und Wirkungsabschätzung nicht vorliegen. Aufgrund zahlreicher Bemühungen eine gut verfügbare Datenbasis für die Durchführung von LCA-Untersuchungen zu schaffen, findet der Einsatz von LCA-Untersuchungen auch verstärkt bereits in den frühen Phasen des Innovationsprozesses bzw. in der Produktplanung statt (Charter und Tischer, 2001). Dies gilt umso mehr, als dass es sich bei den meisten Entwicklungen nicht um eine komplette Neuentwicklung handelt, sondern um eine Weiterentwicklung eines bereits bestehenden Produktes, so dass auf eine bereits existierende Datenbasis aufgebaut werden kann. Lang-Koetz et al. weisen darauf hin, dass der in ihrem Ansatz verwendete Stage-Gate-Prozess hauptsächlich in Unternehmen eingesetzt wird, die inkrementelle Innovationen unterstützen und strukturieren wollen. D. h. Marktunsicherheit und technische Unsicherheit sind eher gering. „Bei inkrementellen Innovationen kann daher in hohem Maße auf vorhandenes Wissen zurückgegriffen werden“ (Lang-Koetz et al., 2006a, S. 423).

6.1.2.8 Informationssysteme für die lebenszyklusorientierte, umweltgerechte Produktgestaltung

Der ECODESIGN PILOT (Produkt-Innovations-, Lern- und Optimierungs-Tool für umweltgerechte Produktgestaltung) stellt ein Informationssystem dar, welches den Entwickler bei der Identifizierung und Bewertung von Optimierungspotenzialen unterstützt und grundsätzliche gestalterische Optimierungsmaßnahmen bereitstellt (Wimmer und Züst, 2001). Das Informationssystem ECOSMES.NET ist eine modulare Internetplattform. Hauptadressat sind kleinere und mittelständische Unternehmen, die bei der Einführung und Verfolgung einer integrierten Produktpolitik unterstützt werden sollen (Masoni et al., 2005). Die Plattform umfasst die folgenden Module: Hintergrundinformationen und rechtliche Instrumente des Gesetzgebers, Software-Tools für eine vereinfachte LCA und die Produktoptimierung anhand von Produktvergleichen und Checklisten, Fallbeispiele und Gestaltungshinweise, die branchenspezifisch angepasst werden sowie einen Trainingsbereich für die umweltorientierte Produktentwicklung.

6.1.2.9 Ganzheitliche Produktanalyse und -bewertung

Im Idealfall werden ökonomische, ökologische und soziale Aspekte in der Produktplanung integriert betrachtet. Problematisch sind hierbei die Vergleichbarkeit der verschiedenen Dimensionen und die Abwägung möglicher Zielkonflikte. Ansätze zur Integration der Zieldimensionen liegen in der Praxis bei qualitativen multi-kriteriellen Bewertungsmethoden (z. B. Nutzwertmethoden) und in der Bildung von integrierten quantitativen Kennzahlen wie dem ‚Total Performance Index‘ (Finkbeiner, 2007; Kondoh et al., 2007). Abbildung 6.34 zeigt schematisch das Vorgehen im Rahmen einer Nachhaltigkeits-Nutzwertanalyse. Die Einzel-Nutzwerte können in Form eines Präferenzdreiecks dargestellt und zu einem Gesamtnutzwert (Nachhaltigkeits-Nutzwert) verrechnet werden. Für die Berechnung der Nutzwerte „Ökologie“ und „Wirtschaft“ wird im dargestellten Ansatz auf die Methodik der Ökobilanzierung (vgl. Kap. 5.1.1) und die Lebenszyklusrechnung (vgl. Kap. 5.1.2) verwiesen. Für die Berechnung des Nutzwertes „Sozial“ wird unter Berücksichtigung der Datenverfügbarkeit auf den Human Development Index, den Gini-Ungleichverteilungs-Koeffizient und die Verpflichtungserklärung zur Einhaltung der Kriterien des UN Global Compact zurückgegriffen. Die Daten können dem jährlich erscheinenden Human Development Report (http://hdr.undp.org/) und dem entsprechenden UN-Register (http://www.unglobalcompact.org/) entnommen werden (Finkbeiner, 2007).

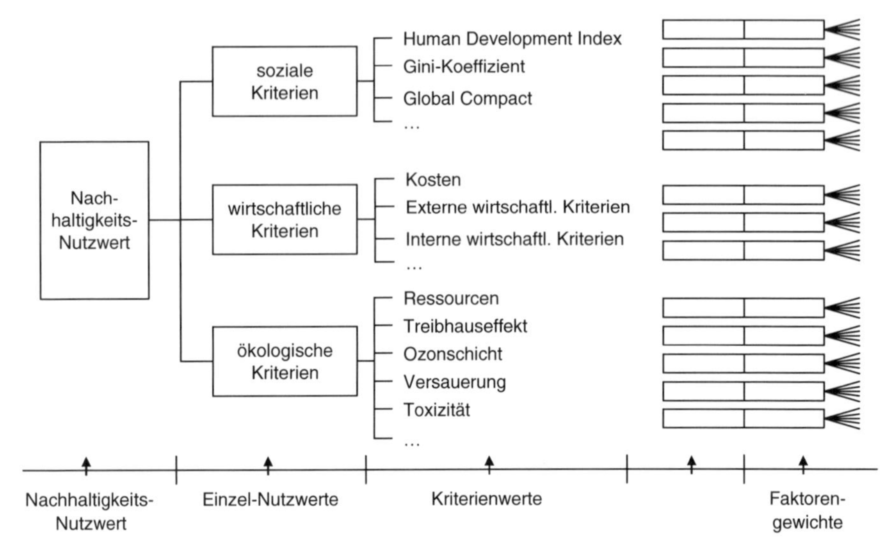

Abb. 6.34 Nachhaltigkeits-Nutzwertanalyse (Finkbeiner, 2007, S. 131)

Eine weitere durchgängige Vorgehensweise zur Bewertung der Nachhaltigkeit von Produkten unter integrierter Berücksichtigung von Daten aus einer Lebenszykluskostenanalyse (LCC), einer Ökobilanz (LCA) und einer Sozialbilanz wurde mit der Methode PROSA (Product Sustainability Assessment bzw. Produkt-Nachhaltigkeits-Analyse) entwickelt (Grießhammer, 2004) (vgl. Kap. 5.1.3).

6.1.3 Lebenszyklusorientierung in der Produktentwicklung

Ausgehend von der Umsetzungsplanung im Rahmen der lebenszyklusorientierten Produktplanung erfolgt in der (lebenszyklusorientierten) Produktentwicklung die Ausgestaltung der Produktideen zu marktreifen Produkten. Die Berücksichtigung technisch-wirtschaftlicher und ökologischer Anforderungen aus allen Phasen des Produktlebenswegs in der Produktentwicklung stellt dabei eine Weiterentwicklung des Simultaneous bzw. Concurrent Engineering dar (Abb. 6.35). Ein erweitertes Entwicklungsteam, welches neben den Funktionsbereichen Teilefertigung und Montage, weitere Funktionsbereiche eines Unternehmens integriert wird häufig auch als Cross-Functional Team bezeichnet (vgl. Pinto et al., 1993).

Grundlegende Ansätze zur lebenszyklusorientierten Produktentwicklung (engl. Life Cycle Design) gehen auf die Arbeiten von Alting, Ishii sowie Keolian und Menery zurück. Zum Teil ausgehend von dem Leitbild einer nachhaltigen Entwicklung werden zum einen die aus der Nutzungs- und Entsorgungsphase resultierenden technischen und wirtschaftlichen Anforderungen in den Produktentwicklungsprozess integriert. Zum anderen wird die Berücksichtigung potenzieller Umweltwir-

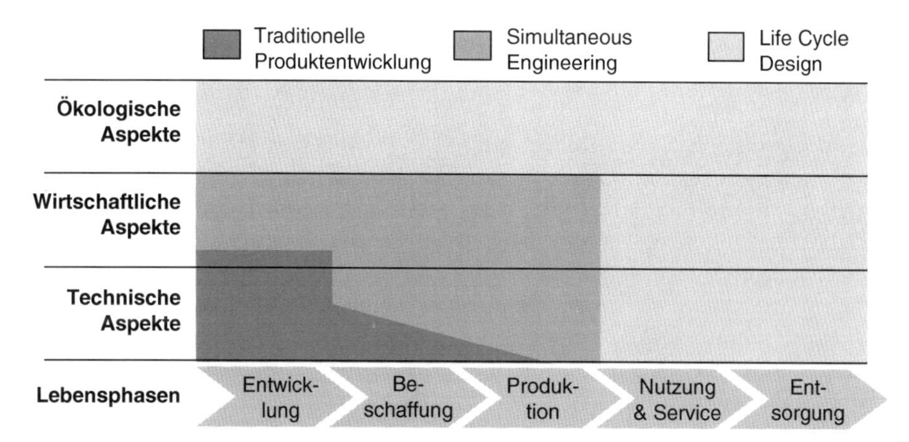

Abb. 6.35 Erweiterung des Betrachtungsbereiches der Produktentwicklung durch die lebenszyklusorientierte Produktentwicklung (Mansour, 2006, S. 69)

kungen eines Produktes über den Lebensweg zu einem festen Bestandteil des so erweiterten Produktentwicklungsprozesses (vgl. Mansour, 2006, S. 68 f).

> Eine lebenszyklusorientierte Produktentwicklung (Life Cycle Design) kann definiert werden als der „[...] Prozess der systematischen Berücksichtigung und Optimierung technischer, ökonomischer und ökologischer Eigenschaften und Auswirkungen eines Produktes über den gesamten Lebenszyklus im Rahmen des Produktentwicklungsprozesses. Ziel ist es, durch Nutzung des Entscheidungsspielraums in der Produktentwicklung der erweiterten Produktverantwortung in einer Weise gerecht zu werden, die den maximalen Produktnutzen für Kunden und Hersteller über den Lebenszyklus bei möglichst geringem wirtschaftlichen, ökologischen und sozialem Aufwand und Risiko ermöglicht." (Mansour, 2006, S. 69 f.)

Die lebenszyklusorientierte Produktentwicklung schließt sich der lebenszyklusorientierten Produktplanung an (Abb. 6.36). Gegenüber der traditionellen Produktentwicklung unterscheidet sich die lebenszyklusorientierte Produktentwicklung

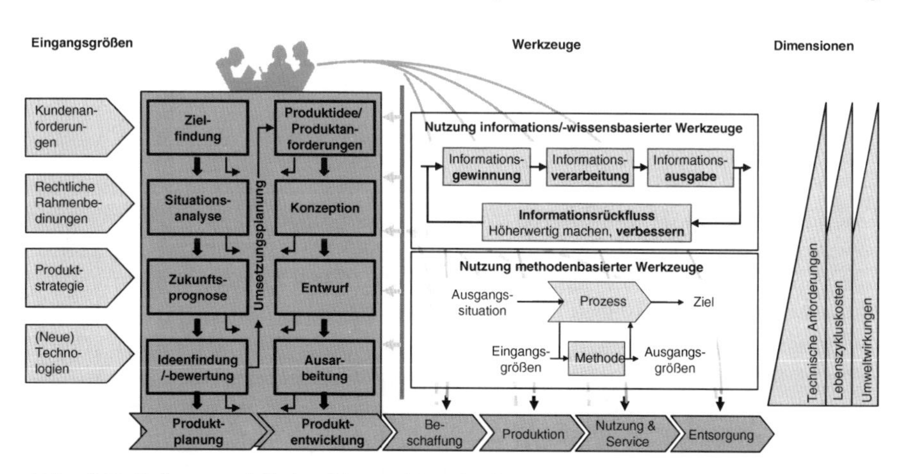

Abb. 6.36 Referenzmodell der lebenszyklusorientierten Produktplanung und -entwicklung; Erweiterung in Anlehnung an (Mansour, 2006, S. 71)

insbesondere hinsichtlich der Eingangsgrößen, der zu betrachtenden Dimensionen und der eingesetzten Werkzeuge zur Entscheidungsunterstützung (vgl. Mansour, 2006, S. 70):

- *Eingangsgrößen:* Neben Kundenanforderungen bestehen für die lebenszyklusorientierte Produktentwicklung zusätzliche Anforderungen, die aus dem Ansatz der erweiterten Produktverantwortung und damit verbundener rechtlicher Vorgaben resultieren. Auch die im Rahmen der lebenszyklusorientierten Produktplanung festgelegte Kosten- und Erlösstrategie sowie Zielvorgaben zu maximalen Umweltwirkungen stellen wichtige Eingangsgrößen dar. Darüber hinaus beeinflussen (neue) Produkttechnologien (z. B. neue Werkstoffe) und (neue) Prozesstechnologien (z. B. neue Verwertungsverfahren) die Entscheidungsprozesse in der Produktentwicklung.
- *Dimensionen:* Eine ganzheitliche, lebenszyklusorientierte Produktentwicklung erfordert die entwicklungsbegleitende Bewertung vom Produktkonzept bis zum fertig gestalteten Produkt hinsichtlich der Dimensionen: Erfüllung der technischen, wirtschaftlichen und ökologischen Anforderungen (und zukünftig verstärkt auch die Erfüllung sozialer Anforderungen).
- *Werkzeuge:* Dem Einsatz sowohl informations-/wissensbasierter als auch methodenbasierter Werkzeuge kommt im Rahmen der lebenszyklusorientierten Produktentwicklung eine Schlüsselrolle zu. Geeignete Werkzeuge können gezielt erforderliche Informationen zu den einzelnen Produktlebensphasen bereitstellen bzw. verarbeiten. Durch den Einsatz von Werkzeugen soll der Entscheider bzw. das Entscheidungsteam im Rahmen einer lebenszyklusorientierten Produktentwicklung in die Lage versetzt werden, die unterschiedlichen Anforderungen aus den einzelnen Phasen des Produktlebenswegs, die Eingangsgrößen und die Dimensionen zu berücksichtigen.

Hilfsmitteln, insbesondere in Form von softwareunterstützten Werkzeugen, kommt in der lebenszyklusorientierten Entwicklung technischer Produkte aufgrund der Vielfalt der zu berücksichtigenden Wechselwirkungen eine besondere Bedeutung zu. Zur Unterstützung der lebenszyklusorientierten Produktentwicklung wurde eine Vielzahl unterschiedlicher Hilfsmittel entwickelt. Mørup unterteilt die verschiedenen Ansätze und Konzepte in zwei Gruppen (Mørup, 1994; van Hemel und Feldmann, 1996, S. 73).

Der Gruppe „Lebensphase“ sind alle Ansätze und Konzepte zuzuordnen, die darauf abzielen, ein Produkt hinsichtlich einer bestimmten Produktlebensphase zu optimieren. Hierzu gehören insbesondere die fertigungs- und montagegerechte Produktgestaltung (DFM – Design for Manufacturing, DFA – Design for Assembly), die instandhaltungs- oder auch reparaturgerechte Produktgestaltung (DFS – Design for Service) sowie die demontage- und recyclinggerechte Produktgestaltung (DFD – Design for Disassembly, DFR – Design for Recycling). Die Ansätze werden häufig unter dem Begriff „Design for X“ zusammengefasst. Die zweite Gruppe „Eigenschaften“ umfasst alle Ansätze und Konzepte, die das Ziel verfolgen ein Produkt hinsichtlich einer bestimmten Eigenschaft über möglichst alle Produktlebensphasen zu optimieren. Hierzu gehören insbesondere Ansätze die auf dem Life Cycle Cos-

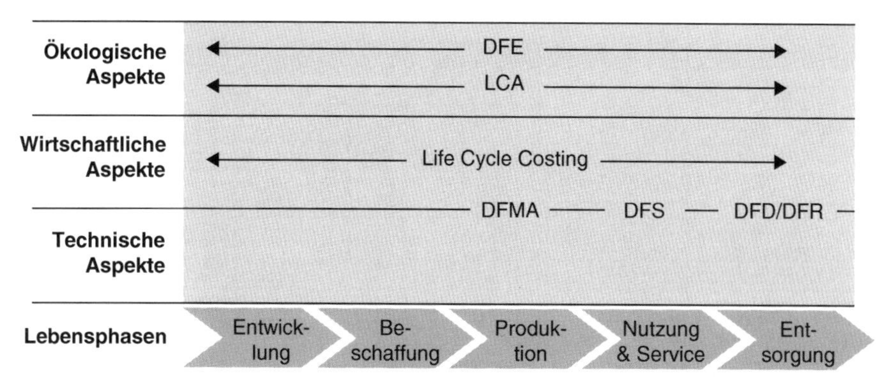

Abb. 6.37 Einordnung grundlegender Konzepte und Ansätze zur Unterstützung der lebenszyklusorientierten Produktentwicklung (Mansour, 2006, S. 73)

ting und dem Life Cycle Assessment beruhen. Abbildung 6.37 ordnet die verschiedenen Ansätze und Konzepte den zu betrachtenden „Eigenschaften" und „Lebensphasen" zu.

Der Begriff Design for Environment (DFE) bildet die Überschrift für alle Informationen, Methoden und Werkzeuge zur Unterstützung einer umweltgerechten Produktgestaltung. Teilweise werden auch Hilfsmittel, die auf der Ökobilanzierung nach ISO 14040 ff. aufbauen, unter dem Begriff DFE zusammengefasst. Häufiger synonymer Begriff zum DFE ist „Ökodesign" bzw. „Ecodesign". Eine Übersicht ausgewählter Ansätze zur lebenszyklusorientierten Produktentwicklung zeigt Abb. 6.38.

6.1.3.1 Lebenszyklusorientierte Erweiterung des Concurrent Engineering und des DFM

Alting/Jorgensen erweitern das Concurrent Engineering um Anforderungen aus den Lebenswegphasen Distribution, Gebrauch, Produktion (Arbeitsschutz) und Entsorgung/Recycling (vgl. auch Mansour, 2006, S. 68 ff.). Zielsetzung bzw. Kriterien sind: Schutz der Umwelt, verbesserte Arbeitsbedingungen, Ressourceneffizienz, geringe Lebenszykluskosten, Firmenpolitik sowie Produkt- und Fertigungseigenschaften (Alting, 1993, S. 4). Als Methoden werden Konstruktionsstrategien und Richtlinien zur Verankerung von Umwelltaspekten für die Bereiche Produktfunktion, Produktstruktur und Produktkomponenten sowie für jede Phase des Produktlebenszyklus vorgeschlagen. Aus der Disziplin der Lebensweganalyse werden Life Cycle Analysis zur ökologischen Bewertung und Life Cycle Costing bestehend aus Unternehmens-, Nutzerkosten sowie Kosten für die Gesellschaft einbezogen (Alting und Jorgensen, 1993, S. 164 ff.; Alting, 1993, S. 10). Mit der Erweiterung des Concurrent Engineering um umweltbezogene Anforderungen beschäftigen sich auch Koeleian/Menerey (Koelelian, 1993, S. 25). Ziele sind ein geringer Ressourcen- und Energieverbrauch, die Vermeidung von Abfall, die Minimierung

Forschungs- bzw. Arbeitsgebiet	Auswahl von Autoren	Lebensphasen-übergreifende Disziplinen			Lebensphasenbezogene Disziplinen				Planungs-horizont strategisch operativ
		Lebenswegs-analysen	Inf. u.Wissens-management	Prozess-management	Produkt-management	Produktions-management	After-Sales-Management	End-of-Life-Management	
Lebenszyklusorientierte Erweiterung des Concurrent Engineering	Alting, Jorgensen, Keoleian, Menerey	U, W		(X)	X	X	X	X	
Lebenszyklusorientierte Erweiterung des DFM	Ishii, Gershenson	W			X	X	X	X	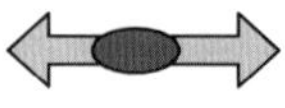
Lebenszyklusorientierte Entwicklung von Werkzeugmaschinen	Osten-Sacken, Denkena	LCC	X		X	X	X	X	
Berücksichtigung von Umweltaspekten bei der Integration von Kundenwünschen und –anforderungen	Yim, Herrmann	U			X	X	X	X	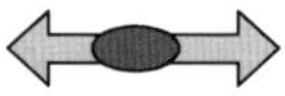
Integration von Anforderungen aus Service, Demontage und Recycling	Eversheim, Kroll, Züst, Tober, Krause, Kühn, Herrmann, Frad	W, (U)		(X)			X	X	
Unterstützung der lebenszyklusorientierten Produktentwicklung durch Informations- und Wissensmanagement	Mansour, Herrmann	W, (U)	X		X	X	X	X	

Lebensweganalyse berücksichtigt: U = Umweltaspekte, W= Wirtschaftliche Aspekte, S = Soziale, gesellschaftliche Aspekte

Abb. 6.38 Einordnung verschiedener Ansätze zur lebenszyklusorientierten Produktentwicklung

von Gesundheits- und Sicherheitsrisiken, die Sicherstellung der Produktfunktion, geringe Produktionskosten und die Erfüllung gesetzlicher Regelungen (Koelelian, 1993, S. 46). Zur Umsetzung werden Gestaltungsrichtlinien, die produktspezifisch zu Strategien zusammengestellt werden, vorgeschlagen. Beispiele hierfür sind die Verlängerung der Produkt- und der Materiallebenszeit, die Materialauswahl und -reduzierung, das Management des Entwicklungsprozesses und eine effiziente Distribution. Als Bewertungsmethode werden das Life Cycle Assessment und das Life Cycle Accounting herangezogen (Koeleian, 1993, S. 61 ff.). Die Erweiterung des DFM bzw. DFMA ist Gegenstand der Arbeiten von Ishii (Ishii, 1995, S. 42). Ziel ist es, den Lebenszykluswert eines Produktes für die Gesellschaft zu maximieren sowie die Kosten für den Hersteller und Benutzer sowie für die Umwelt zu minimieren. Zur Umsetzung wird eine rechnerunterstützte Bewertung von Produktentwürfen in frühen Phasen der Produktentwicklung vorgeschlagen; sowohl im Hinblick auf Anforderungen aus der Fertigung, dem Service sowie Recycling und Entsorgung (Ishii, 1995, S. 2 ff.; Gershenson und Ishii, 1993; Ishii et al., 1994). Für die Kostenbewertung wird das Life Cycle Costing gewählt (Ishii et al., 1993).

6.1.3.2 Lebenszyklusorientierte Entwicklung von Werkzeugmaschinen

Auch die zur Produktion von Gütern eingesetzten Maschinen und Anlagen müssen lebenszyklusorientiert gestaltet werden. Zur Unterstützung der lebenszykluskostenorientierten Entwicklung von Werkzeugmaschinen schafft von der Osten-Sacken ein Modell und eine Software zur lebenslauforientierten Erfolgsrechnung (von der Osten-Sacken, 1999). Ausgehend von dem Modell werden zunächst die Aufwendungen und Erträge für die Lebensphasen Entstehung, Gebrauch sowie Aufarbeitung und Entsorgung erfasst und und verrechnet. Die Beschreibungen der Aufwendungen und Erträge erfolgt mittels Kennziffern (Einflussfaktoren), die ursächlich die Aufwendungen und Erträge einer Werkzeugmaschine beeinflussen. Die Software ermöglicht es durch Variationsanalysen Kennziffer- bzw. Parameterkombinationen zu identifizieren, bei denen der Lebenszykluserfolg möglichst groß ist. Denkena et al. erweitern ein bestehendes Softwarewerkzeug, den „Kostennavigator“, um ein Lebenszykluskostenberechnungsmodell welches zum einen die Herstell- und zum anderen die Folgekosten berücksichtigt (Denkena et al., 2006). Der so geschaffene LCC-Navigator ermöglicht die Berechnung der zu erwartenden Lebenszykluskosten einer Werkzeugmaschine bereits während der Entwicklung. Hierfür werden Entscheidungen zu bestimmten Komponenten oder Anwendungen vom LCC-Navigator überwacht und kostentechnisch bewertet.

6.1.3.3 Berücksichtigung von Umweltaspekten bei der Integration von Kundenwünschen und -anforderungen

Bei der Berücksichtigung von Umweltaspekten in der Produktentwicklung und deren späterer Kommunikation an den Kunden ist zu beachten, dass viele umweltrelevante Leistungsmerkmale zu den Vertrauenseigenschaften eines Produktes gehören, d. h. sie werden entweder vom Kunden vorausgesetzt oder können nur unter nicht vertretbarem Aufwand für die Informationsbeschaffung vom Kunden geprüft werden (Herrmann, 2001, 2003). Kaufentscheidungen stellen psychische Prozesse dar, welche zum einen durch eine Vielzahl von Umwelteinflüssen (ökonomisch, politisch-rechtlich und sozial) und zum anderen von den Bedürfnissen der Kunden abhängen. Insbesondere die Berücksichtigung von Umweltaspekten in der Produktentwicklung erfordert das Verständnis für die Werthaltung der Kunden und die Prozesse der Informationsverarbeitung in der Kaufentscheidung. Zur Erklärung der Verarbeitung von Informationen dienen Informationsprozess-Modelle (Abb. 6.39). Diese Modelle stellen eine Sequenz kognitiver Prozesse dar, wobei jeder Prozess die eingehenden Informationen transformiert bzw. modifiziert. Die drei wichtigen kognitiven Prozessen sind: (1) Interpretation der relevanten Informationen zur Erfassung der Bedeutung und der Schaffung eigenen Wissens, (2) Kombination bzw. Integration des Wissens zur Bewertung von Produkten und zur Entscheidung zwischen Verhaltensalternativen und (3) Abrufen von Produktwissen aus Erinnerungen für den Integrations- und Interpretationsprozess. Fehlendes Erfahrungswissen oder

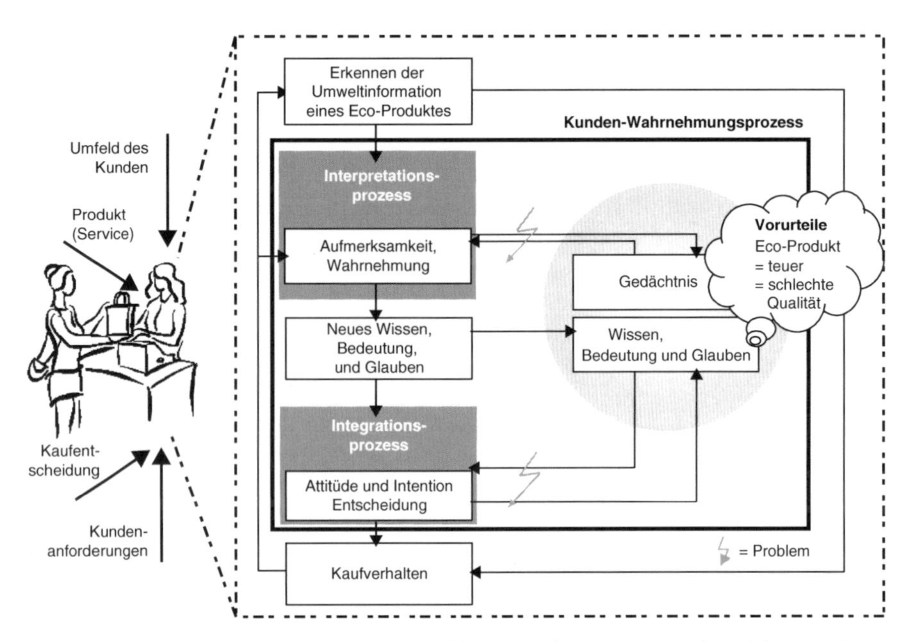

Abb. 6.39 Kognitive Prozesse bei Kaufentscheidungen; (Yim, 2007, S. 74; in Anlehung an Peter und Olson, 2002, S. 52)

bestehende Vorurteile insbesondere im Hinblick auf Umweltaspekte von Produkten können zu einer Nicht-Kaufentscheidung führen.

Ausgehend von diesen Überlegungen entwickeln Yim/Herrmann einen Ansatz, welcher sowohl die Aspekte einer umweltgerechten Produktgestaltung als auch die Aspekte der Kundenanforderungen berücksichtigt. Hierfür werden vier verschiedene Methoden miteinander verknüpft. Zum einen ermöglicht die „Klassifizierung von Umweltattributen" die Einordnung der produktspezifischen Umweltauswirkungen in Abhängigkeit zur Produktfunktion. Diese Art der Berücksichtigung stellt somit einen Unterschied zum verbreiteten LCA dar, welches einzig die Umweltbelastung ermittelt. Die entwickelte „Simplified Eco-QFD"-Methode ermöglicht zudem eine Einbeziehung der Umwelt sowie der Kundenaspekte. Hierzu wird das konventionelle QFD angepasst. Diese Anpassung ermöglicht eine Bewertung der Produktfunktionen sowie von Produktbauteilen sowohl aus Sicht der Kundenanforderung als auch aus Sicht der Umweltanforderungen. Zur Unterstützung der Darstellung und Kommunikation der aus dem Entwicklungsprozess erhaltenen technischen sowie ökologischen Produkteigenschaften wird mittels „Eco-Means End Chains" eine Verbindung zwischen den Umweltattributen und den Werten sowie Vorteilen aus Sicht der Kunden geschaffen. Zudem unterstützt die „Environmental Communication Check List (ECC)" die Überprüfung einer zielgerichteten Kommunikation der Umwelteigenschaften des Produktes auf Basis einer Konsumentenanalyse (Herrmann und Yim, 2004, 2006; Yim und Herrmann, 2003a, b). Weitere Beispiele zum Einsatz der QFD-Methode zur Unterstützung der lebenszyklusorientierten Produktentwicklung finden sich in (Abele et al., 2005, S. 194) und (Wimmer et al., 2003).

6.1.3.4 Integration von Anforderungen aus Service, Demontage und Recycling

Werkzeuge für die demontage- und recyclinggerechte Produktgestaltung

Werkzeuge zur Unterstützung der demontage- und recyclinggerechten Produktgestaltung ermöglichen es, Auswirkungen von Entscheidungen im Produktentwicklungsprozess im Hinblick auf eine spätere Entsorgung des Produktes zu bewerten. Eine besondere Herausforderung ist die zeitliche und örtliche Distanz zwischen der Produktentwicklung und den Funktionen Service sowie vor allem Demontage und Recycling. Verschiedene Ansätze in der Literatur nutzen ein gewichtetes Punktwertverfahren für eine Demontage- und Recyclingbewertung. Eversheim et al. stellen ein Demontage-Bewertungs-Verfahren vor, bei dem für verschiedene Kriterien zu jedem Bauteil ein gewichteter Punktwert und hieraus der gewichtete Merkmalserfüllungsgrad ermittelt wird. Schwachstellen können anhand niedriger Erfüllungsgrade bestimmt werden (Eversheim et al., 1992). Kroll et al. setzen für die Demontageanalyse eine Bewertungstabelle ein, mit der jedes Bauteil hinsichtlich der Kriterien Zugänglichkeit, Position, erforderliche Kraft, zusätzlicher Zeitbedarf und Besonderheiten beurteilt wird (Kroll et al., 1994, 1999). Weitere Punktbewertungsverfahren finden sich in (Züst, 1993; Tober, 1993; Lowe und Niku, 1995). Nachteilig bei den Verfahren ist, dass die Bewertung abhängig von dem Wissen und der Erfahrung des Nutzers ist. Zudem beschränken sich die Verfahren zumeist auf eine Bewertung der Demontage und setzen hier eine Umkehrung der Montage voraus. Vorteilhaft bei Punktwertverfahren ist die einfache Anwendbarkeit. Ein Beispiel für Softwarewerkzeuge ist *AMETIDE* (A Methodology for Time Disassembly Estimation) (Rodrigo et al., 2002) der University of California. Das Werkzeug dient der Schätzung der Demontagezeit unterschiedlicher Verbindungstechniken. Die Software *ReStar* (Recycling-Star) wurde an der Carnegie Mellon University in Pittsburgh entwickelt (Navin-Chandra, 1991, 1993; Chen und Navin-Chandra, 1993). Das Programm ermittelt auf der Grundlage von bauteilbezogenen Demontagefreiheiten einen Demontagebaum, der alle Demontageschritte und -alternativen enthält. Hinterlegte Zeiten für Verbindungen und Entsorgungskosten ermöglichen die Bestimmung der Demontagekosten sowie Recyclingerlöse und Beseitigungskosten für jeden Demontageschritt. Die Bewertung von Montage, Instandhaltung und Recycling wird durch das Programm *LASeR* (Life-cycle Assembly, Service and Recycling) (Ishii und Eubanks, 1993; Ishii et al., 1994) unterstützt, welches an der Ohio State University in Columbus entwickelt wurde. Das Programm ermittelt Aufbereitungs- und Demontagekosten sowie einen Verträglichkeitsindex für die gebildeten Bauteilgruppen und berechnet die Gesamtkosten für ein Recycling. Die Bewertung der Instandhaltung erfolgt über die notwendigen Arbeitszeiten und benötigten Werkzeuge. Sämtliche Daten (Kosten, Zeiten, Recyclingwege) müssen durch den Anwender eingegeben werden. Im Rahmen des *Sonderforschungsbereich 281* „Demontagefabriken zur Rückgewinnung von Ressourcen in Produkt- und Materialkreisläufen" werden Werkzeuge zur Unterstützung der demontagegerechten Produktgestaltung entwickelt. Krause/Martini stellen ein Werkzeug zur Simulation geometrischer und stofflicher Veränderungen während des Produktgebrauchs vor. Das Werkzeug erweitert das Konzept der featurebasierten Konstruktion um sogenannte Abnutzungsfeatures und integriert diese in ein CAD-System. Mit Hilfe der Demontagesimulation werden Auswirkungen verschiedener Verschleißarten und -mechanismen ermittelt und Demontageverrichtungen geplant (Krause und Martini, 2000). Das rechnerunterstützte System *BAMOS* (Baustruktur-Analyse- und Modellierungs-System) (Radtke und Wünsche, 2000) ermöglicht die Modellierung und Analyse von Baustrukturen. Für die Analyse bzw. Bewertung kann der Demontageaufwand für Verbindungen, einzelne Bauteile und Baugruppen sowie für das Gesamtprodukt bestimmt werden. Eine Schnittstelle ermöglicht die Anbindung an ein CAD-System. Auf Basis hierarchischer Graphenstrukturen können alternative Demontagereihenfolgen abgeleitet werden. Schmit/Tender übertragen den Ansatz des Target Costing auf die Entwicklung recyclinggerechter Produkte. Der Ansatz beruht auf einer engen Verknüpfung der erzielbaren Recyclingquote mit den Recyclingerlösen bzw. -kosten. In ein Recyclingquote-Recyclingkosten-Diagramm werden die möglichen Zerlegekombinationen eingetragen. Abhängig von den gesetzten Zielkriterien (Recyclingkosten, Recyclingquote) kann die geeignetste Zerlegekombination ausgewählt werden (Schmidt und Trender, 1997). Eine ausführliche Übersicht zu verschiedenen Hilfsmittel für die Demontage- und Recyclingbewertung findet sich in (Kühn, 2001; Herrmann, 2003).

Bewertung der Recyclingfähigkeit in der Fahrzeugentwicklung

MAGNA STEYR entwickelt gemeinsam mit KERP Engineering und in Kooperation mit KERP Research, BOKU Wien und der TU Braunschweig (IWF) ein Softwarewerkzeug, das den Entwickler komplexer technischer Produkte bei der Realisierung eines umweltgerechten Designs unterstützt, indem umweltrelevante Bewertungen schon frühzeitig im Entwicklungsprozess zur Verfügung gestellt werden (Herrmann, 2003; Revnic et al., 2006, 2007a, b). Dies ermöglicht dem Entwickler, auf Basis von im Entwicklungsprozess zur Verfügung stehender Daten (z.B. Produktstruktur, Materialdaten und Gewichte, Verbindungstechnik, Daten zu Rohstoffgewinnung, Materialherstellungs-, Verarbeitungs- und Verwertungsprozessen) Aussagen über die Demontage- und Recyclingfähigkeit des Produktes inklusive der anfallenden Recyclingkosten bzw. -erlösen zu treffen sowie produktspezifische Verbesserungspotenziale zu erkennen. Die erforderliche Vernetzung verschiedener interner und externer Informationssysteme ist in Abb. 6.40 dargestellt.

Produktmodellierung

Das Fahrzeugmodell bildet die Grundlage für die Simulation und den Berechnungsprozess. Das Produktmodell besteht aus Informationen hinsichtlich der enthaltenen Automobilkomponenten im Fahrzeug, der Werkstoffarten und Werkstoffmassen,

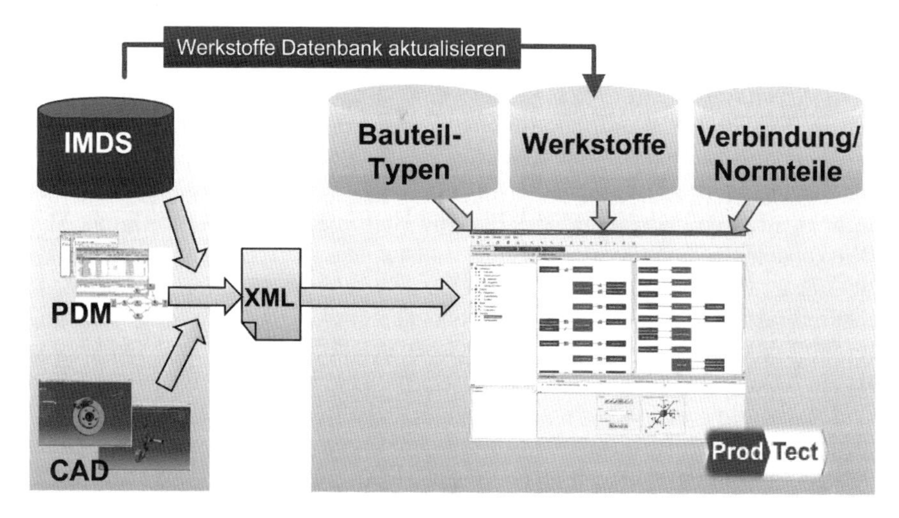

Abb. 6.40 Datenmanagement zur Simulation der Recyclingfähigkeit (Schiffleitner et al., 2008)

enthaltener Schadstoffe sowie geometrischer Informationen hinsichtlich Zugänglichkeit und Verbindungstechnik.

Die Produktstruktur wird über die Beschreibung von Verbindungen zwischen Bauteilen und den dabei verwendeten Verbindungstechnologien und Vorrangbeziehungen zwischen Bauteilen abgebildet. Die Software ermöglicht die Identifizierung von Zielbauteilen für die Trockenlegung und Demontage gemäß ISO Standard 22628, 2002 in Abhängigkeit der gewählten Recyclingstrategie. Für diese Zielbauteile können verschiedene Szenarien hinsichtlich Werkstoffen, Bauteilgestaltung oder Verbindungstechnik berechnet und Auswirkungen der recyclinggerechten Produktgestaltung gemäß Altfahrzeug-Richtlinie auf die Recyclingquote und Demontagefähigkeit des Automobils berechnet werden. Alle im Fahrzeug verbauten Werkstoffe sind in einer Werkstoffdatenbank des Simulationsprogramms hinterlegt und mit verfügbaren Recyclingtechnologien verknüpft.

Berechnung

Ein Ziel der Berechnung ist die Ermittlung der Recycling- und Verwertungsquote nach der Norm ISO 22628 für die EU-Typgenehmigung. Dazu werden Informationen über verfügbare materialabhängige Recyclingtechnologien und ggf. erforderliche Demontageprozesse benötigt. Das Berechnungsmodul der Software ermöglicht die Berechnung der optimalen Demontagetiefe auf Basis des Produktmodells, des gewählten Optimierungskriteriums (z.B. Kosten, Verwertungsquote), definierter Randbedingungen (Schadstoffseparierung, Demontage ausgewählter Bauteile, vorgegebene Mindestquote für das Recycling), von Arbeitskosten, von Marktdaten hinsichtlich erzielbarer Recyclingerlöse bzw. Entsorgungskosten für Materialien sowie eines Modells von Aufbereitungs- und Verwertungsprozessen. Die Marktdaten, Arbeitskosten und Prozessmodelle sind in Berechnungsprofilen zusammengefasst. Ein Produktmodell kann hierbei mit unterschiedlichen (z.B. länderspezifischen) Profilen berechnet werden, um so die Ergebnisse unter verschiedenen Randbedingungen zu vergleichen. Aufbereitungs- und Verwertungsprozesse für Zusammenbauten und demontierte Bauteile sind in Form von Input-Output-Modellen abgebildet. Diese Prozessmodelle sind auf der Inputseite durch Eingangsrestriktionen auf Materialebene und durch Qualitätsvoraussetzungen für eingehende Materialfraktionen definiert. Ein Aufbereitungsprozess setzt sich aus der Trennung des Stoffschlusses der eingesetzten Fraktionen und der Sortierung und Klassierung des ausgehenden Materialstroms in neue Fraktionen zusammen. Ausgangsprodukt eines Aufbereitungsprozesses sind neue Materialfraktionen, die wiederum Verwertungsprozessen zugeordnet werden können. Für eine eingehende Fraktion wird hier die Verteilung auf die verschiedenen Verwertungs- und Entsorgungswege über materialbezogene Verteilungskoeffizienten modelliert. Hierbei ist nicht der Ausgangsstoffstrom relevant (z.B. Rohmaterial, Schlacke, etc.), sondern die prozentuale Verteilung des Eingangsmaterials auf eine der Nutzungsarten. Auf diese Weise werden sämtliche Aufbereitungs- und Verwertungsprozesse (z.B.: VW-Sicon, Schwarzepumpe, schmelzmetallurgische Prozesse) in der Simulation berücksichtigt.

Ergebnisse

Im Rahmen der Berechnung simuliert die Software somit nicht nur den Demontageprozess des modellierten Produktes, sondern insbesondere auch alle Aufbereitungs- und Verwertungsprozesse und berechnet entsprechend des Optimierungsziels und der gewählten Rahmenbedingungen den erforderlichen Demontageumfang sowie die entstehenden Materialfraktionen. Dabei werden für ein Fahrzeug folgende Ergebnisse ermittelt:

- Demontagesequenz inklusive der verwendeten Werkzeuge und der benötigten Zeit
- Art und Materialzusammensetzung der demontierten Bauteile und des restlichen Fahrzeugs
- Verwertungs- und Entsorgungswege der demontierten Bauteile und des restlichen Fahrzeugs (Post-Schredder-Technologien)
- Erzielbare Recycling- und Verwertungsquote aufgrund anerkannter und verfügbarer Recyclingtechnologien
- Demontage- und Entsorgungskosten bzw. Recyclingerlöse sowie eine Summenbetrachtung der End-of-Life Kosten bzw. des Profits

Anhand der Detaillierung der Darstellung kann zum einen der Beitrag einzelner Fraktionen zur Verwertungs- und Recyclingquote untersucht werden und zum anderen können anhand der Demontagesequenz Produktoptimierungspotenziale hinsichtlich einer demontagefreundlichen Produktgestaltung identifiziert werden.

6.1.3.5 Unterstützung der lebenszyklusorientierten Produktentwicklung durch Informations- und Wissensbereitstellung

Richtungssicherheit im Planungs- und Entwicklungsprozess kann wesentlich durch ein geeignetes Informations- und Wissensmanagement unterstützt werden. „Die Herausforderung ist, in einem Stadium großer Unsicherheit Informationen bereit zu stellen, die einerseits Einflussgrößen zur Schaffung eines umweltfreundlichen Produktes und andererseits als Bewertungsgrößen für zu erwartenden Risiken dienen können. Zudem müssen solche Informationen mit geringem Aufwand erstellt oder bereitgestellt werden können." (Lang-Koetz et al., 2006b, S. 421 f.)

Ein Fallbeispiel für die Unterstützung eines lebenszyklusorientierten Wissensmanagements zeigt der folgende Ansatz zur Unterstützung der Produktplanung und -entwicklung. Der Wissensbedarf gestaltet sich in den verschiedenen Phasen der Produktentwicklung unterschiedlich (s. Abb. 6.41). Im Rahmen der **Planung** müssen Anforderungen an Produkte zusammengetragen werden. Diese Anforderungen betreffen das Verhalten des Produktes in verschiedenen Lebensphasen und lassen sich wie folgt charakterisieren:

1. Anforderungen zur Sicherstellung der Produktfunktion: Sie werden im Rahmen der Ausarbeitung der Produktidee entwickelt und umfassen implizites, individuelles Wissen sowie explizites Wissen in Form von Anforderungslisten.
2. Anforderungen aus gesetzlichen Vorschriften, Normen und Standards wie z. B. EU-Richtlinien zur Umweltgesetzgebung. Sie liegen in expliziter Form vor, stellen jedoch aufgrund der für den Produktentwickler schlecht strukturierten

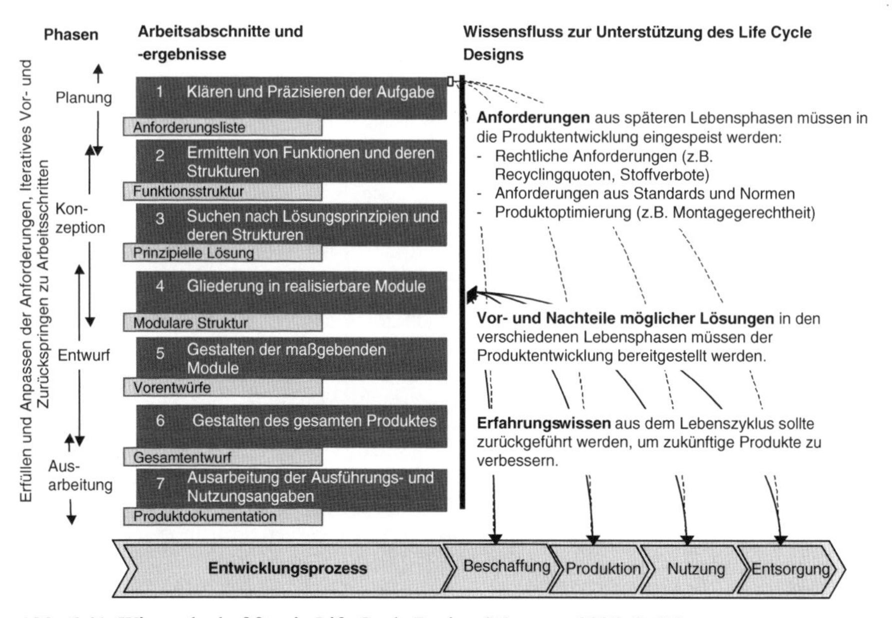

Abb. 6.41 Wissensbedarf für ein Life Cycle Design (Mansour, 2006, S. 76)

Form eher latentes Wissen dar („Die Recyclingquote muss da irgendwo drin stehen.“).
3. Anforderungen zur Optimierung der Produkte hinsichtlich ihres Verhaltens im Produktlebenszyklus wie z. B. Anforderungen hinsichtlich der Montierbarkeit. Hierbei handelt es sich um Spezialwissen bei den Verantwortlichen in den verschiedenen Produktlebensphasen.

Ein Beispiel für einen informationstechnisch umgesetzten Lösungsansatz zur lebensphasenübergreifenden Bereitstellung von Wissen stellt die modulare, unternehmensübergreifende Internetplattform LCE-Guide (http://www.lce-guide.de) dar. Die Plattform sieht die Abdeckung des Wissensbedarfes durch verschiedene Module vor, die jeweils an die Beschaffenheit der zur Verfügung gestellten Information bzw. des Wissens angepasst sind (Mansour, 2006). Der iterativen Vorgehensweise in der Produktentwicklung wird im Rahmen des Konzeptes zum einen durch seine bedarfsbezogene Einsetzbarkeit und zum anderen durch die Verknüpfung der Module Rechnung getragen. Die Iterationen und Vorgriffe dienen der Produktoptimierung und frühzeitigen Problemerkennung und sind damit ein wichtiger Bestandteil eines erfolgreichen Produktentwicklungsprojektes. Die Verknüpfungen ermöglichen es z. B. beim Sammeln von Anforderungen in der Planungs- und frühen Konzeptphase bereits mögliche prinzipielle Lösungen zu berücksichtigen oder im weiteren Verlauf frühzeitig zu erkennen, ob geeignete konkrete Lösungen vorhanden sind. Abbildung 6.42 stellt einen solchen Vorgriff durch den Verlauf der Interaktionen A und B dar. Auch im weiteren Verlauf des Entwicklungsprozesses kann es immer wieder zu Vorgriffen oder Iterationsschleifen kommen, die vom System über die Verknüpfungen unterstützt und angeregt werden. Die Zuordnung der verschiedenen Module zu den Phasen des Entwicklungsprozesses beschreibt daher vor allem, welches Modul in welcher Phase als wahrscheinlicher Einstiegspunkt in die Unterstützungsplattform genutzt wird.

Neben dem Modul zum Gestaltungswissen enthält ein Gesetzgebungsmodul Anforderungen aus gesetzlichen Regelungen, die für den Produktentwickler als Nutzer speziell aufbereitet werden (Abb. 6.43).

So werden z. B. Regelungen verschiedener nationaler Umsetzungen der WEEE zum Thema Quotennachweis aus den entsprechenden Gesetzen extrahiert, in tabellarische Form gebracht und gegenübergestellt. Produktanforderungen aus verschiedenen Lebensphasen wie z. B. Anforderungen hinsichtlich montagegerechter Produktgestaltung sowie Wissen zur Optimierung von Produkten hinsichtlich Ihrer Eigenschaften in späteren Lebenszyklusphasen können in Form von Gestaltungsregeln transferiert werden. Dazu ist es nötig, über Experteninterviews, Workshops oder Literaturrecherchen das notwendige Wissen zu sammeln und in eine explizite, standardisierte, leicht verständliche Form zu überführen. Zur Unterstützung der Konzeptions- und Entwurfsphase werden Informationen über Materialien und Bauteile bereitgestellt. Dabei soll insbesondere die Anwendung innovativer Technologien gefördert werden, indem Vor- und Nachteile der Technologien in den verschiedenen Lebenszyklusphasen bewertet werden. Den größten Nutzen kann die Plattform durch eine Verknüpfung der verschiedenen Module erbringen.

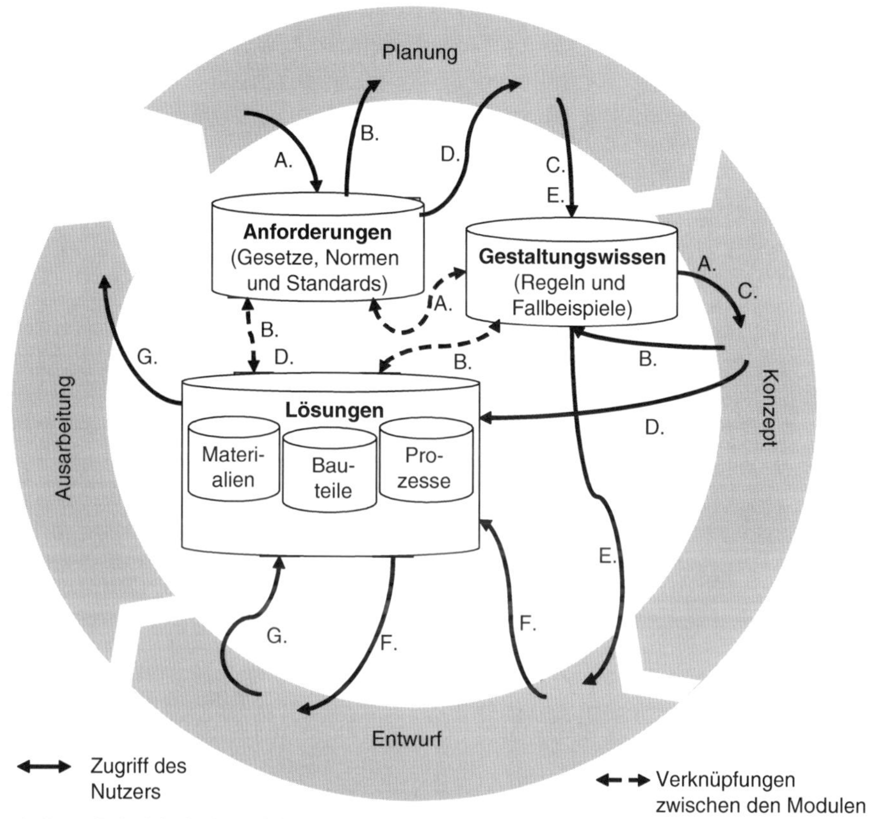

Abb. 6.42 Unterstützung des iterativen Vorgehens durch die Verknüpfung verschiedener Funktionsmodule (Mansour, 2006, S. 117)

6.1.3.6 Zusammenfassung Produktmanagement

Tabelle 6.1 zeigt die Einordnung des Produktmanagements in das Modell lebensfähiger Systeme mit möglichen Institutionen im Unternehmen, beispielhaften Aufgaben innerhalb der Disziplin und Integrationsaufgaben zu den weiteren phasenbezogenen Disziplinen.

Folgende Fragen können zur Ausgestaltung bzw. Analyse herangezogen werden (vgl. Kap. 4.3.3):

- **System 1:** Was sind die Ein- und Ausgangsgrößen zu den anderen Systemen 1 (Produktionsmanagement, After-Sales Management und End-of-Life Management:)? Wie sind die Beziehungen (z. B. kooperativ oder kompetitiv)? Was sind die Absatzmärkte (z. B. Trend zur Individualisierung)? Werden Anforderungen

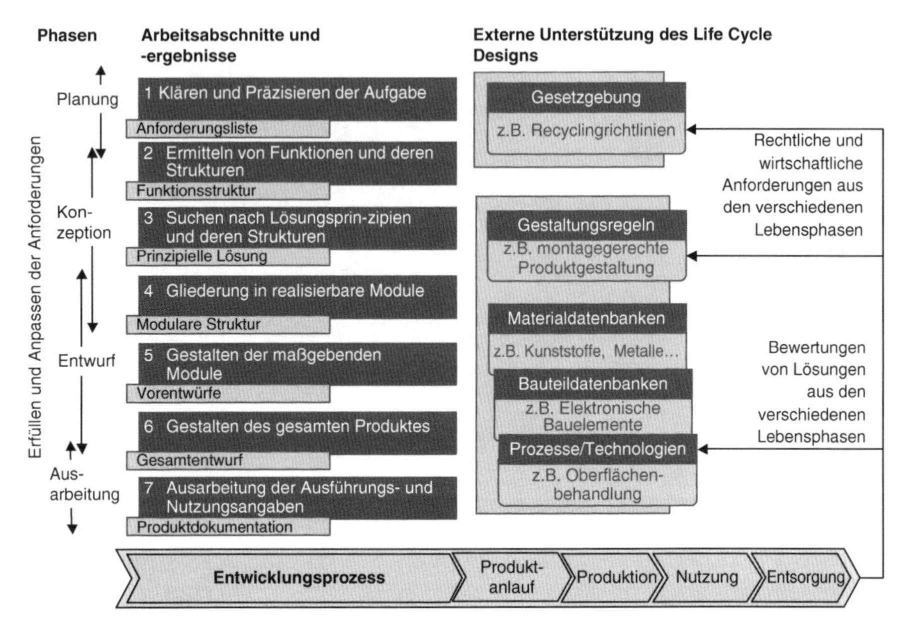

Abb. 6.43 Unterstützungsmodule für verschiedene Entwicklungsphasen (Mansour, 2006, S. 167)

an eine fertigungs-, montage-, service-, demontage- und recyclinggerechte Produktgestaltung durch geeignete Werkzeuge unterstützt?

- **System 2:** Wie kann die Koordination zwischen der Produktion, dem Service und dem End-of-Life verbessert werden? Welche formalen Koordinationsinstrumente werden eingesetzt (z. B. Projektkalender)? Werden Verantwortliche aus anderen Bereichen (z. B. Produktion, Recycling) in Planungsgespräche eingebunden?
- **System 3:** Welche Informationen zu den in der Entwicklung befindlichen Produkten, beispielsweise zu den potentiellen Umweltwirkungen über den gesamten Lebensweg, werden gemeldet? Werden formale Instrumente eingesetzt (z. B. Life Cycle Assessment oder Eco-QFD)?
- **System 4:** Wie werden Informationen zu innovativen Technologien, neuen Werkstoffen oder neuen Dienstleistungen beschafft und in der Produktstrategie berücksichtigt? Wie erfolgt die Abstimmung mit der Produktions- und Servicestrategie sowie der End-of-Life Strategie? Wie werden die strategischen Vorgaben an das operative Produktmanagement weitergeben?
- **System 5:** Wie wird das Leitbild einer Nachhaltigen Entwicklung und eine lebensphasenübergreifende Verantwortung in den Unternehmenswerten und der Unternehmenskultur verankert (z. B. Vision „Green Products" oder „Life Cycle Designed Products")?

Tab. 6.1 Einordnung der phasenbezogenen Disziplin Produktmanagement in das Modell lebensfähiger Systeme

Phasenbezogene Disziplin: Produktmanagement					
VSM System	Institution im Unternehmen	Aufgaben im Produktmanagement	Integrationsaufgaben zu übrigen phasenbezogenen Disziplinen		
			Produktionsmanagement	After-Sales Management	End-of-Life Management
1	Entwicklungsabteilung	Durchführung der Produktentwicklung	Umsetzung von Anforderungen an eine fertigungs-, montage- und umweltgerechte Produktgestaltung	Umsetzung von Anforderungen an eine service- und umweltgerechte Produktgestaltung	Umsetzung von Anforderungen an einer demontage-, recycling- und umweltgerechte Produktgestaltung
2	z. B. Projektkalender	Koordination der Tätigkeiten in der Produktentwicklung	Ermittlung von signifikanten Abweichungen: z. B. Produktqualität, Herstellkosten, Umweltwirkungen	Ermittlung von signifikanten Abweichungen zwischen: z. B. Sericequalität, Ersatzteilverfügbarkeit	Ermittlung von signifikanten Abweichungen: z. B. Recyclingrate, Rücklaufmenge, Recyclingqualität, Umweltwirkungen
3	Operatives Produktmangementt	Planung und Lenkung der Produktentwicklung, Umsetzung strategischer Vorgaben	Etablierung und Lenkung von Cross-Functional Teams, Reaktion auf signifikante Abweichungen	Etablierung und Lenkung von Cross-Functional Teams, Reaktion auf signifikante Abweichungen	Etablierung und Lenkung von Cross-Functional Teams, Reaktion auf signifikante Abweichungen
4	Strategisches Produktmanagement	Analyse der Marktentwicklung; Definition der Produktstrategie; Technologiefrüherkennung	Abstimmung der Produktstrategie mit der Produktionsstrategie; Formulierung von Anforderungen an Produktionsprozesse	Abstimmung mit der Servicestrategie; Abstimmung von Produkttechnologien für neue Dienstleistungsangebote	Abstimmung mit der End-of-Life Strategie; Formulierung von Anforderungen an und Potenzialen von Recyclingprozessen
5	Normatives Produktmanagement	„Life Cycle Designed Products“ als Bestandteil der Unternehmenspolitik	Abstimmung mit der Unternehmenspolitik (z. B. Vision „Sustainable Manufacturing“)	Abstimmung mit der Unternehmenspolitik (z. B. Vision „Nachhaltigkeitsorientierte Produkt-Service-Systeme“)	Abstimmung mit der Unternehmenspolitik (z. B. Vision „Recycling Society“)

6.2 Produktionsmanagement

Produktion ist nach Günther und Tempelmeier „die Erzeugung von Ausbringungsgütern (Produkten) aus materiellen und nicht-materiellen Einsatzgütern (Produktionsfaktoren) nach bestimmten technischen Verfahrensweisen.“ (Günther und Tempelmeier, 2005) Zu den nicht-materiellen Gütern zählen z. B. Software und Patente, materielle Güter sind beispielsweise Maschinen und Rohstoffe. Gutenberg definiert die Produktion ähnlich als „die Kombination der Elementarfaktoren Arbeit, Material und Maschinen durch die derivaten Faktoren Planung und Organisation zum Zwecke der Leistungserstellung“ (Gutenberg, 1983). Die hergestellten Produkte können nach Pepels „Gegenstand eines Wertaustausches am Markt“ (Pepels, 2003) sein – somit zählt die Produktion zu den primären Funktionen des Unternehmens (Porter, 1992).

Im Rahmen eines Ganzheitlichen Life Cycle Managements beinhaltet das Produktionsmanagement hier nicht nur die Produktionsplanung und -steuerung sondern auch die lebenszyklusorientierte Lenkung, Gestaltung und Entwicklung des Fabriksystems (Dyckhoff und Spengler, 2005; Spath, 2003; Eversheim und Schuh, 1999a; Bleicher, 1996; Schenk und Wirth, 2004) unter expliziter Berücksichtigung aller Nachhaltigkeitsdimensionen (Abb. 6.44). Es gehört damit zu den phasenbezogenen Disziplinen eines Ganzheitlichen Life Cycle Managements.

6.2.1 Grundlagen des Produktionsmanagement

Produzierende Unternehmen können als soziotechnische Leistungseinheiten dargestellt werden, d. h. als Systeme mit einem technischen und einem sozialem Sub-

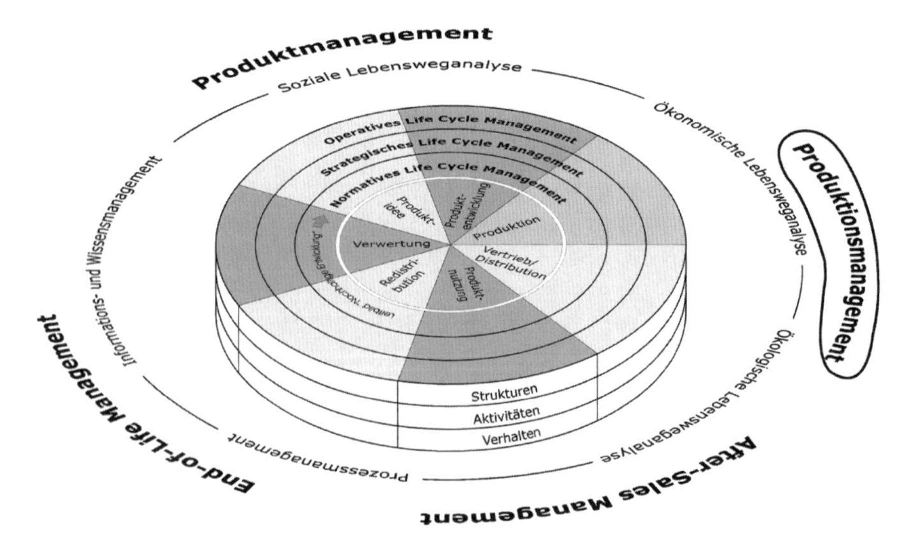

Abb. 6.44 Bezugsrahmen für ein Ganzheitliches Life Cycle Management

system (Abb. 6.45). Innerhalb der Einheit wird ein definierter Input mittels Hauptprozessen sowie unterstützenden Prozessen in einen Output gewandelt. Dafür ist eine Struktur notwendig, die sich in Aufgaben, Technologien und Mitarbeiter differenzieren lässt. Der Gesamtablauf wird von der Führungsfunktion koordiniert. Des Weiteren sind zur Leistungserfüllung Schnittstellen zum Umfeld erforderlich, z. B. zu Lieferanten (Westkämper et al., 2000).

Die Prozesse können ferner in *technische Prozesse* (Fräsen etc.) und *organisatorische Prozesse* (Angebotsbearbeitung etc.) unterschieden werden. Die Abfolge der Einzelprozesse ergibt die zur Erfüllung der Produktionsaufgabe notwendigen Prozessketten. Die *physische Produktion* beinhaltet die Prozesse, die unmittelbar mit der Herstellung der Produkte und dem Erhalt der Einsatzfähigkeit verbunden sind. Sie findet in Werken statt, die eine Organisationseinheit produzierender Unternehmen darstellen. Zur Herstellung der Produkte ist im Allgemeinen ein Verbund von Werken notwendig. Somit ergeben sich Prozessketten, die sich über mehrere Werke erstrecken (Westkämper und Decker, 2006). Abbildung 6.46 veranschaulicht die horizontale und vertikale Verknüpfung der Elemente, die das Gesamtsystem zur Erfüllung der Produktionsaufgabe bilden. Die Prozessketten ergeben sich aus der horizontalen Struktur. Die vertikale Sicht zeigt den hierarchischen Aufbau des Produktionsverbunds.

6.2.1.1 Produktion als Transformationsprozess

Die Produktionswirtschaft betrachtet produzierende Unternehmen in ihrer Funtkion als Produktionssysteme. Die in diesem System ablaufenden Prozesse werden als

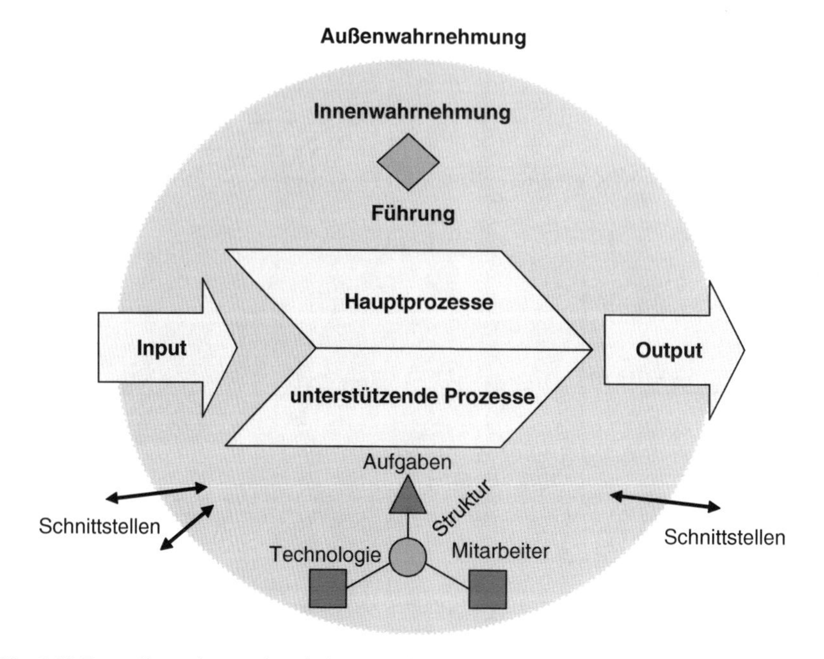

Abb. 6.45 Darstellung einer soziotechnischen Leistungseinheit (Westkämper et al., 2000, S. 23)

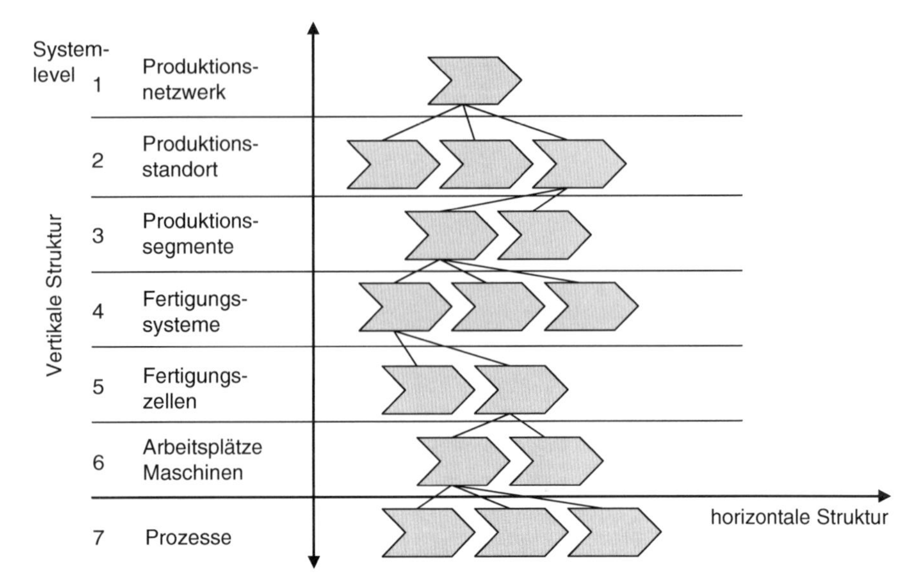

Abb. 6.46 Systemebenen der Produktion (Westkämper und Decker, 2006, S. 56)

Input-Output-Prozesse bzw. als Transformationsprozesse beschrieben (Dyckhoff und Spengler, 2007, S. 12). Die Eingangsgrößen sind die Produktionsfaktoren (insbesondere Material, menschliche Arbeit, Betriebsmittel), die Ausgangsgrößen sind die Produkte (Hauptprodukte) sowie Nebenprodukte (z.B. Emissionen, Abfälle) (Abb. 6.47).

Damit ist die eigentliche Produktion die Transformationsbeziehung zwischen den Produktionsfaktoren und dem (Haupt-)Produkt (Schuh, 2007; Dyckhoff und Spengler, 2007). Der Produktionsprozess besteht aus technologischen und logistischen Teilprozessen. Letztere können weiter in materialfluss- und informationsflussorientierte Prozesse differenziert werden (Schenk und Wirth, 2004, S. 56). „Das zielgerichtete, abgestimmte Zusammenwirken dieser Teilprozesse führt zur Herstellung

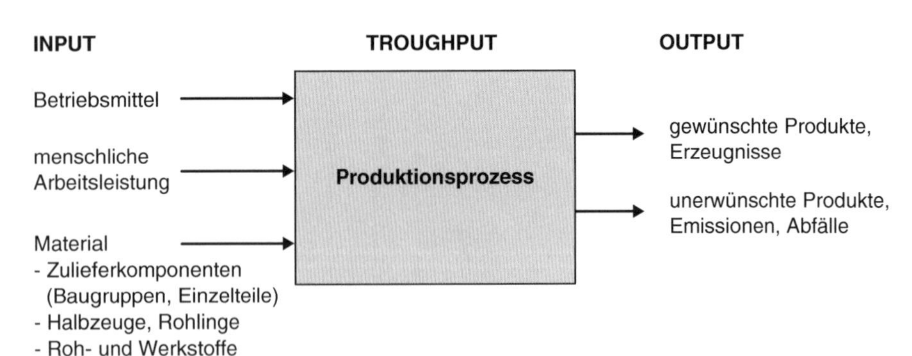

Abb. 6.47 Produktionsprozess als Transformationsprozess (Schenk und Wirth, 2004, S. 56)

der gewünschten Mengen und Qualitäten von Erzeugnissen zu gewünschten Fertigungsstellungszeitpunkten und Herstellkosten." (Schenk und Wirth, 2004, S. 56)

6.2.1.2 Aufbau eines Produktionssystems

Abbildung 6.48 veranschaulicht den Aufbau eines Produktionssystems. Bestandteil des Produktionssystems sind die Betriebsmittel, die Mess-, Lager- und Transporteinrichtungen sowie das Personal zur Nutzung dieser Einrichtungen. Der Produktionsprozess wandelt Rohmaterialien und Halbzeuge in Fertigteile und Produkte um. Dafür werden zusätzlich Hilfs- und Betriebsstoffe sowie Energie und Informationen (z.B. Arbeitspläne) benötigt (Westkämper und Decker, 2006). Entsprechend der Unterscheidung in technologische und logistische Prozesse, kann ein Produktionssystem in die drei Teilsysteme Bearbeitungs-/Montagesystem (Teilefertigung und Montage), Materialflusssystem und Informationsflusssystem unterschieden werden (Hartberger, 1991).

Funktionen des Fertigens sind Formgeben, Formändern, Behandeln und Montieren (VDI, 1990). Urformen (Formgeben), Umformen und Trennen (Formändern), Beschichten und Stoffeigenschaften ändern (Behandeln) sowie Fügen (Montieren) bilden die sechs Hauptgruppen der Fertigungsverfahren (DIN 8580, 1986). Weitere

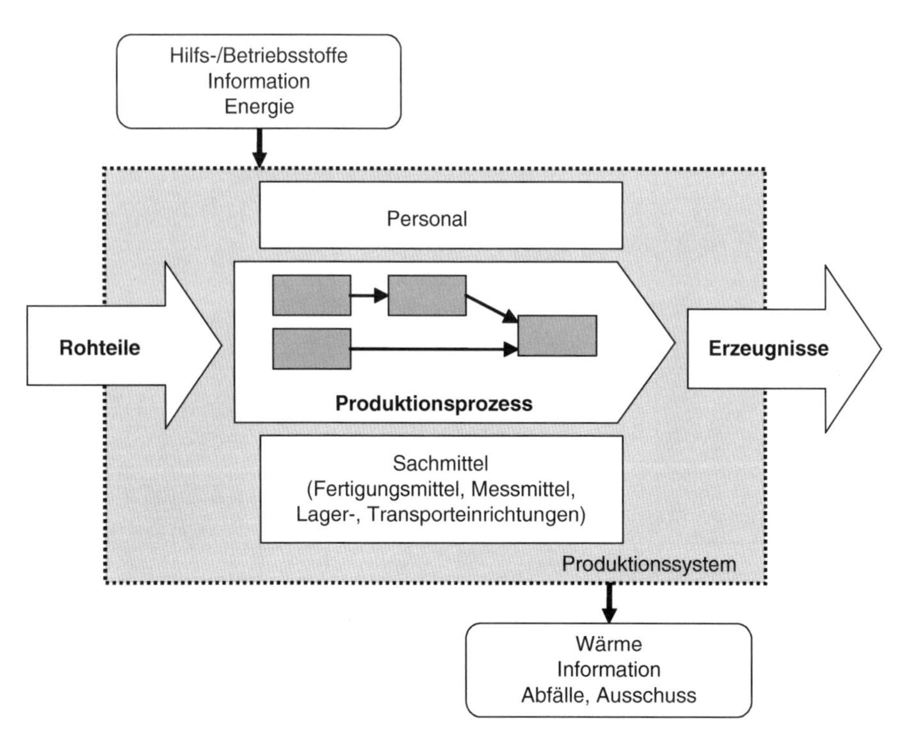

Abb. 6.48 Elemente eines Produktionssystems (Westkämper und Decker, 2006, S. 195; Wunderlich, 2002)

Tätigkeiten beim Montieren sind das Handhaben und Kontrollieren, das Justieren sowie Sonderoperationen (Markieren, Erwärmen, Reinigen etc.) (Lotter, 2006). Die Montage bildet die letzte Stufe im Produktionsprozess. Montage ist definiert als „der Zusammenbau von Teilen und/oder Gruppen zu Erzeugnissen oder zu Gruppen höherer Erzeugnisebenen in der Fertigung." (VDI, 1978). Die Herstellungsstufen und direkten Produktionsprozesse, die komplexe Produkte bei ihrer Erzeugung üblicherweise durchlaufen, zeigt Abb. 6.49. Daraus ergibt sich eine mehrstufige Produktion bzw. mehrstufige Prozessketten.

Die Reihenfolge und das Zusammenwirken von Prozessen in der Produktion werden durch die Ablauforganisation festgelegt (vgl. Kap. 5.3). Im Allgemeinen kann neben der Geschäftsprozesssicht (Fluss von Arbeitsplänen, Stücklisten usw.) zwischen der Arbeitsorganisation (z. B. Gruppenarbeit) und der Prozessorganisation unterschieden werden (Westkämper und Decker, 2006). Die Prozessorganisation umfasst zum einen die Strukturierung der Teilefertigung und Montage mittels Prinzipien (Verrichtungs-/Objektprinzip und Mischformen), um mittels geeigneter Prozessketten die Produktionsaufgabe ausführen zu können. Zum anderen legt die Prozessorganisation die räumliche Anordnung der Fertigungsmittel und die Transportbeziehungen zwischen den Fertigungsmitteln fest (Tab. 6.2). Die verschiedenen Organisationsformen (Ablaufarten) unterscheiden sich im Bewegungsablauf der Fertigungs-/Montageobjekte, der Arbeitsplätze bzw. der Fertigungs-/Montageeinrichtungen sowie dem Grad der Arbeitsteilung (Schuh, 2006).

Neben den direkt an der Herstellung beteiligten Prozessen sind Prozesse wie z. B. die Instandhaltung erforderlich (siehe Kap. 6.3). Der Zweck des Produktionssystems ist die Herstellung „der richtigen Produkte nach Art und Menge, zum richtigen Zeitpunkt, in einer spezifizierten Qualität und zu akzeptablen Kosten." (West-

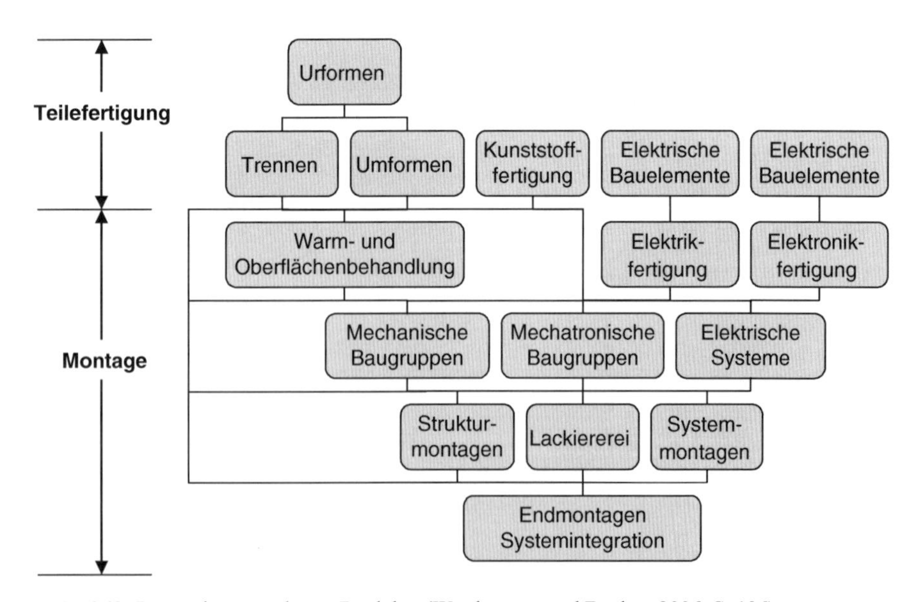

Abb. 6.49 Prozesskette moderner Produkte (Westkämper und Decker, 2006, S. 196)

Tab. 6.2 Organisationsformen (Ablaufarten) in Teilefertigung und Montage (Schuh, 2006)

Teilefertigung	Montage
Werkstattfertigung: räumliche Zusammenfassung artgleicher Fertigungsmittel (z. B. Dreherei, Fräserei); ungerichteter Materialfluss zwischen den Einheiten	**Baustellenmontage:** stationäre Montageobjekte werden stationären Arbeitsplätzen zugeordnet; vollständiger Zusammenbau des Erzeugnisses an einem Arbeitsplatz (Baustelle des Kunden oder Herstellwerk)
Inselfertigung: objektbezogene Zusammenfassung der Fertigungsmittel zur Bearbeitung fertigungstechnisch ähnlicher Teile; ungerichteter Materialfluss; vorwiegend selbststeuernde Arbeitsgruppen	**Gruppenmontage:** bewegte Arbeitsplätze (Montagegruppen) werden stationären Montageobjekten zugeordnet oder umgekehrt; Arbeitsteilung bzgl. der verschiedenen Montageabschnitte
Reihenfertigung: objektbezogene Zusammenfassung der Fertigungsmittel anhand der Arbeitsgangfolge einer Teilegruppe; gerichteter Materialfluss; das Auslassen einzelner Arbeitsgänge ist möglich	**Reihenmontage:** bewegte Montageobjekte werden stationären Arbeitsplätzen zugeordnet; gerichteter, aperiodischer Bewegungsablauf der Montageobjekte ohne Taktzwang; definierte Arbeitsteilung
Fließfertigung: objektbezogene Zusammenfassung der Fertigungsmittel anhand der Arbeitsgangfolge einer Teilegruppe; starrer Materialfluss, d. h. Ablaufalternativen sind nicht vorhanden	**Fließmontage:** bewegte Montageobjekte werden stationären Arbeitsplätzen bzw. Montageeinrichtungen zugeordnet; gerichteter periodischer Bewegungsablauf der Montageobjekte mit Taktzwang; definierte Arbeitsteilung

kämper und Decker, 2006) Die resultierenden Zielgrößen (Zeit, Kosten, Qualität) werden auch als Fähigkeiten eines Produktionssystems bezeichnet. Einige Autoren unterscheiden die Fähigkeit Zeit weiter in Zuverlässigkeit der Auslieferung und die benötigte Durchlaufzeit zur Herstellung von Gütern (Ward et al., 1996).

6.2.1.3 Aufgaben des Produktionsmanagements

Ausgehend von der Rekursivität des Modells lebensfähiger Systeme zeigt Abb. 6.50 das Produktionsmanagement als Subsystem in der Darstellung des St. Galler Management-Konzeptes (vgl. Eversheim und Schuh, 1999a, S. 5–33 ff.). Die normative Ebene des Produktionsmanagements unterscheidet sich nicht wesentlich vom normativen Management des Unternehmens (oberste Rekursionsebene). Zentrale Aufgabe des strategischen Produktionsmanagements ist der Aufbau, die Nutzung und Pflege von strategischen Erfolgspotenzialen. Es werden Programme zur Gestaltung von Leistungssystemen und zugehörigen Geschäftsprozessen umgesetzt. Unterstützt werden diese Aktivitäten auf der einen Seite durch Organisationsstrukturen sowie Produktionsmanagementsysteme (Produktionsplanung- und -steuerung, Controllingsysteme) und auf der anderen Seite durch Förderung von Lernprozessen und eines Zeit-, Kosten- und Qualitätsbewusstseins. Im operativen Produktionsmanagement erfolgt vor allem die Planung und Steuerung der Produktionsaufträge (Eversheim und Schuh, 1999a, S. 5–33 ff.).

Basierend auf einem kybernetischen Managementverständnis zeigt Abb. 6.51 das Produktionsmanagement als ein Regelungssystem. Es besteht im Wesentlichen

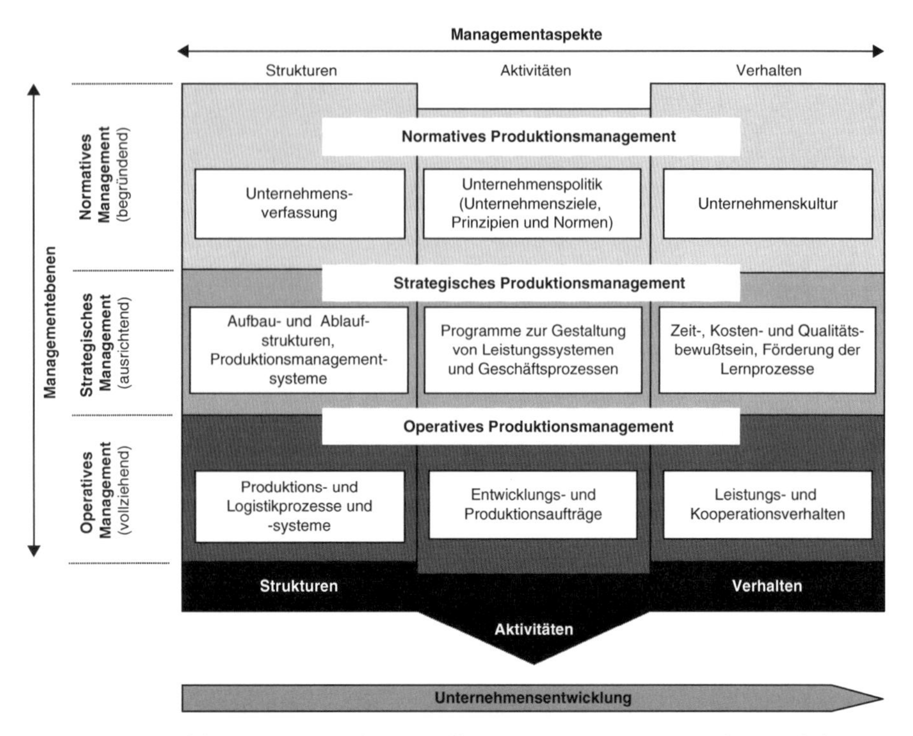

Abb. 6.50 Produktionsmanagement im St. Galler Management-Konzept nach (Eversheim und Schuh, 1999a, S. 5–34)

aus dem Managementsystem (Regelglied) und dem Leistungssystem (Regelstrecke). Eingangsgrößen für das Management sind zum einen die Führungsgrößen in Form übergeordneter Unternehmensziele (z. B. Kostenziele), das Absatzprogramm, weitere Informationen aus dem Umfeld (z. B. Entwicklung auf den Absatz- und Beschaffungsmärkten) sowie wichtige Ist-Größen des Leistungssystems bzw. der eigentlichen Produktion (z. B. Durchlaufzeit, Termintreue). Die Ziele der Produktion können monetäre Betrachtungen, wie z. B. Gewinn- und Umsatzstreben, oder nicht-monetäre Inhalte, wie beispielsweise Marktanteilsmaximierungen, umfassen (Bloech et al., 2004). Im Sinne der Planung und Steuerung der Produktion trifft das Management Entscheidungen und Maßnahmen und wirkt so auf das Leistungssystem ein (Dyckhoff, 1994; Dyckhoff und Spengler, 2007, S. 7). Über ein Kennzahlen- und Controllingsystem werden wichtige Ist-Größen ermittelt und als Rückführgrößen für einen Soll-Ist-Vergleich dem Management zur Verfügung gestellt.

Somit befasst sich die Produktionsplanung und -steuerung (PPS) im Rahmen des Produktionsmanagements sowohl mit operativen als auch strategischen Aktivitäten.

6.2.1.4 Produktionsplanung und -steuerung

Die zentrale Aufgabe des Produktionsmanagements ist die termin-, kapazitäts- und mengenbezogene Planung und Steuerung der Produktion (Abb. 6.52). Aufgrund der

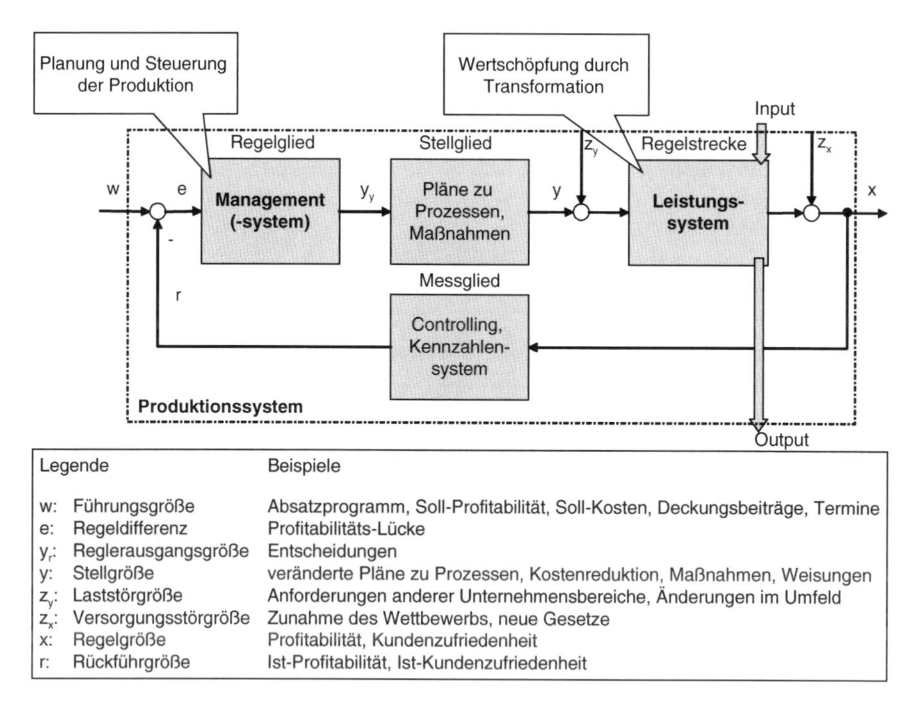

Abb. 6.51 Produktionsmanagement als Regelungssystem (vgl. auch Dyckhoff, 1994)

Anforderungen an die Produktion, wie z. B. die Internationalisierung der Beschaffungs- und Absatzmärkte sowie die allgemein fortschreitende Globalisierung, sind produzierende Unternehmen häufig Teil eines (globalen) Wertschöpfungsnetzwerkes. Daher gewinnen auch in der Produktionsplanung und -steuerung (PPS) Netzwerkaufgaben an Bedeutung, d. h. planende Aufgaben, die sich mit der Bedarfs- und Absatzplanung auf Netzwerkebene sowie mit der Gestaltung des Produktionsnetzwerkes befassen. Kernaufgaben der PPS bestehen in der Produktionsprogrammplanung, die festlegt welche Erzeugnisse wann und in welcher Menge produziert werden, und der Produktionsbedarfsplanung, die die für das geplante Produktions-

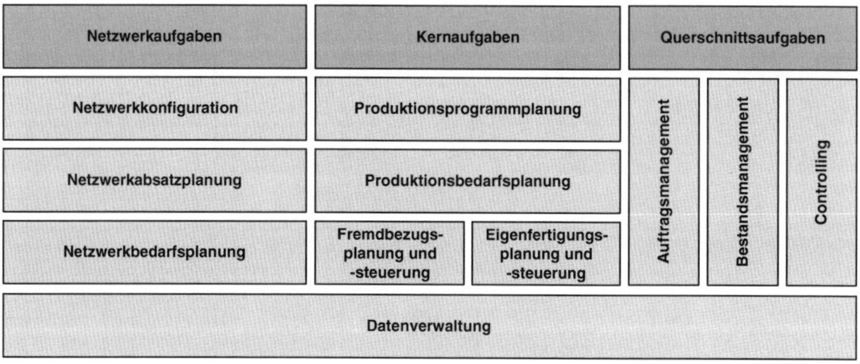

Netzwerkaufgaben
Kernaufgaben
Querschnittsaufgaben
Netzwerkkonfiguration
Produktionsprogrammplanung
Auftragsmanagement
Bestandsmanagement
Controlling
Netzwerkabsatzplanung
Produktionsbedarfsplanung
Netzwerkbedarfsplanung
Fremdbezugs-planung und -steuerung
Eigenfertigungs-planung und -steuerung
Datenverwaltung

Abb. 6.52 Aufgabensicht des Aachener PPS-Modells (Schuh, 2006, S. 21)

programm erforderlichen Ressourcen ermittelt. Des Weiteren zählen die Fremdbezugsplanung und -steuerung sowie die Eigenfertigungsplanung und -steuerung, deren Aufgabe in der Realisierung der geplanten Eigenfertigungs- bzw. Fremdbezugsprogramme besteht, zu diesem Aufgabenfeld. Das Auftragsmanagement, das Bestandsmanagement und das Controlling sind Querschnittsaufgaben der PPS. Die Datenverwaltung wird allen Aufgabenfeldern zugeordnet, da für die Erfüllung der PPS-Aufgaben sämtliche Teilbereiche auf diese zurückgreifen (Schuh, 2006).

6.2.1.5 Gestaltung des Produktionsprogramms

Auf der Inputseite des Produktionssystems ist das Beschaffungssystem angeordnet, das für die Zufuhr von Sachgütern und Dienstleistungen zuständig ist. Outputseitig wickelt der Vertrieb den Absatz der Sachgüter und ggf. der Dienstleistungen ab (Ebel, 2002). Das verbindende Element zwischen beiden Systemen ist die Produktionsprogrammgestaltung (Abb. 6.53).

Das Produktionsprogramm stützt sich auf das Beschaffungsprogramm und legt fest, welcher Teil des Produktprogramms wann und in welcher Menge hergestellt wird. Für die Produktionsprogrammgestaltung ist das Zusammenspiel der verschiedenen Teilsysteme in Form von Regelkreisen erforderlich. Veränderungen in einem Teilsystem führen zu Veränderungen in den anderen Teilsystemen. Eine Veränderung der Marktnachfrage erfordert beispielsweise eine Anpassung des Absatz-, Produktions- und Beschaffungsprogramms. Auf diese Weise werden Produktprogramm (langfristige Festlegung der zu produzierenden Güter als Ergebnis der Produktplanung) und Produktionsprogramm miteinander verbunden (Eversheim und Schuh, 1999a, S. 5–48 f.).

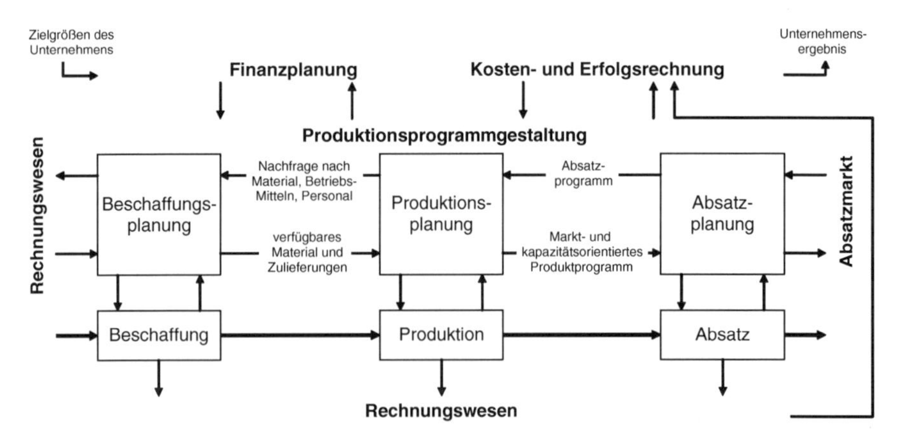

Abb. 6.53 Produktionsprogrammgestaltung (Eversheim und Schuh, 1999a, S. 5–49)

6.2.1.6 Evolution der Produktionsorganisation

Die Organisationsansätze der Produktion haben sich fortwährend weiterentwickelt. Ausgehend vom Taylorismus des 19. Jahrhunderts mit dem Fokus auf stark arbeitsteilige Tätigkeiten und vollständiger Auslastung des Produktionsfaktors Arbeitskraft entstanden verschiedene Ansätze. Zentrale Treiber der Weiterentwicklung waren und sind Veränderungen auf den Absatzmärkten (z. B. steigende Variantenvielfalt), der technologische Wandel (z. B. Mikroelektronik), der Wandel von Rechtsauffassungen und gesetzlichen Vorschriften sowie gesellschaftliche und gesellschaftspolitische Entwicklungen (Eversheim und Schuh, 1999b). Abbildung 6.54 zeigt Beispiele für diesen Wandel im Zeitverlauf.

Das *Computer Integrated Manufacturing* (CIM) bezeichnet die Integration der Informationsflüsse in den Betriebsablauf. Hauptziele sind die Vermeidung von Doppelarbeiten (z. B. durch Nicht-Ausnutzung von Geometriedaten aus der Produktentwicklung in der Fertigung) und die Erschließung neuer Potenziale für die Unternehmensführung bzw. die Produktionsplanung und -steuerung durch ein verbessertes Informationsmanagement (Eversheim und Schuh, 1999b). Das *Total Quality Management* (TQM) betrachtet die Qualität des Produktes und der Produktionsprozesse als oberste Zielgrößen. Sämtliche Bereiche und jeder Einzelne sind auf dieses Ziel auszurichten. Dabei bezeichnet Qualität nicht nur die Qualität der Produkte, sondern umfasst auch die Termintreue und die Herstellungskosten (Traeger, 1994). Das *Business Process Reengineering* (BPR) setzt bei einer ganzheitlichen Sichtweise an, d. h. nicht nur die wichtigsten Stellgrößen werden zur Erfolgsmaximierung berücksichtigt (vgl. Kap. 5.3). Sämtliche Unternehmensprozesse sollen strikt aus Kundensicht gestaltet werden. Zudem werden alle Prozesse hinsichtlich ihrer Bedeutung kritisch hinterfragt. Lediglich Schlüsselprozesse sollen beibehalten und optimiert werden. Andere Prozesse sind möglichst zu eliminieren. Im Mittelpunkt der Betrachtungen steht Effizienz in Form von Kosteneinsparungen. Daraus ergeben sich zentrale Teilkonzepte des BPR: Kerngeschäftskonzentration, Prozessorganisation und Outsourcing (Gonschorrek und Gonschorrek, 1999). Beim *Lean Management* bzw. *Lean Manufacturing* steht das Ziel im Mittelpunkt, Wertschöpfung ohne Verschwendung zu erzeugen. Dieses Ziel soll mittels effektiver Prozesse und Abläufe erreicht werden. Sämtliche Vorgänge innerhalb eines Unternehmens werden auf ihre Notwendigkeit hin überprüft und nach Möglichkeit vereinfacht oder vermieden. Daher steht der Begriff Lean im Deutschen für „einfach und schlank" und umfasst die drei Grundprinzipien: Vermeidung von Verschwendung, Einbindung aller Mitarbeiter und Fehler präventiv bekämpfen (Westkämper und Decker,

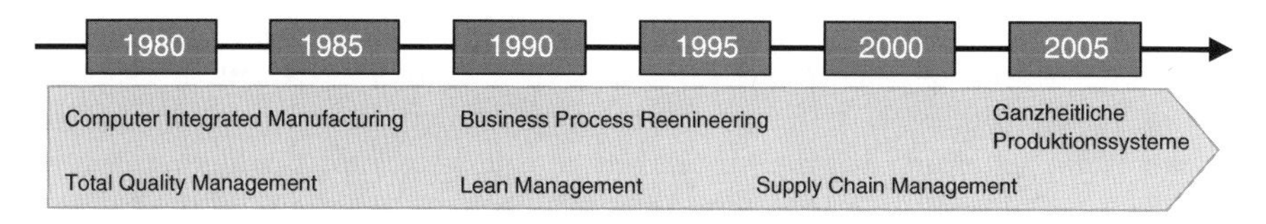

Abb. 6.54 Organisatorischer Wandel der Produktion (Barth, 2005, S. 269)

2006). Das *Supply Chain Management* (SCM) befasst sich mit der Gestaltung der Informations- und Materialflüsse über die gesamte Logistikkette (vgl. Kap. 5.3). Der Fokus wird auf den gesamten Wertschöpfungsverbund gerichtet und nicht jedes Unternehmen bzgl. dessen Einzelentscheidungen optimiert. Folglich steht beim SCM die Ausgestaltung der Versorgungskette mit dem Ziel der Sicherung bzw. Steigerung des Erfolgs aller beteiligten Unternehmen im Fokus (Matyas, 2001).

Die verschiedenen Ansätze optimieren jeweils nur Teilbereiche und vernachlässigen die Abhängigkeiten und Wechselwirkungen untereinander. Ausgehend vom Konzept des Lean Managements hat sich daher in den letzten Jahren der Ansatz der Ganzheitlichen Produktionssysteme (GPS) entwickelt.

6.2.1.7 Ganzheitliche Produktionssysteme

Als Ganzheitliches Produktionssystem (GPS) wird ein dynamisches Netzwerk von Gestaltungsprinzipien, Methoden und Werkzeugen zur Planung, zum Betrieb und zur permanenten Verbesserung von Produktionsprozessen aufgefasst, welches von Menschen unter hoher Beteiligung und Mitverantwortung betrieben wird (Deutsche MTM-Vereinigung e. V., 2001). Der Ansatzpunkt der GPS ist, dass die isolierte Betrachtung von betrieblichen Bereichen bzw. die unkoordinierte Durchführung von Methoden u. a. zur einseitigen Optimierung einzelner Ziele und wenig optimaler Ressourcenallokation führt – insgesamt also nicht zu einem Gesamtoptimum. Ein GPS hingegen betrifft alle Bereiche, schafft eine methodische Ordnung und sorgt für eine Vernetzung und Transparenz der Prozesse in der Produktion. Spath definiert GPS als „methodische Regelwerke und Handlungsanweisungen zur Herstellung von Produkten. Sie stellen eine Art Betriebsanleitung für die Produktion vor allem unter Berücksichtigung organisatorischer, personeller und wirtschaftlicher Aspekte dar. Ganzheitliche Produktionssysteme bestehen aus organisatorischen Konzepten (z. B. für die Prozessgestaltung oder für Gruppenarbeit), aus Modellen (z. B. Entgelt- und Arbeitszeitmodelle) sowie aus Methoden (z. B. Visualisierungsmanagement). Sie richten sich in erster Linie an das untere und mittlere Management sowie an die betrieblichen Mitarbeiter. Mit Hilfe Ganzheitlicher Produktionssysteme sollen diese Personengruppen in die Lage versetzt werden, auftretende Probleme wie z. B. mangelnde Qualität, zu geringe Verfügbarkeit, zu niedrige Nutzungsgrade, zu hohe Lagerbestände, qualifikatorische Über- und Unterforderung oder zu geringe Motivation eigenständig zu lösen.“ (Spath, 2003).

Der Vorreiter bezüglich der ganzheitlichen Gestaltung von Produktionssystemen ist Toyota. Bereits Ende der 40er Jahre begann das japanische Unternehmen mit der Adaption von westlichen Produktionsmethoden mit dem Ziel, die Produktivität innerhalb kurzer Zeit deutlich zu erhöhen. Dabei mussten Rahmenbedingungen wie z. B. eine vergleichsweise geringe finanzielle Ausstattung und veraltete Maschinen berücksichtigt werden. Basierend auf einer ausgeprägten Firmenphilosophie (dem „Toyota Way“), begann Toyota mit der konsequenten Rationalisierung der Arbeit. Vorhandene Potenziale sollten optimal genutzt werden. Über die schrittweise Einführung von Methoden entstand das Toyota Produktionssystem (TPS) (Abb. 6.55).

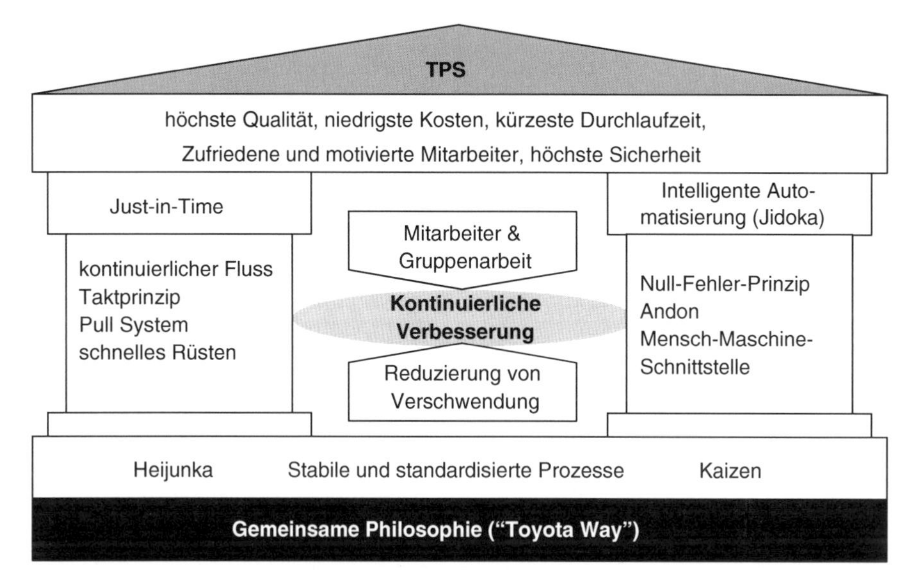

Abb. 6.55 Aufbau des Toyota Produktionssystems (Ohno, 1993; Liker, 2007)

Ziele waren und sind höchste Qualität, niedrigste Kosten, kurze Durchlaufzeiten, aber auch Elemente wie Arbeitssicherheit und hohe Motivation bzw. Zufriedenheit der Mitarbeiter. Der Mitarbeiter steht bei allen Aktivitäten im Mittelpunkt. Wesentlicher Grundgedanke des TPS ist ein kontinuierlicher Verbesserungsprozess (KVP) (jap. Kaizen), z.B. von Montageprozessen, ausgehend von standardisierten und stabilen Zuständen. Der Hauptansatz zur Verbesserung liegt wiederum in der konsequenten, dauerhaften und kontinuierlichen Beseitigung jeglicher Art von Verschwendung (vgl. Lean Management). Es sind sieben klassische Arten der Verschwendung zu unterscheiden, die zu nicht-optimalen Abläufen und im Endeffekt zu erhöhten Kosten etc. führen (Deutsche MTM-Vereinigung e.V., 2001):

1. *Verschwendung durch Überschussproduktion:* Produktion über die Forderungen des Kunden hinaus; Produktion unnötiger Materialien/Produkte oder vorzeitige Produktion
2. *Verschwendung bei Wartezeiten:* Zeitverzögerungen, Leerlaufzeiten (nicht wertschöpfende Zeit)
3. *Verschwendung bei Materialtransport:* Mehrfach-Handhabung, Verzögerung beim Materialtransport, unnötige Handhabung oder Transport (nicht wertschöpfender Materialtransport)
4. *Verschwendung bei der Verarbeitung:* Unnötige Verarbeitung, Arbeitsstufen oder Arbeitsteile/Verfahren (nicht wertschöpfende Arbeit)
5. *Verschwendung von Lagerbeständen:* Aufbau unnötiger Lagerbestände, Vorhalten oder Kauf unnötiger Bestandsartikel (dazu gehören auch Vorräte bei Abteilungen oder in Büros)
6. *Verschwendung bei Bewegungen:* Verschwendung bei Bewegungen, übermäßige Handhabung, unnötige Bewegungsschritte (nicht wertschöpfende Bewegungen)

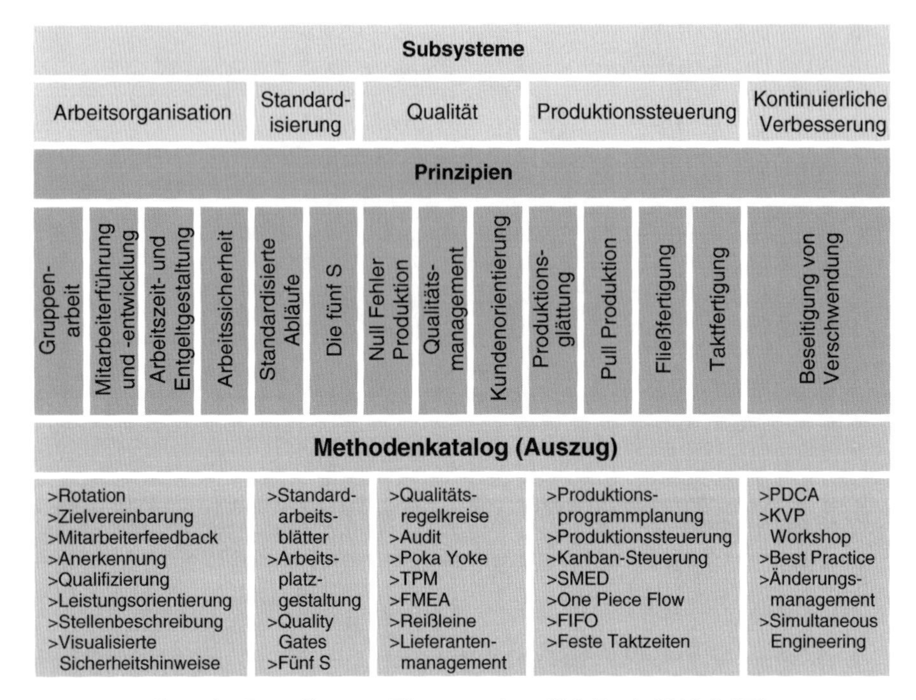

Abb. 6.56 Allgemeine Darstellung von Elementen eines GPS (Barth, 2005, S. 271)

7. *Verschwendung bei Korrekturen:* Berichtigung von Fehlern oder Nacharbeit (Qualitätsproblem), auch zusätzliche Kontrollen

Mittlerweile existieren zahlreiche Methoden, die Unternehmen einsetzen können, um das Produktionssystem unter Maßgabe des GPS-Gedanken auszugestalten (Abb. 6.56).

Dabei ist bei dem ganzheitlichen Ansatz eine koordinierte Anwendung verschiedener Methoden erforderlich und nicht das isolierte Betrachten von Einzelmethoden ausreichend, um die Prinzipien der GPS einzuhalten. Methoden sind beispielsweise „Poka Yoke" zur Fehlervermeidung, z. B. durch konstruktive Maßnahmen, und „5S" zur Schaffung von Ordnung und Sauberkeit am Arbeitsplatz. (Deutsche MTM-Vereinigung e. V, 2001).

6.2.2 Lebenszyklusorientiertes Produktionsmanagement

Die Veränderungen im Umfeld eines Unternehmens und die Lebenszyklusverläufe von Produkten und Prozessen beeinflussen wesentlich den Lebenszyklus einer Fabrik. Zum Fabriklebenszyklus gehören u. a. der Flächennutzungszyklus, der Gebäudezyklus sowie die Lebenszyklen von Maschinen und Anlagen. Wie bereits in Kapitel 3.1.6 beschrieben, können diese als ineinander eingebettete Lebenszyklen verstanden werden. Abbildung 6.57 zeigt diesen Zusammenhang für den Produkt-

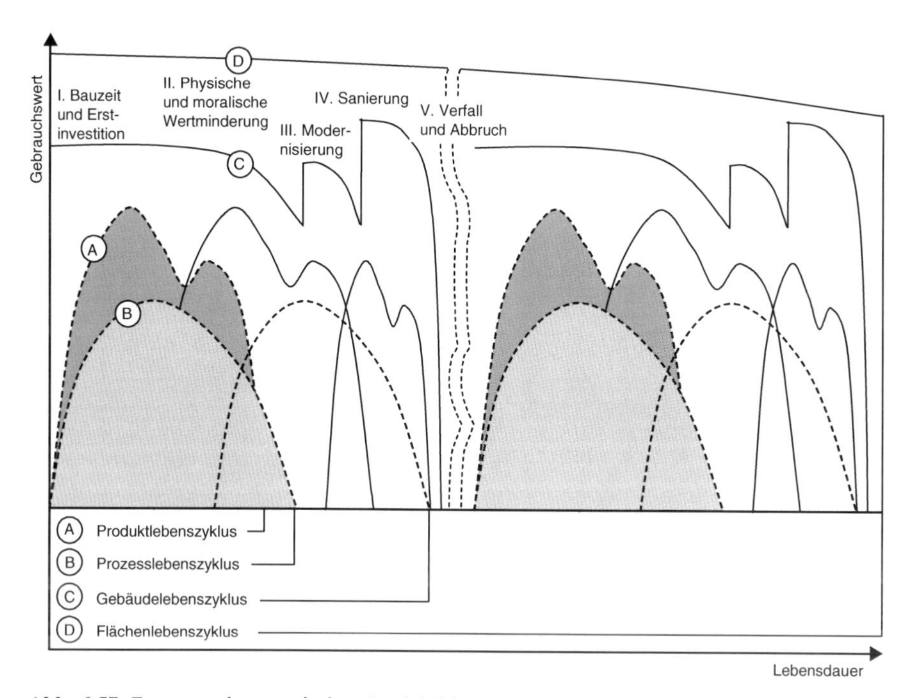

Abb. 6.57 Zusammenhang zwischen Produktlebens-, Prozesslebens-, Gebäudelebens- und Flächenzyklus (Schenk und Wirth, 2004, S. 106)

lebens-, Prozesslebens-, Gebäudelebens- und Flächennutzungszyklus (Schenk und Wirth, 2004, S. 106).

Der Produktlebenszyklus (A) entspricht dem Marktzyklus (vgl. 3.1.2). Der Prozesslebenszyklus (B) spiegelt die Verkettung einzelner Produktionsprozesse in einem Produktionssystem wider und ist auf einen oder mehrere Produktlebenszyklen ausgerichtet. Der Gebäudelebenszyklus (C) beschreibt wichtige Zustandsgrößen des Gebäude-/Fabriksystems bzw. der technischen Gebäudeausrüstung und kann mehrere Produktlebenszyklen umfassen. Übergeordnet ist ein Flächennutzungszyklus (D), der beispielsweise die Weiterverwendung sanierter Flächen umfasst (Schenk und Wirth, 2004, S. 106 f.).

Den Zusammenhang zwischen unterschiedlichen Lebenszyklen im Bezugsrahmen für ein Ganzheitliches Life Cycle Management zeigt Abb. 6.58. Der Produkt- und Prozesslebenszyklus ist dem Hersteller des Primärproduktes (Hersteller A) zugeordnet. Während der Produktlebenszyklus wesentlich mit den Aktivitäten verbunden ist, kann der Prozesslebenszyklus den Strukturen zugeordnet werden. Der Lebenszyklus von Maschinen und Anlagen (Hersteller B) als Teil des technischen Produktionssystems und der Gebäudelebenszyklus (Hersteller C) stehen vertikal dazu. Die Nutzungsphase der Maschinen und Anlagen sowie des bzw. der Gebäude schneiden sich mit der Produktionsphase des Primärproduktes. Resultierende Managementaufgaben sind sowohl die lebenszyklusorientierte Instandhaltung der Maschinen und Anlagen sowie der technischen Gebäudeausrüstung als auch das

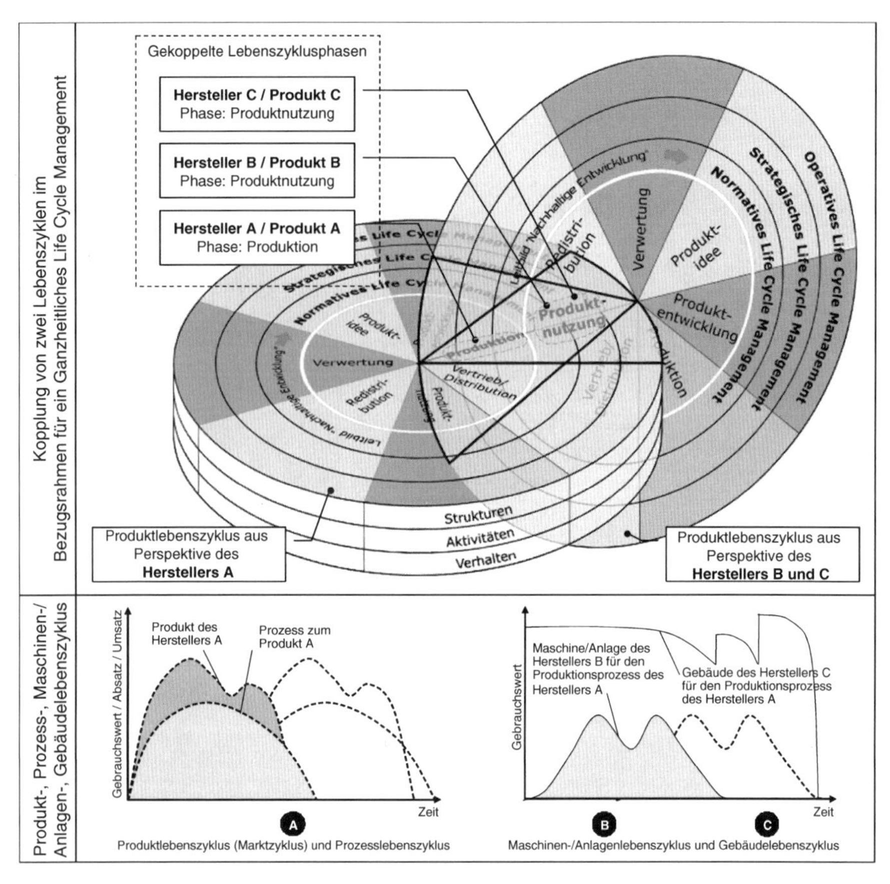

Abb. 6.58 Zusammenhang unterschiedlicher, für die Produktion relevanter Lebenszyklen im Bezugsrahmen für ein Ganzheitliches Life Cycle Management

zugehörige Ersatzteilmanagement für die eingesetzten Betriebsmittel (siehe Kap. 6.3). Ferner ist ein lebenszyklusorientiertes Gebäudemanagement (Facility Management) erforderlich. Auch hier kommt den lebensphasenübergreifenden Disziplinen, z. B. die Ermittlung der Lebenszykluskosten aus Betreibersicht, eine wichtige Rolle zu. So können die Tätigkeiten entweder durch den Hersteller des Primärproduktes (Hersteller A) selbst durchgeführt oder können als Dienstleistung bezogen werden, z. B. als Dienstleistungsangebot des Maschinen-/Anlagenherstellers (Hersteller B). Aber auch die Umweltauswirkungen eingesetzter Betriebs- und Hilfsmittel, müssen entlang aller Lebensphasen analysiert und bewertet werden, z. B. eingesetzte Kühlschmierstoffe in der Metallbearbeitung.

Insbesondere auch die Abhängigkeit von Produkt- und Prozessinnovationen muss in der Produktion berücksichtigt werden (vgl. Kap. 4.3.2). Oftmals erfordern innovative Produkte neue Produktionstechnologien, um eine möglichst kostengünstige Herstellung der Produkte in großer Stückzahl zu ermöglichen. Beispielhaft seien hier Entwicklungen wie der Einsatz innovativer Materialien im Automobilbau genannt – z. B. führt der verstärkte Einsatz von hochfesten Stählen oder Aluminium im Rahmen des Leichtbaus zu neuen technologischen Anforderungen beim Fügen (alternative Fügeverfahren wie Kleben statt Schweißen, thermisches und mechanisches Fügen wird erschwert) oder Umformen (Werkzeugverschleiß, schlechtere Form- und Maßhaltigkeit bei hochfesten Stählen, höhere Prozesskräfte notwendig). Umgekehrt ermöglicht das Vorhandensein ausgereifter Fertigungstechnologien die Verbesserung bestehender bzw. die Entwicklung neuer Produkte. Die Betrachtung der unterschiedlichen, für die Produktion wichtigen, Lebenszyklen spiegelt wider, dass auch die Fabrik selbst als ein Produkt angesehen werden kann und alle Phasen von der Planung und Entwicklung bis zum Recycling (Rückbau/Abbau) besitzt (vgl. Schenk und Wirth, 2004, S. 108). Die Abhängigkeiten der verschiedenen Lebenszyklen und deren Auswirkung auf die Produktion müssen im Produktionsmanagement berücksichtigt bzw. antizipiert werden. „Fabriklebenszyklusgestaltung erfordert ganzheitliches Denken unter Berücksichtigung aller Phasen." (Schenk und Wirth, 2004, S. 108).

6.2.2.1 Anpassungs- und Entwicklungsfähigkeit des Fabriksystems

Die dargestellten Abhängigkeiten und dynamischen Veränderungen wichtiger Elemente eines Fabriksystems auf der einen Seite und die für den Aufbau eines Fabriksystems in der Regel erforderlichen hohen Investitionen auf der anderen Seite erfordern, dass das Fabriksystem sich entsprechend anpasst bzw. (weiter-)entwickelt. Anpassungsfähigkeit beschreibt dabei die Eigenschaft einer Fabrik, auf Veränderungen im Umfeld zu reagieren. Entwicklungsfähigkeit dagegen ist die Fähigkeit, das Fabriksystem vorausschauend (proaktiv) an sich verändernde Anforderungen anzupassen (Schenk und Wirth, 2004, S. 340; Westkämper et al., 2000). In diesem Zusammenhang können unterschiedliche Veränderungsebenen der Anpassungs- bzw. Entwicklungsfähigkeit eines Fabriksystems unterschieden werden, wobei obere Ebenen die darunter liegenden Ebenen bedingen (Wiendahl, 2002) (Abb. 6.59).

Zu unterscheiden sind danach die *Umrüstbarkeit* einzelner Arbeitsplätze bzw. Maschinen, die *Rekonfigurierbarkeit* von Fertigungs- oder Montagesystemen, die *Flexibilität* von ganzen Produktionsbereichen inklusive Logistik, die *Wandlungsfähigkeit* von Fabrikstrukturen sowie die *Agilität* eines Unternehmens bezogen auf neue Märkte und Standorte. Während Agilität vor allem auf die Planung und Entwicklung von Produkten abzielt (Kap. 6.1) sind die Wandlungsfähigkeit und Flexibilität von besonderer Relevanz für die Produktion. Der Übergang zwischen diesen Ebenen ist fließend; der Unterschied liegt hier vor allem in der Irreversibilität und Proaktivität wandlungsfähiger Systeme (Westkämper et al., 2000). Der Begriff Flexibilität kann als die schnelle, sichere, relativ kostengünstige und reversible Anpassbarkeit eines Systems an veränderte Gegebenheiten im „Rahmen eines prinzipiell vorgedachten Umfangs von Merkmalen sowie deren Ausprägungen" (Westkämper et al., 2000) definiert werden. Dazu ist ein Eingreifen in das betrachtete System notwendig. Flexibilität bildet die wichtige Basis zur Wandlungsfähigkeit, damit „nicht jede Störung oder Veränderung einer grundlegenden Systemerneuerung bedarf"

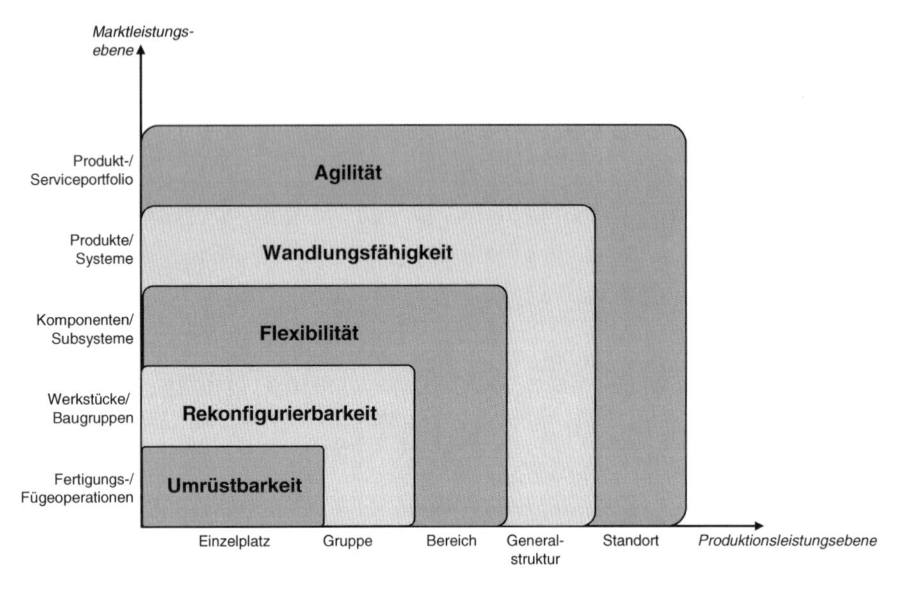

Abb. 6.59 Abgrenzung von Veränderungstypen (Wiendahl, 2002, S. 126)

(Westkämper et al., 2000), was mit möglichen irreversiblen Änderungen des Systems (z. B. der Gebäudestruktur) und damit nicht unerheblichem Risiko und hohen Kosten verbunden sein kann.

Bezogen auf bestimmte Produktionsbereiche sind über den Produktlebenszyklus mehrere mögliche Flexibilitätsanforderungen wie z. B. Varianten-, Stückzahl oder Nachfolgeflexibilität zu unterscheiden (Licha, 2003). Serienfertigungsanlagen können bei veränderten Bedürfnissen wie deutlich kleineren Stückzahlen (z. B. bei der Ersatzteilproduktion oder Produktion von Varianten) oft nicht wirtschaftlich oder überhaupt nicht mehr gefahren werden. Umbaumaßnahmen zur Anpassung an veränderte Bedürfnisse verursachen meist erhebliche Kosten. Untersuchungen zeigen, dass beispielsweise eine Transferstraße bis zu acht Mal in ihrem 15–20 jährigem Lebenszyklus umgebaut wird und somit entsprechend hohe Aufwände entstehen (Bullinger et al., 2003). Eine unzureichende Anpassungs- bzw. Entwicklungsfähigkeit der Produktion bzw. des Fabriksystems kann zu einem deutlichen Wettbewerbsnachteil werden (Kap. 2.2).

Flexibilität ist daher neben klassischen Zielgrößen (Zeit, Kosten und Qualität) eine weitere wichtige Zielgröße bei der Auslegung von Fertigungs- und Montageanlagen bzw. ganzer Fabriksysteme (Feldmann et al., 2004; Barbian, 2005). Bis heute besteht allerdings kein allgemein akzeptiertes Verständnis über die Beziehungen zwischen den strategischen Fähigkeiten eines Produktionssystems. Porter und Skinner vertreten die Meinung, dass eine Fähigkeit des Produktionssystems nur zu Lasten einer anderen Fähigkeit optimiert werden kann, zumindest wenn das Unternehmen schon nahe am Optimum arbeitet. Demnach würde beispielsweise die Reduzierung von Produktionskosten nur möglich sein, wenn Einbußen in der Qualität hingenommen würden. Der Zielkonflikt liegt darin begründet, dass ein Unternehmen, welches in allen Fähigkeiten ein Optimum anstrebt zugleich mit einer steigenden Komplexität und einer möglichen Fehlleitung des Unternehmens konfrontiert ist (Größler und Grübner, 2005). Dieser Zusammenhang kann als Dreieck oder mit der Dimension „Flexibilität" entsprechend als Viereck visualisiert werden (Abb. 6.60 rechts). Im Gegensatz zu diesem Konzept gehen Boyer, Schonberger und New davon aus, dass kein Kompromiss zwischen den einzelnen Fähigkeiten existiert und moderne Produktionssysteme die simultane Verbesserung von mehr als nur einer Fähigkeit erlauben. Beweis dafür sind Unternehmen wie Toyota, die gleichzeitige Verbesserungen in allen Fähigkeiten realisieren konnten. Kritiker merken an, dass auch die simultane Optimierung von Fähigkeiten Kompromissen unterliegt, jedoch die Stärke der Zielkonflikte aufgrund von technologischen und organisatorischen Verbesserungen reduziert ist (Größler und Grübner, 2005).

Eine Zusammenführung beider Konzepte führt zu einem Ansatz von Ferdows und De Meyer, die weder das Konzept der Zielkonflikte noch das Konzept der simultanen Erreichung von Fähigkeiten vertreten. Vielmehr kann die Verbesserung einiger Fähigkeiten zu einer gleichzeitigen Verbesserung von anderen Fähigkeiten führen. Die Abfolge der Entwicklung von Fähigkeiten ist essentiell (Leung und Lee, 2004). Nach Ferdows und De Meyer ist es unmöglich langfristig Kosten zu reduzieren, ohne vorher Verbesserungen der Qualität, der Zuverlässigkeit und der Lieferzeit zu erzielen. Der Zusammenhang wird in Abb. 6.60 (links) veranschaulicht und zeigt, dass jede Schicht auf der anderen aufbaut und das Fehlen einer Schicht den weiteren Aufbau bedingt. In dem Modell wird daher die Fähigkeit Qualität als Basis für alle anderen Fähigkeiten verstanden. Filippini et al. belegen die Theorie von Ferdows und De Meyer mit einer empirischen Studie von 45 Unternehmen. Eine Kompatibilität zwischen Pünktlichkeit und ökonomischer Leistung kann nur im Beisein hoher Ausprägungen von Qualität, Konsistenz und Zeit erfolgen (Filippini et al., 1996).

Bei der Gestaltung von Produktionssystemen und Programmen zur Verbesserung des Produktionssystems ist die Reihenfolge und Interaktion der Fähigkeiten von hoher Bedeutung (Größler und Grübner, 2005). Eine Weiterentwicklung und empirische Bestätigung des Modells von Ferdows und De Meyer wird von Größler betrieben. Dabei wird weder der Effekt von Zielkonflikten noch die simultane Erreichung von Fähigkeiten vorausgesetzt, sondern das Zielkonflikte pfad- und richtungsabhängig sind (Abb. 6.60 rechts). Wenn zum Beispiel ein Unternehmen die

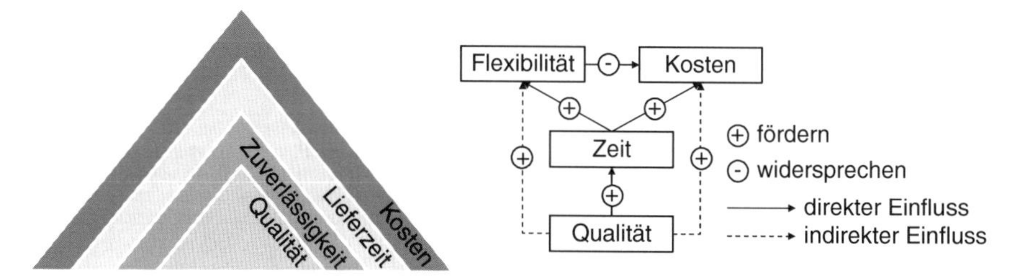

Abb. 6.60 Modelle der Wechselwirkungen notwendiger Fähigkeiten der Produktion (Größler und Grübner, 2005)

Fähigkeit Qualität forciert, wirkt sich dies auf alle anderen Fähigkeiten des Produktionssystems aus. Die Prozesse werden stabiler und zuverlässiger, wodurch weniger Zeit und Kosten zur Herstellung benötigt werden. Die Verbesserung der Fähigkeit Zeit durch die Reduzierung von Durchlaufzeiten, Rüstzeiten und Lieferzeiten beruht auf stabilen Prozessen und einer hohen Produktqualität. Die Möglichkeit mit hoher Geschwindigkeit zu produzieren, steigert die Flexibilität, da weniger Zeit benötigt wird, um auf externe Einflüsse zu reagieren. Die Reduzierung der Durchlaufzeit ermöglicht eine Senkung der Kosten durch höhere Produktivität und niedrigere Bestände. Zusammenfassend hat die Verbesserung der Fähigkeit Zeit einen positiven Effekt auf die Fähigkeiten Kosten und Flexibilität. Die Beziehungen zwischen Kosten und Flexibilität weisen nach Porter einen Zielkonflikt auf, ein Unternehmen kann demnach entweder zu niedrigen Kosten produzieren oder flexibel sein. Eine gleichzeitige Erreichung beider Fähigkeiten Kosteneffizienz und hohe Flexibilität würde nach Porter zu einer Schwächung der Wettbewerbsfähigkeit des Unternehmens führen. Porter bezeichnet dies als „stuck in the middle". Dennoch können in der Praxis Unternehmen gefunden werden, die eine simultane Erreichung von Flexibilität und Kosten erzielen konnten.

6.2.2.2 Integration wirtschaftlicher, ökologischer und sozialer Aspekte

Während soziale Aspekte grundsätzlich integriert und entlang der gesamt Wertschöpfungskette zu beachten sind, muss im Sinne eines Ganzheitlichen Life Cycle Managements die Anpassungs- und Entwicklungsfähigkeit der Produktion um die ökologische Dimension (Umwelt) erweitert werden (Abb. 6.61). Auch hier kommen der Wandlungsfähigkeit und der Flexibilität wichtige Rollen zu. Die Möglichkeit beispielsweise das Gebäudesystem an neueste Energiestandards anzupassen, kann gerade hinsichtlich wichtiger Umweltaspekte (geringerer Energiebedarf, geringere CO_2-Emissionen) entscheidend sein. Aber auch die Möglichkeit Maschinen und Anlagen anzupassen und so für weitere Produktlebenszyklen zu verwenden, trägt

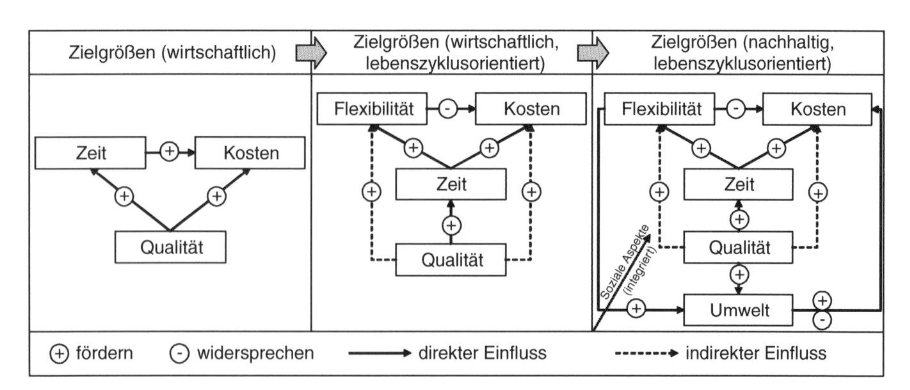

Abb. 6.61 Kosten, Umwelt- und soziale Aspekte als Zielgrößen einer zukunftsfähigen Produktion

nicht nur zu Kostenvorteilen bei, sondern ist in vielen Fällen im Vergleich zu Neuanschaffungen auch mit geringeren Umweltwirkungen verbunden. Die Möglichkeit Maschinen und Anlagen (flexibel) an neue Technologien anzupassen (z. B. Einbau energieeffizienter Motoren) kann sowohl positiv auf die Umwelt- als auch die Kostendimension wirken (Abb. 5.4).

Eine ganzheitliche, lebenszyklusorientierte Gestaltung der Produktion erfordert eine integrierte Sichtweise, die die zahlreich vorhandenen Wechselwirkungen und mögliche Zielkonflikte berücksichtigt. Dies umfasst neben dem normativen insbesondere das strategische und operative Produktionsmanagement, welches sowohl technische als auch organisatorische Aspekte einschließt. Zur Förderung der Nachhaltigkeit in der Produktion sollten im Idealfall

1. alle Nachhaltigkeitsdimensionen hinreichend berücksichtigt, und
2. alle grundlegenden Nachhaltigkeitsstrategien fortlaufend ausgeschöpft werden (Abb. 6.62).

Darüber hinaus müssen die Schnittstellen zu den übrigen Lebenswegphasen bzw. lebensphasenbezogenen Disziplinen aktiv gestaltet werden (vgl. Tab. 4.2). Die Berücksichtigung des gesamten Produktlebensweges bietet viele nutzbare Potenziale. So können beispielsweise durch ein lebenszyklusorientiertes End-of-Life Management Bauteile und Baugruppen wiederverwendet (Kap. 6.4) und in die Produktion neuer Produkte integriert werden. Auch bieten sich Potenziale, gewonnene Bauteile aus

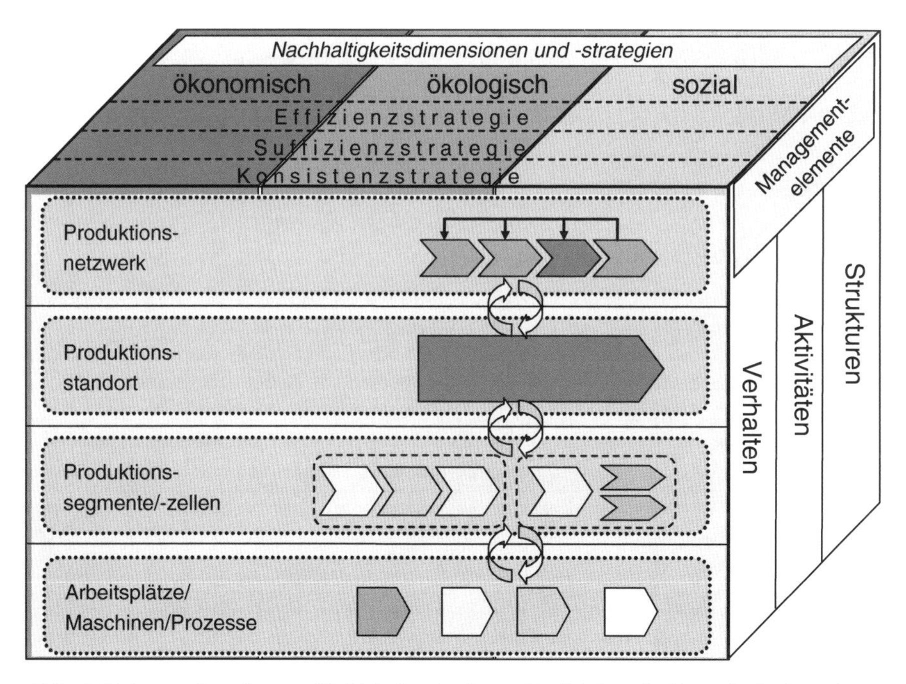

Abb. 6.62 Integration einer nachhaltigkeitsorientierten Produktion als Bestandteil eines Ganzheitlichen Life Cycle Managements

gebrauchten Produkten als Ersatzteile zu verwenden und so zusätzliche Flexibilität in die Ersatzteilproduktion und das After-Sales Management zu bringen (Kap. 6.3).

Wie im Abb. 6.62 dargestellt, können vier wesentliche Produktionsebenen unterschieden werden:

- Die *Netzwerkebene* geht über den einzelnen Produktionsstandort hinaus. Aus globaler und nachhaltigkeitsorientierter Sichtweise trägt beispielsweise die Verlagerung umweltrelevanter Produktionsprozesse von einem Produktionsstandort zu einem anderen Standort oder einem Partner in der Wertschöpfungskette (z. B. Outsourcen bestimmter kritischer Tätigkeiten an Lieferanten) nicht zu einer nachhaltigeren Lösung bei. Die Anwendung ökologischer Lebensweganalysen über alle Produktionsstandorte schafft hier Transparenz und eine wichtige Voraussetzung für nachhaltige Produktionsnetzwerke.
- Auf der *Ebene des Produktionsstandortes* werden Entscheidungen getroffen, die eher strategischen Charakter haben. Dies betrifft z. B. infrastrukturelle Maßnahmen am Fabrikgebäude oder Investitionsplanungen im Hinblick auf erforderliche Betriebsmittel. Auch die standortweite Einführung von Managementsystemen fällt in diese Ebene.
- Die *Ebene der Produktionssegmente und -zellen* beinhaltet die Kombination mehrerer Einzelprozesse in Form von verketteten Maschinen und Anlagen. Ansätze zur Steigerung der Nachhaltigkeit liegen z. B. in der Planung von Layout, Verkettung, Bauformen, Logistik sowie der technischen (z. B. Steuer-/Entscheidungsalgorithmen) und organisatorischen Steuerung (z. B. PPS-System).
- Die *Prozessebene* (*Maschinen, Anlagen, Arbeitsplätze*) umfasst die einzelnen Fertigungsprozesse, die manuell oder in Produktionsmaschinen und -anlagen stattfinden. Ansätze zur Steigerung der Nachhaltigkeit sind zum einen technischer Natur und liegen z. B. in der Auslegung und Steuerung von Maschinen oder der Wahl der eingesetzten Hilfsstoffe (z. B. Kühlschmierstoffe). Zum anderen kommt organisatorischen Aspekten und dem Verhalten der Mitarbeiter eine hohe Bedeutung zu (z. B. Umgang mit umweltgefährdenden Stoffen, unnötiger Verbrauch von Energie und Wasser).

In den folgenden Abschnitten werden wesentliche Grundlagen zur Bewertung und Steigerung der Nachhaltigkeit in der Produktion dargestellt; dies beinhaltet:

- ein *umweltorientiertes Produktionsmanagement* mit den Bereichen betriebliches Umweltmanagement (Standortebene) und betrieblich-technischer Umweltschutz,
- die *anforderungsgerechte Gestaltung von Produktionssystemen* als Methode der integrativen Berücksichtigung der Anforderungen aller Nachhaltigkeitsdimensionen (Unternehmens-/Fabrikebene),
- die *ganzheitliche Systemdefinition von Fabriken* als Wechselspiel zwischen Produktion und technischer Gebäudeausstattung (Standort-/Fabrikebene),
- die *Definition und Ausgestaltung integrierter Prozessmodelle* zur mehrdimensionalen Gestaltung und Bewertung von Produktionsprozessen (Arbeitsplätze/Maschinen/Prozesse).

Im Folgenden werden ausgewählte Ansätze aus den Bereichen des betrieblichen Umweltmanagements, des betrieblich-technischen Umweltschutzes, der Gestaltung ganzheitlicher Produktionssysteme, der Analyse energieeffizienter Fabriksysteme sowie energie- und ressourceneffizienter Produktionsprozesse vorgestellt. Eine Übersicht und Einordnung der Ansätze zeigt Abb. 6.63.

6.2.2.3 Betriebliches Umweltmanagement, betrieblich-technischer Umweltschutz und Umweltmanagementsysteme

Ein umweltorientiertes Produktionsmanagement umfasst funktional sowohl das betriebliche Umweltmanagement als auch den betrieblich-technischen Umweltschutz mit Blick auf die Produktion. In der Literatur ist dieses zumeist unter dem Begriff der umweltorientierten Unternehmensführung zu finden. Ausgehend von dem geschaffenen Bezugsrahmen für ein Ganzheitliches Life Cycle Management ist Unternehmensführung unter Einbeziehung von Umweltanforderungen jedoch

Forschungs- bzw. Arbeitsgebiet	Auswahl von	Lebensphasen-übergreifende Disziplinen			Lebensphasenbezogene Disziplinen				Planungs-horizont (strategisch – operativ)
		Lebenswegs-analysen	Inf. u. Wissens-management	Prozess-management	Produkt-management	Produktions-management	After-Sales-Management	End-of-Life-Management	
Betriebliches Umweltmanagement	Rauten-strauch, Dyckhoff	U, W			(X)	X		(X)	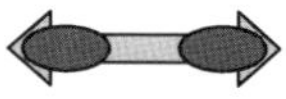
Betrieblich-technischer Umweltschutz	Rauten-strauch, Kramer, Wicke, Spieker	U, W			(X)	X		(X)	
Energieeffiziente Produktionsprozesse	Gutowski, Herrmann, Devoldere, Eckebrecht	U, W				X			
Ressourceneffiziente Produktionsprozesse	Dettmer, Bock, Zein, Herrmann	U, W			X	X	X	X	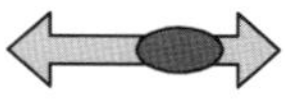
Ganzheitliche Betrachtung energieeffizienter Fabriksysteme	Hesselbach, Herrmann, Thiede, Junge	U, W	X			X			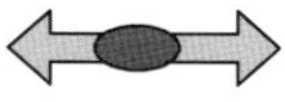
Nachhaltigkeits-orientierte Gestaltung Ganzheitlicher Produktionssysteme	Bergmann, Herrmann	U, W	X			X			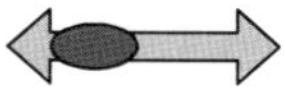

Lebensweganalyse berücksichtigt: U = Umweltaspekte, W = Wirtschaftliche Aspekte, S = Soziale, gesellschaftliche Aspekte

Abb. 6.63 Einordnung verschiedener Ansätze zum lebenszyklusorientierten Produktionsmanagement

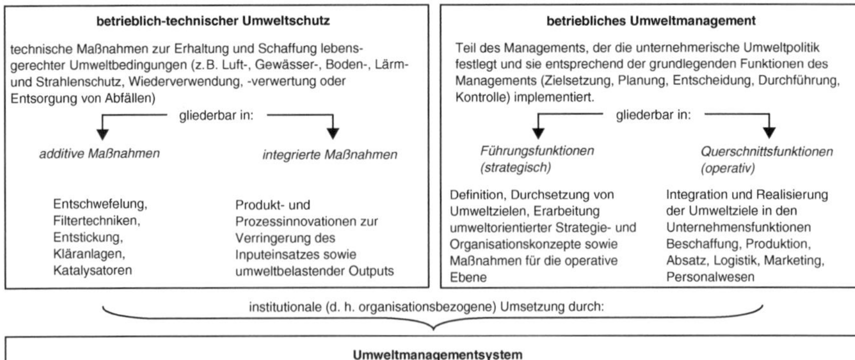

Abb. 6.64 Betrieblich-technischer Umweltschutz, betriebliches Umweltmanagement und Umweltmanagementsystem (Kramer et al., 2003a, S. 123)

weiterzufassen. Die managementbezogenen und technischen Aspekte können durch ein Umweltmanagementsystem zusammengeführt werden (Abb. 6.64). Während das betriebliche Umweltmanagement die unternehmerische Umweltpolitik festlegt und implementiert (Kramer et al., 2003a; Rautenstrauch, 1999), wird auf der operativen Ebene des betrieblich-technischen Umweltschutzes entschieden, wie die entsprechenden Leitlinien und Zielstellungen technisch umgesetzt und ausgeführt werden können (Kramer et al., 2003b).

Betriebliches Umweltmanagement

Zu den primären Aufgaben des betrieblichen Umweltmanagements zählt die Festlegung einer betrieblichen Umweltpolitik (Rautenstrauch, 1999). Dyckhoff unterscheidet dabei drei Grundhaltungen – kriminell, defensiv und offensiv. Bei einer offensiven Grundhaltung wird über die Legalität hinaus die Legitimität des unternehmerischen Handelns als Ziel angesehen (Dyckhoff, 2000). Die daraus resultierenden umweltbezogenen Unternehmensstrategien lassen sich vier Typen zuordnen (Tab. 6.3).

Bei einer abwehrorientierten Strategie versucht das Unternehmen sich im Hinblick auf den Umweltschutz weitestgehend einer Verantwortung zu entziehen. Bei

Tab. 6.3 Umweltbezogene Unternehmensstrategien (Dyckhoff, 2000)

Betriebliche Umweltpolitik	Umweltbezogene Unternehmensstrategie	Betrieblich-technischer Umweltschutz
kriminell/defensiv	abwehrorientiert	kein Umweltschutz
defensiv	outputorientiert	additiver Umweltschutz
defensiv/offensiv	prozessorientiert	Produktionsintegrierter Umweltschutz (PIUS)
Offensiv	zyklusorientiert	Produktintegrierter Umweltschutz

der outputorientierten Strategie verfolgt das Unternehmen zwar ebenfalls noch eine defensive Umweltpolitik, setzt also Vermeidungs- und Verzögerungsstrategien ein (Wicke et al., 1992), kommt aber den ordnungsrechtlichen Verpflichtungen in vollem Umfang nach. Es werden im Sinne eines additiven Umweltschutzes v. a. end-of-pipe-Technologien zur Nachbehandlung von Abgasen, Abwässern und Abfällen eingesetzt. Prozessorientierte Strategien zeugen von einer offensiveren Haltung des Unternehmens zu Umweltfragen und greifen durch produktionsintegrierten Umweltschutz präventiv direkt in die Prozessabläufe ein (Dyckhoff, 2000). Um Abfälle und Emissionen qualitativ und quantitativ tatsächlich zu reduzieren und Probleme nicht nur zu verlagern, wie es bei den additiven Technologien der Fall sein kann (Spiecker, 2000), werden integrierte Technologien (clean technology) herangezogen und bestehende Anlagen gegebenenfalls grundlegend modifiziert (Dyckhoff, 2000). Zyklusorientierte Strategien spannen den Bogen noch weiter und werden durch produktintegrierten Umweltschutz umgesetzt (Gestaltung der Schnittstelle zum Produktmanagement). Für das Unternehmen ist nicht die eigene „Werkstor-Bilanz" ausschlaggebend, sondern nach dem Verständnis einer weitreichenden Produktverantwortung wird betriebsübergreifend der gesamte Produktlebensweg betrachtet (Dyckhoff, 2000; Spiecker, 2000). Dies macht die Kooperation mit allen beteiligten Akteuren entlang der Supply Chain notwendig (Kap. 5.3).

Vor diesem Hintergrund kann der produktionsintegrierte Umweltschutz als eine Komponente des lebenszyklusorientierten Umweltschutzes gesehen werden, die nur im Rahmen eines Ganzheitlichen Life Cycle Managements optimal wirken kann. Denn auch wenn Maßnahmen hinsichtlich der Reduzierung der Kosten und der Abfälle in der Produktion vorteilhaft sind, ist eine lebenszyklusorientierte Sichtweise erforderlich: Integrierte Maßnahmen können innerbetrieblich zwar den gewünschten Zweck erfüllen, global gesehen eventuell jedoch mehr Schaden als Nutzen anrichtet. Deshalb ist es unbedingt sinnvoll, auch die Umweltwirkungen von Maßnahmen eines produktionsintegrierten Umweltschutzes (PIUS) mit entsprechenden Bewertungstools zu überprüfen (z. B. Produktökobilanz). Dabei werden dann auch die Lebenswege von Betriebs- und Hilfsmitteln von der Rohstoffentnahme bis zur Entsorgung berücksichtigt. Durch die sich ergebende systemumfassende Lebenszyklusperspektive erhöht sich einerseits zwar die Komplexität der betrachteten Zusammenhänge, andererseits aber auch die Verlässlichkeit der getroffenen Aussagen und Bewertungen. Suboptimale Lösungen und Problemverlagerungen lassen sich so wirkungsvoll vermeiden.

Betrieblich-technischer Umweltschutz

Unter dem Begriff betrieblich-technischer Umweltschutz werden all diejenigen technischen Maßnahmen zusammengefasst, die darauf zielen, Umweltbelastungen durch die Produktion – also die Materialentnahmen aus der Umwelt und Emissionen aus dem Produktionsbereich in die Umwelt – zu reduzieren und so zur Erhaltung und Schaffung lebensgerechter Umweltbedingungen beizutragen (Kramer et al., 2003a, b). Grundsätzlich kann dabei zwischen additiven und integrierten

Umweltschutztechnologien unterschieden werden (Wicke et al., 1992; Rautenstrauch, 1999; Spiecker, 2000):

- **Additiver Umweltschutz:** Bei additiven Umweltschutzmaßnahmen wird der eigentliche Produktionsvorgang so wenig wie möglich verändert, die Produktionsanlagen bleiben in ihrer alten Form bestehen und werden lediglich durch zusätzliche Prozessschritte ergänzt (Spiecker, 2000; Wicke et al., 1992). Die Umweltschutztechnologien können dem eigentlichen Produktionsprozess dabei sowohl vorgelagert (Aufarbeitung der Einsatzstoffe, Begin-of-Pipe) als auch nachgelagert (Reinigungs- und Rückhalteverfahren, End-of-Pipe) sein (Kramer et al., 2003, S. 87). Meist handelt es sich jedoch bei dieser Art von nachsorgendem Umweltschutz um End-of-Pipe-Technologien wie z.B. Anlagen zur Entschwefelung und Entstickung von Abgasen, Filtertechniken, Kläranlagen und Katalysatoren.
- **Produktionsintegrierter Umweltschutz (PIUS):** Von integrierten Umweltschutzmaßnahmen wird gesprochen, wenn Produktionsprozess und Umweltschutzsystem aufeinander abgestimmt und als Gesamtanlage entworfen und realisiert sind. Produktionsintegrierter Umweltschutz greift somit direkt in den Produktionsprozess ein und setzt dabei an der Quelle der Umweltbelastung an. Produkt- und Prozessinnovationen zur Verringerung von Inputs und umweltbelastenden Outputs können dabei zu weitreichenden Verfahrensänderungen oder Substitutionen führen. Ziel ist es, Problemverlagerungen zu vermeiden und stattdessen bereits die Ursachen negativer Umweltwirkungen der Produktion auszuräumen (Kramer et al., 2003, S. 88). Durch den reduzierten Verbrauch von Energie und Rohstoffen sowie die Vermeidung und Verringerung der Abfall- und Reststoffe führen integrierte Umweltschutzmaßnahmen parallel zur Umweltentlastung oft auch zu sinkenden Produktionskosten (Wicke et al., 1992).

Additiver Umweltschutz allein wird den globalen Herausforderungen einer nachhaltigen Entwicklung nicht gerecht (Kramer et al., 2003b). Alte Produktionsanlagen werden in vielen Fällen trotzdem nur langfristig durch integrierte Systeme ersetzt werden können, insbesondere wenn es sich um große Investitionsvolumen handelt (Kramer et al., 2003b). Steigende Rohstoff- und Energiepreise können die Attraktivität von produktionsintegriertem Umweltschutz in Zukunft jedoch weiterhin deutlich erhöhen. Mögliche Strategien und Prinzipien für die Entwicklung integrierter Maßnahmen sind das Vermeidungsprinzip, die Effizienz- und die Substitutionsstrategie. Als erster Schritt muss jedoch der bestehende Herstellungsprozess eingehend untersucht werden. Dies geschieht im Idealfall mit Hilfe einer Stoffstromanalyse, die nicht nur einen Überblick über die innerbetrieblichen Stoff- und Energieströme gibt, sondern durch Betrachtung der einzelnen Fertigungsschritte gleichzeitig Schwachstellen aufdeckt (Kramer et al., 2003a; Wicke et al., 1992). Für diese Einspar- und Substitutionspotenziale gilt es dann, individuelle technische Lösungen zu finden. Neben dem Einsatz von Maschinen und Anlagen, die aufgrund ihrer Funktionsweise keine oder geringere Umweltbelastungen verursachen, ist oft auch der Einsatz schadstofffreier Roh-, Hilfs- und Betriebsstoffe erfolgversprechend. Problematische Schwefeldioxidemissionen können beispielsweise nicht nur durch eine (additive) Rauchgasentschwefelung reduziert werden, sondern auch präventiv durch die Verwendung schwefelfreier Energieträger (Wicke et al., 1992). In vielen Fällen ist innerbetriebliches Recycling möglich, d.h. die ökonomisch rentable Wiederverwendung von Stoffen, die bisher als Abfall entsorgt werden mussten (Kramer et al., 2003b; Wicke et al., 1992). Dies trifft u.a. auf Schleifschlämme zu, nach deren Entölung der zurückgewonnene Kühlschmierstoff im innerbetrieblichen Kreislauf geführt werden kann. Produktionsintegrierter Umweltschutz kann außerdem durch verbesserte Rohstoff- und Materialnutzung, Stoffsubstitution, Stofftrennung und Prozessoptimierung umgesetzt werden (Kramer et al., 2003b). Falls keine geschlossene Kreislaufführung möglich ist, d.h. Abfälle oder Emissionen sich durch integrierte Umweltschutzmaßnahmen nicht vermeiden lassen, muss weiterhin auf End-of-Pipe-Technologien zurückgegriffen werden, um die Umweltbelastung additiv so weit wie möglich zu reduzieren (Kramer, 2003; Spiecker, 2000). In diesen Fällen sollte geprüft werden, ob Abfälle dezentral, d.h. möglichst nah am Ort der Entstehung aufgearbeitet und verwertet werden können, oder ob eine zentrale Verwertung unter ökonomischen und ökologischen Aspekten vorteilhaft ist (mögliche Skaleneffekte, aber auch längere Transportwege bzw. aufwändigere Logistik).

Umweltmanagementsysteme

Die Voraussetzung, um innerbetrieblichen produktionsintegrierten Umweltschutz erfolgreich zu betreiben, ist die genaue Kenntnis aller im Betrieb vorhandenen Stoffströme und Prozesse, die sich auf die umweltrelevanten Eigenschaften eines Produktes auswirken. Um die dafür notwendige Transparenz zu erreichen, sollten die Maßgaben besonderer Umweltmanagementsysteme berücksichtigt und angewendet werden. Ein Umweltmanagementsystem ist ein Teilsystem eines unternehmensübergreifenden, integrierten Managementsystems. Es schließt das Festlegen von Organisation, Zuständigkeiten, Verantwortlichkeiten, Verhaltensweisen, förmlichen Verfahren sowie das Definieren der Abläufe und Mittel für das Durchführen des Umweltschutzes ein. Mit einem Umweltmanagementsystem werden die Voraussetzungen dafür geschaffen, dass die Mitarbeiter in einem Betrieb in allen Bereichen Umweltaspekte bei ihren Tätigkeiten berücksichtigen. So können die Planung, Realisierung, Kontrolle und Weiterentwicklung des vorsorgenden Umweltschutzes systematisiert werden. Anhaltspunkte, wie das Umweltmanagementsystem gestaltet werden kann, liefern beispielsweise EMAS und DIN EN ISO14001:

- **EMAS (Eco-Management and Audit Scheme):** EMAS ist ein Managementsystem, das seit 1993 gewerbliche Unternehmen und andere Organisationen in den Mitgliedstaaten der Europäischen Union unterstützt, ihren betrieblichen Umweltschutz eigenverantwortlich und kontinuierlich zu verbessern. Das Ziel von EMAS ist vor allem eine messbare Verbesserung der Umweltleistung. Als modernes umweltpolitisches Instrument setzt EMAS auf die freiwillige Teilnahme von Unternehmen und geht über die gesetzlichen Regelungen hinaus. Zur EMAS-Teilnahme müssen Organisationen ihre Tätigkeiten, Produkte und Dienstleistungen im Hinblick auf Auswirkungen auf die Umwelt überprüfen und

auf dieser Grundlage ein Umweltmanagementsystem schaffen. Regelmäßig muss zudem eine Umwelterklärung erstellt und veröffentlicht werden. Darin werden die eigene Umweltpolitik und das Umweltprogramm mit den konkreten Zielen für die Verbesserung des betrieblichen Umweltschutzes festgelegt, verbunden mit einer umfassenden, möglichst zahlenmäßigen Darstellung und Bewertung der Umweltauswirkungen eines jeden Standorts und der bereits erzielten Verbesserungen. Jede Umwelterklärung muss von einem unabhängigen, staatlich zugelassenen Umweltgutachter überprüft werden (Auditierung). Erfüllt sie die Voraussetzungen der EG-Umwelt-Audit-Verordnung, so erklärt der Umweltgutachter die Umwelterklärung für gültig (Validierung); anschließend wird die Organisation in ein Register eingetragen und darf EMAS-Logo verwenden (EMAS, 2009).
- **DIN EN ISO 14001:** Im Gegensatz zur EMAS verlangt die ISO 14001 die Verbesserung des Managementsystems und nicht die Verbesserung der messbaren Umweltleistung. Mit der freiwilligen Zertifizierung nach ISO 14001 weisen die Betriebe nach, dass ihre Tätigkeiten und Dienstleistungen regelmäßig internen Prüfungen unterzogen werden und konkrete Umweltziele vorhanden sind. Dazu müssen sie eine geeignete Organisationsstruktur aufgebaut haben, um diese Umweltziele verwirklichen zu können. Die Überprüfung, ob die ISO 14001 Anforderungen auch wirklich eingehalten werden, muss regelmäßig durch externe Gutachter erfolgen. Als weitere Unterschiede zu EMAS sind beispielsweise zu nennen, dass die Umweltleistung nicht in einer öffentlichen Umwelterklärung dargelegt werden muss und die Beteiligung der Mitarbeiter bei den Verbesserungsprozessen nicht vorgeschrieben ist (DIN EN ISO 14001, 2005-06).

Weil die ISO 14001 in den Anforderungen von EMAS enthalten ist, können EMAS-zertifizierte Unternehmen ohne weitere Maßnahmen auch die Zertifizierung nach der ISO 14001 vornehmen lassen.

6.2.2.4 Energie- und Ressourceneffiziente Produktionsprozesse

Die integrative Betrachtung vor allem ökonomischer und ökologischer Aspekte in der Produktion bedingt die Kenntnis, Messung und Bewertung des In- und Outputs in den jeweiligen Produktionsprozessen. Daher sind integrierte Prozessmodelle notwendig, die die herkömmliche rein wirtschaftlich geprägte Sichtweise um diese Aspekte ergänzen (Herrmann et al., 2007b). Bras/Emblemsvåg erweitern beispielsweise die Prozesskostenrechnung im Hinblick auf eine integrierte Betrachtung von Kosten, Energieverbrauch und Entstehung von Abfällen (Bras und Emblemsvåg, 1996; Emblemsvåg und Bras, 1997, 2000). Abbildung 6.65 zeigt beispielhaft ein vereinfachtes integriertes Prozessmodell, das die ökonomische und ökologische Sichtweise integrativ betrachtet. Wie dargestellt, erfordert die umweltorientierte Perspektive die Ergänzung von aus wirtschaftlicher Sicht vermeintlich weniger relevanten Größen (z. B. Abluft, Wärmeemissionen) und eine höhere Detailstufe

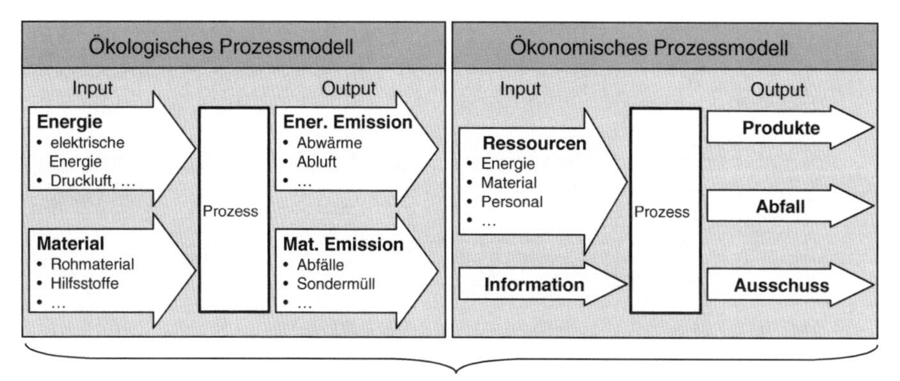

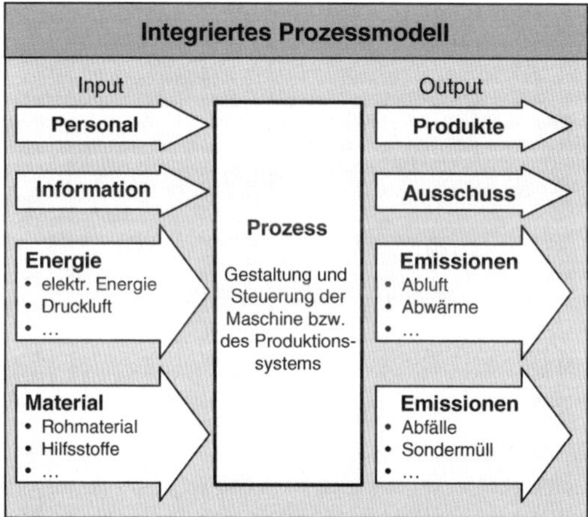

Abb. 6.65 Integriertes Prozessmodell zur nachhaltigkeitsorientierten Prozessbewertung

bezüglich der genauen Charakteristik und Menge der involvierten Input- und Outputgrößen des Prozesses (Schultz, 2002; Herrmann et al., 2007b).

Energieeffizienz

Die Prozessgrößen der eingesetzten Betriebsmittel sind zumeist nicht statisch, sondern hängen unmittelbar von den aktuellen Zuständen des Prozesses bzw. der Produktionsmaschine als Zusammenspiel verschiedener Komponenten ab (Herrmann et al., 2007b; Devoldere et al., 2007). Dies zeigt sich z. B. bei der Messung der elektrischen Energieaufnahme von Produktionsmaschinen, aus der sich wie in Abb. 6.66 für den Fall einer Schleifmaschine gezeigt, ein ausgeprägtes Energieprofil ergibt (Eckebrecht, 2000). Der Energieverbrauch einer Werkzeugmaschine setzt sich danach aus einem konstanten Grundbedarf und einem lastabhängigen Leistungsbedarf zusammen. Der Leistungsbedarf umfasst die Energie, die zur Materialabnahme und Formänderung des Werkstücks einzusetzen ist und resultiert aus den Prozessparametern wie dem zerspanten Werkstoffvolumen und der Schnittgeschwindigkeit.

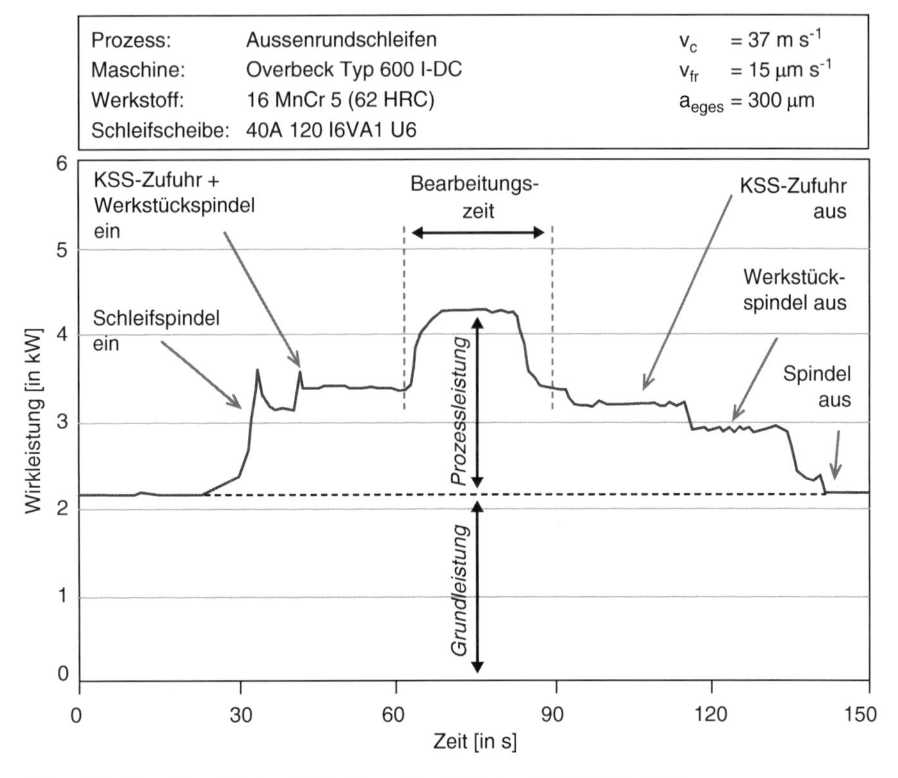

Abb. 6.66 Energieprofil einer Schleifmaschine (Eckebrecht, 2000, S. 102)

Der Grundbedarf fasst alle Energieaufnehmer einer Werkzeugmaschine zusammen, die zur Sicherstellung der Betriebsbereitschaft erforderlich sind wie z. B. Pumpen, Steuerung und Lüfter (Gutowski et al., 2006).

Die Berücksichtigung dieser Profile ist eine wichtige Grundlage für eine nachhaltigkeitsorientierte Produktionsgestaltung. Auf Prozessebene erlaubt diese Sichtweise z. B. die Identifikation der wesentlichen Energietreiber in Maschinen und damit eine entsprechende konstruktive oder steuerungstechnische Optimierung (z. B. Einsatz energieeffizienter Motoren, alternative Prozessparameter) (Hesselbach et al., 2008). In Abb. 6.67 sind die Energiebedarfe von drei Fräsmaschinen mit einem variablen Leistungsanteil und einem konstanten, maschinenspezifischen Grundbedarf dargestellt (Gutowski et al., 2006). Die Abbildung verdeutlicht die Entwicklung des Grundenergiebedarfs von verschiedenen Maschinenkonzeptionen. Die Automatisierung von Werkzeugmaschinen führt zur Einbindung weiterer Energieaufnehmer. Dies resultiert in einer Erhöhung des Grundenergiebedarfs bezogen auf den Gesamtenergiebedarf, da die Komponenten nicht prozessabhängig zugeschaltet werden. Diese Entwicklung wird beim Vergleich der Werkzeugmaschine „Bridgeport 1985“ und der automatisierten Werkzeugmaschine „Milacron 1988“ deutlich. Die Erhaltung der Betriebsbereitschaft erfordert bei der automatisierten Werkzeugmaschine anteilig 20% mehr Energie als bei der manuellen Maschine.

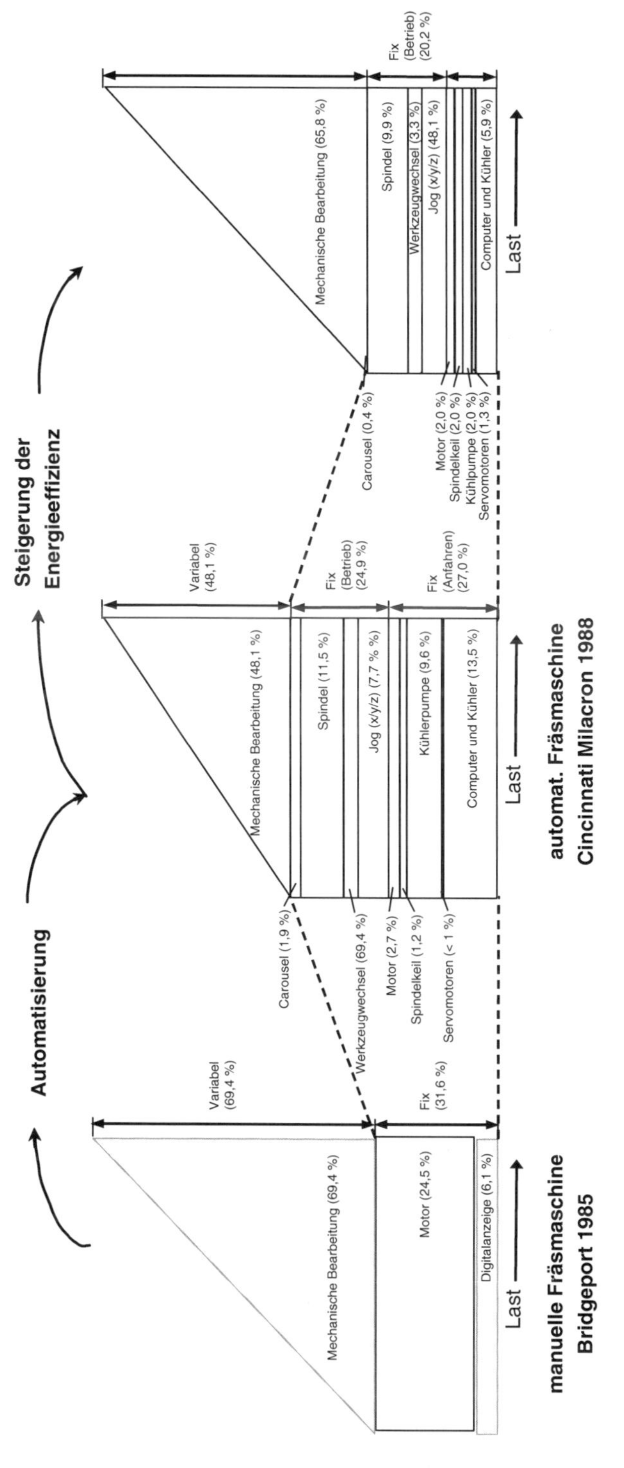

Abb. 6.67 Entwicklung der Energieaufnahme von Fräsmaschinen (Gutowski et al., 2006)

Die Werkzeugmaschinen „Milacron 1988“ und „Bridgeport 1998“ besitzen gleiche funktionale Eigenschaften. Beim Vergleich der Grundenergiebedarfe ist bei einem gleichbleibenden Automatisierungsgrad ein deutlicher Trend zur Energieeinsparung festzustellen. Die Reduktion des Energieverbrauchs resultiert insbesondere aus einer Erhöhung der Effizienz von Maschinenkomponenten. Allerdings kann die zunehmende Integration von energieeffizienten Komponenten in Maschinen zu einem „rebound effect“ führen, wenn die Energieeinsparung durch die Einbindung weiterer Energieaufnehmer (z. B. Sensorik) in die Maschine aufgebraucht wird (Gutowski et al., 2006).

In Abb. 6.68 sind die prozessspezifischen Energiebedarfe von 36 Fertigungsprozessen dargestellt. Die Energiebedarfe variieren in einem gleichbleibenden Streu-

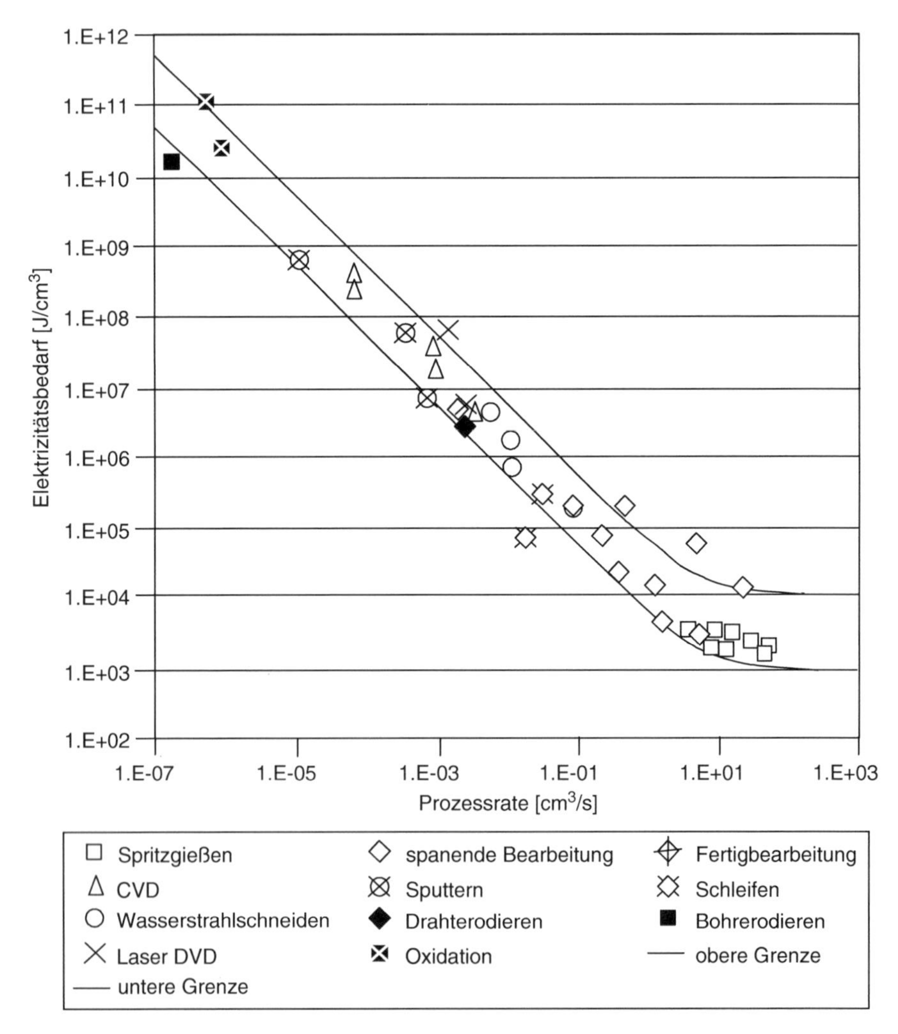

Abb. 6.68 Energiebedarfe von Fertigungsprozessen (Gutowski et al., 2006, S. 625)

ungsbereich, da maximale Grenzwerte für die Stromaufnahme vorgegeben sind. Die Abbildung verdeutlicht, dass der spezifische Energiebedarf mit einer zunehmenden Prozessrate (Material/Zeit) abnimmt. So ist beispielsweise beim Schlichten der Anteil der Energie pro zerspantem Material höher als beim Schruppen. Beide Prozesse haben die gleiche Energie für die Reibung und den beginnenden Materialabtrag aufzubringen. Bezieht man die Gesamtenergie beim Schruppen auf die zerspante Materialmenge, so ist der Energieanteil pro Materialvolumen geringer. Mit abnehmendem Materialabtrag strebt der Quotient aus Energie und Volumenstrom gegen unendlich. Die Darstellung zeigt, das insbesondere neuere Fertigungsverfahren, wie z. B. das Sputtern, deutlich höhere spezifische Energiebedarfe aufweisen.

Ressourceneffizienz

Neben der für die Produktion benötigten Energie müssen auch die eingesetzten Hilfsstoffe in die Betrachtung einbezogen werden (Lebenszyklus eingesetzter Sekundärprodukte). Ein Beispiel hierfür sind Kühlschmierstoffe (KSS) (Herrmann et al., 2007a; Hesselbach et al., 2003). Diese werden bei der spanenden Metallbearbeitung eingesetzt, um die Kontaktzone zwischen Werkstück und Werkzeug zu kühlen, zu schmieren und die erzeugten Metallspäne wegzuspülen. Die DIN 51 385 differenziert zwischen nichtwassermischbaren und wassermischbaren Produkten. Rund 75% aller Industriebetriebe des produzierenden Gewerbes in Deutschland verwenden KSS (Baumann und Herberg-Liedtke, 1996). Der jährliche Verbrauch betrug für das Jahr 2003 49.573 t an nichtwassermischbaren KSS und 27.897 t an wassermischbaren KSS (VSI, 2005). Es handelt sich im Allgemeinen um mineralölbasierte Produkte, die sich aus einem Grundöl und je nach Anwendungsbereich aus verschiedenen Additiven zusammensetzen. Von diesen Stoffen gehen gesundheitliche Risiken für das Maschinenpersonal aus. Sie können z. B. Hautunverträglichkeiten und Atemwegsbeschwerden hervorrufen. Für die Bereitstellung des Schmierstoffs wird als weiterer umweltrelevanter Nachteil mit Mineralöl auf eine endliche Ressource zugegriffen. Zudem stellt die hochwertige Verwertung der anfallenden Schleifschlämme in der Praxis immer noch einen Problembereich dar. Als Konsequenz wurde oft die Forderung laut, auf Kühlschmierstoffe weitestgehend zu verzichten (Effizienzstrategie). Sowohl die Minimalmengenschmierung als auch die Trockenbearbeitung verfolgen diese Strategie. Ihre technologische Anwendbarkeit ist jedoch, insbesondere bei Fertigungsverfahren mit undefinierter Schneide (z. B. Schleifen), stark eingeschränkt (Bartz und Möller, 2000; VDI, 2005). Daher sind mit Hinblick auf eine universelle Einsetzbarkeit insbesondere Ansätze von Interesse, die sich auf die Entwicklung arbeits- und umweltverträglicher KSS konzentrieren (Substitutionsstrategie). Eine Möglichkeit Mineralöl zu ersetzen bietet der Einsatz von Pflanzenöl. Aufgrund ihrer ähnlichen chemischen Struktur kommen auch Tierfett und Altspeisefett als potenzielle Ausgangsstoffe für KSS in Frage:

- **Pflanzenöl:** Bisher wurden umwelt- und arbeitsverträglichere Alternativen v. a. in Esterverbindungen auf Basis von Pflanzenölen und -fetten gesucht. Sie stellen nicht nur eine nachwachsende Rohstoffquelle dar, sondern haben sich auch als tribologisch so gut geeignet erwiesen, dass bei ihnen im Gegensatz zu den Mineralölprodukten auf eine Additivierung verzichtet werden kann. Durch ihre geringere Viskosität bei gleicher Schmierwirkung reduzieren sich außerdem die Anhaftungen an Werkstück und Spänen, so dass bei ihrem Einsatz weniger Schleifschlamm entsorgt werden muss. Trotz dieser Vorzüge finden die nativ basierten Esterverbindungen kaum Verwendung als KSS. Ursachen für die hohen Herstellungskosten der aus Pflanzenöl gewonnenen Ester sind zum einen in dem hohen Syntheseaufwand (Druck-Temperatur-Bedingungen) und zum anderen in den Rohstoffpreisen zu suchen.

- **Tierfett:** In Deutschland müssen jährlich etwa 2,5 Mio. t Schlachtabfälle, Tierkörper und Tierkörperteile in Tierkörperbeseitigungsanstalten (TBA) behandelt werden. Dabei fallen rund 400.000 t Tiermehl und 200.000 t Tierfett als Entsorgungsprodukte an (VFI, 2005). Ester gesättigter Fettsäuren machen bei Tierfett einen Anteil von etwa 45% aus und diesen Sekundärrohstoff damit für die Produktion von KSS besonders interessant, da sie sich durch eine höhere Alterungsstabilität von den ungesättigten Komponenten unterscheiden (Bahadir et al., 2004). Im Vergleich zu den meisten Pflanzenölen steht Tierfett relativ preiswert zur Verfügung. Tierfett, das für technische Zwecke freigegeben ist (Kategorie 3), kann aus Sicht des Infektionsschutzes (z. B. BSE) ohne Bedenken zu Kühlschmierstoffen verarbeitet werden (Falk, 2004).
- **Altspeisefett:** Unter Altspeisefetten werden gebrauchte, verunreinigte, überlagerte oder verdorbene Frittier-, Brat-, Back-, Grill- und Speisefette verstanden, die nicht mehr für den menschlichen Verzehr geeignet sind. Sie fallen v. a. in der Gastronomie und in der Lebensmittelindustrie an (Anggraini-Süß, 1999). In Deutschland werden jährlich ca. 120.000 t Altspeisefett eingesammelt. Mehr als 90% davon werden in die Beneluxstaaten exportiert und dort als Sekundärbrennstoff genutzt (Falk, 2004).

Seit der BSE-Krise ist der Einsatz von Tierfett und Altspeisefett bei der Tierfutterherstellung europaweit verboten, bei der Umwandlung zu Biodiesel wirkt ihr hoher Anteil gesättigter Fettsäuren störend und in der oleochemischen Industrie sind die Abfallfette in besonderem Maße der Konkurrenz von Pflanzenfetten und -ölen mit einheitlicherer Zusammensetzung und Qualität ausgesetzt (Grothe und Kley, 2005). Momentan herrscht daher in der Praxis die energetische Verwertung vor. Im Sinne einer kaskadischen Nutzung sollten Tier- und Altspeisefette jedoch zunächst als wertvolle Ausgangsstoffe für technische Produkte (z. B. Esterbasierte KSS) und erst im Anschluss daran als Sekundärbrennstoffe betrachtet werden. Genau wie Tierfett zeichnet sich Altspeisefett durch ein für Ester-KSS günstiges Fettsäurespektrum aus, auch wenn ihr Anteil gesättigter Fettsäuren mit einer Spannbreite von 20 bis 40% nicht die Werte des Tierfetts erreicht (vgl. Tab. 6.4).

In Zusammenarbeit mehrerer Forschungseinrichtungen und Industriepartner wurden Kühlschmierstoffe auf Basis von Tierfett- und Altspeisefettestern entwickelt (Dettmer, 2006). Um sicherzugehen, dass diese Ester-KSS für den Anwender tatsächlich eine interessante Alternative darstellen, sind sowohl technische als auch Kostenaspekte zu berücksichtigen. Außerdem ist insbesondere eine lebenswegüber-

Tab. 6.4 Fettsäurespektren eines am Markt erhältlichen Ester-KSS (9104) und möglicher KSS-Ausgangsstoffe (Dettmer, 2006, S. 51)

	9104 [Mass.-%]	Rapsöl [Mass.-%]	Palmöl [Mass.-%]	Tierfett [Mass.-%]	Altspeisefett [Mass.-%]
gesättigte Fettsäuren					
14:0 Myristinsäure	<1	–	<2		
16:0 Palmitinsäure	95	3–7	39–48		
18:0 Stearinsäure	5	<10	4–6		
insgesamt	**100**	**<10**	**<56**	**36–56**	**20–40**
ungesättigte Fettsäuren					
18:1 Ölsäure	–	51–70	36–44		
18:2 Linolsäure	–	15–30	9–12		
18:3 Linolensäure	–	5–14	<1		
insgesamt	**0**	**>90**	**<56**	**44–64**	**60–80**

greifende Untersuchung der potenziellen Umweltwirkungen notwendig, um die ökologische Vorteilhaftigkeit bewerten zu können. Beispielhaft soll hier die ökologische Lebensweganalyse dargestellt werden (Dettmer, 2006). Obwohl die Nutzung erneuerbarer Ressourcen zu den Grundprinzipien der nachhaltigen Entwicklung gehört, können auch von Produkten aus nachwachsenden Rohstoffen negative Umweltwirkungen ausgehen. Um diese Effekte bewerten zu können, muss der gesamte Lebensweg betrachtet werden. Aus diesem Grund wurden die Stoff- und Energieströme entlang der Lebenswege fünf verschiedener KSS verglichen, wobei nach der Methodik des Life Cycle Assessments vorgegangen wurde. Die Berechnung des kumulierten Energieaufwandes beruht auf der entsprechenden VDI-Richtlinie (VDI, 1997). Bei den Schmierstoffen handelt es sich um ein mineralölbasiertes Referenzprodukt und vier Ethylhexylester. Als pflanzenölbasierte Vergleichsprodukte wurden ein Rapsöl- und ein Palmölester ausgewählt. Schwerpunkt ist die Untersuchung des Tierfett- und des Altspeisefettesters. Innerhalb der Systemgrenze liegen die Lebenswegabschnitte von der Rohölförderung bzw. des Pflanzenanbaus, der Schlachtabfall- und Altspeisefetteinsammlung bis zur KSS-Entsorgung. Während also bei den Rapsöl- und Palmölestern die landwirtschaftliche Vorkette berücksichtigt wird, ist dies bei den Tierfett- und Altspeisefettestern nicht der Fall. Schon die Behandlung der Schlachtabfälle in TBAs geschieht aus seuchenhygienischen Gründen und nicht etwa, um daraus den Sekundärrohstoff Tierfett zu gewinnen. Noch viel weniger finden Tieraufzucht und -haltung mit der Intention statt, einen Ausgangsstoff für Schmierstoffe zu erzeugen. Der eindeutige Fokus liegt hier auf der Lebensmittelproduktion. Dies gilt analog für die Altspeisefette. Als „quantifizierter Nutzen" der Kühlschmierstoffe ist die Menge von 1.000 bearbeiteten Werkstücken gewählt worden (funktionelle Einheit). In diesem Fall entspricht das einer Masse von 174 kg geschliffenen Kugelnaben.

Abbildung 6.69a zeigt die Ergebnisse für das Treibhauspotenzial (*global warming potential* GWP). Hinsichtlich dieser Wirkungskategorie ist die Anwendung von Altspeisefett- und Tierfettestern der von Pflanzenölestern und letztlich der von Mineralölprodukten vorzuziehen. Bei allen fünf KSS-Typen macht das Kohlendi-

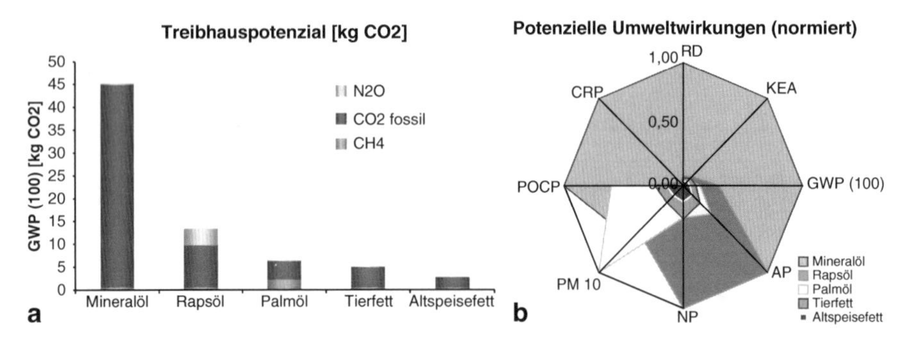

Abb. 6.69 **a** Potenzieller Treibhauseffekt durch KSS auf Basis von Mineralöl, Rapsöl, Palmöl, Tierfett und Altspeisefett (Dettmer, 2006, S. 135); **b** Potenzielle Umweltwirkungen durch KSS auf Basis von Mineralöl, Rapsöl, Palmöl, Tierfett und Altspeisefett (normiert) (Dettmer, 2006, S. 142)

oxid den Hauptanteil am Treibhauspotenzial aus. Im Fall des Rapsölesters trägt die landwirtschaftlich Vorkette mit erheblichen Lachgasemissionen (N_2O) aus der Düngemittelproduktion zum GWP bei.

Insgesamt wurden acht Wirkungskategorien betrachtet (RD Ressourcenverbrauch, KEA kumulierter Energieaufwand, GWP Treibhaus-, AP Versauerungs-, NP Nährstoffanreicherungs-, PM 10 Feinstaubbildungs-, POCP Photosmog-, CRP Krebsrisikopotenzial). In Abb. 6.69b sind die Ergebnisse normalisiert auf den jeweiligen Kategoriehöchstwert dargestellt. Die Graphik zeigt eine Dreigliederung der fünf KSS, wobei die potenziellen Umweltwirkungen des Mineralölprodukts das Gesamtbild beherrschen. In sechs von acht Kategorien (RD, KEA, GWP, AP, POCP, CRP) schneidet es als schlechteste der untersuchten Optionen ab. Die Pflanzenölester nehmen eine Mittelstellung ein, indem sie zum Teil ähnlich geringe Wirkungen verursachen wie die Abfallfettester (RD, KEA, CRP) und in anderen Kategorien hingegen den konventionellen KSS in negativem Sinne übertreffen. Für den Rapsölester trifft dies in zwei Kategorien zu (AP, NP). Die verbleibende Kategorie (POCP) wird vom Palmölester dominiert. Tierfett- und Altspeisefettester präsentieren sich als die umweltverträglichsten Varianten. Sie liegen mit ihren Ergebnissen in allen Kategorien um ein Mehrfaches unter den jeweiligen Höchstwerten. Der Tierfettester erreicht maximal 27% eines Höchstwertes, der Altspeisefettester sogar nur 14%. So kann der aus Altspeisefett hergestellte KSS in allen acht Kategorien durch die niedrigsten Indikatorwerte überzeugen. Ein weiteres Reduktionspotenzial ergibt sich aus einer kaskadischen Nutzung von Tierfett- und Altspeisefettestern, d. h. zunächst stoffliche Verwertung als KSS und anschließend energetische Verwertung in einem Blockheizkraftwerk (vgl. Dettmer, 2006).

Neben dem Einsatz von Pflanzenöl oder Sekundärrohstoffen wie Tierfett und Altspeisefett bieten wasserbasierte Schmierstoffe unter Verwendung von umweltverträglichen Bio-Polymeren sowohl im Hinblick auf potentielle Umweltwirkungen als auch unter wirtschaftlichen Gesichtspunkten ein hohes Einsatzpotenzial. Eine besondere Eigenschaft von Polymeren ist es, auf die Viskosität von Wasser einzuwirken und die Zähflüssigkeit zu erhöhen. Dies ermöglicht eine anwendungsoptimierte Einstellung der Viskosität von Wasser für die Zerspanung und bildet den Ausgangspunkt für die Entwicklung einer umweltverträglichen, wasserbasierten Polymerlösung mit positiven Schmier- und Kühleigenschaften. Die Eignung der Polymerlösung wurde erfolgreich in verschiedenen Zerspanungsanwendungen (Drehen, Fräsen, Schleifen) untersucht. Die Versuche bestätigen die sehr gute tribologische Leistungsfähigkeit der Polymerlösung. Die ökologische Vorteilhaftigkeit der Polymerlösung im Vergleich zu konventionellen Mineralölen zeigt für eine erste cradle-to-gate Betrachtung ein erhebliches Umweltentlastungspotenzial (Herrmann et al., 2007c).

6.2.2.5 Ganzheitliche Betrachtung energieeffizienter Fabriksysteme

Eine nachhaltigkeitsorientierte Perspektive auf die Produktion verlangt im nächsten Schritt eine ganzheitliche Sichtweise des Fabriksystems (Hesselbach et al., 2008) (Abb. 6.70).

Hierbei sind zwei wesentliche Teilsysteme zu betrachten:

- das eigentliche **Produktionssystem** mit verschiedenen verketteten Produktionsprozessen, die im Sinne eines integrierten Prozessverständnisses Energie und verschiedene Medien benötigen, um den eigentlichen wertschöpfenden Transformationsprozess durchführen zu können, und auf der anderen Seite z. B. genutzte Medien, Abluft oder Wärme emittieren (Herrmann et al., 2007b).
- die **technische Gebäudeausrüstung (TGA)**, deren Nutzen (in Anlehnung VDI, 2008) generell in der bedarfsgerechten Ver- und Entsorgung von Gebäuden, insbesondere mit Wärme, Kälte, Luft, elektrischer Energie und Wasser sowie dem Transport von Menschen, Gegenständen und Informationen liegt. Die im Fabrikzusammenhang wesentlichen Aufgaben sind die Sicherstellung notwendiger Umgebungsbedingungen der Produktion sowie die Herstellung, Bereitstellung und Aufbereitung (bei Kreislaufführung) notwendiger Medien und Energie (z. B. Druckluft, Prozesswärme in Form von Dampf, Warm-/Kaltwasser). Dazu wird ebenfalls Energie in Form von Elektrizität, Gas oder Öl benötigt bzw. direkt aus regenerativen Energiequellen erzeugt (z. B. Solarenergie, Windenergie, Biomassekraftwerk). Studien zeigen, dass TGA in Industriebetrieben für ca. 35–40% des Energieverbrauchs verantwortlich sind (Rebhan, 2002).

Beide Teilsysteme sind nicht unabhängig voneinander zu betrachten; vielmehr hängen Produktion und TGA innerhalb des Gesamtsystems Fabrik stark voneinander ab. Wie in Abb. 6.70 aufgezeigt, ergibt sich ein System mit dynamischen Wechselwirkungen verschiedener interner und externer Variablen. Das technische Produktionssystem benötigt zur Durchführung wertschöpfender Prozesse abhängig von Produktionsplanung und -steuerung Energie oder Medien – diese müssen in ausreichendem Maße von der TGA bereitgestellt werden (können). Außerdem emittiert das Produktionssystem (Maschinen und Personal) ebenfalls abhängig von seinem aktuellen Betriebszustand z. B. Wärme und Abluft; unter Berücksichtigung von weiteren Einflussfaktoren wie dem lokalen Klima (z. B. Außentemperatur, Sonneneinstrahlung) besteht die Aufgabe der TGA in der Sicherstellung der notwendigen Produktionsbedingungen bezüglich Temperatur, Feuchtigkeit oder Reinheit. Die

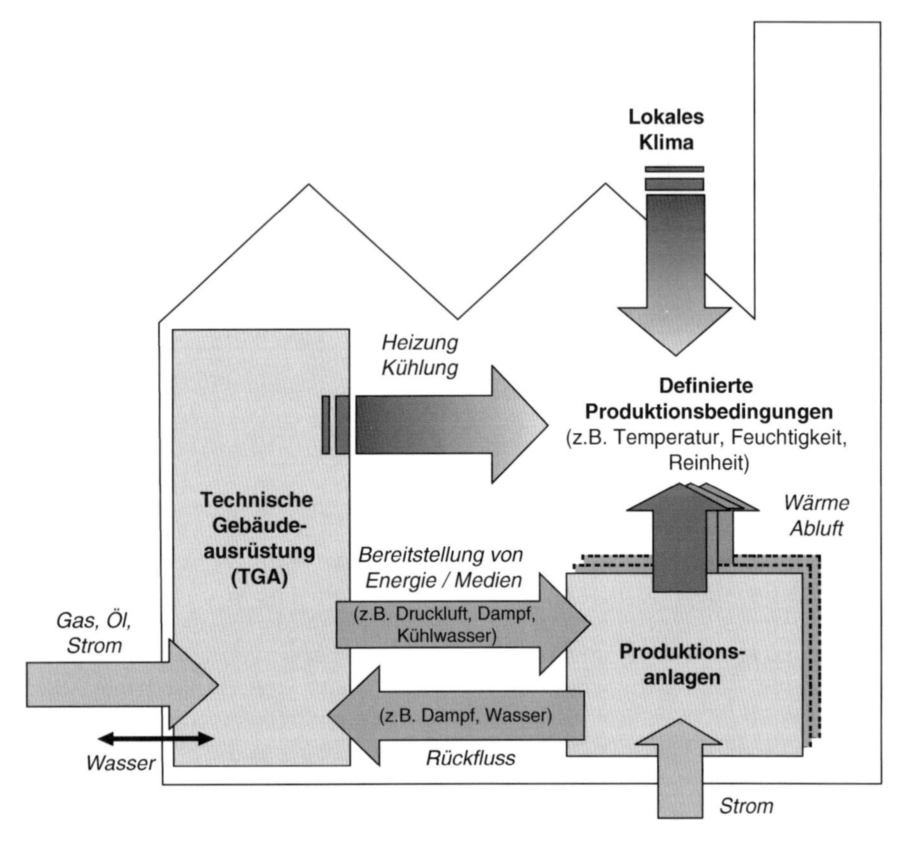

Abb. 6.70 Ganzheitliche Systemdefinition des Produktionsbetriebs (links) und Wechselwirkungen auf Gesamtsystemebene (Hesselbach et al., 2008, S. 625)

Produktion unter klimatisierten Rein(st)raumbedingungen ist hier als oberstes Ende der Anforderungen zu nennen; allerdings ist eine Klimatisierung in verschiedensten Produktionsbereichen üblich, um ideale Arbeitsbedingungen für maschinelle aber auch manuelle Prozesse sicherstellen zu können (Hesselbach et al., 2008). Ziel ist die nachhaltigkeitsorientierte Optimierung bezogen auf das gesamte System; aus obiger Systemdefinition ergeben hierfür sich folgende Anforderungen (Hesselbach et al., 2008; Herrmann und Thiede, 2009):

- **ganzheitliche Perspektive auf Prozesse und Fabrik:** interne Wechselwirkungen verlangen ein erweitertes Systemverständnis und damit explizit die Berücksichtigung aller relevanten Input- und Outputströme auf jeder Betrachtungsebene bzw. jedes Teilsystems zur Vermeidung von ggfs. nur lokal verbessernden Teillösungen und möglicher Problemverschiebung. Eine Bewertung der Energieeffizienz einer Fabrik als Ganzes muss daher z. B. alle von außerhalb des Systems zugeführte nicht-regenerativen Energieströme (z. B. Strom, Öl, Gas) und sowohl den Energiebrauch der Produktion als auch den der technischen Gebäudeausstattung berücksichtigen.

- **integrierte Berücksichtigung aller Nachhaltigkeitsdimensionen und korrekte Verrechnung:** wie dargestellt, ist durch die Systemdefinition auch die Bilanzgrenze für Bewertungen beschrieben. Für eine realistische, ganzheitliche und vergleichbare Umweltbewertung als Basis für Verbesserungen ist (wie z.B. in einer Ökobilanzierung vorgesehen) eine korrekte Verrechnung der verschiedenen Eingangs- und Ausgangsgrößen notwendig (z.B. Umweltauswirkung von Strom- bzw. Gasverbrauch). Ähnliches gilt auch für die wirtschaftliche Bewertung. Erst auf der hier definierten Systemebene ist eine realistische Bewertung von z.B. Energiekosten möglich, da dies auch die übliche Betrachtungsebene für z.B. Energierechnungen von Energieversorgern darstellt. Daher können auch erst auf dieser Ebene wesentliche Kostenfaktoren überhaupt berücksichtigt werden, da sie sich aus dem Zusammenwirken der Einzelsysteme ergeben. Als Beispiel seien hier der Leistungspreis und Leistungsüberschreitungspreis genannt, die fester Bestandteil vieler industrieller Stromverträge sind und zu Aufschlägen durch Lastspitzen führen. Gerade bei KMU mit verhältnismäßig geringem Stromverbrauch und oftmals reiner Fremdstromversorgung können diese Rechnungsposten einen beträchtlichen Anteil an der Gesamtstromrechnung ausmachen. Weiterhin verlangt eine nachhaltigkeitsorientierte Optimierung im nächsten Schritt durch mögliche Zielkonflikte natürlich auch eine geeignete Ausbalancierung der verschiedenen Zieldimensionen im Sinne einer integrierten Bewertungsmethodik (z.B. Ausbringung/Produktionszeit, Energiekosten, Energieverbrauch) (Herrmann und Thiede, 2008, 2009).
- **Berücksichtigung von Dynamik und Wechselwirkungen:** wie bereits dargestellt, hängen Produktion und technische Gebäudeausrüstung eng zusammen. Entsprechend muss für eine ganzheitliche Betrachtung explizit das Wechselspiel zwischen der Produktion inklusive aller technischer und organisatorischer Faktoren mit dem Fabrikgebäude und vor allem der technischen Gebäudeausrüstung (TGA) berücksichtigt werden (Hesselbach et al., 2008). Der zeitliche Aspekt, also die konkreten Betriebszustände und damit Energie- und Medienverbräuche oder Emissionen aller relevanten Anlagen über die Zeit, spielt dafür eine wichtige Rolle (z.B. notwendige Auslegung von technischen Anlagen, Prozessführung, Lastprofil als Grundlage für Bewertung).

Grundsätzlich sind auf Ebene des Fabriksystems alle Nachhaltigkeitsstrategien von Relevanz, also z.B. die Suffizienz- (z.B. Vermeidung von unnötiger Verschwendung in der Produktion; Beeinflussung des Verhaltens der Mitarbeiter) oder Konsistenzstrategie (z.B. Nutzung von regenerativen Energiequellen). Da Produktion per Definition den Einsatz von Energie und anderen Ressourcen benötigt und mögliche Restriktionen bzgl. der anderen Strategien aus wirtschaftlicher (z.B. Verzicht keine akzeptable Variante, hohe Investitionen für alternativen Technologien) und technischer Sicht (z.B. keine Alternative vorhanden) gegeben sind, spielt die Erreichung einer möglichst hohen Effizienz allerdings eine entscheidende Rolle. Bezogen auf die Steigerung der Energieeffizienz bedeutet dies z.B. die Optimierung des Verhältnisses aus Produktionsleistung und Energieverbrauch des Gesamtsystems und idealerweise zumindest eine teilweise Entkopplung von Produktionswachstum und Energieaufwand (Herrmann und Thiede, 2008, 2009).

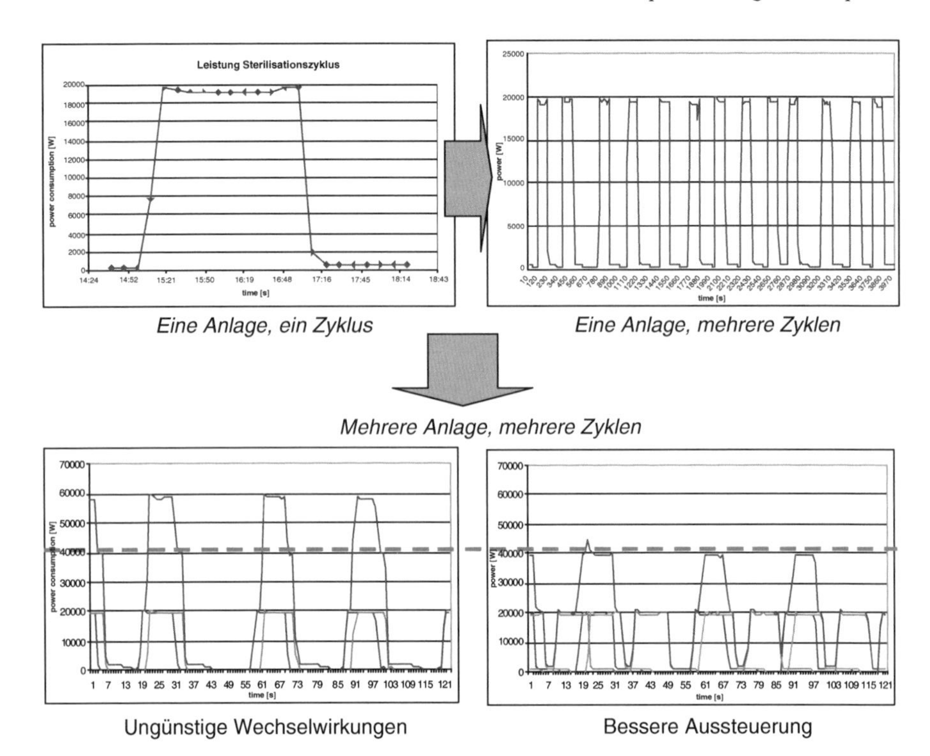

Abb. 6.71 Kumulierung und Beeinflussung von Verbrauchs-/Emissionsprofilen auf Fabrikebene

Ansätze zur Erhöhung der Energieeffizienz auf Maschinen- bzw. Prozessebene wurden bereits im vorherigen Abschnitt detaillierter dargestellt. Diese Maßnahmen sind natürlich grundlegend und von großer Wichtigkeit, allerdings im Gesamtzusammenhang einer Fabrik eher als notwendig und aber noch nicht hinreichend zu sehen. Wie erwähnt ist der Verbrauch von Energie und Medien von technischen Anlagen nicht konstant/statisch, sondern abhängig vom aktuellen Betriebszustand. Auf Fabrikebene führen diese individuellen Verbrauchs- bzw. Emissionsprofile kumuliert in Abhängigkeit von der Planung und Steuerung der Produktion (z. B. Produktionsprogrammplanung) bzw. technischen Abhängigkeiten (z. B. starre Verkettung der Anlagen) zu entsprechenden Profilen für das Gesamtsystem. Weitere Potenziale zur Erhöhung der Energieeffizienz erschließen sich hier daher durch technische und organisatorische Maßnahmen zur vorteilhaften Beeinflussung dieses Verbrauchs- bzw. Emissionsprofils auf Fabrikebene (siehe Abb. 6.71).

Ansatzpunkte von Maßnahmen zur Erhöhung der Energieeffizienz im Teilsystem Produktionssystem (als Verkettung von Einzelprozessen) sind vor diesem Hintergrund vor allem (vgl. Herrmann und Thiede, 2009):

- die **Vermeidung von Leerlauf:** wie gezeigt verbrauchen Produktionsanlagen auch ohne stattfindende Wertschöpfung erhebliche Mengen an Energie zur Aufrechterhaltung der Betriebsbereitschaft. Die tatsächlich wertschöpfende Zeit einer Anlage ist abhängig von den technischen (z. B. Verkettung der Anlagen, Prozesszeiten) und organisatorischen/planerischen Rahmenbedingungen im Produktionssystem und ist im Vergleich zur gesamten Betriebszeit (inkl. Pausen, Wartezeiten, Rüsten etc.) oftmals relativ kurz – daher ergeben sich in Summe über die Produktionszeit erhebliche Energieverluste (Devoldere et al., 2007). Neben direkt maschinenbezogenen Maßnahmen (Konstruktion/Steuerung) zur Reduktion von Standby-Verbräuchen liegen aus Sicht des Gesamtsystems wichtige Ansätze in der möglichst hohen wertschöpfenden Auslastung und/oder Abschaltung bei Nicht-Nutzung durch Maßnahmen im Bereich Produktionsplanung und -steuerung (z. B. Ausplanung der Prozesskette – Reihenfolgen, Losgrößen, klare Vorgaben zu Betriebszeiten einzelner Anlagen) aber auch Mitarbeiterführung (z. B. Abschalten von Maschinen in Pausenzeit oder Arbeitsende). Voraussetzungen und oftmals noch praktisches Hindernis sind hierbei effiziente Hochfahrprozesse der Anlagen, damit ein Ausschalten nicht zu ungewünschten Wartezeiten und Energieverlusten beim nächsten Anschalten führt.

- die **Vermeidung von Spitzenlasten** („Peaks"): durch ungünstige Kumulierung von Medien- und Energieverbräuchen kann es auf Ebene des Gesamtsystems zu ausgeprägten Lastspitzen kommen (Abb. 6.71). Im Fall von z. B. Strom führt dies über den Leistungsanteil in der Stromrechnung unmittelbar zu signifikanten Auswirkungen auf die tatsächlichen Energiekosten. Außerdem müssen kurze Spitzenlasten bzgl. Energie und Medien über eine entsprechend größere Dimensionierung der TGA (Vorhalten der Kapazität notwendig, gilt aber z. B. auch für den externen Stromversorger) abdeckbar sein, was zu höheren Investitionen/Energieverbrauch und weniger effizienten Arbeitsbereichen bei Normallast führt. Eine Beeinflussung des Lastprofils z. B. zur Glättung von Lastspitzen kann über technische (z. B. gegenseitiges Blockieren kritischer Prozesse) und organisatorische (z. B. PPS) Maßnahmen erfolgen und zu signifikanten positiven Effekten bezüglich ökonomischer und ökologischer Kriterien führen (Herrmann und Thiede, 2008).
- die **zeitliche oder örtliche Verschiebung der Prozesskette**: insbesondere für den Fall der klimatisierten Produktion ist es sinnvoll, die äußeren klimatischen Bedingungen bewusst einzuplanen, um die notwendige Energie zur Klimatisierung zu senken. Beispielsweise ist im Hochsommer eine Verschiebung intensiver Produktionsphasen in den Abend oder die Nacht aus energetischer Sicht zu bevorzugen. Vor diesem Hintergrund ist natürlich auch die Standortwahl der Produktionsstätte von entscheidender Bedeutung und hat im Fall der klimatisierten Produktion unmittelbare Auswirkungen auf den Energieverbrauch einer Fabrik (Hesselbach et al., 2005; Junge, 2007). Darüber hinaus hat eine zeitliche oder örtliche Verschiebung der Prozesskette generell auch einen sehr direkten Effekt auf die Energiekosten, da z. B. der Arbeitspreis für Strom nachts deutlich günstiger ist oder auch international signifikante Unterscheide im Preisniveau für Strom auszumachen sind. So lag der durchschnittliche Preis pro kWh Strom für Großverbraucher (50.000.000 kWh; maximale Abnahme: 10.000 kW; jährliche Inanspruchnahme: 5.000 Stunden) im Jahresmittel in Europa bei 6,66 €-Cent – mit großer Streubreite zwischen Ländern mit 10 €-Cent/kWh und mehr (Italien, Deutschland, Irland) bis hin zu Ländern mit 3–5,4 €-Cent/kWh (z. B. Estland,

Lettland, Bulgarien, Finnland, Norwegen) (Herrmann et al., 2009; basierend auf BMWi, 2008).

Für das Teilsystem TGA ergeben sich grundsätzlich folgende Handlungsfelder zur Erhöhung der Energieeffizienz (Rebhan, 2002):

- Vermeidung von Über- oder Unterdimensionierung, z. B. durch genauere Daten über die tatsächlichen Bedarfe der Produktion. Bisher erfolgt die Auslegung im Rahmen der Fabrikplanung nur auf Basis – oft unvollständiger oder ungeeigneter (z. B. aus Vorsichtsprinzip Angabe von theoretischen Höchstwerten) – Verbrauchswerte aus den technischen Dokumentationen der Produktionsanlagen.
- Vermeiden unnötiger Bedarfe (z. B. durch zu hohe Temperaturen oder mangelnde Auslastung)
- günstige Konstruktion und Konfiguration des Systems bzw. der Einzelkomponenten der TGA (z. B. Materialienauswahl, Konstruktion der Rohre)
- effiziente Steuerung/Prozesskontrolle (z. B. kontinuierlicher Betrieb, Nutzung optimaler Arbeitsbereiche)
- Vermeidung von Leckagen und mangelnder Isolierung (z. B. bei Druckluft oder Prozesswärme)
- Einsatz von Kraft-Wärme-Kopplung (gleichzeitige Erzeugung von Strom und Wärme) zur Erhöhung des Gesamtwirkungsgrades
- Wärmerückgewinnung in Verbundsystemen
- Nutzung regenerativer Energiequellen zur Strom- und/oder Wärmeerzeugung (z. B. Solarthermie)

Wie dargelegt ändert sich das Verbrauchs- und Emissionsverhalten der Produktionsfaktoren und damit auch die Anforderungen an die TGA abhängig vom konkreten Betriebszustand sehr dynamisch. Gerade innerhalb von Produktionsprozessketten mit vielen Einzelprozessen kann es hier zu unklaren und unerwünschten Wechselwirkungen kommen. Maßnahmen zur Erhöhung der Energieeffizienz bzw. Senkung des absoluten Energieverbrauchs hängen darüber hinaus natürlich unmittelbar mit anderen Bewertungsgrößen (Kosten, Zeit. Qualität) für ein Produktionssystem zusammen.

Beispielweise kann die gegenseitige Blockade bestimmter energieintensiver Fertigungsmaschinen zur Vermeidung von Lastspitzen zu unerwünschter Leerlaufzeit bei den betroffenen und nachfolgenden Maschinen und damit zu einer unerwünschten Verlängerung der Durchlaufzeit und energetischen Verlusten durch Standby-Verbrauch führen. Umgekehrt kann es allerdings je nach spezifischer Ausgestaltung des Stromvertrags auch gerade sinnvoll sein, gewisse Leerlaufzeiten zu akzeptieren (verbrauchsbezogener Arbeitspreis), um z. B. Lastspitzen und damit Zuschläge bei den Energiekosten (Leistungspreis/Leistungsüberschreitungspreis) zu vermeiden. Im Extremfall besteht hiernach also ein Zielkonflikt zwischen Energieverbrauch und Energiekosten. Als anderes Beispiel kann die zeitliche Verschiebung des Produktionsprogramms in die Nacht zwar aus Energieverbrauchs- und Energiekostensicht sinnvoll sein – in der betrieblichen Praxis sind hier allerdings mögliche Nachtzuschläge für z. B. Personal zu berücksichtigen, die mögliche Kostenvorteile durch Energieeinsparung wieder reduzieren.

Grundsätzlich ist eine nach klassischen Zielgrößen effizientere Gestaltung der Produktion, also im Idealfall die Ausbringung von mehr qualitativ einwandfreien Produkten mit gleichem Input in kürzerer Zeit, auch aus Sicht der Energieeffizienz positiv zu beurteilen – bei konstantem oder zumindest weniger als die Produktionsleistung steigendem absoluten Energieverbrauch. In diesem Zusammenhang sind auch die Wechselwirkungen zwischen Konzepten wie „Lean Production" bzw. Ganzheitlichen Produktionssystemen auf die ökologische Performance des Produktionssystems zu sehen (Herrmann et al., 2008a). Grundsätzlich führt die dort angestrebte Vermeidung etwaiger Art von Verschwendung z. B. Null-Fehler-Strategien oder eine effizientere Layout- oder Ablaufgestaltung auch zu einer besseren Produktionsleistung und damit ggfs. auch zu höherer Energieeffizienz (z. B. Vermeidung der energieintensiven Weiterverarbeitung von Fehlteilen – „Schrott veredeln", weniger Wartezeiten/Leerlauf, kürze Transportwege). Allerdings müssen aus energetischer Sicht hierbei mögliche Rebound-Effekte zumindest in Betracht gezogen werden – aus Gesamtproduktionssicht vorteilhafte Maßnahmen hinsichtlich Ausbringung, Qualität oder Zeit können einen höheren absoluten Energieverbrauch nach sich ziehen. Erwähnt seien hierbei z. B. mögliche zusätzlich notwendige Aufwendungen bei Transporten (höhere Transportfrequenz = mehr Transportvorgänge bei Just-in-Time/KANBAN-Konzepten) oder zur Qualitätssicherung (ggfs. mehr Prüfstationen) (Herrmann et al., 2007b, 2008a).

Die Ausführungen verdeutlichen die technischen und organisatorischen Einflussmöglichkeiten auf Ebene des Produktionssystems, aber auch die Komplexität und Dynamik der Problemstellung. Wie bereits weiter vorne definiert, besteht hier die Notwendigkeit einer geeigneten Methodik zur Beschreibung und darauf basierenden integrierten Gesamtbewertung zur Vermeidung von Problemverschiebungen und der Ableitung aus nachhaltigkeitsorientierter Gesamtsicht sinnvoller Maßnahmen. Es wird auch deutlich, dass Wechselwirkungen und zeitliche Abhängigkeiten nur durch den Einsatz von Simulationsansätzen auf realistischer Basis berücksichtigt werden können.

Kommerziell verfügbare und in der Industrie verbreitete Software zur Simulation von Produktionssystemen (wie Delmia von Dassault Systemes oder eM-Plant von Siemens/Tecnomatix) berücksichtigen bisher allerdings noch keine Energie- und Medienverbräuche. Während diese Materialflusssimulationen auf klassische Bewertungsgrößen wie Ausbringung, Durchlaufzeiten, Auslastung und Bestände fokussieren, existieren in der Forschung bereits erste Ansätze, zusätzlich aus energetischer Sicht relevante Variablen zu integrieren. Dies ermöglicht die Beurteilung des tatsächlichen Energieverbrauchs des Produktionssystems bzw. entsprechend die Bewertung der Auswirkungen verschiedener technischer und organisatorischer Maßnahmen (Herrmann und Thiede, 2008, 2009; Herrmann et al., 2008; Heilala et al., 2008). Junge schlägt neben einer um Energieverbräuche der Produktionsanlagen erweiterten Materialflusssimulation die zusätzliche Integration der Simulation des Fabrikgebäudes selbst vor, um für den Fall der klimatisierten Produktion die thermischen Belastung und damit die notwendige Energie zur Klimatisierung zu kalkulieren (Junge 2007, Hesselbach et al., 2005). Um die Komplexität der Fragestellung für den Fall der klimatisierten Produktion realistisch abbilden und damit erfolgversprechende Maßnahmen ableiten zu können, schlagen Hesselbach et al. auf dieser Basis eine Verbundsimulation mit der zusätzlichen Kopplung eines Ansatzes zur simulativen Berechnung der technischen Gebäudeausstattung (Bilanzierung von Wärme- und Kältebereitstellung) vor (Martin et al., 2008). Zusätzlich ist ein weiterer Simulationsansatz zur Abbildung des Produktionsmanagements (z. B. Produktionsprogrammplanung) integriert (Hesselbach et al., 2008). Die Verbundsimulation ermöglicht eine komplette Kalkulation des Energieverbrauchs des Regelsystems Fabrik entsprechend Abb. 6.72.

Explizit sollen hierbei in Abhängigkeit vom simulierten Produktionsgeschehen und der klimatischen Zustände im Gebäude selbst die dynamischen Anforderungen an die technische Gebäudeausrüstung (z. B. Bedarfe an Prozess- und Raumwärme bzw. Kälte, Druckluft) sowie deren Reaktion/Feedback (z. B. Abschaltung einer Produktionsanlage, weil notwendige Prozesswärme nicht bereitgestellt werden kann) berücksichtigt werden. Über ein separates Modul erfolgen dann die Zusammenführung von Einzelverbräuchen und die ganzheitliche Bewertung unter Berücksichtigung aller relevanten Energie- und Medienflüsse im Gesamtsystem. Dazu werden im Sinne einer integrierten Bewertung auch andere aus den Simulationen resultierende Zielgrößen wie Durchlaufzeiten, Auslastung oder Ausbringung zur Ableitung von vorteilhaften Maßnahmen hinzugezogen. Wesentliche Ansatzpunkte zur Verbesserung der Energieeffizienz hierüber werden neben einer gezielteren Aussteuerung der Produktion in der besseren Dimensionierbarkeit der TGA gesehen.

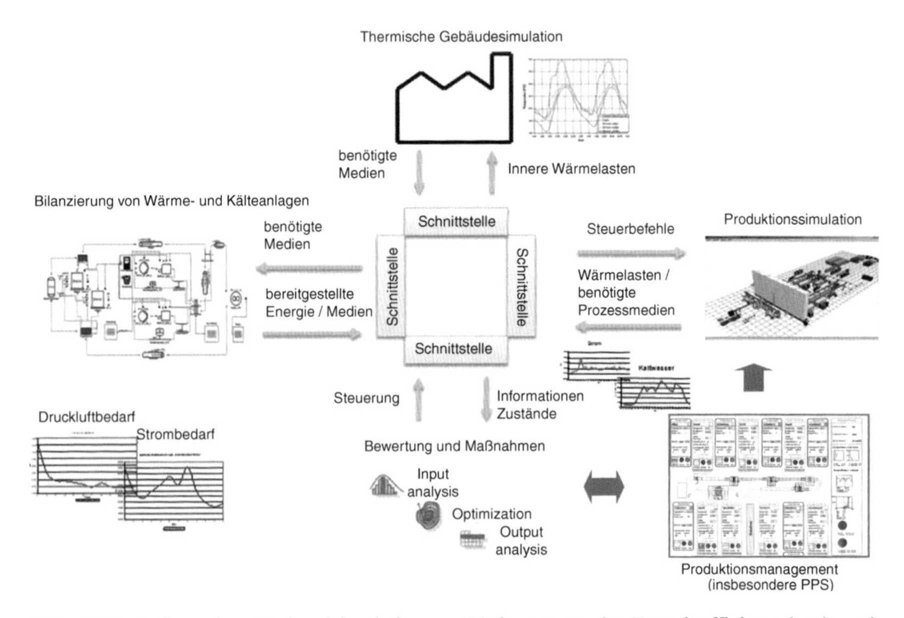

Abb. 6.72 Aufbau einer Verbundsimulation zur Verbesserung der Energieeffizienz durch optimierte Abstimmung von Produktion und TGA (in Anlehnung an Hesselbach et al., 2008; Martin et al., 2008)

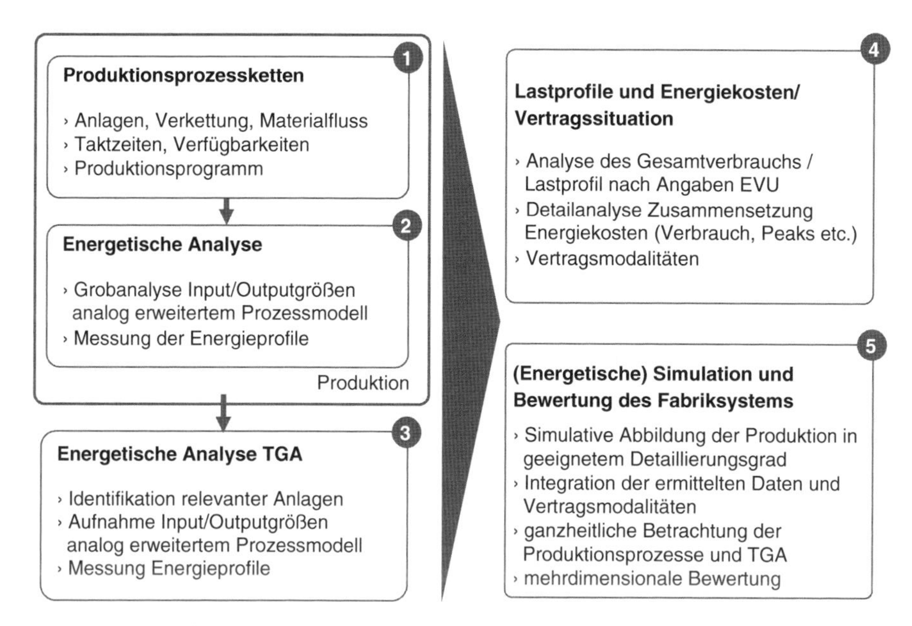

Abb. 6.73 Vorgehensmodell zur Verbesserung der Energieeffizienz in Fabriksystemen (vgl. Herrmann und Thiede, 2009)

Zur Erreichung des Ziels einer möglichst energieeffizienten Fabrik müssen wie gesehen zahlreiche Einflussfaktoren und Wechselwirkungen realistisch berücksichtigt werden, zumal es sich um eine zusätzliche Betrachtungsperspektive im Vergleich zu bisherigen Planungsansätzen für Produktionssysteme/Fabriken handelt. Herrmann und Thiede schlagen hierzu unter Berücksichtigung obiger Ausführungen ein fünf-phasiges Vorgehensmodell zur Verbesserung der Energieeffizienz auf Fabrikebene vor (Herrmann und Thiede, 2008, 2009):

1. **Analyse der Produktionsprozesskette:** als wesentliche Grundlage dient eine detaillierte Analyse der technischen und organisatorischen Ausgestaltung des Produktionssystems. Dies umfasst notwendigerweise sowohl Daten bezogen auf einzelne Maschinen (z. B. Taktzeiten, Verfügbarkeit), als auch Materialfluss (z. B. Verkettung, Layout, Logistik, Bestände, Wartezeiten) und Produktionsmanagement (z. B. Produktionsprogramm: Reihenfolgen, Losgrößen, Belegungsplanung, Personaleinsatz). Die entsprechenden Daten sind oftmals bereits im Rahmen anderer Analysen bzw. Verbesserungsmaßnahmen erhoben worden. Idealer Ausgangspunkt wäre z. B. eine vollständige Wertstromanalyse des Produktionssystems.
2. **Energetische Analyse der Produktionsanlagen:** auf Basis der Daten aus Schritt 1 erfolgt vor dem Hintergrund des integrierten Prozessmodells nun die qualitative und quantitative Erfassung aller Eingangs- und Ausgangsgrößen der identifizierten Produktionsanlagen (z. B. Strom, Druckluft, Kühlwasser, Dampf, Abgabe von Wärme). Die technische Dokumentation kann hierbei als Ausgangsbasis für einen ersten Überblick und Priorisierung dienen, allerdings sind dort

bisher oftmals unvollständige oder nur sehr grobe Verbrauchswerte (statische Angaben ohne Bezug zu Betriebszuständen; tatsächliche Werte weichen z. T. erheblich von Angaben ab) angegeben. Verbrauchsmessungen können mit erheblichem Aufwand zur Erfassung und Verarbeitung verbunden sein, daher ist die Bestimmung geeigneter Messstrategien auf Basis der energetischen Relevanz einzelner Maschinen ebenfalls ein entscheidender Punkt in dieser Phase (z. B. permanente/Einzelmessung, Messzeitraum, Abtastrate).

3. **Energetische Analyse der Technischen Gebäudeausrüstung (TGA):** analog dem Vorgehen in Schritt 1 und 2 für das Produktionssystem müssen auch für die TGA die beteiligten technischen Anlagen identifiziert und alle relevanten Verbräuche und Emissionen qualitativ und quantitativ bestimmt werden (z. B. Druckluftkompressoren, Klimaanlagen, Ventilatoren, Destillen zur Dampferzeugung). Ein Abgleich mit den aufgenommenen Eingangs- und Ausgangsgrößen aller Produktionsanlagen und den notwendigen Bedingungen in der Fabrik erlaubt den Rückschluss auf die Vollständigkeit der Betrachtung.

Die ersten drei Schritte fokussieren das aus energetischer Sicht relevante technische Equipment in der Fabrik. Auf dieser fundierten Basis können bereits sehr gut die Haupttreiber des Energieverbrauchs identifiziert und Maßnahmen zur Erhöhung der Energieeffizienz auf Prozess-/Maschinenebene abgeleitet werden. Die beiden letzten Phasen führen diese Daten auf Ebene des definierten Gesamtsystems Fabrik zusammen und eröffnen weitere Potenziale zur Reduzierung des Energieverbrauchs bzw. im speziellen auch der Energiekosten.

4. **Analyse von Gesamtlastprofilen und Energiekosten/Vertragssituation:** wie erwähnt setzen sich z. B. die Stromkosten im industriellen Bereich aus einer Vielzahl von Komponenten zusammen. Auch gibt es selten Standardverträge, meist handelt es sich um individuell ausgehandelte Vertragswerke mit spezifischen Kostensätzen für Verbräuche und Leistungsbereitstellung. Daher ist es in diesem Schritt wichtig, Verständnis über die tatsächliche Zusammensetzung und Ursache dieser Kosten zu erlangen. Neben der eigentlichen Rechnung ist auch das Lastprofil der gesamten Fabrik, also die elektrische Leistungsabnahme über die Zeit (auf dem die Stromrechnung letztendlich basiert), hierfür eine entscheidende Grundlage. Hierüber können charakteristische und relevante Merkmale des Gesamtverbrauchs und ggfs. schon auf dieser Basis erste Gegenmaßnahmen identifiziert werden (z. B. Standby-Verbrauch am Wochenende, wiederholtes Auftreten von Lastspitzen). Wichtig zu erwähnen ist, dass neben Strom natürlich auch der Verbrauch anderer Energieträger wie z. B. Öl und Gas in die Analyse mit einbezogen werden muss. Aufgrund der Lagerbarkeit und einfacherer Vertragsmodalitäten ist die Dynamik des Verbrauchs dabei allerdings von weniger entscheidender Bedeutung.
5. **(Energetische) Simulation des Fabriksystems und integrierte Bewertung:** die Dynamik und Wechselwirkungen auf Ebene des Produktionssystems bzw. der Gesamtfabrik können wie dargestellt nur mit simulativen Ansätzen realistisch berücksichtigt werden. Daher besteht in diesem Schritt die Aufgabe in der Modellierung/Abbildung der Fabrik auf Basis der in Schritt 1–3 ermittelten

Daten, um damit im Folgenden Szenarien zur Verbesserung der Energieeffizienz durchspielen und bewerten zu können. Der konkrete Simulationsansatz bzw. notwendige Detaillierungsgrad (z. B. Materialflusssimulation mit ergänzten Energieverbräuchen, komplexe Verbundsimulation unter Berücksichtigung der dynamischen Wechselwirkungen mit der TGA) ist abhängig von den speziellen Anforderungen und Zielsetzungen zu wählen. Wichtiger Aspekt ist in jedem Fall die Möglichkeit der integrierten Bewertung von Simulationsszenarien. Dazu sollten neben klassischen Ergebnisgrößen wie z. B. Produktions-/Durchlaufzeiten oder Auslastungen von Maschinen auch der Gesamtenergieverbrauch bzw. die Gesamtumweltwirkung (aus Ökobilanz) sowie eine realistische Abschätzung der Energiekosten anhand eines geeigneten Kostenmodells (auf Basis der Vertragsdaten aus Schritt 4) berücksichtigt werden können.

6.2.2.6 Nachhaltigkeitsorientierte Gestaltung Ganzheitlicher Produktionssysteme

Ein Ansatz zur Integration einer Nachhaltigkeits- und Lebenszyklusorientierung bei der Gestaltung von Ganzheitlichen Produktionssystemen (GPS) besteht in der Berücksichtigung nachhaltigkeits- und lebenszyklusorientierter Anforderungen bei der Definition der durch das Produktionssystem zu erfüllenden Funktionen. Um eine nachhaltige Entwicklung von Produktionssystemen zu realisieren, sind Anforderungen an bestimmte Strukturen und Lenkungsmechanismen innerhalb des Produktionssystems zu erfüllen, die es zur Aufrechterhaltung der Lebensfähigkeit und zur nachhaltigkeitsorientierten Anpassung und Lenkung befähigen. Diese Strukturen und Lenkungsmechanismen werden in allgemeiner Form durch das Modell lebensfähiger Systeme definiert. Das Modell lebensfähiger Systeme kann daher als modellhafter Bezugsrahmen für die Beschreibung erforderlicher Strukturen und Lenkungsmechanismen in Produktionssystemen herangezogen werden. Zu diesem Zweck ist eine Interpretation des Modells im Kontext Ganzheitlicher Produktionssysteme erforderlich. Damit wird das soziotechnische System Produktion als Strukturmodell lebensfähiger Systeme abgebildet und der Bezug zwischen den Funktionen im Produktionssystem und den kybernetischen Strukturen und Lenkungsmechanismen hergestellt (Abb. 6.74).

Auf Basis des Sturkturmodells Ganzheitlicher Produktionssysteme können funktionale Anforderungen im Sinne erforderlicher Kommunikations- und Lenkungsfunktionen abgeleitet werden, die das Produktionssystem durch eine geeignete Gestaltung erfüllen muss. Zu diesem Zweck kann die Methode Axiomatic Design verwendet werden, da sie es ermöglicht, funktionale Anforderungen und zugehörige Lösungsbausteine eines definierten Systems strukturiert darzustellen und herunterzubrechen (Suh, 1990). Mit der Unterscheidung zwischen funktionalen Anforderungen (kurz „FR", engl. functional requirement) und zugehöriger Lösungsbausteine (kurz „DP", engl. design parameter) kann das funktionale Design von Systemen beschrieben werden. Das Vorgehen der Methode Axiomatic Design orientiert sich an den Wünschen der Kunden bzw. eines übergeordneten Systems

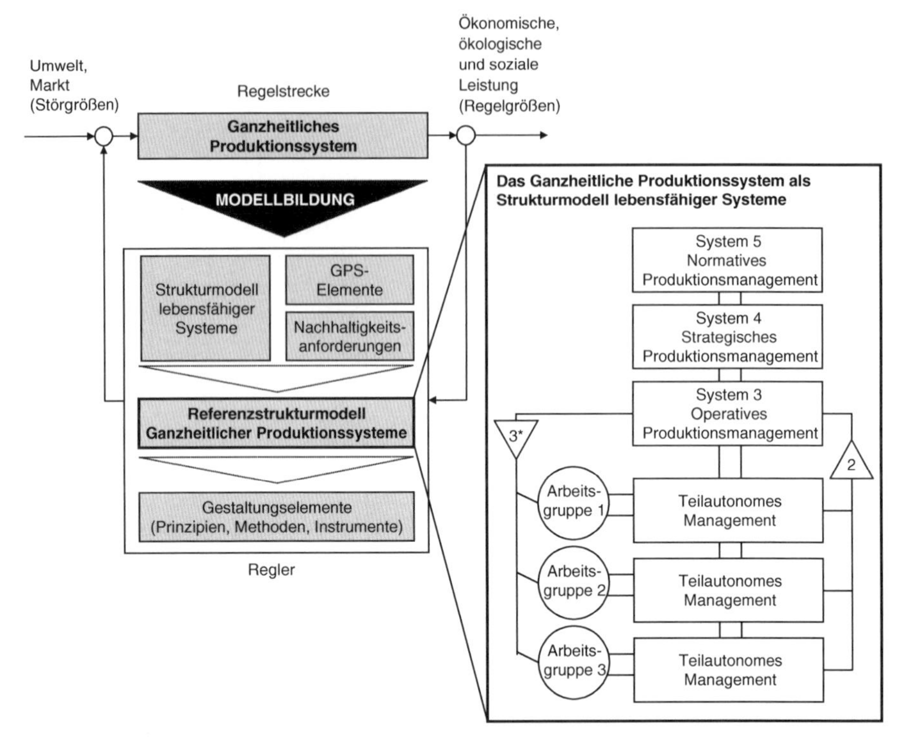

Abb. 6.74 Das Strukturmodell lebensfähiger Systeme als Bezugsrahmen zur nachhaltigkeitsorientierten Gestaltung Ganzheitlicher Produktionssysteme (Bergmann, 2009)

und der Ableitung von Anforderungen, Lösungen und Prozessen zur Erfüllung der Wünsche (Suh, 1990) (Abb. 6.75).

Ein wesentliches Ziel im Planungsprozess der Methode Axiomatic Design besteht in der Sicherstellung der Unabhängigkeit von Functional Requirements durch das sogenannte *Unabhängigkeitsaxiom* (Independence Axiom) (Suh, 1990). Das Unabhängigkeitsaxiom besagt, dass bei einer optimalen Lösung ein Design Parameter die eindeutig zugehörige funktionale Anforderung erfüllen muss, ohne dabei gleichzeitig andere FRs zu beeinflussen. Die beste Alternative ist dementsprechend

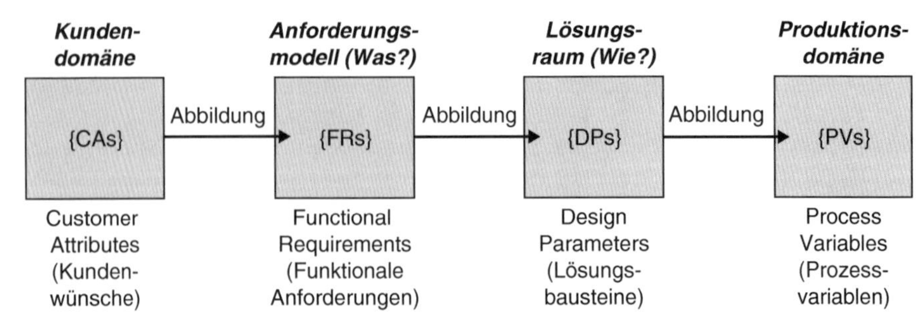

Abb. 6.75 Zusammenhang funktionaler Anforderungen und Gestaltungselemente (Suh, 1990)

diejenige, deren DPs vollkommen unabhängig alle FRs erfüllen. Die Vorgehensweise bei der Problemzerlegung wird durch das Unabhängigkeitsaxiom im Sinne eines top-down Planungsprozesses direkt unterstützt. Ausgehend von einer Gesamtperspektive zu tieferen Konkretisierungsstufen wird das zu planende System in Hierarchien im Anforderungs- und Lösungsraum strukturiert. Zur Unterstützung dieser Strukturierung entwickelte Suh die Vorgehensweise des Zigzaggings (Abb. 6.76).

Die Idee des Zigzagging besteht darin, dass ein Entwickler im „Zickzack" den Anforderungs- und Lösungsraum beim Zerlegen der Entwicklungsaufgabe durchläuft. Im Rahmen der Konkretisierung gibt es eine bestimmte Menge von FRs, die auch als „FR-Set" bezeichnet werden. Bevor ein FR weiter zerlegt werden darf, muss ein eindeutig zugehöriger DP formuliert werden. Ist das FR durch ein entsprechendes DP erfüllt, wird das FR in mehrere Sub-FRs bzw. in mehrere Teilanforderungen zerlegt. Diese hierarchische Zerlegung erfolgt solange, bis elementare FRs mit zugehörigen DPs gefunden sind. Das Zigzagging gibt damit eine zielorientierte Vorgehensweise vor.

Der Ansatz zur Darstellung von Beziehungen zwischen funktionalen Anforderungen und Lösungsbausteinen von Produktionssystemen auf Basis der Methode Axiomatic Design wurde am Production Systems Design Lab des Massachusetts Institute of Technology (MIT) aufgegriffen und die so genannte „Manufacturing System Design Decomposition" (MSDD) entwickelt (Cochran et al., 2001; Duda, 2000). Dabei stand als oberste Systemanforderungen die Maximierung der Umsatzrendite auf Basis des Lean Production Gedankens im Vordergrund.

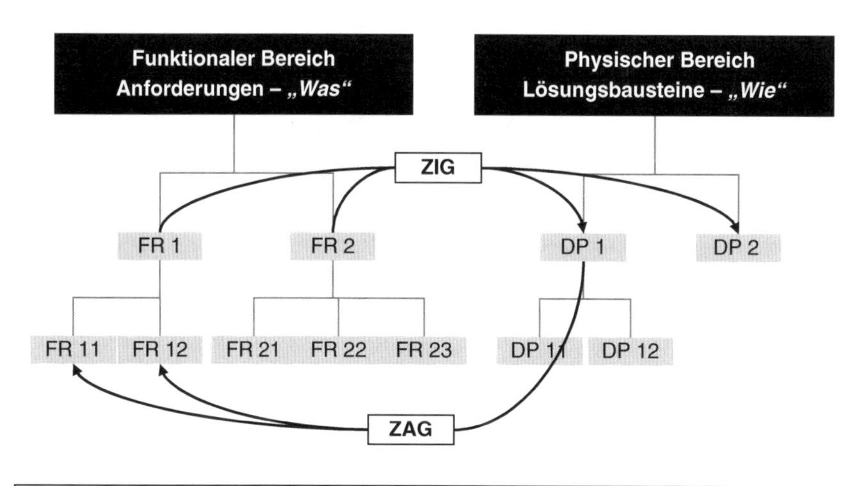

ZIG	ZAG
- Konzipieren - Anforderung und Lösungsbaustein abbilden - Unabhängigkeitsaxiom überprüfen	- Definieren der Anforderung für die nächste Ebene

Abb. 6.76 Problemzerlegung durch Zigzagging, nach (Suh, 1990)

Mit dem Ziel einer nachhaltigkeitsorientierten Gestaltung Ganzheitlicher Produktionssysteme rückt anstelle der Maximierung der Umsatzrendite jedoch das Ziel der Sicherung der Lebensfähigkeit und der nachhaltigen Entwicklung in den Mittelpunkt. Unter Berücksichtigung einer kybernetisch-systemorientierten Perspektive und der Strukturen und Prinzipien des Strukturmodells Ganzheitlicher Produktionssysteme ist somit die Sicherung der Lebensfähigkeit des Produktionssystems als oberstes Systemziel zu definieren.

Auf Basis des Referenzstrukturmodells Ganzheitlicher Produktionssysteme werden mit Hilfe der Methode Axiomatic Design funktionale Anforderungen an die Gestaltung von System systematisch in Teilanforderungen dekomponiert und erforderliche Lösungsbausteine zur Erfüllung dieser Anforderungen ermittelt und zugeordnet. Ausgehend von der obersten funktionalen Anforderung, die den Hauptzweck des Systems darstellt, werden durch einen systematischen Prozess Teilanforderungen und Teillösungen abgeleitet. Als Ergebnis dieses Prozesses entsteht eine System-Dekomposition mit formulierten funktionalen Anforderungen und zugehörigen Lösungsbausteinen (vgl. Abb. 6.77).

Die Beschreibung funktionaler Anforderungen und zugehöriger Lösungsbausteine der Dekomposition kann darüber hinaus zur Bewertung der Situation existierender Produktionssysteme und als Schnittstelle zur Abbildung von Strategiedimension und betrieblichen Gestaltungselementen herangezogen werden (Duda, 2000; Herrmann et al., 2008b).

Durch die Verwendung der formulierten funktionalen Anforderungen ist eine Erfassung und Beschreibung der Ist-Situation eines Produktionssystems möglich. Dazu wird auf Basis der FRs ein Bewertungsmodell mit Messgrößen zur Unterstützung der Bewertung der FR-Erfüllungsgrade, eine Bewertungsskala und eine Vorgehensweise zur Bewertung der Situation auf Basis der Dekomposition abgeleitet.

Weiterhin wird der Wirkzusammenhang zwischen der Erfüllung funktionaler Anforderungen und dem damit entstehenden Beitrag zur Realisierung wettbewerbsstrategischer (Kosten, Qualität, Zuverlässigkeit, Durchlaufzeit, Stückzahlflexibilität und Innovationsfähigkeit) und nachhaltigkeitsorientierter (Effizienz, Suffizienz, Konsistenz) Zieldimensionen beschrieben. Die Grundlage dieser Überlegung ist, dass die Erfüllung spezifischer funktionaler Anforderungen sich in unterschiedlichem Maße auf die Umsetzbarkeit verschiedener Zieldimensionen des Produktionssystems auswirkt. Die Erfüllung spezifischer funktionaler Anforderungen ist damit die Voraussetzung für die Umsetzung von Zielen in ökonomischen, ökologischen und sozialen Dimensionen (Herrmann et al., 2008b).

Schließlich wird der Zusammenhang zwischen betrieblichen Gestaltungselementen und ihres Beitrags zur Implementierung der Lösungsbausteine und damit zur Erfüllung der funktionalen Anforderungen beschrieben. Während die Erfüllung funktionaler Anforderungen einen spezifischen Einfluss auf die Erreichung bestimmter strategischer und nachhaltigkeitsorientierter Zieldimensionen hat, beeinflusst die Umsetzung von Gestaltungselementen die Implementierung der Lösungsbausteine (DPs) und damit die Erfüllung der definierten funktionalen Anforderungen. Unterschiedliche Gestaltungselemente können somit die Erfüllung bestimmter funktionaler Anforderungen fördern oder hemmen.

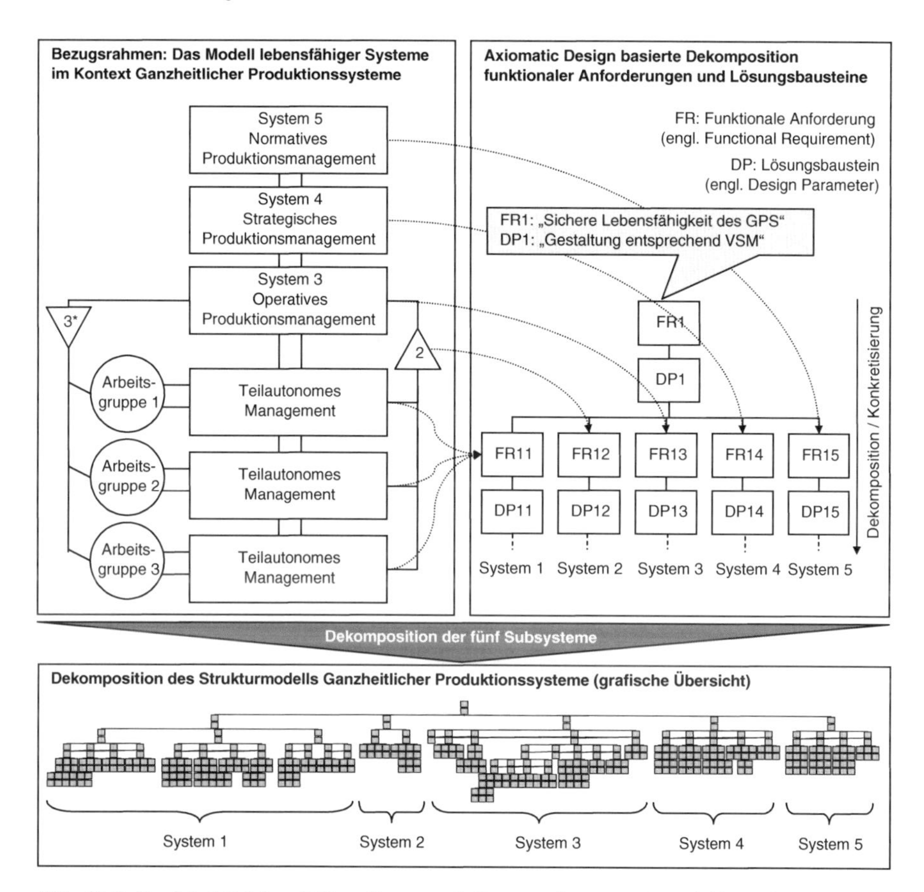

Abb. 6.77 Das Modell lebensfähiger Systeme als Bezugsrahmen zur Entwicklung der Dekompositionsmatrix des Strukturmodells Ganzheitlicher Produktionssysteme (Bergmann, 2009)

Die qualitative Intensität der Wirkzusammenhänge zwischen FRs und ihres Beitrags zur Realisierung bestimmter Zieldimensionen auf der einen Seite und der Wirkzusammenhänge zwischen betrieblichen Gestaltungselementen und ihres fördernden oder hemmenden Beitrags zur Umsetzung der Lösungsbausteine auf der anderen Seite wird durch eine Datenerweiterung der Dekomposition definiert (vgl. Abb. 6.78).

Auf der Grundlage des Datenmodells können durch einen Anwendungszyklus Gestaltungselemente auf der Basis einer Situationsbewertung und der Erfassung verfolgter strategischer und nachhaltigkeitsorientierter Ziele identifiziert und bewertet werden (vgl. Bergmann, 2009). Mit Hilfe der Bewertung der Erfüllung der FRs wird das bestehende Verbesserungspotenzial ermittelt. Durch die Vorgabe und Gewichtung verschiedener Zieldimensionen werden diejenigen FRs ermittelt, die für die Umsetzung der Ziele von höchster Priorität sind. Somit können in Abhängigkeit vorgegebener strategischer und nachhaltigkeitsorientierter Zielvorgaben geeignete Gestaltungselemente zur Gestaltung bzw. Verbesserung von Produktionssystemen eingeleitet werden (Herrmann et al., 2007b, 2008b).

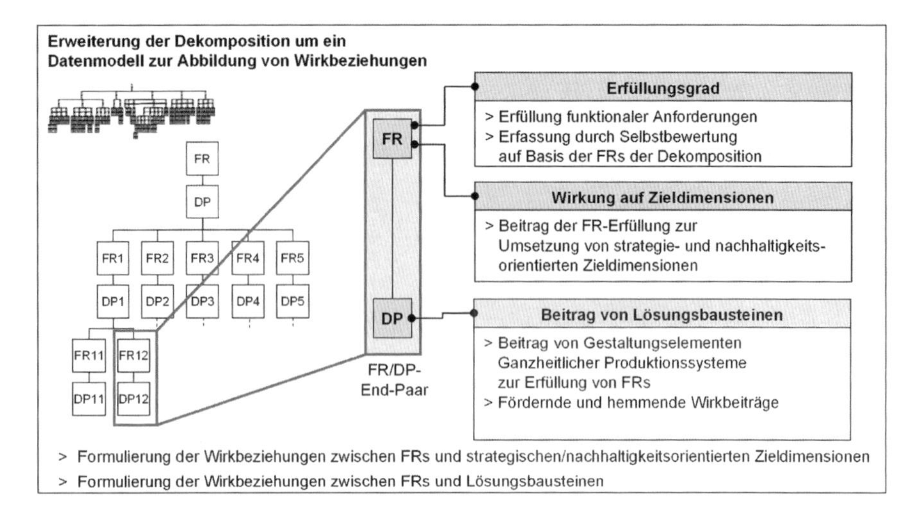

Abb. 6.78 Erweiterung der Dekomposition um ein Datenmodell zur Abbildung von Wirkbeziehungen (Bergmann, 2009)

Die Ergebnisse der Situationsbewertung und der erfassten Zieldimensionen können mit Hilfe des Datenmodells verarbeitet und grafisch in Form eines Portfolios aufbereitet werden. Das Abb. 6.79 zeigt das beispielhafte Ergebnis der Auswertung. Die Position der Gestaltungselemente auf der x-Achse repräsentieren dabei die nachhaltigkeitsorientierte Priorität, die Lage auf der y-Achse die strategische Priorität. Der Durchmesser symbolisiert das Ausmaß des bestehenden Verbesserungspotenzials. Im dargestellten Beispiel kommen dem Andon-Board und dem Qualitätszirkel besonders hohe strategische Prioritäten zu. Dies ist auf die hohe Gewichtung der Strategiedimension Qualität und Zuverlässigkeit im betrachteten Beispiel zurückzuführen. Dagegen werden im betrachteten Beispiel ein PPS/EPR-System und die statistische Prozesskontrolle als Gestaltungselemente zur Umsetzung der nachhaltigkeitsorientierten Ziele Effizienz und Suffizienz benötigt.

6.2.2.7 Zusammenfassung Produktionsmanagement

Tabelle 6.5 zeigt die Einordnung des Produktionsmanagement in das Modell lebensfähiger Systeme mit möglichen Institutionen im Unternehmen, beispielhaften Aufgaben innerhalb der Disziplin und Integrationsaufgaben zu den weiteren phasenbezogenen Disziplinen.

Folgende Fragen können zur Ausgestaltung bzw. Analyse herangezogen werden (vgl. Kap. 4.3.3):

- **System 1:** Was sind die Ein- und Ausgangsgrößen zu den anderen Systemen 1 (Produktmanagement, After-Sales-Management und End-of-Life Management)? Wie sind die Beziehungen (z. B. kooperativ oder kompetitiv)? Was sind die Cha-

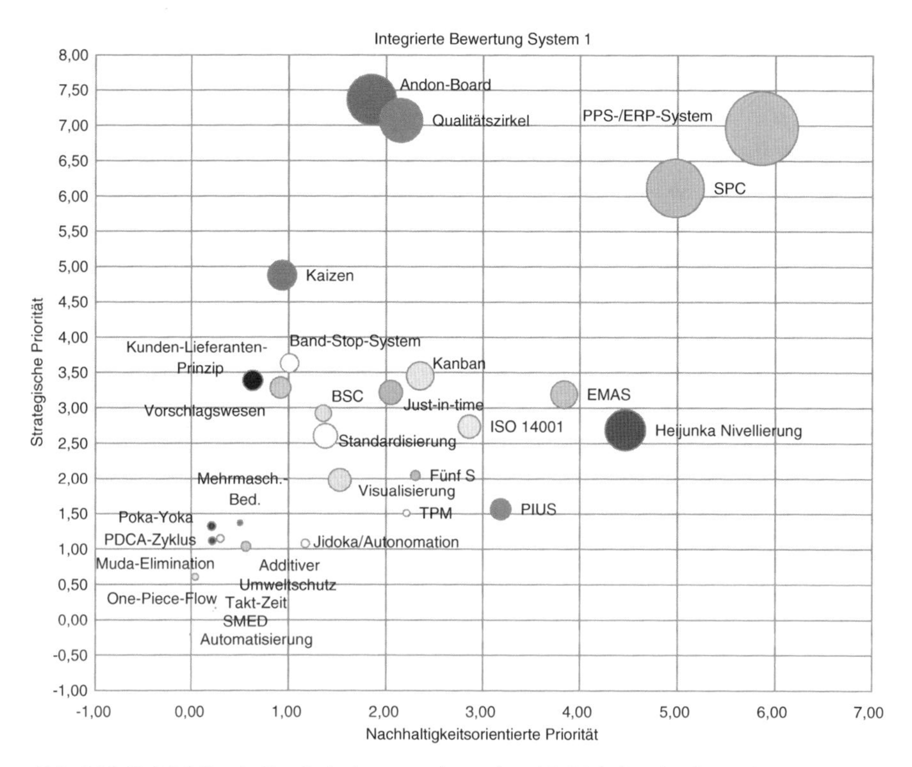

Abb. 6.79 Beipiel für ein Ergebnis der strategie- und nachhaltigkeitsorientierten Bewertung von Gestaltungselementen (Bergmann, 2009)

rakteristika der Beschaffungs- und Absatzmärkte (z. B. hohe Rohstoffpreise, wenige Zulieferer, gobale Absatzmärkte)?

- **System 2:** Wie kann die Koordination zwischen der Produktion von Ersatzteilen für das Servicegeschäft und den tatsächlichen Ersatzteilbedarfen verbessert werden? Wie werden signifikante Produktänderungen im Hinblick auf Auswirkungen auf die Teilefertigung und Montage erkannt? Werden Verantwortliche bzw. Anforderungen aus Produktion in die Produktentwicklung eingebunden bzw. in dieser berücksichtigt?
- **System 3:** Welche Informationen beispielsweise zu Qualität, Kosten, Energie- und Ressourceneffizienz in der Produktion werden an das operative Produktionsmanagement gemeldet? Beruhen die Geschäftsprozesse auf einheitlichen Standards bzw. Prinzipien? Gibt es ein Ganzheitliches Produktionssystem? Sind neben den Prinzipien einer „schlanken Produktion" auch nachhaltigkeitsorientierte Anforderungen berücksichtigt?
- **System 4:** Wie werden Informationen zu innovativen Produktionstechnologien oder neuen Organisationsformen beschafft und in der Produktionsstrategie berücksichtigt? Wie erfolgt die Abstimmung mit der Produkt- und Servicestrategie sowie der End-of-Life Strategie?

Tab. 6.5 Einordnung der phasenbezogenen Disziplin Produktionsmanagement in das Modell lebensfähiger Systeme

Phasenbezogene Disziplin: Produktionsanagement					
VSM System	Institution im Unternehmen (Beispiele)	Aufgaben im Produktionsmanagement (Beispiele)	Integrationsaufgaben zu übrigen phasenbezogenen Disziplinen (Beispiele)		
			Produktmanagement	After-Sales Management	End-of-Life Management
1	Produktionsbereich	Herstellung von Produkten; Lenkung der Produktionsaufträge	Abstimmung bei Mängeln einer fertigungs- und montagegerechten Produktgestaltung	Produktion von Ersatzteilen; Abstimmung von Ersatzteilbedarfen	Abstimmung mit dem Angebot aufgearbeiteter Bauteile
2		Koordination der Tätigkeiten in der Produktion	Ermittlung signifikanter Abweichungen zwischen geplanter und realisierter Produktqualität	Ermittlung signifikanter Abweichungen bei der Ersatzteilverfügbarkeit; Berücksichtigung servicerelevanter Produktionsqualitätsmängel	Ermittlung signifikanter Abweichungen der Qualität aufgearbeiteter Bauteile für die Produktion von Neu-Produkten
3	Operatives Produktionsmanagement	Optimaler Einsatz des Produktionssystems und Lenkung der maßgeblichen Produktionsaktivitäten	Einbringung der Erfahrungen aus der Produktion in Cross-Functional Teams	Abstimmung von Qualitätmängeln, Koordination der Produktion von Neu-Produkten und der Produktion von Ersatzteilen	Abstimmung von Qualitätsmängeln, Koordination mit der Bereitstellung aufgearbeiteter Bauteile für die Produktion von Neu-Produkten; Abstimmung Materialqualitäten und -mengen aus dem Recycling

Tab. 6.5 (Fortsetzung)

Phasenbezogene Disziplin: Produktionsanagement					
VSM System	Institution im Unternehmen (Beispiele)	Aufgaben im Produktionsmanagement (Beispiele)	Integrationsaufgaben zu übrigen phasenbezogenen Disziplinen (Beispiele)		
			Produktmanagement	After-Sales Management	End-of-Life Management
4	Strategisches Produktionsmanagement	Entwicklung ganzheitlicher Produktionssysteme; Einbindung neuer Produktionstechnologien/-konzepte	Berücksichtigung zukünftiger Produkte; Koordination mit geplanten Produktionstechnologien/-konzepten	Prüfung zukünftiger Serviceangebote auf ihre Auswirkungen auf die Produktion	Einbindung der geplanten Rücklaufmenge und -materialien in die Beschaffungsplanung (z.B. Sicherstellung der Rohstoffverfügbarkeit)
5	Normatives Produktionsmanagement	„Sustainable Manufacturing“ als Bestandteil der Unternehmenspolitik	Abstimmung mit der Unternehmenspolitik: z.B. „Life Cycle Designed Products“	Abstimmung mit der Unternehmenspolitik: z.B. „Nachhaltigkeitsorientierte Produkt-Service-Systeme“	Abstimmung mit der Unternehmenspolitik: z.B. „Recycling Society“

- **System 5:** Wie wird das Leitbild einer Nachhaltigen Entwicklung im Hinblick auf die Produktion in den Unternehmenswerten und der Unternehmenskultur verankert (z. B. Vision „Nachhaltige Produktion", „Zero Waste", „Zero Emission")?

6.3 After-Sales Management

Die Nutzungsphase technischer Produkte bzw. der Marktzyklus der Produktobjekte folgt der Phase der Produktentstehung respektive dem Entstehungszyklus. Dabei ist die Nutzungsdauer, insbesondere bei Investitionsgütern oftmals um ein Vielfaches länger als die Dauer der Produktstehung und der nachfolgenden Entsorgung. Dies führt zu einem zunehmenden Bedarf an Dienstleitungen wie Beratung, Wartung und Reparatur. Diese Leistungen werden als so genannter After-Sales Service angeboten und sind zunehmend bedeutendes Mittel für Hersteller zur Kundenbindung (Graf, 2005, S. 2). Im Fokus stehen vor allem Leistungsbündel, d. h. Kombinationen aus einem physischen Produkt und einer Dienstleistung. Im Sinne eines Ganzheitlichen Life Cycle Managements stellt das After-Sales Management eine phasenbezogene Disziplin dar (Abb. 6.80).

Ausgehend von einem funktionalen Managementverständnis umfasst ein als ganzheitlich verstandenes After-Sales Management die detaillierte Planung, Kontrolle und Organisation aller mit den After-Sales Service verbundenen Tätigkeiten eines Unternehmens unter Einbeziehung des gesamten Lebenszyklus (Zollikofer-Schwarz, 1999; Baumach, 2004).

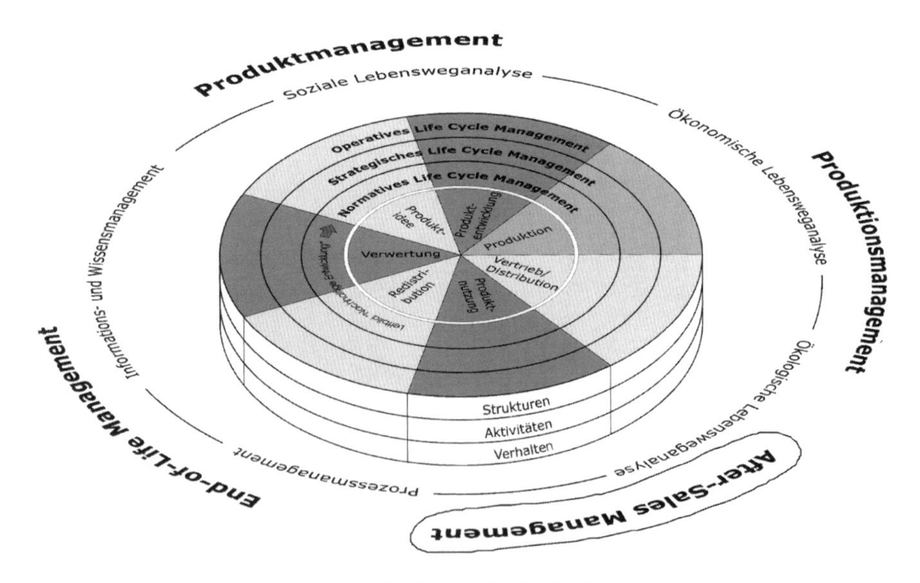

Abb. 6.80 Bezugsrahmen für ein Ganzheitliches Life Cycle Management

6.3.1 Grundlagen des After Sales Management

Markentreue bzw. langfristige Geschäftsbeziehungen zum Kunden kommt eine hohe Bedeutung zu. Doch im zunehmenden Maße ist eine Differenzierung im Wettbewerb nicht oder nur noch eingeschränkt über das physische Produkt allein bzw. über das dort zur Funktionserfüllung eingesetzte technologische Wissen realisierbar. Dies gilt sowohl im Bereich der technischen Konsumprodukte als auch im Investitionsgütergeschäft. Kundenorientierung in der Nutzungs- bzw. Marktphase eines Produktes bedeutet, Problemlösungen im Sinne des Kundennutzens zu realisieren und dem Kunden wahrnehmbare und unverwechselbare Leistungsvorteile zu bieten (Hesselbach und Graf, 2003). Die Bindung der Kunden kann dabei auf psychologischen, emotionalen oder auf faktischen Gründen basieren. Während psychologischen und emotionalen Gründen im Konsumgüterbereich eine höhere Bedeutung zukommt, dominieren im Investitionsgütergeschäft faktische Gründe, die sich auf Wechsel- bzw. Opportunitätskosten zurückführen lassen. Abbildung 6.81 zeigt die wesentlichen Inhalten eines Leistungsbündels aus physischem Produkt (Produktqualität) und Dienstleistungen (Prozess-, Beratungs- und Servicequalität) sowie die Bedeutung der Kundeninteraktion als Teil des *Kundennutzen* (Hinterhuber und Matzler, 2002, S. 8 ff.).

Als *industrielle Dienstleistungen* werden Leistungen zwischen Unternehmen klassifiziert. Sie dienen der Förderung des Absatzes von Sachgütern und können in Primär- und Sekundärdienstleistungen unterteilt werden (Abb. 6.82). Während Primärdienstlistungen unabhängig von einem Produkt vergütet werden, sind industrielle *Sekundärdienstleistungen* an ein Produkt gebunden und im Kaufpreis kalkuliert (Leistungsbündel).

Sekundärdienstleistungen können weiter untergliedert werden in obligatorische und freiwillige Sekundärdienstleistungen. Obligatorische Dienstleistungen sind

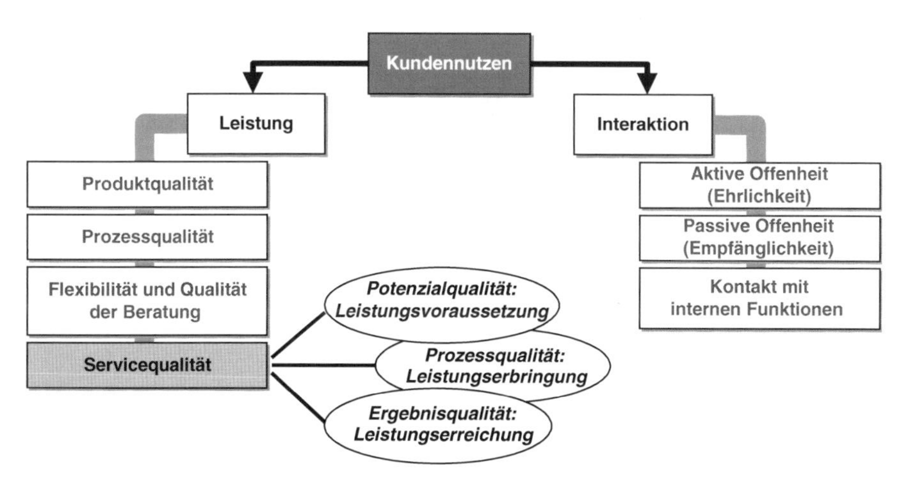

Abb. 6.81 Serviceleistungen und Kundennutzen (Hesselbach und Graf, 2003, S. 507; in Anlehnung an Hinterhuber und Matzler, 2002)

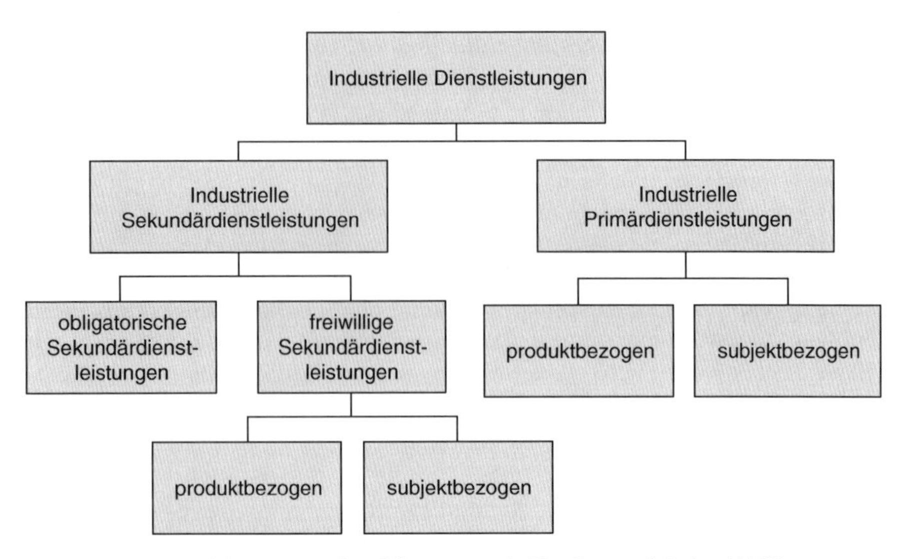

Abb. 6.82 Systematisierung von Dienstleistungen nach (Homburg und Grabe, 1996b)

beispielsweise rechtliche vorgeschriebene Garantien und Gewährleistungen und bieten keine oder nur geringe Möglichkeiten zur Differenzierung im Wettbewerb. Freiwillige Sekundärdienstleistungen (z.B. Inbetriebnahme einer Maschine oder Anlage) ermöglichen dagegen komparative Wettbewerbsvorteile und können in produktbezogene und subjektbezogene Dienstleitungen weiter differenziert werden (Homburg und Garbe, 1996b; Kotler und Bliemel, 1999; Luczak, 1999; Corsten, 1997). Unter produktbezogenen, freiwilligen Sekundärdienstleistungen wird beispielsweise die Reparatur einer Maschine oder Anlage verstanden. Ein Beispiel für eine subjektbezogene Dienstleistung ist die Schulung von Maschinen- bzw. Anlagenbedienern (Mateika, 2003, S. 20).

Häufig synonym verwendete Begriffe für Dienstleistungen in der After-Sales Phase sind Kundendienst, technischer Service oder After-Sales Service. Ziel ist die Gewährleistung der zugesagten Verfügbarkeit bzw. einer problembehebenden oder -vorbeugenden Nutzensteigerung für den Kunden. Baumbach definiert After-Sales Service als Leistungen, die den Gebrauchsnutzen sicherstellen, wiederherstellen oder erhöhen (Baumbach, 1998). Die Nachgebrauchsphase (Entsorgungsphase) wird von Baumbach nicht berücksichtigt (Graf, 2003, S. 19). Die Art und der Umfang der angebotenen Dienstleistungen im After-Sales Bereich können nach Branche und Position in der Wertschöpfungskette sehr unterschiedlich sein. Mit steigender Komplexität und Lebensdauer der Sachgüter nehmen diese jedoch zu. Ausgehend von einem physischen Produkt differenziert Baumbach ein dreistufiges Leistungssystem (Abb. 6.83).

Die Kernleistung bildet das primäre Sachgut. Je höher die Leistungsstufe ist, desto kundenspezifischer ist die angebotene Leistung. Den drei Leistungsstufen sind unterschiedliche Typen von Kunden und Anbietern zugeordnet (Graf, 2003, S. 20 ff.):

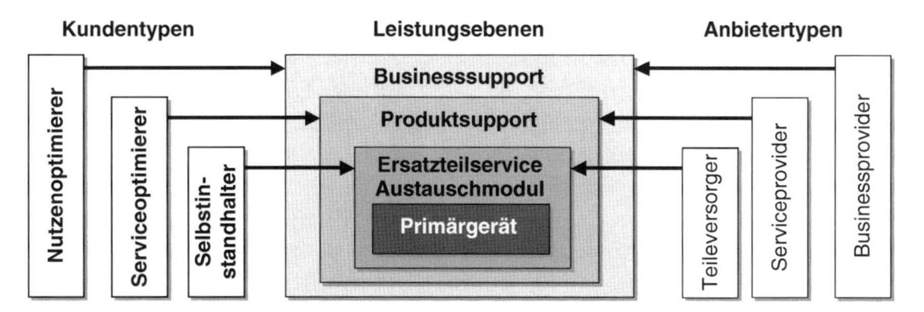

Abb. 6.83 After-Sales Leistungen (Baumbach, 1998)

- *Ersatzteil- und Austauschmodulservice:* „Sie stellen die Basis für die weiteren Service- und Supportleistungen dar und beinhalten die Versorgung des Kunden mit den notwendigen Ersatzteilen. Dabei spielen die Faktoren Qualität und hohe Verfügbarkeit, verbunden mit kurzen Lieferzeiten, eine entscheidende Rolle. Beim Austauschmodulservice werden defekte Teile oder Baugruppen (Module) im Austauschverfahren zurückgenommen. Damit ist eine schnellere Verfügbarkeit der Sachleistung gewährleistet. Eine aufwendige Reparatur vor Ort beim Kunden wird vermieden. Dieser Service ist vornehmlich für Selbstinstandhalter, die ihre Geräte selbst reparieren und warten und keine weiteren Leistungen beziehen".
- *Produktsupport:* „Die Leistungen umfassen zusätzlich Instandhaltungsleistungen, die in verschieden abgestuften Verträgen angeboten werden. Der Kunde profitiert dabei durch planbare Kosten, Sicherheit, Übertragung der Produkthaftung und Werterhaltung seiner Investition und wird als Serviceoptimierer klassifiziert".
- *Businesssupport:* „Die höchste Dienstleistungsebene für Primärprodukthersteller stellen zusätzlich Beratungs-, Finanzierungs- und Entsorgungsleistungen zur Verfügung. Mit eingeschlossen sind produktbezogene Dienstleistungen. Der Kunde ist als Nutzenoptimierer bereit, weitgehend alle für den Betrieb eines Gerätes nötigen Supportleistungen von außen zu beziehen und hierbei weit reichende Kontroll- und Verantwortungsfunktionen abzugeben".

Jede Leistungsstufe umfasst jeweils die Inhalte der darunter liegenden Leistungsstufe(n). Die Eigenschaften des physischen Sachguts als Kernleistung bestimmen maßgeblich die Gestaltung der einzelnen Stufen. So werden durch den Produktaufbau beispielsweise die Reparaturfähigkeit und die resultierenden Kosten wesentlich vorbestimmt (vgl. Kap. 6.1.3). Für das After-Sales Management sind darüber hinaus die Gestaltung der Strukturen und Prozesse von Bedeutung. Ziel ist eine zeitlich, mengenmäßige und räumliche Koordination der Ersatzteile, des technischen Personals und der notwendigen Serviceeinrichtungen (Ihde et al., 1999; Baumbach, 1998; Zollikofer-Schwarz, 1999; Graf, 2003). Herausforderungen ergeben sich zum einen aus der Vielfalt der Produktvarianten, langen Garantie- und Gewährleistungs- bzw. Servicezeiträumen und zum anderen aus den Forderungen der Kunden nach kurzer Reaktionszeit und hoher Lieferflexibilität (Graf, 2003).

6.3.1.1 Betriebsverhalten technischer Systeme

Das Sachgut bildet den Kern für die darauf aufbauenden Dienstleistungen und Maßnahmen zur Steigerung der Verfügbarkeit bzw. allgemeiner des Nutzens. Wie bereits dargestellt versagen technische Systeme im Laufe ihrer Nutzungsdauer. Dabei sind drei wesentliche Phasen bzw. Ursachen für Ausfälle zu unterscheiden, die in der so genannten Badewannenkurve als Kurve der Ausfallrate λ über die Zeit dargestellt werden können (Abb. 6.84).

Die Ausfallrate λ ist das „Risiko eines Teiles auszufallen, unter der Voraussetzung, dass es bereits bis zu diesem Zeitpunkt t überlebt hat" (Bertsche und Lechner, 2004):

- Sinkende Ausfallrate: Frühausfälle (z. B. durch Fehler in der Konstruktion oder der Fertigung)
- Konstante Ausfallrate: Zufallsausfälle (z. B. Bedienungsfehler, Schmutzeinwirkung)
- Steigende Ausfallrate: Verschleiß- und Ermüdungsausfälle (z. B. Alterung, Dauerbruch)

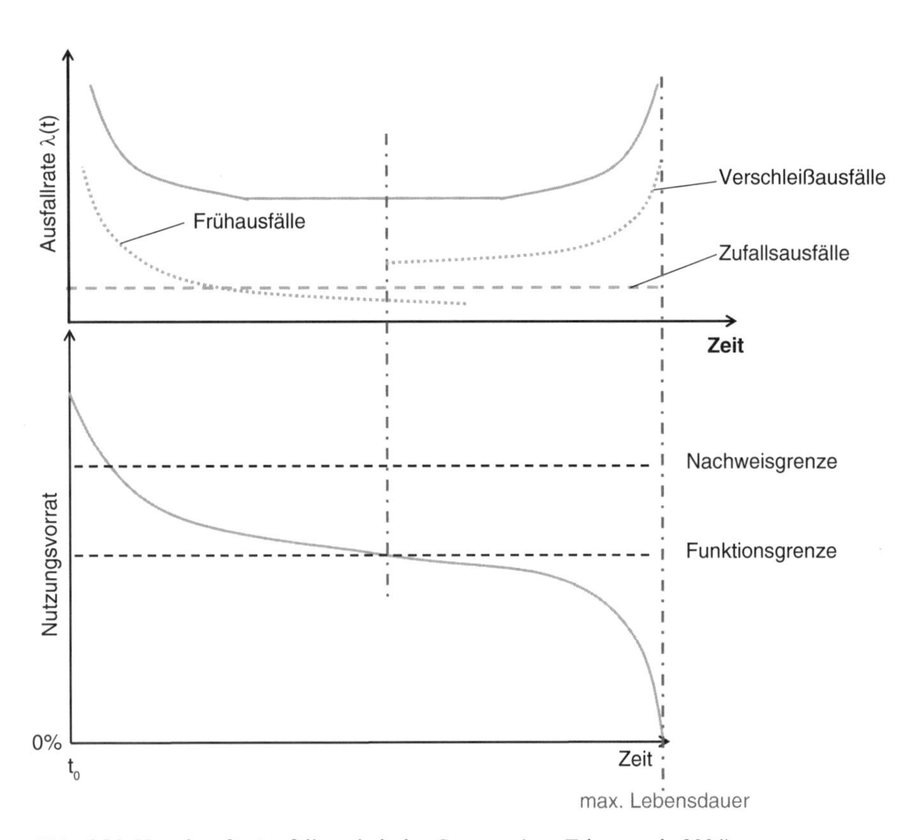

Abb. 6.84 Ursachen für Ausfälle technischer Systeme (u. a. Takata et al., 2004)

Idealisiert lässt sich der Verschleiß eines Bauteils über die Zeit als S-Kurve darstellen. Hierbei wird von einem anfangs vollen Nutzungsvorrat ausgegangen, der sich je nach Bauteil sowie Intensität und Dauer der Nutzung über die Zeit abbaut. Charakteristische Grenzwerte sind dabei die Nachweisgrenze, ab der ein Verschleiß technisch überhaupt feststellbar ist. Ab der Funktionsgrenze kann es aufgrund des Verschleißes zu Ausfällen kommen. Mit Erreichen der Funktionsgrenze steigt die Wahrscheinlichkeit eines Ausfalls stetig an; bis hin zu einem Totalausfall nach vollständigem Abbau des Nutzungsvorrats (Abb. 6.84) (Rötzel, 2005; Birolini, 1994; Bertsche und Lechner, 2004).

Die Badewannenkurve ist allerdings nur als idealisierte Darstellung aller möglichen Ausfallquellen zu verstehen. Abhängig von der Art des Bauteils sind möglicherweise nur ausgewählte Ursachen relevant (Abb. 6.85).

Verschiedene Untersuchungen identifizieren insgesamt sechs grundlegende Ausfallmuster (Bertsche und Lechner, 2004). Auffällig ist hierbei, dass nur ein relativ kleiner Teil der untersuchten Bauteile ein ausgeprägtes Verschleißverhalten mit steigender Ausfallrate zeigt (zwischen 9–28%). Die klassische Badewannenkurve lässt sich sogar nur bei 4–6% der Untersuchungsobjekte feststellen. Die deutliche größere Anzahl von Teilen unterliegt einem stochastischen Ausfallverhalten. Die Ausfallrate ist konstant über die Nutzungsdauer, d. h. die Wahrscheinlichkeit eines Ausfalls (u. U. nach einer Phase der Frühausfälle) ist unabhängig von der Lebensdauer immer gleich groß; damit ist auch keine Beeinflussung der Ausfallwahrscheinlichkeit (z. B. durch Wartungsmaßnahmen) möglich.

	Ausfallverhalten	allgemeine Charakteristik	allgemeine Beispiele	1968 UAL	1973 Broberg	MSDP Studien	1993 SSMD
Verschleißausfälle	A	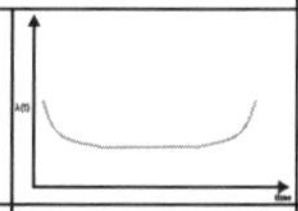 • ungewöhnlicher Verlauf	• alte Dampfmaschinen (spätes 18. frühes 19.Jh.)	4%	3%	3%	6%
	B	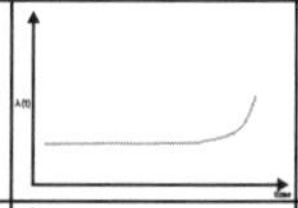 • einfache Geräte • komplexe Maschinen schlechter Konstruktion (einzelne dominierende Ausfallarten)	• Wasserpumpe in Kfz • Schnürsenkel • 1974 Vega Motor	2%	1%	17%	
	C	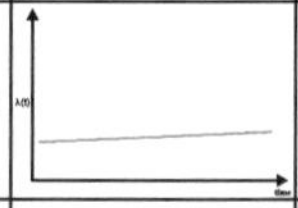 • Strukturen • Verschleißteile	• Karosserien • Flugzeug- und Autoreifen	5%	4%	3%	
Zufallsausfälle	D	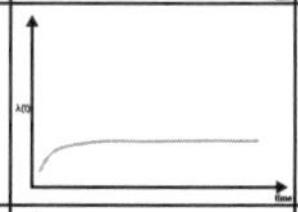 • komplexe Maschinen mit High-Stress Tests nach Inbetriebnahme	• Hochdruckentspannungsventile	7%	11%	6%	
	E	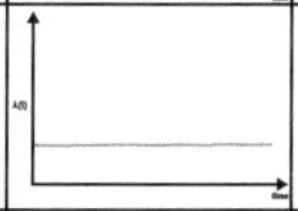 • gut konstruierte komplexe Maschinen	• Kreiselkompass • Mehrfachverdichtende Hochdruck-Zentrifugalpumpe	14%	15%	42%	60%
	F	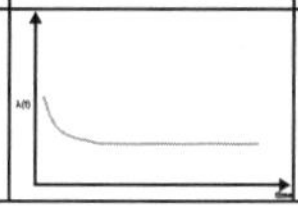 • elektronische Bauteile • komplexe Bauteile nach Instandsetzung	• Computer „Motherboards" • Programmierbare Steuerungen	68%	66%	29%	33%

Abb. 6.85 Ausfallmuster verschiedener Bauteile (Bertsche und Lechner, 2004)

6.3.1.2 Grundlagen der Instandhaltung

Naturgemäß nimmt das Thema Instandhaltung in Forschung und Praxis einen großen Stellenwert ein. Neben Normen und Grundlagenliteratur sind auch viele Studien und Kalkulationsmodelle zur Bestimmung optimaler Instandhaltungsstrategien verfügbar. Dabei gibt es eine Vielzahl von Begriffen, wobei diese z. T. in verschiedenen Zusammenhängen und für verschiedene hierarchische Ebenen genutzt werden. Der Begriff der Instandhaltung umfasst nach DIN 31051 „Maßnahmen zur Bewahrung und Wiederherstellung des Sollzustandes sowie zur Feststellung und Beurteilung des Ist-Zustandes von technischen Mitteln eines Systems" (DIN 31051, 2003-06). Grundsätzlich können darunter im Rahmen einer einheitlichen Terminologie vier wesentliche Ebenen unterschieden werden (Abb. 6.86).

Die konkreten Tätigkeiten am Bauteil können zu den Instandhaltungsaktivitäten Wartung (Maßnahmen zur Bewahrung des Sollzustandes), Inspektion (Maßnahmen zur Beurteilung des Ist-Zustandes) und Instandsetzung (Maßnahmen zur Wiederherstellung des Sollzustandes) zusammengefasst werden. Ergänzend beinhaltet die DIN 31051 auch noch die Verbesserung. Eine Instandhaltungsstrategie stellt eine Kombination von Instandhaltungsaktivitäten dar. Hier kann grundsätz-

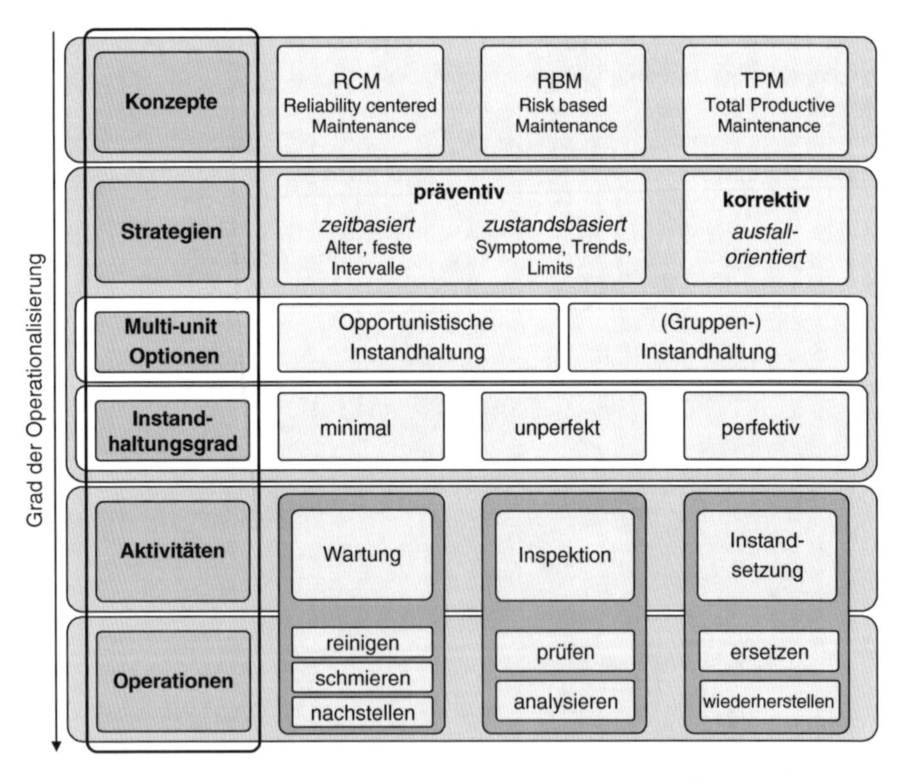

Abb. 6.86 Hierarchisches Rahmenmodell zur Instandhaltungs-Terminologie; basierend auf (Wang, 2002; Takata et al., 2004; DIN 31051, 2003-06)

lich zwischen vorbeugenden (zeitbasiert oder zustandsorientiert) und korrektiven Strategien unterschieden werden. Weiterhin werden im Rahmen einer Strategie der gewünschte Grad der Instandhaltung sowie, im Falle von Systemen die mehrere zu betrachtende Bauteile enthalten, mögliche Instandhaltungsoptionen auf Systemebene festgelegt. Auf einer weitern Ebene befinden sich übergeordnete Konzepte wie TPM, RCM oder RBM, die bei der Auswahl spezieller Instandhaltungsstrategien weiterführende Faktoren wie das Risiko und mögliche Folgen eines Ausfalls oder die Rolle der Mitarbeiter berücksichtigen.

Instandhaltung kann das Ausfallverhalten von Bauteilen oder Systemen (als Kombination von Bauteilen), die Verschleiß unterliegen, beeinflussen. Die Auswirkungen der verschiedenen Instandhaltungsaktivitäten und -strategien sind in Abb. 6.87 dargestellt. Bei der Inspektion wird der aktuelle Verschleißzustand des Systems festgestellt – bei erreichen einer definierten Grenze werden weitere Instandhaltungsaktivitäten ausgelöst. Wartung verlangsamt den Abbau des Nutzungsvorrats eines Bauteils und beinhaltet somit eine mögliche Verlängerung der Nutzungsdauer bis zum Ausfall. Durch Instandsetzung wird der Nutzungsvorrat durch Wiederherstellung oder Austausch wieder auf ein höheres Niveau zurückgesetzt.

6.3.1.3 Grundlagen des Ersatzteilmanagements

Ersatzteile (ET) werden durch die DIN 24420-1 als „Teile (z.B. auch Einzelteile genannt), Gruppen (z.B. auch Baugruppen und Teilegruppen genannt) oder vollständige Erzeugnisse, die dazu bestimmt sind, beschädigte, verschlissene oder fehlende Teile, Gruppen oder Erzeugnisse zu ersetzen" (DIN 24420-1, 1976-09, S. 1), definiert. Ersatzteile sind von den Produktteilen, als Teil der Erstausstattung eines Erzeugnisses, und den Zubehörteilen, die bei vollem Funktionsumfang des Primär-

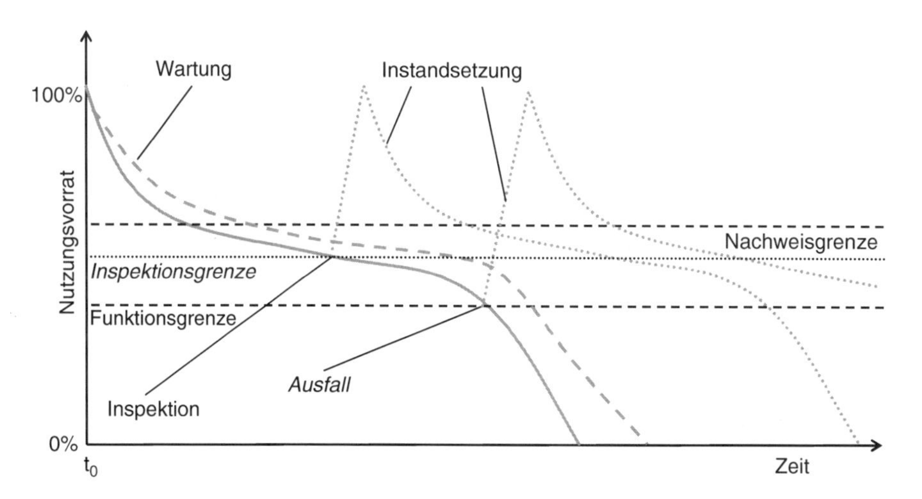

Abb. 6.87 Effekte von Instandhaltungsaktivitäten und -strategien (Rötzel, 2005; Herrmann et al., 2007; Takata et al., 2004)

produktes zusätzlich bzw. nachträglich eingebaut werden und zu einem Zusatznutzen führen, abzugrenzen (Ihde et al., 1999, S. 2).

Nach DIN 31051:2003-06 werden folgende Ersatzteile hinsichtlich ihrer vorgesehenen Ausfallart unterschieden (DIN 31051, 2003-06, S. 9):

- Die Lebensdauer von zeitbegrenzten Teilen ist im Verhältnis zur Lebensdauer der übergeordneten Betrachtungseinheit verkürzt.
- Verschleißteile werden an Stellen eingesetzt, an denen betriebsbedingte Abnutzung auftritt, um andere Betrachtungseinheiten vor Abnutzung zu schützen. Sie sind vom Konzept her für den Austausch vorgesehen.
- Sollbruchteile sollen bei betriebsbedingter Überbeanspruchung andere Betrachtungseinheiten durch Eigenverzehr (z. B. Bruch) vor Schaden schützen. Sie sind daher für den Austausch vorgesehen.

Elektronische Bauteile unterliegen einem zufälligen Ausfallverhalten und können deshalb als Ausfallteile eingeordnet werden. Bei ihnen wird davon ausgegangen, dass während der geplanten Lebensdauer des Primärproduktes aus Gründen von Verschleiß oder Alterung kein Austausch erforderlich ist (Hesselbach et al., 2004a, S. 113) (Abb. 6.88).

Welche Komponenten als Ersatzteile vorgehalten werden und wie der Ersatzteilkatalog für ein Produkt zusammengestellt ist, muss in enger Abstimmung zwischen Produktentwicklung und Ersatzteilwesen/After-Sales-Service festgelegt werden. Grundlage für den Ersatzteilkatalog eines Primärproduktes bildet die Konstruktionsstückliste. Teile, die nur sehr unwahrscheinlich als Ersatzteil nachgefragt werden (wie z. B. die Bodenplatte einer Maschine), werden eliminiert. Ebenso werden

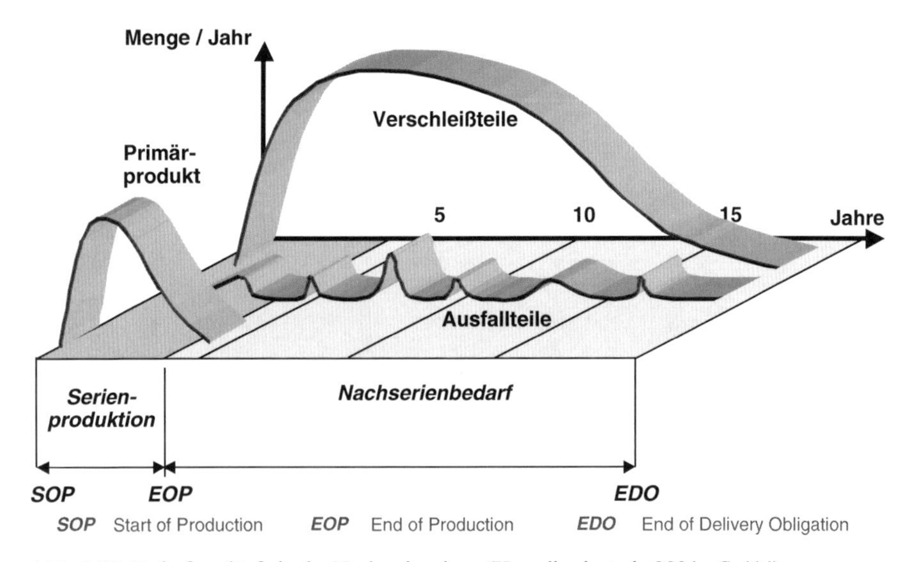

Abb. 6.88 Bedarfsverläufe in der Nachserienphase (Hesselbach et al., 2004a, S. 114)

Komponenten, die beispielsweise in unterschiedlichen Materialien in verschiedenen Varianten des Primärproduktes eingesetzt werden, werden häufig in der besten Ausführung in das Sortiment aufgenommen, um so die Anzahl der Varianten zu reduzieren (Frese und Heppner, 1995, S. 115).

Weiterhin gilt es festzulegen, auf welcher Fertigungsstufe (Bauteil, Komponente, Baugruppe) Ersatzteile definiert werden. Dies bestimmt wesentlich die Höhe der Kapitalbindung im Ersatzteillager als auch die Lagerfähigkeit der Teile (Bothe, 2003, S. 72 ff.). Tabelle 6.6 stellt Vor- und Nachteile von Ersatzteildefinitionen auf hoher und niedriger Erzeugnisebene gegenüber.

Insbesondere für eine Produktion in Bedarfsblöcken ist die Lagerfähigkeit von Bauteilen und Komponenten der die Maximalmenge definierende technische Parameter (Trapp, 2000, S. 33). Im Verlauf der Lagerung können verschiedene Schäden insbesondere an elektronischen Bauteilen auftreten, die zu einer begrenzten Lagerdauer führen können. Diese kann jedoch durch verschiedene Gegenmaßnahmen, z. B. spezielle Lagerbedingungen oder regelmäßige Behandlungen bzw. Nachbehandlungen, verlängert werden (Tab. 6.7) (Bothe, 2003, S. 73 ff.).

Mit einer Verlängerung der Lagerfähigkeit ist jedoch im Allgemeinen eine teure und aufwendige Lagerhaltung verbunden. Hinzu kommt der Aufwand für eine Prüfung der eingelagerten Teile vor der Verwendung (Bothe, 2003, S. 81).

Tab. 6.6 Vergleich von Ersatzteildefinition auf unterschiedlichen Erzeugnisebenen

Hohe Fertigungsstufe (z. B. Baugruppe)	Niedrige Fertigungsstufe (z. B. Bauelement
Vorteile	**Vorteile**
bessere Lagerfähigkeit	geringere Kapitalbindung im Lager
einfacher Ein- und Ausbau	lediglich Vorhaltung von ausfallverursachenden Teilen
Nachteile	**Nachteile**
hohe Kapitalbindung	schlechtere Lagerfähigkeit
auch ausfallsichere Teile sind im Ersatzteil enthalten	komplizierter Ein- und Ausbau, evtl. spezielle Werkzeuge notwendig

Tab. 6.7 Potenzielle Beschädigungen und Gegenmaßnahmen während der Lagerung

Beschädigung	Gegenmaßnahmen
Feuchtigkeit	Dry Packs
	Austrocknung in Öfen
	Austrocknung in Öfen
Kontaktprobleme	Stickstoffatmosphäre
	Vakuum
	chemische Nachbehandlung
Beschädigung	spezielle Lagerbehälter
Austrocknung	regelmäßige Bestromung
Verkleben	mechanische/chemische Nachbehandlung spezielle Verpackung
Speicherverlust	Funktionstest und Neuprogrammierung

Hinsichtlich einer selektiven Lagerhaltung von Ersatzteilen können zwei Strategien unterschieden werden. Die Postponement-Strategy findet Anwendung bei Ersatzteilen, die auf den Teilmärkten nur einer geringen und unregelmäßigen Nachfrage unterliegen (Baumbach, 1998, S. 194). Der Fokus wird hierbei von einer flächendeckenden Ersatzteilbevorratung auf eine direkte und beschleunigte Ersatzteildistribution aus zentralen Lagern verlagert und reduziert damit die Anzahl der Distributionsstufen. Die Auslieferung der Teile in die einzelnen Märkte wird dabei so lange verzögert, bis ein konkreter Kundenauftrag vorliegt oder die regionale Nachfrageentwicklung bekannt ist (Boutellier et al., 1999, S. 18; Baumbach, 1998, S. 194 ff.). Hieraus ergeben sich eine Reihe von Vorteilen, wie beispielsweise eine bessere Prognostizierbarkeit der Bedarfe durch Pooling-Effekte, geringere Kapitalbindung und Reduzierung der Lagerhaltungskosten. Im Gegensatz dazu setzt die Speculation-Strategy auf eine dezentrale Lagerung von Ersatzteilen nahe dem Point-of-Sale. Diese Distributionsstrategie bietet sich für Komponenten mit hoher Umschlaghäufigkeit an, die hierdurch einfacher in ihrem Bedarf zu prognostizieren sind. Eine dezentrale Lagerung bietet für diese Teile eine weitaus höhere Teileverfügbarkeit (Baumbach, 1998, S. 203 ff.). Empirische Untersuchungen zeigen etwa ein Verhältnis von 20%/80% zwischen Komponenten mit hoher Umschlaghäufigkeit (Fast-Movers), auf welche die Speculation-Strategy angewendet wird, und Teilen mit niedriger Umschlaghäufigkeit (Slow-Movers), auf welche die Postponement-Strategy angewendet wird (Boutellier et al., 1999, S. 19) (Abb. 6.89).

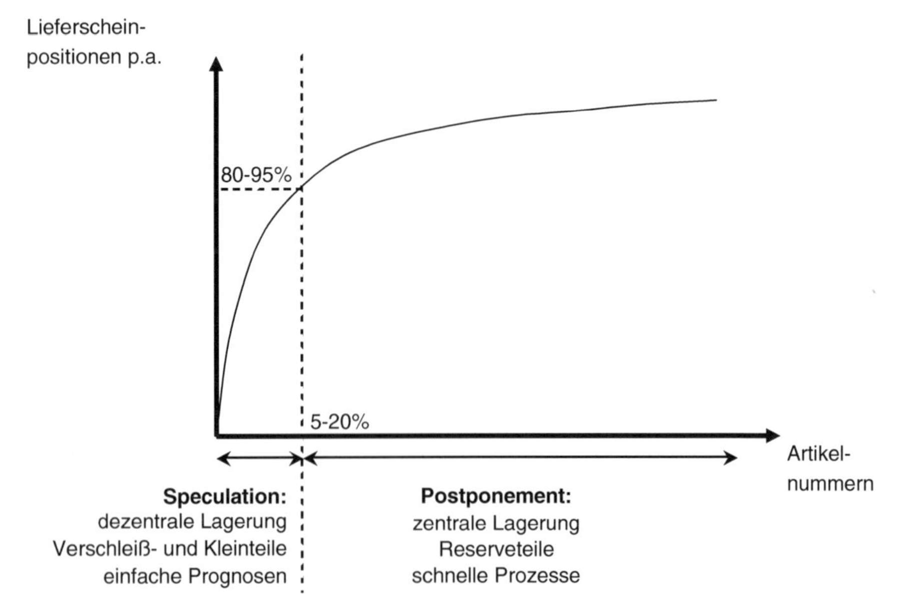

Abb. 6.89 Postponement und Speculation-Strategien für die Ersatzteilversorgung (Boutellier et al., 1999, S. 19)

6.3.2 Lebenszyklusorientiertes After-Sales Management

Im Rahmen eines Ganzheitlichen Life Cycle Managements zeichnen sich kundenorientierte Unternehmen dadurch aus, dass sie zu den verschiedensten Produktlebensphasen, beginnend bei der Entwicklung über die Aufrechterhaltung des Betriebs bis hin zur Rücknahme und Entsorgung, in der Lage sind, Problemlösungen im Sinne des Kundennutzens zu realisieren und dem Kunden wahrnehmbare und unverwechselbare Leistungsvorteile zu verschaffen (Graf, 2003). Eine Einordnung einzelner Dienstleistungsarten in die verschiedenen Produktlebensphasen ist in Abb. 6.90 dargestellt (Mateika, 2005).

- *Kontaktphase:* „In der Kontaktphase wird in Kooperation mit dem Kunden eine Bedarfsanalyse und darauf aufbauend eine Beratung durchgeführt sowie ein Anlagenkonzept für die Angebotserstellung konzipiert. Neben der technischen Beratung wird auch eine Beratung hinsichtlich der Finanzierung der Maschine angeboten. Dieses kann einerseits die Vermittlung von Kontakten zu Banken oder Finanzierungsgesellschaften und anderseits die Ausarbeitung von Leasingangeboten umfassen."
- *Investitionsphase:* „Die Ingenieursdienstleistung als auch die Softwareentwicklung dienen der Planung und Ausführung der vereinbarten Maschine oder Anlage. Bei größeren Projekten werden so genannte Generalunternehmerschaften angeboten; darunter wird die Übernahme des Lieferantenmanagement für den Kunden verstanden. Die Inbetriebnahme der Maschine und eine erste Probefertigung oder Vorserienfertigung sind weitere Dienstleistungen der Investitionsphase."
- *Nutzungsphase:* „Die Dienstleistungen der Nutzungsphase werden auch als After-Sales Dienstleistungen bezeichnet. Dienstleistungen der Nutzungsphase sind Inspektions-, Wartungs- und Reparaturtätigkeiten im Rahmen der Instandhaltung. Eine Telefonberatung (engl. „Service-Hotline") umfasst die Unterstützung des Kunden bei technischen Störungen oder Bedienungsfehlern an den Maschinen. Sofern auf die Maschinensteuerung über eine Datenleitung zugegriffen werden kann, stellt der Teleservice eine weitere Möglichkeit für eine technische Dienstleistung dar.
- *Desinvestitionsphase:* „Dienstleistungen in der Desinvestitionsphase sind die Modernisierung zur Verlängerung des Lebenszyklus sowie der Rückbau und die Rücknahme der Maschine."

Graf unterscheidet in Anlehnung an (Kotler und Bliemel, 1999; Luczak, 1999; Corsten, 1997) zwischen produktbezogenen und produktbegleitenden, freiwilligen

Abb. 6.90 Systematisierung von Dienstleistungen nach (Rainfurth, 2003)

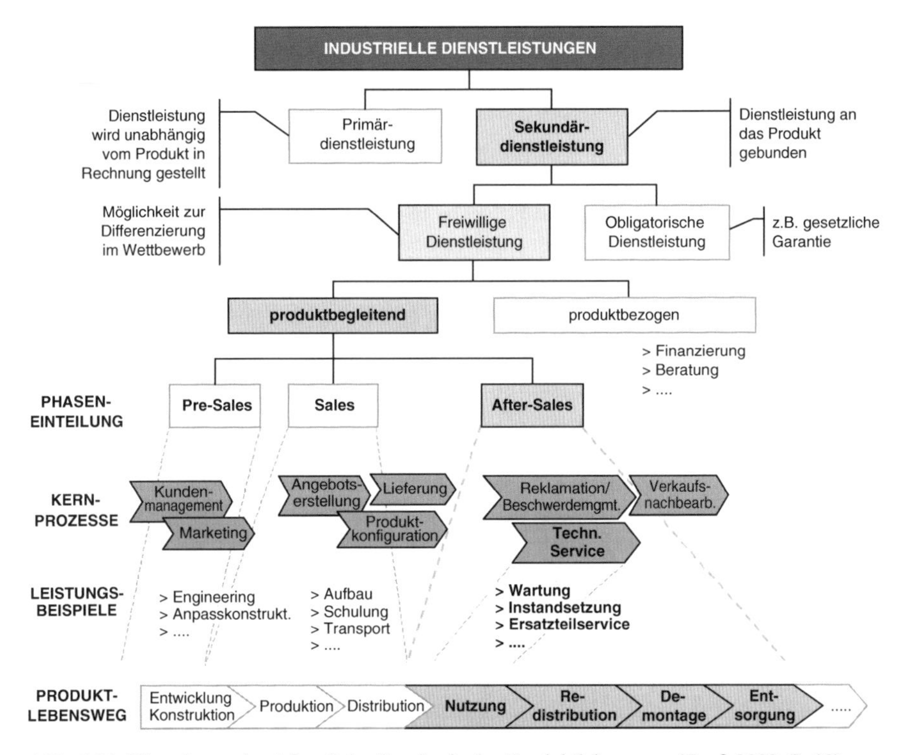

Abb. 6.91 Einordnung des After-Sales Service in den Produktlebensweg (Graf, 2003, S. 19)

Sekundärdienstleistungen (Abb. 6.91). Letztere werden weiter unterteilt in Vorleistungen (Pre-Sales), Parallelleistungen (Sales) und Folgeleistungen (After-Sales).

Ausgehend von der hohen Bedeutung einer sicheren Ersatzteilverfügbarkeit für ein funktionierendes After-Sales Management und Bedeutung der Instandhaltung insbesondere im Hinblick auf die Lebenszykluskosten von Maschinen und Anlagen beschäftigen sich verschiedene Ansätze mit der Ausgestaltung des Ersatzteilmanagements sowie der Planung der Instandhaltung. Eine Übersicht zu ausgewählten Ansätzen zeigt Abb. 6.92.

6.3.2.1 Lebenszyklusorientierte Betrachtung von Instandhaltungsstrategien

Grundsätzliches Ziel der Instandhaltung ist aus ökonomischer Sicht die Sicherstellung einer hohen Verfügbarkeit von technischen Systemen (z. B. Produktionsanlagen) durch die Erhöhung der Zuverlässigkeit oder die Reduktion von Instandhaltungszeiten von Maschinen unter Berücksichtigung der auftretenden Instandhaltungs- und Ausfallkosten (Abb. 6.93).

Lebenszyklusrechnung aus dem industriellen Bereich (z. B. Pumpen, Elektromotoren) zeigen, dass Instandhaltung neben dem Energieverbrauch ein großer Kos-

Forschungs- bzw. Arbeitsgebiet	Auswahl von Autoren	Lebensphasen-übergreifende Disziplinen			Lebensphasenbezogene Disziplinen				Planungs-horizont
		Lebenswegs-analysen	Inf. u. Wissens-management	Prozess-management	Produkt-management	Produktions-management	After-Sales Management	End-of-Life Management	strategisch operativ
Lebenszyklusorientierte Betrachtung von Instandhaltungs-strategien	Tani, Herrmann, Thiede	U, W			X	X	X	X	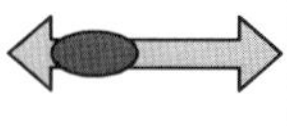
Ökologische und wirtschaftlich-technische Bewertung von der Instandhaltung	Herrmann, Thiede	U, W				X			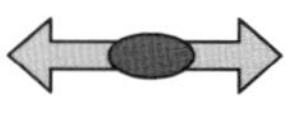
Lebenszyklusorientiertes Ersatzteilmanagement	Bothe, Dombrowski, Meidlinger, Hesselbach	W			X		X		
Verwendung gebrauchter Geräte zur Ersatzteilproduktion	Graf, Spengler	U, W	(X)				X	X	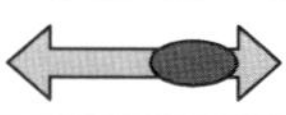
Lebenszyklusorientiertes dezentrales Wissens-management in der Nachserienversorgung	Horatzek		X		X		X		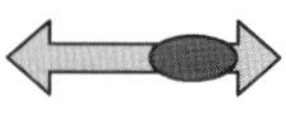
(Industrielle) Produkt-Service-Systeme	Meier, Roy, Bains, Aurich	U, W	(X)	(X)	X	X	X	X	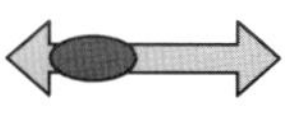

Lebensweganalyse berücksichtigt: U = Umweltaspekte, W= Wirtschaftliche Aspekte, S = Soziale, gesellschaftliche Aspekte

Abb. 6.92 Einordnung verschiedener Ansätze zum lebenszyklusorientierten After-Sales Management

tentreiber ist und bis zu 40% der Kosten des Betreibers ausmachen kann. Aus Sicht eines Ganzheitlichen Life Cycle Managements muss diese ausschließlich auf Kosten der Nutzungs- und evtl. Entsorgungsphase bezogene Betrachtung allerdings erweitert werden, da Instandhaltungsmaßnahmen über verschiedenen Lebenszyklusphasen Einfluss auf alle drei Nachhaltigkeitsdimensionen ausüben. So hat die Wahl der Instandhaltungsstrategie allein bezogen auf die Nutzungsphase auch eine starke ökologische und soziale Bedeutung, da die Sicherheit von technischen Systemen gewährleistet wird (z. B. Vermeidung von Unfällen durch unsichere Produktionsanlagen oder durch Austritt gefährlicher Substanzen). Darüber hinaus kann durch Instandhaltung die Verschwendung von Ressourcen durch die Aufrechterhaltung der optimalen Funktionalität des Systems vermieden werden (z. B. effizienter Maschinenbetrieb, Vermeidung bzw. Ausbesserung von Leckagen). Die lebensphasenübergreifende und mehrdimensionale Bedeutung der Instandhaltung wird bei Betrachtung des Comet Circle (Tani, 1999) deutlich, der die Materialflüsse eines Produktes über deren Lebenszyklus sowie die involvierten Funktionen und Akteure darstellt (Abb. 6.94). Je weiter außen ein Materialfluss ausgehend vom Nutzer dargestellt ist, desto mehr Umweltauswirkungen werden durch zusätzliche Prozessschritte und

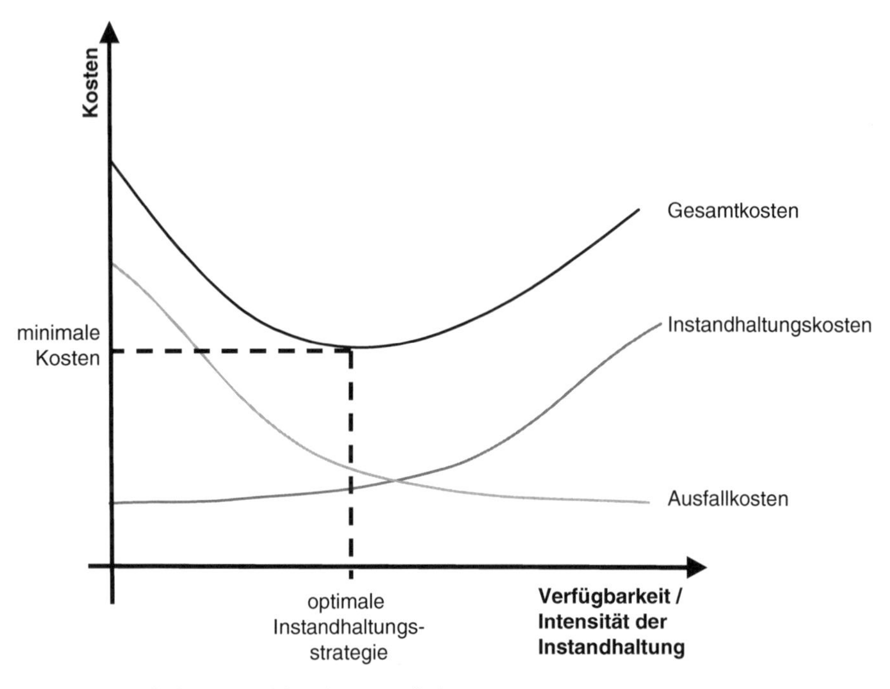

Abb. 6.93 Optimierungsproblem der Instandhaltung

damit verbundene Logistik verursacht. Instandhaltung ist demnach die zentrale und „einfachste" Funktion innerhalb des Systems, da sie normalerweise beim Nutzer selbst stattfindet. Letztendlich beeinflusst die Instandhaltungsstrategie entscheidend wie viele, wann und in welchem Zustand Teile bzw. Produkte das System durchlaufen und z. B. für Re-X-Maßnahmen zur Verfügung stehen. Umgekehrt wird auch der Bedarf an neuen bzw. aufgearbeiteten Produkten und Ersatzteilen maßgeb-

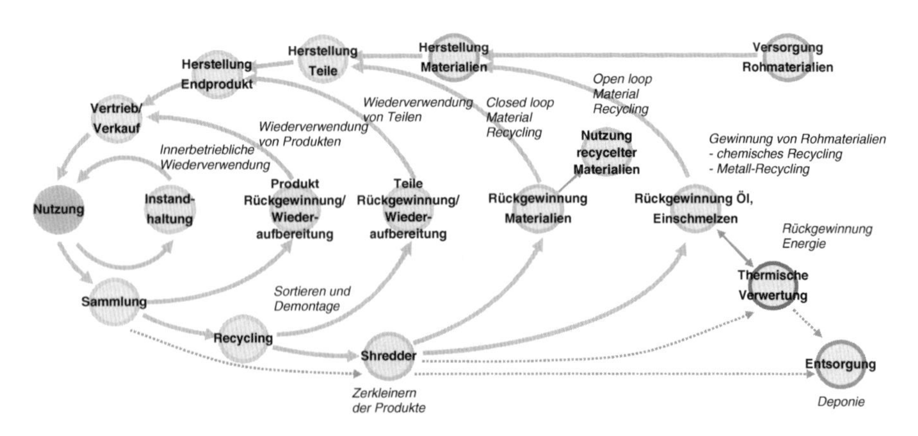

Abb. 6.94 Comet Circle (Tani, 1999, S. 294)

lich bestimmt. Entsprechend hat die Wahl der Instandhaltungsstrategie aus Sicht des Gesamtsystems wesentliche Auswirkungen auf z. B. Kosten und Umweltwirkungen. Als nur ein Beispiel kann die regelmäßige Wartung eines Produktes durch Reinigung oder Schmieren dessen Lebensdauer maßgeblich verlängern. Damit wird der Bedarf nach diesem Produkt (als Ersatzkauf) und damit auch mit der Produktion und Entsorgung verbundene Umweltbelastungen aus Gesamtsystemsicht reduziert.

Basierend auf diesen Überlegungen ergeben sich unter Berücksichtigung aller Nachhaltigkeitsdimensionen theoretische Vor- bzw. Nachteile der möglichen Instandhaltungsstrategien (Abb. 6.95). Eine generelle Empfehlung für eine Strategie ist allerdings nicht möglich.

Eine optimale Strategie für den Einzelfall hängt von Faktoren wie den spezifischen Gegebenheiten (z. B. Belastungsprofil, ökologische und ökonomische Folgen von möglichen Ausfällen und Instandhaltungsaktivitäten), Produkteigenschaften (z. B. Instandhaltbarkeit, Ausfallverhalten, Verschleißverlauf, Wiederverwendbarkeit, mögliche Wechselwirkungen verschiedener Komponenten) und der genauen Ausgestaltung der Instandhaltungsstrategie (z. B. Intervalle, spezifische Kombination von Instandhaltungsaktivitäten) ab. Weiterhin wird die Wahl einer aus Nachhaltigkeitsgesichtspunkten optimierten Strategie erschwert durch mögliche Zielkonflikte, z. B. zwischen den ökonomischen und ökologischen Auswirkungen einer Instandhaltungsstrategie über die Zeit, und der Stochastik des Problems (Zeitpunkt eines Ausfalls nicht vorhersagbar).

Instandhaltungs-strategien	*Effekt bezüglich der Nachhaltigkeitsdimensionen*	
	+	-
Präventive Strategie (periodisch, zustandsbasiert) Fokus: Wartung, Inspektion, Instandsetzung	+ Instandhaltungskosten einfacher zu kalkulieren + Reduzierung von ungeplanten Ausfällen mit entsprechenden Konsequenzen + Verlängerung der Nutzungsdauer (z.B. durch Wartung) + besserer Zustand der Komponenten – weniger Aufwand für Remanufacturing bzw. direkte Wiederverwendung möglich + dauerhafter Erhalt der Funktion (z.B. hinsichtlich Effizienz, Sicherheit)	- Ausnutzung der ersten Nutzungsphase nicht optimal - laufende Kosten durch Instandhaltungsmaßnahmen (z.B. Material, Personal) - ökonomische, ökologische und soziale Auswirkungen von Instandhaltungsmaßnahmen und notwendigen Hilfsstoffen (z.B. Schmierstoffe, zusätzlicher Energieeinsatz) - evtl. insgesamt mehr Teile notwendig (z.B. durch zu frühen Austausch)
Korrektive Strategie (ausfallorientiert) Fokus: Instandsetzung	+ optimale Ausnutzung der ersten Nutzungsphase + keine laufenden Kosten + keine zusätzlichen Aufwände / Auswirkungen durch Instandhaltungsmaßnahmen	- Zustand der Komponenten kann kritisch sein – Wiederverwendung und/oder Aufarbeitung nicht oder nur mit hohem Aufwand machbar - Risiko ökonomischer, ökologischer oder sozialer Folgen bei Ausfällen - Funktionalität evtl. eingeschränkt (z.B. Sicherheit, Effizienz) - Kosten sind schwierig kalkulierbar

Abb. 6.95 Vor- und Nachteile von Instandhaltungsstrategien in Bezug zu Nachhaltigkeitsdimensionen (Herrmann et al., 2007)

6.3.2.2 Ökologische und wirtschaftlich-technische Bewertung der Instandhaltung

Aus den vorherigen Anforderungen und Überlegungen ergibt sich ein Bedarf für eine Methodik, die diese Rahmenbedingungen ausreichend berücksichtigt und die Auswahl und detaillierte Ausgestaltung „nachhaltiger" Instandhaltungsstrategien unterstützt (Abb. 6.96).

Das Vorgehen ist in fünf Schritte unterteilt (Herrmann et al., 2007) (Abb. 6.96):

- In der *Produktanalyse* wird das zu betrachtende Objekt gewählt, Systemgrenzen festgelegt, die Produktstruktur (Komponenten) sowie Wechselwirkungen zwischen einzelnen Komponenten und externen Einflussgrößen analysiert (z. B. mittels FMEA, Markov-Ketten) (Bertsche und Lechner, 2004). Eingangsgrößen bilden Konstruktionsdaten, aber auch qualitative und quantifizierte Ergebnisse beispielsweise aus Produkttests.
- Der zweite Schritt umfasst die *Datenintegration und mathematische Modellierung*. Auf Basis von Instandhaltungsstatistiken, Ergebnissen aus Experimenten oder Expertenschätzungen werden die notwendigen Parameter zur Beschreibung des Ausfallverhaltens des Produktes bzw. der einzelnen Komponenten über eine mathematische Verteilungsfunktion abgeleitet. Üblicherweise wird hierzu, aufgrund ihrer vielseitigen Einsetzbarkeit über Parametrisierung, die Weibull-Verteilung verwendet (Bertsche und Lechner, 2004; Birolini, 1994). Als Ergebnis dieses Schritts ergeben sich Kurvenverläufe für die Ausfallrate über die Zeit und somit eine mathematische Beschreibung des Ausfallverhaltens der Komponente.
- Auf Basis der vorherigen Analysen erfolgt die *Wahl relevanter Instandhaltungsstrategien* und die Integration der theoretischen Effekte auf Verschleiß oder z. B. Kosten.

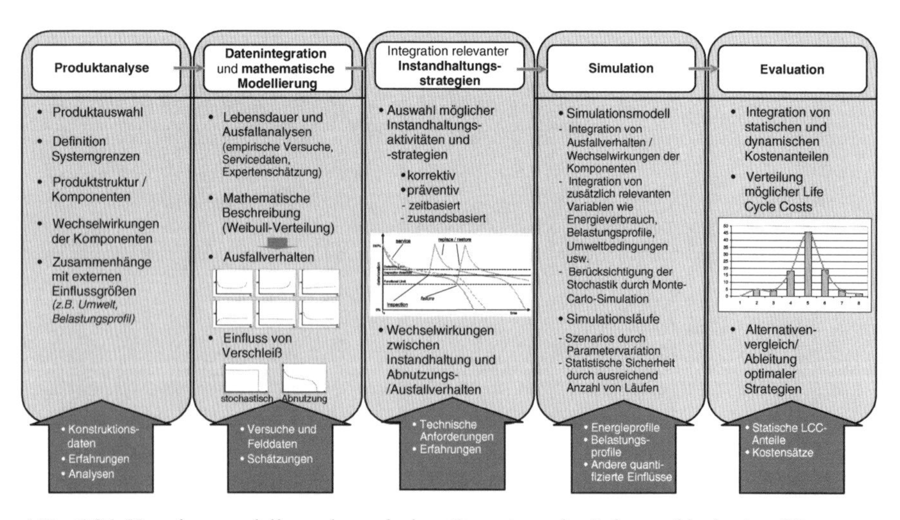

Abb. 6.96 Vorgehensmodell zur dynamischen Bewertung der Lebenszykluskosten (Herrmann et al., 2007)

- Die mathematische Beschreibung des Ausfallverhaltens einzelner Komponenten sowie die Integration der Einflüsse von Produktstruktur, Belastung und Instandhaltungsstrategien ermöglichen die Überführung in ein Simulationsmodell und die Durchführung entsprechender Simulationsläufe. Ziel der *Simulation* ist die Überprüfung des tatsächlichen Ausfallverhaltens des Systems. Zur Berücksichtigung der Stochastik des Problems werden hierbei eine Monte-Carlo-Simulation und eine entsprechende Anzahl von Simulationsläufen für eine ausreichende statistische Sicherheit verwendet. Außerdem können auch andere, vom tatsächlichen Zustand des Systems abhängige Variablen, wie z. B. der Energieverbrauch, erfasst werden.
- Anschließend folgt die *Auswertung* der Simulationsexperimente. Dazu werden die aus der Simulation gewonnenen dynamischen Größen (z. B. Kosten durch tatsächliche Instandhaltungsaktivitäten oder Ausfälle) mit möglichen statischen Anteilen (z. B. Anschaffungs- oder Entsorgungskosten) kombiniert. Als Folge der Monte-Carlo-Simulation ergibt sich naturgemäß kein statischer Endwert für die Auswirkungen eines Produktes über die Lebenszeit sondern vielmehr eine Verteilung von Werten (Fleischer und Wawerla, 2006; Fleischer et al., 2007). Über entsprechende statistische Analysen ist nun die Ableitung von Kennzahlen möglich.

Die Zusammenführung und integrative Bewertung verschiedener Instandhaltungsstrategien kann je nach Relevanz der jeweiligen Nachhaltigkeitsdimension über zwei- oder dreidimensionale Portfolien wie z. B. das Öko-Effizienz-Portfolio (ökonomische und ökologische Auswirkungen) erfolgen (Saling et al., 2002; Wenzel und Alting, 2004).

6.3.2.3 Lebenszyklusorientiertes Ersatzteilmanagement

Die Versorgung mit Ersatzteilen erstreckt sich sowohl über den Zeitraum der Serienproduktion eines Primärproduktes als auch über die i. d. R. weitaus längere Zeitspanne der Nachserie. Die Versorgung während der Serienproduktion ist im Allgemeinen unproblematisch, da sich entstehende Bedarfe an Ersatzteilen über die Produktion der laufenden Serie abdecken lassen (Meidlinger, 1994, S. 52). Für die Sicherstellung und die Planung der Ersatzteilversorgung in der Nachserie hat jedoch die Prognose von Bedarfsverläufen eine besondere Relevanz (Bothe, 2003, S. 90).

Verschiedene Ersatzteilgruppen sind aufgrund ihrer unterschiedlichen Bedarfsverläufe (Abb. 6.88) unterschiedlich gut zu prognostizieren. Während Verschleißteile aufgrund des Ausfallverhaltens ein regelmäßiges Ersatzteilbedarfsvolumen besitzen und dadurch gut prognostizierbar sind, ist der Ersatzteilbedarf für Ausfallteile aufgrund des unregelmäßigen Ausfallverhaltens und des sehr viel kleineren Bedarfsvolumen nur schwierig zu prognostizieren (Bothe, 2003, S. 11).

Es können grundsätzlich zwei Varianten von Prognoseverfahren unterschieden werden. Konventionelle Prognosemethoden beruhen auf Vergangenheits- oder Analogiedaten. Gängige Verfahren sind hier z. B. lineare Progressionsanalyse, exponentielle Glättung mit oder ohne Fallunterscheidung, Impact Verfahren, etc. Diese

Verfahren sind i. d. R. einfach anzuwenden, beinhalten aber eine hohe Wahrscheinlichkeit für Prognosefehler und können somit hohe Kosten verursachen (Meidlinger, 1994, S. 90 ff.). Kausalgestützte Prognoseverfahren hingegen beruhen auf einer Vielzahl von Einflussgrößen (Abb. 6.97).

Eine lange Produktlebensdauer (z. B. bei Investitionsgütern) bedeutet zumeist auch einen langen Zeitraum, über den Hersteller Ersatzteile anbieten (müssen). Nicht selten umfasst dieser eine Zeitspanne von 10 Jahren und mehr nach Serienauslauf (Ihde et al., 1999, S. 56 ff.). Da insbesondere im Bereich der elektronischen Bauelemente eine hohe Innovationsgeschwindigkeit herrscht, mit der Folge von Bauteilabkündigungen seitens der Bauteilhersteller, sehen sich Hersteller in diesem Zeitraum oftmals mit einer abnehmenden oder auslaufenden Verfügbarkeit von Bauteilen und Fertigungseinrichtungen konfrontiert (Dombrowski und Bothe, 2001, S. 792). Ein unstetiger, sehr sporadischer Bedarf, wie er bei der Gruppe der Ausfallteile auftritt, verstärkt dieses Risiko, da eine Weiterproduktion für den Lieferanten nicht mehr wirtschaftlich erscheint.

Die Deckung des Ersatzteilbedarfes kann in der Nachserienphase durch einen oder mehrere Versorgungsansätze erfolgen, die zu einer Versorgungsstrategie für die Nachserie kombiniert werden (Hesselbach et al., 2002, S. 242 f., 2004b, S. 298 f.) (Abb. 6.98).

Hierbei sind zunächst drei Ansätze der Nachserienversorgung aufzuführen (Schulz, 1977, S. 60 ff.). Die Fertigung kann hierbei sowohl intern als auch bei einem Zulieferer erfolgen.

- Bei der *Endbevorratung* erfolgt die langfristige Versorgung mit Ersatzteilen aus einem abschließenden Produktionslos. Hierbei wird der langfristige Bedarf an Ersatzteilen abgeschätzt und in Form eines Abschlussloses gefertigt. Dieser

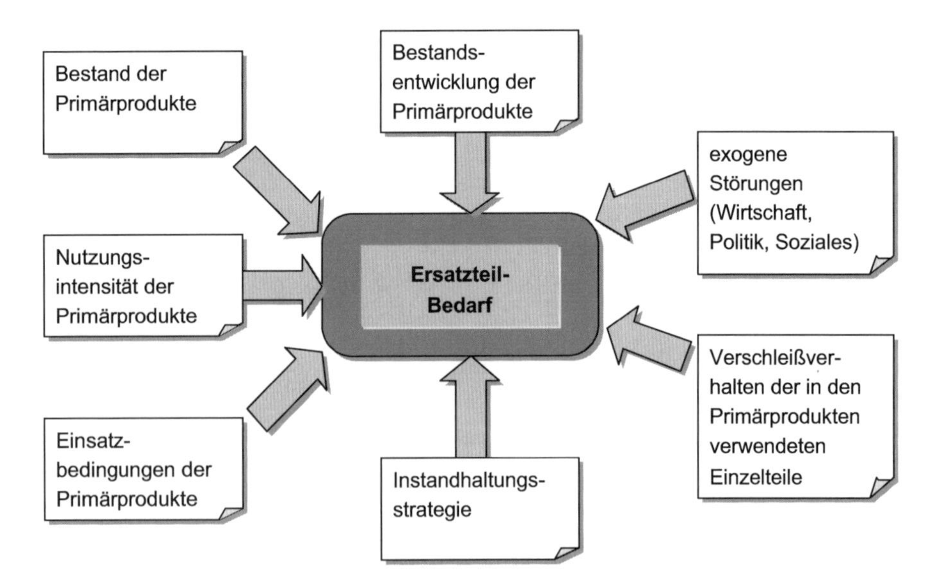

Abb. 6.97 Einflüsse auf kausalgestützte Prognoseverfahren (Meidlinger, 1994, S. 101)

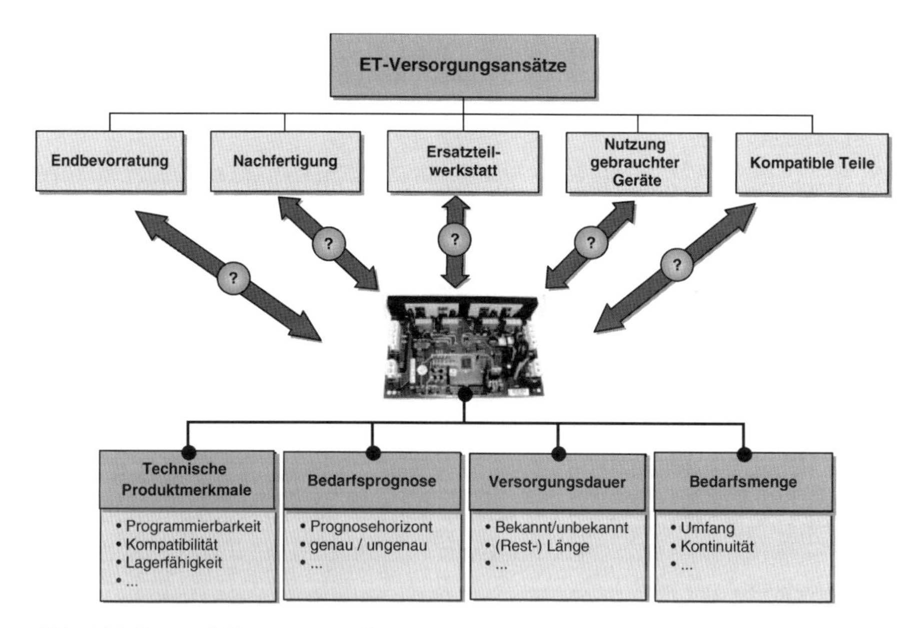

Abb. 6.98 Ersatzteil-Versorgungsansätze

sogenannte Allzeitbedarf wird dann eingelagert, Fertigungs- und Prüfeinrichtungen werden im Anschluss häufig ausgemustert oder für andere Produkte umgerüstet.

- Im Rahmen einer *Nachfertigung* werden Ersatzteile periodisch in Bedarfsblöcken auf Serienfertigungseinrichtungen hergestellt. Voraussetzung ist eine Kompatibilität der Herstellungsprozesse für die Nachfolgegeneration. Dabei müssen für Elektronikkomponenten zumeist spezielle Fertigungs- und Prüfeinrichtungen vorgehalten werden.
- In einer *Ersatzteilwerkstatt* erfolgt die Produktion von Ersatzteilen in einer separaten Einzel- oder Kleinserienfertigung Die Fertigung erfolgt hierbei entweder auf speziellen, flexiblen Fertigungseinrichtungen oder auf den ausgemusterten Fertigungseinrichtungen der Serienproduktion.

Diesen drei „klassischen" Ansätzen werden zwei weitere Ansätze hinzugefügt (Trapp, 2000):

- Bei der Nutzung kompatibler Teile wird der Ersatzteilbedarf für ausgelaufene Produkte aus der aktuellen Serienfertigung bedient, wenn ein kompatibles Nachfolgeprodukt vorhanden ist. Dazu muss jedoch ein zusätzlicher Aufwand bei der Produktentwicklung in Kauf genommen werden. Zusätzlich lassen sich verschiedene Arten der Kompatibilität, wie z. B. Standardisierung und Modularisierung oder Modifikation unterscheiden.
- Ein bisher selten berücksichtigter Versorgungsansatz ist die Deckung des Ersatzteilbedarfs durch Nutzung gebrauchter Geräte. Im Gegensatz zu den zuvor beschriebenen Ansätzen werden bei dieser Alternative keine Ersatzteile gefertigt. Es wird versucht die Probleme wie z. B. Bauteilabkündigungen oder Vorhaltung

von Fertigungseinrichtungen, zu umgehen, indem defekte und funktionsfähige Rückläufer aus dem Feld zur Gewinnung von Ersatzteilen herangezogen werden. Die Bauteile werden einer Aufarbeitung unterzogen und im Service wieder eingesetzt.

Die genannten Versorgungsansätze sind jedoch nicht gleichermaßen anwendbar. In Abb. 6.99 sind die spezifischen Problemfelder der einzelnen Ansätze zur Ersatzteilversorgung für die Bereiche der Entwicklung, Teilebeschaffung, Fertigung, Lagerung und Bedarfsdeckung aufgeführt.

Hieraus wird die Notwendigkeit deutlich, verschiedene Versorgungsansätze in der Nachserienphase zu kombinieren, um eine Verfügbarkeit von Ersatzteilen über lange Zeiträume sicherzustellen. Die Versorgungsansätze weisen hierbei eine unterschiedliche Vorteilhaftigkeit über den Verlauf der Nachserie auf. Diese lässt sich in drei Phasen mit unterschiedlichen Eigenschaften untergliedern (Hesselbach et al., 2002, S. 241):

- Phase I – Ende der Serienproduktion/ Beginn der Ersatzteilproduktion
  - Wenig Erfahrung über Ausfallverhalten
  - Bestand der Geräte im Feld konstant
  - Nachfolgeprodukte ähnlich dem ausgelaufenen Produkt
  - Geringe Modifikation der Fertigungseinrichtungen
  - Wenige Bauteilabkündigungen
- Phase II – Mittlere Versorgungsphase
  - Analyse des Ausfallverhaltens möglich
  - Erste Entsorgungen
  - Technologische Entwicklung führt zu Veränderung von Fertigungsanlagen und Nachfolgeprodukten
  - Zunehmende Bauteilabkündigungen

	Ersatzteilversorgung			Alternativen zur Versorgung	
Problemfelder	Endbevorratung	Nachfertigung	Ersatzteil werkstatt	Nutzung gebrauchter Geräte	Kompatible Teile
Entwicklung	-	-	-	-	Umsetzbarkeit Kompatibilität
Teilebeschaffung	-	Bauteilabkündigungen	Bauteilabkündigungen		
Fertigung	-	Vorhalten der Fertigungseinrichtungen	-		
Lagerung	Lagerfähigkeit Fertigprodukte	-	-		
Absatzrisiko/ Bedarfsdeckung	Gefahr der Fehlprognose	-	-	Unzureichende Rücklaufmenge	

Abb. 6.99 Problemfelder der Ersatzteilversorgungsansätze (Spengler und Herrmann, 2004, S. 184)

- Phase III – Endphase der Lieferverpflichtung
  - Gute Kenntnis des Ausfallverhaltens
  - Stark abnehmender Bestand im Feld, Entsorgung steigt
  - Stark veränderte Nachfolgeprodukte, neue Fertigungstechnologien
  - Sehr schwierige Bauteilversorgung

Aus der Kombination der Problemfelder der Versorgungsansätze sowie den unterschiedlichen Ausprägungen der Nachserienphase können die in Abb. 6.100 dargestellten (sinnvollen) Strategien für eine Versorgung mit Ersatzteilen über den Nachserienverlauf abgeleitet werden.

Graf et al. beschäftigen sich mit der Ausgestaltung einer Ersatzteilproduktion unter Verwendung gebrauchter Geräte und damit mit der Ausgestaltung der Schnittstellen und der Erschließung der Potenziale zwischen Produktion, After-Sales und End-of-Life (Graf, 2005; Herrmann et al., 2004; Spengler und Herrmann, 2004) (Abb. 6.101).

Aufgrund unterschiedlicher Kernkompetenzen wird hier eine Kooperation zwischen einem Primärprodukthersteller und einem Recyclingunternehmen vorgeschlagen. Auf Grundlage des Transaktionskostenansatzes werden die notwendigen Aktivitäten dem Recyclingunternehmen (Rücknahme/Abbau, Zerlegung) und dem Hersteller (Be- und Verarbeitung, Ersatzteilmanagement, Service) zugeordnet (Graf, 2005, S. 107 ff.). Für die einzelnen Teilprozesse des Gesamtkonzepts werden detaillierte Prozessmodelle entwickelt (Abb. 6.102). Neben den Prozessen der Außerbetriebnahme und der Ersatzteilgewinnung auf Seiten des Recyclingunternehmens

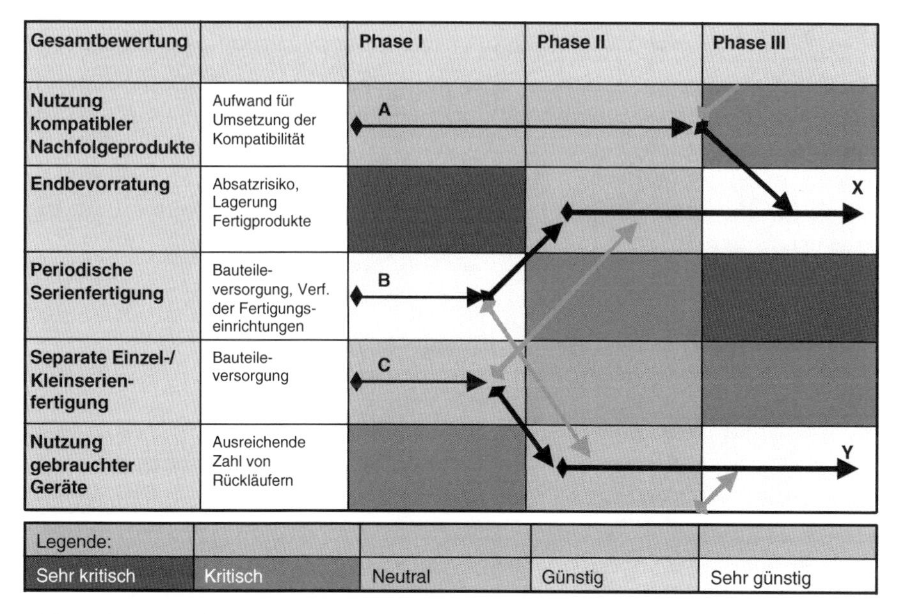

Abb. 6.100 Gesamtbewertung und Reduktion der möglichen Kombinationen zu einer Versorgungsstrategie (Spengler und Herrmann, 2004, S. 190)

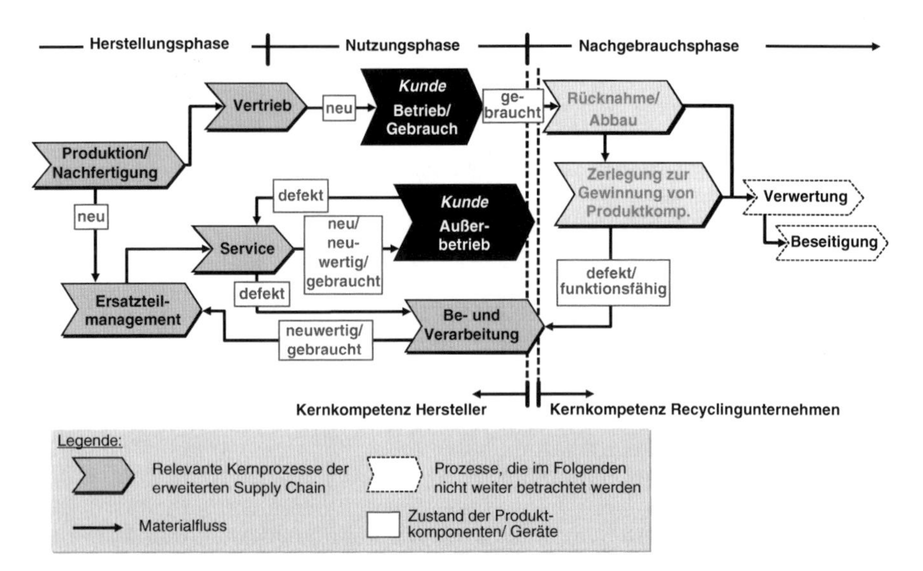

Abb. 6.101 Grobablauf der Umsetzung der Abläufe in der erweiterten Supply Chain (Graf, 2005, S. 116)

zählen hierzu insbesondere die Planungsprozesse beim Hersteller. Für die einzelnen Komponenten eines Produktes sind Ersatzteilversorgungsstrategien zu planen und regelmäßig zu überprüfen. Zu diesen Zeitpunkten kann aufgrund von externen Sonderbedingungen oder wenn sogenannte Wechselzeiträume erreicht sind, ein Übergang zwischen den verschiedenen Versorgungsansätzen ausgelöst werden.

Das entwickelte Konzept wurde anhand der Versorgungsplanung bei einem Hersteller von medizintechnischen Geräten validiert. Um dem Problem einer nicht vorhandenen Ersatzteilverfügbarkeit aufgrund von Bauteilabkündigungen in der Nachserie zu begegnen, wurde für die Scannereinheit eines Computed Radiography Systems eine Kombination aus Nachfertigung mit anschließender Endbevorratung bei gleichzeitiger Nutzung von gebrauchten Geräten als Ersatzteilversorgungsstrategie umgesetzt.

6.3.2.4 Lebenszyklusorientiertes dezentrales Wissensmanagement in der Nachserienversorgung

Zur Unterstützung eines lebenszyklusorientierten Wissensmanagements in der Nachserienversorgung stellt Horatzek einen Ansatz vor (Horatzek, 2006). Aufgrund langer Produktlebensdauern gilt es in der Nachserienversorgung Produkt- und Prozesswissen über lange Zeiträume zu bewahren. Aufgrund der Vielzahl unterschiedlicher Personen, die im Verlaufe der Zeit Aufgaben im Rahmen der Nachserienversorgung durchführen müssen, besteht eine Anforderung nach der Sicherstellung des notwendigen Wissens. Zu diesem Zweck entwickelt Horatzek einen Ansatz,

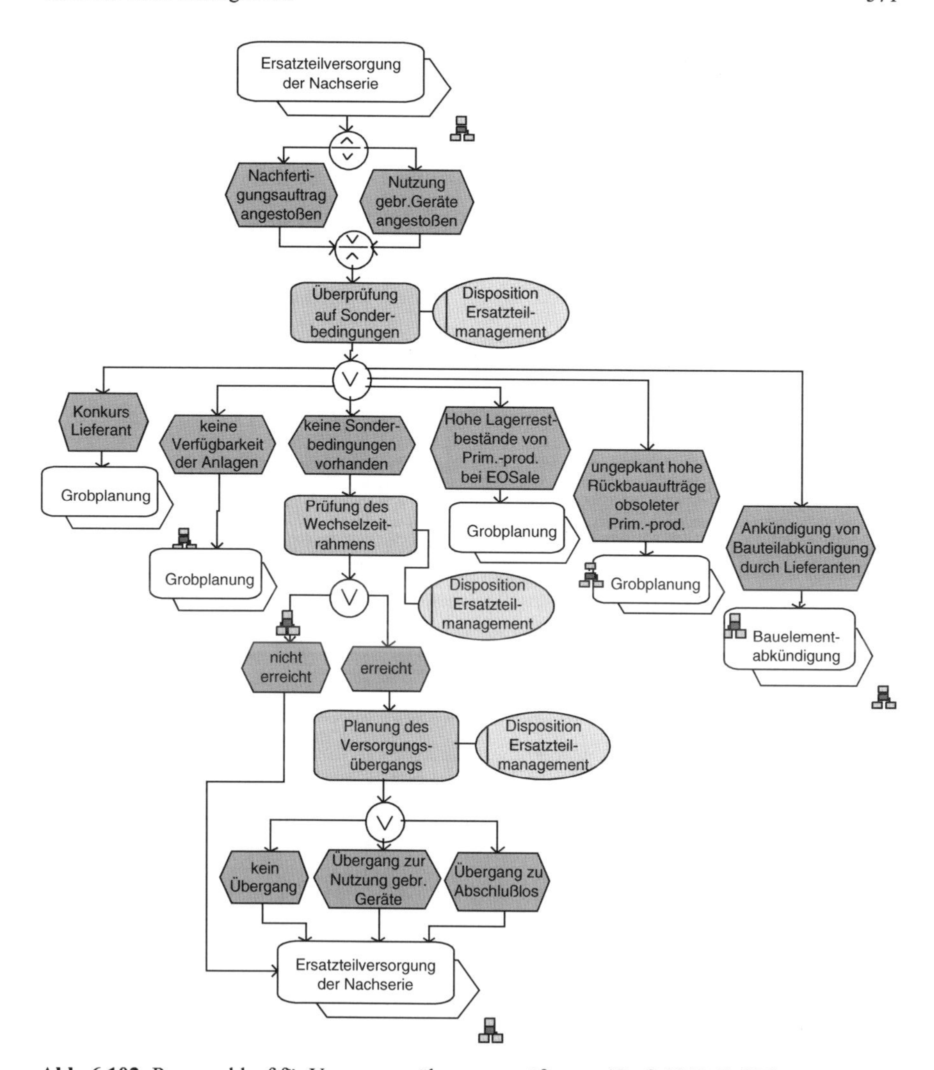

Abb. 6.102 Prozessablauf für Versorgungsübergangsprüfungen (Graf, 2005, S. 176)

der durch die Bereitstellung von Methoden und Werkzeugen des Wissensmanagements die Externalisierung und Internalisierung von Wissen fördert. Das entwickelte Werkzeug „SMART" (Synoptic Method Assessment and Ranking Tool) befähigt einen dezentralen Entscheidungsträger dazu, eine auf sein Milieu und die darin vorherrschenden Defizite passende Wissensmanagement-Methode auszuwählen und einzusetzen. Auf Basis von Checklisten- und Filterverfahren werden die Anforderungen eines Nutzers an das Wissensmanagement charakterisiert und geeignete Methoden und Werkzeuge des Wissensmanagement bereitgestellt. Das entwickelte Konzept fokussiert damit die Anwendung einzelner Methoden des Wissensmanagements.

6.3.2.5 (Industrielle) Produkt-Service-Systeme

In der industriellen Praxis erweisen sich produktbegleitende Dienstleistungen, die als Erweiterung von Sachleistungen entwickelt werden, häufig als nicht ausreichend. Durch die zumeist kundenindividuelle Gestaltung dieser Form der Leistungsbündel, kommt es häufig zu einer unüberschaubaren Menge an Leistungsangeboten mit Defiziten im Hinblick auf Standardisierung und Automatisierung, die zu erhöhten Kosten und zu Nachteilen in der Wettbewerbsfähigkeit für den Dienstleistungsanbieter gegenüber Drittanbietern führen (Aurich und Fuchs, 2004). Da die Entwicklung der Dienstleistungen als Erweiterung bestehender Sachleistungen erfolgt, wird das vorhandene Innovationspotenzial, welches aus den Wechselwirkungen zwischen Sach- und Dienstleistungen entstehen kann, nicht vollständig ausgeschöpft (Meier et al., 2005).

Ausgehend von diesem Potenzial wurde der Ansatz hybrider Leistungsbündel begründet. Hybride Leistungsbündel zeichnen sich durch die integrierte Betrachtung der Sach- und Dienstleistung über den Lebenszyklus, d. h. von der Leistungsplanung über die Entwicklung bis hin zur Erbringung und Nutzung, aus (Bains et al., 2007). Für die Funktionserfüllung wird dabei von einer Substituierbarkeit der Sach- und Dienstleistungsbestandteile abhängig von dem betrachteten Geschäftsmodell ausgegangen (Meier et al., 2005). Im internationalen Umfeld werden hybride Leistungsbündel auch als (industrielle) Produkt-Service Systeme bezeichnet. Produkt-Service Systeme (PSS) beschreiben dabei diejenigen hybriden Leistungsbündel, die vorrangig auf Konsumgüter fokussieren und die Anbieter-(End-)Kunden-Beziehung abbilden. In industriellen Produkt-Service Systemen (IPS2) wird dagegen der Schwerpunkt auf das Leistungsangebot der Anbieter für industrielle Kunden und die damit verbundenen Anforderungen gelegt (Sadek Hassanein, 2008). PSS und IPS2 sind jeweils Verknüpfungen von unterschiedlichen Leistungsmodulen, die, wie in Abb. 6.103 dargestellt in den Ausprägungen „reine Sachleistungsmodule", „reine Dienstleistungsmodule" und „hybride Leistungsmodule" auftreten können (Meier et al., 2006).

Beide Ansätze (PSS und IPS2) werden auch mit dem Ziel der Reduzierung von Umweltwirkungen für geforderte Funktionen durch die Substitution von Sachleistungen durch Dienstleistungen und dem damit einhergehenden Umdenken in der Funktionsentwicklung eingesetzt (Roy, 2000). Sie stellen damit zwei Möglichkeiten zur Ausgestaltung der von Brezet und van Hemel formulierten umweltorientierten Handlungsstrategie „Entwicklung neuer Produktkonzepte – vom Produkt zur Dienstleistung" dar (vgl. Kap. 6.1.2). Die integrierte Betrachtung von Sach- und Dienstleistung über alle Lebenswegphasen erfordert geeignete Methoden und Werkzeuge, um die Planung, Entwicklung, Erbringung und Nutzung der Sach- und Dienstleistungsbündel zu ermöglichen (Meier et al., 2005). Einen Ansatz stellt hier das Service Engineering dar (Bullinger et al., 2006). Doch für die praktische Umsetzung besteht noch ein großer Bedarf an anwendbaren Methoden und Werkzeugen, die eine lebenszyklusorientierte Gestaltung hybrider Leistungsbündel unterstützen (Torney et al., 2009).

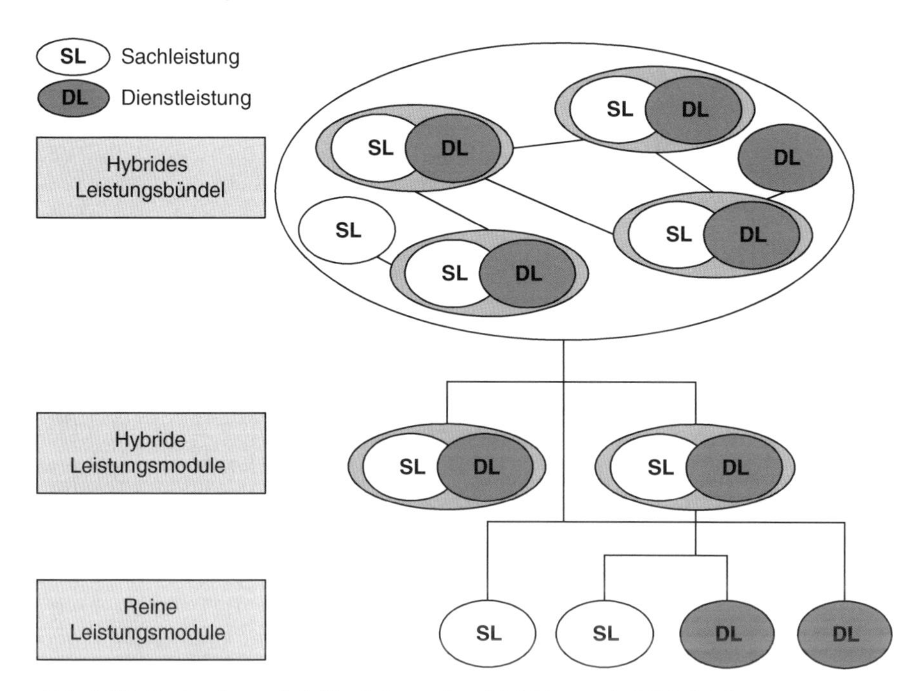

Abb. 6.103 Strukturierung hybrider Leistungsbündel (Meier et al., 2006, S. 25)

6.3.2.6 Zusammenfassung After-Sales-Management

Tabelle 6.8 zeigt die Einordnung des After-Sales-Managenent in das Modell lebensfähiger Systeme mit möglichen Institutionen im Unternehmen, beispielhaften Aufgaben innerhalb der Disziplin und Integrationsaufgaben zu den weiteren phasenbezogenen Disziplinen.

Folgende Fragen können zur Ausgestaltung bzw. Analyse herangezogen werden (vgl. Kap. 4.3.3):

- **System 1:** Was sind die Ein- und Ausgangsgrößen zu den anderen Systemen 1 (Produktmanagement, Produktionsmanagement, End-of-Life Management)? Wie sind die Beziehungen zu den Schwestersystemen (z. B. kooperativ oder kompetitiv)? Was sind die Charakteristika des After-Sales Marktes?
- **System 2:** Wie kann die Koordination zwischen Ersatzteilbedarfen im Service und demontierten, wiederverwendbaren Bauteilen im End-of-Life erfolgen? Gibt es ein gemeinsames Verständnis hinsichtlich der Qualitätsanforderungen? Stehen Informationen aus der Produktentwicklung zur Durchführung der Aktivitäten im Service zur Verfügung (z. B. Servicepläne)? Wie werden Verantwortliche bzw. Anforderungen aus dem Service in Entscheidungen der Produktentwicklung (z. B. servicegerechte Produkte) oder des Recycling (z. B. zerstörungsfreie, werterhaltende Gewinnung von Ersatzteilen) eingebunden bzw. berücksichtigt?

Tab. 6.8 Einordnung der phasenbezogenen Disziplin After-Sales-Management in das Modell lebensfähiger Systeme

Phasenbezogene Disziplin: After-Sales Management					
VSM System	Institution im Unternehmen (Beispiele)	Aufgaben im After-Sales Management (Beispiele)	Integrationsaufgaben zu übrigen phasenbezogenen Disziplinen (Beispiele)		
			Produktmanagement	Produktionsmanagement	End-of-Life Management
1	Serviceabteilung	Erbringung von Dienstleistungen	Ausschöpfung der serviceorientierten Produkteigenschaften, z. B. Telematik; Rückmeldung von Potenzialen zur Produktverbesserung	Abstimmung mit der Ersatzteilproduktion; Rückmeldung servicerelevanter Produktionsabweichungen bzw. Qualitätsmängel	Abstimmung mit der Ersatzteilbeschaffung; Rückmeldung servicerelevanter Abweichungen der Qualität aufgearbeiteter Ersatzteile
2		Koordination der Dienstleistungstätigkeiten	Ermittlung signifikanter Abweichungen zwischen geplanten und realisierten Produkt-Service-Leistungen	Ermittlung signifikanter Abweichungen bei der Ersatzteilverfügbarkeit und servicerelevanter Produktionsqualitätsmängel	Ermittlung signifikanter Abweichungen der Qualität aufgearbeiteter Ersatzteile
3	Operatives After-Sales Management	Optimaler Einsatz des Dienstleistungssystems durch Lenkung der Dienstleistungsaktivitäten	Einbringung der Erfahrungen aus dem Service in Cross-Functional Teams	Abstimmung von Qualitätsmängeln, Koordination mit der Produktion von Neu-Produkten und der Produktion von Ersatzteilen	Abstimmung von Qualitätsmängeln, Koordination mit der Bereitstellung aufgearbeiteter Ersatzteile
4	Strategisches After-Sales Management	Analyse der Marktentwicklung; Definition der Servicestrategie	Abstimmung mit der Produktstrategie und dem Einsatz neuer Produkttechnologien	Abstimmung mit den strategischen Zielen der Produktion; Individualisierungspotenziale, Flexibilität	Abstimmung mit der End-of-Life Strategie: z. B. Einsatz von Anreizsystemen, Umweltanforderungen
5	Normatives After-Sales Management	Dienstleistungsorientierung als Bestandteil der Unternehmenspolitik (z. B. Vision „Nachhaltigkeitsorientierte Produkt-Service-Systeme")	Abstimmung mit der Unternehmenspolitik (z. B. Vision „Life Cycle Designed Products")	Abstimmung mit der Unternehmenspolitik (z. B. Vision „Sustainable Manufacturing")	Abstimmung mit der Unternehmenspolitik (z. B. Vision „Recycling Society")

- **System 3:** Welche Informationen über die Qualität der Aktivitäten im Service werden an das operative After-Sales Management gemeldet? Wie werden die Informationen gemeldet und welche Informationen führen zu Maßnahmen? Gibt es kritische Verzögerungen zwischen Lenkungseingriffen (z. B. verbesserte Servicegerechtheit der Produkte durch Maßnahmen in der Produktentwicklung) und ihrer Wirkungskontrolle (z. B. geringere Servicekosten)?
- **System 4:** Wie werden z. B. Informationen zu Veränderungen der relevanten rechtlichen Rahmenbedingungen oder zu neuen Mitbewerbern beschafft und in der After-Sales Strategie berücksichtigt? Wie erfolgt die Abstimmung zwischen neuen Produkttechnologien und ggf. hierfür erforderlichen neuen Servicetechnologien? Wie werden zukünftig erwartete Ersatzteilbedarfe in der Produktion und ggf. im End-of-Life berücksichtigt?
- **System 5:** Wie wird eine Serviceorientierung in der Kultur und den Werten des Unternehmens verankert? Trägt das Unternehmen zur effektiven und effizienten Nutzung seiner Produkte bei? Wie ist das After-Sales Management in die Visionen des Produkt-, des Produktions- und des End-of-Life Management integriert?

6.4 End-of-Life Management

Das End-of-Life Management als integraler Bestandteil eines Ganzheitlichen Life Cycle Managements hat sich vor dem Hintergrund eines gestiegenen Umweltbewusstseins, abnehmender Rohstoff- und Ressourcenverfügbarkeit und damit steigender Rohstoffpreise sowie beschränkter Aufnahmefähigkeit der Umwelt für Abfälle und Emissionen entwickelt. Das End-of-Life Management ist zentrales Element zur Umsetzung einer Kreislaufwirtschaft im Sinne eines Übergangs von einer eindirektionalen Quellen-Senken-Wirtschaft hin zu geschlossenen Stoffkreisläufen.

Im Sinne eines Ganzheitlichen Life Cycle Managements stellt das End-of-Life Management eine lebensphasenbezogene Disziplin dar (Abb. 6.104) und bezieht sich auf die Nachgebrauchsphase, welche die Aktivitäten der Redistribution und der Entsorgung umfasst. Objekte eines End-of-Life Managements können alle Produkte aus dem Konsum- und Investitionsgüterbereich sowie auch Hilfs- und Betriebsstoffe, wie z. B. Verpackungen und Kühlschmierstoffe, sein. Insbesondere sind hier, gerade auch aufgrund ihrer oft komplexen Zusammensetzung und weitreichender rechtlicher Regelungen, Elektro(nik)altgeräte, Altautos, Verpackungen und Altbatterien als Beispiel zu nennen. Inhalt des End-of-Life Managements ist die zielgerichtete Gestaltung, Lenkung und Entwicklung der Aktivitäten in der Nachgebrauchsphase einer ökonomisch und ökologisch effizienten Kreislaufführung von Produkten, Materialien und Energie.

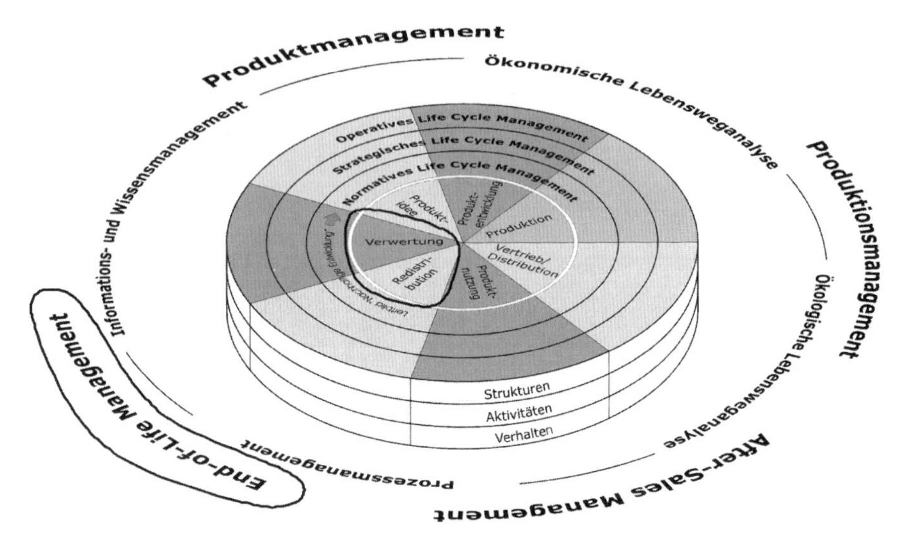

Abb. 6.104 Bezugsrahmen für ein Ganzheitliches Life Cycle Management

6.4.1 Grundlagen und Rahmenbedingungen

Gegenstand des End-of-Life Managements sind Produkte, die das Ende ihrer Nutzungsphase erreicht haben. Das Ende einer Nutzungsphase kann aus unterschiedlichen Gründen erreicht werden: Sogenannte End-of-Life Produkte haben das Ende ihrer ökonomischen oder physischen Nutzungsdauer erreicht (de Brito und Dekker, 2002, S. 10), während bei End-of-Use Produkte eine andere Art der Obsoleszenz aufgetreten ist, die dazu führt, dass das Produkt entsorgt werden soll. Ziel eines End-of-Life Managements ist die Kreislaufführung von Produkten, wozu zunächst eine Rückführung aus der Nutzungsphase bzw. von den beteiligten Akteuren notwendig ist. Eine Rückführung bzw. Redistribution von Produkten kann aber auch aus einer Vielzahl anderer Gründe notwendig sein (siehe Tab. 6.9), so dass Rückführungsaktivitäten nicht immer dem End-of-Life Management zuzuordnen sind.

Tab. 6.9 Arten von Rückläufern (de Brito und Dekker, 2002, S. 7 ff.)

Produktionsrückflüsse	Rohmaterialüberschuss Qualitätsrückläufer Produktionsüberschuss
Distributionsrückläufer	Produktrückrufe Handelsrückläufer Lageranpassungsrückläufer Kreislaufobjekte (z. B. Pfandverpackungen)
Kunden-/Nutzungsrückläufer	Rückgabe mit Vergütung Garantierückläufer Service-Rückläufer (Reparatur, Ersatzteile) End-of-Use End-of-Life

Aus diesem Grund sollen an dieser Stelle folgende Abgrenzungen getroffen werden: End-of-Life Management bezieht sich auf Produkte am Ende ihrer geplanten Nutzungsdauer, die daher einer Entsorgung bedürfen. Dies kann auch beispielsweise bei Distributionsrückläufern erreicht werden, die nicht zur weiteren Nutzung erneut vermarktet werden können. Nicht Gegenstand eines End-of-Life Managements sind produktionsnahe Kreisläufe im Sinne eines produktionsintegrierten Umweltschutzes (siehe Kap. 6.2.2), sowie Instandhaltungsmaßnahmen während der Nutzungsphase und Servicekreisläufe (siehe Kap. 6.3). Bezugspunkt ist immer das Ende der geplanten Nutzungsphase, aus dem das Entscheidungsproblem der weiteren Verwertung bzw. Verwendung des Produktes resultiert. Somit ist das End-of-Life Management auch von einer geplanten Nutzenverlängerung durch multiple Nutzungszyklen, z. B. bei Leasing-Modellen, zu unterscheiden.

End-of-Life Management ist zentrales Element zur Umsetzung einer Kreislaufwirtschaft, in der die eingesetzten Rohstoffe über den Lebenszyklus eines Produktes hinaus wieder in den Produktionsprozess bzw. in die Nutzungsphase zurückgelangen (Rechberger, 2002). Dieses erfolgt in sogenannten Closed-Loop Supply Chains. Ein akteurs- bzw. aktivitätsorientiertes Verständnis des Closed-Loop Supply Chain Begriffs (siehe Abb. 6.105) ist von der prozessualen Betrachtungsweise des Closed-Loop Supply Chain Managements (siehe Kap. 5.3) zu unterscheiden.

Grundsätzlich ist hierbei zwischen einer Kreislaufführung von Produkten (ganzen Produkten bzw. einzelnen Komponenten), die direkt in eine weitere Nutzungsphase führen, und Materialien sowie Energie zu unterscheiden. In Abb. 6.106 sind die unterschiedlichen Kreislaufführungsoptionen dargestellt.

Zunächst sollen im Folgenden die Rahmenbedingungen des End-of-Life Managements dargestellt werden. Das End-of-Life Management bewegt sich hierbei

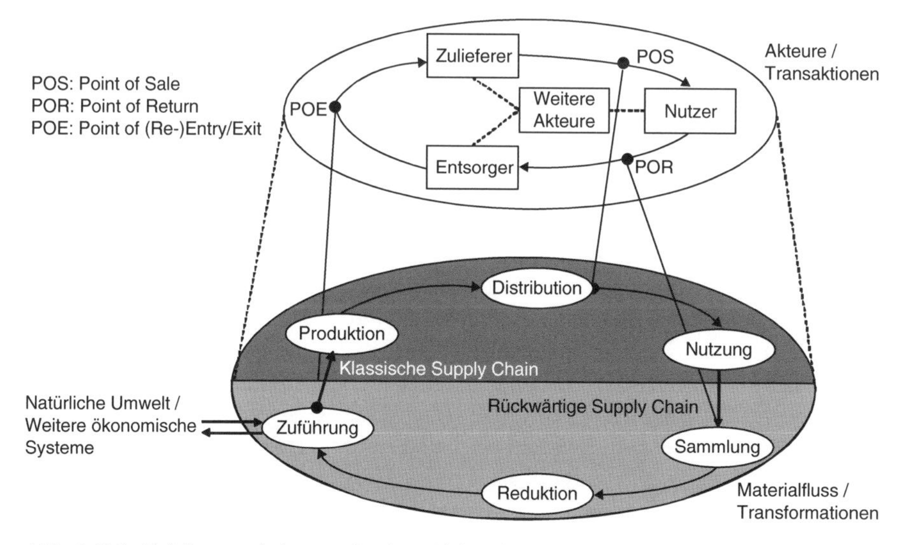

Abb. 6.105 Aktivitäts- und akteursorientierte Sichtweise auf Closed-Loop Supply Chains (Dyckhoff et al., 2004, S. 16)

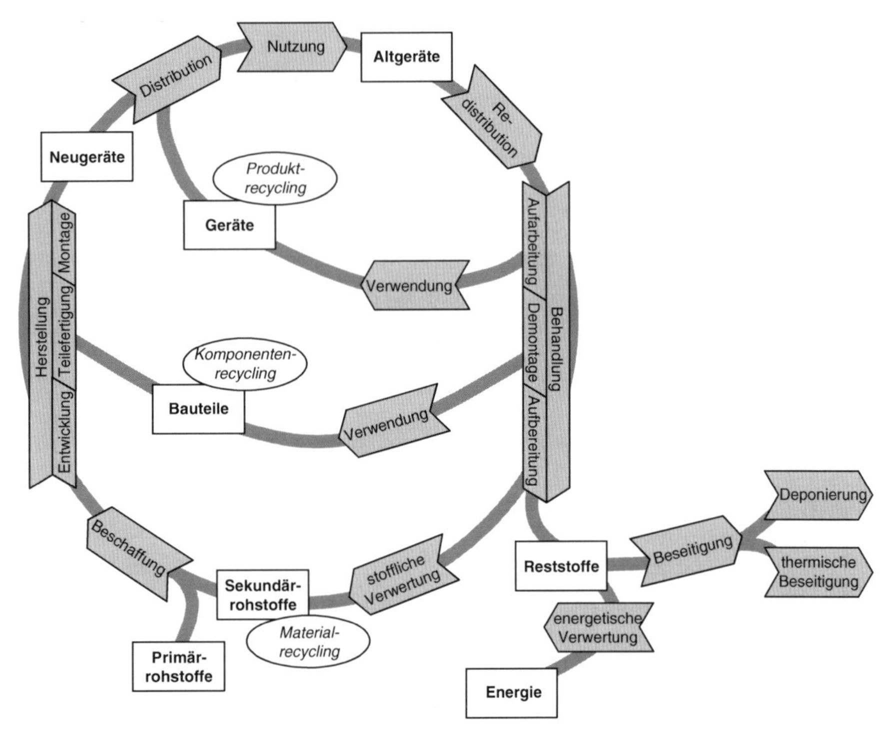

Abb. 6.106 Kreislaufführungsoptionen (Ohlendorf, 2006, S. 22)

im Spannungsfeld zwischen rechtlichen, technischen, ökonomischen, ökologischen und sozialen Rahmenbedingungen.

6.4.1.1 Rechtliche Rahmenbedingungen

Historisch gesehen führte ein kontinuierlich steigendes Abfallaufkommen in Deutschland erstmals im Jahr 1972 zur Verabschiedung eines Abfallbeseitigungsgesetzes. 1986 trat das Gesetz zur Vermeidung und Entsorgung von Abfällen in Kraft, welches in den folgenden Jahren durch Verordnungen ergänzt wurde. Anfang der 90er Jahre vollzog sich in der Gesetzgebung ein Verständniswandel von einem Denken in offenen (linearen) Systemen hin zu geschlossenen (zyklischen) Systemen und damit ein Übergang von einer Durchflusswirtschaft hin zu einer Kreislaufwirtschaft (Herrmann, 2003, S. 17 f.).

Der rechtliche Rahmen für das End-of-Life Management wird durch verschiedene Richtlinien, Gesetze, Verordnungen und Selbstverpflichtungen der Industrie bestimmt. Hierbei wird die europäische Gesetzgebung zunehmend durch Richtlinien und Verordnungen der Europäischen Union (EU), die in nationale Gesetze und Verordnungen in den einzelnen Mitgliedstaaten umzusetzen sind, harmonisiert (Bilitewski et al., 2000, S. 10). Innerhalb der Bundesrepublik Deutschland erfolgt die Festsetzung rechtlicher Regelungen über Gesetzgebungsverfahren auf Bund- und Länderebene, welche durch Rechtsverordnungen und Verwaltungsvorschriften ergänzt werden. Technische Normen und Richtlinien erhalten nur durch einen ausdrücklichen Verweis in Gesetzen und Verordnungen rechtsverbindlichen Charakter (Bilitewski et al., 2000, S. 11).

Der Rahmen der deutschen Abfallpolitik wird durch das Kreislaufwirtschafts- und Abfallgesetz (KrW-/AbfG), das 1994 verabschiedet wurde und 1996 in Kraft trat, bzw. durch die zugrunde liegende europäische Abfallrahmenrichtlinie gebildet. Letztere befindet sich derzeit in der Überarbeitung. In dem Gesetz werden die Grundsätze der Kreislaufwirtschaft festgelegt, wonach Abfälle in erster Linie zu vermeiden und in zweiter Linie zu verwerten sind (KrW-/AbfG, 1994, § 4). Einer Wieder- und Weiterverwendung von Produkten bzw. Teilen von Produkten wird also der Vorrang vor der Verwertung gegeben, soweit dies technisch möglich und wirtschaftlich vertretbar ist. Die stoffliche und energetische Verwertung werden gleichrangig behandelt, Vorrang hat der jeweils umweltverträglichere Verwertungsweg. Die Einordnung als energetische Verwertung ist an verschiedene Bedingungen gekoppelt, u. a. muss der Materialeingangsstrom einen Mindestbrennwert von 11 MJ/kg aufweisen und ein Feuerungswirkungsgrad von mindestens 75% erzielt werden (KrW-/AbfG, 1994, § 6). Bei der stofflichen Verwertung muss der Hauptzweck auf der Nutzung der stofflichen Eigenschaften liegen und nicht in der Beseitigung des Schadstoffpotenzials. Eine zweifelsfreie Einordnung, z. B. Rückgewinnung von 30% Stahl aus einem Metall-Kunststoff-Gemisch, ist mit den gegebenen Definitionen jedoch nicht immer möglich (Giesberts und Posser, 2001).

Innerhalb des KrW-/AbfG wird auch das Konzept der erweiterten Produktverantwortung (Extended Producer Responsibility, EPR) in einen rechtlichen Rahmen aufgenommen. Die Organisation für wirtschaftliche Zusammenarbeit und Entwicklung (OECD) definiert diese als “an environmental policy approach in which a producer’s responsibility, physical and/or financial, for a product is extended to the post-consumer stage of a product’s life cycle“ (Organisation for Economic Cooperation and Development (OECD), 2001, S. 18). Hersteller bzw. Importeure von Produkten sollen (zumindest teilweise) die Kosten für die Auswirkungen ihrer Produkte über den Lebenszyklus übernehmen. Hierdurch sollen externe Kosten internalisiert werden und ein Anreiz zur Optimierung der Produkte erzeugt werden.

Wesentliche Aspekte der Produktverantwortung sind (VDI 2343 Blatt 1, 2001-05, S. 10; VDI 4431, 2001-07):

- Mehrfache Verwendbarkeit von Werkstoffen und Baugruppen
- Einsatz von Sekundärrohstoffen
- Einsatz technisch langlebiger Erzeugnisse
- Vermeidung von Schadstoffen und Kennzeichnung schadstoffhaltiger Bauteile
- Rücknahme und umweltverträgliche Verwertung bzw. Beseitigung

Die grundlegenden Regelungen des KrW-/AbfG werden für verschiedene Produktgruppen in weiteren gesetzlichen Regelungen konkretisiert, die insbesondere Vorgaben zur Ausgestaltung der End-of-Life Systeme sowie für Mindestrecyclingquoten enthalten. Hierzu zählen u. a. Altfahrzeuge, Elektro- und Elektronikaltgeräte, Batterien und Verpackungen.

Die rechtliche Grundlage für das *End-of-Life Management von Altfahrzeugen* bildet die EU-Altfahrzeugrichtlinie 2000/53/EG (ELV, 2000) und deren nationale Umsetzung in deutsches Recht durch die Altfahrzeug-Verordnung (Verordnung über die Überlassung, Rücknahme und umweltverträgliche Entsorgung von Altfahrzeugen – AltfahrzeugV) (AltfahrzeugV, 2002) und das Altfahrzeug-Gesetz (Gesetz über die Entsorgung von Altfahrzeugen – AltfahrzeugG) (AltfahrzeugG, 2002).

Das Ziel der Regelung ist vorrangig die Vermeidung von Fahrzeugabfällen und darüber hinaus die Wiederverwendung, das Recycling sowie sonstige Formen der Verwertung von Altfahrzeugen und ihren Bauteilen zur Verringerung der Abfallbeseitigung. Weiterhin soll die Umweltschutzleistung aller in den Lebenskreislauf von Fahrzeugen einbezogenen Wirtschaftsbeteiligten verbessert werden. Hierzu wird zum einen die Verwendung von gefährlichen Stoffen in Neufahrzeugen begrenzt. Ab dem 1. Juli 2003 dürfen Neufahrzeuge kein Blei, Quecksilber, Kadmium oder sechswertiges Chrom mehr enthalten. Weiterhin sind die Hersteller dazu verpflichtet, sowohl bei der Konstruktion als auch bei der Produktion eine spätere Demontage, Wiederverwendung und Verwertung, insbesondere Recycling (hier synonym mit dem Begriff der stofflichen Verwertung verwendet) zu berücksichtigen.

Letztbesitzer sollen ihre Altfahrzeuge kostenlos zurückgeben können. Diese müssen dann einer zugelassenen Verwertungsanlage zugeführt werden. Erst der hierdurch ausgestellte Verwertungsnachweis ermöglicht die Abmeldung des Fahrzeuges. Den Herstellern der Fahrzeuge werden sämtliche Kosten für die Rücknahme und Entsorgung der Fahrzeuge übertragen. Anlagen zur Altfahrzeugentsorgung müssen Mindestanforderungen an die Behandlung einhalten und sich hierfür zertifizieren lassen. Die Anforderungen an die Behandlung von Altfahrzeugen unterteilen sich in Behandlung zur Beseitigung von Schadstoffen und in Behandlung zur Verbesserung des Recycling (AltfahrzeugV, 2002) (Tab. 6.10).

Tab. 6.10 Behandlungsanforderungen für Altfahrzeuge

Behandlung zur Beseitigung von Schadstoffen aus Altfahrzeugen	Behandlung zur Verbesserung des Recycling
Entfernung von Batterien und Flüssiggastanks	Entfernung von Katalysatoren
Entfernung oder Neutralisierung potenziell explosionsfähiger Bauteile (z. B. Airbags)	Entfernung von kupfer-, aluminium- und magnesiumhaltigen Metallbauteilen, wenn die entsprechenden Metalle nicht beim Schreddern getrennt werden
Entfernung sowie getrennte Sammlung und Lagerung von Kraftstoff, Motoröl, Kraftübertragungsflüssigkeit, Getriebeöl, Hydrauliköl, Kühlflüssigkeit, Frostschutzmittel, Bremsflüssigkeit und Flüssigkeiten aus Klimaanlagen sowie anderen in den Altfahrzeugen enthaltenen Flüssigkeiten, es sei denn, sie sind für die Wiederverwendung der betreffenden Teile erforderlich	Entfernung von Reifen und großen Kunststoffbauteilen, (Stoßfänger, Armaturenbrett, Flüssigkeitsbehälter etc.), wenn die entsprechenden Materialien beim Shreddern nicht in einer Weise getrennt werden, die ihr tatsächliches Recycling als Rohstoff ermöglicht
Soweit durchführbar: Entfernung aller Bauteile, die nachweislich Quecksilber enthalten	Entfernung von Glas

Tab. 6.11 Recyclingquoten für die Altfahrzeugverwertung

ab 1. Januar 2006	
Wiederverwendung und Verwertung	85%
Wiederverwendung und Recycling	80%
ab 1. Januar 2015	
Wiederverwendung und Verwertung	95%
Wiederverwendung und Recycling	85%

Nach der Behandlung werden die Fahrzeuge i. d. R. in einer Großshredderanlage zerkleinert und die entstehenden Fraktionen getrennt. Bei der Entsorgung von Altfahrzeugen müssen ab 2006 bzw. ab 2015 die in Tab. 6.11 angeführten Quoten bezogen auf das durchschnittliche Fahrzeuggewicht erreicht werden.

Um eine hochwertige Verwertung zu unterstützen, sind die Fahrzeughersteller verpflichtet, den Verwertungsanlagen Demontageinformationen für neu in Verkehr gebrachte Fahrzeuge zur Verfügung zu stellen. Zusätzlich müssen Hersteller ab 2006 im Rahmen der Typengenehmigung von Neufahrzeugen nachweisen, dass bezogen auf das Fahrzeuggewicht mindestens 85% wiederverwendbar und/oder recyclingfähig und 95% wiederverwendbar und/oder verwertbar sind.

Den rechtlichen Rahmen für das *End-of-Life Management von Elektro- und Elektronikgeräten* bildet die EU-WEEE-Richtlinie 2002/96/EG (Waste Electrical and Electronic Equipment) (WEEE, 2003). Diese Richtlinie wurde gemeinsam mit der EU-RoHS-Richtlinie 2002/95/EG (RoHS, 2003) in das deutsche Elektro- und Elektronikgerätegesetz (Gesetz über das Inverkehrbringen, die Rücknahme und die umweltverträgliche Entsorgung von Elektro- und Elektronikgeräten – ElektroG) (ElektroG, 2005) umgesetzt. Die Regelungen verfolgen den Zweck, Abfälle aus Elektro- und Elektronikgeräten vorrangig durch Wiederverwendung zu vermeiden und darüber hinaus zu verwerten, um die zu beseitigende Abfallmenge zu reduzieren. Weiterhin soll der Eintrag von Schadstoffen aus Elektro- und Elektronikgeräten in Abfälle verringert werden. Übergeordnetes Ziel ist die Verbesserung der Umweltschutzleistung aller entlang des Lebensweges eingebundenen Wirtschaftsbeteiligten.

Für die Endverbraucher ist ein System zur kostenlosen Rückgabe von Elektro- und Elektronikaltgeräten eingerichtet. Pro Einwohner sollen so mindestens 4 kg Elektro- und Elektronikaltgeräte pro Jahr gesammelt werden. Ein zentrales Element des ElektroG ist die geteilte Produkt- und Kostenverantwortung für Geräte aus privaten Haushalten (Abb. 6.107): Die Kommunen übernehmen die haushaltsnahe Sammlung der Geräte und den Herstellern wird die Produkt- und Kostenverantwortung zur Entsorgung der Altgeräte ab einer Übergabestelle übertragen.

Im Rahmen der Entsorgung müssen festgelegte Mindestquoten eingehalten werden. Hierzu wird die Menge der Altgeräte in zehn Kategorien eingeteilt, für die jeweils eine Wiederverwendungs- und Recyclingquote (Recycling umfasst im Sinne dieser Regelungen ausschließlich stoffliche Verwertung) sowie eine Verwertungsquote bezogen auf das durchschnittliche Gewicht je Gerät vorgegeben wird (siehe Tab. 6.12).

Tabelle 6.12 enthält weiterhin Angaben über die Zuordnung der Gerätekategorien zu Sammelgruppen in Deutschland, in denen die Altgeräte durch öffentlich-

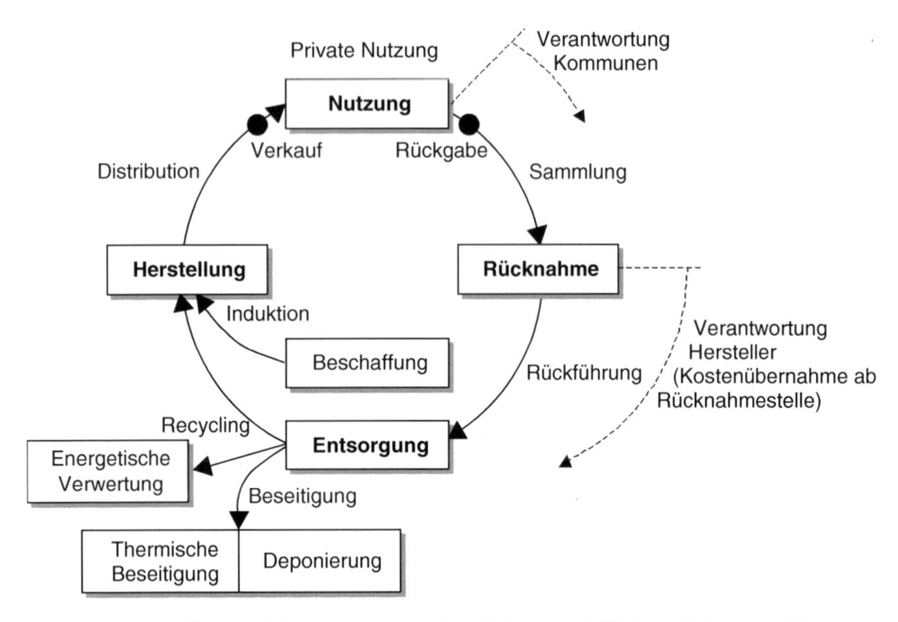

Abb. 6.107 Geteilte Produktverantwortung für Elektro- und Elektronikaltgeräte (Herrmann, 2003, S. 21)

rechtliche Entsorgungsträger zur Übergabe an die Hersteller bereitgestellt werden müssen. Endverbraucher erhalten die Möglichkeit, ihre Altgeräte sowohl bei öffentlich-rechtlichen Entsorgungsträgern, bei Vertreibern als auch bei Herstellern direkt kostenlos zurückzugeben. In einem ersten Schritt erfolgt eine zumeist manuelle Demontage der Geräte, durch die im Anhang des Gesetzes geregelte Behandlungsanforderungen erfüllt werden sollen, nach denen bestimmte Bauteile und Stoffe (u. a.

Tab. 6.12 Verwertungsquotenvorgaben für Elektro- und Elektronikaltgeräte

Geräte-Kategorie (lt. Anhang 1 A WEEE)		Verwertungs-quote	Wiederverwendungs- und stoffliche Verwertungsquote	Sammel-Gruppe (lt. § 9 (4) ElektroG)
1	Haushaltsgroßgeräte	80%	75%	1
10	Automatische Ausgabegeräte			2
3	IT & Telekommunikationsgeräte	75%	65%	3
4	Unterhaltungselektronik			
2	Haushaltskleingeräte	70%	50%	4
6	Elektr. Werkzeuge			
7	Spielzeug. Sport- und Freizeitgeräte			
9	Überwachungs- und Kontrollinstrumente			
5	Beleuchtungskörper			
	Gasentladungslampen	keine Vorgabe	80%	5
8	Medizinprodukte	keine Vorgabe	keine Vorgabe	4

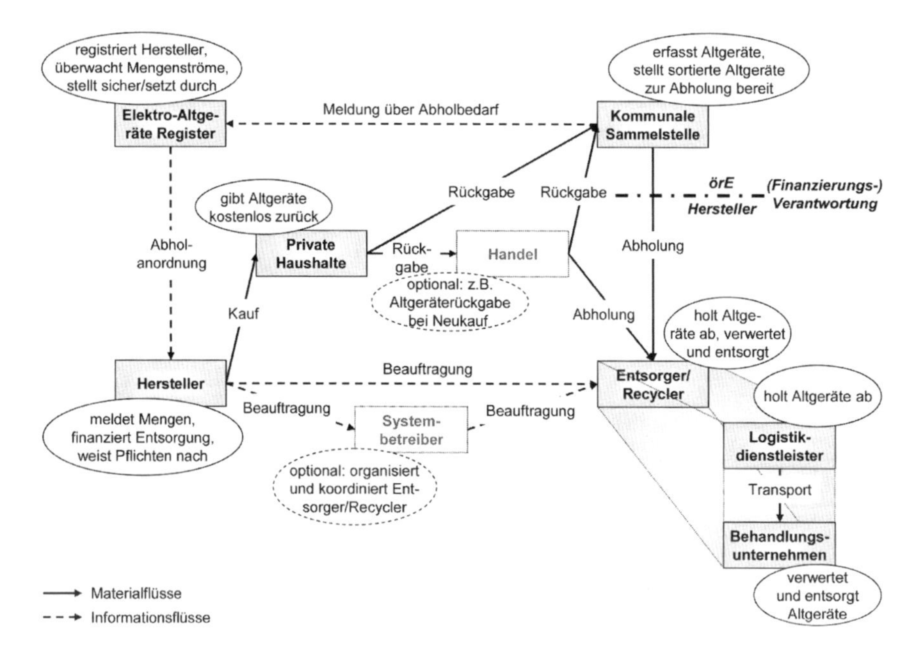

Abb. 6.108 Akteure und ihre Aufgaben gemäß ElektroG (Ohlendorf, 2006, S. 33)

quecksilberhaltige Bauteile, Batterien, Leiterplatten, Tonerkartuschen) aus den gesammelten Geräten entfernt werden müssen.

In der Praxis haben die rechtlichen Regelungen des ElektroG zu einem komplexen Gebilde aus Material-, Informations- und Finanzflüssen zwischen den beteiligten Akteuren (Herstellern, öffentlich-rechtliche Entsorgungsträger, beauftragte Entsorger, Stiftung Elektro-Altgeräte-Register) geführt. Das Zusammenwirken dieser Akteure ist in Abb. 6.108 dargestellt.

Private Haushalte können Altgeräte bei kommunalen Sammelstellen oder beim Handel zurückgeben. Sammelstellen melden einen Abholbedarf an die Stiftung Elektro-Altgeräte Register. Diese erteilt eine Abholanordnung an einen Hersteller. Der Hersteller wiederum beauftragt zumeist einen Dienstleister, der die Abholung und Entsorgung durchführt. Für eine Detailbetrachtung der Zusammenhänge sei auf das Gesetz (ElektroG, 2005) und weiterführende Literatur (z. B. Bullinger und Lückefett, 2005) verwiesen.

6.4.1.2 Technische Rahmenbedingungen

Im Rahmen des End-of-Life Managements kommen verschiedene technische Prozesse zur Anwendung, die im Folgenden definiert werden sollen. Hierbei existiert in der Literatur jedoch i. d. R. keine einheitliche Auffassung über die genauen Inhalte der Begriffe. Abbildung 6.109 zeigt in der Übersicht die Zuordnung und Relation der einzelnen Begriffe.

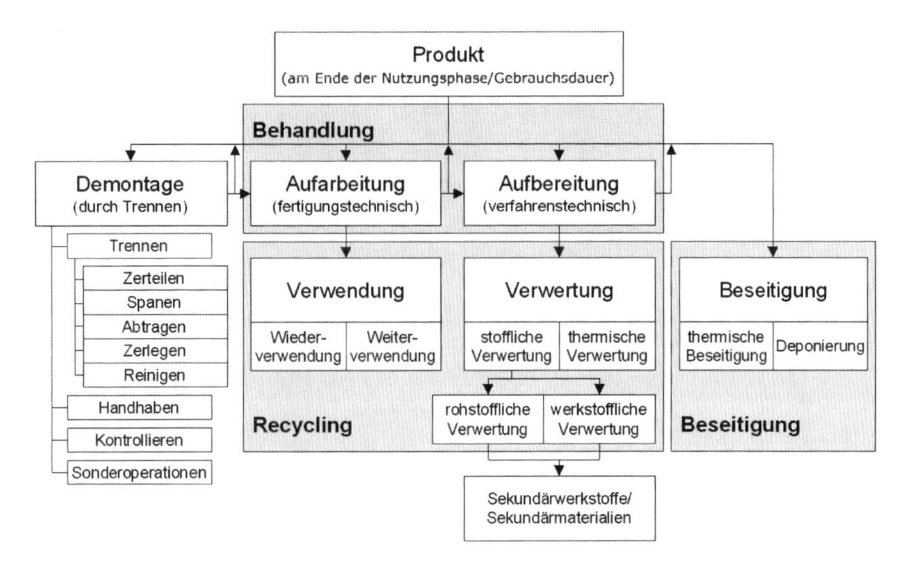

Abb. 6.109 Begriffsbestimmungen nach VDI 2243, VDI 2343 und DIN 8580 (Herrmann, 2003, S. 11)

Ausgangspunkt bildet das Produkt am Ende seiner Nutzungsphase. An diesem Punkt ist ein Produkt entweder z. B. aufgrund veralteter Technologie oder veränderter Nutzerpräferenz obsolet oder beschädigt und nicht mehr funktionsfähig. Hieran schließen sich unterschiedliche Tätigkeiten und Prozesse mit dem Ziel der Kreislaufführung von Produkten, Materialien und Energie bzw. der Beseitigung der einzelnen Bestandteile an, die wie folgt definiert werden können (DIN 8580, 2003-09; VDI 2243, 2002-07; VDI 2343 Blatt 1, 2001-05) (Tab. 6.13).

Demontageprozesse können zerstörend, teilzerstörend oder zerstörungsfrei erfolgen. Bei der zerstörungsfreien Demontage spricht man gleichzeitig vom Trennen (DIN 8580, 2003-09). Oft schließen sich an die Demontage weitere Behandlungsprozesse an, z. B. die Aufbereitung. Eine Demontage kann durch gesetzliche Vorgaben oder vertragliche Vereinbarungen notwendig sein, wobei mit ihr i. d. R. folgende Ziele erreicht werden können (Kühn, 2001, S. 10 f.):

- Separierung schadstoffhaltiger Bauteile und Materialien
- Zerstörungsfreie Gewinnung von Komponenten für eine Weiter- bzw. Wiederverwendung
- Separierung von Materialien, die verfahrenstechnisch nicht bzw. nur schwer getrennt werden können oder die nachfolgende Behandlungs- oder Verwertungsprozesse stören können
- Gewinnung reiner Materialien für nachfolgende Behandlungs- und Verwertungsprozesse, mit denen Erlöse erwirtschaftet werden können

Hierbei stellt die Demontage keineswegs eine Umkehrung der Montage(vorgänge) dar (von Werder, 1996, S. 12). Vielmehr weist die Demontage Unterschiede

Tab. 6.13 Begriffsdefinitionen

Begriff	Definition
Demontage:	Gesamtheit aller Vorgänge, die der Vereinzelung von Mehrkörpersystemen zu Baugruppen, Bauteilen und/ oder formlosem Stoff durch Trennen dienen
Aufarbeitung:	Behandlung zur Verwendung, in der Regel fertigungstechnisch
Aufbereitung:	Behandlung zur Verwertung, in der Regel verfahrenstechnisch
Verwertung • stoffliche Verwertung:	Nutzung des Abfalls (keine Beseitigung des Schadstoffpotenzials) durch Substitution von Rohstoffen durch das Gewinnen von Stoffen aus Abfällen (rohstoffliche Verwertung) oder Nutzung der stofflichen Eigenschaften der Abfälle (werkstoffliche Verwertung) mit Ausnahme der unmittelbaren Energierückgewinnung (§ 4(3) KrW-/AbfG) (kann mit dem Materialrecycling gleichgesetzt werden)
Verwertung • thermische Verwertung:	Einsatz von Abfällen als Ersatzbrennstoff (wird auch als energetische Verwertung bezeichnet)
Recycling:	erneute Verwendung oder Verwertung von Produkten, Teilen von Produkten sowie Werkstoffen in Form von Kreisläufen
Verwendung:	erneute Nutzung von gebrauchten Produkten oder Produktteilen für denselben (Wiederverwendung) oder einen anderen (Weiterverwendung) Verwendungszweck wie zuvor unter Nutzung ihrer Gestalt ohne bzw. mit beschränkter Veränderung des Produktes; folgt auf Aufarbeitungsprozesse (kann mit dem Produktrecycling gleichgesetzt werden)
Beseitigung:	Ablagern (Deponieren) und Verbrennen ohne Energiegewinnung
Sekundärrohstoff, -material:	Abfälle und/oder Materialien, die nach Verarbeitung wieder als Rohstoff in den Produktionsprozess zur Herstellung neuer Gebrauchsgegenstände eingeführt werden (Metallschrott, Altglas, Kunststoffe, Altpapier etc.)

zur Montage auf, die durch die in Tab. 6.14 aufgeführten Spezifika gekennzeichnet sind.

Aufbereitungsverfahren sind mechanische bzw. verfahrenstechnische Prozesse mit dem Ziel, Stoffverbünde aufzutrennen, Materialien zu zerkleinern, einzelne Stoffe und Materialien zu erkennen und auszuschleusen bzw. den entstehenden Ma-

Tab. 6.14 Vergleich der Montage und der Demontage (Ohlendorf, 2006, S. 25)

Unterscheidungsmerkmal	Montage	Demontage
Struktur/Materialfluss	konvergierend	divergierend
Geräteaufkommen	relativ konstant	stark schwankend
Prozesszeiten	deterministisch	nicht deterministisch
Produktvielfalt	gering	hoch
Produktzustand	identisch	variierend
Produktinformationen	verfügbar	nicht verfügbar
Konstruktionsänderungen	noch möglich	nicht möglich
erforderliche Genauigkeit	hoch	gering
Tätigkeitsumfang	fix	variabel
erforderliche Flexibilität	gering	hoch
Losgröße	mittel bis groß	klein (bis zu eins)
Automatisierung	(teil-)automatisiert	manuell

terialmix sortenrein zu sortieren. Die (mechanische) Aufbereitung stellt ein Bindeglied zwischen Demontage und weiteren Verwertungsverfahren dar und ist zumeist eine Kombination aus Zerkleinerungstechniken sowie Sortier- und Klassierverfahren (Bilitewski et al., 2000, S. 355 ff.). Dabei existieren in der Recyclingpraxis die unterschiedlichsten Verfahrenskombinationen. Als Ausgangsstrom können vor allem eisenhaltige Fraktionen und Nichteisen-Metalle gewonnen werden. Die genaue Zusammensetzung der Output-Fraktionen hängt sowohl von der Zusammensetzung des Inputstroms als auch von den eingesetzten Technologien ab. Beim *Zerkleinern* werden Feststoffe einer mechanischen Belastung in Form von Zug-, Druck- oder Scherkräften ausgesetzt, bis die Zusammenhaltkräfte des Materials überwunden werden und es letztendlich zur Zerkleinerung bzw. zur Zerteilung kommt. Bei der mechanischen Zerkleinerung kann zwischen vier Zerkleinerungsarten unterschieden werden: Brechen, Mahlen, Schreddern und Schneiden (Niewöhner, 2002). Die Zerkleinerung dient im Allgemeinen zur Vorbereitung der Materialien auf einen nachfolgenden Trennvorgang. Je nach Ausnutzung von Feinheitsmerkmalen oder stofflichen Merkmalen unterteilt sich dieser Trennvorgang in Klassier- und Sortierverfahren. Das *Klassieren* ist ein partikelspezifisches Trennverfahren für zerkleinerte Feststoffgemische nach Feinheitsmerkmalen. Feinheitsmerkmale sind Partikelmerkmale hinsichtlich ihrer geometrischen Ausdehnung. Dazu zählen das Volumen, die Oberfläche und die Projektionsfläche. Nach der Klassierung bestehen die Fraktionen aus Klassen einheitlicher Korngrößenzusammensetzung, in denen zum Beispiel bestimmte Wertstoff-, Abfall- und Schadstoffkomponenten angereichert sein können (Bilitewski et al., 2000, S. 366 f.). Im Allgemeinen kann die Klassierung nach dem Prinzipien des Siebklassierens und des Stromklassierens unterteilt werden (Niewöhner, 2002). Unter *Sortieren* wird in der Aufbereitungstechnik das Trennen eines Mengenstroms in zwei oder mehr Produkte unterschiedlicher stofflicher Zusammensetzung verstanden. Beim Sortieren werden die physikalischen Eigenschaftsunterschiede der zu trennenden Feststoffteilchen ausgenutzt, also die stofflichen Merkmale, wie zum Beispiel die Phase, die Benetzbarkeit der Oberfläche, die Dichte, die magnetische Suszeptibilität, optische Eigenschaften oder die elektrische Leitfähigkeit (Bilitewski et al., 2000, S. 375). Eine detaillierte Übersicht über die unterschiedlichen Zerkleinerungs-, Klassier- und Sortiertechnologien, der technische Merkmale sowie Vor- und Nachteile findet sich in (VDI 2343 Blatt 3, 2002-02, S. 11 ff.; Nickel, 1996, S. 119 ff.; Bilitewski et al., 2000, S. 355 ff.).

Im Gegensatz zu Aufbereitungsprozessen, welche die Erzeugung von Materialfraktionen zur Verwertung bezwecken, zielt die *Aufarbeitung* von Produkten auf die Gewinnung von Produkten oder deren Komponenten zur Verwendung, also zum erneuten Einsatz in ihrer ursprünglichen oder neuen Funktion, ab. Während die Instandsetzung von defekten Produkten zur weiteren Verwendung nur die Nutzungsdauer verlängert, ermöglicht die Aufarbeitung einen völlig neuen Nutzungszyklus, indem im Rahmen der Behandlung das Produkt in einem Zustand entsprechend dem eines Neuproduktes gebracht wird (Steinhilper, 1998, S. 27 ff.). Je nach Produkt sind hierfür unterschiedliche Einzelprozessschritte notwendig. Für die Aufarbeitung werden häufig auch Begriffe wie Remanufacturing oder Refurbishment verwendet, wobei durch Refurbishment das Produkt nicht zu einem neuwertigen sondern lediglich bis zu einem bestimmten Qualitätsstandard aufgearbeitet wird

(Thierry et al., 1995, S. 119). Sundin definiert einen generischen Remanufacturingprozess, der die Schritte Demontage, Reinigung, Inspektion, Wiederaufarbeitung („Reprocessing"), Funktionstest, Remontage und Lagerung umfasst. Unter der Wiederaufarbeitung („Reprocessing") werden sämtliche Tätigkeiten zur Wiederherstellung der Funktion und des Ausgangszustandes des Produktes gefasst, wie z.B. mechanische Fertigungsschritte, Austausch von Verschleißteilen und Erneuern von Verbrauchsmaterialien. Die konkrete Reihenfolge, in der diese Schritte zum Einsatz kommen, hängt vom spezifischen Anwendungsfall ab (Sundin, 2004, S. 59 ff.). Weiterführende Konzepte erweitern die Aufarbeitung um verschiedene potenzielle zusätzliche Prozessschritte, wie Upgrade, Downgrade, Modernisierung, Neukonfiguration, Erweiterung oder Funktionsreduktion zu einem generischen Produktanpassungsprozess. Durch die Schritte werden im Rahmen der Qualifizierung für einen weiteren Nutzungszyklus weitergehende Änderungen an der Produktstruktur und der -funktion umgesetzt, um das Produkt geänderten Marktbedingungen und -anforderungen anzupassen (Seliger et al., 2001).

Qualitäts- und Behandlungsstandards für die erneute Verwendung von Produkten sind bereits Gegenstand von Normungs- und Standardisierungsmaßnahmen, z.B. (DIN EN 62309, 2005-02), insbesondere um Qualitäts- und Verfügbarkeitsprobleme bei der Verwendung gebrauchter Komponenten zu beseitigen und so die Akzeptanz bei Kunden gegenüber Produkten mit dem Qualitätsmerkmal „gebraucht" oder „wie neu" zu steigern. Für eine Aufarbeitung von Produkten sind jedoch spezifische Randbedingungen und Voraussetzungen zu beachten. Speziell elektr(on)ische Komponenten sind nicht immer geeignet für eine Aufarbeitung (Hesselbach et al., 2004, S. 115 ff.; Bothe, 2003). Neben anderen Anforderungen ist insbesondere notwendig, dass die Funktionalität der Komponenten einfach überprüft werden kann,

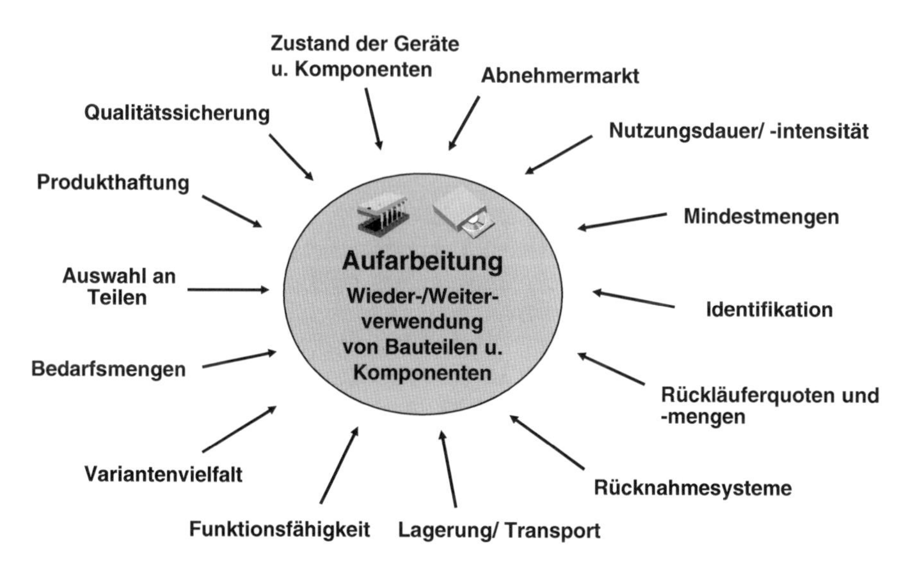

Abb. 6.110 Voraussetzungen und Rahmenbedingungen für die Aufbereitung elektr(on)ischer Komponenten (Hesselbach et al., 2002, S. 197)

um die Qualität der aufgearbeiteten Teile zu garantieren. Abbildung 6.110 zeigt eine Übersicht an Einflussgrößen auf die Aufarbeitung von Elektr(on)ikkomponenten.

Der Aufbereitung bzw. der Demontage nachgeschaltet sind Verfahren zur stofflichen *Verwertung*. Diese können unterteilt werden in:

- Verwertungsverfahren für Metalle: schmelz-, pyro- oder hydrometallurgische Verfahren
- Verwertungsverfahren für Kunststoffe: werkstoffliche oder rohstoffliche Verfahren
- Verwertungsverfahren für weitere Materialien: z. B. für Glas oder Papier

Weitgehend sortenreine Metalle können ohne weitere Sortierung den Prozessen der Metallherstellung zugeführt werden. Die Verfahren entsprechen damit denen der Herstellung von Primärrohstoffen in Metallhütten und Scheideanstalten (Nickel, 1996; Schubert, 1984; Pawlek, 1983). Generell können Metalle als leicht zu verwerten eingestuft werden, da sie eingeschmolzen und erneut gegossen und geformt werden können. Grundsätzlich müssen aber Metallfraktionen spezifische Reinheitsanforderungen hinsichtlich Zusammensetzung und Beimengungen erfüllen, um in Metallhütten wieder eingeschmolzen zu werden. Im Prozesslauf wird das Zielmetall als Sekundärrohstoff gewonnen sowie Schlacken und Stäube als Kuppelprodukte erzeugt.

Als Beispiel sei an dieser Stelle exemplarisch eine schematische Darstellung des Prozessablaufs einer Kupferhütte gegeben (siehe Abb. 6.111).

Im Hochofen wird zunächst Schwarzkupfer erzeugt, das im Konverter sowie in mehreren Raffinadeschritten weiter aufkonzentriert und veredelt wird. Hierbei steigt der Kupfergehalt des Produktes mit jedem Prozessschritt. Zudem werden Metalle wie Zink, Zinn und Blei sowie Edelmetalle in Schlacke und Stäuben gebunden und können durch nachfolgende Prozesschritte zurückgewonnen werden (Herrmann et al., 2005, S. 3). Am Ausgang der Elektrolyse wird ein Rohkupfer mit einer Reinheit von über 99,9% erzeugt (Antrekowitsch et al., 2005). Kupferschrott wird in diesem Prozess in der Regel im ersten Schmelzaggregat, dem Hochofen, eingesetzt, kann aber bei entsprechender Reinheit auch in nachfolgenden Prozessschritten eingesetzt werden (Seebacher et al., 2004).

Durch eine Analyse der Materialflüsse auf der Ebene der einzelnen Prozessschritte können die Zusammenhänge zwischen den Input-Materialien und den im Prozess recycelten Materialen analysiert werden. Durch chemische Analyse der Zusammensetzungen der Materialflüsse kann die Verteilung der einzelnen Elemente auf die einzelnen Stoffströme ermittelt werden und beispielsweise in einem Sankey-Diagramm (siehe Abb. 6.112) dargestellt werden. Auf diese Weise können die Einflüsse unterschiedlicher Prozessparameter und Zusammensetzungen der Inputmaterialien untersucht werden sowie die Effekte, die zur Aufkonzentration einzelner Elemente führen können, analysiert werden (Herrmann et al., 2005, S. 2 ff.).

Stoffliche Verwertungsverfahren für Kunststoffe können unterteilt werden in werkstoffliche und rohstoffliche Verfahren (Nickel, 1996). Bei der werkstofflichen Verwertung werden die Kunststoffbauteile (Thermoplaste) zerkleinert, eingeschmolzen und umgeformt, so dass die Ausgangsprodukte unter Beibehaltung der polymeren Molekülstruktur aus dem gleichen Material bestehen. Voraussetzung ist

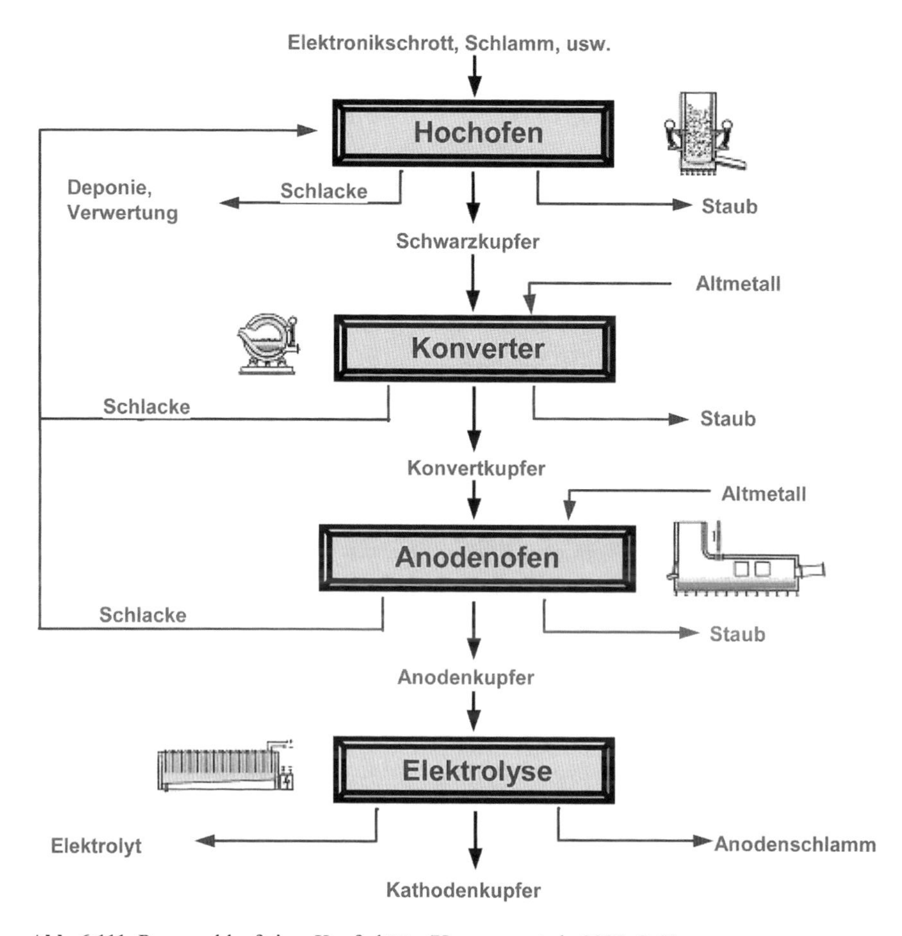

Abb. 6.111 Prozessablauf einer Kupferhütte (Herrmann et al., 2005, S. 3)

zumeist die Sortenreinheit der Kunststoffe bzw. die Berücksichtigung der Mischbarkeit verschiedener Kunststoffe (Kunststoffverträglichkeit) (Baur et al., 2007). Die wichtigsten Verfahren für eine rohstoffliche Verwertung sind die Pyrolyse, die Hydrierung und die Vergasung (Menges et al., 1992; Löhr et al., 1995). Bei diesen Verfahren erfolgt eine Umwandlung in niedermolekulare Bestandteile, die ursprünglichen Werkstoffeigenschaften gehen verloren (siehe auch Abb. 6.113). Der Einsatz von Kunststoffen als Reduktionsmittel im Hochofenprozess kann zum Teil ebenfalls der rohstofflichen Verwertung zugeordnet werden (Zimmermann, 1999).

Einen weiteren Prozessschritt stellt die Verbrennung ganzer Baugruppen und Bauteile sowie die Verbrennung von Reststoffen aus der Aufbereitung dar. Neben der Energierückgewinnung (Strom, Fernwärme, Prozessdampf) in der *energetischen Verwertung* sind die vorrangigen Ziele bei der Verbrennung die Zerstörung toxischer organischer Verbindungen, die Aufkonzentrierung anorganischer Schadstoffe (Schwermetalle) sowie die Verringerung des erforderlichen Deponievolumens. Die

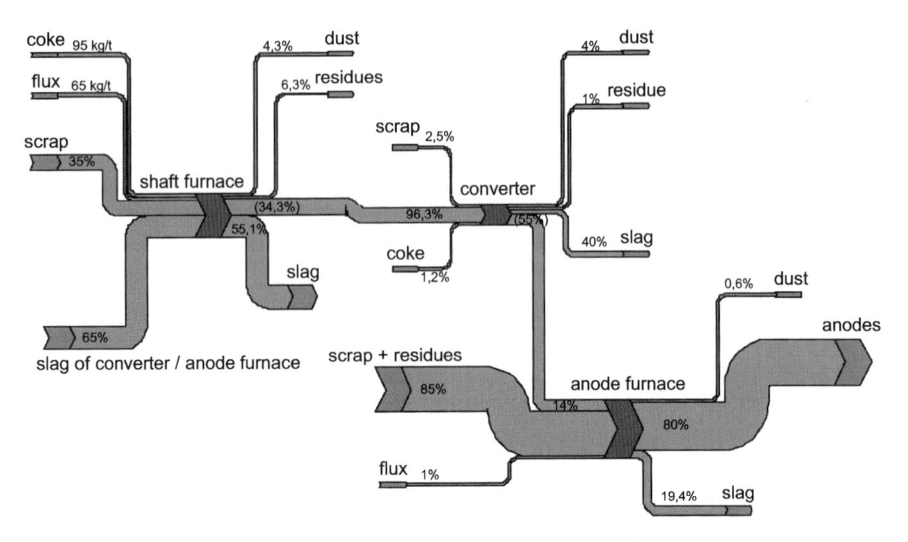

Abb. 6.112 Massenbalancen in einer Kupferhütte (Herrmann et al., 2005, S. 5)

Verbrennung erfolgt zumeist in Müllverbrennungsanlagen (MVA). Maßgebend für die Unterscheidung zwischen energetischer Verwertung und thermischer Beseitigung ist der Heizwert des Eingangsmaterials sowie der Feuerungswirkungsgrad der jeweiligen Verbrennungsanlage bzw. des jeweiligen Verbrennungsprozesses (Giesberts et al., 2001; Länderarbeitsgemeinschaft Abfall (LAGA), 2004; Baars und Nottrodt, 1999). Bei der Verbrennung fallen feste, flüssige und gasförmige Reststoffe in Form von Schlacke, Kesselasche sowie Filter- und Flugstaub an. In Aufbereitungs- und Verwertungsverfahren anfallende Reststoffe müssen in der Regel mit oder ohne Vorbehandlung einer Beseitigung zugeführt werden. Es bestehen jedoch auch Wege bestimmte Reststoffe einer weiteren stofflichen Verwertung zu zuführen.

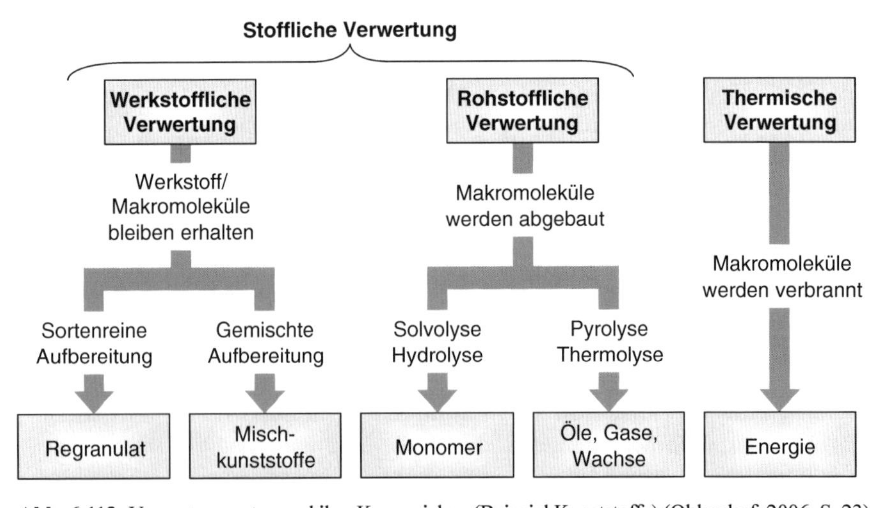

Abb. 6.113 Verwertungsarten und ihre Kennzeichen (Beispiel Kunststoffe) (Ohlendorf, 2006, S. 23)

6.4.1.3 Ökonomische Rahmenbedingungen

Die ökonomischen Rahmenbedingungen des End-of-Life Managements werden gebildet durch die anfallenden Kosten und die zu erwirtschaftenden Erlöse. Diese lassen sich in Anlehnung an die von Spengler entwickelte Konzeption einer entscheidungsorientierten Umweltkostenrechnung (Spengler, 1998, S. 93 ff.) wie folgt darstellen (siehe auch Ohlendorf, 2006, S. 176 ff.):

$$K^{KrW} := K_1^{KrW} + K_{Stoffluss}^{KrW} + K_{\mathrm{Prozess}}^{KrW} + K_{Sonstige}^{KrW}$$

Die Gesamtkosten für ein Kreislaufwirtschaftskonzept K^{KrW} bzw. der Gewinn ($K > 0$) oder Verlust ($K < 0$) für die Nachgebrauchsphase eines Produktes ergeben sich aus der Summation der folgender Kostenblöcke:

- K_I^{KrW}: Investitionsabhängige Kosten ($K < 0$) für die Infrastruktur zur Durchführung der Aktivitäten in der Nachgebrauchsphase. Hierunter fallen sowohl Redistributionssysteme als auch Behandlungs- und Verwertungseinrichtungen
- $K_{Stoffluss}^{KrW}$: Positiver ($K > 0$) bzw. negativer ($K < 0$) Saldo der Stoffflusserlöse (in Form von Annahmeerlösen für obsolete Produkte und Verkaufserlösen für Materialfraktionen) und der Stoffflusskosten (als Entsorgungskosten für Materialfraktionen)
- $K_{\mathrm{Prozess}}^{KrW}$: Prozesskosten ($K < 0$) der Aktivitäten in der Nachgebrauchsphase. Diese beinhalten z. B. Transportkosten, Personalkosten und Betriebskosten für Anlagen zur Behandlung und zur Verwertung.
- $K_{sonstige}^{KrW}$: Sonstige betriebsbedingte Kosten ($K < 0$) für Verwaltung, Energie etc.

Wirkzusammenhänge bestehen zum einen mit den weiteren Einflussfaktoren des End-of-Life Managements als auch lebensphasenübergreifend mit der Kostenverteilung in anderen Produktlebensphasen. So zielen beispielsweise striktere Gesetzesvorgaben, wie Mindestrecyclingquoten oder Stoffverbote, auf der einen Seite auf verbesserte Umweltwirkungen und beeinflussen auf der anderen Seite produktbezogene Kosten, z. B. Produktnachsorgekosten durch umfangreiche und kostenintensive Recyclingprozesse oder Herstellkosten durch teurere Substitutionsmaterialien und aufwendigere Produktkonzepte. Eine Übersicht über weitere Ansätze für eine Umweltkostenrechnung findet sich beispielsweise in (Loew et al., 2003).

Die tatsächlichen Kosten bzw. Erlöse in der Nachgebrauchsphase, ob und wie z. B. Größendegressionseffekte genutzt werden können, sind zudem in starkem Maße von dem Umfang und der Zusammensetzung des Altproduktstroms abhängig. Abbildung 6.114 zeigt basierend auf verschiedenen Studien die ermittelte Verteilung unterschiedlicher Kategorien an Elektro(nik)altgeräten am Gesamtaufkommen in Deutschland.

Für die Elektro(nik)branche rechnet der Interessenverband ZVEI beispielsweise durch die nationale Umsetzung der EU-Richtlinie WEEE mit jährlichen Mehrkosten in einer Größenordnung von 350 bis 500 Mio. € (Zentralverband Elektrotechnik- und Elektronikindustrie e. V. (ZVEI), 2002). Wobei Abb. 6.115 zeigt, dass diese Kosten sich nicht gleichmäßig auf die verschiedenen Gerätekategorien verteilen.

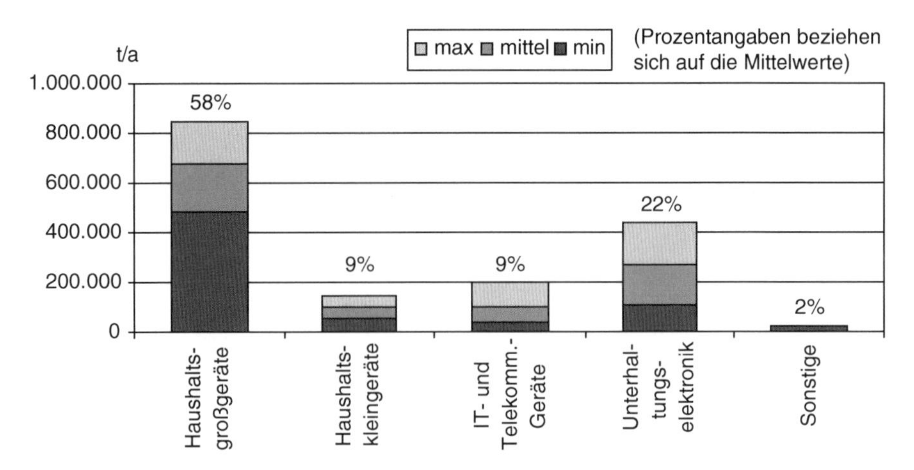

Abb. 6.114 Bandbreite an Mengen und Kategorien an Elektro(nik)altgeräten (Ohlendorf, 2006, S. 19)

Zudem ergibt sich für die verschiedenen Kategorien eine unterschiedliche Verteilung der Kosten auf die Bereiche Logistik, Behandlung/Entsorgung und Management/Clearing.

Erlöse im Rahmen eines End-of-Life Managements können über den Verkauf von Sekundärrohstoffen und Komponenten bzw. Produkten zur Wiederverwendung erwirtschaftet werden. Die Option, Altprodukte als Sekundärrohstoffquelle zu nutzen, kann eine gewinnbringende Alternative gegenüber dem klassischen Primärrohstoffeinsatz darstellen (siehe auch Abb. 6.118). So sind beispielsweise Börsen für Sekundärrohstoffe seit langem etabliert und bieten lukrative Absatzmärkte für Recyclingfraktionen. Die steigenden Rohstoffpreise, wie sie in Abb. 6.116 dargestellt sind, führten zu einem gestiegenen Bedarf an Sekundärrohstoffen und höheren Erlösen. Ökonomische und ökologische Ziele müssen demnach nicht zwangsläufig

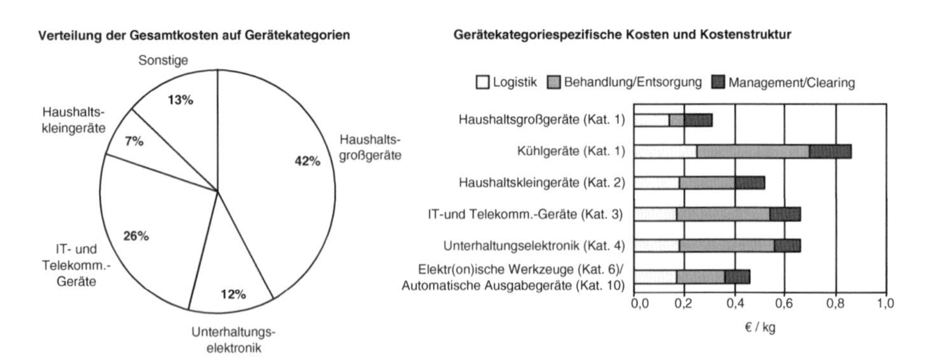

Abb. 6.115 Kategoriespezifische Kostenverteilung für das Elektro(nik)altgeräterecycling (Ohlendorf, 2006, S. 38)

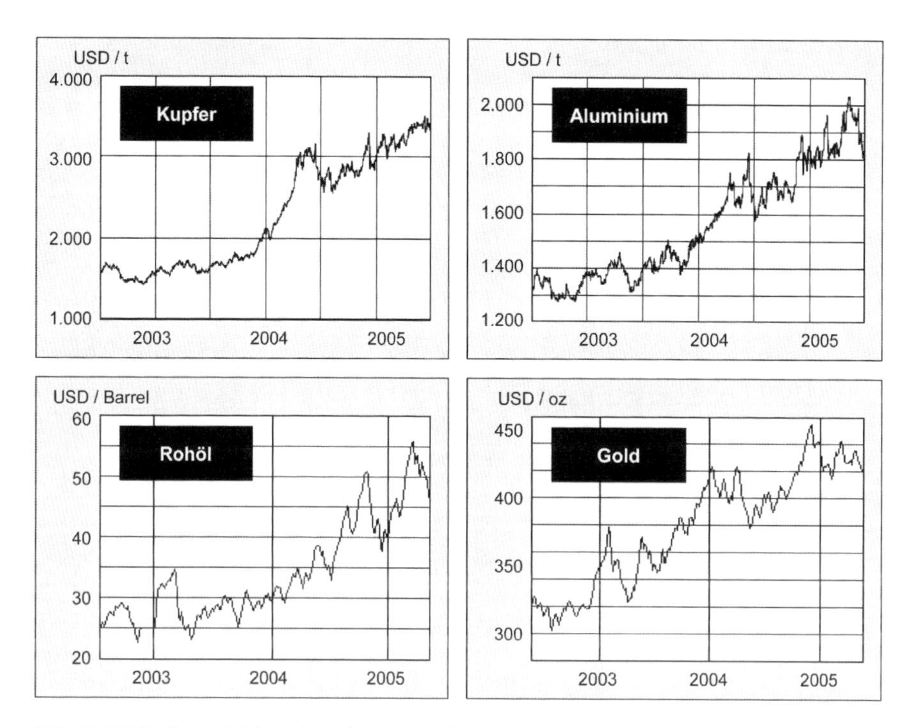

Abb. 6.116 Preisentwicklung für Primärrohstoffe (Ohlendorf, 2006, S. 40)

konkurrierend sein, sondern können auch komplementär oder zumindest indifferent sein.

Neben Märkten für Sekundärrohstoffe sind zudem Märkte für aufgearbeitete Produkte und Komponenten zur Wiederverwendung zu betrachten. In den USA hat die Aufarbeitungsindustrie mittlerweile ein Geschäftsvolumen von über 53 Mrd. $ erreicht (Hauser und Lund, 2003, S. 6), konzentriert sich dabei hauptsächlich auf Investitionsgüter und höherwertige Produkte. Diese Strategie bedarf jedoch einer zielgerichteten Produktakquise, für die Sekundärmärkte existieren. Im Vergleich dazu ist die Europäische Aufarbeitungsindustrie geringer entwickelt, da Unternehmen vorrangig auf rechtliche Vorgaben reagieren und so zumeist mit einem Abfallstrom aus qualitativ minderwertigen Geräten konfrontiert werden (Guide et al., 2003, S. 4).

Märkte und Einsatzmöglichkeiten für aufgearbeitete Produkte existieren (Thierry et al., 1995, S. 117; Stölting, 2006, S. 17 ff.)

- beim Primärprodukthersteller,
- bei anderen Unternehmen in der Wertschöpfungskette des Primärproduktherstellers,
- bei anderen Unternehmen außerhalb dieser Wertschöpfungskette, sowie
- auf privaten und institutionellen Sekundärmärkten.

Insbesondere der Einsatz von gebrauchten Komponenten im Ersatzteilservice stellt eine vielversprechende Einsatzmöglichkeit dar. Hersteller von Investitionsgütern und Automobilzulieferer sind mit einer Ersatzteillieferverpflichtung von bis zu 15 Jahren nach dem Ende der Produktionsdauer konfrontiert, während gleichzeitig die Marktphase der Produkte lediglich wenige Jahre dauert (Ihde et al., 1999, S. 56 ff.). Gleichzeitig besitzen Produkte und Fertigungsprozesse sehr kurze Innovationszyklen, so dass beispielsweise aufgrund von Bauteilabkündigungen eine Nachfertigung der Ersatzteile nicht mehr möglich ist (Spengler und Herrmann, 2004, S. 108). Hohe Margen im After-Sales Geschäft auf der einen Seite und der Zugriff auf Marktrückläufer auf der anderen Seite machen die Wiederverwendung aufgearbeiteter Komponenten als Ersatzteile zu einer lohnenswerten Alternative der Ersatzteilversorgung in der Nachserie (Herrmann et al., 2004, S. 140).

Aus ökonomischer Perspektive gilt es für Unternehmen, die sich mit der Aufarbeitung von Produkten ebenso wie mit der Demontage und Aufbereitung von Produkten für eine stoffliche Verwertung beschäftigen, die potenziellen Erlöse für Sekundärrohstoffe sowie für Komponenten und Produkte zur Wiederverwendung auf Sekundärmärkten gegenüberstellen und hieraus die Recyclingstrategie abzuleiten. Ebenfalls müssen hierbei die Anforderungen an die Demontage und Behandlung berücksichtigt werden, die zu differenzierten Prozesskosten bei unterschiedlichen Recyclingstrategien führen. Beispielsweise können bei einer auf das Materialrecycling zielenden Demontage zerstörende Demontageverfahren eingesetzt werden, während im Rahmen einer Aufarbeitung zumeist nicht zerstörende und somit werterhaltende Verfahren eingesetzt werden (von Werder, 1996, S. 5).

6.4.1.4 Ökologische Rahmenbedingungen

Die ökologischen Rahmenbedingungen des End-of-Life Managements werden durch zwei Aspekte bestimmt:

- Durch eine Kreislaufführung von Produkten, Materialien und Energie werden Ressourcen- und Energieeinsparpotenziale genutzt.
- Eine unsachgemäße Entsorgung von Altprodukten und Abfällen kann zur Freisetzung des enthaltenen Schadstoffpotenzials führen.

Die Grundlage bilden im Sinne einer nachhaltigen Entwicklung die Steigerung der Ressourceneffizienz und der Übergang von einer Abfallwirtschaft zu einer Ressourcen- bzw. Kreislaufwirtschaft. Mit Durchsetzung des Prinzips der Kreislaufwirtschaft erfolgte die Neubewertung der Entsorgungs- und Recyclingfunktionen. Die Produktion als Hervorbringung von Gütern wird ergänzt um die Reduktion als Rückführung und Wiedereinbringung ausgedienter Produkte. Mit dem Leitbild eines nachhaltigen Wirtschaftens müssen sich die Phasen der Produktion und Reduktion ergänzen. Mit dem Ziel eines solchen Wirtschaftens tritt an die Stelle des produktionsorientierten Ansatzes der Materialeffizienz (z. B. als Verhältnis der eingesetzten Materialien zur Produktleistung) das reproduktionsorientierte Paradigma der (Primär-) Rohstoffproduktivität (als Verhältnis eingesetzter Primärrohstoffe ohne den Einsatz kreislaufgeführter Materialien zur Produktleistung) (Dyckhoff, 1993; Liesegang, 1993, S. 390 ff.).

Aus Sicht einer stofflichen Verwertung der enthaltenen Rohstoffe ist insbesondere die Materialzusammensetzung des Altproduktstroms von Interesse. Sie bestimmt, welche Primärrohstoffe durch Sekundärrohstoffe substituiert werden können. Abbildung 6.117 zeigt exemplarisch die Zusammensetzung verschiedener Elektro- und Elektronikaltgeräte.

Im Vergleich der Erzeugung von Metallwerkstoffen aus Primär- und Sekundärrohstoffen zeigt sich, dass die Verwendung von Altprodukten als Substitut für beispielsweise Metallerze von Vorteil ist und die gleiche Menge Werkstoff in einigen Fällen sogar mit erheblich weniger Inputmaterial erzeugt werden kann (siehe Abb. 6.118). Grundsätzlich ist jedoch festzuhalten, dass Materialkreisläufe niemals vollständig geschlossen werden können. Aufgrund von Vermischungen mit anderen Materialien verlässt ein gewisser Anteil der Materialflüsse immer den Kreislauf (Rechberger, 2002).

In Zeiten einer gesamtgesellschaftlichen Diskussion um Ressourceneffizienz (von Weizsäcker et al., 1997) sind insbesondere auch die ökologischen Potenziale einer Aufarbeitung und Wiederverwendung von Produkten zu berücksichtigen. Die Aufarbeitung bzw. das Remanufacturing ermöglicht das Überführen eines gebrauchten Produktes in weitere Nutzungszyklen. Insbesondere für elektr(on)ische Produkte sowie Komponenten von Automobilen, bei denen die Hauptumweltbelastung durch Energie- und Materialverbrauch in der Herstellungsphase liegt, bedeutet das Remanufacturing eine Steigerung der Produktivität eingesetzter Ressourcen.

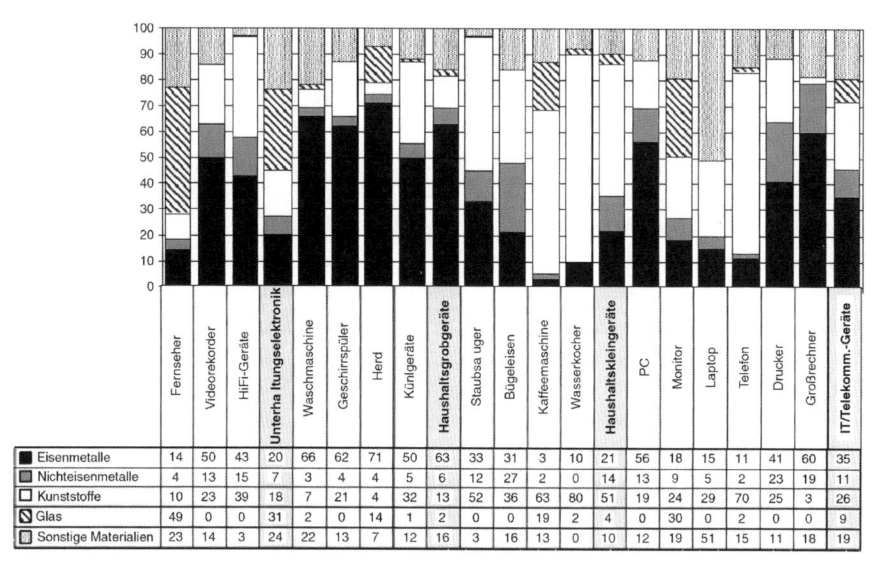

	Fernseher	Videorekorder	HiFi-Geräte	Unterha ltungselektronik	Waschmaschine	Geschirrspüler	Herd	Künlgeräte	Haushaltsgrobgeräte	Staubsa uger
Eisenmetalle	14	50	43	20	66	62	71	50	63	33
Nichteisenmetalle	4	13	15	7	3	4	4	5	6	12
Kunststoffe	10	23	39	18	7	21	4	32	13	52
Glas	49	0	0	31	2	0	14	1	2	0
Sonstige Materialien	23	14	3	24	22	13	7	12	16	3

	Bügeleisen	Kaffeemaschine	Wasserkocher	Haushaltskleingeräte	PC	Monitor	Laptop	Telefon	Drucker	Großrechner	IT/Telekomm.-Geräte
Eisenmetalle	31	3	10	21	56	18	15	11	41	60	35
Nichteisenmetalle	27	2	0	14	13	9	5	2	23	19	11
Kunststoffe	36	63	80	51	19	24	29	70	25	3	26
Glas	0	19	2	4	0	30	0	2	0	0	9
Sonstige Materialien	16	13	0	10	12	19	51	15	11	18	19

Abb. 6.117 Stoffliche Zusammensetzung verschiedener Elektro- und Elektronikaltgeräte (Ohlendorf, 2006, S. 12)

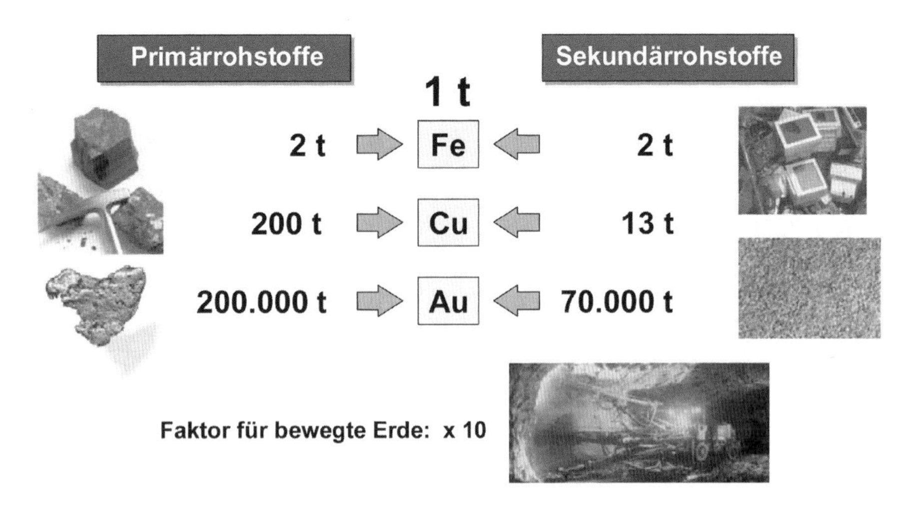

Abb. 6.118 Vergleich der Nutzung von Altgeräten als Sekundärrohstoffquelle gegenüber Primärrohstoffen (Electrocycling, 2001)

Schätzungen zeigen, dass die Aufarbeitung von Produkten lediglich 15% des Energiebedarfs der Primärproduktion benötigt (Giuntini und Gaudette, 2003, S. 44).

Komplexe technische Produkte enthalten eine Vielzahl an Materialien mit Umweltgefährdungspotenzial. Diese können bei unsachgemäßer Entsorgung freigesetzt werden und zu Schädigung des Ökosystems führen. Originäre Aufgabe eines End-of-Life Managements ist es daher, durch eine sachgemäße Behandlung und Entsorgung den Schadstoffeintritt in die Umwelt zu verhindern.

6.4.1.5 Soziale Rahmenbedingungen

Von Seiten der Gesellschaft sehen sich Unternehmen zunehmend mit einem steigenden Umweltbewusstsein der Bevölkerung konfrontiert. In der öffentlichen Wahrnehmung spielt die Entsorgung von Produkten, die damit einhergehenden Auswirkungen und auftretenden Kosten heute eine nicht unerhebliche Rolle. Dieses wird auch durch gezielte Kampagnen von Nichtregierungs-Organisationen (NGO), in denen besonders Negativbeispiele angeprangert werden, verstärkt. Hier ist beispielsweise der „Guide to Greener Electronics" von Greenpeace zu nennen, in dem die Umweltschutzleistungen von Elektronikherstellern gerankt werden und Negativbeispiele herausgestellt werden (Abb. 6.119) (Greenpeace, 2007).

Beurteilt werden hier zum einen die bereits in das Produktdesign eingeflossenen Umweltschutzleistungen, wie die Vermeidung schadstoffhaltiger Materialien, und zum anderen die Bestrebungen zu einer Rücknahme und dem Recycling der Produkte. Es wird deutlich, dass zwischen den ökologischen Faktoren und den gesellschaftlichen Faktoren ein enger Zusammenhang besteht.

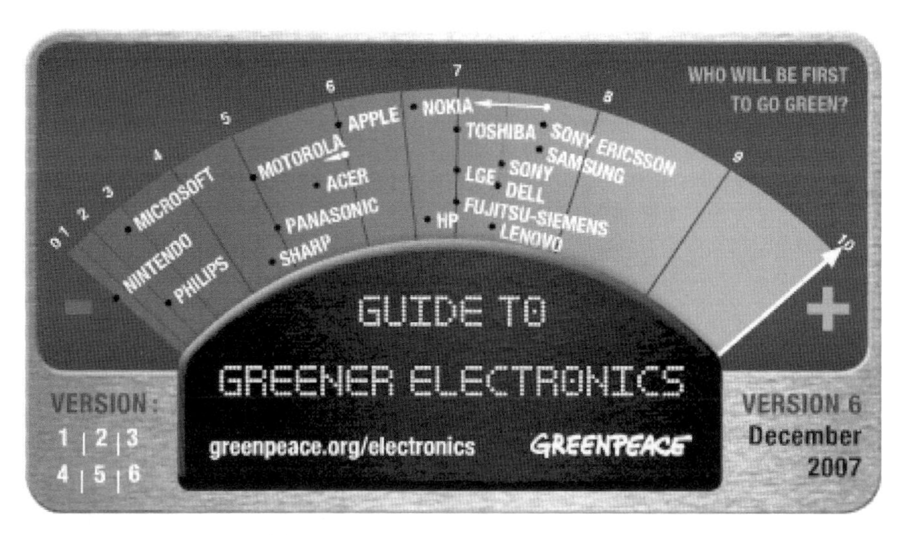

Abb. 6.119 Greenpeace Guide to Greener Electronics (Greenpeace, 2007)

Ebenfalls sind hier eine Reihe Studien (u. a. Puckett und Byster, 2002; Puckett und Westervelt, 2004) zu nennen, die das Problem der unsachgemäßen Entsorgung von Altprodukten aus Industrienationen in Entwicklungs- und Schwellenländern aufgreifen. Abbildung 6.120 zeigt Elektro- und Elektronikaltgeräteimporte nach Indien und Asien.

Aufgrund der geringen Lohnkostenstrukturen in diesen Ländern werden Altprodukte, wie Elektro- und Elektronikaltgeräte, in hauptsächlich manuellen Tätigkeiten zerlegt, wobei in der Regel durch mangelnde Umweltschutzstandards ein nicht unerhebliches Schadstoffpotenzial freigesetzt wird. Dies führt zu Gesundheitsschäden nicht nur bei den Arbeitern sondern bei der gesamten Bevölkerung der betroffenen Landstriche.

Neben den gesellschaftlichen Auswirkungen unsachgemäßer Entsorgung und den Aspekten der Imagebildung für Unternehmen sind zudem die Effekte der Verfügbarkeit von hochwertigen aufgearbeiteten Produkten auf Sekundärmärkten relevant. So wird davon ausgegangen, dass aufgearbeitete Produkte zur Wiederverwendung im Schnitt 40–65% günstiger sind als Primärprodukte (Giuntini und Gaudette, 2003, S. 44). Hierdurch wird eine Versorgung von sozial schwachen Haushalten mit hochwertigen, aufgearbeiteten Konsumgütern ermöglicht. Zudem erlaubt die Aufarbeitung die Belieferung sich entwickelnder Märkte, insbesondere in Schwellenländern, mit hochwertigen Geräten und trägt dort zu einem Anstieg des Wohlstandes bei.

6.4.2 Lebenszyklusorientiertes End-of-Life Management

Für den Begriff des End-of-Life Managements existiert keine allgemein gültige Definition, vor allem, da der Begriff in der Literatur zumeist implizit verwendet

Abb. 6.120 Elektro- und Elektronikaltgeräteimporte nach Indien und Asien (UNEP/GRID-Arendal Maps and Graphics Library, 2004)

wird. Basierend auf den Funktionen des Managements, Gestaltung, Führung und Lenkung (Bleicher, 1996, S. 1-1) sowie dem dargestellten Rahmen bzgl. der Rückführung und Entsorgung von Altprodukten, soll an dieser Stelle das End-of-Life Management als die

> zielgerichtete Gestaltung, Lenkung und Entwicklung aller produktbezogenen Aktivitäten der Nachgebrauchsphase

definiert werden. Schwerpunkte bilden der Aufbau und die Implementierung von Sammel- und Redistributionssystemen, die Planung und Durchführung der Demontage und der Behandlung sowie die Wiederverwendung, das Recycling und die fachgerechte Verwertung von Bauteilen und Materialien.

Dabei verfolgt ein End-of-Life Management die Zielsetzung, unter Berücksichtigung der rechtlichen Rahmenbedingungen ökonomisch und ökologisch effiziente Prozesse lebensphasenübergreifend zu planen, auszuwählen und zu optimieren, um verschiedenartige Produkte nach ihrer Nutzungsphase einer bestmöglichen Behandlung und Verwertung zuzuführen. Generell lassen sich Ziele auf verschiedenen Hierarchieebenen festlegen. Allgemein gehaltene Zielformulierungen, wie beispielsweise ökonomische Effizienz, umweltverträgliche Entsorgung oder Emissionsminimierung, bedürfen einer Konkretisierung, um in operationalisierbare Handlungsanweisungen überführt werden zu können. Für das Beispiel der Elektro(nik)altgeräte zählen aus akteursunspezifischer Sichtweise die folgenden Punkte zu den wichtigsten Zielen des End-of-Life Managements (Herrmann und Luger, 2006, S. 70):

- Sichere Erfassung und sinnvolle Sammlung
  - Altgeräteannahme/-abholung (Hol-/Bringsysteme)
  - Sammelquotenerfüllung
- Kostengünstige Rückführung
  - Transportkostenminimierung
  - Logistikmanagement (in Netzwerken)
- Fachgerechte Entsorgung und Verwertung
  - komplette Schadstoffentfrachtung
  - Komponenten- und Wertstoffgewinnung
  - Erfüllung von Recycling- und Verwertungsquoten

Im Folgenden sollen ausgewählte Ansätze aus den Bereichen der Definition von End-of-Life Strategien, der Planung von Redistribution, Demontage und Remanufacturing vorgestellt werden (Abb. 6.121).

6.4.2.1 Definition von End-of-Life Strategien

Am Ende einer Nutzungsphase stehen unterschiedliche Kreislaufführungsoptionen für Produkte zur Auswahl (siehe Kap. 6.4.1). Im Rahmen der Definition von End-of-Life Strategien sind die möglichen Kreislaufführungsoptionen für ein Produkt zu analysieren und die optimale Strategie auszuwählen. Hierbei sind sowohl die rechtlichen und technischen als auch die ökonomischen, ökologischen und sozialen Rahmenbedingungen und Anforderungen zu berücksichtigen. Die Auswahl einer End-of-Life Strategie beeinflusst in starkem Maße die Ausgestaltung der Redistribution sowie die Notwendigkeit und Anwendbarkeit von Demontage-, Aufbereitungs- und Aufarbeitungsverfahren. Die Definition von End-of-Life Strategien ist in enger Verbindung mit dem Produktmanagement und einer recyclinggerechten Produktgestaltung (siehe Kap. 6.1.3) zu sehen.

Eine grundsätzliche Auseinandersetzung mit der strategischen Planung verschiedener Recyclingoptionen wird durch Thierry et al. (Thierry et al., 1995) vorgenommen. Mögliche Recyclingoptionen werden vorgestellt und vertieft an einem Fallbeispiel diskutiert. Daraus leiten die Autoren wesentliche Schlussfolgerungen

Forschungs- bzw. Arbeitsgebiet	Auswahl von Autoren	Lebensphasen-übergreifende Disziplinen			Lebensphasenbezogene Disziplinen				Planungs-horizont strategisch operativ
		Lebenswegs-analysen	Inf. u. Wissens-management	Prozess-management	Produkt-management	Produktions-management	After-Sales-Management	End-of-Life-Management	
Definition von End-of-Life Strategien	Thierry, de Brito, Gutowski, Rose, Toffel	U, W			X			X	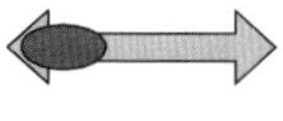
Redistributionsplanung	Hieber, Bilitewski, Waltemath, Bruns, de Brito, Walther	W						X	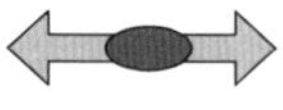
Demontageplanung	von Werder, Jovane, Brüning, Schultmann, Ohlendorf	W						X	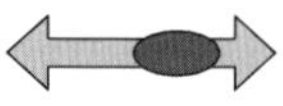
Aufarbeitungsplanung	Stölting, Ijomah	W			(X)			X	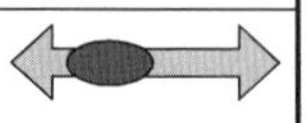
Gestaltung der Schnittstelle zur Produkt-planung u. -entwicklung	Bohr	W			X			X	
Gestaltung der Schnittstelle zur Produktionsplanung u. -steuerung	Spengler	W				X		X	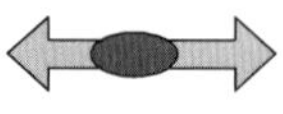

Lebensweganalyse berücksichtigt: U = Umweltaspekte, W = Wirtschaftliche Aspekte, S = Soziale, gesellschaftliche Aspekte

Abb. 6.121 Einordnung verschiedener Ansätze zum lebenszyklusorientierten End-of-Life Management

für das Management ab, die sich unter anderem mit dem Informationsmanagement, der Kooperationsbereitschaft, der Produktbeschaffenheit und der Rückflusssteuerung beschäftigen. Darauf aufbauend nehmen de Brito und Dekker eine ebenfalls konzeptionelle Auseinandersetzung mit dem Produkt- und Materialrecycling vor (de Brito und Dekker, 2002, 2004). Sie identifizieren Treiber für Produktrückflüsse und beschreiben sowohl die Produkte, die im Kreislauf geführt werden, als auch die dazu notwendigen Prozesse (Abb. 6.122). Daraus werden die auf strategischer, taktischer und operativer Planungsebene zu treffenden Entscheidungen abgeleitet.

Gutowski und Dahmus nutzen ökonomische und informationstheoretische Ansätze, um das Recyclingpotenzial von Produkten zu bestimmen (Gutowski und Dahmus, 2005; Dahmus und Gutowski, 2006). Die ökonomische Betrachtung umfasst die Erlöse für recycelte Materialien und stellt diesen die Materialentropie als Maß für die Materialvielfalt gegenüber. Die Materialentropie entspricht dabei der Shannon-Entropie, die ein Messsystem aus der Informationstheorie für die Unordnung und Zufälligkeit einer Information bildet. Gleich der Shannon-Entropie, die mit zunehmender Wortlänge ansteigt, wird die Materialentropie beeinflusst vom Recyclingaufwand, der zur Extraktion eines Materials erforderlich ist. Eine Analyse von 17 Produkten in den USA veranschaulicht, dass ein aktives Recycling ins-

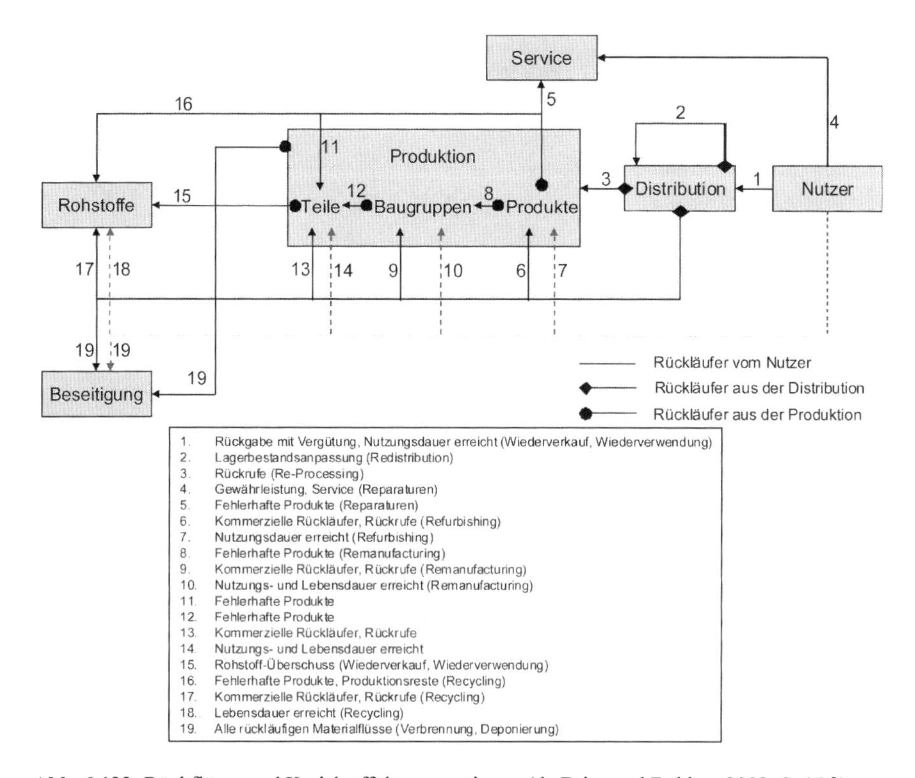

Abb. 6.122 Rückflüsse und Kreislaufführungsoptionen (de Brito und Dekker, 2002, S. 15 f.)

besondere für Produkte mit hohen Materialerlösen und geringer Materialentropie erfolgt (siehe Abb. 6.123). Das Recyclingpotenzial eines Produktes wird folglich über den Einsatz von hochwertigen Materialien und einer geringen Materialvielfalt bestimmt. Ziel des Ansatzes ist es, dass Erklärungsmodell zu übertragen und für die Entscheidung über Recyclingoptionen und die Planung von End-of-Life Strategien zu nutzen.

Rose et al. entwickeln eine Methode zur Ermittlung der optimalen End-of-Life Strategie auf Basis von Produkteigenschaften (Rose, 2000; Rose et al., 1998, 1999). Hierzu werden zunächst relevante Produkteigenschaften, welche die Vorteilhaftigkeit bestimmter End-of-Life Strategien beeinflussen, ermittelt. Über einen Entscheidungsbaum wird über die Ausprägungen dieser Eigenschaften die für das betrachtete Produkt optimale End-of-Life Strategie bestimmt. Hierbei werden sechs verschiedene Strategien berücksichtigt (Rose, 2000, S. 37):

- direkte Wiederverwendung
- Instandsetzung
- Aufarbeitung
- Recycling mit vorheriger Demontage

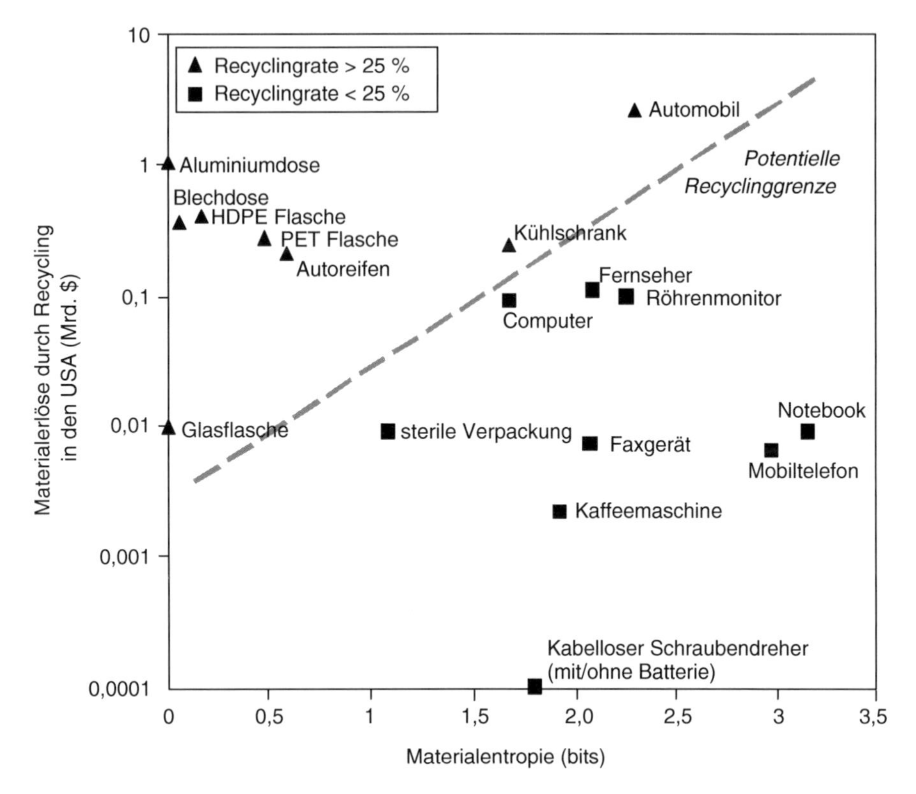

Abb. 6.123 Vergleich von Materialerlösen und Materialentropien (Dahmus und Gutowski, 2006, S. 210)

- Recycling ohne vorherige Demontage
- Beseitigung

Toffel setzt sich in (Toffel, 2003) mit der Festlegung von End-of-Life Strategien in Bezug auf den Grad des Engagements eines Herstellers im End-of-Life Bereich sowie der Art der Zusammenarbeit mit Dritten auseinander. Insbesondere werden hier proaktive und reaktive Strategien sowie aktive und passive Verhaltensweisen unterschieden. Aus den Überlegungen werden sieben grundlegende End-of-Life Strategien abgeleitet:

- Inaktivität
- Unterstützung des Recyclingmarkts ohne eigene Beteiligung
- Langfristige vertragliche Verbindung mit Recyclingunternehmen
- Joint Venture mit einem Recycler
- Joint Venture mit Wettbewerbern zur Nutzung von Skaleneffekten
- Beteiligung an einem Konsortium
- Vertikale Integration in Recyclingaktivitäten

6.4.2.2 Redistributionsplanung

Der Begriff *Redistribution* beschreibt die Rückführung von Altprodukten (Jünemann et al., 1994, S. 15) und ist dementsprechend als Teil der Entsorgungslogistik einzuordnen. Synonym wird auch der Begriff der *Rückführungslogistik* (Hieber, 2002; Waltemath, 2001) verwendet. Im Widerspruch dazu wird im Englischen häufig die erneute Vermarktung von Produkten als *Redistribution* bezeichnet (z. B. de Brito, 2004, S. 64 f.), so dass hier entweder der Begriff der *Reverse Distribution* (Fleischmann et al., 1997, S. 4) verwendet wird oder generischer der Begriff der *Reverse Logistics* (z. B. de Brito und Dekker, 2002) Verwendung findet. Dieser Bezug fokussiert jedoch zumeist nicht ausschließlich auf eine Rückführung von Produkten am Ende ihrer Nutzungsphase, sondern schließt auch distributionsbezogene und produktionsbezogene Rückführung mit ein (siehe Kap. 6.4.1). Reverse Logistics bilden das Komplement zu vorwärtsgerichteten Logistikaktivitäten zur Gestaltung von Closed-Loop Supply Chains (u. a. Dekker et al., 2004; Fleischmann et al., 1997, S. 5), wobei diese Betrachtungen nicht die prozessorientierte Sichtweise eines Closed-Loop Supply Chain Managements (siehe Kap. 5.3.2) aufnehmen. Arbeiten zu dem Themenkomplex der Redistribution und rückwärtsgerichteten Logistik lassen sich in zwei Ausrichtungen einteilen.

Primär *logistikorientierte Arbeiten* beschäftigen sich hauptsächlich mit den logistischen Funktionen der Rückführlogistik. Hierzu zählen zunächst die logistischen Grundfunktionen Sammlung, Transport, Umschlag und Lagerung (Hieber, 2002, S. 39 ff.; Bilitewski et al., 2000, S. 75 ff.), die z. T. um die Sortierung erweitert werden (Waltemath, 2001, S. 52). Die Sortierung von Altprodukten ist insbesondere im Zusammenhang mit der Definition von End-of-Life Strategien zu sehen, die beispielsweise eine Trennung in Produkte zur Verwendung und Produkte zur Verwertung vorsehen können. Die logistischen Grundfunktionen sind unter Berücksichtigung gegebenenfalls zur Anwendung kommender zusätzlicher rechtlicher Anforderungen (siehe z. B. (Bilitewski et al., 2000, S. 119 ff.) entsprechend der Anforderungen des End-of-Life Managements auszugestalten. Abbildung 6.124 zeigt die Gestaltungsdimensionen entsorgungslogistischer Sammelsysteme.

Hieber entwickelt eine Methodik zur Modellierung und Generierung produkttypenspezifischer Rückführlogistik-Netzwerke (Hieber, 2002). Zunächst werden die Gestaltungsvariablen der einzelnen Rückführlogistikfunktionen Sammlung, Transport, Umschlag und Lagerung ermittelt und hieraus die Gesamtzahl alternativer rückführlogistischer Systemkomponenten sowie deren Ausprägungen ermittelt. Ein Produktmodell bestehend aus technischen, organisatorischen und wirtschaftlichen Produktmerkmalen wird verwendet, um die Eignung unterschiedlicher Systemkomponenten aufzuzeigen. Über eine Verbindung spezifischer Ausprägungen der Produktmerkmale für einen Produkttyp mit den Eignungen werden prinzipielle Ausgestaltungsalternativen der Systemkomponenten ermittelt.

Kreislaufführungsorientierte Ansätze betrachten die Redistributionsplanung über die eigentlichen logistischen Grundfunktionen hinaus. Diese werden erweitert um die Aktivitäten der Behandlung (Bruns, 1997, S. 22) bzw. der unterschiedlichen Verwendungs- und Verwertungsoptionen (de Brito und Dekker, 2004, S. 15) im

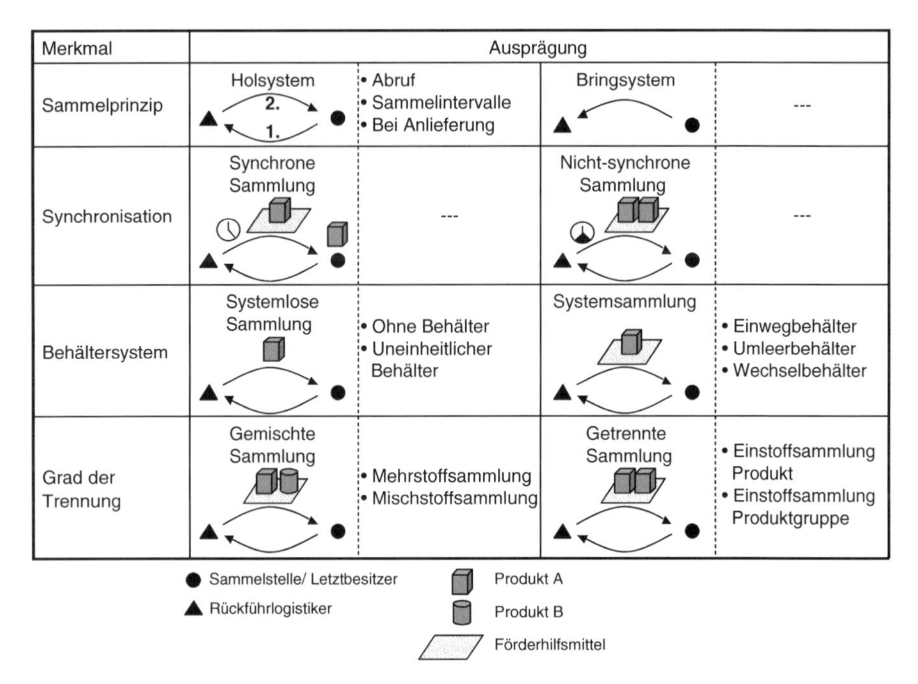

Abb. 6.124 Gestaltungsdimensionen rückführlogistischer Sammelsysteme (Hieber, 2002, S. 42)

Sinne von Closed-Loop Supply Chains. Zusätzliche Planungsaktivitäten beinhalten die Wahl und Koordination von Akteuren in Netzwerken sowie die Allokation von Stoffflüssen in entsorgungslogistischen Netzwerken.

In der Regel sind an den Prozessen der Nachgebrauchsphase verschiedene Akteure mit unterschiedlichen Kernkompetenzen im Bereich der Logistik, der Demontage und Behandlung sowie der Verwertung beteiligt und in Netzwerken organisiert. Solche Stoffstrom-Netzwerke stellen Wertschöpfungsverbünde auf überbetrieblicher Ebene dar, in denen eine Abstimmung und Steuerung von Stoffströmen sowohl unter ökonomischen als auch ökologischen Zielkriterien erfolgt (Walther, 2005, S. 1).

Die Entsorgung von Elektro- und Elektronikaltgeräten umfasst eine komplexe Prozesskette unter Beteiligung unterschiedlicher Akteure, wie sie in Abb. 6.125 dargestellt ist.

Walther entwickelt ein EDV-gestütztes Planungsinstrument zur Gestaltung und Steuerung von Stoffstromnetzwerken zum Recycling von Elektro(nik)altgeräten. Auf Basis von linearen Optimierungsmodellen erfolgt eine kostenoptimale Zuordnung von Stoffströmen zu den einzelnen Netzwerkakteuren unter Beachtung von Kapazitätsrestriktionen, Behandlungsanforderungen sowie Vorgaben für zu erfüllende Verwertungs- und Recyclingquoten. Über eine Systematik zur ökonomischen Bewertung werden verschiedene Netzwerkstrukturen verglichen und für spezifische Anwendungsfälle optimale Netzwerkkonfigurationen ermittelt (Walther, 2005). In einem Anwendungsbeispiel werden unterschiedliche

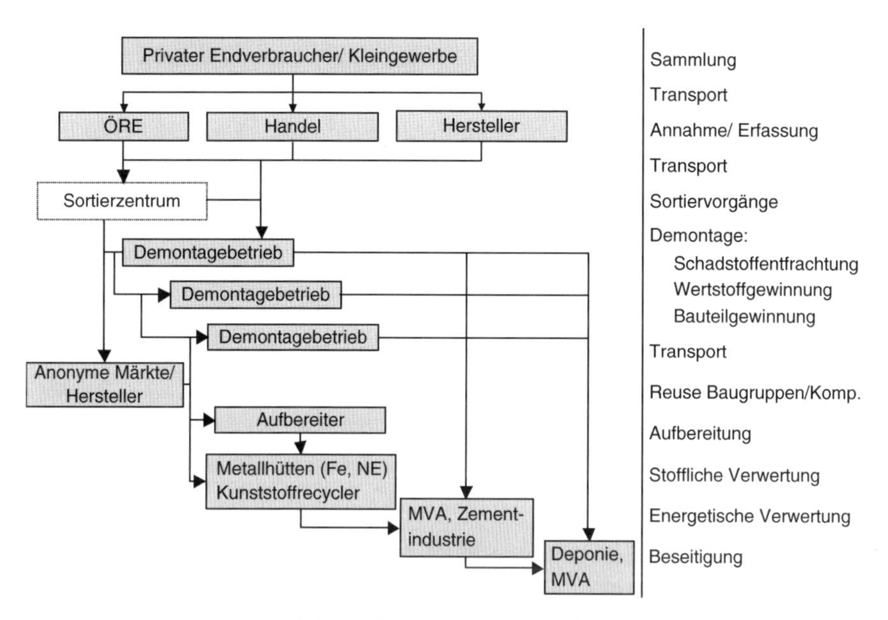

Abb. 6.125 Prozesskette des Elektro(nik)altgeräterecyclings (Walther, 2005, S. 47)

Konfigurationen von Demontagenetzwerken mit einem, drei und sechs Standorten in Niedersachsen verglichen. Hier ergibt die ökonomische Analyse eine deutliche betriebswirtschaftliche Vorteilhaftigkeit für eine Konzentration der Operationen an einem Standort (Abb. 6.126).

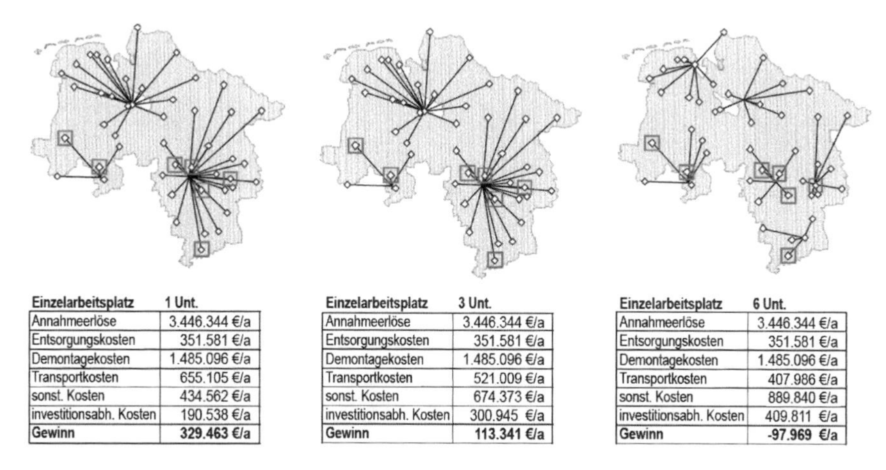

Einzelarbeitsplatz	1 Unt.
Annahmeerlöse	3.446.344 €/a
Entsorgungskosten	351.581 €/a
Demontagekosten	1.485.096 €/a
Transportkosten	655.105 €/a
sonst. Kosten	434.562 €/a
investitionsabh. Kosten	190.538 €/a
Gewinn	**329.463 €/a**

Einzelarbeitsplatz	3 Unt.
Annahmeerlöse	3.446.344 €/a
Entsorgungskosten	351.581 €/a
Demontagekosten	1.485.096 €/a
Transportkosten	521.009 €/a
sonst. Kosten	674.373 €/a
investitionsabh. Kosten	300.945 €/a
Gewinn	**113.341 €/a**

Einzelarbeitsplatz	6 Unt.
Annahmeerlöse	3.446.344 €/a
Entsorgungskosten	351.581 €/a
Demontagekosten	1.485.096 €/a
Transportkosten	407.986 €/a
sonst. Kosten	889.840 €/a
investitionsabh. Kosten	409.811 €/a
Gewinn	**-97.969 €/a**

Abb. 6.126 Kosten- bzw. Erlössituation für Behandlungssysteme von Elektro(nik)-Altgeräten in Abhängigkeit der Anzahl an Demontagestandorten (Walther, 2005, S. 218)

6.4.2.3 Demontageplanung

Die Demontage ist einer der ersten und damit wichtigsten Prozesse beim Recycling (von Werder, 1996, S. 8). Die Bedeutung der Demontage wird in zahlreichen Publikationen explizit hervorgehoben, beispielsweise bei Jovane et al., die die Demontage als Schlüsselprozess titulieren (Jovane et al., 1993), oder bei Rautenstrauch, der die Demontage als Hauptkostenverursacher im Recyclingprozess sieht (Rautenstrauch, 1999, S. 66). Planungsgegenstände im Rahmen der Demontage sind sowohl der eigentliche Demontageprozess und das Demontageprogramm als auch die Demontagesysteme, in denen diese Prozesse durchgeführt werden.

Im Rahmen der Demontageprozessplanung müssen sowohl die Demontagetiefe und die Demontageverfahren als auch die Reihenfolge der einzelnen Demontageschritte festgelegt werden. Ausgehend von den Anforderungen und Zielen an die Demontage kann beispielsweise mit Unterstützung durch einen Entscheidungsbaum entschieden werden, inwiefern Demontageaktivitäten notwendig bzw. sinnvoll sind. Abbildung 6.127 zeigt beispielhaft einen solchen Entscheidungsbaum über vier Stufen für die Unterstützung von Demontageentscheidungen für Elektro- und Elektronikgeräte.

Zunächst ist die Frage zu klären, inwiefern es möglich ist, das ganze Gerät wiederzuverwenden und so die Abfallmenge zu reduzieren. Ist dies möglich, so ist lediglich eine Aufarbeitung (Reinigung, Prüfung, Ersatz von Verschleißteilen) durchzuführen. Im nächsten Schritt gilt es ggf. vorhandene gesetzliche Anforderungen einer selektiven Behandlung von Bauteilen und Materialien zu erfüllen. Ist es möglich einzelne Bauteile wiederzuverwenden, werden diese anschließend demontiert. Zuletzt gilt es zu klären, ob durch eine Demontage einzelner Komponenten eine höhere Wertschöpfung als durch eine gemeinsame Aufbereitung zu erzielen ist. Diese liegt z. B. vor, wenn durch die Demontage höhere Materialerlöse durch höhere

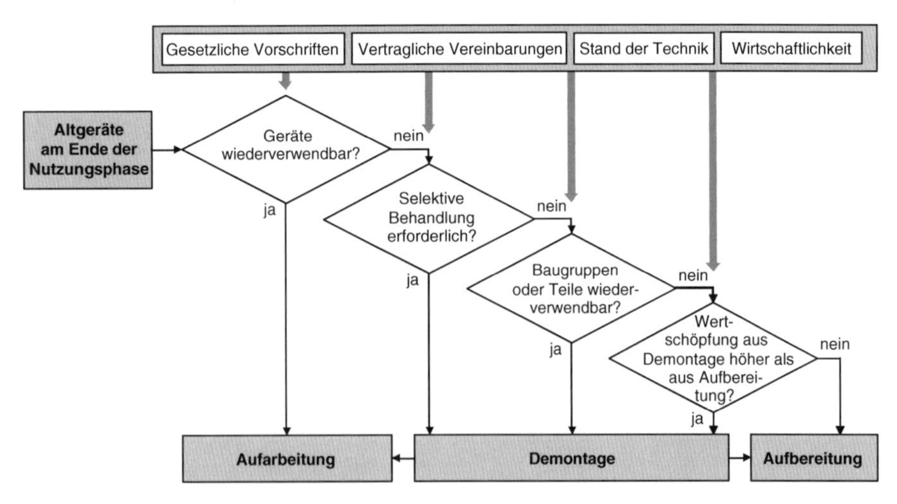

Abb. 6.127 Entscheidungsbaum für die Unterstützung der Entscheidung über die Durchführung von Demontageaktivitäten (Brüning und Kernbaum, 2004, S. 13)

Materialreinheit zu erzielen sind oder durch die Entfernung von Störmaterialien ein effizienterer Ablauf der nachfolgenden Prozesse gewährleistet werden kann.

Die Festlegung der Demontagetiefe und der einzelnen Demontageschritte hat entscheidenden Einfluss auf die Demontagekosten. Generell ist eine Demontage jedoch mindestens entsprechend der rechtlichen Anforderungen, zumeist eine vorgeschriebene Schadstoffentfrachtung, zu planen. Diese bestimmt die minimale Demontagetiefe (von Werder, 1996, S. 105). Die maximale Demontagetiefe hingegen resultiert in der Auflösung der gesamten Produktstruktur. Eine optimale Demontagetiefe ergibt sich aus derjenigen Folge von Demontageschritte, die eine größtmögliche Wertschöpfung ermöglicht. Abbildung 6.128 zeigt ein Diagramm, in dem die Kosten und Erlöse bei Zerlegevorgängen gegenübergestellt werden und so die daraus resultierende Wertschöpfung ermittelt werden kann.

Die Arbeitskosten nehmen mit steigender Demontagezeit zu, während mit jedem demontierten verkaufsfähigen Bauteil bzw. Materialfraktion Erlöse generiert werden können. Die Gegenüberstellung von Kosten und Erlösen resultiert in einer stufenförmigen Wertschöpfungskurve, über deren Maximum die größtmögliche Wertschöpfung ermittelt werden kann. Die Demontagetiefe in diesem Punkt ist jedoch immer noch mit den rechtlichen Anforderungen abzugleichen.

Die Festlegung der Demontagetiefe und die Planung der Demontagereihenfolge sind in engem Zusammenhang mit der Produktentwicklung und der Festlegung von End-of-Life Strategien zu sehen. Eine Vielzahl von Forschungsansätzen wurden in den vergangenen Jahren entwickelt, um unter Einsatz unterschiedlicher Methoden auf Basis von Produktdaten und Zielstellungen aus dem End-of-Life Management optimale Demontageprozesse zu planen. Ausführlich Übersichten finden sich in (Kühn, 2001; Herrmann, 2003).

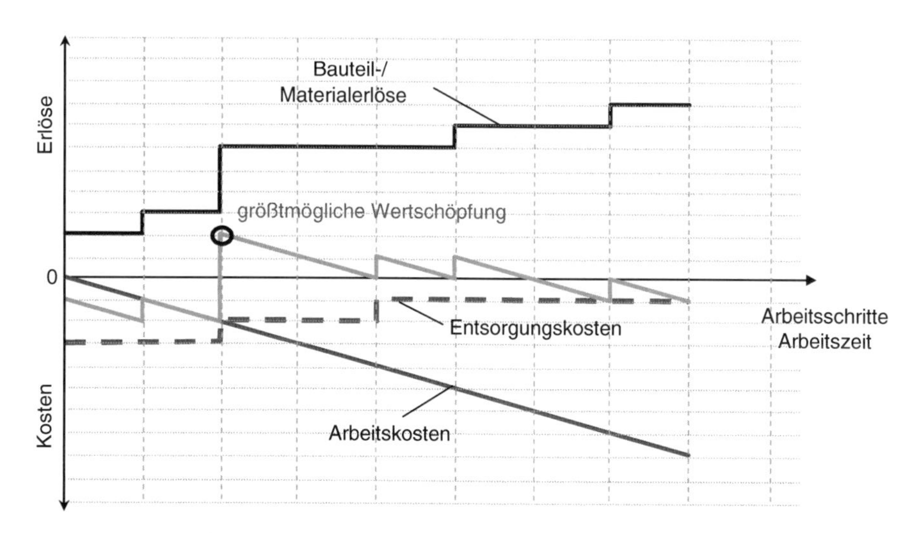

Abb. 6.128 Wertschöpfung bei manuellen Zerlegeoperationen (Meißner et al., 1999, S. 21)

Im Rahmen einer Demontageprogrammplanung gilt es, die Durchführung von Demontageprozessen im Sinne einer Produktionsplanung und -steuerung zu gestalten. Hier stehen insbesondere Gestaltungsfelder wie Losgrößen, Kapazitäten und Produktionsprogramme im Vordergrund. Eine allgemeine Auseinandersetzung mit der Anwendbarkeit klassischer Ansätze der Produktionsplanung und -steuerung findet sich in (Dinge, 2000). Da eine Übertragbarkeit nicht ohne Probleme gegeben ist, wurden verschiedene Erweiterungen und Anpassungen an Methoden und Werkzeugen der Produktionsplanung und -steuerung vorgenommen, um diese für die Demontageplanung nutzbar zu machen (beispielsweise in Huber, 2001; Schultmann et al., 2002a, b). Verschiedene Autoren setzen sich zudem mit der Gruppenbildung und Losgrößenplanung für die Demontage auseinander. Exemplarisch sei hier auf (Kongar und Gupta, 2002; Lambert und Gupta, 2001; Veerakamolmal und Gupta, 1998; von Werder, 1996) verwiesen.

Die Planung von Demontagesystemen umfasst die Gestaltung und Bewertung der technischen und logistischen Systeme, z. B. Ausstattung, Größenauslegung, Layout. Demontagesysteme beinhalten neben dem eigentlichen Demontagearbeitsplatz mit Möglichkeit zur Bereitstellung von Altprodukten und zur Sammlung von Fraktionen zudem Eingangs- und Ausgangslagerbereiche sowie Mittel zum innerbetrieblichen Transport (siehe Abb. 6.129). Das Demontagesystem ist Teil der Demontagefabrik, zu der weitere Funktionen wie Beschaffung und Verkauf sowie Unterstützungsfunktionen wie die Verwaltung und das Personalwesen hinzukommen.

Für die Planung und Gestaltung von Demontagesystemen wurden eine Vielzahl von Methoden und Werkzeugen entwickelt. Hier sind methodenseitig klassische sowie simulationsbasierte Ansätze zu unterscheiden. Detaillierte Übersichten über die Ansätze, deren Fragestellungen und Ergebnisse finden sich u. a. bei (Herrmann et al., 2003; Ohlendorf, 2006; Ciupek, 2004).

Generell lassen sich jedoch die folgenden generischen Planungsphasen herausstellen (VDI 2343 Blatt 3, 2007-09, S. 9):

- Dimensionierung des Demontagesystems: Anzahl der Demontagestationen und Verkettungsmittel, Flächenbedarf der Systemelemente
- Strukturierung des Demontagesystems: Art und Verkettung der Systemelemente, Festlegung der technischen und organisatorischen Eigenschaften
- Bewertung des Demontagesystems: vorrangig nach ökonomischen Kriterien, aber auch hinsichtlich ökologische Faktoren und Flexibilität der Systeme, zur Auswahl des besten Systems

6.4.2.4 Aufarbeitungsplanung

Die Gestaltung und Lenkung von Aufarbeitungsaktivitäten ist Gegenstand zahlreicher Forschungsarbeiten. Analog zu den Ausführungen zur Demontageplanung sind Ansätze der Aufarbeitungsplanung hinsichtlich des Betrachtungsgegenstandes des Aufarbeitungsprozesses und des Aufarbeitungssystems zu differenzieren

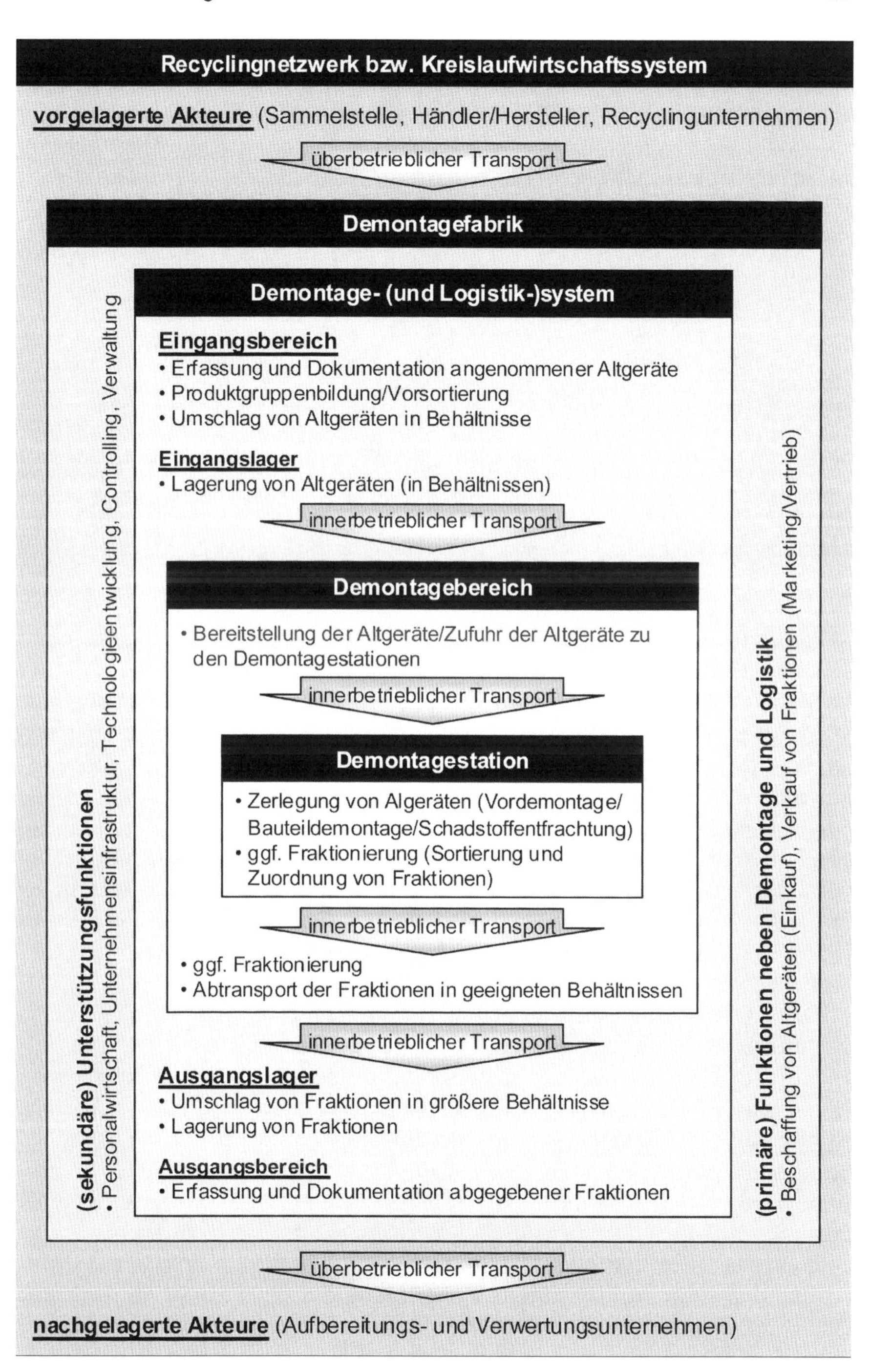

Abb. 6.129 Hierarchische Abgrenzung verschiedener Systemgrenzen im Bereich der Demontage (Ohlendorf, 2006, S. 45)

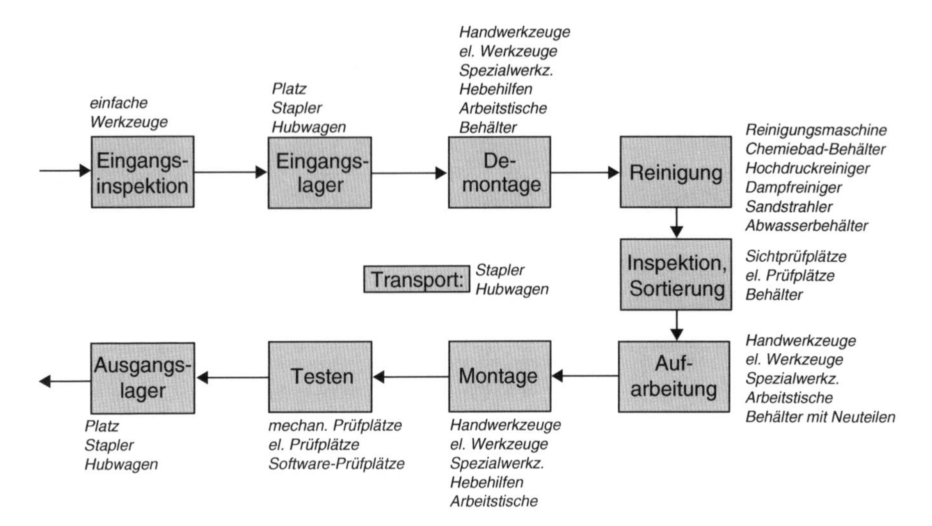

Abb. 6.130 Elemente eines Aufarbeitungssystems (Stölting und Spengler, 2005, S. 498)

(Abb. 6.130). Eine umfassende Übersicht über Planungsansätze findet sich beispielsweise in (Stölting, 2006).

Stölting stellt in ihrer Arbeit einen umfassenden Ansatz für die strategische Planung von Remanufacturingsystemen vor (Stölting, 2006; Stölting und Spengler, 2005). Das Konzept basiert auf der Lebenszyklusrechnung (LCC) als Instrument zur Entscheidungsunterstützung. Der Ansatz geht hierbei sowohl auf die Organisationsform und die Prozesskapazität, d. h. Auslegung des Remanufacturingsystems, als auch auf die Form des Anreizsystems für die Produktakquisition ein. Zudem werden Aspekte einer remanufacturinggerechten Produktgestaltung in Form von Aufwendungen für Gestaltungsaktivitäten aufgegriffen. Der Fokus liegt hier auf der strategischen Planung und Entscheidungsfindung auf aggregierter Ebene.

Der Ansatz wird validiert anhand einer Fallstudie eines Minilabs, eines hochwertigen Investitionsguts aus dem Bereich des Foto-Finishing. Auf Basis der Ergebnisse der Untersuchungen unter Berücksichtigung einer Sensitivitätsanalyse werden eine Reihe allgemeiner Handlungsempfehlungen abgeleitet. Grundsätzlich ist hiernach die Aufarbeitung von hochwertigen Investitionsgütern als vorteilhaft anzusehen. Dies ist insbesondere der Fall, wenn vorhandene Strukturen genutzt werden und stabile Absatzmärkte für aufgearbeitete Produkte existieren (Stölting, 2006, S. 231 ff.).

Ijomah et al. beschäftigen sich mit der Organisation und den Abläufen in Aufarbeitungsunternehmen (Ijomah und Childe, 2007; Ijomah, 2007). Mit dem Ziel eine Grundlage für die Gestaltung, Lenkung und die Kommunikation der Abläufe in Aufarbeitungsunternehmen bereitzustellen, wird ein Referenzmodell generischer Prozesse der Aufarbeitung entwickelt. Unter Verwendung der IDEF0 Modellierungstechnik wird ein mehrstufiges Modell der Prozesse aufgebaut. Auf der obers-

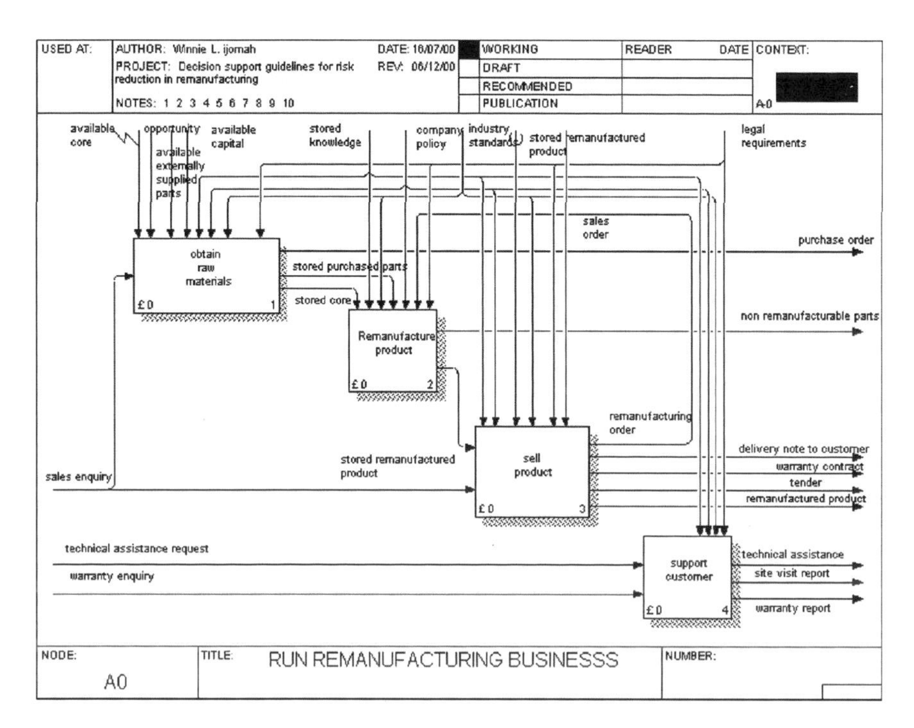

Abb. 6.131 A0 Diagramm eines generischen Aufarbeitungsprozesses (Ijomah, 2007, S. 682)

ten Detaillierungsebene sind die Grundprozesse der Beschaffung, der Aufarbeitung, des Vertriebs und des Kundenservice enthalten (siehe Abb. 6.131).

6.4.2.5 Gestaltung der Schnittstelle zur Produktplanung und -entwicklung

Bohr entwickelt einen alternativen Ansatz basierend auf dem Handel mit Materialzertifikaten zur Umsetzung einer erweiterten Herstellerverantwortung im Bereich der Elektro- und Elektronikgeräte (Bohr, 2006a, b, 2007). Einem Hersteller wird in diesem Konzept auf Basis der von ihm in Verkehr gebrachten Menge von Produkten und deren Gewicht eine Menge an Material Recovery Certificates (MRC) zugeordnet, die er zur Erfüllung seiner Entsorgungspflicht beizubringen hat. Recyclingbetriebe stellen MRC für die von ihnen entsorgten Mengen an Altgeräten aus und verkaufen diese an Hersteller. In (Bohr et al., 2007) wird der marktbasierte Ansatz um eine Rückkopplung zur Produktentwicklung erweitert. Die Bewertung der Demontage- und Recyclingfähigkeit der Produkte wird in der Berechnung der MRC-Verpflichtungen der Hersteller berücksichtigt. Demontage- und recyclinggerechte Produktgestaltung führt zu einer Reduzierung der Menge der beizubringenden Zertifikate. Hierdurch wird eine individuelle Produktverantwortung umgesetzt, bei der Hersteller direkt von ihren Aufwendungen in der Produktentwicklung durch geringere Entsorgungsverpflichtungen profitieren.

6.4.2.6 Gestaltung der Schnittstelle zur Produktionsplanung und -steuerung

Werden Produkte am Ende ihrer Lebensdauer von einem Hersteller zurückgenommen, so können Bauteile oder Baugruppen für eine Wieder- bzw. Weiterverwendung in der Montage neuer Produkte gewonnen werden. Hierfür bedarf es einer koordinierten Planung der durchzuführenden Produktions-, Demontage- und Recyclingprozesse (Abb. 6.132). Für diese Aufgabe entwirft Spengler ein Planungskonzept, das die Recyclingplanung in MRP II-basierte PPS-Systeme integriert (Spengler, 1998, S. 229 ff.).

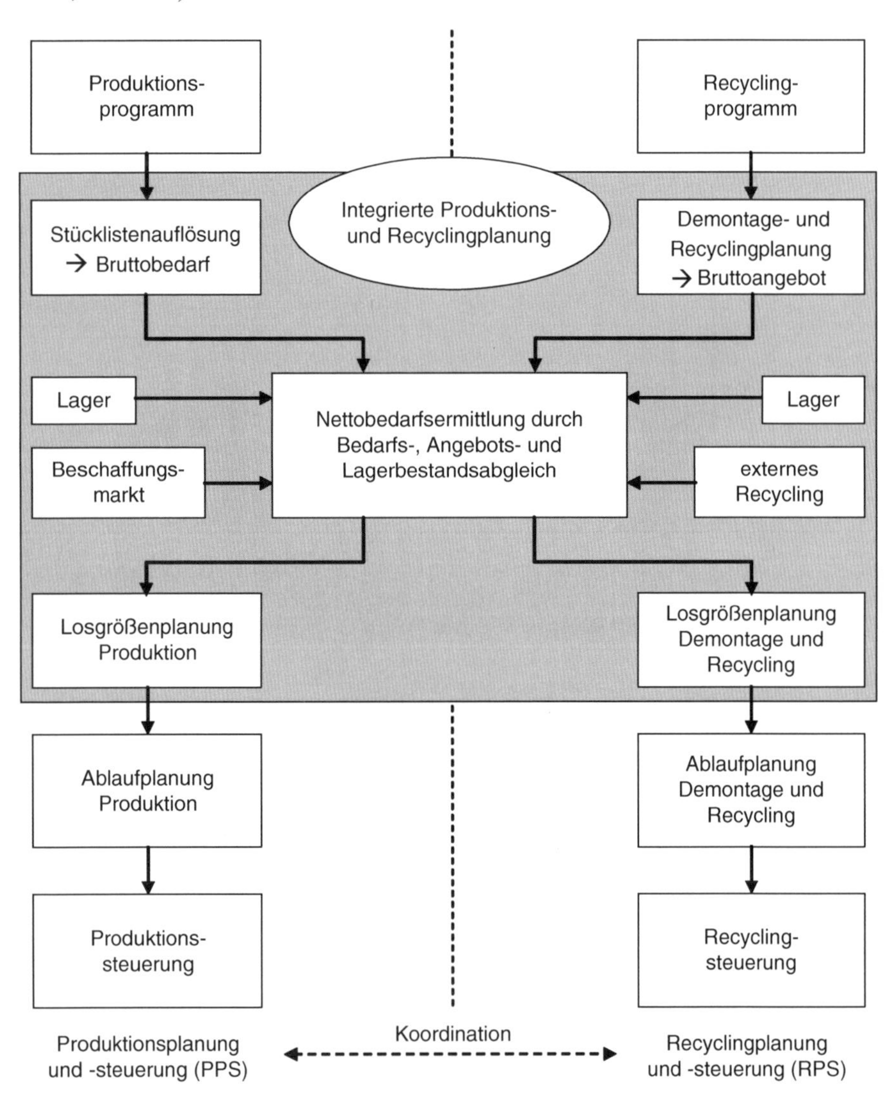

Abb. 6.132 Integration der Recyclingplanung in MRP II-basierte PPS-Systeme (Spengler, 1998, S. 231)

Der Bruttobedarf der benötigen Bauteile und Baugruppen ergibt sich aus dem Produktionsprogramm und kann durch eine Stücklistenauflösung ermittelt werden. Aufbauend auf dem Produktionsprogramm, umfasst das Recyclingprogramm alle nach Art und Menge in einem Planungszeitraum zu demontierenden bzw. zu verwertenden Altprodukte. Die Ermittlung des Bruttoangebots an wieder-/weiterverwendbaren Bauteilen und Baugruppen wird – ausgehend von einer gegebenen Menge an Altprodukten – mit Hilfe der gemischt-ganzzahligen Programmierung gelöst (Spengler, 1998). Die Bestimmung des Nettobedarfs erfolgt durch ein Bedarfs-, Angebots- und Lagerabgleich. Ist der Bruttobedarf größer als der Lagerbestand, so wird die Differenz der Recyclingprogrammplanung übermittelt. Diese versucht nun, die benötigte Menge durch Demontage- und Aufarbeitungsmaßnahmen zur Verfügung zu stellen. Um unnötige Rüst-, Lager-, Produktions-, Beschaffungs- und Entsorgungskosten zu vermeiden, wird eine Losgrößenplanung vorgenommen. Im Rahmen der Ablaufplanung erfolgt die Freigabe der Produktions- und Demontagelose. Kurzfristige Maßnahmen der Produktions- und Recyclingsteuerung wirken betriebsbedingten Störungen sowie sonstigen Abweichungen der realisierten Produktions- und Recyclingmengen entgegen (Spengler, 1998, S. 231 ff.).

6.4.2.7 Zusammenfassung End-of-Life Management

Tabelle 6.15 zeigt die Einordnung des End-of-Life Managements in das Modell lebensfähiger Systeme mit möglichen Institutionen im Unternehmen, beispielhaften Aufgaben innerhalb der Disziplinen und Integrationsaufgaben zu den weiteren phasenbezogenen Disziplinen.

Folgende Fragen können zur Ausgestaltung bzw. Analyse herangezogen werden (vgl. Kap. 4.3.3):

- **System 1:** Was sind die Ein- und Ausgangsgrößen zu den anderen Systemen 1 (Produktmanagement, Produktionsmanagement, After-Sales-Management)? Wie sind die Beziehungen (z. B. kooperativ oder kompetitiv)? Was sind die Charakteristika des Recyclingmarktes (z. B. hohe Anforderungen aus Umweltgesetzgebung oder volatile Rohstoffpreise)?
- **System 2:** Wie kann die Koordination zwischen Rückläufern im Service und Rückläufern im End-of-Life erfolgen? Stehen Informationen aus der Produktentwicklung zur Durchführung der Aktivitäten im End-of-Life zur Verfügung (z. B. Demontagepläne)?
- **System 3:** Welche Informationen über die Qualität der Aktivitäten im End-of-Life werden an das operative End-of-Life Management gemeldet? Beruhen die Geschäftsprozesse auf einheitlichen Standards bzw. Prinzipien? Was bedeuten die zeitlichen „Verzögerungen" zwischen Maßnahmen in der Produktentwicklung (z. B. demontagegerechte Produktgestaltung) und der tatsächlichen Durchführung der Demontage im End-of-Life?
- **System 4:** Wie werden Informationen zu zukünftigen umwelt-politischen Änderungen, neuen Recyclingtechnologien oder neuen Erkenntnissen zu Werkstoffen

Tab. 6.15 Einordnung der phasenbezogenen Disziplin End-of-Life Management in das Modell lebensfähiger Systeme

Phasenbezogene Disziplin: End-Of-Life Management					
VSM System	Institution im Unternehmen (Beispiele)	Aufgaben im End-of-Life Management (Beispiele)	Integrationsaufgaben zu übrigen phasenbezogenen Disziplinen (Beispiele)		
			Produktmanagement	Produktionsmanagement	After-Sales Management
1	Recyclingbereich	Durchführung der Demontage- und Recyclingaktivitäten	ggf. Abfrage und Einsatz von demontage- und recyclingrelevanten Produktinformationen (Ermittlung von Wert- und Schadstoffen)	ggf. Koordination mit dem Anfall von Produktionsabfällen	ggf. Koordination mit dem Anfall von Garantierückläufern
2		Koordination aller Tätigkeiten	Ermittlung von signifikanten Abweichungen zwischen geplanten und eingesetzten bzw. recycelten Materialien (Materialqualität, Einsatz von Stoffen mit Umweltgefährdungspotenzial)	Ermittlung von signifikanten Abweichungen zwischen Bedarfen (z. B. Bauteile) und Angebot (z. B. gebrauchte Geräte)	Ermittlung von signifikanten Abweichungen zwischen Bedarfen (z. B. Bauteile) und Angebot (z. B. gebrauchte Geräte)
3	Operatives End-of-Life Management	Optimaler Einsatz des Recyclingsystems durch Lenkung der End-of-Life Aktivitäten	Rückkopplung von Erfahrungen aus dem Recycling in die Produktentwicklung (z. B. Materialwahl)	Koordination mit Produktionssteuerung zum Wiedereinsatz von gebrauchten Bauteilen und recycelten Materialien	Koordination mit dem Ersatzteilservice zum Wiedereinsatz von gebrauchten Bauteilen als Ersatzteil
4	Strategisches End-of-Life Management	Analyse der Entwicklung des rechtlichen Rahmens; Definition der Recyclingstrategie	Abstimmung mit der Produktstrategie und dem Einsatz neuer Produkttechnologien	Abstimmung mit strategischem Einkauf: Einsatz von recycelten Materialien	Abstimmung mit der Servicestrategie: Einsatz von gebrauchten Bauteilen als Ersatzteile
5	Normatives End-of-Life Management	Kreislaufwirtschaft als Bestandteil der Unternehmenspolitik (z. B. Vision einer „Recycling Society")	Abstimmung mit der Unternehmenspolitik (z. B. Vision „Life Cycle Designed Products")	Abstimmung mit der Unternehmenspolitik (z. B. Vision „Sustainable Manufacturing")	Abstimmung mit der Unternehmenspolitik (z. B. Vision „Nachhaltigkeitsorientierte Produkt-Service-Systeme")

beschafft und in der Recyclingsstrategie berücksichtigt. Wie erfolgt die Umsetzung der Recyclingstrategie in Programme und die Abstimmung mit den Entwicklungsaufträgen.

- **System 5:** Wie ist das Prinzip einer Kreislaufwirtschaft in der Kultur und den Werten des Unternehmens verankert (z. B. als ausformulierte Vision einer „Recycling Society“)? Werden Spannungen zwischen den heutigen Notwendigkeiten und den Anforderungen der Zukunft erkannt und im Bedarfsfall gelöst?

Kapitel 7
Zusammenfassung und Ausblick

7.1 Zusammenfassung

Das Umfeld von Unternehmen ist geprägt durch eine Vielzahl dynamischer, miteinander wechselwirkender Veränderungen. Eine fortschreitende Globalisierung, der Anstieg der Weltbevölkerung, ungleiche (Lebens-)Standards, der (immer schnellere) Verbrauch endlicher, natürlicher Ressourcen und damit verbundene Umweltwirkungen sind zentrale Aspekte dieser Veränderungen. Dabei entstehen Umweltwirkungen entlang des gesamten Lebensweges eines Produktes von der Rohstoffgewinnung, über die Produktplanung und -entwicklung bis hin zur Produktion, Nutzung und Entsorgung. Dies gilt nicht nur für die produzierten Primärprodukte, sondern auch für alle zur Leistungserbringung erforderlichen Betriebs- und Hilfsmittel, einschließlich der erforderlichen Infrastruktur. Gleichzeitig wird in zunehmendem Maße der wirtschaftliche Erfolg eines Produktes nicht durch den Verkauf bestimmt, sondern ergibt sich aus den Kosten und Erlösen in allen Lebenswegphasen. So haben produktbegleitende Dienstleistungen, aber auch Kosten und Erlöse aus einer Rücknahme und Entsorgung, einen zunehmend wichtigen Anteil am Produkterfolg oder -misserfolg. Auch soziale Aspekte wie ein sicheres Arbeitsumfeld im Unternehmen oder die Sicherstellung, dass keine Kinderarbeit Bestandteil des eigenen Wertschöpfungsnetzwerkes ist, gehören zu einer verantwortlichen Unternehmensführung. Der Begriff der Nachhaltigen Entwicklung liefert hierfür ein übergeordnetes Leitbild und ist ein bewusst zu gestaltender dynamischer Prozess, der ein lebensphasenübergreifendes Denken fordert und ökonomische, ökologische und soziale Aspekte integrieren muss.

Innovationen sowohl auf organisatorischer Ebene als auch auf der Ebene von Produkten und Prozessen kommen in diesem Prozess eine entscheidende Bedeutung zu. Sie müssen dazu beitragen, dass natürliche Ressourcen effizient genutzt und Stoffe mit einem Umweltgefährdungspotenzial durch solche ersetzt werden, die mit den natürlichen Stoffkreisläufen verträglich sind. Um sowohl die wirtschaftlichen Ziele eines Unternehmens zu erreichen als auch den ökologischen Anforderungen gerecht zu werden, müssen beide mit Blick auf den gesamten Produktlebensweg bereits in der Produktplanung berücksichtigt werden. Aber auch Konsumverhalten

C. Herrmann, *Ganzheitliches Life Cycle Management*,
DOI 10.1007/978-3-642-01421-5_7, © Springer-Verlag Berlin Heidelberg 2010

und Lebensstile müssen vor dem Hintergrund der Veränderungen in der Umwelt überdacht und angepasst werden.

Vor diesem Hintergrund wurde eine Vielzahl unterschiedlicher Methoden, Werkzeuge, Ansätze und Modelle entwickelt, die unterschiedlichen Bedarfen Rechnung tragen. Beispiele hierfür sind die demontage- und recyclinggerechte Produktentwicklung, die Entwicklung sowohl von Geschäftsprozessen als auch technischen Prozessen zur Schließung von Produkt- und Materialkreisläufen, Maßnahmen zur Steigerung der Energie- und Ressourceneffizienz in der Produktion oder die Wahrung und Bereitstellung von Informationen entlang des gesamten Produktlebensweges. Gefordert sind unterschiedlichste Lösungsbausteine aus einem breiten Feld unterschiedlichster Forschungsrichtungen.

Um auf der einen Seite Handlungsbedarfe darzustellen und auf der anderen Seite Ordnung in die Lösungsbeiträge zu bringen und Orientierung für die handelnden Personen zu schaffen, sind verschiedene Bezugsrahmen unter dem Begriff „Life Cycle Management" entstanden. Diese weisen jedoch zum einen Lücken in Bezug auf eine lebenszyklusorientierte Sichtweise und die Verankerung des Leitbildes einer Nachhaltigen Entwicklung auf. Zum anderen werden die Funktionsweise von Unternehmen und ihre Einbettung in das dynamische Umfeld nicht ausreichend berücksichtigt. Resultat eines fehlenden Bezugsrahmens ist die Entwicklung von vielen Einzellösungen, ohne dass es gelingt, diese zu einem ganzen, aufeinander abgestimmten System zusammenzuführen. Wenn jedoch die dargestellten Herausforderungen einer umfassenden Lösung bedürfen und eine Inter- und Intradisziplinarität der Zusammenarbeit dafür erforderlich ist, dann muss ein solcher Bezugsrahmen entwickelt werden.

Ziel der Arbeit war die Entwicklung eines geeigneten Bezugsrahmens und die Darstellung wichtiger Disziplinen und deren Ausgestaltungsmöglichkeiten. Nach einer Einleitung und Darstellung der Zielsetzung der Arbeit (Kap. 1) werden im Kap. 2 wichtige globale Herausforderungen sowie wichtige ökologische Aspekte und allgemeine Trends im Umfeld von Unternehmen näher beschrieben. Darauf aufbauend wird das Leitbild einer Nachhaltigen Entwicklung im Hinblick auf seine zeitliche Entstehung und inhaltliche Ausgestaltung dargestellt. Des Weiteren wird auf ausgewählte umweltpolitische Ziele und Instrumente eingegangen. Abschließend werden die Umsetzung einer Nachhaltigen Entwicklung in der Wirtschaft und daraus resultierende Konsequenzen erläutert. In mehr und mehr Branchen sind Unternehmen für den gesamten Produktlebensweg verantwortlich und müssen unterschiedlichste Umweltziele in ihre Produkte und Prozesse integrieren. Die zunehmende Transparenz des Handelns von Unternehmen erfordert neben einem wirtschaftlichen Erfolg die Erfüllung ökologischer und sozialer Anforderungen zur Wahrung der gesellschaftsbezogenen Legitimität.

Lebensphasen- und Lebenszykluskonzepte bilden eine Grundlage für ein Life Cycle Management. Aus diesem Grund werden in Kap. 3 unterschiedliche Konzepte vorgestellt und in Lebensphasenkonzepte (flussorientiert), Lebenszykluskonzepte (zustandsorientiert) und Integrierte Lebenszykluskonzepte (phasen- und zustandsorientiert) unterschieden. Betrachtet werden Produkte, Technologien aber auch Unternehmen als sozio-technische Systeme. Ausgehend von einer Darstellung des Begriffs „Management" werden bestehende Lösungsbausteine für ein lebenszyklusorientiertes Management beschrieben und gegenübergestellt. Das Kap. 4 ist der Entwicklung des Bezugsrahmens für ein Ganzheitliches Life Cycle Management gewidmet. Ausgehend von den Anforderungen wird der Begriff Management und die Rolle von Management im Unternehmen als komplexes System weiter vertieft. Nach einer kurzen Darstellung der Systemtheorie und Kybernetik wird das Modell lebensfähiger Systeme und darauf aufbauend das St. Galler Management Konzept vorgestellt. Damit sind die Voraussetzungen für die Entwicklung eines Bezugsrahmens für ein Ganzheitliches Life Cycle Management geschaffen. Neben einem normativen, strategischen und operativen Life Cycle Management wird zwischen Strukturen, Aktivitäten und Verhalten unterschieden. Das Leitbild einer Nachhaltigen Entwicklung ist auf normativer Ebene im allgemeinen Wertesystem eines Unternehmens zu verankern und beispielsweise in Form von Programmen auf der strategischen Ebene und Entwicklungsaufträgen auf der operativen Ebene umzusetzen. Die Managementaufgaben entlang des Lebensweges werden als Disziplinen aufgefasst und in Produkt-, Produktions-, After-Sales und End-of-Life Management gegliedert. Diese bilden die lebensphasenbezogenen Disziplinen. Ihnen gegenüber stehen die lebensphasenübergreifenden Disziplinen: Lebensweganalysen, Prozessmanagement sowie Informations- und Wissensmanagement. Ein Ganzheitliches Life Cycle Management integriert die lebensphasenbezogenen Disziplinen unter Einbeziehung der lebensphasenübergreifenden Disziplinen. Eine besondere Rolle nimmt die Ausgestaltung von Schnittstellen zwischen einer lebensphasenbezogenen Disziplin und den übrigen lebensphasenbezogenen Disziplinen ein. Darüber hinaus muss die Kopplung von Lebenswegen berücksichtigt werden. Deren Repräsentation im geschaffenen Bezugsrahmen und im Modell lebensfähiger Systeme wird dargestellt. Das Kap. 5 behandelt die lebensphasenübergreifenden Disziplinen. Es werden jeweils zu Beginn wichtige Grundlagen beschrieben. Anschließend wird die lebenszyklusorientierte Ausrichtung und die Bedeutung für ein Ganzheitliches Life Cycle Management dargestellt. Die lebensphasenbezogenen Disziplinen werden in Kap. 6 ausgeführt. Auch hier werden jeweils zu Beginn wichtige Grundlagen beschrieben und darauf aufbauend eine lebenszyklusorientierte Ausrichtung und Umsetzungsmöglichkeiten dargestellt.

7.2 Ausblick

Die bestehenden globalen Herausforderungen erfordern eine weltweite Verankerung und Umsetzung der Anforderungen einer Nachhaltigen Entwicklung und eines Life Cycle Managements in Unternehmen. Abbildung 7.1 zeigt eine länderspezifische Einordnung hinsichtlich der Entwicklungsstufe im Hinblick auf ein Lebenswegdenken. Stufe 0 bedeutet keine Erfahrungen oder umweltpolitische Vorgaben im Kontext eines Lebenswegdenkens. In der Stufe 1 sind Erfahrungen begrenzt verfügbar, umweltpolitische Vorgaben existieren jedoch nicht. Stufe 2 umfasst Forschungserfahrungen und grundsätzliche Voraussetzungen für lebenszyklusorientier-

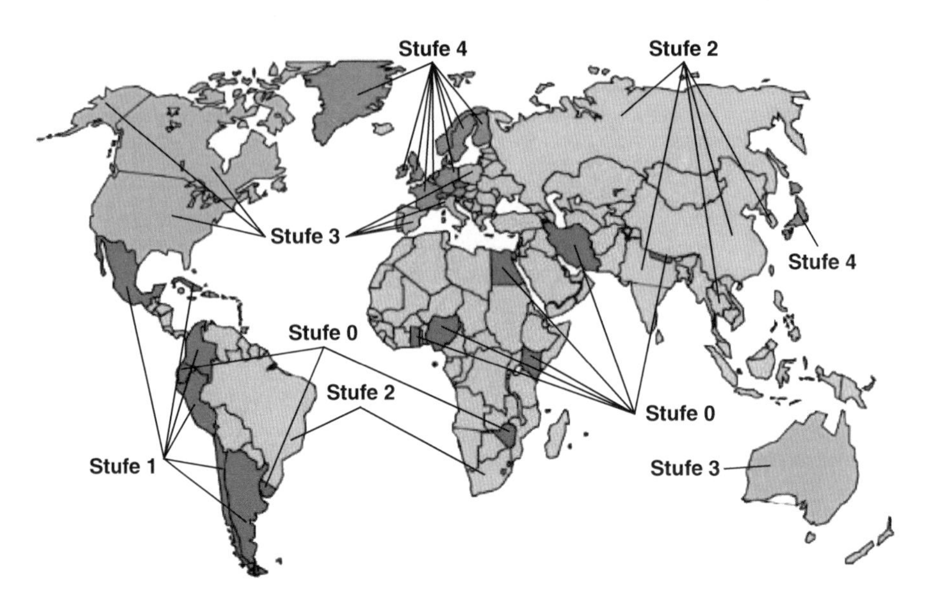

Abb. 7.1 Verbreitung eines Lebenszyklusdenkens weltweit (UNEP, 2008)

te umweltpolitische Vorgaben. Auf der Stufe 3 sind gute Umsetzungen in der Praxis vorhanden, aber nur wenige lebenszyklusorientierte umweltpolitische Instrumente im Einsatz. Die Stufe 4 bedeutet umfangreiche Anwendung einer nachhaltigen Lebenszyklusorientierung in der Praxis und ein entwickeltes umweltpolitisches Instrumentarium (UNEP, 2008).

Aus der Einordnung resultiert unmittelbar der Bedarf, sowohl die Schwellenländer (z.B. Indien, China) als auch die Entwicklungsländer in die Entwicklungen zu einem Life Cycle Management einzubeziehen. Stoffströme sind global, sowohl im Hinblick auf die Rohstoffgewinnung als auch im Hinblick auf Beschaffungs- und Absatzmärkte. Aber auch im Umgang mit Altprodukten ist eine Nachhaltigkeits- und Lebenszyklusorientierung anzustreben. Die Verankerung der Anforderungen aus einer Nachhaltigen Entwicklung sowohl auf strategischer als auch auf operativer Ebene in Form von Entscheidungsregeln kann einen wesentlichen Beitrag für richtungssichere (Umwelt-)Innovationen leisten. Die von Robért entwickelten Prinzipien für Nachhaltigkeit und Nachhaltige Entwicklung stellen einen interessanten Ansatzpunkt dar, die Anforderungen der natürlichen Umwelt in das Management zu integrieren und den hier dargestellten Bezugsrahmen weiterzuentwickeln (Robért, 2002).

Abbildung 7.2 zeigt die Ergebnisse einer Untersuchung zum Stand der Forschung im Life Cycle Management. Hierfür wurden 276 Veröffentlichungen aus den Jahren 2005 bis 2007 der „Conference on Life Cycle Engineering" (2005–2007), einer Konferenzserie der Internationalen Akademie für Produktionstechnik (CIRP), anhand des geschaffenen Bezugsrahmens für ein Ganzheitliches Life Cycle Management klassifiziert (Herrmann et al., 2008).

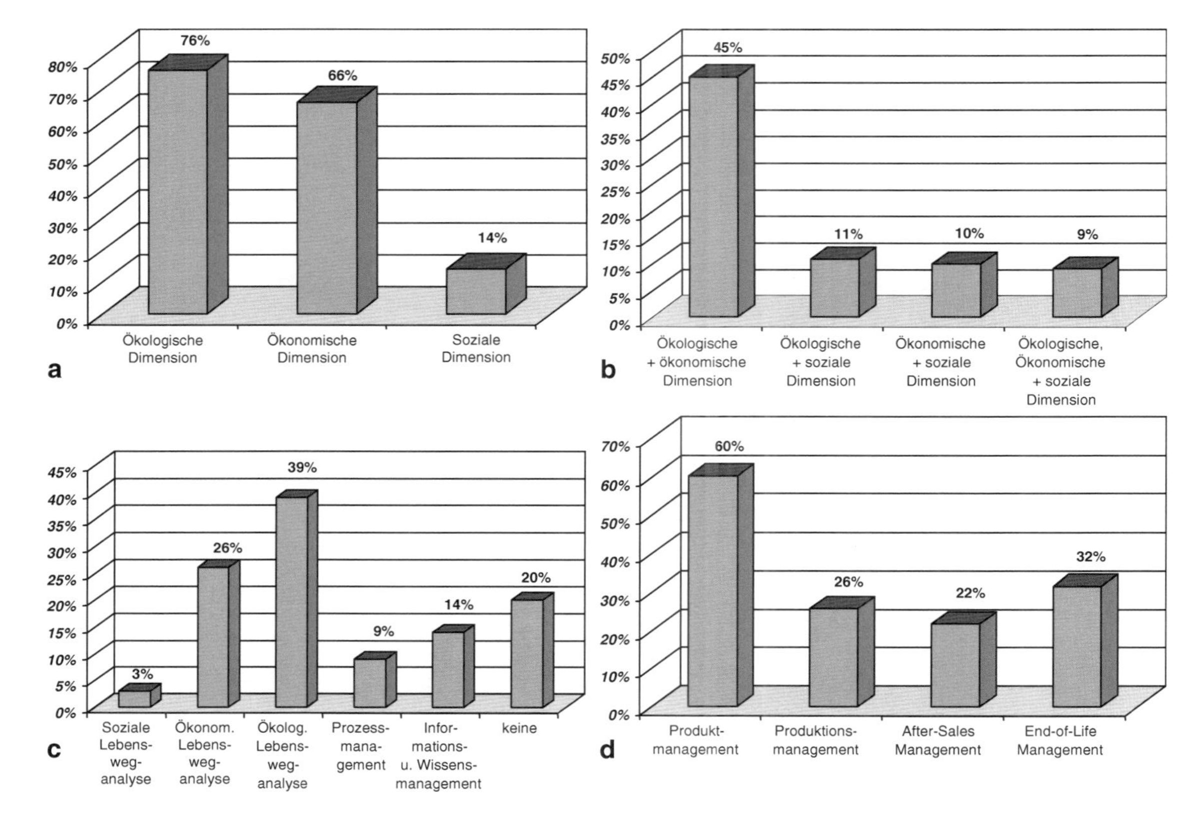

Abb. 7.2 Untersuchungsergebnisse zum Stand der Forschung im Life Cycle Management (Herrmann et al., 2008, S. 452)

Abbildung 7.2a zeigt die Einordnung der Veröffentlichungen zu den Dimensionen einer Nachhaltigen Entwicklung. Die Mehrzahl der Veröffentlichungen adressiert die ökonomische und/oder die ökologische Dimension, nur 38 Veröffentlichungen (14%) betrachten soziale Aspekte. Ein großer Anteil der Veröffentlichungen (45%) betrachtet sowohl die ökonomische als auch die ökologische Dimension (Abb. 7.2b). In der Mehrzahl der Veröffentlichungen kommen lebensphasenübergreifende Disziplinen zum Einsatz (Abb. 7.2c). Die ökonomische und ökologische Lebensweganalyse ist am stärksten vertreten [Eine weltweite Umfrage der UNEP zu den „Bedarfen, Herausforderungen und Vorteilen eines Lebensweganansatzes" in Unternehmen hat ergeben, dass 93% der befragten Unternehmen Ökobilanzen einsetzen, jedoch nur 12% der Unternehmen ein Life Cycle Costing implementiert haben (UNEP, 2008)]. 20% der Beiträge nehmen keinen Bezug zu einer der dargestellten lebensphasenübergreifenden Disziplinen eines Ganzheitlichen Life Cycle Managements. Und auch ein lebenszyklusorientiertes Informations- und Wissensmanagement sowie Prozessmanagement sind nur bei einem kleineren Teil der Beiträge vertreten. 60% der Veröffentlichungen integrieren das Produktmanagement (Abb. 7.2d). Dies spiegelt die besondere Bedeutung der lebenszyklusorientierten Produktplanung und -entwicklung für ein Ganzheitliches Life Cycle Management wider. Nur 22% der Veröffentlichungen beziehen sich auf das After-Sales Management.

Abbildung 7.3 zeigt die Ergebnisse der Untersuchung eingeordnet in den Bezugsrahmen für ein Ganzheitliches Life Cycle Management. Die Mehrzahl der Veröffentlichungen fokussiert die Ebene der „Aktivitäten" (70%). 33% der Beiträge beschäftigen sich mit Strukturen und 13% mit dem Verhalten. Etwa 80% der Veröffentlichungen betrachten ein einzelnes Unternehmen, nur etwa 10% betrachten Wertschöpfungsketten bzw. -netzwerke.

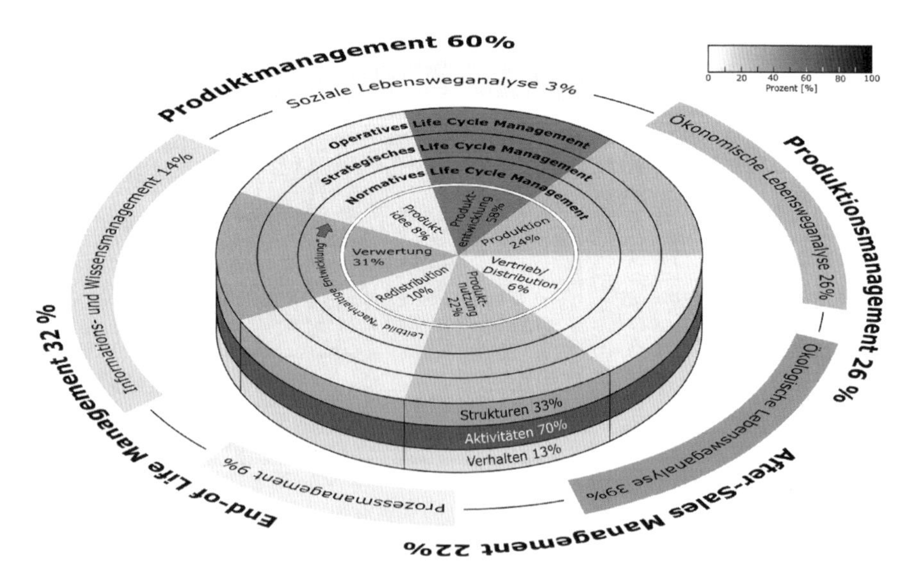

Abb. 7.3 Darstellung der Untersuchungsergebnisse zum Stand der Forschung im Bezugsrahmen für ein Ganzheitliches Life Cycle Management (Herrmann et al., 2008)

Zukünftiger Forschungsbedarf im Sinne eines Ganzheitlichen Life Cycle Managements besteht in der Integration sämtlicher lebensphasenbezogener Disziplinen und der Ausschöpfung der sich daraus ergebenen Potenziale. Gerade die Einbeziehung mehrerer oder aller lebensphasenübergreifender Disziplinen ist hierfür erforderlich. Bedarf besteht auch im Hinblick auf die Gestaltung von (nachhaltigen) Wertschöpfungsketten bzw. -netzwerken. Auch die Integration sozialer Aspekte bedarf weiterer Arbeiten. Der geschaffene Bezugsrahmen für ein Ganzheitliches Life Cycle Management ist offen gestaltet und kann bei Bedarf weitere Disziplinen bzw. eine feinere Differenzierung von Disziplinen integrieren (z.B. Technologiemanagement als Teil des Produktmanagements oder als eine lebensphasenübergreifende Disziplin sowie Anlaufmanagement als Bindeglied zwischen Produktentwicklung und Produktion).

Unternehmen stellen komplexe Systeme dar und sind in ein dynamisches Umfeld eingebunden. Herausforderungen resultieren zumeist aus einem Zusammenspiel einer Vielzahl von Faktoren, die unternehmensorganisatorische, technische, wirtschaftliche, politische und gesellschaftliche Bereiche betreffen. Vernetztes Denken kann hier sowohl für die Situationsanalyse als auch als Controlling und Frühwarnsystem eingesetzt werden (Gomez und Zimmermann, 1992, S. 210 ff.). Der Aufbau eines solchen Netzwerkes und dessen Analyse könnte wesentlich zu einem vertieften Systemverständnis beitragen. Ausgehend von dem systemisch-kybernetisch formulierten Bezugsrahmen könnte hier die Methode des System Dynamics eingesetzt werden. Diese unterstützt die Analyse und Modellierung komplexer dynamischer Systeme und ermöglicht die Berücksichtigung von Rückkopplungen, Zeitverzögerungen und Nichtlinearitäten. Das organisationsbezogene Kausalmodell von Gomez und Zimmermann könnte hier als Ausgangspunkt dienen (Gomez und Zimmermann, 1992, S. 211; vgl. auch Stölting, 2006, S. 236 zu den Potenzialen einer Betrachtung lebenszyklusorientierter Planungsprobleme mit System Dynamics).

Literatur

Kapitel 1 (Einleitung)

Deutschland (2006): Die Hightech-Strategie für Deutschland. Bonn, (Ideen zünden!), 2006.
Luks, F. (2005): Innovationen, Wachstum und Nachhaltigkeit. Eine ökologischökonomische Betrachtung. In: Beckenbach, F. et al. (Hrsg.): Jahrbuch Ökologische Ökonomik 4. Innovationen und Nachhaltigkeit. Marburg: Metropolis, 2005, S. 41–62.
Mateika, M. (2005): Unterstützung der lebenszyklusorientierten Produktplanung am Beispiel des Maschinen- und Anlagenbaus. Dissertation, TU Braunschweig. Essen: Vulkan-Verlag, 2005.
Rennings, K. (2007): Messung und Analyse nachhaltiger Innovationen. In: Statistisches Bundesamt (Hrsg.): Neue Wege statistischer Berichterstattung – Statistik und Wissenschaft, Bd. 10. Wiesbaden, 2007, S. 122–138.
Robèrt, K.-H. (2002): The Natural Step Story. Seeding a Quiet Revolution. Gabriola Island, BC: New Society Publishers, 2002.
Seliger, G. (2004): Global sustainability – A future scenario. In: Seliger, G. et al. (Hrsg.): Proceedings Global Conference on Sustainable Product Development and Life Cycle Engineering. Berlin: Uni-Ed., 2004, S. 29–35.
Senge, P.M. (1990): The fifth discipline. The art and practice of the learning organization. 1st ed. New York: Doubleday/Currency, 1990.

Kapitel 2 (Herausforderungen und neue Anforderungen an Unternehmen)

Aberle, G. (2001): Stellungnahme in der Anhörung der Enquete-Kommission „Globalisierung der Weltwirtschaft" zum Thema „Herausforderungen der Verkehrs- und Transportentwicklung" am 05.12.01 in Berlin. Berlin: Deutscher Bundestag, 2001.
AGEB (2008): Energieflussbilder – Energieflussbild (stark vereinfacht in Mio. t SKE) 2007. URL: http://www.ag-energiebilanzen.de/viewpage.php?idpage=64, zuletzt geprüft am 27.6.2009.
Antes, R.; Kirschten, U. (2007): Betriebliches Umweltmanagement und Umweltökonomie – Normatives und strategisches Nachhaltigkeitsmanagement. Studienbrief, Zentrum für Fernstudien und Universitäre Weiterbildung der Universität Koblenz Landau, 2007.
Bahadir, M.; Parlar, H.; Spiteller, M. (2000): Springer Umweltlexikon. Berlin, Heidelberg: Springer, 2000.
Bakhitari, A.M.S. (2004): World oil production capacity model suggests output peak by 2006-07. Oil and Gas Journal. 26 April, 2004.
Bauer, S. (2005): Leitbild der Nachhaltigen Entwicklung. In: Informationen zur politischen Bildung Nr. 287/2005, bpb, 2005, S. 16–20.
Berié, E. et al. (2007): Der Fischer Weltalmanach 2008. Frankfurt a. M: Fischer, 2007.

BGR (2008): Kurzstudie – Reserven, Ressourcen und Verfügbarkeit von Energierohstoffen 2007. Bundesanstalt für Geowissenschaften und Rohstoffe, Hannover, 17. Dezember, 2008.

BMBF (Hrsg.) (2005): Forschung für die Nachhaltigkeit – Rahmenprogramm des BMBF für eine zukunftsfähige und innovative Gesellschaft. Bundesministerium für Bildung und Forschung, Berlin, 2005.

BMU – Bundesministerium für Umwelt, Naturschutz und Reaktorsicherheit (Hrsg.) (1998): Nachhaltige Entwicklung in Deutschland – Entwurf eines umweltpolitischen Schwerpunktprogramms. Bonn, 1998.

BMU & BDI (Hrsg.) (2002): Nachhaltigkeitsmanagement in Unternehmen. Konzepte und Instrumente für eine nachhaltige Unternehmensentwicklung. BMU, Berlin, 2002.

BMU (Hrsg.) (1997): Umweltpolitik. Konferenz der Vereinten Nationen für Umwelt und Entwicklung im Juni 1992 in Rio de Janeiro – Dokumente – Agenda 21, Berlin, 1997.

BMWi – Bundesministerium für Wirtschaft und Technologie (2006): Verfügbarkeit und Versorgung mit Energierohstoffen. Kurzbericht, Arbeitsgruppe Energierohstoffe, 29. März, 2006.

BMWi (2007): Energiedaten. Tabelle 29a – Internationaler Preisvergleich – Elektrizität für Industrie. Bundesministerium für Wirtschaft und Technologie. URL: http://www.bmwi.de/BMWi/Navigation/Energie/energiestatistiken.html, zuletzt geprüft im März 2009.

Bockskopf, V. (2007): Lebenszykluskosten – Genau hinsehen und Kosten sparen. Konstruktion, Special Antriebstechnik, 2007, S. 16–18.

BUND/MISEREOR (Hrsg.) (1996): Zukunftsfähiges Deutschland – Ein Beitrag zu einer global nachhaltigen Entwicklung. Berlin: Birkhäuser Verlag, 1996.

Braess, H.H.; Seiffert, U. (Hrsg.) (2005): Handbuch Kraftfahrzeugtechnik. 4. Aufl., Wiesbaden: Vieweg, 2005.

CENSUS (2009): U.S. Census Bureau, Population Division, Historical Estimates of World Population. URL: http://www.census.gov/ipc/www/worldhis.html, zuletzt geprüft am 10. April, 2009.

Coenen, R. (Hrsg.) (2001): Integrative Forschung zum globalen Wandel. Herausforderungen und Probleme. Reihe Gesellschaft – Technik – Umwelt. Veröffentlichungen des Instituts für Technikfolgenabschätzung und Systemanalyse. Frankfurt am Main, New York: Campus, 2001.

Detzer, K. et al. (1999): Nachhaltig Wirtschaften: Daten – Fakten – Argumente, Expertenwissen für umweltbewusste Führungskräfte in Wirtschaft und Politik. München: Selbstverlag Fachschaft Maschinenbau, Technische Universität München, 1999.

Deutsche Stiftung Weltbevölkerung DSW (2007): Weltbevölkerungsprojektionen für 2050. Hannover, 2007.

Deutscher Bundestag (Hrsg.) (2002): Globalisierung der Weltwirtschaft. Schlussbericht der Enquete-Kommission. Opladen: Leske + Budrich, 2002.

Diaz-Bone, H. (2007): Peakoil und die Konsequenzen des Ölfördermaximums aus Sicht des Verkehrssektors. Forum der Geoökologie, 18 (2007) 2, S. 12–14.

Dimmers, T. (2000): Lebenszykluskosten von Pumpen. Chemie Technik, 5 (2000), S. 184–185.

Dombrowski, U.; Bothe, T. (2001): Ersatzteilmanagement – Strategien für die Ersatzteilversorgung nach Ende der Serienproduktion. wt Werkstatttechnik online, 91 (2001) 12, S. 792–796.

econsense (2008): Forum Nachhaltige Entwicklung der deutschen Wirtschaft. URL: http://www.econsense.de/_ueber_uns/_profil_ziele/statement-3.html, http://www.econsense.de/_ueber_uns/_profil_ziele/index.asp, zuletzt geprüft am 10. Oktober, 2008.

EEA – European Environment Agency (2009a): Trend in freight transport demand and GDP. URL: http://www.eea.europa.eu/, zuletzt geprüft am 27. Juni, 2009.

EEA – European Environment Agency (2009b): Municipal waste generation per capita (country group). http://www.eea.europa.eu/, zuletzt geprüft am 27. Juni, 2009.

EIA – Energy Information Administration (2009): International Energy Outlook 2009. US Department of Energy, Washington. URL: http://www.eia.doe.gov/oiaf/ieo/graphic_data_world.html, zuletzt geprüft im Mai, 2009.

Energieagentur NRW (2007): Energieeffizienz in Unternehmen. URL: http://www.ea-nrw.de/unternehmen/.

Enquete-Kommission „Schutz des Menschen und der Umwelt" des Deutschen Bundestages (Hrsg.) (1994): Die Industriegesellschaft gestalten – Perspektiven für den nachhaltigen Umgang mit Stoff- und Materialströmen. Bonn: Economica, 1994.

Enquete-Kommission „Schutz des Menschen und der Umwelt" des Deutschen Bundestages (Hrsg.) (1998): Ziele und Rahmenbedingungen einer nachhaltig zukunftsverträglichen Entwicklung. Bonn: Economica, 1998.

EU – Europäische Union (2005): Die Umwelt in Europa – Zustand und Ausblick 2005. Teil B Kernsatz von Indikatoren. Brüssel, 2005.

Europäische Kommission (2003): Integrierte Produktpolitik – Auf den ökologischen Lebenszyklus-Ansatz aufbauen. Mitteilung der Kommission an den Rat und das europäische Parlament, Brüssel, 18. Juni, 2003. URL: http://europa.eu.int/eur-lex/de/com/cnc/2003/com2003_0302de01.pdf.

Europäische Kommission (2006): Aktionsplan für Energieeffizienz: Das Potenzial ausschöpfen. Brüssel, 19. Oktober, 2006.

Europäische Kommission (2001): Green Paper on Integrated Product Policy. Brüssel, 2001.

Eversheim, W.; Schuh, G. (Hrsg.) (1999): Produktmanagement, VDI-BuchWirtschaftsingenieurwesen Nr. 2. Berlin: Springer, 1999.

Fichter, K. (1998): Schritte zum nachhaltigen Unternehmen – Anforderungen und strategeische Ansatzpunkte. In: Fichter, K.; Clausen, J. (Hrsg.): Schritte zum nachhaltigen Unternehmen – Zukunftsweisende Praxiskonzepte des Umweltmanagements, Berlin: Springer, 1998, S. 3–26.

Kröger, F. (2004): Merger-Endgames – Strategien für die Konsolidierungswelle – ein Ansatz von A.T. Kearney. In: Fink, D. (Hrsg.): Management Consulting Fieldbook. Die Ansätze der großen Unternehmensberater. 2., überarb. und erw. Aufl., München: Vahlen, 2004, S. 169–182.

Fischer, A. (2008): Bildung für eine nachhaltige Entwicklung im sozial- und wirtschaftswissenschaftlichen Unterricht. URL: http://www.sowi-online.de/journal/nachhaltigkeit/einl.htm, zuletzt geprüft im Oktober, 2008.

Fluthwedel, A.; Pohle, H. (1996): Bromierte Dioxine und Furane in Kunststofferzeugnissen. UWSF – Z. Umweltchem. Ökotox, 8 (1996) 1, S. 34–36.

Friege (1999): Stoffstrommanagement – Herausforderung für eine nachhaltige Entwicklung. In: Brickwedde, F. (Hrsg.): Stoffstrommanagement – „Herausforderung für eine nachhaltige Entwicklung". Osnabrück: Steinbacher Druck, 1999.

future e. V. (Hrsg.) (2000): Nachhaltigkeit.Jetzt! – Anregungen, Kriterien und Projekte für Unternehmen. Future e. V., München, 2000.

Graedel, T.E.; Allenby, B.R. (1995): Industrial Ecology. Upper Saddle River, NJ: Prentice Hall, 1995.

Graf, R. (2005): Erweitertes Supply Chain Management zur Ersatzteilversorgung. Dissertation, TU Braunschweig. Schriftenreihe des Instituts für Werkzeugmaschinen und Fertigungstechnik der TU Braunschweig. Essen: Vulkan-Verlag, 2005.

Graßl, H. et al. (2003): Welt im Wandel: Energiewende zur Nachhaltigkeit. Berlin: WBGU, 2003.

Hagelüken, C. (2005): Autoabgaskatalysatoren. Kontakt u. Studium, Band 612. Renningen: expert-Verlag, 2005.

Herrmann, C.; Bergmann, L.; Thiede, S. (2007): Gestaltungselemente und Erfolgsfaktoren – Ergebnisse einer empirischen Umfrage unter produzierenden Unternehmen. Intelligenter Produzieren, VDMA Verlag, o.Jg. (2007) 4, S. 20–22.

Herrmann, C.; Graf, R.; Luger, T.; Kuhn, V. (2004): Re-X options closed-loop supply chains for spare part management. In: Seliger, G.; Nasr, N.; Bras, B.; Alting, L. (Hrsg.): Proceedings – Global Conference on Sustainable Product Development and Life Cycle Engineering – September 29–October 1, 2004 at the Production Technology Center (PTZ). Berlin: Uni-Ed., 2004, S. 139–142.

Hesselbach, J.; Mansour, M.; Graf, R.(2002): Erweitertes Supply Chain Management durch ganzheitliches Ersatzteilmanagement. In: Schenk, M. et al. (Hrsg.): Logistikplanung und -management. Magdeburg: Logisch-Verlag, 2002, S. 225–246.

Hesselbach, J.; Herrmann, C.; Detzer, R.; Martin, L.; Thiede, S.; Lüdemann, B. (2008): Energy Efficiency through optimized coordination of production and technical building services. In:

Kaebernick, H.; Kara, S. (Hrsg.): Proceedings of the Conference on Life Cycle Engineering, 2008, S. 624–629.

Hirsch, R.; Bedzek, R.; Wendling, R. (2007): Peaking of world oil production and its mitigation. In: Sperling, D.; Cannon, S. (Hrsg.): Driving Climate Change – Cutting Carbon from Transportation. Burlington, San Diego, London: Elsevier Academic Press, 2007.

Homburg, C.; Garbe, B. (1996): Industrielle Dienstleistungen – Bestandsaufnahme und Entwicklungsrichtungen. Zeitschrift für Betriebswirtschaft, 66 (1996) 3, S. 253–282.

Hubbert, M.K. (1956): Nuclear Energy and the Fossil Fuels. Publication Number 95, Houston, Texas, June 1956, Presented before the Spring Meeting of the Southern District, American Petroleum Institute, Plaza Hotel, San Antonio, Texas, 7–9 March, 1956.

IEA – International Energy Agency (2008): World Energy Outlook 2008. International Energy Agency / Organisation for Economic Co-operation and Development, Paris, 2008.

Jacob, K. (2005): Industrie im Spannungsfeld von Ökonomie und Ökologie. In: Informationen zur politischen Bildung Nr. 287/2005, bpb, 2005, S. 31–35.

Jänicke, M. (2005): Staatliche Umweltpolitik am Beispiel Deutschlands. In: Informationen zur politischen Bildung Nr. 287/2005, bpb, 2005, S. 52–57.

Jänicke, M. (2007): Umweltpolitik. In: Handwörterbuch des politischen Systems der Bundesrepublik Deutschland. URL: http://www.bpb.de/wissen/07812802649396549661223750596746,5,0,Umweltpolitik.html, zuletzt geprüft am 26. August, 2007.

Jarratt, T.A.W.; Eckert, C.M., Weeks, R.; Clarkson, P.J. (2003): Environmental legislation as a driver of design. In: ICED 03 – International Conference on Engineering Design, Stockholm, 19–21 August, 2003.

Koch, W.A.S.; Czogalla, C. (1999): Grundlagen und Probleme der Wirtschaftspolitik. Köln: Wirtschaftsverl. Bachem, 1999.

Korte, F. et al. (1992): Lehrbuch der Ökologischen Chemie. Stuttgart, New York: Thieme, 1992.

Kramer, M.; Urbaniec, M.; Möller, L. (Hrsg.) (2003): Internationales Umweltmanagement – Interdisziplinäre Rahmenbedingungen einer umweltorientierten Unternehmensführung, Band I. Wiesbaden: Gabler, 2003.

Kurz, R. (1998): Nachhaltige Entwicklung als gesellschaftliche und wirtschaftliche Herausforderung. In: Landeszentrale für politische Bildung Baden-Württemberg (Hrsg.): Nachhaltige Entwicklung, Der Bürger im Staat, 48 (1998) 2, S. 66–72.

Lifset, R.J. (2006): Industrial ecology and life cycle assessment. International Journal of Life Cycle Assessment, 11 (2006) Special Issue, S. 14–16.

Luks, F. (2005): Innovationen, Wachstum und Nachhaltigkeit. Eine ökologischökonomische Betrachtung. In: Beckenbach, F. et al. (Hrsg.): Jahrbuch Ökologische Ökonomik, Marburg: Metropolis-Verl., 2005, S. 41–62.

Mansour, M. (2006): Informations- und Wissensbereitstellung für die lebenszyklusorientierte Produktentwicklung. Dissertation, TU Braunschweig. Essen: Vulkan-Verlag, 2006.

Mateika, M. (2005): Unterstützung der lebenszyklusorientierten Produktplanung am Beispiel des Maschinen- und Anlagenbaus. Dissertation, TU Braunschweig. Essen: Vulkan-Verlag, 2005.

Meadows, D. et al. (2004): Limits to Growth – The 30 Year Update. Vermont: Chelsea Green, 2004.

Meadows, D.L.; Meadows, D.H. (1972): The Limits to Growth. A Report to the Club of Rome. New York: Universe Books, 1972.

Meffert, H.; Kirchgeorg, M. (1998): Marktorientiertes Umweltmanagement. Konzeption – Strategie – Implementierung mit Praxisfällen. 3., überarb. und erw. Aufl., Stuttgart: Schäffer-Poeschel, 1998.

Mercer Management Consulting (2004a): Maschinenbau 2010. – Steigerung der Ertragskraft durch innovative Geschäftsmodelle, 2004a.

Mercer Management Consulting (2004b): Service im Maschinenbau – Ungenutzte Chancen im Servicegeschäft, 2004b.

N.N. (2007): Overshoot. Lexikon der Nachhaltigkeit. Aachener Stiftung Kathy Beys. URL: http://www.nachhaltigkeit.info/.

Naisbitt, J. (1984): Megatrends – Ten New Directions Transforming Our Lives. 2. Aufl., New York: Warner Books, 1984.

Oberthür, S. (2005): Internationale Umweltpolitik. In: Informationen zur politischen Bildung Nr. 287/2005, bpb, 2005, S. 68–72.

Ohlendorf, M. (2006): Simulationsgestützte Planung und Bewertung von Demontagesystemen. Dissertation, TU Braunschweig. Schriftenreihe des Instituts für Werkzeugmaschinen und Fertigungstechnik der TU Braunschweig, Essen: Vulkan-Verlag, 2006.

Polimeni, M.; Mayumi, K.; Giampietro, M.; Alcott, B. (2008): The Jevons Paradox and the Myth of Resource Efficiency Improvements. London u. a.: Earthscan, 2008.

Porter, M.E. (1999): Wettbewerbstrategie – Methoden zur Analyse von Branchen und Konkurrenten. 10. Aufl., Frankfurt, New York: Campus, 1999.

Radermacher, F.J. (2002): Die Zukunftsformel. bild der wissenschaft, o. Jg. (2002) 4, S. 78–86.

Rebhan, E. (2002): Energiehandbuch – Gewinnung, Wandlung und Nutzung von Energie. Berlin: Springer, 2002.

Richter, O.; Smoktun, B. (2003): Ansätze für eine Industrielle Ökologie. Carolo-Wilhelmina, 1 (2003), S. 36–42.

RoHS (2003): Richtlinie 2002/95/EG des Europäischen Parlaments und des Rates vom 27. Januar 2003 zur Beschränkung der Verwendung bestimmter gefährlicher Stoffe in Elektro- und Elektronikgeräten, Europäisches Parlament; Rat der Europäischen Gemeinschaften. (ABl.) Amtsblatt der Europäischen Union, 46 (2003) L 37, S. 19–23.

Roman, L.S.; Puckett, J. (2002): E-Scrap exportation – Challenges and considerations. In: International Symposium on Electronics & the Environment, IEEE, San Fransisco, 6.–9. Mai, 2002, S. 79–84.

Schaltegger, S.; Hasenmüller, P. (2005): Nachhaltigkeit im Mittelstand – Vom Business Case zur Umsetzung. Summer Academy der HypoVereinsbank, Nachhaltiges Wirtschaften im Mittelstand, München, 11. und 12. Mai, 2005.

Schuh, G. (2007): Komplexitätsmanagement für eine nachhaltige Produktionswirtschaft: PTK 2007 – XII. Internationales Produktionstechnisches Kolloquium, 2007, S. 17–29.

Shell, D.G. (2003): Meeting Future Energy Needs. Washington D.C.: National Academic Press, 2003.

Siemers, W.; Vest, H. (2000): Umwelt-Handbuch, Arbeitsmaterialien zur Erfassung und Bewertung von Umweltwirkungen, Umweltkatalog – Verwertung und Beseitigung von Elektronikschrott. Eschborn: Deutsche Gesellschaft für Technische Zusammenarbeit, 2000.

Stahel, W.R. (1997): Die Langlebigkeit von Produkten gegen „Ex und hopp“. In: Schaufler, H. (Hrsg.): Umwelt und Verkehr, Beiträge für eine nachhaltige Politik. München: Aktuell, 1997.

Statistisches Bundesamt (2006): Statistisches Jahrbuch 2006 – Für das Ausland. Wiesbaden, September, 2006.

Statistisches Bundesamt (2007): Energiedaten. URL: http://www.destatis.de.

Statistisches Bundesamt (2009): Verkehrsleistung – Güterbeförderung. URL: http://www.destatis.de, zuletzt geprüft am 27. Juni, 2009.

UBA – Umweltbundesamt (2007): Umweltkernindikatorensystem. URL: http://www.env-it.de/umweltdaten/public/theme.do?nodeIdent=2893, zuletzt geprüft im Juli, 2007.

UN – United Nations (2000): Milleniums-Erklärung der Vereinten Nationen. Generalversammlungserklärung 55/2 vom 8. September, 2000, New York, 2000.

UN – United Nations (2006): The Millenium Development Goals Report 2006. New York, 2006.

UN – United Nations (2009): Population Division of the Department of Economic and Social Affairs of the United Nations Secretariat, World Population Prospects: The 2008 Revision. URL: http://esa.un.org/unpp, zuletzt geprüft am 10. April, 2009.

UNFPA – United Nations Population Fund (2001): The State of World Population 2001. New York, 2001.

USGS – United States Geological Survey (2009): Iron and Steel Statistics and Information. URL: http://minerals.usgs.gov/minerals/pubs/commodity/iron_&_steel/, zuletzt geprüft im Juni, 2009.

Wackernagel, M.; Rees, W.E. (1996): Our Ecological Footprint: Reducing Human Impact on the Earth. Gabriola Island, BC; Philadelphia, PA: New Society Publishers, 1996.

Wagner, G.R. (1997): Betriebswirtschaftliche Umweltökonomie. UTB-Reihe „Grundwissen der Ökonomik". Stuttgart: Lucius & Lucius, 1997.
WBGU – Wissenschaftlicher Beirat der Bundesregierung Globale Umweltveränderungen (1996): Welt im Wandel – Herausforderung für die Deutsche Wissenschaft. Jahresgutachten 1996, Berlin: Springer, 1996.
WCED – World Commission on Environement and Development (1987): Our Common Future (The Brundtland-Report). Oxford, 1987.
WEEE (2003): Richtlinie 2002/96/EG des Europäisches Parlaments und des Rates vom 27. Januar 2003 über Elektro- und Elektronik-Altgeräte, Europäisches Parlament; Rat der Europäischen Gemeinschaften. (ABl.) Amtsblatt der Europäischen Union, 46 (2003) L 37, S. 24–38.
Weizsäcker, E.U. von; Lovins, A.B.; Lovins, L.H. (1997): Faktor Vier – Doppelter Wohlstand – halbierter Naturverbrauch. Der neue Bericht an den Club of Rome. 10. Aufl., München: Droemer Knaur, 1997.
Westkämper, E.; Alting, L.; Arndt, G., (2000): Life cycle management and assessment: approaches and vision towards sustainable manufacturing. Annals of CIRP, 49 (2000) 2, S. 501–522.
Williamson, P.J.; Zeng, M. (2004): Die verborgenen Drachen. Harvard Businessmanager, o. Jg. (2004) 1, S. 56–67.
World Bank (2004): The World Bank Annual Report 2003. Vol. 1, New York, 2004.
WWF – World Wide Fund for Nature (2006a): Living Planet Report 2006. Gland, Schweiz, 2006.
WWF – World Wide Fund for Nature (2006b): Der Zustand unseres Planeten 2006. Frankfurt, 2006.
Xie, W.; Li-Hua, R. (2008): Evolving learning strategies for latecomers. Journal of Technology Management in China. 3 (2008) 2, S. 154–167.
ZVEI N.N. (2002): Langzeitversorgung der Automobilindustrie mit elektronischen Baugruppen, Weißbuch. URL: http://www.zvei-be.org/brancheninfo/veroeffentlichungen/doc/weißbuch.pdf, zuletzt geprüft am 30. August, 2002.
ZVEI (2003): Orientierung in Zeiten dynamischer Veränderungen – Tätigkeitsbereicht 2002/2003, Zentralverband Elektrotechnik- und Elektronikindustrie (ZVEI) e. V. (Hrsg.), Frankfurt/Main, 2003.

Kapitel 3 (Lebenszykluskonzepte und Management)

3M (2008): Life Cycle Management. URL: http://solutions.3m.com/wps/portal/3M/en_US/global/sustainability/policies-standards/life-cycle-management/. zuletzt geprüft am 2. März, 2008.
Anderl, R. et al. (1993): Integriertes Produktmodell, Entwicklung zur Normung von CIM. Berlin: Beuth Verlag, 1993.
Ansoff, H.I. (1984): Implanting Strategic Management. Englewood Cliffs/NJ: Prentice Hall, 1984.
Back-Hock, A. (1988): Lebenszyklusorientiertes Produktcontrolling. Berlin u. a.: Springer, 1988.
Bellmann, K. (1990): Langlebige Gebrauchsgüter: ökologische Optimierung der Nutzungsdauer. Wiesbaden: Dt. Univ.-Verlag, 1990.
Bertsche, B.; Lechner, G. (2004): Zuverlässigkeit im Fahrzeug- und Maschinenbau. Ermittlung von Bauteil- und System-Zuverlässigkeiten. 3., überarb. und erw. Aufl., Berlin u. a.: Springer, 2004.
Bleicher, K. (1996): Management-Konzepte. In: Eversheim, W.; Schuh, G. (Hrsg.): Produktion und Management, Berlin: Springer, 1996.
Bleicher, K. (2004): Das Konzept integrierten Managements. 7. Aufl., Frankfurt a. M: Campus, 2004.
Bullinger, H.-J. (1992): Einführung in das Technologiemanagement. Stuttgart: Teubner, 1992.
Christiansen, K. et al. (2003): Perspectives on Life Cycle Management. In: CIRP Seminar on Life Cycle Engineering 2003, Copenhagen, May, 2003.

Coenenberg, A.G. (1994): Auswirkungen ökologischer Aspekte auf betriebswirtschaftliche Entscheidungen und Entscheidungsinstrumente. In: Schmalenbach-Gesellschaft – Deutsche Gesellschaft für Betriebswirtschaft e. V. (Hrsg.): Unternehmensführung und externe Rahmenbedingungen – Kongress-Dokumentation 47. Deutscher Betriebswirtschafter-Tag. Stuttgart: Schäffer-Poeschel, 1994, S. 33–58.

Deng, Z. (1995): Architecture consideration for sustainable manufacturing processes reengineering. In: Tagungsband International Conference on Life Cycle Modeling for Innovative Products and Processes, Berlin, 1995, S. 349–355.

Dyckhoff, H. (2000): Umweltmanagement. Zehn Lektionen in umweltorientierter Unternehmensführung. Berlin u. a.: Springer, 2000.

Dyckhoff, H.; Spengler, T.S. (2007): Produktionswirtschaft. Eine Einführung für Wirtschaftsingenieure. 2., verb. Aufl., Berlin: Springer, 2007.

Faßbender-Wynands, E. (2001): Umweltorientierte Lebenszyklusrechnung: Instrument zur Unterstützung des Umweltkostenmanagements. Wiesbaden: Dt. Univ.-Verlag, 2001.

Fichter, K.; Arnold, M. (2004): Nachhaltigkeitsinnovationen. Nachhaltigkeit als strategischer Faktor. Schriftenreihe am Lehrstuhl für BWL, Unternehmensführung und Betriebliche Umweltpolitik, Nr. 38/2004, Carl von Ossietzky Universität, Oldenburg, 2004.

Fink, D. (2004): Management Consulting Fieldbook. Die Ansätze der großen Unternehmensberater. 2., überarb. und erw. Aufl., München: Verlag Franz Vahlen, 2004

Ford, D.; Ryan, C. (1981): Taking technology to market. Harvard Business Review, 59 (1981) 2, S. 117–126.

Fritz, W.; von der Oelsnitz, D. (2001): Marketing – Elemente marktorientierter Unternehmensführung. 3. Aufl., Stuttgart, Berlin, Köln: Kohlhammer, 2001.

Gomez, P.; Zimmermann, T. (1992): Unternehmensorganisation. Profile, Dynamik, Methodik. St. Galler Management-Konzept 3, Frankfurt Main u. a.: Campus-Verlag, 1992.

Greiner, L.E. (1972): Evolution and revolution as organizations grow. Harvard Business Review, 50 (1972) 4, S. 37–46.

Hofstätter, H. (1977): Die Erfassung der langfristigen Absatzmöglichkeiten mit Hilfe des Lebenszyklus eines Produktes. Modernes Marketing. Bd. 2, Tl. 2, Würzburg: Physica-Verlag, 1977.

Höft, U. (1992): Lebenszykluskonzepte. Grundlage für das strategische Marketing- und Technologiemanagement. Berlin: Schmidt, 1992.

Horneber, M. (1995): Innovatives Entsorgungsmanagement: Methoden und Instrumente zur Vermeidung und Bewältigung von Umweltbelastungsproblemen. Göttingen: Vandenhoeck & Ruprecht, 1995.

Hubbert, M.K. (1956): Nuclear Energy and the Fossil Fuels. Publication Number 95, Houston, Texas, June 1956, Presented before the Spring Meeting of the Southern District, American Petroleum Institute, Plaza Hotel, San Antonio, Texas, 7–9 March, 1956.

Jensen, A.A.; Elkington, J.; Christiansen, K.; Hoffmann, L.; Møller, B.T.; Schmidt, A.; van Dijk, F. (1997): Life Cycle Assessment (LCA) A guide to approaches, experiences and information sources. European Environment Agency, 1997.

Jensen, A.A.; Remmen, A. (Hrsg.) (2005): UNEP Guide to Life Cycle Management – A bridge to sustainable products. Background Report, Final Draft, December, 2004.

Kölscheid, W. (1999): Methodik zur lebenszyklusorientierten Produktgestaltung. Ein Beitrag zum Life Cycle Design. Dissertation, RWTH Aachen, WZL – Berichte aus der Produktionstechnik, Band 17/99. Aachen: Shaker Verlag, 1999.

Kröger, F. (2004): Value Building Growth. Wie man werttreibendes Wachstum erzielt – Ein Ansatz von A.T. Kearney. In: Fink, D. (Hrsg.): Management Consulting Fieldbook – die Ansätze der großen Unternehmensberater. München: Vahlen, 2004, S. 127–139.

Krubasik, E.G. (1982): Technologie: Strategische Waffe. Wirtschaftswoche, 36 (1982) 25, S. 28.

Leber, M. (1995): Entwicklung einer Methode zur restriktionsgerechten Produktgestaltung auf der Basis von Ressourcenverbräuchen. Dissertation, RWTH Aachen, Berichte aus der Produktionstechnik, Band 13/95. Aachen: Shaker Verlag, 1995.

Little, Arthur D. (1993): Management der F & E-Strategie. Wiesbaden: Gabler, 1993.

Mansour, M. (2006): Informations- und Wissensbereitstellung für die lebenszyklusorientierte Produktentwicklung. Dissertation, TU Braunschweig, Schriftenreihe des Institutes für Werkzeugmaschinen und Fertigungstechnik. Essen: Vulkan Verlag, 2006.

Maslow, A.H. (1962): Toward a Psychology of Being. Princeton: Van Nostrand, 1962.

Maslow, A.H. (1970): Motivation and Personality. 2. Aufl., New York: Harper & Row, 1970.

Mateika, M. (2005): Unterstützung der lebenszyklusorientierten Produktplanung am Beispiel des Maschinen- und Anlagenbaus. Dissertation, TU Braunschweig, Schriftenreihe des Institutes für Werkzeugmaschinen und Fertigungstechnik. Essen: Vulkan-Verlag, 2005.

Mellerowicz, K. (1963): Unternehmenspolitik. Freiburg im Breisgau: R. Haufe, 1963.

Merkamm, H.; Weber, J. (1996): Integration of the design for recyclability – Tool ReyKON in an environmental management concept. In: Tagungsband 3rd International Seminar of Life Cycle Engineering. Zürich: Verlag Industrielle Organisation, 1996, S. 159–167.

Nieman, J. (2003): Life Cycle Management – Das Paradigma der ganzheitlichen Produktlebenslaufbetrachtung. In: Bullinger, H.-J.; Warnecke, H.J.; Westkämper, E. (Hrsg.): Neue Organisationsformen im Unternehmen. Berlin u. a.: Springer, 2003, S. 813–826.

Pfeiffer, W.; Bischof, P. (1974): Produktlebenszyklen als Basis der Unternehmensplanung. Zeitschrift für Betriebswirtschaft (ZfB), 44 (1974) 10, S. 635–666.

Pfeiffer, W.; Bischof, P. (1981): Produktlebenszyklen – Instrument jeder strategischen Produktplanung. In: Steinmann, H. (Hrsg.): Planung und Kontrolle: Probleme der strategischen Unternehmensführung. München: Vahlen Verlag, 1981.

Porter, M.E. (1992): Wettbewerbsvorteile. Spitzenleistungen erreichen und behaupten. 3. Aufl., Frankfurt a. Main u. a.: Campus-Verlag, 1992.

Saur, K.; Ginluca, D. et al. (2003): Final Report of the LCM Definition Study. UNEP/SETAC Life Cycle Initiative, Version 3.6, 17 November, 2003.

Schäppi, B.; Radermacher, F.-J.; Andreasen, M.M.; Kirchgeorg, M. (2005): Handbuch Produktentwicklung. Strategien – Prozesse – Methoden – Ressourcen. München u. a.: Hanser, Carl, 2005.

Schenk, M.; Wirth, S. (2004): Fabrikplanung und Fabrikbetrieb. Berlin, Heidelberg: Springer Verlag, 2004.

Seliger, G. (2004): Global sustainability – A future scenario. In: Seliger, G. et al. (Hrsg.): Proceedings Global Conference on Sustainable Product Development and Life Cycle Engineering. Berlin: Uni-Ed., 2004, S. 29–35.

Senti, R. (1994): Produktlebenszyklusorientiertes Kosten- und Erlösmanagement. Dissertation, Hochschule St. Gallen für Wirtschafts-, Rechts- und Sozialwissenschaften. Bamberg: Difo-Druck GmbH, 1994.

Stramann, J. (2001): Bedarfsgerechte Informationsversorgung eines produktlebenszyklusorientierten Controlling. Dissertation, TU Berlin. Lohmar, Köln: Josef Eul, 2001.

Strebel, H.; Hildebrandt, T. (1989): Produktlebenszyklus und Rückstandszyklus: Konzept eines erweiterten Lebenszyklusmodells. Zeitschrift für Führung und Organisation (zfo), o. Jg. (1989) 2, S. 101–106.

Sturz, W. (2000): Life Cycle Management – Von der Produktidee bis zum Recycling. Steinbeis Transferzentrum für Wissensmanagement & Kommunikation, 2000.

Täubert, J.; Reif, A. (1997): Leitfaden zur alter(n)sgerechten physiologischen Arbeitsgestaltung in der Montage. Wissenschaftliche Schriftenreihe des Instituts für Betriebswissenschaften und Fabriksysteme. Chemnitz: IBF, 1997.

Uhl, H. (2002): Mehrdimensionale Optimierung der lifecycle costs von komplexen (Industrie-) Anlagen und Systemen unter Beachtung von Wissensmanagement-Ansätzen. Disertation, Universität Essen, 2002.

Ulrich, H. (1984): Einführung in die Konzeption der systemorientierten Managementlehre. In: Ulrich, H.; Dyllick, T.; Probst, Gilbert J.B. (Hrsg.): Management. Schriftenreihe Unternehmung und Unternehmungsführung. 13. Aufl., Bern: Haupt, 1984.

Westkämper, E.; Alting, L.; Arndt, G. (2000): Life cycle management and assessment: Approaches and visions towards sustainable manufacturing. Annals of the CIRP, 49 (2000) 2, S. 501–522.

Wild, J. (1982): Grundlage der Unternehmensplanung. Opladen: Westdeutscher Verlag, 1982.

Wilksch, S. (2006): Innovations- u. Technologiemanagement. URL: http://www.f3.fhtw-berlin.de/Lehrmaterialien/Wilksch/Innovationsmanagement/index.html, zuletzt geprüft am 2. März, 2006.
Zahn, E.; Schmid, U. (1992): Wettbewerbsvorteile durch umweltschutzorientiertes Management. In: Zahn, E.; Gassert, H. (Hrsg.): Umweltschutzorientiertes Management: Die unternehmerische Herausforderung von morgen. Stuttgart: Schäffer-Poeschel, 1992, S. 39–93.

Kapitel 4 (Modell und Bezugsrahmen für ein Ganzheitliches Life Cycle Management)

Ashby, W.R. (1956): An Introduction to Cybernetics. London: Chapman & Hall, 1956.
Baetge, J. (1974): Betriebswirtschaftliche Systemtheorie. Regelungstheoretische Planungs-Überwachungsmodelle für Produktion, Lagerung und Absatz. Opladen: Westdeutscher Verlag, 1974.
Baumbach, M. (1998): After-Sales-Management im Maschinen- und Anlagenbau. Dissertation, Regensburg: Transfer-Verlag, 1998.
Beer, S. (1965): Cybernetics and Management. 3. Impr., London: Engl. Univ. Pr, 1965.
Beer, S. (1985): Diagnosing the System for Organizations. Chichester: John & Wiley, 1985.
Beer, S. (1995): The Heart of Enterprise. Chichester: John & Wiley, 1995.
Bertalanffy, L. von (1948): Zu einer allgemeinen Systemlehre. Biologia Generalis, 195, S. 114–129. New York, Cambridge: MIT Press, Wiley & Sons, 1948.
Blanchard, B.S. (1978): Design and Manage to Life Cycle Cost. Virginia Polytechnic Institute and State University, Portland: M/A Press, 1978.
Bleicher, K. (1996): Management-Konzepte. In: Eversheim, W.; Schuh, G. (Hrsg.): Produktion und Management. Berlin: Springer, 1996
Bleicher, K. (2004): Das Konzept integrierten Managements. 7. Aufl., Frankfurt a. M: Campus, 2004.
Boothroyd, G.; Dewhurst, P. (1992): New Software Developments in Design for Assembly, Disassembly and Service. RI: Newport, 1992.
Bransch, N. (2005): Service-Engineering. Hintergrund, Methoden und Potenzial. Berlin: VDM-Verlag Dr. Müller, 2005.
Bullinger, H.-J. (2002): Vom Kunden zur Dienstleistung. Fallstudien zur kundenorientierten Dienstleistungsentwicklung in deutschen Unternehmen. Stuttgart: Fraunhofer IRB Verlag, 2002.
Carroll, A.; Buchholtz, A. (2003): Business and Society: Ethics and Stakeholder Management. 5. Aufl., Cincinnati, Ohio: South-Western, 2003.
Corsten, H.; Gössinger, R. (2001): Einführung in das Supply Chain Management. München, Wien: Oldenbourg, 2001.
Coulter, S.; Bras, B.A.; Foley, C. (1995): A lexicon of green engineering terms. In: Hubka, V. (Hrsg.): 10th International Conference on Engineering Design (ICED 95). Praha, Czech Republic. Zürich: Ed. Heurista, 1995, S. 1033–1039.
Deanzer, W.F.; Huber, F. (Hrsg.) (1999): Systems Engineering – Methodik und Praxis. 10. durchges. Aufl., Zürich: Verlag Industrielle Organisation, 1999.
Dettmer, T. (2006): Nichtwassermischbare Kühlschmierstoffe auf Basis nachwachsender Rohstoffe. Dissertation, TU Braunschweig. Schriftenreihe des Instituts für Werkzeugmaschinen und Fertigungstechnik der TU Braunschweig. Essen: Vulkan-Verlag, 2006.
DIN EN ISO 14040:2006-10 (2006-10): Umweltmanagement – Ökobilanz – Grundsätze und Rahmenbedingungen (ISO 14040:2006); Deutsche und Englische Fassung EN ISO 14040:2006. Berlin: Beuth Verlag, 2006-10.
Eigner, M.; Stelzer, R. (2001): Produktdatenmanagement-Systeme. Berlin, Heidelberg: Springer, 2001.
Espejo, R. (1989): The VSM revisted. In: Espejo, R.; Harden, R. (Hrsg.): The Viable System Model. Interpretations and Applications of Stafford Beer's VSM. Chichester, New York: John & Wiley, 1989.

Eversheim, W. (2003): Innovationsmanagement für technische Produkte. Berlin: Springer, 2003.

Flechtner, H.-J. (1968): Grundbegriffe der Kybernetik. Eine Einführung. 3. Aufl., Stuttgart: Wiss. Verl.-Ges., 1968.

Fritz, W.; von der Oelsnitz, D. (2001): Marketing – Elemente marktorientierter Unternehmensführung. 3. Aufl., Stuttgart, Berlin, Köln: Kohlhammer, 2001.

Fürnrohr, M. (1992): Stochastische Modelle zur Prognose von Lebenszykluskosten komplexer Systeme. Dissertation, Universität München, 1992.

Gomez, P.; Oeller, K.-H.; Malik, F. (1975): Systemmethodik. Grundlagen einer Methodik zur Erforschung und Gestaltung komplexer soziotechnischer Systeme. Bern, Stuttgart: Haupt, 1975.

Graf, R. (2005): Erweitertes Supply Chain Management zur Ersatzteilversorgung. Dissertation, TU Braunschweig. Schriftenreihe des Instituts für Werkzeugmaschinen und Fertigungstechnik der TU Braunschweig. Essen: Vulkan-Verlag, 2005.

Haberfellner, R. (1975): Die Unternehmung als dynamisches System. Der Prozesscharakter der Unternehmungsaktivitäten. 2. Aufl., Zürich: Verlag Industrielle Organisation, 1975.

Haberfellner, R.; Daenzer, W.; Becker, M. (2002): Systems engineering. Methodik und Praxis. 11., durchges. Aufl., Zürich: Verlag Industrielle Organisation, 2002.

Herrmann, C. (2003): Unterstützung der Entwicklung recyclinggerechter Produkte. Dissertation, TU Braunschweig. Schriftenreihe des Instituts für Werkzeugmaschinen und Fertigungstechnik der TU Braunschweig. Essen: Vulkan-Verlag, 2003.

Herrmann, C. (2006): Ganzheitliches life cycle management. In: Herrmann, C.; Leitner, T.; Paulesich, R. (Hrsg.): Nachhaltigkeit in der Elektro(nik)industrie. Düsseldorf: VDI–Verlag, 2006, S. 1–29.

Herrmann, C.; Decker, C.; Mateika, M. (2004): Life cycle strategy. In: International Design Conference – Design 2004, Dubrovnik, 2004.

Herrmann, C.; Mansour, M., Mateika, M. (2005): Strategic and operational life cycle management – Model, methods and activities. In: Proceedings of the CIRP-Seminar on Life Cycle Engineering, CD-Rom, Grenoble, 2005.

Herrmann, C.; Ohlendorf, M.; Luger, T. (2005): SiDDatAS – Software tool for simulation based disassembly planning and evaluation of disassembly systems. In: Proceedings of eco-X 2005 – Ecology and Economy in electroniX, Future Challenges and Sustainable Solutions for the Electronics Sector, Wien, 2005, S. 289–303.

Herrmann, C.; Bergmann, L.; Thiede, S.; Halubek, P. (2007): Total life cycle management – An integrated approach towards sustainability. In: 3rd International Conference on Life Cycle Management, Zürich, University of Zürich, Irchel, 27–29 August, 2007.

Hesselbach, J. et al. (2003): Integration von Re-X-Abläufen. Optionen in den Prozessen eines ganzheitlichen Ersatzteilmanagement. In: Spengler, Th. et al. (Hrsg.): Logistik Management, Tagungsband 3. Tagung Logistik Management 2003 (LM03). Heidelberg: Springer, 2003, S. 287–307.

Hesselbach, J.; Herrmann, C.; Mateika, M. (2002): Recycling oriented product analysis for design and process strategies. In: Proceedings of World Congress R'02 – Recovery, Recycling, Reintegration Genf, CD-ROM, 2002.

Heylighen, F.; Joslyn, C.; Turchin, V. (1999): What are Cybernetics and Systems Science? Principia Cybernetica Web. URL: http://pespmc1.vub.ac.be/CYBSWHAT.html, zuletzt geprüft am 18. Dezember, 2007.

Höge, R. (1995): Organisatorische Segmentierung. Ein Instrument zur Komplexitätshandhabung. Wiesbaden: Dt. Univ.-Verlag, 1995.

Hungenberg, H.; Schuh, G.; Warnecke, H.-J. (1996): Strategisches Management produzierender Unternehmen. In: Eversheim, W.; Schuh, G. (Hrsg.): Produktion und Management. Berlin: Springer, 1996, S. 5.27–5.51.

Kramer, M.; Urbaniec, M.; Möller, L. (Hrsg.) (2003): Internationales Umweltmanagement – Interdisziplinäre Rahmenbedingungen einer umweltorientierten Unternehmensführung, Band I. Wiesbaden: Gabler, 2003.

Lewin, R. (1992): Complexity. Life at the Edge of Chaos. New York: Macmillan Publishing Company, 1992.
Malik, F. (2008): Strategie des Managements komplexer Systeme. Bern: Haupt, 2008.
Mansour, M. (2006): Informations- und Wissensbereitstellung für die lebenszyklusorientierte Produktentwicklung. Dissertation, TU Braunschweig. Essen: Vulkan-Verlag, 2006.
Mateika, M. (2005): Unterstützung der lebenszyklusorientierten Produktplanung am Beispiel des Maschinen- und Anlagenbaus. Dissertation, TU Braunschweig. Schriftenreihe des Instituts für Werkzeugmaschinen und Fertigungstechnik der TU Braunschweig. Essen: Vulkan-Verlag, 2006.
Nieman, J. (2003): Life Cycle Management – Das Paradigma der ganzheitlichen Produktlebenslaufbetrachtung. In: Bullinger, H.-J.; Warnecke, H.J.; Westkämper, E. (Hrsg.): Neue Organisationsformen im Unternehmen. Berlin u. a.: Springer, 2003, S. 813–826.
Niemann, J.; Westkämper, E. (2004): Dynamisches Life Cycle Controlling von Ganzheitlichen Produktionssystemen mit erfahrungskurvenbasierten Planungsverfahren. Wt Werkstattstechnik, 94 (2004) 10, S. 553–557.
Nordsieck, F. (1961): Betriebsorganisation – Lehre und Technik. Stuttgart: Poeschel, 1961.
Nowak, Z. (2003): Das „Cleaner Production Concept“ als Strategie für eine nachhaltige Entwicklung. In: Kramer, M.; Brauweiler, J.; Helling, K. (Hrsg.): Internationales Umweltmanagement – Umweltmanagementinstrumente und -systeme, Band II. Wiesbaden: Gabler, 2003.
Patzak, G. (1982): Systemtechnik – Planung komplexer innovativer Systeme. Grundlagen, Methoden, Techniken. Berlin: Springer, 1982.
Pfeifer, T. (1996): Qualitätsmanagement. München: Hanser, 1996.
Pfohl, H.-C. (2000): Supply Chain Management – Konzepte, Trends, Strategien. In: Pfohl, H.-C. (Hrsg.): Supply Chain Management – Logistik plus?. Berlin: Schmidt, 2000.
Pleschak, F.; Sabisch, H. (1996): Innovationsmanagement, UTB für Wissenschaft, Stuttgart: Schäffer-Poeschel, 1996.
Ploog, M. (2004): Operative Planung in Recyclingunternehmen für Elektro(nik)altgeräte. Aachen: Shaker Verlag, 2004.
Probst, G.J.B.; Raub, S.; Romhardt, K. (1999): Wissen managen. Wie Unternehmen ihre wertvollste Ressource optimal nutzen. 3. Aufl., Frankfurt a. M. Wiesbaden: Gabler, 1999.
Reinhart, G.; Zäh, M.; Habicht, C.; Neise, P. (2003): Einführung schlanker Produktionssysteme. wt Werkstattstechnik online, 93 (2003) 9, S. 571–574.
Rennings, K. (2007): Messung und Analyse nachhaltiger Innovationen. In: Statistisches Bundesamt (Hrsg.): Neue Wege statistischer Berichterstattung – Statistik und Wissenschaft, Bd. 10. Wiesbaden, 2007, S. 122–138.
Ropohl, G. (1979): Eine Systemtheorie der Technik. Zur Grundlegung der allgemeinen Technologie. München: Hanser, 1979.
Schake, T. (2000): Systemtheoretischer Ansatz zur Analyse synergetischer Effekte kybernetisch basierter Logistikkonzeptionen. Dissertation, Universität Kassel, 2000.
Scheer, A.-W. (1998): ARIS – Vom Geschäftsprozess zum Anwendungssystem. 3., völlig neubearb. und erw. Aufl., Berlin u. a.: Springer, 1998.
Schwaninger, M. (2004): Systemtheorie. Eine Einführung für Führungskräfte, Wirtschafts- und Sozialwissenschaftler. St. Gallen, 2004.
Seghezzi, D.; Fahrni, F.; Herrmann, F. (2007): Integriertes Qualitätsmanagement – Der St. Galler Ansatz. 3. Aufl., München: Hanser Verlag, 2007
Socolow, R.C.; Andrews, F.; Berkhout, F.; Thomas, V. (Hrsg.) (1994): Industrial Ecology and Global Change. Cambridge u. a.: Cambridge University Press, 1994.
Spath, D. (2003): Ganzheitlich Produzieren – Innovative Organisation und Führung. Stuttgart: Log_X, 2003.
Spengler, T. (1998): Industrielles Stoffstrommanagement – Betriebswirtschaftliche Planung und Steuerung von Stoff- und Energieströmen in Produktionsunternehmen. Technological economics, Bd. 54, Berlin: Schmidt, 1998; zugl. Habil.-Schr., Univ. Karlsruhe, 1998.
Spengler, T.; Herrmann, C. (Hrsg.) (2004): Stoffstrombasiertes Supply Chain Management in der Elektronikindustrie zur Schließung von Materialkreisläufen – Projekt StreaM. VDI Fortschritt-Berichte. Düsseldorf: VDI-Verlag, 2004.

Staehle, W.H. (1989): Funktionen des Managements. Eine Einführung in einzelwirtschaftliche und gesamtgesellschaftliche Probleme der Unternehmungsführung. 2., neubearb. Aufl., Bern: Haupt, 1989.

Steinmann, H; Schreyögg, G. (1990): Management, Grundlagen der Unternehmensführung: Konzepte, Funktionen und Praxisfälle. Wiesbaden: Gabler, 1990.

Ulrich, H. (1975): Der allgemeine Systembegriff. In: Baetge, J. (Hrsg.): Grundlagen der Wirtschafts- und Sozialkybernetik – betriebswirtschaftliche Kontrolltheorie. Opladen: Westdeutscher Verlag, 1975, S. 33–39.

Ulrich, H. (1984): Einführung in die Konzeption der systemorientierten Managementlehre. In: Ulrich, H.; Dyllick, T.; Probst, G.J.B. (Hrsg.): Management. Bern: Haupt, 1984.

Ulrich, H.; Krieg, W. (1974): St. Galler Management-Modell. 3. Aufl., Bern: Haupt, 1974.

Ulrich, H.; Probst, G. (1991): Anleitung zum ganzheitlichen Denken und Handeln. Ein Brevier für Führungskräfte. 3. Aufl., Bern: Haupt, 1991.

Vajna, S.; Weber, C. (2000): Sonderteil C-Techniken – Informationsverarbeitung in der Konstruktion. VDI-Z integrierte Produktion, 142 (2000) 1–2, S. 34–37.

VDI 2884: 2005-12 (2005-12): Beschaffung, Betrieb und Instandhaltung von Produktionsmitteln unter Anwendung von Life Cycle Costing. Berlin: Beuth Verlag, 2005-12.

VDI 4600: 1998-06 (1998-06): Kumulierter Energieaufwand – Begriffe, Definitionen, Berechnungsmethoden. Berlin: Beuth Verlag, 1998-06.

von Westernhagen, K. (2001): Planung und Steuerung der Retro-Produktion. Schriftenreihe des Instituts für Werkzeugmaschinen und Fertigungstechnik der TU Braunschweig. Essen: Vulkan-Verlag, 2001.

Warnecke, H.-J. (1993): Der Produktionsbetrieb 1 – Organisation, Produkt, Planung. 2. Aufl., Berlin u. a.: Springer, 1993.

Wartick, S.; Cochran, P. (1985): The Evolution of the Corporate Social Performance Model. Academy of Management Review, 10 (1985) 4, S. 758–769.

Weber, C.; Krause, F.-L. (1999): Features mit System – die neue Richtlinie VDI 2218. München: VDI-Verlag, 1999.

Wiener, N. (1948): Cybernetics or Control and Communication in the Animal and the Machine. New York: The Technology Press, 1948.

Willemsen, M. (1992): Die Schweizerische Eidgenossenschaft als lebensfähiges System. Zürich: Rüegger, 1992.

Willke, H. (1991): Systemtheorie. 3. Aufl., Stuttgart: G. Fischer, 1991.

Wübbenhorst, K. (1984): Konzept der Lebenszykluskosten. Grundlagen, Problemstellungen und technologische Zusammenhänge. Darmstadt: Verlag für Fachliteratur Darmstadt, 1984.

Kapitel 5.1.1 (Ökonomische Lebensweganalyse)

Back-Hock, A. (1988): Lebenszyklusorientiertes Produktcontrolling: Ansätze zur computergestützten Realisierung mit einer Rechnungswesen-Daten- und Methodenbank. Berlin u. a.: Springer, 1988.

Blanchard, B.S. (1978): Design and Manage to Life Cycle Cost. Virginia Polytechnic Institute and State University. Portland: M/A Press, 1978.

Blohm, H.; Lüder, K. (1995): Investition: Schwachstellenanalyse des Investitionsbereichs und Investitionsrechnung. 8. Aufl., München: Vahlen, 1995.

Bubeck, D. (2002): Life Cycle Costing im Automobilbau. Dissertation, Philipps-Universität Marburg. Hamburg: Kovac, 2002.

Dellmann, K.; Franz, K.-P. (1994): Von der Kostenrechnung zum Kostenamangement. In: Dellmann, K.; Frank, K.-P. (Hrsg.): Neuere Entwicklungen im Kostenmanagement. Bern: Haupt, 1994.

DIN EN 60300-3-3: 2005-03 (2005-03): Zuverlässigkeitsmanagement – Teil 3-3: Anwendungsleitfaden – Lebenszykluskosten (IEC 60300-3-3:2004); Deutsche Fassung EN 60300-3-3:2004. Berlin: Beuth Verlag, 2005-03.

Fassbender-Wynands, E. (2001): Umweltorientierte Lebenszyklusrechnung: In Fassbender-Wynands, E. (Hrsg.): Umweltorientierte Lebenszyklusrechnung: Instrumente zur Unterstützung des Umweltkostenmanagements. Wiesbaden: Dt. Univ.-Verlag, 2001.

Götze, U.; Bloech, J. (2004): Investitionsrechnung. Modelle und Analysen zur Beurteilung von Investitionsvorhaben. 4. Aufl., Berlin, Heidelberg: Springer, 2004.

Herrmann, C; Spengler, T. (2006): Industriearmaturen – Was kosten sie wirklich. VDMA-Nachrichten, o. Jg. (2006) 5, S. 36–38.

Heyner, G.; Schüler-Hainsch, E. (1997): Model for calculating life cycle costs of guided transportation systems as an approach to overall optimisation. In: VDI Berichte 1344, Systemoptimierung im spurgeführten Verkehr: Lebenszykluskosten, Zuverlässigkeit, Instandhaltbarkeit. Tagung München, 25./26. September, 1997, Düsseldorf: VDI-Verlag, 1997, S. 87–93.

Horvath, P. (1990): Revolution im Rechnungswesen: Strategisches Kostenamangement. In: Horvath, P. (Hrsg.): Strategieunterstützung durch das Controlling: Revolution im Rechnungswesen. 8. Aufl., Stuttgart: Schäffer-Poeschel, 1990.

Huch, B.; Behme, W.; Ohlendorf, T. (1997): Rechnungswesenorientiertes Controlling: Ein Leitfaden für Studium und Praxis. 3. Aufl., Heidelberg: Physica-Verlag, 1997.

Hummel, S.; Männel, W. (2000): Kostenrechnung, Bd. I: Grundlagen, Aufbau und Anwendungen. 4. Aufl., Wiesbaden: Gabler, 2000.

Jung, H.; Junghänel, U. (2001): Bewertung und Optimierung von Zuverlässigkeit und Lebenszykluskosten. In: EI – Eisenbahningenieur, 52 (2001) 11, S. 46–52.

Johnson, H.T.; Kaplan, R.S. (1987): The Rise and Fall of Management Accounting. Strategic Finance, 68 (7), S. 22–30.

Kemminer, J. (1999): Lebenszyklusorientiertes Kosten- und Erlösmanagement. Dissertation, Gerhard-Mercator-Universität Duisburg, Wiesbaden: Dt. Univ.-Verlag, 1999.

Kilger, W. (1992): Einführung in die Kostenrechnung. 3. Aufl., Nachdr., Wiesbaden: Gabler, 1992.

Lücke, W. (1955): Investitionsrechnungen auf Grundlage von Ausgaben oder Kosten? Zeitschrift für Handelswissenschaftliche Forschung, o. Jg. (1955) 7, S. 310–324.

Männel, W. (1997): Schwerpunkte und Instrumente des Kostenmanagements. In: Küpper, H.-U.; Troßmann, E. (Hrsg.): Das Rechnungwesen im Spannungsfeld zwischen strategischem und operativem Management, Festschrift für Marcell Schweitzer zum 65. Geburtstag, Berlin: Duncker & Humblot, 1997, S. 161–184.

Mateika, M. (2005): Unterstützung der lebenszyklusorientierten Produktplanung am Beispiel des Maschinen- und Anlagenbaus. Dissertation, TU Braunschweig, Schriftenreihe des Institutes für Werkzeugmaschinen und Fertigungstechnik. Essen: Vulkan Verlag, 2005.

Olfert, K. (2001): Kostenrechnung. 12. Aufl., Ludwigshafen (Rhein): Friedrich Kiehl., 2001.

Osten-Sacken, v.d.D. (1999): Lebenslauforientierte, ganzheitliche Erfolgsrechnung für Werkzeugmaschinen. Dissertation, Universität Stuttgart, Schriftenreihe des Institutes für Industrielle Fertigung und Fabrikbetrieb, Band Nr. 299. Stuttgart: Jost-Jetter-Verlag, 1999.

Pfohl, M.C. (2002): Prototypengestützte Lebenszyklusrechnung: dargestellt an einem Beispiel aus der Antriebstechnik. München: Vahlen, 2002.

Reiß, M.; Corsten, H. (1992): Gestaltungsdomänen des Kostenmanagements. In: Männel, W. (Hrsg.): Handbuch Kostenrechnung. Wiesbaden: Gabler, 1992, S. 1478–1491.

Riezler, S. (1996): Lebenszyklusrechnung: Instrument des Controlling strategischer Projekte. Wiesbaden: Gabler, 1996.

Rückle, D.; Klein, A. (1994): Product-life-cycle-cost management. In: Dellmann, K.; Franz, K.P. (Hrsg.): Neuere Entwicklungen im Kostenmanagement. Bern: Haupt, 1994, S. 335–367.

Schild, U. (2005): Lebenszyklusrechnung und lebenszyklusbezogenes Zielkostenmanagement: Stellung im internen Rechnungswesen, Rechnungsausgestaltung und modellgestützte Optimierung der intertemporalen Kostenstruktur. Wiesbaden: Dt.Univ.-Verlag, 2005.

Schmalenbach, E. (1963): Kostenrechnung und Preispolitik. 8., erw. u. verb. Aufl., Köln, Opladen: Westdeutscher-Verlag, 1963.
Shields, M.D.; Young, S.M. (1991): Managing product life cycle costs: An organizational model. Journal of Cost Management for the Manufacturing Industry, o. Jg. (1991) 5, S. 39–52.
Siegwart, H; Senti, R. (1995): Product Life Cycle Management. Die Gestaltung eines integrierten Produktlebenszyklus. Stuttgart: Schäffer-Poeschel, 1995.
Siestrup, G. (1999): Produktkreislaufsysteme. Berlin: Schmidt, 1999.
Spengler, T.; Herrmann, C. (2006): Life Cycle Costing. DriveWorld, o. Jg. (2006) 2, S. 14–17.
Stölting, W. (2006): Lebenszyklusorientierte strategische Planung von Remanufacturing-Systemen für elektronische Investitonsgüter. Düsseldorf: VDI.-Verlag, 2006.
Stratmann, J. (2001): Bedarfsgerechte Informationsversorgung eines produktlebenszyklusorientierten Controlling. Dissertation, TU Berlin. Lohmar, Köln: Josef Eul, 2001.
VDI 2884: 2005-12 (2005-12): Beschaffung, Betrieb und Instandhaltung von Produktionsmitteln unter Anwendung von Life Cycle Costing. Berlin: Beuth Verlag, 2005-12.
Wübbenhorst, K. (1984): Konzept der Lebenszykluskosten. Grundlagen, Problemstellungen und technologsiche Zusammenhänge. Darmstadt: Verlag für Fachliteratur Darmstadt, 1984.
Zehbold, C. (1996): Lebenszykluskostenrechnung. Wiesbaden: Gabler, 1996.

Kapitel 5.1.2 (Ökologische Lebensweganalyse)

Bécaert, V.; Gontran, F.B.; Cadotte, M.; Samson, R. (2006): Fuzzy life cycle. In: Bécaert, V., Gontran, F.B., Cadotte, M., Samson, R. (Hrsg.): Fuzzy Life Cycle Evaluation: A Tool to Interpret Qualitative Information in Streamlined LCA. LCE 2006: 13th CIRP International Conference on Life Cycle Engineering, Leuven, Belgium, 2006.
Berg, N. van den; Huppes, G.; Lindeijer, E.W.; Ven, B.L. van der; Wrisberg, M.N. (1999): Quality Assessment for LCA, CML Report 152, Leiden. URL: http://www.leidenuniv.nl/cml/ssp/publications/quality.pdf, zuletzt geprüft 1999.
Boustead, L. (1994): Eco-profiles of the European Polymer Industry. In: APME (Hrsg.): Co-Product-Allocation in Chlorine Plants, Report 5, Brüssel, 1994.
Bundesamt für Umwelt, Wald und Landschaft (Hrsg.) (1998): Bewertung in Ökobilanzen mit der Methode der ökologischen Knappheit. BUWAL-Schriftenreihe Umwelt Nr. 297: Ökobilanzen, Bern, 1998.
Consoli, F.; Allen, D.; Boustead, I.; Fava, J.; Franklin, W.; Jensen A.A. (1993): Guidelines for life-cycle assessment: A 'Code of Practice'. 1st ed., Society of Environmental Toxicology and Chemistry (SETAC), Pensacola, Florida, USA, 1993.
Curran, M.A. (1993): Broad-based environmental life cycle assessment. Environmental Science Technology, 27 (1993) 3, S. 430–436.
Deutsches Institut für Normung (2001): DIN-Fachbericht 107: Umweltmanagement – Ökobilanz – Anwendungsbeispiele zu ISO 14041 zur Festlegung des Ziels und des Untersuchungsrahmens sowie zur Sachbilanz. Berlin: Beuth Verlag, 2001.
DIN EN ISO 14040:2006-10 (2006-10): Umweltmanagement – Ökobilanz – Grundsätze und Rahmenbedingungen (ISO 14040:2006); Deutsche und Englische Fassung EN ISO 14040:2006. Berlin: Beuth Verlag, 2006-10.
Duvo, S. (2000): Begin van een dialog. Rotterdam: Selbstverlag, 2000.
Eberle, R. (2000): Methodik zur ganzheitlichen Bilanzierung im Automobilbau. Dissertation, Technische Universität Berlin, Fahrzeugtechnik, Schriftenreihe B des Instituts für Straßen- und Schienenverkehr, Berlin, 2000.
Finkbeiner, M. (1997): Zielabhängige Ökobilanzierung am Beispiel der industriellen Teilereinigung. Dissertation, Friedrich-Schiller-Universität, Jena, 1997.

Goedkoop, M.J.; Spriensma, R.S. (1999): The Eco-indicator 99, Methodology report, A damage oriented LCIA Method. VROM Report, Den Haag, 1999.
Goedkoop, M.J. et al. (2000): Eco-Indicator 99 – Eine schadensorientierte Bewertungsmethode – Nachbereitung zum 12. Diskussionsforum Ökobilanzen vom 30. Juni, 2000 an der ETH Zürich. ETH Zentrum UNK, Zürich, 2000.
González B.; Adenso-Daz B.; González-Torre P.L. (2002): A fuzzy logic approach for the impact assessment in LCA. Resources, Conservation and Recycling, 37 (2002) 1, S. 61–79.
Heijungs, R.; Huijbregts, M.A.J. (2004): A review of approaches to treat uncertainty in LCA. In: IEMSs 2004 International Congress: Complexity and Integrated Resources Management. URL: http://www.iemss.org/iemss2004/pdf/lca/heijarev.pdf, zuletzt geprüft 2004.
Hennings, W.; Bauknecht, D.; Preuschoff, S. (2006): Ökobilanzen für den Sektor Strom und Gas. Forschungszentrum Jülich, Studie im Rahmen des Verbundprojektes „Integrierte Mikrosysteme der Versorgung", gefördert vom BMBF im Förderschwerpunkt „Sozial-Ökologische Forschung" (SÖF), 2006.
Huppes, G.; Schneider, F. (Hrsg.) (1994): Proceedings of the European Workshop on Allocation in LCA, Centre of Environmental Science of Leiden University, Leiden, 24. und 25. Februar, 1994.
IFU; IFEU (2005): Institut für Umweltinformatik Hamburg GmbH (IFU); Institut für Energie- und Umweltforschung Heidelberg GmbH (IFEU): Umberto – Software für das betriebliche Stoffstrommanagement. Benutzerhandbuch – Version Umberto 5. Hamburg, Heidelberg, April, 2005.
Lindfors, L.G.; Christiansen, K.; Hoffmann, L.; Virtanen, Y.; Juntilla, V.; Hanssen, O.J.; Rønning, A.; Ekvall, T.; Finnveden, G. (1995): Nordic Guidelines of Life Cycle Assessment. Nord 1995:502, Nordic Counsil of Ministers, Kopenhagen, 1995.
Maillefer, C. (1996): Allocation of environmental interventions. In: Schaltegger, S. (Hrsg.): Life Cycle Assessment (LCA) – Quo vadis?. Basel: Birkhäuser, 1996, S. 27–38.
Ministry of Housing, Spatial Planning and the Environment (Hrsg.) (2000): Eco-indicator 99 – Manual for Designers, The Hague, The Netherlands, 2000.
Plinke, E.; Schonert, M.; Herrmann, M.; Detzel, A.; Giegrich, J.; Fehrenbach, H.; Ostermayer, A.; Schorb, A.; Heinisch, J.; Luxenhofer, K.; Schmitz, S. (2000): Ökobilanz für Getränkeverpackungen II – Hauptteil. Texte Nr. 37/2000. Umweltbundesamt, Berlin, 2000.
Pohl, C.; Rõs, M.; Waldeck, B.; Dinkel, F. (1996): Imprecision and uncertainty in LCA. In: Schaltegger, S. (Hrsg.): Life Cycle Assessment (LCA) – Quo vadis?. Basel: Birkhäuser, 1996, S. 51–68.
Rautenstrauch, C. (1999): Betriebliche Umweltinformationssysteme – Grundlagen, Konzepte und Systeme. Berlin, Heidelberg: Springer, 1999.
Ritthoff, M.; Rohn, H.; Liedtke, C. (2002): MIPS berechnen: Ressourcenproduktivität von Produkten und Dienstleistungen. Wuppertal Spezial 27, Wuppertal Institut für Klima, Umwelt, Energie GmbH, 2002.
Schmidt, M.; Schorb, A. (1995): Stoffstromanalysen in Ökobilanzen und Ökoaudits. Berlin u. a.: Springer, 1995.
Umweltbundesamt (Hrsg.) (1992): Ökobilanzen für Produkte. Berlin, 1992.
Umweltbundesamt (Hrsg.) (1995): Methodik der produktbezogenen Ökobilanz. Texte Nr. 23/95, Berlin, 1995.
Umweltbundesamt (Hrsg.) (1999): Bewertung in Ökobilanzen. Texte Nr. 92/99, Berlin, 1999
Umweltbundesamt (Hrsg.) (2000): Ökobilanzen für graphische Papiere. Texte Nr. 22/2000, Berlin.
Umweltbundesamt (Hrsg.) (2001): Ökobilanzierung zu Wasch- und Reinigungsmittelrohstoffen und deren Anwendung in der gewerblichen Wäscherei. Texte Nr. 43/2001, Berlin.
Umweltbundesamt (2006): URL: http://www.umweltbundesamt.de/uba-info-daten/daten/oekobil.htm, zuletzt geprüft 2006.
UNEP und SETAC (2000): URL: http://www.uneptie.org/pc/sustain/lca/letter-of-intent.htm, zuletzt geprüft am 20. März, 2000.

Werner, F. (2005): Ambiguities in Decision-oriented Life Cycle Inventories –The Role of Mental Models and Values. Berlin: Springer, 2005.

Wötzel, K. (2007): Ökobilanzierung der Altfahrzeugverwertung am Fallbeispiel eines Mittelklassefahrzeuges und Entwicklung einer Allokationsmethodik. Dissertation, Fakultät für Architektur, Bauingenieurwesen und Umweltwissenschaften, TU Braunschweig, 2007.

VDI 4600 (1998-06): Kumulierter Energieaufwand – Begriffe, Definitionen, Berechnungsmethoden. Berlin: Beuth Verlag, 1998-06.

Kapitel 5.1.3 (Soziale Lebensweganalyse)

Dreyer, L.; Hauschild, M.Z.; Schierbeck, J. (2006): A framework for social life cycle impact assessment. International Journal of Life Cycle Assessment, 11 (2006) 2, S. 88–97.

Franke, M.; Procter&Gamble (2005): PSAT – Prodcut Sustainability Assessment Tool: A Method under Development. In: Congress „PROSA – Product Sustainability Assessment, Challenges, case studies, methodologies“, Lausanne, July 2005.

Grießhammer, R.; Buchert, M.; Gensch, C.; Hochfeld, C.; Manhart, A.; Rüdenauer, I. (2007): PROSA – Product Sustainability Assessment. Leitfaden. Freiburg, 2007.

Grießhammer, R.; Benoit, C; Dreyer, L.C.; Flysjö, A.; Manhart, A.; Mazijin, B.; Methot, A.L.; Weidema, B. (2006): Feasibility Study: Integration of social aspects into LCA. Öko-Institut und Taskforce UNEP-SETAC, Freiburg, 2006.

Hunkeler, D. (2006): Societal LCA methodology and case study. International Journal of Life Cycle Assessment, 11 (2006) 6, S. 371–382.

Jørgensen, A.; Le Bocq, A.; Nazarkina, L.; Hauschild, M. (2008): Methodologies for social life cycle assessment. International Journal of Life Cycle Assessment, 13 (2008) 2, S. 96–103.

Kicherer, A., BASF (2005): SEEbalance – The Socio-Eco-Efficiency Analysis“. In: Congress „PROSA – Product Sustainability Assessment, Challenges, case studies, methodologies“, Lausanne, July 2005.

Klöpffer, W.; Renner, I. (2007): Lebenszyklusbasierte Nachhaltigkeitsbewertung von Produkten. Technikfolgenabschätzung – Theorie und Praxis, 16 (2007) 3, S. 32–38.

Manhart, A.; Grießhammer, R. (2006): Soziale Auswirkungen der Produktion von Notebooks – Beitrag zur Entwicklung einer Produktnachhaltigkeitsanalyse, Freiburg, 2006.

Otto, T. (2005): Sustainability Compass (SC) – Assessment of the contribution made by ICT services to sustainability. In: Congress „PROSA – Product Sustainability Assessment, Challenges, case studies, methodologies“, Lausanne, July 2005.

Spillemaeckers, S. (2007): The Belgian social label: A governmental application of Social LCA. September, 2007

Kapitel 5.2 (Informations- und Wissensmanagement)

Abramovici, M.; Schulte, S. (2005): PLM – Wege aus der Strategiekrise in der Automobilindustrie, In: eDM-Report – Data-Management-Magazin 1/2005, Dressler Verlag e. K., Heidelberg, 2005.

Ackermann, P.; Eichelberg, D. (2004): EAI und PLM: Verheiratung von Tabellen und Körpern. In: Netzguide EAI/Collaborative Business, 2004.

Alting, L. (1993): Life-cycle design of products: A new opportunity for manufacturing enterprises. In: Kusiak, A. (Hrsg.): Concurrent Engineering Automation, Tools and Techniques. New York u. a.: Wiley, 1993, S. 1–18.

Amelingmeyer, J. (2000): Wissensmanagement: Analyse und Gestaltung der Wissensbasis von Unternehmen. Wiesbaden: Gabler, 2000.
Beitz, W., Schnelle, E. (1974): Rechnerunterstützte Informationsbereitstellung. Konstruktion, 26 (1974), S. 46–52.
Brenner, W. (1994a): Grundzüge des Informationsmanagements. Berlin u. a.: Springer, 1994.
Brenner, W. (1994b): Konzepte des Informationssystem-Managements. Heidelberg: Physica, 1994.
Bullinger, H.-J.; Wörner, K.; Prieto, J. (1997): Wissensmanagement heute. Stuttgart: Fraunhofer Institut für Arbeitswissenschaft und Organisation, 1997.
C'T, Magazin für Computer Technik (2004): Ausgabe 23/2004, S. 40.
Dangelmaier, W. (2003): Produktion und Information. System und Modell. Berlin: Springer, 2003.
Dernbach, W. (1985): Grundsätze einer flexiblen Infrastruktur. In: Strunz, H. (Hrsg.): Planung in der Datenverarbeitung. Von der DV-Planung zum Informations-Management. Berlin: Springer, 1985.
Dippold, R.; Meier, A.; Ringgenberg, A.; Schnider, W.; Schwinn, K. (2001): Unternehmensweites Datenmanagement: Von der Datenbankadministration bis zum modernen Informationsmanagement. Braunschweig: Vieweg, 2001.
Drucker, P.F. (1993): Post-Capitalist Society. New York: Harper Collins, 1993.
Durst, M. (2008): Wertorientiertes Management von IT-Architekturen. Wiesbaden: Dt. Univ.-Verlag, 2008.
Eigner, M.; Stelzer, R. (2001): Produktdatenmanagement-Systeme – Ein Leitfaden für Product Development und Life Cycle Management. Berlin: Springer, 2001.
Gruener, W. (2003): eBusiness-Datenlogistik für globale Unternehmen, 3. Hochschul-/Industrie-Kooperations-Konferenz (HIKK 2003), Schloss Hagenberg, Oberösterreich, 3. und 4. Juni, 2003.
Hallmann, U.; Herrmann, C.; Ohlendorf, M.; Yim, H. (2003): Integrated Solution for Information Flow of WEEE –Recycling Passport. In: 3rd International Symposium on Environmentally Conscious Design and Inverse Manufacturing, Tokyo, 2003.
Hartlieb, E. (2002): Wissenslogistik: Effektives und effizientes Management von Wissensressourcen. Wiesbaden: Dt. Univ.-Verlag, 2002.
Hayek, F.A. (1945): The use of knowledge in society. The American Economic Review, 35 (1945), S. 519–530.
Heinrich, L.J. (2002): Informationsmanagement. Planung Überwachung und Steuerung der Informationsinfrastruktur. 7., vollst. überarb. und erg. Aufl., München, Wien: Oldenbourg, 2002.
Herrmann, C.; Bergmann, L.; Thiede, S.; Zein, A. (2007a): Total life cycle management – A systems and cybernetics approach to corporate sustainability in manufacturing. In: SUSTAINABLE MANUFACTURING V: Global Symposium on Sustainable Product Development and Life Cycle Engineering, Rochester, NY, USA, 2007.
Herrmann, C.; Bergmann, L.; Halubek; P.; Thiede, S. (2007b): Total life cycle management – An integrated approach towards sustainability. In: 3rd International Conference on Life Cycle Management, Zürich, University of Zürich, Irchel, 27–29 August, 2007.
Herrmann, C.; Bergmann, L.; Thiede, S.; Torney, M.; Zein, A. (2007c): Framework for the dynamic and life cycle oriented evaluation of maintenance strategies. In: 3rd International VIDA Conference, Poznan, 28–29 June, 2007.
Herrmann, C.; Bergmann, L. (2007d): Framework for life cycle oriented production system design. In: 40th CIRP International Seminar on Manufacturing Systems, May 30–June 1, 2007, Liverpool, UK, 2007.
Herrmann, C.; Bergmann, L.; König, C. (2006a): An interorganizational network approach for lean production system improvement. In: Proceedings of the 39th CIRP International Seminar on Manufacturing Systems, 7–9 June, 2006, Ljubljana, Slovenia, 2006, S. 113–121.
Herrmann, C.; Yim, H. (2006b): Product information for sustainable consumption considering the EUP Directive. In: 13th CIRP International Conference on Life Cycle Engineering, Leuven, Belgium, 2006.

Herrmann, C.; Yim, H.; Mansour, M. (2006c): An internet based environmental legislation portal supporting design for recycling. In: VIDA Conference, Poznan, 2005.

Herrmann, C.; Frad, A.; Revnic, I. (2005): ProdTect – Integrating end-of-life in product development. In: Proceedings of ECO-X: Ecology and economy in electroniX, Wien, 2005, S. 357–368.

Herrmann, C.; Mateika, M.; Mansour, M. (2004a): Concept of an internet-based platform for an efficient technology absorption. In: International Design Conference – Design 2004 Dubrovnik, 2004.

Herrmann, C.; Mansour, M. (2004b): Supporting life cycle design with a modular Internet-based knowledge portal. In: 11th International CIRP Life Cycle Engineering Seminar Belgrad, 2004.

Herrmann, C. (2003): Unterstützung der Entwicklung recyclinggerechter Produkte. Dissertation, TU Braunschweig. Schriftenreihe des Instituts für Werkzeugmaschinen und Fertigungstechnik der TU Braunschweig. Essen: Vulkan-Verlag, 2003.

Hesselbach, J.; Herrmann, C.; Dettmer, T.; Junge, M. (2005): Production focused life cycle simulation. In: 38th CIRP International Seminar on Manufacturing Systems, Florianópolis, 2005.

Hesselbach, J.; Mansour, M.; Herrmann, C. (2003): Knowledge management as a support of an efficient EcoDesign. In: 3rd International Symposium on Environmentally Conscious Design and Inverse Manufacturing, Tokyo, 2003.

Hesser, W.; Hoops, L.-P.; Feilzer, A.J.; de Vries, H.J. (2004): Komplexitätsmanagement und innerbetriebliche Standardisierung – Untersuchungsergebnisse einer Unternehmensbefragung, Helmut-Schmidt Universität, Hamburg, 2004.

Horatzek, S. (2006): Lebenszyklusorientiertes dezentrales Wissensmanagement in der Nachserienversorgung. Schriftenreihe des IFU, 11, Aachen: Shaker, 2006.

Klimek, S. (1998): Entwicklung eines Führungsleitstands als Unterstützungssystem für das Management unter besonderer Berücksichtigung des FuE-Bereichs. Göttingen: Unitext-Verlag, 1998.

Krause, F.-L.; Tang, T.; Ahle, U. (2002): Leitprojekt integrierte Virtuelle Produktentstehung – Abschlußbericht. Stuttgart: Fraunhofer IRB Verlag, 2002.

Krcmar, H. (2002): Informationsmanagement. 3. Aufl., Berlin: Springer, 2002.

Leonard-Barton, D. (1995): Wellsprings of Knowledge – building and sustaining the sources of innovation. Boston, MA: Harvard Business School Press, 1995.

Mansour, M. (2006): Informations- und Wissensbereitstellung für die lebenszyklusorientierte Produktentwicklung. Dissertation, TU Braunschweig. Schriftenreihe des Instituts für Werkzeugmaschinen und Fertigungstechnik der TU Braunschweig. Essen: Vulkan-Verlag, 2006.

Nonaka, I.; Takeuchi, H. (1995): The Knowledge-Creating Company: How Japanese Companies Create the Dynamics of Innovation. New York, Oxford: Oxford University Press, 1995.

North, K. (2002): Wissensorientierte Unternehmensführung – Wertschöpfung durch Wissen. Wiesbaden: Gabler, 2002.

Österle, H. (1987): Erfolgsfaktor Informatik – Umsetzung der Informationstechnik in Unternehmensführung. Information Management, 2 (1987) 3, S. 24–31.

PAS (Publicly Available Standard) 1049 (2004-12): Übermittlung recyclingrelevanter Produktinformationen zwischen Herstellern und Recyclingunternehmen – Der Recyclingpass, Ausgabe: 2004-12, Berlin: Beuth-Verlag, 2004-12.

Picot, A. (1988): Die Planung der Unternehmensressource „Information". In: Diebold Deutschland GmbH (Hrsg.): Tagungsband zum 2. Internationalen Management-Symposium „Erfolgsfaktor Information", Frankfurt, 20. und 21. Januar, 1988, S. 223–250.

Porter, M.E. (1985): Competitive Advantage: Creating and Sustaining Superior Performance. New York: Free Press, 1985.

Probst, G.; Raub, S.; Romhardt, K. (1999): Wissen managen: wie Unternehmen ihre wertvollste Ressource optimal nutzen. 3. Aufl., Frankfurt am Main, Wiesbaden: Gabler, 1999.

Ruh, W.; Maginnis, F.X.; Brown, W.J. (2000): Enterprise Application Integration. New York u. a.: Wiley, 2000.

Gaitanides, M. (2007): Prozessorganisation – Entwicklung, Ansätze und Programme des Managements von Geschäftsprozessen. 2., vollst. überarb. Aufl., Vahlens Handbücher der Wirtschafts- und Sozialwissenschaften. München: Vahlen, 2007.

Gaitanides, M.; Ackermann, I. (2004): Die Geschäftsprozessperspektive als Schlüssel zu betriebswirtschaftlichem Denken und Handeln. (bwp@) Berufs- und Wirtschaftspädagogik, (2004) Spezial 1.

Graf, R. (2005): Erweitertes Supply Chain Management zur Ersatzteilversorgung. Dissertation, TU Braunschweig. Schriftenreihe des Instituts für Werkzeugmaschinen und Fertigungstechnik der TU Braunschweig. Essen: Vulkan-Verlag, 2005.

Guide, V.D.R., Jr.; Harrison, T.P.; Wassenhove, L.N. van (2003a): The challenge of closed-loop supply chains. Interfaces, 33 (2003a) 6, S. 3–6.

Guide, V.D.R., Jr.; Jayaraman, V.; Srivastava, R.; Benton, W. (2000): Supply-chain management for recoverable manufacturing systems. Interfaces, 30 (2000) 3, S. 125–142.

Guide, V.D.R., Jr.; Teunter, R.H.; Wassenhove, L.N. van (2003b): Matching demand and supply to maximize profits from remanufacturing. (M&SOM) Manufacturing & Service Operations Management, 5 (2003b) 4, S. 303–316.

Haberfellner, R.; Daenzer, W.F. (2002): Systems engineering – Methodik und Praxis. 11., durchges. Aufl., Zürich: Verlag Industrielle Organisation, 2002.

Hahn, D.; Grünewald, H.-G. (1996): PuK -Planung und Kontrolle, Planungs- und Kontrollsysteme, Planungs- und Kontrollrechnung. 5., überarb. und erw. Aufl., Wiesbaden: Gabler, 1996.

Hammer, M.; Champy, J. (1996): Business reengineering – Die Radikalkur für das Unternehmen. 6. Aufl., Frankfurt/Main: Campus-Verlag, 1996.

Herrmann, C.; Graf, R.; Luger, T.; Kuhn, V. (2004): Re-X options closed-loop supply chains for spare part management. In: Seliger, G.; Nasr, N.; Bras, B.; Alting, L. (Hrsg.): Proceedings – Global Conference on Sustainable Product Development and Life Cycle Engineering – September 29–October 1, 2004 at the Production Technology Center (PTZ). Berlin: Uni-Ed., 2004, S. 139–142.

Herrmann, T.; Scheer, A.-W.; Weber, H. (1998): Verbesserung von Geschäftsprozessen mit flexiblen Workflow-Management-Systemen – Von der Erhebung zum Soll-Konzept. Veröffentlichungen des Forschungsprojekts MOVE Nr. 1. Heidelberg: Physica-Verlag, 1998.

Hess, T. (1996): Entwurf betrieblicher Prozesse – Grundlagen, bestehende Methoden, neue Ansätze., Gabler Edition Wissenschaft. Wiesbaden: Dt. Univ.-Verlag, 1996.

Hesselbach, J.; Graf, R.; Luger, T. (2004): Erweitertes Supply Chain Management im After-Sales. Industrie-Management, o. Jg. (2004) 5, S. 28–30.

Hirschmann, P. (1998): Kooperative Gestaltung unternehmensübergreifender Geschäftsprozesse, Schriften zur EDV-orientierten Betriebswirtschaft. Wiesbaden: Gabler, 1998.

Horváth, P. (2006): Controlling. 10., vollst. überarb. Aufl., Vahlens Handbücher der Wirtschafts- und Sozialwissenschaften. München: Vahlen, 2006.

Inderfurth, K. (2005): Stochastische Bestandsdisposition in integrierten Produktions- und Recyclingsystemen. (ZfB) Zeitschrift für Betriebswirtschaft, 75 (2005) Special Issue 4, S. 29–56.

Jaeschke, P. (1996): Integrierte Unternehmensmodellierung – Techniken zur Informations- und Geschäftsprozeßmodellierung. DUV Wirtschaftsinformatik. Wiesbaden: Dt. Univ.-Verlag, 1996.

Klaus, P. (2000): Supply chain management. In: Klaus, P.; Krieger, W. (Hrsg.): Gabler Lexikon Logistik – Management logistischer Netzwerke und Flüsse. 2., vollst. überarb. und erw. Aufl., Wiesbaden: Gabler, 2000, S. 449–456.

Kosiol, E. (1976): Organisation der Unternehmung. 2., durchges. Aufl., Die Wirtschaftswissenschaften Reihe A. Betriebswirtschaftslehre, Wiesbaden: Gabler, 1976.

Krcmar, H. (2003): Informationsmanagement. 3., neu überarb. und erw. Aufl., Berlin: Springer, 2003.

Krikke, H.; Pappis, C.P.; Tsoulfas, G.T.; Bloemhof-Ruwaard, J.M. (2001): Design principles for closed loop supply chains – Optimizing economic, logistic and environmental performance. ERIM Report Series Research in Management ERS-2001-62-LIS, Erasmus Research Institute of Management (ERIM), Erasmus School of Economics, Rotterdam, 2001.

Kruse, C. (1996): Referenzmodellgestütztes Geschäftsprozessmanagement – Ein Ansatz zur prozessorientierten Gestaltung vertriebslogistischer Systeme. Schriften zur EDV-orientierten Betriebswirtschaft. Wiesbaden: Gabler, 1996.

Kuhn, A.; Hellingrath, B. (2002): Supply Chain Management – Optimierte Zusammenarbeit in der Wertschöpfungskette. Engineering. Berlin: Springer, 2002.

Laan, E. van der; Salomon, M.; Dekker, R.; Wassenhove, L.N. van (1999): Inventory control in hybrid systems with remanufacturing. (MS) Management Science, 45 (1999) 5, S. 733–747.

Lang, K. (1997): Gestaltung von Geschäftsprozessen mit Referenzprozeßbausteinen. Gabler Edition Wissenschaft. Wiesbaden: Dt. Univ.-Verlag, 1997.

Lebreton, B. (2007): Strategic closed-loop supply chain management. Lecture Notes in Economics and Mathematical Systems Nr. 586. Berlin: Springer, 2007.

Lee, H.L.; Padmanabhan, V.; Whang, S. (1997): The bullwhip effect in supply chains. MIT Sloan Management Review, 38 (1997) 3, S. 93–102.

Letmathe, P. (2003): Die Erzielung von Lernkurven durch Umweltmanagementsysteme. In: Kramer, M.; Eifler, P. (Hrsg.): Umwelt- und kostenorientierte Unternehmensführung – Zur Identifikation von Win-win-Potenzialen. 1. Aufl., Gabler Edition Wissenschaft Studien zum internationalen Innovationsmanagement. Wiesbaden: Dt. Univ.-Verlag, 2003, S. 15–38.

Listes, O. (2002): A decomposition approach to a stochastic model for supply-and-return network design. Econometric Institute Report EI 2002 – 43, Econometric Institute, Rotterdam, 2002.

Meier, H.; Hanenkamp, N. (2002): Komplexitätsmanagement in der Supply Chain. In: Busch, A.; Dangelmaier, W. (Hrsg.): Integriertes Supply Chain Management – Theorie und Praxis effektiver unternehmensübergreifender Geschäftsprozesse. 1. Aufl., Wiesbaden: Gabler, 2002, S. 107–128.

Nethe, A. (2002): Prozessmodellbildung – Theorie und Anwendung. 1. Aufl., Wissenschaftliche Schriftenreihe Prozeßmodelle Nr. 6. Berlin: Köster, 2002.

Nordsieck, F. (1964): Betriebsorganisation – Betriebsaufbau und Betriebsablauf. 2. Aufl., Stuttgart: Poeschel, 1964.

Ossola-Haring, C. (1999): Das große Handbuch Kennzahlen zur Unternehmensführung – Kennzahlen richtig verstehen, verknüpfen und interpretieren. Landsberg/Lech: mi Verlag Moderne Industrie, 1999.

Österle, H. (1995): Entwurfstechniken, Business Engineering Bd. 1. Berlin: Springer, 1995.

Osterloh, M.; Frost, J. (2000): Prozessmanagement als Kernkompetenz – Wie Sie Business Reengineering strategisch nutzen können. 3., aktual. Aufl., Wiesbaden: Gabler, 2000.

Peters, W. (1998): Zur Theorie der Modellierung von Natur und Umwelt – Ein Ansatz zur Rekonstruktion und Systematisierung der Grundperspektiven ökologischer Modellbildung für planungsbezogene Anwendungen. Dissertation, Technische Universität Berlin, 1998.

Picot, A.; Dietl, H.M. (1990): Transaktionskostentheorie. (WiSt) Wirtschaftswissenschaftliches Studium, 19 (1990) 4, S. 178–184.

Picot, A.; Reichwald, R.; Wigand, R.T. (2003): Die grenzenlose Unternehmung – Information, Organisation und Management. 5., aktualisierte Aufl., Gabler-Lehrbuch. Wiesbaden: Gabler, 2003.

Ploog, M.; Stölting, W.; Schröter, M.; Spengler, T.; Herrmann, C.; Graf, R. (2006): Efficient closure of material and component loops – Substance flow oriented supply chain management. In: Wagner, B.; Enzler, S. (Hrsg.): Material Flow Management – Improving Cost Efficiency and Environmental Performance, Sustainability and Innovation. Heidelberg: Physica-Verlag, S. 159–195, 2006.

Porter, M.E. (2000): Wettbewerbsvorteile – Spitzenleistungen erreichen und behaupten. 6. Aufl., Frankfurt/Main: Campus-Verlag, 2000.

Reese, J.; Urban, K.-P. (2005): Tourenplanung bei verbundener Distribution. (ZfB) Zeitschrift für Betriebswirtschaft, 75 (2005) Special Issue 4, S. 81–100.

Rosemann, M.; Schwegmann, A.; Delfmann, P. (2005): Vorbereitung der Prozessmodellierung. In: Becker, J.; Kugeler, M.; Rosemann, M. (Hrsg.): Prozessmanagement – Ein Leitfaden zur prozessorientierten Organisationsgestaltung. 5., überarb. und erw. Aufl., Berlin: Springer, 2005, S. 45–103.

Scheer, A.-W. (1998): ARIS – vom Geschäftsprozeß zum Anwendungssystem. 3., völlig neubearb. und erw. Aufl., Berlin: Springer, 1998.

Scheermesser, S. (2003): Messen und Bewerten von Geschäftsprozessen als operative Aufgabe des Qualitätsmanagements – Forschungsbericht. 1. Aufl., FQS-DGQ 86-02, Berlin: Beuth, 2003.

Schmelzer, H.J.; Sesselmann, W. (2006): Geschäftsprozessmanagement in der Praxis – Kunden zufrieden stellen, Produktivität steigern, Wert erhöhen. 5., vollst. überarb. Aufl., München: Hanser, 2006.

Schulte-Zurhausen, M. (2002): Organisation. 3., überarb. Aufl., München: Vahlen, 2002.

Schultmann, F. (2003): Stoffstrombasiertes Produktionsmanagement – Betriebswirschaftliche Planung und Steuerung industrieller Kreislaufwirtschaftssysteme. Technological economics Nr. 58, Berlin: Schmidt, 2003.

Schütte, R. (1998): Grundsätze ordnungsmäßiger Referenzmodellierung – Konstruktion konfigurations- und anpassungsorientierter Modelle. Neue betriebswirtschaftliche Forschung Nr. 233. Wiesbaden: Gabler, 1998.

Schwegmann, A. (1999): Objektorientierte Referenzmodellierung – Theoretische Grundlagen und praktische Anwendung. Gabler Edition Wissenschaft Informationsmanagement und Controlling. Wiesbaden: Gabler, Dt. Univ.-Verlag, 1999.

Sommer, P. (2005): Status quo und Entwicklungsperspektiven von Supply Chains im Umweltfokus. (ZfU) Zeitschrift für Umweltpolitik und Umweltrecht, o. Jg. (2005) 2, S. 211–242.

Stapf, W. (2000): Geschäftsprozeßmanagement – Eine Konzeption zur prozeßorientierten Unternehmens-(Re-)Organisation. Dissertation, Universität Stuttgart, 2000.

Steinaecker, J. von; Kühner, M. (2001): Supply Chain Management – Revolution oder Modewort? In: Lawrenz, O.; Hilderbrand, K.; Nenninger, M.; Hillek, T. (Hrsg.): Supply Chain Management – Konzepte, Erfahrungsberichte und Strategien auf dem Weg zu digitalen Wertschöpfungsnetzen. 2., überarb. und erw. Aufl., Vieweg Gabler business computing, Braunschweig: Vieweg, 2001, S. 39–69.

Stöger, R. (2005): Geschäftsprozesse erarbeiten – gestalten – nutzen – Qualität, Produktivität, Konkurrenzfähigkeit. Stuttgart: Schäffer-Poeschel, 2005.

Supply-Chain Council (2006): Supply-Chain Operations Reference-Model – SCOR Model Version 8.0. Supply-Chain Council, 2006.

Teunter, R.H.; Laan, E. van der; Vlachos, D. (2004): Inventory strategies for systems with fast remanufacturing. (JORS) Journal of the Operational Research Society, 55 (2004) 5, S. 475–484.

Toktay, L.B.; Laan, E. van der; Brito, M.P. de (2003): Managing Product Returns: The Role of Forecasting. ERIM Report Series Research in Management ERS-2003-023-LIS, Erasmus Research Institute of Management (ERIM), Erasmus School of Economics, Rotterdam, 2003.

Toktay, L.B.; Wein, L.M.; Zenios, S.A. (2000): Inventory management of remanufacturable products. (MS) Management Science, 46 (2000) 11, S. 1412–1426.

Tomys, A.-K. (1995): Kostenorientiertes Qualitätsmanagement – Qualitätscontrolling zur ständigen Verbesserung der Unternehmensprozesse. München: Hanser, 1995.

Tuma, A.; Lebreton, B. (2005): Zur Bewertung und Umsetzung von Kreislaufwirtschaftsstrategien. (ZfB) Zeitschrift für Betriebswirtschaft, 75 (2005) Special Issue 3, S. 59–75.

Werner, H. (2001): Supply Chain Management – Grundlagen, Strategien, Instrumente und Controlling. 1. Aufl., Gabler-Lehrbuch, Wiesbaden: Gabler, 2001.

Wienhold, K. (2004): Prozess- und controllingorientiertes Projektmanagement für komplexe Projektfertigung. Controlling und Management Nr. 27. Frankfurt am Main: Lang, 2004.

Williamson, O.E. (1990): Die ökonomischen Institutionen des Kapitalismus – Unternehmen, Märkte, Kooperationen. Die Einheit der Gesellschaftswissenschaften Nr. 64. Tübingen: Mohr, 1990.

Kapitel 6.1 (Produktmanagement)

Abele, E.; Anderl, R.; Birkhofer, H. (2005): Environmentally Friendly Product Development – Methods and Tools. Berlin u. a.: Springer, 2005.

Akao, Y. (1992): Quality Function Deployment – Wie die Japaner Kundenwünsche in Qualität umsetzen. Landsberg: Verlag Moderne Industrie, 1992.

Alting, L. (1993): Life Cycle Design of Products – A New Opportunity for Manufacturing Enterprises. New York, NY u. a.: Wiley, 1993.

Alting, L.; Jorgensen, J (1993): The life cycle concept as a basis for sustainable industrial production. International Institution for Production Engineering Research CIRP Annals, 42 (1993) 1, S. 163–168.

Andreasen, M.M. (2005a): Vorgehensmodelle und Prozesse für die Entwicklung von Produkten und Dienstleistungen. In: Schäppi, B.; Andreasen, M.M.; Kirchgeorg, M.; Radermacher, F.-J.: Handbuch Produktentwicklung. München u. a.: Hanser, 2005, S. 247–263.

Andreasen, M.M. (2005b): Concurrent Engineering – effiziente Integration der Aufgaben im Entwicklungsprozess. In: Schäppi, B.; Andreasen, M.M.; Kirchgeorg, M.; Radermacher, F.-J.: Handbuch Produktentwicklung. München u. a.: Hanser, 2005, S. 293–315.

Ansoff, H.I. (1984): Implanting Strategic Management. Englewood Cliffs/NJ: Prentice Hall, 1984.

Arthur D. Little International Inc. (1987): Management der Geschäfte von morgen. 2. Aufl., Gabler-Praxis, Wiesbaden: Gabler, 1987.

Baum, H.-G.; Coenenberg, A.G.; Günther, T. (2004): Strategisches Controlling. 3., überarb. und erw. Aufl., Stuttgart: Schäffer-Poeschel, 2004.

Bea, F.X.; Haas, J. (2001): Strategisches Management. 3., neu bearb. Aufl., Grundwissen der ÖkonomikBetriebswirtschaftslehre Nr. 1458. Stuttgart: Lucius & Lucius, 2001.

Binner, H.F. (1999): Prozeßorientierte Arbeitsvorbereitung, Hanser Lehrbuch. München: Hanser, 1999.

Boothroyd, G.; Dewhurst, P. (1983): Design for Assembly – A Designers´ Handbook. Boston: Department of Mechanical Engineering, University of Massachusetts, 1983.

Boothroyd, G.; Dewhurst, P. (1987): Product design for manufacture and assembly. In: Boothroyd Dewhurst Inc. (Ed.): Product Design for Assembly. RI: Wakefield, 1987.

Boothroyd, G.; Alting, L. (1992): Design for assembly and disassembly. Annals of the CIRP, 41 (1992) 2, S. 625–636.

Brezet, H.; van Hemel, C. (1997): Ecodesign – A promising approach to sustainable production and consumption. UNEP, 1997.

Brockhoff, K. (1999a): The Dynamics of Innovation – Strategic and Managerial Implications. Berlin: Springer, 1999.

Brockhoff, K. (1999b): Forschung und Entwicklung – Planung und Kontrolle. 5., erg. und erw. Aufl., München: Oldenbourg, 1999.

Charter, M.; Tischner, U. (Hrsg.) (2001): Sustainable Solutions. Developing Products and Services for the Future. Sheffield: Greenleaf Publishing, 2001.

Chen, R.W.; Navin-Chandra, D. (1993): Product design recyclability – A cost benefit analysis model and its application. In: Proceedings of the IEEE International Conference on Electronics and the Environment, Piscataway, 1993, S. 178–183.

Cohen, W.M.; Goto, A.; Nagata, A.; Nelson, R.R.; Walsh, J.P. (2002): R&D spillovers, patents and the incentives to innovate in Japan and the United States. Research Policy, 31 (2002) 8/9, S. 1349–1367.

Corre, A.; Mischke, G. (2005): The Innovation Game – A New Approach to Innovation Management and R&D, Springer-11643 /Dig. Serial, Boston, MA: Springer Science + Business Media Inc., 2005.

Corsten, H. (1997): Zeitmanagement auf der Grundlage von Simultaneous Engineering. Kaiserslautern: Univ. Kaiserslautern Lehrstuhl für Produktionswirtschaft, Schriften zum Produktionsmanagement 15, 1997.

Denkena, B.; Harms, A.; Jacobsen, J.; Möhring, H.-C.; Jungk, A.; Noske, H. (2006): Lebenszyklus-orientierte Werkzeugmaschinenentwicklung – Wie Lebenszykluskosten schon bei der Maschinenentwicklung berücksichtigt und gesenkt werden können. wt Werkstattstechnik online, 96 (2006) 7/8, S. 441–446.

Denner, A. (1998): Beitrag zur Planung und Steuerung des Zeitablaufes von Simultaneous Engineering-Projekten. Aachen: Shaker, 1998.

Dosi, G. (1988): Technical change and economic theory. IFIAS Research Series Nr. 6. London: Pinter, 1988.

Edquist, C. (1997): Systems of innovation – Technologies, Institutions, and Organizations, Science, Technology and the International Political Economy Series. London: Pinter, 1997.

Ehrlenspiel, K. (2003): Integrierte Produktentwicklung – Denkabläufe, Methodeneinsatz, Zusammenarbeit. 2., überarb. Aufl., München: Hanser, 2003.

Ehrlenspiel, K. (2007): Integrierte Produktentwicklung. Denkabläufe Methodeneinsatz Zusammenarbeit. 3., aktualisierte Aufl., München u. a.: Hanser, 2007.

Emmert, D. (1994): Planung von Investitionsprogrammen – Investitionsprogrammplanung mit Hilfe eines Technologiekalenders am Beispiel von Fallstudien, Schriftenreihe Wirtschafts- und Sozialwissenschaften Nr. 27. Ludwigsburg: Verlag Wiss. und Praxis, 1994.

Eversheim, W (Hrsg.) (2003): Innovationsmanagement für technische Produkte. Berlin: Springer, 2003.

Euringer, C. (1995): Marktorientierte Produktentwicklung – Die Interaktion zwischen F&E und Marketing. Gabler Edition Wissenschaft. Wiesbaden: Dt. Univ.-Verlag u. a., 1995.

Eversheim, W.; Bochtler, W.; Laufenberg, L. (1995): Simultaneous engineering. Erfahrungen aus der Industrie für die Industrie. Berlin: Springer, 1995.

Eversheim, W.; Schuh, G. (Hrsg.) (1999a): Produktmanagement, VDI-BuchWirtschaftsingenieurwesen Nr. 2. Berlin: Springer, 1999.

Eversheim, W.; Schuh, G. (Hrsg.) (1999b): Integriertes Management, VDI-Buch Wirtschaftsingenieurwesen Nr. 1. Berlin: Springer, 1999.

Eversheim, W.; Schuh, G. (Hrsg.) (2005): Integrierte Produkt- und Prozessgestaltung, VDI. Berlin: Springer, 2005.

Eversheim, W; Hartmann, M. Linnhoff, M. (1992): Zukunftsperspektive Demontage. VDI-Z, 134 (1992) 6, S. 83–86.

Fichter, K. (2005): Interpreneurship – Nachhaltigkeitsinnovationen in interaktiven Perspektiven eines vernetzenden Unternehmertums, Theorie der Unternehmung Nr. 33. Marburg: Metropolis-Verlag, 2005.

Finkbeiner, M. (2007): Nachhaltigkeitsbewertung von Produkten und Prozessen – vom Leitbild zur Umsetzung. In: Tagungsband 12. Produktionstechnisches Kolloquium PTK 2007, S. 123–136.

Fischer, M.M. (1999): Innovation, Networks and Localities – With 51 Tables, Advances in Spatial Science. Berlin: Springer, 1999.

Franke, H.-J. (2005): Kooperationsorientiertes Innovationsmanagement – Ergebnisse des BMBF-Verbundprojektes GINA, „Ganzheitliche Innovationsprozesse in modularen Unternehmensnetzwerken“. Berlin: Logos-Verlag, 2005.

Freeman, C. (1987): Technology Policy and Economic Performance – Lessons from Japan. London: Pinter, 1987.

Fritz, W.; von der Oelsnitz, D. (2001): Marketing – Elemente marktorientierter Unternehmensführung. 3., überarb. und erw. Aufl., Stuttgart, Berlin, Köln: Kohlhammer, 2001.

Gausemeier, J. (2000): Kooperatives Produktengineering – Ein neues Selbstverständnis des ingenieurmäßigen Wirkens, HNI-Verlagsschriftenreihe Bd. 79. Paderborn: Heinz-Nixdorf-Inst., HNI, 2000.

Gausemeier, J.; Ebbesmeyer, P.; Kallmeyer, F. (2001): Produktinnovation – Strategische Planung und Entwicklung der Produkte von morgen. München: Hanser, 2001.

Gelbmann, U.; Vorbach, S. (2003): Strategisches Innovations- und Technologiemanagement. Innovations- und Technologiemanagement, o. Jg. (2003), S. 93–209.

Gemünden, H.G.; Pleschak, F. (1992): Innovationsmanagement und Wettbewerbsfähigkeit – Erfahrungen aus den alten und neuen Bundesländern. Wiesbaden: Gabler, 1992.

Gershenson, J.; Ishii, K. (1993): Life-cycle serviceability design. In: Kusiak, A. (Ed.): Concurrent Engineering: Automation, Tools and Techniques. New York, NY u. a.: Wiley, 1993, S. 363–384.

Gerybadze, A. (2004): Technologie- und Innovationsmanagement – Strategie, Organisation und Implementierung. Vahlens Handbücher der Wirtschafts- und Sozialwissenschaften. München: Vahlen, 2004.

Grießhammer, R. (2004): Leitfaden und Projektbericht zur Methode PROSA, Öko-Institut e. V. Online verfügbar unter www.prosa.org, zuletzt geprüft am 12. Dezember, 2007.

Hauschildt, J. (2004): Innovationsmanagement. 3., völlig überarb. und erw. Aufl., Vahlens Handbücher der Wirtschafts- und Sozialwissenschaften. München: Vahlen, 2004.

Hauschildt, J.; Gemünden, H.G. (1998): Promotoren – Champions der Innovation. Wiesbaden: Gabler, 1998.

Heckert, U. (2002): Informations- und Kommunikationstechnologie beim Wissensmanagement – Gestaltungsmodell für die industrielle Produktentwicklung. Wiesbaden: Dt. Univ.-Verlag, 2002.

Hemel van C.G.; Keldmann, T. (1996): Applying "Design for X" experience in design for environment. In: Huang, G.Q. (Ed.): Design for X. Concurrent Engineering Imperatives. London u. a.: Chapman & Hall, 1996, S. 72–95.

Herrmanns, A. (2001): Ladenhüter Öko-Werbung. W&V, o. Jg. (2001) 22.

Herrmann, C. (2003): Unterstützung der Entwicklung recyclinggerechter Produkte. Schriftenreihe des Instituts für Werkzeugmaschinen und Fertigungstechnik der TU Braunschweig. Essen: Vulkan-Verlag, 2003.

Herrmann, C.; Jagusch, B.; Mateika, M.; Preisegger, T. (2004): Neu, neuer, innovativ. – Werkzeug zur Auditierung von Innovationsprozessen. QZ Qualität und Zuverlässigkeit, o. Jg. (2004) 10, S. 77f.

Herrmann, C.; Bergmann, L.; Thiede, S. (2007a): Developing life cycle oriented innovations within the turbulent business environment. In: Design Society (Ed.): Design for Society – Knowledge, Innovation and Sustainability – Proceedings of the 16th International Conference on Engineering Design (ICED07), Paris, 2007a.

Herrmann, C.; Bergmann, L.; Thiede, S.; Zein, A. (2007b): Life cycle innovations in extended supply chain networks. In: Advances in Life Cycle Engineering for Sustainable Manufacturing Businesses, 2007, S. 439–444.

Herrmann, C.; Yim, H.J. (2004): Designing successful ecoproducts considering consumer needs. In: Tagungsbericht: Global Conference on Sustainable Product Development and Life Cycle Engineering Berlin, 2004, S. 261–264.

Herrmann, C.; Yim, H.J. (2006): Product information for sustainable consumption considering EUP Directive. In: Proceedings of the 13th CIRP International Conference on Life Cycle Engineering, Leuven, 2006, S. 531–536.

Hofer, C.W.; Schendel, D. (1978): Strategy formulation – Analytical concepts. The West Series in Business Policy and Planning. St. Paul: West Publ. Co., 1978.

Horvàrth, P. (1996): Forschungs- und Entwicklungscontrolling. In: Eversheim, W.; Schuh G. (Hrsg.): Betriebshütte – Produktion und Management, Teil 1, 7. Aufl., Berlin, Heidelberg, New York: Springer, 1996.

Horvàrth, P.; Niemand, S.; Wolbold, M. (1993): Target Costing – State-of-the-Art. In: Horvàth, P. (Hrsg.): Target Costing – marktorientierte Zielkosten in der deutschen Praxis. Stuttgart: Schäffer-Poeschel, 1993, S. 3–27.

Huch, B.; Behme, W.; Ohlendorf, T. (1997): Rechnungswesen-orientiertes Controlling: ein Leitfaden für Studium und Praxis. Heidelberg: Physica-Verlag, 1997.

Ishii, K.; Eubanks, C.F. (1993): Life-cycle engineering design – Modelling and tool development. In: Proceedings of the 9th International Conference on Engineering Design ICED'93, Schriftenreihe WDK 22. Zürich: Ed. Heurista, 1993, S. 882–889.

Ishii, K.; Eubanks, C.F.; Di Marco, P. (1994): Design for Product Retirement and Material Life Cycle. Materials & Design 15 (1994) 4, S. 225–233.

Ishii, K. (1995): Life-cycle engineering design. Journal of Mechanical Design, o. Jg. (1995) 117, S. 42–47.

Ishii, K.; Eubanks, C.F.; Marks, M. (1993): Evaluation methodology for post-manufacturing issues in life-cycle design. Concurrent Engineering, 1 (1993) 1, S. 61–68.

Kirchgeorg, M. (2005): Marktforschung, Kunden- und Konkurrenzanalyse – Gewinnung der marktorientierten Basisinformationen für den Innovationsprozess. In: Schäppi, B.; Andreasen, M.M.; Kirchgeorg, M.; Radermacher, F.-J.: Handbuch Produktentwicklung, München u. a.: Hanser, 2005, S. 141–168.

Koeleian G.; Menerey, D. (1993): Life Cycle Design Guidance Manual – EPA/600/R-92/226. Washington, DC: EPA Office of Research and Development, 1993.

Koller, R. (1998): Konstruktionslehre für den Maschinenbau. Grundlagen zur Neu- und Weiterentwicklung technischer Produkte mit Beispielen. 4., neubearb. und erw. Aufl., Berlin u. a.: Springer, 1998.

Kondoh, S.; Masui, K.; Mishima, N.; Matsumoto, M. (2007): Total performance analysis of product life cycle considering the uncertainties in product-use stage. In: Takata, S.; Umeda, Y. (Hrsg.): Advances in Life Cycle Engineering for Sustainable Manufacturing Businesses. London: Springer, 2007, S. 371–376.

Konrad, E. (1998): F-&-E-Kooperationen und internationale Wettbewerbsfähigkeit, Gabler Edition Wissenschaft. Wiesbaden: Dt. Univ.-Verlag, 1998.

Kramer, F. (1987): Innovative Produktpolitik – Strategie – Planung – Entwicklung – Durchsetzung. Berlin: Springer, 1987.

Kramer, F.; Appelt, H.G. (1974): Die neuen Techniken der Produktinnovation – Problemanalyse, Ideenfindung u. -beurteilung, Produktplanung u. -entwicklung, Rentabilitätsberechnung, Produkteinf. München: Verlag Moderne Industrie, 1974.

Krause, F.-L.; Martini, K. (2000): The use of wear information for the development of disassembly-friendly products. In: Tribology in Environmental Design 2000, Bournemouth, 2000, S. 71–77.

Kroll, E.; Beardsley, B. et al. (1994): Evaluating ease-of-disassembly for product recycling. In: Proceedings of Material and Design Technology, PD-Vol. 62, American Society of Mechnical Engineers (ASME), 1994, S. 165–172.

Kroll, E.; Carver, B.S. (1999): Disassembly analysis through time extimation and other metrics. Robotics and Computer Integrated Manufacturing, 15 (1999) 3, S. 191–200.

Kühn, M. (2001): Demontage- und recyclingorientierte Bewertung. Schriftenreihe des Instituts für Werkzeugmaschinen und Fertigungstechnik der TU Braunschweig. Essen: Vulkan-Verlag, 2001.

Lang-Koetz, C.; Heubach, D.; Beucker, S. (2006a): Abschätzung von Umweltwirkungen in früheren Phasen des Produktinnovationsprozesses. In: Pfriem, R. (Hrsg.): Innovationen für eine nachhaltige Entwicklung, Wiesbaden: DUV, S. 417–432.

Lang-Koetz, C.; Springer, S.; Beucker, S. (Hrsg.) (2006b): Life cycle e-Valuation – Produkt, Service, System. novanet Werkstattreihe. Stuttgart: Fraunhofer IRB Verlag, 2006.

Lindemann, U.; Kiewert, A. (2005): Kostenmanagement im Entwicklungsprozess – marktgerechte Kosten durch Target Costing. In: Schäppi, B.; Andreasen, M.M.; Kirchgeorg, M.; Radermacher, F.-J. (Hrsg.): Handbuch Produktentwicklung. München u. a.: Hanser, 2005, S. 397–417.

Lindemann, U.; Perkert, W. et al. (2000): Verbundprojekt ProMeKreis – Methoden zur Verbesserung der Kreislaufeignung von Einfach- und Komplexgeräten unter besonderer Berücksichtigung der Recyclingkosten und unter Einbeziehung innovativer Verwertungstechniken bei der Produktentwicklung, Abschlussbericht, BMBF, 2000.

Lowe, A.S.; Niku, S.B. (1995): A methodology for design for disassembly. In: Design for Manufacturing, DE-Vol. 81, American Society of Mechanical Engineers (ASME), 1995, S. 47–53.

Lundvall, B.-Å. (1992): National systems of innovation – Towards a Theory of Innovation and Interactive Learning. London: Pinter Publishers, 1992.

Masoni, P.; Buonamici, R.; Buttol, P.; Naldesi, L. (2005): Ecosmes.net – Online Tools for the Ecological Innovation of Products. In: R05 7th World Congress on Recovery, Recycling and Re-Integration, Peking, China, 25.–29. September, 2005.
Mansour, M. (2006): Informations- und Wissensbereitstellung für die lebenszyklusorientierte Produktentwicklung. Schriftenreihe des Instituts für Werkzeugmaschinen und Fertigungstechnik der TU Braunschweig. Essen: Vulkan-Verlag, 2006.
Mateika, M. (2005): Unterstützung der lebenszyklusorientierten Produktplanung am Beispiel des Maschinen- und Anlagenbaus. Schriftenreihe des Instituts für Werkzeugmaschinen und Fertigungstechnik der TU Braunschweig. Essen: Vulkan-Verlag, 2005.
Meißner, D. (2001): Wissens- und Technologietransfer in nationalen Innovationssystemen. Dissertation, Technische Universität, Dresden, 2001.
Mørup, M. (1994): Design for Quality. PhD dissertation, Institute for Engineering Design, DTU, Lyngby, 1994.
Navin-Chandra, D. (1991): Design for environmentability. In: Proceedings of the 1991 ASME Conference on Design Theory and Methodology, DE-Vol. 31, American Society of Mechanical Engineers (ASME), Miami, 1991, S. 746–751.
Navin-Chandra, D. (1993): ReStar – A design tool for environmental recovery analysis. In: Proceedings of the 9th International Conference on Engineering Design IECD 93, Schriftenreihe WDK 22. Zürich: Ed. Heurista, 1993, S. 780–787.
Nonaka, I.; Takeuchi, H. (1995): The Knowledge-Creating Company – How Japanese Companies Create the Dynamics of Innovation. New York, NY: Oxford Univ. Press, 1995.
Organisation for Economic Co-operation and Development; Europäische Kommission. (2005): Oslo manual – Guidelines for collecting and interpreting innovation data. 3. Aufl., Paris, 2005.
O'Shea, M. (2002): Planungsverfahren für die Produktkonzeption: ein systematisches Vorgehenskonzept unter Berücksichtigung des Lebenszyklus-Ansatzes. Wiesbaden: Dt. Univ.-Verlag, 2002.
Osten-Sacken, D.v.d. (1999): Lebenslauforientierte, ganzheitliche Erfolgsrechung für Werkzeugmaschinen. Dissertation, Universität Stuttgart, Schriftenreihe des Institutes für Industrielle Fertigung und Fabrikbetrieb, Band Nr. 299, Stuttgart, 1999, zugleich Heimsheim: Josef-Jetter-Verlag, 1999.
Pahl, G.; Beitz, W.; Feldhusen, J. (2003): Konstruktionslehre. Grundlagen erfolgreicher Produktentwicklung; Methoden und Anwendung. 5., neu bearb. und erw. Aufl., Berlin u. a.: Springer, 2003.
Pepels, W. (2003): Produktmanagement – Produktinnovation, Markenpolitik, Programmplanung, Prozessorganisation. 4., überarb. Aufl., München: Oldenbourg, 2003.
Peter, J.; Olson, J. (2002): Consumer Behavior and Marketing Strategy. 6. Aufl., Boston: McGraw-Hill, 2002
Pfriem, R.; Antes, R.; Fichter, K.; Müller, M.; Paech, N.; Seuring, S.; Siebenhüner, B. (Hrsg.) (2006): Innovationen für eine nachhaltige Entwicklung. 1. Aufl., Wirtschaftswissenschaft, Wiesbaden: Dt. Univ.-Verlag, 2006.
Pinto, M.B.; Pinto, J.K.; Prescott, J.E. (1993): Antecedents and consequences of project team cross-functional cooperation. Management Science, 39 (1993) 10, S. 1281–1297.
Pleschak, F.; Sabisch, H. (1996): Innovationsmanagement, UTB für Wissenschaft. Stuttgart: Schäffer-Poeschel, 1996.
Porter, M.E. (2000): Wettbewerbsvorteile – Spitzenleistungen erreichen und behaupten. 6. Aufl., Frankfurt/Main: Campus-Verlag, 2000.
Radtke, M.; Wünsche, T. (2000): Methodische Entwicklung umweltgerechter Produkte unter Berücksichtigung mehrerer Gestaltungsziele: In: VDI Berichte 1579, Recyclingorientierte Entwicklung technischer Produkte 2000 – Management komplexer Zielkonflikte, Düsseldorf: VDI-Verlag, 2000, S. 321–329.
Reeder, R.R.; Brierty, E.G.; Reeder, B.H. (1991): Industrial Marketing – Analysis, Planning, and Control. Vol. 2, Englewood Cliffs, NJ: Prentice Hall, 1991.

Rennings, K. (2003): The influence of the EU environmental management and auditing scheme on environmental innovations and competitiveness in Germany – An analysis on the basis of case studies and a large-scale survey, Discussion paper / ZEW, Zentrum für Europäische Wirtschaftsforschung GmbH Environmental and resource economics and environmental management 03–14, Mannheim: ZEW, 2003.

Revnic, I.; Frad, A.; Rabitsch, H.; Yim, H.Y.; Schneider, F.; Schiffleitner, A. (2006): Entwicklung eines Softwaretools als ökologisch-ökonomisches Entscheidungswerkzeug unter Berücksichtigung sämtlicher Lebenszyklusphasen im Automobilbau. In: Product Life Live, 7.–8. November, 2006, Mainz 2006.

Revnic, I.; Rabitsch, H.; Frad, A. (2007a): How to simulate vehicle recyclability for type-approval?. In: 7th International Automotive Recycling Conference, Amsterdam, 21–23 March, 2007.

Revnic, I.; Rabitsch, H.; Frad, A. (2007b): ProdTect automotive – Integrating DfR in the automotive development cycle. In: 2nd International ECO-X Conference, Vienna, 9–11 May, 2007, S. 213–220.

Rodrigo, J; Castells, F.; Alonso, J.C. (2002): Electric and Electronic – Practical Ecodesign Guide. University Rovira i Virgili, Tarragona, 2002.

Rosenbloom, R.S.; Spencer, W.J. (1996): Engines of Innovation – U.S. Industrial Research at the End of an Era. Boston: Harvard Business School Press, 1996.

Roth, K. (2000): Konstruieren mit Konstruktionskatalogen. Band 1: Konstruktionslehre. Berlin: Springer, 2000.

Sabisch, H. (1991): Produktinnovationen. Sammlung Poeschel Nr. 136, Stuttgart: Poeschel, 1991.

Sawalsky, R. (1995): Management und Controlling der Neuproduktentstehung – Gestaltungsansatz, Ziele und Maßnahmen. Wiesbaden: DUV, 1995.

Schäppi, B. (2005): Produktplanung – von der Produktidee bis zum Projekt-Businessplan. In: Schäppi, B.; Andreasen, M.M.; Kirchgeorg, M.; Radermacher, F.-J. (Hrsg.): Handbuch Produktentwicklung. München u. a.: Hanser, 2005, S. 265–291.

Schäppi, B.; Radermacher, F.J.; Andreasen, M.M.; Kirchgeorg, M. (2005): Handbuch Produktentwicklung. Strategien – Prozesse – Methoden – Ressourcen. München u. a.: Hanser, 2005.

Schiffleitner, A.; Salhofer, S.; Revnic, I.; Beigl, P.; Herrmann, C.; Frad, A.; Rabitsch, H. (2008): ProdTect – Life Cycle Design and Concurrent Engineering in the Automotive Industry. FISITA 2008 –World Automotive Congress, F2008-12-011, München, 2008.

Schmelzer, H.J. (1992): Organisation und Controlling von Produktenentwicklungen – Praxis des wettbewerbsorientierten Entwicklungsmanagement, Management von Forschung, Entwicklung und Innovation. Stuttgart: Schäffer-Poeschel, 1992.

Schmidt, J.; Trender, L. (1997): Target Costing – ein möglicher Ansatz zur prozessorientierten Bewertung der recyclinggerechten Produktgestaltung. Konstruktion, o. Jg. (1997) 49, S. 17–20.

Scholl, K. (1998): Konstruktionsbegleitende Kalkulation – Computergestützte Anwendung von Prozeßkostenrechnung und Kostentableaus. Controlling-Praxis. München: Vahlen, 1998.

Schumpeter, J.A.; Opie, R. (1934): The theory of economic development. Harvard economic Studies 46. Cambridge: Harvard Univiversity Press, 1934.

Seibert, S. (1998): Technisches Management – Innovationsmanagement, Projektmanagement, Qualitätsmanagement. Stuttgart: Teubner, 1998.

Stern, T.; Jaberg, H. (2005): Erfolgreiches Innovationsmanagement – Erfolgsfaktoren, Grundmuster, Fallbeispiele. 2., überarb. und erw. Aufl., Wiesbaden: Gabler, 2005.

Thom, N. (1992): Innovationsmanagement, Die Orientierung Nr. 100. Bern: Schweizerische Volksbank, 1992.

Tober, H. (1993): Recyclinggerechtheit von „Weißer Ware“ – Closed-Loop-Engineering im Team. In: Modellbildung und Simulation in der Praxis. VDI-Berichte Nr. 1089. Düsseldorf: VDI-Verlag, 1993, S. 141–156.

Trommsdorff, V. (1990): Innovationsmanagement in kleinen und mittleren Unternehmen –Grundzüge und Fälle; ein Arbeitsergebnis des Modellversuchs Innovationsmanagement. München: Vahlen, 1990.

United Nations (2007): Life cycle management. A Business Guide to Sustainability. Nairobi: United Nations, 2007.

Utterback, J.M. (2006): Mastering the dynamics of innovation – How companies can seize opportunities in the face of technological change. Nachdr., Boston: Harvard Business School Press, 2006.

Vahs, D.; Burmester, R. (2002): Innovationsmanagement – Von der Produktidee zur erfolgreichen Vermarktung. 2., überarb. Aufl., Praxisnahes Wirtschaftsstudium, Stuttgart: Schäffer-Poeschel, 2002.

Van Hemmel, C.; Feldmann, K. (1996): Applying DfX Experience in Design for Environment. Huang, G.Q. (Hrsg.): Design for X. Concurrent Engineering Imperatives. London u. a.: Chapman & Hall, 1996.

Vancil, R.F.; Lorange, P. (1980): Strategic planning in diversified companies. In: Hahn, D.; Taylor, B. (Hrsg.): Strategische Unternehmungsplanung: Stand und Entwicklungstendenzen. Würzburg, Wien: Physica-Verlag, 1980, S. 197–209.

VDI 2220: 1980-05 (1980-05): Produktplanung; Ablauf, Begriffe und Organisation. Düsseldorf: VDI-Verlag, 1980-05.

VDI 2221:1993-05 (1993-05): Methodik zum Entwickeln und Konstruieren technischer Systeme und Produkte. Düsseldorf: VDI-Verlag, 1993-05.

VDI 2206:2004-06 (2004-06): Entwicklungsmethodik für mechatronische Systeme. Berlin: Beuth Verlag, 2004-06.

Ven, A.H. van de (1999): The Innovation Journey. New York, NY: Oxford University Press, 1999.

Voss, S.; Gutenschwager, K. (2001): Informationsmangement. Berlin, Heidelberg: Springer, 2001.

Weber, J. (2002): Einführung in das Controlling. 9., komplett überarb. Aufl., Sammlung Poeschel Nr. 133. Stuttgart: Schäffer-Poeschel, 2002.

Weiber, R.; Kollmann, T.; Pohl, A. (2006): Das Management technologischer Innovationen. In: Kleinaltenkamp, M. (Hrsg.): Markt- und Produktmanagement – Die Instrumente des Business-to-Business-Marketing. 2., überarb. und erw. Aufl., Wiesbaden: Gabler, 2006, S. 83–207.

Welge, M.K.; Al-Laham, A. (2007): Strategisches Management – Grundlagen, Prozess, Implementierung. 5., aktualisierte Aufl., Gabler-Lehrbuch, Wiesbaden: Gabler, 2007.

Wimmer, W.; Strasser, C.; Pamminger, R. (2003): Integrating environmental customer demands in product development – Combining Quality Function Deployment (QFD) and the ECODESIGN Product-Investigation-, Learning- and Optimization- Tool (PILOT). In: Proceedings of the 10th CIRP Seminar on Life Cycle Engineering, 2003.

Wimmer, W.; Züst, R. (2001): EDODESIGN Pilot. Zürich: Verlag Industrielle Organisation, 2001.

Witte, E. (1973): Organisation für Innovationsentscheidungen – Das Promotoren-Modell. Schriften der Kommission für Wirtschaftlichen und Sozialen Wandel Nr. 2. Göttingen: Schwartz, 1973.

Wübbenhorst, K.L. (1984): Konzept der Lebenszykluskosten – Grundlagen, Problemstellungen und technologische Zusammenhänge. Reihe Betriebswirtschaft. Darmstadt: Verlag für Fachliteratur, 1984.

Yim, H.J. (2007): Consumer oriented development of ecodesign products. Schriftenreihe des Instituts für Werkzeugmaschinen und Fertigungstechnik der TU Braunschweig. Essen: Vulkan-Verlag, 2007.

Yim, H.J.; Herrmann, C. (2003a): Consumer behavior on ecoproduct – Why consumers do not buy an ecoproduct. In: Proceedings of the 3rd International Symposium on Environmentally Conscious Design and Inverse Manufacturing, Tokyo, 2003.

Yim, H.J.; Herrmann, C. (2003b): Eco-Voice of Consumer (VOC) on QFD. In: 3rd International Symposium on Environmentally Conscious Design and Inverse Manufacturing, Tokyo, 2003.

Züst, R. (1993): 4-Phase model for environmentally-compatible production creation. In: Working Papers from 1st Seminar on Life Cycle Engineering, Kopenhagen: The Technical University of Denmark, Institute of Manufacturing Engineering, 1993.

Kapitel 6.2 (Produktionsmanagement)

Anggraini-Süß, A.A. (1999): Wiederverwertung von gebrauchten Speiseölen und Fetten im energetisch-technischen Bereich, VDI Fortschritts-Berichte Reihe 15 Nr. 219, 1999.

Bahadir, M.; Bock, R.; Dettmer, T.; Falk, O.; Hesselbach, J.; Jopke, P.; Matthies, B.; Meyer-Pittroff, R.; Schmidt-Naedler, C.; Wichmann, H. (2004): Chemisch-analytische Charakterisierung technischen tierischen Fettes aus einer Tierkörperbeseitigungsanstalt. UWSF – Z Umweltchem Ökotox 16 (1), 2004, S. 19–28.

Barbian, P. (2005): Produktionsstrategie im Produktlebenszyklus – Konzept zur systematischen Umsetzung durch Produktionsprojekte. Als Ms. gedr., Produktionstechnische Berichte aus dem FBK Nr. 2005,1, Kaiserslautern: Techn. Univ., 2005.

Barth, H. (2005): Produktionssysteme im Fokus. wt Werkstattstechnik online, (2005) 4, S. 269–274.

Bartz, W.; Möller, U.J. (2000): Expert Praxis-Lexikon Tribologie PLUS, Renningen-Malmsheim: Expert-Verlag, 2000.

Baumann, W.; Herberg-Liedtke, B. (1996): Chemikalien in der Metallbearbeitung – Daten und Fakten zum Umweltschutz, Berlin, Heidelberg: Springer, 1996.

Bergmann, L. (2009): Nachhaltigkeit in Ganzheitlichen Produktionssystemen, Dissertation, Institut für Werkzeugmaschinen und Fertigungstechnik der TU Braunschweig, 2009.

Bleicher, K. (1996): Das Konzept integriertes Management. 4., rev. und erw. Aufl., St. Galler Management-Konzept Nr. 1, Frankfurt/Main: Campus-Verlag, 1996.

Bloech, J.; Bogaschewsky, R.; Götze, U.; Roland, F. (2004): Einführung in die Produktion. 5., überarb. Aufl., Berlin: Springer-Verlag Berlin Heidelberg, 2004.

Bras, B.; Emblemsvåg, J. (1996): Designing For The Life-Cycle: Activity-Based Costing and Uncertainty. Design for X.G.Q. Huang. London, Chapman & Hall, 1996.

Bullinger, H.-J.; Warnecke, H.-J.; Westkämper, E. (Hrsg.) (2003): Neue Organisationsformen im Unternehmen – Ein Handbuch für das moderne Management. 2., neu bearb. u. erw. Aufl., Berlin: Springer-Verlag Berlin Heidelberg, 2003.

BMWi/Bundesministerium für Wirtschaft und Technologie (2008): Energiedaten. Tabelle 29a – Internationaler Preisvergleich – Elektrizität für Industrie. http://www.bmwi.de/BMWi/Navigation/Energie/energiestatistiken.html, Stand: März 2009, zuletzt geprüft am 31.03.2009.

Cochran, D.S.; Arinez, J.F.; Duda, J.W.; Linck, J. (2001): A decomposition approach for manufacturing system design. Journal of Manufacturing Systems, 20 (2001) 6, S. 371–389.

Dettmer, T. (2006): Nichtwassermischbare Kühlschmierstoffe auf Basis nachwachsender Rohstoffe, Vulkan-Verlag, Essen, 2006.

Deutsche MTM-Vereinigung e.V (2001): Das Ganzheitliche Produktionssystem – Auf neuen wegen zu neuen Zielen, 2001.

Deutsches Institut für Normung (1986): Fertigungsverfahren, DIN-Taschenbuch / Deutsches Institut für Normung109, Berlin, West, Köln: Beuth, 1986.

Deutsches Lebensmittelbuch (2001): Leitsätze für Speiseöle und Speisefette, 2001.

Devoldere, T.; Dewulf, W.; Deprez, W.; Willems, B.; Duflou, J.R. (2007): Improvement potentials for energy consumption in disrecte part production machines. In: Proceedings of the 14th CIRP Conference on Life Cycle Engineering, Waseda University, Tokyo, Japan, 2007, S. 311–316.

DIN EN ISO 14001:2005-06 (2005): Umweltmanagementsysteme – Anforderungen mit Anleitung zur Anwendung (ISO 14001:2004), DIN EN ISO 14001:2005-06, Berlin: Beuth Verlag, 2005.

Duda, J.W. (2000): A decomposition-based approach to linking strategy, performance measurement, and manufacturing system design. Dissertation, Massachusetts Institute of Technology, 2000.

Dyckhoff, H. (2000): Umweltmanagement – Zehn Lektionen in umweltorientierter Unternehmensführung; mit 13 Tab, Springer-Lehrbuch, Berlin: Springer-Verlag Berlin Heidelberg, 2000.

Dyckhoff, H.; Spengler, T.S. (2007): Produktionswirtschaft. Eine Einführung für Wirtschaftsingenieure. 2., verb. Aufl., Berlin: Springer, 2007.

Dyckhoff, H. (1994): Betriebliche Produktion. Theoretische Grundlagen einer umweltorientierten Produktionswirtschaft. 2., verb. Aufl., Berlin: Springer-Verlag, 1994.

Ebel, B. (2002): Kompakt-Training Produktionswirtschaft, Kompakt-Training praktische Betriebswirtschaft, Ludwigshafen (Rhein): Kiehl, 2002.

Eckebrecht, J. (2000): Umweltverträgliche Gestaltung von spanenden Fertigungsprozessen, Forschungsberichte aus der Stiftung Institut für Werkstofftechnik Bremen; 3, Aachen: Shaker, 2000.

EMAS (2009): What is EMAS? European Commission, Environment, EMAS. URL: http://ec.europa.eu/environment/emas, zuletzt geprüft am 24.5.2009.

Emblemsvåg, J.; Bras, B.A. (2000): Activity-Based Cost and Environmental Management – A Different Approach to the ISO 14000 Compliance, Kluwer Academic Publishers, 2000.

Emblemsvåg, J.; Bras, B. (1997): An activity-based life-cycle assessment method. In: Proceedings of DETC'97: 1997 ASME Design Engineering Technical Conferences, 14–17 September, 1997, Sacramento, California, 1997.

Eversheim, W.; Schuh, G. (1999a): Integriertes Management, VDI-BuchWirtschaftsingenieurwesen Nr. 1, Berlin: Springer, 1999a.

Eversheim, W.; Schuh, G. (1999b): Gestaltung von Produktionssystemen, VDI-Buch Nr. 3, Berlin: Springer-Verlag Berlin Heidelberg, 1999b.

Falk, O. (2004): Entwicklung von oxidationsstabilen Schmierstoffgrundölen auf Basis von Monoalkylestern aus Altspeise- und Tierfetten. Dissertation, TU München, 2004.

Feldmann, K.; Gergs, H.-J.; Slama, S.; Wirth, U. (Hrsg.) (2004): Montage strategisch ausrichten – Praxisbeispiele marktorientierter Prozesse und Strukturen, Engineering online library, Berlin u. a.: Springer-Verlag Berlin Heidelberg, 2004.

Filippini, R.; Forza, C.; Vinelli, A. (1996): Improvement initiative paths in operations. Integrated Manufacturing Systems, 7 (1996) 2, S. 67–76.

Gonschorrek, U.; Gonschorrek, N. (1999): Managementpraxis von A-Z – Leitfaden durch die aktuellen Managementkonzepte, Frankfurt am Main: Frankfurter Allgemeine Zeitung, 1999.

Größler, A.; Grübner, A. (2005): An empirical model of the relationships between manufacturing capabilities. International Journal of Operations & Production Management, 26 (2005) 5, S. 458–485.

Grothe, G.; Kley, G. et al. (2005): Enzymatische Altfettalkoholyse zur Herstellung von Wertstoffen, ICBio, DBU, Abschlussbericht AZ 13078, Berlin, 2005.

Günther, H.-O.; Tempelmeier, H. (2005): Produktion und Logistik. 6., verb. Aufl., [Hauptbd.], Berlin: Springer-Verlag Berlin Heidelberg, 2005.

Gutenberg, E. (1983): Die Produktion. 24., unveränd. Aufl., Enzyklopädie der Rechts- und Staatswissenschaft Abteilung Staatswissenschaft Nr. 1, Berlin: Springer, 1983.

Gutowski, T.; Dahmus J.; Thiriez A. (2006): Electrical energy requirements for manufacturing processes. In: Proceedings of 13th CIRP International Conference on Life Cycle Engineering, Leuven, Belgium, 2006.

Hartberger, H. (1991): Wissensbasierte Simulation komplexer Produktionssysteme, Berlin, Heidelberg: Springer-Verlag Berlin Heidelberg, 1991.

Heilala, J.; Vatanen, S.; Montonen, J.; Tonteri, H.; Johansson, B.; Stahre, J.; Lind, S. (2008): Simulation-based sustainable manufacturing system design. In: Mason, S.J., Hill, R.R., Mönch, L., Rose, O., Jefferson, T., Fowler, J.W. (Hrsg.): Proceedings of the 2008 Winter Simulation Conference, Miami, 2008, S. 1922–1930.

Herrmann, C.; Thiede, S.; Zein, A.; Ihlenfeldt, S.; Blau, P. (2009): Energy efficiency of machine tools – Extending the perspective. In: Proceedings of the CIRP Conference on Manufacturing Systems, Grenoble, 2009.

Herrmann, C.; Thiede, S. (2009): Process chain simulation to foster energy efficiency in manufacturing. In: CIRP Journal of Manufacturing Science and Technology, 2009. (zur Veröffentlichung angenommen)

Herrmann, C.; Thiede, S. (2008): Increasing energy efficiency in manufacturing companies through process chain simulation. In: Sustainability and Remanufacturing VI – Global Conference on Sustainable Product Development and Life Cycle Engineering, Pusan, Korea, 2008, S. 52–57.

Herrmann, C.; Thiede, S.; Stehr, J.; Bergmann, L. (2008a): An environmental perspective on Lean Production, In: 41st CIRP International Seminar on Manufacturing Systems, Tokyo, Japan, 26–28 May, 2008, Springer Berlin/Heidelberg, S. 83–88.

Herrmann, C.; Bergmann, L.; Thiede, S. (2008b): Methodology for sustainable production system design. In: Kaebernick, H.; Kara, S. (Hrsg.): Proceedings of the Conference on Life Cycle Engineering, 2008, S. 53–58.

Herrmann, C.; Hesselbach, J.; Bock, R.; Dettmer, T. (2007a): Coolants made of native ester – Technical, ecological and cost assessment from a life cycle perspective. In: Takata, S.; Umeda, Y. (Hrsg.): Advances in Life Cycle Engineering for Sustainable Manufacturing Businesses – Proceedings of the 14th CIRP Conference on Life Cycle Engineering, 2007, S. 299–303.

Herrmann, C.; Bergmann, L.; Thiede, S.; Zein, A. (2007b): Framework for integrated analysis of production systems. In: Takata, S.; Umeda, Y. (Hrsg.): Advances in Life Cycle Engineering for Sustainable Manufacturing Businesses – Proceedings of the 14th CIRP Conference on Life Cycle Engineering, 2007.

Herrmann, C.; Bock, R., Zein, A. (2007c): Untersuchung der Additivierung von polymeren Schmierstoffen bei der Zerspanung. In: Jahrbuch Schleifen, Honen, Läppen und Polieren, 63. Ausgabe, Essen: Vulkan Verlag, 2007, S. 62–72.

Hesselbach, J.; Herrmann, C.; Bock, R.; Dettmer, T. et al. (2003): Kühlschmierstoffe aus technischen tierischen Fetten und Altspeisefetten – Herstellung, Technologie, und Ökobilanzierung. In: transkript – BioTechnolgie Nachrichten-Magazin, Sonderheft Nachhaltige Biokatalyse, 9. Jahrgang, 2003, S. 24–27. ISSN 1435-5272 A49017.

Hesselbach, J.; Herrmann, C.; Detzer, R.; Martin, L.; Thiede, S.; Lüdemann, B. (2008): Energy efficiency through optimized coordination of production and technical building services. In: Kaebernick, H.; Kara, S. (Hrsg.): Proceedings of the Conference on Life Cycle Engineering, 2008.

Hesselbach, J.; Junge, M.; Herrmann, C.; Dettmer, T. (2005): Production focused life cycle simulation. In: Proceedings of the 38th CIRP International Seminar on Manufacturing Systems, Florianópolis, Brasilien, 2005.

Jacobs, R. (1994): Organisation des Umweltschutzes in Industriebetrieben, Heidelberg, 1994.

Junge, M. (2007): Simulationsgestützte Entwicklung und Optimierung einer energieeffizienten Produktionssteuerung, Kassel: Kassel Univ. Press, 2007.

Kramer, M.; Brauweiler, J.; Helling, K. (Hrsg.) (2003a): Internationales Umweltmanagement, Band II: Umweltmanagementinstrumente und -systeme, Wiesbaden: Gabler, 2003.

Kramer, M.; Strebel, H.; Kayser, G. (Hrsg.) (2003b): Internationales Umweltmanagement, Band III: Operatives Umweltmanagement im internationalen und interdisziplinären Kontext, Wiesbaden: Gabler, 2003.

Leung, S.; Lee, W.B. (2004): Strategic manufacturing capability pursuance: a conceptual framework. Benchmarking: An International Journal, 11 (2004) 2, S. 156–174.

Licha, A. (2003): Flexible Montageautomatisierung zur Komplettmontage flächenhafter Produktstrukturen durch kooperierende Industrieroboter, Fertigungstechnik Erlangen Nr. 138, Bamberg: Meisenbach, 2003.

Liker, J.K. (2007): Der Toyota-Weg – 14 Managementprinzipien des weltweit erfolgreichsten Automobilkonzerns. 3. unveränderte Aufl., München: FinanzBuch-Verlag, 2007.

Lotter, B. (2006): Montage in der industriellen Produktion – Ein Handbuch für die Praxis; mit 16 Tabellen, VDI, Berlin: Springer-Verlag Berlin Heidelberg, 2006.

Martin, L.; Hesselbach, J.; Thiede, S.; Herrmann, C.; Lüdemann, B.; Detzer, R. (2008): Energieeffizienz durch optimierte Abstimmung zwischen Produktion und technischer Gebäudeausrüstung. In: 13. ASIM – Fachtagung: Simulation in Produktion und Logistik (Advances in Simulation for Production and Logistics Applications), Berlin, Deutschland, Fraunhofer IRB Verlag, Stuttgart, 2008, S. 177–185.

Matyas, K. (2001): Taschenbuch Produktionsmanagement – Planung und Erhaltung optimaler Produktionsbedingungen, München: Hanser, 2001.

Ohno, T. (1993): Das Toyota-Produktionssystem, Frankfurt/Main: Campus-Verlag, 1993.

Pepels, W. (2003): Produktmanagement – Produktinnovation, Markenpolitik, Programmplanung, Prozessorganisation. 4., überarb. Aufl., München: Oldenbourg, 2003.
Porter, M.E. (1992): Wettbewerbsvorteile competitive advantage – Spitzenleistungen erreichen und behaupten. 3. Aufl., Frankfurt Main: Campus-Verlag, 1992.
Rautenstrauch, C. (1999): Betriebliche Umweltinformationssysteme, Springer-Lehrbuch, Berlin u. a.: Springer-Verlag Berlin Heidelberg, 1999.
Rebhan, E. (Hrsg.) (2002): Energiehandbuch, Engineering online library, Berlin u. a.: Springer-Verlag Berlin Heidelberg, 2002.
Schäppi, B.; Andreasen, M.M.; Kirchgeorg, M.; Radermacher, F.-J. (2005): Handbuch Produktentwicklung. München, Wien: Hanser, 2005.
Schenk, M.; Wirth, S. (2004): Fabrikplanung und Fabrikbetrieb – Methoden für die wandlungsfähige und vernetzte Fabrik, Berlin: Springer-Verlag Berlin Heidelberg, 2004.
Schuh, G. (2006): Produktionsplanung und -steuerung – Grundlagen, Gestaltung und Konzepte. 3., völlig neu bearb. Aufl., VDI-Buch, Berlin: Springer-Verlag Berlin Heidelberg, 2006.
Schuh, G. (2007): Komplexitätsmanagement für eine nachhaltige Produktionswirtschaft: PTK 2007 – XII. Internationales Produktionstechnisches Kolloquium, 2007, S. 17–29.
Schultz, A. (2002): Methode zur integrierten ökologischen und ökonomischen Bewertung von Produktionsprozessen und -technologien. Dissertation, 2002.
Spath, D. (2003): Ganzheitlich produzieren, Stuttgart: Logis, 2003.
Spiecker, C. (2000): Produktionsintegrierter Umweltschutz. 1. Aufl., DUV-Wirtschaftswissenschaft, Wiesbaden: Dt. Univ.-Verlag, 2000.
Suh, N.P. (1990): The principles of design, Oxford series on advanced manufacturing, 6, New York NY u. a.: Oxford Univ. Press, 1990.
Traeger, D.H. (1994): Grundgedanken der lean production, Teubner-Studienskripte Management Nr. 147, Stuttgart: Teubner, 1994.
VDI Verein Deutscher Ingenieure (2005): Kühlschmierstoffe für spanende und umformende Fertigungsverfahren, VDI-Richtlinie 3397 Blatt 1, Beuth-Verlag, Berlin, 2005.
VDI Verein Deutscher Ingenieure (1997): Kumulierter Energieaufwand – Begriffe, Definitionen, Berechnungsmethoden, VDI-Richtlinie 4600, Beuth-Verlag, Berlin, 1997.
VDI Verein Deutscher Ingenieure (2008): Begriffe der Technischen Gebäudeausrüstung mit Hinweisen zur Gestaltung von Benennungen und Definitionen, VDI-Richtlinie 4700 Beuth-Verlag, Berlin, 2008.
VDI Verein Deutscher Ingenieure (1978): Begriffe für die Produktionsplanung und -steuerung, VDI-Richtlinien Nr. 2815, Berlin: Beuth, 1978.
VDI Verein Deutscher Ingenieure; Gesellschaft Produktionstechnik (1990): Montage- und Handhabungstechnik – Handhabungsfunktionen, Handhabungseinrichtungen; Begriffe, Definitionen, Symbole, VDI-Richtlinien Nr. 2860, Düsseldorf: VDI, 1990.
VFI Verband Fleischmehlindustrie e. V. (2005): Überblick – Zahlen, http://www.fleischmehlindustrie.de/fakten_zahlen.php, Stand 2005-06, zuletzt geprüft am 26.06.2005.
VSI Verband der Schmierstoffindustrie (2005): Inlandsablieferungen an Schmierstoffen in Deutschland nach europäischen Sortengruppen, http://www.vsi-schmierstoffe.de/statistik.htm, Stand 2005-06, zuletzt geprüft am 26.06.2005.
Ward, P.; Bickford, D.; Leong, G. (1996): Configurations of Manufacturing Strategy, Business Strategy, Environment and Structure. Journal of Management, 22 (1996) 4.
Westkämper, E.; Decker, M. (2006): Einführung in die Organisation der Produktion, Springer-Lehrbuch, Berlin: Springer-Verlag Berlin Heidelberg, 2006.
Westkämper, E.; Zahn, E.; Balve, P.; Tilebein, M. (2000): Ansätze zur Wandlungsfähigkeit von Produktionsunternehmen – Ein Bezugsrahmen für die Unternehmensentwicklung im turbulenten Umfeld. wt Werkstattstechnik online, 90 (2000) 1/2, S. 22–26.
Wicke, L.; Haasis, H.-D.; Schafhausen, F.S. (1992): Betriebliche Umweltökonomie – Eine praxisorientierte Einführung, Vahlens Handbücher der Wirtschafts- und Sozialwissenschaften, München: Vahlen, 1992.
Wiendahl, H.-P. (2002): Wandlungsfähigkeit – Schlüsselbegriff der zukunftsfähigen Fabrik. wt Werkstattstechnik online, 92 (2002) 4, S. 122–127.

Wunderlich, J. (2002): Kostensimulation: simulationsbasierte Wirtschaftlichkeitsregelung komplexer Produktionssysteme. Dissertation, Universität Erlangen-Nürnberg, 2002.

Kapitel 6.3 (After-Sales Management)

Aurich, J.C.; Fuchs, C. (2004): An approach to life cycle oriented technical service design. In: Annals of the CIRP, 53/1, 2004, S. 151–154.

Bains, T.S.; Lightfoot, H.W.; Evans, S. et al. (2007): State-of-the-art in product-service systems. In: Engineering Manufacture, IMech, Vol. 221, 2007, S. 1543–1552.

Baumbach, M. (1998): After-Sales-Management im Maschinen- und Anlagenbau, Regensburg: Transfer Verlag, 1998.

Baumbach, M. (2004): After-Sales-Management im Maschinen- und Anlagenbau. 2., überarb. Aufl., Regensburg: Transfer, 2004.

Bertsche, B.; Lechner, G. (2004): Zuverlässigkeit im Fahrzeug- und Maschinenbau – Ermittlung von Bauteil- und System-Zuverlässigkeiten. 3., überarb. und erw. Aufl., VDI, Berlin: Springer, 2004.

Birolini, A. (1994): Quality and reliability of technical systems – Theory, practice and management, Berlin, Heidelberg, New York, London, Paris, Tokyo, Hong Kong, Barcelona, Budapest: Springer, 1994.

Bothe, T. (2003): Planung und Steuerung der Ersatzteilversorgung nach Ende der Serienfertigung, Schriftenreihe des IFU Nr. 7, Aachen: Shaker, 2003.

Boutellier, R.; Baumbach, M.; Bodmer, C. (1999): Successful-Practices im After-Sales-Management – Teil 2: Effektive Logistik über die gesamte Wertschöpfungskette. io Management, (1999) 3, S. 32–36.

Bullinger, H.-J.; Scheer, A.-W.; Schneider, K. (Hrsg.) (2006): Service Engineering – Entwicklung und Gestaltung innovativer Dienstleistungen, Berlin: Springer, 2006.

Corsten, H.: Dienstleistungsmanagement, 3. vollst. neubearb. u. wes. erw. Aufl., München: Oldenbourg, 1997.

DIN 24420-1:1976-09 (1976-09): Ersatzteillisten; Allgemeines. Berlin: Beuth, 1976-09.

DIN 31051:2003-06 (2003-06): Grundlagen der Instandhaltung. Berlin: Beuth, 2003-06.

Dombrowski, U.; Bothe, T. (2001): Ersatzteilmanagement – Strategien für die Ersatzteilversorgung nach Ende der Serienproduktion. (wt-online) Werkstattstechnik online, 91 (2001) 12, S. 792–796.

Fleischer, J.; Wawerla, M. (2006): Berechnung von Lebenszykluskostenverteilungen – Anwendung der Monte-Carlo-Simulation für die Lebenszykluskosten- und Risikoprognose im Maschinenbau. (wt-online) Werkstattstechnik online, 96 (2006) 10, S. 772–777.

Fleischer, J.; Wawerla, M.; Niggeschmidt, S. (2007): Machine life cycle cost estimation via Monte-Carlo simulation. In: Takata, S.; Umeda, Y. (Hrsg.): Advances in Life Cycle Engineering for Sustainable Manufacturing Businesses – Proceedings of the 14th CIRP Conference on Life Cycle Engineering, Waseda University, Tokyo, Japan, 11–13 June, 2007. 1. Ed., London: Springer, 2007, S. 449–453.

Frese, E.; Heppner, K. (1995): Ersatzteilversorgung – Strategie und Organisation. 1. Aufl., München: TCW Transfer-Centrum GmbH, 1995.

Graf, R. (2005): Erweitertes Supply Chain Management zur Ersatzteilversorgung, Schriftenreihe des Instituts für Werkzeugmaschinen und Fertigungstechnik der TU Braunschweig, Essen: Vulkan-Verlag, 2005.

Herrmann, C.; Graf, R.; Luger, T.; Kuhn, V. (2004): Re-X options closed-loop supply chains for spare part management. In: Seliger, G.; Nasr, N.; Bras, B.; Alting, L. (Hrsg.): Proceedings – Global Conference on Sustainable Product Development and Life Cycle Engineering – September 29–October 1, 2004 at the Production Technology Center (PTZ). Berlin: Uni-Ed., 2004, S. 139–142.

Herrmann, C.; Bergmann, L.; Thiede, S; Torney, M.; Zein, A. (2007): Framework for the dynamic and life cycle oriented evaluation of maintenance strategies. In: 3rd International VIDA Conference, Poznan, 28–29 June, 2007.

Hesselbach, J.; Dombrowski, U.; Bothe, T.; Graf, R.; Wrehde, J.; Mansour, M. (2004a): Planning Process for the Spare Part Management of Automotive Electronics. In: WGP (Ed.): Production Engineering – Research and Development – Annals of the German Academic Society of Production Engineering, XI/1, Braunschweig: WGP e. V., 2004a, S. 113–118.

Hesselbach, J.; Graf, R. (2003): Produktbegleitende Dienstleistungen zur Kundenbindung: Ganzheitliches Ersatzteilmanagement als Basis für ein After-Sales Service. In: Dangelmaier, W. et al. (Hrsg.): Innovation im E-Business, ALB-HNI-Verlagsschriftenreihe, Paderborn, 2003, S. 505–512.

Hesselbach, J.; Mansour, M.; Graf, R. (2002): Erweitertes Supply Chain Management durch ganzheitliches Ersatzteilmanagement. In: Schenk, M. (Hrsg.): Logistikplanung & -management – 8. Magdeburger Logistik-Tagung, Magdeburg, 14.–15. November 2002. Als Ms. gedr, Magdeburger Logistik – Logistik aus technischer und ökonomischer Sicht, Magdeburg: LOGiSCH, 2002, S. 225–246.

Hesselbach, J.; Mansour, M.; Graf, R. (2004b): Integration von Re-X Optionen in den Abläufen eines ganzheitlichen Ersatzteilmanagements. In: Spengler, T. (Hrsg.): Logistik-Management – Prozesse, Systeme, Ausbildung. Conference Logistics Management LM 03, Braunschweig, 24.–26. September, 2003, Heidelberg: Physica-Verlag, 2004, S. 287–307.

Hinterhuber, Hans H.; Matzler, K. (Hinterhuber/Matzler 2002): Kundenorientierte Unternehmensführung – Kundenorientierung – Kundenzufriedenheit – Kundenbindung, 3. akt. u. erw. Aufl., Wiesbaden 2002.

Homburg, C.; Grabe, B. (1996a): Industrielle Dienstleistung als Managementherausforderung. In: io-Management Information, Jahrgang 65, Heft 6, 1996, S. 31–35.

Homburg, C.; Garbe, B. (1996b): Industrielle Dienstleistungen. Bestandsaufnahme und Entwicklungsrichtungen. In: ZfB, 66. Jahrgang 66, Heft 3, 1996, S. 253–282.

Ihde, G.B.; Merkel, H.; Henning, R. (1999): Ersatzteillogistik – Theoretische Grundlagen und praktische Handhabung. 3., völlig neu bearb. Aufl., Schriftenreihe der Bundesvereinigung Logistik (BVL) e. V., Bremen Nr. 44, München: Huss-Verlag, 1999.

Ihde, G.B.; Merkel, H.; Henning, R. (1999): Ersatzteillogistik – Theoretische Grundlagen und praktische Handhabung, 3., völlig neu bearb. Aufl., München: Huss-Verlag, 1999.

Kotler, P.; Bliemel, F. (1999): Marketing-Management – Analyse, Planung, Umsetzung und Steuerung, 9. überarb. und aktual. Aufl., Stuttgart: Schäffer-Poeschel, 1999.

Luczak, H. (1999): Servicemanagement mit System – erfolgreiche Methoden für die Investitionsgüterindustrie, Berlin u. a.: Springer, 1999.

Mateika, M. (2005): Unterstützung der lebenszyklusorientierten Produktplanung am Beispiel des Maschinen- und Anlagenbaus, Schriftenreihe des Instituts für Werkzeugmaschinen und Fertigungstechnik der TU Braunschweig, Essen: Vulkan-Verlag, 2005.

Meidlinger, A. (1994): Dynamisierte Bedarfsprognose für Ersatzteile bei technischen Gebrauchsgütern, Europäische Hochschulschriften Reihe 5, Volks- und Betriebswirtschaft Nr. 1536, Frankfurt am Main: Lang, 1994.

Meier, H.; Uhlmann, E.; Kortmann, D. (2005): Hybride Leistungsbündel – Nutzenorientiertes Produktverständnis durch interferierende Sach- und Dienstleistungen. wt Werkstatttechnik online, Jahrgang 95 (2005) 7/8, 2005, S. 528–532.

Meier, H.; Kortmann, D.; Golembieski, M. (2006): Hybride Leistungsbündel in kooperativen Anbieter-Netwerken – Anforderungen hybrider Leistungsbündel an die unternehmensinterne kooperative Organisation von Anbieter-Netzwerken. Industrie Management, Jahrgang 22 (2006) 4, S. 25–28.

Rainfurth, C.: Der Einfluss der Organisationsgestaltung produktbegleitender Dienstleistungen auf die Arbeitswelt der Dienstleistungsakteure am Beispiel von KMU des Maschinenbaus. Dissertation, Universität Darmstadt, Darmstadt, 2003.

Rötzel, A. (2005): Instandhaltung – Eine betriebliche Herausforderung. 3. Aufl., Berlin: VDE-Verlag, 2005.

Roy, R. (2000): Sustainable product-service systems. Futures, Jahrgang 32 (2000), 3–4, S. 289–299.
Sadek Hassanein, T. (2008): Ein modellorientierter Ansatz zur Konzeptentwicklung industrieller Produkt-Service Systeme. Dissertation, Ruhr-Universität Bochum, Schriftenreihe des Lehrstuhls für Maschinenelemente und Konstruktionslehre, Heft 09.1, Aachen, 2009.
Saling, P.; Kicherer, A.; Dittrich-Krämer, B.; Wittlinger, R.; Zombik, W.; Schmidt, I.; Schrott, W.; Schmidt, S. (2002): Eco-efficiency Analysis by BASF: The Method. International Journal of Life Cycle Assessment, 6 (2002) 1, S. 203–218.
Schulz, E. (1977): Grundlagen zur Planung von Ersatzteilfertigungen, IPA-Forschung und Praxis, Mainz: Krausskopf, 1977.
Spengler, T.; Herrmann, C. (Hrsg.) (2004): Stoffstrombasiertes Supply Chain Management in der Elektro(nik)industrie zur Schließung von Materialkreisläufen – Projekt StreaM. Als Ms. gedr, Fortschritt-Berichte VDIReihe 16, Technik und Wirtschaft Nr. 169, Düsseldorf: VDI-Verlag, 2004.
Takata S.; Kimura F.; van Houten F.J.A.M.; Westkämper E.; Shpitalni M.; Ceglarek D.; Lee J. (2004): Maintenance: Changing Role in Life Cycle Management, Annals of the CIRP, 53/2, 2004.
Tani, T. (1999): Product Development and Recycle System for Closed Substance Cycle Society, in: Proceedings of Environmentally conscious design and inverse manufacturing, S. 294–299.
Torney, M.; Kuntzky, K.; Herrmann, C. (2009): Service development and implementation – A review of the state of the art, In: Roy, R.; Shehab, E. (Hrsg.): Proceedings of the 1st CIRP Industrial Product-Service Systems (IPS2) Conference, Cranfield, UK, 2009, S. 24–31.
Trapp, T. (2000): Ersatzteil-Logistik für KFZ-Elektronik aus Sicht eines Automobilzulieferers: Effiziente Ersatzteil-Logistik – Tagung, Kassel, 11. und 12. Oktober 2000, VDI-Berichte Nr. 1573, Düsseldorf: VDI-Verlag, 2000, S. 29–44.
Trapp, T. (2000): Ersatzteil-Logistik für KFZ-Elektronik aus Sicht eines Automobilzulieferers, in: VDI-Berichte 1573: Effiziente Ersatzteil-Logistik, VDI Verlag, Düsseldorf, 2000, S. 29–44.
Wang H. (2002): A survey of maintenance policies of deteriorating systems, European Journal of Operational Research, Vol. 139, 2002, S. 469–489.
Wenzel, H.; Alting, L. (2004): Architecture of Environmental Engineering. In: Seliger, G.; Nasr, N.; Bras, B.; Alting, L. (Hrsg.): Proceedings – Global Conference on Sustainable Product Development and Life Cycle Engineering – September 29–October 1, 2004 at the Production Technology Center (PTZ). Berlin: Uni-Ed., 2004, S. 3–17.
Zollikofer-Schwarz, Gabriele (1999): Die Entwicklung des After-Sales-Management.

Kapitel 6.4 (End-of-Life Management)

AltfahrzeugG (28.06.2002): Gesetz über die Entsorgung von Altfahrzeugen (Altfahrzeug-Gesetz), Deutscher Bundestag; Bundesrat. (BGBl. Teil I) Bundesgesetzblatt Teil I, (2002) 41, S. 2199–2211.
Altfahrzeug V (28.06.2002): Verordnung über die Überlassung, Rücknahme und umweltverträgliche Entsorgung von Altfahrzeugen (Altfahrzeug-Verordnung). (BGBl. Teil I) Bundesgesetzblatt Teil I, (2002) 41, S. 2214–2225.
Antrekowitsch, H.; Prior, F.; Staber, W. (2005): Recycling of copper and noble metals from electronic waste. In: Proceedings of the eco-X: ecology and economy in electroniX 2005 – Zukünftige Herausforderungen und nachhaltige Lösungen für den Elektro(nik)sektor, 8.–10. Juni, 2005, Wien. Wien, 2005, S. 549–562.
Baars, B.A.; Nottrodt, A. (1999): Eckpfeiler Müllverbrennung – Vorschläge für eine stärkere rechtliche Absicherung der Müllverbrennung in der Abfallentsorgung. Abfallwirtschaft in Forschung und Praxis Nr. 113, Berlin: Erich Schmidt, 1999.
Baur, E.; Brinkmann, S.; Osswald, T.A.; Schmachtenberg, E.; Saechtling, H. (2007): Saechtling Kunststoff Taschenbuch. 30. Ausg., überarb. und aktual., München: Hanser, 2007.

Bilitewski, B.; Härdtle, G.W.; Marek, K.A. (2000): Abfallwirtschaft – Handbuch für Praxis und Lehre; mit 130 Tabellen. 3., neubearb. Aufl., Berlin: Springer, 2000.

Bleicher, K. (1996): Management-Konzepte – Management-Theorien: Modelle und Konzeote. In: Eversheim, W.; Schuh, G. (Hrsg.): Produktion und Management – Band 1 u. 2. 7. Aufl., Berlin/ Heidelberg: Springer, 1996, S. 1-1–1-11.

Bohr, P. (2006a): Extended producer responsibility and WEEE recycling – Market approaches with material recovery certificates, Massachusetts Institute of Technology (MIT), Cambridge, 2006.

Bohr, P. (2006b): Policy Tools for Electronics Recycling – Characteristics of a specific certificate market design. In: IEEE Computer Society; International Association of Electronics Recyclers (Hrsg.): Proceedings of the 2006 IEEE International Symposium on Electronics & the Environment, ISEE 2006 – and the 7th Electronics Recycling Summit. 8–11 May, 2006, San Francisco, California, Piscataway, NJ: IEEE Operations Center, 2006, S. 132–137.

Bohr, P. (2007): The Economics of Electronics Recycling – New Approaches to Extended Producer Responsibility. Dissertation, Technische Universität Berlin, 2007.

Bohr, P.; Herrmann, C.; Luger, T. (2007): Extended producer responsibility and product design: Free market tools to establish a virtual design feedback loop. International Journal of Environmentally Conscious Design and Manufacturing (IJECDM), Special Issue "Design for Reuse, Recycling, Remanufacturing: Alternatives to Design for Landfill", Vol. 13, No. 3&4, 2007, S. 48–60.

Bothe, T. (2003): Planung und Steuerung der Ersatzteilversorgung nach Ende der Serienfertigung. Schriftenreihe des IFU Nr. 7, Aachen: Shaker, 2003.

Brito, M.P. de (2004): Managing reverse logistics of reversing logistics management? ERIM PhD Series Research in Management Nr. 35, Rotterdam: Erasmus Research Institute of Management (ERIM), 2004.

Brito, M.P. de; Dekker, R. (2002): Reverse logistics – a framework. Econometric Institute Report EI 2002-38, Econometric Institute, Rotterdam, 2002.

Brito, M.P. de; Dekker, R. (2004): A Framework for Reverse Logistics. In: Dekker, R.; Fleischmann, M.; Inderfurth, K.; van Wassenhove, L.N. (Hrsg.): Reverse logistics – Quantitative models for closed-loop supply chains, Berlin: Springer, 2004, S. 3–27.

Brüning, R.; Kernbaum, S. (2004): VDI-Richtlinie reift weiter. Müllmagazin, o. Jg. (2004) 3, S. 12–17.

Bruns, K. (1997): Analyse und Beurteilung von Entsorgungslogistiksystemen – Ökonomische, ökologische und gesellschaftliche Aspekte. Gabler Edition Wissenschaft, Wiesbaden: Dt. Univ.-Verlag, 1997.

Bullinger, M.; Lückefett, H.-J. (2005): Das neue Elektrogesetz – Ziele und Leitlinien, Zuständigkeiten und Verfahren, Verpflichtete, Finanzierung. 1. Aufl., Nomos-Praxis, Baden-Baden: Nomos-Verlag-Ges., 2005.

Ciupek, M. (2004): Beitrag zur simulationsgestützten Planung von Demontagefabriken für Elektro- und Elektronikaltgeräte. Dissertation, Technische Universität Berlin, 2004.

Dahmus, J.B.; Gutowski, T.G. (2006): Material Recycling at Product End-of-Life. In: IEEE Computer Society; International Association of Electronics Recyclers (Hrsg.): Proceedings of the 2006 IEEE International Symposium on Electronics & the Environment, ISEE 2006 and the 7th Electronics Recycling Summit. 8–11 May, 2006, San Francisco, California. Piscataway, NJ: IEEE Operations Center, 2006, S. 206–211.

Dekker, R.; Fleischmann, M.; Inderfurth, K.; van Wassenhove, L.N. (Hrsg.) (2004): Reverse logistics – Quantitative models for closed-loop supply chains. Berlin: Springer, 2004.

DIN 8580:2003-09 (2003-09): Fertigungsverfahren – Begriffe, Einteilung. Berlin: Beuth Verlag, 2003-09.

DIN EN 62309 (2005-02): Zuverlässigkeit von Produkten mit wieder verwendeten Teilen – Anforderungen an Funktionalität und Prüfungen (IEC 62309:2004); Deutsche Fassung EN 62309:2004. Berlin: Beuth Verlag, 2005-02.

Dinge, A. (2000): Demontage komplexer Produkte in einer Kreislaufwirtschaft. Reihe Nr. 6, Lohmar: Eul, 2000.

Dyckhoff, H. (1993): Theoretische Grundlagen einer umweltorientierten Produktionstheorie. In: Wagner, G.R. (Hrsg.): Betriebswirtschaft und Umweltschutz – Wissenschaftliche Tagung für Betriebswirtschaftler zum Thema „Information und Umweltschutz“ November 1992 in Düsseldorf, Stuttgart: Schäffer-Poeschel, 1993, S. 81–1005.

Dyckhoff, H.; Souren, R.; Keilen, J. (2004): The expansion of supply chains to closed loop systems – A conceptual framework and the automotive industry's point of view. In: Dyckhoff, H.; Lackes, R.; Reese, J.; Fandel, G. (Hrsg.): Supply Chain Management and Reverse Logistics, Berlin: Springer, 2004, S. 13–34.

Electrocycling (2001): Informationen zum Recycling von Elektro(nik)altgeräten der Electrocycling Goslar. Electrocycling, Goslar, 2001.

ElektroG (2005): Gesetz über das Inverkehrbringen, die Rücknahme und die umweltverträgliche Entsorgung von Elektro- und Elektronikgeräten (Elektro- und Elektronikgerätegesetz), Deutscher Bundestag; Bundesrat. (BGBl. Teil I) Bundesgesetzblatt Teil I, (2005) 17, S. 762–773.

ELV (2000): Richtlinie 2000/53/EG des Europäisches Parlaments und des Rates vom 18. September 2000 über Altfahrzeuge, Europäisches Parlament; Rat der Europäischen Gemeinschaften. (ABl.) Amtsblatt der Europäischen Union, 44 (2000) L 269, S. 34–42.

Fleischmann, M.; Bloemhof-Ruwaard, J.M.; Dekker, R.; Laan, E. van der; Nunen, J. van; Wassenhove, L.N. van (1997): Quantitative models for reverse logistics – A review. European Journal of Operational Research, 103 (1997) 1, S. 1–17.

Giesberts, L.; Posser, H.; Giesberts-Posser (2001): Grundfragen des Abfallrechts. C.H.Beck Abfallrecht, München: Beck, 2001.

Giuntini, R.; Gaudette, K. (2003): Remanufacturing: The next great opportunity for boosting US productivity. Business Horizons, 46 (2003) 6, S. 41–48.

Greenpeace (2007): How the companies line up. URL: http://www.greenpeace.org/international/campaigns/toxics/electronics/how-the-companies-line-up, zuletzt geprüft am 18.12.2007.

Guide, V.D.R., Jr.; Teunter, R.H.; Wassenhove, L.N. van (2003): Matching Demand and Supply to Maximize Profits from Remanufacturing. Manufacturing & Service Operations Management, 5 (2003) 4, S. 303–316.

Gutowski, T.G.; Dahmus, J.B. (2005): Mixing entropy and product recycling. In: IEEE Computer Society; International Association of Electronics Recyclers (Hrsg.): Proceedings of the 2005 IEEE International Symposium on Electronics & the Environment, ISEE 2005 – and the 6th Electronics Recycling Summit. 16–19 May, 2005, New Orleans, LA, USA. Piscataway, NJ: IEEE Operations Center, 2005, S. 72–76.

Hauser, W.M.; Lund, R.T. (2003): The Remanufacturing Industry: Anatomy of a Giant – A View of Remanufacturing in America Based on a Comprehensive Survey Across the Industry. Boston: Dept. of Manufacturing Engineering, Boston University, 2003.

Herrmann, C. (2003): Unterstützung der Entwicklung recyclinggerechter Produkte. Schriftenreihe des Instituts für Werkzeugmaschinen und Fertigungstechnik der TU Braunschweig, Essen: Vulkan-Verlag, 2003.

Herrmann, C.; Antrekowitsch, H.; Luger, T.; Seebacher, H.; Stachura, M. (2005): Product development and metallurgy – Combining two views on the calculation of recovery rates in WEEE recycling. In: Proceedings of the R'05 – 7th World Congress on Recovery, Recycling and Reintegration. 25–29 September, 2005, Beijing, China, 2005.

Herrmann, C.; Graf, R.; Luger, T.; Kuhn, V. (2004): Re-X options closed-loop supply chains for spare part management. In: Seliger, G.; Nasr, N.; Bras, B.; Alting, L. (Hrsg.): Proceedings – Global Conference on Sustainable Product Development and Life Cycle Engineering, September 29–October 1, 2004 at the Production Technology Center (PTZ). Berlin: Uni-Ed., 2004, S. 139–142.

Herrmann, C.; Luger, T. (2006): End-of-Life Management for WEEE. In: Morselli, L.; Passarini, F.; Vassura, I. (Hrsg.): Innovative Technologies and Environmental Impacts in Waste Management – Lectures of the summer school Rimini, 12–17 June, 2006. Santarcangelo di Romagna: Maggioli Editore, 2006, S. 65–78.

Herrmann, C.; Ohlendorf, M.; Hesselbach, J. (2003): Planning WEEE Disassembly – State of the Art and Research Perspectives. In: Proceedings of the CIRP Seminar on Life Cycle Engineering,

Engineering for Sustainable Development: An Obligatory Skill of the Future Engineer. Copenhagen, Denmark, May 2003, Lyngby.

Herrmann, C.; Bergmann, L.; Thiede, S. (2007): An Integrated Approach for the Evaluation of Maintenance Strategies to Foster Sustainability in Manufacturing. In: SUSTAINABLE MANUFACTURING V: Global Symposium on Sustainable Product Development and Life Cycle Engineering, Rochester, NY USA, 2007.

Hesselbach, J.; Dombrowski, U.; Bothe, T.; Graf, R.; Wrehde, J.; Mansour, M. (2004): Planning Process for the Spare Part Management of Automotive Electronics. In: WGP (Ed.): Production Engineering – Research and Development – Annals of the German Academic Society of Production Engineering, XI/1. Braunschweig: WGP e. V., 2004, S. 113–118.

Hesselbach, J.; Graf, R.; Spengler, T.; Mansour, M. (2002): Reuse of components for the spare part management in the automotive electronics industry after end-of-production. In: Feldmann, K. (Hrsg.): Integrated Product Policy – Chance and Challenge. In: Proceedings of the 9th CIRP International Seminar on Life Cycle Engineering, Erlangen, Germany, April, 09.10.2002. Bamberg: Meisenbach, 2002, S. 191–197.

Hieber, M. (2002): Modellierung und Generierung produkttypenspezifischer Rückführlogistik-Netzwerke. IPA-IAO-Forschung und -Praxis Nr. 357, Heimsheim: Jost-Jetter, 2002.

Huber, A. (2001): Demontageplanung und -steuerung – Planung und Steuerung industrieller Demontageprozesse mit PPS-Systemen. Magdeburger Schriften zur Wirtschaftsinformatik, Aachen: Shaker, 2001.

Huisman, J. (2003): The QWERTY/EE Concept – Quantifying Recyclability and Eco-efficiency for End-of-life Treatment of Consumer Electronic Products. Delft University of Technology, 2003.

Ihde, G.B.; Merkel, H.; Henning, R. (1999): Ersatzteillogistik – Theoretische Grundlagen und praktische Handhabung. 3., völlig neu bearb. Aufl., Schriftenreihe der Bundesvereinigung Logistik (BVL) e. V., Bremen Nr. 44, München: Huss-Verlag, 1999.

Ijomah, W.L. (2007): A tool to improve training and operational effectiveness in remanufacturing. International Journal of Computer Integrated Manufacturing, (2007), S. 1–26.

Ijomah, W.L.; Childe, S.J. (2007): A model of the operations concerned in remanufacture. International Journal of Production Research, (2007), S. 1–24.

Jovane, F.; Alting, I.; Armillotta, A.; Eversheim, W.; Feldmann, K.; Seliger, G.; Roth, N. (1993): A key issue in product life cycle – Disassembly. CIRP Annals – Manufacturing Technology, 42 (1993) 2, S. 651–658.

Jünemann, R.; Rinschede, A.; Hansen, U. (1994): Kreislaufwirtschaft. In: Hossner, R. (Hrsg.): Jahrbuch der Logistik 1994. Düsseldorf: Verlagsgruppe Handelsblatt, 1994, S. 14–17.

Kongar, E.; Gupta, S.M. (2002): Disassembly-To-Order System Using Linear Physical Programming. In: IEEE Computer Society (Hrsg.): Proceedings of the 2002 IEEE International Symposium on Electronics & the Environment, ISEE 2002 – and the 3rd Electronics Recycling Summit, conference record. 6–9 May, 2005, San Francisco, CA, USA. Piscataway, NJ: IEEE Operations Center, 2002, S. 312–317.

KrW-/AbfG (07.10.1994): Gesetz zur Förderung der Kreislaufwirtschaft und Sicherung der umweltverträglichen Beseitigung von Abfällen (Kreislaufwirtschafts- und Abfallgesetz), Deutscher Bundestag; Bundesrat. (BGBl. Teil I) Bundesgesetzblatt Teil I, (1994) 60, S. 2705–2724.

Kühn, M. (2001): Demontage- und recyclingorientierte Bewertung. Schriftenreihe des Instituts für Werkzeugmaschinen und Fertigungstechnik der TU Braunschweig, Essen: Vulkan-Verlag, 2001.

Lambert, A.J.D.; Gupta, S.M. (2001): Demand-Driven Disassembly Optimization for Electronic Products. Journal of Electronics Manufacturing, 11 (2001) 2, S. 121–136.

Länderarbeitsgemeinschaft Abfall (LAGA) (Hrsg.) (24.03.2004): Technische Anforderungen zur Entsorgung von Elektro- und Elektronik-Altgeräten sowie zur Errichtung und zum Betrieb von Anlagen zur Entsorgung von Elektro- und Elektronik-Altgeräten – Elektro-Altgeräte-Merkblatt. Mitteilung der Länderarbeitsgemeinschaft Abfall (LAGA) 31, Länderarbeitsgemeinschaft Abfall (LAGA), 2004.

Liesegang, D.G. (1993): Reduktionswirtschaft als Komplement zur Produktionswirtschaft – eine globale Notwendigkeit. In: Haller, M.; Bleicher, K.; Brauchlin, E.; Pleitner, H.-J.; Wunderer, R.; Zünd, A. (Hrsg.): Globalisierung der Wirtschaft – Einwirkungen auf die Betriebswirtschaftslehre. 54. Wissenschaftliche Jahrestagung des Verbandes der Hochschullehrer für Betriebswirtschaft e. V.vom 9.–13. Juni, 1992 in St. Gallen. Bern, Stuttgart, Wien: Haupt, 1993, S. 383–396.

Loew, T.; Fichter, K.; Müller, U.; Schulz, W.F.; Strobel, M. (2003): Ansätze der Umweltkostenrechnung im Vergleich – Vergleichende Beurteilung von Ansätzen der Umweltkostenrechnung auf ihre Eignung für die betriebliche Praxis und ihren Beitrag für eine ökologische Unternehmensführung. UBA-Texte 78-03, Berlin, 2003.

Löhr, K.; Melchiorre, M.; Kettemann, B.-U. (1995): Aufbereitungstechnik – Recycling von Produktionsabfällen und Altprodukten. München: Hanser, 1995.

Meißner, S.; Schöps, D.; Herrmann, C. (1999): Optimale Ausbeute – In Elektronikschrott-Zerlegebetrieben können Informationssysteme den Werkern Angaben zur Steigerung der Prozesswirtschaftlichkeit machen. Müllmagazin, o. Jg. (1999) 3, S. 21–23.

Menges, G.; Michaeli, W.; Bittner, M. (1992): Recycling von Kunststoffen. München: Hanser, 1992.

Nickel, W. (Hrsg.) (1996): Recycling-Handbuch – Strategien – Technologien – Produkte. Düsseldorf: VDI-Verlag, 1996.

Niewöhner, J. (2002): Einsatz der Blickregistrierung bei der Analyse der Demontage von Elektro(nik)-Altgeräten – Entwicklung und Evaluierung einer Methodik zur Quantifizierung von Erkennungszeiten. Als Ms. gedr, Fortschritt-Berichte VDI Reihe 2, Fertigungstechnik Nr. 606, Düsseldorf: VDI-Verlag, 2002.

Ohlendorf, M. (2006): Simulationsgestützte Planung und Bewertung von Demontagesystemen. Schriftenreihe des Instituts für Werkzeugmaschinen und Fertigungstechnik der TU Braunschweig, Essen: Vulkan-Verlag, 2006.

Organisation for Economic Co-operation and Development (OECD) (2001): Extended producer responsibility – A guidance manual for governments. Environment, Paris: OECD, 2001.

Pawlek, F. (1983): Metallhüttenkunde. Berlin: de Gruyter, 1983.

Puckett, J.; Byster, L. (2002): Exporting Harm – the High-tech Trashing of Asia: Basel Action Network, 2002.

Puckett, J.; Westervelt, S. (2004): The Digital Dump – Exporting Re-use and Abuse to Africa: Basel Action Network, 2004.

Rautenstrauch, C. (1999): Betriebliche Umweltinformationssysteme – Grundlagen, Konzepte und Systeme. Springer-Lehrbuch, Berlin: Springer, 1999.

Rechberger, H. (2002): Ein Beitrag zur Bewertung des Stoffhaushaltes von Metallen. Technikfolgenabschätzung – Theorie und Praxis, 11 (2002) 1, S. 25–31.

RoHS (2003): Richtlinie 2002/95/EG des Europäischen Parlaments und des Rates vom 27. Januar 2003 zur Beschränkung der Verwendung bestimmter gefährlicher Stoffe in Elektro- und Elektronikgeräten, Europäisches Parlament; Rat der Europäischen Gemeinschaften. (ABl.) Amtsblatt der Europäischen Union, 46 (2003) L 37, S. 19–23.

Rose, C.M. (2000): Design for Environment – A method for formulating product end-of-life strategies. Dissertation, Stanford University, 2000.

Rose, C.M.; Beiter, K.A.; Ishii, K. (1999): Determining end-of-life strategies as a part of product definition. In: IEEE Computer Society (Hrsg.): Proceedings of the 1999 IEEE International Symposium on Electronics & the Environment, ISEE 1999. 11–13 May, 1999, Danvers, Massachusetts. Piscataway NJ: IEEE Operations Center, 1999, S. 219–224.

Rose, C.M.; Ishii, K.; Masui, K. (1998): How Product Characteristics determine End-of-Life Strategies. In: IEEE Computer Society (Hrsg.): Proceedings of the 1998 IEEE International Symposium on Electronics & the Environment, ISEE 1998. 4–6 May, 1998. Piscataway, NJ: IEEE Operations Center, 1998.

Schubert, G. (1984): Aufbereitung metallischer Sekundärrohstoffe – Aufkommen, Charakterisierung, Zerkleinerung. Wien: Springer, 1984.

Schultmann, F.; Fröhling, M.; Rentz, O. (2002a): Dismantling and Recycling Planning with ERP-Systems: Proceedings of the R'02 – 6th World Congress on Integrated Resources Management. February 12–15, 2002, Geneva, Switzerland. St. Gallen, 2002.

Schultmann, F.; Fröhling, M.; Rentz, O. (2002b): Modellierung und Implementierung von Stammdaten für die Demontageplanung und -steuerung mit ERP-Systemen. In: Chamoni, P.; Leisten, R.; Martin, A.; Minnemann, J.; Stadtler, H. (Hrsg.): Operations Research Proceedings 2001 – Selected Papers of the International Conference on Operations Research (OR 2001): Duisburg, 3–5 September, 2001. Berlin: Springer, 2002, S. 67–74.

Seebacher, H.; Antrekowitsch, H.; Prior, F.; Leitner, T. (2004): Recycling of electronic scrap. In: Gaballah, I.; Mishra, B. (Hrsg.): Proceedings of the REWAS'04 Global Symposium on Recycling, Waste Treatment and Clean Technology – Madrid, Spain, 26–29 September, 2004. Warrendale, PA: Minerals Metals & Materials Society, 2004, S. 2623–2633.

Seliger, G.; Basdere, B.; Keil, T. (2001): e-Cycling platform for profitable reuse. In: IEEE Robotics and Automation Society; Gakkai, D. (Hrsg.): Proceedings of the 2001 IEEE International Symposium on Assembly and Task Planning (ISATP2001) – Assembly and disassembly in the twenty-first century. 28–29 May, 2001, Soft Research Park, Fukuoka, Japan. Piscataway, NJ: IEEE Operations Center, 2001, S. 453–457.

Spengler, T. (1998): Industrielles Stoffstrommanagement – Betriebswirtschaftliche Planung und Steuerung von Stoff- und Energieströmen in Produktionsunternehmen. Technological economics Nr. 54, Berlin: Schmidt, 1998.

Spengler, T.; Herrmann, C. (Hrsg.) (2004): Stoffstrombasiertes Supply Chain Management in der Elektro(nik)industrie zur Schließung von Materialkreisläufen – Projekt StreaM. Fortschritt-Berichte VDI Reihe 16, Technik und Wirtschaft Nr. 169, Düsseldorf: VDI-Verlag, 2004.

Steinhilper, R. (1998): Remanufacturing – The ultimate form of recycling. Stuttgart: Fraunhofer IRB Verlag, 1998.

Stölting, W. (2006): Lebenszyklusorientierte strategische Planung von Remanufacturing-Systemen für elektr(on)ische Investitionsgüter. Fortschritt-Berichte VDI Reihe 16, Technik und Wirtschaft Nr. 176, Düsseldorf: VDI-Verlag, 2006.

Stölting, W.; Spengler, T. (2005): Strategic evaluation of alternatives for the implementation of remanufacturing systems. In: Proceedings of the eco-X: ecology and economy in electroniX 2005 – Zukünftige Herausforderungen und nachhaltige Lösungen für den Elektro(nik)sektor. Wien, 8.–10. Juni, 2005, S. 491–505.

Sundin, E. (2004): Product and Process Design for Successful Remanufacturing. Dissertation, Linköpings Universitet, 2004.

Thierry, M.; Salomon, M.; Nunen, J. van; Wassenhove, L.N. van (1995): Strategic Issues in Product Recovery Management. California Management Review, 37 (1995) 2, S. 114–135.

Toffel, M.W. (2003): The growing strategic importance of end-of-life product management. IEEE Engineering Management Review Online, 31 (2003) 3, S. 61–103.

UNEP/GRID-Arendal Maps and Graphics Library (2004): Who gets the trash? URL: http://maps.grida.no/go/graphic/who-gets-the-trash, zuletzt geprüft am 18.12.2007.

VDI 2243:2002-07 (2002-07): Recyclingorientierte Produktentwicklung. Berlin: Beuth Verlag, 2002-07.

VDI 2343 Blatt 1:2001-05 (2001-05): Recycling elektrischer und elektronischer Geräte – Grundlagen und Begriffe. Berlin: Beuth Verlag, 2001-05.

VDI 2343 Blatt 3:2002-02 (2002-02): Recycling elektrischer und elektronischer Geräte – Demontage und Aufbereitung. Berlin: Beuth Verlag, 2002-02.

VDI 2343 Blatt 3:2007-09 (2007-09): Recycling elektrischer und elektronischer Geräte – Demontage. Berlin: Beuth Verlag, 2007-09.

VDI 4431:2001-07 (2001-07): Kreislaufwirtschaft für produzierende Unternehmen. Berlin: Beuth Verlag, 2001-07.

Veerakamolmal, P.; Gupta, S.M. (1998): Optimal analysis of lot-size balancing for multiproducts selective disassembly. International Journal of Flexible Automation and Integrated Manufacturing, 6 (1998) 3, S. 245–269.

Waltemath, A.-M. (2001): Altproduktrückführung als logistische Dienstleistung – Entwicklung eines kundenorientierten Rückführungskonzeptes. Dissertation, Technische Universität Berlin, 2001.
Walther, G. (2005): Recycling von Elektro- und Elektronik-Altgeräten – Strategische Planung von Stoffstrom-Netzwerken für kleine und mittelständische Unternehmen. 1. Aufl., Gabler Edition Wissenschaft, Wiesbaden: Dt. Univ.-Verlag, 2005.
WEEE (2003): Richtlinie 2002/96/EG des Europäisches Parlaments und des Rates vom 27. Januar 2003 über Elektro- und Elektronik-Altgeräte, Europäisches Parlament; Rat der Europäischen Gemeinschaften. (ABl.) Amtsblatt der Europäischen Union, 46 (2003) L 37, S. 24–38.
Weizsäcker, E.U. von; Lovins, A.B.; Lovins, L.H. (1997): Faktor Vier – Doppelter Wohlstand – halbierter Naturverbrauch; der neue Bericht an den Club of Rome. 10. Aufl., München: Droemer Knaur, 1997.
Werder, H.-K. von (1996): Planung der Demontage elektrischer und elektronischer Altgeräte. Fortschritt-Berichte VDI Reihe 16, Technik und Wirtschaft Nr. 88, Düsseldorf: VDI-Verlag, 1996.
Zentralverbands Elektrotechnik- und Elektronikindustrie e. V. (ZVEI) (2002): Tätigkeitsbericht des Zentralverbands Elektrotechnik- und Elektronikindustrie e. V. (ZVEI), Frankfurt, 2002.
Zimmermann, A. (1999): Dehydrochlorierung von PVC-haltigen Kunststoffgemischen zur Konditionierung für die rohstoffliche Verwertung. Dissertation, Universität Karlsruhe, 1999.

Kapitel 7 (Zusammenfassung und Ausblick)

Gomez, P.; Zimmermann, T. (1992): Unternehmensorganisation. Profile, Dynamik, Methodik. Frankfurt Main u. a.: Campus-Verlag, 1992.
Herrmann, C.; Bergmann, L.; Halubek, P.; Stehr, Julian; Thiede, S. (2008): Life cycle engineering – State of the art and research perspectives. In: Conference Proceedings LCE2008 – 15th CIRP International Conference on Life Cycle Engineering. 17–19 March, 2008, The University of New South Wales, Sydney, Australia, Sydney, 2008, S. 449–454.
Robèrt, K.-H. (2002): The Natural Step Story. Seeding a Quiet Revolution. Gabriola Island, BC: New Society Publishers, 2002.
Stölting, W. (2006): Lebenszyklusorientierte strategische Planung von Remanufacturing-Systemen für elektr(on)ische Investitionsgüter. Fortschritt-Berichte VDI Reihe 16, Technik und Wirtschaft Nr. 176, Düsseldorf: VDI-Verlag, 2006.
UNEP – Life Cycle Initiative (2008): Evolution of Life Cycle Thinking Worldwide and Capability Development in Non OECD Countries, http://fr1.estis.net/builder/includes/page.asp?site=lcinit&page_id=CFE690F9-2B3E-427A-917D-5BF51790800E, zuletzt geprüft am 26.06.2008.

Sachverzeichnis

A
Abfallaufkommen, 39, 378
Abfallpolitik, 379
Ablauforganisation, 207
Acidification Potential, 158
After-Sales Service, 348
Agenda 21, 45
Allokation, 163
Allokationsgrundsätze, 164
Allokationsverfahren, 164
Altfahrzeugrichtlinie, 380
Analyse, 244
  strategisch, 244
Anfangskosten, 262
Arbeitsorganisation, 298
Aufarbeitung, 386, 395
Aufarbeitungsplanung, 408
Aufbauorganisation, 207
Aufbereitungsverfahren, 385
Ausfallrate, 352
Autonomie, 112
Axiomatic Design, 339

B
Bauteilabkündigungen, 394
Betriebsverhalten, 352
Bevölkerungswachstum, 42
Bezugsrahmen, 5, 82, 95, 113, 115
  Anforderungen, 95
  für ein Ganzheitliches Life Cycle Management, 115
Biokapazität, 42
Brundtland Bericht, 44
Business Process Reengineering, 303
Business Reengineering, 219
Businesssupport, 351

C
Closed-Loop Supply Chain, 228, 232, 377, 404
Closed-Loop Supply Chain Management, 377
CO_2-Emissionen, 39, 43
Collaborative Product Definition Management, 201
Computer Integrated Manufacturing, 303
Concurrent Engineering, 250, 281

D
Demontagefabrik, 408
Demontagenetzwerke, 405
Demontageplanung, 408
Demontageprogrammplanung, 408
Demontageprozesse, 384
Demontageprozessplanung, 406
Demontagesystem, 408
Demontagetiefe, 407
Demontagezeit, 407
Denken in Systemen, 4
Design for Assembly, 255, 280
Design for Disassembly, 280
Design for Environment, 281
Design for Manufacturing, 255, 280
Design for Recycling, 280
Design for Service, 280
Deutsche Umweltindex, 52
Dienstleistungen, 28, 349
  industrielle, 349
  obligatorische, 349
Dienstleistungsarten, 359
Dienstleitungen, 348
Differenzierung, 24
Dimension, 46
  ökonomische, 47
  soziale, 47

Disziplinen, 97, 119, 121, 127
lebensphasenbezogene, 119
lebensphasenübergreifende, 121
Drei-Säulen-Konzept, 46

E
Eco-Indikator, 160
Effizienzstrategie, 325
Elektro- und Elektronikaltgeräte, 381
Elektro(nik)altgeräte, 10
Elektroaltgeräten, 40
Endbevorratung, 366
Endenergieverbrauch, 38
End-of-Life Management, 376, 399
Ziele, 399
End-of-Life Strategie, 399, 401
optimal, 401
Energie- und Medienflüsse, 336
Energiebedarfe, 325
spezifische, 325
Energieeffizienz, 321, 331, 334
Handlungsfelder, 334
Energieerzeugung, 30
Energiekosten, 334
Energiemix, 156
Energieverbrauch, 35f, 52
Enterprise Application Integration, 201
Entsorgungszyklus, 73
Entstehungszyklus, 71
Entwicklung, 81
Entwicklungsfähigkeit, 309
Erfolgsfaktoren, 241
von Innovationen, 241
Ersatzteil- und Austauschmodulservice, 351
Ersatzteilbereitstellung, 26
Ersatzteilbevorratung, 358
Ersatzteile, 355
Ersatzteillieferverpflichtung, 394
Ersatzteilmanagement, 308, 355, 365
lebenszyklusorientiert, 365
Ersatzteilservice, 394
Ersatzteilverfügbarkeit, 360
Ersatzteilversorgung, 26, 233, 365
Ersatzteilversorgungsstrategien, 370
Ersatzteilwerkstatt, 367
Eutrophierung, 159

F
Fabrik, 337
energieeffiziente, 337
Fabrikgebäude, 331
Fabriklebenszyklus, 306
Fabriksystem, 309, 329
Faktor 4, 44
Fehlermöglichkeits- und -einflussanalyse, 254
Fertigen, 297
Fertigungsmaschinen, 334
energieintensive, 334
Flächennutzungszyklus, 306
Flexibilität, 309, 311
Folgekosten, 133, 262

G
Ganzheitliches Life Cycle Management, 95–97, 118
Aufgaben, 97
Disziplinen, 118
Eigenschaften, 96
Probleme, 96
Ziel, 96
Ganzheitliches Produktionssystem, 304, 339
Gebäudeausrüstung, 329, 338
technische, 329, 338
Gebäudeaustattung, 336
technische, 336
Gebäudezyklus, 306
Gesamtlastprofile, 338
Geschäftsprozess, 208, 298
Gestaltung, 81, 216, 342
nachhaltigkeitsorientierte, 342
prozessorientiert, 216
Gestaltungselemente, 23, 342
Global Warming Potential, 158
Globale Erwärmung, 14
Globalisierung, 1, 7
Green Supply Chain, 230
Grenzen des Wachstums, 44
Größendegressionseffekte, 391
Grundenergiebedarf, 322

H
Handlungsstrategien, 275
zur Verringerung der Umweltwirkungen, 275
Hilfsmittel, 250
Hochfahrprozesse, 333

I
Ideenfindung, 270
lebenszyklusorientiert, 270
zielgerichtet, 270
Individualisierung, 24
Industrial Ecology, 56, 97
Industrielle Ökologie, 56, 97
Information, 171
Information Lifecycle Management, 203
Informations- und Wissensmanagement, 289

Informationsbedarfsanalyse, 177f, 190
lebenszyklusorientierte, 190
Informationsbereitstellung, 177, 180, 193
lebenszyklusorientierte, 193
Informationsbeschaffung, 170, 177f, 191
lebenszyklusorientierte, 191
Informationsinfrastruktur, 174
Informationsmanagement, 170, 173
Informationsrückfluss, 195
Informationssystem, 277
Informationstechnologie, 171, 220
Informationsverarbeitung, 179, 192
lebenszyklusorientierte, 192
Innovationen, 1, 277
inkrementelle, 277
Innovationsdruck, 60
Innovationsgeschwindigkeiten, 193
Innovationsmanagement, 237, 242
Innovationsprozess, 237f, 273
Innovationsstrategie, 241
Innovationstiming, 28
Innovationszyklen, 26
Inspektion, 354
Instandhaltung, 354, 360
Instandhaltungskosten, 134
Instandhaltungsstrategie, 355, 361, 364
nachhaltige, 364
Instandsetzung, 354
Integrierte Produktpolitik, 55
International Dismantling Information System, 204
Internationales Materialdatensystem, 204
Investitionsrechnung, 135, 138

K
Kapitalwert, 264
Kapitalwertmethode, 139
Komplexität, 79, 80, 84
extern, 79
innere, 80, 84
Konkurrenzdruck, 21
Konsolidierung, 22
Konzept integriertes Management, 114
Kopplung, 126
funktionale, 126
von Unternehmen, 126
Kostenbeeinflussung, 133
Kostenmanagement, 136
Kostenrechnung, 136
Kostenverantwortung, 381
Kreislaufführung, 65, 376
Kreislaufführungsoptionen, 377, 399
Kreislaufwirtschaft, 394
Kreislaufwirtschafts- und Abfallgesetz, 379
Kühlschmierstoffe, 325
kumulierter Energieaufwand, 156, 327
Kundennutzen, 349
Kundenorientierung, 349
Kundenwünsche, 252, 283
Kybernetik, 98, 102

L
Lagerfähigkeit, 357
Lastspitzen, 334
LCA, 151
Lean Management, 303
Lean Manufacturing, 303
Lebensfähigkeit, 4, 57, 105, 112, 339
Lebensphasenkonzepte, 63, 64
Lebensstandards, 9
Lebensweganalyse, 131, 133
ökonomische, 133
Lebenszyklen, 78
gekoppelt, 78
Lebenszyklus, 68f, 78
Technologie, 78
Lebenszyklusdenken, 83
Lebenszykluskonzept, 64, 74
integriert, 64
Technologie-Technik, 74
Lebenszykluskosten, 149, 257, 261, 308, 360
Werkzeuge, 149
Lebenszykluskostenrechnung, 132
Lebenszyklusrechnung, 132, 143, 264, 268, 277, 410
Leerlauf, 332
Leistungsanteil, 333
Leistungsbedarf, 321
lastabhängiger, 321
Leistungsbündel, 348, 372
hybride, 372
Leitbild, 45, 48, 57, 115
Lenkung, 81, 102f, 110
Lieferkette, 224
Life Cycle Assessment, 151, 281, 327
Life Cycle Costing, 132, 280f
Life Cycle Design, 195, 278
Life Cycle Initiative, 86
Life Cyle Management, 84
Lösungsbausteine, 342

M
Management, 81, 95f
normativ, 81
operativ, 81
strategisch, 81
taktisch, 81
Managementebenen, 117

Managementmodelle, 82
Managementphilosophie, 114f
Managementsysteme, 83
Managementverständnis, 103, 299
  kybernetisch, 103, 299
Manufacturing System Design
    Decomposition, 341
Materialeffizienz, 394
Materialentropie, 400
Means End Chain, 284
Means-End-Methode, 252
Megatrends, 7
MIPS, 161
Modell lebensfähiger Systeme, 107
Modellieren, 213
  von Geschäftsprozessen, 213
Modellierung, 213
  Grundsätze ordnungsgemäßer, 213
Modellierungsmethoden, 214
Montage, 255, 298

N
Nachfertigung, 367
Nachhaltige Entwicklung, 1, 44, 46, 49f, 57
  Prinzipien, 49
  Strategien, 50
nachhaltiges Wirtschaften, 4, 48
Nachhaltigkeitsdimensionen, 313
Nachhaltigkeitsstrategien, 313, 331
Nachserienverlauf, 369
Nachsorgekosten, 133
Nachsorgezyklus, 71
Nährstoffanreicherung, 15
Netzwerkbeziehungen, 224
Netzwerkkonfigurationen, 404
Nutrification Potential, 159
Nutzenproduktivität, 3
Nutzungsvorrat, 353

O
Ökobilanz, 151
Ökobilanzierung, 165, 277
  Softwarewerkzeuge, 165
ökologische Fußabdruck, 31
Organisation, 216
  prozessorientiert, 216
Outsourcingpotenziale, 231
  von Prozessen, 231
Overshoot, 16
Ozonabbau, 14, 158
Ozone Creation Potential, 158
Ozone Depletion Potential, 158

P
PDM-Systeme, 197
Phasenmodelle, 238
Photooxidantienbildung, 14, 158
Planungsprozess, 243
  strategisch, 242f
PLM-System, 199
Potenzialanalyse, 267
Product Lifecycle Management, 197f
Produkt- und Prozessinnovationen, 308
Produktanalyse, 277
  ganzheitliche, 277
Produktdatenmanagement-Systemen, 197
Produktentstehungsprozess, 237
Produktentwicklung, 239, 247, 278
  lebenszyklusorientiert, 278
  recyclinggerecht, 287
Produktgestaltung, 255, 285, 287, 411
  montaggerechte, 255
  recyclinggerechte, 285, 287, 411
Produktinnovationen, 124
Produktinnovationsprozess, 245
Produktion, 333
  klimatisierte, 333
Produktionsanlagen, 337
Produktionsebenen, 314
Produktionsfaktoren, 294
Produktionsmanagement, 294, 299, 314
  umweltorientiertes, 314
Produktionsorganisation, 303
Produktionsplanung und -steuerung (PPS),
    301
Produktionsprogramm, 413
Produktionsprogrammgestaltung, 302
Produktionsprogrammplanung, 332
Produktionsprozesskette, 337
Produktionssystem, 295, 297
Produktlebensphasen, 359
Produktlebenszyklus, 70f, 307
  erweiterter, 71
  integrierter, 71
Produktmanagement, 235
Produktplanung, 239, 242, 245f, 257, 261
  kostenbasiert, 261
  lebenszyklusorientierte, 257, 261
  strategische, 242, 245
Produkt-Service Systeme, 372
Produktsupport, 351
Produktverantwortung, 60, 379
  erweiterte, 379
Produktwicklungsprozess, 247
Prognoseverfahren, 365

Projektkalender, 274
Promotoren, 241
Prozess, 207
Prozesscontrolling, 221
Prozesse, 224, 226, 295
    lebensphasenübergreifend, 224
    organisatorische, 295
    technische, 295
    überbetrieblich, 226
    unternehmensintern, 226
Prozessentwicklung, 239
Prozessinnovationen, 124
Prozessketten, 295
Prozesskostenrechnung, 137, 221, 320
Prozesslebenszyklus, 307
Prozessmanagement, 206, 210, 228
    Lebenszyklusorientierung, 228
Prozessmodell, 213, 320
    integriertes, 320
Prozessoptimierung, 216
    klassischer Ansatz, 216
Prozessorganisation, 211, 298
Prozessorientierung, 209
Prozessverbesserung, 216

Q

QFD, 284
Quality Function Deployment, 252

R

Rebound-Effekt, 17
Recycling, 285
Recyclingaufwand, 400
Recyclingbewertung, 285
Recyclingerlöse, 285
Recyclingfraktionen, 392
Recyclingkosten, 286
Recyclingpass, 205
Recyclingpotenzial, 400
Recyclingprogramm, 413
Recyclingprogrammplanung, 413
Recyclingquote, 287
Recyclingsteuerung, 413
Redistribution, 376, 403
Reengineering, 219
Referenzmodelle, 216, 218
Referenzprozesse, 232
Referenzprozessmodell, 218, 227
Referenzstrukturmodell, 342
Refurbishment, 386
Reichweite, 11
    dynamische, 11
    statische, 11
Rekursion, 112, 129
Rekursivität, 242, 299
Remanufacturing, 386, 395
Remanufacturingsysteme, 410
Reserven, 12
Ressourcenbeanspruchung, 159
Ressourceneffizienz, 325, 394
Ressourceninanspruchnahme, 8
Ressourcenverbrauch, 42
Reverse Distribution, 403
Reverse Logistics, 403
Reverse Supply Chain, 230
Rohstoffpreise, 30, 392
Rohstoffproduktivität, 53
Rohstoffressourcen, 11
Rückführungslogistik, 403
Rückkopplung, 16, 44, 102
Rückstandszyklus, 73

S

Sachbilanz, 154, 276
Sammelsysteme, 403
    entsorgungslogistischer, 403
Schnittstellen, 127
SCOR-Modell, 227, 232
Sekundärdienstleistungen, 349, 350
    freiwillige, 350
Selektive Wahrnehmung, 16
Simulation, 335, 338
    energetische, 338
Simultaneous Engineering, 194, 250, 255
Situationsanalyse, 263, 266
    lebenszyklusorientiert, 263
Social LCA, 166
Social Life Cycle Assessment, 166
Sozialbilanz, 166, 278
Spitzenlasten, 333
St. Galler Management-Konzept, 113, 242, 299
Stahlproduktion, 34
Standby-Verbräuche, 333
Stoffkreislaufmodell, 64
Stoffstrom-Netzwerke, 404
Stromvertrag, 334
Substitutionsstrategie, 325
Suchfelder, 270f
Supply Chain, 224, 230
    umweltfokussierte, 230
Supply Chain Management, 224, 226, 304
    nachhaltiges, 232
Supply Chain Operations Reference Model, 227
Syndromkonzept, 33

Systeme, 15, 98, 309
  komplexe, 15
  wandlungsfähige, 309
Systemtheorie, 98

T
Target Costing, 255
TCO, 144
Technologie, 74
  -anwendung, 74
  -entstehung, 74
  -reife, 74
  -rückgang, 74
Technologiekalender, 274
Teilefertigung, 255
Total Quality Management, 303
Total-Cost-of-Ownership, 144
Toyota Produktionssystem, 304
Transaktionskosten, 224, 231, 234
Transformation, 208
Transformationsprozesse, 64, 296
Treibhauseffekt, 158
Treibhauspotenzial, 327
Trends, 24
Trichtermodell, 239, 273

U
Umfeldanalyse, 266
Umsetzungsplanung, 274
  lebenszyklusorientiert, 274
Umweltdegradationsmuster, 33
Umweltkostenrechnung, 391
Umweltmanagement, 316
  betriebliches, 316
Umweltmanagementsystem, 316, 319
Umweltpolitik, 51f, 55
Umweltprobleme, 32
Umweltschutz, 55, 317f
  additiver, 317
  betrieblich-technischer, 317
  produktionsintegrierter, 317f
Umweltschutzmaßnahmen, 318
  additive, 318
  integrierte, 318
Umweltschutzstandards, 397
  mangelnde, 397
Umweltverschmutzung, 44
Umweltwirkungen, 14
Unternehmensentwicklung, 76
Unternehmensführung, 315
  umweltorientierte, 315
Unternehmensstrategien, 316
  umweltbezogene, 316

V
Varietät, 101
Verfügbarkeit, 352
Verfügbarkeit natürlicher Ressourcen, 11
Verkettung, 208
Versauerung, 14, 158
Verschleiß, 353
Verschwendung, 305
Versorgungsansätze, 366, 368
Verwertung, 388f
  energetische, 389
Viable System Model, 107
V-Modell, 248
Vorgehensmodell, 337
Vorlaufkosten, 133

W
Wachstum, 3
Wandlungsfähigkeit, 309
Wartung, 354
Weltbevölkerung, 8
Wertkette nach Porter, 84
Wettbewerbskräfte, 17
Wiederverwendungs- und Recyclingquote, 381
Wirkungsabschätzung, 154, 276
Wirkungskategorien, 156
Wirtschaften, 48
Wissen, 171
Wissensaustausch, 195, 241
Wissensgenerierung, 186
Wissensidentifikation, 185
Wissenslogistik, 186
Wissensmanagement, 180, 194, 289, 370
  in der Nachserienversorgung, 370
  lebenszyklusorientiertes, 194, 289

Z
Zertifikate, 411
Zieldimensionen, 343
Ziele, 343
  nachhaltigkeitsorientiert, 343
Zielfindung, 262
  lebenszyklusorientiert, 262
Zielkostenberechnung, 137
Zukunftsprognose, 268
  lebenszyklusorientiert, 268

Printed by Printforce, the Netherlands